DIE GRUNDLEHREN DER

MATHEMATISCHEN WISSENSCHAFTEN

IN EINZELDARSTELLUNGEN MIT BESONDERER BERÜCKSICHTIGUNG DER ANWENDUNGSGEBIETE

GEMEINSAM MIT

W. BLASCHKE
HAMBURG

M. BORN
GÖTTINGEN

C. RUNGE †
GÖTTINGEN

HERAUSGEGEBEN VON

R. COURANT
GÖTTINGEN

BAND XXIX

VORLESUNGEN ÜBER DIFFERENTIALGEOMETRIE III

VON

WILHELM BLASCHKE

BERLIN
VERLAG VON JULIUS SPRINGER
1929

VORLESUNGEN ÜBER

DIFFERENTIAL-GEOMETRIE

UND GEOMETRISCHE GRUNDLAGEN VON EINSTEINS RELATIVITÄTSTHEORIE

VON

WILHELM BLASCHKE

PROFESSOR DER MATHEMATIK AN DER UNIVERSITÄT HAMBURG

III

DIFFERENTIALGEOMETRIE DER KREISE UND KUGELN

BEARBEITET VON

GERHARD THOMSEN

PRIVATDOZENT DER MATHEMATIK AN DER UNIVERSITÄT HAMBURG

MIT 68 TEXTFIGUREN

BERLIN

VERLAG VON JULIUS SPRINGER

1929

ISBN 978-3-642-50513-3 ISBN 978-3-642-50823-3 (eBook)
DOI 10.1007/978-3-642-50823-3

SOFTCOVER REPRINT OF THE HARDCOVER 1ST EDITION 1929

Vorwort.

Dieser Band ist aus Vorlesungen entstanden, die mein Freund und Kollege *Thomsen* und ich in Hamburg gehalten haben. Die Darstellung und nähere Ausführung dieses Bandes geht allein auf Herrn *Thomsen* zurück.

Es handelt sich hier um die verschiedenen Arten der Kugelgeometrie, die sich alle einbauen lassen in die sogenannte *höhere Kugelgeometrie von Lie* und auf deren Boden systematisch zusammengefaßt werden können. Die allgemeine Kugelgeometrie liefert ein Beispiel zur Auseinandersetzung der Ideen von *Kleins Erlanger Programm,* das an Schlagkraft dem der projektiven Geometrie gleichwertig, ja, wenn man zu den schwierigeren Fragen der Differentialgeometrie übergeht, sogar überlegen erscheint. Besonders handelt es sich um die Darstellung der Inversionsgeometrie des Raumes (oder, wie wir sagen wollen, um die *Kugelgeometrie von Möbius*) und um die *Kugelgeometrie von Laguerre.* Diese letztere Gruppe ist heute für die Physik als Gruppe der speziellen Relativitätstheorie wichtig geworden. Von der Kugelgeometrie aus gewinnt man aber weiter auch Einblick in die verschiedenen Zweige der *nichteuklidischen Geometrie.* Endlich wird auch der Verwandtschaft der Kugelgeometrie von *Lie* mit der *projektiven Geometrie* Rechnung getragen. So findet sich die projektive Flächentheorie, wie sie insbesondere von *Fubini* und *Čech* begründet und vor allem in Italien gepflegt worden ist, in den §§ 90ff. von diesem Standpunkt aus in ihren Grundzügen entwickelt. So läßt sich wohl sagen, daß in den vorliegenden drei ersten Bänden die Differentialgeometrie der wichtigsten endlichen geometrischen Gruppen im wesentlichen enthalten ist.

Elementargeometrische Dinge der Kugelgeometrie, für die es wenigstens in deutscher Sprache keine leicht lesbare systematische Darstellung gibt, nehmen im folgenden einen breiten Raum ein. Die im engeren Sinn differentialgeometrischen Untersuchungen sind insbesondere in den Kapiteln III und VI—IX enthalten.

Wegen der Fülle und Vielgestaltigkeit des Stoffes war manche Beschränkung geboten. Fragen der „Differentialgeometrie im Großen“ hat man auf unserem Gebiet eben erst zu behandeln begonnen und wir können davon nur eine Kostprobe bringen (§ 65). Fragen der komplexen Differentialgeometrie haben wir (von gewissen Übungsaufgaben abgesehen) ganz vermieden und uns ausschließlich auf Reelles beschränkt. Weiter haben wir mehrdimensionale Betrachtungen fast immer vermieden. Nur in Fällen, wo sie eine lohnende Einsicht in dreidimensionale Probleme gewähren (vgl. z. B. § 77) haben wir sie herangezogen.

Die vorkommenden Funktionen werden in der Regel als reell und regulär analytisch vorausgesetzt. Daß bei einer Benennung wie „benachbarte Punkte einer Kurve" ein Grenzübergang angedeutet ist, ist nicht jedesmal wieder besonders hervorgehoben worden.

An Vorkenntnissen werden nur die Anfangsgründe der projektiven Geometrie und etwa der Inhalt des dritten Kapitels des ersten Bandes dieser Vorlesungen benötigt.

Bei den Korrekturen sind wir wieder aufs freundlichste unterstützt worden, insbesondere durch die Herren *Berwald* (Prag), *Haack* (Danzig), *König* (Hamburg) und *Schatz* (Innsbruck). Ihnen allen wie der bewährten Verlagsbuchhandlung sei hierdurch nochmals gedankt.

Hamburg, im Dezember 1928.

Wilhelm Blaschke.

Inhaltsverzeichnis.

Einleitung.

Kennzeichnende Eigenschaften der Abbildungen von *Möbius*, *Laguerre* und *Lie*.

Seite

§ 1. Die Abbildungen von *Möbius*, *Laguerre* und *Lie* als Abbildungen von Gebieten 1
§ 2. Abbildungen von Gebieten und ihre Ausdehnung 6
§ 3. Die Abbildungen von *Möbius*, *Laguerre* und *Lie* als Abbildungen im Großen 13

1. Kapitel.

Stereographische Projektion und Geometrie von *Möbius* in der Ebene.

§ 4. Hyperbolische Bewegungen in der Ebene 16
§ 5. Grundbegriffe der hyperbolischen Geometrie der Ebene 21
§ 6. Die nichteuklidische Entfernung 25
§ 7. Stereographische Projektion der Kugel. Tetrazyklische Koordinaten 30
§ 8. Abbildung der hyperbolischen Geometrie des Raumes auf die Kreisgeometrie von *Möbius* in der Ebene 35
§ 9. Grundbegriffe der hyperbolischen Geometrie des Raumes und der Kreisgeometrie in der Ebene 39

2. Kapitel.

Invarianten der Kreisgeometrie von *Möbius*.

§ 10. Allgemeines zur Invariantentheorie der Gruppe von *Möbius* 46
§ 11. Inversionsgeometrische Invarianten endlich vieler Vektoren. Die Vorzeicheninvariante dreier Kreise 52
§ 12. Gerichtete Kreise 57
§ 13. Normalkoordinaten und gerichtete Kreise 61
§ 14. Festlegung der Normalkoordinaten der gerichteten Kreise 65
§ 15. Büschelinvariante dreier sich berührender Kreise. Gerichtete Winkel 68
§ 16. Einordnung der euklidischen Bewegungsgeometrie in die Inversionsgeometrie 72
§ 17. Beziehungen der Inversionsgeometrie zur nichteuklidischen Bewegungsgeometrie 76
§ 18. Inversionsgeometrische Formeln für die hyperbolische nichteuklidische Geometrie 79
§ 19. Gemeinsame Behandlung der elliptischen, hyperbolischen und euklidischen Bewegungsgeometrie im Rahmen der Inversionsgeometrie 84
§ 20. Koordinaten von *Gauß* 87

3. Kapitel.

Kreisscharen, Kurven und Kurvennetze in der Geometrie von *Möbius* in der Ebene.

Seite
§ 21. Kreisscharen in der Ebene 92
§ 22. Die Grundformeln für die Theorie der Kreisscharen 96
§ 23. Schmiegkreise. Beziehungen zur euklidischen und nichteuklidischen Bewegungsgeometrie ebener Kurven. 101
§ 24. Die Hauptkreise einer ebenen Kurve 104
§ 25. Inversionsgeometrie ebener Kurven 108
§ 26. Flächen im hyperbolischen Raum 111
§ 27. Hyperbolische Flächentheorie und Inversionsgeometrie senkrechter Kurvennetze auf der Kugel 114
§ 28. Grundformeln für senkrechte Kurvennetze auf der Kugel 116
§ 29. Isotherme Kurvennetze 120
§ 30. Wechselnetze 124
§ 31. Invariante Ableitungen in einem Kurvennetz 126
§ 32. Vermischte Aufgaben zu den Kapiteln 1 bis 3 132

4. Kapitel.

Geometrie von *Laguerre* in der Ebene.

§ 33. Isotrope Projektion und Abbildungen von *Laguerre* in der Ebene . . 136
§ 34. Tangentenentfernung. Gerade Kreisreihen 140
§ 35. Kreisvektoren. Ebene Kreissysteme 145
§ 36. Sphärische Kreissysteme 152
§ 37. Einige Eigenschaften der Gruppe von *Laguerre* 155
§ 38. Ebene Kurven in der Geometrie von *Laguerre* 162
§ 39. Der Laguerre-Zykel 166
§ 40. Vermischte kleinere Aufgaben 171
§ 41. Zusammenhängende größere Aufgaben. 173

5. Kapitel.

Die Geometrie von *Lie* in der Ebene.

§ 42. Pentazyklische Koordinaten. Abbildungen von *Lie* in der Ebene . . 177
§ 43. Invarianten der Geometrie von *Lie* 181
§ 44. Doppelverhältnis von vier Kreisen eines Büschels. Lineare Kreisscharen 186
§ 45. Lineare Systeme von Kreisen 191
§ 46. Weitere Eigenschaften der linearen Systeme 196
§ 47. Über den Einbau der Geometrie von *Möbius* in die Geometrie von *Lie* 200
§ 48. Einordnung der Geometrie von *Laguerre* in die Geometrie von *Lie* . 204
§ 49. Eigenschaften der Gruppe von *Lie* 210
§ 50. Der Hauptsatz der projektiven Geometrie 214
§ 51. Die Abbildungen von *Möbius, Laguerre* und *Lie* als Abbildungen von Kreisgebieten 219

6. Kapitel.

Geometrie von *Lie, Möbius* und *Laguerre* im Raum.

§ 52. Grundbegriffe der Geometrie von *Lie* im Raum 226
§ 53. Lineare Kugelscharen und Kugelkomplexe 229

Seite
§ 54. Über die Verwandtschaft der Kugelgeometrie von *Lie* mit der projektiven Liniengeometrie . . . 233
§ 55. Hyperboloide und Zykliden von *Dupin* . . . 238
§ 56. Invariantentheorie der Vektorbündel . . . 245
§ 57. Flächenstreifen in der Kugel- und Liniengeometrie . . . 250
§ 58. Krümmungsstreifen und Asymptotenstreifen auf einer Fläche . . . 254
§ 59. Geometrie von *Möbius* im Raume . . . 259
§ 60. Möbius-Geometrie der Kreise, Kugelscharen und Kurven im Raum. (Als Aufgabe) . . . 262
§ 61. Geometrie von *Laguerre* im Raum . . . 268
§ 62. Die sphärische Abbildung in der Geometrie von *Laguerre* . . . 272
§ 63. Bestimmung einer Fläche aus dem sphärischen Bild ihrer Krümmungslinien . . . 275
§ 64. Flächen mit lauter ebenen Krümmungslinien . . . 278
§ 65. Über die Anzahl der Nabelpunkte auf Eiflächen . . . 283
§ 66. Vermischte Aufgaben zu den Kapiteln 5 und 6 . . . 289

7. Kapitel.

Flächentheorie in der Geometrie von *Möbius* und *Laguerre*.

§ 67. Die Zentralkugel und die Mittenkugel einer Fläche . . . 296
§ 68. Invariante Ableitungen in der Flächentheorie . . . 300
§ 69. Flächentheorie und invariante Ableitungen für beliebige Parameter 305
§ 70. Grundformeln der Flächentheorie . . . 314
§ 71. Invariant mit einer Fläche verbundene Kugelkomplexe . . . 320
§ 72. Isotherme Kurvennetze auf einer Fläche . . . 325
§ 73. Krümmungskreise und zyklische Kurvensysteme . . . 331
§ 74. Vermischte Aufgaben zum 7. Kapitel . . . 337

8. Kapitel.

Kugelsysteme.

§ 75. Kugelsysteme in der Geometrie von *Möbius* und *Laguerre* . . . 342
§ 76. Grundformeln für Kugelsysteme . . . 346
§ 77. R-Kugelsysteme . . . 351
§ 78. Kugelsysteme, deren Hüllflächen winkeltreu aufeinander bezogen sind 357
§ 79. Übergang zur Flächentheorie der euklidischen Bewegungsgeometrie 362
§ 80. Gemeinsame Behandlung der hyperbolischen, elliptischen und euklidischen Flächentheorie . . . 368
§ 81. M-Minimalflächen und L-Minimalflächen . . . 371
§ 82. Flächentheorie in *Bonnet*schen Koordinaten . . . 377
§ 83. Vermischte Aufgaben zum 8. Kapitel . . . 381

9. Kapitel.

Flächen- und Zyklidensysteme in der Geometrie von *Lie*.

§ 84. Die *Lie*sche Zyklide einer Fläche . . . 388
§ 85. Grundformeln der Liegeometrischen Flächentheorie . . . 393
§ 86. Oskulierende Zykliden einer Fläche und zyklidische Kurven . . . 400
§ 87. Die Hüllflächen des Systems der Zykliden von *Lie* . . . 407

Seite
§ 88. Flächen mit einer Schar sphärischer oder ebener Krümmungslinien 409
§ 89. Spezielle *R*-Kugelsysteme 413
§ 90. Grundlagen der projektiven Flächentheorie 420
§ 91. Aufgaben zur projektiven Flächentheorie 424
§ 92. Allgemeine Systeme von Zykliden 428
§ 93. Systeme von Zykliden von *Lie* 434
§ 94. *K*-Minimalflächen und Projektivminimalflächen 440
§ 95. Möbius-Geometrie der Kreissysteme im Raum 447
§ 96. Vermischte Aufgaben zum 9. Kapitel 454

Anhang.

Lebensbilder von *Möbius*, *Laguerre* und *Lie*.

§ 97. *August Ferdinand Möbius* 458
§ 98. *Edmond Laguerre* 461
§ 99. *Sophus Lie* 463

Namen- und Stichwortverzeichnis 466

Einleitung.

Kennzeichnende Eigenschaften der Abbildungen von *Möbius, Laguerre* und *Lie.*

§ 1. Die Abbildungen von *Möbius, Laguerre* und *Lie* als Abbildungen von Gebieten.

Es soll die Aufgabe des dritten Bandes dieses Lehrbuches sein, die Differentialgeometrie von drei eng miteinander verwandten geometrischen Transformationsgruppen zu entwickeln, die wir nach ihren Entdeckern *Möbius, Laguerre* und *Lie* benennen werden. Die drei genannten Gruppen treten zunächst in der ebenen Geometrie auf. Es gibt aber drei ganz entsprechende Gruppen im Raum, deren jede die ebene Gruppe als Untergruppe umfaßt. In der Geometrie der drei ebenen Gruppen spielt der *Kreis* eine besondere Rolle. Wir bezeichnen sie daher als die Gruppen der *Kreisgeometrie.* In der Geometrie der räumlichen Gruppen ist die *Kugel* von ähnlicher Bedeutung und wir nennen sie deshalb die *kugelgeometrischen* Transformationsgruppen.

Es lassen sich nun die Abbildungen solcher Gruppen, die für die gesamte geometrische Wissenschaft von wirklicher Bedeutung sind, meist durch Angabe nur weniger typischer geometrischer Eigenschaften kennzeichnen und aus der Gesamtheit aller Abbildungen herausheben. Solche Eigenschaften lassen sich z. B. für die *projektiven Abbildungen der Ebene* in der im folgenden geschilderten Weise angeben:

Wir denken uns die projektiven Abbildungen erklärt durch die linear gebrochenen Substitutionen der kartesischen Koordinaten ξ, η einer gewöhnlichen euklidischen Ebene

$$\xi = \frac{a\xi^* + b\eta^* + c}{d\xi^* + e\eta^* + f}, \quad \eta = \frac{g\xi^* + h\eta^* + k}{d\xi^* + e\eta^* + f}, \qquad \begin{vmatrix} a & b & c \\ d & e & f \\ g & h & k \end{vmatrix} \neq 0.$$

und bemerken dabei ausdrücklich, daß wir uns ganz auf das Gebiet der *reellen* Punkte und auf reelle Abbildungen beschränken wollen. Die allgemeinen projektiven Abbildungen sind dann bekanntlich keine überall eineindeutigen Punkttransformationen der euklidischen Ebene. Ausnahmslos eineindeutig sind nur besondere projektive Abbildungen, die affinen ($d = e = 0$). Bei den übrigen gibt es eine ganze Gerade von Originalpunkten, denen in der euklidischen Ebene kein Bild entspricht und ebenso eine ganze Gerade von Bildpunkten ohne Original. Um sozusagen die Löcher dieser Ausnahmestellen zu stopfen, führt man bekanntlich in der projektiven Geometrie die *uneigentliche Gerade* ein, die man einmal als Bild der erwähnten Originalgeraden, und zweitens als Original der erwähnten Bildgeraden zuordnet. Fassen wir den euklidischen Raum als den eigentlichen, ursprünglichen Raum unserer geometrischen Anschauung auf, so haben wir die durch Einfügen der uneigentlichen Geraden entstehende projektive Ebene gegenüber der euklidischen Ebene als nachträgliche Hilfskonstruktion anzusehen, die es erlauben soll, die projektiven Abbildungen als eineindeutige Abbildungen darzustellen.

Für die euklidische Ebene können wir nun wenigstens das folgende sagen: Jede projektive Abbildung bildet gewisse *Gebiete* der euklidischen Ebene ausnahmslos eineindeutig aufeinander ab. Dabei bezeichnen wir als ein *ebenes Gebiet* eine solche ebene Punktmenge, bei der zu jedem Punkt P der Menge auch noch eine ganze zweidimensionale Umgebung von Punkten — etwa noch das Innere eines ganzen Kreises um P — zur Menge gehört. Beispiele von ebenen Gebieten sind also: 1. die Punkte im Innern einer endlichen Anzahl von Kreisen, 2. die Punkte außerhalb eines Kreises, 3. die Punkte der ganzen euklidischen Ebene, 4. die Punkte der ganzen Ebene mit Ausnahme einer abgeschlossenen Menge, d. h. einer Menge, deren Häufungspunkte mit zur Menge gehören.

Insbesondere ist also auch die euklidische Ebene mit Ausnahme einer Geraden ein Gebiet. Nehmen wir also bei einer projektiven (nicht affinen) Abbildung sowohl im Original, wie im Bild das Gebiet aller Punkte mit Ausnahme der einen Geraden, deren Punkte bei der Zuordnung leer ausgehen, so bildet die Projektivität diese Gebiete ausnahmslos eineindeutig aufeinander ab. Natürlich ist dann die projektive Abbildung auch als Abbildung beliebiger entsprechender Teilgebiete der angegebenen Gebiete eineindeutig. Allgemein wollen wir ein Gebiet der euklidischen Ebene, für dessen Punkte eine gegebene Projektivität ausnahmslos eineindeutig ist, ein *reguläres Gebiet* dieser projektiven Abbildung nennen.

Ohne die Hilfskonstruktion der projektiven Ebene zu gebrauchen, können wir die projektiven Abbildungen nun als Abbildungen der gewöhnlichen euklidischen Ebene folgendermaßen kennzeichnen:

Es sind die auf zugehörige reguläre Gebiete erstreckten projektiven Abbildungen überhaupt die einzigen eineindeutigen und umkehrbar stetigen Abbildungen von Punkten zweier Gebiete, bei denen Gerade eineindeutig wieder Geraden entsprechen (d. h. bei denen die Mannigfaltigkeiten aller Punkte des einen Gebiets, die auf ein und derselben festen Geraden liegen, eineindeutig den entsprechenden Mannigfaltigkeiten des anderen Gebiets zugeordnet werden).

Diesen Satz werden wir im § 50 in einer etwas allgemeineren Fassung beweisen, die wir für spätere Zwecke nötig haben. Ganz der gleiche Satz gilt auch für die projektiven Abbildungen des dreidimensionalen und allgemeiner des n-dimensionalen euklidischen Raumes, wenn wir nur statt ebener Gebiete n-dimensionale Gebiete nehmen, d. h. solche Punktmengen, bei denen zu jedem Punkte noch eine n-dimensionale Umgebung der Menge angehört. Fordern wir die Eineindeutigkeit für den ganzen euklidischen Raum, so ergeben sich wieder nur die affinen Abbildungen.

In ähnlicher Weise wie die projektiven Abbildungen können wir nun auch die Abbildungen von *Möbius*, *Laguerre* und *Lie* kennzeichnen. Genau so wie wir als Definition der projektiven Transformationen die analytische durch die linear gebrochenen Transformationen der kartesischen Koordinaten zugrunde legten, werden wir später die genannten Abbildungen analytisch erklären (§§ 8, 33 und 42) und dann die Eigenschaften, die wir jetzt anführen wollen, als für sie kennzeichnend nachweisen (§ 51). Die im folgenden angeführten kennzeichnenden Eigenschaften mögen auf dem jetzigen Standpunkt als vorläufige Definitionen der Abbildungen von *Möbius*, *Laguerre* und *Lie* angesehen werden, die wir vorausschicken, um gleich von vornherein ihre Bedeutung zutage treten zu lassen.

Wir wenden uns zunächst den drei kreisgeometrischen Gruppen der Ebene zu. Unter einem Gebiet von Kreisen verstehen wir eine solche Kreismannigfaltigkeit, bei der zu jedem Kreis auch noch eine dreidimensionale Umgebung benachbarter (also sowohl im Mittelpunkt wie im. Radius wenig verschiedener) Kreise der Mannigfaltigkeit angehört. Genauer ist ein Kreisgebiet dadurch erklärt, daß sich seine Kreise bei einer stetigen eineindeutigen Zuordnung zu den Punkten eines dreidimensionalen Hilfsraumes auf ein Punktgebiet abbilden. Ein Beispiel eines Kreisgebiets ist das Gebiet aller Kreise, deren Mittelpunkte im Innern eines gegebenen Dreiecks liegen und deren Radien eine Länge zwischen 4 und 5 Maßeinheiten haben.

Es gilt nun:

> *Die einzigen eineindeutigen und stetigen Abbildungen gewisser Gebiete Γ und Γ^* von Kreisen der euklidischen Ebene, die*
>
> **a)** *Punkte eineindeutig wieder Punkten zuordnen,* (d. h. die die Mannigfaltigkeiten aller Γ-Kreise, die durch einen und denselben Punkt gehen, eineindeutig den entsprechenden

Mannigfaltigkeiten von Γ^*-Kreisen zuordnen), *sind die Abbildungen von Möbius*;

b) *Gerade eineindeutig wieder Geraden zuordnen* (d. h. die die Mannigfaltigkeiten aller Γ-Kreise, die eine und dieselbe Gerade berühren, eineindeutig den entsprechenden Mannigfaltigkeiten von Γ^*-Kreisen zuordnen) *sind die Abbildungen von Laguerre*;

c) *sich berührende Kreise immer wieder ebensolchen zuordnen, sind die Abbildungen von Lie.*

Besonders betonen wir dabei noch, daß wir es in den Fällen b) und c) in der Regel nicht mit „Punkttransformationen" zu tun haben. D. h. die Kreise durch einen und denselben Punkt gehen im allgemeinen nicht wieder in die Kreise durch einen und denselben Bildpunkt über. Die Abbildungen von *Möbius, Laguerre* und *Lie* im Raume sind durch ganz entsprechende Eigenschaften gekennzeichnet. Man hat nur statt Kreis Kugel und statt Gerade Ebene zu setzen. Ferner hat man ein Kugelgebiet als eine solche Kugelmannigfaltigkeit zu definieren, der bei einer eineindeutigen stetigen Abbildung auf die Punkte des vierdimensionalen Raumes ein vierdimensionales Punktgebiet entspricht.

Es lassen sich also die Abbildungen der Gruppen, deren Geometrie wir behandeln wollen, „im kleinen" als Abbildungen von Gebieten der euklidischen Ebene und des euklidischen Raumes durch ebenso einfache Eigenschaften kennzeichnen wie die projektiven. Und diese Kennzeichnung ist wohl die beste Empfehlung, die wir unsern drei Gruppen mit auf den Weg geben können. Sie bürgt uns für ihre Wichtigkeit innerhalb der Gesamtgeometrie.

Als die einzigen eineindeutigen und stetigen Abbildungen der Kreise der *ganzen* euklidischen Ebene, die die Eigenschaft a) oder b) oder c) besitzen, ergeben sich, wie wir sehen werden, jedesmal nur die gewöhnlichen ähnlichen Abbildungen. Diese spielen hier also dieselbe Rolle, wie die affinen Abbildungen gegenüber den projektiven. Das ganz entsprechende Ergebnis erhält man im Raum.

Die Abbildungen von *Möbius* und *Laguerre* sind besondere Fälle der allgemeineren Abbildungen von *Lie*. Bei einer Abbildung zweier Kreisgebiete $\Gamma \rightarrow \Gamma^*$ mit der Eigenschaft a) muß nämlich die Bedingung c) von selbst erfüllt sein. Denn auf Grund von a) muß ein Paar von Kreisen, die genau einen Punkt gemeinsam haben, in ein ebensolches Paar übergehen, solche Paare sind aber identisch mit den Paaren sich berührender Kreise. Ebenso folgt auch aus b) die Eigenschaft c). Denn nach b) müssen die Kreispaare mit genau einer oder genau drei gemeinsamen Tangenten in gleichartige Paare übergehen. Diese Paare sind aber gerade die sich von innen oder die sich von außen berührenden Kreise.

Wir wollen hier noch ein nicht triviales Beispiel für eine Abbildung zweier Kreisgebiete durch eine Abbildung von *Lie* anfügen: Wir denken uns einen Kreis festgelegt durch die Polarkoordinaten r und φ seines Mittelpunktes und seinen Radius R. Wir betrachten das Gebiet Γ aller Kreise, bei denen die Mittelpunktskoordinaten und der Radius durch die Ungleichungen beschränkt sind:

(1) Γ:

$\frac{1}{2} < r < 1$	$0 < \varphi < \frac{\pi}{2}$	$\frac{3}{2} < R < \frac{5}{2}$.

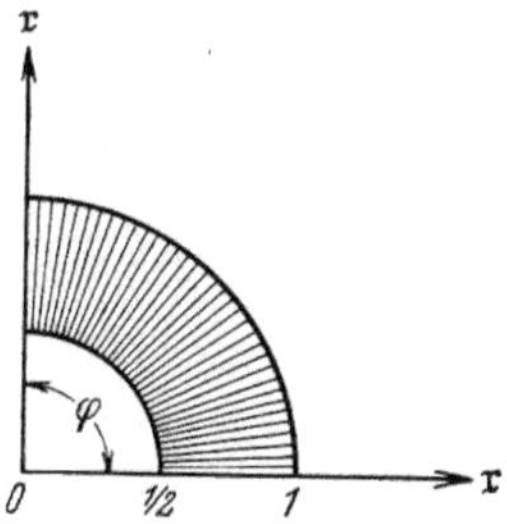

Fig. 1.

Die Mittelpunkte sind dann auf das in der Fig. 1 schraffierte Gebiet beschränkt und die Radien aller Kreise sind so groß, daß diese das ganze Gebiet der Mittelpunkte umschließen. Die Kreise dieses Kreisgebiets Γ bilden wir nun ab auf die Kreise eines Bildgebiets Γ^* von Kreisen mit den Koordinaten $\bar{r}$, $\bar{\varphi}$, $\bar{R}$ nach den Formeln

(2) $$\bar{r} = \frac{5\,r}{\left(\frac{1}{2}+R\right)^2 - r^2}\,; \qquad \bar{\varphi} = \varphi + \pi\,; \qquad \bar{R} = \frac{5\left(\frac{1}{2}+R\right)}{\left(\frac{1}{2}+R\right)^2 - r^2}.$$

Man überzeugt sich leicht, daß die Kreise von Γ eineindeutig den Kreisen des Bildgebiets Γ^* zugeordnet werden, dessen Mittelpunkte auf das Gebiet

(3) $$\frac{2}{7} < \bar{r} < \frac{5}{3}; \qquad \pi < \bar{\varphi} < \frac{3}{2}\pi$$

beschränkt sind und dessen Radien für gegebenen Mittelpunkt $\{\bar{r}, \bar{\varphi}\}$ den Ungleichungen

(4) $$\frac{5}{6} + \left|\sqrt{\left(\frac{5}{6}\right)^2 + \bar{r}^2}\right| < \bar{R} < \frac{5}{4} + \left|\sqrt{\left(\frac{5}{4}\right)^2 + \bar{r}^2}\right|$$

genügen. Diese letzte Bedingung ergibt sich dabei am einfachsten aus $\frac{3}{2} < R < \frac{5}{2}$ mittels der letzten der zu (2) gehörigen Umkehrformeln

(5) $$\begin{cases} r = \dfrac{5\,\bar{r}}{\bar{R}^2 - \bar{r}^2}\,; \qquad \varphi = \bar{\varphi} - \pi \\[2ex] R = \dfrac{5\,\bar{R}}{\bar{R}^2 - \bar{r}^2} - \dfrac{1}{2}\,, \end{cases}$$

die für die Gebiete Γ und Γ^* wegen

(6) $$\bar{R}^2 - \bar{r}^2 = \frac{25}{(\frac{1}{2}+R)^2 - r^2} > 0$$

ausnahmslos gelten.

Da die Γ-Kreise alle das zugehörige in Fig. 1 angegebene Gebiet ihrer Mittelpunkte ganz umschließen, gibt es nur sich von innen berührende Γ-Kreise. Die Bedingung für die innere Berührung zweier Kreise $\{r_1; \varphi_1; R_1\}$ und $\{r_2, \varphi_2, R_2\}$ ist bei positiv gerechneten Radien R_1 und R_2 nun

(7) $$r_1^2 + r_2^2 - 2\,r_1\,r_2 \cos(\varphi_1 - \varphi_2) - (R_1 - R_2)^2 = 0\,.$$

Ersetzt man in dieser Gleichung die r, φ, R nach (5) durch die entsprechenden quergestrichenen Größen, so ergibt sich nach einigen Umformungen mit Berücksichtigung von (6)

$$\bar{r}_1^2 + \bar{r}_2^2 - 2\bar{r}_1\bar{r}_2\cos(\bar{\varphi}_1 - \bar{\varphi}_2) - (\bar{R}_1 - \bar{R}_2)^2 = 0\,. \tag{8}$$

Es gehen also sich berührende Γ-Kreise immer wieder in sich berührende Γ^*-Kreise über (und zwar speziell, da $\bar{R}_1$ und $\bar{R}_2$ nach (1), (2) wieder positiv sind, immer wieder in sich von innen berührende).

§ 2. Abbildungen von Gebieten und ihre Ausdehnung.

Wenn eine projektive Abbildung von zwei regulären Punktgebieten Γ und Γ^* der euklidischen Ebene gegeben ist, so kann man die Eigenschaft der Invarianz der Geraden benutzen, um versuchsweise die Abbildung unter Erhaltung der für die Projektivitäten angegebenen kennzeichnenden Eigenschaften auf die ganze euklidische Ebene auszudehnen: Die projektive Abbildung der Punktgebiete induziert nämlich eine eineindeutige Zuordnung der durch die Gebiete Γ resp. Γ^* hindurchgehenden Geraden. Jeder Geraden, die das Originalgebiet trifft, entspricht also eine Bildgerade, die das Bildgebiet trifft. Nun können wir die Abbildung auf einen jeden Punkt außerhalb des Originalgebiets ausdehnen, indem wir durch ihn zwei das Gebiet treffende Geraden ziehen, und ihn dann als Schnittpunkt dieser Geraden, deren Bilder wir kennen, bei der Abbildung mitführen. Wenn es möglich wäre, die vorgelegte Abbildung der Gebiete unter Erhaltung der angegebenen kennzeichnenden Eigenschaften auf die ganze euklidische Ebene auszudehnen, so müßten dabei zunächst einmal sich schneidende (nicht parallele) Gerade in ebensolche übergehen. Wenn wir dann die Abbildung auf alle Punkte der Ebene ausgedehnt hätten, so müßte sich dann hinterher herausstellen, daß die kennzeichnenden Eigenschaften in der ganzen Ebene ausnahmslos erfüllt wären.

Eine solche Ausdehnung ist nun, wie wir schon erwähnten, nur möglich, wenn die gegebene Abbildung der Gebiete von vornherein eine affine war. Bei allen anderen projektiven Abbildungen werden gewisse Paare sich schneidender Geraden in parallele übergehen und wir können die Eineindeutigkeit für die Punkte der euklidischen Ebene nicht aufrechterhalten. Wir werden also von unseren Forderungen etwas, natürlich möglichst wenig ablassen müssen. Das tun wir, indem wir auf die Ausdehnung auf die euklidische Ebene verzichten und an ihre Stelle die projektive Ebene setzen. Die projektive Ebene stellen wir uns dabei als ein Punktgebiet vor, das aus der euklidischen Ebene durch Einfügen der uneigentlichen Geraden entsteht, und durch diese Gerade „über das Unendliche hinüber" stetig zusammenhängt. Wir schreiben damit der projektiven Ebene solche topologischen Zusammenhangsverhältnisse zu, daß in ihr die projektiven Abbildungen als überall stetig erscheinen.

In ähnlicher Weise wie eine projektive Abbildung können wir nun auch eine für gewisse Gebiete gegebene Abbildung von *Möbius*, *Laguerre* oder *Lie* auf die ganze euklidische Ebene oder den ganzen Raum auszudehnen versuchen, oder, wenn das unter Beibehaltung der angegebenen kennzeichnenden Eigenschaften nicht möglich ist, auf ein in geeigneter Weise abgeändertes Gebiet. Dabei liegen besonders bei den Abbildungen von *Lie* die Dinge noch etwas komplizierter als bei den projektiven Abbildungen. Wollen wir z. B. eine Abbildung von *Lie*, die für zwei Kreisgebiete Γ und Γ^* gegeben ist, auf die ganze Ebene ausdehnen, so werden wir trachten, auch außerhalb der Gebiete $\Gamma \rightarrow \Gamma^*$ die Kreise eineindeutig einander so zuzuordnen, daß sich berührende Kreise in ebensolche übergehen. Da kommen nun zunächst die Kreise $\mathfrak{k}$ außerhalb unseres Gebietes Γ in Frage, die von Kreisen unseres Gebiets Γ berührt werden. Wird ein solcher Kreis $\mathfrak{k}$ von e i n e m Γ-Kreis berührt, so gibt es auf Grund der Definitionseigenschaft des Gebiets gleich unendlichviele benachbarte Γ-Kreise, die ihn auch noch berühren. Man überzeugt sich leicht, daß alle Kreise $\mathfrak{k}$, die überhaupt von Γ-Kreisen berührt werden, ein Gebiet Δ bilden. Wenn es nun überhaupt möglich wäre, unsere Abbildung unter Erhaltung der Eigenschaften der Eineindeutigkeit und Invarianz der Berührung auf die ganze Ebene auszudehnen, so müßten alle Γ-Kreise, die einen festen Kreis $\mathfrak{k}$ aus Δ berühren, wieder übergehen in lauter Γ^*-Kreise, die einen und denselben festen Kreis $\mathfrak{k}^*$ berührten. Diesen Kreis $\mathfrak{k}^*$ müßten wir dann $\mathfrak{k}$ als Bild zuordnen. Für jeden Kreis $\mathfrak{k}$ müßten wir so das Bild finden können. Weiter müßten wir dann die Abbildung aber in einem zweiten Schritt auch ausdehnen können auf alle etwa noch fehlenden, keinen Γ-Kreis berührenden Kreise $\mathfrak{t}$ der Ebene. Zu einem solchen Kreis $\mathfrak{t}$ gibt es nämlich immer Kreise $\mathfrak{k}$, die sowohl $\mathfrak{t}$ wie Kreise aus Γ berühren. Diese Kreise $\mathfrak{k}$ gehörten aber dem Gebiet Δ an, und ihre Bilder würden uns schon nach dem ersten Schritt bekannt sein. Es müßten dann die Bilder aller $\mathfrak{t}$ berührenden Kreise $\mathfrak{k}$ wieder alle einen festen Kreis $\mathfrak{t}^*$ berühren, den wir $\mathfrak{t}$ als Bild zuordnen könnten. Damit hätten wir dann die Abbildung in zwei Schritten auf die ganze Ebene ausgedehnt. Hinterher müßte sich dann herausstellen, daß die ausgedehnte Abbildung wirklich in der ganzen Ebene ausnahmslos eineindeutig und stetig ist und die Bedingung der Berührung für jedes beliebige Kreispaar erhält.

Bei den Abbildungen von *Lie* zeigt sich nun, daß eine solche hindernislose Ausdehnung der Abbildung von Gebieten auf die ganze Ebene im allgemeinen nicht möglich ist. Wir wollen diesen Sachverhalt an dem im vorigen Abschnitt gegebenen Beispiel (2) einer Abbildung von *Lie* etwas erläutern.

Vorweg bemerken wir, daß die durch die Gleichungen (2) resp. (5) gegebene analytische Zuordnung zunächst nur für unsere Gebiete $\Gamma \rightarrow \Gamma^*$ irgendwelche Bedeutung besitzt. Wie die Gleichungen außerhalb der Gebiete die Kreise einander zuordnen, das geht uns zunächst gar nichts an. Wir werden uns bei der Ausdehnung der Abbildung allein durch die eben auseinandergesetzten geometrischen Forderungen leiten lassen. Die Ausdehnung unserer Abbildung (2) stößt schon bei dem ersten Schritt auf Hindernisse, wie wir jetzt zeigen wollen: Die Mannigfaltigkeit aller Γ-Kreise, die einen festen Kreis $\mathfrak{k}$ mit den Koordinaten $\{r_0, \varphi_0, R_0\}$ berühren, ist diejenige, deren Koordinaten $\{r, \varphi, R\}$ an die Ungleichungen (1) und außerdem entweder an die Gleichung

$$r^2 + r_0^2 - 2\,r\,r_0 \cos(\varphi - \varphi_0) - (R - R_0)^2 = 0 \tag{9}$$

oder an die Gleichung

$$r^2 + r_0^2 - 2\,r\,r_0 \cos(\varphi - \varphi_0) - (R + R_0)^2 = 0 \tag{10}$$

gebunden sind. Und zwar sind, wenn wir R_0 und R positiv rechnen, durch (9) nach (7) die sich mit $\mathfrak{k}$ von innen, und durch (10) die sich mit $\mathfrak{k}$ von außen berührenden Kreise gegeben. Dabei können wir jetzt für die Polarkoordinate r_0 auch negative Werte zulassen, wenn wir nur den Punkt mit den Koordinaten $\{r_0, \varphi_0\}$ als mit dem Punkt $\{-r_0, \varphi_0 + \pi\}$ identisch auffassen. Während zwei Γ-Kreise sich nur von innen berühren konnten, kann es bei einem Kreis $\mathfrak{k}$ außerhalb Γ natürlich sehr wohl vorkommen, daß es sowohl solche Γ-Kreise gibt, die sich mit ihm von innen, wie solche, die sich mit ihm von außen berühren. Ersetzen wir nun in (9) und (10) die Koordinaten $\{r, \varphi, R\}$ der Γ-Kreise nach (5) durch die Koordinaten $\{\bar{r}, \bar{\varphi}, \bar{R}\}$ der Bildkreise in Γ^*, so erhalten wir:

$$(\bar{r}^2 - \bar{R}^2)\left[\left(\frac{1}{2} + R_0\right)^2 - r_0^2\right] - 10\,\bar{r}\,r_0 \cos(\bar{\varphi} - \varphi_0 - \pi) + 10\,\bar{R}\left(\frac{1}{2} + R_0\right) - 25 = 0. \tag{11}$$

$$(\bar{r}^2 - \bar{R}^2)\left[\left(\frac{1}{2} - R_0\right)^2 - r_0^2\right] - 10\,\bar{\ }\,r_0 \cos(\bar{\varphi} - \varphi_0 - \pi) + 10\,\bar{R}\left(\frac{1}{2} - R_0\right) - 25 = 0. \tag{12}$$

Die Mannigfaltigkeit aller Kreise aus Γ, die $\mathfrak{k}$ berühren, bildet sich also ab auf die Mannigfaltigkeit aller Γ^*-Kreise, deren Koordinaten $\{\bar{r}, \bar{\varphi}, \bar{R}\}$ außer den Ungleichungen (3), (4) entweder noch die Gleichung (11) oder noch die Gleichung (12) befriedigen.

Nehmen wir für $\mathfrak{k}$ etwa den Kreis

$$\left\{\bar{r}_0 = \frac{11}{4},\quad \varphi_0 = \frac{\pi}{4},\quad R_0 = \frac{1}{4}\right\}! \tag{13}$$

Dieser kann sich mit Γ-Kreisen, $\left[\text{z. B. mit } \left\{r = \frac{3}{4},\quad \varphi = \frac{\pi}{4},\quad R = \frac{9}{4}\right\}\right]$ sowohl von innen, wie auch $\left[\text{z. B. mit } \left\{r = \frac{3}{4},\quad \varphi = \frac{\pi}{4},\quad R = \frac{7}{4}\right\}\right]$ von außen berühren, so daß wir wirklich beide Gleichungen (9) und (10), resp. (11) und (12) benützen müssen. Da nach (13) gilt

$$\left(\frac{1}{2} + R_0\right)^2 - r_0^2 < 0;\quad \left(\frac{1}{2} - R_0\right)^2 - r_0^2 < 0 \tag{14}$$

können wir den Gleichungen (11), (12) unter Verwendung der Abkürzungen

$$
(15)\quad \left\{\begin{aligned}
\bar r_0' &= \frac{5\,r_0}{\left(\frac{1}{2}+R_0\right)^2 - r_0^2}\,; & \bar r_0'' &= \frac{5\,r_0}{\left(\frac{1}{2}-R_0\right)^2 - r_0^2}\\
\bar\varphi_0' &= \varphi_0 + \pi\,; & \bar\varphi_0'' &= \varphi_0 + \pi\\
\bar R_0' &= \frac{5\left(\frac{1}{2}+R_0\right)}{\left(\frac{1}{2}+R_0\right)^2 - r_0^2}\,; & \bar R_0'' &= \frac{5\left(\frac{1}{2}-R_0\right)}{\left(\frac{1}{2}-R_0\right)^2 - r_0^2}
\end{aligned}\right.
$$

die Gestalt geben:

$$
(11\,\mathrm{a})\qquad \bar r^2 + (\bar r_0')^2 - 2\,\bar r\,\bar r_0' \cos(\bar\varphi - \bar\varphi_0') - (\bar R - \bar R_0')^2 = 0
$$

$$
(12\,\mathrm{a})\qquad \bar r^2 + (\bar r_0'')^2 - 2\,\bar r\,\bar r_0'' \cos(\bar\varphi - \bar\varphi_0'') - (\bar R - \bar R_0'')^2 = 0\,.
$$

Dabei sind die Größen $\bar R_0'$, $\bar R_0''$, wie besonders zu betonen ist, nach (13) und (15) negativ. Nehmen wir also ihre Absolutwerte, so haben wir in (11a) und (12a) die letzten Glieder als $(\bar R + |\bar R_0'|)^2$ und $(\bar R + |\bar R_0''|)^2$ zu schreiben. Aus der Form von (11a) geht dann hervor, daß von den den durch (13) gegebenen Kreis $\mathfrak{k}$ berührenden Γ-Kreisen die eine Hälfte, nämlich die sich mit $\mathfrak{k}$ von innen berührenden, übergehen in die Γ^*-Kreise, die sich mit einem festen Kreis $\bar{\mathfrak{k}}'$ mit den Koordinaten $\{\bar r_0', \bar\varphi_0', \bar R_0'\}$ von außen berühren. Denn in dem letzten Glied von (11a) steht zwischen $\bar R$ und $|\bar R_0'|$ das $+$-Zeichen. Die andere Hälfte, die sich mit $\mathfrak{k}$ von außen berührenden Γ-Kreise, gehen aber in solche Kreise von Γ^* über, die sich mit einem andern Kreis $\bar{\mathfrak{k}}''$ mit den Koordinaten $\{\bar r_0'', \bar\varphi_0'', \bar R_0''\}$ gleichfalls von außen berühren. [Vgl. Fig. 2.] Die $\bar{\mathfrak{k}}'$ berührenden Γ^*-Kreise berühren aber im allgemeinen keineswegs auch gleichzeitig $\bar{\mathfrak{k}}''$ und umgekehrt. Es gibt also keinen Kreis, der wieder von den Bildern aller $\mathfrak{k}$ berührenden Γ-Kreise berührt wird. Dieses Verhalten unserer Abbildung ist nun keineswegs auf das spezielle Beispiel (13) beschränkt, sondern gilt sicher für ein ganzes diesen Kreis umgebendes Kreisgebiet.

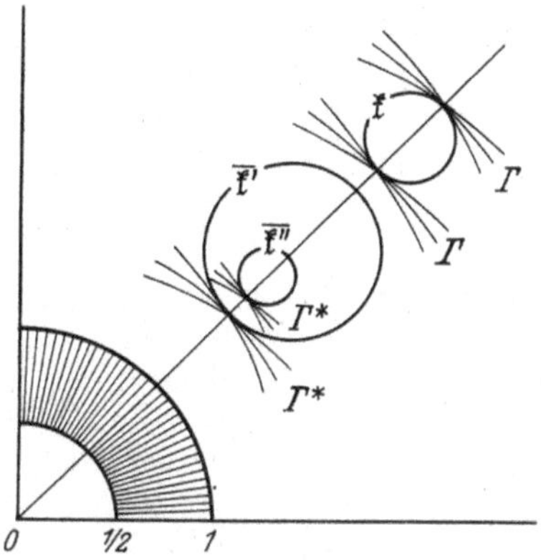

Fig. 2.

Eine eineindeutige Zuordnung der Kreise außerhalb unserer Gebiete unter Erhaltung der Berührungsbedingung — das sehen wir schon bei diesem ersten Schritt — ist also nicht möglich.

Wir sind einerseits gezwungen, unserm durch (13) *gegebenen Kreis* $\mathfrak{k}$ *zwei Bilder* $\bar{\mathfrak{k}}'$ *und* $\bar{\mathfrak{k}}''$ *zuzuordnen. Andererseits bleibt die Berührungsbedingung nur in dem schwachen Sinne invariant, daß ein* $\mathfrak{k}$ *berührender* Γ*-Kreis in einen solchen übergeht, der wenigstens einen der Bildkreise berührt.* Da somit unsere Abbildung Original→Bild nicht mehr ausnahmslos eindeutig, sondern teilweise zweideutig wird, und da man umgekehrt sehen kann, daß sich ebenso auch die Zuordnung der Bilder zu den Originalen als teilweise zweideutig ergibt, liegt es nahe, sich jeden Kreis der Ebene von vornherein *in zwei Exemplaren* vorzustellen, und zu versuchen, über diese so zu verfügen, daß die Abbildung zwischen den einzelnen Exemplaren dann eineindeutig wird. Das Schicksal der Berührungsbedingung bei der Abbildung des Kreises (13) gibt uns einen Fingerzeig, wie wir dies auf geometrischem Wege versuchen können: Es gingen dort die sich mit $\mathfrak{k}$ von innen berührenden Γ-Kreise alle über in Kreise, die alle wieder einen festen Kreis $\bar{\mathfrak{k}}'$ berührten. [Darauf, daß diese Berührung im Bilde nicht wieder eine innere war, kommt es uns nicht an.] Ebenso gingen alle Γ-Kreise, die sich mit $\mathfrak{k}$ von außen berührten, über in $\bar{\mathfrak{k}}''$ berührende Kreise.

Wir stellen uns nun zunächst jeden Kreis in zwei Exemplaren vor, von denen bei dem einen das Äußere und bei dem andern das Innere als die positive Seite ausgezeichnet ist. Wir deuten das in den Fig. 3 und 4 durch die nach den positiven Seiten weisenden Pfeile an und können uns auch etwa vorstellen, daß dem Radius ein bestimmter Richtungssinn gegeben ist. Einen solchen Kreis mit ausgezeichneter positiver Seite nennen wir einen *gerichteten* oder *orientierten Kreis.* Als *gleichsinnige* Berührung zweier gerichteter Kreise bezeichnen wir nun eine solche, bei der an der Berührungsstelle die positiven Seiten beider Kreise übereinstimmen (Fig. 5), als gegensinnige Berührung eine solche, bei der die positiven Seiten verschieden sind. *Wir denken uns nun die Kreise unserer Gebiete Γ und Γ^* so gerichtet, daß ihr Äußeres die positive Seite ist.* Ausdrücklich betonen wir dabei, daß wir zu Γ und Γ^* nur die so gerichteten und nicht die entgegengesetzt gerichteten Kreise zählen. Da in Γ sowohl wie in Γ^*, wie wir gesehen haben, nur sich von innen berührende Kreise vorkommen, berühren sich dann irgend zwei Γ-Kreise und ebenso zwei Γ^*-Kreise notwendig immer gleichsinnig. Es ist dann durch unsere Abbildung eine eineindeutige Zuordnung des Gebiets der gerichteten Kreise von Γ zu den gerichteten Γ^*-Kreisen gegeben, die die gleichsinnige Berührung erhält. Nun versuchen wir diese Abbildung $\Gamma \to \Gamma^*$ auf alle gerichteten Kreise der Ebene auszudehnen, so daß sich überall gerichtete Kreise eineindeutig entsprechen und gleichsinniges Berühren erhalten bleibt.

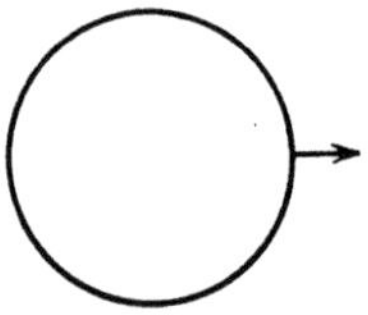

Fig. 3.

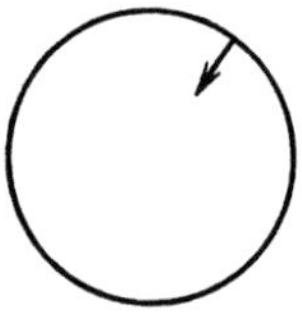

Fig. 4.

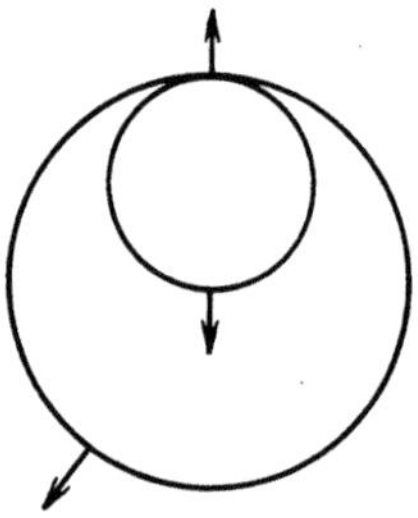

Fig. 5.

Nehmen wir jetzt unser Beispiel (13) der Fig. 2, so berühren die sich mit $\mathfrak{k}$ von innen berührenden (jetzt gerichteten) Γ-Kreise den gerichteten Kreis gleichsinnig, der entsteht, wenn wir $\mathfrak{k}$ „nach außen" richten, und den wir als $\mathfrak{k}'$ bezeichnen wollen. Diese Γ-Kreise gehen über in gerichtete Γ^*-Kreise, die sich mit $\bar{\mathfrak{k}}'$ von außen berühren. Da die Γ^*-Kreise alle nach außen gerichtet sind, haben wir $\bar{\mathfrak{k}}'$ nur nach innen zu richten, um zu erreichen, daß alle $\mathfrak{k}'$ gleichsinnig berührenden Γ-Kreise sich auf $\bar{\mathfrak{k}}'$ gleichsinnig berührende Γ^*-Kreise abbilden. In ähnlicher Weise kann man schließen, daß die $\mathfrak{k}$ von außen berührenden Γ-Kreise den Kreis $\mathfrak{k}''$ gleichsinnig berühren, der entsteht, wenn man $\mathfrak{k}$ nach innen richtet, und daß diese Kreise sich abbilden auf lauter Γ^*-Kreise, die den nach innen gerichteten Kreis $\bar{\mathfrak{k}}''$ gleichsinnig berühren. Wir können jetzt also den beiden verschieden gerichteten Exemplaren von $\mathfrak{k}$ in Übereinstimmung mit unsern für die Abbildung geforderten Eigenschaften eindeutig je einen gerichteten Kreis als Bild zuordnen.

Die beste Übersicht darüber, wie jetzt die Ausdehnung unserer Abbildung verläuft, bekommen wir, wenn wir den Übergang zu den gerichteten Kreisen auch analytisch zum Ausdruck bringen. Wir denken uns den Radius der nach außen gerichteten Kreise positiv gerechnet, und den der nach innen gerichteten Kreise negativ. Das hat den Vorteil, daß dann die Bedingung für das gleichsinnige Berühren zweier Kreise $\{r_1, \varphi_1, R_1\}$ und $\{r_2, \varphi_2, R_2\}$ immer durch

$$r_1^2 + r_2^2 - 2\, r_1\, r_2 \cos(\varphi_1 - \varphi_2) - (R_1 - R_2)^2 = 0 \tag{16}$$

dargestellt ist, einerlei ob die Kreise sich von außen oder von innen berühren. Denn bei sich von innen gleichsinnig berührenden gerichteten Kreisen (Fig. 6), müssen die Radien entweder beide positiv oder beide negativ sein. Bei sich von außen gleichsinnig berührenden gerichteten Kreisen müssen aber die Radien verschiedenes Vorzeichen haben. Die Tatsache, daß nach (1) und (4) die Radien unserer Kreise aus Γ und Γ^* positiv sind, stimmt dann mit der Annahme überein, daß alle diese Kreise nach außen gerichtet sind.

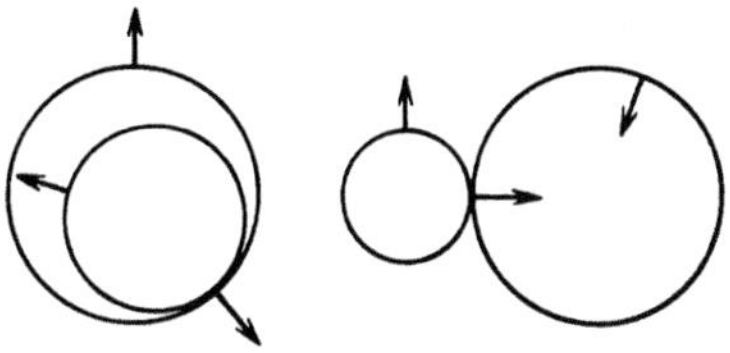

Fig. 6.

Nehmen wir nun einen beliebigen gerichteten Kreis $\mathfrak{h}$ außerhalb Γ an, der nur überhaupt von Γ-Kreisen gleichsinnig berührt wird, und sind $\{r_0, \varphi_0, R_0\}$ seine Koordinaten, so genügen alle ihn gleichsinnig berührenden Γ-Kreise der einzigen Gleichung (9). Wir haben dann nur (9) nach (5) in (11) zu transformieren, und die Bilder der $\mathfrak{h}$ gleichsinnig berührenden Γ-Kreise sind dann an die einzige Gleichung (11) geknüpft. Wenn nicht gerade gilt:

$$\left(\frac{1}{2} + R_0\right)^2 - r_0^2 = 0 \tag{17}$$

können wir dann (11) unter Verwendung der in (15) gegebenen Abkürzungen auf die Form (11a) bringen. Ist dabei nicht gerade

$$\frac{1}{2} + R_0 = 0\,, \tag{18}$$

so ist nach (15) der Radius $\overline{R}_0'$ des Bildkreises von Null verschieden und wir haben wirklich gerade wieder alle Γ^*-Kreise, die einen und denselben festen gerichteten Kreis $\overline{\mathfrak{h}}$ mit den Koordinaten $\{\overline{r}_0', \overline{\varphi}_0', \overline{R}_0'\}$ gleichsinnig berühren. Die Formeln (15) zeigen dann, daß für den Übergang von den Koordinaten des Kreises $\mathfrak{h}$ zu denen des Bildkreises $\overline{\mathfrak{h}}$ genau dieselben Formeln (2) gelten, wie für die Γ-Kreise. Die Formeln (2) lassen sich also jetzt auch außerhalb unserer Gebiete benutzen.

Wir fassen daher jetzt die Gleichungen (2) auf als Definitionsgleichungen für unsere auf die ganze Ebene ausgedehnte Abbildung zwischen gerichteten Kreisen.

Von den Fällen (17) und (18) abgesehen, wird dann jedem gerichteten Kreis $\{r, \varphi, R\}$ eindeutig ein Bildkreis $\{\overline{r}, \overline{\varphi}, \overline{R}\}$ zugeordnet. Für $\left(\frac{1}{2} + R\right)^2 - r^2 \neq 0$ kann man dann aus (2) die Umkehrformeln (5) herleiten, und wegen (6) muß in diesem dann $\overline{R}^2 - \overline{r}^2 \neq 0$ gelten, und für wirkliche Originalkreise muß wegen $R \neq 0$ auch nach (5) noch $(\overline{R}^2 - \overline{r}^2) - 10\,\overline{R} \neq 0$ gelten. Insgesamt kann man aus unsern Formeln dann ersehen:

Es werden die gerichteten Kreise $\{r, \varphi, R\}$ mit

$$\left(\frac{1}{2} + R\right)^2 - r^2 \neq 0 \quad \textit{und} \quad \frac{1}{2} + R \neq 0 \tag{19}$$

eineindeutig den gerichteten Kreisen mit

$$\overline{R}^2 - \overline{r}^2 \neq 0 \quad \textit{und} \quad \overline{R}^2 - \overline{r}^2 - 10\,\overline{R} \neq 0 \tag{20}$$

zugeordnet, und sich gleichsinnig berührenden dieser Kreise entsprechen wieder sich gleichsinnig berührende.

Wir wollen die den Ungleichungen (19) (20) genügenden Kreise als die *regulären Kreise* unserer Abbildung bezeichnen. Was die durch die Ungleichungen (19) und (20) gegebenen Ausnahmestellen angeht, so ergibt sich, wie man durch Rechnung leicht bestätigt: Alle regulären Kreise, die einen festen Kreis mit $(\frac{1}{2}+R)=0$ und $(\frac{1}{2}+R)^2-r^2 \neq 0$ [also $r \neq 0$] berühren, gehen über in lauter gerichtete Bildkreise durch einen und denselben Punkt. Umgekehrt entsprechen den regulären Bildkreisen, die einen festen Kreis mit $\overline{R}^2-\overline{r}^2-10\,\overline{R}=0$ und $\overline{R}^2-\overline{r}^2 \neq 0$ berühren, lauter Originalkreise durch einen festen Punkt.

Wir können also auch jetzt unsere Abbildung der gerichteten Kreise unter Erhaltung der Eigenschaften der Eineindeutigkeit und Invarianz der gleichsinnigen Berührung noch nicht auf die ganze Ebene ausdehnen, sondern nur wenn wir die weitere Abschwächung unserer Forderungen vornehmen, daß wir die Punkte als eine Art Grenzfall ($R=0$) mit zu den gerichteten Kreisen zählen. Vereinigte Lage von Punkt und gerichtetem Kreis haben wir dann als gleichsinnige Berührung zu betrachten.

Weiter ergibt sich: Alle regulären Kreise, die einen festen Kreis mit $(\frac{1}{2}+R)^2-r^2=0$ und $\frac{1}{2}+R \neq 0$ gleichsinnig berühren, gehen über in lauter Kreise, die eine gerichtete Gerade gleichsinnig berühren, und umgekehrt entsprechen den regulären Bildkreisen, die einen Kreis mit $\overline{R}^2-\overline{r}^2=0$, $\overline{R}^2-\overline{r}^2-10\,\overline{R} \neq 0$ berühren, lauter Originalkreise, die eine feste gerichtete Gerade gleichsinnig berühren. Als eine *gerichtete Gerade* bezeichnen wir dabei eine solche, deren eine Seite als positiv ausgezeichnet ist.

Wir haben also auch die gerichteten Geraden den gerichteten Kreisen zuzuzählen. Die nähere Untersuchung zeigt dann, daß wir auch gleichsinnig parallele Gerade und Punkt und Gerade in vereinigter Lage als sich gleichsinnig berührende Kreise aufzufassen haben. Nun haben wir nur noch die Fälle ausgelassen, in denen

gleichzeitig
$$\left(R+\frac{1}{2}\right)^2-r^2=\left(\frac{1}{2}+R\right)=0$$
und
$$\overline{R}^2-\overline{r}^2=\overline{R}^2-\overline{r}^2-10\,\overline{R}=0$$
gilt, also die Fälle

(21) $$r=0\,,\qquad R+\frac{1}{2}=0$$

und

(22) $$\overline{r}=0\,,\qquad \overline{R}=0\,.$$

Dem System von Koordinaten (21) entspricht nur der einzige Kreis um den Ursprung mit dem Radius $-\frac{1}{2}$. Es ergibt sich, daß allen ihn in dem jetzt zugrunde gelegten Sinn gleichsinnig berührenden Kreisen genau die sämtlichen gerichteten Geraden der Ebene als Bilder entsprechen. Ebenso entsprechen allen Bildkreisen, die durch den Ursprung (22) hindurchgehen, die gerichteten Geraden der Ebene als Original.

Da nun die Kreise, die durch einen sehr entfernten Punkt der Ebene gehen, soweit sie in dem uns sichtbaren Teil der Ebene verlaufen, um so geradenähnlicher werden, je weiter der Punkt fortrückt, können wir uns die Geraden im Grenzfall vorstellen als die Kreise, die durch einen *unendlich fernen* oder *uneigentlichen Punkt* gehen.

Wir können daher die beiden Löcher, die in der eineindeutigen Zuordnung noch bleiben, dadurch stopfen, daß wir einen uneigentlichen Punkt einführen, den wir wie alle Punkte zu den gerichteten Kreisen rechnen, und den wir einmal als Bild dem Kreis (21) und zweitens als Original dem Punkt (22) zuordnen. Dieser uneigentliche Punkt spielt in der Geometrie von *Lie* eine ganz ähnliche Rolle wie die uneigentlichen Punkte der projektiven Geometrie. Dabei haben wir hier aber im Gegensatz zur projektiven Geometrie der Ebene statt einer ganzen Geraden von uneigentlichen Punkten nur einen einzigen. Es ist deshalb auch das ebene Gebiet, auf das wir die Abbildungen von *Lie* ausdehnen, und das wir durch stetiges Einfügen eines einzigen uneigentlichen Punktes in die euklidische Ebene bekommen, von der projektiven Ebene wesentlich verschieden. Darauf werden wir später noch zu sprechen kommen. Ein solches ebenes Gebiet, bei dem man sich dann die euklidische Ebene durch den uneigentlichen Punkt über das Unendliche hinüber geschlossen vorstellt, bezeichnen wir als eine *Möbiusebene*.

Nach dieser letzten Abänderung des Kreisbegriffs durch Hinzunahme des uneigentlichen Punktes haben wir jetzt endlich eine eineindeutige Zuordnung in der ganzen Möbiusebene hergestellt. Wenn man dann die gesamte Abbildung noch einmal überprüft, stellt sich heraus — wir berichten das hier nur kurz —, daß auch die gleichsinnige Berührung in dem eingeführten Sinne ohne Ausnahme erhalten bleibt. Die Abbildung erweist sich dann auch als überall stetig, wenn wir nur der Möbiusebene in der eben schon angedeuteten Weise einen geeigneten topologischen Zusammenhang zuschreiben.

§ 3. Die Abbildungen von *Möbius*, *Laguerre* und *Lie* als Abbildungen im Großen.

Der an unserem Beispiel erläuterte Sachverhalt ist nun typisch überhaupt für alle Abbildungen von *Lie*, und er läßt schon allgemein erkennen, wie man in jedem Fall bei der Ausdehnung einer für gewisse Gebiete gegebenen Abbildung von *Lie* vorzugehen hat. Denn es zeigt sich, wie wir hier vorerst nur berichten, daß auch bei den allgemeinsten Abbildungen von *Lie* außer den angegebenen keine weiteren Verwicklungen hinzukommen. Das Vorgehen ist daher immer ganz dasselbe wie bei unserem speziellen Beispiel. Wenn wir noch einmal kurz zusammenfassen, so haben wir den folgenden Sachverhalt: Es ergibt sich, daß eine Ausdehnung einer für zwei Gebiete $\Gamma \to \Gamma^*$ gegebenen Abbildung von *Lie* auf die euklidische Ebene unter Beibehaltung der im § 1 angegebenen kennzeichnenden Eigenschaften im allgemeinen nicht möglich ist. Vielmehr wird die Abbildung im allgemeinen Fall (abgesehen noch von verschiedenartigen Ausnahmestellen) zweideutig. Um diesem Übelstand abzuhelfen, denkt man sich alle Kreise von vornherein in zwei Exemplaren: Wir überdecken jeden Kreis mit zwei *gerichteten Kreisen*. Als einen gerichteten Kreis bezeichnen wir dabei einen Kreis, bei dem das eine der beiden Gebiete, in die er die euklidische Ebene zerlegt, als seine positive Seite ausgezeichnet ist, ebenso wie wir auch die Geraden durch eine solche Auszeichnung einer positiven Seite richten werden. Die gleichsinnige Berührung erklären wir dann nach der linken Seite der Fig. 6. Es ergibt sich nun allgemein, daß sich bei einer für Γ und Γ^* gegebenen Abbildung von *Lie* die Kreise der Gebiete Γ und Γ^* so richten lassen, daß sich gleichsinnig berührende Kreise in ebensolche übergehen. Jetzt können wir die Abbildung auf alle gerichteten Kreise der ganzen Ebene unter Erhaltung der Eigenschaften der eineindeutigen Zuordnung gerichteter Kreise und der Invarianz der gleichsinnigen Berührung ausdehnen, wenn wir nur noch folgende weiteren Festsetzungen machen: Wir rechnen die gerichteten Geraden als einen Grenzfall (Radius $\to \infty$) mit zu den gerichteten Kreisen und ebenso die Punkte (Radius 0), welche letztere nicht mit irgendeiner Richtung versehen zu werden brauchen. Schließlich führen wir, da auch dann noch im Original und Bild je eine Ausnahmestelle der Eineindeutigkeit bleibt, einen uneigentlichen Punkt ein.

Da wir die Gruppe von *Lie* auch mit dem Buchstaben K bezeichnen werden, wollen wir für den Kreisbegriff, zu dem wir bei der Ausdehnung unserer Abbildung von *Lie* gelangt sind, auch die Bezeichnung K-Kreis verwenden. In den Begriff des K-Kreises fassen wir dann die folgenden Elemente zusammen:

1. Die gerichteten Kreise,
2. die gerichteten Geraden,
3. die Punkte,
4. den uneigentlichen Punkt.

Wenn wir dann noch in den Begriff sich berührender K-Kreise die folgenden sechs Fälle zusammenfassen:

1. zwei sich gleichsinnig berührende gerichtete Kreise,
2. einen gerichteten Kreis und eine gleichsinnig gerichtete Tangente,
3. zwei gleichsinnig parallele gerichtete Gerade,
4. einen gerichteten Kreis und einen Punkt in vereinigter Lage,
5. eine gerichtete Gerade und einen Punkt in vereinigter Lage,
6. den uneigentlichen Punkt und jede beliebige gerichtete Gerade,

so ergibt sich: *Eine für beliebige Gebiete gegebene Abbildung von Lie läßt sich immer ausdehnen auf eine eineindeutige Abbildung von K-Kreisen des Gesamtgebiets aller K-Kreise, bei der die Berührung zweier K-Kreise stets erhalten bleibt. Damit die Abbildung als durchweg stetig erscheint, hat man dann den uneigentlichen Punkt in geeigneter Weise der euklidischen Ebene stetig eingefügt zu denken.*

Diese Ausführungen sollen nur den Charakter eines vorläufigen Berichts besitzen. Sie sollen uns nur verständlich machen, warum wir später in der ebenen Geometrie von *Lie* die Begriffe „Kreis“ und „Berührung“ von Anbeginn in der veränderten Fassung voranstellen.

Bei den Abbildungen von *Möbius* und *Laguerre* liegen die Verhältnisse einfacher als bei den Abbildungen von *Lie*: Bei den *Möbius*-Transformationen haben wir nur in die euklidische Ebene einen uneigentlichen Punkt einzufügen und die Geraden als Kreise durch den uneigentlichen Punkt zu rechnen, um unsere Abbildungen von Gebieten in ähnlichem

Sinne ausdehnen zu können. Gerichtete Kreise und Geraden einzuführen, ist hier nicht durchaus notwendig.

In der Geometrie von *Laguerre* muß man aber wieder gerichtete Geraden und Kreise einführen, kann aber dafür in der gewöhnlichen euklidischen Ebene bleiben, ohne einen uneigentlichen Punkt einzuführen. Die gewöhnlichen Punkte hat man hier den gerichteten Kreisen zuzuzählen.

Für den Raum sind die Verhältnisse bei allen drei Gruppen ganz entsprechend. An Stelle des gerichteten Kreises tritt die gerichtete Kugel und an Stelle der gerichteten Geraden die gerichtete Ebene.

Wir werden später dann derart vorgehen, daß wir zuerst die Abbildungen von *Möbius*, *Laguerre* und *Lie* als eineindeutige Abbildungen gewisser Gesamtgebiete von „Kreisen" oder „Kugeln" definieren, wobei wir den Begriffen Kreis und Kugel jedesmal eine von der gewöhnlichen euklidischen etwas abweichende Fassung zugrunde legen. Dann werden wir zeigen, daß jede solche Abbildung für gewisse geeignete Teilgebiete eine Abbildung der im gewöhnlichen euklidischen Sinne genommenen Kreise oder Kugeln vermittelt, die die Eigenschaften des § 1 besitzt.

Von diesen Abbildungen, die wir so als Teilabbildungen der für die Gesamtgebiete erklärten Transformationen erhalten, beweisen wir dann, daß sie überhaupt die einzigen Abbildungen von Kreis- oder Kugelgebieten im gewöhnlichen euklidischen Sinne sind, die die Eigenschaften des § 1 besitzen.

1. Kapitel.

Stereographische Projektion und Geometrie von *Möbius* in der Ebene.

§ 4. Hyperbolische Bewegungen in der Ebene.

Unsere Gruppen von *Möbius*, *Laguerre* und *Lie* haben, wie wir sehen werden, eines gemein: *Jede von ihnen läßt sich durch eine geeignete Zuordnung abbilden auf eine Gruppe projektiver Transformationen in einem Raum von genügend vielen Dimensionen.* Ihre Geometrie läßt sich also in gewissem Sinne einordnen in die projektive Geometrie.

Wir wollen uns in den ersten drei Kapiteln mit der Geometrie der *Gruppe von Möbius* in der Ebene beschäftigen. Und zwar wollen wir in diesem ersten Kapitel (im § 8) zeigen, wie sich mittels der sogenannten *stereographischen Projektion* diese Gruppe auffassen läßt als Abbild einer projektiven Gruppe des Raumes, nämlich der Gruppe der sogenannten *hyperbolischen Bewegungen.*

Wir wollen uns daher zunächst mit der Geometrie dieser Gruppe, mit der sogenannten hyperbolischen Geometrie befassen, um aus ihr dann später mit Hilfe der stereographischen Projektion Einsichten zu gewinnen in die Kreisgeometrie von *Möbius* in der Ebene.

Zu der Gruppe der hyperbolischen Bewegungen des Raumes gibt es als Gegenstück eine Gruppe von Abbildungen der Ebene und dementsprechend eine *hyperbolische Geometrie der Ebene.* Wir wollen mit dieser beginnen, und dann im § 8 zur räumlichen hyperbolischen Geometrie übergehen.

Als Gruppe der *hyperbolischen Bewegungen mit dem Maßkegelschnitt* $\mathfrak{K}$ bezeichnen wir die Gruppe aller projektiven Transformationen, die einen festen nichtausgearteten Kegelschnitt $\mathfrak{K}$ mit reellen Punkten in sich überführen.

Ein Beispiel einer hyperbolischen Bewegung ist die folgende Abbildung: Wir wählen einen festen Punkt $\mathfrak{y}$, der nicht auf $\mathfrak{K}$ liegt. Seine Polare bezüglich $\mathfrak{K}$ sei die Gerade g. (Vgl. Fig. 7.) Einem beliebigen von $\mathfrak{y}$ verschiedenen und nicht auf g gelegenen Punkt $\mathfrak{x}$ der Ebene ordnen wir nun auf die folgende Weise einen Bildpunkt $\mathfrak{x}^*$ zu. Wir verbinden

$\mathfrak{x}$ mit $\mathfrak{y}$ und bringen die Verbindungsgerade im Punkte $\mathfrak{z}$ zum Schnitt mit g. $\mathfrak{x}^*$ bestimmen wir dann als den zu $\mathfrak{x}$ bezüglich des Paares $\{\mathfrak{y}, \mathfrak{z}\}$ harmonischen Punkt der gemeinsamen Verbindungsgeraden. Die einzelnen Punkte von g und der Punkt $\mathfrak{y}$ werden sich selbst als Bilder zugeordnet. Wir nennen diese besondere Abbildung: Spiegelung an dem Punkt $\mathfrak{y}$ bezüglich der Geraden g.

Von dieser Abbildung, die natürlich eine projektive ist, können wir leicht zeigen, daß sie den Kegelschnitt $\mathfrak{K}$ fest läßt. Am besten beweisen wir das so: Wir können die soeben beschriebene Abbildung $\mathfrak{x} \to \mathfrak{x}^*$ ihrerseits wieder einer Abbildung unterwerfen. Solche *Abbildungen von Abbildungen* werden im folgenden sehr häufig vorkommen. Die Transformation $\mathfrak{x} \to \mathfrak{x}^*$ besteht ja nur in einer Zuordnung der Punkte der Ebene zu Paaren. Unterwerfen wir nun die ganze Ebene einer Punkttransformation, so gehen die Punkte $\mathfrak{x}$ und $\mathfrak{x}^*$ in neue Punkte $\mathfrak{x}'$ und $\mathfrak{x}'^*$ über und die Abbildung $\mathfrak{x} \to \mathfrak{x}^*$ wird dabei in die neue $\mathfrak{x}' \to \mathfrak{x}'^*$ transformiert. Wir üben nun auf die aus $\mathfrak{y}$, g und $\mathfrak{K}$ bestehende Figur eine solche projektive Abbildung aus, daß g in die uneigentliche Gerade g'_∞ übergeht. $\mathfrak{K}$ geht dann über in einen Kegelschnitt $\mathfrak{K}'$, dessen Mittelpunkt $\mathfrak{y}'$ als Pol der uneigentlichen Geraden g'_∞ das Bild von $\mathfrak{y}$ ist. Die Abbildung $\mathfrak{x} \to \mathfrak{x}^*$ geht dann wieder über in eine ganz derselben Art, in der $\mathfrak{y}'$ und g'_∞ die Rolle von $\mathfrak{y}$ und g vertreten. Die transformierte Abbildung $\mathfrak{x}' - \mathfrak{x}'^*$ ist aber eine einfache Spiegelung am Punkte $\mathfrak{y}'$ im gewöhnlichen Sinne. Indem wir unsere Figur $\mathfrak{y}$, g, $\mathfrak{K}$ durch unsere Transformation in eine bewegungsgeometrisch spezielle Lage bringen, können wir die ganzen Verhältnisse „besser sichtbar" machen. Bei der Spiegelung am Punkte $\mathfrak{y}'$ geht natürlich der Kegelschnitt $\mathfrak{K}'$ in sich über, da $\mathfrak{y}'$ sein Mittelpunkt ist. Was für den Kegelschnitt $\mathfrak{K}'$ bei der Abbildung $\mathfrak{x}' \to \mathfrak{x}'^*$ gilt, muß dann aber auch gültig sein für den Kegelschnitt $\mathfrak{K}$ bei der Abbildung $\mathfrak{x} \to \mathfrak{x}^*$, die natürlich projektiv ist. Damit ist die spezielle Abbildung unserer Fig. 7 als hyperbolische Bewegung nachgewiesen.

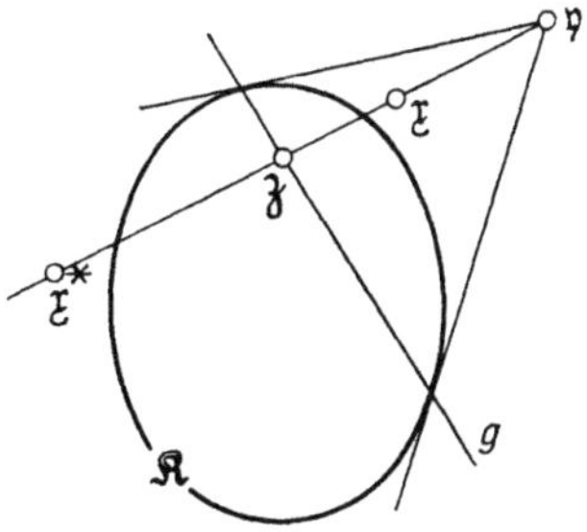

Fig. 7.

So wie wir einzelne Abbildungen wieder einer Abbildung unterwerfen, können wir dasselbe natürlich auch mit ganzen Gruppen vornehmen. Gruppen, die durch eine einfache Abbildung auseinander hervorgehen, nennen wir zueinander *isomorph*. Z. B. können wir den Maßkegelschnitt $\mathfrak{K}$ unserer hyperbolischen Bewegungen durch eine projektive Transformation in einen Kreis $\mathfrak{k}$ überführen. Die Gruppe der hyperbolischen Bewegungen mit dem Maßkegelschnitt $\mathfrak{K}$ geht dann über in die Gruppe der hyperbolischen Bewegungen mit dem *Maßkreis* $\mathfrak{k}$.

Da in dieser bewegungsgeometrisch spezialisierten Gruppe die geometrischen Verhältnisse „leichter zu durchschauen" sind, wollen wir sie unsern folgenden Untersuchungen zugrunde legen. Wir bezeichnen die Gruppe mit dem Maßkreis $\mathfrak{k}$ zur Abkürzung auch als Gruppe $\mathfrak{H}$.

Die Transformationen aus $\mathfrak{H}$ induzieren auf dem Kreis $\mathfrak{k}$ eine Gruppe von eineindeutigen Punkttransformationen. Offenbar ist die hyperbolische Bewegung in der ganzen Ebene bekannt, wenn die zugehörige Transformation auf $\mathfrak{k}$ gegeben ist. Denn durch jeden nicht auf $\mathfrak{k}$ gelegenen Punkt $\mathfrak{p}$ der Ebene kann man zwei verschiedene, den Kreis in je einem Punktepaar schneidende Geraden legen. Die Bilder dieser Punktepaare kennen wir aber, somit auch die Bilder der Geraden als Verbindungslinien der Punktepaare der Abbildung, und das Bild $\mathfrak{p}^*$ von $\mathfrak{p}$ ist dann einfach der Schnitt der beiden Bildgeraden. Wir können uns also beim Studium der Gruppe $\mathfrak{H}$ auf das Studium der auf $\mathfrak{k}$ induzierten Gruppe beschränken.

Zu einer Spiegelung am Punkte $\mathfrak{y}$ bezüglich seiner Polaren g gehört als Abbildung auf $\mathfrak{k}$ einfach *eine Projektion des Kreises* $\mathfrak{k}$ *auf sich* selbst aus dem Zentrum $\mathfrak{y}$, die jedem Punkt $\mathfrak{p}$ auf $\mathfrak{k}$ den zweiten Schnittpunkt der Verbindungslinie $\{\mathfrak{p}\,\mathfrak{y}\}$ mit dem Kreise als Bild zuordnet. Liegt $\mathfrak{y}$ außerhalb von $\mathfrak{k}$, so gibt es zwei reelle Tangenten an $\mathfrak{k}$, deren Berührungspunkte bei der Projektion des Kreises auf sich fest bleiben. Bei einer hyperbolischen Bewegung gehen natürlich Punkte außerhalb von $\mathfrak{k}$ wegen der Existenz reeller Tangenten wieder in ebensolche über, Punkte im Innern von $\mathfrak{k}$, wo diese fehlen, wieder in innere Punkte.

Wir wollen nun zeigen: *Wir können drei Punkte* $\mathfrak{x}^\alpha$ $[\alpha = \mathrm{I, II, III}]$ *auf* $\mathfrak{k}$ *immer durch eine hyperbolische Bewegung, die durch Hintereinanderausführen von zwei Projektionen des Kreises auf sich entsteht, in drei beliebig vorgegebene Bildpunkte* $\mathfrak{x}^{\alpha *}$ *überführen.* Wir verbinden nämlich erstens $\mathfrak{x}^{\mathrm{I}}$ mit $\mathfrak{x}^{\mathrm{II}*}$ und $\mathfrak{x}^{\mathrm{II}}$ mit $\mathfrak{x}^{\mathrm{I}*}$. (Vgl. Fig. 8.) Die beiden Geraden schneiden sich in einem Punkt $\mathfrak{y}$. Projizieren wir $\mathfrak{k}$ auf sich aus $\mathfrak{y}$ und nennen wir $\bar{\mathfrak{x}}^\alpha$ die Bilder von $\mathfrak{x}^\alpha$, so fällt $\bar{\mathfrak{x}}^{\mathrm{I}}$ nach $\mathfrak{x}^{\mathrm{II}*}$ und $\bar{\mathfrak{x}}^{\mathrm{II}}$ nach $\mathfrak{x}^{\mathrm{I}*}$. Nun ziehen wir die Geraden $\{\mathfrak{x}^{\mathrm{I}*}\,\mathfrak{x}^{\mathrm{II}*}\}$ und $\{\bar{\mathfrak{x}}^{\mathrm{III}}\,\mathfrak{x}^{\mathrm{III}*}\}$ bis zum Schnittpunkt $\mathfrak{z}$ und

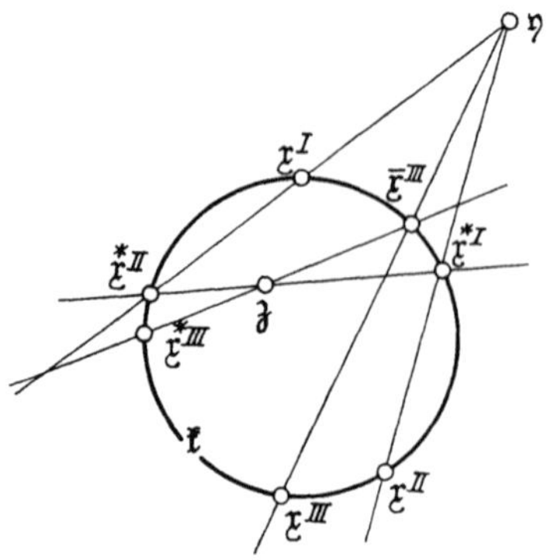

Fig. 8.

n aus $\mathfrak{z}$. Dann gehen alle $\bar{\mathfrak{x}}^{\alpha *}$ in die $\mathfrak{x}^{\alpha *}$ über. [Fällt von tepaaren, die wir bei der Konstruktion zu verbinden haben, einen Punkt zusammen, so haben wir statt der Verbindungsdiesem Doppelpunkt die Tangente an $\mathfrak{k}$ zu ziehen.]

ı wir so eine Abbildung aus $\mathfrak{H}$ konstruiert haben, die drei drei beliebige Bildpunkte $\mathfrak{x}^{\alpha *}$ überführt, können wir nun auch zeigen, daß die gefundene Abbildung die einzige der Gruppe $\mathfrak{H}$ ist, die die $\mathfrak{x}^{\alpha}$ in die $\mathfrak{x}^{\alpha *}$ überführt. Gäbe es nämlich zwei solche, so müßte die eine aus der anderen entstehen, indem man ihr eine Abbildung aus $\mathfrak{H}$ anfügt, die die $\mathfrak{x}^{\alpha *}$ fest läßt, und nicht die Identität ist. Eine solche gibt es nun aber nicht, denn mit den $\mathfrak{x}^{\alpha *}$ müßte auch der zweite Schnittpunkt $\mathfrak{t}$ des Kreises mit der Geraden durch $\mathfrak{x}^{\mathrm{I}*}$ und den Pol der Verbindungslinie $\{\mathfrak{x}^{\mathrm{II}*}\,\mathfrak{x}^{\mathrm{III}*}\}$ fest bleiben. Von den vier Punkten $\mathfrak{x}^{\alpha *}$, $\mathfrak{t}$ lägen aber keine drei in einer Geraden, und die einzige projektive Abbildung, die solche vier Punkte fest ließe, wäre die Identität.

Somit gibt es zu vorgegebenen Bildern $\mathfrak{x}^{\alpha *}$ dreier Punkte $\mathfrak{x}^{\alpha}$ immer nur eine Abbildung aus $\mathfrak{H}$. Daraus folgt zweierlei. Erstens daß $\mathfrak{H}$ eine dreigliedrige Gruppe ist, denn in der Angabe der drei Punkte $\mathfrak{x}^{\alpha *}$ auf $\mathfrak{k}$ stecken drei Parameter, und es gibt soviel verschiedene hyperbolische Bewegungen wie es Punkttripel auf $\mathfrak{k}$ gibt. Zweitens aber ersieht man, daß alle hyperbolischen Bewegungen sich erzeugen lassen durch Aneinanderreihung von Projektionen des Kreises auf sich. Ja, es genügen sogar Projektionen aus Punkten außerhalb des Kreises.

Man kann nämlich zeigen: Jede Projektion aus einem inneren Punkt $\mathfrak{q}$ läßt sich durch zwei Projektionen aus äußeren Punkten erzeugen: Zunächst gilt das, wenn $\mathfrak{q}$ speziell der Mittelpunkt von $\mathfrak{k}$ ist. Dann ordnet die zugehörige Projektion einfach diametral gegenüberliegende Punkte einander zu. Diese Zuordnung läßt sich aber auch erzeugen durch zwei gewöhnliche Spiegelungen an zwei durch den Mittelpunkt $\mathfrak{q}$ hindurchgehenden senkrechten Geraden. Diese Spiegelungen sind aber nichts anderes als Projektionen des Kreises auf sich aus uneigentlichen, also aus äußeren Punkten. Wenn wir nun den Mittelpunkt $\mathfrak{q}$ durch eine hyperbolische Bewegung in einen andern inneren Punkt $\mathfrak{q}^*$ überführen und bei dieser Abbildung die eben erwähnten drei Projektionen, die eine „innere" und die zwei „äußeren" mit abbilden, so sieht man, daß auch die Zerlegung der „inneren" zu $\mathfrak{q}^*$ gehörigen Projektion in zwei „äußere" Projektionen möglich ist. Wollen wir diese Zerlegbarkeit für jeden inneren Punkt nachweisen, so haben wir nur noch zu zeigen, daß durch $\mathfrak{H}$ jeder innere Punkt $\mathfrak{q}$ in jeden beliebigen ebensolchen $\mathfrak{q}^*$ übergeführt werden kann. Das ergibt sich aber so: Wir ziehen durch $\mathfrak{q}$ eine Gerade g, die $\mathfrak{k}$ in $\mathfrak{x}^{\mathrm{I}}$ und $\mathfrak{x}^{\mathrm{II}}$ schneiden möge, und ebenso durch $\mathfrak{q}^*$ eine Gerade g^* die $\mathfrak{k}$ in $\mathfrak{x}^{\mathrm{I}*}$ und $\mathfrak{x}^{\mathrm{II}*}$ schneidet. Dann verbinden wir den Pol $\mathfrak{p}$ von g mit $\mathfrak{q}$ und nennen den einen der Schnittpunkte von $\{\mathfrak{p},\,\mathfrak{q}\}$ mit dem Kreis $\mathfrak{x}^{\mathrm{III}}$ (vgl. Fig. 9). Ebenso bezeichnen wir einen beliebigen der beiden Schnittpunkte der Geraden $\{\mathfrak{p}^*\mathfrak{q}^*\}$, wo $\mathfrak{p}^*$ der Pol von $\{\mathfrak{x}^{\mathrm{I}*}\,\mathfrak{x}^{\mathrm{II}*}\}$ ist, mit $\mathfrak{x}^{\mathrm{III}*}$. Es ist dann durch $\mathfrak{x}^{\alpha} \to \mathfrak{x}^{\alpha *}$ $(\alpha = \mathrm{I}, \mathrm{II}, \mathrm{III}]$ nach den Ausführungen dieses Kapitels eine Abbildung aus $\mathfrak{H}$ bestimmt. Diese führt die Geraden g und $\{\mathfrak{p}\,\mathfrak{x}^{\mathrm{III}}\}$ über in die Bildgeraden g^* und $\{\mathfrak{p}^*\,\mathfrak{x}^{\mathrm{III}*}\}$ und ihren Schnittpunkt $\mathfrak{q}$ in den Bildpunkt $\mathfrak{q}^*$.

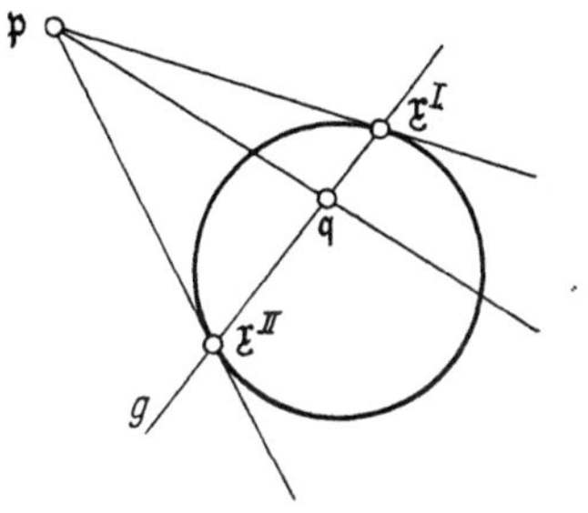

Fig. 9.

Nachdem wir so über den geometrischen Charakter der hyperbolischen Bewegungen Klarheit gewonnen haben, wollen wir zeigen, daß alle die bewiesenen Tatsachen sich auch einfach begründen lassen aus ihnen entsprechenden Tatsachen der projektiven Geometrie auf der Geraden.

Wir denken uns $\mathfrak{k}$ aus seinem „tiefsten" Punkt $\mathfrak{s}$ auf die durch seinen Mittelpunkt gehende „horizontale" Gerade $\mathfrak{e}$ projiziert. (Vgl. Fig. 9a.) Wir nennen diese Projektion die *stereographische Projektion* des Kreises aus dem Punkt $\mathfrak{s}$ auf die Gerade $\mathfrak{e}$. Diese Zuordnung der Punkte von $\mathfrak{k}$ zu denen von $\mathfrak{e}$ wird eineindeutig, wenn wir $\mathfrak{s}$ selbst den uneigentlichen Punkt von $\mathfrak{e}$ entsprechen lassen. Es entsprechen somit den Transformationen der Gruppe $\mathfrak{H}$ auf $\mathfrak{k}$ wieder eineindeutige Abbildungen der Punkte von $\mathfrak{e}$. Von ihnen können wir nun zeigen, daß sie das Doppelverhältnis von vier Punkten erhalten, also projektive Abbildungen der Geraden $\mathfrak{e}$ sind, und weil auch auf $\mathfrak{e}$ noch drei Punkte $\mathfrak{x}^a$ in drei beliebige $\bar{\mathfrak{x}}^a$ übergeführt werden können, entspricht dann der Gruppe $\mathfrak{H}$ auf $\mathfrak{k}$ die vollständige dreigliedrige Gruppe der projektiven Transformationen auf $\mathfrak{e}$.

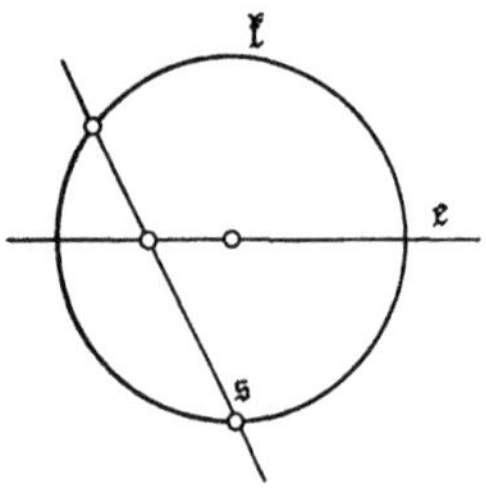

Fig. 9a.

Um nun die Invarianz des Doppelverhältnisses bei den Abbildungen auf $\mathfrak{e}$ nachzuweisen, bemerken wir zunächst, daß vier Punkte auf $\mathfrak{k}$ eine Invariante gegenüber $\mathfrak{H}$ besitzen. Es gilt nämlich der Satz: Verbindet man vier feste Punkte auf $\mathfrak{k}$ mit einem beliebigen fünften gleichfalls auf $\mathfrak{k}$ gelegenen, so haben die vier Verbindungsstrahlen immer dasselbe Doppelverhältnis. Das folgt einfach aus der Tatsache, daß die beiden Verbindungsstrahlen, die von je zweien der vier festen Punkte nach dem fünften Punkt führen, immer denselben Winkel einschließen (auf Grund des Satzes von der Gleichheit der Peripheriewinkel über einer festen Sehne eines Kreises). Wir können also schlechthin von einem *Doppelverhältnis von vier Punkten eines Kreises* sprechen, und für vier Punkte des Maßkreises $\mathfrak{k}$ ist dieses eine Invariante gegenüber $\mathfrak{H}$. Diesem Doppelverhältnis entspricht nun in der stereographischen Projektion das gewöhnliche Doppelverhältnis von vier Punkten der Geraden $\mathfrak{e}$. Denn wir können von den vier Punkten auf $\mathfrak{k}$ speziell die Strahlen nach $\mathfrak{s}$ ziehen, und ihr Doppelverhältnis ist das dieser vier Strahlen. Da diese Strahlen aber einfach Projektionsstrahlen der stereographischen Projektion sind, ist ihr Doppelverhältnis auch das der vier Bildpunkte auf $\mathfrak{e}$.

Die harmonischen Punktepaare auf $\mathfrak{k}$, die denen auf $\mathfrak{e}$ entsprechen, sind, wie man aus der Erklärung des Doppelverhältnisses von vier Punkten auf $\mathfrak{k}$ erkennt, insbesondere solche, deren Verbindungsgeraden zu $\mathfrak{k}$ konjugiert sind. Es enthält also jede der beiden Geraden den Schnittpunkt der beiden Kreistangenten in den Punkten des anderen Paares. Daraus ersieht man, daß unsere Projektionen des Kreises auf sich aus einem Zentrum $\mathfrak{h}$ außerhalb des Kreises jedem Punkt auf $\mathfrak{k}$ den harmonischen bezüglich des Paares der Berührungspunkte der Tangenten von $\mathfrak{h}$ an den Kreis zuordnen. Diesen Projektionen entsprechen auf $\mathfrak{e}$ dann die harmonischen Spiegelungen an Punktepaaren. Und wie $\mathfrak{H}$

aus jenen, so kann die projektive Gruppe der Geraden aus diesen erzeugt werden.

Die hyperbolische Geometrie hat deshalb besondere Bedeutung, weil sie eine Veranschaulichung der von *Gauß*, *Bolyai* und *Lobatschefsky* axiomatisch begründeten nichteuklidischen Geometrie darstellt. Bei dieser Veranschaulichung, die von *Felix Klein* stammt, betrachtet man ausschließlich das Innere von $\mathfrak{k}$. Dieses Gebiet entspricht der *Lobatschefsky*schen Ebene, deren Punkten die inneren Punkte von $\mathfrak{k}$ entsprechen. Definiert man als die nichteuklidischen Geraden die im Innern von $\mathfrak{k}$ verlaufenden geraden Strecken, und als nichteuklidische Entfernung zweier Punkte $\mathfrak{y}$ und $\mathfrak{z}$ den halben Logarithmus des Doppelverhältnisses $D\,(\mathfrak{y}, \mathfrak{p}, \mathfrak{z}, \mathfrak{q})$, das sie mit den Schnittpunkten $\mathfrak{p}$ und $\mathfrak{q}$ bilden, in denen ihre Verbindungslinie $\mathfrak{k}$ trifft, so erfüllen, wie sich zeigt, diese Begriffe die Axiome der *Lobatschefsky*schen oder hyperbolischen nichteuklidischen Geometrie. Und es ergibt sich, daß der Inhalt dieser nichteuklidischen Geometrie übereinstimmt mit der Geometrie, die man als Invariantentheorie der Gruppe $\mathfrak{H}$ erhält. Für die Zwecke, die wir verfolgen, wird es von Nutzen sein, die hyperbolische Geometrie nicht nur im Innern von $\mathfrak{k}$, sondern in der ganzen Ebene zu betrachten.

§ 5. Grundbegriffe der hyperbolischen Geometrie der Ebene.

Nach den Ideen, die *Klein* in seinem Erlanger Programm entwickelt hat, ist nun unsere hyperbolische Geometrie nichts anderes als die projektive Geometrie in einer Ebene, in der der Kegelschnitt (Kreis) $\mathfrak{k}$ von vornherein zur Verfügung steht und die Eigenschaften geometrischer Gebilde, die für die hyperbolische Geometrie in Betracht kommen, erschöpfen sich in ihren projektiven Beziehungen zu dem festen Kegelschnitt. Denn wenn zwei geometrische Figuren $\mathfrak{F}$ und $\mathfrak{F}^*$ gegeben sind, und die aus $\mathfrak{F}$ und dem Kegelschnitt $\mathfrak{k}$ bestehende Figur $\mathfrak{G}$ sich durch projektive Abbildung überführen läßt in die Figur $\mathfrak{G}^*$, die aus $\mathfrak{F}^*$ und $\mathfrak{k}$ besteht, so lassen sich $\mathfrak{F}$ und $\mathfrak{F}^*$ durch hyperbolische Bewegung ineinander überführen. Sind also $\mathfrak{G}$ und $\mathfrak{G}^*$ projektiv äquivalent, so sind es $\mathfrak{F}$ und $\mathfrak{F}^*$ im Sinne der hyperbolischen Geometrie. Damit ist der Inhalt der hyperbolischen Geometrie genau umrissen.

Wir schreiten nun zur analytischen Behandlung der hyperbolischen Geometrie. Wir denken uns ein kartesisches Koordinatensystem ξ, η in den Mittelpunkt von $\mathfrak{k}$ gelegt und nehmen $\mathfrak{k}$ als Einheitskreis

(1) $$\xi^2 + \eta^2 = 1 \quad \text{an.}$$

Dann führen wir homogene Koordinaten x_0, x_1, x_2 ein durch

(2) $$\xi = \frac{x_1}{x_0}, \qquad \eta = \frac{x_2}{x_0}.$$

Nach (2) ist $x_0 = 0$ die Gleichung der uneigentlichen Geraden und

(3) $$-x_0^2 + x_1^2 + x_2^2 = 0$$

jetzt die Gleichung des Kreises (1). Führen wir für die zu (3) gehörige Bilinearform in den Koordinaten zweier Punkte $\mathfrak{x}$, $\mathfrak{y}$ die abkürzende Schreibweise ein

(4) $$[\mathfrak{x}\,\mathfrak{y}] = -x_0 y_0 + x_1 y_1 + x_2 y_2,$$

so können wir statt (3) auch schreiben:

$$[\mathfrak{x}\,\mathfrak{x}] = 0.$$

Weiter werden wir in Zukunft Gleichungen von der Form

$$z_k = \alpha x_k + \beta y_k \qquad [k = 0, 1, 2],$$

die für irgendwelche Zahlen α, β in allen drei Koordinaten der Punkte $\mathfrak{x}$, $\mathfrak{y}$, $\mathfrak{z}$ gelten, in der Form schreiben:

(4a) $$\mathfrak{z} = \alpha\,\mathfrak{x} + \beta\,\mathfrak{y}.$$

Wir unterdrücken also den Index k und schreiben statt der lateinischen Buchstaben, die mit ihm behaftet sind, die deutschen.

Für die eingeführten symbolischen Ausdrücke gilt z. B. die einfache Rechenregel:

Wenn die Gleichung (4a) besteht, und $\mathfrak{p}$ ein weiterer Punkt ist, so gilt:

$$[\mathfrak{z}\,\mathfrak{p}] = \alpha[\mathfrak{x}\,\mathfrak{p}] + \beta[\mathfrak{y}\,\mathfrak{p}].$$

Somit gilt z. B. auch:

(5) $$[\mathfrak{z}\,\mathfrak{z}] = \alpha^2[\mathfrak{x}\,\mathfrak{x}] + 2\alpha\beta[\mathfrak{x}\,\mathfrak{y}] + \beta^2[\mathfrak{y}\,\mathfrak{y}].$$

Die hyperbolischen Bewegungen schreiben sich in den homogenen Koordinaten x_k nun als diejenigen linearen Transformationen

(6) $$x_k = \sum_{l=0}^{2} c_{kl}\, x_l^*$$

mit einer Determinante $|c_{kl}| \neq 0$, die die Gleichung

$$[\mathfrak{x}\,\mathfrak{x}] = 0$$

in sich überführen.

Wir beginnen nun mit der Zusammenstellung geometrischer Einzelheiten.

I. Setzen wir die homogenen Koordinaten x_k auch in ihrem gemeinsamen Normierungsfaktor als reell voraus, so folgt aus (2) und (3):

Für Punkte außerhalb $\mathfrak{k}$ gilt:

(7) $$[\mathfrak{x}\,\mathfrak{x}] > 0,$$

für Punkte im Innern von $\mathfrak{k}$ aber

(8) $$[\mathfrak{x}\,\mathfrak{x}] < 0.$$

II. Zwei Punkte $\mathfrak{x}$ und $\mathfrak{y}$, die einer linearen Gleichung

(9) $$[\mathfrak{x}\,\mathfrak{y}] = 0$$

genügen, sind zu dem Kreis $\mathfrak{k}$ *konjugiert*. Halten wir $\mathfrak{y}$ fest, so wird durch (9) die Gleichung der *Polaren* von $\mathfrak{y}$ in den laufenden Punktkoordinaten $\mathfrak{x}$ dargestellt. Wir können die Koordinaten y_0, y_1, y_2 ebensogut wie als Punktkoordinaten von $\mathfrak{y}$ auch als Geradenkoordinaten der Polaren auffassen. Punkt und Gerade sind ja in der hyperbolischen Geometrie völlig duale Begriffe. Beschränken wir uns wie bei der *Klein*schen Deutung der *Lobatschefsky*schen Geometrie nur auf das Innere von $\mathfrak{k}$, so können wir die Zahlentripel $\mathfrak{y}$ mit $[\mathfrak{y}\mathfrak{y}] < 0$ den Punkten, die Tripel mit $[\mathfrak{y}\mathfrak{y}] > 0$ aber den Geraden des inneren Gebiets, die ja Polaren äußerer Punkte sind, eindeutig als Koordinaten zuordnen.

III. Alle Punkte $\mathfrak{t}$, für die gilt

$$\mathfrak{t} = \alpha\,\mathfrak{y} + \beta\,\mathfrak{z}, \tag{10}$$

wo α und β für alle drei Gleichungen dieselben nicht gleichzeitig verschwindenden Zahlen sind, erfüllen die Verbindungsgerade der Punkte $\mathfrak{y}$ und $\mathfrak{z}$. Wegen der Homogenität der Koordinaten ist nur das Verhältnis $\alpha:\beta$ für die Festlegung von $\mathfrak{t}$ wesentlich. Greifen wir aus den Punkten der Geraden vier heraus, $\mathfrak{t}^{\mathrm{I}}$, $\mathfrak{t}^{\mathrm{II}}$, $\mathfrak{t}^{\mathrm{III}}$, $\mathfrak{t}^{\mathrm{IV}}$

$$\mathfrak{t}^{i} = \alpha^{i}\,\mathfrak{y} + \beta^{i}\,\mathfrak{z} \qquad [i = \mathrm{I}, \mathrm{II}, \mathrm{III}, \mathrm{IV}], \tag{11}$$

so ist ihr Doppelverhältnis D erklärt durch

$$D(\mathfrak{t}^{\mathrm{I}}, \mathfrak{t}^{\mathrm{II}}, \mathfrak{t}^{\mathrm{III}}, \mathfrak{t}^{\mathrm{IV}}) = \frac{(\alpha^{\mathrm{I}}\beta^{\mathrm{II}} - \alpha^{\mathrm{II}}\beta^{\mathrm{I}})(\alpha^{\mathrm{III}}\beta^{\mathrm{IV}} - \alpha^{\mathrm{IV}}\beta^{\mathrm{III}})}{(\alpha^{\mathrm{I}}\beta^{\mathrm{IV}} - \alpha^{\mathrm{IV}}\beta^{\mathrm{I}})(\alpha^{\mathrm{III}}\beta^{\mathrm{II}} - \alpha^{\mathrm{II}}\beta^{\mathrm{III}})}. \tag{12}$$

Für den Sonderfall, daß wir $\mathfrak{t}^{\mathrm{I}}$ und $\mathfrak{t}^{\mathrm{III}}$ mit den in der Darstellung (11) die Gerade aufspannenden Punkten $\mathfrak{y}$ und $\mathfrak{z}$ zusammenfallen lassen und $\mathfrak{t}^{\mathrm{II}}$ und $\mathfrak{t}^{\mathrm{IV}}$ dann in der Form ansetzen:

$$\mathfrak{t}^{\mathrm{IV}} = \alpha\,\mathfrak{y} + \beta\,\mathfrak{z}; \qquad \mathfrak{t}^{\mathrm{II}} = \bar{\alpha}\,\mathfrak{y} + \bar{\beta}\,\mathfrak{z} \tag{13}$$

gilt nach (12)

$$D(\mathfrak{y}, \mathfrak{t}^{\mathrm{II}}, \mathfrak{z}, \mathfrak{t}^{\mathrm{IV}}) = \frac{\alpha}{\beta} : \frac{\bar{\alpha}}{\bar{\beta}}. \tag{14}$$

IV. Wir kommen jetzt zur analytischen Darstellung der im vorigen Abschnitt [vgl. Fig. 9a] beschriebenen stereographischen Projektion. Der tiefste Punkt $\mathfrak{s}$, aus dem projiziert wird, hat die Koordinaten $\{s_0 = 1;\ s_1 = 0;\ s_2 = -1\}$ und die Gerade $\mathfrak{e}$ der Projektion ist die ξ-Achse unseres kartesischen Koordinatensystems $x_2 = 0$. Mit Ausnahme ihres uneigentlichen Punktes können wir alle Punkte $\bar{\mathfrak{x}}$ der ξ-Achse $\mathfrak{e}$ durch Koordinaten der Form $\{\bar{x}_0 = 1,\ \bar{x}_1 = \xi,\ \bar{x}_2 = 0\}$ darstellen, wo ξ dann einfach eine kartesische Koordinate auf der Geraden $\mathfrak{e}$ der Projektion ist. Die homogenen Koordinaten des Punktes $\mathfrak{x}$, der $\bar{\mathfrak{x}}$ bei der Projektion auf dem Kreise $\mathfrak{k}$ entspricht, können wir dann in der Form darstellen:

$$x_0 = \varrho\cdot\frac{1+\xi^2}{2}; \qquad x_1 = \varrho\cdot\xi; \qquad x_2 = \varrho\cdot\frac{1-\xi^2}{2}. \tag{15}$$

Hier ist ϱ ein beliebiger Faktor, der wegen der Homogenität der Koordinaten x auftritt. Die Richtigkeit der Formeln ergibt sich daraus, daß erstens

$$[\mathfrak{x}\,\mathfrak{x}] = -x_0^2 + x_1^2 + x_2^2 = 0$$

ist, daß also $\mathfrak{x}$ wirklich ein Punkt auf dem Kreise $\mathfrak{k}$ ist, und daß zweitens die Determinante

$$(16)\qquad |\mathfrak{x}, \bar{\mathfrak{x}}, \mathfrak{s}| = \begin{vmatrix} x_0 & \bar{x}_0 & s_0 \\ x_1 & \bar{x}_1 & s_1 \\ x_2 & \bar{x}_2 & s_2 \end{vmatrix} = 0$$

ist, daß also $\mathfrak{x}$, $\bar{\mathfrak{x}}$ und $\mathfrak{s}$ linear abhängen, somit nach (10) auf einer Geraden liegen. Aus der Darstellung (15) ergibt sich als Grenzfall, wenn man ξ unbegrenzt wachsen läßt und ϱ gleichzeitig so klein werden läßt, daß $\xi^2 \cdot \varrho$ endlich bleibt, die Zuordnung des uneigentlichen Punktes von $\mathfrak{e}$ zu $\mathfrak{s}$.

V. Wir wollen jetzt eine Formel für das Doppelverhältnis D von vier Punkten $\mathfrak{x}^{\mathrm{I}}$, $\mathfrak{x}^{\mathrm{II}}$, $\mathfrak{x}^{\mathrm{III}}$, $\mathfrak{x}^{\mathrm{IV}}$ auf dem Kreise $\mathfrak{k}$ ableiten. Wir gehen davon aus, daß das entsprechende Doppelverhältnis der den $\mathfrak{x}$ in der Projektion entsprechenden Punkte mit den kartesischen Koordinaten ξ^{I}, ξ^{II}, ξ^{III}, ξ^{IV}, durch

$$(17)\qquad D(\xi^{\mathrm{I}}, \xi^{\mathrm{II}}, \xi^{\mathrm{III}}, \xi^{\mathrm{IV}}) = \frac{(\xi^{\mathrm{I}} - \xi^{\mathrm{II}})(\xi^{\mathrm{III}} - \xi^{\mathrm{IV}})}{(\xi^{\mathrm{I}} - \xi^{\mathrm{IV}})(\xi^{\mathrm{III}} - \xi^{\mathrm{II}})}$$

gegeben ist. Ersetzen wir nun nach (15) die Koordinaten irgend zweier der vier Punkte $\mathfrak{x}$, etwa $\mathfrak{x}^{\alpha}$ und $\mathfrak{x}^{\beta}$ durch die kartesischen Koordinaten ξ^{α} und ξ^{β}, wobei für $\mathfrak{x}^{\alpha}$ und $\mathfrak{x}^{\beta}$ in (15) für ϱ zwei verschiedene Faktoren ϱ^{α} und ϱ^{β} auftreten können, so folgt nach (4) die Identität

$$[\mathfrak{x}^{\alpha}\mathfrak{x}^{\beta}] = -\frac{1}{2}\varrho^{\alpha}\varrho^{\beta}(\xi^{\alpha} - \xi^{\beta})^2.$$

Ersetzt man nach dieser Gleichung in (17) die Differenzen $\xi^{\alpha} - \xi^{\beta}$ durch die $[\mathfrak{x}^{\alpha}\mathfrak{x}^{\beta}]$ und die ϱ, so fallen die ϱ heraus und es bleibt

$$(17\,\mathrm{a})\qquad D = \sqrt{\frac{[\mathfrak{x}^{\mathrm{I}}\mathfrak{x}^{\mathrm{II}}][\mathfrak{x}^{\mathrm{III}}\mathfrak{x}^{\mathrm{IV}}]}{[\mathfrak{x}^{\mathrm{I}}\mathfrak{x}^{\mathrm{IV}}][\mathfrak{x}^{\mathrm{III}}\mathfrak{x}^{\mathrm{II}}]}}.$$

Diese Formel liefert nun wegen der Unbestimmtheit des Vorzeichens der Wurzel das Doppelverhältnis D der $\mathfrak{x}$ nur dem absoluten Betrag nach, während es doch sicher auch dem Vorzeichen nach bestimmbar sein muß. In der Tat kann man eine andere geeignetere Formel ableiten. Aus der Identität

$$\begin{aligned}&(\xi^{\mathrm{I}} - \xi^{\mathrm{II}})^2(\xi^{\mathrm{III}} - \xi^{\mathrm{IV}})^2 - (\xi^{\mathrm{I}} - \xi^{\mathrm{III}})^2(\xi^{\mathrm{II}} - \xi^{\mathrm{IV}})^2 \\ &= (\xi^{\mathrm{I}} - \xi^{\mathrm{IV}})(\xi^{\mathrm{III}} - \xi^{\mathrm{II}})[2(\xi^{\mathrm{I}} - \xi^{\mathrm{II}})(\xi^{\mathrm{III}} - \xi^{\mathrm{IV}}) - (\xi^{\mathrm{I}} - \xi^{\mathrm{IV}})(\xi^{\mathrm{III}} - \xi^{\mathrm{II}})]\end{aligned}$$

kann man nämlich aus (17) durch Umformen folgern

$$2D-1=\frac{(\xi^{\mathrm{I}}-\xi^{\mathrm{II}})^2(\xi^{\mathrm{III}}-\xi^{\mathrm{IV}})^2-(\xi^{\mathrm{I}}-\xi^{\mathrm{III}})^2(\xi^{\mathrm{II}}-\xi^{\mathrm{IV}})^2}{(\xi^{\mathrm{I}}-\xi^{\mathrm{IV}})^2(\xi^{\mathrm{III}}-\xi^{\mathrm{II}})^2}.$$

Hier treten nur mehr die Quadrate der $(\xi^\alpha-\xi^\beta)$ auf, so daß man die $\xi^\alpha-\xi^\beta$ ohne Wurzelzeichen durch die $[\mathfrak{x}^\alpha\mathfrak{x}^\beta]$ ausdrücken kann. Die ϱ fallen dabei wieder heraus und man erhält für $D(\mathfrak{x}^{\mathrm{I}},\mathfrak{x}^{\mathrm{II}},\mathfrak{x}^{\mathrm{III}},\mathfrak{x}^{\mathrm{IV}})$ die Formel

$$(18)\qquad 2D-1=\frac{[\mathfrak{x}^{\mathrm{I}}\mathfrak{x}^{\mathrm{II}}][\mathfrak{x}^{\mathrm{III}}\mathfrak{x}^{\mathrm{IV}}]-[\mathfrak{x}^{\mathrm{I}}\mathfrak{x}^{\mathrm{III}}][\mathfrak{x}^{\mathrm{II}}\mathfrak{x}^{\mathrm{IV}}]}{[\mathfrak{x}^{\mathrm{I}}\mathfrak{x}^{\mathrm{IV}}][\mathfrak{x}^{\mathrm{II}}\mathfrak{x}^{\mathrm{III}}]}.$$

§ 6. Die nichteuklidische Entfernung.

Wie im § 4 schon erwähnt, wird die *nichteuklidische Entfernung* zweier innerhalb $\mathfrak{k}$ gelegener Punkte $\mathfrak{y}$ und $\mathfrak{z}$ auf das Doppelverhältnis zurückgeführt, das $\mathfrak{y}$ und $\mathfrak{z}$ mit den beiden Schnittpunkten $\mathfrak{p}$ und $\mathfrak{q}$ ihrer Verbindungslinie mit dem Kreise $\mathfrak{k}$ bilden. Setzen wir in (13) $\mathfrak{t}^{\mathrm{II}}=\mathfrak{p}$ und $\mathfrak{t}^{\mathrm{IV}}=\mathfrak{q}$, so müssen, da $\mathfrak{p}$ und $\mathfrak{q}$ auf dem Kreise (3) liegen sollen, $\alpha:\beta$ und $\bar\alpha:\bar\beta$ nach (5) Lösungen der Gleichung

$$(19)\qquad [\mathfrak{p}\mathfrak{p}]=\alpha^2[\mathfrak{y}\mathfrak{y}]+2\alpha\beta[\mathfrak{y}\mathfrak{z}]+\beta^2[\mathfrak{z}\mathfrak{z}]=0$$

sein. Daraus ergibt sich

$$(20)\qquad \left.\begin{matrix}\alpha:\beta\\ \bar\alpha:\bar\beta\end{matrix}\right\}=\left(\pm\sqrt{[\mathfrak{y}\mathfrak{z}]^2-[\mathfrak{y}\mathfrak{y}][\mathfrak{z}\mathfrak{z}]}-[\mathfrak{y}\mathfrak{z}]\right):[\mathfrak{y}\mathfrak{y}].$$

Setzt man die beiden Lösungen in (14) ein, indem man etwa für $\alpha:\beta$ das obere und für $\bar\alpha:\bar\beta$ das untere der Zeichen in (20) wählt, so erhält man

$$(21)\qquad D=\frac{[\mathfrak{y}\mathfrak{z}]-\sqrt{[\mathfrak{y}\mathfrak{z}]^2-[\mathfrak{y}\mathfrak{y}][\mathfrak{z}\mathfrak{z}]}}{[\mathfrak{y}\mathfrak{z}]+\sqrt{[\mathfrak{y}\mathfrak{z}]^2-[\mathfrak{y}\mathfrak{y}][\mathfrak{z}\mathfrak{z}]}}.$$

Wählt man dagegen für $\alpha:\beta$ das untere Vorzeichen in (20) und für $\bar\alpha:\bar\beta$ das obere, so erhält man für D den reziproken Wert von (21). Ebenso geht D in den reziproken Wert über, wenn man $\mathfrak{y}$ und $\mathfrak{z}$ vertauscht. Durch $\mathfrak{y}$ und $\mathfrak{z}$ ist also nur die in D und $1:D$ symmetrische Funktion $D+\frac{1}{D}$ bestimmt. Man erhält aus (21)

$$(22)\qquad \frac{1}{4}\left(D+\frac{1}{D}\right)+\frac{1}{2}=\frac{(D+1)^2}{4D}=\frac{[\mathfrak{y}\mathfrak{z}]^2}{[\mathfrak{y}\mathfrak{y}][\mathfrak{z}\mathfrak{z}]}.$$

Der Ausdruck rechts ist also eine Invariante der Punkte $\mathfrak{y}$ und $\mathfrak{z}$.

Da die Punktepaare $\{\mathfrak{y}\mathfrak{z}\}$ und $\{\mathfrak{p}\mathfrak{q}\}$ sich nicht trennen, ist D positiv und wir können die nichteuklidische Entfernung $l\langle\mathfrak{y},\mathfrak{z}\rangle$ der Punkte $\mathfrak{y}$ und $\mathfrak{z}$ erklären durch

$$(23)\qquad l\langle\mathfrak{y},\mathfrak{z}\rangle=\frac{1}{2}\lg D.$$

Ersetzt man D durch den reziproken Wert, so ändert der Logarithmus das Vorzeichen. Die nichteuklidische Entfernung ist also bis auf ein Vorzeichen bestimmt. Man nimmt statt des einfachen Doppelverhältnisses den Logarithmus deshalb, weil ihm für die nichteuklidische Entfernung dreier Punkte $\mathfrak{y}$, $\mathfrak{z}$, $\mathfrak{w}$ auf derselben Geraden die *Funktionaleigenschaft der Addierbarkeit* zukommt: Nimmt man nämlich außer $\mathfrak{y}$ und $\mathfrak{z}$ einen dritten Punkt $\mathfrak{w}$ auf ihrer Verbindungsgeraden an:

$$\mathfrak{w} = \alpha^{\mathrm{V}} \mathfrak{y} + \beta^{\mathrm{V}} \mathfrak{z},$$

so weist man mit Hilfe von (12) leicht die Gleichung nach:

$$D(\mathfrak{y}, \mathfrak{p}, \mathfrak{z}, \mathfrak{q}) \cdot D(\mathfrak{z}, \mathfrak{p}, \mathfrak{w}, \mathfrak{q}) \cdot D(\mathfrak{w}, \mathfrak{p}, \mathfrak{y}, \mathfrak{q}) = 1; \tag{24}$$

daraus folgt nach (23) die behauptete additive Eigenschaft

$$l\langle \mathfrak{y}, \mathfrak{z} \rangle + l\langle \mathfrak{z}, \mathfrak{w} \rangle + l\langle \mathfrak{w}, \mathfrak{y} \rangle = 0. \tag{25}$$

Aus (22) und (23) ergibt sich die Formel

$$\frac{[\mathfrak{y}\,\mathfrak{z}]^2}{[\mathfrak{y}\,\mathfrak{y}]\,[\mathfrak{z}\,\mathfrak{z}]} = \operatorname{ch}^2 l, \tag{26}$$

wo $\operatorname{ch} l = \frac{1}{2}(e^l + e^{-l})$ der hyperbolische Kosinus ist. Durch die Funktion $\operatorname{ch}^2 l$ ist die reelle Größe l wiederum bis auf ein Vorzeichen bestimmt. Weil $\operatorname{ch}^2 l$ für reelles l immer > 1 ist, folgt für die Größe

$$J = \frac{[\mathfrak{y}\,\mathfrak{z}]^2}{[\mathfrak{y}\,\mathfrak{y}]\,[\mathfrak{z}\,\mathfrak{z}]}, \tag{27}$$

die wir auch schlechthin als die Invariante der beiden Punkte $\mathfrak{y}$ und $\mathfrak{z}$ bezeichnen wollen, im Fall zweier innerer Punkte

$$J > 1. \tag{28}$$

Wie steht es nun mit der Bedeutung der Größe J für den Fall, daß $\mathfrak{y}$ und $\mathfrak{z}$ nicht mehr beide innere Punkte von $\mathfrak{k}$ sind? Zunächst haben alle abgeleiteten Formeln auch Gültigkeit, wenn die Punkte $\mathfrak{y}$, $\mathfrak{z}$ beide außerhalb $\mathfrak{k}$ liegen und ihre Verbindungslinie $\mathfrak{k}$ trifft. Dann trennen sich die Punktepaare $\{\mathfrak{y}\,\mathfrak{z}\}$ und $\{\mathfrak{p}\,\mathfrak{q}\}$ wieder nicht und es ist $D > 0$, so daß man l wieder durch (23) erklären kann und auch die Formeln (26) und (27) haben dann unverändert Gültigkeit.

Anders ist es im Fall, daß einer der Punkte, etwa $\mathfrak{y}$, innerhalb und der andere, $\mathfrak{z}$, außerhalb $\mathfrak{k}$ liegt, ($[\mathfrak{y}\,\mathfrak{y}] < 0$, $[\mathfrak{z}\,\mathfrak{z}] > 0$). Dann trennen sich die Paare $\{\mathfrak{y}\,\mathfrak{z}\}$ und $\{\mathfrak{p}\,\mathfrak{q}\}$ und ihr Doppelverhältnis D ist < 0. Wollen wir dann eine reelle nichteuklidische Entfernung l definieren, so müssen wir statt (23) setzen

$$l\langle \mathfrak{y}, \mathfrak{z} \rangle = \frac{1}{2} \lg(-D).$$

Statt (26) und (28) erhalten wir dann

$$J = \frac{[\mathfrak{y}\,\mathfrak{z}]^2}{[\mathfrak{y}\,\mathfrak{y}]\,[\mathfrak{z}\,\mathfrak{z}]} = -\operatorname{sh}^2 l < 0. \tag{29}$$

worin $\operatorname{sh} l = \frac{1}{2}(e^l - e^{-l})$ den hyperbolischen Sinus bedeutet. Haben wir endlich zwei äußere Punkte, deren Verbindungslinie den Kreis $\mathfrak{k}$ überhaupt nicht trifft, so sind die Punkte $\mathfrak{p}$, $\mathfrak{q}$ nicht mehr reell vorhanden und wir können die Größe J nicht mehr in der angegebenen Weise auf ein Doppelverhältnis und eine nichteuklidische Entfernung zurückführen. Wir können J aber in diesem für unsere späteren Zwecke besonders wichtigen Fall auf andere Weise geometrisch deuten:

Da unsere Punkte $\mathfrak{y}$ und $\mathfrak{z}$ jetzt beide außerhalb $\mathfrak{k}$ liegen ($[\mathfrak{y}\mathfrak{y}] > 0$, $[\mathfrak{z}\mathfrak{z}] > 0$) schneiden ihre Polaren, deren Gleichungen in laufenden Punktkoordinaten $\mathfrak{x}$ durch

$$(30) \qquad [\mathfrak{x}\,\mathfrak{y}] = 0 \quad \text{und} \quad [\mathfrak{x}\,\mathfrak{z}] = 0$$

gegeben sind, den Kreis $\mathfrak{k}$ in zwei reellen Punktepaaren $\{\mathfrak{u}^{\mathrm{I}}, \mathfrak{u}^{\mathrm{II}}\}$ und $\{\mathfrak{v}^{\mathrm{I}}, \mathfrak{v}^{\mathrm{II}}\}$. Die $\mathfrak{u}$ bestimmen sich als Punkte von $\mathfrak{k}$ nach (3) aus den Gleichungen

$$(31) \qquad [\mathfrak{u}\,\mathfrak{u}] = 0; \quad [\mathfrak{u}\,\mathfrak{y}] = 0,$$

die für die Verhältnisse der homogenen Koordinaten $u_0 : u_1 : u_2$, weil $[\mathfrak{u}\mathfrak{u}] = 0$ quadratisch ist, zwei Lösungen liefern, die eben den beiden Punkten $\mathfrak{u}^{\mathrm{I}}$ und $\mathfrak{u}^{\mathrm{II}}$ entsprechen. Ebenso ergeben sich $\mathfrak{v}^{\mathrm{I}}$ und $\mathfrak{v}^{\mathrm{II}}$ als Lösungen von

$$(32) \qquad [\mathfrak{v}\,\mathfrak{v}] = 0; \quad [\mathfrak{v}\,\mathfrak{z}] = 0.$$

Die vier Punkte $\mathfrak{u}^{\mathrm{I}}$, $\mathfrak{u}^{\mathrm{II}}$ und $\mathfrak{v}^{\mathrm{I}}$, $\mathfrak{v}^{\mathrm{II}}$ bilden dann auf $\mathfrak{k}$ ein Doppelverhältnis Δ, das wir nach der Formel (18) berechnen können. Wir werden sehen, daß wir die Invariante J (27) durch dies Doppelverhältnis erklären können.

Die Polaren von $\mathfrak{y}$ und $\mathfrak{z}$ schneiden sich, da die Verbindungsgerade $\{\mathfrak{y}\,\mathfrak{z}\}$ den Kreis $\mathfrak{k}$ nicht trifft, in einem Punkt $\mathfrak{r}$ innerhalb des Kreises, und für $\mathfrak{r}$ gilt nach (8), (9) $[\mathfrak{r}\mathfrak{r}] < 0$; $[\mathfrak{r}\,\mathfrak{y}] = [\mathfrak{r}\,\mathfrak{z}] = 0$. Setzen wir nun

$$(33) \qquad \hat{\mathfrak{y}} = \frac{\mathfrak{y}}{\sqrt{[\mathfrak{y}\,\mathfrak{y}]}}; \quad \hat{\mathfrak{z}} = \frac{\mathfrak{z}}{\sqrt{[\mathfrak{z}\,\mathfrak{z}]}}; \quad \hat{\mathfrak{r}} = \frac{\mathfrak{r}}{\sqrt{-[\mathfrak{r}\,\mathfrak{r}]}},$$

so gelten die Gleichungen

$$(34) \qquad [\hat{\mathfrak{y}}\,\hat{\mathfrak{r}}] = [\hat{\mathfrak{z}}\,\hat{\mathfrak{r}}] = 0, \quad [\hat{\mathfrak{y}}\,\hat{\mathfrak{y}}] = [\hat{\mathfrak{z}}\,\hat{\mathfrak{z}}] = -[\hat{\mathfrak{r}}\,\hat{\mathfrak{r}}] = +1.$$

Setzen wir ferner zur Abkürzung

$$(35) \qquad [\hat{\mathfrak{y}}\,\hat{\mathfrak{z}}] = s,$$

so gilt nach (33) und (27)

$$(36) \qquad s^2 = J.$$

Da die Punkte $\mathfrak{z}$, $\mathfrak{y}$ und $\mathfrak{r}$ sicher nicht auf einer Geraden liegen, sind $\hat{\mathfrak{z}}$, $\hat{\mathfrak{y}}$ und $\hat{\mathfrak{r}}$ linear unabhängig, und wir können z. B. die Koordinaten der Schnittpunkte $\mathfrak{u}$ ($\mathfrak{u}^{\mathrm{I}}$, $\mathfrak{u}^{\mathrm{II}}$) nach

$$(37) \qquad \mathfrak{u} = \alpha\,\hat{\mathfrak{y}} + \beta\,\hat{\mathfrak{z}} + \gamma\,\hat{\mathfrak{r}}$$

aus $\hat{\mathfrak{y}}$, $\hat{\mathfrak{z}}$ und $\hat{\mathfrak{r}}$ linear kombinieren. Da die $\mathfrak{u}$ sicher nicht auf der Verbindungsgeraden $\{\mathfrak{y}, \mathfrak{z}\}$ liegen, also keine Linearkombinationen von $\mathfrak{y}$ und $\mathfrak{z}$ sind, können wir die homogenen Koordinaten der $\mathfrak{u}$ so normieren, daß in (37) der Faktor γ bei $\hat{\mathfrak{r}}$ gleich 1 wird. Aus (31) folgt dann mittels der Rechenregeln (5) unter Berücksichtigung von (33) (34):

$$(38)\qquad \begin{cases} [\mathfrak{u}\,\mathfrak{u}] = \alpha^2 + \beta^2 - 1 + 2\,\alpha\,\beta\,s = 0\,, \\ [\mathfrak{u}\,\hat{\mathfrak{y}}] = \alpha + \beta\,s = 0\,. \end{cases}$$

Daraus ergeben sich zwei Lösungssysteme $\{\alpha, \beta\}$ und dementsprechend die beiden Punkte

$$(39)\qquad \mathfrak{u} = \pm \frac{s\,\hat{\mathfrak{y}} - \hat{\mathfrak{z}}}{\sqrt{1-s^2}} + \hat{\mathfrak{r}}\,,$$

die den beiden verschiedenen Vorzeichen entsprechen. Wir wollen etwa für $\mathfrak{u}^{\mathrm{I}}$ das positive und für $\mathfrak{u}^{\mathrm{II}}$ das negative Zeichen annehmen. Ganz analog erhält man aus (32) für $\mathfrak{v}$ die beiden Werte

$$(40)\qquad \mathfrak{v} = \pm \frac{s\,\hat{\mathfrak{z}} - \hat{\mathfrak{y}}}{\sqrt{1-s^2}} + \hat{\mathfrak{r}}\,,$$

wo wir wieder $\mathfrak{v}^{\mathrm{I}}$ durch das positive und $\mathfrak{v}^{\mathrm{II}}$ durch das negative Zeichen bestimmen. Aus (39) und (40) kann man dann berechnen

$$(41)\qquad \begin{cases} [\mathfrak{u}^{\mathrm{I}}\,\mathfrak{u}^{\mathrm{II}}] = [\mathfrak{v}^{\mathrm{I}}\,\mathfrak{v}^{\mathrm{II}}] = -2\,, \\ [\mathfrak{u}^{\mathrm{I}}\,\mathfrak{v}^{\mathrm{I}}] = [\mathfrak{u}^{\mathrm{II}}\,\mathfrak{v}^{\mathrm{II}}] = -(1+s)\,, \\ [\mathfrak{u}^{\mathrm{I}}\,\mathfrak{v}^{\mathrm{II}}] = [\mathfrak{u}^{\mathrm{II}}\,\mathfrak{v}^{\mathrm{I}}] = s - 1\,. \end{cases}$$

Nun gilt für das Doppelverhältnis $\varDelta\,(\mathfrak{u}^{\mathrm{I}}, \mathfrak{v}^{\mathrm{I}}, \mathfrak{u}^{\mathrm{II}}, \mathfrak{v}^{\mathrm{II}})$ der vier Punkte $\mathfrak{u}$, $\mathfrak{v}$ nach (18)

$$2\,\varDelta - 1 = \frac{[\mathfrak{u}^{\mathrm{I}}\,\mathfrak{v}^{\mathrm{I}}]\,[\mathfrak{u}^{\mathrm{II}}\,\mathfrak{v}^{\mathrm{II}}] - [\mathfrak{u}^{\mathrm{I}}\,\mathfrak{u}^{\mathrm{II}}]\,[\mathfrak{v}^{\mathrm{I}}\,\mathfrak{v}^{\mathrm{II}}]}{[\mathfrak{u}^{\mathrm{I}}\,\mathfrak{v}^{\mathrm{II}}]\,[\mathfrak{u}^{\mathrm{II}}\,\mathfrak{v}^{\mathrm{I}}]}\,.$$

Daraus folgt

$$2\,\varDelta - 1 = \frac{(1+s)^2 - 4}{(s-1)^2}\,.$$

Aus (36) ergibt sich dann für J die Identität

$$(42)\qquad J = \left(\frac{\varDelta + 1}{\varDelta - 1}\right)^2.$$

Damit ist die gesuchte Erklärung der Invariante J durch das Doppelverhältnis $\varDelta$ der vier Punkte $\mathfrak{u}$, $\mathfrak{v}$ gefunden. Weil der Schnittpunkt der Polaren von $\mathfrak{y}$ und $\mathfrak{z}$ innerhalb $\mathfrak{k}$ liegt, trennen sich die Paare $[\mathfrak{u}^{\mathrm{I}}, \mathfrak{u}^{\mathrm{II}}]$ und $[\mathfrak{v}^{\mathrm{I}}, \mathfrak{v}^{\mathrm{II}}]$ auf $\mathfrak{k}$ und es ist $\varDelta < 0$. Daher ist der Bruch $(\varDelta + 1) : (\varDelta - 1)$ dem absoluten Betrage nach $\leqq 1$. Aus (42) folgt dann für unseren Fall

$$(43)\qquad 0 \leqq J \leqq 1\,.$$

Wegen dieser Ungleichungen können wir hier im Gegensatz zu (26) und (29) eine nichteuklidische Entfernung l durch

$$(44)\qquad J = \cos^2 l$$

definieren, dabei ist für die zwei Punkte $\mathfrak{y}$ und $\mathfrak{z}$ die nichteuklidische Entfernung dann eineindeutig bestimmt, wenn wir l auf den Wertebereich

$$0 \leqq l \leqq \frac{\pi}{2}$$

beschränken.

Die Erklärung der Invariante J durch das Doppelverhältnis Δ hat auch Gültigkeit für den Fall zweier äußerer Punkte $\mathfrak{y}$, $\mathfrak{z}$, deren Verbindungslinie $\mathfrak{k}$ trifft. [Für diesen Fall haben wir ja durch (22) schon eine andere Erklärung mittels des Doppelverhältnisses D gegeben.] Jetzt ist der Schnittpunkt $\mathfrak{x}$ der Polaren von $\mathfrak{y}$ und $\mathfrak{z}$ ein äußerer Punkt ($[\mathfrak{x}\mathfrak{x}] > 0$) und in (33) wird $\hat{\mathfrak{x}}$ imaginär. Die formale Herleitung von (42) bleibt aber dieselbe. Da sich $\{\mathfrak{u}^{I}, \mathfrak{u}^{II}\}$ und $\{\mathfrak{v}^{I}, \mathfrak{v}^{II}\}$ jetzt nicht trennen, gilt $\Delta > 0$ und statt (43) dann $J > 1$, so daß wir statt (44) jetzt (26) zu setzen haben.

Als den *nichteuklidischen Winkel* zweier Geraden, oder wie wir auch sagen wollen, als den *H-Winkel* zweier Geraden definieren wir die zur nichteuklidischen Entfernung duale Größe: Wir setzen den *H-Winkel* zweier Geraden einfach gleich der nichteuklidischen Entfernung ihrer Pole. Sehen wir $\mathfrak{y}$ und $\mathfrak{z}$ als Geradenkoordinaten (vgl. § 5 II) an, so erhalten wir aus (26) (29) und (44) die entsprechenden Ausdrücke für den „Winkel" φ, wenn wir einfach l durch φ ersetzen. Für den Fall zweier sich innerhalb $\mathfrak{k}$ schneidender Geraden, der für die *Klein*sche Veranschaulichung der *Lobatschefsky*schen Geometrie wichtig ist, liegen die Pole dem Fall (44) entsprechend. Es gilt also die Winkelformel

$$\cos^2 \varphi = \frac{[\mathfrak{y}\,\mathfrak{z}]^2}{[\mathfrak{y}\,\mathfrak{y}]\,[\mathfrak{z}\,\mathfrak{z}]}. \tag{45}$$

Zum Schluß wollen wir uns noch mit den *„Kreisen" der hyperbolischen Geometrie* beschäftigen, die wir zum Unterschied von den Kreisen im gewöhnlichen euklidischen Sinne auch als *H-Kreise* bezeichnen wollen. Ein solcher Kreis ist erklärt als Ort aller Punkte $\mathfrak{y}$, die von einem festen Punkt $\mathfrak{z}$ einen festen nichteuklidischen Abstand haben. Es muß dann für alle Punkte $\mathfrak{y}$ des H-Kreises die Invariante J konstant sein. Es muß also eine Gleichung der Form

$$\frac{[\mathfrak{y}\,\mathfrak{z}]^2}{[\mathfrak{y}\,\mathfrak{y}]\,[\mathfrak{z}\,\mathfrak{z}]} = C$$

mit einer Konstanten C gelten. Führen wir für $[\mathfrak{z}\,\mathfrak{z}]\cdot C$ die neue Konstante $-p^2$ ein, so haben wir eine Gleichung der Form

$$[\mathfrak{y}\,\mathfrak{z}]^2 + p^2\,[\mathfrak{y}\,\mathfrak{y}] = 0. \tag{46}$$

Uns interessieren nur die innerhalb $\mathfrak{k}$ verlaufenden H-Kreise. Über die geometrische Gestalt dieser H-Kreise können wir sehr leicht Aufschluß bekommen, wenn wir aus der Ebene $\mathfrak{E}$, in der wir unsere ebene hyperbolische Geometrie betreiben, in den Raum hinausgehen. Wir denken uns im Raum über $\mathfrak{k}$ als Großkreis die Kugel $\mathfrak{K}$ konstruiert. *Es sind die H-Kreise der Ebene unserer hyperbolischen Geometrie dann einfach die senkrechten Projektionen der auf der Kugel $\mathfrak{K}$ gelegenen Kreise,* mit Ausnahme der in zu $\mathfrak{E}$ senkrechten Ebenen gelegenen Kreise, die sich natürlich in die Geraden projizieren. Die H-Kreise innerhalb $\mathfrak{k}$ sind also alle Ellipsen. In der Tat: Denken wir uns im Raume homogene kartesische Koordinaten y_0, y_1, y_2, y_3 eingeführt, derart, daß die Koordinaten y_0, y_1, y_2 in der Ebene $\mathfrak{E}$ mit den in dieser bereits eingeführten Koordinaten übereinstimmen, so ist

$$-y_0^2 + y_1^2 + y_2^2 + y_3^2 = 0 \tag{47}$$

die Gleichung der Kugel $\mathfrak{K}$. Eine zu $\mathfrak{E}$ nicht senkrechte Ebene läßt sich dann in der Form

$$y_3 = -q_0 y_0 + q_1 y_1 + q_2 y_2 \tag{48}$$

darstellen, wo die y laufende Koordinaten sind und q_0, q_1, q_2 die Ebene festlegen. Es ist leicht einzusehen, daß die Ebene (48) für

$$-q_0^2 + q_1^2 + q_2^2 > -1$$

die Kugel $\mathfrak{K}$ in einem reellen Schnittkreis trifft. Seine Projektion auf die Ebene $E(y_3 = 0)$ erhalten wir durch Elimination von y_3 aus (48) und (47)

$$-y_0^2 + y_1^2 + y_2^2 + (-q_0 y_0 + q_1 y_1 + q_2 y_2)^2 = 0\,. \tag{49}$$

Setzen wir $q_i = p \cdot z_i\,(i = 0, 1, 2)$ so haben wir aber gerade eine Gleichung der Form (46), was zu beweisen war.

Den Punkt $\mathfrak{z}$ nennen wir den Mittelpunkt des H-Kreises. Man erkennt aus (47), (48), daß die drei Fälle

$$-q_0^2 + q_1^2 + q_2^2 \lesseqgtr 0\,, \tag{50}$$

in denen der auf $\mathfrak{K}$ gelegeneKreis den in $\mathfrak{E}$ gelegenen Großkreis $\mathfrak{k}$ nicht schneidet, schneidet oder berührt, in der Projektion den drei Fällen entsprechen, daß der Mittelpunkt $\mathfrak{z}$ innerhalb von $\mathfrak{k}$, außerhalb von $\mathfrak{k}$ und auf $\mathfrak{k}$ liegt. Natürlich entspricht einem H-Kreis in $\mathfrak{E}$ durch die senkrechte Projektion auf $\mathfrak{K}$ immer ein Paar von zu $\mathfrak{E}$ spiegelbildlichen Kreisen.

§ 7. Stereographische Projektion der Kugel. Tetrazyklische Koordinaten.

Im § 4 haben wir die Gruppe $\mathfrak{H}$ der hyperbolischen Bewegungen in der Ebene und die durch sie auf dem Maßkreis $\mathfrak{k}$ induzierte Gruppe vermittels der stereographischen Projektion auf eine Gerade $\mathfrak{e}$ abgebildet. Wir fanden als Bild wieder eine projektive Gruppe auf $\mathfrak{e}$, nämlich die Gruppe sämtlicher projektiver Abbildungen von $\mathfrak{e}$. Die ganze Sachlage wird nun weit bedeutsamer, wenn wir die ganze Zuordnung auf eine um eins höhere Dimensionszahl übertragen. Wir werden in diesem Abschnitt die *stereographische Projektion einer Kugel $\mathfrak{K}$ auf eine Ebene* behandeln und dann im § 8 die Gruppe der hyperbolischen Bewegungen mit der Maßkugel $\mathfrak{K}$ einführen. Es wird sich dann herausstellen, daß dieser Gruppe und der durch sie auf der Maßkugel induzierten, in der Projektionsebene nicht etwa wieder eine Gruppe projektiver Transformationen der Ebene entspricht, sondern eine wesentlich neue Gruppe, nämlich die Gruppe von *Möbius* in der Ebene, die wir auch als die Gruppe der *Kreisverwandtschaften* von *Möbius* bezeichnen wollen. In die Geometrie dieser Gruppe können wir dann vom Standpunkt der hyperbolischen Geometrie des Raumes aus vermittels der stereographischen Projektion Einsicht gewinnen.

Wir führen im Raume ein kartesisches Koordinatensystem ξ, η, ζ ein, in dem die Kugel $\mathfrak{K}$ die Gleichung $\xi^2 + \eta^2 + \zeta^2 = 1$ hat. Von diesen unhomogenen Koordinaten wollen wir nun gleich zu homogenen kartesischen Koordinaten übergehen, indem wir setzen:

$$\xi = \frac{x_2}{x_0}, \qquad \eta = \frac{x_3}{x_0}, \qquad \zeta = \frac{x_1}{x_0}. \tag{51}$$

In ihnen hat $\mathfrak{K}$ dann die Gleichung

$$-x_0^2 + x_1^2 + x_2^2 + x_3^2 = 0. \tag{52}$$

Wir projizieren nun die Kugel $\mathfrak{K}$ aus ihrem Südpol $\mathfrak{s}$ mit den Koordinaten $\mathfrak{s} = \{s_0 = -1,\ s_1 = 1,\ s_2 = s_3 = 0\}$ auf die Äquatorebene, indem wir jedem Punkt $\mathfrak{x}$ von $\mathfrak{K}$ in der Projektionsebene den Durchstoßpunkt $\bar{\mathfrak{x}}$ seiner Verbindungsgeraden mit dem Südpol $\mathfrak{s}$ zuordnen (Fig. 10). Wir nennen die Kugel $\mathfrak{K}$ die *Grundkugel*, die Ebene $x_1 = 0$ die *Grundebene* der stereographischen Projektion. Durch diese Abbildung werden die Punkte der Grundkugel eineindeutig den Punkten der Grundebene zugeordnet, mit Ausnahme allein des Südpols, dem man in der Grundebene als ideales Gebilde einen *uneigentlichen Punkt* entsprechen läßt. Da sehr nahe an dem Südpol gelegene Punkte sich in „sehr weit draußen" gelegene Punkte der Ebene abbilden, kann man mit dem uneigentlichen Punkt die Vorstellung eines ins Unendlichferne gerückten Punktes verbinden. Um die stereographische Abbildung als eine überall stetige Abbildung ansehen zu können, denken wir uns die Ebene durch den uneigentlichen Punkt über das Unendliche hinüber stetig zusammenhängend. Wir schreiben also der Ebene den topologischen Zusammenhang der Kugel zu. Wir haben hier eine Ebene von dem im § 2 schon erwähnten Zusammenhang, eine sogenannte *Möbius*-Ebene, die wir [als zweidimensionale Mannigfaltigkeit] auch als eine M_2 bezeichnen wollen.

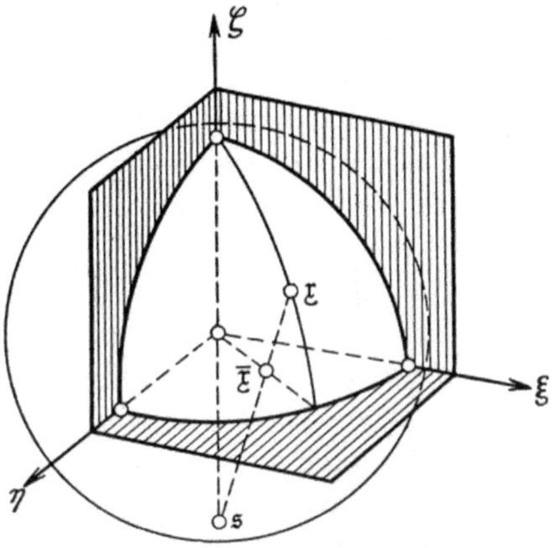

Fig. 10.

Rechnerisch stellt sich die Beziehung der stereographischen Projektion folgendermaßen dar:

Haben wir in der Grundebene einen Punkt $\bar{\mathfrak{x}}$ mit den Koordinaten $\bar{\mathfrak{x}} = \{1, 0, \xi, \eta\}$, für den also ξ und η nach (51) gewöhnliche kartesische Koordinaten sind, so bekommen wir die Koordinaten $\mathfrak{x}$ des ihm auf der Grundkugel entsprechenden Punktes durch die Formeln

$$(53)\quad \begin{cases} x_0 = \varrho \cdot \dfrac{1+(\xi^2+\eta^2)}{2}, \\ x_1 = \varrho \cdot \dfrac{1-(\xi^2+\eta^2)}{2}, \\ x_2 = \varrho \cdot \xi, \\ x_3 = \varrho \cdot \eta. \end{cases}$$

Diese Formeln entsprechen den im § 5 unter (15) für die stereographische Projektion eines Kreises angeführten. $\varrho \neq 0$ ist hier wieder ein Faktor, der auftritt, weil die Koordinaten x homogen sind. Die Richtigkeit von (53) folgt daraus, daß für die x die Kugelgleichung (52) erfüllt ist und daß alle dreireihigen Determinanten der Matrix

$$\begin{Vmatrix} x_0 & s_0 & \bar{x}_0 \\ x_1 & s_1 & \bar{x}_1 \\ x_2 & s_2 & \bar{x}_2 \\ x_3 & s_3 & \bar{x}_3 \end{Vmatrix}$$

verschwinden, was besagt, daß die Koordinaten von $\mathfrak{x}$, $\mathfrak{s}$ und $\bar{\mathfrak{x}}$ linear abhängen, daß also $\mathfrak{x}$, $\mathfrak{s}$ und $\bar{\mathfrak{x}}$ auf einer Geraden liegen. Jedem Punkt der Grundebene ξ, η läßt sich dann bis auf einen Faktor ϱ ein System von vier Zahlen zuordnen, die der Gleichung (52) genügen. Als ein Grenzfall ergibt sich für $\xi \to \infty$ oder $\eta \to \infty$ das System der Koordinaten des Südpols. Die vier Koordinaten x_0, x_1, x_2, x_3, die wir somit nicht nur den Kugelpunkten, sondern auch den Punkten der Grundebene als Koordinaten zuordnen können, bezeichnen wir als *Vierkreiskoordinaten* oder nach ihrem Erfinder *Darboux* als die *tetrazyklischen Koordinaten* des Punktes der Grundebene. Der Name findet später (vgl. § 32, Aufg. 7 und 8) seine Rechtfertigung. Die Vierkreiskoordinaten sind in doppelter Weise überzählig. Einmal sind sie homogen und zweitens genügen sie der Gleichung (52). Die tetrazyklischen Koordinaten werden zur Behandlung der Geometrie der Kreisverwandtschaften von *Möbius*, wie wir sehen werden, in besonderer Weise geeignet sein. Wir wollen im folgenden ebenso, wie wir das im § 5 für die Punkte der Ebene getan haben, die Punkte des Raums mit deutschen Buchstaben bezeichnen ($\mathfrak{x}$, $\mathfrak{y}$, $\mathfrak{z}$, ... $\mathfrak{s}$) und ihre homogenen Koordinaten immer mit den entsprechenden lateinischen Buchstaben (x_i, y_i ... s_i). Für den Raum wollen wir dann ähnliche Abkürzungen einführen, wie im § 5 für die Ebene. Wir setzen für zwei Punkte $\mathfrak{x}, \mathfrak{y}$

$$(54)\qquad (\mathfrak{x}\,\mathfrak{y}) = -x_0 y_0 + x_1 y_1 + x_2 y_2 + x_3 y_3$$

und für den quadratischen Ausdruck auf der rechten Seite von (52) entsprechend $(\mathfrak{x}\,\mathfrak{x})$. Die Formen in den vier Variablen unterscheiden wir durch runde Klammern von den in § 5 eingeführten Ausdrücken für die Formen in den drei Variablen der Ebene, die wir in eckigen

Klammern geschrieben hatten. Im folgenden werden wir allerdings häufig, wenn keine Mißverständnisse zu befürchten sind, die runden Klammern weglassen. Die in den Gleichungen (4a) gegebene zusammenfassende Schreibweise verwenden wir auch hier. Die Rechenregeln (5) gelten dann auch für Punkte des Raumes, wenn wir nur die eckigen Klammern durch runde ersetzen.

Haben wir einen Punkt $\mathfrak{y}$ im Raume, der außerhalb der Grundkugel $\mathfrak{K}$ liegt, so gilt für seine homogenen Koordinaten, wenn wir diese nicht nur in ihren Verhältnissen, sondern einzeln als reell annehmen

$$(\mathfrak{y}\,\mathfrak{y}) > 0\,. \tag{55}$$

Die Polarebene von $\mathfrak{y}$ bezüglich $\mathfrak{K}$, die die Gleichung

$$(\mathfrak{y}\,\mathfrak{x}) = 0 \tag{56}$$

in den laufenden Koordinaten $\mathfrak{x}$ hat, trifft dann die Grundkugel in einem reellen Schnittkreis. Wir können somit den Punkten außerhalb $\mathfrak{K}$ Kreise auf $\mathfrak{K}$ zuordnen. Wollen wir die Zuordnung der äußeren Punkte zu den Kreisen auf der Kugel eineindeutig machen, so müssen wir den Raum als projektiv, (als P_3) voraussetzen. Den uneigentlichen Punkten entsprechen dann die Großkreise der Kugel.

Wir wollen nun ermitteln, welches geometrische Gebilde einem Kreis auf der Kugel in der Projektion entspricht. Wir haben nach dem geometrischen Ort aller Punkte zu suchen, deren tetrazyklische Koordinaten [außer (52)] noch einer linearen Gleichung (56) mit $(\mathfrak{y}\,\mathfrak{y}) > 0$ genügen. Wenn wir in (56) nach (53) die tetrazyklischen Koordinaten durch die kartesischen ξ, η ersetzen, erhalten wir

$$(y_0 + y_1)(\xi^2 + \eta^2) - 2\,y_2\,\xi - 2\,y_3\,\eta = y_1 - y_0\,. \tag{57}$$

Da wir eine quadratische Gleichung in den ξ, η mit dem einzigen quadratischen Glied $\xi^2 + \eta^2$ haben, entsprechen den Kreisen auf der Kugel in der Projektion für $y_0 + y_1 \neq 0$ die Kreise und für $y_0 + y_1 = 0$ die Geraden der Ebene. Letztere können nach (57) wegen $y_1 = -y_0$ dann in der Form

$$y_2\,\xi + y_3\,\eta = y_0 \tag{58}$$

dargestellt werden. Im folgenden wollen wir die Geraden als Grenzfälle von Kreisen mit ins Unendliche wachsendem Radius betrachten und, da sie die Bilder der Kugelkreise durch den Südpol sind, können wir uns der Ausdrucksweise bedienen: Sie sind die Kreise durch den uneigentlichen Punkt.

Wir können dann den Punkten $\mathfrak{y}$ des P_3 außerhalb der Grundkugel $\mathfrak{K}$ auf dem Umwege über die Schnittkreise ihrer Polarebenen mit der Kugel eineindeutig in der Projektion die Kreise und Geraden der Ebene zuordnen. Wir bezeichnen die vier homogenen Größen y in (56) als die *Vierkreiskoordinaten* oder die *tetrazyklischen Koordinaten des Kreises,* oder der Geraden (56). Für die Geraden $y_0 + y_1 = 0$ werden die Größen $y_2 : y_3 : y_0$ der Vierkreiskoordinaten nach (58) die gewöhnlichen homogenen Linienkoordinaten. Für die Kreise $y_0 + y_1 \neq 0$ hängen nach (57) die tetrazyklischen Koordinaten des Kreises (56) mit den kartesischen ξ_0, η_0 seines Mittelpunktes und seinem Radius R zusammen durch die Formeln

$$(59)\quad \begin{cases} y_0 = \sigma \cdot \dfrac{1 + (\xi_0^2 + \eta_0^2 - R^2)}{2}; \qquad y_1 = \sigma \cdot \dfrac{1 - (\xi_0^2 + \eta_0^2 - R^2)}{2}; \\ y_2 = \sigma \cdot \xi_0; \qquad y_3 = \sigma \cdot \eta_0 \end{cases}$$

mit einem beliebigen Normierungsfaktor σ, wie man durch Einsetzen in (57) bestätigen kann. Aus (59) erhält man $y_0 + y_1 = \sigma$, daher gilt umgekehrt für die Berechnung von ξ_0, η_0, R aus den in beliebiger Normierung gegebenen y:

$$(60)\qquad \xi_0 = \frac{y_2}{y_0 + y_1}; \qquad \eta_0 = \frac{y_3}{y_0 + y_1}$$

$$(61)\qquad R^2 = \frac{(\mathfrak{y}\,\mathfrak{y})}{(y_0 + y_1)^2}.$$

Nehmen wir den Raumpunkt $\mathfrak{y}$ nicht mehr außerhalb der Kugel, sondern auf ihr an, gilt also $\mathfrak{y}\mathfrak{y} = 0$, so wird die Polarebene (56) seine Tangentenebene und die einzigen reellen Zahlsysteme $\mathfrak{x}$, die (52) und (56) genügen, können dann nur die mit x_i prop. y_i sein, die also den Berührungspunkt $\mathfrak{y}$ von Kugel und Ebene selbst darstellen. Dementsprechend stellt eine Gleichung (56) in den tetrazyklischen Punktkoordinaten $\mathfrak{x}$ mit $\mathfrak{y}\mathfrak{y} = 0$ nur einen einzigen reellen Punkt dar, eben den mit x_i prop. y_i. Das findet auch in der Gleichung (61) seinen Ausdruck, die auf $R = 0$ führt, und in der Tatsache, daß dann die Formeln (59) in die (53) für den Mittelpunkt $\mathfrak{y}$ mit den kartesischen Koordinaten ξ_0, η_0 übergehen. Da so die Punkte als ausgeartete auf den Mittelpunkt zusammengeschrumpfte Kreise mit dem Radius 0 erscheinen, wollen wir sie auch als „*Punktkreise*" bezeichnen. Wenn wir daher die stereographische Projektion als Zuordnung der Punkte des P_3 außerhalb der Grundkugel zu den Kreisen und Geraden der Projektion auffassen, so erscheint die Zuordnung der Punkte auf $\mathfrak{K}$ zu den Punkten der *Möbius*-Ebene, die wir anfangs als Definition der stereographischen Projektion benutzten, als ein Grenzfall. Es ist daher ganz zweckmäßig, die stereographische Projektion von vornherein als eine durch die Formeln (59) vermittelte Zuordnung der Punkte des P_3 außerhalb und auf $\mathfrak{K}$ zu den Kreisen, Geraden und Punkten der Möbius-Ebene M_2 der Projektion aufzufassen.

Zum Schluß bemerken wir noch, daß für einen Punkt $\mathfrak{y}$ innerhalb von $\mathfrak{K}$ ($\mathfrak{y}\mathfrak{y} < 0$) die Polarebene (56) an der Kugel vorbeiläuft, und daß es dann überhaupt keine reellen Punkte $\mathfrak{x}$ der Grundebene gibt, die der Gleichung (56) zugleich mit (52) genügen.

§ 8. Abbildung der hyperbolischen Geometrie des Raumes auf die Kreisgeometrie von *Möbius* in der Ebene.

Wir betrachten jetzt die Gruppe der projektiven Transformationen

$$x_k = \sum_{l=0}^{3} c_{kl} x_l^* \qquad [k = 0, 1, 2, 3] \tag{62}$$

mit $|c_{kl}| \neq 0$, die die Kugel $\mathfrak{K}$ in sich überführen, die also die Gleichung

$$(\mathfrak{x}\mathfrak{x}) = 0 \tag{63}$$

invariant lassen. Wir nennen sie die *Gruppe $\mathfrak{H}$ der hyperbolischen Bewegungen des P_3 mit der Maßkugel $\mathfrak{K}$*. Zum Unterschied von der dreigliedrigen Gruppe der hyperbolischen Bewegungen der Ebene, die wir dann mit $\mathfrak{H}_3$ bezeichnen, werden wir diese Gruppe auch zuweilen $\mathfrak{H}_6$ nennen, weil wir gleich sehen werden, daß sie sechsgliedrig ist.

Als Sonderfall gehören nach unserer Erklärung zu ihr z. B. die Drehungen um den Kugelmittelpunkt.

Zunächst ist ohne weiteres ersichtlich, daß bei $\mathfrak{H}$ die Punkte außerhalb der Grundkugel als die einzigen, von denen reelle Tangenten an sie gelegt werden können, in ebensolche übergehen. [Ebenso werden innere Punkte mit inneren vertauscht.]

Legen wir daher der stereographischen Projektion die am Schluß des vorigen Abschnitts dargestellte Auffassung zugrunde, so entspricht unserer Gruppe $\mathfrak{H}$ in der Grundebene M_2 eine Gruppe $\mathfrak{M}$ von Transformationen, die Kreise und Geraden mit Kreisen oder Geraden vertauscht, und die aus den linearen Transformationen der Vierkreiskoordinaten besteht, die die Gleichung $\mathfrak{x}\mathfrak{x} = 0$ erhalten. Da die tetrazyklischen Punktkoordinaten der Gleichung (63) genügen, werden wegen der Invarianz dieser Gleichung auch Punkte der M_2 wieder Punkten zugeordnet. Da bei den hyperbolischen Bewegungen bezüglich $\mathfrak{K}$ konjugierte Punkte in ebensolche übergehen, bleibt auch die Beziehung (56) für einen Punkt $\mathfrak{y}$ außerhalb und für einen Punkt $\mathfrak{x}$ auf der Kugel erhalten, d. h. aber in der Projektionsebene gehen ein Punkt und ein Kreis in vereinigter Lage wieder in ein ebensolches Paar über. Wir haben in der *Möbius*schen Ebene M_2 also eine Gruppe von Abbildungen mit den Eigenschaften:

A) *Sie sind eineindeutige Punkttransformationen der Möbius-Ebene* M_2. B) *Sie ordnen dabei den Kreisen und Geraden als Punktmannigfaltigkeiten eindeutig wieder Kreise oder Geraden zu.*

Wir wollen diese Gruppe $\mathfrak{M}$ auch kurz die *Gruppe der Möbius-Transformationen der Ebene* nennen. *Die Vierkreiskoordinaten sind deshalb zur analytischen Behandlung der Geometrie dieser Gruppe besonders geeignet, weil sie sich in ihnen nach* (62) *durch lineare Transformationen darstellen läßt, was z. B. durch die kartesischen Koordinaten nicht geleistet wird.*

Die Gruppe $\mathfrak{H}$ der hyperbolischen Bewegungen induziert auf $\mathfrak{K}$ eine Gruppe $\overline{\mathfrak{M}}$ von Punkttransformationen der Kugel auf sich, die Kreise in Kreise überführen. Die Gruppe $\overline{\mathfrak{M}}$ bezeichnen wir als die *Gruppe der Möbius-Transformationen der Kugel.* Aus ihnen erhält man durch Herunterprojizieren auf die Ebene die *Möbius*schen Punkttransformationen der Ebene.

Wir werden später im § 49 zeigen: *Die einfachen geometrischen Eigenschaften A, B sind schon kennzeichnend für die Kreisverwandtschaften von Möbius,* diese sind also die einzigen überhaupt möglichen Abbildungen mit den Eigenschaften A, B. Dabei bemerken wir besonders, daß die Voraussetzung der Stetigkeit für die Kennzeichnung der Möbius-Transformationen nicht nötig sein wird.

Betrachten wir insbesondere eine Möbius-Transformation, die den uneigentlichen Punkt fest läßt, so haben wir eine eineindeutige Punkttransformation der euklidischen Ebene, die Gerade mit Geraden vertauscht. Eine solche ist aber, wie im § 1 schon erwähnt, eine affine, und wenn sie insbesondere auch noch Kreise erhält, eine gewöhnliche ähnliche Abbildung. Die Gruppe der ähnlichen Abbildungen, die der gewöhnlichen Bewegungsgeometrie zugrunde liegt, ist also eine Untergruppe von $\mathfrak{M}$. Die invarianten Begriffe der Möbius-Geometrie sind daher eine bestimmte Auswahl der invarianten Begriffe der Bewegungsgeometrie. Wir haben es in der Möbius-Geometrie also ausschließlich mit geläufigen anschaulichen geometrischen Begriffen zu tun.

Da die ähnlichen Abbildungen nach dem Vorigen die einzigen Kreisverwandtschaften der M_2 sind, die den uneigentlichen Punkt fest lassen, so zeigt sich, daß alle übrigen als Punkttransformationen der euklidischen Ebene nicht mehr eineindeutig sind, es sind immer zwei singuläre Stellen da; einem Punkt nämlich entspricht kein euklidischer Punkt als Bild (er wird dem uneigentlichen zugeordnet) und es gibt einen zweiten Punkt (der in speziellen Fällen mit dem ersten zusammenfallen kann) der als Bild keinen euklidischen Punkt als Original hat.

Die Möbius-Ebene ist dann eine künstliche Hilfskonstruktion, die uns erlaubt, die Kreisverwandtschaften als ausnahmslos eineindeutige Punkttransformationen eines Punktgebiets aufzufassen.

Ebenso verschaffen wir uns einen neuen Begriff des Kreises (= Kreis + Gerade), um die Kreise einander eineindeutig zuordnen zu können. Wir werden später, wo scharfe Präzisierung nötig sein sollte, den für die Gruppe $\mathfrak{M}$ zurechtgemachten Kreisbegriff auch mit dem Namen *M-Kreis* belegen.

Wir wollen nun für die hyperbolischen Bewegungen des Raumes einen ganz ähnlichen Satz beweisen, wie im § 4 für die Ebene:

Gibt man auf der Kugel zwei Tripel von Punkten $\mathfrak{x}^{\alpha}$ *und* $\mathfrak{x}^{\alpha *}$, *so gibt es immer genau zwei Transformationen aus* $\mathfrak{H}$, *die die drei Punkte* $\mathfrak{x}^{\alpha}$ *in die drei Punkte* $\mathfrak{x}^{\alpha *}$ *überführen.*

Wir führen den Beweis in zwei Teilen, die denen beim Satz in der Ebene ganz entsprechend sind.

Teil 1. Wir geben wirklich zwei Transformationen unserer Gruppe an, die die $\mathfrak{x}^\alpha$ auf die $\mathfrak{x}^{\alpha *}$ abbilden. Den Projektionen des Kreises auf sich in der hyperbolischen Geometrie der Ebene entsprechen im Raum gewisse Transformationen $\mathfrak{x} \to \mathfrak{x}^*$, die wir analytisch durch

$$\mathfrak{x} = \mathfrak{x}^* - \frac{2(\mathfrak{x}^* \mathfrak{y})}{\mathfrak{y}\mathfrak{y}} \cdot \mathfrak{y} \tag{64}$$

definieren. Die Transformationen (64) mit festem $\mathfrak{y}$ sind sicher hyperbolische Bewegungen, denn sie sind linear in den x_k^* und aus der Rechenregel (5) folgt $(\mathfrak{x}\mathfrak{x}) = (\mathfrak{x}^*\mathfrak{x}^*)$, sie führen also die Gleichung (63) von $\mathfrak{K}$ in sich über.

Und zwar ordnen sie, da $\mathfrak{x}$, $\mathfrak{x}^*$ und $\mathfrak{y}$ linear abhängen, einem Punkt $\mathfrak{x}$ der Kugel auf seiner Verbindungsgeraden mit dem festen Punkt $\mathfrak{y}$ deren zweiten Durchstoßpunkt mit $\mathfrak{K}$ zu. Aus $\mathfrak{x}\mathfrak{y} = 0$ folgt $\mathfrak{x}^*\mathfrak{y} = 0$, der Schnittkreis von $\mathfrak{K}$ mit der Polarebene von $\mathfrak{y}$, der auch der Berührungskreis des Tangentenkegels von $\mathfrak{y}$ an $\mathfrak{K}$ ist, bleibt dann fest. Unsere Transformationen (64) sind also *Projektionen der Kugel auf sich* aus festen Zentren $\mathfrak{y}$.

Sind uns nun die Punkttripel $\mathfrak{x}^\alpha$ und $\mathfrak{x}^{\alpha *}$ gegeben, so bestimmen diese zwei Kreise $\mathfrak{k}$ und $\mathfrak{k}^*$ auf $\mathfrak{K}$. Wir können nun durch eine Projektion der Kugel auf sich $\mathfrak{k}$ in $\mathfrak{k}^*$ überführen. Denn durch zwei Kugelkreise läßt sich bekanntlich immer ein Kegel zweiter Ordnung legen, dessen Spitze wir als Projektionszentrum $\mathfrak{y}$ wählen können. Bei dieser Abbildung gehen die $\mathfrak{x}^\alpha$ in drei Punkte $\tilde{\mathfrak{x}}^\alpha$ auf $\mathfrak{k}^*$ über. Nun ist aber eine Projektion von $\mathfrak{K}$ auf sich, deren Zentrum in der Ebene von $\mathfrak{k}^*$ liegt, in dieser Ebene einfach eine Projektion des Kreises $\mathfrak{k}^*$ auf sich im Sinne des § 4. Dort haben wir auch gesehen, daß sich die Punkte $\tilde{\mathfrak{x}}^\alpha$ immer durch zwei solche Transformationen in die Punkte $\mathfrak{x}^{\alpha *}$ auf dem gleichen Kreise $\mathfrak{k}^*$ überführen lassen.

Somit haben wir tatsächlich durch drei Projektionen des Kreises auf sich die $\mathfrak{x}^\alpha$ in die $\mathfrak{x}^{\alpha *}$ übergeführt.

Nun gibt es außer der gefundenen Abbildung aber noch eine zweite von ihr verschiedene, die dasselbe leistet. Wir können nämlich an die gefundene Abbildung noch die Projektion aus dem Pol der Ebene von $\mathfrak{k}^*$ anfügen, die alle Punkte von $\mathfrak{k}^*$ einzeln fest läßt, also auch die $\mathfrak{x}^{\alpha *}$ Die durch Anfügen dieser letzten, von der Identität sicher verschiedenen Transformation an die erste entstehende Gesamtabbildung ist dann aus vier Projektionen der Kugel auf sich erzeugt.

Teil 2. Wir zeigen, daß die zwei gefundenen Abbildungen auch die einzigen hyperbolischen Bewegungen $\mathfrak{x}^\alpha \to \mathfrak{x}^{\alpha *}$ sind. Wir beweisen das, indem wir zeigen, daß es überhaupt nur zwei solche Abbildungen geben kann.

Bei einer solchen Abbildung geht zunächst die durch die drei Punkte $\mathfrak{x}^\alpha$ bestimmte Ebene ε in die Ebene ε^* der Punkte $\mathfrak{x}^{\alpha *}$ über und die Zuordnung der beiden Ebenen ε und ε^* ist eine projektive, die den Schnittkreis $\mathfrak{k}$ von ε mit $\mathfrak{K}$ in den Schnittkreis $\mathfrak{k}^*$ von ε^* mit $\mathfrak{K}$ überführt und dabei die drei auf $\mathfrak{k}$ gelegenen Punkte $\mathfrak{x}^\alpha$ in die Punkte $\mathfrak{x}^{\alpha *}$ auf $\mathfrak{k}^*$. Alle möglichen solchen Zuordnungen unterscheiden sich dann höchstens um eine hyperbolische Bewegung von ε^* mit dem Maßkreis $\mathfrak{k}^*$ und den drei Fixpunkten $\mathfrak{x}^{\alpha *}$. Diese hyperbolische Bewegung ist aber nach § 4 die Identität. Es ist durch die Angabe der $\mathfrak{x}^\alpha$ und $\mathfrak{x}^{\alpha *}$ die punktweise Zuordnung der Ebenen ε und ε^* schon eindeutig festgelegt.

Es geht ferner der Pol $\mathfrak{z}$ von ε über in den Pol $\mathfrak{z}^*$ von ε^*. Hat man nun einen nicht auf $\mathfrak{k}$ gelegenen Punkt $\mathfrak{v}$ der Kugel, so kann man ihn von $\mathfrak{z}$ aus auf die Ebene ε in den Punkt $\mathfrak{w}$ projizieren. Das Bild $\mathfrak{w}^*$ von $\mathfrak{w}$ auf ε^* kennen wir aber, wie das aller Punkte von ε. $\mathfrak{v}^*$ ist nun sicher Durchstoßpunkt der Geraden $\{\mathfrak{z}^* \mathfrak{w}^*\}$ mit der Kugel. Solcher Punkte gibt es aber zwei, $\mathfrak{v}_{\mathrm{I}}^*$ und $\mathfrak{v}_{\mathrm{II}}^*$. Wählen wir einen von diesen aus, etwa $\mathfrak{v}_{\mathrm{I}}^*$, so ist durch die Zuordnung $\{\mathfrak{x}^\alpha, \mathfrak{z}, \mathfrak{v}\} \to \{\mathfrak{x}^{\alpha *}, \mathfrak{z}^*, \mathfrak{v}_{\mathrm{I}}^*\}$ aber eindeutig eine projektive Abbildung bestimmt. Denn von den beiden Systemen von je fünf

Punkten liegen sicher kein evier in einer Ebene. Da eine hyperbolische Bewegung nun eine projektive ist, können, wenn überhaupt, nur *zwei* Abbildungen $\mathfrak{x}^a \rightarrow \mathfrak{x}^{a*}$ möglich sein, w. z. b. w.

Genau so wie auf der Kugel so gibt es natürlich auch in der Ebene zu zwei Punkttripeln $\mathfrak{x}^a \rightarrow \mathfrak{x}^{a*}$ gerade zwei Kreisverwandtschaften. Die beiden verschiedenen Abbildungen $\mathfrak{x}^a \rightarrow \mathfrak{x}^{a*}$, die wir gefunden haben, können wir nun durch eine einfache geometrische Eigenschaft unterscheiden. Von jedem Punkt auf einer Kugelfläche strahlt ein Büschel der Fläche angehörender Linienelemente aus. In diesem Büschel können wir einen *Umlaufssinn* als den *„positiven“* festlegen und dann das mit dem „positiven Sinn“ versehene Büschel von Linienelementen durch stetiges Verschieben auf der Kugel nach beliebigen anderen Stellen schaffen und mit den dortigen Linienelementbüscheln zur Deckung bringen und dabei den positiven Umlaufssinn auf sie übertragen. Die Topologie lehrt nun, daß bei einer Fläche vom Zusammenhang der Kugel das Ergebnis von dem durchschrittenen Wege unabhängig ist. Man kann also wirklich den Umlaufssinn an den verschiedenen Stellen vergleichen. [Was von der Kugel gilt, gilt natürlich auch von der Möbius-Ebene.] Nun kehrt eine Projektion der Kugel auf sich aber den Umlaufssinn jedes Linienelementbüschels der Kugel um, wie man erkennt, wenn man ein solches auf der Kugel nach der Stelle verschiebt, nach der es durch jene Abbildung befördert wird. Da nun die eine der gefundenen beiden Abbildungen durch eine ungerade Anzahl (drei), die andere aber durch eine gerade (vier) von derartigen Transformationen erzeugt wird, kehrt die eine den Umlaufssinn um, die andere aber nicht. Da nun die Punkttripel $\mathfrak{x}^{a*}$ auf der Kugel eine sechsparametrige stetig zusammenhängende Mannigfaltigkeit bilden, da es zu jedem solchen Tripel eine *„gleichsinnige“* Abbildung aus $\mathfrak{H}_6$ gibt, die den Umlaufssinn erhält, und eine *„ungleichsinnige“*, und da man eine der gleichsinnigen Abbildungen durch stetige Abänderung sicher nicht in eine ungleichsinnige überführen kann, gilt nun der Satz:

Unsere Gruppe $\mathfrak{H}_6$ der hyperbolischen Bewegungen und ganz analog natürlich die zugehörigen Gruppen $\overline{\mathfrak{M}}_6$ und $\mathfrak{M}_6$ der Kreisverwandtschaften auf der Kugel und in der Ebene, bestehen aus zwei getrennten, stetigen Scharen von Transformationen, die sich als gleichsinnige und ungleichsinnige unterscheiden lassen.

Die gleichsinnigen Abbildungen bilden, da sie die Identität enthalten, für sich eine Gruppe. Die zu $\mathfrak{H}$, $\overline{\mathfrak{M}}$ und $\mathfrak{M}$ gehörigen „gleichsinnigen“ Untergruppen wollen wir im folgenden als $\mathfrak{H}_6^+$, $\overline{\mathfrak{M}}_6^+$ und $\mathfrak{M}_6^+$ bezeichnen.

Wichtig für das Folgende ist die aus dem Vorigen hervorgehende Tatsache, daß sich jede Abbildung aus $\mathfrak{H}$ durch die speziellen Abbildungen der Art (64), durch die Projektionen der Kugel auf sich, erzeugen läßt. Genau wie beim entsprechenden Satz in der Ebene können wir auch hier wieder zeigen, daß Projektionen mit äußeren Zentren zur

Erzeugung der Gruppe genügen. Eine Projektion aus einem inneren Zentrum läßt sich nämlich immer durch drei aus äußeren ersetzen. Auf den Beweis, der dem entsprechenden der Ebene ganz analog verläuft, verzichten wir hier.

§ 9. Grundbegriffe der hyperbolischen Geometrie des Raumes und der Kreisgeometrie in der Ebene.

Nach den Ideen des Erlanger Programms erschöpft sich unsere hyperbolische Geometrie des Raumes in den projektiven Beziehungen geometrischer Gebilde zur Grundkugel $\mathfrak{K}$. Sind wir mit der projektiven beziehungsweise hyperbolischen Geometrie im Raume vertraut, so können wir aus dem Bilde der stereographischen Projektion also eine allgemeine Orientierung gewinnen über die Grundbegriffe der Möbiusgeometrie in der Ebene. Im folgenden stellen wir eine Reihe von Grundbegriffen der hyperbolischen Geometrie des Raumes zusammen und bestimmen jedesmal die entsprechenden in der ebenen Kreisgeometrie.

I. Wir haben schon gefunden, daß sich entsprechen:

Punkt außerhalb $\mathfrak{K} \rightarrow M$-Kreis der Ebene[1]),
Punkt auf $\mathfrak{K} \rightarrow$ Punkt der Möbiusebene M_2.

Da durch $\mathfrak{H}_6$ der Südpol in einen beliebigen andern Punkt von $\mathfrak{K}$ übergeführt werden kann, so kann durch $\mathfrak{M}_6$ der uneigentliche Punkt in jeden beliebigen eigentlichen übergehen. Somit kommt auch den Geraden als M-Kreisen durch den uneigentlichen Punkt keine invariante Bedeutung zu.

II. Die Formel (18) für das *Doppelverhältnis von vier Punkten* $\mathfrak{x}^a$ auf einem Kreise gilt auch für vier Punkte eines auf der Kugel $\mathfrak{K}$ gelegenen Kreises $\mathfrak{t}$ in der hyperbolischen Geometrie des Raumes, wenn wir nur in (18) die eckigen Klammern durch runde ersetzen, wenn wir also schreiben:

$$(65) \qquad 2D - 1 = \frac{(\mathfrak{x}^{\mathrm{I}}\,\mathfrak{x}^{\mathrm{II}})(\mathfrak{x}^{\mathrm{III}}\,\mathfrak{x}^{\mathrm{IV}}) - (\mathfrak{x}^{\mathrm{I}}\,\mathfrak{x}^{\mathrm{III}})(\mathfrak{x}^{\mathrm{II}}\,\mathfrak{x}^{\mathrm{IV}})}{(\mathfrak{x}^{\mathrm{I}}\,\mathfrak{x}^{\mathrm{IV}})(\mathfrak{x}^{\mathrm{II}}\,\mathfrak{x}^{\mathrm{III}})}.$$

Das sieht man so ein: Die Formel (65) hängt nicht von der Normierung der homogenen Koordinaten der Punkte $\mathfrak{x}^\alpha$ ($\alpha = \mathrm{I}$ bis IV) ab, denn sie ist homogen vom Grade 0 in den Koordinaten jedes der vier Punkte. Der Ausdruck (65) hängt also nur von der räumlichen Lage der Punkte ab. Nun ist aber der Ausdruck auch invariant gegenüber $\mathfrak{H}_6$, denn er ist es gegenüber den Transformationen (64), die die Gruppe erzeugen; es folgt nämlich aus: (64) $(\mathfrak{x}^\alpha\,\mathfrak{x}^\beta) = (\mathfrak{x}^{\alpha *}\,\mathfrak{x}^{\beta *})$ (α, $\beta = \mathrm{I}$ bis IV). Weiter ist die Formel (65) sicher richtig für Punkte $\mathfrak{x}$ des Kreises $\mathfrak{t}'$

[1]) D. h. Kreis im euklidischen Sinne oder Gerade.

der Ebene $x_3 = 0$, in dem diese von der Grundkugel geschnitten wird. Denn für den Kreis $\mathfrak{t}'$ in dieser Ebene fallen nach (4) (54) die eckigen Klammern mit den runden zusammen. Da man nun einerseits jede die Kugel $\mathfrak{K}$ in einem Kreis $\mathfrak{t}$ schneidende Ebene durch $\mathfrak{H}_6$ in jede andere, also auch in die Ebene $x_3 = 0$ mit dem Kreis $\mathfrak{t}'$ überführen kann und dabei das Doppelverhältnis von vier Punkten des Kreises invariant bleibt und da andererseits (65) gegenüber $\mathfrak{H}_6$ invariant ist, gilt diese Formel allgemein.

Da die stereographische Projektion als eine Zentralprojektion die Punkte eines Kreises der Kugel denen seines Projektionskreises in der Ebene projektiv zuordnet, ist durch die Formel (65) auch das Doppelverhältnis von vier Punkten eines M-Kreises der Möbiusebene gegeben. Dieses, im gewöhnlichen projektiven Sinne genommene Doppelverhältnis ist also eine Invariante gegenüber $\mathfrak{M}_6$.

III. Auch die Formeln für die nichteuklidische Entfernung übertragen sich unmittelbar auf die räumliche Geometrie, wenn man die eckigen Klammern durch die runden ersetzt. Im Raum hat man z. B. die *nichteuklidische Entfernung* zweier innerhalb $\mathfrak{K}$ gelegenen Punkte $\mathfrak{y}$ und $\mathfrak{z}$ wieder nach (23) zu definieren durch das Doppelverhältnis, das dieses Punktepaar mit den beiden Durchstoßpunkten $\mathfrak{p}$, $\mathfrak{q}$ ihrer Verbindungsgeraden mit $\mathfrak{K}$ bildet. Wieder argumentiert man wie unter II: Man weist einmal die Invarianz des Ausdrucks

$$J = \frac{(\mathfrak{y}\,\mathfrak{z})^2}{(\mathfrak{y}\,\mathfrak{y})\,(\mathfrak{z}\,\mathfrak{z})} \tag{66}$$

gegenüber $\mathfrak{H}_6$ nach und bedenkt dann, daß die ganze Figur $\{\mathfrak{y}, \mathfrak{z}, \mathfrak{p}, \mathfrak{q}\}$ in einer Ebene (sogar in einer Geraden) liegt, die man in die Ebene $x_3 = 0$ überführen kann, wo (66) mit dem entsprechenden Ausdruck in den eckigen Klammern übereinstimmt.

Für uns wird besonders der Fall zweier außerhalb $\mathfrak{K}$ gelegener Punkte wichtig. Man kann hier durch $\mathfrak{y}$ und $\mathfrak{z}$ eine beliebige, $\mathfrak{K}$ in einem Kreis $\mathfrak{t}$ schneidende Ebene ε legen und dann in dieser Ebene genau dieselbe Konstruktion vollführen, die im § 6 zur Deutung von J durch das Doppelverhältnis Δ (42) führte: Man zieht in ε die Polaren von $\mathfrak{y}$, $\mathfrak{z}$ bezüglich $\mathfrak{t}$, die $\mathfrak{t}$ in zwei Punktepaaren $\mathfrak{u}^{I}$, $\mathfrak{u}^{II}$, $\mathfrak{v}^{I}$, $\mathfrak{v}^{II}$ schneiden. Mit deren Doppelverhältnis hängt dann J durch (42) zusammen. Wieder braucht man zum Beweis nur zu bemerken, daß man ε durch $\mathfrak{H}_6$ in die Ebene $x_3 = 0$ überführen kann, wo dann der Beweis nach § 6 richtig ist. Zu betonen ist dabei, daß für die Deutung von J die $\mathfrak{K}$ schneidende Hilfsebene ε durch $\mathfrak{y}$, $\mathfrak{z}$ beliebig gewählt werden kann.

Wir wollen jetzt untersuchen, welche möbiusgeometrische Invariante der nichteuklidischen Entfernung in der stereographischen Projektion entspricht. Uns interessiert nur der Fall, wo $\mathfrak{y}$ und $\mathfrak{z}$ äußere Punkte von $\mathfrak{K}$ sind, denen dann in der Projektion M-Kreise entsprechen.

Schreiben wir den Ausdruck (66) nach (59) von den tetrazyklischen auf die kartesischen Koordinaten $\{\xi_0, \eta_0, R\}$ und $\{\bar{\xi}_0, \bar{\eta}_0, \bar{R}\}$ der beiden Kreise 𝔶 und 𝔷 um, so erhalten wir für die Invariante J:

(67) $$J = \left[\frac{(\xi_0 - \bar{\xi}_0)^2 + (\eta_0 - \bar{\eta}_0)^2 - (R^2 + \bar{R}^2)}{2 R \bar{R}}\right]^2.$$

Für den Fall sich schneidender Kreise steht rechts in der Klammer aber gerade der elementargeometrische Ausdruck für das Quadrat des Kosinus des *Winkels* φ *der beiden Kreise.* Man erhält diesen Ausdruck, indem man auf das Dreieck der nebenstehenden Fig. 10a den Kosinussatz der Trigonometrie anwendet und bedenkt, daß $\psi = \pi - \varphi$ ist. Es ist also nach (67)

(68) $$J = \frac{(\mathfrak{y}\,\mathfrak{z})^2}{(\mathfrak{y}\,\mathfrak{y})(\mathfrak{z}\,\mathfrak{z})} = \cos^2\varphi\,.$$

Da bei sich schneidenden Kreisen für reellen Winkel φ gelten muß $0 \leqq J \leqq 1$, lehrt der Vergleich mit (43), daß zwei sich schneidenden Kreisen im Raum zwei äußere Punkte entsprechen, deren Verbindungsgerade die Kugel 𝔎 nicht trifft. *Der Winkel zweier sich schneidender Kreise der Ebene ist dann gleich der nichteuklidischen Entfernung der ihnen in der stereographischen Projektion entsprechenden Punkte des Raumes.* Das gilt wenigstens, wenn wir wie l auch φ auf den Wertbereich

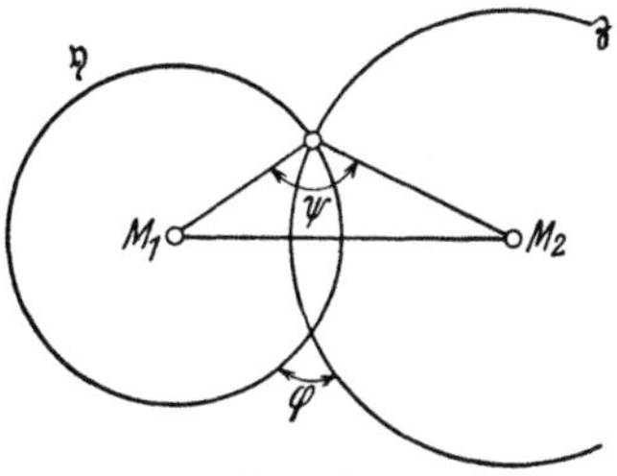

Fig. 10a.

(69) $$0 \leqq \varphi \leqq \frac{\pi}{2}$$

beschränken. Nach § 5 II entsprechen zwei zur Kugel konjugierten äußeren Punkten speziell zwei senkrechte Kreise

(70) $$(\mathfrak{y}\,\mathfrak{z}) = 0\,.$$

Der Erklärung der Invariante J durch das Doppelverhältnis Δ, die wir am Anfang dieses Paragraphen als räumliche Übertragung von (42) gegeben haben, entspricht in der Projektion das Folgende: Man legt zu den Kreisen 𝔶 und 𝔷 einen beliebigen senkrechten Kreis 𝔱, der 𝔶 in den Punkten $\mathfrak{u}^{\mathrm{I}}$, $\mathfrak{u}^{\mathrm{II}}$ und 𝔷 in den Punkten $\mathfrak{v}^{\mathrm{I}}$, $\mathfrak{v}^{\mathrm{II}}$ schneidet. Ist dann Δ das unter Nr. II dieses Paragraphen erklärte Doppelverhältnis der vier Punkte $\mathfrak{u}^{\mathrm{I}}$, $\mathfrak{u}^{\mathrm{II}}$, $\mathfrak{v}^{\mathrm{I}}$ und $\mathfrak{v}^{\mathrm{II}}$ auf dem Kreise 𝔱, so ist J der in (42) gegebene Ausdruck in Δ. Damit ist für sich schneidende Kreise 𝔶 und 𝔷 der Winkel φ in Beziehung zu einem Doppelverhältnis gesetzt. Die Erklärung durch das Doppelverhältnis Δ liefert aber, was wichtiger ist, auch eine Deutung der Invariante J für den Fall sich nicht schneidender Kreise 𝔶 und 𝔷.

IV. *Die stereographische Projektion bildet die Fläche der Kugel $\mathfrak{K}$ winkeltreu auf die Ebene ab.* Das kann man dadurch zeigen, daß man beweist: Der Winkel zweier Kreise auf der Kugel ist immer dem Winkel der Bildkreise gleich, die aus ihnen durch stereographische Projektion auf die Ebene entstehen. Es genügt offenbar, dies für die Paare von zwei sich im Südpol schneidenden Kreisen der Kugel zu zeigen. Denn man kann durch eine einfache Drehung der Kugel um den Mittelpunkt immer einen der Schnittpunkte eines beliebigen Kreispaares der Kugel in den Südpol überführen. Bei dieser Drehung bleibt aber der Winkel der Kreise erhalten. Da nun die Drehung um den Kugelmittelpunkt eine Abbildung aus $\mathfrak{H}_6$ ist, entspricht ihr in der Projektion eine Möbiustransformation; diese erhält aber den Winkel der Projektionskreise, der nach (68) als Invariante nachgewiesen ist. Bei der Drehung der Kugel ändert sich also weder der Winkel der Kreise der Kugel noch der Winkel der Kreise der Projektion. Wir können uns also tatsächlich auf Kreise beschränken, die sich im Südpol schneiden. Es projizieren sich in diesem Fall aber die Kreise in zwei Geraden, die, wie aus Symmetriegründen ohne weiteres klar ist, den Tangentenrichtungen der Kreise im Südpol parallel sind. Diese parallelen Geraden bilden natürlich denselben Winkel, wie die Tangenten im Südpol, womit der Beweis geführt ist.

Aus der Winkeltreue der stereographischen Projektion geht hervor, daß die nichteuklidische Entfernung l zweier Punkte $\mathfrak{y}$ und $\mathfrak{z}$, die beide außerhalb $\mathfrak{K}$ liegen und deren Verbindungslinie $\mathfrak{K}$ nicht trifft, gleich dem Winkel der beiden Schnittkreise ist, in denen die Polarebenen von $\mathfrak{y}$ und $\mathfrak{z}$ die Kugel $\mathfrak{K}$ schneiden.

V. Das zum Punkte duale Gebilde in der hyperbolischen Geometrie des Raumes ist die Ebene. Entsprechend § 6 definieren wir dann den *H-Winkel zweier Ebenen* als die nichteuklidische Entfernung der Pole. Treffen die Ebenen die Kugel in zwei sich schneidenden Kreisen, so ist der H-Winkel der Ebenen dann einfach der Winkel der Schnittkreise.

VI. Für *zwei sich berührende Kreise*, die einem Punktepaar im Raum entsprechen, deren Verbindungslinie die Kugel tangiert, gilt nach (68) in Vierkreiskoordinaten

$$(\mathfrak{y}\mathfrak{y})(\mathfrak{z}\mathfrak{z}) - (\mathfrak{y}\mathfrak{z})^2 = 0\,. \tag{71}$$

Da die Gleichung für den Fall, daß einer der Kreise, etwa $\mathfrak{y}$, in einen „Punktkreis" ausartet ($\mathfrak{y}\mathfrak{y} = 0$), in die Beziehung $\mathfrak{y}\mathfrak{z} = 0$ der vereinigten Lage von Punkt und Kreis übergeht, können wir diese als einen Grenzfall der Berührungsbedingung ansehen, was für spätere Entwickelungen von Wichtigkeit ist. Natürlich kann die Beziehung der vereinigten Lage ebensogut als ein Grenzfall der Bedingung (70) für die Orthogonalität zweier Kreise angesehen werden.

VII. Da im Raume zwei verschiedene Kugelpunkte nie zueinander konjugiert sein können, so gilt für zwei reelle Punkte $\mathfrak{u}$, $\mathfrak{v}$ der Ebene $[\mathfrak{u}\mathfrak{u} = \mathfrak{v}\mathfrak{v} = 0]$ niemals

$$\mathfrak{u}\mathfrak{v} = 0\,. \tag{72}$$

Da im Raum zwei innere Punkte $\mathfrak{y}$ und $\mathfrak{z}$ nie konjugiert sein können, ist das gleichzeitige Bestehen der Gleichungen

$$\mathfrak{y}\mathfrak{y} < 0, \qquad \mathfrak{z}\mathfrak{z} < 0, \qquad \mathfrak{y}\mathfrak{z} = 0$$

unmöglich.

VIII. Eine Gerade $\mathfrak{Q}$ des Raumes können wir uns durch zwei Punkte $\mathfrak{p}$, $\mathfrak{q}$ festgelegt denken. Durch

$$(73) \qquad \mathfrak{t} = \alpha\,\mathfrak{p} + \beta\,\mathfrak{q}$$

sind dann alle ihre Punkte dargestellt. Sucht man zu allen Punkten der Geraden (73) die Polarebenen auf, so schneiden sich diese in einer zweiten Geraden $\bar{\mathfrak{Q}}$ der reziproken Polaren oder konjugierten Geraden von $\mathfrak{Q}$, die wir uns mit Hilfe zweier ihrer Punkte $\mathfrak{v}$, $\mathfrak{w}$ etwa in der Form dargestellt denken können:

$$(74) \qquad \mathfrak{u} = \gamma\,\mathfrak{v} + \delta\,\mathfrak{w}.$$

Da jeder Punkt $\mathfrak{u}$ konjugiert zu jedem Punkt $\mathfrak{t}$ der ersten Geraden ist, so gilt

$$(\mathfrak{u}\,\mathfrak{t}) = 0$$

identisch in $\alpha, \beta, \gamma, \delta$.

Da von zwei bezüglich $\mathfrak{K}$ konjugierten Geraden $\mathfrak{Q}$, $\bar{\mathfrak{Q}}$ im Raume, die nicht gerade ein Paar Kugeltangenten sind, immer eine, etwa $\bar{\mathfrak{Q}}$, die Kugel in einem reellen Punktepaar $\mathfrak{r}$, $\mathfrak{s}$ ($\mathfrak{r}\mathfrak{r} = \mathfrak{s}\mathfrak{s} = 0$) trifft und die andere Gerade $\mathfrak{Q}$ die Schnittgerade der Tangentenebenen von $\mathfrak{r}$ und $\mathfrak{s}$ ist, kann $\mathfrak{Q}$ auch aufgefaßt werden als Ort aller Punkte $\mathfrak{t}$, die zu den zwei Kugelpunkten $\mathfrak{r}$, $\mathfrak{s}$ zugleich konjugiert sind, für die also gilt:

$$\mathfrak{r}\,\mathfrak{t} = \mathfrak{s}\,\mathfrak{t} = 0.$$

Daraus erkennen wir aber, daß der Geraden $\mathfrak{Q}$ in der Projektion die Schar von Kreisen durch die zwei festen Punkte $\mathfrak{r}$, $\mathfrak{s}$ entspricht und $\bar{\mathfrak{Q}}$ dann die Schar aller zu diesen senkrechten Kreise. Zu letzterer gehören speziell die Punktkreise $\mathfrak{r}$, $\mathfrak{s}$ (Fig. 11).

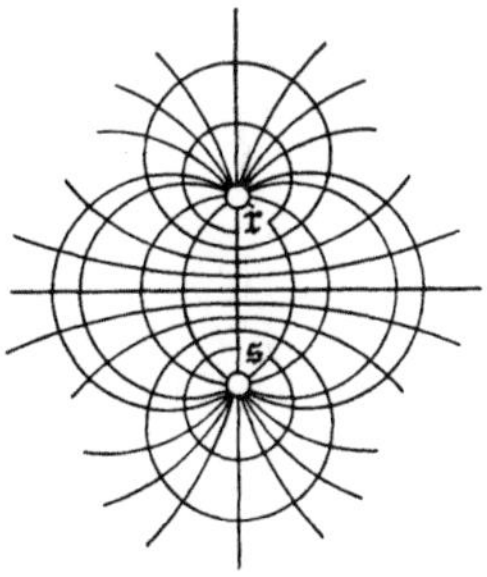

Fig. 11.

Jede Schar von Kreisen, die den Punkten einer Geraden des Raumes entsprechen, bezeichnen wir als ein *Kreisbüschel*. Wie wir eben gesehen haben, entspricht einer Geraden $\mathfrak{Q}$ außerhalb $\mathfrak{K}$ das Büschel aller Kreise, die durch zwei reelle Punkte, die „*Grundpunkte*" hindurchgehen. Einer Geraden $\bar{\mathfrak{Q}}$, die $\mathfrak{K}$ schneidet, entspricht ein Büschel von Kreisen ohne solche Grundpunkte, das aber immer aus den Orthogonalkreisen eines Büschels der ersten Art besteht.

Einer $\mathfrak{K}$ tangierenden Geraden $\mathfrak{R}$ entspricht nach (71) ein Büschel sich berührender Kreise. Wir nennen ein solches Büschel mit einem

Grundpunkt, nämlich dem gemeinsamen Berührungspunkt, ein *ausgeartetes Büschel.* Da in diesem Fall auch die Polare $\overline{\mathfrak{N}}$ von $\mathfrak{N}$ eine Tangente von $\mathfrak{K}$ ist, gehören solche ausgearteten Büschel paarweise zusammen. Da alle Punkte von $\mathfrak{N}$ zu allen von $\overline{\mathfrak{N}}$ konjugiert sind, schneiden sich beide Büschel senkrecht (Fig. 12).

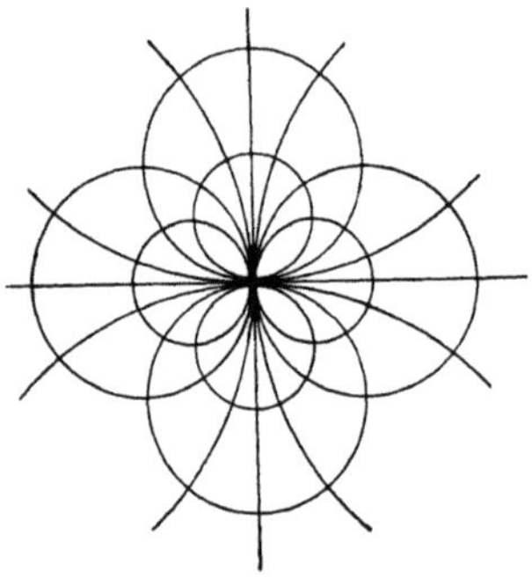

Fig. 12.

IX. Einer Projektion der Kugel auf sich aus einem äußeren Punkt $\mathfrak{y}$, also einer Abbildung (64) mit $\mathfrak{y}\mathfrak{y} > 0$ entspricht in der Ebene eine *Inversion,* d. h. eine *Transformation durch reziproke Radien* bezüglich des Kreises $\mathfrak{y}$. Wir erhalten nämlich den Punkt $\mathfrak{x}^*$, wenn wir durch den Punkt $\mathfrak{x}$ alle Kreise $\mathfrak{z}$ ziehen, die zu $\mathfrak{y}$ orthogonal sind $[\mathfrak{x}\mathfrak{z} = \mathfrak{y}\mathfrak{z} = 0]$. Diese treffen sich dann wegen $\mathfrak{x}^*\mathfrak{z} = 0$ alle wieder in dem Punkt $\mathfrak{x}^*$. Allgemeiner liefert die Formel (64) analytisch die durch Inversion gegebene Zuordnung beliebiger Kreise $\mathfrak{x} \to \mathfrak{x}^*$ statt nur der Punkte. Wir nennen $\mathfrak{x}^*$ den zu $\mathfrak{x}$ bezüglich $\mathfrak{y}$ inversen Kreis. Die Inversion ist eine involutorische Transformation, d. h. sie vertauscht entsprechende Punkte paarweise.

Wie die Gruppe $\mathfrak{H}_6$ aus den Projektionen der Kugel auf sich aus äußeren Punkten, so *läßt sich die Gruppe der Kreisverwandtschaften von Möbius aus Inversionen erzeugen.* Die Inversion ist die typische Abbildung dieser Gruppe, an der sich die wesentlichen Eigenschaften studieren lassen. Wir nennen die Möbiusgeometrie daher auch *Inversionsgeometrie.*

X. Da man in der hyperbolischen Geometrie jeden Punkt der Grundkugel $\mathfrak{K}$ (schon durch eine Drehung) in den Südpol rücken lassen kann, in der Ebene durch

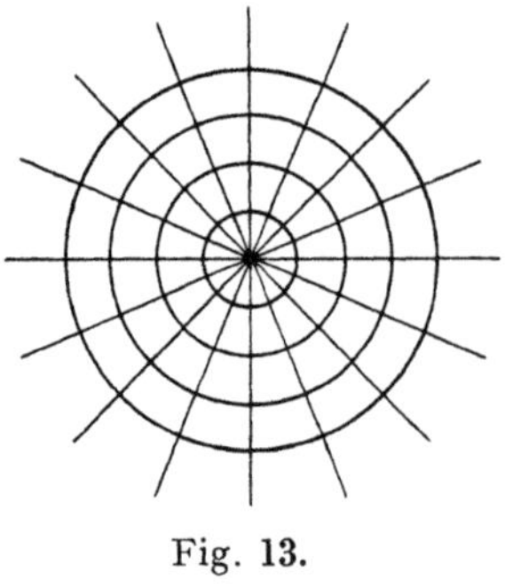

Fig. 13.

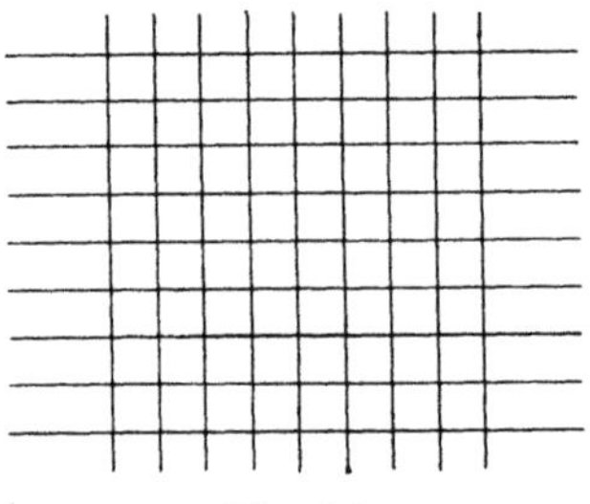

Fig. 14.

eine Kreisverwandtschaft also jeden Punkt in den uneigentlichen, kann man inversionsgeometrische Figuren oft der Anschauung zugänglich machen, indem man geeignete Punkte „ins Unendliche rücken“ läßt. So kann man die Kreisbüschel

Fig. 11 und Fig. 12 in die in Fig. 13 resp. Fig. 14 abgebildeten entsprechenden Typen überführen, indem man einen Grundpunkt zum uneigentlichen macht. Parallele Geraden sind dabei Kreise, die sich im uneigentlichen Punkt berühren.

XI. Dem Begriff der gewöhnlichen euklidischen Entfernung zweier Punkte der Ebene kommt in der Inversionsgeometrie keine invariante Bedeutung zu, denn man kann sie z. B. dadurch über alle Grenzen wachsen lassen, daß man den einen Punkt in den uneigentlichen überführt, ebensowenig ist der Mittelpunkt eines Kreises mit diesem invariant verbunden, denn man kann diesen ins Unendliche befördern und den Kreis im Endlichen lassen.

Es wird sich in der Inversionsgeometrie der Ebene, wie auch in der auf der Kugel im folgenden ausschließlich um Winkelbeziehungen von Kreisen und die vereinigte Lage von Punkten und Kreisen handeln. Auch die unten eingeführten Doppelverhältnisse von vier Punkten eines Kreises können wir, wie wir später sehen werden, durch Winkelbeziehungen erklären.

2. Kapitel.

Invarianten der Kreisgeometrie von *Möbius*.

§ 10. Allgemeines zur Invariantentheorie der Gruppe von *Möbius*.

Weil wir es in der Inversionsgeometrie mit homogenen Koordinaten zu tun haben, werden nur solche Ausdrücke geometrische Bedeutung besitzen, die nicht nur invariant sind gegenüber der Gruppe der linearen Substitutionen[1])

$$(1) \qquad x_i^* = \sum_{k=0}^{3} b_{ik} x_k \qquad [|b_{ik}| \neq 0]$$

der Vierkreiskoordinaten, die die Gleichung

$$(2) \qquad (\mathfrak{x}\,\mathfrak{x}) = -x_0^2 + x_1^2 + x_2^2 + x_3^2$$

in sich überführen, sondern weiter noch gegenüber den „*Umnormierungen*"

$$(3) \qquad x_i^* = \lambda \cdot x_i \qquad (\lambda \neq 0).$$

Hier ist λ nun keineswegs als eine für alle Kreise und Punkte der Ebene gleiche Konstante zu betrachten, wie die Koeffizienten b_{ik} in (1). Denn für verschiedene Kreise und Punkte kann die Umnormierung in verschiedener Weise mit voneinander unabhängigen Größen λ vorgenommen werden.

Wenn wir es mit stetigen Mannigfaltigkeiten von Kreisen und Punkten zu tun haben, ist λ als eine Funktion des Ortes dieser Mannigfaltigkeit anzusetzen. Ist durch $\mathfrak{x}(t)$ z. B. mit Hilfe eines Parameters t eine Kreisschar gegeben, so sind nur solche Ausdrücke Differentialinvarianten derselben, die bei den Transformationen

$$(4) \qquad \overset{*}{\mathfrak{x}} = \lambda(t) \cdot \mathfrak{x}$$

mit einer beliebigen Funktion λ von t ungeändert bleiben. Bei stetigen Mannigfaltigkeiten wollen wir im folgenden wenigstens die Voraussetzung machen, daß λ eine stetige Funktion der in Frage kommenden Parameter ist. Wir nehmen allge-

---

[1]) Aus Gründen der Zweckmäßigkeit schreiben wir hier die linearen Transformationen in der nach den x_i^* aufgelösten Form.

mein an, daß „sehr wenig verschiedene" Kreise der Mannigfaltigkeit auch in der Normierung ihrer Kreiskoordinaten sehr wenig voneinander abweichen.

In der Invariantentheorie sowohl der Gruppe $\mathfrak{A}$ der erwähnten linearen Substitutionen (1), (2) als auch der eine willkürliche Funktion enthaltenden Gruppe $\mathfrak{P}$ der Umnormierungen ist streng genommen erst die Möbiusgeometrie gegeben. Das wird dann von Wichtigkeit sein, wenn es sich darum handelt, auf rechnerischem Wege wirklich Möbiusinvarianten zu ermitteln. Die geometrische Abbildung, die durch die einzelne Kreisverwandtschaft vermittelt wird, ist natürlich durch die linearen Transformationen (1) allein schon festgelegt.

Nun stellen alle Transformationen (1), bei denen die b_{ik} sich nur um einen gemeinsamen Faktor unterscheiden, dieselbe geometrische Abbildung dar. Ersetzen wir nämlich die b_{ik} durch $C \cdot b_{ik}$, so erhalten wir die $\mathfrak{x}^*$ in der neuen Normierung $C \cdot \mathfrak{x}^*$, und statt $(\mathfrak{x}^* \mathfrak{x}^*)$ erhalten wir $C^2 \cdot (\mathfrak{x}^* \mathfrak{x}^*)$. Nun multipliziert sich $\mathfrak{x}\,\mathfrak{x}$ bei einer allgemeinen Transformation (1) sicher mit einem positiven Faktor. Denn wir wissen, daß im Raum bei den hyperbolischen Bewegungen äußere Punkte $\mathfrak{x}\mathfrak{x} > 0$ in äußere übergehen müssen. Man kann es daher bei jeder einzelnen Möbiustransformation durch geeignete Normierung der b_{ik} erreichen, daß nicht nur die Gleichung (2), sondern $(\mathfrak{x}\,\mathfrak{x})$ dem absoluten Betrage nach invariant bleibt. Wir können dann statt der Gruppe $\mathfrak{A}$ (1) (2) die Gruppe $\mathfrak{B}$ derjenigen linearen Transformationen zugrunde legen, die die Form $(\mathfrak{x}\,\mathfrak{x})$ absolut invariant lassen. Von der Gruppe $\mathfrak{B}$ gelangen wir dann zu $\mathfrak{A}$, indem wir noch die Substitutionen

$$x_i^* = C \cdot x_i \quad \text{mit der Konstanten } C$$

hinzunehmen. Da diese aber sowieso in den viel allgemeineren Umnormierungen $\mathfrak{P}$ (3) enthalten sind, können wir jetzt die Bildung der Invarianten der Inversionsgeometrie in den beiden Schritten vollziehen:

I. Bildung von Invarianten gegenüber der Gruppe $\mathfrak{B}$ der linearen Transformationen der tetrazyklischen Koordinaten, die die Form $(\mathfrak{x}\,\mathfrak{x})$ absolut invariant lassen. Die Invarianten gegenüber dieser Gruppe wollen wir *Halbinvarianten* nennen.

II. Bildung solcher Halbinvarianten, die sich auch noch bei den Umnormierungen $\mathfrak{P}$ nicht ändern.

Dies Vorgehen ist deshalb zweckmäßig, weil die Invariantentheorie sowohl der Gruppe $\mathfrak{B}$ wie auch der Gruppe $\mathfrak{P}$ besonders einfach zu beherrschen ist.

Die Gruppe $\mathfrak{B}$ ist im wesentlichen mit der Gruppe der eigentlichen und uneigentlichen orthogonalen Substitutionen in vier Veränderlichen äquivalent und weicht nur dadurch unwesentlich von ihr ab, daß die Form $(\mathfrak{x}\,\mathfrak{x})$ vor dem ersten Glied das negative Zeichen hat, statt des positiven, also *indefinit* ist.

Die weiteren Untersuchungen dieses Buches sollen die Differentialgeometrie stetiger Mannigfaltigkeiten von Kreisen und Punkten zum Gegenstand haben. Es handelt sich also vor allem um die Auffindung der inversionsgeometrischen Invarianten einer solchen stetigen Mannigfaltigkeit. Wir wenden uns nun zu dem *vorbereitenden elementargeometrischen Problem: Gegeben ist eine Zahl von endlich vielen Kreisen und Punkten. Es ist ein vollständiges System unabhängiger inversionsgeometrischer Invarianten derselben zu bestimmen.* Wir werden in den Schritten I, II vorgehen und uns zunächst der Bestimmung aller Halbinvarianten der gegebenen Kreise und Punkte zuwenden. Wir wollen im folgenden dies Problem gleich in einer etwas allgemeineren Fassung behandeln, um für spätere Zwecke gewappnet zu sein. Wir betrachten gleich den n-dimensionalen Fall und zwar in diesem allgemein eine Gruppe

$$x_i = \sum_{k=1}^{n} a_{ik} x_k^* . \tag{5}$$

von solchen linearen Transformationen, die eine beliebige quadratische Form

$$\mathfrak{x}\mathfrak{x} = \sum_{i,k=1}^{n} B_{ik} x_i x_k \tag{6}$$

in sich überführen, also absolut invariant lassen. Von der Form (6) setzen wir nur voraus, daß sie nicht ausgeartet ist, daß also die Determinante

$$B = |B_{ik}| \neq 0$$

ist. Die B_{ik} sind als irgendwelche *ein für allemal fest vorgegebene Konstante* zu betrachten und wir müssen beachten, daß das Symbol $\mathfrak{x}\mathfrak{x}$ in den nächsten beiden Abschnitten statt (2) die allgemeinere Bedeutung (6) haben wird.

In unserem allgemeinen Ansatz sind für $n = 4$ speziell unsere Substitutionen $\mathfrak{B}$ und die erwähnten orthogonalen Substitutionen enthalten. Für die Gruppe $\mathfrak{B}$ gilt, wenn wir statt des Index 4 den Index 0 schreiben:

$$B_{00} = -1; \quad B_{11} = B_{22} = B_{33} = +1; \quad B_{ik} = 0 \quad \text{für} \quad i \neq k. \tag{7}$$

Wir wollen die allgemeinen, zu einer beliebigen quadratischen Form (6) gehörigen Transformationen *verallgemeinerte orthogonale Substitutionen* nennen. Was den Kreisen und Punkten in unserem jetzigen allgemeinen Fall entspricht, sind die Systeme von n Koordinaten $x_1, x_2 \ldots x_n$, die wir (da es sich um homogene lineare Transformationen handelt) in den Begriff eines *Vektors* zusammenfassen und mit den deutschen Buchstaben $\mathfrak{x}$, $\mathfrak{y}$ usw. bezeichnen wollen.

Wir wenden uns der Aufgabe zu: *Gegeben ist eine Anzahl p endlich vieler, irgendwie fest vorgegebener Vektoren:*

$$\mathfrak{x}^{I}, \mathfrak{x}^{II}, \ldots, \mathfrak{x}^{p}, \tag{8}$$

wo p ganz beliebig $\gtreqless$ der Dimensionszahl n sein kann. Es soll ein vollständiges System ihrer absoluten Invarianten gegenüber der Gruppe (5) (6) *bestimmt werden.*

Wir beginnen damit, daß wir zwei wichtige Typen von Invarianten unserer Gruppen angeben:

1. Läßt sich ein Vektor $\mathfrak{z}$ aus einer Reihe von $r \leq n$ linear unabhängigen Vektoren $\mathfrak{x}^{\mathrm{I}}$, $\mathfrak{x}^{\mathrm{II}} \ldots \mathfrak{x}^{r}$ linear kombinieren, d. h. gelten Gleichungen von der Form

$$z_k = \alpha^{\mathrm{I}} x_k^{\mathrm{I}} + \alpha^{\mathrm{II}} x_k^{\mathrm{II}} + \cdots + \alpha^{r} x_k^{r} \tag{9}$$

für alle $k = 1 \ldots n$ Koordinaten, so sind die Koeffizienten α Invarianten der Vektoren (sogar gegenüber der Gruppe aller linearen Transformationen). Multipliziert man nämlich die Gleichung (9) mit a_{ik} und summiert über k, so geht sie nach (5) in die entsprechende Gleichung in den z^* und x^* über, wobei die Koeffizienten α die gleichen bleiben.

Da die Vektoren $\mathfrak{x}^{\mathrm{I}} \ldots \mathfrak{x}^{r}$ linear unabhängig sind, verschwinden nicht alle r-reihigen Determinanten der Matrix $\|\mathfrak{x}^{\mathrm{I}}, \mathfrak{x}^{\mathrm{II}} \ldots \mathfrak{x}^{r}\|$ und man kann die α durch die Komponenten der z und x ausdrücken, indem man sie aus r geeigneten von den n Gleichungen (9) berechnet. Daraus geht hervor, daß die α rationale Funktionen der Vektoren sind.

2. Die zu der quadratischen Form $(\mathfrak{x}\mathfrak{x})$ gehörigen bilinearen und quadratischen Formen $(\mathfrak{x}^{\alpha}\mathfrak{x}^{\beta})$ $(\alpha, \beta = I \ldots p)$, die „*skalaren Produkte*" der Vektoren sind ebenso Invarianten, da mit der quadratischen Form (6) gleichzeitig auch die zugehörige Bilinearform in sich übergeht.

Es gilt nun der Satz: *Alle Invarianten unserer p Vektoren lassen sich immer durch Invarianten dieser beiden Typen ausdrücken.*

Man kann an Beispielen leicht erkennen, daß zur Darstellung des vollständigen Systems der Invarianten weder die Koeffizienten der Linearkombinationen allein, noch die Skalarprodukte genügen. Z. B. gibt es bei einem einzigen Vektor $\mathfrak{x}$ die Invariante $\mathfrak{x}\mathfrak{x}$, die sich sicher nicht durch Koeffizienten von Linearkombinationen ausdrücken läßt, da es gar nichts linear zu kombinieren gibt. Auf der andern Seite liefern zwei proportionale Vektoren $\mathfrak{x}$ und $\mathfrak{z}$ mit

$$\mathfrak{x}\mathfrak{x} = \mathfrak{x}\mathfrak{z} = \mathfrak{z}\mathfrak{z} = 0$$

ein Beispiel dafür, daß die Skalarprodukte nicht genügen, denn diese verschwinden hier alle, während doch der Proportionalitätsfaktor μ in $\mathfrak{z} = \mu \cdot \mathfrak{x}$ eine Invariante ist.

Um unseren Satz zu beweisen, zeigen wir zunächst: *Es lassen sich alle Invarianten von gerade n linear unabhängigen Vektoren allein aus ihren skalaren Produkten aufbauen.* Wir führen den Beweis dadurch, daß wir zeigen: Zwei Systeme von n linear unabhängigen Vektoren

$\mathfrak{x}^{\mathrm{I}} \ldots \mathfrak{x}^n$ und $\bar{\mathfrak{x}}^{\mathrm{I}} \ldots \bar{\mathfrak{x}}^n$, bei denen entsprechende skalare Produkte gleich sind:

$$\mathfrak{x}^\lambda \mathfrak{x}^\mu = \bar{\mathfrak{x}}^\lambda \bar{\mathfrak{x}}^\mu \qquad [\lambda, \mu = \mathrm{I} \ldots n] \tag{10}$$

lassen sich immer durch eine orthogonale Substitution ineinander überführen. Zunächst gibt es überhaupt nur eine lineare Transformation

$$x_i = \sum_{k=1}^{n} b_{ik} \bar{x}_k, \tag{11}$$

die die Vektoren $\mathfrak{x}^\lambda$ in die $\bar{\mathfrak{x}}^\lambda$ überführt, für die also gelten muß

$$x_i^\lambda = \sum_{k=1}^{n} b_{ik} \bar{x}_k^\lambda \qquad \begin{bmatrix} i = 1, 2 \ldots n \\ \lambda = \mathrm{I}, \mathrm{II} \ldots n \end{bmatrix}.$$

Denn die n^2 Größen b_{ik} lassen sich aus diesen n^2 linearen Gleichungen eindeutig und reell bestimmen. Denn für ein festes i haben wir ein System von n linearen Gleichungen für die n Größen b_{ik} mit variablem k und die Determinante des Gleichungssystems ist gerade die aus den n Vektoren gebildete Determinante

$$\Delta = |\mathfrak{x}^{\mathrm{I}}, \mathfrak{x}^{\mathrm{II}}, \ldots \mathfrak{x}^n|, \tag{12}$$

die wegen der linearen Unabhängigkeit der Vektoren von Null verschieden ist. Nun müssen wir nur noch zeigen, daß die lineare Transformation (11) im Fall des Bestehens der Gleichungen (10) eine orthogonale Substitution ist, d. h. eine solche lineare Transformation, die das „skalare Quadrat“ $\mathfrak{z}\mathfrak{z}$ eines beliebigen Vektors $\mathfrak{z}$ nicht ändert. Jeder Vektor $\mathfrak{z}$ läßt sich aus den linear unabhängigen $\mathfrak{x}^\lambda$ linear kombinieren:

$$\mathfrak{z} = \sum_{\lambda=\mathrm{I}}^{n} s^\lambda \mathfrak{x}^\lambda$$

mit Koeffizienten s^λ, die nach dem früheren Invarianten sind. Es muß daher für die nach (11) transformierten Vektoren $\bar{\mathfrak{z}}$, $\bar{\mathfrak{x}}^\lambda$ gelten

$$\bar{\mathfrak{z}} = \sum_{\lambda=\mathrm{I}}^{n} s^\lambda \bar{\mathfrak{x}}^\lambda$$

mit dem gleichen s^λ.

Aus (10) ergibt sich aber in der Tat

$$\mathfrak{z}\mathfrak{z} = \sum_{\lambda, \mu=\mathrm{I}}^{n} s^\lambda s^\mu (\mathfrak{x}^\lambda \mathfrak{x}^\mu) = \sum_{\lambda, \mu=\mathrm{I}}^{n} s^\lambda s^\mu (\bar{\mathfrak{x}}^\lambda \bar{\mathfrak{x}}^\mu) = \bar{\mathfrak{z}}\bar{\mathfrak{z}}.$$

An diesen Satz schließen wir folgende Ergänzungen an.

1. Nach dem Multiplikationssatz der Determinanten gilt allgemein für zwei Reihen von je n Vektoren $\mathfrak{x}^{\mathrm{I}} \ldots \mathfrak{x}^n$ und $\mathfrak{y}^{\mathrm{I}} \ldots \mathfrak{y}^n$:

$$|B_{ik}| \cdot |\mathfrak{x}^{\mathrm{I}}, \ldots, \mathfrak{x}^n| \cdot |\mathfrak{y}^{\mathrm{I}}, \ldots, \mathfrak{y}^n| = |(\mathfrak{x}^\alpha \mathfrak{y}^\beta)| \qquad [\alpha, \beta = \mathrm{I}, \mathrm{II} \ldots n], \tag{13}$$

wo die Determinante auf der rechten Seite mittels der n^2 Skalarprodukte $(\mathfrak{x}^\alpha \mathfrak{y}^\beta)$ gebildet ist. Nach (12) ist daher, wenn man $B = |B_{ik}|$ setzt,

$$B \cdot \Delta^2 = |(\mathfrak{x}^\alpha \mathfrak{x}^\beta)|. \tag{14}$$

Daher gilt: Es ist für n linear unabhängige Vektoren auch

$$|(\mathfrak{x}^\alpha \mathfrak{x}^\beta)| \neq 0. \tag{15}$$

2. Die $\frac{n(n+1)}{2}$ voneinander verschiedenen skalaren Produkte der n linear unabhängigen Vektoren — (wegen der Symmetriebedingung $\mathfrak{x}^\alpha \mathfrak{x}^\beta = \mathfrak{x}^\beta \mathfrak{x}^\alpha$ gibt es unter den n^2 Skalarprodukten $\mathfrak{x}^\alpha \mathfrak{x}^\beta$ ja nur $\frac{n(n+1)}{2}$ verschiedene) — sind auch wirklich lauter voneinander unabhängige Invarianten. Das können wir etwa dadurch beweisen, daß wir zeigen: Wir können es durch geeignete, etwa durch stetige Abänderung eines der n Vektoren immer erreichen, daß ein bestimmtes vorgegebenes der $\frac{n(n+1)}{2}$ Skalarprodukte sich ändert, alle andern aber nicht. Wir unterlassen es hier, den einfachen Beweis im einzelnen durchzuführen, ebenso den Beweis des folgenden Satzes:

3. Auch für eine Anzahl $r \leq n$ von linear unabhängigen Vektoren $\mathfrak{x}^\lambda$ $(\lambda = \mathrm{I} \ldots r)$ ist das vollständige System der unabhängigen Invarianten durch die skalaren Produkte gegeben. Man kann nämlich zu den Vektoren $\mathfrak{x}^\lambda$ noch $n - r$ weitere Vektoren $\mathfrak{y}^{r+I}, \mathfrak{y}^{r+II} \ldots \mathfrak{y}^n$ hinzufügen, die mit ihnen zusammen ein System von n linear unabhängigen Vektoren bilden. Für die n Vektoren ist dann nach Satz 1 das vollständige System unabhängiger Invarianten durch die Skalarprodukte gegeben. Man kann dann aber weiter zeigen, daß man durch stetige Abänderung der Hilfsvektoren $\mathfrak{y}$ alle mit den $\mathfrak{y}$ gebildeten Skalarprodukte variieren kann, so daß als Invarianten der $\mathfrak{x}^\lambda$ nur deren eigene Skalarprodukte übrig bleiben.

Nun wollen wir endlich zu ganz beliebigen p Vektoren (8) übergehen. Wir können ein System linear unabhängiger Vektoren von der höchsten möglichen Zahl $r \leq n$ herausgreifen und so numerieren, daß $\mathfrak{x}^{\mathrm{I}}, \mathfrak{x}^{\mathrm{II}} \ldots \mathfrak{x}^r$ diese Vektoren sind, die wir als *Grundvektoren* bezeichnen wollen. Dann können wir alle weiteren aus ihnen linear kombinieren:

$$\mathfrak{x}^\nu = \alpha_{\mathrm{I}}^\nu \mathfrak{x}^{\mathrm{I}} + \alpha_{\mathrm{II}}^\nu \mathfrak{x}^{\mathrm{II}} + \cdots + \alpha_r^\nu \mathfrak{x}^r \qquad [\nu = (r + \mathrm{I}) \ldots p],$$

wo die Koeffizienten dieser Linearkombinationen nach dem zu Beginn dieses Paragraphen Gesagten Invarianten sind, und da durch Angabe der $\alpha_{\mathrm{I}}^\nu \ldots \alpha_r^\nu$ der Vektor $\mathfrak{x}^\nu$ sich aus den Grundvektoren eindeutig bestimmt, sind diese Koeffizienten die einzigen wesentlichen Invarianten, die zu den skalaren Produkten der Grundvektoren $\mathfrak{x}^{\mathrm{I}} \ldots \mathfrak{x}^r$ hinzukommen und mit diesen zusammen das System der unabhängigen Invarianten bilden. Damit ist der eingangs erwähnte Satz schon bewiesen, daß sich alle Invarianten eines Systems gegebener Vektoren durch die Skalarprodukte und Koeffizienten von Linearkombinationen ausdrücken lassen. Zugleich ist die allgemeine Vorschrift zur Bestimmung des vollständigen Systems der *unabhängigen* Invarianten einer Reihe von Vektoren gegeben:

Man bestimme zuerst die höchstmögliche Zahl r von linear unabhängigen Vektoren unter den p gegebenen. Dann greife man irgend ein System *von r linear unabhängigen „Grundvektoren“ aus ihnen heraus und kombiniere alle übrigen aus diesen linear. Das vollständige System der unabhängigen Invarianten ist dann gegeben durch die Skalarprodukte der Grundvektoren und die Koeffizienten der gebildeten Linearkombinationen.*

Wir beschließen diesen Abschnitt mit einer Bemerkung, die wir an den Multiplikationssatz (13) für Determinanten knüpfen.

Die Substitutionsdeterminante $\mathfrak{D} = |a_{ik}|$ in (5) muß gleich ± 1 sein, denn jede der beiden aus den n Vektoren gebildeten Determinanten auf der linken Seite von (13) multipliziert sich bei einer Substitution (5) mit der Determinante $\mathfrak{D}$, während $B = |B_{ik}|$ eine unveränderliche Konstante darstellt; die ganze linke Seite multipliziert sich somit mit $\mathfrak{D}^2$. Wegen der Invarianz der skalaren Produkte ändert sich die rechte Seite aber nicht und daraus folgt $\mathfrak{D}^2 = 1$.

Da sich somit eine Determinante von n Vektoren bei den Transformationen (5) mit dem Faktor $\mathfrak{D} = \pm 1$ multipliziert, lassen die speziellen Transformationen mit $\mathfrak{D} = |a_{kl}| = +1$ die Determinanten invariant, bilden daher eine Untergruppe der allgemeinen Gruppe, die Untergruppe der „*eigentlichen Substitutionen*“, wie wir sagen wollen. [Die Substitutionen mit $\mathfrak{D} = -1$ bezeichnen wir als *uneigentliche*.]

Gegenüber der allgemeinen Gruppe ist nur das Produkt zweier Determinanten absolut invariant, das sich nach (13) durch skalare Produkte ausdrücken läßt, während eine einzelne Determinante noch das Vorzeichen wechseln kann.

§ 11. Inversionsgeometrische Invarianten endlich vieler Vektoren. Die Vorzeicheninvariante dreier Kreise.

Die Sätze des § 10 können wir jetzt unmittelbar für die Bestimmung der inversionsgeometrischen Invarianten einer Reihe gegebener Kreise und Punkte verwenden. Die Konstanten B_{ik} der Form (6) haben jetzt die in (7) angegebenen Werte, so daß z. B. für das Quadrat einer Determinante von 4 Vektoren nach (14) die Formel gilt

$$(16) \qquad |\mathfrak{x}^{\mathrm{I}}, \mathfrak{x}^{\mathrm{II}}, \mathfrak{x}^{\mathrm{III}}, \mathfrak{x}^{\mathrm{IV}}|^2 = -|(\mathfrak{x}^\alpha \mathfrak{x}^\beta)| \quad (\text{mit } \alpha, \beta = \mathrm{I} \text{ bis } \mathrm{IV}).$$

Nach dem am Schluß von § 10 ausgesprochenen Satz können wir ohne weiteres das vollständige System unserer Halbinvarianten aufstellen. Es sind nun aus den Halbinvarianten, d. h. aus den Skalarprodukten der Grundvektoren und den Koeffizienten der Linearkombinationen, die wir gefunden haben, noch Normierungsinvarianten zu bilden, d. h. solche Ausdrücke, die gegenüber den Substitutionen

$$(17) \qquad \mathfrak{x}^\alpha = \lambda^\alpha \cdot \mathfrak{x}^{\alpha *} \qquad [\alpha = \mathrm{I} \ldots p]$$

invariant sind, wo die λ^α alle möglichen reellen, von Null verschiedenen Werte annehmen dürfen. Die p Größen λ^α können dabei für die einzelnen Vektoren verschiedene, voneinander ganz unabhängige Größen sein. Nach (17) multiplizieren sich die Skalarprodukte mit aus den λ gebildeten Faktoren:

$$(18) \qquad (\mathfrak{x}^\alpha \mathfrak{x}^\beta) = \lambda^\alpha \lambda^\beta \cdot (\mathfrak{x}^{\alpha *} \mathfrak{x}^{\beta *}) \qquad [\alpha, \beta = \mathrm{I} \ldots p].$$

Ebenso einfach substituieren sich aber die Koeffizienten der Linearkombinationen. Haben wir die Linearkombination (9), so gilt nach Ausführung der Umnormierung (17) eine Darstellung

$$\lambda^{\nu} \cdot \mathfrak{x}^{\nu *} = \alpha_{\mathrm{I}}^{\nu} \cdot \lambda^{\mathrm{I}} \mathfrak{x}^{\mathrm{I}*} + \cdots + \alpha_{r}^{\nu} \lambda^{r} \mathfrak{x}^{r*}.$$

Diese können wir auf die mit (9) gleichlautende Form

$$\mathfrak{x}^{\nu *} = \alpha_{\mathrm{I}}^{\nu *} \mathfrak{x}^{\mathrm{I}*} + \cdots + \alpha_{r}^{\nu *} \mathfrak{x}^{r*}$$

bringen, wenn wir

(19) $$\alpha_{\varrho}^{\nu} = \frac{\lambda^{\nu}}{\lambda^{\varrho}} \alpha_{\varrho}^{\nu *} \qquad [\varrho = \mathrm{I} \ldots r]$$

setzen. Nach (19) multiplizieren sich also bei den Umnormierungen (17) die Koeffizienten α_r^{ν} der Linearkombinationen ebenso wie die Skalarprodukte einfach mit Faktoren, die Produkte von ganzen positiven oder negativen Potenzen der λ^{α} sind. Das allgemeine Verfahren zur Bildung der Normierungsinvarianten wird daher das folgende sein: Wir stellen alle von Null verschiedenen Skalarprodukte der Grundvektoren und die Koeffizienten der Linearkombinationen mit ihren Substitutionsformeln (18) (19) zusammen. Kommt in diesen einer der Koeffizienten λ überhaupt nur bei einer einzigen Halbinvariante vor, so können wir diese Halbinvariante einfach weglassen: Sie ist zur Bildung von Normierungsinvarianten nicht verwendbar, denn der Koeffizient λ läßt sich, da er nur an dieser einen Stelle vorkommt, überhaupt nicht beseitigen[1]). Wir behalten somit ein System von solchen Halbinvarianten übrig, daß jeder der Koeffizienten λ bei den Substitutionsformeln (18) (19) mindestens zweimal vorkommt. Betrachten wir nun alle Halbinvarianten, bei denen ein bestimmter Koeffizient λ^{q} vorkommt, so können wir λ^{q} eliminieren, indem wir eine der Halbinvarianten herausgreifen und alle übrigen mit solchen positiven oder negativen möglicherweise auch gebrochenen Potenzen dieser multiplizieren, daß in den Substitutionsformeln der gebildeten Produkte λ^{q} herausfällt. Diese Produkte sind dann ihrer Anzahl nach um eine Größe weniger als die anfänglichen Halbinvarianten. Dafür haben wir aber den einen Koeffizienten λ^{q} herausgeschafft. Nehmen wir jetzt die eben gebildeten Produkte und die Halbinvarianten, bei denen λ^{q} von vornherein nicht vorkam, so haben wir ein System von Halbinvarianten, aus dem wir jetzt in derselben Art einen neuen der Koeffizienten λ^{α} eliminieren können. So fahren wir fort, bis wir alle λ herausgeschafft haben und dann die absoluten inversionsgeometrischen Invarianten der gegebenen Vektoren übrig behalten.

---

[1]) Vergleiche aber die Bemerkung zwei Absätze später!

Bei dem Verfahren haben wir etwa auftretende gebrochene Potenzen wegen der mit ihnen verbundenen Mehrdeutigkeiten zu beseitigen, indem wir die in Frage kommenden Ausdrücke immer gleich in solche Potenzen erheben, daß die gebrochenen Exponenten wegfallen.

Auf diese Weise kann man sich in jedem Falle die inversionsgeometrischen Invarianten verschaffen. Es ist aber noch eine Ergänzung zu machen. Bisher haben wir gar nicht berücksichtigt, daß die Größen λ in (17), wenn wir reelle Koordinaten beibehalten wollen, ausdrücklich als reell vorausgesetzt werden müssen, daß daher alle Größen, die sich bei Umnormierungen nur mit Quadraten der Koeffizienten λ multiplizieren, ihr Vorzeichen nicht ändern. Daher kommen zu den Invarianten, die sich aus dem Eliminationsprozeß ergeben, noch gewisse Vorzeicheninvarianten hinzu. Triviale Vorzeicheninvarianten sind z. B. die vom Typ sgn $(\mathfrak{x}\,\mathfrak{x})$ [sgn = Vorzeichen], die angeben, ob der Vektor $\mathfrak{x}$ ein eigentlicher oder ein Punktkreis ist oder ob er im Fall $\mathfrak{x}\,\mathfrak{x} < 0$ keinen reellen Kreis darstellt. Hier ist

$$\text{(20)} \qquad \begin{cases} \operatorname{sgn} x = +1 & \text{für} \quad x > 0 \\ \operatorname{sgn} x = -1 & \text{für} \quad x < 0 \\ \operatorname{sgn} x = 0 & \text{für} \quad x = 0 \end{cases}$$

zu setzen. Man bekommt alle wesentlichen solcher Vorzeicheninvarianten, wenn man sie für alle während des Eliminationsprozesses auftretenden Größen bildet, die sich nur mit Quadraten der λ substituieren. Diese werden allerdings häufig nicht von den durch die Elimination gewonnenen Invarianten oder untereinander unabhängig sein. Für das Symbol sgn merken wir uns die für reelle Größen A und B gültigen Rechenregeln

$$\text{(21)} \qquad \operatorname{sgn} A\,B = \operatorname{sgn} A \cdot \operatorname{sgn} B,$$

$$\text{(22)} \qquad \operatorname{sgn} A^2 = +1,$$

$$\text{(23)} \qquad |A| \cdot \operatorname{sgn} A = A.$$

Als ein Übungsbeispiel wollen wir *das vollständige System der Invarianten dreier linear unabhängiger Kreise* $\mathfrak{x}, \mathfrak{y}, \mathfrak{z}$ bestimmen. Nach § 10 kommen als Halbinvarianten dann nur die Skalarprodukte in Frage. Speziell wollen wir annehmen, daß von den drei Kreisen keiner zu einem andern gerade orthogonal ist.

Wir haben hier die sechs nicht verschwindenden Skalarprodukte:

$$\mathfrak{x}\,\mathfrak{x}\,\langle\lambda^2\rangle; \quad \mathfrak{y}\,\mathfrak{y}\,\langle\mu^2\rangle; \quad \mathfrak{z}\,\mathfrak{z}\,\langle\nu^2\rangle;$$
$$\mathfrak{x}\,\mathfrak{y}\,\langle\lambda\,\mu\rangle; \quad \mathfrak{y}\,\mathfrak{z}\,\langle\mu\,\nu\rangle; \quad \mathfrak{z}\,\mathfrak{x}\,\langle\nu\,\lambda\rangle.$$

In den Klammern ist hinter jedes skalare Produkt der Faktor geschrieben, mit dem es sich bei den Umnormierungen

$$\text{(24)} \qquad \mathfrak{x} = \lambda\,\mathfrak{x}^*; \quad \mathfrak{y} = \mu\,\mathfrak{y}^*; \quad \mathfrak{z} = \nu\,\mathfrak{z}^*$$

multipliziert.

Weil bei den ersten drei Produkten nur Quadrate der reellen Größen λ, μ, ν stehen, haben wir nach unserer allgemeinen Regel ihre Vorzeicheninvarianten zu bilden. Es ergeben sich die drei trivialen

$$\operatorname{sgn} \mathfrak{x}\mathfrak{x}\,; \qquad \operatorname{sgn} \mathfrak{y}\mathfrak{y}\,; \qquad \operatorname{sgn} \mathfrak{z}\mathfrak{z}\,, \tag{25}$$

die in unserm Fall gleich $+\,1$ sind, weil wir Kreise voraussetzen. Wir können nun mit der Elimination von λ beginnen, indem wir die skalaren Produkte, die sich mit λ oder λ^2 substituieren, durch die entsprechende Potenz etwa des gemischten Skalarprodukts $\mathfrak{x}\mathfrak{y}$ dividieren. Wir erhalten dann statt der drei Größen $\mathfrak{x}\mathfrak{x}$, $\mathfrak{x}\mathfrak{y}$, $\mathfrak{z}\mathfrak{x}$ die beiden

$$\frac{\mathfrak{x}\mathfrak{x}}{(\mathfrak{x}\mathfrak{y})^2}\left\langle\frac{1}{\mu^2}\right\rangle; \qquad \frac{\mathfrak{z}\mathfrak{x}}{\mathfrak{x}\mathfrak{y}}\left\langle\frac{\nu}{\mu}\right\rangle. \tag{26}$$

Außer diesen beiden haben wir jetzt noch die drei Größen $\mathfrak{y}\mathfrak{y}$, $\mathfrak{y}\mathfrak{z}$, $\mathfrak{z}\mathfrak{z}$, die sich alle fünf nur mit Potenzen von μ und ν substituieren. Weil in (26) bei der ersten Größe nur das Quadrat μ^2 vorkommt, haben wir die Vorzeicheninvariante $\operatorname{sgn} \dfrac{\mathfrak{x}\mathfrak{x}}{(\mathfrak{x}\mathfrak{y})^2}$ zu bilden, die nach (21) (23) aber trivialerweise wieder auf (25) führt. Benutzen wir das skalare Produkt $\mathfrak{y}\mathfrak{z}$ zur Elimination von μ, so behalten wir vier Größen:

$$\left\{\begin{aligned} &\frac{(\mathfrak{x}\mathfrak{x})(\mathfrak{y}\mathfrak{z})^2}{(\mathfrak{x}\mathfrak{y})^2}\langle\nu^2\rangle; \qquad \frac{(\mathfrak{z}\mathfrak{x})(\mathfrak{y}\mathfrak{z})}{(\mathfrak{x}\mathfrak{y})}\langle\nu^2\rangle \\ &\frac{\mathfrak{y}\mathfrak{y}}{(\mathfrak{y}\mathfrak{z})^2}\left\langle\frac{1}{\nu^2}\right\rangle; \qquad \mathfrak{z}\mathfrak{z}\langle\nu^2\rangle. \end{aligned}\right. \tag{27}$$

Hier haben wir für alle vier Ausdrücke die Vorzeicheninvarianten zu bilden. Es ergibt sich nur aus dem zweiten eine nichttriviale, die wir nach Multiplikation mit $\operatorname{sgn}(\mathfrak{x}\mathfrak{y})^2 = +\,1$ in der Form

$$\varepsilon = \operatorname{sgn}(\mathfrak{x}\mathfrak{y})(\mathfrak{y}\mathfrak{z})(\mathfrak{z}\mathfrak{x}) \tag{28}$$

schreiben können.

Diese wichtige Invariante wollen wir die *Vorzeicheninvariante dreier Kreise* nennen.

Aus (27) ergeben sich durch Elimination von ν^2 die drei weiteren Invarianten

$$\mathfrak{P} = \frac{(\mathfrak{x}\mathfrak{x})(\mathfrak{y}\mathfrak{z})^2}{(\mathfrak{x}\mathfrak{y})^2(\mathfrak{z}\mathfrak{z})}; \qquad \mathfrak{Q} = \frac{(\mathfrak{z}\mathfrak{x})(\mathfrak{y}\mathfrak{z})}{(\mathfrak{x}\mathfrak{y})(\mathfrak{z}\mathfrak{z})}; \qquad \mathfrak{R} = \frac{(\mathfrak{y}\mathfrak{y})(\mathfrak{z}\mathfrak{z})}{(\mathfrak{y}\mathfrak{z})^2}. \tag{29}$$

Statt dieser drei Invarianten können wir ,um die ganzen Verhältnisse symmetrischer zu gestalten, auch die uns aus § 9 bekannten Ausdrücke für die Invarianten je zweier der drei Kreise zugrunde legen:

$$\left\{\begin{aligned} J_1 &= \frac{(\mathfrak{x}\mathfrak{y})^2}{(\mathfrak{x}\mathfrak{x})(\mathfrak{y}\mathfrak{y})}, \\ J_2 &= \frac{(\mathfrak{y}\mathfrak{z})^2}{(\mathfrak{y}\mathfrak{y})(\mathfrak{z}\mathfrak{z})}, \\ J_3 &= \frac{(\mathfrak{z}\mathfrak{x})^2}{(\mathfrak{z}\mathfrak{z})(\mathfrak{x}\mathfrak{x})}. \end{aligned}\right. \tag{30}$$

Man kann dann $\mathfrak{P}$, $\mathfrak{Q}$ und $\mathfrak{R}$ auf die folgende Weise durch diese drei neuen Invarianten und die Vorzeicheninvariante ε ausdrücken:

$$(31)\qquad \left\{\begin{aligned} \mathfrak{P} &= \frac{J_2}{J_1},\\ \mathfrak{R} &= \frac{1}{J_2},\\ \mathfrak{Q} &= \varepsilon \cdot \left|\sqrt{\frac{J_3 \cdot J_2}{J_1}}\right|. \end{aligned}\right.$$

Die letzte dieser Gleichungen folgt unter besonderer Berücksichtigung von (23).

Es sind somit die Invarianten dreier Kreise $\mathfrak{x}$, $\mathfrak{y}$, $\mathfrak{z}$ nicht durch die drei Invarianten (30) erschöpft, die für sich schneidende Kreise ja das $\cos^2$ ihres Winkels darstellen, sondern es kommt noch die *Vorzeichen-invariante* $\varepsilon = \operatorname{sgn}[(\mathfrak{x}\mathfrak{y})(\mathfrak{y}\mathfrak{z})(\mathfrak{z}\mathfrak{x})]$ hinzu. Zwei Tripel von Kreisen, die in den Invarianten (30) übereinstimmen, aber verschiedenes ε besitzen, lassen sich nicht durch eine Kreisverwandtschaft ineinander überführen.

Die Invariante ε läßt sich nach (28) formal auch für den Fall definieren, daß beliebig viele der drei Kreise in Punktkreise ausarten.

Wir wollen ihr für alle hiernach in Frage kommenden Fälle eine geometrische Deutung geben. Einer stetigen Änderung der Vierkreiskoordinaten — [bei der wir es vermeiden, alle vier Koordinaten gleichzeitig zum Verschwinden zu bringen] — entspricht auch geometrisch eine stetige Änderung des entsprechenden Kreises in der *Möbius*schen Ebene, wenn wir nur den gewöhnlichen Stetigkeitsbegriff, der für die Inversionsgeometrie auf der Grundkugel gilt, auf die Grundebene übertragen, also die Abänderung eines Kreises der Ebene stetig nennen, wenn ihr eine stetige Abänderung des zugeordneten Kreises der Kugel entspricht. Wir betrachten es also auch als stetige Änderung eines Kreises der *Möbius*schen Ebene, wenn wir etwa den Radius eines Kreises, unter Festhaltung eines Punktes und der Tangente in diesem, über alle Grenzen wachsen lassen, bis der Kreis in eben diese Tangente hineinfällt und ihn dann „nach der andern Seite hinüberklappen", so daß er in einen Kreis mit sehr großem Radius übergeht, der seinen Mittelpunkt auf der der anfänglichen entgegengesetzten Seite der Tangente hat. Jedes Tripel von eigentlichen oder Punktkreisen läßt sich nun durch stetige Abänderungen seiner drei Kreise überführen in ein Tripel reeller Punkte. (Diese allgemeinen stetigen Abänderungen der Kreise haben natürlich nichts zu tun mit unseren speziellen Transformationen der Kreise durch eine Kreisverwandtschaft, bei der, wie wir wissen, nie ein Kreis in einen Punkt übergeht.) Nun gilt nach § 7 für zwei Punkte $\mathfrak{x}^{\mathrm{I}}$, $\mathfrak{x}^{\mathrm{II}}$ bei Rückgang auf kartesische Koordinaten und bei Verwendung der Faktoren ϱ^{I}, ϱ^{II} in § 7 (53)

$$(31\text{a})\qquad \mathfrak{x}^{\mathrm{I}}\mathfrak{x}^{\mathrm{II}} = -\frac{\varrho^{\mathrm{I}}\varrho^{\mathrm{II}}}{2}\cdot[(\xi^{\mathrm{I}}-\xi^{\mathrm{II}})^2+(\eta^{\mathrm{I}}-\eta^{\mathrm{II}})^2].$$

Daraus ergibt sich, daß für drei Punkte der Ausdruck

$$(32)\qquad \varepsilon = \operatorname{sgn}[(\mathfrak{x}^{\mathrm{I}}\mathfrak{x}^{\mathrm{II}})(\mathfrak{x}^{\mathrm{II}}\mathfrak{x}^{\mathrm{III}})(\mathfrak{x}^{\mathrm{III}}\mathfrak{x}^{\mathrm{I}})]$$

gleich -1 ist. Da nun der Ausdruck $(\mathfrak{x}^{I}\mathfrak{x}^{II})(\mathfrak{x}^{II}\mathfrak{x}^{III})(\mathfrak{x}^{III}\mathfrak{x}^{I})$ bei stetiger Abänderung der Kreise $\mathfrak{x}^{\alpha}$ sein Vorzeichen nur ändert, wenn eine Konfiguration mit $\varepsilon = 0$ durchschritten wird, in der mindestens zwei der Kreise senkrecht sind (oder ein Kreis sich mit einem Punkt in vereinigter Lage befindet), so können wir folgenden Satz aussprechen:

Es ist $\varepsilon = -1$, wenn die drei Kreise $\mathfrak{x}^{\alpha}$ durch stetige Abänderung in der Möbiusschen Ebene in drei verschiedene reelle Punkte übergeführt werden können, ohne daß wir sie dabei in eine Lage bringen, in der irgend zwei Kreise senkrecht sind (resp. ein Kreis durch einen Punkt geht). Es ist $\varepsilon = +1$, wenn eine solche Überführung nicht möglich ist. Endlich ist $\varepsilon = 0$, wenn irgend zwei Kreise orthogonal sind.

In Fig. 15 und Fig. 16 sind zwei Tripel sich nicht schneidender Kreise angegeben, die den Fällen $\varepsilon = -1$ und $\varepsilon = +1$ entsprechen, in Fig. 17 und Fig. 18 zwei Tripel sich schneidender Kreise, bei denen die Ausdrücke (30) für die Winkel übereinstimmen, die sich aber dennoch nicht durch eine Kreisverwandtschaft

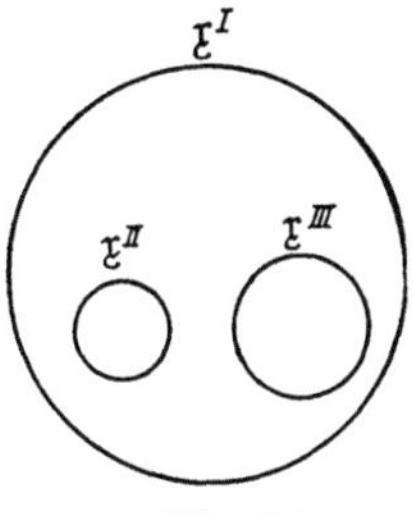

Fig. 15.

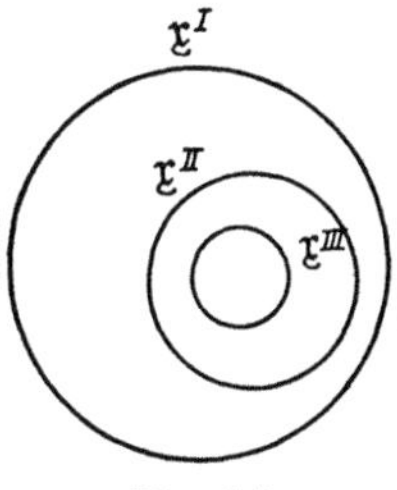

Fig. 16.

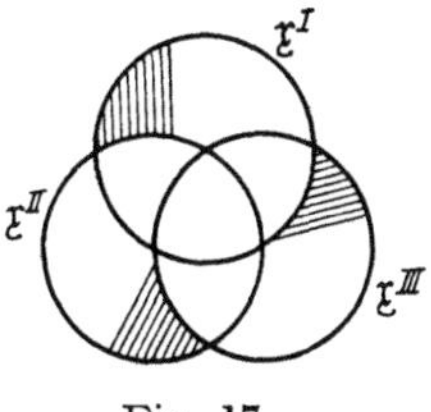

Fig. 17.

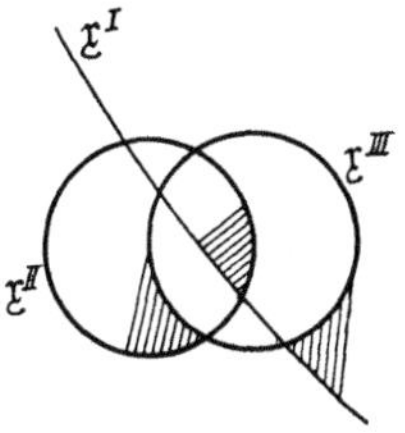

Fig. 18.

ineinander überführen lassen, weil die Vorzeicheninvarianten verschieden sind. In Fig. 17 kann man z. B. den Radius des Kreises $\mathfrak{x}^{I}$ unter Festhaltung seines Mittelpunktes so weit vergrößern, daß $\mathfrak{x}^{II}$ und $\mathfrak{x}^{III}$ ganz in sein Inneres zu liegen kommen, ohne daß er dabei in eine senkrechte Lage zu einem der beiden Kreise gerät. Nun kann man weiter $\mathfrak{x}^{II}$ und $\mathfrak{x}^{III}$ so weit auf ihren Mittelpunkt zusammenziehen, daß sie sich nicht mehr schneiden, und wir erhalten die Konfiguration von Fig. 15. Den Kreis $\mathfrak{x}^{I}$ können wir dann aber in eine seiner Tangenten überführen und auf die andere Seite hinüberklappen. Jeder der drei Kreise liegt dann ganz im Äußern der andern beiden und alle drei lassen sich auf Punkte zusammenziehen, also ist $\varepsilon = -1$. In Fig. 16 und Fig. 18 kann man wohl zwei Kreise in der erlaubten Weise auf Punkte zusammenziehen, aber die beiden Punkte liegen dann auf verschiedenen Seiten des dritten Kreises und dieser läßt sich nicht in einen von den andern beiden verschiedenen Punkt verwandeln, ohne daß seine Peripherie durch einen von diesen hindurchgeht.

§ 12. Gerichtete Kreise.

Es erweist sich schon in der Bewegungsgeometrie häufig als zweckmäßig, statt der gewöhnlichen Kreise und Geraden die „*gerichteten*" oder „*orientierten*" einzuführen, von denen wir in der Einleitung (§§ 2, 3) schon gesprochen haben.

Wir erklären im Gegensatz zu anderen gebräuchlichen Definitionen die gerichteten M-Kreise in einer Weise, die sich ohne weiteres auf den Raum, auf „gerichtete" Kugeln und Ebenen übertragen läßt, wie wir im Kap. VI sehen werden. *Wir nennen einen gerichteten M-Kreis einen solchen, bei dem das eine der beiden Gebiete, in das er die Ebene zerlegt, als seine positive Seite ausgezeichnet ist.* Der Begriff des gerichteten Kreises ist etwas gegenüber $\mathfrak{M}_6$ invariantes. Denn zwei Punkte, die auf derselben Seite eines Kreises liegen, gehen bei einer Kreisverwandtschaft wieder über in zwei Punkte, die auf derselben Seite des Bildkreises liegen. Die Vorzeicheninvariante (**32**) der beiden Punkte und des Kreises ist nämlich in diesem Fall $\varepsilon = -1$, da der Kreis sich, ohne die Punkte zu überschreiten, auf einen Punkt zusammenziehen läßt. Für zwei auf verschiedenen Seiten des Kreises liegende Punkte ist dies aber nicht möglich und es ist $\varepsilon = +1$. Somit geht das Gebiet, das als positive Seite des gerichteten Kreises ausgezeichnet ist, wieder über in eines der beiden Gebiete, in das der Bildkreis die Ebene zerlegt, und das dann als positive Seite des gerichteten Bildkreises zu nehmen ist.

Natürlich ist damit nicht gesagt, daß das Äußere des Kreises immer wieder in das Äußere übergeht, daß also Kreise mit positivem Radius in ebensolche übergehen. Prinzipiell haben wir zu beachten, daß ein gerichteter Kreis ein ganz anderes geometrisches Grundelement darstellt, als der gewöhnliche. Während letzterer einfach eine eindimensionale Mannigfaltigkeit von Punkten ist, ist der erste eine solche, die in Beziehung gesetzt ist zu einer zweidimensionalen Punktmannigfaltigkeit, nämlich der des Gebiets auf der positiven Seite. Da der gerichtete Kreis gegenüber dem ungerichteten das geometrisch inhaltreichere Gebilde ist, wird im allgemeinen eine Zahl gerichteter Kreise mehr Invarianten gegenüber Kreisverwandtschaften besitzen, als die Zahl der entsprechenden ungerichteten Kreise.

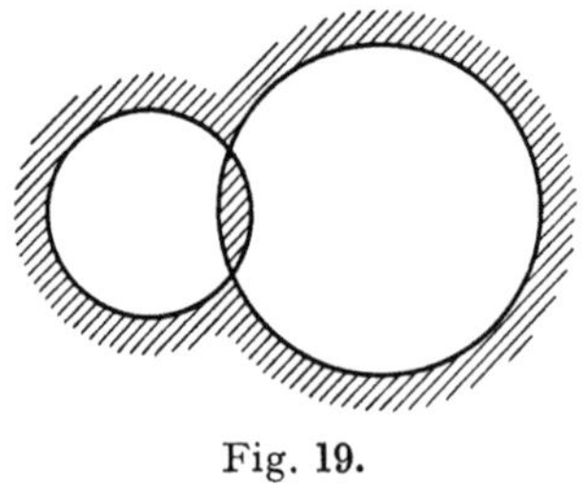

Fig. 19.

Das kommt schon bei zwei sich schneidenden gerichteten Kreisen zum Ausdruck, die mehr Invarianten haben, als die zugehörigen ungerichteten Kreise, wie wir jetzt sehen werden.

Zwei sich schiefwinklig schneidende ungerichtete Kreise teilen die Ebene in die beiden folgenden Gebiete: In das Gebiet des Winkelraums des spitzen Winkels, das in der Fig. 19 schraffiert ist, und in das Gebiet des stumpfen Winkelraums (in der Figur nicht schraffiert). Sind die beiden Kreise gerichtet, so ist von den beiden Winkelräumen immer einer ausgezeichnet, nämlich dadurch, daß jeder seiner Punkte auf der positiven Seite des einen und gleichzeitig auf der negativen des andern liegt. In der Fig. 20 deuten die Pfeile die positiven Seiten der Kreise an und der schraffierte Winkelraum ist der ausgezeichnete. *Wir können somit zwei gerichteten Kreisen den einen ihrer beiden Nebenwinkel, nämlich den Winkel, der zu dem ausgezeichneten Gebiet auf der positiven Seite des einen und auf der negativen Seite des andern Kreises gehört, als ihren „Winkel" schlechthin zuordnen.* Bei den entsprechenden ungerichteten Kreisen sind die beiden Nebenwinkel, unter denen sie sich schneiden, völlig gleichberechtigt. Wollen wir ihnen eindeutig einen Winkel zuschreiben, so müssen wir, wie wir dies in § 9 getan haben, den Winkelwert ausdrücklich auf das Intervall zwischen 0 und $\pi/2$ beschränken, also ausdrücklich immer den spitzen Winkel φ $\left(0 \leqq \varphi \leqq \frac{\pi}{2}\right)$ nehmen. Das kommt auch darin zum Ausdruck, daß nur $\cos^2\varphi$ bestimmt ist (aber nicht $\cos\varphi$ selbst), denn zu den Werten von $\cos^2\varphi\,[0 \leqq \cos^2\varphi \leqq 1]$ gehören ja eineindeutig die Werte von φ zwischen 0 und $\pi/2$. Bei zwei gerichteten Kreisen können wir nun vermittels des ausgezeichneten Winkelraums auch entscheiden, ob ihr Winkel $\overline{\varphi}$ spitz oder stumpf ist, wir können ihnen also eindeutig einen Winkelwert $\overline{\varphi}$ zwischen 0 und π zuordnen und somit einen Wert von $\cos\overline{\varphi}$, denn die Werte von $\cos\overline{\varphi}$ $[-1 < \cos\overline{\varphi} < +1]$ entsprechen eineindeutig diesen Werten von $\overline{\varphi}$.

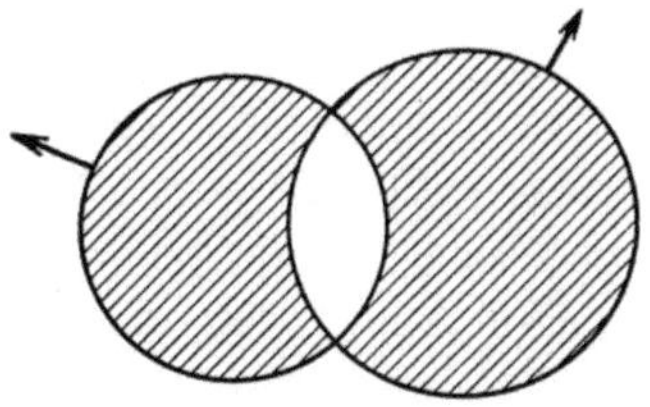

Fig. 20.

Natürlich kann man aus dem Winkel $\overline{\varphi}$ der gerichteten Kreise den zugehörigen φ der entsprechenden ungerichteten bestimmen, denn es ist

$$\cos^2\varphi = \cos^2\overline{\varphi}, \tag{32a}$$

aber nicht umgekehrt aus φ den Winkel $\overline{\varphi}$. Für orthogonale Kreise fallen die Winkel φ und $\overline{\varphi}$ zusammen und es sind beide gleich $\pi/2$.

Wir haben nun noch zu zeigen, daß der Winkel $\overline{\varphi}$ zweier gerichteter Kreise invariant gegenüber $\mathfrak{M}_6$ ist.

Wir hatten ihn definiert als zu dem Winkelraum gehörig, dessen Punkte alle auf der positiven Seite eines der Kreise lagen und auf der negativen des andern. Das Gebiet aller dieser Punkte konnte entweder der spitze Winkelraum sein oder der stumpfe. Bei einer Kreisverwandtschaft werden sich die positiven Gebiete der beiden Kreise wieder abbilden auf gewisse positive Gebiete der Bildkreise, und der erklärte ausgezeichnete Winkelraum muß dabei wieder in einen der beiden vorhandenen Winkelräume, entweder den spitzen oder den stumpfen, übergehen. Soll nun der Winkel des ausgezeichneten Winkelraums dem Betrage nach derselbe bleiben, so muß bei einer Kreisverwandtschaft der spitze Winkelraum notwendig in den spitzen übergehen und der stumpfe in den stumpfen. Das folgt aber einfach daraus, daß für die beiden Kreise und einen im spitzen Winkelraum gelegenen Punkt die Vorzeicheninvariante $\varepsilon = -1$ ist, für einen Punkt des stumpfen Winkelraums aber nicht. Denn im ersten Fall lassen sich die Kreise ohne Überschreitung des Punktes gleichfalls auf Punkte zusammenziehen, im zweiten aber nicht. Somit ist tatsächlich der Winkel $\overline{\varphi}$ zweier gerichteter Kreise und somit auch die Funktion $\cos\overline{\varphi}$ eine Invariante. Da sich nach (32a) der Winkel φ der entsprechenden ungerichteten Kreise aus $\overline{\varphi}$ bestimmen läßt, nicht aber umgekehrt $\overline{\varphi}$ aus φ, so *haben zwei gerichtete Kreise wirklich mehr Invarianten als die zugehörigen ungerichteten.*

Wir wollen nun mittels des Begriffs des gerichteten Kreises der Vorzeicheninvariante ε dreier ungerichteter Kreise des vorigen Paragraphen für den Fall dreier sich paarweise schiefwinklig schneidender Kreise noch eine neue geometrische Deutung geben. Wir behaupten nämlich das Folgende:

ε ist gleich -1, wenn sich die drei ungerichteten Kreise so richten lassen, daß eine gerade Anzahl von spitzen Winkeln entsteht, sie ist gleich $+1$, wenn dies nicht möglich ist.

Offenbar hängt die Möglichkeit, durch geeignete Richtung der Kreise eine gerade Anzahl von spitzen Winkeln zu erzielen, nur von der Figur der drei ungerichteten Kreise ab. Denn wenn man die Kreise irgendwie gerichtet hat und wenn man dann die Richtung eines der drei Kreise ändert, so gehen von den zwei Winkeln, die er mit den andern beiden Kreisen bildet, die stumpfen in spitze über und die spitzen in stumpfe. Die Gesamtzahl der spitzen Winkel bleibt also gerade oder ungerade, je nachdem wie sie war.

Die Geradheit oder Ungeradheit der Zahl möglicher spitzer Winkel ist somit etwas Invariantes gegenüber $\mathfrak{M}_6$, das nur von den ungerichteten Kreisen abhängt.

Wir können nun unsere Behauptung leicht einsehen, wenn wir die Figur unserer drei ungerichteten Kreise dadurch bewegungsgeometrisch spezialisieren, daß wir durch eine Kreisverwandtschaft einen Punkt des einen der drei Kreise, der keinem der beiden anderen angehört, in den uneigentlichen befördern.

Da sich bei dieser „Spezialisierung" weder ε ändert als Invariante gegenüber $\mathfrak{M}_6$, noch die gerade oder ungerade Anzahl der spitzen Winkel, so können wir an der spezialisierten Figur alles studieren.

Es entsteht die Figur zweier Kreise $\mathfrak{x}^{I}$ und $\mathfrak{x}^{II}$ im euklidischen Sinne, die sich schiefwinklig schneiden, und einer Geraden $\mathfrak{y}$, die die beiden Kreise schiefwinklig schneidet (Fig. 21). $\mathfrak{y}$ darf durch keinen der Mittelpunkte M_{I} und M_{II} von $\mathfrak{x}^{I}$ und $\mathfrak{x}^{II}$ gehen, denn sonst wäre die Gerade senkrecht zu einem der Kreise. Wir können dann durch die im § 11 eingeführte stetige Abänderung ohne Überschreitung orthogonaler Lagen, $\mathfrak{x}^{I}$ und $\mathfrak{x}^{II}$ auf ihren Mittelpunkt zusammenziehen, da alle Kreise mit diesen Mittelpunkten $\mathfrak{y}$ sicher nicht senkrecht schneiden und man erkennt: Es ist $\varepsilon = -1$, wenn die Mittelpunkte M_{I} und M_{II} auf der gleichen Seite der Geraden $\mathfrak{y}$ liegen, es ist aber $\varepsilon = +1$, wenn die Mittelpunkte auf verschiedenen Seiten von $\mathfrak{y}$ liegen. Man kann dann jedesmal $\mathfrak{y}$ beliebig richten und $\mathfrak{x}^{\mathrm{I}}$ und $\mathfrak{x}^{\mathrm{II}}$ dann eine solche Richtung erteilen, daß sie spitze Winkel mit $\mathfrak{y}$ bilden, also so, wie dies in Fig. 21 angedeutet ist. Im ersten Falle $\varepsilon = -1$ ergibt sich dann für $\mathfrak{x}^{\mathrm{I}}$ und $\mathfrak{x}^{\mathrm{II}}$ ein stumpfer, im zweiten Fall $\varepsilon = +1$ ein spitzer Winkel. Wir haben also tatsächlich für $\varepsilon = -1$ eine gerade, für $\varepsilon = +1$ eine ungerade Anzahl spitzer Winkel, wie dies unser Satz behauptete.

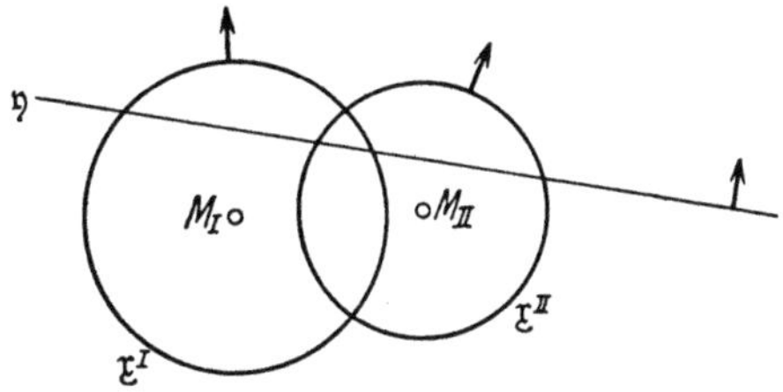

Fig. 21.

Umgekehrt gilt nun für drei sich paarweise schiefwinklig schneidende gerichtete Kreise $\mathfrak{x}$, $\mathfrak{y}$ und $\mathfrak{z}$ mit den Winkeln $\overline{\varphi}$, $\overline{\psi}$ und $\overline{\vartheta}$: Es ist die Vorzeicheninvariante ε der zugehörigen ungerichteten Kreise

$$(33) \qquad \varepsilon = \operatorname{sgn}[(\mathfrak{x}\,\mathfrak{y})(\mathfrak{y}\,\mathfrak{z})(\mathfrak{z}\,\mathfrak{x})] = +\operatorname{sgn}[\cos\overline{\varphi}\cdot\cos\overline{\psi}\cdot\cos\overline{\vartheta}]\,.$$

Denn der Ausdruck rechts ist in Übereinstimmung mit unserem Satze für eine gerade Anzahl spitzer Winkel negativ, da der cos eines spitzen Winkels > 0 ist und der eines stumpfen < 0.

§ 13. Normalkoordinaten und gerichtete Kreise.

Bei einer Anzahl gegebener M-Kreise und Punkte kann man sich die Übersicht über die vorhandenen Invarianten dadurch erleichtern, daß man für die M-Kreise sogenannte *Normalkoordinaten* einführt. Setzt man

$$(34) \qquad \hat{\mathfrak{y}} = \frac{\mathfrak{y}}{\sqrt{\mathfrak{y}\,\mathfrak{y}}},$$

so können sich die Normalkoordinaten $\hat{y}_0$, $\hat{y}_1$, $\hat{y}_2$, $\hat{y}_3$, die man durch das Zeichen $\hat{}$ von den unnormierten unterscheidet, bei einer Umnormierung $\mathfrak{y} = \lambda\mathfrak{y}^*$ höchstens noch mit einem gemeinsamen Faktor -1 multiplizieren und bleiben sonst ungeändert. Für einen gegebenen Kreis $\mathfrak{y}$ sind also die Normalkoordinaten $\hat{y}_i$ bis auf den gemeinsamen Faktor -1 bestimmt, was auch in (34) in der Mehrwertigkeit der Wurzel zum Ausdruck kommt. Statt durch (34) kann man die normierten Koordinaten auch durch die Forderung

$$(35) \qquad \hat{\mathfrak{y}}\,\hat{\mathfrak{y}} = 1$$

festlegen. Für den Winkel zweier in Normalkoordinaten gegebener Kreise erhält man nach § 9 (68) jetzt die Formel

$$(36) \qquad \cos^2\varphi = (\hat{\mathfrak{y}}\,\hat{\mathfrak{z}})^2.$$

Für Punkte $(\mathfrak{y}\mathfrak{y}) = 0$ läßt sich die angegebene Normierung der Koordinaten nicht vornehmen, und man kann die tetrazyklischen Punktkoordinaten durch Festlegen des numerischen Wertes eines skalaren Produktes, also durch eine Forderung, die halbinvariant ist, nur normieren, wenn man andere geometrische Gebilde zu Hilfe nimmt. Ist z. B. außer dem Punkt $\mathfrak{v}$ noch ein Kreis $\mathfrak{y}$ gegeben, der nicht durch ihn hindurchgeht, ist also $\mathfrak{v}\mathfrak{y} \neq 0$, so kann man $\hat{\mathfrak{v}} = \mathfrak{v} : (\mathfrak{v}\hat{\mathfrak{y}})$ setzen, wo wir $\hat{\mathfrak{y}}$ in normierten Koordinaten annehmen. Wir haben dann

$$(37) \qquad \hat{\mathfrak{v}}\,\hat{\mathfrak{y}} = 1; \qquad \hat{\mathfrak{y}}\,\hat{\mathfrak{y}} = 1.$$

Die Normierung von $\hat{\mathfrak{v}}$ ist an die von $\hat{\mathfrak{y}}$ geknüpft und $\hat{\mathfrak{v}}$ und $\hat{\mathfrak{y}}$ können, wenn die Gleichungen (37) erhalten bleiben sollen, nur noch gleichzeitig ihr Vorzeichen wechseln.

Schließen wir unter den M-Kreisen die Geraden $(y_0 + y_1 = 0)$ aus, so haben wir nach § 7 (59), (61) für die eigentlichen Kreise $\mathfrak{y}\mathfrak{y} = \sigma^2 \cdot R^2$ und aus § 7 (59) folgt dann nach (34) für die Normalkoordinaten der Kreise:

$$(38) \qquad \begin{cases} \hat{y}_0 = \dfrac{1 + (\xi_0^2 + \eta_0^2 - R^2)}{2R}; & \hat{y}_1 = \dfrac{1 - (\xi_0^2 + \eta_0^2 - R^2)}{2R} \\[2ex] \hat{y}_2 = \dfrac{\xi_0}{R}; & \hat{y}_3 = \dfrac{\eta_0}{R}. \end{cases}$$

Eigentlich haben wir hier wegen der Zweideutigkeit der Wurzel $\sqrt{\mathfrak{y}\mathfrak{y}} = \pm\sigma R$ überall auf den rechten Seiten noch den Faktor ± 1 hinzuzufügen. Dem wollen wir statt dessen aber dadurch Rechnung tragen, daß wir uns für den Radius R des Kreises die beiden Möglichkeiten vorbehalten, ihn positiv oder negativ zu rechnen. Nach (38) hängt der Radius mit den Normalkoordinaten zusammen durch die Formel

$$(39) \qquad R = \frac{1}{\hat{y}_0 + \hat{y}_1}.$$

Für die Geraden entspricht die Verwendung von Normalkoordinaten einfach der Festsetzung, daß in der in den laufenden kartesischen Koordinaten ξ, η geschriebenen Gleichung § 7 (58) die Koeffizienten durch $\hat{\mathfrak{y}}\hat{\mathfrak{y}} = \hat{y}_2^2 + \hat{y}_3^2 = 1$ normiert werden.

Da zu einem ungerichteten Kreis einerseits zwei Systeme von Normalkoordinaten gehören, die sich durch den gemeinsamen Faktor -1 unterscheiden, andererseits aber zwei verschiedene zugehörige gerichtete Kreise, so liegt es nahe, für jeden ungerichteten Kreis die beiden Systeme von Normalkoordinaten nach irgend einer Vorschrift den beiden gerichteten Kreisen eineindeutig zuzuordnen. Diese Vorschrift kann prinzipiell zunächst ganz beliebig sein. Sie läßt sich aber in ganz besonders ausgezeichneter und zweckmäßiger Weise geben. Nach (36) gilt für den Winkel zweier sich schneidender ungerichteter Kreise $\mathfrak{x}$ und $\mathfrak{y}$ die Beziehung $\cos^2\varphi = (\hat{\mathfrak{x}}\hat{\mathfrak{y}})^2$. Richten wir nun $\mathfrak{x}$ und $\mathfrak{y}$

irgendwie, so wird nach (36) für den Winkel $\overline{\varphi}$ der gerichteten Kreise sicher entweder

$$\cos\overline{\varphi} = (\hat{\mathfrak{x}}\,\hat{\mathfrak{y}}) \quad \text{oder} \quad \cos\overline{\varphi} = -(\hat{\mathfrak{x}}\,\hat{\mathfrak{y}})$$

gelten müssen. Welche Formel gilt, das hängt natürlich davon ab, welche Systeme von Normalkoordinaten ($\hat{\mathfrak{x}}$ oder $-\hat{\mathfrak{x}}$ und $\hat{\mathfrak{y}}$ oder $-\hat{\mathfrak{y}}$) wir den gerichteten Kreisen zuordnen. Es gilt nun der Satz: *Es lassen sich den sämtlichen gerichteten Kreisen der Ebene die Systeme der Normalkoordinaten gleichzeitig derart zuordnen, daß der Winkel $\overline{\varphi}$ irgend zweier sich schneidender gerichteter Kreise $\mathfrak{x}$ und $\mathfrak{y}$ immer durch*

$$\cos\overline{\varphi} = +(\hat{\mathfrak{x}}\,\hat{\mathfrak{y}}) \tag{40}$$

gegeben ist.

Da $\cos^2\overline{\varphi} = (\hat{\mathfrak{x}}\,\hat{\mathfrak{y}})^2$ von vornherein gilt, können wir statt (40) auch schreiben:

$$\operatorname{sgn}(\cos\overline{\varphi}) = \operatorname{sgn}(\hat{\mathfrak{x}}\,\hat{\mathfrak{y}}). \tag{41}$$

Da die Formeln (40), (41) für senkrechte Kreise [$\cos\overline{\varphi} = 0$, $\hat{\mathfrak{x}}\,\hat{\mathfrak{y}} = 0$] ohnehin richtig sind, können wir uns beim Beweis auf sich schiefwinklig schneidende Kreise beschränken. Wir nehmen zunächst einen beliebigen Kreis $\mathfrak{x}$ an, dem wir ein beliebiges der beiden Systeme von Normalkoordinaten zuordnen. Dann betrachten wir zunächst alle gerichteten Kreise $\mathfrak{y}$, die $\mathfrak{x}$ schiefwinklig schneiden. Jedem dieser Kreise $\mathfrak{y}$ können wir dann ein solches der beiden möglichen Systeme von Normalkoordinaten zuordnen, daß für den Winkel zwischen $\mathfrak{x}$ und $\mathfrak{y}$ gilt

$$\operatorname{sgn}(\cos\overline{\varphi}) = \operatorname{sgn}(\hat{\mathfrak{x}}\,\hat{\mathfrak{y}}). \tag{42}$$

Wir haben nur das gemeinsame Vorzeichen der $\hat{y}_k$ geeignet zu wählen. Da der Kreis $\mathfrak{y}'$ der aus $\mathfrak{y}$ durch Umkehrung der Richtung entsteht, mit $\mathfrak{x}$ einen Winkel $\overline{\varphi}'$ bildet, der der Nebenwinkel von $\overline{\varphi}$ ist, für den also $\cos\overline{\varphi}' = -\cos\overline{\varphi}$ gilt, entspricht ihm gemäß der Forderung

$$\operatorname{sgn}(\cos\overline{\varphi}') = \operatorname{sgn}(\hat{\mathfrak{y}}'\,\hat{\mathfrak{x}})$$

dann das System der Normalkoordinaten $\hat{\mathfrak{y}}' = -\hat{\mathfrak{y}}$. Wir haben, nachdem wir so allen $\mathfrak{x}$ schiefwinklig schneidenden Kreisen Normalkoordinaten zugeordnet haben, auch zu zeigen, daß für irgend zwei sich schiefwinklig schneidende von ihnen [$\mathfrak{y}^{\mathrm{I}}$ und $\mathfrak{y}^{\mathrm{II}}$] der Winkel $\overline{\psi}$ gerade durch

$$\operatorname{sgn}(\cos\overline{\psi}) = \operatorname{sgn}(\hat{\mathfrak{y}}^{\mathrm{I}}\,\hat{\mathfrak{y}}^{\mathrm{II}}) \tag{43}$$

gegeben ist. Das folgt aber einfach aus der Formel (33). Denn nach ihr ist

$$\operatorname{sgn}[(\mathfrak{y}^{\mathrm{I}}\,\mathfrak{y}^{\mathrm{II}})(\mathfrak{y}^{\mathrm{I}}\,\mathfrak{x})(\mathfrak{y}^{\mathrm{II}}\,\mathfrak{x})] = \operatorname{sgn}[\cos\overline{\varphi}_{\mathrm{I}}\cdot\cos\overline{\varphi}_{\mathrm{II}}\cdot\cos\overline{\psi}], \tag{44}$$

wo $\bar{\varphi}_{\mathrm{I}}$ und $\bar{\varphi}_{\mathrm{II}}$ die Winkel von $\mathfrak{y}^{\mathrm{I}}$ und $\mathfrak{y}^{\mathrm{II}}$ mit $\mathfrak{x}$ sind, für die nach (41) schon

$$(45) \qquad \begin{cases} \operatorname{sgn}(\cos\bar{\varphi}_{\mathrm{I}}) = \operatorname{sgn}(\hat{\mathfrak{x}}\,\hat{\mathfrak{y}}^{\mathrm{I}}) \\ \operatorname{sgn}(\cos\bar{\varphi}_{\mathrm{II}}) = \operatorname{sgn}(\hat{\mathfrak{x}}\,\hat{\mathfrak{y}}^{\mathrm{II}}) \end{cases}$$

gemacht ist. In (44) können wir aber links auch die für die gerichteten drei Kreise eingeführten Normalkoordinaten schreiben, da dieser Ausdruck der linken Seite von der Normierung der drei Kreise überhaupt unabhängig ist. Er ist ja einfach die Vorzeicheninvariante der drei zugehörigen ungerichteten Kreise. Aus (44) und (45) folgt dann aber gerade (43), was zu beweisen war.

Es gilt also: *Wenn man für drei sich paarweise schiefwinklig schneidende gerichtete Kreise die Normalkoordinaten so wählt, daß für zwei ihrer Winkel* (40) *gilt, so gilt* (40) *auch für den dritten Winkel.*

Daraus folgt nun aber, daß man (40) für alle gerichteten Kreise der ganzen Ebene gleichzeitig durch richtige Zuordnung der Normalkoordinaten gültig machen kann. Denn haben wir zwei ganz beliebige sich schiefwinklig schneidende Kreise $\mathfrak{t}$ und $\mathfrak{z}$, so kann man immer einen Kreis $\mathfrak{y}^0$ finden, der sowohl $\mathfrak{t}$, wie $\mathfrak{z}$, wie auch den Kreis $\mathfrak{x}$, von dem wir ausgingen, schiefwinklig schneidet. Die Koordinaten von $\mathfrak{y}^0$ sind dann als die eines $\mathfrak{x}$ schneidenden Kreises schon festgelegt. Nun kann man $\mathfrak{t}$ und $\mathfrak{z}$ solche Normalkoordinaten erteilen, daß (40) für die beiden Winkel gilt, die sie mit $\mathfrak{y}^0$ bilden. $\mathfrak{t}$, $\mathfrak{z}$ und $\mathfrak{y}^0$ sind dann aber drei so normierte Kreise, daß (40) für zwei ihrer Winkel gilt, also gilt (40) auch für den dritten Winkel, nämlich den von $\mathfrak{t}$ und $\mathfrak{z}$ gebildeten, was zu beweisen war.

Wir konnten die Koordinaten von $\mathfrak{x}$ noch beliebig wählen. Da eine Änderung der Koordinaten von $\mathfrak{x}$ um den Faktor -1, wenn wir (40) gültig erhalten wollen, eine gleichzeitige Änderung der Koordinaten aller Kreise um den Faktor -1, also eine Transformation

$$(46) \qquad \hat{\mathfrak{x}} = -\hat{\mathfrak{x}}^*$$

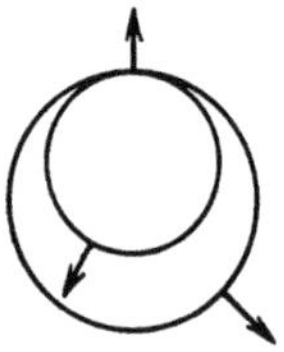

Fig. 22.

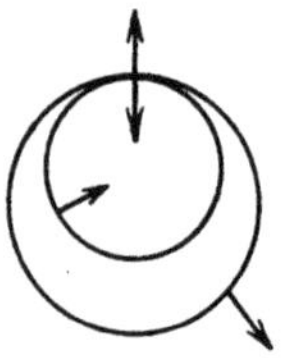

Fig. 23.

nach sich zieht, sind durch die Forderung (40) die Normalkoordinaten aller Kreise bis auf ein allen gemeinsames Vorzeichen festgelegt. Entscheiden wir uns bei einem beliebigen gerichteten Kreis für eins der beiden möglichen Systeme von Normalkoordinaten, so sind damit die Koordinaten aller gerichteten Kreise nach (40) eindeutig festgelegt. Als Spezialfall der Formel (40) ergibt sich für die Normalkoordinaten zweier gerichteter Kreise $\mathfrak{x}$ und $\mathfrak{y}$ als Bedingung für deren gleichsinniges Berühren (Fig. 22)

$$(47) \qquad \hat{\mathfrak{x}}\,\hat{\mathfrak{y}} = +1.$$

Als Bedingung für ihr ungleichsinniges Berühren (Fig. 23) aber

$$(48) \qquad \hat{\mathfrak{y}}\,\hat{\mathfrak{x}} = -1.$$

§ 14. Festlegung der Normalkoordinaten der gerichteten Kreise.

Wir haben in unserer ebenen Möbiusgeometrie die Vierkreiskoordinaten der Punkte und ungerichteten Kreise und Geraden bisher durch die Formeln (59) und (58) des § 7 definiert, die es erlaubten, sie aus den kartesischen Koordinaten derselben zu ermitteln. Die stereographische Projektion gab uns dabei nur eine geometrische Veranschaulichung für diesen analytischen Zusammenhang. Das System der kartesischen Koordinaten ξ, η haben wir dabei in der üblichen Weise eingeführt zu denken: Es werden vom Nullpunkt aus auf den beiden Achsen die Skalen der positiven und negativen Abstände abgetragen. Die Koordinaten jedes Punktes werden dann als die Skalenwerte genommen, die die Fußpunkte seiner Lote auf die Achsen besitzen. Von einer Richtung irgendwelcher Elemente in dem im § 13 angeführten Sinne (selbst der beiden Geraden der Koordinatenachsen) ist dabei keine Rede.

Jeder ungerichteten Geraden können wir die in der Gleichung § 7 (59) auftretenden Koeffizienten $y_2 : y_3 : y_0$ als homogene Koordinaten zuordnen. Diese kartesischen Koordinaten lieferten uns nach § 7 gleichzeitig die tetrazyklischen Koordinaten des M-Kreises dieser Geraden, wenn wir y_0, y_2, y_3 beibehielten, und $y_1 = - y_0$ setzten. Die tetrazyklischen Koordinaten der ξ-Achse $\eta = 0$ sind dann einfach $\{0, 0, 0, y_3\}$. Führen wir für die ungerichtete ξ-Achse nach (34) Normalkoordinaten ein, so wird $y_3^2 = 1$, also erhalten wir die beiden Systeme

$$\{0, 0, 0, +1\} \quad \text{und} \quad \{0, 0, 0, -1\}.$$

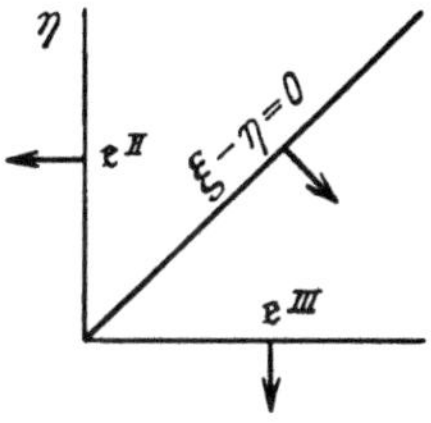

Fig. 24.

Wir können nun etwa der nach Fig. 24 gerichteten ξ-Achse das System der Normalkoordinaten $\{0, 0, 0, +1\}$ zuordnen. *Dann sind durch die Forderung, daß der Winkel zweier gerichteter M-Kreise immer durch* (40) *gegeben sein soll, allen gerichteten Kreisen der Ebene eindeutig Normalkoordinaten zugeordnet.* Diese Normalkoordinaten wollen wir im folgenden immer verwenden. Wie kann man sie nun für einen beliebigen M-Kreis bestimmen? Führen wir die 4 Vektoren $\mathfrak{e}^0$, $\mathfrak{e}^{\mathrm{I}}$, $\mathfrak{e}^{\mathrm{II}}$, $\mathfrak{e}^{\mathrm{III}}$ mit den tetrazyklischen Koordinaten

$$(49) \qquad \begin{cases} \mathfrak{e}^0 = \{1, & 0, & 0, & 0\} \\ \mathfrak{e}^{\mathrm{I}} = \{0, & 1, & 0, & 0\} \\ \mathfrak{e}^{\mathrm{II}} = \{0, & 0, & 1, & 0\} \\ \mathfrak{e}^{\mathrm{III}} = \{0, & 0, & 0, & 1\} \end{cases}$$

ein, so ist die ξ-Achse in der angegebenen Richtung durch $\mathfrak{e}^{\mathrm{III}}$ dargestellt. Nehmen wir jetzt z. B. die Gerade $\mathfrak{z}$ mit der Gleichung $\xi - \eta = 0$ in der in der Fig. 24 angegebenen Richtung, so muß, da sie mit $\mathfrak{e}^{\mathrm{III}}$ den spitzen Winkel $\varphi = \frac{\pi}{4}$ bildet, gelten

$$\cos \bar{\varphi} = (\mathfrak{z}\,\mathfrak{e}^{\mathrm{III}}) = z_3 = 1 : |\sqrt{2}\,|$$

und daraus folgt, daß die gerichtete Gerade $\mathfrak{z}$ die Koordinaten

$$(50) \qquad \mathfrak{z} = \left\{0,\ 0,\ -\frac{1}{|\sqrt{2}\,|},\ +\frac{1}{|\sqrt{2}\,|}\right\}$$

erhalten muß. Der in (49) dargestellte Vektor $\mathfrak{e}^{II}$ stellt die η-Achse dar, und zwar entspricht den Normalkoordinaten $\mathfrak{e}^{II}$ die in Fig. 24 angegebene Richtung, was nach (50) daraus folgt, daß $\mathfrak{e}^{II}\mathfrak{z} < 0$ ist, $\mathfrak{e}^{II}$ mit $\mathfrak{z}$ also einen stumpfen Winkel bilden muß.

Nun sind aber die Koordinaten jeder gerichteten Geraden $\mathfrak{y}$ der Ebene festgelegt, denn eine jede schneidet mindestens eine der Achsen schiefwinklig oder berührt sie. (Parallele Gerade berühren sich ja im uneigentlichen Punkt). Sie sind durch die Tatsache bestimmt, daß $\hat{y}_2$ und $\hat{y}_3$ die cos der Winkel der Geraden $\mathfrak{y}$ mit $\mathfrak{e}^{II}$ und $\mathfrak{e}^{III}$ sein müssen. Haben $\hat{y}_2$ und $\hat{y}_3$ diese Bedeutung, so ist die § 7 (58) dann entsprechende Gleichung

$$\hat{y}_2 \xi + \hat{y}_3 \eta = \hat{y}_0 \tag{51}$$

die sogenannte *Hessesche Normalform* der Gleichung einer gerichteten Geraden. Wir setzen auch

$$\hat{y}_2 = \alpha_1; \qquad \hat{y}_3 = \alpha_2; \qquad \hat{y}_0 = w, \tag{52}$$

so daß wir für (51) haben

$$\alpha_1 \xi + \alpha_2 \eta = w \qquad (\text{mit } \alpha_1^2 + \alpha_2^2 = 1) \tag{53}$$

und nennen α_1, α_2 und w die Koordinaten der gerichteten Geraden. α_1 und α_2 sind dann also die cos der Winkel der Geraden mit den gerichteten Koordinatenachsen. w ist in dieser Darstellung einfach der Abstand der Geraden vom Ursprung, der positiv genommen wird, wenn der Ursprung auf der positiven Seite der Geraden liegt, und negativ, wenn der Ursprung auf der negativen Seite liegt. Das erkennt man so: Da einerseits, wie man leicht nachrechnet, alle gerichteten Geraden, die durch eine einfache Drehung

$$\xi = \cos\chi \cdot \xi^* + \sin\chi \cdot \eta^*$$
$$\eta = -\sin\chi \cdot \xi^* + \cos\chi \cdot \eta^*$$

um den Ursprung mit dem Drehungswinkel χ auseinander hervorgehen, dasselbe w besitzen, und da andererseits bei allen diesen Geraden der eben erklärte Abstand derselbe ist, braucht man den Nachweis etwa nur für die der ξ-Achse parallelen Geraden zu führen. Bei einer solchen Geraden ist aber $\hat{y}_2 = \alpha_1 = 0$, somit $\alpha_2 = \pm 1$. Für $\alpha_2 = +1$ erhält man dann die zur gerichteten ξ-Achse $\mathfrak{e}^{III}$ gleichsinnig parallelen Geraden und für $\alpha_2 = -1$ die ungleichsinnigen. Aus der Tatsache, daß der Schnittpunkt der Geraden mit der η-Achse durch die Koordinate $\eta = \hat{y}_0 : \hat{y}_3 = w : \alpha_2$ gegeben ist, liest man aber unmittelbar die zu beweisende Behauptung ab.

Die zu $\mathfrak{e}^{III}$ gleichsinnig parallelen Geraden $\mathfrak{p}$ (die also $\mathfrak{e}^{III}$ im uneigentlichen Punkt gleichsinnig berühren) haben, was wir gleich benutzen wollen, Normalkoordinaten der Form

$$\{w, \ -w, \ 0, \ 1\}. \tag{54}$$

Denn es ist $\hat{\mathfrak{p}}\mathfrak{e}^{II} = 0$ und nach (49) $\hat{\mathfrak{p}}\mathfrak{e}^{III} = +1$.

w ist nach der eben gegebenen Erklärung dann einfach die η-Koordinate des Schnittpunktes von $\mathfrak{p}$ mit der η-Achse.

Nach diesen Ausführungen über die Geraden kommen wir nun zu den gerichteten Kreisen (Kreis im euklidischen Sinne). Da es zu jedem solchen eine ihn schiefwinklig schneidende Gerade gibt, und die Koordinaten der gerichteten Geraden bereits festgelegt sind, so sind auch die Normalkoordinaten der gerichteten Kreise bestimmt. Es gilt nämlich das Folgende: Ist die positive Seite eines Kreises das Äußere, so muß man ihm von den beiden Systemen von Normalkoordinaten dasjenige mit

$$\hat{y}_0 + \hat{y}_1 > 0 \tag{55}$$

zuordnen, ist die positive Seite das Innere, aber das System mit

$$\hat{y}_0 + \hat{y}_1 < 0. \tag{56}$$

Das ergibt sich so: für die zur ξ-Achse $\mathfrak{e}^{III}$ gleichsinnig parallele Tangente $\mathfrak{p}$ eines gerichteten Kreises $\mathfrak{y}$ muß nach (47) gelten $\hat{\mathfrak{p}}\hat{\mathfrak{y}} = 1$, somit nach (54)

$$-w(\hat{y}_0 + \hat{y}_1) + \hat{y}_3 = 1. \tag{57}$$

Nun ist nach (38) die Koordinate η_0 des Mittelpunkts von $\mathfrak{y}$ einfach durch

$$\eta_0 = \frac{\hat{y}_3}{\hat{y}_0 + \hat{y}_1}$$

gegeben. Nach (57) haben wir also

$$\eta_0 - w = \frac{1}{\hat{y}_0 + \hat{y}_1}.$$

Ist nun die positive Seite des Kreises das äußere, so liegt die Tangente $\mathfrak{p}$ immer tiefer (Fig. 25) als der Mittelpunkt, es ist also $\eta_0 - w$ positiv, woraus wirklich (55) folgt. Ist die positive Seite das Innere, so liegt die Tangente $\mathfrak{p}$ höher als der Mittelpunkt, es ist $\eta_0 - w < 0$ und es folgt dann (56).

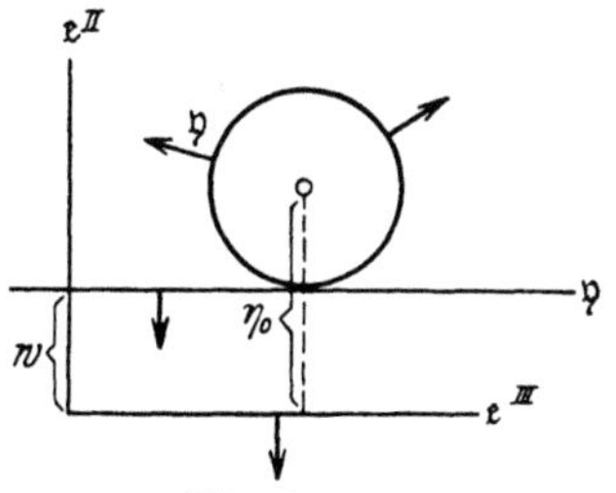

Fig. 25.

In den Formeln (38) haben wir die Zweideutigkeit der Normalkoordinaten eines ungerichteten Kreises dadurch zum Ausdruck gebracht, daß wir uns für den Radius R das Vorzeichen noch frei ließen. Wollen wir jetzt (38) als Formeln für die Normalkoordinaten eines gerichteten Kreises beibehalten, so folgt aus (39), daß wir dann den Radius eines Kreises positiv zu rechnen haben, wenn seine positive Seite das Äußere ist, sonst aber negativ.

Durch $\mathfrak{e}^I$ in (49) ist nach (38) speziell der Kreis mit dem Ursprung als Mittelpunkt dargestellt, dessen Radius $+1$ ist, dessen positive Seite also das Äußere ist. $\mathfrak{e}^0$ entspricht wegen $(\mathfrak{e}^0\mathfrak{e}^0) = -1$ kein reeller Kreis.

Wir wollen jetzt sehen, wie sich in den Normalkoordinaten der gerichteten Kreise die Gruppe der Kreisverwandtschaften darstellt. Dazu bemerken wir vorweg noch eines. Die für alle gerichteten Kreise der Ebene gleichzeitig gültige Transformation

$$\hat{\mathfrak{x}} = -\hat{\mathfrak{x}}^* \tag{58}$$

der Normalkoordinaten, die alle ungerichteten Elemente, Punkte und Kreise fest läßt, stellt, wie wir gesehen haben, eine Änderung der Zuordnung von Normalkoordinaten und gerichteten Kreisen dar. Wenn wir nun aber die Zuordnung der Koordinaten $\{0, 0, 0, +1\}$ von $\mathfrak{e}^{III}$ zu der nach Fig. 24 orientierten ξ-Achse, sozusagen als einen Bestandteil des festen Koordinatensystems ein für allemal beibehalten, so ist damit auf Grund der Forderung (40) auch einem geometrisch gegebenem gerichteten Kreise ein für allemal ein bestimmtes System von Koordinaten zugeordnet. Dann haben wir die Transformation (58) als eine geometrische Zuordnung von gerichteten Kreisen $\mathfrak{x} \to \mathfrak{x}^*$ aufzufassen, und zwar entspricht jedem Kreis der umgekehrt gerichtete. Wir nennen die Abbildung (58) daher den *Richtungswechsel*. Dieser ist keine Kreisverwandtschaft im eigentlichen Sinne, denn bei einer Kreisverwandtschaft müßte ja ein Punkt auf der positiven Seite eines Kreises auf die positive Seite des Bildkreises mitgenommen werden. Der Richtungswechsel läßt ja aber alle Punkte fest. Wir wollen daher den Richtungswechsel und allgemeiner eine Abbildung, die aus einer Kreisverwandtschaft und einem Richtungswechsel zusammengesetzt ist, auch als *uneigentliche Kreisverwandtschaft* bezeichnen.

Knüpfen wir nun an die Ausführungen des § 10 an, so bleibt bei der Darstellung der eigentlichen und uneigentlichen Kreisverwandtschaften in den Normalkoordinaten der gerichteten Kreise von der Gruppe $\mathfrak{P}$ der Umnormierungen nur (58) übrig. Aber auch auf diese Transformation können wir verzichten, da sie in den Abbildungen

$$\hat{x}_k = \sum_{l=0}^{3} c_{kl}\, \hat{x}_l^* \tag{59}$$

enthalten ist. Somit können wir uns ganz auf die Abbildungen (59) beschränken.

Da in (59) der Richtungswechsel und die uneigentlichen Kreisverwandtschaften mit enthalten sind, werden manche geometrische Beziehungen, die gegenüber den eigentlichen Kreisverwandtschaften invariante Bedeutung besitzen, nicht mehr invariant sein. Das gilt z. B. für die Eigenschaft eines Punktes, auf der positiven Seite eines gerichteten Kreises zu liegen. Denn bei einem Richtungswechsel wird sie zerstört.

Wenn wir zum Schluß noch auf die *Bedeutung der Einführung gerichteter Elemente hinweisen,* so beruht ihr Vorteil zunächst darin, daß die Invariante $\cos\bar{\varphi}$ für den Winkel $\bar{\varphi}$ zweier gerichteter Kreise eine lineare Funktion der Normalkoordinaten ist, während die Invariante $\cos^2\varphi$ für den Winkel zweier ungerichteter Kreise in ihnen quadratisch ist. *Der tiefere Grund für die Zweckmäßigkeit der Einführung gerichteter Elemente sowohl in der Geometrie der Gruppe von Möbius wie auch in der Geometrie ihrer Untergruppe der Bewegungen ist aber die Existenz der Invarianten vom Typ* (32), *d. h. der Vorzeicheninvarianten dreier Kreise.*

Während man bei Benutzung ungerichteter Elemente neben den Invarianten vom Typ (30) je zweier Kreise schon bei verhältnismäßig einfachen Problemen auch auf die Vorzeicheninvarianten zurückgreifen muß, sind diese bei gerichteten Kreisen völlig entbehrlich. Denn nach der Formel (33) ist für drei gerichtete Kreise die Vorzeicheninvariante ja einfach bestimmbar aus den den Winkeln entsprechenden Invarianten $\cos\bar{\varphi}$, $\cos\bar{\psi}$ . . . usw. der drei Kreise.

§ 15. Büschelinvariante dreier sich berührender Kreise. Gerichtete Winkel.

Wir bringen in diesem Paragraphen noch einige einzelne Ergänzungen zur ebenen Inversionsgeometrie.

Drei Kreise eines ausgearteten Büschels (§ 9 Nr. VIII) haben eine inversionsgeometrische Invariante. Wir können nämlich nach § 9 (73) den einen $\mathfrak{x}$ der drei Kreise, etwa den mittleren, zu dem die anderen beiden auf verschiedenen Seiten liegen, aus den andern beiden $\mathfrak{y}$ und $\mathfrak{z}$ linear kombinieren

$$\mathfrak{x} = \alpha\,\mathfrak{y} + \beta\,\mathfrak{z}. \tag{60}$$

Richten wir dann die drei Kreise so, daß sie sich im gemeinsamen Berührungspunkte alle drei gleichsinnig berühren, so gilt für die Normalkoordinaten der gerichteten Kreise $\hat{\mathfrak{x}}$, $\hat{\mathfrak{y}}$, $\hat{\mathfrak{z}}$ nach (35) und (47)

$$\begin{cases} \hat{\mathfrak{x}}\,\hat{\mathfrak{x}} = \hat{\mathfrak{y}}\,\hat{\mathfrak{y}} = \hat{\mathfrak{z}}\,\hat{\mathfrak{z}} = 1 \\ \hat{\mathfrak{x}}\,\hat{\mathfrak{y}} = \hat{\mathfrak{y}}\,\hat{\mathfrak{z}} = \hat{\mathfrak{z}}\,\hat{\mathfrak{x}} = 1. \end{cases} \tag{61}$$

Sind α und β in (60) speziell die Koeffizienten der Linearkombination

$$\hat{\mathfrak{x}} = \alpha\,\hat{\mathfrak{y}} + \beta\,\hat{\mathfrak{z}}, \tag{62}$$

die zu den gerichteten Kreisen in Normalkoordinaten gehört, so muß wegen (61) $\alpha + \beta = 1$ gelten. Daher können wir setzen

$$\alpha = \cos^2 \frac{\psi}{2}; \qquad \beta = \sin^2 \frac{\psi}{2}. \tag{63}$$

$\cos^2 \frac{\psi}{2}$ ist dann eine Invariante der drei ungerichteten Kreise, da diese Größe sich als Koeffizient einer Linearkombination nicht bei den linearen Substitutionen (59) ändert, in denen erstens die Möbius-Transformationen und zweitens der gemeinsame Richtungswechsel der drei Kreise enthalten ist. Die Umnormierungen kommen ja bei der Verwendung der Normalkoordinaten gerichteter Kreise nach § 14 gar nicht mehr in Frage.

Wir wollen $\cos^2 \frac{\psi}{2}$ eine geometrische Deutung geben!

Alle gerichteten Kreise $\hat{\mathfrak{t}}$, die $\hat{\mathfrak{y}}$ gleichsinnig und $\hat{\mathfrak{z}}$ ungleichsinnig berühren (vgl. Fig. 26), für die also gilt

$$\hat{\mathfrak{t}}\,\hat{\mathfrak{y}} = +1; \quad \hat{\mathfrak{t}}\,\hat{\mathfrak{z}} = -1, \tag{64}$$

werden von $\hat{\mathfrak{x}}$ unter konstantem Winkel geschnitten, wie man geometrisch unmittelbar erkennt, wenn man etwa durch eine Inversion den Grundpunkt $\mathfrak{v}$ des Büschels in den uneigentlichen Punkt und $\hat{\mathfrak{x}}$, $\hat{\mathfrak{y}}$, $\hat{\mathfrak{z}}$ in gleichsinnig parallele Gerade überführt. Wegen (62) (63) erhält man

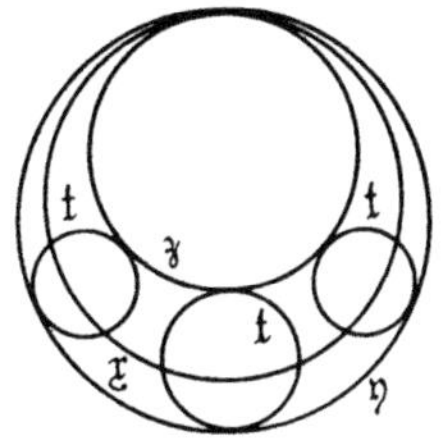

Fig. 26.

$$\hat{\mathfrak{t}}\,\hat{\mathfrak{x}} = \cos^2 \frac{\psi}{2} - \sin^2 \frac{\psi}{2} = \cos \psi. \tag{65}$$

Da nach (40) nun $\widehat{\mathfrak{t}\mathfrak{x}}$ gerade gleich dem cos des Winkels ist, den alle Kreise $\hat{\mathfrak{t}}$ mit $\hat{\mathfrak{x}}$ bilden, so ist dieser Winkel gerade der in (63) auftretende Winkelwert ψ. Damit ist die „*Büschelinvariante*“ ψ der drei Kreise $\mathfrak{x}$, $\mathfrak{y}$, $\mathfrak{z}$ geometrisch gedeutet.

Ist $\psi = \frac{\pi}{2}$, ist also $\hat{\mathfrak{x}}$ zu allen $\hat{\mathfrak{t}}$ senkrecht, so sind $\mathfrak{y}$ und $\mathfrak{z}$ zueinander invers bezüglich des Kreises $\mathfrak{x}$. Denn es gilt nach (62) (63) für $\psi = \frac{\pi}{2}$

$$\hat{\mathfrak{x}} = \frac{1}{2}(\hat{\mathfrak{y}} + \hat{\mathfrak{z}}) \qquad \text{oder} \qquad \hat{\mathfrak{z}} = +2\,\hat{\mathfrak{x}} - \hat{\mathfrak{y}}.$$

Diese Gleichung bekommen wir aber aus § 8 (64), wenn wir $\hat{\mathfrak{z}}$ für $-\mathfrak{x}$, $\hat{\mathfrak{y}}$ für $\mathfrak{x}^*$ und $\hat{\mathfrak{x}}$ für $\mathfrak{y}$ einsetzen und (61) berücksichtigen.

Wir gehen jetzt zu etwas anderm über. Wir wollen außer den gerichteten Kreisen auch noch *gerichtete Winkel* einführen. Bei der Einführung der letzteren handelt es sich aber um einen ganz anderen Vorgang als bei den gerichteten Kreisen. Wir beschränken uns nämlich im folgenden auf die Geometrie der Untergruppe $\mathfrak{M}_6^+$ der gleichsinnigen Kreisverwandtschaften, bei denen nach § 8 der Umlaufssinn in einem von einem Punkt ausstrahlenden Büschel von Linienelementen erhalten bleibt.

Wir können in unserer Ebene also ein für allemal einen Umlaufssinn als positiv festlegen, etwa nach den gebräuchlichen Festsetzungen den Antiuhrzeigersinn. Ein Büschel mit positivem Umlaufssinn geht dann bei einer gleichsinnigen Kreisverwandtschaft in ein ebensolches über. In der Geometrie der Gruppe $\mathfrak{M}_6$ konnten wir einem Paar gerichteter Kreise die Invariante $\cos\bar{\varphi}$ zuschreiben. Durch $\cos\bar{\varphi}$ ist aber der Winkelwert $\bar{\varphi}$ zwischen 0 und 2π nicht eindeutig festgelegt, sondern nur zwischen 0 und π. Es ergibt sich nämlich für die beiden Winkel $\bar{\varphi}$ und $2\pi - \bar{\varphi}$ derselbe Wert von $\cos\bar{\varphi}$. Die Einführung gerichteter Kreise ermöglichte uns ja nur, zwischen den Winkeln φ und $\pi - \varphi$ zu unterscheiden. Haben wir in der Fig. 27 die beiden ge-

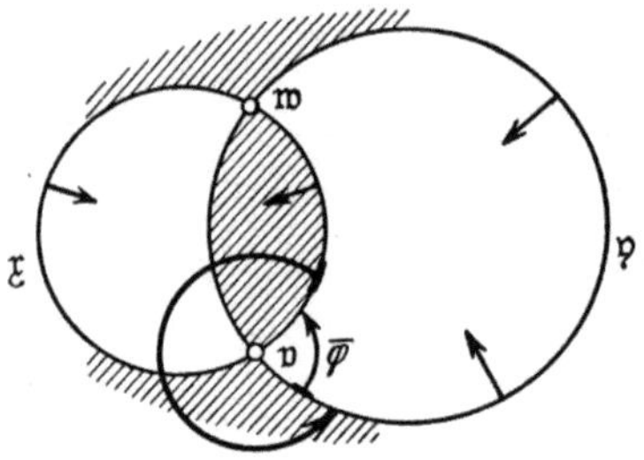

Fig. 27.

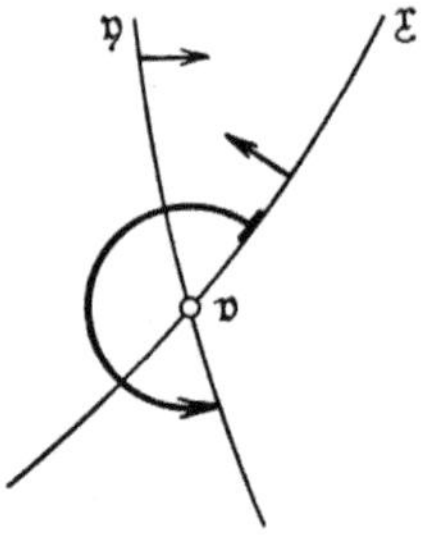

Fig. 28.

richteten Kreise $\hat{\mathfrak{x}}$ und $\hat{\mathfrak{y}}$, die sich in den Punkten $\mathfrak{v}$ und $\mathfrak{w}$ schneiden, so steht es uns ja frei, den Kreisen den durch den nicht schraffierten Winkelraum gegebenen Winkel $\bar{\varphi}$, oder auch den durch den großen Bogen gekennzeichneten Winkel $2\pi - \bar{\varphi}$ zuzuschreiben.

In der Geometrie der Gruppe $\mathfrak{M}_6^+$ können wir nun den beiden Kreisen eindeutig einen Winkel $\tilde{\varphi}$ zwischen 0 und 2π zuordnen, wenn

A. einer der beiden Schnittpunkte der Kreise, etwa $\mathfrak{v}$, ausgezeichnet wird und wenn man

B. eine bestimmte Reihenfolge der beiden Kreise, etwa $\hat{\mathfrak{x}} \to \hat{\mathfrak{y}}$ auszeichnet.

Es laufen nämlich vom Punkte $\mathfrak{v}$ (Fig. 28) zwei Äste des Kreises $\hat{\mathfrak{x}}$ aus. Der eine ist dadurch ausgezeichnet, daß man von ihm aus auf die positive Seite von $\hat{\mathfrak{x}}$ gelangt, wenn man im positiven, d. h. Antiuhrzeigersinn um $\mathfrak{v}$ herumgeht. Wir messen nun von diesem Ast aus den Winkel, den man erhält, wenn man im positiven Sinne um $\mathfrak{v}$ herumläuft, bis zu dem Ast von $\hat{\mathfrak{y}}$, auf den man von der negativen Seite dieses Kreises auftrifft.

Unter den Annahmen A, B können wir daher dem Winkel $\tilde{\varphi}$ nicht nur einen $\cos\tilde{\varphi}$, sondern auch einen $\sin\tilde{\varphi}$ in invarianter Weise zuschreiben, denn den Wertepaaren der beiden Funktionen cos und sin zusammen entsprechen eineindeutig die Winkelwerte $\tilde{\varphi}$ zwischen 0 und 2π.

Aus der Fig. 27 ersieht man leicht, daß der Winkel $\tilde{\varphi}$ in $2\pi - \tilde{\varphi}$ übergeht, wenn man die Reihenfolge von $\mathfrak{x}$ und $\mathfrak{y}$ vertauscht, und ebenso, wenn man den Winkel statt im Punkte $\mathfrak{v}$ im andern Schnittpunkt $\mathfrak{w}$ mißt. In beiden Fällen ändert $\sin\varphi$ sein Vorzeichen.

Wie ergibt sich nun die gegenüber $\mathfrak{M}_6^+$ invariante Größe $\sin\tilde{\varphi}$ analytisch?

In der Geometrie der Gruppe $\mathfrak{M}_6^+$ haben wir nach § 10 zunächst die zur Gruppe $\mathfrak{B}$ gehörigen eigentlichen Substitutionen zu betrachten (vgl. § 10 Schluß), und dann die Umnormierungen $\mathfrak{P}$. Die eigentlichen Substitutionen, die wir als Gruppe $\mathfrak{B}^+$ bezeichnen wollen, sind nach § 10 unter den allgemeinen $\mathfrak{B}$ diejenigen, die die vierreihigen Determinanten von vier Kreisen invariant lassen. Daher ist für unsere Kreise $\hat{\mathfrak{x}}$, $\hat{\mathfrak{y}}$ mit den Schnittpunkten $\mathfrak{v}$, $\mathfrak{w}$ der Ausdruck

$$H = \frac{|\hat{\mathfrak{x}}\,\hat{\mathfrak{y}}\,\mathfrak{v}\,\mathfrak{w}|}{(\mathfrak{v}\,\mathfrak{w})}, \tag{66}$$

der sich bei Umnormierungen nicht ändert, eine Invariante gegenüber $\mathfrak{M}_6^+$. Wir wollen zeigen, daß H schon die gesuchte Invariante $\sin\tilde{\varphi}$ ist.

Zunächst gilt, wenn $\hat{\mathfrak{x}}$ und $\hat{\mathfrak{y}}$ sich schneidende Kreise sind, $(\hat{\mathfrak{x}}\hat{\mathfrak{y}})^2 < 1$ und $\mathfrak{v}\mathfrak{w} \neq 0$, und

$$\left\{\begin{aligned} \mathfrak{v}\,\mathfrak{v} &= \mathfrak{v}\,\hat{\mathfrak{x}} = \mathfrak{v}\,\hat{\mathfrak{y}} = 0 \\ \mathfrak{w}\mathfrak{w} &= \mathfrak{w}\,\hat{\mathfrak{x}} = \mathfrak{w}\,\hat{\mathfrak{y}} = 0 \end{aligned}\right. \tag{67}$$

und $\mathfrak{v}$ und $\mathfrak{w}$ sind als die beiden Lösungen dieser Gleichungen für die homogenen Vierkreiskoordinaten bis auf die Normierung eindeutig bestimmt.

Aus (66) folgt nach dem Determinantensatz (16) des § 11 durch Quadrieren von (66) unter Berücksichtigung von (67)

$$H^2 = 1 - (\hat{\mathfrak{x}}\,\hat{\mathfrak{y}})^2 = \sin^2\tilde{\varphi}.$$

Also ist zunächst entweder

$$H = +\sin\tilde{\varphi} \quad \text{oder} \quad H = -\sin\tilde{\varphi}.$$

Wollen wir aber die Formeln § 7 (53) und § 13 (38) sowie § 14 (53) für den Übergang zu kartesischen Koordinaten von Punkten, gerichteten Kreisen und Geraden beibehalten, so müssen wir für ein beliebiges Paar von Kreisen immer

$$H = +\sin\tilde{\varphi} \tag{68}$$

setzen.

Wir können nämlich durch eine gleichsinnige Kreisverwandtschaft erreichen, daß der ungerichtete Kreis $\hat{\mathfrak{x}}$ in die ungerichtete Gerade $\mathfrak{e}^{III}$ übergeht, $\mathfrak{v}$ in den „Ursprung" {1, 1, 0, 0} und $\mathfrak{w}$ in den uneigentlichen Punkt {— 1, 1, 0, 0}. Denn nach § 8 lassen sich drei Punkte durch eine eigentliche Kreisverwandtschaft in drei beliebige Bildpunkte überführen, und wir können $\mathfrak{v}$ dem „Ursprung", $\mathfrak{w}$ dem uneigentlichen Punkt und einen weiteren Punkt von $\hat{\mathfrak{x}}$ dann noch einem beliebigen Punkt von $\mathfrak{e}^{III}$ zuordnen. Dann geht $\hat{\mathfrak{x}}$ von selbst in $\mathfrak{e}^{III}$ über. Durch einen gleichzeitigen Richtungswechsel aller Kreise der Ebene, der H nach (58) nicht ändert, können wir dann $\hat{\mathfrak{x}}$ auch der Richtung nach mit $\mathfrak{e}^{III}$ zusammenfallen lassen. $\hat{\mathfrak{y}}$ wird dann eine gerichtete Gerade durch den Ursprung, für die nach (51) $\hat{y}_0 = \hat{y}_1 = 0$ gelten muß.

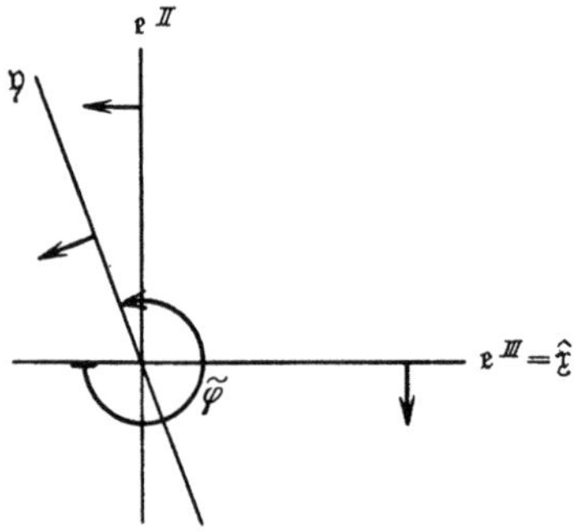

Fig. 29.

Es wird nun nach (66)

$$(69)\qquad H = \frac{1}{2}\begin{vmatrix} 0 & 0 & 1 & -1 \\ 0 & 0 & 1 & 1 \\ 0 & \hat{y}_2 & 0 & 0 \\ 1 & \hat{y}_3 & 0 & 0 \end{vmatrix} = -\hat{y}_2 .$$

Der ausgezeichnete Ast der Geraden $\mathfrak{x} = \mathfrak{e}^{III}$ ist nun einfach die negative ξ-Achse. $\hat{y}_2$ ist dann der cos des Winkels von $\mathfrak{y}$ mit der η-Achse $\mathfrak{e}^{II}$.

Liegt $\mathfrak{y}$ im ersten und dritten Quadranten, so wird für eine Richtung der Fig. 29 der Winkel mit $\mathfrak{e}^{II}$ spitz, also $\hat{y}_2 > 0$ und nach (69) $H < 0$. Der Winkel $\tilde{\varphi}$ ist dann aber $> \pi$, so daß $\sin\tilde{\varphi} < 0$ ist und (68) zu Recht besteht. Dasselbe gilt aber auch, wenn man die Richtung von $\hat{\mathfrak{y}}$ umdreht, denn dann ändert sowohl $\hat{y}_2$ und H, wie auch $\sin\tilde{\varphi}$ das Vorzeichen, denn $\tilde{\varphi}$ ist jetzt $< \pi$. Ganz analog prüft man die Richtigkeit von (68), wenn $\mathfrak{y}$ durch den zweiten und vierten Quadranten geht.

Somit muß für beliebige Kreise $\hat{\mathfrak{x}}$, $\hat{\mathfrak{y}}$ für den von $\hat{\mathfrak{x}}$ nach $\hat{\mathfrak{y}}$ im Punkte $\mathfrak{v}$ gemessenen Winkel $\tilde{\varphi}$ gelten:

$$(70)\qquad \sin\tilde{\varphi} = \frac{|\hat{\mathfrak{x}},\ \hat{\mathfrak{y}},\ \mathfrak{v},\ \mathfrak{w}|}{\mathfrak{v}\,\mathfrak{w}} .$$

Wie es sein muß, ändert die rechte Seite von (70) bei Vertauschung von $\hat{\mathfrak{x}}$ und $\hat{\mathfrak{y}}$ sowie auch bei Vertauschung von $\mathfrak{v}$ und $\mathfrak{w}$ ihr Vorzeichen.

§ 16. Einordnung der euklidischen Bewegungsgeometrie in die Inversionsgeometrie.

Aus § 8 wissen wir, daß die Untergruppe derjenigen Möbius-Transformationen, die den uneigentlichen Punkt fest lassen, einfach die siebengliedrige Gruppe der *ähnlichen Abbildungen* im gewöhnlichen Sinne der Bewegungsgeometrie ist. Nehmen wir nun allgemeiner eine Untergruppe $\mathfrak{G}$ von $\mathfrak{M}_6$, die aus all den Möbius-Transformationen besteht, die statt des uneigentlichen Punktes einen ganz beliebigen Punkt $\mathfrak{k}$ fest lassen, so ist diese Gruppe *isomorph* zur Gruppe der ähnlichen

Abbildungen, d. h. sie geht durch eine einfache Abbildung, nämlich durch eine den uneigentlichen Punkt nach $\mathfrak{k}$ bringende Möbius-Transformation aus dieser hervor. Wir können auch Bewegungsgeometrie treiben, indem wir eine solche isomorphe Gruppe $\mathfrak{E}$ mit einem beliebigen festen Punkte $\mathfrak{k}$ zugrunde legen. Wir haben nur den Übergang von der Gruppe der ähnlichen Abbildungen zu der isomorphen Gruppe dadurch rückgängig zu machen, daß wir die einzelnen geometrischen Begriffe in der Geometrie der isomorphen Gruppe so interpretieren, daß sie mit den entsprechenden Begriffen der Bewegungsgeometrie übereinstimmen: Wir haben z. B. den Punkt $\mathfrak{k}$ als uneigentlichen Punkt zu bezeichnen, und die $\mathfrak{M}$-Kreise durch $\mathfrak{k}$ als die Geraden usw.

Es ist nun, wie wir sehen werden, für gewisse Zwecke von Vorteil, die Bewegungsgeometrie unter Zugrundelegung einer allgemeinen isomorphen Gruppe $\mathfrak{E}$ zu betreiben. Nach den Ideen des Erlanger Programms (vgl. den Anfang von § 5) ist die Geometrie einer Gruppe $\mathfrak{E}$ gleichbedeutend mit der Inversionsgeometrie einer *Möbius*schen Ebene, in der ein absoluter Punkt $\mathfrak{k}$ als von vornherein gegeben zur Verfügung steht.

Wir können somit die Bewegungsgeometrie als einen Teil der Inversionsgeometrie betrachten: *Die Invarianten geometrischer Gebilde gegenüber ähnlichen Abbildungen sind ihre inversionsgeometrischen Invarianten bezüglich des festen Punktes* $\mathfrak{k}$.

Diese Einordnung der euklidischen Bewegungsgeometrie in die Inversionsgeometrie tritt jener bekannten Einordnung der Bewegungsgeometrie in die projektive Geometrie als völlig gleichberechtigt an die Seite, die in der Einführung einer absoluten Geraden mit zwei auf ihr liegenden (konjugiert komplexen) absoluten Punkten in die projektive Ebene besteht. Denn die Inversionsgeometrie der Ebene läßt sich ja keineswegs der projektiven Geometrie der Ebene unterordnen (sondern nach § 8 nur der projektiven Geometrie des Raumes) und tritt als völlig gleichberechtigt neben diese. Der Einbau in die Inversionsgeometrie vollzieht sich insofern *einfacher*, als hier das „absolute Gebilde“ als ein einfacher Punkt $\mathfrak{k}$ von geometrisch einfacherem Charakter ist. Im § 19 werden wir sehen, daß wir auch die *nichteuklidische* (*die hyperbolische und die elliptische*) *Geometrie* in die Inversionsgeometrie einbauen können.

Die Behandlung der euklidischen Bewegungsgeometrie auf dem Boden der Inversionsgeometrie können wir formal in zwei verschiedenen Stufen vollziehen.

A. Wir behalten die gewöhnlichen Vierkreiskoordinaten bei und führen in den Formeln immer einfach den absoluten Punkt $\mathfrak{k}$ mit, den wir ganz beliebig lassen.

B. Wir spezialisieren $\mathfrak{G}$ auf die „wirkliche“ Gruppe der ähnlichen Abbildungen, indem wir $\mathfrak{k}$ in den „wirklichen“ uneigentlichen Punkt rücken lassen, der nach § 7 ja die Koordinaten hat:

$$\mathfrak{k} = \{-1,\ 1,\ 0,\ 0\}. \tag{71}$$

Haben wir dann einen Punkt $\mathfrak{x}$ ($\mathfrak{x}\mathfrak{x} = 0$), so ist wegen § 9 Nr. VII (72) $\mathfrak{x}\mathfrak{k} \neq 0$. Setzen wir dann $\mathfrak{x}\mathfrak{k} = \varrho$, so folgt nach (71)

$$\mathfrak{x}\mathfrak{k} = x_0 + x_1 = \varrho. \tag{72}$$

Setzen wir ferner

$$\frac{x_2}{\varrho} = \xi, \quad \frac{x_3}{\varrho} = \eta, \tag{73}$$

so ergibt sich aus $\mathfrak{x}\mathfrak{x} = 0$ und (72)

$$x_0 = \varrho\,\frac{1 + (\xi^2 + \eta^2)}{2}; \quad x_1 = \varrho\,\frac{1 - (\xi^2 + \eta^2)}{2}. \tag{74}$$

Da nun unsere Formeln (73) und (74) ganz mit den Formeln (53) des § 7 übereinstimmen, können wir

$$\xi = \frac{x_2}{\mathfrak{x}\mathfrak{k}} \quad \text{und} \quad \eta = \frac{x_3}{\mathfrak{x}\mathfrak{k}} \tag{75}$$

einfach als kartesische Koordinaten ansehen. Aus (75) folgt: Normieren wir die Punkte $\mathfrak{x}$ an $\mathfrak{k}$ in der ausgezeichneten Weise $\mathfrak{x}\mathfrak{k} = 1$, so sind nach (71) (75) die Koordinaten x_2 und x_3 einfach die kartesischen. Die Formeln (73) (74) ziehen dann auch die entsprechenden Formeln § 7 (59) und (58) für den Übergang zu den kartesischen Koordinaten gerichteter Kreise und Geraden (= Kreise durch $\mathfrak{k}$) nach sich.

Durch Wahl des Punktes mit den Koordinaten (71) [des uneigentlichen Punktes] für $\mathfrak{k}$ und Verwendung besonders normierter Vierkreiskoordinaten gelangen wir also auf Stufe B zur gewöhnlichen kartesischen Behandlung der Bewegungsgeometrie. Für uns wird aber vor allem die auf der Stufe A betriebene Bewegungsgeometrie von Wichtigkeit sein, die sich enger in den Rahmen der Inversionsgeometrie einfügt. Wir wollen im folgenden einige den isomorphen Gruppen der Stufe A entsprechende Hauptformeln der Bewegungsgeometrie zusammenstellen. Ihre Richtigkeit können wir jedesmal dadurch sicherstellen, daß wir zur „wirklichen“ Bewegungsgruppe übergehen, indem wir $\mathfrak{k}$ die Koordinaten (71) erteilen, und dann nach § 7 (53), (58) und (59) kartesische Koordinaten einführen. Wir haben dann jedesmal zu zeigen, daß man die bekannten Formeln der kartesischen Geometrie erhält. Für die folgenden Formeln möge die Nachprüfung im einzelnen dem Leser überlassen bleiben!

1. Gegenüber unserer Gruppe $\mathfrak{G}$ ist wegen der in ihr enthaltenen „Ähnlichkeitstransformationen“ nur das *Verhältnis der* (mit Vorzeichen

versehenen) *Radien* R^{I} und R^{II} zweier gerichteter Kreise $\hat{\mathfrak{h}}^{\mathrm{I}}$ und $\hat{\mathfrak{h}}^{\mathrm{II}}$ invariant. Es gilt

$$\frac{R^{\mathrm{I}}}{R^{\mathrm{II}}} = \frac{(\hat{\mathfrak{h}}^{\mathrm{II}}\,\mathfrak{k})}{(\hat{\mathfrak{h}}^{\mathrm{I}}\,\mathfrak{k})}, \tag{76}$$

wie aus (71) und § 7 (59) leicht zu beweisen ist. Dieser Ausdruck hängt auch von der Normierung des absoluten Punktes $\mathfrak{k}$ nicht ab.

2. Wir müssen, um zur eigentlichen Bewegungsgeometrie im engeren Sinne zu gelangen, eine *Maßeinheit* festlegen. Wir können etwa einen Kreis $\hat{\mathfrak{z}}$ als Einheitskreis wählen und die Radien aller Kreise $\hat{\mathfrak{h}}$ nach der Formel (76) im Verhältnis zum Einheitskreis messen. Nun können wir aber über die Normierung des absoluten Punktes $\mathfrak{k}$ so verfügen, daß $\hat{\mathfrak{k}}\,\hat{\mathfrak{z}} = 1$ wird, indem wir

$$\hat{\mathfrak{k}} = \frac{\mathfrak{k}}{\hat{\mathfrak{z}}\,\mathfrak{k}} \tag{77}$$

setzen.

Dann ergibt sich der Radius R eines beliebigen Kreises $\hat{\mathfrak{h}}$, in der Einheit des Kreises $\hat{\mathfrak{z}}$ gemessen, in der Form

$$\frac{1}{R} = (\hat{\mathfrak{h}}\,\hat{\mathfrak{k}}). \tag{78}$$

Der Festlegung der Normierung von $\mathfrak{k}$ *entspricht somit in gewissem Sinne eine Ausschaltung der Ähnlichkeitstransformationen.* Denn einer Ähnlichkeitstransformation können wir nach (78) immer eine Änderung der Normierung des Punktes $\mathfrak{k}$ zuordnen, etwa durch Übergang zu einem neuen Einheitskreis; alle Radien multiplizieren sich bei einer solchen mit demselben konstanten Faktor. Die in (71) gegebene Normierung des Punktes $\mathfrak{k}$ entspricht der Wahl des Kreises $\mathfrak{e}^{\mathrm{I}}$ [vgl. § 14 (49)] als Einheitskreis.

3. Der *Mittelpunkt eines Kreises* $\mathfrak{y}$ ist der zu $\mathfrak{k}$ bezüglich $\mathfrak{y}$ inverse Punkt $\mathfrak{q}$, für den nach § 8 (64) gilt:

$$\mathfrak{q} = -\frac{2\,(\mathfrak{y}\,\mathfrak{k})}{(\mathfrak{y}\,\mathfrak{y})}\,\mathfrak{y} + \mathfrak{k}. \tag{79}$$

4. Als *Potenz s eines Punktes* $\mathfrak{z}$ *in bezug auf einen Kreis* $\mathfrak{y}$ bezeichnet man bekanntlich das geometrische Mittel aus den beiden Strecken, die auf einer beliebigen den Kreis schneidenden Geraden von $\mathfrak{y}$ nach den beiden Schnittpunkten gemessen werden. Dieses ist für alle solchen Geraden konstant. Liegt $\mathfrak{z}$ außerhalb des Kreises $\mathfrak{y}$, so ist s einfach die Strecke von $\mathfrak{z}$ nach einem der Berührungspunkte der Tangenten. Durch Rückgang auf kartesische Koordinaten bestätigt man leicht die Formel:

$$\frac{1}{2}\,s^2 = \frac{-(\mathfrak{y}\,\mathfrak{z})}{(\mathfrak{y}\,\hat{\mathfrak{k}})(\mathfrak{z}\,\hat{\mathfrak{k}})}. \tag{80}$$

Schrumpft $\mathfrak{y}$ auf einen Punkt zusammen, so stellt (80) einfach die Formel für die *Entfernung der beiden Punkte* $\mathfrak{y}$ und $\mathfrak{z}$ dar.

5. Die Geraden sind die Kreise durch $\mathfrak{k}$. Für eine gerichtete Gerade $\hat{\mathfrak{t}}$ gilt somit

$$\hat{\mathfrak{t}}\,\hat{\mathfrak{k}} = 0.$$

Für den kürzesten Abstand l eines Punktes $\mathfrak{v}$ von der Geraden $\hat{\mathfrak{t}}$ gilt die Formel

$$l^2 = 2\cdot\left(\frac{\hat{\mathfrak{t}}\,\mathfrak{v}}{\hat{\mathfrak{k}}\,\mathfrak{v}}\right)^2. \tag{81}$$

6. Da die Winkel der Möbius-Geometrie die im gewöhnlichen euklidischen Sinne genommenen sind, gilt für den Winkel zweier Geraden $\mathfrak{t}^{\mathrm{I}}$ und $\mathfrak{t}^{\mathrm{II}}$ natürlich die gewohnte Formel

$$\cos^2\varphi = \frac{(\mathfrak{t}^{\mathrm{I}}\,\mathfrak{t}^{\mathrm{II}})^2}{(\mathfrak{t}^{\mathrm{I}}\,\mathfrak{t}^{\mathrm{I}})(\mathfrak{t}^{\mathrm{II}}\,\mathfrak{t}^{\mathrm{II}})}. \tag{82}$$

§ 17. Beziehungen der Inversionsgeometrie zur nichteuklidischen Bewegungsgeometrie.

Wir wollen jetzt die Untergruppe $\mathfrak{N}$ derjenigen Kreisverwandtschaften betrachten, die *einen Kreis* $\mathfrak{k}$ *festlassen*. Wir wählen hier absichtlich für den festen Kreis denselben Buchstaben wie in § 16 für den festen Punkt. Da sich die Gruppen $\mathfrak{N}$, die zu den verschiedenen festen Kreisen gehören, alle durch $\mathfrak{M}_6$ aufeinander abbilden lassen, können wir der Einfachheit halber $\mathfrak{k}$ in den Kreis $\mathfrak{e}^{\mathrm{I}}$ [vgl. § 14 (49)] hineinrücken lassen, also in den Einheitskreis um den Ursprung unseres kartesischen Koordinatensystems.

Kehren wir noch einmal zu unserer im § 8 behandelten stereographischen Projektion der hyperbolischen Geometrie des Raumes auf die Inversionsgeometrie der Ebene zurück!

$\mathfrak{k} \equiv \mathfrak{e}^{\mathrm{I}}$ ist dann einfach der Schnittkreis der Kugel $\mathfrak{K}$ mit der Ebene E, auf die wir stereographisch projizieren. Im Raume entspricht $\mathfrak{N}$ daher die Gruppe $\overline{\mathfrak{N}}$ derjenigen hyperbolischen Bewegungen, die die Ebene des Kreises $\mathfrak{k}$, also gerade die Ebene E der stereographischen Projektion fest lassen. $\overline{\mathfrak{N}}$ läßt natürlich auch den Pol $\mathfrak{p}$ von E bezüglich der Kugel $\mathfrak{K}$ fest. Da E als Äquatorebene der Kugel $\mathfrak{K}$ durch ihren Mittelpunkt geht, ist ihr Pol $\mathfrak{p}$ der uneigentliche Punkt, nach dem alle zu E senkrechten Geraden hinlaufen. Es gehen daher bei Abbildungen von $\overline{\mathfrak{N}}$ die zu E senkrechten Geraden in ebensolche über.

Unsere Gruppe $\overline{\mathfrak{N}}$, die ja erstens die Kugel $\mathfrak{K}$ und zweitens die Ebene E in sich überführt, induziert nun sowohl auf der festen Kugel $\mathfrak{K}$, wie auch auf der festen Ebene E eine Gruppe von Punkttransformationen, deren jede den ihnen beiden gemeinsamen Kreis $\mathfrak{k}$ fest läßt.

Aus der Gruppe von Punkttransformationen auf der Kugel ergibt sich die Gruppe der Ebene E wenigstens im Gebiet innerhalb des Kreises $\mathfrak{k}$ einfach durch senkrechte Projektion, denn die zu E senkrechten und $\mathfrak{K}$ schneidenden Geraden müssen ja in ebensolche übergehen. Die in E induzierte Gruppe muß natürlich aus *hyperbolischen Bewegungen dieser Ebene mit dem Maßkreis* $\mathfrak{k}$ *bestehen.* Es läßt sich auch leicht einsehen, daß sie die vollständige Gruppe der hyperbolischen Bewegungen von E ist. Denn durch $\mathfrak{H}_6$ kann man nach § 8 noch drei gegebene Punkte $\mathfrak{x}^\alpha$ auf der Kugel $\mathfrak{K}$ in drei beliebige Bildpunkte $\mathfrak{x}^{\alpha *}$ auf $\mathfrak{K}$ überführen. Durch die den Kreis $\mathfrak{k}$ von $\mathfrak{K}$ fest lassende Untergruppe $\overline{\mathfrak{N}}$ von $\mathfrak{H}_6$ kann man dann aber noch drei gegebene Punkte $\mathfrak{x}^\alpha$ von $\mathfrak{k}$ in drei beliebige Bildpunkte $\mathfrak{x}^{\alpha *}$ von $\mathfrak{k}$ überführen. Nach § 4 machen aber alle hyperbolischen Bewegungen von E, die drei Punkte des Maßkreises $\mathfrak{k}$ in irgend drei Bildpunkte $\mathfrak{x}^{\alpha *}$ von $\mathfrak{k}$ überführen, die ganze Gruppe $\mathfrak{H}_3$ von E aus.

Wir haben jetzt das folgende Bild: Wenn wir unsere durch $\overline{\mathfrak{N}}$ auf der Kugel $\mathfrak{K}$ induzierte Gruppe betrachten, also die Gruppe der Kreisverwandtschaften der Kugel, die den Kreis $\mathfrak{k}$ festlassen, so können wir die Kugel einmal senkrecht auf die Ebene E projizieren. Dann entspricht unserer Gruppe auf der Kugel in der Projektion die Gruppe der hyperbolischen Bewegungen von E; und zwar in dem Bereich, der für die *Klein*sche Veranschaulichung der *Lobatschefky*schen Geometrie [vgl. § 4] in Frage kommt, in dem Innern des Maßkreises $\mathfrak{k}$.

Projizieren wir dann zweitens die Kugel stereographisch aus dem Südpol auf die Ebene E, so erhalten wir unsere Gruppe $\mathfrak{N}$, von der wir ausgegangen sind, nämlich die Gruppe der Kreisverwandtschaften der Ebene, die den Kreis $\mathfrak{k}$ fest lassen. *Diese Gruppe kann man also durch einfache Abbildung*: Stereographische Projektion der Ebene E auf die Kugel $\mathfrak{K}$ und dann wieder senkrechte Projektion der Kugel $\mathfrak{K}$ auf die Ebene E *auf die Gruppe der hyperbolischen Bewegungen von* E *innerhalb des Maßkreises* $\mathfrak{k}$ *zurückführen.* Unsere Gruppe $\mathfrak{N}$ ist also isomorph zur Gruppe der hyperbolischen Bewegungen der Ebene.

Es ist somit durch die Inversionsgeometrie in einer Ebene, in der von vornherein ein fester Kreis zur Verfügung steht, eine neue Veranschaulichung der hyperbolischen (*Lobatschefsky*schen) nichteuklidischen Geometrie gegeben. Wir haben nur die einzelnen geometrischen Elemente so nichteuklidisch zu deuten, wie es durch die eben gegebene Zuordnung verlangt wird. Diese Veranschaulichung stammt von *H. Poincaré.*

Wir denken uns jetzt die Ebene E in zwei Exemplaren, $\overline{E}$ und E^*. $\overline{E}$ ist die $\mathfrak{K}$ durch senkrechte Projektion und E^* die $\mathfrak{K}$ durch stereographische Projektion zugeordnete Ebene. Haben wir nun in $\overline{E}$ einen Punkt innerhalb $\mathfrak{k}$, so entspricht ihm auf $\mathfrak{K}$ durch senkrechte Projektion ein Punktepaar, ein Punkt oberhalb und ein Punkt unterhalb $\overline{E}$.

Diese beiden Punkte bilden sich aber bei der stereographischen Projektion auf E^* ab in ein zum Kreis $\mathfrak{k}$ inverses Punktepaar. Denn sie liegen auf ein und derselben Geraden durch denjenigen uneigentlichen Punkt des Raumes, der dem Kreis $\mathfrak{k}$ nach § 7 in der stereographischen Projektion entspricht. *Somit entspricht einem Punkt von* $\bar{E}$ *innerhalb* $\mathfrak{k}$ *ein zu* $\mathfrak{k}$ *inverses Punktepaar in* E^*. Die Punkte von $\bar{E}$ auf $\mathfrak{k}$ selbst werden natürlich den ihnen kongruenten Punkten von $\mathfrak{k}$ in E^* zugeordnet. Haben wir weiter eine Gerade in $\bar{E}$, die $\mathfrak{k}$ trifft, so entspricht ihr durch die senkrechte Projektion auf der Kugel ein Kreis in einer zu $\bar{E}$ senkrechten Ebene, diesem entspricht in der stereographischen Projektion ein zu $\mathfrak{k}$ senkrechter Kreis von E^*.

Haben wir in $\bar{E}$ einen Punkt und eine Gerade in vereinigter Lage, so liegen auf $\mathfrak{K}$ auch das entsprechende Punktepaar und der entsprechende Kreis in vereinigter Lage, und daher auch in E^* das zu $\mathfrak{k}$ inverse Punktepaar und der zu $\mathfrak{k}$ senkrechte Kreis, die sich aus ihnen durch die stereographische Projektion ergeben.

Haben wir in $\bar{E}$ einen H-Kreis [vgl. § 6], so wissen wir aus § 6, daß ihm durch die senkrechte Projektion auf $\mathfrak{K}$ ein Paar von zu $\bar{E}$ spiegelbildlichen Kreisen zugeordnet wird, deren Ebenen zu $\bar{E}$ nicht senkrecht sind; diesen Kreisen entspricht in der stereographischen Projektion in E^* ein Paar von zu $\mathfrak{k}$ inversen Kreisen. Man erkennt leicht, daß den drei Typen § 6 (50) von H-Kreisen die drei Fälle entsprechen, wo die beiden zu $\mathfrak{k}$ inversen Kreise a) $\mathfrak{k}$ nicht schneiden, b) $\mathfrak{k}$ schneiden, c) $\mathfrak{k}$ berühren.

Wir können somit die folgende Tabelle von sich in $\bar{E}$ und E^* entsprechenden Elementen zusammenstellen:

$\bar{E}$	E^*
Punkt von $\mathfrak{k}$	Kongruenter Punkt von $\mathfrak{k}$
Inneres von $\mathfrak{k}$	Ganze Möbius-Ebene E^*
Punkt innerhalb $\mathfrak{k}$	Zu $\mathfrak{k}$ inverses Punktepaar
Geradenstück innerhalb $\mathfrak{k}$	Zu $\mathfrak{k}$ senkrechter Kreis
Punkt und Gerade in vereiniger Lage	Kreis senkrecht zu $\mathfrak{k}$ und zu $\mathfrak{k}$ inverses Punktepaar in vereinigter Lage
H-Kreis	Zu $\mathfrak{k}$ inverses Kreispaar

Wir können uns natürlich auch in E^* auf das eine der beiden Gebiete beschränken, in die die Ebene E^* durch $\mathfrak{k}$ zerlegt wird. Dann bleibt von einem zu $\mathfrak{k}$ inversen Punktepaar nur ein Punkt übrig, und wir haben eine eineindeutige Zuordnung der Punkte des Inneren von $\mathfrak{k}$ in $\overline{E}$ auf die Punkte jenes Gebietes in E^*. Den Geradenstücken innerhalb $\mathfrak{k}$ in $\overline{E}$ entsprechen dann zu $\mathfrak{k}$ senkrechte Halbkreise in E^*. Es ist fürs folgende aber ebenso zweckmäßig, die ganze Ebene E^* beizubehalten.

Zusammenfassend können wir jetzt sagen: *Die ebene hyperbolische Geometrie im Lobatschefskyschen Sinne ist nichts anderes als die Inversionsgeometrie in einer Möbius-Ebene, in der ein „absoluter" Kreis als gegeben zur Verfügung steht.* Die Paare der zu diesem Kreis inversen Punkte haben wir dabei als einen einzigen Punkt zu betrachten, und die zu ihm senkrechten Kreise als die Geraden der nichteuklidischen Geometrie zu deuten.

§ 18. Inversionsgeometrische Formeln für die hyperbolische nichteuklidische Geometrie.

Um zu sehen, wie wir die weiteren Grundgebilde unserer Ebene in der Sprache der hyperbolischen Geometrie zu deuten haben, wollen wir unsere Zuordnung $\overline{E} \to E^*$ analytisch darstellen. Wir wollen unsere Zuordnung aber jetzt gleich dahin verallgemeinern, daß wir in unserer Möbius-Ebene E^* nicht mehr die spezielle Gruppe der Möbius-Transformationen betrachten, die den Kreis $\mathfrak{k} = \mathfrak{e}^{\mathrm{I}}$ mit den Koordinaten

$$\mathfrak{k} = \{0,\ 1,\ 0,\ 0\} \tag{83}$$

fest lassen, sondern eine beliebige zu ihr isomorphe Gruppe mit einem ganz beliebigen festen Kreis $\mathfrak{k}$. Die Zuordnung $\overline{E} \to E^*$ verallgemeinert sich dann wie folgt:

Der Punkt des Raumes, der dem Kreise $\mathfrak{k}$ durch die stereographische Projektion zugeordnet wird, wird jetzt nicht mehr ein uneigentlicher Punkt, sondern ein ganz beliebiger Punkt $\mathfrak{p}$ außerhalb der Kugel $\mathfrak{K}$ sein können, und ebenso kann jetzt seine Polarebene $\overline{E}$ eine ganz beliebige $\mathfrak{K}$ schneidende Ebene sein. Die Ebene $\overline{E}$ braucht jetzt also nicht mehr mit der Grundebene E^* der stereographischen Projektion zusammenzufallen. Die Zuordnung $\overline{E} \to E^*$ ist jetzt die folgende: Bezeichnen wir den Schnittkreis von $\overline{E}$ und $\mathfrak{K}$ mit $\overline{\mathfrak{k}}$, so haben wir einen Punkt $\overline{\mathfrak{x}}$ von $\overline{E}$, der innerhalb des Kreises $\overline{\mathfrak{k}}$ gelegen ist, zuerst aus dem Pol $\mathfrak{p}$ von $\overline{E}$ auf die Kugel $\mathfrak{K}$ in ein Punktepaar $\mathfrak{t}^{\mathrm{I}}$, $\mathfrak{t}^{\mathrm{II}}$ zu projizieren. (Das entspricht der senkrechten Projektion von $\overline{E}$ auf die Kugel im speziellen Fall des § 17.) Und dann haben wir $\mathfrak{t}^{\mathrm{I}}$ und $\mathfrak{t}^{\mathrm{II}}$ stereographisch auf die Grundebene E^* in die Punkte $\mathfrak{x}^{\mathrm{I}*}$ und $\mathfrak{x}^{\mathrm{II}*}$ zu projizieren. $\mathfrak{x}^{\mathrm{I}*}$ und $\mathfrak{x}^{\mathrm{II}*}$ bilden dann ein zum Kreis $\mathfrak{k}$ inverses Punktepaar, das wir dem Punkt $\overline{\mathfrak{x}}$ von $\overline{E}$ als Bild zuordnen. Es entspricht dann der Gruppe der ebenen hyperbolischen Bewegungen der Punkte $\bar{\mathfrak{x}}$ in $\bar{E}$ mit dem Maßkreis $\bar{\mathfrak{k}}$ bei dieser Zuordnung die Gruppe der Möbius-Transformationen von E^*, die den Kreis $\mathfrak{k}$ fest lassen.

Zur analytischen Behandlung dieser Zuordnung denken wir uns im Raum nach § 7 die homogenen kartesischen Koordinaten x_0, x_1, x_2, x_3 eingeführt, und bezeichnen mit denselben Buchstaben x_0, x_1, x_2, x_3 dann auch immer gleichzeitig die tetrazyklischen Koordinaten des Kreises oder Punktes von E^*, der dem Punkt des Raumes in der stereographischen Projektion zugeordnet wird.

Es sind dann $\mathfrak{k}$ (k_0, k_1, k_2, k_3) zugleich die tetrazyklischen Koordinaten des Kreises $\mathfrak{k}$ in E^* und die homogenen Koordinaten des Punktes $\mathfrak{p}$ im Raume, der der Pol der Ebene $\bar{E}$ ist. In beiden Fällen normieren wir $\mathfrak{k}$ durch

$$\hat{\mathfrak{k}}\,\hat{\mathfrak{k}} = 1. \tag{84}$$

Die Punkte $\bar{\mathfrak{x}}$ von $\bar{E}$ genügen jetzt der Gleichung

$$\bar{\mathfrak{x}}\,\hat{\mathfrak{k}} = 0. \tag{85}$$

Die Punkte $\mathfrak{t}$ der Geraden $\mathfrak{G}$, die den Punkt $\bar{\mathfrak{x}}$ in $\bar{E}$ mit dem Pol $\mathfrak{p}$ verbindet, stellen sich dann dar als Linearkombinationen

$$\mathfrak{t} = \alpha\,\hat{\mathfrak{k}} + \beta\,\bar{\mathfrak{x}} \tag{86}$$

von $\hat{\mathfrak{k}}$ und $\bar{\mathfrak{x}}$.

Die Gerade $\mathfrak{G}$ durchstößt nach (84) (85) die Kugel $\mathfrak{k}$ in den Punkten $\mathfrak{t}$, für die

$$(\mathfrak{t}\,\mathfrak{t}) = \alpha^2 + \beta^2 (\bar{\mathfrak{x}}\,\bar{\mathfrak{x}}) = 0$$

gilt, also in den Punkten

$$\begin{aligned} \mathfrak{t}^{\mathrm{I}} &= \bar{\mathfrak{x}} + \sqrt{-(\bar{\mathfrak{x}}\,\bar{\mathfrak{x}})}\,\hat{\mathfrak{k}} \\ \mathfrak{t}^{\mathrm{II}} &= \bar{\mathfrak{x}} - \sqrt{-(\bar{\mathfrak{x}}\,\bar{\mathfrak{x}})}\,\hat{\mathfrak{k}} \end{aligned}$$

Den Punkten $\mathfrak{t}^{\mathrm{I}}$ und $\mathfrak{t}^{\mathrm{II}}$ entsprechen durch die stereographische Projektion dann einfach die zu $\mathfrak{k}$ inversen Punkte $\mathfrak{x}^{\mathrm{I}*}$ und $\mathfrak{x}^{\mathrm{II}*}$, deren tetrazyklische Koordinaten die homogenen der Raumpunkte $\mathfrak{t}^{\mathrm{I}}$ und $\mathfrak{t}^{\mathrm{II}}$ sind. Wir haben somit

$$\left\{ \begin{aligned} \mathfrak{x}^{\mathrm{I}*} &= \varrho^{\mathrm{I}} (\bar{\mathfrak{x}} + \sqrt{-(\bar{\mathfrak{x}}\,\bar{\mathfrak{x}})}\,\hat{\mathfrak{k}}) \\ \mathfrak{x}^{\mathrm{II}*} &= \varrho^{\mathrm{II}} (\bar{\mathfrak{x}} - \sqrt{-(\bar{\mathfrak{x}}\,\bar{\mathfrak{x}})}\,\hat{\mathfrak{k}}) \end{aligned} \right., \tag{87}$$

wo wir wegen der Homogenität der tetrazyklischen Koordinaten $\mathfrak{x}^*$ die beiden beliebigen Faktoren ϱ^{I} und ϱ^{II} mitführen wollen. (87) ist die analytische Darstellung unserer Abbildung der Punkte $\bar{\mathfrak{x}}$ innerhalb $\hat{\mathfrak{k}}$ [also $(\bar{\mathfrak{x}}\,\bar{\mathfrak{x}}) < 0$] von $\bar{E}$ auf die zu $\mathfrak{k}$ inversen Punktepaare $\mathfrak{x}^{\mathrm{I}*}, \mathfrak{x}^{\mathrm{II}*}$ von E^*.

Wir können nun im Rahmen der Inversionsgeometrie die nichteuklidische Geometrie wieder in zwei Stufen betreiben, ebenso wie im § 16 die euklidische:

A. Wir führen den Kreis $\mathfrak{k}$ in den Formeln mit.

B. Wir geben dem Kreis $\mathfrak{k}$ die ausgezeichnete Lage (83), und führen Koordinaten ein, die zu dem Kreis $\mathfrak{k}$ in ausgezeichneter Beziehung stehen.

In diesem Fall B gilt für die Koordinaten $\bar{x}_i$ in $\bar{E}$ die Gleichung $\bar{x}_1 = 0$.

Die $\bar{x}_0$, $\bar{x}_2$, $\bar{x}_3$ sind dann in der Ebene $\bar{E}$ einfach die homogenen Koordinaten, wie wir sie im § 5 benutzt haben und dort nur statt mit $\bar{x}_0$, $\bar{x}_2$, $\bar{x}_3$ mit $\bar{x}_0$, $\bar{x}_1$, $\bar{x}_2$ bezeichnet haben. Der Ausdruck $(\bar{\mathfrak{x}}\bar{\mathfrak{x}})$ wird einfach die dort zugrunde gelegte Form

$$(88) \qquad [\bar{\mathfrak{x}}\bar{\mathfrak{x}}] = -\bar{x}_0^2 + \bar{x}_2^2 + \bar{x}_3^2$$

und für die inneren Punkte von $\bar{\mathfrak{k}} = \mathfrak{k}$ ist dann $[\bar{\mathfrak{x}}\bar{\mathfrak{x}}] < 0$.

Bei der speziellen Annahme (83) für $\mathfrak{k}$ sind nach (87) die drei tetrazyklischen Koordinaten x_0^*, x_2^*, x_3^* für beide Punkte $\mathfrak{x}^{\mathrm{I}*}$ und $\mathfrak{x}^{\mathrm{II}*}$ einfach den $\bar{x}_0$, $\bar{x}_2$, $\bar{x}_3$ proportional. Wir können also von unserer auf Stufe A inversionsgeometrisch betriebenen hyperbolischen Geometrie ohne weiteres den Anschluß gewinnen an die ebene hyperbolische Geometrie des § 5, wenn wir (Stufe B) für $\mathfrak{k}$ den Kreis (83) wählen, und die Koordinaten x_0^*, x_2^*, x_3^* eines beliebigen Punktes aus dem zu $\mathfrak{k}$ inversen Paar mit den in § 5 verwandten homogenen Koordinaten x_0, x_1, x_2 des entsprechenden Punktes der hyperbolischen Ebene identifizieren. Somit können wir wieder die zur Stufe *A* gehörigen Formeln, die wir im folgenden zusammenstellen, auf der Stufe *B* durch Vergleich mit den in §§ 5, 6 abgeleiteten Formeln verifizieren.

1. Die *nichteuklidische Entfernung* l zweier Punkte $\mathfrak{y}$, $\mathfrak{z}$ in unserer Ebene E^* mit dem absoluten Kreis $\mathfrak{k}$ — [die Sterne, mit denen wir bisher die Punkte von E^* bezeichneten, lassen wir jetzt weg] — ist gegeben durch die inversionsgeometrische Invariante von $\mathfrak{y}$, $\mathfrak{z}$ und $\mathfrak{k}$:

$$(89) \qquad \operatorname{ch}^2 l = \left[\frac{\mathfrak{y}\mathfrak{z}}{(\mathfrak{y}\hat{\mathfrak{k}})(\mathfrak{z}\hat{\mathfrak{k}})} - 1\right]^2 \qquad [\operatorname{ch} = \cos.\,\operatorname{hyp.}].$$

Die rechte Seite ändert sich nicht, wenn wir für einen der Punkte $\mathfrak{y}$, $\mathfrak{z}$, etwa für $\mathfrak{y}$ seinen inversen $\mathfrak{y}'$ einsetzen. Nach

$$\mathfrak{y}' = -2(\mathfrak{y}\hat{\mathfrak{k}})\hat{\mathfrak{k}} + \mathfrak{y}$$

wird dann

$$\frac{(\mathfrak{y}'\mathfrak{z})}{(\mathfrak{y}'\hat{\mathfrak{k}})(\mathfrak{z}\hat{\mathfrak{k}})} - 1 = -\left[\frac{(\mathfrak{y}\mathfrak{z})}{(\mathfrak{y}\hat{\mathfrak{k}})(\mathfrak{z}\hat{\mathfrak{k}})} - 1\right].$$

(89) bleibt daher invariant. $\operatorname{ch}^2 l$ ist also, wie es sein muß, eine Invariante, die nur von den beiden zu $\mathfrak{y}$, $\mathfrak{z}$ gehörigen zu $\mathfrak{k}$ inversen Punktepaaren abhängt.

Um die Formel (89) auf die Formel (26) des § 6 für die nichteuklidische Entfernung zurückzuführen, bemerken wir, daß bei der Koordinatenwahl (83) wird:

$$(\mathfrak{y}\,\hat{\mathfrak{k}}) = y_1, \quad (\mathfrak{z}\,\hat{\mathfrak{k}}) = z_1.$$

Ferner gilt unter Benutzung der Schreibweise (88)

$$(\mathfrak{y}\,\mathfrak{z}) = [\mathfrak{y}\,\mathfrak{z}] + y_1 z_1.$$

Somit erhalten wir aus (89):

$$\operatorname{ch}^2 l = \frac{[\mathfrak{y}\,\mathfrak{z}]^2}{y_1^2 \cdot z_1^2}. \tag{90}$$

Wegen $(\mathfrak{y}\mathfrak{y}) = (\mathfrak{z}\mathfrak{z}) = 0$ wird nun aber

$$y_1^2 = -[\mathfrak{y}\,\mathfrak{y}]; \quad z_1^2 = -[\mathfrak{z}\,\mathfrak{z}]$$

somit erhält man aus (90) tatsächlich die Formel (26) des § 6.

Wählen wir in (89) speziell zwei Punkte $\mathfrak{y}$ und $\mathfrak{z}$ der beiden zu $\mathfrak{k}$ inversen Paare, die auf derselben Seite von $\mathfrak{k}$ liegen, so können wir für die nichteuklidische Entfernung noch eine einfachere Formel gewinnen; denn dann ist die Vorzeicheninvariante

$$\operatorname{sgn}(\mathfrak{y}\,\mathfrak{z})(\mathfrak{y}\hat{\mathfrak{k}})(\mathfrak{z}\hat{\mathfrak{k}}) = -1,$$

also

$$\frac{(\mathfrak{y}\,\mathfrak{z})}{(\mathfrak{y}\hat{\mathfrak{k}})(\mathfrak{z}\hat{\mathfrak{k}})} < 0. \tag{91}$$

Da nun aber für die reelle nichteuklidische Entfernung l gelten muß $\operatorname{ch} l > 0$, folgt aus (89) notwendig

$$\operatorname{ch} l = 1 - \frac{(\mathfrak{y}\,\mathfrak{z})}{(\mathfrak{y}\hat{\mathfrak{k}})(\mathfrak{z}\hat{\mathfrak{k}})}$$

und daraus ergibt sich dann die endgültige Formel

$$2\operatorname{sh}^2 \frac{l}{2} = \frac{-(\mathfrak{y}\,\mathfrak{z})}{(\mathfrak{y}\hat{\mathfrak{k}})(\mathfrak{z}\hat{\mathfrak{k}})}. \tag{92}$$

2. Ebenso wie wir in der projektiv-geometrischen Veranschaulichung der hyperbolischen Geometrie die nichteuklidische Entfernung durch eine projektive Invariante erklären, nämlich nach § 5 durch ein Doppelverhältnis, können wir sie in der inversionsgeometrischen Veranschaulichung in E^* durch eine Winkelbeziehung der Figur des Kreises $\mathfrak{k}$ und der beiden zu $\mathfrak{y}$, $\mathfrak{z}$ gehörigen inversen Punktepaare deuten.

Wir wählen diesmal $\mathfrak{y}$ und $\mathfrak{z}$ zu verschiedenen Seiten von $\mathfrak{k}$. Es gilt dann das Folgende:

Es ist ein Kreis $\mathfrak{p}$ durch $\mathfrak{y}$, $\mathfrak{z}$ und senkrecht zu $\mathfrak{k}$ eindeutig bestimmt, und ebenso ferner ein Kreis $\mathfrak{q}$ durch $\mathfrak{y}$, $\mathfrak{z}$ senkrecht zu $\mathfrak{p}$. Letzterer schneidet $\mathfrak{k}$ unter einem Winkel ψ. Mit ihm hängt die nichteuklidische Entfernung l aus (92) durch die Formel

$$\operatorname{ch} \frac{l}{2} = \frac{1}{|\sin \psi|} \tag{93}$$

zusammen.

Das beweist man so: Da $\mathfrak{p}$ zu $\mathfrak{k}$ und $\mathfrak{q}$ senkrecht ist und durch $\mathfrak{y}$ und $\mathfrak{z}$ hindurchgeht, gelten die Gleichungen

$$\text{(94)} \qquad \begin{cases} \mathfrak{p}\,\mathfrak{k} = \mathfrak{p}\,\mathfrak{q} = 0 \\ \mathfrak{p}\,\mathfrak{y} = \mathfrak{p}\,\mathfrak{z} = 0 \end{cases}$$

Sollen die vier Gleichungen (94) in den Verhältnisgrößen $\mathfrak{p}$ eine Lösung haben, so müssen $\mathfrak{q}$, $\mathfrak{k}$, $\mathfrak{y}$ und $\mathfrak{z}$ linear abhängig sein. $\mathfrak{k}$, $\mathfrak{y}$ und $\mathfrak{z}$ sind nun linear unabhängig, da andernfalls, wie leicht einzusehen, $\mathfrak{y}$ und $\mathfrak{z}$ entgegen der Voraussetzung zu $\mathfrak{k}$ inverse Punkte wären. Es gilt daher eine Darstellung:

$$\text{(95)} \qquad \mathfrak{q} = \alpha\,\mathfrak{y} + \beta\,\mathfrak{z} + \gamma\,\hat{\mathfrak{k}}.$$

Aus $\mathfrak{q}\mathfrak{y} = \mathfrak{q}\mathfrak{z} = 0$ folgt dann wegen $(\mathfrak{y}\mathfrak{y}) = (\mathfrak{z}\mathfrak{z}) = 0$:

$$\text{(96)} \qquad \begin{cases} \beta\,(\mathfrak{y}\,\mathfrak{z}) + \gamma\,(\hat{\mathfrak{k}}\,\mathfrak{y}) = 0 \\ \alpha\,(\mathfrak{y}\,\mathfrak{z}) + \gamma\,(\hat{\mathfrak{k}}\,\mathfrak{z}) = 0\,. \end{cases}$$

Da nach § 9 (72) $(\mathfrak{y}\mathfrak{z}) \neq 0$ ist, muß auch $\gamma \neq 0$ sein, da sonst $\alpha = \beta = \gamma = 0$ folgen würde. Normieren wir $\mathfrak{q}$ so, daß $\gamma = 1$ wird, so folgt aus (95), (96)

$$\mathfrak{q} = \hat{\mathfrak{k}} - \frac{(\hat{\mathfrak{k}}\,\mathfrak{z})\,\mathfrak{y} + (\hat{\mathfrak{k}}\,\mathfrak{y})\,\mathfrak{z}}{(\mathfrak{y}\,\mathfrak{z})}.$$

Nach der Winkelformel § 9 (68) erhält man dann

$$\cos^2\psi = \frac{(\hat{\mathfrak{k}}\,\mathfrak{q})^2}{(\mathfrak{q}\,\mathfrak{q})\,(\hat{\mathfrak{k}}\,\hat{\mathfrak{k}})} = 1 - 2\,\frac{(\hat{\mathfrak{k}}\,\mathfrak{y})(\hat{\mathfrak{k}}\,\mathfrak{z})}{(\mathfrak{y}\,\mathfrak{z})}.$$

Nach (89) ist dann aber

$$\operatorname{ch}^2 l = \left(\frac{2}{\sin^2\psi} - 1\right)^2$$

Wegen $\operatorname{ch} l > 0$, $\dfrac{2}{\sin^2\psi} - 1 > 0$, ergibt sich dann die Formel (93).

3. Die Gleichung einer Geraden $\mathfrak{t}$ als eines zu $\mathfrak{k}$ orthogonalen Kreises ist in laufenden tetrazyklischen Punktkoordinaten $\mathfrak{x}$ durch

$$\mathfrak{x}\,\mathfrak{t} = 0 \quad \text{mit} \quad \mathfrak{t}\,\hat{\mathfrak{k}} = 0$$

gegeben. Der Winkel φ zweier Orthogonalkreise $\mathfrak{t}^{\mathrm{I}}$ und $\mathfrak{t}^{\mathrm{II}}$ von $\mathfrak{k}$

$$\text{(97)} \qquad \cos^2\varphi = \frac{(\mathfrak{t}^{\mathrm{I}}\,\mathfrak{t}^{\mathrm{II}})^2}{(\mathfrak{t}^{\mathrm{I}}\,\mathfrak{t}^{\mathrm{I}})(\mathfrak{t}^{\mathrm{II}}\,\mathfrak{t}^{\mathrm{II}})}$$

ist einfach der *nichteuklidische Winkel* der Geraden, denn auf Stufe B werden wegen (83) die Koordinaten t_1 der Geraden alle Null, und es ergibt sich die Formel (45) des § 6.

Natürlich entspricht dann auch allgemein dem gewöhnlichen Winkel in E^* der H-Winkel in $\overline{E}$.

4. Wir schließen mit den folgenden Bemerkungen über die *H-Kreise der hyperbolischen Geometrie*, die, wie wir in § 17 schon sahen, den Paaren der zu $\mathfrak{k}$ inversen Kreise entsprechen:

a) Der „*Mittelpunkt*" des *H*-Kreises, der durch das zu $\mathfrak{k}$ inverse Kreispaar $\{\mathfrak{z}^{\mathrm{I}}, \mathfrak{z}^{\mathrm{II}}\}$ dargestellt ist, ist durch das Paar der zu $\mathfrak{k}$ inversen Punkte $\{\mathfrak{v}^{\mathrm{I}}, \mathfrak{v}^{\mathrm{II}}\}$ dargestellt, in denen sich alle zu den $\mathfrak{z}$ und $\mathfrak{k}$ senkrechten Kreise schneiden.

Das Punktepaar $\mathfrak{v}$ ist für den Fall $\mathfrak{k}$ schneidender Kreise $\mathfrak{z}$ nicht reell, was dem Fall entspricht, daß der Mittelpunkt des H-Kreises der Ebene $\overline{E}$ außerhalb des Maßkreises liegt.

b) Der *nichteuklidische Radius* l des H-Kreises, d. h. die konstante nichteuklidische Entfernung des Mittelpunktes von den Punkten der Peripherie ist durch

$$\frac{1}{\operatorname{ch}^2 l} = \frac{(\mathfrak{z}\,\hat{\mathfrak{k}})^2}{(\mathfrak{z}\,\mathfrak{z})(\hat{\mathfrak{k}}\,\hat{\mathfrak{k}})^2} \tag{98}$$

gegeben, wo für $\mathfrak{z}$ ein beliebiger Kreis des Paares $\{\mathfrak{z}^{\mathrm{II}}, \mathfrak{z}^{\mathrm{I}}\}$ eingesetzt werden kann. Der Radius läßt sich also im Fall sich schneidender Kreise $\mathfrak{z}$ und $\mathfrak{k}$ durch deren Winkel erklären.

§ 19. Gemeinsame Behandlung der elliptischen, hyperbolischen und euklidischen Bewegungsgeometrie im Rahmen der Inversionsgeometrie.

Der *Lobatschefsky*schen oder hyperbolischen nichteuklidischen Geometrie hat man bekanntlich als eine dritte nahe verwandte Geometrie die sogenannte *Riemann*sche oder *elliptische nichteuklidische Geometrie* an die Seite gestellt. Die elliptische Geometrie der Ebene läßt sich bekanntlich anschaulich einfach durch die gewöhnliche sphärische Trigonometrie, d. h. die Bewegungsgeometrie auf der Kugel interpretieren, wenn man ein Paar von diametral entgegengesetzten Punkten der Kugel immer mit einem Punkt der elliptischen Ebene identifiziert.

Wir wollen zeigen, daß man auch die elliptische nichteuklidische Geometrie in die Inversionsgeometrie einbauen kann. Betrachten wir in dem hyperbolischen Raum unserer stereographischen Projektion die Gruppe derjenigen hyperbolischen Bewegungen, die einen Punkt $\mathfrak{k}$ innerhalb der Grundkugel ($\mathfrak{k}\mathfrak{k} < 0$) fest lassen! Der Einfachheit halber können wir $\mathfrak{k}$ als Mittelpunkt

$$\mathfrak{k} = \{1, 0, 0, 0\} \tag{99}$$

der Kugel wählen. Da dann auch die Polarebene des Mittelpunktes $\mathfrak{k}$, die uneigentliche Ebene fest bleibt, haben wir einfach die Gruppe der gewöhnlichen euklidischen Drehungen der Kugel um den Mittelpunkt. Auf der Kugel haben wir also die gewöhnliche sphärische Trigonometrie. Da, wie schon gesagt, die Gruppe der Drehungen der Kugel isomorph ist zur Gruppe der elliptischen Bewegungen, bekommen wir auch in der Gruppe, die den Drehungen in der stereographischen Projektion entspricht, eine zur elliptischen Bewegungsgruppe isomorphe Gruppe. *Allgemeiner entspricht jeder Gruppe von hyperbolischen Bewegungen des Raumes, die einen beliebigen Punkt $\mathfrak{k}$ innerhalb der Kugel fest lassen, in* *der Projektion eine zur elliptischen Bewegungsgruppe isomorphe Gruppe.* Wie sieht nun eine solche Gruppe in der Projektion aus? Einem inneren Punkt $\mathfrak{k}$ der Kugel entspricht nach § 9 kein reeller Kreis der stereographischen Projektion. Wir können einen solchen Vektor $\mathfrak{k}$ mit $\mathfrak{k}\mathfrak{k} < 0$ aber durch das System aller ∞^2 Kreise $\mathfrak{x}$ geometrisch darstellen, für die

$$\mathfrak{x}\mathfrak{k} = 0 \tag{100}$$

gilt. Ein solches Kreissystem wollen wir ein *nullteiliges Kreissystem* nennen.

Wir wollen zeigen: *Die nullteiligen Kreissysteme sind identisch mit den Systemen aller* ∞^2 *Kreise, die einen festen Kreis* $\mathfrak{r}$ *in irgend zwei diametral gegenüberliegenden Punkten schneiden.*

Haben wir nämlich einen festen Kreis $\mathfrak{r}$ und einen Kreis $\mathfrak{x}$, der ihn in zwei reellen Punkten $\mathfrak{v}^{\mathrm{I}}$ und $\mathfrak{v}^{\mathrm{II}}$ schneidet, so ist durch

$$\mathfrak{t} = (\mathfrak{r}\,\mathfrak{r})\,\mathfrak{x} - (\mathfrak{x}\,\mathfrak{r})\,\mathfrak{r} \tag{101}$$

wegen $\mathfrak{t}\mathfrak{r} = 0$ der Kreis des durch $\mathfrak{v}^{\mathrm{I}}$ und $\mathfrak{v}^{\mathrm{II}}$ hindurchgehenden Büschels dargestellt, der den festen Kreis $\mathfrak{r}$ senkrecht schneidet. $\mathfrak{x}$ schneidet nun $\mathfrak{r}$ in zwei diametralen Punkten, wenn der M-Kreis $\mathfrak{t}$ speziell eine Gerade ist, also ein M-Kreis durch den uneigentlichen Punkt. Der uneigentliche Kreis kann nach § 7 nun mittels der Einheitsvektoren $\mathfrak{e}^0$ und $\mathfrak{e}^{\mathrm{I}}$, die wir in § 14 (49) eingeführt haben, in der Form $\mathfrak{e}^{\mathrm{I}} - \mathfrak{e}^0$ dargestellt werden. Soll $\mathfrak{t}$ Gerade sein, so muß also $\mathfrak{t}\mathfrak{e}^{\mathrm{I}} - \mathfrak{t}\mathfrak{e}^0 = 0$ gelten. Das ergibt nach (101)

$$(\mathfrak{r}\,\mathfrak{r})\,[(\mathfrak{x}\,\mathfrak{e}^{\mathrm{I}}) - (\mathfrak{x}\,\mathfrak{e}^0)] - (\mathfrak{x}\,\mathfrak{r})\,[(\mathfrak{r}\,\mathfrak{e}^{\mathrm{I}}) - (\mathfrak{r}\,\mathfrak{e}^0)] = 0\,. \tag{102}$$

Ein System von Kreisen $\mathfrak{x}$, die einen festen Kreis in diametralen Punkten schneiden, genügt also immer einer in den $\mathfrak{x}$ linearen Gleichung (102) mit einem Vektor $\mathfrak{r}$ mit $\mathfrak{r}\mathfrak{r} > 0$ und den durch § 14 (49) erklärten Einheitsvektoren $\mathfrak{e}^{\mathrm{I}}$ und $\mathfrak{e}^0$. Setzen wir

$$\mathfrak{k} \text{ prop.} \left[\mathfrak{e}^{\mathrm{I}} - \mathfrak{e}^0 - \frac{\mathfrak{r}}{(\mathfrak{r}\,\mathfrak{r})}\,(\mathfrak{r}\,\mathfrak{e}^{\mathrm{I}} - \mathfrak{r}\,\mathfrak{e}^0)\right], \tag{103}$$

so gilt wegen (102)

$$\mathfrak{x}\,\mathfrak{k} = 0$$

und wegen $(\mathfrak{e}^{\mathrm{I}} - \mathfrak{e}^0,\ \mathfrak{e}^{\mathrm{I}} - \mathfrak{e}^0) = 0$ folgt aus (103)

$$\mathfrak{k}\,\mathfrak{k} = -\frac{[\mathfrak{r}\,\mathfrak{e}^{\mathrm{I}} - \mathfrak{r}\,\mathfrak{e}^0]^2}{\mathfrak{r}\,\mathfrak{r}} < 0\,.$$

Es gehören also alle $\mathfrak{x}$ einem nullteiligen Kreissystem $\mathfrak{k}$ an. Ist umgekehrt ein Vektor $\mathfrak{k}$ mit $\mathfrak{k}\mathfrak{k} < 0$ gegeben, so kann man immer einen zugehörigen Kreis $\mathfrak{r}$ bestimmen, so daß (103) gilt, daß also alle $\mathfrak{x}$ den Kreis $\mathfrak{r}$ in diametralen Punkten schneiden, man hat nur

$$\mathfrak{r} \text{ prop.} \left[\{(\mathfrak{k}\,\mathfrak{e}^{\mathrm{I}}) - (\mathfrak{k}\,\mathfrak{e}^0)\}\,\mathfrak{k} - (\mathfrak{k}\,\mathfrak{k})\,(\mathfrak{e}^{\mathrm{I}} - \mathfrak{e}^0)\right]$$

zu setzen. Damit ist unsere Behauptung bewiesen.

Obgleich die angegebene Konstruktion des nullteiligen Kreisystems nicht möbiusinvariant ist und speziell der Kreis $\mathfrak{r}$ mit dem System nicht invariant verbunden ist, folgt natürlich schon aus der stereographischen Projektion, daß ein nullteiliges Kreissystem durch $\mathfrak{M}_6$ in ein ebensolches übergeht. (Eine invariante Konstruktion des nullteiligen Systems ist in § 32, Aufg. 9 gegeben.)

Wir wollen die elliptische Geometrie als Inversionsgeometrie in einer Möbius-Ebene, in der ein nullteiliges Kreissystem $\mathfrak{k}$ als gegeben zur Verfügung steht, hier nicht im einzelnen verfolgen, sondern bemerken nur kurz: Alle Kreise eines nullteiligen Systems, die durch einen festen Punkt gehen, gehen immer noch durch einen zweiten, wie die Fig. 29a zeigt, in der das nullteilige System aus allen Kreisen besteht, die den festen Kreis $\mathfrak{h}$ mit dem Mittelpunkt M in diametralen Punkten schneiden. Zwei derartig zusammengehörige Punkte $\mathfrak{a}$ und $\mathfrak{a}^*$, die wir auch als invers zu dem nullteiligen Kreissystem bezeichnen wollen, haben wir mit einem einzigen Punkt der elliptischen Ebene zu identifizieren. Die Kreise des „absoluten" nullteiligen Systems $\mathfrak{k}$ haben wir als die Geraden der elliptischen Geometrie zu betrachten.

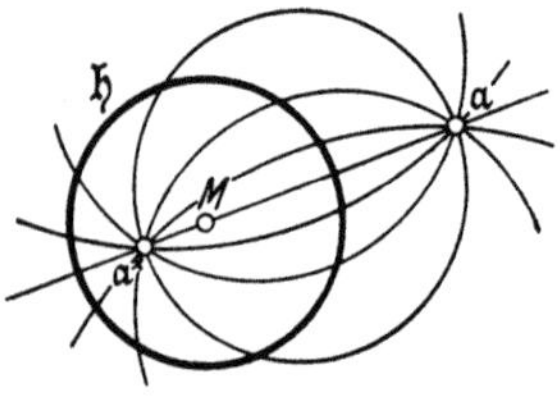

Fig. 29a.

Wir können nun alle drei Geometrien der §§ 16, 17 und 19, die euklidische, die hyperbolisch-nichteuklidische und die elliptisch-nichteuklidische mittels der Formeln der Stufe A auf dem Boden der Inversionsgeometrie *gemeinsam* behandeln, indem wir einen „absoluten Vektor" $\mathfrak{k}$ einführen, von dessen skalarem Quadrat $\mathfrak{k}\mathfrak{k} = C$ wir zunächst offen lassen, ob $C > 0$, $C = 0$ oder $C < 0$ ist. Die euklidische Geometrie ergibt sich so als ein Grenzfall $C \to 0$ der beiden andern. Das spricht sich auch im einzelnen z. B. in den Beziehungen der Formeln der hyperbolischen Geometrie des § 18 und der euklidischen Geometrie des § 16 aus.

Nach § 18 (92) haben wir für das Verhältnis der nichteuklidischen Entfernungen l und l_0 zweier Punktepaare $\mathfrak{y}$, $\mathfrak{z}$ und $\mathfrak{y}_0$, $\mathfrak{z}_0$:

$$(104)\qquad \frac{\operatorname{sh}^2 \frac{l}{2}}{\operatorname{sh}^2 \frac{l_0}{2}} = \frac{(\mathfrak{y}\mathfrak{z})(\mathfrak{y}_0\mathfrak{k})(\mathfrak{z}_0\mathfrak{k})}{(\mathfrak{y}_0\mathfrak{z}_0)(\mathfrak{y}\mathfrak{k})(\mathfrak{z}\mathfrak{k})},$$

wo jetzt $\mathfrak{k}$ nicht mehr in der Normierung $\hat{\mathfrak{k}}\hat{\mathfrak{k}} = 1$ genommen zu werden braucht, weil der Ausdruck rechts von der Normierung von $\mathfrak{k}$ nicht mehr abhängt. Nach § 16 (80) wird für $\mathfrak{k}\mathfrak{k} \to 0$ durch den Ausdruck auf der rechten Seite von (104) aber gerade das Verhältnis $s^2 : s_0^2$ der beiden euklidischen Entfernungen s und s_0 der Punktepaare dargestellt. Lassen wir $(\mathfrak{k}\mathfrak{k})$ gegen Null gehen, so rückt also

$$\frac{\operatorname{sh} \frac{l}{2}}{\operatorname{sh} \frac{l_0}{2}} \quad \text{gegen} \quad \frac{s}{s_0}.$$

Der Vergleich der Formeln der §§ 16 und 18 lehrt, daß bei dem Grenzübergang, bei dem $\mathfrak{k}$ auf einen Punkt zusammenschrumpft, die folgenden Gebilde und Größen ineinander übergehen:

Hyperbolische Geometrie		Euklidische Geometrie
Punkt	→	Punkt
Gerade (Kreis senkrecht $\mathfrak{k}$)	→	Gerade (Kreis durch $\mathfrak{k}$)
H-Winkel (97)	→	Gewöhnlicher Winkel (82)
$\operatorname{sh}\frac{l}{2} : \operatorname{sh}\frac{l_0}{2}$ [l = nichteuklidische Entfernung (92)]	→	$s : s_0$ [s = euklidische Entfernung (80)]
H-Kreis	→	Kreis

Kommt es uns weniger auf die Betonung des Grenzüberganges an, sondern vor allem auf eine möglichst weitgehende formale gemeinsame Behandlung von nichteuklidischer und euklidischer Geometrie, so können wir die Normierung von $\mathfrak{k}$ im hyperbolischen Fall durch $\hat{\mathfrak{k}}\hat{\mathfrak{k}} = 1$ (im elliptischen durch $\hat{\mathfrak{k}}\hat{\mathfrak{k}} = -1$) festlegen und im euklidischen Fall $\mathfrak{k}\mathfrak{k} = 0$ ein für allemal eine bestimmte Normierung $\hat{\mathfrak{k}}$ annehmen, die der Festlegung der Maßeinheit gleichkommt. Die Formeln der §§ 16 und 18 und auch die entsprechenden, die man für die elliptische Geometrie entwickeln könnte, weisen dann eine weitgehende formale Übereinstimmung auf.

§ 20. Koordinaten von *Gauß*.

Zum Schlusse dieses Kapitels wollen wir noch an einigen kurzen Ausführungen erläutern, wie man reelle Inversionsgeometrie in komplexen Koordinaten betreiben kann. Führen wir in unserer Möbius-Ebene nach *Gauß* statt der kartesischen Koordinaten ξ, η die komplexe Veränderliche

$$z = \xi + i\eta \qquad i = \sqrt{-1} \tag{105}$$

ein, so nehmen die Gleichungen § 7 (53) bei Verwendung der neuen Bezeichnung $\varrho = 2\sigma$ die Gestalt an:

$$\begin{cases} x_0 = \sigma(1 + z\bar{z}) \\ x_1 = \sigma(1 - z\bar{z}) \\ x_2 = \sigma(z + \bar{z}) \\ x_3 = -i\sigma(z - \bar{z}), \end{cases} \tag{106}$$

wo $\bar{z}$ die zu z konjugiert komplexe Zahl $\xi - i\eta$ ist. Aus (106) erhält man umgekehrt:

$$z = \frac{x_2 + i x_3}{x_0 + x_1}. \tag{107}$$

Wenn wir daher dem uneigentlichen Punkt, für den $x_0 + x_1 = 0$ gilt, den Wert $z = \infty$ entsprechen lassen, können wir jedem Punkt der Möbius-Ebene eindeutig eine komplexe Zahl z zuordnen.

Ersetzen wir in der Gleichung $\mathfrak{x}\mathfrak{y} = 0$ eines Kreises $\mathfrak{y}$ die laufenden Punktkoordinaten $\mathfrak{x}$ nach (106), so erhalten wir

$$(108)\quad (\mathfrak{y}\mathfrak{x}) = -(y_0 + y_1) z\bar{z} + (y_2 - i y_3) z + (y_2 + i y_3)\bar{z} + (y_1 - y_0) = 0.$$

Setzen wir

$$(108\text{a})\quad \begin{aligned} \tau y_2 &= B + \bar{B}; & \tau y_0 &= -A - D,\\ \tau y_3 &= i(B - \bar{B}); & \tau y_1 &= D - A, \end{aligned}$$

wo $\tau \neq 0$ ein reeller Faktor ist, und A und D reelle, B und B aber zueinander konjugiert komplexe Größen, so ergibt sich aus (108) für die Gleichung des Kreises:

$$(109)\quad \mathfrak{x}\mathfrak{y} = A z\bar{z} + B z + \bar{B}\bar{z} + D = 0.$$

Aus (108a) erhält man

$$(110)\quad \mathfrak{y}\mathfrak{y} = \frac{4}{\tau^2}(B\bar{B} - AD).$$

Nur für $B\bar{B} - AD > 0$ erhält man also einen reellen Kreis.

Welche Transformationen der komplexen Variablen z entsprechen nun den Kreisverwandtschaften? Um diese Frage allgemein zu beantworten, tun wir dies zunächst für den speziellen Fall einer Inversion § 8 (64). Aus den Inversionen lassen sich ja, wie wir im § 8 gesehen haben, alle Kreisverwandtschaften aufbauen.

Es wird nach § 8 (64) vermittels (107)

$$z = \frac{2(\mathfrak{y}\mathfrak{x}^*)(y_2 + i y_3) - (\mathfrak{y}\mathfrak{y})(x_2^* + i x_3^*)}{2(\mathfrak{y}\mathfrak{x}^*)(y_1 + y_0) - (\mathfrak{y}\mathfrak{y})(x_1^* + x_0^*)}.$$

Ersetzen wir die Koordinaten von $\mathfrak{x}^*$ nach (106) durch z^*, $\bar{z}^*$, die von $\mathfrak{y}$ nach (108a) durch A, B, $\bar{B}$, D, so ergibt sich:

$$z = -\frac{(\bar{B}\bar{z}^* + D)(\bar{B} + A z^*)}{(A\bar{z}^* + B)(\bar{B} + A z^*)}.$$

Wir können hier durch $\bar{B} + A z^*$ kürzen, denn für $z^* = -\bar{B} : A$ verschwindet auch der zweite Faktor $A\bar{z}^* + B$ im Nenner und diesem Wert entspricht $z = \infty$, was auch noch in der Darstellung

$$(111)\quad z = -\frac{\bar{B}\bar{z}^* + D}{A\bar{z}^* + B}$$

zum Ausdruck kommt, die man durch Kürzung des Faktors $\bar{B} + A z^*$ erhält. Da der Kreis $\mathfrak{y}$ nicht in einen Punkt ausarten darf, muß nach (110) in der Formel (111)

$$(111\text{a})\quad B\bar{B} - AD \neq 0$$

sein. Jede gleichsinnige Kreisverwandtschaft läßt sich nun durch eine gerade Anzahl hintereinander ausgeführter Inversionen herstellen. Setzt man nun zwei Inversionen $z \to z^*$ und $z^* \to z'$ von der Form (111) hintereinander, so bekommt man sicher eine Transformation der Gestalt

$$z = \frac{\alpha z' + \beta}{\gamma z' + \delta} \qquad (\alpha\delta - \beta\gamma \neq 0), \tag{112}$$

wo α, β, γ, δ komplexe Zahlen sind. Denn z ist nach (111) eine linear gebrochene Funktion von $\bar{z}^*$, $\bar{z}^*$ aber als die zu z^* konjugierte Größe ist nach (111) wieder eine linear gebrochene Funktion von z'. Da zwei zusammengesetzte linear gebrochene Substitutionen aber wieder eine solche ergeben, und die Determinante $\alpha\delta - \beta\gamma$ gleich dem Produkt der entsprechenden Determinanten der einzelnen Substitutionen ist, die nach (112) $\neq 0$ vorausgesetzt sind, folgt daraus die Behauptung. Da zwei zusammengesetzte Transformationen von der Art (112) eine derselben Art ergeben, ist jede gleichsinnige Kreisverwandtschaft in der Form (112) darstellbar. Umgekehrt ist aber auch jede Transformation (112) mit irgendwelchen komplexen Koeffizienten eine Kreisverwandtschaft, denn sie erfüllt die beiden Eigenschaften des § 8, die wir im § 49 als kennzeichnend für Kreisverwandtschaften nachweisen wollen: Sie ist erstens eineindeutig, wenn man dem Wert $z' = -\frac{\delta}{\gamma}$ nur $z = \infty$ und $z' = \infty$ auf der andern Seite $z = \frac{\alpha}{\gamma}$, entsprechen läßt, wie man durch Umkehrung der Substitution (112) ersieht. Zweitens zeigt die Rechnung, daß die Gleichungen von der Form (109) in ebensolche, Kreise also in ebensolche übergehen.

Eine ungleichsinnige Kreisverwandtschaft kann man durch eine ungerade Anzahl von Inversionen erzeugen, daraus ergibt sich, daß sie die allgemeine Gestalt

$$z = \frac{\alpha \bar{z}' + \beta}{\gamma \bar{z}' + \delta} \qquad (\alpha\delta - \beta\gamma \neq 0) \tag{113}$$

haben muß, und auch hier läßt sich zeigen, daß jede Transformation dieser Form eine solche Verwandtschaft ist.

Mit der Verwendung der Koordinaten von *Gauß* hat die Inversionsgeometrie in ihrer geschichtlichen Entwickelung begonnen. Im Jahre 1827 hatte *Möbius* sich in seinem „*Baryzentrischen Kalkül*" mit den durch die linear gebrochenen Transformationen der kartesischen Koordinaten dargestellten projektiven Abbildungen der Geraden und auch mit dem Doppelverhältnis von vier Punkten einer Geraden beschäftigt. Die Darstellung der Punkte der Zahlenebene von *Gauß* durch komplexe Zahlen führte ihn dann dazu, die komplexen linearen Transformationen (112) zu untersuchen. Eine Reihe von Arbeiten sind in den Jahren 1852—1856 über diesen Gegenstand von ihm erschienen. Die erste trägt den Titel: „*Über eine Methode, um von Relationen, welche der Longimetrie angehören, zu entsprechenden Sätzen der Planimetrie zu gelangen.*" *Möbius* hat sich auch mit der geometrischen Bedeutung des komplexen *Doppelverhältnisses*

$$D = \frac{(z^{\mathrm{I}} - z^{\mathrm{II}})(z^{\mathrm{III}} - z^{\mathrm{IV}})}{(z^{\mathrm{I}} - z^{\mathrm{IV}})(z^{\mathrm{III}} - z^{\mathrm{II}})} \tag{114}$$

von vier Punkten mit den Koordinaten z^{I}, z^{II}, z^{III}, z^{IV} beschäftigt, das natürlich eine Invariante gegenüber den gleichsinnigen Kreisverwandtschaften (112) ist. Er findet für die beiden reellen Invarianten, die in dem komplexen Doppelverhältnis enthalten sind:

1. Der absolute Betrag $|D|$ von D ist einfach der absolute Betrag des Doppelverhältnisses der vier Strecken, denen die absoluten Beträge auf der rechten Seite von (114) entsprechen.

2. Für das Argument der komplexen Zahl D gilt:

$$\arg D = \varphi + \psi,$$

wo φ und ψ die in der Fig. 30 angegebenen Winkel in dem durch die Pfeile angezeigten Sinne sind. Das Argument von $z^{\mathrm{I}} - z^{\mathrm{II}}$ ist nämlich der Winkel der durch die Punkte z^{I} und z^{II} bestimmten Geraden mit der ξ-Achse und daher gilt

$$\arg \frac{z^{\mathrm{I}} - z^{\mathrm{II}}}{z^{\mathrm{III}} - z^{\mathrm{II}}} = \varphi ; \qquad \arg \frac{z^{\mathrm{III}} - z^{\mathrm{IV}}}{z^{\mathrm{I}} - z^{\mathrm{IV}}} = \psi ,$$

woraus die Behauptung folgt.

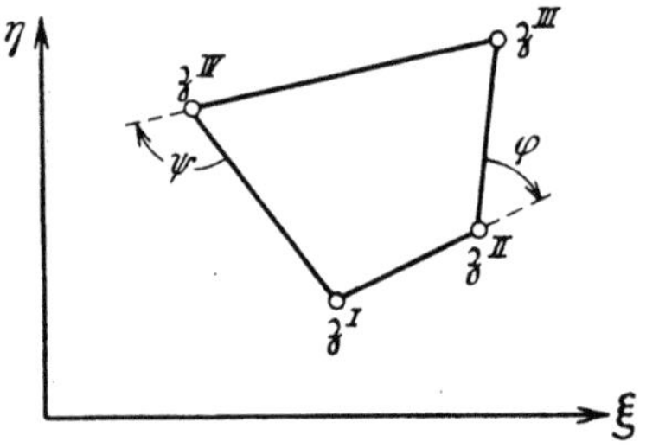

Fig. 30.

Über eine Darstellung der Invarianten $|D|$ und $\arg D$ in tetrazyklischen Koordinaten und eine möbiusinvariante Deutung derselben vergleiche § 32, Aufg. 11 und 12.

Die durch (112) (113) dargestellten Möbius-Transformationen sind bekanntlich nicht die allgemeinsten konformen, d. h. winkeltreuen Abbildungen der Ebene. Schreiben wir die Punkttransformationen der Ebene in kartesischen Koordinaten:

$$\begin{aligned} \xi^* &= u(\xi, \eta) \\ \eta^* &= v(\xi, \eta) \end{aligned} \tag{115}$$

dann ist nach der Definition von *H. A. Schwarz* eine konforme Abbildung eine solche, für die gilt:

$$(d\xi^*)^2 + (d\eta^*)^2 \quad \text{prop.} \quad d\xi^2 + d\eta^2. \tag{116}$$

Eine solche Abbildung ist, wie man sagen kann „im unendlich Kleinen" ähnlich und erhält nach der bekannten Formel für den Winkel φ zweier durch $\{d\xi, d\eta\}$ und $\{\delta\xi, \delta\eta\}$ gegebenen Linienelemente:

$$\cos^2\psi = \frac{(d\xi\,\delta\xi + d\eta\,\delta\eta)^2}{(d\xi^2 + d\eta^2)(\delta\xi^2 + \delta\eta^2)}$$

die Winkel, da sich die $\delta\xi$, $\delta\eta$ genau so transformieren wie die $d\xi$, $d\eta$. Die Bedingung (116) führt nach (115) auf die Gleichungen:

$$\begin{aligned} &\frac{\partial u}{\partial \xi} \cdot \frac{\partial u}{\partial \eta} + \frac{\partial v}{\partial \xi} \cdot \frac{\partial v}{\partial \eta} = 0 \\ &\left(\frac{\partial u}{\partial \xi}\right)^2 + \left(\frac{\partial v}{\partial \xi}\right)^2 = \left(\frac{\partial u}{\partial \eta}\right)^2 + \left(\frac{\partial v}{\partial \eta}\right)^2. \end{aligned} \tag{117}$$

Als Lösung ergibt sich:

$$\text{I (118)} \qquad \frac{\partial u}{\partial \xi} = + \frac{\partial v}{\partial \eta}; \quad \frac{\partial v}{\partial \xi} = - \frac{\partial u}{\partial \eta}$$

oder

$$\text{II (119)} \qquad \frac{\partial u}{\partial \xi} = - \frac{\partial v}{\partial \eta}; \quad \frac{\partial v}{\partial \xi} = + \frac{\partial u}{\partial \eta}.$$

Die Gleichungen (I) sind die *Cauchy-Riemann*schen Differentialgleichungen. Die Transformationen I können also in komplexen Koordinaten dargestellt werden durch

$$(120) \qquad z^* = f(z).$$

wo $f(z)$ eine beliebige analytische Funktion seines Argumentes ist. Analog erhält man aus (II):

$$z^* = f(\bar{z}),$$

wo f wiederum eine analytische Funktion ist. Da die Funktionaldeterminante

$$\begin{vmatrix} \frac{\partial u}{\partial \xi} & \frac{\partial u}{\partial \eta} \\ \frac{\partial v}{\partial \xi} & \frac{\partial v}{\partial \eta} \end{vmatrix}$$

im Falle I positiv ist, im zweiten Falle aber negativ, liefert I gleichsinnig winkeltreue, II ungleichsinnig winkeltreue Abbildungen.

3. Kapitel.

Kreisscharen, Kurven und Kurvennetze in der Geometrie von *Möbius* in der Ebene.

§ 21. Kreisscharen in der Ebene[1]).

Geben wir die Koordinaten eines gerichteten eigentlichen Kreises $\mathfrak{x}$ als Funktionen eines reellen Parameters t, so ist dadurch in der Ebene eine *Kreisschar* bestimmt. Die Funktionen $\mathfrak{x}(t)$ wollen wir als stetige und so oft differenzierbare Funktionen annehmen, wie dies die späteren Untersuchungen erfordern. Für die normierten Koordinaten gilt dann $\mathfrak{x}\mathfrak{x} = 1$ und $\mathfrak{x}\dot{\mathfrak{x}} = 0$ identisch in t, wenn wir Ableitungen nach t durch Punkte bezeichnen. Der Einfachheit halber wollen wir hier und im folgenden bei dem Kreise $\mathfrak{x}$ und seinen Ableitungen die Normierungszeichen $\wedge$ weglassen. — Wir wollen uns nun in den differentialgeometrischen Untersuchungen dieses Buches fast ausschließlich mit solchen Fragestellungen beschäftigen, die der sogenannten *Differentialgeometrie im Kleinen* angehören.

Die Differentialgeometrie im Kleinen — auch Krümmungstheorie genannt — handelt von den geometrischen Verhältnissen einer Mannigfaltigkeit — [z. B. von Kreisen oder Punkten] — in der unmittelbaren Umgebung ein und derselben Stelle.

Im Gegensatz zu ihr beschäftigt sich die Differentialgeometrie im Großen mit solchen Eigenschaften der Mannigfaltigkeit, die sich erst aus ihrem gesamten Verlauf bestimmen lassen.

In dem vorliegenden Falle der Inversionsgeometrie der Kreisscharen haben wir die geometrischen Verhältnisse der Schar in der unmittelbaren Umgebung eines ihrer Kreise $\mathfrak{x}$ zu untersuchen, der etwa zu dem Parameterwert $t = t_0$ gehören möge. Das kommt auf das Studium der Invarianten der durch:

$$(1) \qquad \mathfrak{x}, \dot{\mathfrak{x}}, \ddot{\mathfrak{x}}, \dddot{\mathfrak{x}} \dots$$

usw. bis zu beliebig hohen Ableitungen gegebenen „Vektoren“ hinaus,

---

[1]) Zu den §§ 21—25 vgl. die Arbeit: *G. Thomsen*: Über konforme Geometrie II. Abh. des Hamb. Math. Sem. Bd. 4 (1925).

die zu ein und derselben Stelle $\mathfrak{x}$ resp. $t = t_0$ gehören. Zunächst haben wir hier ganz die analoge Aufgabe wie im § 10. Wir haben die inversionsgeometrischen Invarianten der vorgelegten Reihe (1) von Vektoren zu bestimmen. Wir müssen zunächst die orthogonalen Invarianten all dieser Vektoren bilden: Diese sind nach § 10 die skalaren Produkte und Koeffizienten von Linearkombinationen. Zweitens haben wir die Umnormierungen zu berücksichtigen. Nach § 14 kommen aber die Umnormierungen gar nicht in Frage, weil wir alle Kreise der Schar als gerichtet voraussetzen und sie durch $\mathfrak{x}\mathfrak{x} = 1$ normieren. In unserer Geometrie der Kreisscharen kommt nun noch ein Drittes hinzu: Nur solche Ausdrücke werden geometrische Bedeutung haben, die auch noch invariant sind gegenüber den Parametertransformationen

$$t = f(t^*), \tag{2}$$

die an Stelle von t einen neuen Parameter t^* einführen. Die Funktion f setzen wir dabei als stetig und genügend oft differenzierbar voraus. Bei der Transformation wird, wenn wir

$$\mathfrak{x}(t) = \mathfrak{x}[f(t^*)] = \mathfrak{x}^*(t^*)$$

setzen, z. B.

$$\left\{\begin{aligned} \frac{d\mathfrak{x}^*}{dt^*} &= \frac{d\mathfrak{x}}{dt}\cdot\frac{df}{dt^*} \\ \frac{d^2\mathfrak{x}^*}{d(t^*)^2} &= \frac{d^2\mathfrak{x}}{dt^2}\cdot\left(\frac{df}{dt^*}\right)^2 + \frac{d\mathfrak{x}}{dt}\,\frac{d^2 f}{d(t^*)^2}\,. \end{aligned}\right. \tag{3}$$

Beschränken wir uns auf solche Stellen, wo die Ableitung des Kreises nach den Parametern t und t^* nicht verschwindet, so muß nach (3)

$$\frac{df}{dt^*} \neq 0$$

sein. Nach (2) gilt dann ferner:

$$dt^* = \frac{1}{\frac{df}{dt^*}}\cdot dt\,. \tag{4}$$

Da wir uns nur auf die Umgebung einer Stelle beschränken, sind die Größen $\frac{df}{dt^*}, \frac{d^2 f}{d(t^*)^2} \ldots$ als *konstante* bei den Transformationen auftretende Substitutionskoeffizienten zu betrachten. Und zwar tritt bei jeder neuen Ableitung, bei jedem neuen Kreis der Reihe (1) in den Transformationsformeln (3) ein neuer Koeffizient neben den schon vorgekommenen auf, nämlich bei $\frac{d^n\mathfrak{x}^*}{d(t^*)^n}$ der Koeffizient $\frac{d^n f}{d(t^*)^n}$. Die scheinbare Schwierigkeit, aus den Kreisen (1) Invarianten gegenüber den Parametertransformationen zu bilden, also alle diese konsekutiven Koeffizienten $\frac{df}{dt^*}, \frac{d^2 f}{d(t^*)^2} \ldots$ zu eliminieren, läßt sich nun mit einem

Schlage überwinden, und die Parametertransformationen lassen sich überhaupt ganz ausschalten durch Einführung eines *invarianten Parameters.* In der gewöhnlichen Kurventheorie führen wir die Bogenlänge ein, bei unsern Kreisscharen werden wir in ganz ähnlicher Weise verfahren. Nach (3) und (4) gilt

$$\sqrt{\left(\frac{d\mathfrak{x}^*}{dt^*}\frac{d\mathfrak{x}^*}{dt^*}\right)}\,dt^* = \sqrt{\left(\frac{d\mathfrak{x}}{dt}\frac{d\mathfrak{x}}{dt}\right)}\,dt,$$

es ist also

(5) $$d\sigma = \sqrt{(\dot{\mathfrak{x}}\,\dot{\mathfrak{x}})}\,dt$$

eine invariante Differentialform [ein invariantes Differential]. Durch

(6) $$\sigma = \int \sqrt{\dot{\mathfrak{x}}\,\dot{\mathfrak{x}}}\,dt$$

ist dann ein invarianter Parameter σ bis auf eine additive Integrationskonstante und das mit dem Wurzelzeichen verknüpfte doppelte Vorzeichen als Funktion von t bestimmt, auf den wir die Kreisschar im folgenden beziehen werden. Bezeichnen wir Ableitungen nach σ durch Striche, so ändern sich dann $\mathfrak{x}'$, $\mathfrak{x}''$, $\mathfrak{x}'''$ ... usw. bei Parametertransformationen (von Vorzeichen abgesehen) nicht mehr. Durch Bildung von skalaren Produkten und Linearkombinationen dieser Kreise können wir dann schon (bis auf Vorzeichen) invariante Größen erhalten.

Dieser Einführung eines invarianten Parameters liegt folgendes zugrunde: Wir suchen uns eine bis auf Parametertransformationen invariante Größe φ, die irgendwie aus den Vektorfunktionen (1) gebildet ist und die sich nach

(7) $$\varphi^* = \varphi \cdot \frac{df}{dt^*}$$

transformiert, wo φ^* bezüglich t^* in gleicher Weise gebildet ist, wie φ bezüglich t. Eine solche ist z. B. die in (5) verwandte Größe $\sqrt{(\dot{\mathfrak{x}}\,\dot{\mathfrak{x}})}$. Die Transformationseigenschaft von φ können wir auch durch die Aussage charakterisieren:

Es soll das Differential $d\sigma = \varphi^* dt^* = \varphi\, dt$ invariant sein, oder, was auf dasselbe hinauskommt, es soll

(8) $$\sigma = \int_{t_0}^{t_1} \varphi\, dt$$

eine Integralinvariante sein. Haben wir einmal eine solche Größe φ gefunden, so können wir aus irgendeiner parameterinvarianten Größe S sofort durch Ableitung eine neue bilden, nämlich durch:

(9) $$S' = \frac{dS}{dt} \cdot \frac{1}{\varphi},$$

denn $\frac{dS}{dt}$ substituiert sich wie $\frac{d\mathfrak{x}}{dt}$ in (3). S' wollen wir auch die *invariante Ableitung von S bezüglich der Differentialform*

(10) $$d\sigma = \varphi\, dt$$

nennen. S' können wir nun wieder invariant ableiten:

(11) $$S'' = \frac{dS'}{dt} \cdot \frac{1}{\varphi} = \frac{d^2 S}{dt^2} \cdot \frac{1}{\varphi^2} - \frac{dS}{dt} \cdot \frac{\frac{d\varphi}{dt}}{\varphi^3}$$

und so immer neue Invarianten bilden.

Denken wir uns die Kreisschar auf den invarianten Parameter (8) bezogen, so sind die invarianten Ableitungen bezüglich der Form (10) einfach die gewöhnlichen Ableitungen nach diesem Parameter σ. In der Tat muß, wenn der Parameter t schon von vornherein mit σ identisch sein soll, nach (10) und (8) $\varphi = 1$ sein und die invarianten Ableitungen fallen dann mit den gewöhnlichen zusammen. Diese Ableitungen nach σ lassen sich also nach (9) und (11) bilden, ohne daß vorher die Quadratur (8) ausgeführt und die Kreisschar explizite auf den Parameter σ transformiert ist.

Wir können nun, wenn wir eine allgemeine Differentialform (10) zugrunde legen, speziell für die einzelnen Vierkreiskoordinaten von $\mathfrak{x}$, die im Gegensatz zu ihren Ableitungen nach t als parameterinvariante Größen anzusprechen sind, die invarianten Ableitungen bilden. Wir erhalten so die Vektoren $\mathfrak{x}$, $\mathfrak{x}'$, $\mathfrak{x}''$ ... usw. Rückwärts lassen sich, wenn φ festgelegt ist, die gewöhnlichen Ableitungen natürlich sofort wieder aus den invarianten berechnen, aber dies ist im allgemeinen gar nicht vonnöten, denn wir können ganz im Bereich dieser letzteren bleiben, ohne die gewöhnlichen zu benutzen. Wir haben es ja mit invarianten geometrischen Problemen zu tun, die nur die Kreisschar und nicht die Parameterwahl betreffen, und wir können uns die Kreisschar ja immer auf den speziellen Parameter (8) bezogen denken.

Wir werden uns zweckmäßigerweise eine solche invariante Form $d\sigma = \varphi dt$ suchen, die von möglichst niedrigen Ableitungen des Kreises der Schar abhängt. Der schon erwähnte Ausdruck $\varphi = \sqrt{(\dot{\mathfrak{x}}\,\dot{\mathfrak{x}})}$ ist nur von erster Ordnung, und auf ihn wollen wir uns hier festlegen.

Man berechnet nach § 9 (68) für den *„unendlich kleinen" Winkel* $d\psi$ zwischen $\mathfrak{x}$ und dem „Nachbarkreis" $\mathfrak{x} + \dot{\mathfrak{x}}\,dt$:

(12) $$\operatorname{tg}^2 d\psi = (\dot{\mathfrak{x}}\,\dot{\mathfrak{x}})\, dt^2.$$

Da bis auf Glieder von höherer als erster Ordnung $\operatorname{tg}(d\psi) = d\psi$ ist, gilt für unsern Parameter σ also

(13) $$d\sigma^2 = d\psi^2.$$

Wir wollen uns im folgenden auf den Fall $\dot{\mathfrak{x}}\dot{\mathfrak{x}} > 0$ beschränken, wo dieser Winkel reell ist. Wir betrachten also nur solche Scharen, bei denen konsekutive Kreise sich in einem reellen Punktepaar schneiden, d. h. solche Kreisscharen, die von zwei reellen Kurven umhüllt werden. Wir tun das, weil wir einen bestimmten geometrisch anschaulichen Fall vor Augen haben wollen. Die Scharen mit $\dot{\mathfrak{x}}\dot{\mathfrak{x}} < 0$ lassen sich im Komplexen genau so gut mit den Formeln behandeln, die wir im folgenden entwickeln werden, aber die einzelnen analytischen Ausdrücke lassen dann nicht dieselbe reelle geometrische Deutung zu wie im Fall $\dot{\mathfrak{x}}\dot{\mathfrak{x}} > 0$. Wesentlicher ist der Ausschluß der Scharen mit $\dot{\mathfrak{x}}\dot{\mathfrak{x}} = 0$, bei denen sich konsekutive Kreise berühren. Durch $\dot{\mathfrak{x}}$ ist in diesem Fall der Berührungspunkt von $\mathfrak{x}$ mit $\mathfrak{x} + \dot{\mathfrak{x}}\,dt$ dargestellt. Wir können leicht zeigen, daß die Kreisschar $\mathfrak{x}$ in diesem Falle einfach aus den *Schmiegkreisen der Kurve* $\dot{\mathfrak{x}}(t)$ besteht.

Aus $\mathfrak{x}\dot{\mathfrak{x}} = 0$ erhält man durch Ableitung nämlich wegen $\dot{\mathfrak{x}}\dot{\mathfrak{x}} = 0$ die Gleichung $\mathfrak{x}\ddot{\mathfrak{x}} = 0$. Leiten wir diese Gleichung wieder ab und beachten, daß aus $\dot{\mathfrak{x}}\dot{\mathfrak{x}} = 0$ durch Differenzieren folgt $\dot{\mathfrak{x}}\ddot{\mathfrak{x}} = 0$, so erhalten wir $\mathfrak{x}\dddot{\mathfrak{x}} = 0$. Es gilt also:

$$\mathfrak{x}\dot{\mathfrak{x}} = \mathfrak{x}\ddot{\mathfrak{x}} = \mathfrak{x}\dddot{\mathfrak{x}} = 0 .$$

Der Kreis $\mathfrak{x}$ geht also durch drei konsekutive Punkte der Kurve $\dot{\mathfrak{x}}(t)$ hindurch und ist somit der Schmiegkreis.

In unserem Falle $\dot{\mathfrak{x}}\dot{\mathfrak{x}} > 0$ ist σ nach (6) ein reeller Parameter. Im folgenden denken wir uns die Schar auf ihn bezogen und bezeichnen Ableitungen nach ihm durch Striche. Es ist dann in (7) (8) $\varphi = 1$ und $\mathfrak{x}'\mathfrak{x}' = 1$.

§ 22. Die Grundformeln für die Theorie der Kreisscharen.

Wir können nun, ganz dem Verfahren von § 10 entsprechend, um eine Übersicht über den ganzen Vorrat an Invarianten der Kreisschar zu bekommen, aus den vier niedrigsten linear unabhängigen der Kreise (1) alle weiteren linear kombinieren. Es ist hier aber zweckmäßig, ein wenig anders vorzugehen. Wir führen die beiden Schnittpunkte von $\mathfrak{x}$ mit dem Nachbarkreis, die beiden „*Hüllkurvenpunkte*" $\mathfrak{v}$ und $\bar{\mathfrak{v}}$ ein, dann gilt:

$$\mathfrak{v}\mathfrak{v} = \mathfrak{v}\mathfrak{x} = \mathfrak{v}\mathfrak{x}' = 0 \tag{14}$$

$$\bar{\mathfrak{v}}\bar{\mathfrak{v}} = \bar{\mathfrak{v}}\mathfrak{x} = \bar{\mathfrak{v}}\mathfrak{x}' = 0 . \tag{15}$$

$\mathfrak{v}$ und $\bar{\mathfrak{v}}$ lassen sich als die beiden Lösungen dieses Systems von einer quadratischen und zwei linearen Gleichungen berechnen. Doch erübrigt es sich für uns, die Koordinaten der $\mathfrak{v}$ und $\bar{\mathfrak{v}}$ durch die $\mathfrak{x}$ und $\mathfrak{x}'$ wirklich irrational explizit auszudrücken. Wir begnügen uns mit der Tatsache, daß die Punkte $\mathfrak{v}$ und $\bar{\mathfrak{v}}$ durch (14) (15) festgelegt sind, und werden im folgenden immer auf diese Gleichungen zurückgreifen. Wegen § 9 (72) ist $(\mathfrak{v}\,\bar{\mathfrak{v}}) \neq 0$ und wir können $\mathfrak{v}$ und $\bar{\mathfrak{v}}$ so normieren, daß

$$(16) \qquad \mathfrak{v}\,\bar{\mathfrak{v}} = 1$$

wird.

Die Normierung ist dadurch festgelegt nur bis auf die Transformationen der Form

$$(17) \qquad \mathfrak{v} = \lambda\,\mathfrak{v}^*; \qquad \bar{\mathfrak{v}} = \frac{1}{\lambda}\,\bar{\mathfrak{v}}^*,$$

wo λ für alle Stellen der Kreisschar natürlich verschiedene Werte haben kann, also eine Funktion des Parameters σ ist. Wir wollen die Normierung immer so annehmen, daß sie bei sehr nahe beieinander gelegenen Punkten nur sehr wenig verschieden ist, d. h., wir setzen λ als stetige Funktion von σ voraus. Der Kreis $\mathfrak{x}'$ geht nach (14), (15) durch $\mathfrak{v}$ und $\bar{\mathfrak{v}}$ hindurch und steht wegen $\mathfrak{x}\,\mathfrak{x}' = 0$ auf $\mathfrak{x}$ senkrecht. Wir wollen ihn den *Querkreis* der Schar nennen.

Wir haben jetzt folgende Tabelle skalarer Produkte zwischen $\mathfrak{x}$, $\mathfrak{x}'$, $\mathfrak{v}$ und $\bar{\mathfrak{v}}$:

(18)

	$\mathfrak{x}$	$\mathfrak{x}'$	$\mathfrak{v}$	$\bar{\mathfrak{v}}$
$\mathfrak{x}$	1	0	0	0
$\mathfrak{x}'$	0	1	0	0
$\mathfrak{v}$	0	0	0	1
$\bar{\mathfrak{v}}$	0	0	1	0

Aus dem Multiplikationssatz der Determinanten [vgl. § 11 (16)] folgt nun

$$(19) \qquad |\mathfrak{v}\;\mathfrak{x}\;\mathfrak{x}'\;\bar{\mathfrak{v}}|^2 = 1.$$

Also sind die vier in der Determinante stehenden Vektoren linear unabhängig. Beschränken wir uns nun auf die Gruppe $\mathfrak{M}_6^+$ (vgl. § 15) und zeichnen einen der beiden Hüllkurvenpunkte, etwa $\mathfrak{v}$ aus, so können wir von einem beliebigen Parameter t ausgehend den Parameter σ dem Vorzeichen nach festlegen durch die Forderung

$$(20) \qquad d\sigma = |\mathfrak{x}, \dot{\mathfrak{x}}, \mathfrak{v}, \bar{\mathfrak{v}}|\,dt.$$

Denn durch Quadrieren von (20) erhält man in Übereinstimmung mit dem Früheren für $d\sigma^2$ gerade die rechte Seite von (12). $d\sigma$ ergibt sich nach § 15 als der im Punkte $\mathfrak{v}$ vom Kreise $\mathfrak{x}$ zum Kreise $\mathfrak{x} + \dot{\mathfrak{x}}\,dt$ im positiven Sinne gemessene Winkel. Diese Festlegung des Parameters wollen wir im folgenden immer wählen. Für sie wird

$$(22) \qquad |\mathfrak{x}\,\mathfrak{x}'\,\mathfrak{v}\,\bar{\mathfrak{v}}| = +1.$$

Durch die Festlegung (22) des Parameters σ bekommt auch der Querkreis eine ausgezeichnete Richtung, nämlich eine solche, daß in $\mathfrak{v}$ der Winkel von dem positiven Ast des Kreises $\mathfrak{x}$ nach dem negativen des Kreises $\mathfrak{x}'$ positiv wird.

Aus den vier *Grundvektoren* (18) können wir nun die Ableitungen derselben $\mathfrak{x}''$, $\mathfrak{x}'''$ ... sowie auch $\mathfrak{v}'$, $\mathfrak{v}''$ ... und $\bar{\mathfrak{v}}'$, $\bar{\mathfrak{v}}''$ ... linear kombinieren und dadurch nach § 10 eine Übersicht über den Vorrat der voneinander unabhängigen inversionsgeometrischen Invarianten der Kreisschar gewinnen. Die Zugrundelegung der Vektoren (18) ist deshalb zweckmäßig, weil nach (18) ihre Skalarprodukte alle die Werte 0 oder 1 haben, was die Rechnung sehr vereinfacht.

Wir setzen also z. B. an

(23) $\qquad \mathfrak{x}'' = \alpha\,\mathfrak{x} + \beta\,\mathfrak{x}' + \gamma\,\mathfrak{v} + \delta\,\bar{\mathfrak{v}}$

mit Koeffizienten α, β, γ, δ, die wir aus Skalarprodukten bestimmen können, wenn wir (23) nach der Reihe mit den Grundvektoren $\mathfrak{x}$, $\mathfrak{x}'$, $\mathfrak{v}$ und $\bar{\mathfrak{v}}$ „skalar" multiplizieren. Multiplizieren wir z. B. mit $\mathfrak{x}$, so erhalten wir wegen (18)

$$\mathfrak{x}\,\mathfrak{x}'' = \alpha$$

und durch Multiplikation mit $\mathfrak{x}'$, $\mathfrak{v}$, $\bar{\mathfrak{v}}$ der Reihe nach:

$$\mathfrak{x}'\,\mathfrak{x}'' = \beta\,; \quad \mathfrak{x}''\,\mathfrak{v} = \delta\,; \quad \mathfrak{x}''\,\bar{\mathfrak{v}} = \gamma\,.$$

Aus (18) folgt nun aber durch Differenzieren

$$\mathfrak{x}\,\mathfrak{x}'' = -1\,; \quad \mathfrak{x}'\,\mathfrak{x}'' = 0\,.$$

Setzen wir noch zur Abkürzung

(24) $\qquad \mathfrak{v}\,\mathfrak{x}'' = c\,; \quad \bar{\mathfrak{v}}\,\mathfrak{x}'' = \bar{c}\,,$

so ergibt sich aus (23)

$$\mathfrak{x}'' = -\mathfrak{x} + \bar{c}\,\mathfrak{v} + c\,\bar{\mathfrak{v}}\,.$$

Allgemein werden wir die ersten Ableitungen der Grundvektoren $\mathfrak{x}''$, $\mathfrak{v}'$, $\bar{\mathfrak{v}}'$ — [es kommen nur drei in Frage, da die Ableitung von $\mathfrak{x}$ mit dem Grundvektor $\mathfrak{x}'$ zusammenfällt] — aus den Grundvektoren selbst linear kombinieren können, wenn wir die Tabelle der Skalarprodukte kennen, die sie mit den Grundvektoren bilden.

Wir können da nun die folgende Tabelle skalarer Produkte zusammenstellen:

(25)

	$\mathfrak{x}$	$\mathfrak{x}'$	$\mathfrak{v}$	$\bar{\mathfrak{v}}$
$\mathfrak{x}''$	-1	0	c	$\bar{c}$
$\mathfrak{v}'$	0	$-c$	0	0
$\bar{\mathfrak{v}}'$	0	$-\bar{c}$	0	0

Die in dieser Tabelle enthaltenen Beziehungen entstehen meist aus (18) durch Ableitung unter Berücksichtigung von (24). Als einzige Ausnahme haben wir die Gleichungen

$$\mathfrak{v}'\bar{\mathfrak{v}} = 0 \quad \text{und} \quad \mathfrak{v}\bar{\mathfrak{v}}' = 0\,.$$

Diese gelten nicht ohne weiteres, wir können ihre Gültigkeit aber durch geeignete Normierung von $\mathfrak{v}$ und $\bar{\mathfrak{v}}$ erzwingen. Wir können mit $\mathfrak{v}$ und $\bar{\mathfrak{v}}$ noch die Umnormierungen (17) vornehmen, ohne die Gleichung $\mathfrak{v}\,\bar{\mathfrak{v}} = 1$ zu zerstören. Führen wir nun $\mathfrak{v}$ und $\bar{\mathfrak{v}}$ in neuer Normierung $\hat{\mathfrak{v}}$ und $\hat{\bar{\mathfrak{v}}}$ ein:

$$\hat{\mathfrak{v}} = \mu(\sigma)\,\mathfrak{v}\,; \quad \hat{\bar{\mathfrak{v}}} = \frac{1}{\mu(\sigma)}\,\bar{\mathfrak{v}}\,,$$

so ist

$$\hat{\mathfrak{v}}' = \mu'\,\mathfrak{v} + \mu\,\mathfrak{v}'$$

und

$$\hat{\mathfrak{v}}'\,\hat{\bar{\mathfrak{v}}} = \frac{\mu'}{\mu} + \mathfrak{v}'\,\bar{\mathfrak{v}}\,.$$

Soll $\hat{\mathfrak{v}}'\,\hat{\bar{\mathfrak{v}}} = 0$ werden, so haben wir

$$\mu = C \cdot e^{-\int (\mathfrak{v}'\bar{\mathfrak{v}})\,d\sigma}$$

zu setzen, wo C eine Integrationskonstante ist. $\hat{\mathfrak{v}}$, $\hat{\bar{\mathfrak{v}}}$ sind durch die Forderung $\hat{\mathfrak{v}}'\,\hat{\bar{\mathfrak{v}}} = 0$, aus der wegen $\hat{\mathfrak{v}}\,\hat{\bar{\mathfrak{v}}} = 1$ auch $\hat{\mathfrak{v}}\,\hat{\bar{\mathfrak{v}}}' = 0$ folgt, in ihrer Normierung dann bis auf Transformationen

$$\hat{\mathfrak{v}} = C \cdot \mathfrak{v}\,; \quad \hat{\bar{\mathfrak{v}}} = \frac{1}{C} \cdot \bar{\mathfrak{v}} \tag{26}$$

mit konstantem C festgelegt. Da $\mathfrak{v}$ und $\bar{\mathfrak{v}}$ von ersten Ableitungen abhängen, sind μ und damit $\hat{\mathfrak{v}}$ und $\hat{\bar{\mathfrak{v}}}$ von zweiter Ordnung.

Im folgenden wollen wir die Normierungszeichen $\wedge$ bei den nach (16) und (25) normierten Punkten $\mathfrak{v}$ und $\bar{\mathfrak{v}}$ wieder weglassen.

$\mathfrak{x}''$, $\mathfrak{v}'$ und $\bar{\mathfrak{v}}'$ lassen sich nun folgendermaßen linear aus den Grundkreisen kombinieren

$$\boxed{\begin{aligned} \mathfrak{x}'' &= -\,\mathfrak{x} + \bar{c}\,\mathfrak{v} + c\,\bar{\mathfrak{v}}\,, \\ \mathfrak{v}' &= -\,c\,\mathfrak{x}'\,, \\ \bar{\mathfrak{v}}' &= -\,\bar{c}\,\mathfrak{x}'\,. \end{aligned}} \tag{28}$$

Die Richtigkeit dieser Gleichungen weist man, wie wir es für die erste schon getan haben, nach, indem man mit den vier Grundkreisen skalar hineinmultipliziert und (18), (25) berücksichtigt. Sie entsprechen ganz den *Frenet*schen Formeln der gewöhnlichen Kurventheorie und lassen nun sofort auch alle höheren Ableitungen der Grundvektoren durch diese selbst ausdrücken. Man hat nur (28) genügend oft zu differenzieren und die ersten Ableitungen der Grundvektoren immer gleich durch diese selbst auszudrücken.

Statt der in (24) definierten Größen c und $\bar{c}$, die nach (26) nur invariant sind bis auf einen konstanten Faktor C resp. $1:C$, werden wir besser absolut invariante Größen einführen. Aus den c und $\bar{c}$ selbst läßt sich nur eine solche Größe bilden, nämlich

$$b = -2c\bar{c}, \tag{29}$$

wo wir, um spätere Formeln zu vereinfachen, den Zahlenfaktor -2 hinzufügen.

Ist $b \equiv 0$, so verschwindet mindestens eine der beiden Größen c oder $\bar{c}$. Nach (28) ist dann mindestens einer der beiden Punkte $\mathfrak{v}$ oder $\bar{\mathfrak{v}}$ fest d. h. wir haben eine Schar von Kreisen durch einen festen Punkt. Ist sowohl $c = 0$, wie $\bar{c} = 0$, so haben wir die Schar der Kreise durch zwei feste Punkte, also ein Kreisbüschel im Sinne des § 9.

Weitere absolute Invarianten erhalten wir, wenn wir auch die Ableitungen c' und $\bar{c}'$ von c und $\bar{c}$ hinzunehmen. Für $c \neq 0$ ist

$$g = \frac{c'}{c} \tag{30}$$

und für $\bar{c} \neq 0$

$$\bar{g} = \frac{\bar{c}'}{\bar{c}} \tag{31}$$

eine solche Größe, die sich bei den Transformationen (26) nicht ändert. Während b von Ableitungen zweiter Ordnung der Kreisschar $\mathfrak{x}$ abhängt, sind g und $\bar{g}$ schon von dritter Ordnung. Aus (29) und (30), (31) folgt

$$b' = b(g + \bar{g}). \tag{32}$$

Die drei Funktionen $b(\sigma)$, $g(\sigma)$ und $\bar{g}(\sigma)$ sind also nicht unabhängig. Im Fall $b \neq 0$ können wir etwa die zwei Funktionen $b(\sigma)$ und $g(\sigma)$ noch beliebig vorgeben. Es ist leicht einzusehen, daß alle Kreisscharen, bei denen die Funktionen $b(\sigma)$ und $g(\sigma)$ gleich sind, sich durch Abbildungen von *Möbius* ineinander überführen lassen. Denn nach (30) können wir dann $c(\sigma)$ bis auf die in (26) auftretende willkürliche Integrationskonstante bestimmen, die wir etwa beseitigen können, indem wir c an einer bestimmten Stelle $\sigma = \sigma_0$ den Wert c_0 zuschreiben, und aus (29) bestimmen wir dann weiter $\bar{c}(\sigma)$. In (28) haben wir dann ein lineares System von Differentialgleichungen für die 12 Funktionen $\mathfrak{x}(\sigma)$, $\mathfrak{v}(\sigma)$, $\bar{\mathfrak{v}}(\sigma)$, das nach bekannten Existenztheoremen[1]) für vorgegebene Anfangswerte $\mathfrak{x}$, $\mathfrak{x}'$, $\mathfrak{v}$, $\bar{\mathfrak{v}}$ genau eine Lösung hat. Nun müssen speziell unsere Anfangswerte die Relationen der Tabelle (18) und die Gleichung (22) erfüllen, und wir wissen dann, daß es zu jedem möglichen System von Vektoren, die diesen Gleichungen genügen, nur eine Kreisschar mit den vorgegebenen Funktionen $b(\sigma)$, $g(\sigma)$ geben kann. Nun läßt sich

---

[1]) Vgl. Bd. I, § 14.

aber jedes System solcher Anfangsvektoren $\mathfrak{x}$, $\mathfrak{x}'$, $\mathfrak{v}$, $\bar{\mathfrak{v}}$ in jedes andere durch eine gleichsinnige Kreisverwandtschaft überführen. Haben wir daher eine Kreisschar mit den Funktionen $b(\sigma)$ und $g(\sigma)$, so können wir die zu einer Stelle gehörigen Vektoren $\mathfrak{x}$, $\mathfrak{x}'$, $\mathfrak{v}$, $\bar{\mathfrak{v}}$ in jedes andere mögliche System solcher Vektoren überführen und dabei immer die Kurve mitnehmen. Da b und g Invarianten sind und σ ein invarianter Parameter ist, bleiben $b(\sigma)$ und $g(\sigma)$ dieselben Funktionen, und die Kreisschar stellt dann für die neuen Anfangswerte gerade die einzige mögliche Lösung dar. Alle Lösungen, die zu den verschiedenen Systemen der Anfangsvektoren gehören, unterscheiden sich also nur durch Kreisverwandtschaft. $g(\sigma)$ und $b(\sigma)$ bezeichnen wir auch, da sie eine Kreisschar im inversionsgeometrischen Sinne individuell kennzeichnen, als ihre natürlichen Gleichungen.

Ist $b = 0$, und verschwindet nur die eine der Größen c, $\bar{c}$, verschwindet also etwa c nicht, so ist $g(\sigma)$ als einzige natürliche Gleichung außer $b = 0$ brauchbar.

Nach unserer stereographischen Projektion des § 7 ist unsere Inversionsgeometrie der Kreisscharen nichts anderes als die Geometrie der außerhalb der Grundkugel verlaufenden Kurven des hyperbolischen Raumes.

§ 23. Schmiegkreise. Beziehungen zur euklidischen und nichteuklidischen Bewegungsgeometrie ebener Kurven.

Der Formelapparat für die Kreisscharen ist jetzt fertiggestellt und wir kommen zum geometrischen Teil.

Eine der Aufgaben der Differentialgeometrie ist es, ein bis zu bestimmten Ableitungen gegebenes Element einer Mannigfaltigkeit zu ersetzen durch eine *elementargeometrische Figur*, die der infinitesimalgeometrischen äquivalent ist und sie eindeutig festlegt, und dann die Eigenschaften des Elements der Mannigfaltigkeit in denen der elementargeometrischen Figur zu studieren. [In der bewegungsgeometrischen Flächentheorie ersetzt man z. B. ein Element zweiter Ordnung einer Fläche durch die aus dem Flächenpunkt, der Tangentenebene und dem auf ihr liegenden Kegelschnitt der *Dupin*schen Indikatrix bestehende Figur.] Ein Element einer Kreisschar von erster Ordnung ist bestimmt durch den Kreis $\mathfrak{x}$ und die beiden Enveloppenpunkte $\mathfrak{v}$ und $\bar{\mathfrak{v}}$. Denn das Element der Kreisschar besteht aus $\mathfrak{x}$ und dem zu $\mathfrak{x}$ benachbarten Kreis, der in dem Büschel der durch $\mathfrak{v}$ und $\bar{\mathfrak{v}}$ gehenden Kreise liegt. Da die Enveloppenkurven $\mathfrak{x}$ berühren, sind auch die durch $\mathfrak{v}$ und $\bar{\mathfrak{v}}$ gehenden Linienelemente schon in erster Ordnung bestimmt. Gehen wir zum Element zweiter Ordnung der Kreisschar über, so sind durch dasselbe dann auch die Elemente zweiter Ordnung der Enveloppenkurven mitbestimmt. Durch drei konsekutive Punkte einer Kurve ist nun der durch sie hindurchgehende *Schmiegkreis* oder *Krümmungskreis* bestimmt. Durch Angabe der beiden $\mathfrak{x}$ in $\mathfrak{v}$ und $\bar{\mathfrak{v}}$ berührenden Krümmungskreise $\mathfrak{y}$ und $\bar{\mathfrak{y}}$ ist dann aber auch das Element zweiter Ordnung der Kreisschar schon festgelegt. Man hat nur in der Schar der $\mathfrak{y}$ und $\bar{\mathfrak{y}}$ gleichzeitig berührenden Kreise $\mathfrak{x}$ und seine beiden konsekutiven Kreise zu nehmen; diese machen dann das Element zweiter Ordnung der Kreisschar aus. Die Invariante zweiter Ordnung b hängt im Fall $b > 1$, in dem sich $\mathfrak{y}$ und $\bar{\mathfrak{y}}$ schneiden, in einfacher Weise mit dem Winkel der beiden Krümmungskreise der Hüllkurven der Kreisschar zusammen. Wir wollen die beiden Kreise $\mathfrak{y}$ und $\bar{\mathfrak{y}}$ so richten, daß sie den Kreis $\mathfrak{x}$ der Schar gleichsinnig berühren. Setzen wir $\mathfrak{y}$ und $\bar{\mathfrak{y}}$ als Linearkombination der Grundkreise an und berechnen wir die Koeffizienten aus

$$(33) \qquad \begin{cases} \mathfrak{y}\,\mathfrak{v} = \mathfrak{y}\,\mathfrak{v}' = \mathfrak{y}\,\mathfrak{v}'' = 0; & \mathfrak{y}\,\mathfrak{y} = \mathfrak{y}\,\mathfrak{x} = 1, \\ \bar{\mathfrak{y}}\,\bar{\mathfrak{v}} = \bar{\mathfrak{y}}\,\bar{\mathfrak{v}}' = \bar{\mathfrak{y}}\,\bar{\mathfrak{v}}'' = 0; & \bar{\mathfrak{y}}\,\bar{\mathfrak{y}} = \bar{\mathfrak{y}}\,\mathfrak{x} = 1 \end{cases}$$

unter Berücksichtigung von (28) und den daraus durch Ableitung hervorgehenden Gleichungen, so erhalten wir:

$$(34) \qquad \hat{\mathfrak{y}} = \mathfrak{x} + \frac{1}{c}\,\mathfrak{v}; \qquad \hat{\bar{\mathfrak{y}}} = \mathfrak{x} + \frac{1}{\bar{c}}\,\bar{\mathfrak{v}},$$

und für den Winkel:

$$(\mathfrak{y}\,\bar{\mathfrak{y}}) = \cos\varphi = 1 - \frac{2}{b}$$

oder

$$(35) \qquad \sin^2\frac{\varphi}{2} = \frac{1}{b}.$$

Wir wenden uns jetzt dem Fall $b = 0$ zu, in dem die Formel (35) versagt. Wir schließen den Fall des Kreisbüschels (c und $\bar{c}$ gleichzeitig 0) aus und nehmen an $\bar{c} = 0$, $c \neq 0$. Es folgt aus (28) $\bar{\mathfrak{v}} =$ konst und wir haben Kreisscharen, deren Kreise alle durch den festen Punkt $\bar{\mathfrak{v}}$ gehen. Nach § 16 führt uns dieser Fall auf die *gewöhnliche bewegungsgeometrische Kurventheorie*: Denn die Kreisschar ist durch Angabe der nicht ausgearteten Hüllkurve $\mathfrak{v}(\sigma)$ und des Punktes $\bar{\mathfrak{v}}$ völlig festgelegt und die Inversionsgeometrie unserer Kreisschar ist gleichbedeutend mit der Untersuchung der inversionsgeometrischen Eigenschaften der Kurve $\mathfrak{v}(\sigma)$ bezüglich des festen „absoluten" Punktes $\bar{\mathfrak{v}}$. Die Kreise durch $\bar{\mathfrak{v}}$ sind die Geraden. $\mathfrak{x}$ ist also die Tangente und $\mathfrak{x}'$ die Normale von $\mathfrak{v}$. Die Formeln (28) nehmen für $\bar{c} = 0$ die Gestalt an:

$$(37) \qquad \begin{cases} \mathfrak{x}'' = -\mathfrak{x} + c\,\bar{\mathfrak{v}}, & \\ \mathfrak{v}' = -c\,\mathfrak{x}'; & \bar{\mathfrak{v}}' = 0. \end{cases}$$

Wegen der Beziehung $\mathfrak{v}\,\bar{\mathfrak{v}} = 1$ [vgl. (18)] hat unter der Annahme $\bar{\mathfrak{v}} = \{-1, 1, 0, 0\}$ der Kurvenpunkt $\mathfrak{v}$ die im § 16 im Anschluß an (75) gegebene ausgezeichnete Normierung, bei der auf Stufe B die Koordinaten v_2 und v_3 direkt die kartesischen sind. Die letzten beiden Koordinaten $\mathfrak{x}$ und $\mathfrak{x}'$ sind dann aber nach § 14 (52) die Komponenten der Einheitsvektoren von Tangente und Normale, und wir können die Gleichung (37) mit Unterdrückung der beiden ersten Koordinaten in der Form schreiben: $x_i'' = -x_i$; $v_i' = -c x_i'$ $[i = 2, 3]$. Der Parameter der Kurve ist hier aber nach (13) nicht die Bogenlänge, sondern der Winkel konsekutiver Tangenten, der sogenannte *Kontingenzwinkel.* Für den Krümmungsradius ϱ erhält man nach § 16 (78)

$$(38) \qquad \frac{1}{\varrho} = (\hat{\mathfrak{y}}\,\bar{\mathfrak{v}}) = \frac{1}{c} \qquad \text{oder} \qquad c = \varrho\,.$$

Für das Bogenelement gilt

$$(39) \qquad ds = \varrho\, d\sigma = c\, d\sigma\,.$$

Ferner erhält man

$$g = \frac{c'}{c} = \frac{d\varrho}{ds}\,.$$

Dieser Ausdruck hängt im Gegensatz zu $\varrho = c$ von der Normierung des festen Punktes $\mathfrak{v}$ gar nicht ab, ist also eine Invariante gegenüber Ähnlichkeitstransformationen. Das gleiche gilt vom Kontingenzwinkel.

In ähnlicher Weise wie zur gewöhnlichen können wir auch zur nichteuklidischen ebenen Kurventheorie gelangen dadurch, daß wir Kreisscharen mit $g = \bar{g}$ betrachten. Bei diesen Scharen sind alle Kreise zu dem festen Kreis $\mathfrak{k} = \bar{c}\,\mathfrak{v} - c\,\bar{\mathfrak{v}}$ orthogonal. Denn es gilt nach (28)

$$(40) \qquad \mathfrak{k}\,\mathfrak{x} = \mathfrak{k}\,\mathfrak{x}' = \mathfrak{k}\,\mathfrak{x}'' = \mathfrak{k}\,\mathfrak{x}''' = 0\,.$$

Setzen wir voraus, daß c und $\bar{c}$ nicht beide verschwinden, daß also $\mathfrak{k}$ nicht identisch Null ist, so folgt aus (40):

$$|\mathfrak{x}, \mathfrak{x}', \mathfrak{x}'', \mathfrak{x}'''| = 0\,.$$

Wegen (28) folgt dann, daß $\mathfrak{x}'''$ eine Linearkombination von $\mathfrak{x}$, $\mathfrak{x}'$ und $\mathfrak{x}''$ ist. Das gleiche gilt dann aber, wie man durch Differenzieren dieser Linearkombination ersieht für jede Ableitung $\mathfrak{x}^{(n)}$ mit $n > 3$. Aus (40) folgt dann auch $(\mathfrak{k}\,\mathfrak{x}^{(n)}) = 0$.

Wegen

$$(\mathfrak{k}\,\mathfrak{k}) = -2\,c\,\bar{c} = b$$

haben wir für $b > 0$ einen eigentlichen Kreis $\mathfrak{k}$ und für $b < 0$ ein nullteiliges Kreissystem (§ 19). Im Fall $b = 0$ haben wir den schon betrachteten Fall eines festen Punktes. Die Integration von $g = \bar{g}$ ergibt für $b \neq 0$, daß c bis auf eine multiplikative Konstante τ gleich $\bar{c}$ ist:

$$(41) \qquad c = \tau\,\bar{c}\,.$$

Bei der Substitution (26) erhält man

$$\hat{c} = C \cdot c\,, \qquad \hat{\bar{c}} = \frac{1}{C}\,\bar{c}$$

und nach (41)

$$\hat{c} = C^2 \tau \hat{\bar{c}}.$$

Aus dieser Gleichung ersieht man, daß man, falls $b > 0$, durch die Normierung von $\mathfrak{v}$ und $\bar{\mathfrak{v}}$ erreichen kann, daß $\bar{c} = -c$ wird, im Falle $b < 0$ aber $\bar{c}_1 = + c$.

Im ersten Fall haben wir die ***hyperbolische ebene Kurventheorie.*** $\mathfrak{v}$ und $\bar{\mathfrak{v}}$ sind dann invers bezüglich des absoluten Kreises $\mathfrak{k}$, und einem Punkt der hyperbolischen Geometrie äquivalent. $\mathfrak{x}$ ist die nichteuklidische Normale und $\mathfrak{x}'$ die Tangente der Kurve $\mathfrak{v}(\sigma)$ resp. $\bar{\mathfrak{v}}(\sigma)$. $d\sigma$ ist der H-Winkel konsekutiver Tangenten.

Wir führen nur kurz an, daß durch

$$ds = c \cdot d\sigma \tag{42}$$

die „*nichteuklidische Bogenlänge*“ der Kurve gegeben ist. c hängt in einfacher Weise mit dem *nichteuklidischen Radius des Krümmungskreises* $\mathfrak{y}$ der Kurve zusammen.

Im Falle $\bar{c} = + c$ gelangen wir zur elliptischen nichteuklidischen Geometrie. Wir können diese nach § 19 durch die sphärische Trigonometrie veranschaulichen. $\mathfrak{v}$ und $\bar{\mathfrak{v}}$ sind dann diametrale Punkte der Kugel, $\mathfrak{x}$ stellt den zur Kurve $\mathfrak{v}(\sigma)$ normalen und $\mathfrak{x}'$ den sie tangierenden Großkreis dar.

§ 24. Die Hauptkreise einer ebenen Kurve.

Wenden wir uns wieder unserer allgemeinen Theorie zu und gehen wir über zu dem Element dritter Ordnung einer Kreisschar! Durch dasselbe werden jetzt auch je vier konsekutive Punkte der Hüllkurven, also ein Element dritter Ordnung der Hüllkurven mitbestimmt. Mit Kurvenelementen dritter Ordnung wollen wir uns jetzt vorerst beschäftigen. Die Normierung des Punktes $\mathfrak{v}$ haben wir bisher nach (18), (24) „an der Kreisschar“ festgelegt. Man kann nun die Normierung des Punktes $\mathfrak{v}$ mit Hilfe eines Kurvenelementes dritter Ordnung auch „aus der Kurve heraus“, ohne die übrige Figur der Kreisschar zu benutzen, festlegen, nämlich durch:

$$\check{\mathfrak{v}} = \sqrt{\left| \frac{|\mathfrak{v}, \mathfrak{v}', \mathfrak{v}'', \mathfrak{v}'''|}{(\mathfrak{v}'\mathfrak{v}')^3} \right|} \cdot \mathfrak{v}\,. \tag{43}$$

Die langen Vertikalstriche sollen andeuten, daß der Absolutwert des Radikanden zu nehmen ist. Der Ausdruck rechts ändert sich, wie man leicht nachrechnet, der Form nach nicht, wenn man statt des aus der Kreisschar heraus gewonnenen Parameters σ einen beliebigen Parameter einführt, und ferner ist der Ausdruck auch invariant gegenüber den Umnormierungen $\mathfrak{v} = \lambda(\sigma)\,\mathfrak{v}^*$. Speziell können wir rechts also $\mathfrak{v}$

auch in der durch (24) festgelegten Normierung einsetzen. Tun wir das und berechnen wir $\check{\mathfrak{v}}$ nach den Formeln (28), so erhalten wir:

$$\check{\mathfrak{v}} = \sqrt{|g|}\,\frac{\hat{\mathfrak{v}}}{c}. \tag{44}$$

Der Ausdruck (43) versagt erstens für $\mathfrak{v}'\mathfrak{v}' = 0$. Diese Gleichung kann aber für reelle Kurven nicht bestehen. Rechnet man nämlich nach § 7 (53) auf kartesische Koordinaten um, so ergibt sich, daß $\mathfrak{v}$ und $\mathfrak{v} + \mathfrak{v}'d\sigma$ in der Sprache der komplexen Geometrie auf derselben isotropen Geraden liegen müßten.

Zweitens versagt (43) für $|\mathfrak{v},\mathfrak{v}',\mathfrak{v}'',\mathfrak{v}'''| = 0$. In diesem Fall wäre aber der Krümmungskreis $\mathfrak{y}$ von $\mathfrak{v}$ stationär [$\mathfrak{v}'''$ wäre von $\mathfrak{v}$, $\mathfrak{v}'$, $\mathfrak{v}''$ linear abhängig und es würde außer (33) auch noch $(\mathfrak{y}\,\mathfrak{v}''') = 0$ gelten]. Solche Punkte (*Scheitel*) müssen wir von der Betrachtung ausschließen. Wir sehen zugleich, daß $g \equiv 0$ resp $\bar{g} \equiv 0$ die Scharen liefert, deren Kreise alle einen festen Kreis berühren. Im folgenden setzen wir $g\bar{g} \not\equiv 0$ voraus. Da der normierte Krümmungskreis $\hat{\mathfrak{y}}$ ebenso wie $\check{\mathfrak{v}}$ nur von der Kurve $\mathfrak{v}$ abhängt, sind auch die Kreise

$$\begin{aligned} \mathfrak{z}^+ &= \hat{\mathfrak{y}} + \check{\mathfrak{v}} = \mathfrak{x} + (1 + \sqrt{|g|})\,\frac{\hat{\mathfrak{v}}}{c} \quad \text{und} \\ \mathfrak{z}^- &= \hat{\mathfrak{y}} - \check{\mathfrak{v}} = \mathfrak{x} + (1 - \sqrt{|g|})\,\frac{\hat{\mathfrak{v}}}{c} \end{aligned} \tag{45}$$

invariant in dritter Ordnung mit der Kurve $\mathfrak{v}$ verbunden, die wir die *Hauptkreise* der Kurve nennen wollen und die wir so richten, daß sie $\mathfrak{x}$ gleichsinnig berühren. Nach § 8 (64) sind die beiden Kreise zueinander invers in bezug auf den Krümmungskreis $\mathfrak{y}$. Da $\check{\mathfrak{v}}$ in seiner Normierung noch in einem Vorzeichen willkürlich ist, sind die beiden Kreise völlig gleichberechtigt und geometrisch nicht unterscheidbar. Analoge Ausdrücke erhält man auch für die Hauptkreise $\bar{\mathfrak{z}}^+$ und $\bar{\mathfrak{z}}^-$ der Kurve $\bar{\mathfrak{v}}$. Wir wollen den Hauptkreisen eine geometrische Deutung geben:

Vorweg bemerken wir, daß die Kurve $\mathfrak{v}(\sigma)$ durch die Richtung der sie berührenden Kreise $\mathfrak{x}$ auch selbst gerichtet wird. Wir geben uns nun einen festen Winkelwert α in dem Wertbereich $0 \leqq \alpha \leqq \frac{\pi}{2}$ vor. Dann gibt es durch $\bar{\mathfrak{v}}$ immer gerade einen gerichteten Kreis $\hat{\mathfrak{p}}$, der durch den Kurvenpunkt $\mathfrak{v}$ geht und die Kurve $\mathfrak{v}(\sigma)$ dort unter dem Winkel α schneidet, den man im Sinne des § 18 von der gerichteten Kurve $\mathfrak{v}(\sigma)$ nach dem gerichteten Kreis $\hat{\mathfrak{p}}$ zählt. Für ihn gilt, wenn wir das Normierungszeichen $\wedge$ unterdrücken:

$$\mathfrak{p}\,\mathfrak{v} = \mathfrak{p}\,\bar{\mathfrak{v}} = 0; \quad \mathfrak{p}\,\mathfrak{p} = 1; \quad \mathfrak{p}\,\mathfrak{x} = \cos\alpha; \quad \mathfrak{p}\,\mathfrak{x}' = \sin\alpha, \tag{47}$$

denn $\mathfrak{x}$ tangiert ja die Kurve in $\mathfrak{v}$. Aus (47) erhalten wir

$$\mathfrak{p} = +\cos\alpha\cdot\mathfrak{x} + \sin\alpha\cdot\mathfrak{x}'. \tag{48}$$

Wir ziehen nun durch $\bar{\mathfrak{v}}$ außer $\mathfrak{p}$ noch die beiden Kreise, die die beiden konsekutiven Linienelemente von $\mathfrak{v}$ unter demselben Winkel α in demselben Sinne schneiden. Diese drei Kreise werden im allgemeinen einen gemeinsamen Berührungskreis haben, den Krümmungskreis ihrer nichtausgearteten Enveloppe. Wir stellen uns nun die Frage: Wann entartet dieser Berührungskreis speziell in einen Punkt, d. h. wann gehören die drei Kreise durch $\bar{\mathfrak{v}}$ einem Büschel an? Es ist dies offenbar eine Frage, die nur die Kurve $\mathfrak{v}$ und den festen Punkt $\bar{\mathfrak{v}}$ angeht; es kommt aber nicht darauf an, wie die Kreisschar sonst aussieht (wie etwa die Kurve $\bar{\mathfrak{v}}(\sigma)$ im weiteren verläuft). Wir werden für den Fall, daß $\mathfrak{p}$ und die beiden Nachbarkreise ein Büschel bilden, auch eine Bedingung allein für die Konstellation der Kurve $\mathfrak{v}$ und des Punktes $\bar{\mathfrak{v}}$ erhalten. Daher können wir für den Augenblick annehmen, daß wir eine Kreisschar haben, bei der die Hüllkurve $\bar{\mathfrak{v}}(\sigma)$ auf einen festen Punkt zusammenschrumpft, durch den die Kreise alle hindurchgehen. Solche Kreisscharen haben wir aber im § 23 (im Zusammenhang mit der bewegungsgeometrischen Kurventheorie) behandelt. Wir können also die Formeln (37) verwenden, und unter dieser Voraussetzung ergibt sich durch Differenzieren von (48):

$$(49)\qquad \begin{cases} \mathfrak{p}' = -\sin\alpha\cdot\mathfrak{x} + \cos\alpha\cdot\mathfrak{x}' + c\cdot\sin\alpha\cdot\bar{\mathfrak{v}}, \\ \mathfrak{p}'' = -\cos\alpha\cdot\mathfrak{x} - \sin\alpha\cdot\mathfrak{x}' + [c\cdot\cos\alpha + c'\sin\alpha]\,\bar{\mathfrak{v}}. \end{cases}$$

Für den Fall des Büschels muß sein:

$$(50)\qquad \mathfrak{p}'' = A\,\mathfrak{p} + B\,\mathfrak{p}'.$$

Wegen $\mathfrak{p}'\mathfrak{p}' = 1 = -\mathfrak{p}\mathfrak{p}''$ und $\mathfrak{p}'\mathfrak{p}'' = 0$ erhält man aus (50), indem man mit $\mathfrak{p}$ und $\mathfrak{p}'$ hineinmultipliziert: $A = -1$; $B = 0$ und es muß gelten $\mathfrak{p}'' = -\mathfrak{p}$. Wir bekommen nach (48) (49) also als notwendige Bedingung für den Fall des Büschels:

$$(51)\qquad c\cos\alpha + c'\sin\alpha = 0$$

oder

$$(52)\qquad \frac{c'}{c} = g = -\operatorname{ctg}\alpha.$$

Wir fassen zusammen: Es gehen dann und nur dann die drei von $\bar{\mathfrak{v}}$ auslaufenden Kreise, die drei konsekutive Linienelemente von $\mathfrak{v}(\sigma)$ unter demselben Winkel α schneiden, noch durch einen zweiten Punkt hindurch, wenn der Winkel α mit der in (30) erklärten Invariante g unserer speziellen Kreisschar mit lauter Kreisen durch einen festen Punkt $\bar{\mathfrak{v}}$ durch (52) zusammenhängt. Wir wenden uns nun den folgenden Fällen zu:

I. Für $\alpha = +\frac{\pi}{2}$ ist $g = 0$. Man kann also nur dann von irgendeinem Punkte $\bar{\mathfrak{v}}$ aus drei konsekutive orthogonale Kreise durch $\mathfrak{v}(\sigma)$ ziehen, die einem Büschel angehören, wenn $\mathfrak{v}$ an der Stelle einen Scheitel hat.

II. Für $\alpha = +\frac{\pi}{4}$ ist $g = -1$, und aus (45) ersieht man, daß $\mathfrak{x}$ dann mit dem einen der Hauptkreise identisch ist. Da $\mathfrak{x}$ aber durch $\bar{\mathfrak{v}}$ geht, können wir auch umgekehrt sagen: Dann und nur dann kann man von einem Punkte $\bar{\mathfrak{v}}$ aus durch drei konsekutive Linienelemente einer Kurve $\mathfrak{v}(\sigma)$ drei Kreise ein und desselben Büschels ziehen, die die Linienelemente unter dem Winkel $\frac{\pi}{4}$ schneiden, wenn $\bar{\mathfrak{v}}$ auf einem der Hauptkreise von $\mathfrak{v}$ liegt. Da der Punkt $\bar{\mathfrak{v}}$ aber zunächst von der Kurve $\mathfrak{v}$ gänzlich unabhängig ist, und da die beiden Schnittpunkte des Büschels der Kreise $\mathfrak{p}$, nämlich $\bar{\mathfrak{v}}$ und der zweite Schnittpunkt, ganz gleichberechtigt sind, haben wir folgende geometrische Deutung für die Hauptkreise einer Kurve: *Die reellen Grundpunkte aller Kreisbüschel, für die ein Kurvenelement dritter Ordnung ein Stück einer Isogonaltrajektorie unter dem Winkel $\pi:4$ ist, erfüllen die beiden Hauptkreise der Kurve.*

III. Will man für einen beliebigen Winkel α ein Büschel erhalten, so muß, wie man aus (45) und (52) in ähnlicher Weise schließt, $\mathfrak{x}$ identisch sein mit einem der Kreise:

$$(54)\qquad \begin{cases} \hat{\vartheta}_\alpha^+ = \hat{\mathfrak{h}} + \sqrt{|\operatorname{tg}\alpha|}\,\check{\mathfrak{v}} = \mathfrak{x} + (1 + \sqrt{|\operatorname{tg}\alpha\cdot g|})\,\dfrac{\hat{\mathfrak{v}}}{c}, \\ \hat{\vartheta}_\alpha^- = \hat{\mathfrak{h}} - \sqrt{|\operatorname{tg}\alpha|}\,\check{\mathfrak{v}} = \mathfrak{x} + (1 - \sqrt{|\operatorname{tg}\alpha\cdot g|})\cdot\dfrac{\hat{\mathfrak{v}}}{c} \end{cases}$$

und auf $\hat{\vartheta}_\alpha^+$, $\hat{\vartheta}_\alpha^-$ liegen dann die Schnittpunkte aller Kreisbüschel, für die das Kurvenelement $\pm\alpha$ — Trajektorie ist. Die Kreise

$$\vartheta^+_{\frac{\pi}{4}} \quad\text{und}\quad \vartheta^-_{\frac{\pi}{4}}$$

sind dann die Hauptkreise $\mathfrak{z}^+$, $\mathfrak{z}^-$. Aus (22) und (28) ergibt sich weiter:

$$(55)\qquad \delta = \operatorname{sgn}|\mathfrak{v}, \mathfrak{v}', \mathfrak{v}'', \mathfrak{v}'''| = -\operatorname{sgn} g.$$

Die Vorzeicheninvariante δ hängt nun nur von der Kurve ab, da sich der Ausdruck in der Mitte bei Einführung eines neuen Parameters nicht ändert. Aus (52) ersehen wir, daß die Kurvenelemente mit $\delta = +1$ alle Kreisbüschel $\mathfrak{p}$ mit reellen Schnittpunkten, für die sie Stück einer Isogonaltrajektorie sind, unter einem von der Kurve zum Kreis $\mathfrak{p}$ gerechneten positiven Winkel schneiden. Wir nennen Kurvenstücke, für die $\delta = +1$ ist, daher positivgewunden, solche mit $\delta = -1$, für die der entgegengesetzte Fall eintritt, dagegen negativgewunden.

Wir können nun den Invarianten g und $\bar{g}$ unserer allgemeinen Kreisscharen eine geometrische Deutung geben. Die Kreise $\mathfrak{x}$, $\mathfrak{z}^+$, $\mathfrak{z}^-$, die sich in $\mathfrak{v}$ berühren, gehören einem ausgearteten Büschel von der in § 15 besprochenen Art an. Identifizieren wir etwa unter der Annahme, daß $\mathfrak{x}$

der mittlere der drei Kreise des Büschels ist $\mathfrak{z}^+$ und $\mathfrak{z}^-$ mit den Kreisen $\mathfrak{y}$ und $\mathfrak{z}$ der Formel (62) des § 15, so erhalten wir für die Invariante § 15 (63) der drei Kreise des Büschels nach (45):

$$\cos^2 \psi = \frac{1}{|g|}. \tag{56}$$

Entsprechend verfährt man, wenn etwa $\mathfrak{z}^+$ oder $\mathfrak{z}^-$ der mittlere der Kreise ist. Analog läßt sich $\bar{g}$ deuten. Es läßt sich nun unschwer einsehen, daß durch Angabe des Krümmungskreises $\mathfrak{y}$ und des ihn berührenden einen Hauptkreises $\mathfrak{z}$, und die Angabe, ob es positiv- oder negativgewunden ist, ein Kurvenelement dritter Ordnung festgelegt ist, und daraus läßt sich dann folgern, daß das Element dritter Ordnung der Kreisschar (im allgemeinen Fall) gegeben ist, wenn wir in jedem der Hüllkurvenpunkte von $\mathfrak{x}$ ein Paar solcher dort berührender Kreise vorgeben, und die Angabe hinzufügen, wie die Hüllkurven gewunden sein sollen.

§ 25. Inversionsgeometrie ebener Kurven.

Wir wollen jetzt spezielle Kreisscharen mit $|g| = 1$ betrachten. Es fällt dann $\mathfrak{x}$ mit dem einen der Hauptkreise $\mathfrak{z}^+$ oder $\mathfrak{z}^-$ zusammen und wir haben Kreisscharen, die aus den Hauptkreisen der einen (ausgezeichneten) Hüllkurve $\mathfrak{v}(\sigma)$ bestehen. Indem wir so die Kreise der Schar zur Hüllkurve $\mathfrak{v}(\sigma)$ in invariante Beziehung setzen, gelangen wir zur *inversionsgeometrischen Kurventheorie.* Wir studieren die Kurven $\mathfrak{v}(\sigma)$ in der einen Schar ihrer Hauptkreise. Beschränken wir uns etwa auf negativgewundene Kurven $\mathfrak{v}(\sigma)$, so haben wir $g = +1$ zu setzen. Alle in den vorhergehenden Paragraphen für allgemeine Kreisscharen aufgestellten Begriffe übertragen sich ohne weiteres auf die Kurventheorie. *Als die eine wesentliche Invariante der Kurve bleibt b übrig.* b hängt von der Kurve in fünfter Ordnung ab, wie das auch zu erwarten ist, da der Hauptkreis von dritter Ordnung ist, und b in der Hauptkreisschar von zweiter Ordnung. b hat nach (35) folgende geometrische Bedeutung: *Man zeichne eine der beiden Hauptkreisscharen der Kurve und zeichne dann für den Kurvenpunkt sowie auch für den „gegenüberliegenden" Punkt der zweiten Hüllkurve der Schar die Krümmungskreise. Deren Winkel φ hängt dann mit b durch* (35) *zusammen.* Der Parameter σ ist nur von dritter Ordnung in der Kurve und gleich dem von *G. Pick* gefundenen niedrigsten invarianten Kurvenparameter

$$d\sigma = \sqrt{\left|\frac{|\mathfrak{v}, \dot{\mathfrak{v}}, \ddot{\mathfrak{v}}, \dddot{\mathfrak{v}}|}{(\dot{\mathfrak{v}}\dot{\mathfrak{v}})^2}\right|}\, dt, \tag{57}$$

den wir nach *Liebmann*[1]) als *Inversionslänge einer Kurve* bezeichnen

[1]) Vgl. *H. Liebmann*, Beiträge zur Inversionsgeometrie der Kurven. Münchner Berichte (1923).

wollen. *$d\sigma$ ist der unendlich kleine Winkel konsekutiver Hauptkreise.* Der Querkreis $\hat{\mathfrak{x}}'$ hängt von der Kurve in vierter Ordnung ab. — Auch die „Ableitungsgleichungen" (28) können wir unmittelbar auf die Kurventheorie anwenden. — Wir wollen jetzt die Schar der Kreise (vgl. (54)!) ϑ_α^+ und ϑ_α^-, die zu einem festen Wert α im Bereich $0 \leqq \alpha \leqq \frac{\pi}{2}$ gehören, längs der Kurve betrachten. Nach (54) finden wir mit Hilfe von (28) für $g = +1$; $c' = c$ durch Differenzieren

$$(58)\qquad \begin{cases} \vartheta_\alpha^{+\prime} = -\sqrt{|\operatorname{tg}\alpha|}\,\mathfrak{x}' - (1 + \sqrt{|\operatorname{tg}\alpha|})\dfrac{\mathfrak{v}}{c}, \\[2mm] \vartheta_\alpha^{-\prime} = +\sqrt{|\operatorname{tg}\alpha|}\,\mathfrak{x}' - (1 - \sqrt{|\operatorname{tg}\alpha|})\dfrac{\mathfrak{v}}{c}, \end{cases}$$

ferner

$$(59)\qquad \begin{cases} \vartheta_\alpha^{+\prime\prime} = +\sqrt{|\operatorname{tg}\alpha|}\,\mathfrak{x} + (1+\sqrt{|\operatorname{tg}\alpha|})\,\mathfrak{x}' + \left[1+\sqrt{|\operatorname{tg}\alpha|}\cdot\left(1+\dfrac{b}{2}\right)\right]\dfrac{\mathfrak{v}}{c} \\[2mm] \qquad + \dfrac{b}{2}\sqrt{|\operatorname{tg}\alpha|}\cdot\dfrac{\bar{\mathfrak{v}}}{c}, \\[2mm] \vartheta_\alpha^{-\prime\prime} = -\sqrt{|\operatorname{tg}\alpha|}\,\mathfrak{x} + (1-\sqrt{|\operatorname{tg}\alpha|})\,\mathfrak{x}' + \left[1-\sqrt{|\operatorname{tg}\alpha|}\cdot\left(1+\dfrac{b}{2}\right)\right]\dfrac{\mathfrak{v}}{c} \\[2mm] \qquad - \dfrac{b}{2}\sqrt{|\operatorname{tg}\alpha|}\cdot\dfrac{\bar{\mathfrak{v}}}{c}. \end{cases}$$

Wegen $(\vartheta_\alpha^{+\prime}, \vartheta_\alpha^{+\prime}) = |\operatorname{tg}\alpha| > 0$ schneiden sich nach (14), (15) zwei konsekutive Kreise der ϑ_α^+-Schar in einem reellen Punktepaar, also außer in $\mathfrak{v}$ noch in einem weiteren reellen Punkte $\mathfrak{q}_\alpha^+$, ebenso schneidet sich ϑ_α^- mit seinem Nachbarkreis außer in $\mathfrak{v}$ noch in einem weiteren reellen Punkte $\mathfrak{q}_\alpha^-$. (Da ϑ_α^+ und ϑ_α^- sich in $\mathfrak{v}$ berühren, sind $\mathfrak{q}_\alpha^+$ und $\mathfrak{q}_\alpha^-$ immer verschieden.) Das Büschel aller Kreise durch $\mathfrak{q}_\alpha^+$ und $\mathfrak{q}_\alpha^-$ ist nun das einzige, für welches das Kurvenelement vierter Ordnung von $\mathfrak{v}$ Stück einer Isogonaltrajektorie unter dem Winkel α ist. Das folgt ohne weiteres aus der geometrischen Bedeutung der Kreise ϑ_α^+, ϑ_α^-.

Wir wollen jetzt die Bedingung dafür aufstellen, daß sich *drei* konsekutive Kreise ϑ_α^+ in einem Punkte schneiden. Die Bedingung dafür, daß drei konsekutive Kreise einer Schar $\mathfrak{x}(t)$ durch einen Punkt gehen, ist ja $b = 0$. Damit ist nach (28) gleichbedeutend: $1 - (\hat{\mathfrak{x}}''\hat{\mathfrak{x}}'') = b = 0$. Ist die Kreisschar statt auf σ auf den allgemeinen Parameter t bezogen, so schreibt sich diese Gleichung in der Form:

$$(61)\qquad (\ddot{\mathfrak{x}}\,\ddot{\mathfrak{x}})(\dot{\mathfrak{x}}\,\dot{\mathfrak{x}}) - (\dot{\mathfrak{x}}\,\ddot{\mathfrak{x}})^2 - (\dot{\mathfrak{x}}\,\dot{\mathfrak{x}})^3 = 0.$$

Wenden wir dies auf die Kreisschar ϑ_α^+ an (die nicht auf ihren ausgezeichneten Parameter σ bezogen ist), so vereinfacht sich die Gleichung wegen $(\vartheta_\alpha^{+\prime}, \vartheta_\alpha^{+\prime}) = |\operatorname{tg}\alpha| = \text{const}$ zu der Form $(\vartheta_\alpha^{+\prime\prime}, \vartheta_\alpha^{+\prime\prime}) - (\vartheta_\alpha^{+\prime}\vartheta_\alpha^{+\prime})^2 = 0$ und wir erhalten nach (58), (59) die Bedingung

$$(62)\qquad \operatorname{tg}^2\alpha + b\cdot|\operatorname{tg}\alpha| = 1,$$

$$(63)\qquad |\operatorname{tg}\alpha| = \frac{1}{2}\left(\underset{(-)}{+}\sqrt{b^2+4} - b\right).$$

Weil $|\operatorname{tg}\alpha|$ positiv sein muß, scheidet hier das Minuszeichen aus. Wendet man die Bedingung (61) auf die ϑ_α^--Kreise statt auf die ϑ_α^+-Kreise an, so erhält man genau dieselbe Gleichung (63). — Für einen bestimmten Winkel α, nämlich den, der der Gleichung (63) genügt, sind also die Punkte $\mathfrak{q}_\alpha^+$ und $\mathfrak{q}_\alpha^-$ stationär und es gilt der Satz: Zu einem Kurvenelement fünfter Ordnung gibt es ein Kreisbüschel, für das es ein Stück einer Isogonaltrajektorie ist. Der Schnittwinkel hängt dabei mit der Invariante b des Kurvenelements durch (63) zusammen.

Wir fragen jetzt nach solchen Kreisscharen, deren Kreise für beide Enveloppenkurven Hauptkreise sind, für die also gilt: $|g| = 1$; $|\bar{g}| = 1$. Es kommen zwei wesentlich verschiedene Fälle in Betracht, je nachdem die beiden Enveloppenkurven gleich oder verschieden gewunden sind.

I. Die Kurven sind verschieden gewunden. Dann ist $g + \bar{g} = 0$ und nach (32) $b' = 0$ und $b = \text{const}$ und damit ist auch der in (63) ermittelte ausgezeichnete Winkel konstant. Für die ϑ_α^+ und ϑ_α^--Kreise, die zu diesem Winkelwert gehören, ist dann die Gleichung (63) identisch erfüllt. Die Punkte $\mathfrak{q}_\alpha^+$ und $\mathfrak{q}_\alpha^-$ sind längs der ganzen Kurve fest, und diese ist Isogonaltrajektorie des durch sie bestimmten Kreisbüschels. Die Kurve $\mathfrak{v}$ ist also eine *Loxodrome*. Sie ist von der in Fig. **31** dargestellten Gestalt. Da die Kurven $\mathfrak{v}$ und $\bar{\mathfrak{v}}$ ganz gleichberechtigt sind, läßt sich von der Kurve $\bar{\mathfrak{v}}$ ganz analog beweisen, daß sie eine Loxodrome ist. Der Schnittwinkel α, unter dem $\mathfrak{v}$ und $\bar{\mathfrak{v}}$ das Büschel schneiden, ist derselbe mit entgegengesetztem Vorzeichen. Es gilt also der Satz: *Sind die Kreise einer Schar für beide Hüllkurven Hauptkreise und sind diese Kurven verschieden gewunden, so sind die Kurven notwendig Loxodromen gleichen Schnittwinkels.* Im Anschluß an die Überlegungen über die zu dem Winkelwert (63) gehörigen stationären Punkte $\mathfrak{q}_\alpha^+$, $\mathfrak{q}_\alpha^-$ kann man ersehen, daß es zu jeder Stelle einer ebenen Kurve eine sechspunktig berührende *oskulierende Loxodrome* gibt. Lassen wir bei einer Loxodrome den einen der festen Punkte, etwa $\mathfrak{q}_\alpha^-$ ins Unendliche rücken, so bekommen wir die Isogonaltrajektorien eines Geradenbüschels, die logarithmischen Spiralen, die in der Bewegungsgeometrie durch die Gleichung $d\varrho : ds = \text{const}$ charakterisiert werden. Die Hauptkreise der einen Schar fallen mit den Tangenten zusammen. Die Loxodromen haben unter allen ebenen Kurven die kennzeichnende

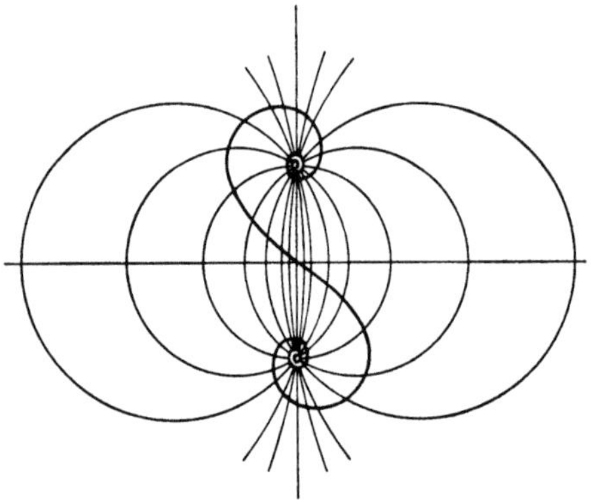

Fig. 31.

Eigenschaft, daß sie eine eingliedrige Gruppe von Kreisverwandtschaften in sich gestatten. Das folgt aus der Konstanz der einzigen wesentlichen Invariante b. Eine (reelle) Loxodrome läßt sich bei geeigneter Wahl des Vierkreiskoordinatensystems immer in der Form darstellen

$$\begin{cases} x_0 = \operatorname{ch} \beta t, & x_1 = \operatorname{sh} \beta t \\ x_2 = \cos \alpha t, & x_3 = \sin \alpha t \end{cases} \qquad \begin{bmatrix} \operatorname{ch} = \cos \operatorname{hyp} \\ \operatorname{sh} = \sin \operatorname{hyp} \end{bmatrix}$$

wo α und β Konstante sind und t der Kurvenparameter ist.

II. Die Kurven sind gleichgewunden. Hier ist $g = \bar{g}$ und wegen § 20 sind hier die Kreise $\mathfrak{x}$ alle orthogonal zu dem festen Kreis $(\bar{c}\,\mathfrak{v} - c\,\bar{\mathfrak{v}})$. Stellen wir uns auf den Boden der nichteuklidischen Geometrie, so sind alle zu dem festen „uneigentlichen" Kreis senkrechten Kreise die nichteuklidischen Geraden und bei den Kurven $\mathfrak{v}$ und $\bar{\mathfrak{v}}$ fallen die nichteuklidischen Tangenten mit den Hauptkreisen der einen Schar zusammen. Sind ϱ und s nichteuklidischer Krümmungsradius resp. nichteuklidische Bogenlänge, so sind diese Kurven durch die Gleichung $d\varrho : ds = 1$ charakterisiert. Die Integration der Gleichung dieser Kurven ist bisher nicht gelungen. Über die Diskussion ihrer Gestalt vgl. § 32 Aufg. 18.

§ 26. Flächen im hyperbolischen Raum[1]).

Wir wollen jetzt die Theorie der eindimensionalen Kreisscharen und Kurven verlassen und eine Anwendung unserer in den Kapiteln I und II entwickelten Formeln auf zweidimensionale Mannigfaltigkeiten geben. Nehmen wir die Koordinaten eines eigentlichen Kreises $\mathfrak{p}$ als stetige Funktionen zweier Parameter u und v an, so ist durch $\mathfrak{p}\,(u, v)$ ein *Kreissystem* in der Ebene gegeben. Wir können dann $\mathfrak{p}$ so normieren, daß $\mathfrak{p}\,\mathfrak{p} = 1$ und deshalb dann auch

$$\mathfrak{p}\,\mathfrak{p}_u = \mathfrak{p}\,\mathfrak{p}_v = 0 \tag{66}$$

wird, wobei die Indizes u, v Ableitung nach den Parametern bedeuten. Wenn wir hier wieder unsere Abbildung der hyperbolischen Geometrie des Raumes auf die ebene Inversionsgeometrie heranziehen, so entspricht einem System eigentlicher Kreise in der Ebene eine ganz außerhalb der Grundkugel gelegene Fläche $\mathfrak{p}\,(u, v)$ im Raume, und die hyperbolische Flächentheorie in diesem Teil des Raumes ist gleichbedeutend mit der Inversionsgeometrie der Kreissysteme auf der Kugel und in der Ebene. Betrachten wir zunächst die Verhältnisse im Raum! Zu jedem Punkt der Fläche $\mathfrak{p}$ gibt es eine Polarebene bezüglich der Grundkugel, und diese Polarebenen umhüllen eine zweite Fläche $\bar{\mathfrak{p}}\,(u, v)$, die Polar-

[1]) Zu den §§ 26—31 vgl. die Arbeit: *W. Blaschke*, „Über konforme Geometrie III". Abh. d. Hamb. Math. Sem. Bd. 4 (1925).

fläche der Ausgangsfläche. Alle Raumpunkte, deren Koordinaten sich linear aus $\bar{\mathfrak{p}}$, $\bar{\mathfrak{p}}_u$, $\bar{\mathfrak{p}}_v$ kombinieren lassen, erfüllen die Tangentenebene der Fläche $\bar{\mathfrak{p}}$. Da diese die Polarebene von $\mathfrak{p}$ ist, muß gelten:

$$\mathfrak{p}\,\bar{\mathfrak{p}} = \mathfrak{p}\,\bar{\mathfrak{p}}_u = \mathfrak{p}\,\bar{\mathfrak{p}}_v = 0\,. \tag{67}$$

Aus $\mathfrak{p}\,\bar{\mathfrak{p}} = 0$ folgt aber durch Ableitung unter Berücksichtigung von (67), daß auch

$$\bar{\mathfrak{p}}\,\mathfrak{p} = \bar{\mathfrak{p}}\,\mathfrak{p}_u = \bar{\mathfrak{p}}\,\mathfrak{p}_v = 0 \tag{68}$$

gilt. $\mathfrak{p}$ ist also umgekehrt wieder die Polarfläche von $\bar{\mathfrak{p}}$. In der hyperbolischen Geometrie nennt man eine Gerade zu einer Ebene normal, wenn sie durch den Pol der Ebene hindurchgeht. Die Gerade $\{\mathfrak{p}, \bar{\mathfrak{p}}\}$ ist daher die *gemeinsame Normale* der beiden Flächen. Verbindet man alle entsprechenden Punkte $\mathfrak{p}$ und $\bar{\mathfrak{p}}$, so erhält man das Strahlensystem der nichteuklidischen Normalen der beiden Flächen. Für reelle Koordinaten muß nun gelten

$$|\mathfrak{p}, \mathfrak{p}_u, \mathfrak{p}_v, \bar{\mathfrak{p}}|^2 > 0, \tag{70}$$

woraus man nach dem Determinantensatz § 11 (16) und (67), (68) erhält:

$$(\bar{\mathfrak{p}}\,\bar{\mathfrak{p}})\left[(\mathfrak{p}_u\,\mathfrak{p}_v)^2 - (\mathfrak{p}_u\,\mathfrak{p}_u)(\mathfrak{p}_v\,\mathfrak{p}_v)\right] > 0\,. \tag{71}$$

Wir wollen nun im folgenden nur solche Flächen betrachten, deren Normalen die Grundkugel nicht schneiden, bei ihnen muß dann auch $\bar{\mathfrak{p}}$ außerhalb der Grundkugel liegen. Wir können diesen Punkt dann so normieren, daß

$$\bar{\mathfrak{p}}\,\bar{\mathfrak{p}} = 1; \quad \bar{\mathfrak{p}}\,\bar{\mathfrak{p}}_u = \bar{\mathfrak{p}}\,\bar{\mathfrak{p}}_v = 0 \tag{72}$$

wird. Dann gibt (71)

$$(\mathfrak{p}_u\,\mathfrak{p}_v)^2 - (\mathfrak{p}_u\,\mathfrak{p}_u)(\mathfrak{p}_v\,\mathfrak{p}_v) > 0 \tag{73}$$

und wegen der Gleichberechtigung der Flächen $\mathfrak{p}$ und $\bar{\mathfrak{p}}$ gilt dann auch:

$$(\bar{\mathfrak{p}}_u\,\bar{\mathfrak{p}}_v)^2 - (\bar{\mathfrak{p}}_u\,\bar{\mathfrak{p}}_u)(\bar{\mathfrak{p}}_v\,\bar{\mathfrak{p}}_v) > 0\,. \tag{74}$$

Im folgenden wird es zweckmäßig sein, die Formeln in $\mathfrak{p}$ und $\bar{\mathfrak{p}}$ völlig symmetrisch zu gestalten und keine der beiden Flächen zu bevorzugen. Wir betrachten das Punktepaar $\{\mathfrak{p}, \bar{\mathfrak{p}}\}$ als das Grundelement unserer Mannigfaltigkeit, das wir als Funktion der Parameter u, v in zulässiger Weise, d. h. so, daß die Gleichungen (67) und (68) erfüllt sind, vorgegeben denken.

Schneidet unserer Voraussetzung gemäß die Normale $\{\mathfrak{p}, \bar{\mathfrak{p}}\}$ die Grundkugel nicht, so trifft sicher ihre reziproke Polare, die Schnittgerade der Tangentenebenen der Flächen $\mathfrak{p}$ und $\bar{\mathfrak{p}}$, die Kugel in zwei reellen Punkten $\mathfrak{v}, \mathfrak{w}$, für die dann nach § 9 (70) gilt:

$$\left\{\begin{aligned} &\mathfrak{v}\,\mathfrak{v} = \mathfrak{v}\,\mathfrak{p} = \mathfrak{v}\,\bar{\mathfrak{p}} = 0\\ &\mathfrak{w}\,\mathfrak{w} = \mathfrak{w}\,\mathfrak{p} = \mathfrak{w}\,\bar{\mathfrak{p}} = 0. \end{aligned}\right. \tag{75}$$

Die Geraden $\{\mathfrak{p}\,\mathfrak{v}\}$ und $\{\mathfrak{p}\,\mathfrak{w}\}$ sind dann die Tangenten des Flächenpunktes $\mathfrak{p}$, die die Grundkugel berühren und die wir die *isotropen Tangenten* der Fläche $\mathfrak{p}$ nennen wollen.

Ebenso sind $\{\bar{\mathfrak{p}}\,\mathfrak{v}\}$ und $\{\bar{\mathfrak{p}}\,\mathfrak{w}\}$ die isotropen Tangenten von $\bar{\mathfrak{p}}$. Wir wollen die beiden isotropen Tangenten $\{\mathfrak{p}\,\mathfrak{v}\}$ und $\{\bar{\mathfrak{p}}\,\mathfrak{v}\}$, die die Kugel im selben Punkt $\mathfrak{v}$ berühren, gleichartig nennen, ebenso sind dann $\{\mathfrak{p}\,\mathfrak{w}\}$ und $\{\bar{\mathfrak{p}}\,\mathfrak{w}\}$ gleichartige isotrope Tangenten in entsprechenden Punkten der beiden Polarflächen. Wir wollen die Punkte $\mathfrak{v}, \mathfrak{w}$ so normieren, daß $\mathfrak{v}\,\mathfrak{w} = +1$ wird, dann ist wieder wie bei den Punkten $\mathfrak{v}, \bar{\mathfrak{v}}$ im § 22 die Normierung bis auf eine Transformation der Form (17) festgelegt. Wegen

$$|\mathfrak{p}, \bar{\mathfrak{p}}, \mathfrak{v}, \mathfrak{w}|^2 = 1 \tag{76}$$

sind die vier in der Determinante stehenden „*Grundvektoren*" linear unabhängig. Wir können uns die Vektoren $\mathfrak{p}, \bar{\mathfrak{p}}$ so normiert (gerichtet) denken, daß

$$|\mathfrak{v}, \mathfrak{p}, \bar{\mathfrak{p}}, \mathfrak{w}| = -1 \tag{77}$$

wird. Dann ist die Normierung (Richtung) von $\mathfrak{p}$ und $\bar{\mathfrak{p}}$ bis auf einen gemeinsamen Vorzeichen- (Richtungs-) Wechsel bestimmt.

Durch

$$-(\mathfrak{v}\,d\,\mathfrak{p}) = \mathfrak{p}\,d\,\mathfrak{v} = (\mathfrak{p}\,\mathfrak{v}_u)\,d\,u + (\mathfrak{p}\,\mathfrak{v}_v)\,d\,v = 0 \tag{78}$$

ist die Fortschreitungsrichtung $du{:}dv$ auf der Fläche $\mathfrak{p}$ längs der zu $\mathfrak{v}$ gehörigen isotropen Tangente gegeben. Denn wenn wir $d\mathfrak{p}$ als Linearkombination der Grundvektoren (76) ansetzen, so folgt aus

$$\mathfrak{p}\,d\mathfrak{p} = \bar{\mathfrak{p}}\,d\mathfrak{p} = \mathfrak{v}\,d\,\mathfrak{p} = 0:$$

$$d\,\mathfrak{p} \text{ prop } \mathfrak{v}. \tag{79}$$

Es liegt also der Punkt $\mathfrak{p} + d\,\mathfrak{p}$ auf der Geraden $\{\mathfrak{p}, \mathfrak{v}\}$. Reihen wir die durch (78) gegebenen zu den einzelnen Punkten von $\mathfrak{p}$ gehörigen „isotropen Richtungen" aneinander, so erhalten wir eine Kurvenschar auf der Fläche $\mathfrak{p}$, deren Tangenten alle die Grundkugel berühren.

Ebenso liefert $\mathfrak{w}\,d\,\mathfrak{p} = 0$ eine zweite Schar solcher Kurven. Wir wollen diese beiden Kurvenscharen die isotropen Kurven der Fläche $\mathfrak{p}$ nennen.

Durch

$$-(\mathfrak{v}\,d\,\bar{\mathfrak{p}}) = \bar{\mathfrak{p}}\,d\,\mathfrak{v} = (\bar{\mathfrak{p}}\,\mathfrak{v}_u)\,d\,u + (\bar{\mathfrak{p}}\,\mathfrak{v}_v)\,d\,v = 0 \tag{80}$$

ist die eine Schar der isotropen Kurven auf der Polarfläche $\bar{\mathfrak{p}}$ zu $\mathfrak{p}$ gegeben; da sie zum selben Punkt $\mathfrak{v}$ gehört wie die durch (78) auf $\mathfrak{p}$ gegebene, wollen wir sie die zu den Kurven (78) gleichartigen isotropen Kurven nennen. Für die Fortschreitungsrichtung (80) gilt analog (79):

$$d\,\bar{\mathfrak{p}} \text{ prop } \mathfrak{v}. \tag{81}$$

Wir wollen nun unser Paar $\{\mathfrak{p}, \bar{\mathfrak{p}}\}$ von Polarflächen auf die durch (78) und (80) gegebenen gleichartigen zum Punkt $\mathfrak{v}$ gehörigen isotropen Kurven als Parameterkurven beziehen. Sollen die u-Kurven $v = \text{const}$, $dv = 0$ den Kurven (78) und die v-Kurven $u = \text{const}$, $du = 0$ den Kurven (80) entsprechen, so muß

$$-\mathfrak{v}\,\mathfrak{p}_u = \mathfrak{p}\,\mathfrak{v}_u = 0 \tag{82}$$

und

$$-\mathfrak{v}\,\bar{\mathfrak{p}}_v = \bar{\mathfrak{p}}\,\mathfrak{v}_v = 0 \tag{83}$$

werden. Durch die Einführung dieser Parameterkurven zeichnen wir den Punkt $\mathfrak{v}$ vor dem an sich gleichberechtigten $\mathfrak{w}$ wesentlich aus. Außerdem wird der Punkt $\mathfrak{p}$ der u-Kurve in derselben Weise zugeordnet, wie der Punkt $\bar{\mathfrak{p}}$ der v-Kurve. Aus (79) und (81) ergibt sich:

$$\mathfrak{p}_u \text{ prop } \mathfrak{v}, \quad \bar{\mathfrak{p}}_v \text{ prop } \mathfrak{v}. \tag{84}$$

§ 27. Hyperbolische Flächentheorie und Inversionsgeometrie senkrechter Kurvennetze auf der Kugel.

Den Flächen $\mathfrak{p}$, $\bar{\mathfrak{p}}$ entsprechen in der Inversionsgeometrie auf der Kugel — auf diese wird es uns hauptsächlich ankommen — zwei Kreissysteme. Und zwar schneidet die Tangentenebene von $\bar{\mathfrak{p}}$ den Kreis $\mathfrak{p}$ aus, die Tangentenebene von $\mathfrak{p}$ den Kreis $\bar{\mathfrak{p}}$. Nach (68) ist $\mathfrak{p}$ der Kreis, der zu $\mathfrak{p}$ und allen Nachbarkreisen des Systems $\mathfrak{p}\,(u, v)$ senkrecht ist, und nach (67) ergibt sich, daß $\mathfrak{p}$ in der umgekehrten Beziehung zum System $\bar{\mathfrak{p}}$ steht. $\mathfrak{v}$ und $\mathfrak{w}$ sind die beiden Schnittpunkte von $\mathfrak{p}$ und $\bar{\mathfrak{p}}$. Den Parameterkurven (78), (80) auf den Flächen im Raum entsprechen die Kurven eines Netzes $\mathfrak{v}\,(u, v)$ auf der Kugel. $\mathfrak{p}$ und $\bar{\mathfrak{p}}$ sind nun einfach die Krümmungskreise der beiden Kurven dieses Netzes im Punkte $\mathfrak{v}$, denn aus (84) folgt $\mathfrak{p}_u\,\mathfrak{v}_u = 0$ und durch Differenzieren von (82) ergibt sich $\mathfrak{p}\,\mathfrak{v}_{uu} = 0$. Es gilt also

$$\mathfrak{p}\,\mathfrak{v} = \mathfrak{p}\,\mathfrak{v}_u = \mathfrak{p}\,\mathfrak{v}_{uu} = 0\,. \tag{86}$$

$\mathfrak{p}$ geht also wirklich durch drei „konsekutive" Punkte der u-Kurve des Netzes. Ebenso gilt:

$$\bar{\mathfrak{p}}\,\mathfrak{v} = \mathfrak{p}\,\mathfrak{v}_v = \mathfrak{p}\,\mathfrak{v}_{vv} = 0\,. \tag{87}$$

Wegen $\mathfrak{p}\,\bar{\mathfrak{p}} = 0$ ist daher das Kurvennetz $\mathfrak{v}\,(u, v)$ orthogonal. Es gilt also der Satz: *Beziehen wir ein Paar von Polarflächen $\mathfrak{p}$, $\bar{\mathfrak{p}}$ des hyperbolischen Raumes auf zwei Scharen von gleichartigen isotropen Kurven der beiden Flächen, so beschreibt der gemeinsame Berührungspunkt der beiden zusammengehörigen isotropen Tangenten der beiden Flächen mit der Grundkugel auf dieser ein orthogonales Netz von Kurven, die den isotropen Kurven der beiden Flächen entsprechen und deren Krümmungskreise in den Tangentenebenen der Flächen liegen.*

Gibt man umgekehrt irgend ein orthogonales Kurvennetz $\mathfrak{v}(u, v)$ auf der Kugel, so umhüllen die Ebenen der Krümmungskreise $\mathfrak{p}$, $\bar{\mathfrak{p}}$ der Netzkurven zwei Polarflächen des hyperbolischen Raumes und den Kurven des Netzes entsprechen zwei Scharen gleichartiger isotroper Kurven auf den beiden Flächen. Ist $\mathfrak{w}$ der Schnittpunkt der Krümmungskreise, so bilden die reziproken Polaren der Verbindungsgeraden $\{\mathfrak{v}\mathfrak{w}\}$ das gemeinsame Normalensystem der beiden Flächen.

Der Beweis läßt sich so führen: $\mathfrak{p}$ und $\bar{\mathfrak{p}}$ lassen sich aus dem gegebenen Netz durch die Gleichungen (86), (87) bestimmen und so normieren, daß die Beziehungen (66), (72) gelten. $\mathfrak{w}$ ist dann durch (75) bestimmt. Für eine reguläre Stelle des Netzes muß dann $\bar{\mathfrak{p}}\mathfrak{v}_u \neq 0$ und $\mathfrak{p}\mathfrak{v}_v \neq 0$ sein. Wegen der Orthogonalität des Netzes muß $\mathfrak{p}\bar{\mathfrak{p}} = 0$ sein. Da wegen $\mathfrak{v}\mathfrak{v}_u = \mathfrak{p}\mathfrak{v}_u = 0$ der Kreis $\mathfrak{v}_u$ in $\mathfrak{v}$ auf $\mathfrak{p}$ senkrecht steht und auf Grund der analogen Gleichungen der Kreis $\mathfrak{v}_v$ auf $\bar{\mathfrak{p}}$, muß notwendig gelten:

$$\mathfrak{v}_u \mathfrak{v}_v = 0. \tag{88}$$

Setzen wir nun $\mathfrak{p}_u$ als Linearkombination der linear unabhängigen Kreise $\mathfrak{p}$, $\bar{\mathfrak{p}}$, $\mathfrak{v}$, $\mathfrak{w}$ an, so muß wegen $\mathfrak{p}\mathfrak{p}_u = 0$ und der aus (86) folgenden Gleichung $\mathfrak{v}\mathfrak{p}_u = 0$ eine Darstellung gelten: $\mathfrak{p}_u = \alpha\bar{\mathfrak{p}} + \beta\mathfrak{v}$. Aus (86) folgt nun aber $\mathfrak{v}_u\mathfrak{p}_u = 0$ und wegen $\bar{\mathfrak{p}}\mathfrak{v}_u \neq 0$ daher $\alpha = 0$. Also gilt die erste der Gleichungen (84) und analog auch die zweite. Daraus folgt aber $\mathfrak{p}_u\bar{\mathfrak{p}} = \bar{\mathfrak{p}}_v\mathfrak{p} = 0$ und durch Differenzieren von $\mathfrak{p}\bar{\mathfrak{p}} = 0$ ergeben sich dann die noch fehlenden der Gleichungen (67), (68), die die Flächen $\mathfrak{p}$, $\bar{\mathfrak{p}}$ als Polarflächen kennzeichnen. Auch die anderen Behauptungen des eben ausgesprochenen Satzes ergeben sich unmittelbar.

Als Beispiel einer geometrischen Anwendung der Formeln (67), (86) sei ein von *E. Cesàro* herrührender Satz mit ihnen bewiesen.

Wir betrachten das System der mit dem Kurvennetz $\mathfrak{v}(u, v)$ verbundenen Kreise

$$\begin{aligned} \mathfrak{q} &= +\,\mathfrak{p}\cos\alpha + \bar{\mathfrak{p}}\sin\alpha, \\ \bar{\mathfrak{q}} &= -\,\mathfrak{p}\sin\alpha + \bar{\mathfrak{p}}\cos\alpha, \end{aligned} \tag{89}$$

wo α ein konstanter Winkelwert sein möge. Die Kreise $\mathfrak{q}$ und $\bar{\mathfrak{q}}$ gehen wie $\mathfrak{p}$ und $\bar{\mathfrak{p}}$ durch die Punkte $\mathfrak{v}$ und $\mathfrak{w}$ und bilden mit den Kreisen $\mathfrak{p}$ und $\bar{\mathfrak{p}}$ konstante Winkel. Es gilt auch hier wegen (66), (67) und (68), (72)

$$\mathfrak{q}\bar{\mathfrak{q}} = \mathfrak{q}\bar{\mathfrak{q}}_u = \mathfrak{q}\bar{\mathfrak{q}}_v = \bar{\mathfrak{q}}\mathfrak{q}_u = \bar{\mathfrak{q}}\mathfrak{q}_v = 0\,. \tag{90}$$

d. h. den Kreissystemen $\mathfrak{q}$, $\bar{\mathfrak{q}}$ entsprechen im hyperbolischen Raum wieder zwei Polarflächen. Weil $\mathfrak{q}$ und $\bar{\mathfrak{q}}$ Linearkombinationen von $\mathfrak{p}$ und $\bar{\mathfrak{p}}$ sind, liegen $\mathfrak{p}$, $\bar{\mathfrak{p}}$, $\mathfrak{q}$, $\bar{\mathfrak{q}}$ auf derselben Geraden, und zwar sind $\mathfrak{p}$, $\bar{\mathfrak{p}}$, $\mathfrak{q}$, $\bar{\mathfrak{q}}$ Orthogonalflächen desselben nichteuklidischen Normalensystems, nämlich des Systems der reziproken Polaren zu den Geraden $\{\mathfrak{v}\mathfrak{w}\}$. Zu dem Flächenpaar $\{\mathfrak{q}, \bar{\mathfrak{q}}\}$ gehört nun ein neues Kurvennetz auf der Kugel $\mathfrak{v}(p, q)$, dessen Kurven $p = \text{const}$, $q = \text{const}$, durch Aneinanderfügungen der Richtungen

$$\mathfrak{q}\, d\mathfrak{v} = 0$$

einerseits und

$$\bar{\mathfrak{q}}\, d\mathfrak{v} = 0$$

andererseits entstehen, diese Richtungen sind aber, wie wir im § 26 ausgeführt haben, zu den Kreisen $\mathfrak{q}$, $\bar{\mathfrak{q}}$ in $\mathfrak{v}$ tangential. Die Kurven des Netzes $\mathfrak{v}(p, q)$ berühren also immer die Kreise $\mathfrak{q}$, $\bar{\mathfrak{q}}$ in $\mathfrak{v}$, bilden also ein Isogonalnetz des Netzes $\mathfrak{v}(u, v)$. Da $\mathfrak{q}$ und $\bar{\mathfrak{q}}$ wieder Krümmungskreise des Netzes $\mathfrak{v}(p, q)$ sind, so können wir den Satz aussprechen:

Der Schnittpunkt $\mathfrak{w}$ *der Krümmungskreise der Kurven eines orthogonalen Netzes* $\mathfrak{v}(u, v)$ *ist auch der Schnittpunkt der entsprechenden Krümmungskreise eines jeden Isogonalnetzes von* $\mathfrak{v}(u, v)$.

Aus dem Beweis ersehen wir noch, daß *alle senkrechten Kurvennetze auf der Kugel, die zu einem Paar von zueinander polaren Orthogonalflächen desselben nichteuklidischen Normalensystems gehören, Isogonalnetze voneinander sind.*

§ 28. Grundformeln für senkrechte Kurvennetze auf der Kugel.

Wir wollen jetzt die Ableitungen der vier Grundvektoren $\mathfrak{v}$, $\mathfrak{p}$, $\bar{\mathfrak{p}}$, $\mathfrak{w}$ unseres Netzes nach den Parametern u und v aus den Grundvektoren selbst linear kombinieren. Es gelten die folgenden Gleichungen:

(91)

$\mathfrak{v}_u = h\,\mathfrak{v} - t\,\bar{\mathfrak{p}}$	$\mathfrak{v}_v = \bar{h}\,\mathfrak{v} - \bar{t}\,\mathfrak{p}$
$\mathfrak{p}_u = r\,\mathfrak{v}$	$\bar{\mathfrak{p}}_v = \bar{r}\,\mathfrak{v}$
$\bar{\mathfrak{p}}_u = s\,\mathfrak{v} + t\,\mathfrak{w}$	$\mathfrak{p}_v = \bar{s}\,\mathfrak{v} + \bar{t}\,\mathfrak{w}$
$\mathfrak{w}_u = -r\,\mathfrak{p} - s\,\mathfrak{p} - h\,\mathfrak{w}$	$\mathfrak{w}_v = -\bar{r}\,\bar{\mathfrak{p}} - \bar{s}\,\mathfrak{p} - \bar{h}\,\mathfrak{w}$

deren Richtigkeit man nachweisen kann, indem man sie einzeln mit den vier Grundvektoren skalar multipliziert. Dabei sind die Gleichungen (66), (67), (68), (72), (84), (86), (87) und die sich aus (75) ergebenden

$$(92)\qquad \begin{cases} \mathfrak{v}\,\mathfrak{v}_u = \mathfrak{v}\,\mathfrak{v}_v = 0 \\ \mathfrak{w}\,\mathfrak{w}_u = \mathfrak{w}\,\mathfrak{w}_v = 0 \end{cases}$$

zu berücksichtigen. Ferner ist zur Abkürzung gesetzt:

(93)

$\mathfrak{w}\,\mathfrak{v}_u = -\mathfrak{v}\,\mathfrak{w}_u = h$	$\mathfrak{w}\,\mathfrak{v}_v = -\mathfrak{v}\,\mathfrak{w}_v = \bar{h}$
$\mathfrak{w}\,\mathfrak{p}_u = -\mathfrak{p}\,\mathfrak{w}_u = r$	$\mathfrak{w}\,\bar{\mathfrak{p}}_v = -\bar{\mathfrak{p}}\,\mathfrak{w}_v = \bar{r}$
$\mathfrak{v}\,\bar{\mathfrak{p}}_u = -\bar{\mathfrak{p}}\,\mathfrak{v}_u = t$	$\mathfrak{v}\,\mathfrak{p}_v = -\mathfrak{p}\,\mathfrak{v}_v = \bar{t}$
$\mathfrak{w}\,\bar{\mathfrak{p}}_u = -\bar{\mathfrak{p}}\,\mathfrak{w}_u = s$	$\mathfrak{w}\,\mathfrak{p}_v = -\mathfrak{p}\,\mathfrak{w}_v = \bar{s}$

Da die u-Kurve dem Kreis $\mathfrak{p}$ nach (86) in ganz derselben Weise zugeordnet ist wie die v-Kurve dem Kreis $\bar{\mathfrak{p}}$, entsprechen sich die Formeln der rechten und linken Tabelle in (91) und (93) in dem Sinne, daß man die eine aus der andern erhält, indem man die Parameter u und v und ferner $\mathfrak{p}$ und $\mathfrak{p}$ und die zugehörigen Größen r und $\bar{r}$, t und $\bar{t}$ miteinander vertauscht, indem man $\mathfrak{v}$ und $\mathfrak{w}$ aber unverändert läßt.

In den Formeln (91) steckt insofern eine Unbestimmtheit, als $\mathfrak{v}$ und $\mathfrak{w}$ in ihrer Normierung noch nicht völlig festgelegt sind, sondern nur bis auf Transformationen der Form

$$(93\text{a}) \qquad \mathfrak{v} = \lambda(u,v)\cdot\mathfrak{v}^*; \qquad \mathfrak{w} = \frac{1}{\lambda(u,v)}\cdot\mathfrak{w}^*.$$

Wir werden die Normierung von $\mathfrak{v}$ und $\mathfrak{w}$ einstweilen noch nicht festlegen und später zeigen, wie man in verschiedenen Fällen in verschiedener Weise am zweckmäßigsten über sie verfügen kann. Für unsere Gleichungen (91), die ein System linearer partieller Differentialgleichungen für die Funktionen $\mathfrak{v}(u,v)$, $\mathfrak{p}(u,v)$, $\bar{\mathfrak{p}}(u,v)$, $\mathfrak{w}(u,v)$ darstellen, haben wir nun noch die *Bedingungen der Integrierbarkeit*

$$(94) \qquad \mathfrak{v}_{uv} = \mathfrak{v}_{vu}, \quad \mathfrak{p}_{uv} = \mathfrak{p}_{vu} \text{ usw.}$$

aufzustellen. Wir haben somit die Gleichungen (91) noch einmal abzuleiten und können dabei die ersten Ableitungen der Grundvektoren nach (91) wieder aus diesen selbst kombinieren, so daß wir dann die zweiten Ableitungen der Grundvektoren als Linearkombination dieser selbst ausdrücken.

Wir erhalten z. B.

$$\mathfrak{v}_{uv} = (h_v + h\bar{h} - t\bar{r})\,\mathfrak{v} - h\bar{t}\,\mathfrak{p} - t_v\,\bar{\mathfrak{p}}.$$

Drückt man in den Gleichungen (94) beide Seiten nach (91) als Linearkombination der Grundvektoren aus, so müssen dann die Koeffizienten der einzelnen Grundvektoren auf beiden Seiten gleich sein. Es führt z. B. $\mathfrak{v}_{uv} = \mathfrak{v}_{vu}$ auf die Gleichung:

$$(h_v + h\bar{h} - t\bar{r})\,\mathfrak{v} - h\bar{t}\,\mathfrak{p} - t_v\,\bar{\mathfrak{p}} = (\bar{h}_u + h\bar{h} - \bar{t}r)\,\mathfrak{v} - \bar{t}_u\,\mathfrak{p} - \bar{h}t\,\bar{\mathfrak{p}}.$$

Daraus ergeben sich die Gleichungen:

$$h_v - t\bar{r} = \bar{h}_u - \bar{t}r$$

$$\bar{t}_u = h\bar{t}, \qquad t_v = \bar{h}t.$$

Führt man die Rechnung analog für die drei übrigen der Gleichungen (94) durch, so wird man im ganzen auf sechs verschiedene Integrierbarkeitsbedingungen geführt:

$$(95) \qquad r_v + r\bar{h} = \bar{s}_u + \bar{s}h$$

$$(96) \qquad \bar{r}_u + \bar{r}h = s_v + s\bar{h}$$

$$\bar{t}_u = \bar{h}\,t \tag{97}$$

$$t_v = \bar{h}\,t \tag{98}$$

$$h_v + r\,\bar{t} = \bar{h}_u + \bar{r}\,t \tag{99}$$

$$s\,\bar{t} + \bar{s}\,t = 0\,. \tag{100}$$

Dabei gehen (95) und (96) sowie auch (97) und (98) paarweise ineinander über, wenn man die quergestrichenen mit den nicht quergestrichenen Größen und gleichzeitig die Parameter u und v miteinander vertauscht. (99) und (100) gehen bei solcher Vertauschung in sich selbst über.

Die in den Ableitungsgleichungen (91) auftretenden Koeffizienten

$$h,\ \bar{h},\ t,\ \bar{t},\ r,\ \bar{r},\ s,\ \bar{s} \tag{101}$$

sind noch keine absoluten inversionsgeometrischen Invarianten unseres Netzes. Denn erstens haben wir noch die Transformationen

$$u = f(u^*), \quad v = \bar{f}(v^*). \tag{102}$$

der Parameter unseres Netzes zu berücksichtigen, bei denen die Netzkurven $u = \text{const}$, $v = \text{const}$ erhalten bleiben. Die Transformationen (102) entsprechen einer *Abänderung der Skalen* der u- (bzw. v-) Werte, die wir den einzelnen Kurven $u = \text{const}$ ($v = \text{const}$) beilegen können. Wir können uns die Skala der u-Werte etwa einmal längs einer Kurve $v = \text{const}$ für die verschiedenen Schnittpunkte mit den Kurven $u = \text{const}$ aufgetragen denken und ebenso die Skala der v-Werte längs einer Kurve $u = \text{const}$. (102) entspricht also — so können wir uns vorstellen — der Änderung der Skalen auf den beiden Kurven, die wir uns als Träger der beiden Skalen vorstellen. Es werden nur solche Ausdrücke in den Größen (101) Invarianten unseres Netzes sein können, die sich bei den Transformationen (102) nicht ändern.

Zweitens haben wir die Transformationen (93a) zu beachten, die die Normierung von $\mathfrak{v}$ und $\mathfrak{w}$ ändern.

Wir üben nun erstens eine Parametertransformation (102) aus, auf neue Parameter u^*, v^*, und hinterher eine Umnormierung (93a), wo dann λ als beliebige Funktion von u^*, v^* zu nehmen ist. Wir stellen die Formeln zusammen, nach denen die Größen (101) mit den neuen $h^*, \bar{h}^*, t^*, \bar{t}^* \ldots$ usw. zusammenhängen, die nach der in (93) gegebenen Vorschrift für die neuen Parameter u^*, v^* und die neuen $\mathfrak{v}^*, \mathfrak{w}^*$ gebildet sind.

Setzen wir zur Abkürzung

$$1 : \frac{df}{du^*} = \tau; \qquad 1 : \frac{d\bar{f}}{dv^*} = \bar{\tau}, \tag{103}$$

so haben wir:

$$(104)\quad \begin{cases} h = \tau\left(\dfrac{\partial \lg \lambda}{\partial u^*} + h^*\right), & \bar{h} = \bar{\tau}\left(\dfrac{\partial \lg \lambda}{\partial v^*} + \bar{h}^*\right), \\ r = \dfrac{\tau}{\lambda} r^*, & \bar{r} = \dfrac{\bar{\tau}}{\lambda} \bar{r}^*, \\ t = \lambda \tau t^*, & \bar{t} = \lambda \bar{\tau} \bar{t}^*, \\ s = \dfrac{\tau}{\lambda} s^*, & \bar{s} = \dfrac{\bar{\tau}}{\lambda} \bar{s}^*. \end{cases}$$

Auf Grund dieser Formeln kann man sich leicht wirkliche *absolute Invarianten* bilden. Solche sind z. B. $r:s$ und $\bar{r}:\bar{s}$. Doch wollen wir hier nicht weiter darauf eingehen, da wir im § 32 mittels einer etwas anderen Methode das vollständige System der Invarianten unseres Netzes aufstellen wollen.

Die in (91) und (95) bis (100) abgeleiteten Grundformeln sind zugleich *die Formeln der hyperbolischen Flächentheorie.* Die inversionsgeometrischen Invarianten des Netzes entsprechen den Invarianten der zugehörigen Fläche in der hyperbolischen Geometrie und können als solche oft besonders einfach gedeutet werden. Wir wollen uns z. B. die Brennpunkte des Systems der Flächennormalen $\{\mathfrak{p}, \bar{\mathfrak{p}}\}$ berechnen, d. h. die auf der Geraden $\{\mathfrak{p}, \bar{\mathfrak{p}}\}$ gelegenen Punkte $\mathfrak{z}$, in der diese von Nachbarstrahlen des Normalensystems $\{\mathfrak{p}\,(u, v), \bar{\mathfrak{p}}\,(u, v)\}$ getroffen wird. Wir haben $\mathfrak{z}$ als Linearkombination von $\mathfrak{p}$ und $\bar{\mathfrak{p}}$ anzusetzen. Machen wir den Ansatz

$$(106)\qquad \mathfrak{z} = \cos\alpha\, \mathfrak{p} + \sin\alpha\, \bar{\mathfrak{p}},$$

so ist der Punkt $\mathfrak{z}$ zugleich in normierten Koordinaten gegeben, und den verschiedenen Werten von α zwischen 0 und π entsprechen die einzelnen Punkte der Normalen. α ist nach § 6 (44) die nichteuklidische Entfernung des Punktes $\mathfrak{z}$ von $\mathfrak{p}$; $\pi/2 - \alpha$ seine Entfernung von $\bar{\mathfrak{p}}$. Nehmen wir $\mathfrak{p}$, $\bar{\mathfrak{p}}$ und α als Funktion von u und v an, so ist $\mathfrak{z}$ dann und nur dann ein Brennpunkt, wenn es eine Fortschreitungsrichtung δ gibt, so daß $\mathfrak{z} + \delta\mathfrak{z}$ auch noch auf der Geraden $\{\mathfrak{p}, \bar{\mathfrak{p}}\}$ liegt. $\delta\mathfrak{z}$ muß dann eine Linearkombination von $\mathfrak{p}$ und $\bar{\mathfrak{p}}$ sein oder, was auf dasselbe hinauskommt, es muß gelten:

$$(108)\qquad \mathfrak{v}\,\delta\mathfrak{z} = 0; \quad \mathfrak{w}\,\delta\mathfrak{z} = 0.$$

Setzen wir

$$(109)\qquad \delta\mathfrak{z} = \mathfrak{z}_u\,\delta u + \mathfrak{z}_v\,\delta v,$$

so müssen die beiden in δu und δv linearen homogenen Gleichungen (108) in diesen Differentialen eine Lösung haben, bei der δu und δv nicht gleichzeitig verschwinden. Daher muß die Determinante des Systems dieser beiden Gleichungen verschwinden:

$$(110)\qquad (\mathfrak{v}\,\mathfrak{z}_u)(\mathfrak{w}\,\mathfrak{z}_v) - (\mathfrak{v}\,\mathfrak{z}_v)(\mathfrak{w}\,\mathfrak{z}_u) = 0.$$

Ersetzen wir $\mathfrak{z}$ aus (106) und verwenden wir die Formeln (91), so erhalten wir aus (110) die Gleichung für α:

$$(111) \qquad t\bar{r}\sin^2\alpha + (t\bar{s} - \bar{t}s)\sin\alpha\cos\alpha - \bar{t}r\cos^2\alpha = 0\,.$$

Hieraus erhalten wir zwei Lösungen für α zwischen 0 und π, also zwei Brennpunkte. Diese werden wir in Analogie zur gewöhnlichen euklidischen Flächentheorie die (gemeinsamen) Hauptkrümmungsmittelpunkte der Flächen $\mathfrak{p}$ und $\bar{\mathfrak{p}}$ nennen. Die zugehörigen Werte α_1, α_2 geben die von $\mathfrak{p}$ aus gemessenen nichteuklidischen Hauptkrümmungsradien. (Die Werte $\pi/2 - \alpha_1$, $\pi/2 - \alpha_2$ ergeben die von $\bar{\mathfrak{p}}$ aus gemessenen Radien.)

Statt der vier von $\mathfrak{p}$ und $\bar{\mathfrak{p}}$ zu den beiden Brennpunkten gemessenen Radien verwenden wir lieber die folgenden Größen

$$(112) \qquad \begin{cases} \varrho_1 = \operatorname{ctg}\alpha_1\,, & \varrho_2 = \operatorname{ctg}\alpha_2\,,\\ \bar{\varrho}_1 = \operatorname{tg}\alpha_1\,, & \bar{\varrho}_2 = \operatorname{tg}\alpha_2\,, \end{cases}$$

die man auch als die *nichteuklidischen Hauptkrümmungen* der Flächen $\mathfrak{p}$ bzw. $\bar{\mathfrak{p}}$ bezeichnet. Für sie ergibt sich

$$(113) \qquad H = \frac{1}{2}(\varrho_1 + \varrho_2) = \frac{t\bar{s} - \bar{t}s}{2\bar{t}r}\,; \qquad K = \varrho_1\varrho_2 = -\frac{t\bar{r}}{\bar{t}r}\,,$$

$$(114) \qquad \bar{H} = \frac{1}{2}(\bar{\varrho}_1 + \bar{\varrho}_2) = \frac{\bar{t}s - t\bar{s}}{2t\bar{r}}\,; \qquad \bar{K} = \bar{\varrho}_1\bar{\varrho}_2 = -\frac{\bar{t}r}{t\bar{r}}\,,$$

und es gelten die Relationen

$$(115) \qquad K\bar{K} = 1\,; \qquad H\bar{K} = \bar{H}\,; \qquad \bar{H}K = H\,.$$

Die Größe H ($\bar{H}$) bezeichnen wir als die *mittlere Krümmung*, K ($\bar{K}$) als das *Krümmungsmaß* der Fläche $\mathfrak{p}$ ($\bar{\mathfrak{p}}$) in unserer hyperbolischen Geometrie. In den Größen H und K haben wir zugleich zwei absolute Differentialinvarianten unseres Netzes gefunden, was mit unseren Formeln (104) für die Substitution der Größen t, $\bar{t}$, r ... usw. übereinstimmt.

§ 29. Isotherme Kurvennetze.

Wir wollen jetzt untersuchen, wann der zu dem Netz $\mathfrak{v}(u, v)$ gehörige zweite Schnittpunkt $\mathfrak{w}(u, v)$ der beiden Krümmungskreise $\mathfrak{p}$, $\bar{\mathfrak{p}}$ ebenfalls ein orthogonales Netz beschreibt. Entsprechend der Bedingung (88) muß in diesem Falle gelten

$$(117) \qquad (\mathfrak{w}_u\mathfrak{w}_v) = 0 \qquad \text{oder} \qquad r\bar{s} + \bar{r}s = 0\,,$$

wenn wir wieder von den allgemeinen Formeln (91) ausgehen. Wegen (100) gilt also

$$(118) \qquad \begin{cases} s\bar{r} + \bar{s}r = 0\,,\\ s\bar{t} + \bar{s}t = 0\,. \end{cases}$$

Es sind zwei verschiedene Fälle möglich.

A. Die Determinante der Gleichungen (118) für s und $\bar{s}$ verschwindet. Dann ist:

$$\bar{r}\,t - r\,\bar{t} = 0\,. \tag{119}$$

B. Die Determinante verschwindet nicht, dann muß

$$s = \bar{s} = 0 \tag{120}$$

sein. Wir wollen uns in diesem Abschnitt zunächst nur mit dem Fall A beschäftigen.

Aus (99) ergibt sich dann für uns zunächst, daß mit (119) gleichbedeutend ist:

$$h_v = \bar{h}_u\,. \tag{121}$$

Aus der Betrachtung der ersten beiden der Gleichungen (104) folgt aber, daß wir in diesem und nur in diesem unserem Fall (119) resp. (121) $\mathfrak{v}$ und $\mathfrak{w}$ so normieren können, daß

$$h = \bar{h} = 0 \tag{122}$$

wird. Denn wenn wir es bei unseren Substitutionen (104) erreichen wollen, daß die neuen Größen h^* und $\bar{h}^* = 0$ werden, so muß

$$h = \frac{\partial \lg \lambda}{\partial u^*}\cdot \tau\,, \qquad \bar{h} = \frac{\partial \lg \lambda}{\partial v^*}\,\bar{\tau} \tag{123}$$

gelten. Denken wir uns in $\lambda(u^*, v^*)$ statt u^*, v^* nach (102) u und v eingeführt, und bezeichnen die Funktion von u und v, die man so erhält, dann als $\mu(u, v)$, so wird (123) nach (103) gerade

$$h = \frac{\partial \lg \mu}{\partial u}\,, \qquad \bar{h} = \frac{\partial \lg \mu}{\partial v}\,. \tag{124}$$

Diese Gleichungen sind für eine Funktion μ aber dann und nur dann lösbar, wenn (121) gilt.

μ ist durch (124) dann bis auf eine additive Konstante bestimmt. Daraus folgt: Durch die Forderung (122) für unsere Netze (119) wird die Normierung der Punkte $\mathfrak{v}$ und $\mathfrak{w}$ festgelegt bis auf

$$\mathfrak{v} = C\,\mathfrak{v}^*\,, \qquad \mathfrak{w} = \frac{1}{C}\,\mathfrak{w}^* \tag{125}$$

mit einer Konstanten C.

Aus der Annahme (122) folgt jetzt mittels (97), (98) weiter

$$\bar{t}_u = 0\,, \qquad t_v = 0\,,$$

also

$$\bar{t} = V(v)\,, \qquad t = U(u)\,,$$

wo V und U Funktionen ihres einzigen Arguments sind. Nach (91) muß $t\bar{t} \neq 0$ gelten, da sonst das Netz auf eine Kurve zusammenschrumpfen würde. Wegen (104) können wir es dann aber durch Wahl der Parameter, also durch geeignete Wahl der Funktionen τ, $\bar{\tau}$ erreichen, daß

$$t = \bar{t} = -1$$

wird. Nach (118) können wir dann

$$r = +\bar{r} = \mathfrak{R},$$
$$s = -\bar{s} = \mathfrak{S}$$

setzen und die Gleichungen (91) bekommen für unsere speziellen Netze die Gestalt:

(126)

$\mathfrak{v}_u = \bar{\mathfrak{p}}$,	$\mathfrak{v}_v = \mathfrak{p}$,
$\mathfrak{p}_u = \mathfrak{R}\,\mathfrak{v}$,	$\bar{\mathfrak{p}}_v = \mathfrak{R}\,\mathfrak{v}$,
$\bar{\mathfrak{p}}_u = \mathfrak{S}\,\mathfrak{v} - \mathfrak{w}$,	$\mathfrak{p}_v = -\mathfrak{S}\,\mathfrak{v} - \mathfrak{w}$,
$\mathfrak{w}_u = -\mathfrak{R}\,\mathfrak{p} - \mathfrak{S}\,\bar{\mathfrak{p}}$,	$\mathfrak{w}_v = -\mathfrak{R}\,\bar{\mathfrak{p}} + \mathfrak{S}\,\mathfrak{p}$

und aus (95), 96) erhalten wir die Bedingungen:

$$\mathfrak{R}_u = \mathfrak{S}_v, \qquad \mathfrak{R}_v = -\mathfrak{S}_u. \tag{127}$$

Diese sind aber nichts anderes als die *Cauchy-Riemann*schen Differentialgleichungen für die Funktionen $\mathfrak{R}(u, v)$, $\mathfrak{S}(u, v)$ [vgl. § 20 Schluß], die besagen, daß $\mathfrak{T} = \mathfrak{R} + i\mathfrak{S}$ eine *analytische Funktion* von

$$z = u + iv$$

ist. Aus (126) ergibt sich:

$$(d\mathfrak{v}\, d\mathfrak{v}) = du^2 + dv^2.$$

Führen wir nun nach § 7 (53) statt der tetrazyklischen Koordinaten des Punktes $\mathfrak{v}$ kartesische ξ, η ein, so können wir uns durch $\xi(u, v)$; $\eta(u, v)$ (mit Ausnahme höchstens des Südpols und in der Projektion des uneigentlichen Punktes) unser Netz dargestellt denken.

Man berechnet aus § 7 (53), daß

$$(d\mathfrak{v}\, d\mathfrak{v}) \quad \text{prop.} \quad d\xi^2 + d\eta^2$$

ist. Es ist also auch

$$d\xi^2 + d\eta^2 \quad \text{prop.} \quad du^2 + dv^2. \tag{128}$$

Aus (126) und (77) folgt ferner

$$\frac{|\mathfrak{v}\,\mathfrak{v}_u\,\mathfrak{v}_v *|}{(\mathfrak{v}\,*)} = 1 > 0$$

für jeden Hilfsvektor, den wir als Linearkombination von $\mathfrak{v}$, $\mathfrak{p}$, $\bar{\mathfrak{p}}$, $\mathfrak{w}$ für $*$ einsetzen und nach § 7 (53) ergibt sich daraus, wenn wir für $*$ speziell den Vektor $\{-1, 1, 0, 0\}$ einsetzen:

(129) $$\begin{vmatrix} \xi_u & \eta_u \\ \xi_v & \eta_v \end{vmatrix} > 0 .$$

(128) und (129) sind nun aber nach den Ausführungen am Schluß von § 20 kennzeichnend dafür, daß $V = \xi + i\eta$ eine analytische Funktion von $z = u + iv$ ist.

Wir können also für $\mathfrak{v}$ nach § 20 die *Gaußsche* Koordinate V einführen

(130) $$V = \frac{v_2 + i\, v_3}{v_1 + v_0}$$

und dann ist unser spezielles Netz (119) immer durch eine analytische Funktion $V(z)$ gegeben. Solche Netze, die durch eine analytische Funktion dargestellt werden können, pflegt man als *isotherme Netze* zu bezeichnen. Auch umgekehrt gehört zu einer analytischen Funktion $V(z)$ immer ein Netz von der speziellen Art (119): Denn es muß dann notwendig (128) und weiter

$$(d\mathfrak{v}\, d\mathfrak{v}) \quad \text{prop.} \quad du^2 + dv^2$$

gelten, also $(\mathfrak{v}_u \mathfrak{v}_u) = (\mathfrak{v}_v \mathfrak{v}_v)$, daraus folgt aber nach (91)

$$t^2 = \bar{t}^2 .$$

Wählt man die Parameter u, v so, daß $t = \bar{t}$ wird, erhält man weiter nach (97) und (98):

$$\frac{t_u}{t} = h , \qquad \frac{t_v}{t} = \bar{h} .$$

Somit gilt

$$h_v = \bar{h}_u$$

und nach (99) dann

$$r = \bar{r} ,$$

wodurch die Gleichung (119) gewährleistet ist.

Wir merken uns zugleich, daß die Bedingung

(131) $$\mathfrak{v}_u \mathfrak{v}_u = \mathfrak{v}_v \mathfrak{v}_v$$

für isotherme Netze kennzeichnend ist.

Wir wollen nun auch für den Punkt $\mathfrak{w}$ die *Gaußsche* Koordinate

$$W = \frac{w_2 + i\, w_3}{w_1 + w_0}$$

einführen. Weil nach (126)

$$(d\mathfrak{w}\, d\mathfrak{w}) \quad \text{prop.} \quad du^2 + dv^2$$

ist und

$$\frac{|\mathfrak{w}, \mathfrak{w}_u, \mathfrak{w}_v, *|}{(\mathfrak{w} *)} = \mathfrak{R}^2 + \mathfrak{S}^2 > 0,$$

für jeden Hilfsvektor $*$ gilt, ist auch W eine analytische Funktion von z, somit beschreibt auch W ein isothermes Netz. Da V natürlich auch eine analytische Funktion von W sein muß, ist die Abbildung $V \to W$ der beiden isothermen Netze $\mathfrak{v}(u, v)$ und $\mathfrak{w}(u, v)$ gleichsinnig winkeltreu.

Die Bedingung (119) für unsere isothermen Netze liefert nach (113) (114) für die zugehörigen Flächen des hyperbolischen Raumes $K = \overline{K} = -1$. Einem isothermen Netz entsprechen also ein Paar von Polarflächen vom hyperbolischen Krümmungsmaße -1.

§ 30. Wechselnetze.

Wir kommen nun zu dem zweiten der zu Beginn von § 29 angegebenen Fälle

(131a) $$s = \overline{s} = 0\,.$$

Hier gelten nach (93) die Gleichungen

(132) $$\begin{cases} \mathfrak{p}\,\mathfrak{w} = \mathfrak{p}\,\mathfrak{w}_v = \mathfrak{p}\,\mathfrak{w}_{vv} = 0\,, \\ \overline{\mathfrak{p}}\,\mathfrak{w} = \overline{\mathfrak{p}}\,\mathfrak{w}_u = \overline{\mathfrak{p}}\,\mathfrak{w}_{uu} = 0\,. \end{cases}$$

Diese sagen aus, daß die Krümmungskreise $\mathfrak{p}$, $\overline{\mathfrak{p}}$ der v-Kurve und u-Kurve in $\mathfrak{v}$ gleichzeitig Krümmungskreise sind für die u-Kurve und v-Kurve in $\mathfrak{w}$. Wir wollen deshalb unsere Kurvennetze $\mathfrak{v}(u, v)$ mit $s = \overline{s} = 0$ „*Wechselnetze*" nennen, um einen kurzen Namen zur Verfügung zu haben.

Umgekehrt folgt aus (91) und (132), daß die gefundene Eigenschaft unsere Wechselnetze kennzeichnet; es genügt sogar zu fordern, daß die Kreise $\mathfrak{p}$, $\overline{\mathfrak{p}}$ die u- und v-Kurven von $\mathfrak{w}(u, v)$ berühren.

Wie im § 29 können wir wieder $t\overline{t} \neq 0$ voraussetzen.

Wir wollen nun zwei Fälle unterscheiden:

1. $r\overline{r} = 0$. Sei etwa $r = 0$. Nach (91) wird dann $\mathfrak{p}$ eine reine Funktion von v, das System der Krümmungskreise $\mathfrak{p}$ *reduziert sich also auf eine einfache Kreisschar.* Man rechnet weiter nach:

$$|\mathfrak{v}\,\mathfrak{v}_u\,\mathfrak{v}_{uu}\,\mathfrak{v}_{uuu}| = 0.$$

Somit besteht das Netz aus einer Schar von Kreisen $v = \text{const}$, eben jener Kreisschar $\mathfrak{p}(v)$ und ihren senkrechten Trajektorien. Das Bisherige gilt für ein beliebiges Netz mit der einzigen Bedingung $r = 0$.

Nun ist in unserem Fall der Wechselnetze auch noch $s = \bar{s} = 0$. Da jetzt nach (91) auch $(\mathfrak{p}_v \mathfrak{p}_v) = 0$ gilt, haben wir nach § 21 speziell eine *Schar von Schmiegkreisen einer Kurve,* und zwar der durch $\mathfrak{p}_v$ oder nach (91) durch $\mathfrak{w}(v)$ dargestellten Kurve.

2. Im folgenden sehen wir von diesem einfach zu behandelnden Fall ab und nehmen $r\bar{r} \neq 0$ an.

Nach (95) bis (100) erhalten wir das System von Gleichungen

$$-\frac{r_v}{r} = \frac{t_v}{t} = \bar{h} \tag{133}$$

$$-\frac{\bar{r}_u}{\bar{r}} = \frac{\bar{t}_u}{\bar{t}} = h \tag{134}$$

$$h_v + r\bar{t} = \bar{h}_u + \bar{r}t. \tag{135}$$

Daraus folgt

$$r t = U(u)$$

$$\bar{r}\bar{t} = V(v).$$

Nach (104) gilt nun

$$r t = \tau^2 r^* t^*, \qquad \bar{r}\bar{t} = \bar{\tau}^2 \bar{r}^* \bar{t}^*,$$

da τ^2 $(\bar{\tau}^2)$ positiv ist, sgn (rt) [sgn $(\bar{r}\bar{t})$] sich bei Parametertransformationen also nicht ändert, können wir es daher durch Parametertransformation nur erreichen, daß entweder

$$r t = +1 \quad \text{oder} \quad r t = -1 \tag{136}$$

und ebenso

$$\bar{r}\bar{t} = +1 \quad \text{oder} \quad \bar{r}\bar{t} = -1 \tag{137}$$

wird.

Ersetzen wir aus (136), (137) r und $\bar{r}$ und aus (133), (134) h und $\bar{h}$ durch t und $\bar{t}$, so bleibt die eine Bedingung (135) in der Form übrig

$$\left(\lg \frac{t}{\bar{t}}\right)_{uv} = \pm \frac{\bar{t}}{t} \mp \frac{t}{\bar{t}}, \tag{138}$$

die nur die eine Größe $t:\bar{t}$ enthält. Die Vorzeichen der beiden Glieder rechts können wir dabei noch voneinander unabhängig beliebig annehmen und erhalten so vier verschiedene Fälle. Das rührt daher, daß die Vorzeichen von rt und $\bar{r}\bar{t}$ in (136) und (137) voneinander ganz unabhängig sind.

Die Größe $t:\bar{t}$, die in (138) vorkommt, hängt von der Normierung von $\mathfrak{v}$, über die wir ja noch nicht verfügt haben, nicht ab. Man kann die Normierung von $\mathfrak{v}$ etwa durch die Forderung

$$\mathfrak{v}\,\mathfrak{p}_v = \bar{t} = 1$$

festlegen und dann $t = \frac{t}{\bar{t}} = e^f$ setzen. Wir können dann die Gleichung (138) den vier möglichen Fällen der Vorzeichenwahl entsprechend auf eine der Formen bringen:

(139) $$f_{uv} = \pm 2 \operatorname{sh} f, \qquad f_{uv} = \pm 2 \operatorname{ch} f.$$

Von diesen Differentialgleichungen (139) hängt also die Bestimmung der Wechselnetze ab. Vom Standpunkt der analytischen Funktionen ohne Rücksicht auf die Realität stimmen diese Gleichungen im wesentlichen überein mit der berühmten Gleichung

$$f_{uv} = \sin f,$$

von deren Lösung die Bestimmung der „pseudosphärischen" Flächen im euklidischen Raume abhängt[1]).

Nach (113), (114) entspricht unserm Wechselnetz $s = \bar{s} = 0$ ein Paar von Polarflächen mit verschwindenden mittleren Krümmungen H und $\bar{H}$. Solche Flächen mit $H = 0$ des hyperbolischen Raumes heißen *nichteuklidische Minimalflächen*. Bezeichnen wir nämlich das Integral

$$O = \iint \sqrt{(\mathfrak{p}_u \mathfrak{p}_v)^2 - (\mathfrak{p}_u \mathfrak{p}_u)(\mathfrak{p}_v \mathfrak{p}_v)}\, du\, dv,$$

das bei unserer Parameterwahl (84) nach (91) die Form annimmt:

$$O = \iint \mathfrak{p}_u \mathfrak{p}_v\, du\, dv = \iint r \bar{t}\, du\, dv$$

als die nichteuklidische Oberfläche von $\mathfrak{p}$, so sind die Extremalen des Variationsproblems $\delta O = 0$ gerade die Flächen mit $H = 0$.

Geht man nämlich von $\mathfrak{p}$ zu einer Nachbarfläche $\mathfrak{p}^*$ durch Variation längs der Flächennormalen über:

$$\mathfrak{p}^* = \mathfrak{p} + \varepsilon \cdot n(u, v) \cdot \bar{\mathfrak{p}},$$

wo ε eine Konstante und $n(u, v)$ eine beliebige Funktion seiner Argumente ist, so erhalten wir bei Vernachlässigung quadratischer Glieder in ε:

$$\begin{aligned} O^* &= \iint \sqrt{(\mathfrak{p}_u^* \mathfrak{p}_v^*)^2 - (\mathfrak{p}_u^* \mathfrak{p}_u^*)(\mathfrak{p}_v^* \mathfrak{p}_v^*)} \\ &= O - 2\varepsilon \iint H \cdot n \cdot dO, \end{aligned}$$

woraus die Behauptung folgt. Ganz analog läßt sich die Behauptung natürlich auch für die Fläche $\bar{\mathfrak{p}}(u, v)$ beweisen.

§ 31. Invariante Ableitungen in einem Kurvennetz.

Bei dem Studium unserer senkrechten Kurvennetze auf der Kugel haben wir, wie schon erwähnt, zu berücksichtigen, daß bei einer Transformation der Parameter u, v

(140) $$u = f(u^*); \qquad v = \bar{f}(v^*)$$

[1]) Vgl. etwa L. Bianchi, Le zioni di geometria differenziale I. (1922). S. 658ff.

in neue Parameter u^*, v^* die Kurven $u = \text{const}$, $v = \text{const}$ erhalten bleiben. Nur solche Ausdrücke in $\mathfrak{v}$ und seinen Ableitungen werden also geometrische Bedeutung haben, die invariant sind gegenüber den Transformationen (140). Man kann nun hier die Transformationen (140) ähnlich wie die Parametertransformationen bei den Kreisscharen im § 21 dadurch ausschalten, daß man die Skalen in invarianter Weise festlegt, d. h. daß man auf einer u-Kurve und auf einer v-Kurve, dem Verfahren des § 21 entsprechend, einen invarianten Parameter festlegt. Da wir uns in unserer Differentialgeometrie im Kleinen auf die Umgebung einer Stelle $\mathfrak{v}$ des Netzes beschränken, haben wir auf den durch $\mathfrak{v}$ hindurchgehenden Kurven $v = \text{const}$, $u = \text{const}$ *invariante Parameter* festzulegen. Es kommt nur darauf an, zwei invariante Differentiale

$$\varphi\, du \quad \text{und} \quad \overline{\varphi}\, dv \tag{140a}$$

für die beiden Kurven zu finden oder solche vom Netz abhängige, bis auf die Transformationen (140) invariante Größen, für die die Transformationsformeln gelten:

$$\varphi^* = \varphi \cdot \frac{df}{du^*}; \qquad \overline{\varphi}^* = \overline{\varphi} \cdot \frac{d\overline{f}}{dv^*}. \tag{140b}$$

Dann können wir statt der gewöhnlichen Ableitungen immer die invarianten Ableitungen bezüglich der Differentialformen (140a) benutzen [vgl. § 21 (10)]. Wir können z. B. einführen

$$\varphi = \sqrt{\overline{\mathfrak{p}}_u \overline{\mathfrak{p}}_u}; \qquad \overline{\varphi} = \sqrt{\mathfrak{p}_v \mathfrak{p}_v} \tag{141}$$

[wo $\mathfrak{p}$, $\overline{\mathfrak{p}}$ die nach (87) allein aus dem Netz bestimmbaren normierten Krümmungskreise sind], wenn die Ausdrücke auf der rechten Seite nicht gerade verschwinden. Wir wollen uns im folgenden nun zunächst gar nicht auf bestimmte Formen φ und $\overline{\varphi}$ festlegen, sondern diese noch willkürlich lassen. Wir wollen nun für die invarianten Ableitungen einer Größe S die Bezeichnungen einführen:

$$S_{\mathbf{1}} = \frac{\partial S}{\partial u} \cdot \frac{1}{\varphi}; \qquad S_{\mathbf{2}} = \frac{\partial S}{\partial v} \cdot \frac{1}{\overline{\varphi}}. \tag{142}$$

Wie wir im folgenden überhaupt immer durch einen unten angehängten Fettdruckindex **1** invariante Ableitung bezüglich φ bezeichnen wollen und durch den Fettdruckindex **2** Ableitung bezüglich $\overline{\varphi}$. So bedeutet z. B. $S_{\mathbf{12}}$ die Ableitung von $S_{\mathbf{1}}$ bezüglich $\overline{\varphi}$, also:

$$S_{\mathbf{12}} = \frac{\partial S_{\mathbf{1}}}{\partial v} \cdot \frac{1}{\overline{\varphi}} = \frac{\partial^2 S}{\partial u\, \partial v} \cdot \frac{1}{\varphi\, \overline{\varphi}} - \frac{\frac{\partial S}{\partial u} \cdot \frac{\partial \varphi}{\partial v}}{\varphi^2 \cdot \overline{\varphi}}. \tag{143}$$

Bei höheren invarianten Ableitungen ist dabei die Reihenfolge der

Indizes wesentlich, es ist z. B. S_{12} im allgemeinen verschieden von S_{21}. Man erhält nämlich

$$S_{21} = \frac{\partial^2 S}{\partial v\, \partial u} \cdot \frac{1}{\varphi \bar{\varphi}} - \frac{\frac{\partial S}{\partial v} \cdot \frac{\partial \bar{\varphi}}{\partial u}}{\varphi \bar{\varphi}^2}. \tag{144}$$

Für die gemischten gewöhnlichen zweiten Ableitungen einer Größe S gilt die *Integrierbarkeitsbedingung*:

$$\frac{\partial^2 S}{\partial u\, \partial v} = \frac{\partial^2 S}{\partial v\, \partial u}.$$

Daraus entspringt eine Bedingung für die gemischten zweiten invarianten Ableitungen.

Aus (143) und (144) folgt nämlich

$$S_{12} + q S_1 = S_{21} + \bar{q} S_2, \tag{145}$$

wo

$$q = \frac{\varphi_v}{\varphi \bar{\varphi}}; \qquad \bar{q} = \frac{\bar{\varphi}_u}{\varphi \bar{\varphi}} \tag{146}$$

gesetzt ist. Dabei sind q und $\bar{q}$ immer dieselben, nur von φ und $\bar{\varphi}$ abhängigen Größen, für welches S wir auch die zweiten invarianten Ableitungen bilden. Sind φ und $\bar{\varphi}$ einmal im Netz festgelegt, so sind q und $\bar{q}$ dann absolut invariante Größen.

Abgesehen von der Verschiedenheit der invarianten Ableitungen von den gewöhnlichen hinsichtlich ihrer Integrierbarkeitsbedingung, läßt sich mit jenen ebenso rechnen wie mit diesen. So gelten für das Differenzieren von Produkten und Quotienten ganz dieselben Regeln.

Gilt

$$a \cdot b = c,$$

so erhält man durch invariante Ableitung

$$a_k \cdot b + a \cdot b_k = c_k \qquad [k = 1, 2]$$

wie sich aus (142) unmittelbar ergibt. Setzt man in (142) $\varphi = \varphi = 1$, so fallen die invarianten Ableitungen mit den gewöhnlichen zusammen. Die Formen du, dv haben dann aber im allgemeinen keine invariante Bedeutung. Allgemeiner kann man es, wenn φ und $\bar{\varphi}$ von 1 verschieden, aber so gegeben sind, daß $q = \bar{q} = 0$ gilt, durch eine Transformation (140) erreichen, daß die Größen $\varphi = \bar{\varphi} = 1$ werden und die invarianten Ableitungen alle gleich den gewöhnlichen werden.

Wir wollen jetzt die Theorie unserer Kurvennetze mit invarianten Ableitungen behandeln. Dabei wollen wir jetzt die schon bekannten Wechselnetze des § 30 von der Betrachtung ausschließen. Wir können dann wegen $s\bar{s} \neq 0$ und der schon erwähnten Voraussetzung $t\bar{t} \neq 0$ alle vier Größen s, $\bar{s}$, t, $\bar{t}$ als von Null verschieden annehmen.

Betrachten wir die Kreise $\mathfrak{p}$ nicht längs der u-Kurven, deren Schmiegkreise sie sind, längs derer sie sich also konsekutiv berühren, sondern längs der v-Kurven, so haben wir nach (91)

$$\mathfrak{p}_v \mathfrak{p}_v = 2 \bar{s} \bar{t} \neq 0.$$

Wir haben zwei Fälle zu unterscheiden:

1. $\mathfrak{p}_v \mathfrak{p}_v > 0$. Dann haben nach § 22 die Scharen der Kreise $\mathfrak{p}$ längs der v-Kurven reelle Hüll-Kurven.

2. $\mathfrak{p}_v \mathfrak{p}_v < 0$. Dann liegen konsekutive Kreise ineinander geschachtelt. Entsprechend haben wir für $\bar{\mathfrak{p}}$ die zwei Fälle

$$1.\ (\bar{\mathfrak{p}}_u \bar{\mathfrak{p}}_u) > 0; \qquad 2.\ (\bar{\mathfrak{p}}_u \bar{\mathfrak{p}}_u) < 0.$$

Es läßt sich nun leicht zeigen, daß immer eins der beiden Kreissysteme $\mathfrak{p}$, $\bar{\mathfrak{p}}$ vom Typ 1 und das andere vom Typ 2 sein muß.

Nach (91) und (100) ist nämlich $\bar{\mathfrak{p}}_u \mathfrak{p}_v = 0$ und daher

$$|\mathfrak{p}\, \bar{\mathfrak{p}}\, \mathfrak{p}_v \bar{\mathfrak{p}}_u|^2 = -(\mathfrak{p}_v \mathfrak{p}_v)(\bar{\mathfrak{p}}_u \bar{\mathfrak{p}}_u) > 0.$$

Somit müssen für ein reelles Netz die Vorzeichen von $\mathfrak{p}_v \mathfrak{p}_v$ und $\bar{\mathfrak{p}}_u \bar{\mathfrak{p}}_u$ verschieden sein. Wir wollen etwa annehmen

$$\bar{\mathfrak{p}}_u \bar{\mathfrak{p}}_u > 0; \qquad \mathfrak{p}_v \mathfrak{p}_v < 0. \tag{147}$$

Wir können nun als die beiden invarianten Linearformen φ und $\bar{\varphi}$ die folgenden zugrunde legen:

$$\varphi\, du = \sqrt{\frac{1}{2} (\bar{\mathfrak{p}}_u \bar{\mathfrak{p}}_u)}\, du; \qquad \bar{\varphi}\, dv = \sqrt{-\frac{1}{2} (\mathfrak{p}_v \mathfrak{p}_v)}\, dv.$$

Nach (91) ist dann

$$\varphi = \sqrt{s t}; \qquad \bar{\varphi} = \sqrt{-\bar{s} \bar{t}}. \tag{148}$$

Durch (148) sind die Formen φ und $\bar{\varphi}$ bis auf die in den Wurzelzeichen steckenden Vorzeichen bestimmt. Die zu den Formen (148) gehörigen invarianten Ableitungen bezeichnen wir jetzt wieder durch die Indizes **1, 2**.

Die Normierung von $\mathfrak{v}$ wollen wir ferner jetzt durch die Forderung

$$\mathfrak{v}\, \bar{\mathfrak{p}}_1 = \frac{\mathfrak{v}\, \bar{\mathfrak{p}}_u}{\sqrt{\frac{1}{2} (\bar{\mathfrak{p}}_u \bar{\mathfrak{p}}_u)}} = \sqrt{\frac{t}{s}} = 1 \tag{149}$$

festlegen. Ändert man das Vorzeichen der Wurzel in der Form φ, so muß dann auch die Normierung von $\mathfrak{v}$ das Vorzeichen wechseln, um die Forderung aufrechtzuerhalten. Sind die Vorzeichen von φ und $\bar{\varphi}$ bestimmt, so ist dann auch die Normierung von $\mathfrak{v}$ völlig festgelegt. Es sind jetzt bis auf die beiden Vorzeichen von φ und $\bar{\varphi}$, über die wir noch verfügen können, alle Größen unseres Netzes festgelegt.

Benutzen wir die Normierung (149) und führen die neuen Bezeichnungen ein:

$$(150)\qquad \begin{cases} T = t:\varphi, & \bar{T} = \bar{t}:\bar{\varphi} \\ S = s:\varphi, & \bar{S} = \bar{s}:\bar{\varphi} \\ R = r:\varphi, & \bar{R} = \bar{r}:\bar{\varphi} \\ H = h:\varphi, & \bar{H} = \bar{h}:\bar{\varphi}, \end{cases}$$

so wird nach (148), (149):

$$S\,T = 1, \qquad \bar{S}\,\bar{T} = -1. \qquad T = S.$$

Nach (104) haben wir außerdem nach Division durch $\varphi\,\bar{\varphi}$:

$$S\,\bar{T} + \bar{S}\,T = 0.$$

Das Vorzeichen von φ legen wir jetzt durch die Forderung $T = 1$ fest, dann folgt:

$$S = 1, \qquad T = 1$$

$$\bar{S} = -\bar{T}; \qquad \bar{S}\,\bar{T} = -1.$$

Daraus folgt wieder $\bar{T}^2 = 1$.

Das Vorzeichen von $\bar{\varphi}$ können wir jetzt noch so festlegen, daß $\bar{T} = 1$ wird. Dann haben wir insgesamt:

$$(151)\qquad \begin{cases} T = 1 & \bar{T} = 1 \\ S = 1 & \bar{S} = -1. \end{cases}$$

Wenn wir jetzt die Formeln der linken Tabelle in (91) durch φ und die Formeln der rechten durch $\bar{\varphi}$ dividieren, bekommen wir sie in der invarianten Gestalt:

(152)

$\mathfrak{v}_1 = H\,\mathfrak{v} - \bar{\mathfrak{p}}$	$\mathfrak{v}_2 = \bar{H}\,\mathfrak{v} - \mathfrak{p}$
$\mathfrak{p}_1 = R\,\mathfrak{v}$	$\bar{\mathfrak{p}}_2 = \bar{R}\,\mathfrak{v}$
$\bar{\mathfrak{p}}_1 = +\mathfrak{v} + \mathfrak{w}$	$\mathfrak{p}_2 = -\mathfrak{v} + \mathfrak{w}$
$\mathfrak{w}_1 = -R\,\mathfrak{p} - \bar{\mathfrak{p}} - H\,\mathfrak{w}$	$\mathfrak{w}_2 = -\bar{R}\,\bar{\mathfrak{p}} + \mathfrak{p} - \bar{H}\,\mathfrak{w}$

Für die Größen R, $\bar{R}$, H, $\bar{H}$ müssen nun wieder Bedingungen der Integrierbarkeit bestehen.

Nach (145) muß gelten

$$(153)\qquad \begin{cases} \mathfrak{v}_{12} + q\,\mathfrak{v}_1 = \mathfrak{v}_{21} + \bar{q}\,\mathfrak{v}_2 \\ \mathfrak{p}_{12} + q\,\mathfrak{p}_1 = \mathfrak{p}_{21} + \bar{q}\,\mathfrak{p}_2 \\ \qquad\text{usw.} \end{cases}$$

Differenzieren wir (152) invariant, und ersetzen die Ableitungen der Grundvektoren durch diese selbst, so erhalten wir in (153) Linearkombinationen der Grundvektoren. Auf beiden Seiten einer jeden der Gleichungen (153) müssen dann die Koeffizienten der einzelnen Grundvektoren übereinstimmen. Man erhält unter anderem:

$$H = \bar{q} \qquad \bar{H} = q. \tag{154}$$

Ersetzen wir in den übrigen Gleichungen überall q und $\bar{q}$ durch H und $\bar{H}$, so erhalten wir dann noch weiter:

$$\begin{cases} R_2 + 2R\bar{H} = -2H \\ \bar{R}_1 + 2\bar{R}H = +2\bar{H} \\ H_2 + R \quad = \bar{H}_1 + \bar{R} \end{cases} \tag{155}$$

Die vier in unseren Formeln übriggebliebenen Größen R, $\bar{R}$, H, $\bar{H}$, die an die Gleichungen (155) geknüpft sind, stellen das *vollständige System der absoluten Invarianten unseres Netzes* dar. R und $\bar{R}$ hängen, wie man leicht nachrechnen kann, von dritten Ableitungen des Netzes $\mathfrak{v}(u, v)$ ab, H und $\bar{H}$ von vierten. In den Koordinaten der Kreise $\mathfrak{p}$ und $\bar{\mathfrak{p}}$, also auch in den Punktkoordinaten des Flächenpaares $\{\mathfrak{p}, \bar{\mathfrak{p}}\}$ des hyperbolischen Raumes sind R und $\bar{R}$ nur von erster, H und $\bar{H}$ von zweiter Ordnung.

Nach § 30 wissen wir schon, daß $R\bar{R} = 0$ die Netze kennzeichnet, die aus einer Kreisschar und ihren senkrechten Trajektoren bestehen. Aus (113), (114) ersieht man, daß R und $\bar{R}$ in einfacher Weise mit den Hauptkrümmungsradien der hyperbolischen Flächentheorie zusammenhängen.

Wir wollen ihnen aber auch noch eine direkte inversionsgeometrische Deutung geben. Nach (152) ist

$$\begin{cases} |\mathfrak{v}\,\mathfrak{v}_1\,\mathfrak{v}_{11}\,\mathfrak{v}_{111}| = R, \\ \mathfrak{v}_1\,\mathfrak{v}_1 = 1. \end{cases} \tag{156}$$

Nun sind nach § 24 die *Hauptkreise* $\mathfrak{k}^{I}$, $\mathfrak{k}^{II}$ der durch $\mathfrak{v}$ gehenden u-Kurve gegeben durch

$$\mathfrak{k} = \mathfrak{p} \pm \mathfrak{v}\cdot\sqrt{\left|\frac{|\mathfrak{v}\,\mathfrak{v}_1\,\mathfrak{v}_{11}\,\mathfrak{v}_{111}|}{(\mathfrak{v}_1\,\mathfrak{v}_1)^3}\right|}, \tag{157}$$

denn man kann unter der Wurzel Zähler und Nenner mit φ^6 multiplizieren und erhält dann den entsprechenden Ausdruck statt in invarianten, in gewöhnlichen Ableitungen. (156), (157) geben:

$$\mathfrak{k}^{I} = \mathfrak{p} + \sqrt{|R|}\,\mathfrak{v}, \qquad \mathfrak{k}^{II} = \mathfrak{p} - \sqrt{|R|}\,\mathfrak{v}.$$

Ebenso erhält man für die Hauptkreise der v-Kurve

$$\bar{\mathfrak{k}}^{I} = \bar{\mathfrak{p}} + \sqrt{|\bar{R}|}\,\mathfrak{v}; \qquad \bar{\mathfrak{k}}^{II} = \bar{\mathfrak{p}} - \sqrt{|\bar{R}|}\,\mathfrak{v}.$$

Durch $\bar{\mathfrak{p}}_1$ ist nun der *Querkreis* (vgl. § 22) der Schar $\bar{\mathfrak{p}}$ längs der u-Kurve gegeben, für die die Kreise nicht Schmiegkreise sind. Für den Winkel ψ dieses Kreises mit jedem der Kreise $\mathfrak{k}^{I}$, $\mathfrak{k}^{II}$ ergibt sich

$$\cos^2\psi = R,$$

analog für den Winkel $\overline{\psi}$ von $\mathfrak{p}_2$ mit den $\overline{\mathfrak{k}}$

$$\cos^2 \overline{\psi} = \overline{R}.$$

Um nun noch H und $\overline{H}$ zu deuten, bestimmen wir uns den Kreis $\mathfrak{z}$, der zu drei konsekutiven Kreisen $\overline{\mathfrak{p}}$ längs der u-Kurve senkrecht ist. Für $R \neq 0$ erhalten wir aus

$$\mathfrak{z}\,\overline{\mathfrak{p}} = \mathfrak{z}\,\overline{\mathfrak{p}}_u = \mathfrak{z}\,\overline{\mathfrak{p}}_{uu} \equiv 0 .$$

den unnormierten Kreis

$$\mathfrak{z} = \mathfrak{v} - \mathfrak{w} - \frac{2H}{R}\,\mathfrak{p} .$$

Es ergibt sich dann für den Winkel χ zwischen $\mathfrak{p}$ und $\mathfrak{z}$:

$$\operatorname{ctg}^2 \chi = -\frac{2H^2}{R^2}$$

und analog ergibt sich die geometrische Bedeutung von $-2\overline{H}^2 : \overline{R}^2$. $H = 0$ bedeutet also das Senkrechtstehen des Schmiegkreises $\mathfrak{p}$ auf dem Orthogonalkreis $\mathfrak{z}$.

§ 32. Vermischte Aufgaben zu den Kapiteln I bis III.

1. Im § 9 haben wir bewiesen, daß man jede Kreisverwandtschaft von *Möbius* durch eine Aneinanderreihung von Inversionen erzeugen kann. Man zeige, daß zur Erzeugung einer jeden gleichsinnigen Kreisverwandtschaft *vier* und einer jeden ungleichsinnigen *drei* Inversionen genügen. (Vgl. *J. Coolidge*: „A treatise on the Circle and the sphere" Oxford 1916.)

2. Vier Kreise eines Büschels haben eine Invariante D, der in der stereographischen Projektion das Doppelverhältnis von vier Punkten einer Geraden entspricht. Man deute diese Invariante durch möglichst einfache Winkelbeziehungen an der Figur der vier Kreise, im besonderen in den Fällen, wo das Büschel ein solches ohne reelle Schnittpunkte oder ein ausgeartetes Büschel ist.

3. Man deute das durch Formel (65) im § 9 gegebene Doppelverhältnis von vier Punkten eines Kreises durch eine Winkelbeziehung.

4. Man zeige im Anschluß an die Ausführungen des § 10, daß sich im allgemeinen jede Invariante von p Vektoren $\mathfrak{x}^{\mathrm{I}}, \mathfrak{x}^{\mathrm{II}} \ldots \mathfrak{x}^{p}$ gegenüber einer Gruppe verallgemeinerter orthogonaler Substitutionen durch die skalaren Produkte der Vektoren ausdrücken läßt, und daß eine Ausnahme nur der folgende Fall bildet: Die Höchstzahl s der linear unabhängigen Vektoren unter den p gegebenen ist erstens kleiner als die Dimensionszahl n und zweitens $< p$ und drittens ist der Rang r der p-reihigen Determinante

$$|(\mathfrak{x}^{\alpha}, \mathfrak{x}^{\beta})| , \qquad [\alpha, \beta = \mathrm{I} \ldots p]$$

die aus den Skalarprodukten der Vektoren gebildet ist, kleiner als s.

5. Die im § 9 eingeführte Invariante

$$J = \frac{(\mathfrak{x}\,\mathfrak{y})^2}{(\mathfrak{x}\,\mathfrak{x})\,(\mathfrak{y}\,\mathfrak{y})}$$

kann man für den Fall sich nicht schneidender Kreise $\mathfrak{x}$ und $\mathfrak{y}$ folgendermaßen durch eine Winkelbeziehung erklären: Die $\mathfrak{x}$ und $\mathfrak{y}$ gleichzeitig berührenden Kreise zerfallen in zwei Scharen von je ∞^1 Kreisen $\mathfrak{z}$ und $\mathfrak{t}$, von denen die Kreise $\mathfrak{z}$ der einen Schar mit $\mathfrak{x}$ und $\mathfrak{y}$ die Vorzeicheninvariante $\varepsilon = +1$ (vgl. § 11), die der andern Schar $\mathfrak{t}$ aber die Vorzeicheninvariante $\varepsilon = -1$ haben. Es zeigt sich, daß alle Kreise $\mathfrak{t}$ von einem gemeinsamen reellen Orthogonalkreis $\mathfrak{k}$ geschnitten werden, die Kreise $\mathfrak{z}$ aber nicht, und es zeigt sich ferner, daß $\mathfrak{k}$ mit allen $\mathfrak{z}$ denselben Winkel ψ bildet, durch den die Invariante J nach

$$J = \left(\frac{2}{\cos^2\psi} - 1\right)^2$$

erklärt werden kann (vgl. Fig. 32).

6. Man zeige im Anschluß an die Ausführungen über gerichtete Kreise (§ 13, § 14): Man kann alle Punkte der Ebene gleichzeitig so normieren, daß

a) für je zwei Punkte $\mathfrak{u}$, $\mathfrak{v}$ $(\mathfrak{u}\,\mathfrak{v}) < 0$ gilt, und daß

b) für einen gerichteten Kreis $\hat{\mathfrak{x}}$ und einen auf seiner positiven Seite gelegenen Punkt $\mathfrak{u}$ immer

$$(\hat{\mathfrak{x}}\,\mathfrak{u}) > 0$$

gilt, für einen gerichteten Kreis $\hat{\mathfrak{x}}$ und einen auf seiner negativen Seite gelegenen Punkt $\mathfrak{u}$ aber immer

$$(\hat{\mathfrak{x}}\,\mathfrak{u}) < 0\,.$$

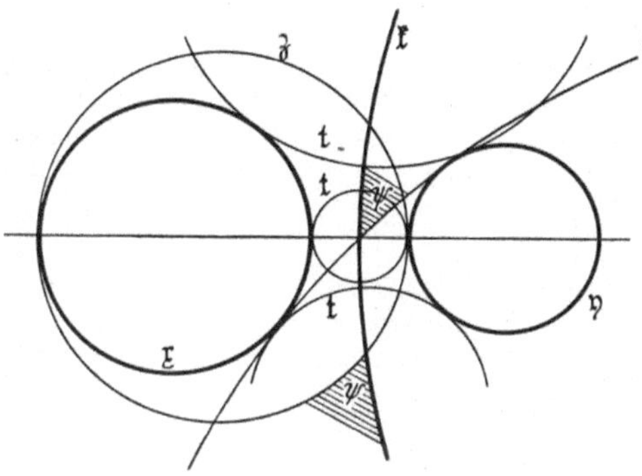

Fig. 32.

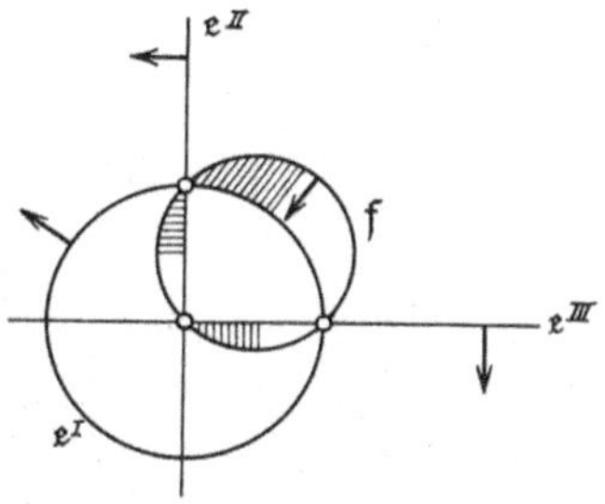

Fig. 33.

Auf Grund dieser Tatsache kann es in der Inversionsgeometrie in gewissem Sinne zweckmäßig werden, auch die Punkte in doppelter „Orientierung" einzuführen, und zwei Systeme von je vier tetrazyklischen Punktkoordinaten, die sich um einen gemeinsamen negativen Faktor unterscheiden, als gegensinnig gerichtete Punkte anzusehen. (Vgl. *T. Takasu*: Differentialgeometrie I. Tôhoku. Imperial Journal 1928.)

7. Von den vier in § 14 (49) angegebenen Einheitsvektoren $\mathfrak{e}^0$, $\mathfrak{e}^{\mathrm{I}}$, $\mathfrak{e}^{\mathrm{II}}$, $\mathfrak{e}^{\mathrm{III}}$ entspricht dem ersten wegen $\mathfrak{e}^0\mathfrak{e}^0 = -1$ kein Kreis, die drei andern stellen aber Kreise dar, deren geometrische Bedeutung wir schon im § 14 angegeben haben. Führt man statt $\mathfrak{e}^0$ nun noch einen vierten gerichteten Kreis

$$\mathfrak{f} = \frac{1}{|\sqrt{2}|}(\mathfrak{e}^0 + \mathfrak{e}^{\mathrm{I}} + \mathfrak{e}^{\mathrm{II}} + \mathfrak{e}^{\mathrm{III}})$$

ein, der die in Fig. 33 angegebene Lage hat, so kann man den Normalkoordinaten $\hat{x}_0, \hat{x}_1, \hat{x}_2, \hat{x}_3$ eines beliebigen gerichteten Kreises $\hat{\mathfrak{x}}$ bezüglich des Systems der vier *Koordinatenkreise* $\mathfrak{f}$, $\mathfrak{e}^{\mathrm{I}}$, $\mathfrak{e}^{\mathrm{II}}$, $\mathfrak{e}^{\mathrm{III}}$ die folgende Deutung geben: $\hat{x}_1, \hat{x}_2, \hat{x}_3$ sind einfach die cos seiner Winkel mit $\mathfrak{e}^{\mathrm{I}}$, $\mathfrak{e}^{\mathrm{II}}$ und $\mathfrak{e}^{\mathrm{III}}$. Für $\hat{x}_0$ gilt dann:

$$\hat{x}_0 = \hat{x}_1 + \hat{x}_2 + \hat{x}_3 - |\sqrt{2}|\cos\vartheta\,,$$

wo ϑ der Winkel zwischen $\hat{\mathfrak{x}}$ und $\mathfrak{f}$ ist.

8. Man deute in ähnlicher Weise wie unter Aufgabe 7 die Normalkoordinaten eines gerichteten Kreises auch die Verhältnisse der tetrazyklischen Koordinaten eines Punktes $\mathfrak{v}$ als Winkelbeziehungen an der durch $\mathfrak{v}$ und die vier Koordinatenkreise $\mathfrak{k}$, $\mathfrak{e}^{\mathrm{I}}$, $\mathfrak{e}^{\mathrm{II}}$, $\mathfrak{e}^{\mathrm{III}}$ gebildeten Figur.

9. Man kann jedes nullteilige Kreissystem (vgl. § 19) in möbiusinvarianter Weise so konstruieren: Man nimmt drei paarweise senkrechte M-Kreise $\mathfrak{x}$, $\mathfrak{y}$, $\mathfrak{z}$, zeichnet das Büschel aller Kreise $\mathfrak{t}$ durch die Schnittpunkte von $\mathfrak{x}$ und $\mathfrak{y}$, und konstruiert zu jedem Kreis $\mathfrak{t}$ das Büschel $\mathfrak{s}$, das durch die Schnittpunkte von $\mathfrak{t}$ und $\mathfrak{z}$ hindurchgeht. Die ∞^1 Büschel $\mathfrak{z}$ bilden dann das nullteilige Kreissystem (vgl. Fig. 34).

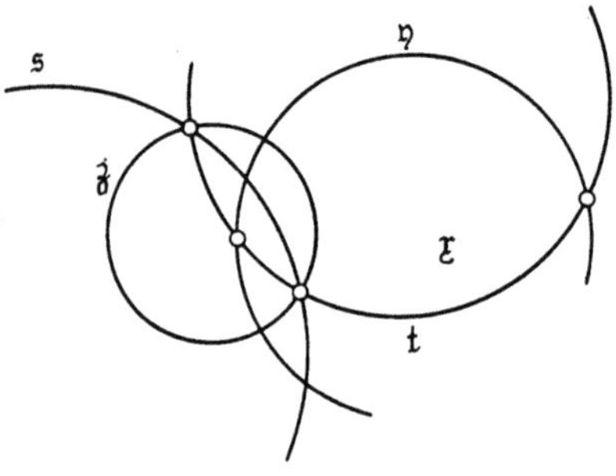

Fig. 34.

10. Im § 19 haben wir einen Vektor $\mathfrak{k}$ mit $\mathfrak{k}\mathfrak{k} < 0$ durch ein sogenanntes nullteiliges Kreissystem geometrisch repräsentiert. Man deute die Invariante

$$J = \frac{(\mathfrak{x}\,\mathfrak{y})^2}{(\mathfrak{x}\,\mathfrak{x})(\mathfrak{y}\,\mathfrak{y})}$$

zweier solcher Vektoren $\mathfrak{x}$ und $\mathfrak{y}$ als geometrische Beziehung zwischen zwei solchen Kreissystemen. Ebenso deute man die Invariante für den Fall, daß nur einer der Vektoren, etwa $\mathfrak{x}$ ein solcher mit $\mathfrak{x}\mathfrak{x} < 0$ ist, der andere $\mathfrak{y}$ aber einen Kreis $\mathfrak{y}\mathfrak{y} > 0$ darstellt.

11. Man drücke die im § 20 für vier Punkte mittels (114) gefundenen Invarianten $|D|$ und $\arg D$ durch tetrazyklische Koordinaten aus. Man zeige, daß $|D|$ einfach gleich dem absoluten Betrag der rechten Seite der Formel (17a) des § 5 ist (wo nur statt der eckigen runde Klammern zu nehmen sind), und daß für $\arg D$ gilt:

$$\sin \arg D = \frac{|\,\mathfrak{x}^{\mathrm{I}}\,\mathfrak{x}^{\mathrm{II}}\,\mathfrak{x}^{\mathrm{III}}\,\mathfrak{x}^{\mathrm{IV}}\,|}{\sqrt{(\mathfrak{x}^{\mathrm{I}}\,\mathfrak{x}^{\mathrm{II}})\,(\mathfrak{x}^{\mathrm{III}}\,\mathfrak{x}^{\mathrm{IV}})\,(\mathfrak{x}^{\mathrm{I}}\,\mathfrak{x}^{\mathrm{IV}})\,(\mathfrak{x}^{\mathrm{II}}\,\mathfrak{x}^{\mathrm{III}})}}\,.$$

(Vgl. *J. Coolidge*: A treatise on the circle and the sphere. Oxford 1916.)

12. Man gebe statt der im § 20 angegebenen bewegungsgeometrischen Deutung der beiden Invarianten $|D|$ und $\arg D$ von vier Punkten inversionsgeometrisch invariante Deutungen an.

13. Man zeige, daß man im § 22 die Funktionen $b(\sigma)$ $[b \neq 0]$ und $g(\sigma)$ ganz „beliebig" vorgeben kann, und daß dann immer bis auf Möbius-Transformationen eine zugehörige Kreisschar bestimmt ist.

14. Geben wir uns die Koordinate z von *Gauß* als Funktion eines reellen Parameters t, so ist dadurch eine Kurve bestimmt. Der in § 25 (57) erwähnte niedrigste invariante Kurvenparameter σ drückt sich in der Form aus:

$$d\sigma^2 = \frac{1}{2}\,\mathfrak{I}\,[\{z, t\}]\,dt^2,$$

wo $\{z, t\}$ die sogenannte *Schwarz*sche Ableitung

$$\{z, t\} = \frac{\dddot{z}}{\dot{z}} - \frac{3}{2}\left(\frac{\ddot{z}}{\dot{z}}\right)^2$$

von z nach t ist und $\mathfrak{I}\,[\{z, t\}]$ ihr Imaginärteil. [Vgl. G. Pick. Circolo matematico di Palermo 37 (1914) S. 341.] Bezieht man die Kurve auf den Parameter σ und bildet dann die *Schwarz*sche Ableitung $\{z, \sigma\}$ von z nach σ, so wird $\frac{1}{2}\,\mathfrak{I}\,(z, \sigma) = 1$, der Realteil $\mathfrak{R}\{z, \sigma\}$ stellt dann aber die einzige Differentialinvariante fünfter Ordnung der Kurve dar, die wir in § 25 erwähnten. (*T. Takasu*, Hamburg, 1926.)

15. Im Anschluß an § 29 zeige man, daß bei der Darstellung $V(z)$ eines isothermen Netzes durch eine analytische Funktion die *Gauß*sche Koordinate W des Punktes $\mathfrak{w}$ durch

$$W(z) = V - 2\frac{V'^2}{V''}$$

gegeben ist, und daß ferner die Invariante $\mathfrak{T} = \mathfrak{R} + i\mathfrak{S}$ durch die *Schwarz*sche Ableitung (vgl. Aufgabe 14) von V nach z:

$$\mathfrak{T} = \frac{V'''}{V'} - \frac{3}{2}\left(\frac{V''}{V'}\right)^2$$

gegeben ist. (*W. Blaschke*, Über konforme Geometrie III. Hamb. Abh. Bd. 4, 1925.)

16. Ist in § 29 für ein isothermes Netz $V(z)$ die winkeltreue Abbildung $V \to W$ gegeben, ist also die analytische Funktion $W(V)$ gegeben, so ist die zugehörige Funktion $V(z)$, resp. die Umkehrfunktion $z(V)$ durch

$$z = \int e^{\int \frac{2}{W(V)-V} dV} dV$$

bis auf eine Transformation

$$(*) \qquad z = a z^* + b \qquad (a, b = \text{const})$$

bestimmt. Die Transformation (*), also der Übergang von $V(z)$ zu $V(az^* + b)$ entspricht aber einfach dem am Schluß von § 27 geschilderten Übergang von einem Netz zu einem seiner Isogonalnetze. [*W. Blaschke*, Hamburg 1925.]

17. Man untersuche die Kurvennetze, bei denen die in § 31 definierten Invarianten R, $\overline{R}$, H, $\overline{H}$ alle konstant sind, und zeige, daß man ein aus lauter Loxodromen bestehendes Kurvennetz erhält.

18. Man diskutiere die Gestalt der am Schluß von § 25 erwähnten Kurven der nichteuklidischen Geometrie im elliptischen und im hyperbolischen Fall aus ihrer natürlichen Gleichung $\varrho = s + \text{const}$. Man verfahre etwa nach dem Vorbild der von *E. Cesàro* in seinem Buche „Natürliche Geometrie" (Leipzig 1901) angegebenen Methoden der euklidischen Geometrie.

4. Kapitel.

Geometrie von *Laguerre* in der Ebene[1].

§ 33. Isotrope Projektion und Abbildungen von *Laguerre* in der Ebene.

Im 1. Kapitel lieferte uns die stereographische Projektion die Abbildung einer Gruppe von projektiven Transformationen des Raumes auf die Gruppe der Kreisverwandtschaften von *Möbius* in der Ebene. Hier soll uns eine andere, noch einfachere Projektion, die sogenannte *isotrope Projektion* die Abbildung einer projektiven Gruppe des Raumes auf die Gruppe $\mathfrak{L}$ der *Transformationen von Laguerre* in der Ebene liefern.

Diese auf *Chasles* zurückgehende Projektion wird auch als *zyklographische Abbildung* oder nach *F. Klein* als *Minimalprojektion* bezeichnet. Wir denken uns im dreidimensionalen Raume wie zu Beginn von § 7 gewöhnliche kartesische Koordinaten eingeführt, die wir hier, statt mit ξ, η, ζ, der Reihe nach mit X_1, X_2, X_0 bezeichnen wollen.

Jedem Punkt $\mathfrak{X}$ des Raumes ordnen wir einen gerichteten Kreis der „*Grundebene der isotropen Projektion*" $X_0 = 0$ zu, dessen Mittelpunkt die Koordinaten $\{X_1, X_2, X_0 = 0\}$ besitzt und dessen Radius $R = X_0$ ist. Wir erhalten den Mittelpunkt des zum Punkt $\mathfrak{X}$ gehörigen Kreises also einfach durch senkrechte Projektion auf die Grundebene; der Radius ist dann gleich der Länge des Projektionslotes, und zwar ist er positiv für Punkte „oberhalb" der Grundebene, und negativ für „unterhalb" derselben gelegene. Wir können auch sagen: wir erhalten zu einem Punkt $\mathfrak{X}$ den Kreis der Projektion als Schnitt der Grundebene mit dem Kegel,

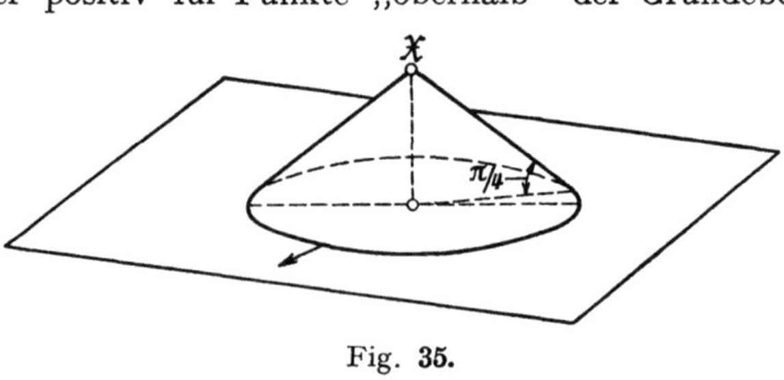

Fig. 35.

der aus allen gegen diese unter dem Winkel $\pi:4$ geneigten Geraden durch $\mathfrak{X}$ besteht (Fig. 35). Rückt der Raumpunkt in die Grundebene hinein, so schrumpft der Projektionskreis auf einen Punkt

[1]) Die Arbeiten, in denen *Laguerre* diese Geometrie begründet hat, finden sich im zweiten Band der gesammelten Werke von *Laguerre* zusammengestellt: (Oevres de *Laguerre* II, pg. 592—670. Paris 1898. Gauthiers-Villars).

zusammen. Wir rechnen daher in der Projektion die Punkte zu den Kreisen. (Keineswegs aber werden wir die Geraden hier wie im Kap. I zu den Kreisen rechnen.)

Die gerichteten Kreise und Punkte der euklidischen Ebene, die, wie wir sehen werden, in der Geometrie der Gruppe $\mathfrak{L}$ von *Laguerre* nicht unterscheidbar sind, wollen wir in dem Begriff des *L-Kreises* zusammenfassen. *Wir können nunmehr die isotrope Projektion auffassen als eineindeutige Abbildung der Punkte des Raumes auf die L-Kreise der Grundebene.*

Haben wir im Raume eine unter dem Winkel $\pi:4$ gegen die Grundebene geneigte Ebene — solche Ebenen wollen wir *isotrope Ebenen* der Projektion nennen —, so entsprechen ihren Punkten lauter Kreise, die eine feste gerichtete Gerade (die mit geeigneter Richtung versehene Schnittgerade der isotropen Ebene mit der Grundebene) berühren. Umgekehrt entsprechen allen L-Kreisen, die eine feste gerichtete Gerade gleichsinnig berühren, immer die Punkte einer bestimmten isotropen Ebene. Speziell sind dabei die auf der Geraden liegenden Punkte als diese berührende L-Kreise mitzurechnen. *Die isotropen Ebenen entsprechen somit in der isotropen Projektion eineindeutig den gerichteten Geraden der Grundebene.*

Als *Berührung zweier L-Kreise* bezeichnen wir das Folgende: Falls keiner der Kreise ein Punkt ist, die gleichsinnige Berührung der beiden gerichteten Kreise, falls aber einer der L-Kreise ein Punkt ist, die vereinigte Lage von Kreis und Punkt.

Als *Berührung von L-Kreis und gerichteter Gerade* bezeichnen wir: Falls der L-Kreis kein Punkt ist, die gleichsinnige Berührung von Kreis und Gerade, für einen Punkt aber die vereinigte Lage mit der Geraden.

Aus der Definition der isotropen Projektion folgt, daß zwei sich berührende L-Kreise zwei Punkten des Raumes entsprechen, die auf einer unter $\pi:4$ gegen die Grundebene geneigten Geraden liegen. Die unter $\pi:4$ gegen die Grundebene geneigten Geraden wollen wir auch als *isotrope Geraden* bezeichnen. Bei der isotropen Projektion entsprechen den Punkten einer und derselben isotropen Geraden die L-Kreise eines und desselben ausgearteten Büschels, die sich alle in ein und demselben *gerichteten Linienelement* berühren. Wir können auch sagen: *Die isotropen Geraden des Raumes entsprechen bei der Projektion eineindeutig den gerichteten Linienelementen der Ebene.*

Genau so, wie wir im Kap. I die Möbius-Transformationen der Ebene als stereographische Projektion einer Gruppe von projektiven Abbildungen des Raumes definiert haben, nämlich der hyperbolischen Bewegungen, wollen wir jetzt die Abbildungen von *Laguerre* definieren als isotrope Projektion einer Gruppe projektiver Transformationen, und zwar der folgenden:

Wir nehmen im Raum die Gruppe der linearen inhomogenen Transformationen

(1) $$X_i = \sum_{k=0}^{2} b_{ik} X_k^* + d_i \qquad [i = 0, 1, 2]$$

der kartesischen Koordinaten, die die Gleichung

(2) $$-(X_0 - Y_0)^2 + (X_1 - Y_1)^2 + (X_2 - Y_2)^2 = 0$$

für die Koordinaten zweier beliebiger Punkte $\mathfrak{X}$ und $\mathfrak{Y}$ invariant läßt, d. h. in die entsprechende Gleichung in den gestirnten Größen überführt. Da (1) linear in den kartesischen Koordinaten ist, haben wir eine Gruppe von projektiven, ja sogar von affinen Transformationen des Raumes. (2) ist die Bedingung dafür, daß die Punkte $\mathfrak{X}$ und $\mathfrak{Y}$ auf derselben isotropen Geraden liegen. Wir haben also die Gruppe derjenigen affinen Abbildungen des Raumes, die isotrope Geraden in ebensolche überführen. Mit den isotropen Geraden müssen dann aber auch die isotropen Ebenen invariant bleiben als die einzigen Ebenen, bei denen durch jeden ihrer Punkte genau eine reelle der Ebene angehörende isotrope Gerade geht. Denn auf den „sanfter“ als unter dem Winkel $\pi:4$ gegen die Grundebene geneigten Ebenen gibt es ja überhaupt keine Geraden, die die Grundebene unter dem Winkel $\pi:4$ treffen. Auf den Ebenen, die „steiler“ als die isotropen sind, aber genau zwei durch jeden Punkt. Da unseren eineindeutigen Punkttransformationen (1), (2) des Raumes in der Projektion eineindeutige Abbildungen der L-Kreise der Ebene entsprechen und da den Punkten einer festen isotropen Ebene des Raumes die L-Kreise der Ebene entsprechen, die eine feste gerichtete Gerade berühren, haben wir:

Unserer Gruppe (1) (2) des Raumes entspricht in der Ebene eine Gruppe von Abbildungen mit folgenden Eigenschaften:

A. *Es werden die L-Kreise der Ebene eineindeutig einander zugeordnet.*

B. *Es werden dabei gerichtete Gerade eineindeutig gerichteten Geraden zugeordnet.* [D. h. es werden die Mannigfaltigkeiten von L-Kreisen, die eine und dieselbe feste gerichtete Gerade berühren, eineindeutig ebensolchen Mannigfaltigkeiten zugeordnet.]

Wir werden später (im § 49) zeigen, daß die durch (1), (2) definierten Abbildungen von *Laguerre* überhaupt die einzigen möglichen mit den beiden Eigenschaften A, B sind. Wieder ist es dabei nicht nötig, die Stetigkeit der Abbildung zu verlangen.

Die *Laguerre*sche Gruppe $\mathfrak{L}$ ist anscheinend schon vor dem französischen Mathematiker *E. Laguerre,* nach dem man sie mit Recht wegen seiner Verdienste um ihre Geometrie benannt hat, in ihrem Zusammenhang mit den erwähnten affinen Transformationen des Raumes von *Sophus Lie* ums Jahr 1870 angegeben worden.

Wenden wir uns jetzt der Laguerre-Geometrie unserer L-Kreise und gerichteten Geraden zu! Wenn keine Mißverständnisse zu befürchten sind, werden wir im folgenden die L-Kreise einfach als Kreise, und die gerichteten Geraden einfach als Geraden bezeichnen, und ferner unter Berührung gleichsinnige Berührung verstehen.

Im Gegensatz zu den Transformationen des Kap. I und II haben wir es in (1) mit unhomogenen linearen Abbildungen zu tun. Die Koordinaten X_0, X_1, X_2 bilden daher keinen *Vektor* im Sinne des § 10. Wir schreiben hier wie im folgenden für unsere Kreiskoordinaten überall die großen Buchstaben [$\mathfrak{X}$; X_0, X_1, X_2], weil sie sich unhomogen transformieren, kleine Buchstaben [$\mathfrak{x}$; x_0, x_1, x_2] aber führen wir für solche Größensysteme ein, die sich wie die Koordinaten im § 6 homogen transformieren, also einen Vektor bilden.

Da bei unsern Abbildungen (1) die Koordinatendifferenzen zweier Kreise (Punkte im Raum) $\mathfrak{X}$ und $\mathfrak{Y}$ homogenen Transformationen unterworfen werden, schreiben wir für den Vektor

(3) $$\mathfrak{z} = \mathfrak{X} - \mathfrak{Y}$$

wieder einen kleinen Buchstaben. Wenn außer $\mathfrak{z}$ noch ein zweiter solcher Vektor

$$\mathfrak{t} = \overline{\mathfrak{X}} - \overline{\mathfrak{Y}}$$

gegeben ist, bezeichnen wir mit

(4) $$(\mathfrak{z}\,\mathfrak{t}) = (\mathfrak{X} - \mathfrak{Y}, \overline{\mathfrak{X}} - \overline{\mathfrak{Y}})$$

in abkürzender Schreibweise die zu (2) gehörige Bilinearform:

$$-z_0 t_0 + z_1 t_1 + z_2 t_2 .$$

Statt $(\mathfrak{X} - \mathfrak{Y}, \mathfrak{X} - \mathfrak{Y})$ schreiben wir auch $(\mathfrak{X} - \mathfrak{Y})^2$.

Wir werden im folgenden unsere Geometrie von *Laguerre* in der Ebene immer im engsten Zusammenhang mit der Geometrie der entsprechenden Gruppe im Raum behandeln. Diese besteht, wie wir gesehen haben, aus den affinen Abbildungen, die isotrope Elemente [isotrope Ebenen und isotrope Geraden] wieder in isotrope Elemente überführen. Wir wollen diese räumliche Gruppe $\mathfrak{J}$ nennen. Wir wollen hier noch erwähnen, wie man von diesen Abbildungen auf Grund der Anschauungen der projektiven Geometrie eine sehr einfache geometrische Vorstellung gewinnen kann. Denkt man sich nämlich den Raum der isotropen Projektion aus einem euklidischen durch Einfügen der uneigentlichen Ebene zu einem projektiven P_3 gemacht, so schneidet der durch einen beliebigen Punkt $\mathfrak{X}$ gelegte Kreiskegel der isotropen Geraden als Kegel zweiter Ordnung die uneigentliche Ebene in einem Kegelschnitt. Da nun jede isotrope Gerade immer parallel ist zu irgendeiner Geraden des Kegels durch $\mathfrak{X}$, geht sie durch diesen Kegelschnitt in der uneigentlichen Ebene hindurch und umgekehrt ist auch jede Gerade durch den Kegelschnitt eine isotrope Gerade. In gleicher Weise lassen sich die isotropen Ebenen deuten als die Ebenen, die den uneigentlichen Kegelschnitt berühren.

Wir können unsere räumliche Gruppe $\mathfrak{J}$ nun auffassen als die Gruppe aller projektiven Abbildungen des P_3, die diesen *„absoluten Kegelschnitt“* als Ganzes fest lassen. Denn mit dem Kegelschnitt bleibt die uneigentliche Ebene als Ganzes fest, und man hat eine affine Abbildung, die mit den Punkten des absoluten Kegelschnitts die isotropen Elemente in ebensolche überführt.

Die angegebenen projektiven Vorstellungen der Gruppe $\mathfrak{J}$ können uns für das Folgende manche Erleichterung bringen.

§ 34. Tangentenentfernung. Gerade Kreisreihen.

Die Form $(\mathfrak{X}-\mathfrak{Y})^2$ für zwei Kreise $\mathfrak{X}$ und $\mathfrak{Y}$ wird sich bei unseren Abbildungen von *Laguerre* wegen der Invarianz der Gleichung (2) höchstens mit einem Faktor multiplizieren können, also

$$(5)\qquad (\mathfrak{X}-\mathfrak{Y})^2=\lambda\cdot(\mathfrak{X}^*-\mathfrak{Y}^*)^2.$$

Hier muß nun λ von den Kreiskoordinaten X_i^*, Y_i^* unabhängig sein, denn da die Abbildungen (1) linear sind, muß aus $(\mathfrak{X}-\mathfrak{Y})^2$ ein Ausdruck entstehen, der in den X_i^*, Y_i^* wieder quadratisch ist. λ kann also nur von den Substitutionskoeffizienten b_{ik} abhängen, muß somit für jedes Kreispaar $\mathfrak{X}$, $\mathfrak{Y}$ immer derselbe Faktor sein[1]). Es ist daher der Ausdruck

$$(6)\qquad S=(\mathfrak{X}-\mathfrak{Y})^2:(\overline{\mathfrak{X}}-\overline{\mathfrak{Y}})^2$$

für zwei Kreispaare $\mathfrak{X}$, $\mathfrak{Y}$ und $\overline{\mathfrak{X}}$, $\overline{\mathfrak{Y}}$ eine Invariante der Geometrie von *Laguerre*. Der Ausdruck $(\mathfrak{X}-\mathfrak{Y})^2$ hat in gewissen Fällen eine sehr einfache geometrische Bedeutung: Es ist

$$(\mathfrak{X}-\mathfrak{Y})^2=(\xi_1-\eta_1)^2+(\xi_2-\eta_2)^2-(R_1-R_2)^2,$$

wenn wir mit $\{\xi_1, \eta_1\}$ und $\{\xi_2, \eta_2\}$ wieder die kartesischen Koordinaten der Mittelpunkte und mit R_1 und R_2 die beiden mit dem richtigen Vorzeichen genommenen Radien der beiden L-Kreise bezeichnen. Während zwei ungerichtete Kreise im gewöhnlichen Sinne bis zu vier gemeinsamen Tangenten haben können, können zwei L-Kreise nur zwei, eine, oder gar keine gemeinsame gerichtete Tangente besitzen. Nehmen wir an, daß der erste Fall vorliegt, so ist $(\mathfrak{X}-\mathfrak{Y})^2$ nach Fig. 36 einfach das Quadrat der Entfernung der beiden Berührungspunkte auf einer beliebigen der beiden Tangenten, die sog. *Tangentenentfernung* t der beiden L-Kreise. Sind also beide Kreispaare vom Typ der Fig. 36, so ist die Invariante S einfach das Quadrat der Verhältnisse der beiden Tangentenentfernungen.

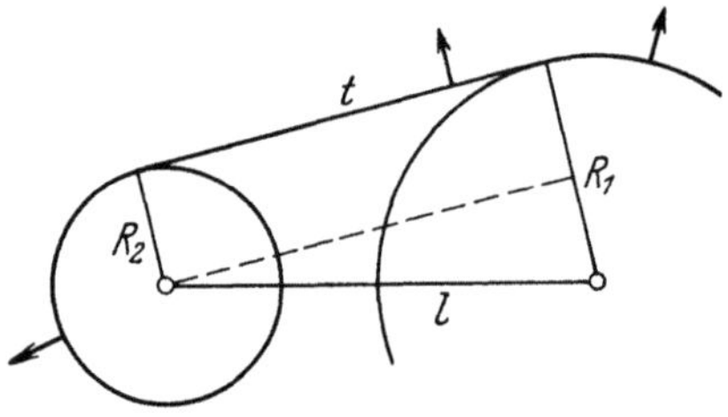

Fig. 36.

[1]) Man kann leicht nachrechnen, daß $\lambda=\sqrt[3]{b^2}$ gilt $[b=|b_{ik}|]$.

Legen wir die Tangentenentfernung eines Kreispaares als Einheitsentfernung fest, so können wir alle anderen Tangentenentfernungen im Verhältnis zu ihr messen. Anstatt nun sozusagen in der *Laguerre*schen Ebene eine Einheitstangentenentfernung als von vornherein gegeben anzunehmen, können wir uns ebensogut auf die Untergruppe $\mathfrak{L}'$ der ursprünglichen Gruppe $\mathfrak{L}$ beschränken, die die Form $(\mathfrak{X} - \mathfrak{Y})^2$ absolut invariant läßt, bei der also der in (5) auftretende, aus den b_{ik} gebildete Faktor $\lambda = 1$ ist.

Wir haben hier einen ganz ähnlichen Sachverhalt, wie in der Bewegungsgeometrie, wo gegenüber den ähnlichen Abbildungen nur das Verhältnis zweier Entfernungen invariant ist, und wo es dann auf dasselbe hinauskommt, ob man alle Entfernungen im Verhältnis zu einer Einheitsentfernung mißt, oder ob man die engere Gruppe der Bewegungen zugrunde legt, die Entfernungen überhaupt invariant läßt. In der Tat ist ja auch die Gruppe der ähnlichen Abbildungen des Raumes nur dadurch von der $\mathfrak{L}$ entsprechenden Gruppe $\mathfrak{J}$ des Raumes verschieden, daß bei ihr die Form (2) auch vor dem ersten Glied das positive Vorzeichen hat.

Wir wollen $\mathfrak{L}'$ auch als Gruppe $\mathfrak{L}_6$ bezeichnen und $\mathfrak{L}$ als $\mathfrak{L}_7$, da sich herausstellen wird, daß die erste Gruppe sechs- und die letzte siebengliedrig ist. Analog werden wir die entsprechenden Gruppen des Raumes als $\mathfrak{J}_6$ und $\mathfrak{J}_7$ bezeichnen. Die Gruppe $\mathfrak{L}_6$ der Abbildungen der gerichteten Geraden und Kreise der Grundebene bezeichnen wir als *engere Laguerresche Gruppe*, oder einfach als *Laguerre*sche Gruppe, $\mathfrak{L}_7$ als *erweiterte Laguerre*sche Gruppe. Zu $\mathfrak{L}_7$ gelangen wir als zu der Gruppe, die von $\mathfrak{L}_6$ und den gewöhnlichen Ähnlichkeitstransformationen mit dem Zentrum im Ursprung:

$$X_i = C \cdot X_i^* \qquad (C = \text{const})$$

erzeugt wird.

Die Gruppe $\mathfrak{J}_6$ im Raume ist aus der *speziellen Relativitätstheorie* bekannt. Die Transformationen

$$X_i^* = \sum_{k=0}^{3} b_{ik} X_k + d_i \qquad [i = 0, 1, 2, 3] \tag{7}$$

in den vier Variablen X_0, X_1, X_2, X_3, die die Form

$$-(X_0 - Y_0)^2 + (X_1 - Y_1)^2 + (X_2 - Y_2)^2 + (X_3 - Y_3)^2 \tag{7a}$$

invariant lassen, sind die Lorentztransformationen der speziellen Relativitätstheorie, in der *Minkowski*schen Welt, denen der Übergang von einem Inertialsystem zu einem andern entspricht.

Lassen wir in (6) und (7) X_3 fort, so entspricht das der Unterdrückung der einen räumlichen Dimension, die man ja häufig vornimmt, um die Verhältnisse der Relativitätstheorie anschaulich klar machen zu können. Die isotropen Geraden unseres Raumes, die unter dem Winkel $\pi/4$ gegen die Grundebene geneigt sind, sind in der Sprache der speziellen Relativitätstheorie die Bahnen der geradlinigen Lichtstrahlen; die Geraden, die steiler als unter dem Winkel $\pi/4$ geneigt sind, die „*zeitartigen*" Geraden, stellen die Weltlinien kräftefrei bewegter Massenpunkte dar, die flachgeneigten Geraden endlich sind die „*raumartigen* Geraden". Durch den Ausdruck

$$(8) \qquad (\mathfrak{X} - \mathfrak{Y})^2 = -(X_0 - Y_0)^2 + (X_1 - Y_1)^2 + (X_2 - Y_2)^2$$

ist dem Raum eine Art *Maßbestimmung* aufgeprägt, die von der gewöhnlichen des euklidischen Raumes nur in dem Vorzeichen von $(X_0 - Y_0)^2$ abweicht. Da die quadratische Form (8) im Gegensatz zu der in der euklidischen Bewegungsgeometrie auftretenden definiten hier indefinit ist, wollen wir unsere zu $\mathfrak{J}_6$ gehörige Geometrie im Raume auch eine *Bewegungsgeometrie mit indefiniter Maßbestimmung* nennen. Obwohl wir die Beziehungen zur speziellen Relativitätstheorie hier nicht im einzelnen verfolgen wollen, wollen wir doch die Bezeichnungen raumartige und zeitartige Geraden für die sanfter und steiler als $\pi : 4$ geneigten Geraden beibehalten. Eine Schar von Kreisen der Ebene, die in der Projektion den Punkten einer Geraden entspricht, wollen wir als eine *gerade Kreisreihe* bezeichnen. Entsprechend den drei Typen der isotropen, raumartigen und zeitartigen Geraden haben wir *isotrope, raumartige und zeitartige gerade Kreisreihen* in der Ebene.

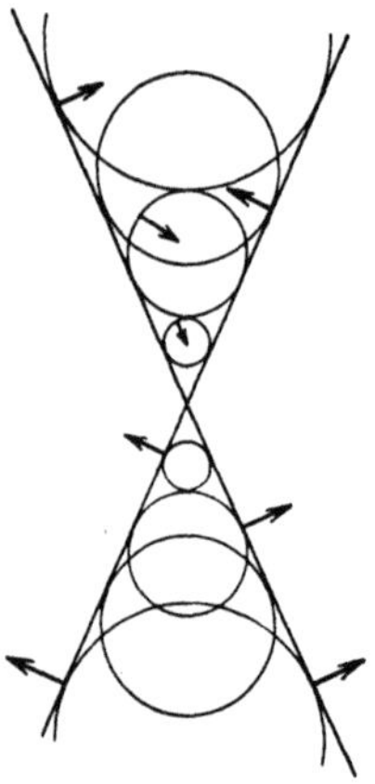

Fig. 37.

Sind $\mathfrak{X}$ und $\mathfrak{Y}$ zwei Punkte des Raumes, so sind durch

$$(9) \qquad \mathfrak{Z}(\lambda) = \mathfrak{X} + \lambda(\mathfrak{X} - \mathfrak{Y})$$

den verschiedenen Werten des Parameters λ entsprechend die Punkte $\mathfrak{Z}$ der Verbindungsgeraden von $\mathfrak{X}$ und $\mathfrak{Y}$ bestimmt.

Durch eine raumartige Gerade kann man immer zwei isotrope Ebenen legen, daher entspricht ihr in der Projektion eine Kreisreihe, deren Kreise alle zwei feste gerichtete Gerade gleichsinnig berühren (Fig. 37). Zu zwei Kreisen einer raumartigen Reihe gehört, da sie immer zwei gemeinsame gerichtete Tangenten besitzen, eine Tangentenentfernung, deren Quadrat durch $(\mathfrak{X} - \mathfrak{Y})^2$ gegeben ist. In Übereinstimmung damit ist für zwei Kreise einer raumartigen Reihe, und ebenso im Raume für zwei Punkte einer raumartigen Geraden, immer $(\mathfrak{X} - \mathfrak{Y})^2 > 0$.

Für zwei Punkte einer zeitartigen Geraden ist $(\mathfrak{X} - \mathfrak{Y})^2 < 0$. Da eine zeitartige Gerade so steil ist, daß man durch sie keine isotropen Ebenen mehr legen kann, entspricht einem solchen Punktepaar in der Projektion ein Paar von Kreisen ohne gemeinsame gerichtete Tangenten. Die Invariante $(\mathfrak{X} - \mathfrak{Y})^2$ für zwei solche Kreise wollen wir am Schluß dieses Paragraphen durch eine Tangentenentfernung geometrisch erklären [in ähnlicher Weise, wie wir im § 32 Aufg. 5 die inversionsgeometrische Invariante sich nicht schneidender Kreise auf eine Winkelbeziehung zurückgeführt haben]. Wir werden uns dann auch über die geometrische Gestalt einer zeitartigen Kreisreihe Rechenschaft geben.

Überhaupt werden wir auf die Begriffe L-Kreis, gerichtete Gerade, Berührung und Tangentenentfernung alle andern der Laguerreschen Geometrie zurückführen, ebenso wie die der Möbius-Geometrie auf die des Punktes, des M-Kreises, der vereinigten Lage von Punkt und Kreis, und des Winkels. Wie in der Inversionsgeometrie der Geraden, so kommt in der Laguerre-Geometrie dabei, wie wir wissen, dem Punkte keine selbständige Bedeutung zu.

Auf die Grundbegriffe können wir z. B. den Begriff des *gleichsinnigen Parallelismus von Geraden* und den des *Abstandsverhältnisses von drei solchen parallelen Geraden* zurückführen: Denn die Paare von gleichsinnig parallelen Geraden sind als diejenigen gekennzeichnet, zu denen es keine gerichteten Kreise gibt, die sie beide berühren, und daher gehen sie durch $\mathfrak{L}_7$ in ebensolche Paare über.

Ferner können wir das Abstandsverhältnis dreier gleichsinnig paralleler Geraden, das sich, wie wir jetzt sehen wollen, als eine Invariante gegenüber $\mathfrak{L}_7$ herausstellen wird, auf ein Verhältnis zweier Tangentenentfernungen zurückführen. Drei parallelen Geraden g^{I}, g^{II}, g^{III} entsprechen nämlich durch die isotrope Projektion im Raume drei parallele isotrope Ebenen $\mathfrak{g}^{\alpha}$ ($\alpha = I, II, III$). Schneiden wir nun die drei Ebenen mit einer Geraden $\mathfrak{P}$ des Raumes, die sie in den Punkten $\mathfrak{X}^{\alpha}$ trifft, so ist das Verhältnis der Abstände $\{\mathfrak{X}^{\mathrm{I}}, \mathfrak{X}^{\mathrm{II}}\}$ und $\{\mathfrak{X}^{\mathrm{I}}, \mathfrak{X}^{\mathrm{III}}\}$ der Punkte auf $\mathfrak{P}$ von der Lage von $\mathfrak{P}$ gar nicht abhängig, es ist nämlich gleich dem Abstandsverhältnis der drei Ebenen $\mathfrak{g}^{\alpha}$. Da wir im Raume in $\mathfrak{J}_7$ eine affine Gruppe haben, so ist das Verhältnis V der Abstände $\{\mathfrak{g}^{\mathrm{I}}\, \mathfrak{g}^{\mathrm{II}}\} : \{\mathfrak{g}^{\mathrm{I}}\, \mathfrak{g}^{\mathrm{III}}\}$ der Ebenen eine Invariante, und zwar kann man V ein bestimmtes Vorzeichen zuschreiben, wenn man die beiden Abstände $\{\mathfrak{g}^{\mathrm{I}}\, \mathfrak{g}^{\mathrm{II}}\}$ und $\{\mathfrak{g}^{\mathrm{I}}\, \mathfrak{g}^{\mathrm{III}}\}$ im selben Sinne rechnet.

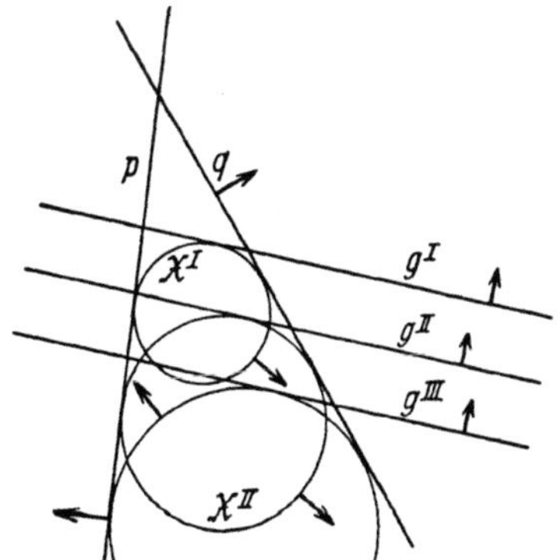

Fig. 38.

Diesem räumlichen Sachverhalt entspricht in der isotropen Projektion folgendes (Fig. 38): Nimmt man zu den drei gleichsinnig parallelen Geraden g^{α} eine beliebige raumartige gerade Kreisreihe $\mathfrak{P}$ mit den Tangenten p und q hinzu, (nur nicht gerade so, daß p oder q zu den g^α parallel wird), so gibt es drei Kreise $\mathfrak{X}^\alpha$ der Reihe $\mathfrak{P}$, die die Geraden g^α berühren. Das Verhältnis der Tangentenentfernungen der Kreispaare $\{\mathfrak{X}^{\mathrm{I}}\,\mathfrak{X}^{\mathrm{II}}\}$ und $\{\mathfrak{X}^{\mathrm{I}}\,\mathfrak{X}^{\mathrm{III}}\}$ hängt dann von der Wahl der Reihe $\mathfrak{P}$ gar nicht ab. Es ist einfach gleich dem gewöhnlichen Abstandsverhältnis der drei Geraden g^α, wie man erkennt, wenn man speziell eine aus lauter Punkten bestehende Reihe $\mathfrak{P}$ mit gegensinnig zusammenfallenden Tangenten p und q wählt. Um die Invariante V mit dem richtigen Vorzeichen zu bekommen, hat man nur die Tangentenentfernungen der $\mathfrak{X}^\alpha$ auf der Geraden p oder q immer im selben Sinne zu rechnen.

Zu zwei gleichsinnig parallelen Geraden g^{I} und g^{II} ist immer eine Parallele eindeutig bestimmt, die sie unter gegebenem Abstandsverhältnis V teilt. Von besonderer Bedeutung ist die *Mittelgerade* zweier gegebener $[V = -1]$.

Wir wollen jetzt die geometrischen Eigenschaften einer geraden Kreisreihe untersuchen, die einer zeitartigen Geraden des Raumes entspricht.

Haben wir zwei Punkte $\mathfrak{X}$ und $\mathfrak{Y}$ einer zeitartigen Geraden, so hat ein dritter Punkt $\mathfrak{Z}$ derselben Geraden folgende Eigenschaft: Legen wir irgend drei parallele isotrope Ebenen durch die drei Punkte $\mathfrak{X}$, $\mathfrak{Y}$, $\mathfrak{Z}$, so ist ihr Abstandsverhältnis immer dasselbe, nämlich gleich dem der drei Punkte $\mathfrak{X}$, $\mathfrak{Y}$, $\mathfrak{Z}$ auf ihrer Geraden. Man kann zu $\mathfrak{X}$ und $\mathfrak{Y}$ also jeden weiteren Punkt der Verbindungsgeraden konstruieren, indem man zu jedem Paar paralleler isotroper Ebenen durch $\mathfrak{X}$ und $\mathfrak{Y}$ die dritte Parallelebene zeichnet, die von ihnen ein bestimmtes festes Abstandsverhältnis besitzt. Alle diese dritten Ebenen gehen dann durch einen Punkt der Geraden $\{\mathfrak{X}\,\mathfrak{Y}\}$. Das führt in der Projektion auf folgende Konstruktion einer zeitartigen Kreisreihe aus zwei gegebenen $\mathfrak{X}$ und $\mathfrak{Y}$ ihrer Kreise, die natürlich ein Paar vom Typ der Fig. 39 sein müssen: Man zeichnet zu jedem Paar von gleichsinnig parallelen Tangenten an die beiden Kreise die Parallele, die von ihnen das gleiche feste Abstandsverhältnis hat. Alle diese Parallelen umhüllen dann einen Kreis $\mathfrak{Z}$ der Reihe. Den Werten des Abstandsverhältnisses entsprechen dann eindeutig die verschiedenen Kreise der Reihe. Für den Wert -1, wenn man also immer die Mittelgerade nimmt, erhält man den *Mittelkreis* der zwei gegebenen, dem im Raum der Mittelpunkt der Strecke $\{\mathfrak{X}\,\mathfrak{Y}\}$ entspricht. Er ist durch

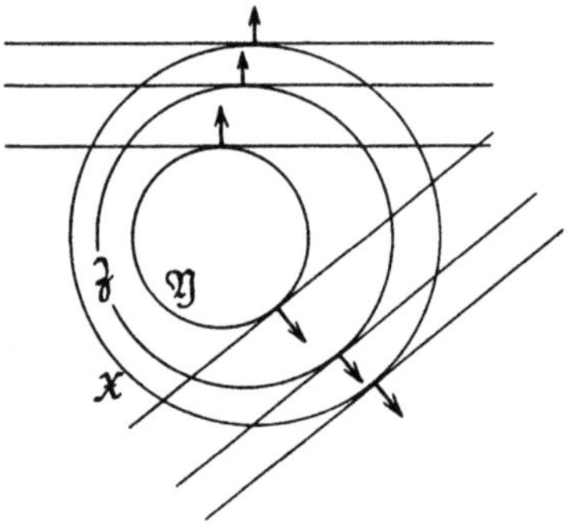

Fig. 39.

$$\mathfrak{Z} = \frac{1}{2}(\mathfrak{X} + \mathfrak{Y}) \tag{12}$$

gegeben. Nunmehr können wir auch die Invariante

$$t = (\mathfrak{X} - \mathfrak{Y})^2 \tag{13}$$

der beiden Kreise $\mathfrak{X}$ und $\mathfrak{Y}$ deuten.

Wir behaupten nämlich: *Der Mittelkreis* $\mathfrak{Z}$ *hat von allen Kreisen* $\mathfrak{P}$, *die sowohl* $\mathfrak{X}$ *wie* $\mathfrak{Y}$ *gleichsinnig berühren, dieselbe Tangentenentfernung* s, *deren Quadrat durch*

$$s^2 = -\frac{1}{4} t \tag{14}$$

gegeben ist. Somit ist $t = -4s^2$ auf eine Tangentenentfernung zurückgeführt. Zum Beweis bemerken wir, daß für $\mathfrak{P}$ gelten muß

$$(\mathfrak{P} - \mathfrak{X})^2 = (\mathfrak{P} - \mathfrak{Y})^2 = 0; \qquad \left(\mathfrak{P} - \frac{\mathfrak{X} + \mathfrak{Y}}{2}\right)^2 = s^2. \tag{15}$$

Aus der letzten Gleichung folgt mittels der beiden ersten unter Verwendung der symbolischen Bezeichnung (4):

$$4 s^2 = (\mathfrak{P} - \mathfrak{X} + \mathfrak{P} - \mathfrak{Y})^2 = 2 (\mathfrak{P} - \mathfrak{X}, \mathfrak{P} - \mathfrak{Y}). \tag{16}$$

Aus der Identität

$$\mathfrak{X} - \mathfrak{Y} = (\mathfrak{P} - \mathfrak{Y}) - (\mathfrak{P} - \mathfrak{X})$$

folgt aber wegen (16)

$$(\mathfrak{X} - \mathfrak{Y})^2 = t = -2 (\mathfrak{P} - \mathfrak{X}, \mathfrak{P} - \mathfrak{Y}). \tag{17}$$

Aus (16) und (17) folgt dann die Behauptung. Ein spezielles Beispiel einer zeitartigen Kreisreihe ist das von lauter konzentrischen Kreisen beliebiger Richtung.

§ 35. Kreisvektoren. Ebene Kreissysteme.

Im § 33 haben wir bereits erwähnt, daß die Koordinatendifferenzen zweier Kreise $\mathfrak{X}$ und $\mathfrak{Y}$ einen Vektor

$$\mathfrak{z} = \mathfrak{X} - \mathfrak{Y} \tag{18}$$

bilden, d. h. ein System von Größen z_i, die sich nach der zu (1) gehörigen homogenen linearen Substitution

$$z_i = \sum_{k=0}^{2} b_{ik} z_k^* \qquad [i = 0, 1, 2] \tag{19}$$

transformieren.

Hat man nun die wichtige Aufgabe der Geometrie von *Laguerre*, die Invarianten einer Reihe von p L-Kreisen $\mathfrak{X}^{\mathrm{I}}, \mathfrak{X}^{\mathrm{II}} \ldots \mathfrak{X}^{p}$ gegenüber L_6 zu bilden, so reduziert sie sich auf die Aufgabe, die Invarianten der $p - 1$ Vektoren zu bilden, die man erhält, wenn man die Koordinaten eines der Kreise von denen der anderen abzieht, also etwa der Vektoren $\mathfrak{x}^{\mathrm{I}} = \mathfrak{X}^{\mathrm{I}} - \mathfrak{X}^{p}$, $\mathfrak{x}^{\mathrm{II}} = \mathfrak{X}^{\mathrm{II}} - \mathfrak{X}^{p} \ldots \mathfrak{x}^{p-\mathrm{I}} = \mathfrak{X}^{p-\mathrm{I}} - \mathfrak{X}^{p}$. Die $\mathfrak{x}$ transformieren sich nach (19); durch den Übergang von den Kreisen zu Vektoren hat man also die drei Substitutionsgrößen d_i in (1) schon ausgeschaltet, und man kann sich dann auf die engere Gruppe der homogenen Substitutionen (19) beschränken. Die Vektoren bilden somit ein Zwischenstadium für die Bildung der Invarianten einer Anzahl gegebener Kreise.

Da die Gruppe (19) zu den im § 10 behandelten verallgemeinerten orthogonalen Substitutionen gehört, können wir die Sätze des § 10 anwenden, und wir sehen, daß alle Invarianten der Kreise $\mathfrak{X}$ sich durch die skalaren Produkte der Vektoren $\mathfrak{x}$ und die Koeffizienten von Linearkombinationen ausdrücken lassen. Wie wir im Raum einen Vektor durch die Figur zweier in bestimmter Reihenfolge genommener Punkte (eine gerichtete Strecke) darstellen, so können wir einen „*Kreisvektor*" der Ebene durch zwei gerichtete Kreise mit einem Pfeil darstellen, der die Reihenfolge der Kreise angibt, der also nichts zu tun hat mit den Pfeilen, die die Richtung der einzelnen Kreise und Geraden angeben (Fig. 40).

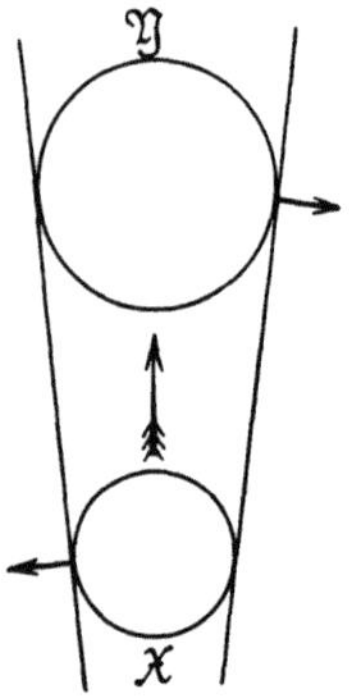

Fig. 40.

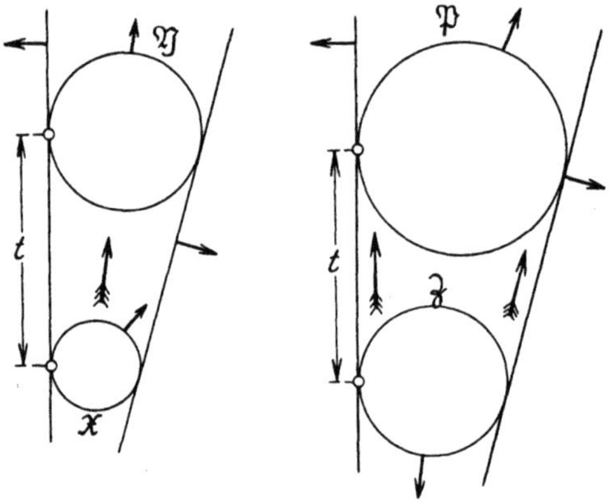

Fig. 41.

Wir haben raumartige $[(\mathfrak{x}\,\mathfrak{x}) > 0]$, zeitartige $[(\mathfrak{x}\,\mathfrak{x}) < 0]$ und isotrope Vektoren $[(\mathfrak{x}\,\mathfrak{x}) = 0]$ zu unterscheiden, je nachdem die beiden den Vektor $\mathfrak{x} = \mathfrak{X} - \mathfrak{Y}$ darstellenden Kreise $\mathfrak{X}$ und $\mathfrak{Y}$ einer raumartigen, zeitartigen oder isotropen geraden Kreisreihe angehören. Bei den Vektoren im Raume kommt es nicht darauf an, von welchem Anfangspunkt sie aufgetragen sind: Man kann einen beliebigen Vektor $\mathfrak{x}$ von einem beliebigen Punkt $\mathfrak{Z}$ aus abtragen, indem man von $\mathfrak{Z}$ aus eine Strecke von der Richtung und Länge des Vektors $\mathfrak{x}$ abträgt. In der Projektion entspricht diesem Vorgang für den Fall eines durch zwei Kreise $\mathfrak{X} \to \mathfrak{Y}$ festgelegten raumartigen Vektors $\mathfrak{x}$, der vom Kreis $\mathfrak{Z}$ aus abgetragen werden soll, das Folgende: Man zieht zu den beiden gemeinsamen Tangenten von $\mathfrak{X}$ und $\mathfrak{Y}$ die parallelen Tangenten an $\mathfrak{Z}$, und trägt in der durch diese Tangenten bestimmten raumartigen Kreisreihe einen Vektor bis zum Kreis $\mathfrak{P}$ ab, der von $\mathfrak{Z}$ den gleichen Tangentenabstand hat, wie $\mathfrak{Y}$ von $\mathfrak{X}$. Und zwar ist der Tangentenabstand in der Pfeilrichtung $\mathfrak{Z} \to \mathfrak{P}$ abzutragen, die der Richtung $\mathfrak{X} \to \mathfrak{Y}$ (Fig. 41) entspricht. Man kann $\mathfrak{P}$ auch erhalten, indem man zu jeder Tangente von $\mathfrak{Z}$ die Parallele zieht, die denselben Abstand von ihr hat, wie die parallelen Tangenten von $\mathfrak{X}$ und $\mathfrak{Y}$ voneinander. Diese Geraden umhüllen $\mathfrak{P}$. Diese letzte Konstruktion gilt auch für die Übertragung zeitartiger und isotroper Vektoren $\mathfrak{x}$.

Nach § 10 hat ein einziger Vektor $\mathfrak{x}$ nur eine einzige Invariante gegenüber $\mathfrak{L}_6$, sein skalares Quadrat $\mathfrak{x}\mathfrak{x}$, und daraus folgt, daß zwei Kreise $\mathfrak{X}$ und $\mathfrak{Y}$ nur die einzige Invariante $(\mathfrak{X}-\mathfrak{Y})^2$ besitzen. Da man in jeder raumartigen geraden Kreisreihe, wie aus (9) leicht ersichtlich, zwei Kreise $\mathfrak{X}$ und $\mathfrak{Y}$ mit $(\mathfrak{X}-\mathfrak{Y})^2 = +1$ angeben kann, in jeder zeitartigen aber solche mit $(\mathfrak{X}-\mathfrak{Y})^2 = -1$, in jeder isotropen solche mit $(\mathfrak{X}-\mathfrak{Y})^2 = 0$, und da zwei Kreispaare mit gleicher Invariante sich ineinander überführen lassen, ergibt sich: *Man kann durch $\mathfrak{L}_6$ jede raumartige gerade Kreisreihe in jede ebensolche überführen, und Entsprechendes gilt auch von den zeitartigen und isotropen Kreisreihen.* Natürlich kann man ebenso im Raum die raumartigen, zeitartigen und isotropen Geraden durch $\mathfrak{J}_6$ jeweils unter sich vertauschen.

Durch einen Vektor $\mathfrak{x}$ ist im Raume eine bestimmte Geradenrichtung festgelegt. Umgekehrt gehört zu einer gegebenen Richtung ein bis auf die „Länge $\mathfrak{x}\mathfrak{x}$" bestimmter Vektor $\mathfrak{x}$, d. h. ein Vektor, der bis auf eine Multiplikation $x_i = \lambda x_i^*$ seiner Komponenten mit einem gemeinsamen Faktor bestimmt ist. Zu einer Richtung gehört, wenn wir den Raum der Gruppen $\mathfrak{J}$ gemäß der am Schluß von § 33 auseinandergesetzten Auffassung zu einem projektiven machen, ein Punkt der uneigentlichen Ebene. Die Verhältnisse der Komponenten $x_0 : x_1 : x_2$ des Vektors können wir bekanntlich als homogene projektive Koordinaten in der uneigentlichen Ebene deuten. Unsere Gruppe $\mathfrak{J}_6$ (oder $\mathfrak{J}_7$) induziert in der festbleibenden uneigentlichen Ebene eine Gruppe projektiver Abbildungen, die den im § 33 erwähnten absoluten Kegelschnitt fest läßt, also nach § 4 eine Gruppe hyperbolischer Bewegungen mit dem absoluten Kegelschnitt als Maßkegelschnitt. Der Kegelschnitt ist, da seine Punkte zu den isotropen Richtungen $\mathfrak{x}\mathfrak{x} = 0$ gehören, durch

$$\mathfrak{x}\mathfrak{x} = -x_0^2 + x_1^2 + x_2^2 = 0$$

gegeben. Die x_0, x_1, x_2 entsprechen also gerade den Koordinaten des § 5. Zwei nicht gerade isotrope Richtungen, die durch die Vektoren $\mathfrak{y}$ und $\mathfrak{z}$ dargestellt seien, haben nun eine Invariante

$$N = \frac{(\mathfrak{y}\,\mathfrak{z})^2}{(\mathfrak{y}\,\mathfrak{y})(\mathfrak{z}\,\mathfrak{z})}. \tag{20}$$

In der Tat ändert sich N bei Substitutionen $\mathfrak{y} = \lambda\mathfrak{y}^*$, $\mathfrak{z} = \mu\,\mathfrak{z}^*$ nicht, hängt also nur von den Richtungen, und nicht von der Länge der sie darstellenden Vektoren ab. Nach § 6 hängt N nun aber in einfacher Weise mit der nichteuklidischen Entfernung der beiden Punkte der uneigentlichen Ebene zusammen, die den Richtungen entsprechen. Entsprechend den vier Fällen des § 6 haben wir auch hier vier Fälle je nach der Lage, die die Punkte zum absoluten Kegelschnitt besitzen.

Da nun der Ausdruck (20) in unserer indefiniten Bewegungsgeometrie $\mathfrak{J}_6$ gerade dem Ausdruck für das $\cos^2$ des Winkels φ zweier Richtungen in der gewöhnlichen Bewegungsgeometrie des Raumes entspricht, so wollen wir die aus (20) bestimmte nichteuklidische Entfernung l auch als den *indefiniten Winkel* der beiden durch $\mathfrak{y}$ und $\mathfrak{z}$ dargestellten Richtungen in unserer Geometrie $\mathfrak{J}_6$ bezeichnen, oder auch als *J-Winkel.* Als „*J — senkrecht*" bezeichnen wir dann zwei Richtungen oder Vektoren, wenn

21) $$(\mathfrak{y}\,\mathfrak{z}) = 0$$

gilt. Dann sind die entsprechenden Punkte der uneigentlichen Ebene zum Kegelschnitt konjugiert.

In der Projektion wollen wir nur auf die Figur eingehen, die zwei von einem Punkt $\mathfrak{X}$ des Raumes auslaufenden „senkrechten" raumartigen Richtungen entspricht. Durch jede der beiden zu den Richtungen gehörigen raumartigen Geraden g und h lassen sich zwei isotrope natürlich auch durch $\mathfrak{X}$ gehende Ebenen legen. Da g und h die uneigentliche Ebene in zwei zum absoluten Kegelschnitt konjugierten Punkten schneiden, berühren die beiden Paare isotroper Ebenen den absoluten Kegelschnitt in zwei Punktepaaren, die auf dem absoluten Kegelschnitt harmonisch im Sinne des § 4 sind. Die vier isotropen Ebenen sind Tangentenebenen des durch $\mathfrak{X}$ gehenden isotropen Kreiskegels, und jede Ebene, die diesen Kegel in einem Kegelschnitt schneidet, muß dann von den vier isotropen Ebenen in zwei harmonischen Paaren von Kegelschnitttangenten geschnitten werden. Das gilt im besonderen von der Grundebene, die den isotropen Kegel in dem Kreis schneidet, der $\mathfrak{X}$ als Projektion entspricht. Den beiden Paaren isotroper Ebenen, resp. den beiden raumartigen Geraden g, h entsprechen dann zwei Paare gerichteter Tangenten des Kreises $\mathfrak{X}$, deren Berührungspunkte im Sinne des § 4 *harmonische Punktepaare* des Kreises sind.

Zwei von einem Punkt $\mathfrak{X}$ auslaufenden „senkrechten" raumartigen Richtungen im Raume entsprechen also in der Projektion zwei harmonische Paare von Tangenten an den Kreis $\mathfrak{X}$.

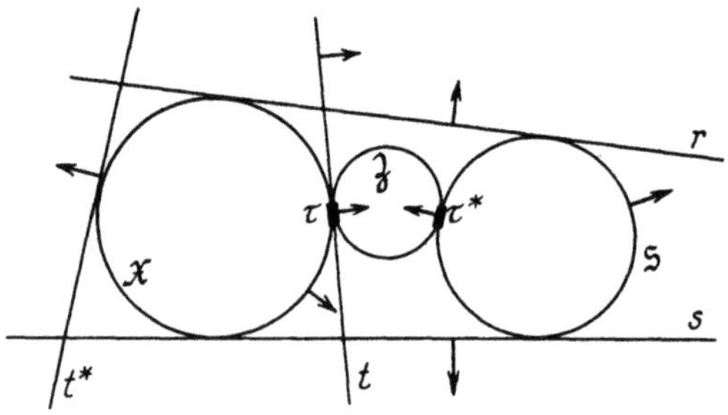

Fig. 42.

Zu einer Tangente t eines Kreises $\mathfrak{X}$ kann man nun die Tangente t^*, die mit t zusammen das Tangentenpaar $\{r, s\}$ harmonisch trennt, auf folgende Laguerreinvariante Weise konstruieren:

Man legt durch das Linienelement τ, in dem t den Kreis $\mathfrak{X}$ berührt, einen beliebigen weiteren Kreis $\mathfrak{Z}$ (Fig. 42). *Dieser wird dann außer von $\mathfrak{X}$ noch von genau einem weiteren Kreis $\mathfrak{S}$ der durch r und s bestimmten raumartigen geraden Reihe berührt, und zwar in einem gerichteten Linienelement τ^*, das die Richtung der gesuchten Tangente t^* von $\mathfrak{X}$ angibt.*

Beweis: Da ein Punkt $\mathfrak{X}$ und zwei zueinander senkrechte raumartige Richtungen, also zwei bis auf je einen Faktor bestimmte Vektoren $\mathfrak{y}$ und $\mathfrak{z}$ mit $\mathfrak{y}\mathfrak{z} = 0$ keine Invariante gegenüber $\mathfrak{J}_6$ besitzen, so läßt sich auch in der Projektion die Figur eines Kreises $\mathfrak{X}$ und zweier harmonischer Tangentenpaare $\{t, t^*\}$ und $\{rs\}$ durch $\mathfrak{L}_6$ in jede gleichartige überführen. Man braucht daher die Richtigkeit unserer Laguerreinvarianten Konstruktion nur in einem speziellen Fall, etwa in dem folgenden nachzuweisen: $\mathfrak{X}$ ist ein Punkt und r und s sind zwei gegensinnig zusammenfallende Geraden durch $\mathfrak{X}$, ferner ist t die in bestimmter Richtung genommene zu r und s senkrechte Gerade durch $\mathfrak{X}$. Wie die geometrische Anschauung zeigt, erhält man in diesem Fall für t^* die mit t gegensinnig zusammenfallende Gerade, die wirklich die harmonische Tangente zu t bezüglich $\{r, s\}$ darstellt.

Haben wir im Raume in einem Punkt $\mathfrak{X}^0$ einen Vektor $\mathfrak{v}$, so erfüllen alle zu $\mathfrak{v}$ in $\mathfrak{X}^0$ senkrechten Vektoren eine zu $\mathfrak{v}$ „senkrechte" *Ebene*. Diese ist bestimmt durch $\mathfrak{X}^0$ und die uneigentliche Polare des zur Richtung $\mathfrak{v}$ gehörigen uneigentlichen Punktes bezüglich des absoluten Kegelschnittes. Für die Punkte $\mathfrak{X}$ dieser Ebene gilt dann

$$(\mathfrak{X} - \mathfrak{X}^0, \mathfrak{v}) = 0 \tag{22}$$

oder, wenn wir die abkürzende Schreibweise (4) nicht nur für Vektoren, sondern auch für Kreise benützen:

$$(\mathfrak{X}\,\mathfrak{v}) = (\mathfrak{X}^0\,\mathfrak{v}).$$

Setzen wir die Konstante $(\mathfrak{X}^0\mathfrak{v}) = w$, so ist allgemein die Gleichung einer Ebene in den laufenden Punktkoordinaten $\mathfrak{X}$:

$$\mathfrak{X}\,\mathfrak{v} = w\,. \tag{23}$$

Ist der Vektor $\mathfrak{v}$ raumartig, so ist die zu ihm „senkrechte" Ebene (23) steiler als $\pi:4$ gegen die Grundebene geneigt. Eine solche Ebene nennen wir *zeitartig*. Ist $\mathfrak{v}$ zeitartig, so ist die zugehörige Ebene flacher als $\pi:4$. Eine solche nennen wir *raumartig*. Ist endlich $\mathfrak{v}$ ein isotroper Vektor, so ist (23) einfach die isotrope Ebene, die durch die in Richtung $\mathfrak{v}$ von $\mathfrak{X}$ auslaufende isotrope Gerade hindurchgeht.

Allgemein bezeichnen wir ein von zwei Parametern abhängiges System von Kreisen, die in der Projektion den Punkten einer Ebene entsprechen, als ein *ebenes Kreissystem*. Wie im Raum eine Ebene durch alle Geraden erfüllt wird, die durch einen festen Punkt nach den Punkten einer festen Geraden gezogen werden können, so gilt für die Projektion: Haben wir einen festen Kreis $\mathfrak{X}$ und eine beliebige gerade Kreisreihe g, so bilden alle Kreise, die in einer der durch $\mathfrak{X}$ und einen Kreis von g bestimmten Kreisreihen liegen, ein ebenes Kreissystem. Nun gibt es in einer raumartigen Ebene des Raumes nur raumartige Geraden, in einer isotropen Ebene durch jeden Punkt nur eine isotrope, sonst aber lauter raumartige Geraden, in einer zeitartigen Ebene gibt es aber durch jeden Punkt unendlich viele raumartige sowohl wie zeitartige Geraden, die in den zwei Winkelräumen liegen, in die die Ebene durch die beiden einzigen durch den Punkt gehenden isotropen Geraden geteilt wird. Da es somit in jeder Ebene raumartige Geraden gibt, können wir bei der angegebenen Erzeugung des ebenen Kreissystems die Kreisreihe g immer als raumartig annehmen, und das ebene Kreissystem wird „raumartig", „isotrop" oder „zeitartig", je nachdem der Kreis $\mathfrak{X}$ keinen, einen oder zwei Kreise von g berührt.

Da wir im Raum durch $\mathfrak{J}_6$ jede raumartige Ebene in jede gleichartige überführen können, speziell also auch in die Grundebene, können wir durch $\mathfrak{L}_6$ jedes raumartige ebene Kreissystem in das aus *allen Punkten der Ebene bestehende Kreissystem* überführen. Da wir ferner jede zeitartige Ebene in eine zur Grundebene senkrechte überführen können, können wir jedes zeitartige Kreissystem überführen in das *System aller L-Kreise, die zu einer festen Geraden senkrecht sind.* Von einem ebenen Kreissystem, das einer isotropen Ebene des Raumes entspricht, wissen wir ja schon, daß es aus allen L-Kreisen besteht, die eine feste gerichtete Gerade berühren.

Die ebenen Kreissysteme können wir in einfacher bewegungsgeometrischer Weise so erklären: Wenn wir die zur Grundebene parallelen raumartigen Ebenen ausschließen, denen die Systeme aller gerichteten Kreise mit demselben festen Radius entsprechen, so schneidet jede Ebene des Raumes die Grundebene in einer Spur s. Ein ebenes Kreissystem ist dann ein solches, bei dem der Radius R aller seiner Kreise in einem konstanten Verhältnis c zur Entfernung r des Mittelpunktes von der Spurgeraden s steht: $R = c \cdot r$. Für $c^2 < 1$ erhält man, wie aus dem Bilde der isotropen Projektion unmittelbar hervorgeht, die raumartigen, für $c^2 = 1$ die isotropen und für $c^2 > 1$ die zeitartigen Kreissysteme. Wählt man statt der Spurgeraden s eine beliebige Parallele $\bar{s}$, und bezeichnet den Abstand der Kreise von dieser mit $\bar{r}$, so hängt der Radius mit dem Abstand $\bar{r}$ von $\bar{s}$ durch eine Formel

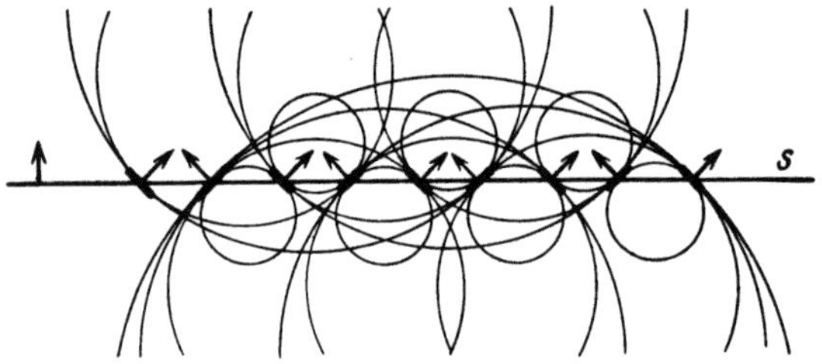

Fig. 43.

$$R = c\,\bar{r} + d \tag{23a}$$

zusammen, mit Konstanten c und d. Die Darstellung (23a) hat dann den Vorteil, daß in ihr auch die zuerst ausgeschlossenen Systeme mit $R = \text{const}$ für $c = 0$ enthalten sind, für die die Spur s ins Unendliche rückt. Durch (23a) ist dann das allgemeinste ebene Kreissystem dargestellt.

Wie aus der Darstellung $R = cr$ für $c^2 > 1$ und aus der Fig. **43** hervorgeht, *besteht ein zeitartiges ebenes Kreissystem immer aus allen L-Kreisen, die eine feste gerichtete Gerade s unter festem Winkel φ schneiden.* Die Punkte von s werden dabei mitgerechnet. Die Kreise des Systems verteilen sich dann auf die ausgearteten Büschel durch alle gerichteten Linienelemente, die die Gerade s unter dem festen Winkel φ schneiden. Diese Linienelemente machen zwei Scharen von parallelen Linienelementen aus (vgl. Fig. **43**), die den isotropen Geraden der zeitartigen

Ebene im Raum entsprechen. Die Gerade s ist, wie wir besonders betonen, mit dem Kreissystem nicht invariant verbunden: Bei einer Abbildung von $\mathfrak{L}_6$ wird das Kreissystem natürlich wieder übergehen müssen in eine Mannigfaltigkeit von Kreisen, die eine feste Gerade t unter festem Winkel ψ schneiden, aber die neue Gerade t wird im allgemeinen der alten Geraden s nicht gerade wieder bei der Abbildung aus $\mathfrak{L}_6$ als Bild entsprechen. Ebenso bleibt auch der Wert des festen Winkels φ nicht derselbe. Die Konfiguration der zwei Scharen von gerichteten Linienelementen, die nach Fig. **43** auf einer Geraden aufsitzen, muß natürlich als solche etwas Laguerreinvariantes sein. In der Tat kann man auch die zwei Scharen paralleler Linienelemente aus zwei gegebenen parallelen Linienelementen λ_1 und λ_2 der einen Schar folgendermaßen konstruieren: Man zieht zu jedem L-Kreis durch λ_1 den L-Kreis durch λ_2, der ihn berührt. Wir bekommen damit ein gerichtetes Linienelement τ, in dem sich beide Kreise berühren. Alle Linienelemente τ, die man so bekommt, machen die eine Schar der Konfiguration aus, und die zweite bekommt man, indem man für zwei Linienelemente τ_1 und τ_2 aus den τ dieselbe Konstruktion vollführt, wie für die λ_1, λ_2.

Ein zeitartiges ebenes Kreissystem, dessen Kreise alle die feste gerichtete Gerade s unter dem festen Winkel φ schneiden, schneidet natürlich auch die entgegengesetzt gerichtete Gerade $\tilde{s}$ unter dem festen Winkel $\pi - \varphi$.

Nach (23) ist eine isotrope Ebene des Raumes gegeben durch eine Gleichung

$$\mathfrak{x}\,\mathfrak{v} = w\,, \tag{24}$$

in den laufenden Punktkoordinaten $\mathfrak{x}$, bei der der Vektor $\mathfrak{v}$ ein isotroper Vektor $\mathfrak{v}\,\mathfrak{v} = 0$ ist. Die Stellung der isotropen Ebene ist dann allein durch die isotrope Richtung $\mathfrak{v}$, d. h. durch die Verhältnisse

$$v_0 : v_1 : v_2 \qquad [-v_0^2 + v_1^2 + v_2^2 = 0] \tag{25}$$

bestimmt. Wir können v_0, v_1, v_2 als die Koordinaten des Punktes der uneigentlichen Ebene auffassen, in dem die isotrope Ebene den absoluten Kegelschnitt berührt. Alle parallelen, d. h. alle durch diesen gleichen uneigentlichen Punkt gehenden isotropen Ebenen gehören dann zu den verschiedenen Größensystemen:

$$v_0 : v_1 : v_2 : w \tag{26}$$

mit gleichen Verhältnissen (25).

Den parallelen isotropen Ebenen entsprechen in der Projektion gleichsinnig parallele Gerade. Ein isotroper Vektor $\mathfrak{v}$ bestimmt also eine Geradenrichtung. Umgekehrt ist der zu einer Geradenrichtung gehörige isotrope Vektor $\mathfrak{v}$ nur bis auf eine Substitution $\mathfrak{v} = \lambda \cdot \mathfrak{v}^*$ bestimmt. Die Richtungen der Tangenten eines festen Kreises entsprechen eindeutig den Wertsystemen (25).

Durch (24) ist die gerichtete Gerade in den laufenden Koordinaten $\mathfrak{X}$ der sie berührenden L-Kreise dargestellt. Setzen wir speziell $X_0 = 0$, so werden dadurch die berührenden L-Kreise auf die der Geraden angehörenden Punkte eingeschränkt. Die Geradengleichung (24) ist dann

$$v_1 X_1 + v_2 X_2 = w. \tag{27}$$

Da für eine reelle Gerade nicht $v_0 = 0$ sein kann, da sonst wegen $\mathfrak{v}\mathfrak{v} = 0$ auch $v_1 = v_2 = 0$ sein müßte, können wir für (27) schreiben

$$\frac{v_1}{v_0} X_1 + \frac{v_2}{v_0} X_2 = \frac{w}{v_0} \tag{28}$$

und haben dann die Gleichung der gerichteten Geraden in der *Hesse*schen Normalform. [Vgl. § 14 (53).] Denn wegen $\mathfrak{v}\mathfrak{v} = 0$ gilt

$$\left(\frac{v_1}{v_0}\right)^2 + \left(\frac{v_2}{v_0}\right)^2 = 1.$$

$w : v_0$ ist dann der mit dem richtigen Vorzeichen genommene Abstand der Geraden vom Ursprung. Daraus folgt, daß das im vorigen Paragraphen als Invariante nachgewiesene Abstandsverhältnis dreier in der allgemeinen Form (24) gegebener paralleler Geraden g^α

$$\mathfrak{X}^\alpha \mathfrak{v} = w^\alpha \qquad [\alpha = \mathrm{I, II, III}] \tag{29}$$

einfach durch

$$\frac{w^{\mathrm{I}} - w^{\mathrm{II}}}{w^{\mathrm{I}} - w^{\mathrm{III}}} \tag{30}$$

gegeben ist, wenn wir etwa das Verhältnis der Entfernung $g^{\mathrm{I}} \to g^{\mathrm{II}}$ zur Entfernung $g^{\mathrm{I}} \to g^{\mathrm{III}}$ nehmen. Wesentlich notwendig für die Richtigkeit der Formel (30) ist aber, daß der gemeinsame isotrope Vektor $\mathfrak{v}$ in allen drei Gleichungen (29) in derselben Normierung genommen wird, so daß v_0 bei allen Abständen $w^\alpha : v_0$ der Geraden g^α vom Ursprung immer dieselbe Größe ist.

Wir können eine gerichtete Gerade festlegen durch einen sie berührenden Kreis $\mathfrak{X}_0$ und den isotropen Vektor $\mathfrak{v}$ ihrer Richtung. Ihre Gleichung ist dann in den laufenden Koordinaten der sie berührenden Kreise $\mathfrak{X}$, da nach (24)

$$\mathfrak{X}_0 \mathfrak{v} = w, \quad \mathfrak{X}\mathfrak{v} = w$$

gilt, einfach:

$$(\mathfrak{X} - \mathfrak{X}_0, \mathfrak{v}) = 0. \tag{31}$$

§ 36. Sphärische Kreissysteme.

In der gewöhnlichen Bewegungsgeometrie des Raumes ist eine *Kugel* in den laufenden kartesischen Koordinaten X_i durch eine Gleichung

$$+(X_0 - Z_0)^2 + (X_1 - Z_1)^2 + (X_2 - Z_2)^2 = C \tag{32}$$

gegeben, wo die Z_i die Koordinaten des Mittelpunkts und die Konstante C das Quadrat des Radius ist. In unserer indefiniten Geometrie J_6 werden wir entsprechend als *J-Kugel* eine Fläche bezeichnen, deren Gleichung die Form hat:

$$(\mathfrak{X}-\mathfrak{Z})^2 = -(X_0-Z_0)^2+(X_1-Z_1)^2+(X_2-Z_2)^2 = C\,. \tag{33}$$

Während in der definiten Geometrie (**32**) $C > 0$ sein muß, wenn man wirkliche Kugelflächen haben will, unterscheiden wir im indefiniten Falle (**33**) die drei Typen $C \gtrless 0$ und $C = 0$. Für $C = 0$ bekommt man einfach den vom „Mittelpunkt" $\mathfrak{Z}$ ausstrahlenden *Kegel der isotropen Geraden*. Für $C > 0$ ist durch (**33**) ein *einschaliges*, und für $C < 0$ ein *zweischaliges Rotationshyperboloid* dargestellt, das den durch $\mathfrak{Z}$ gehenden isotropen Kegel als Asymptotenkegel besitzt. Da die Tangentenebenen eines derartigen einschaligen Hyperboloids mit $C > 0$ alle zeitartig sind, und diejenigen eines zweischaligen Hyperboloids alle raumartig, wollen wir die einschaligen Hyperboloide (**33**) auch als *zeitartige J-Kugeln* und die zweischaligen *als raumartige J-Kugeln* bezeichnen. Die isotropen Kegel nennen wir dann auch *isotrope J-Kugeln.* Bei der im § **33** (Schluß) erklärten projektiven Auffassung unserer Geometrie der Gruppe $\mathfrak{J}$ sind die J-Kugeln einfach identisch mit den durch den absoluten Kegelschnitt gehenden Flächen zweiter Ordnung.

Auf den zeitartigen J-Kugeln [den einschaligen Hyperboloiden] liegen zwei Scharen reeller, isotroper Geraden, auf den isotropen Kegeln gibt es nur eine Schar, auf den raumartigen J-Kugeln aber gar keine.

Wir nennen ein Kreissystem der *Laguerre*schen Ebene, das den Punkten einer J-Kugel in der isotropen Projektion entspricht, ein *sphärisches Kreissystem.* Für $C = 0$ besteht ein solches „isotropes" sphärisches Kreissystem einfach aus allen L-Kreisen, die einen festen L-Kreis $\mathfrak{Z}$ berühren.

Für $C > 0$ haben wir das System aller Kreise, die von einem festen Kreis $\mathfrak{Z}$, dem „*Mittelkreis*", eine konstante Tangentenentfernung $s\,[s^2 = C]$ besitzen. Ein solches nennen wir ein *zeitartiges sphärisches Kreissystem.* Auf jeder Tangente von $\mathfrak{Z}$ gibt es zwei gerichtete Linienelemente im Tangentenabstand s von $\mathfrak{Z}$ (Fig. **44**.) Alle diese Linienelemente sind auf einem zu $\mathfrak{Z}$ konzentrischen gerichteten Kreise $\mathfrak{T}$ angeordnet, den sie unter einem festen Winkel schneiden, und bilden zwei Scharen, in ganz ähnlicher Weise, wie bei einem zeitartigen ebenen Kreissystem die Linienelemente der Fig. **43** auf einer Geraden angeordnet waren. Die Linienelemente entsprechen hier den isotropen Erzeugenden der J-Kugel. Alle L-Kreise, die durch die Linienelemente der Konfiguration der Fig. **44** hindurchgehen, bilden dann das zeitartige sphärische Kreissystem. Wir können also auch sagen: Ein solches Kreissystem besteht aus allen gerichteten Kreisen, die einen festen gerichteten Kreis $\mathfrak{T}$ unter einem festen Winkel schneiden, sowie aus den Punkten von $\mathfrak{T}$. Dabei ist wieder zu betonen: Es ist wohl eine Konfiguration von Linienelementen, die nach Fig. **44** auf einem Kreis angeordnet sind, etwas Invariantes, und sie geht immer in eine ebensolche über, aber es ist im allgemeinen der Kreis $\mathfrak{T}$ nicht mit der Konfiguration invariant verbunden. Bei einer Abbildung aus $\mathfrak{L}_6$ kann sich eine Bildkonfiguration ergeben, die auf einem von dem Bild $\mathfrak{T}^*$ von $\mathfrak{T}$ verschiedenen Kreis angeordnet ist. Ebenso kommt dem Wert des Schnittwinkels der Linienelemente mit $\mathfrak{T}$ keine invariante Bedeutung zu. In ganz analoger Weise, wie die Konfiguration der Fig. **43**, kann man hier die Konfiguration der gerichteten Linienelemente der Fig. **44** konstruieren. Nur hat man hier im Gegensatz zur Konfiguration Fig. **43** von zwei nicht parallelen Linienelementen auszugehen.

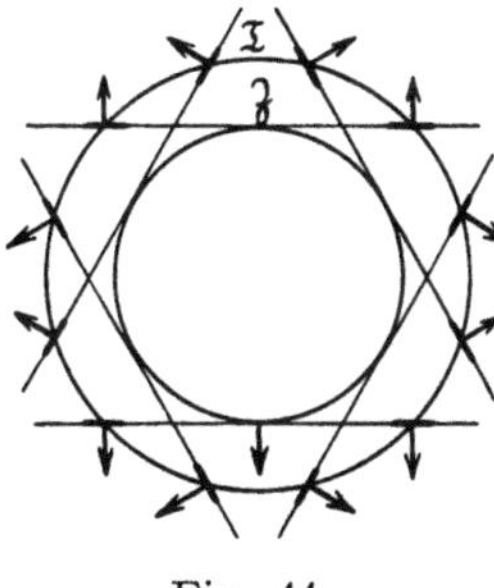

Fig. **44**.

Nicht ganz so einfach ist die Verteilung der L-Kreise eines „*raumartigen*" *sphärischen Kreissystems* zu übersehen, die den Punkten einer raumartigen J-Kugel

$(C < 0)$ entsprechen. Wir geben hier nur eine bewegungsgeometrische Konstruktion. Später im § 45 und § 46 werden wir auch Laguerre-invariante Konstruktionen kennen lernen. Da eine raumartige J-Kugel ein zweischaliges Drehhyperboloid mit einer zur Grundebene senkrechten Achse ist, werden auch in der Projektion die Kreise des sphärischen Systems drehsymmetrisch um den Durchstoßpunkt der Achse mit der Grundebene verteilt sein. Wir haben also, um eine Übersicht über die Kreise des Systems zu bekommen, nur nachzusehen, was für eine Kreisschar den Punkten eines Achsenschnitts des Hyperboloids entspricht. Ein solcher Achsenschnitt ist eine gleichseitige Hyperbel mit zur Grundebene senkrechter Hauptachse. Ihre Punkte $\mathfrak{X}$ genügen den Gleichungen

$$(\mathfrak{X} - \mathfrak{Z})^2 = C \tag{34}$$

und

$$\mathfrak{X}\,\mathfrak{v} = w\,, \tag{35}$$

wo (35) die Gleichung der Ebene des Achsenschnitts sei. Da die Ebene durch den Mittelpunkt $\mathfrak{Z}$ des Hyperboloids geht, genügt $\mathfrak{Z}$ der Gleichung (35):

$$\mathfrak{Z}\,\mathfrak{v} = w\,. \tag{36}$$

Statt (34) können wir auch jede Linearkombination von (34) und (35) mit einem Faktor λ schreiben

$$(\mathfrak{X} - \mathfrak{Z})^2 + \lambda \cdot \mathfrak{X}\,\mathfrak{v} = C + \lambda \cdot w\,.$$

Diese Gleichung können wir auf die Form bringen

$$(\mathfrak{X} - \overline{\mathfrak{Z}})^2 = \overline{C}\,, \tag{37}$$

wobei sich $\overline{\mathfrak{Z}}$ und $\overline{C}$, wenn man (36) berücksichtigt, durch

$$\overline{\mathfrak{Z}} = \mathfrak{Z} - \frac{\lambda}{2}\,\mathfrak{v}\,, \tag{38}$$

$$\overline{C} = C + \frac{1}{4}\,\lambda^2\,(\mathfrak{v}\,\mathfrak{v}) \tag{39}$$

ergeben.

Die durch (37), (38), (39) dargestellten, von einem Parameter λ abhängigen J-Kugeln gehen dann alle durch unsere Hyperbel hindurch. Da unsere zur Grundebene senkrechte Ebene zeitartig ist, gilt $\mathfrak{v}\,\mathfrak{v} > 0$.

Es sind wegen $C < 0$ dann durch

$$\lambda = \pm \sqrt{\frac{-4\,C}{\mathfrak{v}\,\mathfrak{v}}} \tag{40}$$

zwei reelle Werte gegeben, für die $\overline{C} = 0$ wird. Die zugehörigen J-Kugeln (37) arten dann in zwei isotrope Kegel aus. *Wir können also unsere Hyperbel als Schnitt zweier isotroper Kegel auffassen.* Aus Symmetriegründen müssen die Spitzen $\overline{\mathfrak{Z}}_1$, $\overline{\mathfrak{Z}}_2$ der beiden Kegel dann auf einer Geraden liegen, die im Mittelpunkt $\mathfrak{Z}$ zur Ebene des Achsenschnitts senkrecht steht, und sie müssen von $\mathfrak{Z}$ gleichen Abstand haben.

$\overline{\mathfrak{Z}}_1$ und $\overline{\mathfrak{Z}}_2$ liegen also auf derselben Parallelebene zur Grundebene, und ihnen entsprechen daher zwei L-Kreise $\overline{\mathfrak{Z}}_1$, $\overline{\mathfrak{Z}}_2$ mit demselben auch dem Vorzeichen nach gleichen Radius und reellen gemeinsamen Tangenten. Den Punkten der Hyperbel entspricht dann die Schar der $\overline{\mathfrak{Z}}_1$ und $\overline{\mathfrak{Z}}_2$ gleichzeitig berührenden L-Kreise.

Für das raumartige sphärische Kreissystem haben wir dann die Konstruktion:

Wir nehmen zwei L-Kreise $\overline{\mathfrak{Z}}_1$ und $\overline{\mathfrak{Z}}_2$ mit gleichem Radius und reellen gemeinsamen Tangenten an und zeichnen alle Kreise $\mathfrak{Y}$, die $\overline{\mathfrak{Z}}_1$ und $\overline{\mathfrak{Z}}_2$ zugleich gleichsinnig berühren (Fig. 45). *Dann lassen wir die Figur um den Symmetriepunkt M von $\overline{\mathfrak{Z}}_1$ und $\overline{\mathfrak{Z}}_2$ rotieren. Dabei gehen die $\mathfrak{Y}$ in die sämtlichen Kreise eines raumartigen sphärischen Kreissystems über.*

Nimmt man $\overline{\mathfrak{Z}}_1$ und $\overline{\mathfrak{Z}}_2$ als Punkte an, so erkennt man, daß als spezieller Fall die im § 19 erwähnten nullteiligen Kreissysteme zu den raumartigen sphärischen gehören.

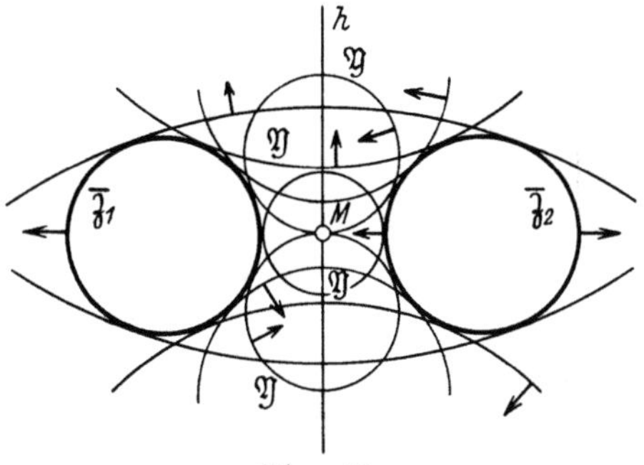

Fig. 45.

§ 37. Einige Eigenschaften der Gruppe von *Laguerre*.

Das typische Beispiel einer Kreisverwandtschaft, bei der alle wesentlichen Eigenschaften der ganzen Gruppe $\mathfrak{M}_6$ der Abbildungen von *Möbius* schon zur Geltung kommen, ist die Inversion. Das hat seinen Grund in der im § 9 bewiesenen Tatsache, daß sich alle Möbius-Transformationen durch aneinandergereihte Inversionen erzeugen lassen. In der Geometrie von *Laguerre* gibt es ähnliche Transformationen, die *Laguerre-Inversionen*, aus denen sich die ganze Gruppe $\mathfrak{L}_6$ erzeugen läßt. Wir erklären sie als Zuordnungen der L-Kreise $\mathfrak{X} \to \mathfrak{X}^*$ analytisch durch

$$(41) \qquad \mathfrak{X} = -\frac{2\,[(\mathfrak{X}^*\mathfrak{v}_0) - w_0]}{(\mathfrak{v}_0\mathfrak{v}_0)}\,\mathfrak{v}_0 + \mathfrak{X}^*,$$

wo $\mathfrak{v}_0$ ein konstanter nicht isotroper Vektor ist $[(\mathfrak{v}_0\mathfrak{v}_0) \neq 0]$ und w_0 eine „skalare" Konstante. Die Abbildungen (41) gehören wirklich zu $\mathfrak{L}_6$, denn sie sind lineare inhomogene Abbildungen der X_i, und für zwei L-Kreise $\mathfrak{X}_1$ und $\mathfrak{X}_2$ gilt

$$(42) \qquad (\mathfrak{X}_1 - \mathfrak{X}_2)^2 = (\mathfrak{X}_1^* - \mathfrak{X}_2^*)^2,$$

wie man aus (41) unmittelbar berechnet. Untersuchen wir zunächst die Eigenschaften der Abbildung im Raum der Gruppe $\mathfrak{J}_6$. Aus (41) erhält man

$$(43) \qquad \mathfrak{X}\,\mathfrak{v}_0 - w_0 = -\,[\mathfrak{X}^*\mathfrak{v}_0 - w_0].$$

Daraus ersieht man, daß die Ebene $\mathfrak{X}\mathfrak{v}_0 = w_0$ in sich übergeht, und zwar bleiben alle ihre Punkte einzeln fest, denn aus $\mathfrak{X}\mathfrak{v}_0 = w_0$ folgt nach (43) und (41) $\mathfrak{X} = \mathfrak{X}^*$.

Nach (41) ist der Vektor $\mathfrak{X} - \mathfrak{X}^*$ proportional zu $\mathfrak{v}_0$, also J — senkrecht (vgl. S. 148!) zur Ebene $\mathfrak{X}\mathfrak{v}_0 = w_0$. Der Schnittpunkt der Verbindungsgeraden von $\mathfrak{X}$ und $\mathfrak{X}^*$ mit der Ebene ist der Mittelpunkt $\frac{1}{2}(\mathfrak{X} + \mathfrak{X}^*)$, denn nach (43) gilt:

$$\frac{1}{2}[\mathfrak{X}\mathfrak{v}_0 + \mathfrak{X}^*\mathfrak{v}_0] = w_0 .$$

Man erhält also zum Punkt $\mathfrak{X}$ das Bild, indem man das „Lot" auf die Ebene $\mathfrak{X}\mathfrak{v}_0 = w_0$ fällt, und auf diesem den „Spiegelpunkt" $\mathfrak{X}^*$ aufsucht, der von der Ebene denselben Abstand hat wie $\mathfrak{X}$. Die Abbildung (41) im Raum werden wir sinngemäß als *J-Spiegelung an einer Ebene* bezeichnen. Entsprechend den Fällen $\mathfrak{v}_0\mathfrak{v}_0 < 0$ und $\mathfrak{v}_0\mathfrak{v}_0 > 0$ spricht man von Spiegelungen an raumartigen und zeitartigen Ebenen. Man kann zu $\mathfrak{X}$ das Bild $\mathfrak{X}^*$ auch auf folgendem Wege finden: Man schneidet den isotropen Kegel durch $\mathfrak{X}$ mit der Ebene $\mathfrak{X}\mathfrak{v}_0 = w_0$. Das liefert einen Kegelschnitt, und durch diesen gibt es dann noch einen zweiten isotropen Kegel mit der Spitze $\mathfrak{X}^*$. In der Tat gilt für die Punkte $\mathfrak{Y}$ des Kegelschnitts

$$(\mathfrak{Y} - \mathfrak{X})^2 = 0 \qquad\qquad \mathfrak{Y}\mathfrak{v}_0 = w_0 ,$$

und daraus ergibt sich mittels (41), (43) als notwendige Folge

$$(\mathfrak{Y} - \mathfrak{X}^*)^2 = 0 .$$

In der Projektion haben wir als entsprechende Konstruktion für die Laguerre-Inversion an dem ebenen Kreissystem $\mathfrak{X}\mathfrak{v}_0 = w_0$: *Man bestimmt zu einem L-Kreis $\mathfrak{X}$ außerhalb des Systems alle ihn berührenden L-Kreise des Systems, diese umhüllen außer $\mathfrak{X}$ noch einen zweiten Kreis. Dieser ist das Bild $\mathfrak{X}^*$ von $\mathfrak{X}$.* Entsprechend den Fällen $\mathfrak{v}_0\mathfrak{v}_0 < 0$ oder $\mathfrak{v}_0\mathfrak{v}_0 > 0$ eines raumartigen oder zeitartigen ebenen Kreissystems spricht man von *raumartigen und zeitartigen Laguerre-Inversionen.*

Anschaulicher wird die Laguerre-Inversion vielleicht, wenn man sie als Zuordnung der gerichteten Geraden der Ebene auffaßt. Im Raume erhalten wir zu einer isotropen Ebene σ das Bild, indem wir sie mit der Ebene $\mathfrak{X}\mathfrak{v}_0 = w_0$ zum Schnitt bringen. Die Schnittgerade ist im allgemeinen raumartig, es geht durch sie noch eine zweite isotrope Ebene hindurch, die das Bild σ^* von σ darstellt. Nur wenn $\mathfrak{X}\mathfrak{v}_0 = w_0$ eine zeitartige Ebene ist, kann der Schnitt auch eine isotrope Gerade sein. Dann entspricht σ sich selbst. In der Projektion gilt unter Ausschluß dieses Sonderfalls: *Man erhält das Bild σ^* einer Geraden σ, indem man alle Kreise des Systems $\mathfrak{X}\mathfrak{v}_0 = w_0$ zeichnet, die σ berühren, diese liegen in einer raumartigen Kreisreihe, deren eine Tangente σ und deren zweite Tangente σ^* ist. Es genügt dann, zwei σ berührende Kreise aus dem ebenen System zu zeichnen, um σ^* als ihre zweite Tangente zu finden.*

Allgemein kann man, wenn das ebene Kreissystem entsprechend § 35 durch eine gerade Kreisreihe g und einen Kreis $\mathfrak{X}$ außerhalb derselben festgelegt ist, das Bild σ^* einer Geraden σ auf folgende Weise konstruieren (Fig. 46): Man zieht zu σ die Parallele τ an $\mathfrak{X}$. Sind dann $\mathfrak{Z}$ und $\mathfrak{Y}$ die Kreise von g die τ, resp. σ berühren, so ist das Bild τ^* von τ die zweite außer τ gemeinsame Tangente von $\mathfrak{X}$ und $\mathfrak{Z}$, und σ^* ist die Parallele zu τ^* an $\mathfrak{Y}$. Der Beweis der Konstruktion, die für den Fall, daß σ zu einer der Tangenten von g parallel ist, noch dadurch zu ergänzen wäre, daß man σ an dieser parallelen Tangente nach σ^* zu spiegeln hat, ergibt sich ohne Schwierigkeit aus den analogen Verhältnissen im Raume. Aus den angegebenen Konstruktionen ersieht man, daß die Laguerre-Inversionen involutorische Abbildungen sind [genau so wie die Möbius-Inversionen], d. h. Abbildungen, die Bild und Original wechselseitig vertauschen.

Die wichtigeren Laguerre-Inversionen sind für uns die zeitartigen. Diese Zuordnungen lassen sich durch $\mathfrak{L}_6$ in die gewöhnlichen Spiegelungen überführen. Wenn wir nämlich im Raum die zeitartige Ebene $\mathfrak{X}\mathfrak{v}_0 = w_0$ in eine zur Grundebene senkrechte Lage bringen, so besteht das zugehörige ebene Kreissystem aus allen Kreisen, die zu einer Geraden h senkrecht sind. Daraus ersieht man die Behauptung ohne weiteres.

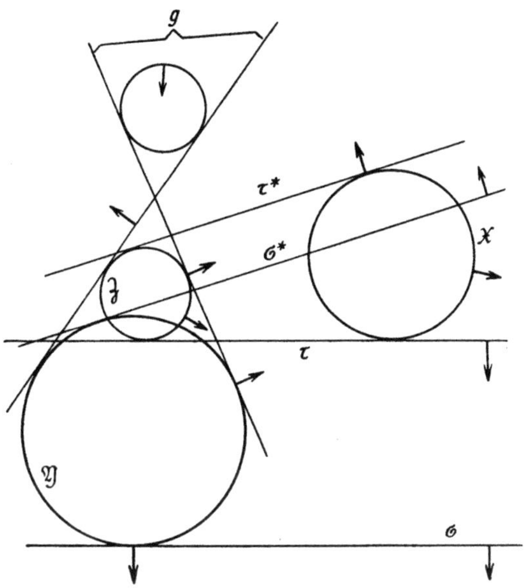

Fig. 46.

Eine raumartige Ebene im Raume können wir immer in die Grundebene überführen. Der J-Spiegelung an der Grundebene: $[X_0 = -X_0^*, X_1 = X_1^*, X_2 = X_2^*]$ entspricht aber der im § 14 schon betrachtete Richtungswechsel, der jeden Kreis in den entgegengesetzt gerichteten überführt, Punkte aber fest läßt. Jede raumartige Laguerre-Inversion läßt sich durch $\mathfrak{L}_6$ überführen in den Richtungswechsel.

Wir wollen nun zeigen, daß sich die ganze Gruppe $\mathfrak{L}_6$ aus Laguerre-Inversionen erzeugen läßt.

Jede Laguerre-Transformation (1) zieht nach sich eine zugehörige homogene Transformation

$$v_i = \sum_{k=0}^{2} b_{ik} v_k^* \tag{44}$$

der Vektoren $\mathfrak{v}$, speziell also auch der isotropen Vektoren $\mathfrak{v}$, d. h. in der

Ebene eine Zuordnung der verschiedenen Richtungen der gerichteten Geraden. Im Raum können wir uns nach § 35 die zu $\mathfrak{J}_6$ gehörige hyperbolische Bewegung der uneigentlichen Ebene mit dem absoluten Kegelschnitt als Maßkegelschnitt dargestellt denken, wobei $v_0 : v_1 : v_2$ als projektive Koordinaten aufzufassen sind.

Wollen wir die Vorstellungen der isotropen Projektion für die Laguerre-Geometrie nicht zu Hilfe nehmen, so können wir v_0, v_1, v_2 als rechtwinklige homogene Punktkoordinaten in einer Bildebene denken, in der dann durch

$$\mathfrak{v}\,\mathfrak{v} = -v_0^2 + v_1^2 + v_2^2 = 0 \tag{45}$$

ein Kreis dargestellt ist, dessen Punkten die einzelnen Geradenrichtungen der *Laguerre*schen Ebene entsprechen. Nach (4) entspricht dann einer *Laguerre*schen Abbildung der Vektoren und speziell der Geradenrichtungen wieder eine hyperbolische Bewegung dieser Bildebene, und speziell des Bildkreises (45), den wir als das *Richtungsbild* der *Laguerre*schen Ebene bezeichnen wollen.

Zu einer Laguerre-Inversion gehört nach (41) speziell eine Transformation

$$\mathfrak{v} = -\frac{2\,(\mathfrak{v}^*\,\mathfrak{v}_0)}{(\mathfrak{v}_0\,\mathfrak{v}_0)}\,\mathfrak{v}_0 + \mathfrak{v}^*. \tag{46}$$

Durch diese Transformation $\mathfrak{v} \rightarrow \mathfrak{v}^*$ ist aber nach § 4 einfach *eine Projektion des Kreises* (45) *auf sich* aus dem Zentrum $\mathfrak{v}_0$ dargestellt, denn aus $\mathfrak{v}\,\mathfrak{v} = 0$ folgt $\mathfrak{v}^*\mathfrak{v}^* = 0$ und $\mathfrak{v}$ und $\mathfrak{v}^*$ liegen immer auf einer Geraden durch $\mathfrak{v}_0$. Umgekehrt gehören zu einer Projektion des Kreises des Richtungsbildes auf sich immer unendlich viele zeitartige Laguerre-Inversionen, den verschiedenen Werten von w_0 in (41) entsprechend.

Führen wir die zwei Laguerre-Inversionen

$$\mathfrak{x} = -\frac{2\,(\mathfrak{x}^*\,\mathfrak{v}_0)}{(\mathfrak{v}_0\,\mathfrak{v}_0)}\,\mathfrak{v}_0 + \mathfrak{x}^* \tag{47}$$

und

$$\mathfrak{x}^* = -\frac{2\,[\mathfrak{x}^{**}\,\mathfrak{v}_0 - w_0]}{\mathfrak{v}_0\,\mathfrak{v}_0}\,\mathfrak{v}_0 + \mathfrak{x}^{**} \qquad [\mathfrak{v}_0\,\mathfrak{v}_0 \neq 0] \tag{48}$$

hintereinander aus, die zu derselben Abbildung (46) des Richtungsbildes gehören, so erhalten wir, da zwei Projektionen des Kreises des Richtungsbildes auf sich aus demselben Zentrum $\mathfrak{v}_0$ die Identität ergeben, eine Abbildung aus $\mathfrak{L}_6$, die alle Geradenrichtungen einzeln fest läßt. Aus (47) und (48) ergibt sich:

$$\mathfrak{x} = \mathfrak{x}^{**} - \frac{2\,w_0\,\mathfrak{v}_0}{\mathfrak{v}_0\,\mathfrak{v}_0}. \tag{49}$$

Solche Transformationen vom Typ

$$\mathfrak{x} = \mathfrak{x}^{**} + \mathfrak{A}, \tag{50}$$

wo $\mathfrak{A} = \{A_0, A_1, A_2\}$ ein beliebiger Kreis ist, nennt man *Paralleltransformationen*. Sie entsprechen den Schiebungen des Raumes. Jede solche Abbildung läßt sich zerlegen in die zwei:

$$(51) \qquad \left\{\begin{aligned} X_0 &= X_0^* \\ X_1 &= X_1^* + A_1 \\ X_2 &= X_2^* + A_2 \end{aligned}\right\} \quad \text{und} \quad \left\{\begin{aligned} X_0^* &= X_0^{**} + A_0 \\ X_1^* &= X_1^{**} \\ X_2^* &= X_2^{**}, \end{aligned}\right.$$

von denen der ersten in der Projektion eine gewöhnliche Schiebung der Ebene entspricht, und der zweiten eine sogenannte *Dilatation*, die für jeden L-Kreis den Mittelpunkt fest läßt, und den mit Vorzeichen versehenen Radius um eine Konstante A_0 vergrößert resp. verkleinert. Die Paralleltransformationen bilden eine Untergruppe von $\mathfrak{L}_6$. Sie lassen sich alle nach (47), (48), (49) aus Laguerre-Inversionen erzeugen.

Wir wollen jetzt zeigen: *Haben wir die Figur $\mathfrak{F}$ zweier Kreise $\mathfrak{Y}$ und $\mathfrak{Z}$ mit der Tangentenentfernung* 1 *und außerdem einer Tangente r von $\mathfrak{Y}$, die nicht gleichzeitig auch $\mathfrak{Z}$ berührt, und haben wir ferner eine ebensolche Figur $\mathfrak{F}^*$ [$\mathfrak{Y}^*$, $\mathfrak{Z}^*$, r^*] von zwei Kreisen und einer Tangente von $\mathfrak{Y}^*$, so gibt es immer genau eine Abbildung aus $\mathfrak{L}_6$, die $\mathfrak{F}$ in $\mathfrak{F}^*$ überführt.* Da die Figur $\mathfrak{F}^*$ von 6 Parametern abhängt, folgt daraus, daß die Gruppe $\mathfrak{L}_6$ *sechsgliedrig* ist.

Den Beweis führen wir wieder in zwei Schritten. 1. Wir zeigen, daß man immer $\mathfrak{F}$ in $\mathfrak{F}^*$ durch $\mathfrak{L}_6$ überführen kann, 2. Wir zeigen, daß das nur auf eine Weise möglich ist.

Den ersten Teil des Beweises führen wir, indem wir zeigen: $\mathfrak{F}$ läßt sich immer in $\mathfrak{F}^*$ überführen durch Aneinanderreihung von Laguerre-Inversionen. Bezeichnen wir die gemeinsamen Tangenten von $\mathfrak{Y}$ und $\mathfrak{Z}$ mit s und t und die von $\mathfrak{Y}^*$ und $\mathfrak{Z}^*$ mit s^* und t^*, so gehören zu den drei Geradenrichtungen von r, s und t drei Punkte $\mathfrak{v}^\alpha$ des Kreises (45) des Richtungsbildes und ebenso zu r^*, s^*, t^* drei Punkte $\mathfrak{v}^{\alpha *}$. Nach § 4 gibt es nun immer eine Abbildung (44), also eine hyperbolische Bewegung der Ebene des Richtungsbildes, die drei Punkte des Kreises (45) in drei beliebige Bildpunkte überführt, speziell ist das nach § 5 durch Aneinanderreihung von Projektionen des Kreises auf sich möglich. Zu diesen letzteren Abbildungen des Richtungsbildes kann man aber immer zugehörige Laguerre-Inversionen finden. Man kann es daher durch Laguerre-Inversionen erreichen, daß $\mathfrak{F}$ in eine Figur $\mathfrak{F}'$ [$\mathfrak{Y}'$, $\mathfrak{Z}'$, r', s', t'] übergeht, bei der die Tangenten r', s', t' schon den Tangenten r^*, s^*, t^* der endgültigen Bildfigur parallel sind. Nun kann man weiter $\mathfrak{Y}'$ durch die Paralleltransformation $\mathfrak{X}' \rightarrow \mathfrak{X}^*$

$$(53) \qquad \mathfrak{X}' = \mathfrak{X}^* + (\mathfrak{Y}' - \mathfrak{Y}^*)$$

in $\mathfrak{Y}^*$ überführen. In der Tat ergibt sich aus (53) für $\mathfrak{X}' = \mathfrak{Y}' \rightarrow \mathfrak{X}^* = \mathfrak{Y}^*$. Man erhält durch (53) aus $\mathfrak{F}'$ eine Figur $\mathfrak{F}''$ [$\mathfrak{Y}''$, $\mathfrak{Z}''$, r'', s'', t''], bei der schon $\mathfrak{Y}''$ mit $\mathfrak{Y}^*$ und außerdem die Tangenten r'', s'', t'' von $\mathfrak{Y}'' = \mathfrak{Y}^*$ mit r^*, s^*, t^* übereinstimmen, denn eine Paralleltransformation erhält die Geradenrichtungen und die Tangenten r', s', t', die schon vorher den r^*, s^*, t^* parallel waren, fallen nach der Abbildung (53), wenn $\mathfrak{Y}''$ mit $\mathfrak{Y}^*$ zusammenfällt, mit diesen Tangenten zusammen. $\mathfrak{Z}''$ muß nun, da die Tangentenentfernung zwischen $\mathfrak{Y}$ und $\mathfrak{Z}$ immer gleich 1 geblieben ist und da s^* und t^* seine Tangenten sind, mit einem der beiden Kreise der durch s^* und t^* bestimmten geraden Kreisreihe zusammenfallen, die von $\mathfrak{Y}^*$ die Tangentenentfernung 1 haben. Entweder fällt $\mathfrak{Z}''$ also schon mit $\mathfrak{Z}^*$ zusammen. Dann sind wir fertig, wir haben dann $\mathfrak{F}$ in $\mathfrak{F}^*$ allein durch zeitartige Inversionen übergeführt, denn die Paralleltransformationen lassen sich ja aus solchen erzeugen. Oder $\mathfrak{Z}''$ ist zweitens der Kreis (Fig. 47), der in der Kreisreihe $\{s^* t^*\}$ auf der andern Seite von $\mathfrak{Y}^*$ in der Tangentenentfernung 1 liegt, wie $\mathfrak{Z}^*$. Dann schließen wir noch die Abbildung $\mathfrak{X} \to \mathfrak{X}^*$ aus $\mathfrak{L}_6$ an:

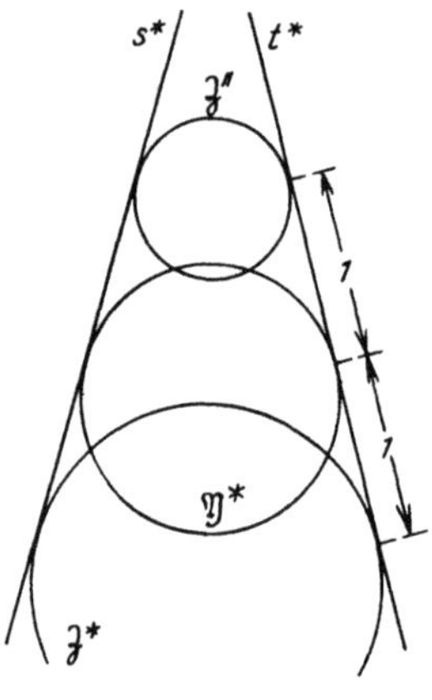

Fig. 47.

(55) $$\mathfrak{X} = -\mathfrak{X}^* + 2\,\mathfrak{Y}^*.$$

Diese läßt, da die zugehörige Transformation des Richtungsbildes $\mathfrak{v} = -\mathfrak{v}^*$ wegen der Homogenität der Koordinaten $\mathfrak{v}$ in der Ebene des Richtungsbildes mit $\mathfrak{v} = \mathfrak{v}^*$, also mit der Identität äquivalent ist, alle Geradenrichtungen fest. Ferner bleibt $\mathfrak{Y}^*$ fest, denn aus $\mathfrak{X} = \mathfrak{Y}^*$ folgt $\mathfrak{X}^* = \mathfrak{Y}^*$. Die Abbildung (55) läßt also die Figur $\{\mathfrak{Y}^*, s^*, t^*, r^*\}$ fest. Außerdem führt sie aber gerade noch $\mathfrak{Z}''$ in $\mathfrak{Z}^*$ über. Denn nach (9) muß sich $\mathfrak{Z}''$ als Kreis der durch $\mathfrak{Y}^*$ und $\mathfrak{Z}^*$ bestimmten geraden Reihe in der Form

$$\mathfrak{Z}'' = \mathfrak{Y}^* + \lambda(\mathfrak{Z}^* - \mathfrak{Y}^*)$$

darstellen lassen. Aus $(\mathfrak{Y}^* - \mathfrak{Z}'')^2 = 1$ und $\mathfrak{Z}'' \neq \mathfrak{Z}^*$ folgt dann $\lambda = -1$ und

(56) $$\mathfrak{Z}'' = -\mathfrak{Z}^* + 2\,\mathfrak{Y}^*.$$

Setzen wir in (55) nun aber für $\mathfrak{X}$ den Kreis $\mathfrak{Z}''$ aus (56) ein, so folgt $\mathfrak{X}^* = \mathfrak{Z}^*$. Also bildet (55) wirklich $\mathfrak{Z}''$ gerade auf $\mathfrak{Z}^*$ ab. Also können wir auch in unserem zweiten Falle durch eine angehängte Abbildung aus $\mathfrak{L}_6$ noch erreichen, daß schließlich $\mathfrak{F}$ in $\mathfrak{F}^*$ übergeht. Wir haben jetzt nur noch zu zeigen, daß auch (55) sich durch zeitartige Inversionen und Richtungswechsel erzeugen läßt. Der Abbildung (55) entspricht im Raum einfach eine *J-Spiegelung an einem Punkt* $\mathfrak{Y}^*$, bei der jedem Punkt $\mathfrak{X}$ auf der Geraden $\{\mathfrak{X}, \mathfrak{Y}^*\}$ der Punkt $\mathfrak{X}^*$ zugeordnet wird, für den $\mathfrak{Y}^*$ Mittelpunkt der Strecke $\{\mathfrak{X}\,\mathfrak{X}^*\}$ ist. Daraus ergibt sich unmittelbar die in der *Laguerre*schen Ebene entsprechende Konstruktion.

Wir können (55) in die drei folgenden Abbildungen $\mathfrak{X} \to \mathfrak{X}'$, $\mathfrak{X}' \to \mathfrak{X}''$, $\mathfrak{X}'' \to \mathfrak{X}^*$ zerlegen:

$$\begin{Bmatrix} X_0 = + X_0' \\ X_1 = - X_1 \\ X_2 = - X_2 \end{Bmatrix} \quad \begin{Bmatrix} X_0' = - X_0'' \\ X_1' = + X_1'' \\ X_2' = + X_2'' \end{Bmatrix} \quad \begin{Bmatrix} X_0'' = X_0^* - 2\,Y^* \\ X_1'' = X_1^* - 2\,Y^* \\ X_2'' = X_2^* - 2\,Y^* \end{Bmatrix}.$$

Von ihnen ist in der Projektionsebene die erste eine gewöhnliche Spiegelung an dem Koordinatenursprung $X_1 = X_2 = 0$, diese Spiegelung läßt sich durch zwei Spiegelungen an zwei durch den Ursprung gehenden senkrechten Achsen erzeugen. Diese gewöhnlichen Spiegelungen an Geraden sind aber spezielle zeitartige Laguerre-Inversionen. Die zweite Transformation ist ein Richtungswechsel, die dritte eine Paralleltransformation, die sich nach dem Vorigen aus Laguerre-Inversionen zusammensetzen läßt.

Somit läßt sich die Abbildung (55) aus Laguerre-Inversionen erzeugen, was zu beweisen war. Nachdem wir so gezeigt haben, daß zwei Figuren $\mathfrak{F} \to \mathfrak{F}^*$ sich immer durch Laguerre-Inversionen, also durch $\mathfrak{L}_6$ ineinander überführen lassen, kommen wir zu dem zweiten zu beweisenden Schritt: Es gibt überhaupt nur eine Abbildung aus $\mathfrak{L}_6$, die $\mathfrak{F}$ in $\mathfrak{F}^*$ überführt. Da zwei verschiedene Abbildungen aus $\mathfrak{L}_6$, die $\mathfrak{F}$ in $\mathfrak{F}^*$ überführen, sich durch eine angehängte Transformation aus $\mathfrak{L}_6$ unterscheiden, die $\mathfrak{F}^*$ fest läßt und nicht die Identität ist, kommt das auf den folgenden Satz heraus: Eine Abbildung $\mathfrak{S}$ aus $\mathfrak{L}_6$, die $\mathfrak{F}^*$ fest läßt, ist die Identität. Die Gültigkeit dieses Satzes ist aber einleuchtend. Denn jede Gerade der Ebene ist durch das Abstandsverhältnis festgelegt, das sie mit den parallelen Tangenten an $\mathfrak{Y}^*$ und $\mathfrak{Z}^*$ bildet. Bei $\mathfrak{S}$ müssen aber nach § 4 alle Geradenrichtungen fest bleiben, da r^*, s^*, t^*, also drei Punkte des Kreises (45) des Richtungsbildes fest bleiben. Somit bleiben alle Tangenten der Kreise $\mathfrak{Y}^*$ und $\mathfrak{Z}^*$ einzeln fest, und wegen der Invarianz des Abstandsverhältnisses überhaupt alle Geraden der Ebene, was zu beweisen war.

Für $\mathfrak{L}_7$ gilt ein ganz ähnlicher Satz wie für $\mathfrak{L}_6$. Lassen wir für die Figuren $\mathfrak{F}$ und $\mathfrak{F}^*$ die Forderung fallen, daß $\mathfrak{Y}$ und $\mathfrak{Z}$, sowie $\mathfrak{Y}^*$ und $\mathfrak{Z}^*$ gerade die Tangentenentfernung 1 besitzen und lassen wir für die beiden Tangentenentfernungen zwei ganz beliebige, nicht etwa gleich große Werte zu, so gilt: Es gibt immer genau eine Abbildung aus $\mathfrak{L}_7$, die zwei solche Figuren $\mathfrak{F}$ und $\mathfrak{F}^*$ ineinander überführt. Da $\mathfrak{F}^*$ jetzt von 7 Parametern abhängt, ist $\mathfrak{L}_7$ siebengliedrig. Zum Beweis führt man zunächst $\mathfrak{F}$ ganz wie beim vorigen Beweis in eine Figur $\mathfrak{F}''$ über, die bis auf den Kreis $\mathfrak{Z}''$ schon mit $\mathfrak{F}^*$ übereinstimmt. Es sind dann die raumartigen Kreisvektoren $\mathfrak{Z}'' - \mathfrak{Y}^*$ und $\mathfrak{Z}^* - \mathfrak{Y}^*$ proportional:

$$\mathfrak{Z}'' - \mathfrak{Y} = \varrho \cdot [\mathfrak{Z}^* - \mathfrak{Y}^*] \tag{57}$$

und ϱ ist wegen

$$(\mathfrak{Z}'' - \mathfrak{Y})^2 = \varrho^2 (\mathfrak{Z}^* - \mathfrak{Y}^*)^2$$

gleich dem Verhältnis der Tangentenentfernungen der beiden Kreispaare, das positiv zu rechnen ist, wenn $\mathfrak{Z}''$ und $\mathfrak{Z}^*$ in der Kreisreihe $\{s^* t^*\}$ auf derselben Seite von $\mathfrak{Y}$ liegen und sonst negativ. Wir üben dann auf $\mathfrak{F}''$ noch die Abbildung $\mathfrak{X} \to \mathfrak{X}^*$ aus $\mathfrak{L}_7$ aus:

$$\mathfrak{X} = \varrho\,\mathfrak{X}^* + (1-\varrho)\,\mathfrak{Y}^* . \tag{58}$$

Diese läßt alle Geradenrichtungen fest und ebenso den Kreis $\mathfrak{Y}^*$, und führt gerade, wie aus (57) hervorgeht, $\mathfrak{Z}''$ in $\mathfrak{Z}^*$ über. Man kann (58) zusammensetzen aus den Abbildungen

$$\begin{cases} \mathfrak{X} = \operatorname{sgn}\varrho \cdot \mathfrak{X}' + (1-\varrho)\,\mathfrak{Y}^* \\ \mathfrak{X} = |\varrho| \cdot \mathfrak{X}^* , \end{cases} \tag{59}$$

von denen die erste für $\varrho > 0$ eine einfache Paralleltransformation, für $\varrho < 0$ sich aber aus einer solchen durch Anhängen einer Abbildung von Typ (55), sich also jedenfalls durch $\mathfrak{L}_6$ erzeugen läßt. Die zweite ist eine gewöhnliche Ähnlichkeitstransformation mit dem Zentrum im Ursprung. Die Gruppe $\mathfrak{L}_7$ läßt sich daher aus Laguerre-Inversionen und Ähnlichkeiten erzeugen. Der Beweis, daß jede $\mathfrak{F}^*$ festlassende Abbildung aus $\mathfrak{L}_7$ die Identität ist, beginnt damit, daß eine solche Abbildung $\mathfrak{L}_6$ angehören muß, da die Tangentenentfernung $\{\mathfrak{Y}^* \mathfrak{Z}^*\}$ unverändert bleibt, und ist von da ab genau der oben für $\mathfrak{L}_6$ gegebene.

§ 38. Ebene Kurven in der Geometrie von *Laguerre*.

Wir gehen jetzt zu einer differentialgeometrischen Anwendung unserer isotropen Projektion über.

Als eine *isotrope Kurve* des Raumes [unserer isotropen Projektion] bezeichnen wir eine Kurve, deren sämtliche Tangenten isotrope Gerade sind. Denken wir uns die Kurve mit Hilfe eines Parameters t durch Funktionen $\mathfrak{X}(t)$ dargestellt, so muß der Tangentenvektor $\frac{d\mathfrak{X}}{dt} = \dot{\mathfrak{x}}$ isotrop sein, es muß also gelten:

$$\dot{\mathfrak{x}}\,\dot{\mathfrak{x}} = 0 . \tag{60}$$

In der Projektion entspricht einer isotropen Kurve eine Kreisschar, deren Kreise sich konsekutiv berühren, denn die Tangentenentfernung konsekutiver Kreise $\mathfrak{X}$ und $\mathfrak{X} + \dot{\mathfrak{x}}\,dt$ verschwindet. Eine solche Kreisschar besteht aber nach § 21 aus den Krümmungskreisen einer Kurve. Da die Krümmungskreise als L-Kreise gerichtet sind, wird auch der zugehörigen Kurve eine bestimmte Richtung zugeschrieben. Wir können also sagen: *Durch die isotrope Projektion werden die isotropen Kurven des Raumes abgebildet auf die gerichteten Kurven der Ebene.* Der Geometrie $\mathfrak{J}_6$ unserer isotropen Kurven entspricht in der Projektion die Laguerre-Geometrie der ebenen Kurven.

Was die Bildung von Invarianten unserer isotropen Kurve gegenüber $\mathfrak{J}_6$ angeht, so haben wir an der zu untersuchenden Stelle der Kurve die Invarianten der Punkte $\mathfrak{X}$, $\dot{\mathfrak{X}}$, $\ddot{\mathfrak{X}}$ ... usw. zu bilden. Nun transformiert sich nach (1) aber nur $\mathfrak{X}$ selbst inhomogen. Beim Differenzieren von (1) nach t fallen die Konstanten d_i weg, und die Ableitungen von $\mathfrak{X}$ substituieren sich homogen, sie stellen Vektoren dar, weshalb wir für sie auch kleine Buchstaben schreiben werden:

$$\dot{\mathfrak{x}}, \ddot{\mathfrak{x}}, \dddot{\mathfrak{x}} \text{ usw.} \tag{62}$$

Was die Bildung von Invarianten betrifft, so scheiden für sie die drei Koordinaten von $\mathfrak{X}$ selbst überhaupt aus, da nur bei deren Transformationsformeln allein je eine der Größen d_i vorkommt und diese sich somit überhaupt nicht eliminieren lassen. Wir haben somit zuerst die Invarianten der Vektoren (62) gegenüber der homogenen Gruppe (44) zu bilden. Dies Problem können wir nach § 10 aber durch Bildung von Skalarprodukten und Linearkombinationen lösen. Dann haben wir weiter noch die Transformationen des Parameters t zu berücksichtigen.

In unserer Geometrie $\mathfrak{J}_6$ ist durch die Gleichung

$$(\mathfrak{Z} - \mathfrak{X}, \dot{\mathfrak{x}}) = 0 \tag{63}$$

in den laufenden Koordinaten $\mathfrak{Z}$ die isotrope Ebene gegeben, die alle Punkte $\mathfrak{Y}(\lambda)$ der isotropen Tangente

$$\mathfrak{Y} = \mathfrak{X} + \lambda \dot{\mathfrak{x}} \tag{64}$$

enthält. Wir nennen (63) die *isotrope Schmiegebene* der isotropen Kurve $\mathfrak{X}(t)$. In der Grundebene ist durch den isotropen Vektor $\dot{\mathfrak{x}}$ das gerichtete Linienelement unserer gerichteten ebenen Kurve gegeben in dem sich zwei konsekutive Krümmungskreise der Schar $\mathfrak{X}(t)$ berühren. (63) stellt die gerichtete Tangente der Kurve dar. Durch

$$\sigma = \int \sqrt[4]{|(\ddot{\mathfrak{x}}\ddot{\mathfrak{x}})|}\, dt \tag{65}$$

ist nun ein gegenüber $\mathfrak{J}_6$ (resp. $\mathfrak{L}_6$) *invarianter Parameter* der Kurve gegeben. Man kann diesen auch in der Form

$$\sigma = \int \sqrt{\left| \frac{|\dot{\mathfrak{x}}\ddot{\mathfrak{x}}*|}{(\dot{\mathfrak{x}}*)} \right|}\, dt \tag{66}$$

darstellen, wo für * ein beliebiger Hilfsvektor eingesetzt werden kann[1]). Es folgt nämlich nach der Determinantenregel des § 10 wegen

$$\dot{\mathfrak{x}}\dot{\mathfrak{x}} = \dot{\mathfrak{x}}\ddot{\mathfrak{x}} = 0$$

$$|\dot{\mathfrak{x}}\ddot{\mathfrak{x}}*|^2 = (\dot{\mathfrak{x}}*)^2 \cdot (\ddot{\mathfrak{x}}\ddot{\mathfrak{x}}). \tag{67}$$

Nimmt man in (65) die positive vierte Wurzel und in (66) die positive Quadratwurzel, so stimmen nach (67) die Definitionen überein. Der Parameter ist für $\ddot{\mathfrak{x}}\ddot{\mathfrak{x}} = 0$ oder nach (67) für $\ddot{\mathfrak{x}}$ prop. $\dot{\mathfrak{x}}$ unbrauchbar, eine Bedingung, die, wie man leicht erkennt, im Raume die isotropen Geraden und in der Ebene die ausgearteten Kreisbüschel kennzeichnet. Diesen Fall schließen wir aus. Aus (67) folgt dann $\ddot{\mathfrak{x}}\ddot{\mathfrak{x}} > 0$ und wenn

[1]) Über diesen von *E. Vessiot* und *E. Study* für die Minimalkurven der Bewegungsgeometrie gefundenen Parameter vgl. die Literaturangaben auf S. 28 von Band I.

wir die Kurve auf den Parameter σ beziehen und Ableitungen nach σ durch Striche andeuten, wird

(68) $$\mathfrak{x}''\mathfrak{x}'' = 1.$$

Setzen wir

(69) $$\mathfrak{x}'''\mathfrak{x}''' = \Phi,$$

so gilt jetzt die folgende Tabelle skalarer Produkte.

(70)

	$\mathfrak{x}'$	$\mathfrak{x}''$	$\mathfrak{x}'''$	$\mathfrak{x}^{\mathrm{IV}}$
$\mathfrak{x}'$	0	0	-1	0
$\mathfrak{x}''$	0	1	0	$-\Phi$
$\mathfrak{x}'''$	-1	0	Φ	$\frac{1}{2}\Phi'$

Φ ist dabei eine absolute Differentialinvariante der Kurve.

Es gilt dann die Ableitungsgleichung:

(71) $$\mathfrak{x}^{\mathrm{IV}} = -\frac{1}{2}\Phi'\mathfrak{x}' - \Phi\mathfrak{x}'',$$

deren Richtigkeit durch skalare Multiplikation mit $\mathfrak{x}'$, $\mathfrak{x}''$ und $\mathfrak{x}'''$ zu beweisen ist.

Um eine Anwendung unserer Formeln zu machen, wollen wir diejenigen ebenen *Kurven* bestimmen, *die durch eine eingliedrige Gruppe aus* $\mathfrak{L}_6$ *in sich selbst verschoben werden können.* Diese Kurven entsprechen den Loxodromen der Möbius-Geometrie, die nach § 25 eine eingliedrige Gruppe aus $\mathfrak{M}_6$ in sich gestatten.

Wie dort, so ist auch hier die notwendige und hinreichende Bedingung für die Existenz einer solchen eingliedrigen Gruppe, daß die absolute Differentialinvariante längs der Kurve konstant ist. Hier muß also $\Phi = \text{const}$ gelten.

Wenden wir uns zunächst den entsprechenden isotropen Kurven des Raumes zu! Aus $\Phi = \text{const}$ folgt mittels (71)

(72) $$\mathfrak{x}''' + \Phi\mathfrak{x}' = \mathfrak{z},$$

wo $\mathfrak{z}$ ein konstanter Vektor ist. Es ist also für alle Punkte σ der Kurve der Vektor $\mathfrak{x}''' + \Phi\mathfrak{x}'$ immer derselbe. Aus (72) folgt

(72a) $$\mathfrak{z}\mathfrak{z} = -\Phi.$$

Wir unterscheiden nun zwei Fälle: Erstens $\Phi = 0$. Diesen Fall sparen wir für den nächsten Abschnitt auf und wenden uns hier zunächst zu dem zweiten Fall $\Phi \neq 0$ oder $\mathfrak{z}\mathfrak{z} \neq 0$. Dann kann man (72) auch in der Form schreiben

(73) $$\left(\mathfrak{x} + \frac{1}{\Phi}\mathfrak{x}''\right)' = \frac{1}{\Phi}\cdot\mathfrak{z}.$$

Setzen wir

$$\mathfrak{P}(\sigma) = \mathfrak{X}(\sigma) + \frac{1}{\Phi}\mathfrak{x}''(\sigma), \tag{74}$$

so gilt nach (70)

$$(\mathfrak{P} - \mathfrak{X})^2 = \frac{1}{\Phi^2} = \text{const}. \tag{75}$$

Es ist also für jeden Punkt $\mathfrak{X}$ unserer Kurve, d. h. für jeden Parameterwert σ die „Entfernung" des Punktes $\mathfrak{X}(\sigma)$ von dem zugehörigen durch (74) definierten Punkt $\mathfrak{P}(\sigma)$ konstant, und zwar haben $\mathfrak{P}$ und $\mathfrak{X}$ wegen $1:\Phi^2 > 0$ immer raumartige „Entfernung". Nach (73) ist nun der Tangentenvektor $\mathfrak{p}'$ der Kurve $\mathfrak{P}(\sigma)$ gleich dem konstanten Vektor $\frac{1}{\Phi}\cdot\mathfrak{z}$, also folgt $\mathfrak{p}'' = 0$. Das heißt: Alle Punkte $\mathfrak{P}(\sigma)$ liegen auf ein und derselben im Raume festen Geraden g. Nach (70), (74) gilt weiter

$$(\mathfrak{P} - \mathfrak{X}, \mathfrak{x}') = 0.$$

Der zur Stelle $\mathfrak{X}(\sigma)$ gehörige Punkt $\mathfrak{P}(\sigma)$ ist also jeweils gerade der Punkt von g, in dem g von der isotropen Schmiegebene (63) der Kurve $\mathfrak{X}(\sigma)$ getroffen wird. Wir haben also die Sachlage: Ziehen wir durch jeden Punkt der Kurve $\mathfrak{X}(\sigma)$ die isotrope Schmiegebene, so schneidet diese die raumfeste Gerade g jeweils in einem Punkte $\mathfrak{P}$, der von $\mathfrak{X}$ die feste „Entfernung" $1:\Phi$ besitzt.

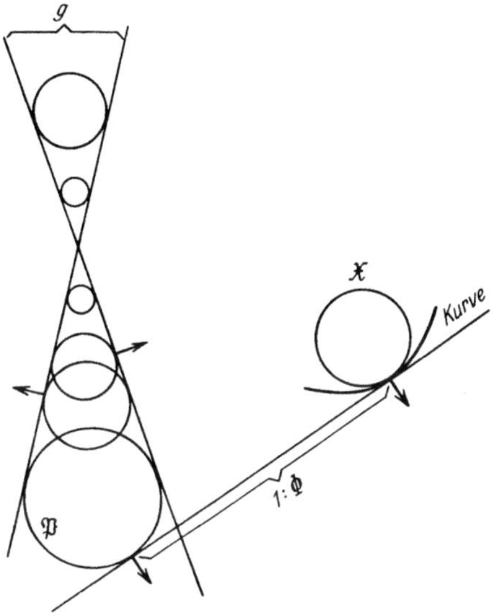

Fig. 48.

In der Projektionsebene haben wir somit folgende Verhältnisse: Wir haben eine feste nicht isotrope gerade Kreisreihe g. Zu jeder Tangente unserer gerichteten ebenen Kurve gibt es einen sie berührenden Kreis $\mathfrak{P}$ der Reihe g. $\mathfrak{P}$ hat dann von dem Krümmungskreis $\mathfrak{X}$ unserer Kurve immer dieselbe Tangentenentfernung $1:\Phi$. Diese Tangentenentfernung ist natürlich (vgl. Fig. 48) die gewöhnliche Entfernung der beiden Punkte, in denen die Kurventangente von $\mathfrak{P}$ und $\mathfrak{X}$ berührt wird.

Damit ist die geometrische Bedeutung unserer ebenen Kurven mit konstanter Invariante $\Phi \neq 0$, die eine eingliedrige Gruppe aus $\mathfrak{L}_6$ in sich gestatten, auch gegeben: Wir unterscheiden zwei Fälle:

a) $\Phi < 0$, dann ist nach (72a) die Reihe g der $\mathfrak{P}(\sigma)$ raumartig. Die raumartige Reihe können wir, wie wir wissen, durch $\mathfrak{L}_6$ überführen in eine Reihe von Punkten auf zwei mit verschiedener Richtung zusammenfallenden Geraden als den Tangenten der Reihe.

Die Kurve hat dann einfach auf der Tangente von dem Berührungspunkt bis zum Schnittpunkt mit der festen Geraden g immer dieselbe konstante Entfernung. Diese Eigenschaft kennzeichnet aber unter den ebenen Kurven die *Traktrix*. *Unsere Kurven mit* $\Phi = const < 0$ *gehen also durch Laguerre-Transformation aus der Traktrix hervor.*

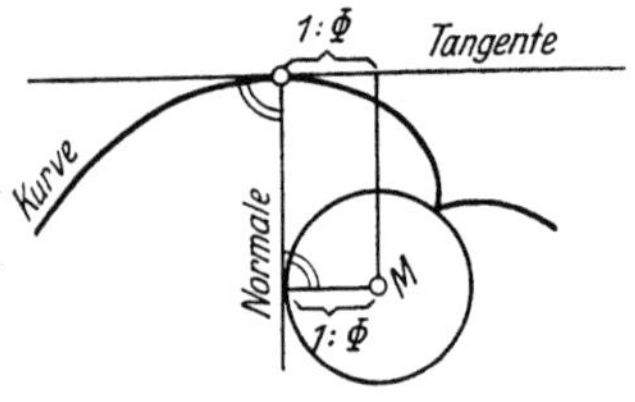

Fig. 49.

b) $\Phi > 0$. Dann ist der Vektor $\mathfrak{z}$ zeitartig und ebenso die Reihe g. Die zeitartige Reihe g können wir durch $\mathfrak{L}_6$ in eine Kreisreihe aus lauter konzentrischen Kreisen, etwa mit dem Mittelpunkt M überführen. Die auf der Tangente gemessene Entfernung vom Kurvenpunkt bis zum Fußpunkt des Lotes von M auf die Tangente muß dann konstant gleich $1 : \Phi$ sein (Fig. 49). Die Normalen der Kurve umhüllen dabei den festen Kreis um M mit dem Radius $1 : \Phi$. Die Kurve ist dann eine Evolvente dieses Kreises. Somit haben wir: *Den Kurven mit* $\Phi = const > 0$ *entsprechen die Kreisevolventen und ihre Laguerre-Verwandten.*

§ 39. Der Laguerre-Zykel.

Wir wenden uns nun zu dem bisher ausgeschlossenen Fall $\Phi = 0$. Aus (71) folgt:

(76) $$\mathfrak{x}^{\mathrm{IV}} = 0$$

und durch Integration

(77) $$\mathfrak{x}'''(\sigma) = \mathfrak{a}$$

(78) $$\mathfrak{x}''(\sigma) = \sigma\,\mathfrak{a} + \mathfrak{b}$$

(79) $$\mathfrak{x}'(\sigma) = \frac{1}{2}\sigma^2\,\mathfrak{a} + \sigma\,\mathfrak{b} + \mathfrak{c}$$

(80) $$\mathfrak{X}(\sigma) = \frac{1}{6}\sigma^3\,\mathfrak{a} + \frac{1}{2}\sigma^2\,\mathfrak{b} + \sigma\,\mathfrak{c} + \mathfrak{D}\,,$$

wo $\mathfrak{a}, \mathfrak{b}, \mathfrak{c}$ konstante Vektoren sind, und $\mathfrak{D}$ ein konstanter Kreis. Wegen (70) muß für die Vektoren $\mathfrak{a}, \mathfrak{b}, \mathfrak{c}$, wie man aus (77) bis (79) leicht folgert, dabei die folgende Tabelle skalarer Produkte gelten.

(81)

	$\mathfrak{a}$	$\mathfrak{b}$	$\mathfrak{c}$
$\mathfrak{a}$	0	0	−1
$\mathfrak{b}$	0	1	0
$\mathfrak{c}$	−1	0	0

Unsere Kurven mit $\Phi = 0$ sind im Gegensatz zu den eben besprochenen algebraisch. Wir werden sie als *Laguerre-Zykeln* bezeichnen.

Diese Kurven, deren eine in Fig. 50 abgebildet ist, sind von *Laguerre* in den Jahren 1883—1885 vielfach untersucht worden[1]). Für die zugehörigen isotropen Kurven des Raumes $\mathfrak{J}_6$ existiert keine raumhafte invariante Gerade mehr, wie im Fall $\Phi \neq 0$, sondern nur nach (72) die invariante isotrope Richtung $\mathfrak{z} = \mathfrak{x}''' = \mathfrak{a}$. Entsprechend ist in der Ebene mit einem Laguerre-Zykel keine feste gerade Kreisreihe, sondern nur eine invariante Geradenrichtung verbunden. Geben wir uns einen beliebigen gerichteten Kreis $\mathfrak{Y}$ der Ebene und fragen wir nach der Anzahl der gemeinsamen Tangenten von Kreis und Laguerre-Zykel! Es muß für eine Stelle σ des letzteren, wo seine Tangente $\mathfrak{Y}$ berührt:

$$(\mathfrak{X}(\sigma) - \mathfrak{Y},\quad \mathfrak{x}'(\sigma)) = 0$$

gelten.

Nach (79), (80) erhält man aber eine kubische Gleichung in σ, also gibt es bis

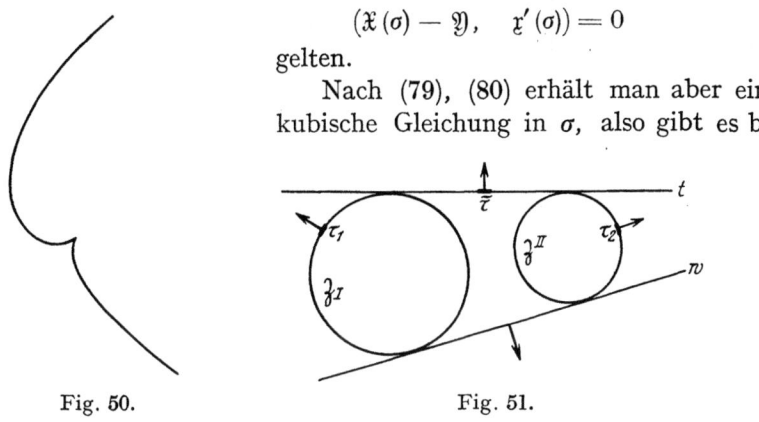

Fig. 50.

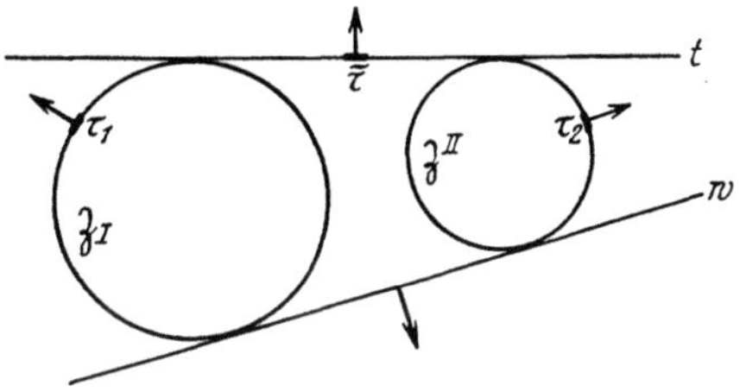

Fig. 51.

zu drei reelle gemeinsam gerichtete Tangenten. Da $\mathfrak{Y}$ speziell auch ein Punkt sein kann, erkennt man, daß ein Laguerre-Zykel eine Kurve dritter Klasse ist.

Wir wollen jetzt folgende Eigenschaft des Laguerre-Zykels beweisen: *Wählt man irgend zwei feste Linienelemente τ_1 und τ_2 eines Laguerre-Zykels und zieht man zu jedem weiteren Linienelement $\tilde{\tau}$ der Kurve die beiden Kreise $\mathfrak{Z}^{\mathrm{I}}$ und $\mathfrak{Z}^{\mathrm{II}}$ durch τ_1 resp. τ_2, die die Tangente t von $\tilde{\tau}$ berühren, so ist die Richtung der zweiten gemeinsamen Tangente w von $\mathfrak{Z}^{\mathrm{I}}$ und $\mathfrak{Z}^{\mathrm{II}}$ immer ein und dieselbe feste, nur von τ_1 und τ_2 und nicht von der Wahl von $\tilde{\tau}$ abhängige Richtung* (Fig. 51).

Um diesen Satz zu beweisen, bezeichnen wir die τ_1, τ_2 und $\tilde{\tau}$ entsprechenden Werte des Parameters σ mit σ_1, σ_2 und $\tilde{\sigma}$, die zu den drei Stellen gehörigen Krümmungskreise sind dann durch $\mathfrak{X}(\sigma_1)$, $\mathfrak{X}(\sigma_2)$,

---

[1]) Vgl. *Laguerres* gesammelte Werke Bd. 2, S. 661: „Sur les courbes de direction . . . .“ Auch die in diesem Abschnitt angegebene Erzeugung des Laguerre-Zykels stammt von *Laguerre*.

$\mathfrak{X}(\tilde{\sigma})$ gegeben, und die zu diesen Stellen gehörigen Tangentenrichtungen durch $\mathfrak{x}'(\sigma_1)$, $\mathfrak{x}'(\sigma_2)$, $\mathfrak{x}'(\tilde{\sigma})$.

Die Kreise $\mathfrak{Z}^{\mathrm{I}}$ und $\mathfrak{Z}^{\mathrm{II}}$ müssen dann durch

$$(82) \qquad \begin{cases} \mathfrak{Z}^{\mathrm{I}} = \mathfrak{X}(\sigma_1) + \lambda_1 \mathfrak{x}'(\sigma_1) \\ \mathfrak{Z}^{\mathrm{II}} = \mathfrak{X}(\sigma_2) + \lambda_2 \mathfrak{x}'(\sigma_2) \end{cases}$$

mit Faktoren λ_1, λ_2 darstellbar sein. λ_1 und λ_2 hat man dabei aus den Gleichungen

$$(83) \qquad \begin{cases} (\mathfrak{X}(\sigma_1) + \lambda_1 \mathfrak{x}'(\sigma_1) - \mathfrak{X}(\tilde{\sigma}), \mathfrak{x}'(\tilde{\sigma})) = 0 \\ (\mathfrak{X}(\sigma_2) + \lambda_2 \mathfrak{x}'(\sigma_2) - \mathfrak{X}(\tilde{\sigma}), \mathfrak{x}'(\tilde{\sigma})) = 0 \end{cases}$$

zu berechnen, die besagen, daß die Kreise $\mathfrak{Z}^{\mathrm{I}}$ und $\mathfrak{Z}^{\mathrm{II}}$ die durch $\tilde{\mathfrak{r}}$ gehende Tangente t berühren. Man erhält aus (83) nach (79), (80) und (81)

$$(84) \qquad \lambda_1 = -\frac{1}{3}(\sigma_1 - \tilde{\sigma}); \quad \lambda_2 = -\frac{1}{3}(\sigma_2 - \tilde{\sigma}).$$

Wir haben uns nun die gemeinsamen Tangenten von $\mathfrak{Z}^{\mathrm{I}}$ und $\mathfrak{Z}^{\mathrm{II}}$ zu berechnen. Einen jeden isotropen Vektor $\mathfrak{v}$ der Ebene, also speziell die zu den Richtungen der gemeinsamen Tangenten von $\mathfrak{Z}^{\mathrm{I}}$ und $\mathfrak{Z}^{\mathrm{II}}$ gehörigen, können wir uns nun aus den drei konstanten Vektoren $\mathfrak{a}$, $\mathfrak{b}$, $\mathfrak{c}$ linear kombiniert denken:

$$(85) \qquad \mathfrak{v} = \alpha\mathfrak{a} + \beta\mathfrak{b} + \gamma\mathfrak{c}$$

und aus $\mathfrak{v}\mathfrak{v} = 0$ folgt dann nach (81):

$$(86) \qquad \beta^2 - 2\alpha\gamma = 0.$$

Für die zu den gemeinsamen Tangenten von $\mathfrak{Z}^{\mathrm{I}}$ und $\mathfrak{Z}^{\mathrm{II}}$ gehörigen isotropen Vektoren muß jetzt gelten:

$$(\mathfrak{Z}^{\mathrm{I}} - \mathfrak{Z}^{\mathrm{II}}, \mathfrak{v}) = 0$$

oder nach (82), (84) und (85):

$$\left(\mathfrak{X}(\sigma_1) - \frac{1}{3}(\sigma_1 - \tilde{\sigma})\mathfrak{x}'(\sigma_1) - \mathfrak{X}(\sigma_2) + \frac{1}{3}(\sigma_2 - \tilde{\sigma})\mathfrak{x}'(\sigma_2);\ (\alpha\mathfrak{a} + \beta\mathfrak{b} + \gamma\mathfrak{c})\right) = 0.$$

Nach (79), (80), (81) erhält man daraus:

$$(87) \qquad 4\alpha - \beta(\sigma_1 + \sigma_2 + 2\tilde{\sigma}) + \gamma\tilde{\sigma}(\sigma_1 + \sigma_2) = 0.$$

In der Darstellung (85) für die Richtungen der gemeinsamen Tangenten müssen die Koeffizienten α, β, γ also den Gleichungen (86) und (87) genügen. Wir können uns die isotropen Vektoren so normiert denken, daß

$$(88) \qquad \gamma = 1$$

wird, denn aus $\gamma = 0$ würde nach (86) und (87) auch $\beta = \alpha = 0$ und somit $\mathfrak{v} \equiv 0$ folgen. Aus (88) und (86) folgt dann

$$\alpha = \frac{1}{2}\beta^2 \tag{89}$$

und aus (87) ergibt sich für β die quadratische Gleichung:

$$\beta^2 - \frac{1}{2}\beta(\sigma_1 + \sigma_2 + 2\tilde{\sigma}) = -\frac{1}{2}\tilde{\sigma}(\sigma_1 + \sigma_2),$$

die die beiden Lösungen

$$\left\{\begin{aligned} \beta^{\mathrm{I}} &= \tilde{\sigma} \\ \beta^{\mathrm{II}} &= \frac{1}{2}(\sigma_1 + \sigma_2) \end{aligned}\right. \tag{90}$$

besitzt. Der zu β^{I} gehörige isotrope Vektor ist nach (89), (88) und (85)

$$\frac{1}{2}\tilde{\sigma}^2\mathfrak{a} + \tilde{\sigma}\mathfrak{b} + \mathfrak{c}$$

also nach (79) gerade $\mathfrak{x}'(\tilde{\sigma})$ und wir erhalten als triviales Resultat wieder die zur Stelle σ gehörige Kurventangente t als gemeinsame Tangente von $\mathfrak{Z}^{\mathrm{I}}$ und $\mathfrak{Z}^{\mathrm{II}}$. Die Richtung der zweiten Tangente w aber, die nach (90), (89), (88), (85) durch

$$\mathfrak{w} = \frac{1}{2}\left(\frac{\sigma_1 + \sigma_2}{2}\right)^2\mathfrak{a} + \frac{\sigma_1 + \sigma_2}{2}\mathfrak{b} + \mathfrak{c} = \mathfrak{x}'\left(\frac{\sigma_1 + \sigma_2}{2}\right) \tag{91}$$

dargestellt ist, hängt von σ gar nicht mehr ab, und das war zu beweisen.

Der bewiesene Satz führt zu der folgenden einfachen Konstruktion des Laguerre-Zykels aus zwei gegebenen gerichteten Linienelementen τ_1 und τ_2, die weder parallel sind, noch auf ein und demselben Kreise liegen und einer gegebenen weder zu τ_1 noch zu τ_2 parallelen Geradenrichtung $\mathfrak{w}$. *Man zeichnet zu jeder einzelnen zur Richtung $\mathfrak{w}$ parallelen Geraden die beiden sie berührenden Kreise durch τ_1 und τ_2. Diese Kreise haben eine zweite gemeinsame Tangente t. Die zu allen zu $\mathfrak{w}$ parallelen Geraden gehörigen zweiten Tangenten t umhüllen dann einen Laguerre-Zykel.*

Diese Konstruktion folgt aus dem vorhergehenden Satze unmittelbar, wenn man weiß, daß zwei beliebige Linienelemente τ_1 und τ_2 und eine beliebige Geradenrichtung $\mathfrak{w}$ immer aus zwei Linienelementen eines Laguerre-Zykels, die etwa den Parameterwerten σ_1, σ_2 entsprechen mögen, und aus der zugehörigen Richtung $\mathfrak{v} = \mathfrak{x}'\left(\frac{\sigma_1 + \sigma_2}{2}\right)$ bestehen können. Das sieht man aber so ein: Man kann leicht zeigen, daß zwei beliebige zu zwei Stellen σ_1, σ_2 gehörige Linienelemente τ_1, τ_2 eines Laguerre-Zykels niemals parallel sind und niemals auf einem Kreise liegen, und daß ferner die zugehörige Richtung $\mathfrak{w} = \mathfrak{x}'\left(\frac{\sigma_1 + \sigma_2}{2}\right)$ niemals zu einem der Linienelemente τ_1, τ_2 parallel sein kann.

Man kann dann durch τ_1 einen Kreis $\mathfrak{Y}^{\mathrm{I}}$ legen, der die durch τ_2 gehende Tangente berührt, und durch τ_2 einen Kreis $\mathfrak{Y}^{\mathrm{II}}$, der die Tangente durch τ_1 berührt

(Fig. 52). Zieht man die zu $\mathfrak{w}$ parallele Tangente p an $\mathfrak{Y}^{\mathrm{I}}$, so hat man in $\{\mathfrak{Y}^{\mathrm{I}}, \mathfrak{Y}^{\mathrm{II}}, p\}$ gerade die Figur $\mathfrak{F}$ des § 37, die man durch $\mathfrak{L}_7$ in jede gleichartige überführen kann. Die Figur $\{\mathfrak{Y}^{\mathrm{I}}, \mathfrak{Y}^{\mathrm{II}}, p\}$ ist mit der anfänglichen $\{\tau_1, \tau_2, \mathfrak{w}\}$ ganz äquivalent, da die eine aus der andern festgelegt ist. Daher kann man auch die Figur $\{\tau_1, \tau_2, \mathfrak{w}\}$ durch $\mathfrak{L}_7$ in jede gleichartige überführen. Da nun durch $\mathfrak{L}_7$ aus einem Laguerre-Zykel wieder ein Laguerre-Zykel entsteht, kann man $\{\tau_1, \tau_2, \mathfrak{w}\}$ einmal als zu einem bestimmten Laguerre-Zykel gehörig wählen, und auf diesen dann alle Abbildungen von $\mathfrak{L}_7$ ausüben. Es sind dann auch nach der Abbildung τ_1 und τ_2 wieder zwei Linienelemente eines Laguerre-Zykels und $\mathfrak{w}$ die ihnen zugeordnete Richtung. Da man durch $\mathfrak{L}_7$ aber dann alle möglichen für die Konstruktion zulässigen Figuren erhält $\{\tau_1, \tau_2, \mathfrak{w}\}$, sieht man, daß man diese τ_1, τ_2 und $\mathfrak{w}$, von den angegebenen Einschränkungen abgesehen, ganz willkürlich wählen kann.

Die mit einem Laguerre-Zykel verbundene feste Richtung $\mathfrak{x}''' = \mathfrak{a}$ ergibt sich einfach als vierte harmonische der zu zwei beliebigen Linienelementen τ_1, τ_2 gefundenen zugehörigen Richtung $\mathfrak{x}'\left(\frac{\sigma_1+\sigma_2}{2}\right)$ bezüglich des Paares der durch τ_1 und τ_2 bestimmten Richtungen $\mathfrak{x}'(\sigma_1)$ und $\mathfrak{x}'(\sigma_2)$ oder anders ausgedrückt: Auf dem Kreis (45) des Richtungsbildes sind die beiden Punktepaare $\{\mathfrak{x}'(\sigma_1), \mathfrak{x}'(\sigma_2)\}$ und $\left\{\mathfrak{x}'\left(\frac{\sigma_1+\sigma_2}{2}\right); \mathfrak{a}\right\}$ zueinander im Sinne des § 4 harmonisch. Das folgt einfach, wenn man $\mathfrak{x}'(\sigma_1)$, $\mathfrak{x}'(\sigma_2)$, $\mathfrak{x}'\left(\frac{\sigma_1+\sigma_2}{2}\right)$ nach (79) ausdrückt und unter Rücksicht auf (81) die Formel (18) des § 5 anwendet, die auf $D = -1$ führt. Auch den Vektor $\mathfrak{x}''$, der zu einer bestimmten Stelle σ der Kurve gehört, findet dann weiter seine geometrische Deutung. Da $\mathfrak{x}'$ die Richtung der Kurventangente liefert, und da

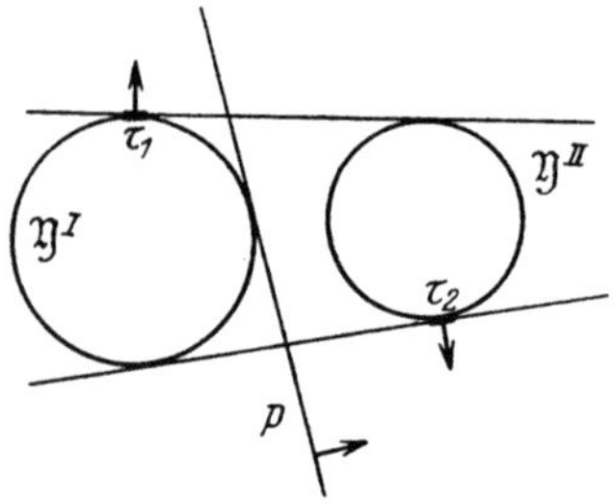

Fig. 52.

$$\mathfrak{x}'\mathfrak{x}'' = \mathfrak{x}'''\mathfrak{x}'' = 0; \quad \mathfrak{x}''^2 = 1$$

gilt, erhält man den Kreisvektor $\mathfrak{x}''$ einfach, indem man an $\mathfrak{X}$ die Kurventangente und außerdem die Tangente parallel zur festen Richtung $\mathfrak{x}''' = \mathfrak{a}$ zieht und in der durch die beiden Geraden gebildeten Kreisreihe von $\mathfrak{X}$ aus den Kreis im Tangentenabstand 1 zeichnet. Diese Kreisreihe wollen wir die „*normale Kreisreihe*" der Kurve an der Stelle σ nennen.

Ein Laguerre-Zykel ist durch vier konsekutive Krümmungskreise bestimmt. Sind beispielsweise an der Stelle $\sigma = 0$ vier konsekutive Krümmungskreise des Laguerre-Zykels (80) gegeben, so sind der Kreis $\mathfrak{X}(0) = \mathfrak{D}$ und die Vektoren $\mathfrak{x}'(0) = \mathfrak{c}$, $\mathfrak{x}''(0) = \mathfrak{b}$ bekannt. Denn diese Vektoren hängen, wie man durch Transformation auf einen beliebigen Parameter t erkennt, nur von Ableitungen dritter Ordnung nach t ab. $\mathfrak{a}$ läßt sich dann aber aus $\mathfrak{a}^2 = \mathfrak{a}\mathfrak{b} = 0$ und $\mathfrak{a}\mathfrak{c} = -1$ bestimmen, es sind somit die Vektoren $\mathfrak{a}$, $\mathfrak{b}$, $\mathfrak{c}$ und daher auch die ganze Kurve (80) bekannt. Was für die Stelle $\sigma = 0$ gilt, muß aber natürlich wegen der

Gleichberechtigung aller Stellen der Kurve für irgend vier konsekutive Krümmungskreise gelten.

Da durch zwei konsekutive Krümmungskreise drei konsekutive Tangenten der Kurve bestimmt sind, durch drei solche Kreise aber vier konsekutive Tangenten, und so fort, ist ein Laguerre-Zykel auch durch fünf konsekutive Tangenten bestimmt, oder, was auf dasselbe hinauskommt, durch vier konsekutive Linienelemente oder durch ein Kurvenelement vierter Ordnung. Da die Differentialgleichung der Laguerre-Zykel $\Phi = 0$ von vierten Ableitungen des Krümmungskreises $\mathfrak{X}$ nach dem allgemeinen Parameter t abhängt, gibt es durch irgend ein vorgegebenes (gerichtetes) Kurvenelement vierter Ordnung genau einen (gerichteten) Laguerre-Zykel.

Zu einer beliebig gerichteten Kurve der Ebene gibt es dann für jede Stelle einen *oskulierenden Laguerre-Zykel*, der mit der Kurve vier konsekutive Linienelemente gemeinsam hat. Die geometrische Deutung des Vektors $\mathfrak{x}''$ überträgt sich mittels des oskulierenden Laguerre-Zykels auf beliebige Kurven. Für die Reihe $\mathfrak{X} + \lambda \mathfrak{x}''$ behalten wir den Namen *normale Kreisreihe* bei.

§ 40. Vermischte kleinere Aufgaben.

1. Man zeige, daß sich die Gruppe $\mathfrak{L}_6$ allein durch die geometrisch anschaulicheren zeitartigen Laguerre-Inversionen und eine einzige raumartige, nämlich den Richtungswechsel erzeugen läßt.

2. Die Abbildungen aus $\mathfrak{L}_6$, die die dreireihigen Determinanten $|\mathfrak{x}^{\mathrm{I}}, \mathfrak{x}^{\mathrm{II}}, \mathfrak{x}^{\mathrm{III}}|$ für beliebige Vektoren $\mathfrak{x}^{\alpha}$ auch dem Vorzeichen nach invariant lassen, bilden nach § 10 eine Untergruppe $\mathfrak{L}_6^+$ von $\mathfrak{L}_6$. Sind $\mathfrak{X}$ und $\mathfrak{Y}$ zwei L-Kreise mit zwei reellen gemeinsamen Tangenten, und ist $\mathfrak{v}$ der zu einer v der beiden Tangenten und $\mathfrak{w}$ der zu der andern w gehörige isotrope Vektor, so ist der Ausdruck

$$s = \frac{|\mathfrak{v}, \mathfrak{X} - \mathfrak{Y}, \mathfrak{w}|}{(\mathfrak{v}\,\mathfrak{w})} \tag{92}$$

eine Invariante gegenüber $\mathfrak{L}_6^+$. Man zeige, daß s^2 gleich dem Quadrat der Tangentenentfernung der beiden Kreise $\mathfrak{X}$ und $\mathfrak{Y}$ ist und daß s positiv oder negativ ist, je nachdem der auf v von dem Berührungspunkt mit $\mathfrak{X}$ nach dem Berührungspunkt von $\mathfrak{Y}$ führende Richtungspfeil aus dem Richtungspfeil der gerichteten Tangente v durch eine Drehung um $\pi : 2$ entgegen oder mit dem Uhrzeigersinn entsteht. Das Vorzeichen von s hängt von der Wahl der Tangente v unter den beiden in Frage kommenden ab und von der Reihenfolge, in der die Kreise $\mathfrak{X}$ und $\mathfrak{Y}$ genommen werden. $\mathfrak{L}_6^+$ kann einfach definiert werden als die Untergruppe von $\mathfrak{L}_6$, die den Ausdruck (92) invariant läßt.

3. Man zeige, daß $\mathfrak{L}_6$ in vier getrennte stetige Scharen von Transformationen zerfällt, und zwar daß $\mathfrak{L}_6$ zunächst in zwei Scharen $\mathfrak{L}_6^+$ und $\mathfrak{L}_6^-$ zerfällt, je nachdem das Vorzeichen der Größe (92) erhalten bleibt, oder sich ändert und daß dann jede dieser Scharen in zwei weitere zerfällt, [$\mathfrak{L}_6^{++}$, $\mathfrak{L}_6^{+-}$, resp. $\mathfrak{L}_6^{-+}$, $\mathfrak{L}_6^{--}$] je nachdem die zugehörige Abbildung auf dem Kreise des Richtungsbildes den Umlaufssinn erhält oder umgekehrt. Man gebe für jede der vier Scharen ein Beispiel einer Abbildung an.

4. Jedes nichtisotrope ebene Kreissystem läßt sich aus zwei Paaren $\{g, h\}$ und $\{\bar{g}, \bar{h}\}$ von gleichsinnig parallelen Geraden konstruieren:

Man nimmt zu jeder Parallelen k von g und h die entsprechende Parallele $\bar{k}$ von $\bar{g}$ und $\bar{h}$, die von $\{\bar{g}, \bar{h}\}$ dasselbe Abstandsverhältnis hat, wie k von $\{g, h\}$. Zu jedem Paar solcher gerichteter Geraden $\{k, \bar{k}\}$ zeichnet man die raumartige Kreisreihe. Alle diese Kreisreihen erfüllen dann das ebene Kreissystem.

5. Es gibt eine eingliedrige Untergruppe von Abbildungen aus $\mathfrak{L}_6$, die alle Kreise eines ausgearteten Büschels $\mathfrak{P}$ einzeln fest lassen. Eine einzelne Abbildung dieser Gruppe ist bestimmt, wenn für eine Geradenrichtung $\mathfrak{a}$ die entsprechende Geradenrichtung $\mathfrak{a}^*$ des Bildes gegeben ist. (Dabei müssen $\mathfrak{a}$ und $\mathfrak{a}^*$ von der Richtung des gerichteten Linienelementes τ des Büschels verschieden sein.) Man konstruiert dann zu einer Geraden s das Bild s^* auf folgende Weise: Man zieht durch τ den s berührenden Kreis $\mathfrak{X}$ (Fig. 53) und legt die zu $\mathfrak{a}$ und $\mathfrak{a}^*$ parallelen Tangenten a und a^*, sowie die durch τ hindurchgehende Tangente t an $\mathfrak{X}$. Dann konstruiert man die vierte harmonische Tangente p von t bezüglich $\{a^*, s\}$ (§ 35), s^* findet man dann als vierte harmonische Tangente von a bezüglich $\{t, p\}$.

6. Der Laguerre-invariante Parameter (65) einer ebenen Kurve läßt sich in Bewegungsinvarianten in der Form

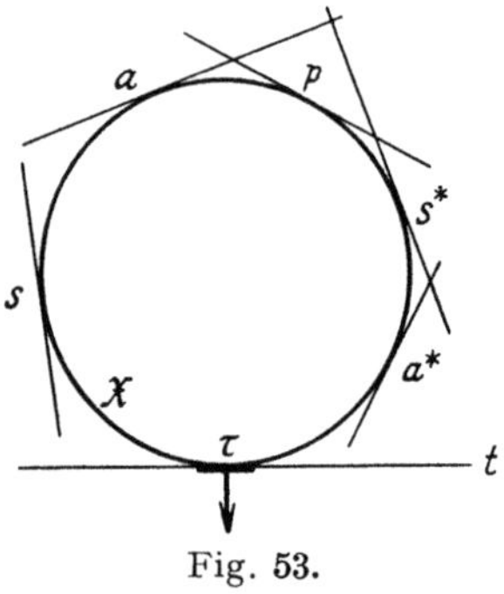

Fig. 53.

$$\sigma = \int \left| \sqrt{\varrho_1} \right| d\alpha$$

schreiben, wo ϱ_1 der Krümmungsradius der Evolute der Kurve ist, und $d\alpha$ der Kontingenzwinkel. Ist ϱ_2 der Krümmungsradius der Evolute der Evolute und ϱ_3 wieder der Krümmungsradius der Evolute dieser letzten Kurve, so gilt für die Invariante Φ:

$$\Phi = \frac{4\varrho_1^2 - 4\varrho_1\varrho_3 + 5\varrho_2^2}{4\varrho_1^3}$$

7. Hat man drei L-Kreise $\mathfrak{X}$, $\mathfrak{Y}$, $\mathfrak{Z}$, die eine gemeinsame gerichtete Tangente besitzen, aber keinem Büschel angehören, so kann man zu je drei parallelen Tangenten die vierte Parallele d ziehen, die mit ihnen ein festes Doppelverhältnis D besitzt. Die Geraden d umhüllen dann einen Laguerre-Zykel. [*Laguerre*, Werke, Bd. II, S. 667.]

8. Bewegungsgeometrisch kann man einen Laguerre-Zykel folgendermaßen konstruieren: Man nimmt eine Parabel und eine feste gerichtete nicht zur Scheiteltangente parallele Gerade g. Spiegelt man g an allen Tangenten der Parabel, so umhüllen die Bildgeraden g^* einen Laguerre-Zykel.

9. Als Spiegelung an einer raumartigen geraden Kreisreihe $\mathfrak{P}$ bezeichnen wir die Abbildung aus $\mathfrak{L}_6$, die einer beliebigen gerichteten Geraden s die folgende Bildgerade s^* zuordnet: Sind p und q die Tangenten der Reihe $\mathfrak{P}$, und ist $\mathfrak{X}$ der Kreis der Reihe $\mathfrak{P}$, der s berührt, so finden wir s^* als diejenige Tangente von $\mathfrak{X}$, die mit s zusammen das Paar der Tangenten $\{p, q\}$ von $\mathfrak{X}$ harmonisch trennt (vgl. § 35). Man zeige, daß sich die eingliedrige Gruppe aus $\mathfrak{L}_6$, die einen Laguerre-Zykel in sich überführt, aus den Spiegelungen an den normalen Kreisreihen (vgl. § 39 Schluß) des Laguerre-Zykels erzeugen läßt.

10. Für die Invariante $t = (\mathfrak{X}^{\mathrm{I}} - \mathfrak{X}^{\mathrm{II}})^2$ zweier zu den Parameterwerten σ_1 und σ_2 gehöriger Krümmungskreise eines Laguerre-Zykels gilt:

$$t = -\frac{1}{12}(\sigma_1 - \sigma_2)^4 .$$

Zwei Krümmungskreise haben also niemals gemeinsame Tangenten.

11. Wir nennen *Isotangentialkurve einer gegebenen geraden Kreisreihe* eine solche Kurve, deren Linienelemente alle den gleichen Tangentenabstand a von der Kreisreihe besitzen [gemessen auf der Tangente vom Kurvenpunkt bis zum Berührungspunkt mit dem Kreis der Reihe, der die Tangente berührt]. Durch

$\mathfrak{X} \pm \mathfrak{x}'$ sind dann zwei mit einem beliebigen Kurvenelement dritter Ordnung Laguerre-invariant verbundene, die Kurve berührende Kreise gegeben, die ein Gegenstück zu den Hauptkreisen der Inversionsgeometrie [§ 24] darstellen. Man zeige: Die gemeinsamen Tangenten aller raumartigen geraden Kreisreihen, für die das Kurvenelement dritter Ordnung ein Stück einer Isotangentialkurve mit der Tangentenentfernung 1 ist, umhüllen die beiden Kreise $\mathfrak{X} \pm \mathfrak{x}'$. Man zeige ferner, daß das in (65) angegebene Laguerre-invariante Differential $d\sigma$ einer Kurve sich in einfacher Weise durch die Tangentenentfernung konsekutiver „L-Hauptkreise" $\mathfrak{X} + \mathfrak{x}'$ (oder $\mathfrak{X} - \mathfrak{x}'$) ausdrücken läßt. Konstruiert man für die zweite Hüllkurve einer der beiden Scharen von L-Hauptkreisen einer Kurve den Krümmungskreis, so hängt seine Tangentenentfernung von dem Krümmungskreis der ursprünglichen Kurve in einfacher Weise mit der Invariante Φ zusammen. [*H. Schatz*, Monatshefte f. Math. und Phys. XXXV. 1928.]

12. Man entwickle die *Laguerre*sche Geometrie allgemeiner Kreisscharen in der Ebene. [*H. Schatz*, l. c.]

13. Die Größe $(\Phi')^2 : \Phi^3$ ist die niedrigste Differentialinvariante einer Kurve gegenüber der Gruppe $\mathfrak{L}_7$. Man untersuche die Kurven $(\Phi')^2 : \Phi^3 = c = \text{const}$ oder integriert

$$\Phi = \frac{4}{c(\sigma + c_1)^2},$$

die eine eingliedrige Gruppe aus L_7 in sich gestatten. Besonders gebe man geometrische Eigenschaften der algebraischen Kurven an, die man für $c = -\frac{4}{15}$ und $c = \frac{36}{5}$ erhält (sogenannte Hyperzykel). [*W. Blaschke.*]

§ 41. Zusammenhängende größere Aufgaben.

A. Verwendung dualer Zahlen zur analytischen Behandlung der ebenen Geometrie von *Laguerre.*

a) Setzt man in der Darstellung (24) $\mathfrak{X}\mathfrak{v} = w$ $[\mathfrak{v}\mathfrak{v} = 0]$ der gerichteten Geraden

$$v_0 = r_1^2 + r_2^2; \quad v_1 = 2\, r_1 r_2; \quad v_2 = r_1^2 - r_2^2$$

$$w = \bar{r}_1 r_2 - \bar{r}_2 r_1,$$

so erhält man

$$-(r_1^2 + r_2^2) X_0 + 2\, r_1 r_2 X_1 + (r_1^2 - r_2^2) X_2 = \bar{r}_1 r_2 - \bar{r}_2 r_1. \tag{93}$$

Betrachtet man $r_1, r_2, \bar{r}_1, \bar{r}_2$ als überzählige Koordinaten der Geraden, so sind zu gegebenen $\mathfrak{v}$ und w die $r_i, \bar{r}_i$ $(i = 1, 2)$ bestimmt bis auf eine Substitution

$$r_i = \lambda r_i^*; \quad \bar{r}_i = \lambda \bar{r}^* + \bar{\lambda} r_i^* \tag{94}$$

mit beliebigen Faktoren $\lambda, \bar{\lambda}$.

b) Wie eine gewöhnliche komplexe Zahl durch $a + ia'$ mit $i^2 = -1$ dargestellt ist, so eine duale Zahl durch $a + \varepsilon\bar{a}$ mit $\varepsilon^2 = 0$. a heißt der Real- und $\bar{a}$ der Dualteil. Man rechnet mit dualen Zahlen wie mit Potenzreihen in einer Variablen ε, die man immer nach dem ersten Gliede abbrechen will. Während Addition, Subtraktion und Multiplikation von dualen Zahlen unbeschränkt durchführbar sind, kann man durch eine duale Zahl nur dividieren, wenn ihr Realteil von 0 verschieden ist.

c) Sind $\mathfrak{R}_1^* = r_1^* + \varepsilon\bar{r}_1^*$ und $\mathfrak{R}_2^* = r_2^* + \varepsilon\bar{r}_2^*$ zwei duale Zahlen und multiplizieren wir beide mit demselben dualen Faktor $\Lambda = \lambda + \varepsilon\bar{\lambda}$, so erhält man für

$$\mathfrak{R}_1 = \Lambda\,\mathfrak{R}_1^*, \quad \mathfrak{R}_2 = \Lambda\,\mathfrak{R}_2^*,$$

wenn man $\mathfrak{R}_1$ und $\mathfrak{R}_2$ nach Real- und Dualteil spaltet:

$$\mathfrak{R}_1 = r_1 + \varepsilon \bar{r}_1, \qquad \mathfrak{R}_2 = r_2 + \varepsilon \bar{r}_2.$$

Für den Zusammenhang der $r_i, \bar{r}_i$ mit den $r_i^*, \bar{r}_i^*$ ergeben sich also gerade die Gleichungen (94). *Man kann daher den gerichteten Geraden der Ebene nach* (93) *eineindeutig die Systeme von zwei dualen Verhältnisgrößen* $\mathfrak{R}_1 : \mathfrak{R}_2$ *zuordnen.*

d) Man zeige, daß *durch die Substitutionen der homogenen dualen Geraden-Koordinaten*:

$$\left\{\begin{aligned} \mathfrak{R}_1 &= A\,\mathfrak{R}_1^* + B\,\mathfrak{R}_2^* \\ \mathfrak{R}_2 &= C\,\mathfrak{R}_1^* + D\,\mathfrak{R}_2^* \end{aligned}\right. \tag{95}$$

wo A, B, C, D duale Zahlen sind, für deren Realteile $\Delta = ad - bc \neq 0$ gilt, *die Gruppe* $\mathfrak{L}_6^+$ *dargestellt ist,* und daß ferner durch

$$\left\{\begin{aligned} \mathfrak{R}_1 &= A\,\tilde{\mathfrak{R}}_1^* + B\,\tilde{\mathfrak{R}}_2^* \\ \mathfrak{R}_2 &= C\,\tilde{\mathfrak{R}}_1^* + D\,\tilde{\mathfrak{R}}_2^* \end{aligned}\right. \tag{96}$$

die noch fehlende Schar $\mathfrak{L}_6^-$ der Abbildungen der Gruppe $\mathfrak{L}_6$ dargestellt ist, wobei

$$\tilde{\mathfrak{R}}_1^* = r_1^* - \varepsilon\,\bar{r}_1^*; \quad \tilde{\mathfrak{R}}_2^* = r_2^* - \varepsilon\,\bar{r}_2^*$$

die zu $\mathfrak{R}_1^*$ und $\mathfrak{R}_2^*$ „konjugiert dualen" Zahlen darstellen.

e) Man stelle die Gleichung eines L-Kreises und eines Laguerre-Zykels in den laufenden dualen Geradenkoordinaten seiner Tangenten auf.

f) Für vier Geraden mit den dualen Koordinaten $\mathfrak{R}_i^{\mathrm{I}}, \mathfrak{R}_i^{\mathrm{II}}, \mathfrak{R}_i^{\mathrm{III}}, \mathfrak{R}_i^{\mathrm{IV}}$ $[i = 1, 2]$, von denen keine zwei gleichsinnig parallel sind, ist das „duale Doppelverhältnis"

$$\mathfrak{D} = \frac{(\mathfrak{R}_1^{\mathrm{I}}\mathfrak{R}_2^{\mathrm{II}} - \mathfrak{R}_2^{\mathrm{I}}\mathfrak{R}_1^{\mathrm{II}})(\mathfrak{R}_1^{\mathrm{III}}\mathfrak{R}_2^{\mathrm{IV}} - \mathfrak{R}_2^{\mathrm{III}}\mathfrak{R}_1^{\mathrm{IV}})}{(\mathfrak{R}_1^{\mathrm{I}}\mathfrak{R}_2^{\mathrm{IV}} - \mathfrak{R}_2^{\mathrm{I}}\mathfrak{R}_1^{\mathrm{IV}})(\mathfrak{R}_1^{\mathrm{III}}\mathfrak{R}_2^{\mathrm{II}} - \mathfrak{R}_2^{\mathrm{III}}\mathfrak{R}_1^{\mathrm{II}})}$$

eine Invariante gegenüber $\mathfrak{L}_6^+$. Man zeige: Der Realteil von $\mathfrak{D}$ ist einfach das Doppelverhältnis der vier Punkte auf dem Kreise des Richtungsbildes, die den vier Geradenrichtungen entsprechen, der Quotient des Dualteils durch den Realteil aber einfach die im geeigneten Sinn gemessene Tangentenentfernung des gemeinsamen Berührungskreises von $\mathfrak{R}^{\mathrm{I}}$, $\mathfrak{R}^{\mathrm{II}}$ und $\mathfrak{R}^{\mathrm{III}}$ von dem gemeinsamen Berührungskreise von $\mathfrak{R}^{\mathrm{I}}$, $\mathfrak{R}^{\mathrm{III}}$ und $\mathfrak{R}^{\mathrm{IV}}$.

g) Man stelle spezielle Abbildungen aus $\mathfrak{L}_6$, z. B. die Laguerre-Inversionen, die in Aufgabe 5 des § 40 dargestellten Abbildungen und die Dilatation als Transformationen der dualen Koordinaten dar. Setzen wir unter der Annahme $r_2 \neq 0$:

$$\mathfrak{R}_1 : \mathfrak{R}_2 = S = s + \varepsilon\,\bar{s},$$

so können wir die Transformationen (95), (96) von L_6 in der Form schreiben

$$S = \frac{A\,S^* + B}{C\,S^* + D}; \quad S = \frac{A\,\tilde{S}^* + B}{C\,\tilde{S}^* + D}, \tag{97}$$

wobei wir dann noch gewisse Zusätze über die Zuordnung in den ausgeschlossenen Fällen $r_2 = 0$, $r_2^* = 0$ zu machen haben. Die Darstellung der Gruppe $\mathfrak{L}_6$ durch (97) in dualen Zahlen entspricht ganz der in § 20 gegebenen Darstellung (112) von $\mathfrak{M}_6$ durch komplexe Zahlen.

h) Fassen wir eine gerichtete Kurve als Hüllgebilde einer Schar gerichteter Geraden auf, so können wir zwei Kurven mit einer gemeinsamen Tangente die

Entfernung der Berührungspunkte als die zu dieser Tangente gehörige Tangentenentfernung zuordnen. Die Tangentenentfernung zweier Kurven auf einer gemeinsamen Tangente in der Geometrie von *Laguerre* entspricht ganz dem Winkel zweier sich schneidender Kurven in dem gemeinsamen Punkt. Wie die Punkttransformationen, die die Winkel invariant lassen, nach § 20 eine sehr viel umfassendere Gruppe bilden als $\mathfrak{M}_6$, so stellen auch die Transformationen der gerichteten Geraden der Ebene, die die Tangentenentfernung von Kurvenpaaren invariant lassen, die sog. *äquilongen Abbildungen*, eine sehr viel weitere Gruppe dar als $\mathfrak{L}_6$. Man zeige: Durch

(98) $$S = \Phi(S^*)$$

oder nach Spaltung in Real- und Dualteil durch

$$s + \varepsilon\bar{s} = \varphi(s^*, \bar{s}^*) + \varepsilon\bar{\varphi}(s^*, \bar{s}^*)$$

ist immer dann eine äquilonge Abbildung dargestellt, wenn

(99) $$d\Phi = \Lambda \cdot dS^*$$

mit einem dualen Faktor Λ gilt, also wenn

(100) $$d\varphi(s^*, \bar{s}^*) + \varepsilon\, d\bar{\varphi}(s^*, \bar{s}^*) = (\lambda + \varepsilon\bar{\lambda})(ds^* + \varepsilon\, d\bar{s}^*)$$

identisch in ds^*, $d\bar{s}^*$ gilt. Für die Koeffizienten von ds^* und $d\bar{s}^*$ erhält man je zwei Gleichungen, die nach Elimination von λ, $\bar{\lambda}$

(101) $$\frac{\partial\varphi}{\partial s^*} = \frac{\partial\bar{\varphi}}{\partial\bar{s}^*} \quad \text{und} \quad \frac{\partial\varphi}{\partial\bar{s}^*} = 0$$

ergeben. (99) besagt, daß der Differentialquotient $\frac{d\Phi}{dS^*}$ von der Fortschreitungsrichtung $ds^* : d\bar{s}^*$ unabhängig ist. Man kann also eine Funktion Φ, für die (99) gilt, in Analogie zu den gewöhnlichen analytischen Funktionen als *analytische Funktion* der dualen Variablen S^* bezeichnen, und die äquilongen Abbildungen (wenigstens die sogenannten gleichsinnigen) sind dann durch analytische Funktionen dargestellt analog den konformen.

B. *E. Müllers* zyklographische Abbildung von Flächen auf Kurvenscharen der Ebene[1]).

a) Den Punkten einer Fläche des Raumes entspricht in der isotropen Projektion ein Kreissystem. Beschränken wir uns im Raume auf Flächen mit zeitartigen Tangentenebenen, auf „zeitartige" Flächen, so werden diese Flächen von zwei Scharen von isotropen Kurven überdeckt. Dementsprechend läßt sich das Kreissystem in der Ebene auf zwei verschiedene Arten als das System der ∞^2 Krümmungskreise einer Kurvenschar auffassen, oder mit anderen Worten: In dem Kreissystem gibt es zwei Familien von Kreisscharen, längs derer sich konsekutive Kreise berühren. Da durch die eine der erwähnten Kurvenscharen der Ebene das Kreissystem sowohl wie die andere Kurvenschar mitbestimmt ist, können wir jede zeitartige Fläche des Raumes auf eine Kurvenschar der Ebene abbilden.

---

[1]) *E. Müller* ist 1861 in Landskron in Böhmen geboren, hat 1898 in Königsberg (Preußen) promoviert und ist seit 1902 bis zu seinem Tode 1927 Professor für darstellende Geometrie an der technischen Hochschule in Wien gewesen. Von seinem erfolgreichen Streben, diesem Gegenstand neues Leben zu verleihen, zeugen seine Lehrbücher, von denen für die erörterten Fragen seine „Zyklographie" zu beachten ist, die gegenwärtig von *J. Krames* herausgegeben wird.

b) Da die isotropen Kurven unserer indefiniten Bewegungsgeometrie auf Grund ihrer formalen Definition (60) das Analogon zu den (nur im Komplexen existierenden) Minimalkurven (oder auch isotropen Kurven) der gewöhnlichen Bewegungsgeometrie darstellen (vgl. Bd. I § 20) und da sich jede Minimalfläche der Bewegungsgeometrie als Sehnenmittelfläche zweier (konjugiert komplexer) isotroper Kurven auffassen läßt, werden wir in unserer indefiniten Geometrie eine Sehnenmittelfläche zweier (reeller) isotroper Kurven als eine *J*-Minimalfläche bezeichnen. In der Ebene lassen sich dann die diesen Flächen entsprechenden Kreissysteme aus zwei gegebenen gerichteten Kurven dadurch erzeugen, daß man zu jedem Paar von Krümmungskreisen der beiden Kurven nach § **34** den Mittelkreis konstruiert.

c) Man beweise den Satz: Hat man in der Ebene zwei Kurven $\mathfrak{C}_1$ und $\mathfrak{C}_2$, die einen Schmiegkreis $\mathfrak{Y}$ gemeinsam haben, so kann man aus $\mathfrak{C}_1$ eine einparametrige Kurvenschar konstruieren, indem man auf diese Kurve die einparametrige Schar von Paralleltransformationen ausübt, die $\mathfrak{Y}$ in die Krümmungskreise von $\mathfrak{C}_2$ überführen. Diese Kurvenschar, resp. das System ihrer Krümmungskreise ist das Bild einer *J*-Minimalfläche. Die zugehörige zweite Kurvenschar erhält man aus $\mathfrak{C}_2$ durch die Paralleltransformationen, die $\mathfrak{Y}$ in die Krümmungskreise von $\mathfrak{C}_1$ überführen.

d) Man bestimme die beiden Kurvenscharen, die zu den folgenden Kreissystemen gehören:

1. Man nehme das System aller Mittelkreise, die zu den Paaren der Krümmungskreise zweier gegensinnig zusammenfallender Laguerre-Zykel gehören.

2. Man nehme das Kreissystem, das in gleicher Weise zu zwei Laguerre-Zykeln gehört, die durch die im § 37 erwähnte und durch die Formel (55) dargestellte Spiegelung an einem *L*-Kreise $\mathfrak{Y}^*$ auseinander hervorgehen.

3. Man nehme das System aller Mittelkreise, die zu den Paaren je zweier Krümmungskreise ein und desselben Laguerre-Zykels gehören.

Die Kreissysteme 1, 2, 3 entsprechen drei *J*-Minimalflächen, die in unserer indefiniten Geometrie das reelle Analogon dreier wichtiger (teils imaginärer) Minimalflächen der Bewegungsgeometrie darstellen, nämlich 1. der Minimalfläche von *Enneper*, 2. der Fläche von *Geiser* und 3. der Fläche von *Lie*.

e) Man zeige, daß sich das Kreissystem **d 3** auch auffassen läßt als das Kreissystem, das aus den normalen Kreisreihen eines Laguerre-Zykels besteht.

Während der Drucklegung dieses Bandes ist ein Buch von *G. Bol* über ebene Laguerresche Geometrie erschienen: „Vlakke Laguerre-Meetkunde" (Amsterdam: Verlag H. J. Paris, 1926).

5. Kapitel.

Die Geometrie von *Lie* in der Ebene.

§ 42. Pentazyklische Koordinaten. Abbildungen von *Lie* in der Ebene.

Bisher haben wir die Möbius-Geometrie und die Laguerre-Geometrie ganz voneinander getrennt behandelt. In diesem Kapitel wollen wir nun beide Geometrien von einem gemeinsamen Gesichtspunkt aus zusammenfassen. Sowohl die Gruppe von *Möbius* wie die von *Laguerre* ist nämlich eine Untergruppe der umfassenderen *Gruppe der Transformationen von Lie*, mit der wir uns jetzt beschäftigen wollen. Im Zusammenhang mit dieser Tatsache werden wir in diesem Kapitel die Geometrien von *Möbius* und *Laguerre* beide einordnen in die Geometrie von *Lie* und dabei werden wir sehen, daß sich die Laguerre-Geometrie in einem gewissen Sinne auffassen läßt als ein Grenzfall der Möbius-Geometrie.

Wir wenden uns in diesem Abschnitt zunächst zur Definition der Transformationen von *Lie* in der Ebene und werden in den folgenden Paragraphen dann einige Grundtatsachen der ebenen Geometrie von *Lie* zusammenstellen. Wir werden unserer Geometrie von *Lie* wieder einen neuen Kreisbegriff zugrunde legen, der sowohl von dem in der Möbius-Geometrie zugrunde gelegten wie auch von dem der Laguerre-Geometrie verschieden ist. Wir legen nämlich jetzt den schon im § 3 erwähnten Begriff des *K-Kreises* zugrunde und bezeichnen unsere Gruppe von Lie-Transformationen der Ebene auch als Gruppe $\mathfrak{K}$. Der Begriff des K-Kreises umfaßt nach § 3 dann die gerichteten M-Kreise der Möbius-Geometrie (§ 12) und die L-Kreise der Laguerre-Geometrie (§ 33), also sowohl die gerichteten Kreise und Geraden der euklidischen Ebene wie auch die Punkte. Letztere werden aber nicht im Sinne der Laguerre-Geometrie als ein euklidisches Kontinuum angenommen, sondern als ein Möbius-Kontinuum, wie wir es in der Geometrie von *Möbius* benutzt haben. Es gilt also auch der uneigentliche Punkt des Möbius-Kontinuums als ein K-Kreis.

Von einer *Berührung zweier K-Kreise* wollen wir dann weiter in den sechs im § 3 zusammengestellten Fällen sprechen.

Am Schluß dieses Abschnittes werden wir die Gruppe von *Lie* definieren als eine Gruppe eineindeutiger Transformationen von K-

Kreisen, die sich berührende K-Kreise immer wieder in ebensolche überführen. Von dieser Gruppe werden wir dann später zeigen, daß ihre Abbildungen überhaupt die einzigen möglichen eineindeutigen Abbildungen von K-Kreisen darstellen, die die Bedingung der Berührung invariant lassen.

Um unsere Gruppe analytisch in einfacher Form darstellen zu können, wollen wir nun zunächst geeignete Koordinaten einführen:

Im § 14 haben wir gezeigt, daß wir den gerichteten Kreisen und Geraden der Ebene eineindeutig die Systeme von 4 durch die Bedingung

$$(1) \qquad (\mathfrak{x}\,\mathfrak{x}) = -x_0^2 + x_1^2 + x_2^2 + x_3^2 = 1$$

normierten tetrazyklischen Koordinaten x_i zuordnen können.

Wir wollen jetzt von den vier normierten tetrazyklischen Koordinaten der gerichteten Kreise und Geraden zu fünf homogenen Koordinaten übergehen, bei denen es nur auf die Verhältnisse ankommt. Und zwar vollziehen wir diesen Übergang in ganz ähnlicher Weise wie den Übergang von den kartesischen zu den homogenen Koordinaten in der projektiven Geometrie. Wir setzen, wenn x_0, x_1, x_2, x_3 die normierten tetrazyklischen Kreiskoordinaten sind:

$$(3) \qquad x_i = \frac{y_i}{y_4} \qquad (\text{für } i = 0, 1, 2, 3)$$

und nennen y_0, y_1, y_2, y_3, y_4 die *fünf homogenen pentazyklischen* Kreiskoordinaten. Die Gleichung (1) nimmt in diesen neuen Koordinaten die Form an:

$$(4) \qquad \langle\mathfrak{y}\,\mathfrak{y}\rangle = -y_0^2 + y_1^2 + y_2^2 + y_3^2 - y_4^2 = 0\,,$$

wo wir jetzt mit $\langle\mathfrak{y}\,\mathfrak{y}\rangle$ symbolisch die neue quadratische Form in den 5 Variablen bezeichnen. Die pentazyklischen Koordinaten genügen also der Gleichung (4).

Jedem gerichteten Kreis resp. jeder gerichteten Geraden entspricht nach (3) eindeutig ein System von 5 der Bedingung (4) genügenden Verhältnisgrößen y, aber umgekehrt entspricht nur den Systemen mit $y_4 \neq 0$ nach (3) ein gerichteter Kreis oder eine gerichtete Gerade. Für die Systeme mit $y_4 = 0$ gilt nach (4) aber

$$-y_0^2 + y_1^2 + y_2^2 + y_3^2 = 0\,.$$

Wir können die vier ersten Koordinaten dann gerade als die tetrazyklischen Koordinaten eines Punktes ansehen. Den Systemen mit $y_4 = 0$ lassen sich also eineindeutig die uneigentlichen und eigentlichen Punkte des Möbius-Kontinuums zuordnen. Insgesamt entsprechen also gerade den Systemen von fünf Verhältnisgrößen mit der Nebenbedingung (4) eineindeutig die K-Kreise der Ebene.

Wie hängen nun die pentazyklischen Koordinaten eines K-Kreises mit den kartesischen desselben zusammen? Für die Aufstellung dieser Zusammenhangsformeln unterscheiden wir zwei Fälle:

1. Für die gerichteten Kreise und eigentlichen Punkte haben wir die kartesischen Koordinaten ξ_0, η_0, R, wo ξ_0 und η_0 die kartesischen Koordinaten des Mittelpunktes sind und R der Radius. Die Punkte werden dabei ganz dem § 38 entsprechend als Kreise mit dem Radius 0 betrachtet und bei den Kreisen im gewöhnlichen Sinne wird der Radius positiv oder negativ gerechnet, je nachdem der Kreis nach außen oder nach innen gerichtet ist.

Aus den Formeln (38) des § 13 und den Formeln (53) des § 7 ergibt sich nun für den Zusammenhang der pentazyklischen mit den kartesischen Koordinaten:

$$(5)\quad \begin{cases} y_0 = \varrho \cdot \dfrac{1 + (\xi_0^2 + \eta_0^2 - R^2)}{2}, \qquad y_1 = \varrho \cdot \dfrac{1 - (\xi_0^2 + \eta_0^2 - R^2)}{2}, \\ y_2 = \varrho \cdot \xi_0, \qquad y_3 = \varrho \cdot \eta_0, \qquad y_4 = \varrho \cdot R, \end{cases}$$

wobei ϱ ein willkürlicher, nur von 0 verschiedener Faktor ist, den man wegen der Homogenität der y_i hinzuschreiben muß. Aus (5) folgt $y_0 + y_1 = \varrho \neq 0$ und es ergeben sich dann weiter die Umkehrformeln:

$$(6)\quad \begin{cases} \xi_0 = \dfrac{y_2}{y_0 + y_1}; \qquad \eta_0 = \dfrac{y_3}{y_0 + y_1}; \\ R = \dfrac{y_4}{y_0 + y_1}, \end{cases}$$

nach (5) und (6) entsprechen die gerichteten Kreise und die eigentlichen Punkte also eineindeutig den Systemen mit $y_0 + y_1 \neq 0$.

2. Den noch fehlenden Systemen mit $y_0 + y_1 = 0$ entsprechen nun aber gerade die noch fehlenden Typen von K-Kreisen, nämlich die gerichteten Geraden und der uneigentliche Punkt. Aus (3) und § 14 (52) folgt, daß die kartesischen Koordinaten α_1, α_2, w der gerichteten Geraden (wo α_1, α_2 die Richtungskosinus sind und w der gerichtete Abstand der Geraden vom Ursprung) mit den pentazyklischen durch die Formeln zusammenhängen:

$$(7)\quad \begin{cases} y_0 = \varrho \cdot w, \qquad y_1 = \varrho \cdot (-w), \\ y_2 = \varrho \cdot \alpha_1, \qquad y_3 = \varrho \cdot \alpha_2, \qquad y_4 = \varrho \cdot 1, \end{cases}$$

wo ϱ wieder ein von 0 verschiedener Faktor ist.

Aus (7) ergibt sich umgekehrt:

$$(8)\quad \left\{ \frac{y_0}{y_4} = w; \qquad \frac{y_2}{y_4} = \alpha_1; \qquad \frac{y_3}{y_4} = \alpha_2. \right.$$

Es entsprechen also den Systemen mit $y_0 + y_1 = 0$ und $y_4 \neq 0$ eineindeutig die gerichteten Geraden der Ebene. Nun fehlt nur noch das

System, bei dem sowohl $y_0 + y_1 = 0$ wie $y_4 = 0$ ist. Aus (4) folgt in diesem Fall aber wegen der Realität der y:

$$y_2 = y_3 = 0.$$

Es bleibt also nur ein System von reellen Verhältnisgrößen übrig, nämlich:

$$\frac{y_0}{y_1} = -1, \quad y_2 = y_3 = y_4 = 0. \tag{9}$$

Dieses System haben wir aber nach § 7 (53) und (3) gerade dem uneigentlichen Punkt zuzuordnen.

Die Formeln (7) für die gerichteten Geraden ergeben sich als ein Grenzfall aus den Formeln (5) für die gerichteten Kreise und man überzeugt sich leicht, daß ein gerichteter Kreis und eine gerichtete Gerade, deren pentazyklische Koordinaten sich sehr wenig unterscheiden, auch geometrisch sehr wenig verschieden sind. Wir werden allgemein als eine *stetige Abänderung eines K-Kreises* eine solche bezeichnen, die einer stetigen Änderung der pentazyklischen Koordinaten entspricht, wobei es nur zu vermeiden ist, daß diese alle gleichzeitig verschwinden. Ein gerichteter Kreis kann also z. B. durch stetige Abänderung auf einen Punkt zusammengezogen werden und dann in einen Kreis mit entgegengesetzter Richtung übergehen. Weiter kann er dann, wenn man seinen Radius etwa unter Festhaltung eines seiner Linienelemente unbegrenzt wachsen läßt, in eine Gerade übergeführt werden und dann auf die andere Seite in einen Kreis mit entgegengesetzter Richtung „herübergeschlagen" werden.

Wir werden im folgenden für die pentazyklischen Koordinaten eine ähnliche abkürzende Symbolik einführen, wie wir dies für die tetrazyklischen Koordinaten getan haben. Wir bezeichnen die zu (4) gehörige aus den pentazyklischen Koordinaten zweier K-Kreise $\mathfrak{x}$ und $\mathfrak{y}$ gebildete Bilinearform mit

$$\langle \mathfrak{x}\,\mathfrak{y} \rangle = -x_0 y_0 + x_1 y_1 + x_2 y_2 + x_3 y_3 - x_4 y_4. \tag{10}$$

Ebenso schreiben wir wieder vektorielle Gleichungen, z. B.:

$$\mathfrak{z} = \alpha\,\mathfrak{x} + \beta\,\mathfrak{y},$$

indem wir die Indizes unterdrücken und statt der lateinischen deutsche Buchstaben einführen. Es gelten für die Produkte mit den eckigen Klammern ganz dieselben Rechengesetze wie für die Produkte mit den runden Klammern. Der Einfachheit halber wollen wir oft, wenn keine Mißverständnisse zu befürchten sind, bei den Skalarprodukten $\langle \mathfrak{x}\,\mathfrak{y} \rangle$ die eckigen Klammern wieder weglassen. Skalarprodukte ohne Klammern sollen im folgenden also immer die in fünf Variablen genommenen Produkte von der Form (10) bezeichnen.

Wir definieren jetzt die Transformationen von Lie in der Ebene durch die linearen Transformationen der pentazyklischen Koordinaten y_i, die die Gleichung

(11) $$\langle \mathfrak{y}\,\mathfrak{y}\rangle = 0$$

in sich überführen. Da mit der quadratischen Gleichung $\langle \mathfrak{y}\mathfrak{y}\rangle = 0$ auch die bilineare Gleichung $\langle \mathfrak{x}\mathfrak{y}\rangle = 0$ für zwei K-Kreise in sich übergeht, wird auch diese eine Lie-invariante Beziehung zweier K-Kreis darstellen. Sind in der Gleichung $\langle \mathfrak{x}\mathfrak{y}\rangle = 0$ die $\mathfrak{x}$ und $\mathfrak{y}$ gerichtete Kreise, und setzt man $x_4 = y_4 = 1$, so daß nach (3) die ersten vier Koordinaten von $\mathfrak{x}$ und $\mathfrak{y}$ die normierten tetrazyklischen Koordinaten sind, so wird:

$$(\hat{\mathfrak{x}}\,\hat{\mathfrak{y}}) = 1,$$

wo $(\hat{\mathfrak{x}}\,\hat{\mathfrak{y}})$ jetzt die für die 4 Variablen genommene Form ist. Nach § 15 stellt also $\langle \mathfrak{x}\mathfrak{y}\rangle = 0$ die Bedingung für die gleichsinnige Berührung der beiden Kreise dar. Durch Rückgang auf kartesische Koordinaten überzeugt man sich nun leicht, daß durch $\langle \mathfrak{x}\mathfrak{y}\rangle = 0$ immer einer der im § 3 zusammengestellten sechs Fälle für die Berührung zweier K-Kreise dargestellt wird.

$\langle \mathfrak{x}\mathfrak{y}\rangle = 0$ *ist also die Bedingung für die Berührung zweier K-Kreise, und unsere Lie-Transformationen erhalten die Bedingung der Berührung von K-Kreisen.*

§ 43. Invarianten der Geometrie von *Lie*.

Deuten wir unsere fünf pentazyklischen Koordinaten als homogene kartesische Punktkoordinaten

$$\frac{y_1}{y_0},\ \frac{y_2}{y_0},\ \frac{y_3}{y_0},\ \frac{y_4}{y_0}$$

in einem vierdimensionalen projektiven Raume P_4, so stellt (4) die Gleichung einer Hyperfläche zweiter Ordnung in dem P_4 dar. Der Gruppe K von *Lie* entspricht dann im P_4 die Gruppe $\overline{K}$ aller projektiven Transformationen des P_4, die diese Hyperfläche in sich überführen. Wir wollen zeigen, daß sich die Form $\langle \mathfrak{y}\mathfrak{y}\rangle$ bei den Transformationen unserer Gruppe notwendig mit einem positiven Faktor multipliziert:

(11a) $$\langle \mathfrak{y}\,\mathfrak{y}\rangle = \mu\,\langle \mathfrak{y}^*\,\mathfrak{y}^*\rangle. \qquad [\mu > 0.]$$

Diese Aussage ist gleichbedeutend mit der, daß im P_4 die Punkte mit $\langle \mathfrak{y}\mathfrak{y}\rangle > 0$ bei jeder Abbildung aus $\overline{K}$ in ebensolche übergehen müssen, und entsprechend Punkte mit $\langle \mathfrak{y}\mathfrak{y}\rangle < 0$ in solche der gleichen Art.

Das können wir so zeigen: Eine geometrische Beziehung, die invariant ist gegenüber unserer Gruppe K (resp. $\overline{K}$) muß in ihrer analytischen Darstellung notwendig folgende Invarianzeigenschaften besitzen:

I. *Sie muß invariant sein gegenüber der Gruppe der linearen Transformationen der y, die die Form* $\langle\mathfrak{y}\mathfrak{y}\rangle$ *absolut invariant lassen.* Denn diese Gruppe ist eine Untergruppe der Gruppe K $(\overline{K})$, von der wir ausgehen.

II. *Sie muß invariant sein gegenüber den Umnormierungen*

$$\mathfrak{y} = \lambda \cdot \mathfrak{y}^*,$$

wo λ wieder ganz dem § 10 entsprechend eine beliebige Funktion des Ortes in der Mannigfaltigkeit der K-Kreise ist. Diese Invarianzeigenschaft muß wegen der Homogenität der Koordinaten y gelten.

Haben wir im P_4 nun einen Punkt $\mathfrak{y}$, der nicht auf der Hyperfläche (4) liegt, für dessen Koordinaten y also $\mathfrak{y}\mathfrak{y} \neq 0$ gilt, so hat der Punkt gegenüber der Gruppe I als einzige Invariante das „skalare Quadrat $\langle\mathfrak{y}\mathfrak{y}\rangle$. Denn die Gruppe I fällt unter die allgemeinen Gruppen des § 10, und die Koordinaten des Punktes $\mathfrak{y}$ stellen ihr gegenüber einen Vektor dar. Sowohl gegenüber I wie gegenüber II ist dann nur sgn $\langle\mathfrak{y}\mathfrak{y}\rangle$ invariant. Ob dieser Ausdruck auch eine Invariante gegenüber K $[\overline{K}]$ ist, wissen wir noch nicht, denn die Invarianzeigenschaften I, II sind bisher nur als notwendig, nicht aber als hinreichend erkannt. Da der Punkt $\mathfrak{y}$ außer eventuell sgn $\langle\mathfrak{y}\mathfrak{y}\rangle$ aber sicher keine Invarianten hat, wissen wir schon, daß man im P_4 jeden Punkt mit $\mathfrak{y}\mathfrak{y} > 0$ durch eine geeignete Transformation unserer Gruppe in jeden gleichartigen überführen kann, und ebenso kann man sicher alle Punkte mit $\mathfrak{y}\mathfrak{y} < 0$ miteinander vertauschen. Man kann also jeden Punkt mit $\mathfrak{y}\mathfrak{y} > 0$ z. B. in den Punkt $\mathfrak{a}$ mit den Koordinaten $\{0, 1, 0, 0, 0\}$ überführen, dessen Polarhyperebene $y_1 = 0$ die Hyperfläche (4) in dem Rotationshyperboloid $-y_0^2 + y_2^2 + y_3^2 - y_4^2 = 0$ schneidet, also in einer Fläche zweiter Ordnung mit reellen Erzeugenden. Jeden Punkt mit $\mathfrak{y}\mathfrak{y} < 0$ können wir aber überführen in den Punkt $\mathfrak{b}$: $\{0, 0, 0, 0, 1\}$, dessen Polarhyperebene die Hyperfläche (4) in der Kugel

$$-y_0^2 + y_1^2 + y_2^2 + y_3^2 = 0$$

schneidet, also in einer Fläche ohne reelle Erzeugende. Da die Flächen zweiter Ordnung mit reellen Erzeugenden und die Flächen zweiter Ordnung ohne reelle Erzeugende durch reelle projektive Transformationen nun aber nicht ineinander übergeführt werden können, können auch die Punkte $\mathfrak{a}$ und $\mathfrak{b}$ durch unsere Gruppe $\overline{K}$ nicht ineinander übergeführt werden. Allgemein gilt dann natürlich: *Die Punkte mit* $\mathfrak{y}\mathfrak{y} > 0$ *als solche, deren Polarhyperebenen die Hyperfläche* (4) *in einer Fläche mit reellen Erzeugenden schneiden, können nicht in die Punkte mit* $\mathfrak{y}\mathfrak{y} < 0$ *übergeführt werden, bei denen man als das entsprechende Schnittgebilde eine Fläche ohne reelle Erzeugende erhält.* Und das war zu beweisen.

Nachdem wir die Richtigkeit der Beziehung (11a) erkannt haben, können wir nun aber ganz wie im § 10 verfahren: Wir können bei einer Abbildung unserer Gruppe K

$$y_i = \sum_{k=0}^{4} b_{ik}\, y_k^* \qquad [i = 0, 1 \ldots 4],$$

die b_{ik} ohne die geometrische Zuordnung der K-Kreise der Ebene zu ändern noch mit einem gemeinsamen Faktor $1:\sqrt{\mu}$ multipliziert denken und dadurch erreichen, das $\mathfrak{y}\mathfrak{y}$ statt in $\mu\,\langle\mathfrak{y}^*\,\mathfrak{y}^*\rangle$ in $\langle\mathfrak{y}^*\,\mathfrak{y}^*\rangle$ übergeht. Dann haben wir eine Abbildung der Gruppe I, und die allgemeinen Transformationen mit beliebig normierten b_{ik} lassen sich dann aus den Abbildungen der Gruppe I und den speziellen Umnormierungen $\mathfrak{y} = (1:\sqrt{\mu})\cdot\mathfrak{y}^*$ mit konstantem μ erzeugen.

Da diese aber in den allgemeinen Umnormierungen II enthalten sind, sind die Forderungen der Invarianz gegenüber I und II auch hinreichend für die Invarianz gegenüber der Gruppe von *Lie*. Wir können also dem Verfahren des § 10 entsprechend die Invarianten der Lie-Geometrie in zwei Schritten bilden: Wir bilden erst Invarianten gegenüber I (*Halbinvarianten*) und aus den Halbinvarianten dann noch Normierungsinvarianten.

Ist uns eine Reihe von K-Kreisen gegeben, deren Lie-Invarianten wir zu bestimmen haben, so gelten für die Bildung der Halbinvarianten die allgemeinen Regeln des § 10. Denn unsere Gruppe I gehört ja zu den dort definierten Gruppen verallgemeinerter linearer Substitutionen. Die zu den K-Kreisen gehörigen Systeme von fünf Verhältnisgrößen $\mathfrak{y}$ spielen die Rolle von Vektoren und die Halbinvarianten der gegebenen K-Kreise sind durch die Skalarprodukte und Koeffizienten von Linearkombinationen ausdrückbar. Um aus den Halbinvarianten dann noch Normierungsinvarianten zu bilden, hat man dann ganz den Vorschriften des § 11 gemäß zu verfahren.

Wir wollen jetzt nacheinander das vollständige System der Invarianten von 1, 2, 3 usw. K-Kreisen bestimmen. Der Einfachheit halber wollen wir jetzt oft, wenn keine Mißverständnisse zu befürchten sind, statt K-Kreis einfach Kreis sagen, und statt Berührung im Sinne der Geometrie von *Lie* einfach Berührung.

Ein Kreis hat als einzige Halbinvariante sein skalares Quadrat, da für einen Kreis nach Voraussetzung aber immer $\mathfrak{y}\mathfrak{y} = 0$ gilt, ist über diese Halbinvariante sozusagen schon verfügt. Somit existiert weiter keine Halbinvariante, geschweige denn eine Lie-Invariante. Wir können also jeden K-Kreis durch eine Abbildung von *Lie* in jeden anderen überführen. *Es kommt in der Lie-Geometrie weder den (gerichteten) Geraden, noch den Punkten selbständige Bedeutung zu.*

Nehmen wir jetzt zwei Kreise $\mathfrak{x}$ und $\mathfrak{y}$, so gibt es außer den beiden verschwindenden skalaren Quadraten nur die eine Halbinvariante des skalaren Produktes $\langle\mathfrak{x}\mathfrak{y}\rangle$ der beiden Kreise. Dieses multipliziert sich aber bei den Umnormierungen

$$\mathfrak{x} = \lambda\,\mathfrak{x}^*; \qquad \mathfrak{y} = \mu\,\mathfrak{y}^*$$

bei denen λ, μ beliebige von 0 verschiedene Faktoren sind, mit dem Faktor $\lambda\cdot\mu$ und kann daher auf jeden von 0 verschiedenen Wert gebracht werden. Von invarianter Bedeutung ist nur die mit zwei Kreisen verbundene invariante Gleichung $\mathfrak{x}\mathfrak{y} = 0$, d. h. die Berührungsbedingung.

Nehmen wir jetzt drei Kreise $\mathfrak{x}^{\mathrm{I}}$, $\mathfrak{x}^{\mathrm{II}}$, $\mathfrak{x}^{\mathrm{III}}$, so haben wir zwei verschiedene Fälle.

1. Die drei Kreise $\mathfrak{x}^a$ sind linear abhängig. Dann gilt etwa:

$$\mathfrak{x}^{\mathrm{III}} = \alpha\,\mathfrak{x}^{\mathrm{I}} + \beta\,\mathfrak{x}^{\mathrm{II}}\,. \tag{12}$$

Soll nun $\mathfrak{x}^{\mathrm{III}}$ ein Kreis sein, so muß $\mathfrak{x}^{\mathrm{III}}\mathfrak{x}^{\mathrm{III}} = 0$ gelten. Durch skalares Quadrieren von (12) folgt daraus aber wegen $\mathfrak{x}^{\mathrm{I}}\mathfrak{x}^{\mathrm{I}} = \mathfrak{x}^{\mathrm{II}}\mathfrak{x}^{\mathrm{II}} = 0$:

$$2\,\alpha\,\beta\,\langle\mathfrak{x}^{\mathrm{I}}\mathfrak{x}^{\mathrm{II}}\rangle = 0\,.$$

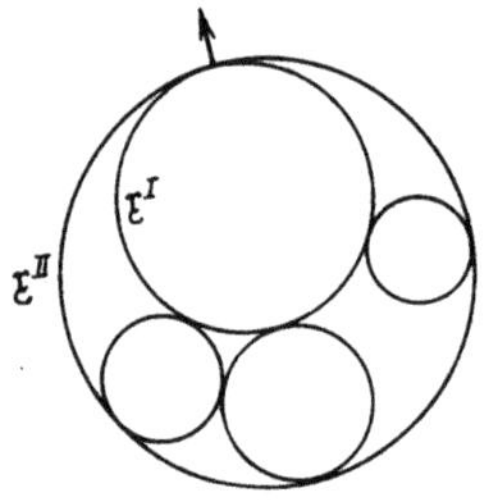

Fig. 54.

Soll $\mathfrak{x}^{\mathrm{III}}$ weder mit $\mathfrak{x}^{\mathrm{I}}$ noch mit $\mathfrak{x}^{\mathrm{II}}$ zusammenfallen, so muß $\alpha\beta \neq 0$, also $\mathfrak{x}^{\mathrm{I}}\mathfrak{x}^{\mathrm{II}} = 0$ sein. Da sich dann auch $\mathfrak{x}^{\mathrm{III}}\mathfrak{x}^{\mathrm{I}} = \mathfrak{x}^{\mathrm{III}}\mathfrak{x}^{\mathrm{II}} = 0$ aus (12) ergibt, so berühren sich alle drei K-Kreise paarweise. Drei sich paarweise berührende K-Kreise müssen aber einem und demselben ausgearteten Büschel angehören. Denn die in Fig. 54 die beiden K-Kreise $\mathfrak{x}^{\mathrm{I}}$ und $\mathfrak{x}^{\mathrm{II}}$ berührenden Kreise lassen sich nicht so richten, daß sie beide Kreise $\mathfrak{x}^{\mathrm{I}}$ und $\mathfrak{x}^{\mathrm{II}}$ gleichzeitig gleichsinnig berühren. Von den $\mathfrak{x}^{\mathrm{I}}$ und $\mathfrak{x}^{\mathrm{II}}$ im gewöhnlichen Sinne berührenden Kreisen bleiben also nur die des Büschels durch das $\mathfrak{x}^{\mathrm{I}}$ und $\mathfrak{x}^{\mathrm{II}}$ gemeinsame Linienelement übrig, und diese kann man so richten, daß überall gleichsinnige Berührung eintritt. Wenn wir im folgenden von K-Kreisen ein und desselben Büschels reden, so meinen wir immer sich gleichsinnig berührende K-Kreise, die in ein und demselben *ausgearteten* Büschel liegen.

Die Beziehung zwischen drei Kreisen, ein und demselben Büschel anzugehören, ist also etwas Invariantes. Somit gehen alle sich gleichsinnig berührenden Kreise ein und desselben Büschels wieder in eine ebensolche Mannigfaltigkeit über. Statt Kreise eines Büschels können wir auch sagen: Die Kreise durch ein und dasselbe *gerichtete Linienelement. Gerichtete Linienelemente als Gebilde von K-Kreisen sind also etwas Lie-Invariantes.* Da man durch Umnormieren von $\mathfrak{x}^{\mathrm{I}}$ und $\mathfrak{x}^{\mathrm{II}}$ in (12) die Faktoren α und β zu 1 machen kann, besitzen drei Kreise eines Büschels keine Lie-Invariante. Die Kreise eines und desselben Linienelementes können wir überführen in die gerichteten Geraden eines Parallelbüschels. Denn auch diese stellen lauter K-Kreise dar, die sich paarweise berühren. Der uneigentliche Punkt gehört dann dem Büschel an und wir können von durch ihn hindurchgehenden uneigentlichen Linienelementen sprechen.

2. Wir kommen jetzt zum Fall dreier linear unabhängiger Kreise $\mathfrak{x}^\alpha$. Wir haben die drei Halbinvarianten

$$\langle \mathfrak{x}^{\mathrm{I}} \mathfrak{x}^{\mathrm{II}} \rangle, \quad \langle \mathfrak{x}^{\mathrm{II}} \mathfrak{x}^{\mathrm{III}} \rangle, \quad \langle \mathfrak{x}^{\mathrm{III}} \mathfrak{x}^{\mathrm{I}} \rangle. \tag{12a}$$

Wenn wir den Fall, daß sich zwei der drei Kreise berühren, in dem es keine weiteren Lieinvarianten Beziehungen gibt, ausschließen, so sind alle drei Größen (12a) von 0 verschieden. Bei den Umnormierungen

$$\mathfrak{x}^\alpha = \lambda^\alpha \cdot \mathfrak{x}^{\alpha *} \qquad [\alpha = \mathrm{I}, \mathrm{II}, \mathrm{III}]$$

haben wir dann

$$\langle \mathfrak{x}^\alpha \mathfrak{x}^\beta \rangle = \lambda^\alpha \cdot \lambda^\beta \cdot \langle \mathfrak{x}^{\alpha *} \mathfrak{x}^{\beta *} \rangle, \qquad [\alpha, \beta = \mathrm{I} \text{ bis } \mathrm{III}]$$

und man überzeugt sich leicht, daß man aus den drei Skalarprodukten nur eine Vorzeicheninvariante bilden kann, nämlich:

$$\delta = \operatorname{sgn} [\langle \mathfrak{x}^{\mathrm{I}} \mathfrak{x}^{\mathrm{II}} \rangle \langle \mathfrak{x}^{\mathrm{II}} \mathfrak{x}^{\mathrm{III}} \rangle \langle \mathfrak{x}^{\mathrm{III}} \mathfrak{x}^{\mathrm{I}} \rangle]. \tag{13}$$

Da das Produkt in (13) sich mit dem positiven Faktor $(\lambda^{\mathrm{I}} \lambda^{\mathrm{II}} \lambda^{\mathrm{III}})^2$ multipliziert, ist (13) wirklich eine Invariante. Die Vorzeicheninvariante δ spielt in der Lie-Geometrie eine ähnliche Rolle, wie die im § 11 in der Geometrie von *Möbius* eingeführte Vorzeicheninvariante ε dreier M-Kreise, sie ist aber ihrer geometrischen Bedeutung nach von dieser verschieden. Da drei K-Kreise, von denen sich keine zwei berühren, nur diese eine Invariante besitzen, kann man z. B. jedes Tripel mit $\delta = -1$ in jedes andere mit $\delta = -1$ überführen, aber nicht in eins mit $\delta = +1$.

Ein Beispiel eines Tripels von K-Kreisen mit $\delta = -1$ ist das Tripel dreier Punkte, ein Beispiel für $\delta = +1$, das aus einer gerichteten Geraden und zwei auf verschiedenen Seiten von ihr gelegenen Punkten. Das bestätigt man leicht, indem man die beiden speziellen Tripel in kartesischen Koordinaten annimmt, dann nach (5), (7) ihre pentazyklischen Koordinaten einführt und den Ausdruck (13) bildet.

Es läßt sich also jedes Tripel mit $\delta = -1$ durch Lie-Transformation überführen in ein Tripel dreier Punkte, speziell z. B. in das Tripel dreier Punkte auf einer Geraden g, jedes Tripel mit $\delta = +1$ aber in die Figur einer gerichteten Geraden und zweier auf verschiedenen Seiten gelegener, z. B. zu ihr spiegelbildlicher Punkte.

Da es durch drei Punkte auf einer Geraden g nun zwei K-Kreise gibt, die sie alle drei gleichzeitig berühren, nämlich die beiden in g gegensinnig zusammenfallenden gerichteten Geraden, so gilt wegen der Invarianz dieser geometrischen Eigenschaft:

Zu jedem Tripel von K-Kreisen mit $\delta = -1$ gibt es zwei reelle K-Kreise, die alle drei Kreise gleichzeitig berühren. Im Gegensatz dazu gibt es zu den Tripeln mit $\delta = +1$ keine reellen gemeinsamen Berührungskreise. Das wird an dem Beispiel einer gerichteten Geraden und zweier zu ihr spiegelbildlicher Punkte klar.

Die Invariante δ ändert sich nach (13) nicht, wenn man die pentazyklischen Koordinaten stetig variiert, ohne daß irgendwann einmal eins der Skalarprodukte verschwindet. Das heißt geometrisch: δ ändert sich nicht, wenn man die drei K-Kreise stetig abändert, ohne dabei Lagen zu überschreiten, bei denen sich zwei von den drei K-Kreisen berühren. Es gilt also:

Für ein Kreistripel ist $\delta = -1$, wenn man die K-Kreise des Tripels durch stetige Abänderung ohne Überschreitung von Berührungslagen in drei Punkte überführen kann, es ist dagegen $\delta = +1$, wenn dies nicht möglich ist.

§ 44. Doppelverhältnis von vier Kreisen eines Büschels. Lineare Kreisscharen.

Wir gehen nun zu den Invarianten von vier Kreisen über, und zwar wollen wir uns nur mit dem speziellen Fall von vier K-Kreisen $\mathfrak{x}$, $\mathfrak{y}$, $\mathfrak{p}$ und $\bar{\mathfrak{p}}$ eines Büschels beschäftigen. Da nach (12) drei Kreise eines Büschels linear abhängig sind, gilt etwa:

$$(14)\qquad \begin{cases} \mathfrak{p} = \alpha\,\mathfrak{x} + \beta\,\mathfrak{y}, \\ \bar{\mathfrak{p}} = \bar{\alpha}\,\mathfrak{x} + \bar{\beta}\,\mathfrak{y}. \end{cases}$$

Die Koeffizienten α, β, $\bar{\alpha}$, $\bar{\beta}$ sind hier Halbinvarianten, und zwar die einzigen vorhandenen, da die skalaren Produkte der Kreise eines Büschels alle 0 sind. Nehmen wir die Umnormierungen vor:

$$(15)\qquad \begin{cases} \mathfrak{x} = \lambda\cdot\mathfrak{x}^*; \quad & \mathfrak{p} = \pi\cdot\mathfrak{p}^*, \\ \mathfrak{y} = \mu\cdot\mathfrak{y}^*; \quad & \bar{\mathfrak{p}} = \bar{\pi}\cdot\bar{\mathfrak{p}}^*. \end{cases}$$

mit von 0 verschiedenen Koeffizienten $\lambda, \mu, \pi, \bar{\pi}$, so erhalten wir aus (14)

$$\pi\,\mathfrak{p}^* = \alpha\,\lambda\,\mathfrak{x}^* + \beta\,\mu\,\mathfrak{y}^*,$$

$$\bar{\pi}\,\bar{\mathfrak{p}}^* = \bar{\alpha}\,\lambda\,\mathfrak{x}^* + \bar{\beta}\,\mu\,\mathfrak{y}^*$$

und wir können die Gleichungen (14) in die ihnen in den gestirnten Koordinaten formal entsprechenden Gleichungen

$$\mathfrak{p}^* = \alpha^*\,\mathfrak{x}^* + \beta^*\,\mathfrak{y}^*,$$

$$\bar{\mathfrak{p}}^* = \bar{\alpha}^*\,\mathfrak{x}^* + \bar{\beta}^*\,\mathfrak{y}^*,$$

überführen, wenn wir setzen:

$$(16)\qquad \begin{cases} \alpha = \frac{\pi}{\lambda}\alpha^*; & \beta = \frac{\pi}{\mu}\beta^*, \\ \bar{\alpha} = \frac{\bar{\pi}}{\lambda}\bar{\alpha}^*; & \bar{\beta} = \frac{\bar{\pi}}{\mu}\bar{\beta}^*. \end{cases}$$

(16) sind die Substitutionsformeln für die Halbinvarianten α, $\bar{\alpha}$, β, $\bar{\beta}$ bei den Umnormierungen (15).

Wie man aus (16) leicht ersieht, kann man aus ihnen eine absolute Invariante bilden, nämlich:

$$(17)\qquad D = \frac{\alpha}{\beta} : \frac{\bar{\alpha}}{\bar{\beta}}.$$

Welches ist nun die geometrische Bedeutung der Invariante D? Nehmen wir zunächst an, daß $\mathfrak{x}$, $\mathfrak{y}$, $\mathfrak{p}$ und $\bar{\mathfrak{p}}$ alle wirkliche gerichtete Kreise eines Büschels sind! Wir können dann zeigen: *D ist gleich dem Doppelverhältnis der vier Radien der Kreise unseres Büschels.* Um das zu beweisen, brauchen wir den Nachweis nur für den Fall zu führen, daß die Kreise des Büschels sich im Ursprung unseres kartesischen Koordidatensystems berühren. Denn wegen der Bewegungsinvarianz des Doppelverhältnisses einerseits und des analytischen Ausdrucks D andererseits folgt die Behauptung dann für jede beliebige Lage des Büschels. Für die kartesischen Koordinaten ξ_0, η_0, R eines gerichteten Kreises durch den Ursprung gilt nun

$$\xi_0^2 + \eta_0^2 - R^2 = 0,$$

somit ist in der Darstellung (5) der pentazyklischen Koordinaten durch kartesische

$$(17\,\text{a})\qquad y_0 = \frac{1}{2}\varrho.$$

Nun schreiben wir von den Vektorgleichungen (14) nur die für die Koordinatenindizes 0 und 4, also:

$$(18)\qquad \begin{cases} p_0 = \alpha x_0 + \beta y_0; & \bar{p}_0 = \bar{\alpha} x_0 + \bar{\beta} y_0, \\ p_4 = \alpha x_4 + \beta y_4; & \bar{p}_4 = \bar{\alpha} x_4 + \bar{\beta} y_4. \end{cases}$$

Aus diesen Gleichungen können wir α, β, $\bar{\alpha}$ und $\bar{\beta}$ berechnen, denn es ist die Determinante

$$\varDelta = x_0 y_4 - y_0 x_4 \neq 0.$$

Wenn man nämlich mit R^{I} und R^{II} die Radien der gerichteten Kreise $\mathfrak{x}$ und $\mathfrak{y}$ bezeichnet, so ergibt sich aus (5) und (17a), daß $\varDelta$ bis auf einen von 0 verschiedenen von den Koeffizienten ϱ herrührenden Faktor gleich $R^{II} - R^{I}$ ist, und die Radien von $\mathfrak{x}$ und $\mathfrak{y}$ sind ja sicher verschieden. Aus (18) ergibt sich

$$D = \frac{\alpha}{\beta} : \frac{\bar{\alpha}}{\bar{\beta}} = \frac{p_4 y_0 - p_0 y_4}{x_4 p_0 - x_0 p_4} : \frac{\bar{p}_4 y_0 - \bar{p}_0 y_4}{x_4 \bar{p}_0 - x_0 \bar{p}_4}. \tag{18a}$$

Nach (5) und (17a) können wir jetzt in (18a) die pentazyklischen durch die kartesischen Koordinaten ersetzen. Weil der Ausdruck (18a) in den Koordinaten jedes der vier Kreise homogen ist, können wir in (5) die Faktoren ϱ weglassen. Da nach (17a) dann $x_0 = y_0 = p_0 = \bar{p}_0 = 1:2$ gilt, erhält man aus (18a), wenn man mit R^{III} und R^{IV} die Radien von $\mathfrak{p}$ und $\bar{\mathfrak{p}}$ bezeichnet,

$$D = \frac{(R^{I} - R^{IV})(R^{II} - R^{III})}{(R^{I} - R^{III})(R^{II} - R^{IV})}.$$

Es ist also wirklich die Invariante D gleich dem Doppelverhältnis $D(R^{I}, R^{IV}, R^{II}, R^{III})$ der Radien der vier gerichteten Kreise.

Auch wenn einer der Kreise im Grenzfall der Berührungspunkt oder die Tangente des Büschels ist, kann man die Invariante D als Doppelverhältnis der Radien auffassen. Man hat nur dem Punkt den Radius 0 und der Tangente den Radius ∞ zuzuschreiben.

Besteht das Büschel aus lauter parallelen gerichteten Geraden, so ist D, wie man ebenfalls leicht einsehen kann, das gewöhnliche Doppelverhältnis dieser Geraden. Haben wir statt einer der Geraden den uneigentlichen Punkt, der ja dem Parallelbüschel als Berührungspunkt angehört, so ist D nur mehr das Teilverhältnis der **3** übrigbleibenden Geraden. Das Doppelverhältnis von **4** K-Kreisen eines Büschels spielt in der Lie-Geometrie die Rolle der einfachsten absoluten Invariante ebenso wie der Winkel in der Möbius- und die Tangentenentfernung in der Laguerre-Geometrie. *Wir werden alle folgenden Begriffe der Geometrie von Lie aus den grundlegenden Begriffen K-Kreis, Berührung und Doppelverhältnis ableiten.*

Mit einem Tripel von Kreisen $\mathfrak{x}^{\alpha}$, von denen keine zwei sich berühren, ist eine ganze Schar von K-Kreisen invariant verbunden, nämlich die aller Kreise $\mathfrak{y}$, die sich aus den dreien linear kombinieren lassen:

$$\mathfrak{y} = \sum_{\alpha=I}^{III} \varrho_\alpha \mathfrak{x} \quad . \tag{19}$$

Damit $\mathfrak{y}$ ein Kreis ist, muß für die Koeffizienten ϱ_α die Gleichung gelten:

$$\langle \mathfrak{y}\, \mathfrak{y} \rangle = \sum_{\alpha, \beta} \varrho_\alpha \varrho_\beta \langle \mathfrak{x}^\alpha \mathfrak{x}^\beta \rangle = 0 . \tag{19a}$$

Entsprechend der Tatsache, daß jeder der Kreise $\mathfrak{y}$ durch die zwei Verhältnisgrößen $\varrho_{I} : \varrho_{II} : \varrho_{III}$ bestimmt ist und da diese an die eine Gleichung (19a) gebunden sind, gibt es eine einparametrige Schar von Kreisen $\mathfrak{y}$.

Wir unterscheiden 2 Fälle:

1. Die Vorzeicheninvariante δ der drei Kreise $\mathfrak{x}^{\alpha}$ ist $= -1$. Wir können uns dann etwa die drei *K*-*K*reise $\mathfrak{x}^{\alpha}$ in 3 Punkte der ξ-Achse übergeführt denken. Dann sind die kartesischen Koordinaten η und R für sie 0, und nach (5) auch die pentazyklischen Koordinaten mit den Indizes 3 und 4. Aus (19) folgt dann das Verschwinden dieser Koordinaten auch für die $\mathfrak{y}$, und man erkennt leicht, daß die $\mathfrak{y}$ gerade alle Punkte auf der den drei Punkten $\mathfrak{x}^{\alpha}$ gemeinsamen Geraden (der ξ-Achse) sind, also alle *K*-Kreise, die die beiden in die ξ-Achse entgegengesetzt gerichtet zusammenfallenden Geraden berühren. Allgemein ist im Fall $\delta = -1$ durch (19) also die Schar aller *K*-Kreise dargestellt, die die beiden gemeinsamen Berührungskreise der $\mathfrak{x}^{\alpha}$ gleichzeitig berühren. Natürlich gehören die $\mathfrak{x}^{\alpha}$ als spezieller Fall mit zu den $\mathfrak{y}$.

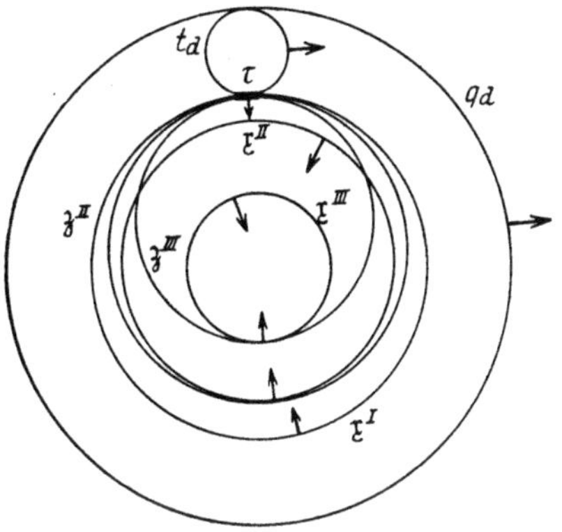

Fig. 55.

2. Es ist $\delta = +1$. Wir können dann die drei Kreise überführen in drei konzentrische Kreise um den Koordinatenursprung, denn diese lassen sich offenbar nicht alle drei durch stetige Abänderung ohne Überschreitung von Berührungslagen auf Punkte zusammenziehen. Es sind dann für die $\mathfrak{x}^{\alpha}$ die Koordinaten x_2^{α} und $x_3^{\alpha} = 0$, und gleiches folgt dann auch für die y_2, y_3. Es ergibt sich, daß die $\mathfrak{y}$ mit den Kreisen um den Ursprung identisch sind, wobei die Radien beliebige positive und negative Werte haben können.

Nun kann man aus drei konzentrischen Kreisen alle übrigen zu ihnen konzentrischen in der folgenden Lieinvarianten Weise konstruieren:

Man zieht durch jedes Linienelement τ des einen der Kreise, etwa $\mathfrak{x}^{\mathrm{I}}$ (Fig. 55), die beiden Kreise $\mathfrak{z}^{\mathrm{II}}$ und $\mathfrak{z}^{\mathrm{III}}$, die $\mathfrak{x}^{\mathrm{II}}$ resp. $\mathfrak{x}^{\mathrm{III}}$ berühren, und zu $\mathfrak{x}^{\mathrm{I}}$, $\mathfrak{z}^{\mathrm{II}}$ und $\mathfrak{z}^{\mathrm{III}}$ jeweils den in ihrem Büschel gelegenen vierten Kreis $\mathfrak{t}_d$, der mit ihnen ein festes Doppelverhältnis d bildet; alle zu den verschiedenen Linienelementen von $\mathfrak{x}^{\mathrm{I}}$ gehörigen Kreise $\mathfrak{t}_d$ umhüllen dann außer $\mathfrak{x}^{\mathrm{I}}$ noch einen weiteren Kreis $\mathfrak{q}_d$, der zu der konzentrischen Schar gehört, wie aus der rotationssymmetrischen Anordnung der Figur ohne witeres klare ist. Führt man die Konstruktion für alle möglichen Werte d des Doppelverhältnisses durch, so erhält man alle verschiedenen Kreise der konzentrischen Schar $\mathfrak{y}$. Diese

Konstruktion erlaubt wegen ihrer Invarianz zu einem ganz beliebigen Tripel $\mathfrak{x}^\alpha$ die zugehörige Schar $\mathfrak{y}$ zu konstruieren. Sie gilt sogar nicht nur für den Fall $\delta = +1$, sondern auch für den unter 1 schon erwähnten Fall $\delta = -1$. Für vier Kreise einer solchen Schar ist dann immer das Doppelverhältnis, mit dem der vierte aus den drei übrigen konstruiert wird, eine absolute Invariante der Geometrie von *Lie*.

Wir wollen allgemein eine Schar von Kreisen, die sich nach (19) aus drei linear unabhängigen linear kombinieren läßt, als eine lineare Schar von K-Kreisen bezeichnen. Ist für irgend drei Kreise einer linearen Schar $\delta = -1$, so ist auch für jedes Tripel von Kreisen der Schar die Invariante $\delta = -1$ wie aus dem Vorigen leicht zu entnehmen, und das Analoge gilt für die Scharen mit $\delta = +1$. Die linearen Scharen, die den uneigentlichen Punkt enthalten, sind einfach mit den geraden Kreisreihen des § 34 identisch. Im Fall $\delta = -1$ ist das ohne weiteres klar, denn die gemeinsamen Hüllkreise der Schar müssen dann Gerade sein und man hat raumartige gerade Kreisreihen. Im Fall $\delta = +1$ erhält man aber die zeitartigen geraden Kreisreihen. Das sieht man, wenn man bei der der Fig. 55 entsprechenden Konstruktion den einen der Kreise, etwa $\mathfrak{x}^{\mathrm{I}}$, als den uneigentlichen Punkt nimmt. Man hat dann gerade die am Schluß von § 34 für die zeitartigen geraden Kreisreihen angegebene Konstruktion.

Eine sehr einfache bewegungsgeometrische Kennzeichnung der allgemeinen Scharen mit $\delta = +1$ ist im § 66 Aufg. 1 gegeben.

Für das Doppelverhältnis von vier Kreisen $\mathfrak{x}^\alpha$ [$\alpha = \mathrm{I}$ bis IV] einer linearen Schar gilt die Formel:

$$(20) \qquad 2D - 1 = \frac{\langle \mathfrak{x}^{\mathrm{I}} \mathfrak{x}^{\mathrm{II}} \rangle \langle \mathfrak{x}^{\mathrm{III}} \mathfrak{x}^{\mathrm{IV}} \rangle - \langle \mathfrak{x}^{\mathrm{I}} \mathfrak{x}^{\mathrm{III}} \rangle \langle \mathfrak{x}^{\mathrm{II}} \mathfrak{x}^{\mathrm{IV}} \rangle}{\langle \mathfrak{x}^{\mathrm{I}} \mathfrak{x}^{\mathrm{IV}} \rangle \langle \mathfrak{x}^{\mathrm{II}} \mathfrak{x}^{\mathrm{III}} \rangle}.$$

Sie ist uns formal schon aus § 9 als Ausdruck für das Doppelverhältnis von vier Punkten auf einem Kreise bekannt, wenn wir nur statt der eckigen Klammern runde setzen. In der Tat sind vier Punkte eines Kreises ja als spezielle K-Kreise einer solchen linearen Schar von Typ $\delta = -1$ aufzufassen, die aus den K-Kreisen besteht, die zwei gegensinnig zusammenfallende Kreise gleichzeitig berühren. Das Doppelverhältnis der vier Punkte des Kreises ist dann nach der Konstruktion der Fig. 55 gerade das für die Punkte als K-Kreise einer linearen Schar genommene Doppelverhältnis. Für vier Punkte $\mathfrak{x}^\alpha$ sind ja die letzten pentazyklischen Koordinaten 0, so daß wir (20) mit tetrazyklischen Koordinaten und runden Klammern schreiben können. Wegen der Invarianz der Formel (20) einerseits und des Doppelverhältnisses andererseits gegenüber der Gruppe von *Lie* ergibt sich die Richtigkeit von (20) dann allgemein. Zunächst wenigstens für die linearen Scharen mit $\delta = -1$, die mit der Schar der Punkte eines Kreises äquivalent sind. Für die Scharen mit $\delta = +1$ braucht man die Richtigkeit von (20) aber ebenfalls nur in einem speziellen Fall nachzuweisen, etwa dem einer Schar von lauter konzentrischen Kreisen, was durch Rückgang auf kartesische Koordinaten leicht zu bewerkstelligen ist.

§ 45. Lineare Systeme von Kreisen.

Wir wollen jetzt die Systeme von K-Kreisen $\mathfrak{x}$ betrachten, die einer linearen Gleichung

$$(21) \qquad \langle \mathfrak{a}\,\mathfrak{x} \rangle = -a_0 x_0 + a_1 x_1 + a_2 x_2 + a_3 x_3 - a_4 x_4 = 0$$

mit konstanten Koeffizienten a genügen. Da ein K-Kreis von drei Parametern abhängt, werden die an die eine Gleichung (21) gebundenen Systeme eine zweiparametrige Mannigfaltigkeit von Kreisen ausmachen. Wir werden ein solches System ein *lineares System von K-Kreisen* nennen. Man bezeichnet diese Kreissysteme auch mit dem weniger glücklichen Namen „*lineare Kongruenzen*".

Im § 43 haben wir gesehen, wie man die K-Kreise der Ebene auf Punkte eines projektiven Raumes P_4 abbilden kann, indem man die fünf pentazyklischen Koordinaten als homogene Punktkoordinaten im P_4 auffaßt. Den Kreisen entsprachen dabei die Punkte einer Hyperfläche zweiter Ordnung im P_4. Den linearen Systemen (21) entsprechen bei dieser Abbildung nun die Schnitte der Hyperfläche zweiter Ordnung mit Hyperebenen. Die fünf Größen a in (21) sind dann gleichzeitig die projektiven Punktkoordinaten des Poles der Hyperebene. Wir können dann den verschiedenen linearen Systemen $\mathfrak{a}$ auch die nicht auf der Hyperfläche zweiter Ordnung gelegenen Punkte des P_4 und die auf ihr gelegenen eineindeutig zuordnen. Im § 43 haben wir gesehen, daß den Abbildungen von *Lie* im P_4 die projektiven Abbildungen entsprechen, die die Hyperfläche in sich überführen. Da sich in den Koordinaten der nicht auf der Hyperfläche gelegenen Punkte des P_4 diese projektiven Abbildungen genau so schreiben, wie in den Koordinaten der Punkte der Hyperfläche, gilt auch für die Abbildungen von *Lie* in der Ebene: Die Koeffizienten a in (21), die wir als *pentazyklische Koordinaten des linearen Systems* bezeichnen wollen, transformieren sich genau so, wie die pentazyklischen Koordinaten der Kreise. Wir haben hier ganz ähnliche Verhältnisse, wie bei der stereographischen Projektion des § 7. Wie dort die Punkte als Spezialfälle der Kreise, so erscheinen hier in gewissem Sinne die K-Kreise als Spezialfälle der linearen Systeme. Die Abbildungen von *Lie* lassen sich auffassen als Abbildungen der linearen Systeme, bei der die speziellen linearen Systeme, die der Gleichung $\langle \mathfrak{a}\,\mathfrak{a} \rangle = 0$ genügen, für sich ineinander übergeführt werden. So ein spezielles System mit $\langle \mathfrak{a}\,\mathfrak{a} \rangle = 0$ besteht nach § 42, Schluß, aus allen Kreisen, die einen festen Kreis mit den pentazyklischen Koordinaten $\mathfrak{a}$ berühren. So ein spezielles System ist natürlich einem Kreis völlig gleichwertig. Wir wollen uns jetzt dem Fall $\mathfrak{a}\mathfrak{a} \neq 0$ zuwenden, in dem wir im Gegensatz zu dem Fall eines „*ausgearteten*" Systems $\mathfrak{a}\mathfrak{a} = 0$ von einem *nichtausgearteten* System sprechen wollen. Die pentasphärischen Koordinaten $\mathfrak{a}$ eines solchen Systems stellen dann einen *Vektor* dar. Ein Vektor hat nach § 10 als einzige Halbinvariante sein skalares Quadrat $\mathfrak{a}\mathfrak{a}$. Daraus ergibt sich, da $\mathfrak{a}\mathfrak{a}$ sich bei Umnormierungen mit einem positiven Faktor multipliziert, die Vorzeicheninvariante $\operatorname{sgn}\langle\mathfrak{a}\mathfrak{a}\rangle$. Wir haben somit drei Typen von linearen Systemen, die wir auch in der folgenden Weise benennen wollen:

1. $\mathfrak{a}\mathfrak{a} > 0$ *elliptisches System;*
2. $\mathfrak{a}\mathfrak{a} = 0$ *parabolisches System;*
3. $\mathfrak{a}\mathfrak{a} < 0$ *hyperbolisches System.*

Welches ist nun die geometrische Bedeutung der Systeme von K-Kreisen vom Typ 1 und 3?

Wir wollen wieder in (21) die pentazyklischen Koordinaten der Kreise $\mathfrak{x}$ nach (5) durch die kartesischen ersetzen, dabei wollen wir in der Bezeichnungsweise des § 33 setzen:

$$\xi_0 = X_1, \quad \eta_0 = X_2, \quad R = X_0$$

und

$$(\mathfrak{X}\mathfrak{X}) = -X_0^2 + X_1^2 + X_2^2 .$$

Dann schreiben sich die Gleichungen (5) in der Form:

$$\text{(22)} \qquad \begin{cases} y_0 = \varrho \cdot \dfrac{1 + (\mathfrak{X}\mathfrak{X})}{2}; \qquad y_1 = \varrho \cdot \dfrac{1 - (\mathfrak{X}\mathfrak{X})}{2}, \\ y_2 = \varrho \cdot X_1; \quad y_3 = \varrho \cdot X_2; \quad y_4 = \varrho \cdot X_0 \end{cases}$$

und aus (21) erhalten wir bei Fortlassung des Faktors ϱ:

$$\text{(23)} \qquad \frac{a_1 - a_0}{2} - \frac{a_0 + a_1}{2}(\mathfrak{X}\mathfrak{X}) + a_2 X_1 + a_3 X_2 - a_4 X_0 = 0 .$$

Daraus ergibt sich: *Die linearen Systeme mit* $a_0 + a_1 = 0$ *sind nach § 35 einfach die ebenen Kreissysteme, die Systeme mit* $a_0 + a_1 \neq 0$ *aber nach § 36 die sphärischen Kreissysteme.* Denn im ersten Fall verschwindet das quadratische Glied mit $\mathfrak{X}\mathfrak{X}$ und wir behalten eine Gleichung der Form (23) des § 35, die linear in den X ist. Dabei entspricht der Fall $\langle\mathfrak{a}\mathfrak{a}\rangle = a_2^2 + a_3^2 - a_4^2 < 0$ den raumartigen, der Fall $\langle\mathfrak{a}\mathfrak{a}\rangle > 0$ aber den zeitartigen ebenen Kreissystemen.

Für $a_0 + a_1 \neq 0$ kann man aber (23) in die Form

$$\text{(24)} \qquad \left(\mathfrak{X} - \frac{\mathfrak{A}}{a_0 + a_1}\right)^2 = \frac{\langle\mathfrak{a}\,\mathfrak{a}\rangle}{(a_0 + a_1)^2}$$

bringen, wobei gesetzt ist

$$\left(\mathfrak{X} - \frac{\mathfrak{A}}{a_0 + a_1}\right)^2 = \mathfrak{X}\mathfrak{X} - \frac{2(\mathfrak{A}\mathfrak{X})}{a_0 + a_1} + \frac{\mathfrak{A}\mathfrak{A}}{(a_0 + a_1)^2}$$

und

$$(\mathfrak{A}\mathfrak{X}) = a_2 X_1 + a_3 X_2 - a_4 X_0; \qquad \mathfrak{A}\mathfrak{A} = a_2^2 + a_3^2 - a_4^2$$

und man sieht, daß auch hier dem Fall $\mathfrak{a}\mathfrak{a} < 0$ die raumartigen und dem Fall $\mathfrak{a}\mathfrak{a} > 0$ die zeitartigen sphärischen Kreissysteme entsprechen.

Wir können also zusammenfassend sagen: *Die elliptischen linearen Kreissysteme sind im wesentlichen identisch mit den raumartigen ebenen und sphärischen Kreissystemen der Laguerregeometrie, die hyperbolischen linearen Systeme aber einfach mit den entsprechenden zeitartigen Systemen.*

Da in der Lie-Geometrie jedes elliptische System in jedes andere übergeführt werden kann, und gleiches auch für die hyperbolischen Systeme gilt, sind jetzt die ebenen und sphärischen Kreissysteme zueinander völlig gleichberechtigt. Wir haben in unserem obigen Satz soeben „im wesentlichen" hinzugefügt, weil dabei noch ein Zusatz zu machen ist: Während wir die ebenen und sphärischen Kreissysteme in der Laguerre-Geometrie als Mannigfaltigkeiten von L-Kreisen, d. h. von gerichteten Kreisen und eigentlichen Punkten aufgefaßt haben, betrachten wir die linearen Systeme als Gebilde von K-Kreisen. Wir werden daher den ebenen und sphärischen Kreissystemen noch gewisse Geraden und unter Umständen auch den uneigentlichen Punkt hinzuzufügen haben, um die linearen Systeme zu erhalten. Was die Geraden angeht, so bekommt man sie natürlich, indem man in (21) die $\mathfrak{x}$ nach (7) durch die kartesischen Geradenkoordinaten α_1, α_2, w ersetzt. Man kann aber auch ohne weiteres einsehen, welche Geraden den ebenen, resp. sphärischen Systemen zuzuzählen sind, wenn man bedenkt, daß sie sich in diesen als Grenzfälle, d. h. als Häufungselemente der L-Kreise ergeben. An gerichteten Geraden sind mitzuzählen:

1. Im Falle von zeitartigen sphärischen oder ebenen Systemen die Geraden, die den festen gerichteten Kreis, resp. die feste gerichtete Gerade, die von allen Kreisen des Systems unter festem Winkel geschnitten wird, unter demselben Winkel schneiden.

2. Im Falle eines raumartigen sphärischen Systems sind in der Fig. 46 die etwa auftretenden gemeinsamen Tangenten der beiden Kreise $\mathfrak{z}_1$, $\bar{\mathfrak{z}}_1$ mitzurechnen, sowie die aus ihnen bei der Rotation um M entstehenden Geraden.

3. Im Falle eines ebenen zeitartigen Systems sind gar keine Geraden mitzurechnen. Denn bei diesen nach § 35 (23a) durch $R = c\,r + d$ darstellbaren Systemen rückt bei wachsendem R auch die ganze Kreisperipherie ins Unendliche, so daß sich die Kreise gegen gar keine im Endlichen gelegene Geraden häufen.

Der uneigentliche Punkt $\mathfrak{x} = \{1, -1, 0, 0, 0\}$ ist, wie man aus (21) leicht ersieht, nur bei den ebenen Systemen $a_0 + a_1 = 0$ mitzuzählen. Die ebenen Systeme sind also vor den sphärischen dadurch ausgezeichnet, daß sie den uneigentlichen Punkt enthalten.

Die einfachsten bewegungsgeometrisch spezialisierten Typen von linearen Systemen, in die die allgemeinen Systeme durch Abbildung von *Lie* übergeführt werden können, sind:

1. *Für die elliptischen Systeme die Mannigfaltigkeit aller K-Kreise, die eine feste Gerade senkrecht schneiden.* Dabei sind die eigentlichen Punkte der Geraden

und der uneigentliche Punkt mitzuzählen. Analytisch ist ein solches spezielles System z. B. durch die Gleichung $\mathfrak{a}\,\mathfrak{x} = x_3 = 0$ gegeben, d. h. durch das System mit den Koordinaten $\mathfrak{a} = \{0, 0, 0, 1, 0\}$.

2. Für die parabolischen oder ausgearteten linearen Systeme etwa die Mannigfaltigkeit aller K-Kreise, die den uneigentlichen Punkt berühren, d. h. *aller gerichteter Geraden* der Ebene. Der uneigentliche Punkt ist hier mitzuzählen. Analytisch haben wir für dieses System die Koordinaten $\mathfrak{a} = \{-1, 1, 0, 0, 0\}$, also die Gleichung $x_0 + x_1 = 0$.

3. Für die hyperbolischen Systeme das System $\mathfrak{a} = \{0, 0, 0, 0, 1\}$ $[x_4 = 0]$ *aller eigentlichen und uneigentlichen Punkte.*

Wir wollen jetzt eine invariante Konstruktion der nicht ausgearteten linearen Systeme geben.

Wir denken uns bei zwei (ausgearteten) Kreisbüscheln B und $\bar{B}$ drei Kreise $\mathfrak{x}, \mathfrak{y}, \mathfrak{z}$ des einen drei Kreisen $\bar{\mathfrak{x}}, \bar{\mathfrak{y}}, \bar{\mathfrak{z}}$ des anderen zugeordnet und dann weiter jedem Kreis von B, der mit $\mathfrak{x}, \mathfrak{y}$ und $\mathfrak{z}$ ein bestimmtes Doppelverhältnis bildet, den Kreis von $\bar{B}$, der mit $\bar{\mathfrak{x}}, \bar{\mathfrak{y}}$ und $\bar{\mathfrak{z}}$ dasselbe Doppelverhältnis hat. Wir nennen solche Kreisbüschel, bei denen vier Kreisen des einen immer vier Kreise des anderen mit demselben Doppelverhältnis entsprechen, *Liegeometrisch aufeinander bezogene Kreisbüschel.* Wir beweisen nun: *Haben wir speziell zwei Liegeometrisch bezogene Kreisbüschel mit einem, beiden gemeinsam angehörenden K-Kreis, der sich selbst entspricht, und ziehen wir dann zu jedem Paar entsprechender Kreise alle sie beide gleichzeitig berührenden Kreise, so erhalten wir ein zweiparametriges System von Kreisen, die ein lineares System bilden.*

Um den Beweis zu führen, bezeichnen wir mit $\mathfrak{x}$ den gemeinsamen Kreis unserer beiden Büschel, und mit $\mathfrak{y}$, $\mathfrak{z}$ und $\bar{\mathfrak{y}}$, $\bar{\mathfrak{z}}$ zwei weitere entsprechende Paare von Kreisen. Da $\mathfrak{x}$, $\mathfrak{y}$, $\mathfrak{z}$, sowie $\mathfrak{x}$, $\bar{\mathfrak{y}}$ $\bar{\mathfrak{z}}$ demselben Büschel angehören, gilt dann nach (12)

$$(25)\qquad \begin{cases} \mathfrak{z} = \varrho\,\mathfrak{x} + \sigma\,\mathfrak{y}, \\ \bar{\mathfrak{z}} = \bar{\varrho}\,\mathfrak{x} + \bar{\sigma}\,\bar{\mathfrak{y}}. \end{cases}$$

Durch die Figur unserer fünf Kreise $\mathfrak{x}$, $\mathfrak{y}$, $\bar{\mathfrak{y}}$, $\mathfrak{z}$, $\bar{\mathfrak{z}}$ ist die Zuordnung unserer Büschel festgelegt.

Wir können es durch geeignete Umnormierung von $\mathfrak{z}$ in (25) erreichen, daß $\varrho = 1$ wird und hinterher dann noch durch Umnormierung von $\mathfrak{y}$, daß $\sigma = 1$ wird. Ebenso können wir durch Umnormierung von $\bar{\mathfrak{z}}$ und $\bar{\mathfrak{y}}$ auch $\bar{\varrho}$ und $\bar{\sigma}$ zu 1 machen. Im folgenden wollen wir immer diese Normierung von $\mathfrak{y}$, $\bar{\mathfrak{y}}$, $\mathfrak{z}$ und $\bar{\mathfrak{z}}$ benutzen.

Haben wir jetzt in dem Büschel B einen weiteren Kreis

$$(28)\qquad \mathfrak{t} = \alpha\,\mathfrak{x} + \beta\,\mathfrak{y}$$

so ist nach (17) das Doppelverhältnis

$$(29)\qquad D(\mathfrak{x}, \mathfrak{t}, \mathfrak{y}, \mathfrak{z}) = \frac{\alpha}{\beta}.$$

Soll der Kreis

$$\mathfrak{t} = \bar{\alpha}\,\mathfrak{x} + \bar{\beta}\,\bar{\mathfrak{y}}$$

in dem Büschel $\bar{B}$ mit $\mathfrak{x}$, $\bar{\mathfrak{y}}$, $\bar{\mathfrak{z}}$ dasselbe Doppelverhältnis haben wie $\mathfrak{t}$ mit $\mathfrak{x}$, $\mathfrak{y}$, $\mathfrak{z}$, so muß gelten:

$$\frac{\alpha}{\beta} = \frac{\bar{\alpha}}{\bar{\beta}}.$$

Da es nur auf das Verhältnis $\bar{\alpha}:\bar{\beta}$ ankommt, können wir daher für zwei entsprechende Kreise $\mathfrak{t}$ und $\bar{\mathfrak{t}}$

$$\alpha = \bar{\alpha}, \quad \beta = \bar{\beta}$$

machen. Durch

$$(30) \qquad \begin{cases} \mathfrak{t} = \alpha\,\mathfrak{x} + \beta\,\mathfrak{y}, \\ \bar{\mathfrak{t}} = \alpha\,\mathfrak{x} + \beta\,\bar{\mathfrak{y}} \end{cases}$$

sind also die entsprechenden Paare von K-Kreisen dargestellt. Nehmen wir nun für jedes solche Paar die dieses gemeinsam berührenden Kreise $\mathfrak{v}$, so muß gelten

$$(31) \qquad \begin{cases} \alpha\langle\mathfrak{v}\,\mathfrak{x}\rangle + \beta\langle\mathfrak{v}\,\mathfrak{y}\rangle = 0, \\ \alpha\langle\mathfrak{v}\,\mathfrak{x}\rangle + \beta\langle\mathfrak{v}\,\bar{\mathfrak{y}}\rangle = 0. \end{cases}$$

Jeder Kreis $\mathfrak{v}$ der Mannigfaltigkeit, die wir so erhalten, muß einem Gleichungssystem (31) mit nicht gleichzeitig verschwindenden Größen α, β genügen. Das heißt aber, es muß die Determinante desselben:

$$(32) \qquad \langle\mathfrak{v}\,\mathfrak{x}\rangle[\langle\mathfrak{v}\,\bar{\mathfrak{y}}\rangle - \langle\mathfrak{v}\,\mathfrak{y}\rangle] = 0$$

sein. Lassen wir die Kreise $\mathfrak{v}$ mit $\mathfrak{v}\,\mathfrak{x} = 0$, die den gemeinsamen Kreis $\mathfrak{x}$ berühren, beiseite, so erhalten wir wirklich gerade lauter einem linearen System angehörende Kreise, denn es ist $\mathfrak{r} = \bar{\mathfrak{y}} - \mathfrak{y}$ wegen $\langle\mathfrak{r}\mathfrak{r}\rangle = -2\langle\mathfrak{y}\bar{\mathfrak{y}}\rangle \neq 0$ ein nicht ausgeartetes System und es gilt $\mathfrak{v}\mathfrak{r} = 0$.

Die Konstruktion hat einen Schönheitsfehler. In (32) tritt der Faktor $\mathfrak{v}\,\mathfrak{x}$ auf. Die Konstruktion liefert, wenn wir alle $\mathfrak{x}$ berührenden Kreise mitrechnen, zu viel, denn nicht alle der Gleichung $\mathfrak{v}\,\mathfrak{x} = 0$ genügenden Kreise werden auch die Gleichung $\mathfrak{v}\mathfrak{r} = 0$ befriedigen, also dem System angehören; wenn wir aber von vornherein alle $\mathfrak{x}$ berührenden Kreise ausschließen, so erhalten wir nicht alle Kreise des Systems $\mathfrak{r}$. Denn es wird Kreise geben, die sowohl $\mathfrak{v}\,\mathfrak{x} = 0$ wie $\mathfrak{v}\mathfrak{r} = 0$ befriedigen, z. B. den Kreis $\mathfrak{v} = \mathfrak{x}$ selbst.

Wir können nun aber genau alle Kreise des Systems bekommen, wenn wir erst die $\mathfrak{x}$ berührenden weglassen und zu dem unvollständigen System, das man dann erhält, die Häufungselemente hinzunimmt. Natürlich muß man schon von vornherein der Figur der durch die fünf Kreise $\mathfrak{x}$, $\mathfrak{y}$, $\mathfrak{z}$, $\bar{\mathfrak{y}}$, $\bar{\mathfrak{z}}$ bestimmten Liegeometrisch bezogenen Büschel ansehen können, ob bei der Konstruktion ein elliptisches oder hyperbolisches System herauskommt. Das einfache Kriterium ist in der Aufg. 2 des § 66 angegeben.

§ 46. Weitere Eigenschaften der linearen Systeme.

I. Wir kommen jetzt zu einer zweiten invarianten Konstruktion des linearen Systems:

Wir geben uns drei Kreise $\mathfrak{x}^{I}$, $\mathfrak{x}^{II}$, $\mathfrak{y}$ vor, von denen sich keine zwei berühren und konstruieren die lineare Schar aller Kreise $\mathfrak{z}$, die $\mathfrak{x}^{I}$ und $\mathfrak{x}^{II}$ gleichzeitig berühren. Bestimmen wir dann zu jedem Paar $\mathfrak{z}^{I}$, $\mathfrak{z}^{II}$ von K-Kreisen aus $\mathfrak{z}$ die durch $\mathfrak{z}^{I}$, $\mathfrak{z}^{II}$ und $\mathfrak{y}$ „aufgespannte" lineare Schar $\mathfrak{t}$ von K-Kreisen, so bilden alle Scharen $\mathfrak{t}$ eine lineare Kongruenz. Auf den Beweis kommen wir gleich zu sprechen. Bei der Konstruktion ist noch als wichtig hervorzuheben, daß das lineare System schon durch diejenigen linearen Scharen $\mathfrak{t}$ erschöpft wird, welche zwei reelle Hüllkreise besitzen. Es genügt nach § 45 also bei der Konstruktion diejenigen Paare $\mathfrak{z}^{I}$ und $\mathfrak{z}^{II}$ von K-Kreisen der Schar $\mathfrak{z}$ zu nehmen, die mit $\mathfrak{y}$ zusammen die Vorzeicheninvariante

$$\delta = \operatorname{sgn}[\langle \mathfrak{z}^{I}\,\mathfrak{y}\rangle \langle \mathfrak{z}^{II}\,\mathfrak{y}\rangle \langle \mathfrak{z}^{I}\,\mathfrak{z}^{II}\rangle] = -1$$

besitzen. Im Gegensatz zu der im vorigen Paragraphen für die linearen Systeme angegebenen Konstruktion haben wir hier eine Konstruktion gefunden, bei der *nur die Begriffe K-Kreis und Berührung vorkommen und nicht der des Doppelverhältnisses*, und diese Konstruktion verläuft dann in folgender Weise:

Sind die drei K-Kreise $\mathfrak{x}^{I}$, $\mathfrak{x}^{II}$ *und* $\mathfrak{y}$ *vorgegeben, so bestimmen wir die Schar* $\mathfrak{z}$ *aller K-Kreise, die* $\mathfrak{x}^{I}$ *und* $\mathfrak{x}^{II}$ *berühren. Dann nehmen wir alle Kreispaare* $\mathfrak{z}^{I}$ *und* $\mathfrak{z}^{II}$ *aus* $\mathfrak{z}$, *die mit* $\mathfrak{y}$ *zusammen ein Paar gemeinsamer Berührungskreise* $\mathfrak{k}^{I}$ *und* $\mathfrak{k}^{II}$ *besitzen. Bei jedem solchen Paar* $\mathfrak{z}^{I}$, $\mathfrak{z}^{II}$ *konstruieren wir dann die Schar aller Kreise* $\mathfrak{t}$, *die die K-Kreise* $\mathfrak{k}^{I}$ *und* $\mathfrak{k}^{II}$ *gleichzeitig berühren. Die Scharen* $\mathfrak{t}$ *machen dann gerade alle K-Kreise eines linearen Systems aus.*

Wir werden dann weiter noch zeigen: Haben die drei zu Anfang gegebenen K-Kreise $\mathfrak{x}^{I}$, $\mathfrak{x}^{II}$ und $\mathfrak{y}$ die Vorzeicheninvariante $\delta = -1$, so wird bei der Konstruktion das lineare System *elliptisch*, ist aber $\delta = +1$, so wird das System *hyperbolisch*.

Wegen der Lie-Invarianz unserer Konstruktion brauchen wir von ihr nur für ein einziges Tripel $\mathfrak{x}^{I}$, $\mathfrak{x}^{II}$, $\mathfrak{y}$ mit $\delta = -1$ zu zeigen, daß sie ein elliptisches System liefert und für ein einziges Tripel mit $\delta = +1$, daß man wirklich auf ein hyperbolisches System geführt wird. Denn durch eine Abbildung von *Lie* können wir unsere Tripel $\{\mathfrak{x}^{I}, \mathfrak{x}^{II}, \mathfrak{y}\}$ in die allgemeinsten Tripel mit gleicher Vorzeicheninvariante überführen und ebenso unser System in das allgemeinste gleichartige System.

Als Tripel mit $\delta = -1$ nehmen wir nun zwei gegensinnig zusammenfallende Gerade $\mathfrak{x}^{I}$ und $\mathfrak{x}^{II}$ an und nehmen $\mathfrak{y}$ als einen zu der Geraden g, in die $\mathfrak{x}^{I}$ und $\mathfrak{x}^{II}$

hineinfallen, senkrechten Kreis an. Die Schar $\mathfrak{z}$ besteht dann aus den Punkten der Geraden g. Da die ganze Figur $\{\mathfrak{x}^{\mathrm{I}}, \mathfrak{x}^{\mathrm{II}}, \mathfrak{y}\}$ zu g symmetrisch ist, werden bei der Konstruktion der linearen Scharen $\mathfrak{t}$ auch nur zu g symmetrische K-Kreise herauskommen können, d. h. aber zu g senkrechte K-Kreise. Die zu g senkrechten K-Kreise bilden aber, wie wir schon wissen, ein elliptisches lineares System. Es kommen nun auch wirklich alle K-Kreise des Systems bei Bildung der linearen Scharen $\mathfrak{t}$ heraus und sogar schon, wie behauptet, bei Bildung der linearen Scharen mit reellen Hüllkreisen. Denn zu jedem zu g senkrechten K-Kreis $\mathfrak{t}$ können wir einen K-Kreis $\mathfrak{k}$ zeichnen, der $\mathfrak{y}$ und $\mathfrak{t}$ berührt (Fig. 56) und g in zwei Punkten $\mathfrak{z}^{\mathrm{I}}$, $\mathfrak{z}^{\mathrm{II}}$ schneidet. Nehmen wir zu $\mathfrak{k}$ auch noch den zu g spiegelbildlichen Kreis $\mathfrak{k}'$ hinzu, so gehört $\mathfrak{t}$ der durch $\mathfrak{z}^{\mathrm{I}}$, $\mathfrak{z}^{\mathrm{II}}$, $\mathfrak{y}$ bestimmten linearen Schar an, die die gemeinsamen Berührungskreise $\mathfrak{k}$ und $\mathfrak{k}'$ besitzt. Es gehört also wirklich jeder Kreis des Systems einer Schar $\mathfrak{t}$ mit reellen Hüllkreisen an.

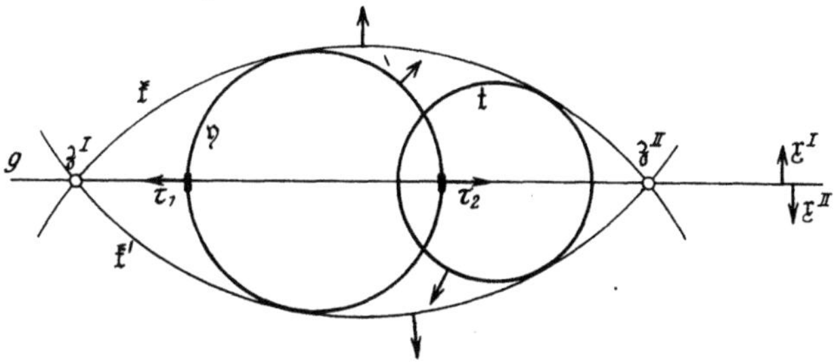

Fig. 56.

Im Fall $\delta = +1$ nehmen wir $\mathfrak{x}^{\mathrm{I}}$ und $\mathfrak{x}^{\mathrm{II}}$ wieder als nach g gegensinnig zusammenfallende Gerade an, so daß die Schar $\mathfrak{z}$ wieder aus den Punkten von g besteht, und $\mathfrak{y}$ als einen ausserhalb von g gelegenen Punkt. Die linearen Scharen $\mathfrak{t}$ bestehen dann aus den Punkten der durch $\mathfrak{y}$ und je zwei Punkte $\mathfrak{z}^{\mathrm{I}}$, $\mathfrak{z}^{\mathrm{II}}$ von g bestimmten Kreise und Geraden. Diese Scharen $\mathfrak{t}$ haben alle zwei reelle Hüllkreise, denn sie sind ja Scharen von K-Kreisen, die zwei gegensinnig zusammenfallende K-Kreise gleichzeitig berühren. Die Scharen $\mathfrak{t}$ machen dann aber gerade das hyperbolische System aller Punkte der Ebene aus.

II. Bisher haben wir über die geometrische Natur der Transformationen von *Lie* noch garnichts ausgesagt, wir wollen jetzt ein spezielles besonders typisches Beispiel einer Abbildung von *Lie* betrachten, die sog. *Lie-Inversion* oder die *Spiegelung an einem linearen System.* Wir definieren sie analytisch durch:

$$(33) \qquad \mathfrak{x} = -\frac{2\langle\mathfrak{a}\,\mathfrak{x}^*\rangle}{\langle\mathfrak{a}\,\mathfrak{a}\rangle}\,\mathfrak{a} + \;{}^*,$$

wo $\mathfrak{a}$ ein für die ganze Abbildung $\mathfrak{x} \to \mathfrak{x}^*$ festes nicht ausgeartetes lineares System darstellt. Da die Transformation (33) linear in den $\mathfrak{x}^*$ ist und da aus (33) folgt $\mathfrak{x}\mathfrak{x} = \mathfrak{x}^*\mathfrak{x}^*$, so haben wir es wirklich mit einer Abbildung von *Lie* zu tun. Aus (33) ersieht man, daß alle K-Kreise des Systems $\mathfrak{a}$ einzeln fest bleiben. Das rechtfertigt auch den Namen Spiegelung an einem System, denn wir nennen ja auch z. B. in der Gruppe der gleichsinnigen und ungleichsinnigen ähnlichen Abbildungen die Abbildungen, die die Punkte einer ganzen Ebene des Raumes fest lassen, die Spiegelungen an einer Ebene. Wie ist es nun mit einem Kreis $\mathfrak{x}$ außerhalb $\mathfrak{a}$? Nach (33) gilt für alle Kreise $\mathfrak{z}$ des Systems, die $\mathfrak{x}$ berühren, für die also $\mathfrak{z}\mathfrak{a} = \mathfrak{z}\mathfrak{x} = 0$ ist, auch $\mathfrak{z}\mathfrak{x}^* = 0$. Das Bild $\mathfrak{x}^*$ von $\mathfrak{x}$ ist also einfach der zweite K-Kreis, der von allen $\mathfrak{x}$ berührenden Kreisen $\mathfrak{z}$ des Systems eingehüllt wird.

Als spezielle Fälle von Lie-Inversionen ergeben sich: Wenn wir das System $\mathfrak{a}$ aller Kreise nehmen, die zu einem festen Kreis $\mathfrak{b}$ senkrecht sind, die *gewöhnlichen Inversionen der Möbius-Geometrie*. Denn wenn $\mathfrak{x}$ ein Punkt ist, so sind die $\mathfrak{z}$ alle durch $\mathfrak{x}$ gehenden und zu $\mathfrak{b}$ senkrechten Kreise, die sich in dem Bildpunkt $\mathfrak{x}^*$ von $\mathfrak{x}$ noch ein zweites Mal schneiden. Nehmen wir das lineare System aller K-Kreise senkrecht zu einer festen Geraden, so erhalten wir die *gewöhnliche Spiegelung an einer Geraden*. Nehmen wir das System $\mathfrak{a}$ als ein ebenes Kreissystem an, so bekommen wir die *Laguerre-Inversionen* des § 37. Nehmen wir speziell das System aller Punkte, so ergibt sich der *Richtungswechsel*.

Wir werden im § 49 zeigen, daß sich die ganze Gruppe von *Lie* aus Lie-Inversionen erzeugen läßt. Hier wollen wir nur schon dies bemerken: Da die Möbius-Inversionen einerseits und die Laguerre-Inversionen andererseits spezielle Lie-Transformationen sind, und da sich aus ersteren die Gruppe $\mathfrak{M}_6$ von *Möbius*, aus letzteren aber die engere Gruppe $\mathfrak{L}_6$ von *Laguerre* erzeugen läßt, kann man jede Möbius-Transformation und jede Laguerre-Transformation aus $\mathfrak{L}_6$ durch Lie-Transformationen erzeugen, es sind also die Gruppen $\mathfrak{M}_6$ und $\mathfrak{L}_6$ Untergruppen der Gruppe von *Lie*. Gleiches gilt aber auch von der erweiterten Gruppe $\mathfrak{L}_7$ von *Laguerre*, denn diese läßt sich aus $\mathfrak{L}_6$ und den Ähnlichkeitstransformationen erzeugen, letztere sind aber spezielle Abbildungen aus $\mathfrak{M}_6$, also auch spezielle Abbildungen von *Lie*.

III. Zwei lineare Systeme $\mathfrak{a}$ und $\mathfrak{p}$ haben die Halbinvarianten $\langle\mathfrak{a}\mathfrak{a}\rangle$, $\langle\mathfrak{a}\mathfrak{p}\rangle$, $\langle\mathfrak{p}\mathfrak{p}\rangle$ und daraus läßt sich die eine absolute Invariante

$$K = \frac{\langle\mathfrak{a}\,\mathfrak{p}\rangle^2}{\langle\mathfrak{a}\,\mathfrak{a}\rangle\,\langle\mathfrak{p}\,\mathfrak{p}\rangle} \tag{34}$$

bilden. Wir wollen sie geometrisch deuten:

Wir wählen zunächst einen beliebigen Kreis $\mathfrak{u}$, der dem einen der Systeme angehört, etwa $\mathfrak{a}$, dem anderen $\mathfrak{p}$ aber nicht. Dann spiegeln wir $\mathfrak{u}$ an $\mathfrak{p}$ und erhalten so einen neuen Kreis $\mathfrak{v}$. Nun spiegeln wir $\mathfrak{v}$ an $\mathfrak{a}$ in einen dritten Kreis $\mathfrak{w}$, und dann schließlich $\mathfrak{w}$ an $\mathfrak{p}$ nach dem vierten Kreis $\mathfrak{t}$. Aus der Formel (33) erhalten wir nach der Reihe:

$$\tag{35} \left\{ \begin{aligned} \mathfrak{v} &= -\frac{2\langle\mathfrak{p}\,\mathfrak{u}\rangle}{\langle\mathfrak{p}\,\mathfrak{p}\rangle}\mathfrak{p} + \mathfrak{u}, \\ \mathfrak{w} &= \frac{4\langle\mathfrak{a}\,\mathfrak{p}\rangle\langle\mathfrak{p}\,\mathfrak{u}\rangle}{\langle\mathfrak{a}\,\mathfrak{a}\rangle\langle\mathfrak{p}\,\mathfrak{p}\rangle}\mathfrak{a} - \frac{2\langle\mathfrak{p}\,\mathfrak{u}\rangle}{\langle\mathfrak{p}\,\mathfrak{p}\rangle}\mathfrak{p} + \mathfrak{u} \\ \mathfrak{t} &= \frac{4\langle\mathfrak{a}\,\mathfrak{p}\rangle\langle\mathfrak{p}\,\mathfrak{u}\rangle}{\langle\mathfrak{a}\,\mathfrak{a}\rangle\langle\mathfrak{p}\,\mathfrak{p}\rangle}\mathfrak{a} - \frac{8\langle\mathfrak{a}\,\mathfrak{p}\rangle^2\langle\mathfrak{p}\,\mathfrak{u}\rangle}{\langle\mathfrak{p}\,\mathfrak{p}\rangle^2\langle\mathfrak{a}\,\mathfrak{a}\rangle}\mathfrak{p} + \mathfrak{u}. \end{aligned} \right.$$

Nun ist $\mathfrak{t}$ eine Linearkombination der drei ersten Kreise $\mathfrak{u}$, $\mathfrak{v}$, $\mathfrak{w}$, denn nach $(35)_1$ läßt sich $\mathfrak{p}$ aus $\mathfrak{u}$ und $\mathfrak{v}$, nach $(35)_2$ dann auch $\mathfrak{a}$ durch $\mathfrak{u}$, $\mathfrak{v}$ und $\mathfrak{w}$ linear kombinieren, nach $(35)_3$ dann aber schließlich $\mathfrak{t}$ durch $\mathfrak{u}$, $\mathfrak{v}$ und $\mathfrak{w}$. Die vier Kreise gehören also einer linearen Schar an und haben nach § 45 ein durch die Formel (20) gegebenes Doppelverhältnis. Für dieses ergibt die Rechnung:

$$D(\mathfrak{u}, \mathfrak{t}, \mathfrak{v}, \mathfrak{w}) = 4K. \tag{36}$$

Damit ist die Invariante K gedeutet. Der Wert des Doppelverhältnisses (36) hängt also weder von der Wahl von $\mathfrak{u}$ in dem einen der Systeme ab, noch davon, in welchem der beiden Systeme man $\mathfrak{u}$ wählt.

IV. Von besonderer Wichtigkeit ist der Fall $K = 0$, also zweier Systeme $\mathfrak{a}$, $\mathfrak{p}$ mit

$$\mathfrak{a}\mathfrak{p} = 0, \tag{36a}$$

die wir auch als *involutorische* oder *in Involution befindliche Systeme* bezeichnen wollen. Nach (35) gilt in diesem und nur in diesem Falle $\mathfrak{v}\mathfrak{a} = 0$:

Für zwei involutorische Systeme liegt also mit jedem Kreise $\mathfrak{u}$, *der einem der Systeme, etwa* $\mathfrak{a}$ *angehört, auch sein zu dem anderen System* $\mathfrak{p}$ *spiegelbildlicher Kreis* $\mathfrak{v}$ *in dem System* $\mathfrak{a}$. Wie sich nach der Nr. I dieses Paragraphen der Begriff des linearen Systems allein auf die Begriffe K-Kreis und Berührung zurückführen läßt, so läßt sich auch der Begriff der involutorischen Lage zweier Systeme allein auf diese beiden Grundbegriffe zurückführen. Das geht aus der soeben gegebenen geometrischen Erklärung der involutorischen Lage und der unter Nr. II gegebenen geometrischen Erklärung der spiegelbildlichen Lage zweier K-Kreise bezüglich eines linearen Systems hervor.

V. Ein lineares System $\mathfrak{p}$ und zwei ihm nicht angehörende und zueinander nicht spiegelbildliche Kreise $\mathfrak{u}$, $\mathfrak{v}$ besitzen eine absolute Invariante:

$$J = \frac{\langle\mathfrak{u}\,\mathfrak{v}\rangle\,\langle\mathfrak{p}\,\mathfrak{p}\rangle}{\langle\mathfrak{u}\,\mathfrak{p}\rangle\,\langle\mathfrak{v}\,\mathfrak{p}\rangle}. \tag{37}$$

Wir können sie so deuten: Wir spiegeln $\mathfrak{u}$ an $\mathfrak{p}$ nach $\mathfrak{u}'$ und $\mathfrak{v}$ an $\mathfrak{p}$ nach $\mathfrak{v}'$. Dann sind die vier Kreise $\mathfrak{u}$, $\mathfrak{u}'$, $\mathfrak{v}$, $\mathfrak{v}'$ wieder linear abhängig, liegen also in einer linearen Schar, und für das Doppelverhältnis $D(\mathfrak{u}, \mathfrak{v}, \mathfrak{u}', \mathfrak{v}')$ der vier Kreise der linearen Schar ergibt sich nach (33) und (20)

$$\frac{2D}{D-1} = J. \tag{38}$$

Sind speziell die vier Kreise harmonisch ($D = -1$), so gilt:

$$J = \frac{\langle\mathfrak{u}\,\mathfrak{v}\rangle\,\langle\mathfrak{p}\,\mathfrak{p}\rangle}{\langle\mathfrak{u}\,\mathfrak{p}\rangle\,\langle\mathfrak{v}\,\mathfrak{p}\rangle} = 1. \tag{39}$$

§ 47. Über den Einbau der Geometrie von *Möbius* in die Geometrie von *Lie*.

Wir betrachten jetzt die Untergruppe der Gruppe von *Lie*, deren Abbildungen ein bestimmtes lineares System fest lassen, d. h. deren Abbildungen die Kreise eines bestimmten linearen Systems immer wieder in Kreise desselben Systems überführen. Von besonderer Bedeutung werden für uns nur die beiden Fälle sein, daß das feste System $\mathfrak{p}$ hyperbolisch und daß es parabolisch ist, der Fall eines elliptischen Systems wird uns weniger interessieren. Wir beginnen in diesem Paragraph mit dem Fall des hyperbolischen Systems.

Wählen wir speziell den im § 45 erwähnten einfachsten Fall eines hyperbolischen Systems:

$$\mathfrak{p} = \{0, 0, 0, 0, 1\}, \tag{44}$$

so sind die K-Kreise des Systems die sämtlichen *eigentlichen und uneigentlichen Punkte*. Wir haben dann also die Untergruppe der Gruppe von *Lie*, die Punkte in Punkte überführt. Für die Punkte $\mathfrak{x}$ gilt nach (44)

$$\langle \mathfrak{x}\, \mathfrak{p} \rangle = -x_4 = 0$$

und da für die Abbildungen $\mathfrak{x} \to \mathfrak{x}^*$ unserer Untergruppe aus $x_4 = 0$ auch $x_4^* = 0$ folgt, so werden die ersten vier pentazyklischen Koordinaten der Punkte unter sich durch lineare Transformationen substituiert, die die Gleichung

$$(\mathfrak{x}\, \mathfrak{x}) = -x_0^2 + x_1^2 + x_2^2 + x_3^2 = 0 \tag{45}$$

auf die $\langle \mathfrak{x}\, \mathfrak{x} \rangle = 0$ jetzt zusammenschrumpft, in sich überführen. Nach § 8 können wir nun aber gerade die x_0, x_1, x_2, x_3 als tetrazyklische Punktkoordinaten auffassen, und unsere Abbildungen sind einfach die *Kreisverwandtschaften von Möbius*.

Die Gruppen, die ein beliebiges anderes hyperbolisches System als (44) invariant lassen, gehen durch eine einfache Abbildung von *Lie* aus der Gruppe mit dem speziellen System (44), also aus der Gruppe von *Möbius* hervor. Wir können auch bei Zugrundelegung dieser isomorphen Gruppen Möbius-Geometrie treiben, wenn wir nur die einzelnen geometrischen Gebilde gerade mit dem Namen derjenigen entsprechenden geometrischen Gebilde belegen, in die sie bei der Abbildung der isomorphen Gruppe auf die wirkliche Möbius-Gruppe mit dem System (44) übergehen. Wir haben dann also z. B. die Kreise, die dem allgemeinen festen System $\mathfrak{p}$ angehören, als Punkte zu bezeichnen.

Wir können nun die Möbius-Geometrie durch Einführung eines absoluten Systems $\mathfrak{p}$ in ganz derselben Weise in die Lie-Geometrie einbauen, wie seinerzeit im § 16 und im § 17 die euklidische und nichteuklidische Bewegungsgeometrie durch Einführung eines absoluten Punktes resp. eines absoluten Kreises $\mathfrak{k}$ in die Geometrie von *Möbius.*

Nach den allgemeinen Ideen des Erlanger Programms (vgl. § 5) *sind dann die Möbiusgeometrischen Eigenschaften irgendwelcher gegebener Figuren nichts anderes als die Liegeometrischen Eigenschaften dieser Figuren bezüglich des absoluten Systems.* Haben wir z. B. eine Reihe gegebener K-Kreise, $\mathfrak{x}^{\mathrm{I}}$, $\mathfrak{x}^{\mathrm{II}} \ldots \mathfrak{x}^{p}$, so sind die Möbius-Invarianten dieser Kreise einfach die Lie-Invarianten, die man aus diesen Kreisen und dem Vektor des absoluten Systems $\mathfrak{p}$ bilden kann.

Wir können wieder, ganz dem Verfahren des § 16 bei der Bewegungsgeometrie entsprechend, die Möbius-Geometrie in zwei Stufen betreiben:

A. Wir führen einfach das absolute System $\mathfrak{p}$ in unseren Formeln mit, behalten pentazyklische Koordinaten bei und bleiben ganz in engem Anschluß an die Lie-Geometrie.

B. Wir legen uns von vornherein auf die spezielle Wahl (44) des Systems $\mathfrak{p}$ fest und gehen dann zu speziellen zu dem System in besonders einfacher Beziehung stehenden Koordinatensystemen über. Für die Punkte nehmen wir, wie schon angegeben, die durch die ersten vier pentazyklischen Koordinaten gegebenen tetrazyklischen. Die pentazyklischen Koordinaten der gerichteten Kreise und Geraden, also der M-Kreise $\mathfrak{x}$, können wir dann durch $\langle\mathfrak{x}\mathfrak{p}\rangle = -1$, also $x_4 = 1$ normieren. Dann sind nach (5) die ersten 4 pentazyklischen Koordinaten die *normierten tetrazyklischen Koordinaten der gerichteten M-Kreise.*

Wir wollen jetzt wieder ganz dem Vorgehen im § 16 entsprechend einige Formeln aufstellen, die zur Stufe A gehören und deren Richtigkeit man durch Übergang zur Stufe B und Vergleich mit den in den Kapiteln I und II in tetrazyklischen Koordinaten aufgestellten Formeln leicht nachweisen kann.

I. Zwei zu dem absoluten System $\mathfrak{p}$ nach (33) spiegelbildliche Kreise $\mathfrak{x}$ und $\mathfrak{x}^*$ stellen in der Interpretation der Möbius-Geometrie einfach *zwei entgegengesetzt gerichtet zusammenfallende Kreise* dar. Denn nach (44) ergibt sich auf Stufe B, daß die ersten vier Koordinaten von $\mathfrak{x}$ und $\mathfrak{x}^*$ übereinstimmen und die fünften entgegengesetzt gleich sind. Normieren wir $\mathfrak{x}$ und $\mathfrak{x}^*$ so um, daß $x_4 = x_4^* = 1$ wird, so unterscheiden sich dann die ersten vier Koordinaten, also die normierten tetrazyklischen, um den gemeinsamen Faktor -1, woraus nach § 13 die Behauptung folgt. Als zwei zum festbleibenden System $\mathfrak{p}$ spiegelbildliche Kreise sind dann in der Möbiusgeometrie zwei entgegengesetzt gerichtet zusammenfallende Kreise miteinander invariant verknüpft.

II. Der *Winkel* φ zweier gerichteter Kreise $\mathfrak{u}$ und $\mathfrak{v}$ ist durch

$$\cos\varphi = 1 - \frac{\langle\mathfrak{u}\,\mathfrak{v}\rangle\,\langle\mathfrak{p}\,\mathfrak{p}\rangle}{\langle\mathfrak{u}\,\mathfrak{p}\rangle\,\langle\mathfrak{v}\,\mathfrak{p}\rangle} \tag{46}$$

gegeben, wie man durch Rückgang auf tetrazyklische Koordinaten mittels § 13 (40) leicht erkennt. Der Winkel ist somit nach § 46 (37), (38) als die dort angegebene Invariante zweier Kreise und eines linearen Systems Liegeometrisch erklärt. Er hängt mit dem dort eingeführten Doppelverhältnis D der $\mathfrak{u}$, $\mathfrak{v}$ und ihrer zu $\mathfrak{p}$ spiegelbildlichen Kreise $\mathfrak{u}'$, $\mathfrak{v}'$ durch die Formel

$$(47) \qquad \cos\varphi = \frac{2}{D} - 1$$

zusammen. Auf Stufe B sind $\mathfrak{u}'$, $\mathfrak{v}'$ die mit $\mathfrak{u}$ und $\mathfrak{v}$ entgegengesetzt zusammenfallenden Kreise, und aus (47) ergibt sich dann eine *Erklärung der Winkelinvariante zweier Kreise durch ein Doppelverhältnis*, die auch noch im Fall sich nicht schneidender Kreise Gültigkeit hat.

Wenn wir durch die Forderung

$$(48) \qquad \hat{\mathfrak{p}}\,\hat{\mathfrak{p}} = -1$$

(oder indem wir $\hat{\mathfrak{p}} = \frac{\mathfrak{p}}{\sqrt{-\mathfrak{p}\,\mathfrak{p}}}$ setzen) für das hyperbolische System $\mathfrak{p}$ ($\mathfrak{p}\,\mathfrak{p} < 0$) eine invariante Normierung festlegen, so können wir statt (46) schreiben

$$\cos\varphi - 1 = \frac{\langle \mathfrak{u}\,\mathfrak{v}\rangle}{\langle \mathfrak{u}\,\hat{\mathfrak{p}}\rangle\,\langle \mathfrak{v}\,\hat{\mathfrak{p}}\rangle}$$

oder

$$(49) \qquad -2\sin^2\frac{\varphi}{2} = \frac{\langle \mathfrak{u}\,\mathfrak{v}\rangle}{\langle \mathfrak{u}\,\hat{\mathfrak{p}}\rangle\,\langle \mathfrak{v}\,\hat{\mathfrak{p}}\rangle} = -\frac{\langle \mathfrak{u}\,\mathfrak{v}\rangle\,\langle \mathfrak{p}\,\mathfrak{p}\rangle}{\langle \mathfrak{u}\,\mathfrak{p}\rangle\,\langle \mathfrak{v}\,\mathfrak{p}\rangle}\,.$$

III. Wir wollen jetzt sehen, welche Rolle ein von $\mathfrak{p}$ verschiedenes *lineares System in der Möbius-Geometrie* spielt. Wir wollen uns nur mit dem Fall eines elliptischen Systems $\mathfrak{a}$ beschäftigen, der für uns vornehmlich Interesse hat.

Das System $\mathfrak{a}$ hat eine Möbius-Invariante, denn es besitzt mit $\mathfrak{p}$ eine Lie-Invariante (34)

$$(50) \qquad K = \frac{\langle \mathfrak{a}\,\mathfrak{p}\rangle^2}{\langle \mathfrak{a}\,\mathfrak{a}\rangle\,\langle \mathfrak{p}\,\mathfrak{p}\rangle}\,.$$

Wir können hier diese Invariante auch auf folgende Weise erklären: Mit dem System $\mathfrak{a}$ sind zwei gerichtete Kreise Möbiusinvariant verbunden, nämlich die nach

$$(51) \qquad \mathfrak{z} = \alpha\,\mathfrak{a} + \beta\,\mathfrak{p}$$

aus $\mathfrak{a}$ und $\mathfrak{p}$ linear kombinierbaren, die sich für die aus

$$(52) \qquad \langle \mathfrak{z}\,\mathfrak{z}\rangle = \alpha^2\langle \mathfrak{a}\,\mathfrak{a}\rangle + 2\,\alpha\,\beta\,\langle \mathfrak{a}\,\mathfrak{p}\rangle + \beta^2\langle \mathfrak{p}\,\mathfrak{p}\rangle = 0$$

bestimmten beiden Werte $\alpha:\beta$ ergeben. Diese beiden Kreise sind, wie man nach (33) leicht nachrechnet, zu $\mathfrak{p}$ spiegelbildlich, fallen also gegensinnig zusammen. Da wegen $\mathfrak{a}\,\mathfrak{a} > 0$, $\mathfrak{p}\,\mathfrak{p} < 0$, gilt: $K < 0$, hat (52) immer zwei reelle Lösungen.

Wir wollen jetzt einen beliebigen Kreis $\mathfrak{x}$ in dem System $\mathfrak{a}$ annehmen und seinen Winkel mit einem der Kreise (51) berechnen. Nach (46) gilt

$$\cos\varphi = 1 - \frac{\langle\mathfrak{x}\,\mathfrak{z}\rangle\,\langle\mathfrak{p}\,\mathfrak{p}\rangle}{\langle\mathfrak{x}\,\mathfrak{p}\rangle\,\langle\mathfrak{z}\,\mathfrak{p}\rangle}.$$

Nach (51) folgt daraus wegen $\langle\mathfrak{x}\mathfrak{a}\rangle = 0$:

(53) $$\cos\varphi = 1 - \frac{\beta\,\langle\mathfrak{x}\,\mathfrak{p}\rangle\,\langle\mathfrak{p}\,\mathfrak{p}\rangle}{\langle\mathfrak{x}\,\mathfrak{p}\rangle\,[\alpha\,\langle\mathfrak{a}\,\mathfrak{p}\rangle + \beta\,\langle\mathfrak{p}\,\mathfrak{p}\rangle]}.$$

Hier hebt sich der Faktor $\langle\mathfrak{x}\mathfrak{p}\rangle$ oben und unten heraus, der Winkel φ hängt also, da $\mathfrak{x}$ dann gar nicht mehr vorkommt, von der Wahl des Kreises $\mathfrak{x}$ in $\mathfrak{a}$ nicht ab. Aus (53) folgt durch Umformen:

$$\cos^2\varphi = \frac{1}{1 + \left(\frac{\beta}{\alpha}\right)^2 \left(\frac{\langle\mathfrak{p}\,\mathfrak{p}\rangle}{\langle\mathfrak{a}\,\mathfrak{p}\rangle}\right)^2 + 2\,\frac{\beta}{\alpha}\,\frac{\langle\mathfrak{p}\,\mathfrak{p}\rangle}{\langle\mathfrak{a}\,\mathfrak{p}\rangle}}.$$

Hier kann man nun nach (52) $\beta : \alpha$ eliminieren und man behält:

$$\cos^2\varphi = \frac{1}{1 - \frac{\langle\mathfrak{a}\,\mathfrak{a}\rangle\,\langle\mathfrak{p}\,\mathfrak{p}\rangle}{\langle\mathfrak{a}\,\mathfrak{p}\rangle^2}},$$

also nach (50)

(54) $$\cos^2\varphi = \frac{K}{K-1}.$$

Da der $\cos^2\varphi$ des Winkels zweier Kreise von ihrer Richtung gar nicht abhängt, bilden also alle Kreise $\mathfrak{x}$ des Systems $\mathfrak{a}$ mit dem ungerichteten Kreis, in den die beiden $\mathfrak{z}$ zusammenfallen, den gleichen Winkel [ein Resultat, das uns aus § 45 für das elliptische System schon bekannt ist] und die Möbius-Invariante K des Systems bestimmt sich aus dem Winkel φ nach (54).

IV. Aus (54) folgt nach § 46 IV, daß die zu dem absoluten System $\mathfrak{p}$ *involutorischen* elliptischen Systeme $\mathfrak{a}$ mit den Mannigfaltigkeiten aller zu einem festen M-Kreis *senkrechten* K-Kreise identisch sind.

An diese Beispiele wollen wir noch einige Betrachtungen schließen, die sich auf den Übergang zur Stufe B beziehen.

Wenn es uns nur darum zu tun ist, zu einem gerichteten Kreis $\mathfrak{x}$ die unnormierten tetrazyklischen Koordinaten zu bekommen, die dem ihm entsprechenden ungerichteten Kreis zugehören, so können wir einfach die fünfte pentazyklische Koordinate weglassen und die vier übrigen sind dann die gewünschten Koordinaten. [Vgl. (5) und § 7 (59)!].

Haben wir ein elliptisches lineares System $\mathfrak{a}$ und lassen wir die fünfte Koordinate weg, so stellen die vier übrigen einfach die homogenen unnormierten tetrazyklischen Koordinaten des mit dem System nach (51) Möbiusinvariant verbundenen ungerichteten Kreises dar. Denn bei Wahl des Systems (44) für $\mathfrak{p}$ stimmen die ersten vier Koordinaten von $\mathfrak{a}$ mit denen der Kreise $\mathfrak{z}$ überein.

§ 48. Einordnung der Geometrie von *Laguerre* in die Geometrie von *Lie*.

Wir betrachten jetzt die Untergruppe aller Abbildungen von *Lie*, die einen bestimmten K-Kreis $\mathfrak{p}$ fest lassen. Da bei diesen Abbildungen alle K-Kreise des parabolischen Systems, die aus den $\mathfrak{p}$ berührenden Kreisen besteht, immer wieder in Kreise desselben Systems übergehen, können wir auch sagen: Wir haben die Untergruppe aller Abbildungen, die ein bestimmtes parabolisches System fest lassen.

Nehmen wir als den festen absoluten Kreis $\mathfrak{p}$ speziell den folgenden an

$$\mathfrak{p} = \quad -1,\ 1,\ 0,\ 0,\ 0\}, \tag{55}$$

also nach (9) den uneigentlichen Punkt, so sind die K-Kreise des zugehörigen parabolischen Systems die *gerichteten Geraden*, für deren Koordinaten $\mathfrak{x}$ dann gilt

$$\mathfrak{x}\,\mathfrak{p} = x_0 + x_1 = 0\,. \tag{56}$$

Wir haben also die Untergruppe der Gruppe von *Lie*, die gerichtete Geraden in ebensolche überführt. Wir wollen zeigen, daß diese Gruppe einfach die *weitere Gruppe* $\mathfrak{L}_7$ *von Laguerre* ist.

Dazu bemerken wir zuerst, daß wir den K-Kreisen $\mathfrak{x}$, die den absoluten Kreis $\mathfrak{p}$ nicht berühren, $[\mathfrak{x}\mathfrak{p} \neq 0]$ durch die Forderung

$$\mathfrak{x}\,\mathfrak{p} = 1 \tag{57}$$

eine besondere Normierung erteilen können. Nach (55) wird dann

$$x_0 + x_1 = 1\,. \tag{58}$$

Bezeichnen wir die Koordinaten x_2, x_3, x_4 jetzt der Reihe nach mit X_1, X_2, X_0 und fassen wir die drei X_1, X_2, X_0 in den Dreiervektor $\mathfrak{X}$ zusammen, setzen wir ferner

$$\mathfrak{X}\,\mathfrak{X} = -X_0^2 + X_1^2 + X_2^2\,, \tag{59}$$

so ergibt sich aus $\mathfrak{x}\,\mathfrak{x} = 0$ wegen (58)

$$x_0 - x_1 = \mathfrak{X}\,\mathfrak{X}\,. \tag{60}$$

Aus (58) und (60) folgt dann:

$$\begin{cases} x_0 = \dfrac{1+\mathfrak{X}\,\mathfrak{X}}{2}; & x_1 = \dfrac{1-\mathfrak{X}\,\mathfrak{X}}{2}; \\ x_2 = X_1; \quad x_3 = X_2; & x_4 = X_0\,. \end{cases} \tag{61}$$

Der Vergleich mit (22) lehrt, daß X_0, X_1, X_2 jetzt einfach die in der *Laguerre*schen Geometrie benutzten *kartesischen Koordinaten* sind.

Die Abbildungen von *Lie* sind nun als lineare Transformationen

$$x_i = \sum_{k=0}^{4} b_{ik} x_k^* \qquad [i = 0, 1 \ldots 4] \tag{62}$$

der pentazyklischen Koordinaten gegeben, die die Gleichung $\langle \mathfrak{x}\,\mathfrak{x}\rangle = 0$ oder, wie wir statt dessen auch sagen können, die für zwei Kreise $\mathfrak{x}$, $\mathfrak{y}$ die Gleichung

$$\langle \mathfrak{x}\,\mathfrak{y}\rangle = 0 \tag{63}$$

invariant lassen. Bei unserer Untergruppe muß nun speziell noch der Kreis $\mathfrak{p}$ in sich übergeführt werden. Setzen wir für $\mathfrak{x}^*$ in (62) die Koordinaten (55) von $\mathfrak{p}$ ein, so muß sich dabei also auch für $\mathfrak{x}$ nach (55) $x_2 = x_3 = x_4 = 0$ ergeben. Daraus folgt, daß in (62)

$$b_{\alpha 0} = b_{\alpha 1} \qquad [\alpha = 2, 3, 4] \tag{64}$$

ist. Schreiben wir nun die für die drei Indizes $i = 2, 3, 4$ genommenen drei Gleichungen (62) nach (61) von den pentazyklischen Koordinaten x_i auf die kartesischen X_1, X_2 und X_0 um, so ergibt sich

$$\tag{65} \left\{ \begin{aligned} X_1 &= b_{20}\frac{1+\mathfrak{X}^*\mathfrak{X}^*}{2} + b_{21}\frac{1-\mathfrak{X}^*\mathfrak{X}^*}{2} + b_{22}X_1^* + b_{23}X_2^* + b_{24}X_0^* \\ X_2 &= b_{30}\frac{1+\mathfrak{X}^*\mathfrak{X}^*}{2} + b_{31}\frac{1-\mathfrak{X}^*\mathfrak{X}^*}{2} + b_{32}X_1^* + b_{33}X_2^* + b_{34}X_0^* \\ X_0 &= b_{40}\frac{1+\mathfrak{X}^*\mathfrak{X}^*}{2} + b_{41}\frac{1-\mathfrak{X}^*\mathfrak{X}^*}{2} + b_{42}X_1^* + b_{43}X_2^* + b_{44}X_0^*. \end{aligned} \right.$$

Wegen (64) fallen aber rechts die Glieder mit $\mathfrak{X}^*\mathfrak{X}^*$ weg, und es bleiben inhomogene lineare Substitutionen der $\mathfrak{X}$ übrig.

Die Gleichung (63) können wir nun aber, wenn wir auch für $\mathfrak{y}$ die drei kartesischen Koordinaten einführen, wegen der Identität

$$\tag{66} \begin{aligned} \langle \mathfrak{x}\,\mathfrak{y}\rangle = {} & -x_0 y_0 + x_1 y_1 + \mathfrak{X}\,\mathfrak{Y} = -\frac{1+\mathfrak{X}\mathfrak{X}}{2}\cdot\frac{1+\mathfrak{Y}\mathfrak{Y}}{2} + \\ & + \frac{1-\mathfrak{X}\mathfrak{X}}{2}\cdot\frac{1-\mathfrak{Y}\mathfrak{Y}}{2} + \mathfrak{X}\,\mathfrak{Y} = -\frac{1}{2}(\mathfrak{X}-\mathfrak{Y})^2 \end{aligned}$$

auch in der Form schreiben:

$$(\mathfrak{X}-\mathfrak{Y})^2 = 0. \tag{67}$$

Dabei benutzen wir in (66) (67) für die Kartesischen Kordinatentripel die Abkürzung (4) des § 33. Somit haben wir inhomogene lineare Substitutionen der X, die die Gleichung (67) invariant lassen, also nach § 33 Transformationen der Gruppe $\mathfrak{L}_7$. Da wir aber schon wissen, daß $\mathfrak{L}_7$ eine Untergruppe von $\mathfrak{K}$ ist, die Geraden invariant läßt, erhalten wir die gesamte Gruppe $\mathfrak{L}_7$.

Wir können nun wieder auch dann Laguerre-Geometrie treiben, wenn wir statt $\mathfrak{L}_7$ die isomorphen Gruppen zugrunde legen, die statt (55) einen beliebigen anderen K-Kreis $\mathfrak{p}$ fest lassen. Wir haben die einzelnen Gebilde dann nur wieder in geeigneter Weise zu interpretieren, z. B. die $\mathfrak{p}$ berührenden Kreise $\mathfrak{x}$ $[\mathfrak{x}\mathfrak{p} = 0]$ als Geraden.

Wieder können wir die Laguerre-Geometrie auf zwei Stufen A und B betreiben. Wir stellen jetzt einige Formeln zusammen, die zur Stufe A gehören, in denen also der absolute Kreis $\mathfrak{p}$ ohne Spezialisierung mitgeführt wird.

I. Nehmen wir zwei Kreise $\mathfrak{u}$ und $\mathfrak{v}$, so können wir aus ihnen und $\mathfrak{p}$ jetzt im Gegensatz zu der Möbius-Geometrie [vgl. (46)] keine Invariante bilden, denn wegen $\mathfrak{p}\mathfrak{p} = 0$ existieren nur die drei Halbinvarianten $\mathfrak{u}\mathfrak{v}$, $\mathfrak{u}\mathfrak{p}$, $\mathfrak{v}\mathfrak{p}$ und die Größe

$$\frac{\langle\mathfrak{u}\,\mathfrak{v}\rangle}{\langle\mathfrak{u}\,\mathfrak{p}\rangle\langle\mathfrak{v}\,\mathfrak{p}\rangle} \tag{68}$$

ist von der Umnormierung $\mathfrak{p} = \lambda\mathfrak{p}^*$ von $\mathfrak{p}$ abhängig und multipliziert sich mit $1:\lambda^2$. Haben wir nun aber zwei Paare von K-Kreisen $\mathfrak{u}, \mathfrak{v}$ und $\bar{\mathfrak{u}}$, $\bar{\mathfrak{v}}$, so ist das Verhältnis

$$\frac{\mathfrak{u}\,\mathfrak{v}}{\langle\mathfrak{u}\,\mathfrak{p}\rangle\langle\mathfrak{v}\,\mathfrak{p}\rangle} : \frac{\bar{\mathfrak{u}}\,\bar{\mathfrak{v}}}{\langle\bar{\mathfrak{u}}\,\mathfrak{p}\rangle\langle\bar{\mathfrak{v}}\,\mathfrak{p}\rangle} \tag{69}$$

eine Invariante, also eine Invariante der beiden Kreispaare gegen $\mathfrak{L}_7$. Gehen wir zur Stufe B über, so ergibt sich nach (67) nun aber bei Übergang zu den Koordinaten (61):

$$\frac{\mathfrak{u}\,\mathfrak{v}}{\langle\mathfrak{u}\,\mathfrak{p}\rangle\langle\mathfrak{v}\,\mathfrak{p}\rangle} = -\frac{1}{2}(\mathfrak{U} - \mathfrak{V})^2. \tag{70}$$

Somit ist (69) einfach das *Quadrat des Verhältnisses der Tangentenentfernungen der beiden Kreispaare.* Für ein einziges Kreispaar haben wir gegen $\mathfrak{L}_7$ die Vorzeicheninvariante

$$\operatorname{sgn}[\langle\mathfrak{u}\,\mathfrak{v}\rangle\langle\mathfrak{u}\,\mathfrak{p}\rangle\langle\mathfrak{v}\,\mathfrak{p}\rangle], \tag{71}$$

die nach (70) gleich -1 ist für Kreise mit raumartiger Entfernung und gleich $+1$ für zeitartig entfernte Kreise.

Wir können nach (69) etwa durch ein bestimmtes Kreispaar $\bar{\mathfrak{u}}, \bar{\mathfrak{v}}$ eine Einheitstangentenentfernung festlegen und alle übrigen im Verhältnis zu ihr messen. Dabei können wir aber $\mathfrak{p}$ dann gerade so normieren, daß für dieses eine Kreispaar $\bar{\mathfrak{u}}$, $\bar{\mathfrak{v}}$ der Ausdruck

$$\frac{\bar{\mathfrak{u}}\,\bar{\mathfrak{v}}}{\langle\bar{\mathfrak{u}}\,\mathfrak{p}\rangle\langle\bar{\mathfrak{v}}\,\mathfrak{p}\rangle} = 1$$

wird. Dann ist bei dieser Normierung $\hat{\mathfrak{p}}$ von $\mathfrak{p}$ für jedes weitere Kreispaar $\mathfrak{u}$, $\mathfrak{v}$ durch

$$-\frac{1}{2}t^2 = \frac{\mathfrak{u}\,\mathfrak{v}}{\langle\mathfrak{u}\,\hat{\mathfrak{p}}\rangle\langle\mathfrak{v}\,\hat{\mathfrak{p}}\rangle} \tag{72}$$

gerade das Quadrat der Tangentenentfernung in bezug auf die Einheitstangentenentfernung $\{\bar{\mathfrak{u}}, \bar{\mathfrak{v}}\}$ gegeben. Nehmen wir also statt nur eines festen Kreises $\mathfrak{p}$ einen fest normierten Kreis $\hat{\mathfrak{p}}$ in der Lie-Geometrie als von vornherein zur Verfügung stehend an, so können wir sagen: Das kommt darauf hinaus, daß man in der Geometrie eine Einheitstangentenentfernung als gegeben annimmt, d. h. aber, *daß man zu der Gruppe $\mathfrak{L}_6$ übergeht.*

II. Nehmen wir jetzt den absoluten Kreis $\hat{\mathfrak{p}}$ von vornherein in fester Normierung an, so hat ein *elliptisches System* $\mathfrak{a}$ eine Invariante gegen $\mathfrak{L}_6$, nämlich

$$K = \frac{\langle \mathfrak{a}\,\hat{\mathfrak{p}}\rangle^2}{\langle \mathfrak{a}\,\mathfrak{a}\rangle}. \tag{73}$$

Es gibt hier jetzt einen besonderen Laguerregeometrisch ausgezeichneten Typ von elliptischen linearen Systemen, nämlich die mit $\mathfrak{a}\mathfrak{p} = 0$, also die Systeme, die den uneigentlichen Punkt enthalten. Diese sind nach § 45 aber einfach die ebenen Kreissysteme, hier im elliptischen Fall also die zeitartigen ebenen Kreissysteme.

Schließen wir diesen Fall aus, so bleiben für die elliptischen Systeme $\mathfrak{a}\mathfrak{p} \neq 0$ nach § 45 nur die zeitartigen sphärischen Kreissysteme übrig. Um die Invariante (73) zu deuten, bemerken wir, daß sich als Linearkombination

$$\mathfrak{z} = \alpha\,\mathfrak{a} + \beta\,\hat{\mathfrak{p}} \tag{74}$$

jetzt im Gegensatz zu (51) nur ein Kreis $\mathfrak{z}$ ergibt. Denn in (52) wird $\mathfrak{p}\mathfrak{p} = 0$ und es ergibt sich als eine Lösung $\alpha = 0$, der absolute Kreis. Die andere Lösung ist dann einfach

$$\mathfrak{z} = -\frac{2\langle \mathfrak{a}\,\hat{\mathfrak{p}}\rangle}{\langle \mathfrak{a}\,\mathfrak{a}\rangle}\,\mathfrak{a} + \hat{\mathfrak{p}}, \tag{75}$$

also der zu $\mathfrak{p}$ an $\mathfrak{a}$ gespiegelte Kreis. Berechnen wir hier die Tangentenentfernung eines beliebigen $\mathfrak{a}$ angehörigen Kreises $\mathfrak{x}$ $[\mathfrak{x}\mathfrak{a} = 0]$ von $\mathfrak{z}$, so ergibt sich nach (72)

$$t^2 = \frac{\mathfrak{a}\,\mathfrak{a}}{\langle \mathfrak{a}\,\mathfrak{p}\rangle^2} = \frac{1}{K}, \tag{76}$$

womit die Invariante K gedeutet ist. Wir finden hier also die uns schon bekannte Erklärung eines elliptischen sphärischen Kreissystems als *Mannigfaltigkeit aller Kreise wieder, die von einem festen Mittelkreis $\mathfrak{z}$* (75) *konstante Tangentenentfernung haben.*

III. Die *gleichsinnig parallelen Geraden* ergeben sich in der Liegeometrischen Auffassung jetzt einfach als die K-Kreise, die den absoluten Kreis im selben gerichteten (uneigentlichen) Linienelement berühren. Das *Abstandsverhältnis* dreier paralleler Geraden ergibt sich dabei als das *Doppelverhältnis*, das sie in ihrem Büschel mit dem absoluten Kreis bilden.

Wir schließen jetzt noch eine Bemerkung an, die sich auf den Übergang zur Stufe B bezieht. Lassen wir bei den Geraden, für die nach (56)

$$x_0 + x_1 = 0$$

gilt, die ersten beiden pentazyklischen Koordinaten mit den Indizes 0 und 1 weg, so gilt nach (7) für die übrigen drei $x_2 : x_3 : x_4 = \alpha_1 : \alpha_2 : 1$, wo α_1 und α_2 mit $\alpha_1^2 + \alpha_2^2 = 1$ die Richtungskosinus der gerichteten Geraden sind. Setzen wir $x_2 = \mathfrak{v}_1$, $x_3 = \mathfrak{v}_2$, $x_4 = \mathfrak{v}_0$, so gilt

$$-v_0^2 + v_1^2 + v_2^2 = 0 \tag{77}$$

und die $\mathfrak{v}$ sind nach § 35 einfach die Komponenten des isotropen Richtungsvektors der Geraden, den wir in der Laguerre-Geometrie eingeführt haben, und der das Richtungsbild der Geraden festlegt.

Die Geometrie von *Laguerre* ergibt sich als ein Grenzfall der Geometrie von *Möbius*, wenn wir erst ein lineares Kreissystem $\mathfrak{p}$ einführen, für das $\mathfrak{p}\,\mathfrak{p} = C$ gilt mit $C < 0$ und wenn wir dann C gegen 0 wandern lassen. *Man kann die Gruppe von Laguerre als einen Grenzfall aus einer zur Möbius-Gruppe isomorphen Gruppe erhalten.* Z. B. kann man das hyperbolische System der Kreise mit $A\,(x_0 + x_1) - x_4 = 0$ mit einer beliebigen Konstanten A nehmen, das nach (5) aus den Kreisen von dem konstanten Radius A besteht. In der zu diesem System gehörigen Geometrie sind dann die Kreise vom Radius A als Punkte zu interpretieren. Lassen wir nun A unbegrenzt wachsen, so gehen die Kreise im Grenzfall in die Geraden über, also in die K-Kreise des parabolischen Systems, das der *Laguerre*schen Geometrie zugrunde liegt.

Wir haben hier ganz ähnliche Verhältnisse wie im § 19, wo wir zuerst einen absoluten Vektor $\mathfrak{k}$ mit $\mathfrak{k}\mathfrak{k} = C$ eingeführt haben, um im Rahmen der Möbius-Geometrie die nichteuklidische [hyperbolische und elliptische] Bewegungsgeometrie zu entwickeln, und dann im Grenzfall $\mathfrak{k}\mathfrak{k} = 0$ die euklidische Bewegungsgeometrie bekamen. Wir können daher sagen, daß sich die Möbius-Geometrie zur Laguerre-Geometrie ähnlich verhält wie die nichteuklidische zur euklidischen Bewegungsgeometrie.

Haben wir in der Möbius-Geometrie zwei Kreispaare $\mathfrak{u}$, $\mathfrak{v}$ und $\bar{\mathfrak{u}}$, $\bar{\mathfrak{v}}$ mit den Winkeln φ_1 und φ_2, so gilt nach (49)

$$\sin^2\frac{\varphi_1}{2} : \sin^2\frac{\varphi_2}{2} = \frac{\mathfrak{u}\,\mathfrak{v}}{\langle\mathfrak{u}\,\mathfrak{p}\rangle\,\langle\mathfrak{v}\,\mathfrak{p}\rangle} : \frac{\bar{\mathfrak{u}}\,\bar{\mathfrak{v}}}{\langle\bar{\mathfrak{u}}\,\mathfrak{p}\rangle\,\langle\bar{\mathfrak{v}}\,\mathfrak{p}\rangle}, \tag{78}$$

wo $\mathfrak{p}$ in beliebiger Normierung genommen werden kann. Gehen wir jetzt zur Grenze $\mathfrak{p}\,\mathfrak{p} \to 0$ über, so geht (78) über in das Verhältnis der Quadrate der Tangentenentfernungen der beiden Kreispaare. *Im Zu-*

sammenhang damit werden sich im folgenden häufig als Grenzfälle von Sätzen über Winkelbeziehungen von Kreisen Sätze über Tangentenentfernungen von Kreisen ergeben.

Da es uns im folgenden weniger darum zu tun sein wird, immer den Grenzübergang im Auge zu behalten, werden wir das absolute lineare Kreissystem immer normiert annehmen, und zwar im Falle von *Möbius* durch $\hat{\mathfrak{p}}\hat{\mathfrak{p}} = -1$ und im Falle von *Laguerre* so, wie es der Festlegung einer bestimmten Einheitstangentenentfernung entspricht.

Dann entspricht, wie der Vergleich der Formeln (49) und (72) lehrt, für ein Kreispaar der Ausdruck $-2\sin^2\frac{\varphi}{2}$ für den Winkel formal dem Ausdruck $-\frac{1}{2}t^2$ für die Tangentenentfernung t.

Da wir im § 19 die nichteuklidische und euklidische Geometrie in die Möbius-Geometrie eingebaut haben und jetzt wiederum die Möbius-Geometrie in die Geometrie von *Lie*, können wir natürlich auch im Rahmen der Lie-Geometrie nichteuklidische und euklidische Geometrie treiben. Sind wir von der Lie-Geometrie zur Möbius-Geometrie durch Einführung eines hyperbolischen Systems $\mathfrak{p}$ gelangt, so haben wir in der Möbius-Geometrie noch einen Kreis im Sinne der Möbius-Geometrie, also einen K-Kreis $\mathfrak{k}$, der dem System $\mathfrak{p}$ nicht angehört, $\mathfrak{k}\mathfrak{p} \neq 0$, einzuführen, um zur hyperbolischen Geometrie zu gelangen. Wir haben hier also zwei absolute feste Vektoren, $\mathfrak{p}$ und $\mathfrak{k}$ einzuführen. Um zur euklidischen Geometrie zu kommen, haben wir aber einen Punkt einzuführen, das heißt einen dem System $\mathfrak{p}$ angehörenden K-Kreis. Diesen letzteren Kreis haben wir wieder normiert anzunehmen [$\hat{\mathfrak{k}}$], wenn wir statt der Geometrie der ähnlichen Abbildungen die Bewegungsgeometrie im engeren Sinne haben wollen. Die Bewegungsinvarianten einer Reihe gegebener Kreise $\mathfrak{x}^{\mathrm{I}}, \mathfrak{x}^{\mathrm{II}} \ldots \mathfrak{x}^{p}$ sind dann z. B. die Lie-Invarianten, die sich aus diesen Kreisen und den beiden absoluten Vektoren $\mathfrak{p}$, $\hat{\mathfrak{k}}$ bilden lassen. Ein Kreis $\mathfrak{z}$ hat z. B. die Bewegungsinvariante

$$R^2 = -\frac{\langle \mathfrak{z}\mathfrak{p}\rangle^2}{\langle \mathfrak{z}\hat{\mathfrak{k}}\rangle^2 \langle \mathfrak{p}\mathfrak{p}\rangle},$$

die man durch Übergang zur Stufe B bei der speziellen Wahl (55) und

$$\hat{\mathfrak{k}} = (-1,\ 1,\ 0,\ 0,\ 0) \quad [\hat{\mathfrak{k}} \text{ ist uneigentlicher Punkt}]$$

von $\mathfrak{p}$ und $\hat{\mathfrak{k}}$ als das Quadrat des Radius nachweisen kann.

Natürlich können wir uns auch vorstellen, daß wir, um zur Bewegungsgeometrie zu kommen, erst einen absoluten Kreis $\hat{\mathfrak{k}}$, d. h. den uneigentlichen Punkt einführen, damit also zur Laguerre-Geometrie übergehen und dann ein den uneigentlichen Punkt enthaltendes hyperbolisches Kreissystem, d. h. aber ein raumartiges ebenes Kreissystem. In der Tat haben wir ja im § 37 gesehen, daß die Untergruppe der Gruppe von *Laguerre*, die das spezielle aus allen Punkten bestehende raumartige ebene Kreissystem in sich überführt, die Bewegungsgruppe ist.

§ 49. Eigenschaften der Gruppe von *Lie*.

Wir wollen jetzt zeigen, daß man die ganze Gruppe von *Lie* aus den Lie-Inversionen (33) erzeugen kann.

Wir betrachten folgende aus 6 Kreisen gebildete Figur: Wir nehmen zwei sich nicht berührende Kreise $\mathfrak{v}$ und $\mathfrak{w}$ an, und aus der linearen Schar der $\mathfrak{v}$ und $\mathfrak{w}$ gemeinsam berührenden Kreise drei, etwa $\mathfrak{x}$, $\mathfrak{y}$ und $\mathfrak{z}$; ferner nehmen wir zu den 5 Kreisen $\mathfrak{v}$, $\mathfrak{w}$, $\mathfrak{x}$, $\mathfrak{y}$, $\mathfrak{z}$ als sechsten Kreis $\mathfrak{t}$ einen Kreis hinzu, der $\mathfrak{x}$ und $\mathfrak{z}$ berührt, dagegen $\mathfrak{y}$ nicht berührt (Fig. 57). Wir wollen zeigen, daß man diese Figur $\mathfrak{F}$ der 6 Kreise in jede beliebige gleichartige $\mathfrak{F}^*$ mit den Kreisen $\{\mathfrak{x}^*, \mathfrak{y}^*, \mathfrak{z}^*, \mathfrak{v}^*, \mathfrak{w}^*, \mathfrak{t}^*\}$ durch Abbildung von *Lie* überführen kann und zwar wollen wir zeigen, daß diese Überführung immer durch Aneinanderreihung von Lie-Inversionen möglich ist.

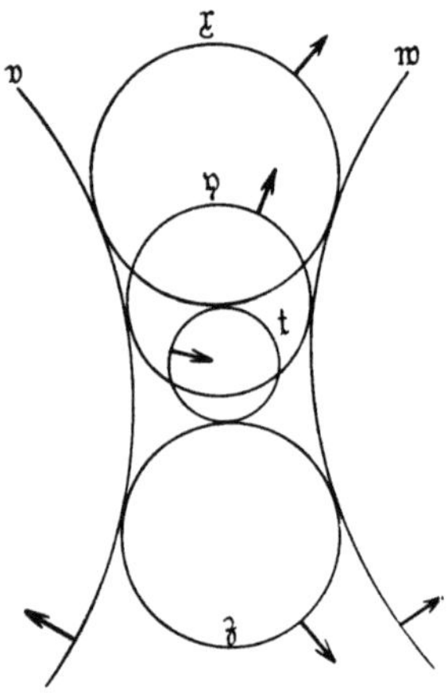

Fig. 57.

Zunächst können wir durch Lie-Inversion jeden Kreis $\mathfrak{r}$ in jeden beliebigen $\mathfrak{r}$ nicht berührenden Bildkreis $\mathfrak{r}^*$ $[\mathfrak{r}\mathfrak{r}^* \neq 0]$ überführen. Wir brauchen nur an dem speziellen linearen System $\mathfrak{q} = \mathfrak{r} + \mathfrak{r}^*$ zu spiegeln, dann haben wir nach (33) die Abbildung $\mathfrak{x} \to \mathfrak{x}^*$

$$\mathfrak{x} = -2\frac{[\langle \mathfrak{r}\,\mathfrak{x}^*\rangle + \langle \mathfrak{r}^*\,\mathfrak{x}^*\rangle]}{2\,\langle \mathfrak{r}\,\mathfrak{r}^*\rangle}[\mathfrak{r}+\mathfrak{r}^*]+\mathfrak{x}^* \tag{79}$$

und für $\mathfrak{x}^* = \mathfrak{r}^*$ ergibt sich bis auf die Normierung für $\mathfrak{x}$ wirklich $\mathfrak{r}$. Haben wir zwei sich berührende Kreise $\mathfrak{r}$ und $\mathfrak{r}^*$, so versagt (79). Wir können dann aber einen Kreis σ annehmen, der weder $\mathfrak{r}$ noch $\mathfrak{r}^*$ berührt, und durch Lie-Inversion erst $\mathfrak{r}$ nach σ und dann σ nach $\mathfrak{r}^*$ bringen. Durch Aneinanderreihung von Lie-Inversionen können wir also einen Kreis $\mathfrak{r}$ in jeden beliebigen Bildkreis $\mathfrak{r}^*$ überführen.

Nun denken wir uns den Kreis $\mathfrak{z}$ unserer Figur $\mathfrak{F}$ durch eine solche Abbildung S in den uneigentlichen Punkt befördert. Dann entsteht eine Figur $\bar{\mathfrak{F}}$, bei der $\mathfrak{x}$ und $\mathfrak{y}$ übergegangen sind in zwei Kreise $\bar{\mathfrak{x}}$ und $\bar{\mathfrak{y}}$, und $\mathfrak{v}$ und $\mathfrak{w}$ in die beiden gemeinsamen Tangenten $\bar{\mathfrak{v}}$ und $\bar{\mathfrak{w}}$ von $\bar{\mathfrak{x}}$, $\bar{\mathfrak{y}}$. Das Bild $\bar{\mathfrak{t}}$ von $\mathfrak{t}$ ist dann eine weitere Tangente von $\bar{\mathfrak{x}}$. Ebenso können wir $\mathfrak{F}^*$ in eine gleichfalls aus zwei Kreisen, und drei Geraden bestehende Figur $\bar{\mathfrak{F}}^*$ überführen, indem wir $\mathfrak{z}^*$ durch eine Abbildung T in den uneigentlichen Punkt schaffen. Für die Figuren $\bar{\mathfrak{F}}$ und $\bar{\mathfrak{F}}^*$ haben wir nun aber im § 37 gezeigt, daß wir sie durch eine Abbildung L aus $\mathfrak{L}_7$ ineinander überführen können. Wir können also, indem wir S und L nacheinander ausführen, $\mathfrak{F}$ nach $\bar{\mathfrak{F}}^*$ bringen. Durch die zu T inverse Transformation T^{-1} können wir dann noch $\bar{\mathfrak{F}}^*$ wieder nach $\mathfrak{F}^*$ schaffen, so daß $\mathfrak{F}$ durch die Gesamtabbildung $S\,L\,T^{-1}$ in $\mathfrak{F}^*$ übergeführt werden kann. Diese Abbildung läßt sich nun aber aus Lie-Inversionen zusammensetzen, denn erstens war dies für die Teilabbildung S möglich, zweitens haben wir im § 46 schon gezeigt, daß sich jede Abbildung aus $\mathfrak{L}_7$, also auch L aus Lie-Inversionen zusammensetzen läßt, und drittens gilt dies auch von T^{-1}. Denn die Abbildung T ließ sich aus höchstens zwei Lie-Inversionen zusammensetzen, und da diese Abbildungen involutorisch sind, bekommt man zu einer aus ihnen zusammengesetzten Abbildung die inverse, indem man die einzelnen Lie-Inversionen in umgekehrter Reihenfolge ausführt.

Nun läßt sich auch leicht einsehen, daß man die zwei Figuren $\mathfrak{F}$ und $\mathfrak{F}^*$ nur durch eine einzige Lie-Transformation ineinander überführen kann. Es gibt nämlich außer der Identität keine Abbildung von *Lie*, die die sechs Kreise der Figur $\mathfrak{F}^*$ alle fest läßt. Da die Figur $\mathfrak{F}^*$ vom Standpunkt der Lie-Geometrie mit $\bar{\mathfrak{F}}^*$ äquivalent ist, genügt es zu zeigen, daß eine Abbildung, die $\bar{\mathfrak{F}}^*$ fest läßt, die Identität ist. Da der uneigentliche Punkt zu den festbleibenden 6 Kreisen der Figur $\bar{\mathfrak{F}}^*$ gehört, müßte eine solche Abbildung nach § 48 eine Abbildung aus $\mathfrak{L}_7$ sein. Nun wissen wir aber aus § 37, daß eine Abbildung aus $\mathfrak{L}_7$, die die aus den Kreisen $\bar{\mathfrak{x}}^*$ und $\bar{\mathfrak{y}}^*$ und den drei Geraden $\bar{\mathfrak{v}}^*$, $\bar{\mathfrak{w}}^*$ und $\bar{\mathfrak{t}}^*$ bestehende Figur fest läßt, nur die Identität sein kann. Damit ist der Beweis allgemein geführt.

Da die Figur $\mathfrak{F}^*$ von 10 *Parametern abhängt, ist die Gruppe von Lie in der Ebene* 10-*gliedrig*. Wir bezeichnen sie daher auch als Gruppe $\mathfrak{K}_{10}$.

Eine Lie-Inversion an einem Kreissystem $\mathfrak{a}$ können wir aus zwei Möbius-Inversionen und einer Laguerre-Inversion erzeugen. Denn wir können zuerst durch eine gewöhnliche Inversion M irgendeinen Kreis von $\mathfrak{a}$ in den uneigentlichen Punkt überführen. Dann geht $\mathfrak{a}$ über in ein ebenes Kreissystem $\bar{\mathfrak{a}}$. Nun führen wir die Laguerre-Inversion L an dem System $\bar{\mathfrak{a}}$ aus, und dann schließlich noch einmal die Inversion M. Die Transformation MLM ist dann gerade die Spiegelung an dem System $\mathfrak{a}$.

Wie die Lie-Inversion können wir aber dann die ganze Gruppe von *Lie* aus Möbius- und Laguerre-Inversionen erzeugen. *Es entsteht also die ganze Gruppe von Lie durch Aneinanderreihung von Abbildungen von Möbius und Laguerre.* Während so die Gruppe von *Lie* sozusagen die Summe der Gruppen von *Möbius* und *Laguerre* ist, ist der Durchschnitt, d. h. die diesen beiden gemeinsame Untergruppe nach § 1 einfach die Gruppe der ähnlichen Abbildungen. Alle invarianten Begriffe, die in jeder der beiden Geometrien vorkommen, machen somit den Inhalt der Geometrie von *Lie* aus, alle Begriffe aber, die in nur überhaupt einer der beiden Geometrien vorkommen, bilden den Inhalt der Bewegungsgeometrie.

Wir wollen jetzt unsere ganzen Ausführungen über die Kreisgeometrie der Ebene beschließen mit einem wichtigen Satze, der uns mit seinem Beweis und verschiedenen Zusätzen auch noch die folgenden beiden Abschnitte beschäftigen wird. Wir nennen ihn den *Hauptsatz der Kreisgeometrie* und sprechen ihn in der folgenden Form aus:

Eine eineindeutige Abbildung U der K-Kreise der Ebene, die sich berührende K-Kreise immer wieder in ebensolche überführt, ist notwendig eine Abbildung von Lie.

Dabei ist wichtig, daß wir die Stetigkeit der Abbildung garnicht zu fordern brauchen.

Da wir nach den Konstruktionen des § 46 die linearen Kreissysteme allein durch Ziehen von sich berührenden K-Kreisen erhalten, müssen bei einer Abbildung U unseres Hauptsatzes alle Kreise eines und desselben linearen Systems wieder in die Kreise eines und desselben linearen Systems übergehen. Dadurch werden auch die linearen Systeme einander eineindeutig zugeordnet, und es bleibt die vereinigte Lage von K-Kreis und linearem System, d. h. das Liegen eines Kreises in einem System erhalten.

Nach § 46 Nr. IV läßt sich nun die involutorische Lage zweier Systeme allein durch den Begriff der Berührung von K-Kreisen erklären. Daher müssen bei unserer Abbildung U zwei Systeme in involutorischer Lage immer in ebensolche übergehen. Führen wir pentazyklische Koordinaten ein, so müssen allgemein zwei lineare Systeme $\mathfrak{a}$ und $\mathfrak{b}$ mit

(80) $$\mathfrak{a}\,\mathfrak{b} = 0$$

in ebensolche übergehen. Das gilt natürlich auch für den Spezialfall, daß eines der Systeme parabolisch wird, in dem (80) dann einfach der Bedingung der vereinigten Lage von System und Kreis äquivalent wird und in dem weiteren Spezialfall zweier parabolischer Systeme, in dem (80) der Berührungsbedingung für zwei Kreise gleichbedeutend ist. Wir wollen jetzt weiter sagen: Alle Systeme $\mathfrak{c}$, die sich aus zweien $\mathfrak{p}$ und $\mathfrak{q}$ nach

(81) $$\mathfrak{c} = \alpha\,\mathfrak{p} + \beta\,\mathfrak{q}$$

linear kombinieren lassen, bilden ein *Büschel von linearen Systemen*. Wir können dann zeigen, daß bei der durch U induzierten eineindeutigen Zuordnung der linearen Systeme alle Systeme ein und desselben Büschels immer wieder den Systemen ein und desselben Bildbüschels zugeordnet werden. Denn die Systeme des Büschels (81) sind gerade die einzigen, die mit allen den Systemen $\mathfrak{x}$ in Involution liegen, die zugleich zu $\mathfrak{p}$ und zu $\mathfrak{q}$ involutorisch sind. Denn für die $\mathfrak{x}$ gilt

(82) $$\mathfrak{p}\,\mathfrak{x} = \mathfrak{q}\,\mathfrak{x} = 0,$$

und wenn $\mathfrak{c}\,\mathfrak{x} = 0$ identisch für alle $\mathfrak{x}$ gelten soll, die (82) genügen, so muß $\mathfrak{c}$ eine Linearkombination (81) sein. Da ein Büschel immer durch zwei seiner Systeme bestimmt ist und da die Abbildung U die linearen Systeme eineindeutig aufeinander bezieht, werden auch die Büschel von linearen Systemen einander eineindeutig zugeordnet.

Deuten wir jetzt wie im § 43 die pentazyklischen Koordinaten der linearen Systeme als homogene Punktkoordinaten in einem vierdimensionalen projektiven Raum P_4, so entsprechen den Systemen eineindeutig die Punkte, und den Büscheln (81) von Systemen eineindeutig die Geraden des P_4. Der Abbildung U entspricht dann im P_4 eine eineindeutige Abbildung der Punkte einerseits und der Geraden andererseits, die die vereinigte Lage von Punkt und Geraden erhält. Wir werden nun im nächsten Abschnitt zeigen:

Eine Abbildung im n-dimensionalen projektiven Raume P_n, die Punkte eineindeutig Punkten und Gerade eineindeutig Geraden zuordnet, und dabei Punkte und Gerade in vereinigter Lage immer wieder in Punkte und Gerade in vereinigter Lage überführt, ist notwendig eine projektive Abbildung des P_n.

Wenn wir diesen Satz, den wir auch als *Hauptsatz der projektiven Geometrie* bezeichnen wollen, benutzen, so ist unsere U im P_4 entsprechende Abbildung durch lineare homogene Transformationen der Punktkoordinaten und U selbst durch ebensolche Transformationen der pentazyklischen Koordinaten dargestellt. Da nun aber parabolische Kreissysteme $[\mathfrak{x}\,\mathfrak{x} = 0]$ als Mannigfaltigkeiten von K-Kreisen, die einen festen Kreis berühren, in ebensolche übergehen müssen, haben wir speziell solche linearen Transformationen, die die Gleichung $\mathfrak{x}\,\mathfrak{x} = 0$ in sich überführen, also nach § 42 Abbildungen von *Lie*.

Wir haben unseren Hauptsatz der Kreisgeometrie also auf einen Satz der projektiven Geometrie zurückgeführt. Der eigentlich wesentliche Teil unseres Beweises wird natürlich in dem Beweis des Hauptsatzes der projektiven Geometrie noch zurückbleiben.

Bevor wir uns seinem Beweis zuwenden, wollen wir noch einige Bemerkungen zur Kreisgeometrie anfügen.

Aus dem Hauptsatz folgen ohne Schwierigkeit die beiden Sätze:

A. *Eine Abbildung der Möbius-Ebene, die die Punkte eineindeutig den Punkten und die [ungerichteten] M-Kreise eindeutig den M-Kreisen zuordnet, so daß die vereinigte Lage von Punkt und M-Kreis erhalten bleibt, ist eine Abbildung von Möbius.*

B. *Eine Abbildung der euklidischen Ebene, die die gerichteten Geraden eineindeutig den gerichteten Geraden und die gerichteten L-Kreise eineindeutig den gerichteten L-Kreisen zuordnet, so daß eine Gerade und ein Kreis, die sich gleichsinnig berühren, wieder in ein ebensolches Paar übergehen, ist notwendig eine Abbildung von Laguerre.*

Zu A bemerken wir: Da zwei sich berührende M-Kreise solche sind, die genau einen Punkt gemein haben, folgt, daß bei einer Abbildung mit den Eigenschaften des Satzes A die Berührung von ungerichteten M-Kreisen erhalten bleibt. Weiter gehen zwei Punkte, die auf derselben Seite eines M-Kreises $\mathfrak{z}$ liegen, wieder in zwei Punkte über, die auf derselben Seite des Bildkreises liegen. Denn durch zwei auf derselben Seite von $\mathfrak{z}$ gelegene Punkte lassen sich immer zwei reelle M-Kreise legen, die $\mathfrak{z}$ berühren, während dies für Punkte auf verschiedenen Seiten nicht möglich ist. Es geht somit das ganze Punktgebiet, das auf einer der beiden Seiten eines M-Kreises liegt, über in das ganze Gebiet, das auf einer der beiden Seiten des Bildkreises liegt; nach der im § 12 gegebenen Definition des gerichteten M-Kreises ist mit unserer zunächst für die ungerichteten M-Kreise gegebenen Abbildung also eine Abbildung der gerichteten M-Kreise verknüpft. Es bleibt nun auch die gleichsinnige Berührung gerichteter M-Kreise invariant, denn diese läßt sich als eine Berührung zweier M-Kreise auffassen, bei der die positiven Seiten der Kreise Punkte gemeinsam haben, während bei einer gegensinnigen Berührung die positiven Seiten überhaupt keinen Punkt gemeinsam haben.

Da wir also eine Abbildung haben, die die Punkte der Möbius-Ebene einander eindeutig entsprechen läßt, und in gleicher Weise auch die gerichteten M-Kreise, derart, daß einmal die Beziehung der vereinigten Lage von Punkt und gerichtetem M-Kreis und zweitens die der gleichsinnigen Berührung von gerichteten M-Kreisen erhalten bleibt, haben wir insgesamt eine eineindeutige Zuordnung von K-Kreisen, die die Berührung von K-Kreisen erhält. Die Abbildung ist nach dem Hauptsatz also eine Abbildung von *Lie*, da aber speziell die Punkte in Punkte übergehen, nach § 47 eine Abbildung von *Möbius*.

Zu B bemerken wir: Zuerst kann man hier schließen, daß sich berührende L-Kreise in ebensolche übergehen, denn diese Paare sind die einzigen mit genau einer gemeinsamen gerichteten Tangente. Ferner müssen gleichsinnig parallele Gerade als die einzigen Geradenpaare ohne gemeinsam berührende L-Kreise in ebensolche Paare übergehen. Ergänzen wir das euklidische Kontinuum der Ebene nun noch durch den uneigentlichen Punkt, den wir sich selbst als Bild entsprechen lassen, zu einem *Möbius*schen, so haben wir wieder eine eineindeutige Abbildung der K-Kreise der Ebene, die die Berührung von K-Kreisen erhält, somit eine Abbildung von *Lie*. Da aber speziell die Geraden den Geraden entsprechen, haben wir eine Abbildung aus $\mathfrak{L}_7$.

§ 50. Der Hauptsatz der projektiven Geometrie[1]).

Wir wollen uns zuerst mit Abbildungen auf der projektiven Geraden beschäftigen und beweisen:

Eine eineindeutige Abbildung der Punkte einer projektiven Geraden, die zwei harmonische Punktepaare immer wieder in ebensolche Paare überführt, ist notwendig eine projektive Abbildung. Dabei soll es sich wie immer ausschließlich um reelle Punkte und reelle Abbildungen handeln.

Wir führen den Beweis dieses Satzes, der im wesentlichen auf *v. Staudt* zurückgeht[2]), in zwei Schritten. Zuerst beweisen wir, daß eine Abbildung $\mathfrak{S}$ mit den Eigenschaften unseres Satzes notwendig stetig ist. Dabei bezeichnen wir eine Abbildung als stetig, wenn eine jede gegen einen beliebigen Punkt $\mathfrak{x}$ konvergierende Punktfolge $\mathfrak{N}$ immer übergeht in eine Punktfolge $\mathfrak{N}^*$, die gerade wieder gegen den Bildpunkt $\mathfrak{x}^*$ von $\mathfrak{x}$ konvergiert. Den Beweis führen wir so:

Die projektive Gerade, die wir uns über das Unendliche hinüber geschlossen vorstellen, wird durch ein Punktepaar $\{\mathfrak{p}, \mathfrak{q}\}$ in zwei Stücke zerlegt. Die Punkte $\mathfrak{p}^*$, $\mathfrak{q}^*$ eines zweiten Paares können nun entweder auf verschiedenen der durch $\{\mathfrak{p}, \mathfrak{q}\}$ erzeugten beiden Stücke liegen oder auf demselben. Im ersten Fall sagen wir: Das Paar $\{\mathfrak{p}^*, \mathfrak{q}^*\}$ *trennt* das Paar $\{\mathfrak{p}, \mathfrak{q}\}$, im zweiten: $\{\mathfrak{p}^*, \mathfrak{q}^*\}$ *trennt* $\{\mathfrak{p}, \mathfrak{q}\}$ *nicht*. Nun gibt es bekanntlich für zwei sich trennende Punktepaare kein reelles drittes, das zu beiden harmonisch liegt, wohl aber existiert ein solches immer für zwei sich nicht trennende Paare. Da im letzten Falle dies gemeinsame harmonische Paar auch nach Ausführung einer Abbildung $\mathfrak{S}$ auf Grund der Invarianz der harmonischen Lage vorhanden sein muß, folgt aber: Zwei Punktepaare, die sich nicht trennen, gehen bei einer Abbildung $\mathfrak{S}$ in ebensolche über und Gleiches gilt für sich trennende Paare.

---

[1]) Bei der Darstellung des Beweises habe ich nützlich Hinweise benutzt, die ich Herrn *B. v. d. Waerden* verdanke.

[2]) Der Beweis wurde in der hier gegebenen Form zuerst von *Darboux* durchgeführt.

Eine gegen einen Punkt $\mathfrak{r}$ konvergierende Punktfolge $\mathfrak{N}$ läßt sich nun auch als Punktmenge der folgenden Eigenschaft kennzeichnen: Für jedes Paar von $\mathfrak{r}$ auch noch so wenig verschiedener Punkte $\mathfrak{p}$, $\mathfrak{q}$ muß es immer noch unendlich viele Punkte der Folge geben, die mit $\mathfrak{r}$ zusammen das Paar $\{\mathfrak{p}, \mathfrak{q}\}$ nicht trennen, also „auf derselben Seite" von $\{\mathfrak{p}, \mathfrak{q}\}$ liegen wie $\mathfrak{r}$. Weil nun bei unserer Abbildung $\mathfrak{S}$ zwei sich nicht trennende Punktepaare in ebensolche übergehen, muß das Bild $\mathfrak{N}^*$ einer jeden gegen einen Punkt $\mathfrak{r}$ konvergierenden Punktfolge $\mathfrak{N}$ wieder gegen das Bild $\mathfrak{r}^*$ von $\mathfrak{r}$ konvergieren, das heißt aber: Unsere Abbildung $\mathfrak{S}$ ist eine stetige Abbildung der projektiven Geraden.

Wir kommen nun zum zweiten Teil unseres Beweises. Wir nehmen drei beliebige Punkte $\mathfrak{a}$, $\mathfrak{b}$, $\mathfrak{c}$ auf unserer Geraden an. Diese werden bei unserer Abbildung $\mathfrak{S}$ in drei Bildpunkte $\mathfrak{a}^*$, $\mathfrak{b}^*$, $\mathfrak{c}^*$ übergehen. Da es nun zu drei Punkten $\mathfrak{x}^\alpha$ $[\alpha = \mathrm{I}, \mathrm{II}, \mathrm{III}]$ und drei gegebenen Bildpunkten $\mathfrak{x}^{\alpha *}$ immer genau eine projektive Abbildung gibt, die die $\mathfrak{x}^\alpha$ in die $\mathfrak{x}^{\alpha *}$ überführt, können wir zu unserer Abbildung $\mathfrak{S}$, von der wir

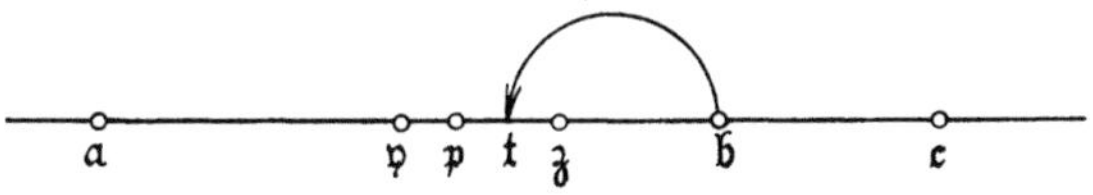

Fig. 58.

erst zeigen wollen, daß sie eine projektive ist, immer gerade eine projektive $\mathfrak{P}$ auffinden, die die $\mathfrak{a}^*$, $\mathfrak{b}^*$, $\mathfrak{c}^*$ in die $\mathfrak{a}$, $\mathfrak{b}$, $\mathfrak{c}$ zurückführt. Die durch Nacheinanderausführen von $\mathfrak{S}$ und $\mathfrak{P}$ entstehende Abbildung $\mathfrak{S}\mathfrak{P}$ besitzt dann genau so wie $\mathfrak{S}$ die Eigenschaften unseres Satzes und läßt außerdem die Punkte $\mathfrak{a}$, $\mathfrak{b}$ und $\mathfrak{c}$ fest. Von dieser Abbildung $\mathfrak{S}\mathfrak{P}$ können wir nun zeigen, daß sie die Identität ist, daß also gilt

$$\mathfrak{S}\mathfrak{P} = \mathfrak{E}, \tag{83}$$

wo $\mathfrak{E}$ symbolisch die Identität bezeichnet. Damit ist dann der Beweis aber auch schon geführt, denn aus (83) folgt dann, daß $\mathfrak{S}$ die zu $\mathfrak{P}$ inverse, also eine projektive Abbildung ist.

Daß $\mathfrak{S}\mathfrak{P}$ die Identität ist, zeigen wir nun indirekt: Gäbe es einen Punkt $\mathfrak{p}$ der Geraden, der bei der Abbildung nicht fest bliebe, so würde das wegen der Stetigkeit der Abbildung auch von einer Umgebung von $\mathfrak{p}$ gelten müssen. Man müßte nun, wenn man von $\mathfrak{p}$ aus die Gerade nach jeder Seite hin stetig durchläuft, auf jeder Seite einmal zu einem ersten Fixpunkt gelangen, spätestens zu einem der Punkte $\mathfrak{a}$, $\mathfrak{b}$, $\mathfrak{c}$[1]).

[1]) Diesen Schluß darf man wieder nur auf Grund der schon bewiesenen Stetigkeit der Abbildung ziehen. Wäre die Abbildung nicht stetig, so könnte es noch Folgen von Fixpunkten geben, die sich von außen gegen Punkte häufen, die selbst keine Fixpunkte sind. Dann könnte man gar keinen bestimmten ersten Fixpunkt treffen. Wegen der Stetigkeit muß aber jeder Häufungspunkt von Fixpunkten selbst ein Fixpunkt sein, so daß der Schluß richtig ist.

Die ersten Fixpunkte, die man auf Grund der Annahme eines nicht fest bleibenden Punktes $\mathfrak{p}$ auf den beiden Seiten treffen würde, seien mit $\mathfrak{y}$ und $\mathfrak{z}$ bezeichnet (Fig. 58). Sie können möglichenfalls mit welchen von den Punkten $\mathfrak{a}$, $\mathfrak{b}$, $\mathfrak{c}$ zusammenfallen, mindestens einer dieser drei Fixpunkte würde aber noch außerhalb der Strecke $\{\mathfrak{y}, \mathfrak{z}\}$ liegen müssen. Nun könnte man aber diesen, außerhalb von $\{\mathfrak{y}, \mathfrak{z}\}$ gelegenen Fixpunkt an dem Paar $\{\mathfrak{y}, \mathfrak{z}\}$ von Fixpunkten harmonisch spiegeln, und der Spiegelpunkt $\mathfrak{t}$ müßte dann auch ein Fixpunkt sein und im Innern von $\{\mathfrak{y}, \mathfrak{z}\}$ liegen. Das wäre aber gegen die Voraussetzung, daß $\mathfrak{y}$ und $\mathfrak{z}$ die ersten Fixpunkte sind, die man von $\mathfrak{p}$ aus erreicht.

Die Annahme eines nicht fest bleibenden Punktes $\mathfrak{p}$ führt also zu einem Widerspruch. Somit ist wirklich die Abbildung $\mathfrak{S}\mathfrak{P}$ der projektiven Geraden auf sich die Identität.

Zum Schluß bemerken wir noch, daß unsere Sätze natürlich ebenso wie für Abbildungen einer Geraden auf sich selbst auch für Abbildungen verschiedener Geraden auf einander gelten.

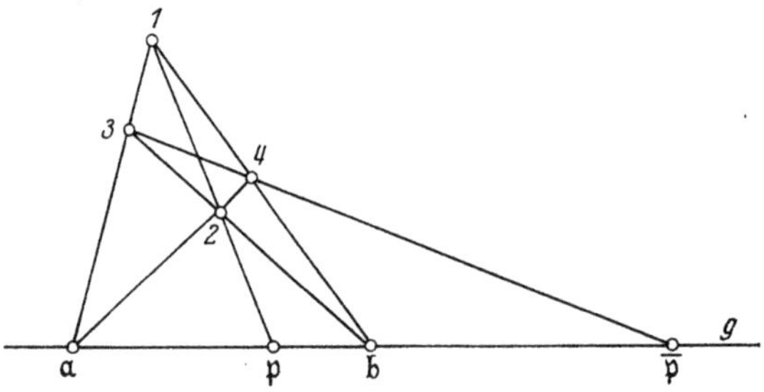

Fig. 59.

Mit Hilfe unseres Satzes über die projektiven Abbildungen der Geraden können wir jetzt den im vorigen Abschnitt ausgesprochenen Hauptsatz der projektiven Geometrie beweisen.

Wir haben zu zeigen, daß eine Abbildung $\mathfrak{S}$ des P_n, die die Punkte sowohl wie die Geraden eineindeutig aufeinander abbildet und die vereinigte Lage von Punkt und Geraden erhält, notwendig eine projektive ist. Wir führen den Beweis in 5 Teilen:

I. Bei unserer Abbildung $\mathfrak{S}$ müssen die *r-dimensionalen linearen Mannigfaltigkeiten* P_r $(r < n)$ von Punkten des P_n in ebensolche übergehen. Da wir diese Tatsache für die P_1, d. h. die Geraden bereits wissen, können wir das durch Schluß von $n - 1$ auf n in der folgenden Weise zeigen: Man kann einen P_r aus einem seiner P_{r-1} und einem weiteren, nicht dem P_{r-1} angehörenden Punkte $\mathfrak{a}$ konstruieren, indem man von $\mathfrak{a}$ aus die Geraden nach sämtlichen Punkten des P_{r-1} zieht. Die Punkte aller dieser Geraden machen dann den P_r aus. Da diese Konstruktion gegenüber $\mathfrak{S}$ invariant ist, folgt, wenn P_{r-1} in P_{r-1} übergehen, auch daß P_r in P_r übergehen.

II. Bei unserer Abbildung $\mathfrak{S}$ müssen zwei harmonische Punktepaare einer Geraden immer wieder in zwei harmonische Punktepaare der Bildgeraden übergehen. Das folgt einfach daraus, daß man zu drei Punkten $\mathfrak{a}$, $\mathfrak{b}$ und $\mathfrak{p}$ auf einer Geraden den vierten harmonischen $\bar{\mathfrak{p}}$

von $\mathfrak{p}$ bezüglich $\{\mathfrak{a},\mathfrak{b}\}$ allein durch Ziehen von Geraden ermitteln kann. Bekanntlich geht das nach der Konstruktion des vollständigen Vierseits, an die durch Fig. 59 erinnert sei.

III. Da die Abbildung der Punkte einer Geraden auf die Punkte ihrer Bildgeraden somit nach Maßgabe des zu Beginn dieses Paragraphen bewiesenen Satzes erfolgt (d. h. die Eigenschaften der Eineindeutigkeit und Invarianz der harmonischen Lage besitzt), ist sie notwendig eine projektive Zuordnung. Es wird also jede Gerade des P_n ihrer Bildgeraden projektiv zugeordnet. Damit ist noch nicht gesagt, daß alle diese projektiven Abbildungen einander entsprechender Geradenpaare zu einer und derselben projektiven Abbildung des P_n gehören, das bleibt jetzt vielmehr noch zu beweisen.

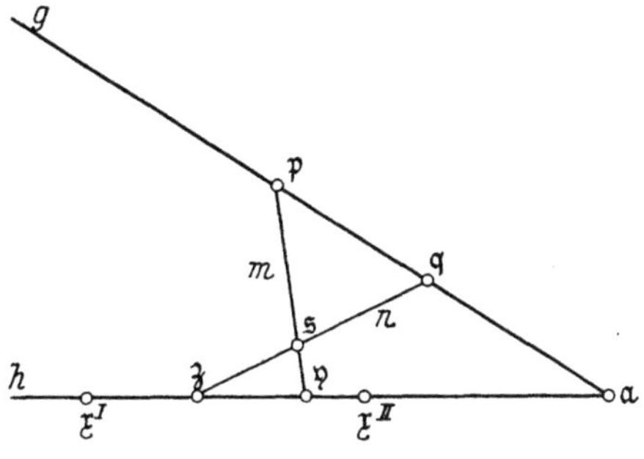

Fig. 60.

IV. Wir wollen zunächst beweisen, daß unser Hauptsatz für den Fall der Ebene $n = 2$ richtig ist.

α) Zu diesem Zweck nehmen wir zwei sich in einem Punkte $\mathfrak{a}$ schneidende Gerade g und h an (Fig. 60) und ferner auf g zwei Punkte $\mathfrak{p}$, $\mathfrak{q}$ und auf h zwei Punkte $\mathfrak{x}^{\mathrm{I}}$ und $\mathfrak{x}^{\mathrm{II}}$. Die vier Punkte $\mathfrak{p}$, $\mathfrak{q}$, $\mathfrak{x}^{\mathrm{I}}$ und $\mathfrak{x}^{\mathrm{II}}$ gehen bei der Abbildung $\mathfrak{S}$ in vier Bildpunkte $\mathfrak{p}^*$, $\mathfrak{q}^*$, $\mathfrak{x}^{\mathrm{I}*}$, $\mathfrak{x}^{\mathrm{II}*}$ über. Nun gibt es zu vier Punkten einer Ebene, von denen keine drei auf einer Geraden liegen, und vier gleichartigen Bildpunkten immer genau eine projektive Abbildung, die die beiden Punktquadrupel ineinander überführt. Bestimmen wir zu dem Quadrupel $\mathfrak{p}$, $\mathfrak{q}$, $\mathfrak{x}^{\mathrm{I}}$, $\mathfrak{x}^{\mathrm{II}}$ und dem Bildquadrupel $\mathfrak{p}^*$, $\mathfrak{q}^*$, $\mathfrak{x}^{\mathrm{I}*}$, $\mathfrak{x}^{\mathrm{II}*}$ diese projektive Abbildung $\mathfrak{P}$, so stimmen die Abbildungen $\mathfrak{S}$ und $\mathfrak{P}$ in den vier Punkten $\mathfrak{p}$, $\mathfrak{q}$, $\mathfrak{x}^{\mathrm{I}}$, $\mathfrak{x}^{\mathrm{II}}$ überein.

β) Wir wollen jetzt zeigen, daß $\mathfrak{S}$ und $\mathfrak{P}$ für alle Punkte der Ebene übereinstimmen. Zunächst führen $\mathfrak{S}$ und $\mathfrak{P}$ die Geraden g und h in dieselben Bildgeraden g^*, h^*, nämlich die Verbindungsgeraden der Paare $\{\mathfrak{p}^*\ \mathfrak{q}^*\}$ und $\{\mathfrak{x}^{\mathrm{I}*}\ \mathfrak{x}^{\mathrm{II}*}\}$ über und damit auch ihren Schnittpunkt $\mathfrak{a}$ in denselben Bildpunkt $\mathfrak{a}^*$. Wir können nun immer, wenn $\mathfrak{S}$ und $\mathfrak{P}$ in drei Punkten einer Geraden übereinstimmen, schließen, daß die Abbildungen in allen Punkten der Geraden übereinstimmen. Denn nach III vermittelt ebenso wie $\mathfrak{P}$ auch $\mathfrak{S}$ für jedes Paar entsprechender Geraden eine projektive Zuordnung und zwei projektive Abbildungen einer Originalgeraden auf eine Bildgerade stimmen bekanntlich überein, wenn sie in drei Punkten übereinstimmen.

Es stimmen daher die Abbildungen $\mathfrak{S}$ und $\mathfrak{P}$ für die ganzen Geraden g und h überein, denn für g stimmen sie in $\mathfrak{p}$, $\mathfrak{q}$ und $\mathfrak{a}$ und für h in $\mathfrak{x}^{\mathrm{I}}$, $\mathfrak{x}^{\mathrm{II}}$, $\mathfrak{a}$ überein.

γ) Nun stimmen $\mathfrak{S}$ und $\mathfrak{P}$ aber auch in jedem Punkt außerhalb von g und h überein, denn durch jeden solchen Punkt σ kann man die beiden Geraden m und n ziehen, die ihn mit $\mathfrak{p}$ resp. $\mathfrak{q}$ verbinden und die h in $\mathfrak{y}$ und $\mathfrak{z}$ schneiden (Fig. 60). Nun stimmen $\mathfrak{S}$ und $\mathfrak{P}$ aber in $\mathfrak{p}$, $\mathfrak{q}$, $\mathfrak{y}$, $\mathfrak{z}$ als Punkten von g und h überein, daher ordnen $\mathfrak{S}$ und $\mathfrak{P}$ auch die Geraden m und n als Verbindungsgeraden der Paare $\{\mathfrak{p}\,\mathfrak{y}\}$ und $\{\mathfrak{q}\,\mathfrak{z}\}$ denselben Bildgeraden zu. Dabei wird natürlich auch der Schnittpunkt σ von m und n demselben Bildpunkt σ^* zugeordnet, was zu beweisen war.

Es stimmt also jetzt $\mathfrak{S}$ mit der projektiven Abbildung $\mathfrak{P}$ in jedem beliebigen Punkt der Ebene überein und damit ist unser Hauptsatz für den Fall $n = 2$ bewiesen.

V. Da unser Hauptsatz für den Fall $n = 2$ gültig ist, können wir ihn jetzt durch Schluß von $n - 1$ auf n allgemein beweisen.

α) Wir denken uns jetzt die Fig. 60 als schematische Darstellung eines P_{n-1}, den wir mit h bezeichnen und durch die Gerade h andeuten, und einer h nicht angehörenden Geraden g. Der P_{n-1} (h) und die Gerade g haben dann einen Punkt $\mathfrak{a}$ gemein. Wir nehmen jetzt auf g zwei Punkte $\mathfrak{p}$, $\mathfrak{q}$ an und in h außerdem n solche Punkte $\mathfrak{x}^\alpha$ ($\alpha = \mathrm{I}, \mathrm{II} \ldots n$), daß von den $n + 1$ Punkten $\mathfrak{x}^\alpha$ und $\mathfrak{a}$ in h keine n in einem P_{n-2} liegen. Von den Punkten $\mathfrak{p}$, $\mathfrak{q}$, $\mathfrak{x}^\alpha$ liegen dann keine $n + 1$ in einem P_{n-1} und das gleiche gilt dann auch von den ihnen durch die Abbildung $\mathfrak{S}$ entsprechenden Punkten $\mathfrak{p}^*$, $\mathfrak{q}^*$, $\mathfrak{x}^{\alpha *}$.

Diese beiden Systeme von $n + 2$ Punkten bestimmen daher genau eine projektive Abbildung $\mathfrak{P}$ im P_n, die sie ineinander überführt.

β) Da wir unseren Hauptsatz als für den P_{n-1} schon bewiesen annehmen, bildet $\mathfrak{S}$ jeden P_{n-1} auf seinen Bild—P_{n-1} projektiv ab, also auch h auf h^*. Nun stimmen aber für h die beiden projektiven Abbildungen $\mathfrak{S}$ und $\mathfrak{P}$ in den $n + 1$ Punkten $\mathfrak{x}^\alpha$, $\mathfrak{a}$ überein. Sie sind daher für h überhaupt identisch, denn zwei projektive Abbildungen zweier P_{n-1} $h \rightarrow h^*$ stimmen bekanntlich überein, wenn sie dies für $n + 1$ Punkte tun, von denen keine n in einem P_{n-2} liegen. Desgleichen stimmen $\mathfrak{S}$ und $\mathfrak{P}$ für alle Punkte der Geraden g überein, weil sie dies für $\mathfrak{p}$, $\mathfrak{q}$ und $\mathfrak{a}$ tun.

γ) Nun müssen $\mathfrak{S}$ und $\mathfrak{P}$ aber für alle Punkte außerhalb h und g übereinstimmen, denn durch einen solchen Punkt σ kann man wieder die beiden Verbindungsgeraden $\{\sigma\mathfrak{p}\}$ und $\{\sigma\mathfrak{q}\}$ ziehen, die h in $\mathfrak{y}$ und $\mathfrak{z}$ treffen, und genau wie unter IV γ kann man wieder aus der Übereinstimmung beider Abbildungen in $\mathfrak{y}$, $\mathfrak{z}$, $\mathfrak{p}$, $\mathfrak{q}$ auch auf die in σ schließen.

Damit ist dann der Hauptsatz allgemein bewiesen.

§ 51. Die Abbildungen von *Möbius*, *Laguerre* und *Lie* als Abbildungen von Kreisgebieten.

Eine Abbildung von *Lie* ordnet die K-Kreise der ganzen Ebene eineindeutig einander zu. Greifen wir ein Gebiet von K-Kreisen, Γ, heraus, so wird dieses wegen der Stetigkeit der Abbildung wieder auf ein Gebiet Γ^* abgebildet.

Zu jeder Abbildung von *Lie* gibt es nun gewisse Gebiete $\Gamma \to \Gamma^*$, für die sie sich auffassen läßt als eine eineindeutige Abbildung von gewöhnlichen ungerichteten Kreisen im euklidischen Sinne, bei der die Beziehung der Berührung zweier Kreise im gewöhnlichen Sinne erhalten bleibt. Z. B. können wir um jeden wirklichen gerichteten Kreis $\mathfrak{z}$ (der also weder eine Gerade noch ein Punkt ist) eine so kleine Umgebung Σ wenig verschiedener Kreise angeben, daß in dem Gebiet Σ überhaupt nur sich von innen berührende Kreise vorkommen. Wir brauchen ja nur die Mittelpunkte der Kreise des Gebiets Σ auf einen so kleinen Bereich zu beschränken, daß die Summe zweier Radien von Kreisen des Gebiets nie gleich der Entfernung ihrer Mittelpunkte werden kann, d. h. daß keine sich von außen berührende Σ-Kreise existieren können. Speziell können wir einen gerichteten Kreis $\mathfrak{z}$ annehmen, dessen Bild $\mathfrak{z}^*$ wieder ein wirklicher gerichteter Kreis ist und dann die Umgebung Σ von $\mathfrak{z}$ so klein annehmen, daß wegen der Stetigkeit auch die entsprechende Bildumgebung Σ^* des Bildkreises $\mathfrak{z}^*$ von $\mathfrak{z}$ so klein wird, daß nur sich von innen berührende Bildkreise vorkommen. Bei einer solchen Wahl von zwei Gebieten Σ und Σ^* von K-Kreisen können wir dann bei den Kreisen dieser Gebiete einfach die Richtung weglassen, und es bleibt dann eine Zuordnung von gewöhnlichen ungerichteten Kreisen zweier Gebiete $\Sigma \to \Sigma^*$, bei der die Berührung im euklidischen Sinne erhalten bleibt. Dabei interessiert uns gar nicht, daß dem Gebiet Σ, wenn wir seine Kreise in einer der anfänglichen entgegengesetzten Richtung nehmen, durch die Abbildung von *Lie* eventuell noch ein von Σ^* ganz verschiedenes Gebiet Σ^{**} zugeordnet werden kann, für uns kommt nur in Betracht, daß für die beiden Gebiete $\Sigma \to \Sigma^*$ eine eineindeutige Abbildung der euklidischen Kreise vermittelt wird, die Berührung erhält.

Wir bezeichnen eine eineindeutige und die Berührung erhaltende Abbildung zweier euklidischer Kreisgebiete, die wie die eben als Beispiel angeführte aus einer Abbildung von *Lie* entsteht, wenn man in geeigneten Gebieten die Richtung wegläßt, als eine auf *reguläre Kreisgebiete erstreckte Abbildung von Lie.*

Wir wollen zeigen, daß diese auf reguläre Gebiete erstreckten Abbildungen von *Lie* überhaupt die einzigen möglichen Abbildungen von gewöhnlichen Kreisgebieten $\Sigma \to \Sigma^*$ sind, die

1. eineindeutig,
2. stetig sind und
3. die Berührung invariant lassen.

Mit diesem in der Einleitung schon angekündigten Satze wollen wir dann unsere Ausführungen zur Kreisgeometrie der Ebene schließen.

Da der Beweis in seinen Grundzügen dem Beweise des im § 49 behandelten Hauptsatzes der Kreisgeometrie nachgebildet ist, wollen wir ihn hier nicht in allen Einzelheiten auseinandersetzen, sondern nur kurz seine einzelnen Schritte angeben.

Vorweg müssen wir noch eins bemerken: Es kann sein, daß das vorgegebene Gebiet Σ in zwei Teilgebiete Σ_1 und Σ_2 zerfällt, bei denen sich kein Kreis von Σ_1 mit einem Kreis von Σ_2 berührt. Es muß dann auch Σ^* in zwei gleichartige Teilgebiete Σ_1^* und Σ_2^* zerfallen, da ja die Abbildung die Eigenschaften 1, 2, 3 unseres Satzes haben soll. Die Abbildungen $\Sigma_1 \to \Sigma_1^*$ und $\Sigma_2 \to \Sigma_2^*$ haben dann aber gar nichts miteinander zu tun und sind durch nichts aneinander geknüpft. Daraus folgt: Wenn wir schon durch unseren Satz beweisen können, daß unsere Abbildung $\Sigma \to \Sigma^*$ eine Abbildung von *Lie* ist, so folgt nicht notwendig, daß sie für die ganzen Gebiete mit ein und derselben Abbildung der *Lie*schen Ebene der K-Kreise zusammenfällt, sondern die Abbildung kann in verschiedenen Teilgebieten Σ_1, Σ_2 mit verschiedenen *Lie*schen Abbildungen der Ebene übereinstimmen. Wir wollen nun ein *gekettetes* Gebiet ein solches nennen, bei dem man je zwei Kreise $\mathfrak{p}$ und $\mathfrak{q}$ durch eine Kette $\mathfrak{p}$, $\mathfrak{a}^{\mathrm{I}}$, $\mathfrak{a}^{\mathrm{II}} \ldots \mathfrak{a}^{p}$, $\mathfrak{q}$ konsekutiver Kreise des Gebietes verbinden kann, von denen je zwei konsekutive sich berühren. Und für zwei gekettete Gebiete Σ und Σ^* wollen wir jetzt zeigen, daß eine Abbildung T mit den Eigenschaften unseres Satzes notwendig mit einer und derselben Abbildung von *Lie* in der Ebene übereinstimmt.

Wir führen den Beweis in den folgenden Schritten:

I. *Der Beweis ist im wesentlichen schon geführt, wenn es für zwei beliebig kleine Teilgebiete Δ und Δ^* von Σ und Σ^* gelingt, nachzuweisen, daß in ihnen die Abbildung T eine auf reguläre Kreisgebiete erstreckte Abbildung von Lie ist.* Denn die Abbildung $\Sigma \to \Sigma^*$ entsteht durch einfache Ausdehnung der Abbildung $\Delta \to \Delta^*$ auf die Gebiete Σ und Σ^* nach den Vorschriften des § 2: Alle Δ-Kreise, die einen festen (Δ nicht angehörenden) Σ-Kreis $\mathfrak{k}$ berühren, gehen nämlich nach Voraussetzung unseres Satzes in die Δ^*-Kreise über, die einen festen Σ^*-Kreis $\mathfrak{k}^*$ berühren und $\mathfrak{k}^*$ ist bei der Abbildung T gerade der Bildkreis von $\mathfrak{k}$. Und weil Σ und Σ^* gekettete Gebiete sind, kann man dann weiter in endlich vielen Schritten die Abbildung $\Delta \to \Delta^*$ auf die Abbildung $\Sigma \to \Sigma^*$ ausdehnen. Wegen der Voraussetzungen, die wir in unserem Satze über die Abbildung T der Gebiete $\Sigma \to \Sigma^*$ gemacht haben, läßt sich diese Ausdehnung hindernislos vollziehen und keine der Schwierigkeiten tritt auf, die nach § 2 bei der Ausdehnung auf die ganze Ebene vorkommen können.

Setzen wir nun voraus, daß unsere Abbildung T für die Teilgebiete $\Delta \to \Delta^*$ bereits als Abbildung von *Lie* nachgewiesen ist, so lassen sich also die Kreise von Δ und Δ^* so richten, daß die Abbildung der Gebiete $\tilde{\Delta}$ und $\tilde{\Delta}^*$ der gerichteten Kreise, die man erhält, zu einer Abbildung $\mathfrak{U}$ von *Lie* gehört. Wir können dann bei jedem Schritt der Ausdehnung der Abbildung $\Delta \to \Delta^*$ auf die Gebiete $\Sigma \to \Sigma^*$ die neu hinzukommenden Σ-Kreise und Σ^*-Kreise immer gleich so richten (eventuell, indem wir sie in ihren beiden verschiedenen Richtungen verwenden), daß die gerichteten Kreise bei der Ausdehnung der Abbildung $\Delta \to \Delta^*$ gerade nach Vorschrift der Abbildung $\mathfrak{U}$ von *Lie* mitgenommen werden. Haben wir nämlich einen Σ-Kreis $\mathfrak{k}$, so wissen wir ja, daß alle ihn berührenden Δ-Kreise $\mathfrak{g}$ sich wieder auf die Δ^*-Kreise $\mathfrak{g}^*$ abbilden, die einen festen Bildkreis $\mathfrak{k}^*$ berühren. Gehen wir zu gerichteten Kreisen $\tilde{\Delta} \to \tilde{\Delta}^*$ über, so wissen wir, daß $\tilde{\Delta} \to \tilde{\Delta}^*$ eine Abbildung von *Lie* ist, also, daß alle gerichteten $\tilde{\Delta}$-Kreise $\tilde{\mathfrak{g}}$, die einen festen gerichteten Kreis $\tilde{\mathfrak{k}}$ gleichsinnig berühren, wieder übergehen in die $\tilde{\Delta}^*$-Kreise $\tilde{\mathfrak{g}}^*$, die alle gleichzeitig einen einzigen festen gerichteten K-Kreis $\tilde{\mathfrak{k}}^*$ berühren. Nehmen wir nun unseren ungerichteten Σ-Kreis $\mathfrak{k}$ in solcher Richtung $\tilde{\mathfrak{k}}$ an, daß er überhaupt von $\tilde{\Delta}$-Kreisen $\tilde{\mathfrak{g}}$ gleichsinnig berührt wird, so muß ihm als Bild durch die *Lie*sche Abbildung $\mathfrak{U}$ ein K-Kreis $\tilde{\mathfrak{k}}^*$ zugeordnet werden, der von den Bildern $\tilde{\mathfrak{g}}^*$ der $\tilde{\mathfrak{g}}$ berührt wird. Dieser K-Kreis $\tilde{\mathfrak{k}}^*$ muß aber notwendig der in bestimmter Richtung genommene Bildkreis $\mathfrak{k}^*$ von $\mathfrak{k}$ sein, denn die gerichteten Kreise $\tilde{\mathfrak{g}}$, $\tilde{\mathfrak{g}}^*$ fallen ja in die $\mathfrak{g}$, $\mathfrak{g}^*$ hinein. Da der angegebene Sachverhalt in analoger Weise bei jedem Schritt der Ausdehnung gültig ist, erkennt man leicht die Richtigkeit des Satzes: *Wenn man unsere Abbildung T für zwei beliebige Teilgebiete von Σ und Σ^* als Abbildung von Lie nachgewiesen hat, so ist sie auch für die ganzen Gebiete als eine auf reguläre Kreisgebiete erstreckte Abbildung von Lie nachgewiesen.*

II. Da wir somit unseren Satz nur noch für zwei beliebig kleine Teilgebiete $\Delta \to \Delta^*$ zu beweisen brauchen, können wir Δ etwa in der folgenden für unseren Beweis besonders günstigen Gestalt annehmen: Wir nehmen zwei konzentrische

Kreise $\mathfrak{a}$ und $\mathfrak{b}$ aus Σ, die so wenig verschieden sind, daß erstens alle Kreise $\mathfrak{g}$, die ganz in dem durch sie gebildeten kreisringförmigen Gebiet (Fig. 61) verlaufen, noch zu Σ gehören und daß zweitens mit den $\mathfrak{g}$ auch die Bilder $\mathfrak{g}^*$ der $\mathfrak{g}$ so wenig voneinander verschieden sind, daß wie bei zwei Kreisen $\mathfrak{g}$ auch bei zwei Kreisen $\mathfrak{g}^*$ *nur innere Berührung* vorkommen kann. Das Gebiet der Kreise $\mathfrak{g}$ nehmen wir dann als Δ und das der $\mathfrak{g}^*$ als Δ^*. Richten wir dann die Kreise $\mathfrak{g}$ und $\mathfrak{g}^*$ etwa alle nach außen, so vermittelt dann T eine Abbildung $\tilde{T}$ der Gebiete $\tilde{\Delta}$ und $\tilde{\Delta}^*$ der so gerichteten Kreise mit den Eigenschaften: 1. Sie ist eine eineindeutige Abbildung der K-Kreise der Gebiete $\tilde{\Delta}$ und $\tilde{\Delta}^*$, 2. sie ist stetig und 3. sie erhält die Berührung von K-Kreisen dieser Gebiete. Es kommt jetzt alles nur noch darauf an, die Abbildung $\tilde{T}$ als Teil einer Abbildung von *Lie* nachzuweisen.

III. Den Beweis, daß die Abbildung $\tilde{T}$ der Gebiete $\tilde{\Delta} \to \tilde{\Delta}^*$ eine Abbildung von *Lie* ist, bilden wir jetzt ganz dem Beweis des Hauptsatzes des § 49 nach. Wir werden den Beweis auf den folgenden Satz der projektiven Geometrie zurückführen:

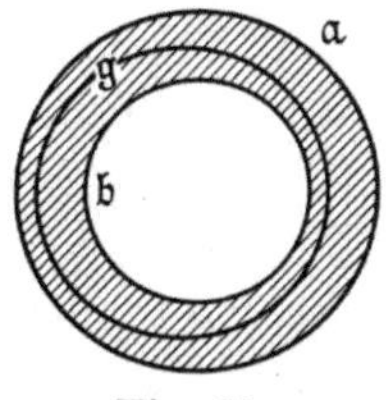

Fig. 61.

Eine Abbildung des n-dimensionalen projektiven Raumes P_n, die

1. *die Punkte zweier Gebiete $\Gamma \to \Gamma^*$ des P_n eineindeutig und stetig einander zuordnet und die*

2. *die Geraden zweier mit den Punktgebieten Γ und Γ^* verknüpfter Geradengebiete Θ und Θ^* einander eindeutig und stetig zuordnet und die*

3. *einen Punkt von Γ und eine Gerade von Θ in vereinigter Lage immer überführt in einen Γ^*-Punkt und eine Θ^*-Gerade in vereinigter Lage, ist notwendig projektiv.*

Dabei heißt eine Mannigfaltigkeit von Geraden ein *Geradengebiet*, bei der zu jeder Geraden auch noch eine Umgebung der Mannigfaltigkeit angehört, und zwar von der Dimensionszahl, in der die Geraden im P_n vorkommen, also $2n - 2$. Ein Punktgebiet Γ und ein Geradengebiet Θ heißen *verknüpft*, wenn durch jeden Γ-Punkt Θ-Gerade gehen, und wenn umgekehrt auch auf jeder Θ-Geraden Γ-Punkte liegen. Mit einer Θ-Geraden durch einen Punkt gehen ja auf Grund der Definitionseigenschaft des Geradengebietes auch immer gleich unendlich viele benachbarte durch diesen Punkt hindurch, und mit einem Γ-Punkt auf einer Geraden liegen immer gleich unendlich viele auf dieser. Wir müssen in unserem Satz die Gebiete Γ und Θ (resp. Γ^* und Θ^*) natürlich als verknüpft voraussetzen, denn gäbe es etwa ein Teilgebiet Γ' von Γ, durch dessen Punkte überhaupt keine Θ-Geraden hindurchgingen, so wäre nach unserem Satze über die Abbildung von Γ' überhaupt nichts vorausgesetzt, als daß sie eineindeutig und stetig wäre und sie brauchte nicht projektiv zu sein. Den Beweis unseres Satzes der projektiven Geometrie wollen wir am Schluß unter Nr. VIII bis XII kurz andeuten.

IV. Wir werden nun auf die folgende Weise unseren Satz der ebenen Geometrie von *Lie* auf den oben ausgesprochenen Satz der projektiven Geometrie zurückführen: Wir bezeichnen als ein *Gebiet linearer Kreissysteme* der Ebene eine solche Mannigfaltigkeit von linearen Kreissystemen, bei der zu jedem System auch noch eine vierdimensionale Umgebung wenig verschiedener Systeme der Mannigfaltigkeit angehört. Da die im § 49 (81) erwähnten Büschel von linearen Systemen in der Ebene in der Dimensionszahl 6 vorkommen, bezeichnen wir ferner als ein *Gebiet von Systembüscheln* eine solche Mannigfaltigkeit von ihnen, bei der zu jedem Büschel auch noch eine 6-dimensionale Umgebung der Mannigfaltigkeit angehört. Wir bezeichnen weiter die folgenden Gebiete als *verknüpft*: 1. ein Kreisgebiet $\tilde{\Delta}$ von K-Kreisen und ein Systemgebiet H, wenn in jedem H-System K-Kreise aus $\tilde{\Delta}$ liegen und wenn jeder $\tilde{\Delta}$-Kreis [$\tilde{\Delta}$ — K-

Kreis] in einem H-System enthalten ist. 2. ein Kreisgebiet $\tilde{\Delta}$ und ein Gebiet Z von Systembüscheln, wenn es zu jedem $\tilde{\Delta}$-Kreis ein Z-Büschel gibt, in dessen sämtlichen linearen Kreissystemen er enthalten ist, und wenn es zu jedem Z-Büschel einen $\tilde{\Delta}$-Kreis gibt, der seinen sämtlichen Systemen angehört. 3. ein Systemgebiet H und ein Gebiet Z von Systembüscheln, wenn jedes H-System ein System eines Z-Büschels ist und wenn in jedem Z-Büschel ein H-System liegt.

Wir werden dann zeigen: Man kann zu unseren unter Nr. II eingeführten Kreisgebieten $\tilde{\Delta}$ und $\tilde{\Delta}^*$ zwei mit ihnen verknüpfte Systemgebiete H und H^* angeben, und man kann weiter zwei Gebiete von Systembüscheln Z und Z^* angeben, die erstens mit den Δ, $\tilde{\Delta}^*$ und zweitens mit den H, H^* verknüpft sind, so daß folgendes gilt: Alle $\tilde{\Delta}$-Kreise eines H-Systems gehen bei unserer Abbildung $\tilde{T}$ der Gebiete $\tilde{\Delta} \to \tilde{\Delta}^*$ mit den Eigenschaften 1, 2, 3 der Nr. II immer wieder in die $\tilde{\Delta}^*$-Kreise eines und desselben H^*-Systems über. Alle $\tilde{\Delta}$-Kreise, die den sämtlichen Systemen eines Z-Büschels angehören, gehen immer in die $\tilde{\Delta}^*$-Kreise über, die den sämtlichen Systemen eines festen Z^*-Büschels angehören. Unsere Abbildung zieht dann eine eindeutige und stetige Zuordnung der Systeme der Gebiete H und H^* und eine eindeutige und stetige Zuordnung der Büschel der Gebiete Z und Z^* nach sich, bei der ein H-System und ein Z-Büschel in vereinigter Lage immer wieder übergehen in ein H^*-System und ein Z^*-Büschel in vereinigter Lage. Benutzen wir dann die auch im § 49 verwandte Abbildung der Systeme und Systembüschel auf die Punkte und Geraden eines P_4, so entsprechen den H, H^* Punktgebiete des P_4 und den Z, Z^* mit ihnen verknüpfte Geradengebiete des P_4, und unserer Abbildung $\tilde{T}$ der Gebiete $H \to H^*$ und $Z \to Z^*$ entspricht im P_4 eine Abbildung mit den Eigenschaften des unter Nr. III erwähnten Satzes, also eine projektive Abbildung. Daraus folgt dann, daß wir in der Ebene eine lineare Abbildung der pentazyklischen Koordinaten der Systeme der Gebiete H und H^* haben. Aus der Tatsache, daß alle H-Systeme, die einen und denselben $\tilde{\Delta}$-Kreis enthalten, wieder in eine analoge Mannigfaltigkeit von H^*-Systemen durch einen festen $\tilde{\Delta}^*$-Kreis übergehen, folgert man dann leicht, daß wir speziell eine lineare Abbildung haben, die die Gleichung $\langle \mathfrak{x}\mathfrak{x} \rangle = 0$ in sich überführt, also eine Abbildung von *Lie* für die Systemgebiete $H \to H^*$. Daraus ergibt sich dann, daß die Abbildung auch der Kreise $\tilde{\Delta} \to \tilde{\Delta}^*$ eine Abbildung von *Lie* ist.

V. Wie können wir nun zu Gebieten von Systemen und Systembüscheln mit den angegebenen Eigenschaften gelangen? Um zunächst die Gebiete H und H^* der Systeme festzulegen, beweisen wir den Satz:

Bei unserer Abbildung $\tilde{T}$ gehen alle $\tilde{\Delta}$-Kreise eines zusammenhängenden zweidimensionalen Kreisgebiets, das ganz in einem bestimmten hyperbolischen System $\mathfrak{x}$ enthalten ist, wieder in lauter $\tilde{\Delta}^*$-Kreise über, die einem und demselben Bildsystem $\mathfrak{x}^*$ angehören. Als ein *zusammenhängendes* zweidimensionales Kreisgebiet bezeichnen wir dabei ein solches, das bei einer eineindeutigen stetigen Zuordnung der Kreise zu den Punkten einer Hilfsebene ein zusammenhängendes Punktgebiet ausmacht. Um den Beweis zu führen, können wir uns durch eine Lie-Transformation der Ebene das System $\mathfrak{x}$ in das hyperbolische System $\mathfrak{t}$ aller Punkte übergeführt denken. Dann gehen dabei $\tilde{\Delta}$ und $\tilde{\Delta}^*$ in zwei K-Kreisgebiete Λ und Λ^* über und $\tilde{T}$ geht in eine Abbildung S der Gebiete $\Lambda \to \Lambda^*$ über, die die Eigenschaften unseres Satzes besitzt. Die Punkte von $\mathfrak{t}$, die dem Gebiet Λ angehören, bilden dann ein zusammenhängendes zweidimensionales Punktgebiet λ. Zu jedem Punkt $\mathfrak{y}$ von λ gehört dann eine dreidimensionale K-Kreisumgebung auch noch Λ an, also kann man sicher zu jedem Punkt $\mathfrak{y}$ eine Zahl δ angeben, so daß alle Kreise mit dem Mittelpunkt in 𝔳 und einem Radius $R < \delta$ auch noch zu Λ gehören. Wir zeigen nun, daß die Punkte 𝔳 von λ bei der Abbildung S übergehen in lauter Kreise eines festen Bildsystems 𝔱*. Wir zeichnen um einen Punkt 𝔴 von λ als Mittelpunkt einen Kreis 𝔨 mit dem Radius ϱ, wo ϱ so klein ist, daß erstens $\varrho <$ als die zu 𝔴 gehörige Konstante δ ist und daß zweitens der Kreis 𝔨 ganz in dem Punktgebiet λ verläuft. Es sind dann die beiden in 𝔨 zusammenfallenden gerichteten Kreise 𝔨′ und 𝔨″ K-Kreise aus Λ und die lineare Schar aller K-Kreise, die 𝔨′ und 𝔨″ gemeinsam berühren, also die Schar aller Punkte von 𝔨 gehört dann ganz zu λ (also auch zu Λ). Wir nehmen dann noch zu 𝔨 einen ihn schneidenden Kreis 𝔰 hinzu, der so benachbart ist, daß er noch ganz dieselben Eigenschaften wie 𝔨 hat, d. h. der zu Λ gehört und dessen Punkte alle zu λ gehören. Auf 𝔰 nehmen wir einen Punkt 𝔶 an, der von den Schnittpunkten mit 𝔨 verschieden ist. Bei der Abbildung geht jetzt die Schar 𝔷 der Punkte von 𝔨 in eine lineare Kreisschar 𝔷* von Λ^* über, die zwei feste Hüllkreise 𝔨′* und 𝔨″* hat, die gleichfalls Λ^* angehören. 𝔶 geht in einen weiteren Λ-Kreis 𝔶* über. Aus der linearen Schar 𝔷* und dem Kreis 𝔶* kann man dann nach § 46 ein lineares Kreissystem 𝔱* konstruieren. Wir wollen zeigen: Alle Punkte von λ gehen über in Λ^*-Kreise des Systems 𝔱*. Haben wir einen beliebigen Punkt 𝔳 von λ, so können wir ihn (vgl. Fig. 62) mit 𝔶 durch eine ganz innerhalb λ verlaufende Kurve C verbinden. Zu jedem Punkt von C gehört dann die erwähnte Konstante δ. Wir nehmen jetzt eine Größe ε, die kleiner als alle diese δ der Punkte von C ist, so daß alle Kreise 𝔞 mit dem Radius $R < \varepsilon$ um auf C gelegene Mittelpunkte zu Λ gehören. ε können wir weiter so klein annehmen, daß alle diese Kreise ganz in λ verlaufen. Wir können nun immer eine Kette solcher Kreise 𝔞 zeichnen, von denen der erste $\mathfrak{a}^{\mathrm{I}}$ durch 𝔶 geht und der letzte $\mathfrak{a}^{p}$ durch 𝔳, und bei denen jeder Kreis der Kette 𝔨, 𝔰, $\mathfrak{a}^{\mathrm{I}}$, $\mathfrak{a}^{\mathrm{II}} \ldots \mathfrak{a}^{p}$ zwei konsekutive schneidet. Für jeden dieser Kreise können wir nun zeigen, daß sich seine Punkte in eine lineare Schar des Systems 𝔱* abbilden. Denn nach der Reihe wissen wir immer von drei Punkten eines solchen Kreises, daß sie sich in Kreise von 𝔱* abbilden und wenn wir das für drei Punkte wissen, so folgt es für alle Punkte des Kreises, denn mit drei Kreisen einer linearen Schar gehört immer die ganze Schar einem linearen System an. Bei 𝔰 wissen wir z. B., daß die Punkte 𝔶, 𝔪 und 𝔫 (Fig. 62) sich auf Kreise von 𝔱* abbilden und bei $\mathfrak{a}^{\mathrm{I}}$ dann weiter von 𝔶, 𝔤 und 𝔥. Somit ist von jedem beliebigen Punkt 𝔳 von λ bewiesen, daß er sich in einen Kreis von 𝔱* abbildet. Wir haben also unseren Satz für das System 𝔱 aller Punkte bewiesen. Durch Übergang auf die durch Lie-Transformation aus $\{\mathfrak{t}, \lambda, \Lambda^*\}$ entstehende Figur folgt aber, daß unser Satz allgemein gilt.

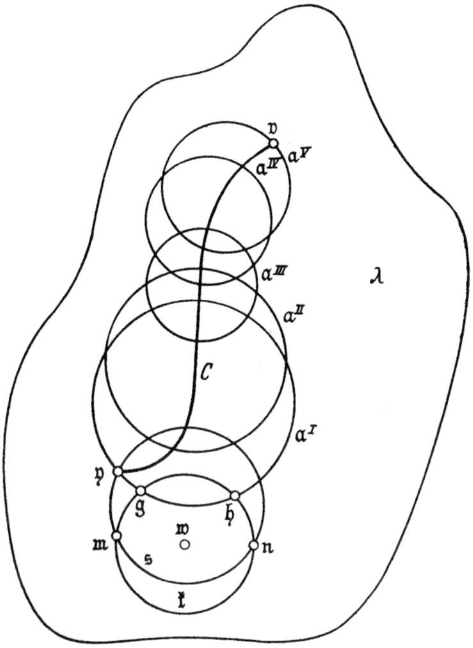

Fig. 62.

VI. Aus Nr. V wissen wir jetzt, daß wir als das Kongruenzgebiet H das aus allen denjenigen hyperbolischen Systemen bestehende wählen können, bei denen alle ihnen angehörenden $\tilde{\Delta}$-Kreise ein *zusammenhängendes* zweidimensionales Kreisgebiet bilden. Über die geometrische Beschaffenheit dieses Gebiets H können wir durch die isotrope Projektion leicht Klarheit gewinnen. Unserm Kreisgebiet $\tilde{\Delta}$, das nach Nr. II ja ganz speziell gewählt ist, entspricht im Raum das Punktgebiet im Innern eines von zwei Kreiskegeln mit gleicher zur Grundebene senkrechter Achse eingeschlossenen Raumstücks. Den Systemen von H entsprechen dann die zweischaligen Hyperboloide und raumartigen Ebenen (vgl. § 35, 36), die dies Gebiet in einem zusammenhängenden Flächenstück treffen.

VII. Um das Gebiet Z von Systembüscheln festzulegen, gehen wir von der Gleichung (81) des § 49 aus und bemerken, daß für

$$(84) \qquad \langle \mathfrak{p}\,\mathfrak{p}\rangle \langle \mathfrak{q}\,\mathfrak{q}\rangle - \langle \mathfrak{p}\,\mathfrak{q}\rangle^2 < 0.$$

in dem Büschel $\mathfrak{c}$ zwei parabolische ausgeartete Systeme $\mathfrak{c}'$ und $\mathfrak{c}''$ mit $\langle \mathfrak{c}\,\mathfrak{c}\rangle = 0$ enthalten sind. Alle Kreise, die den sämtlichen Systemen eines Büschels mit (84) angehören, berühren also zwei feste Kreise. Wir können sagen: Die Büschel mit (84) sind mit den linearen Kreisscharen gleichbedeutend, die zwei reelle Hüllkreise haben. Sind die Hüllkreise $\mathfrak{c}'$, $\mathfrak{c}''$ zwei sich nicht schneidende $\tilde{\Delta}$-Kreise, so werden alle Kreise der zugehörigen linearen Schar auch zu $\tilde{\Delta}$ gehören, wenn nur $\mathfrak{c}'$ und $\mathfrak{c}''$ hinreichend wenig voneinander verschieden sind. Denn dann weichen auch die Kreise der Schar sehr wenig von den Hüllkreisen ab. Als Gebiet Z wählen wir nun das Gebiet aller ganz aus $\tilde{\Delta}$-Kreisen bestehenden linearen Scharen, deren Hüllkreise gleichfalls zu $\tilde{\Delta}$ gehören. Von diesem Gebiet (und natürlich auch von dem Bildgebiet) kann man leicht zeigen, daß es alle unter Nr. IV verlangten Eigenschaften besitzt, im besonderen, daß es ein mit H verknüpftes Gebiet darstellt.

VIII. Nun bleibt zum Schluß nur noch übrig, den unter Nr. III ausgesprochenen Satz der projektiven Geometrie zu beweisen. Wir fassen uns ganz kurz, da der Beweis Schritt für Schritt dem Beweis des § 50 nachgebildet ist.

Zuerst müssen wir wieder einen Satz der projektiven Geometrie auf der Geraden beweisen: *Eine eineindeutige und stetige Abbildung zweier Punktgebiete* Γ und Γ^* *einer projektiven Geraden, die zwei harmonische Punktepaare von* Γ *immer wieder in ebensolche Paare von* Γ^* *überführt, ist notwendig projektiv.* Da wir hier im Gegensatz zu § 50 die Stetigkeit voraussetzen, brauchen wir nur den zweiten Teil des im § 50 gegebenen entsprechenden Satzes nachzuahmen. Wieder kann man den Beweis auf die Tatsache gründen, daß eine Abbildung von Gebieten der projektiven Geraden, die die angegebenen Eigenschaften hat und drei Punkte fest läßt, die Identität ist.

IX. In Analogie zur Definition des geketteten Kreisgebietes (vgl. Seite 222) werden wir im P_n ein Punktgebiet Γ als *durch ein Geradengebiet* Θ *gekettet* bezeichnen, wenn man irgend zwei Punkte von Γ durch einen Streckenzug von Γ-Punkten und Θ-Geraden verbinden kann. Man kann wieder nur für gekettete Gebiete zeigen, daß für sie eine Abbildung $\mathfrak{B}$ mit den Eigenschaften der Nr. III notwendig mit einer und derselben projektiven Abbildung des P_n übereinstimmt. Wir können den Beweis für jedes gekettete Teilgebiet dann einzeln führen. Ähnlich wie unter I. kann man zeigen, daß die Abbildung $\mathfrak{B}$ in einem geketteten Gebiet als projektiv nachgewiesen ist, wenn sie in einem beliebig kleinen Teilgebiet als projektiv nachgewiesen ist. Wir können daher im folgenden das Gebiet Γ als ein konvexes Punktgebiet annehmen, also als ein solches, das von jeder Geraden und allgemeiner von jedem P_s mit $s < n$ in einer zusammenhängenden Punktmannigfaltigkeit geschnitten wird.

X. Wir können dann weiter je ein Gebiet von P_2, P_3 ... usw. bis P_{n-1} angeben, so daß diese Gebiete alle untereinander und mit Γ und Θ verknüpft sind, und für sie folgendes gilt: *Alle Γ-Punkte, die einem und demselben P_s* $(1 < s < n)$ des erwähnten P_s-Gebietes *angehören, bilden sich ab auf lauter Γ^*-Punkte, die wieder einem und demselben Bild-P_s^* angehören.*

XI. *Vier harmonische Γ-Punkte auf einer Θ-Geraden gehen bei unserer Abbildung $\mathfrak{B}$ immer wieder über in vier harmonische Γ^*-Punkte auf einer Θ^*-Geraden.* Das folgt daraus, daß man bei der Konstruktion des vollständigen Vierseits (Fig. 59, § 50) alle Geraden so wenig verschieden von der Geraden g wählen kann, daß sie auch noch Θ-Gerade sind und daß man weiter die bei der Konstruktion verwandten Hilfspunkte 1, 2, 3, 4, 5 so nahe an die Γ-Punkte $\mathfrak{a}$, $\mathfrak{p}$, $\mathfrak{b}$, $\bar{\mathfrak{p}}$ legen kann, daß sie auch noch Γ-Punkte sind. *Es wird dann nach Nr. VIII jede Θ-Gerade auf ihre Bildgerade, soweit Γ-Punkte in Frage kommen, projektiv abgebildet.*

XII. Durch ähnliche Überlegungen, wie die im § 50 an Fig. 60 anknüpfenden, kann man jetzt den Satz der Nr. III für die Ebene beweisen, indem man in Fig. 60 die vorkommenden Punkte und Geraden als Γ-Punkte und Θ-Geraden wählt. Durch Schluß von n auf $n + 1$ kann man den Beweis unter Zuhilfenahme des Satzes von Nr. X dann allgemein führen.

XIII. Ähnlich wie im § 49 bei den Abbildungen der Kontinuen leitet man auch hier bei den Abbildungen der Gebiete die in der Einleitung § 1 ausgesprochenen Sätze über die Abbildungen von *Möbius* und *Laguerre* als spezielle Folgerungen aus dem Satz über die Abbildungen von *Lie* her.

6. Kapitel.

Geometrie von *Lie*, *Möbius* und *Laguerre* im Raum.

§ 52. Grundbegriffe der Geometrie von *Lie* im Raum.

Zwischen den drei kugelgeometrischen Gruppen im Raume bestehen ganz ähnliche Beziehungen wie zwischen den kreisgeometrischen der Ebene: *Die Gruppen von Möbius und Laguerre sind Untergruppen der Gruppe von Lie* und ihre Geometrie läßt sich einbauen in die Geometrie von *Lie* und dann einfach als ein Teilgebiet dieser behandeln. Da wir jetzt schon mit den entsprechenden Zusammenhängen der ebenen Geometrie vertraut sind, wollen wir mit der Geometrie von *Lie* beginnen und dann später die Geometrie von *Möbius* und *Laguerre* gleich von dem Liegeometrischen Standpunkt aus behandeln.

In den meisten Sätzen erscheint die räumliche Lie-Geometrie als eine einfache Wiederholung der ebenen, wenn man nur statt Gerade Ebene und statt Kreis Kugel sagt. So definieren wir als die *K-Kugeln* jetzt die folgenden Gebilde:

1. Die gerichteten Kugeln des Raumes. (Dabei bezeichnen wir als eine gerichtete Kugel eine Kugel, bei der eines der beiden Gebiete, in die sie den Raum zerlegt, als ihre *positive Seite* ausgezeichnet ist.)

2. Die gerichteten Ebenen des Raumes (die aus den ungerichteten Ebenen entstehen, indem man eine der beiden Seiten der Ebene als die positive auszeichnet).

3. Die Punkte des gewöhnlichen euklidischen Raumes.

4. Den uneigentlichen Punkt. (Wir ergänzen hier wieder das euklidische Punktkontinuum durch stetiges Einfügen eines „unendlichfernen" Punktes zu einem *räumlichen Möbiusschen Kontinuum.* Dieses ist von dem projektiven Raum, wo man eine ganze Ebene uneigentlicher Punkte einfügt, wesentlich verschieden.)

Von einer *Berührung zweier K-Kugeln* sprechen wir dann weiter in den folgenden 6 Fällen:

1. Bei zwei sich gleichsinnig berührenden gerichteten Kugeln.

2. Bei einer gerichteten Kugel und einer gerichteten Tangentenebene.

3. Bei zwei gleichsinnig parallelen Ebenen.

4. Bei vereinigter Lage von Punkt und gerichteter Kugel.

5. Bei vereinigter Lage von Punkt und gerichteter Ebene.

6. Schließlich gelten eine beliebige gerichtete Ebene und der uneigentliche Punkt als sich berührende *K*-Kugeln.

Wir wollen jetzt einige Haupttatsachen und Definitionen der Kugelgeometrie von *Lie* zusammenstellen. Die Beweise, die denen der ebenen Geometrie meist leicht nachzubilden sind, lassen wir häufig fort.

I. *Den K-Kugeln lassen sich die Systeme von sechs Verhältnisgrößen*

$$y_0 : y_1 : y_2 : y_3 : y_4 : y_5 ,$$

die der Bedingung

$$\langle \mathfrak{y}\,\mathfrak{y}\rangle = -y_0^2 + y_1^2 + y_2^2 + y_3^2 + y_4^2 - y_5^2 = 0 \tag{1}$$

genügen, eindeutig als Koordinaten zuordnen.

Den eigentlichen Punkten und gerichteten Kugeln des Raumes mit den kartesischen Koordinaten $\xi_0, \eta_0, \zeta_0, R$ — (ξ_0, η_0, ζ_0 Mittelpunktskoordinaten, R gerichteter Radius) — kann man nämlich zunächst einmal die Systeme mit $y_0 + y_1 \neq 0$ eineindeutig zuordnen durch die Formeln:

$$\begin{gathered} y_0 = \varrho \cdot \frac{1 + (\xi_0^2 + \eta_0^2 + \zeta_0^2 - R^2)}{2} \qquad y_1 = \varrho \cdot \frac{1 - (\xi_0^2 + \eta_0^2 + \zeta_0^2 - R^2)}{2} \\ y_2 = \varrho \cdot \xi_0 \qquad y_3 = \varrho \cdot \eta_0 \qquad y_4 = \varrho \cdot \zeta_0 \qquad y_5 = \varrho \cdot R , \end{gathered} \tag{2}$$

die denen der Ebene § 42 (5) ganz entsprechen. Wir denken uns weiter die gerichteten Ebenen in laufenden kartesischen Punkt-Koordinaten ξ, η, ζ in der *Hesseschen Normalform*

$$\alpha_1 \xi + \alpha_2 \eta + \alpha_3 \zeta = w \qquad [\alpha_1^2 + \alpha_2^2 + \alpha_3^2 = 1] \tag{3}$$

dargestellt. Hier sind $\alpha_1, \alpha_2, \alpha_3$ die Richtungskosinus der gerichteten Ebene, die wir etwa auffassen können als die Kosinus ihrer Winkel mit den in bestimmter Weise gerichteten Koordinatenebenen und w ist der gerichtete Abstand der Ebene vom Ursprung, der positiv gerechnet wird, wenn der Ursprung auf der positiven Seite der Ebene gelegen ist und sonst negativ.

Es lassen sich dann die Systeme der Verhältnisgrößen y mit $y_0 + y_1 = 0$ und $y_5 \neq 0$ den gerichteten Ebenen eineindeutig zuordnen durch die Formeln

$$\begin{matrix} y_0 = \varrho \cdot w & y_1 = \varrho \cdot [-w] & y_5 = \varrho \cdot 1 \\ y_2 = \varrho \cdot \alpha_1 & y_3 = \varrho \cdot \alpha_2 & y_4 = \varrho \cdot \alpha_3 . \end{matrix} \tag{4}$$

Diese Formeln ergeben sich natürlich in ähnlicher Weise wie die Formeln (7) des § 42 aus den dortigen Formeln (5) als ein Grenzfall aus (2). Dem übrigbleibenden System $y_0 + y_1 = 0$; $y_5 = 0$, für das im Reellen aus (1) folgt $y_2 = y_3 = y_4 = 0$, lassen wir den uneigentlichen Punkt entsprechen.

Wir nennen die 6 Koordinaten y die *hexasphärischen Koordinaten* der K-Kugeln. Als eine *stetige Abänderung einer K-Kugel* bezeichnen wir wieder eine solche, die einer stetigen Änderung der hexasphärischen Koordinaten entspricht, wobei das Wertsystem $\{0, 0, 0, 0, 0, 0\}$ zu vermeiden ist.

Wir verwenden wieder abkürzende Symbole. Wir setzen

$$(5) \qquad \langle \mathfrak{x}\,\mathfrak{y}\rangle = -x_0 y_0 + x_1 y_1 + x_2 y_2 + x_3 y_3 + x_4 y_4 - x_5 y_5,$$

wo wir, da Mißverständnisse nicht zu befürchten sind, jetzt die eckigen Klammern für die Form in den 6 Variablen benutzen. Ebenso schreiben wir jetzt Gleichungen

$$z_i = \alpha x_i + \beta y_i \qquad [i = 0 \text{ bis } 5]$$

in vektorieller Form $\mathfrak{z} = \alpha\mathfrak{x} + \beta\mathfrak{y}$ bei Verwendung deutscher Buchstaben. Die eckigen Klammern lassen wir auch häufig wieder fort.

Man kann leicht nachweisen, daß für zwei K-Kugeln $\mathfrak{x}$ und $\mathfrak{y}$ durch die Gleichung $\langle\mathfrak{x}\,\mathfrak{y}\rangle = 0$ immer einer der sechs angeführten Fälle von Berührung gekennzeichnet ist.

II. *Die Abbildungen von Lie im Raume definieren wir als die linearen Substitutionen der hexasphärischen Koordinaten, die die Gleichung* $\langle\mathfrak{x}\mathfrak{x}\rangle = 0$ *invariant lassen*. Durch ganz entsprechende Gedankengänge wie in der Ebene (vgl. §§ 49—50) kann man auch hier zeigen, daß die Abbildungen von *Lie* die einzigen eineindeutigen Abbildungen von K-Kugeln sind, die Berührung von K-Kugeln invariant lassen. Entsprechend § 51 kann man auch hier zeigen, daß jede Abbildung von *Lie* in gewissen geeigneten Gebieten nach Weglassen der Richtung der Kugeln eine eindeutige Abbildung der Kugeln im gewöhnlichen euklidischen Sinne vermittelt, die Berührung erhält. Und dann läßt sich wieder beweisen, daß die Abbildungen, die man so erhält, überhaupt die einzigen möglichen eineindeutigen und stetigen Abbildungen von Gebieten euklidischer Kugeln sind, die die Berührung invariant lassen.

III. Für die Bildung von Invarianten der Lie-Geometrie gelten wieder die folgenden Gesetze:

Man bildet erst die Invarianten gegenüber der Gruppe der linearen Transformationen der y, die die Form $\langle\mathfrak{y}\mathfrak{y}\rangle$ absolut invariant lassen (Halbinvarianten). Für diese Gruppe gelten wieder die Regeln des § 10. Aus den Halbinvarianten bildet man dann noch Invarianten gegenüber den Umnormierungen $\mathfrak{y} = \lambda\mathfrak{y}^*$.

IV. Drei linear abhängige K-Kugeln berühren sich, wie man § 43 (12) entsprechend zeigen kann, in ein und demselben *gerichteten Flächenelement,* sie gehören, wie wir auch sagen, *einem Büschel* an. Es gehen bei einer Abbildung von *Lie* alle K-Kugeln eines Büschels immer wieder in die Kugeln ein und desselben Bildbüschels über. Dabei müssen wir die Büschel gleichsinnig paralleler Ebenen als Büschel von K-Kugeln durch *uneigentliche gerichtete Flächenelemente* mitzählen. Jedem gerichteten Flächenelement wird dann eineindeutig wieder ein eigentliches oder uneigentliches gerichtetes Flächenelement als Bild zugeordnet.

V. Vier K-Kugeln eines Büschels haben eine Invariante, die man wieder nach § 44 (14) und (17) berechnen kann und die hier im allgemeinen Fall wieder einfach das *Doppelverhältnis der Radien* der vier Kugeln ist.

Auf die Grundbegriffe K-Kugel, Berührung, Doppelverhältnis gehen alle noch folgenden zurück. Besonders ist zu betonen, daß den Kreisen und Geraden des Raumes in der Lie-Geometrie des *Raumes* keine invariante Bedeutung zukommt, nicht einmal dem Begriff des K-Kreises im Sinne des Kap. V kommt im Raume eine invariante Bedeutung zu.

§ 53. Lineare Kugelscharen und Kugelkomplexe.

VI. Drei Kugeln $\mathfrak{x}^{\alpha}$, von denen sich keine zwei berühren, haben wieder als einzige Invariante die *Vorzeicheninvariante*

$$\delta = \operatorname{sgn}\,[\langle \mathfrak{x}^{\mathrm{I}}\,\mathfrak{x}^{\mathrm{II}}\rangle \langle \mathfrak{x}^{\mathrm{II}}\,\mathfrak{x}^{\mathrm{III}}\rangle \langle \mathfrak{x}^{\mathrm{III}}\,\mathfrak{x}^{\mathrm{I}}\rangle]\,. \tag{6}$$

Die Tripel mit $\delta = -1$ [vgl. § 43 (13)] lassen sich durch Abbildung von *Lie* in drei Punkte überführen, speziell z. B. in drei auf einer Geraden gelegene Punkte. Die Tripel mit $\delta = +1$ lassen sich aber überführen in das Tripel, das aus einer gerichteten Ebene und zwei zu ihr spiegelbildlichen Punkten besteht.

Zu den Tripeln mit $\delta = -1$ gibt es nun hier — und darin besteht eine Abweichung von den entsprechenden Verhältnissen der Ebene — eine einparametrige Schar gemeinsam berührender K-Kugeln $\mathfrak{z}$, wie man aus dem Fall der 3 Punkte einer Geraden sieht, wo die K-Kugeln $\mathfrak{z}$ die Ebenen des Büschels durch die den 3 Punkten gemeinsame Gerade g sind. Im Fall $\delta = +1$ gibt es dagegen überhaupt keine gemeinsam berührenden Kugeln, wie aus dem Beispiel der Ebene und der spiegelbildlichen Punkte zu ersehen ist.

VII. Alle Kugeln $\mathfrak{y}$, die sich aus dreien, $\mathfrak{x}^{\mathrm{I}}$, $\mathfrak{x}^{\mathrm{II}}$, $\mathfrak{x}^{\mathrm{III}}$, von denen keine zwei sich berühren, linear kombinieren lassen [§ 44 (19)], bilden eine *lineare Schar von K-Kugeln.* Falls für die $\mathfrak{x}^{\alpha}$ die Invariante $\delta = -1$ ist, besteht die lineare Schar aus allen Kugeln $\mathfrak{y}$, die von sämtlichen Kugeln $\mathfrak{z}$ berührt werden, die ihrerseits die drei $\mathfrak{x}^{\alpha}$ gleichzeitig berühren. Denn mittels § 44 (19) folgt aus $\mathfrak{z}\mathfrak{x}^{\alpha} = 0$ auch $\mathfrak{z}\mathfrak{y} = 0$. Im

Fall dreier Punkte $\mathfrak{x}^a$ auf einer Geraden g sind die $\mathfrak{z}$, wie wir gesehen haben, die gerichteten Ebenen durch die den Punkten gemeinsame Gerade g. Die K-Kugeln, die von allen diesen Ebenen berührt werden, sind dann aber die sämtlichen Punkte von g. Diese machen dann die lineare Schar aus. Da drei Ebenen des Büschels durch g, weil sie gemeinsame Berührungskugeln, nämlich die Punkte der Geraden g besitzen, ebenfalls ein $\delta = -1$ haben müssen, bestimmen sie ihrerseits eine lineare Schar von ganz demselben Typ wie die Punkte, nämlich die Schar, die aus allen in beliebiger Richtung genommenen Ebenen des Büschels durch g besteht. Zwei lineare Scharen vom Typ $\delta = -1$ gehören also in der räumlichen Geometrie im Gegensatz zur ebenen immer paarweise zusammen. Wir nennen solche zusammengehörige Scharen *konjugierte lineare Scharen*. Für drei Kugeln $\mathfrak{x}^a$ mit $\delta = +1$ kann man die lineare Schar wieder ähnlich wie in der Ebene konstruieren [vgl. § 44, Fig. 55]: Durch jedes Flächenelement von $\mathfrak{x}^{\mathrm{I}}$ zieht man die beiden Kugeln $\mathfrak{z}^{\mathrm{II}}$ und $\mathfrak{z}^{\mathrm{III}}$, die $\mathfrak{x}^{\mathrm{II}}$ und $\mathfrak{x}^{\mathrm{III}}$ berühren, und in dem Büschel $\mathfrak{x}^{\mathrm{I}}$, $\mathfrak{z}^{\mathrm{II}}$, $\mathfrak{z}^{\mathrm{III}}$ dann die Kugel $\mathfrak{t}_d$, die $\mathfrak{x}^{\mathrm{I}}$, $\mathfrak{z}^{\mathrm{II}}$ und $\mathfrak{z}^{\mathrm{III}}$ jeweils unter festem Doppelverhältnis d teilt. Alle Kugeln $\mathfrak{t}_d$ umhüllen dann außer $\mathfrak{x}^{\mathrm{I}}$ noch eine zweite Kugel $\mathfrak{q}_d$. Die zu den verschiedenen Werten von d gehörigen Kugeln $\mathfrak{q}_d$ bilden dann die lineare Schar.

VIII. Das *Doppelverhältnis d*, das bei der eben erwähnten Konstruktion auftritt, ist wieder eine Invariante *von vier Kugeln einer linearen Schar*. Für vier gegebene Kugeln $\mathfrak{x}^{\mathrm{I}}$, $\mathfrak{x}^{\mathrm{II}}$, $\mathfrak{x}^{\mathrm{III}}$, $\mathfrak{x}^{\mathrm{IV}}$ einer beliebigen linearen Schar (mit $\delta = -1$ oder $\delta = +1$) kann man dieses Doppelverhältnis $d(\mathfrak{x}^{\mathrm{I}}, \mathfrak{x}^{\mathrm{II}}, \mathfrak{x}^{\mathrm{III}}, \mathfrak{x}^{\mathrm{IV}})$ folgendermaßen auf ein Doppelverhältnis von vier Kugeln eines Büschels zurückführen: Man wählt auf $\mathfrak{x}^{\mathrm{I}}$ ein beliebiges gerichtetes Flächenelement und zieht durch dies die K-Kugeln $\mathfrak{q}^{\mathrm{II}}$, $\mathfrak{q}^{\mathrm{III}}$, $\mathfrak{q}^{\mathrm{IV}}$, die der Reihe nach $\mathfrak{x}^{\mathrm{II}}$, $\mathfrak{x}^{\mathrm{III}}$ und $\mathfrak{x}^{\mathrm{IV}}$ berühren. Dann ist d gleich dem Doppelverhältnis $D(\mathfrak{x}^{\mathrm{I}}, \mathfrak{q}^{\mathrm{II}}, \mathfrak{q}^{\mathrm{III}}, \mathfrak{q}^{\mathrm{IV}})$ der vier in einem Büschel liegenden Kugeln $\mathfrak{x}^{\mathrm{I}}$, $\mathfrak{q}^{\mathrm{II}}$, $\mathfrak{q}^{\mathrm{III}}$, $\mathfrak{q}^{\mathrm{IV}}$. Analytisch ist d wieder durch die Formel (20) des § 44 gegeben.

IX. Alle K-Kugeln $\mathfrak{x}$, die einer und derselben linearen Gleichung

$$\mathfrak{a}\,\mathfrak{x} = 0 \qquad [\mathfrak{a} \text{ nicht identisch gleich } 0] \tag{7}$$

genügen, bilden eine dreiparametrige Mannigfaltigkeit. Eine solche Mannigfaltigkeit nennen wir einen *linearen Komplex* von K-Kugeln. Die linearen Kugelkomplexe spielen im Raum dieselbe Rolle wie die linearen Kreissysteme in der Ebene. Wir unterscheiden wieder drei Typen [vgl. § 45]

a) $\mathfrak{a}\mathfrak{a} > 0$ *elliptischer* Komplex,
b) $\mathfrak{a}\mathfrak{a} = 0$ *parabolischer* oder *ausgearteter* Komplex,
c) $\mathfrak{a}\mathfrak{a} < 0$ *hyperbolischer* Komplex.

Die parabolischen Komplexe bestehen einfach aus allen Kugeln, die eine feste K-Kugel mit den hexasphärischen Koordinaten $\mathfrak{a}$ berühren.

Für die beiden andern Typen gelten zwei invariante Konstruktionen, die ganz den beiden im § 45 und § 46 für die linearen Kreissysteme angegebenen entsprechen. Bei der ersten Konstruktion hat man statt der beiden Kreisbüschel jetzt zwei kugelgeometrisch bezogene Kugelbüschel[1]) mit einer sich selbst entsprechenden gemeinsamen Kugel zu nehmen. Der lineare Komplex besteht dann im wesentlichen aus allen K-Kugeln, die zwei sich entsprechende Kugeln beider Büschel gleichzeitig berühren. Bei der zweiten Konstruktion hat man die Mannigfaltigkeit aller Kugeln $\mathfrak{z}$, die zwei feste K-Kugeln $\mathfrak{x}^{I}$ und $\mathfrak{x}^{II}$ berühren, und eine weitere Kugel $\mathfrak{y}$ zu nehmen. Zu jedem Tripel von zwei Kugeln $\mathfrak{z}^{I}$, $\mathfrak{z}^{II}$ aus der Mannigfaltigkeit $\mathfrak{z}$ und $\mathfrak{y}$ haben wir dann die zugehörige lineare Schar von K-Kugeln zu bestimmen. Alle diese linearen Scharen erfüllen dann den linearen Komplex.

Jeder elliptische Komplex läßt sich ganz den Verhältnissen der Ebene entsprechend durch Abbildung von *Lie* überführen in die Mannigfaltigkeit aller K-Kugeln, die eine feste Ebene senkrecht schneiden, jeder parabolische in die Mannigfaltigkeit aller gerichteten Ebenen, jeder hyperbolische in die Mannigfaltigkeit aller Punkte.

Wie sehen nun die linearen Komplexe allgemein aus? Ganz der geometrischen Gestalt der linearen Systeme von Kreisen in der Ebene entsprechend gilt hier:

Ein allgemeiner elliptischer Komplex besteht immer aus allen K-Kugeln, die eine feste gerichtete Kugel oder Ebene unter festem Winkel schneiden. Die Punkte der Kugel, resp. der Ebene werden dabei als Grenzfall wieder mitgerechnet. Im Fall einer festen Kugel haben wir das Analogon zum zeitartigen sphärischen Kreissystem (§ 36), im Fall einer festen Ebene das Analogon des zeitartigen ebenen Kreissystems (§ 35).

Ein allgemeiner hyperbolischer Kugelkomplex kann eine der beiden folgenden Gestalten haben:

α) [Analogon des raumartigen sphärischen Kreissystems.] Man denke sich die Fig. 45 des § 36 um die Symmetrieachse h rotierend. Dann entsteht aus den beiden Kreisen $\mathfrak{Z}_1$, $\bar{\mathfrak{Z}}_1$ eine Ringfläche und aus der Schar der Kreise $\mathfrak{t}$ eine Kugelschar, deren Kugeln $\mathfrak{t}$ den aus $\mathfrak{Z}_1$ und $\bar{\mathfrak{Z}}_1$ erzeugten Ring alle längs eines ganzen Kreises berühren. Läßt man nun die Schar der ∞^1 Kugeln $\mathfrak{t}$ um den Punkt M räumlich rotieren, so kommt sie dabei in ∞^2 verschiedene Lagen und es entsteht eine Mannigfaltigkeit von ∞^3 Kugeln. Diese bilden gerade den linearen Komplex.

β) Der zweite Typ [der den raumartigen ebenen Kreissystemen entspricht] besteht aus allen Kugeln, deren Radius R zu dem Abstand r

[1]) Das heißt zwei Kugelbüschel, deren Kugeln paarweise einander so zugeordnet sind, daß das Doppelverhältnis von je vier entsprechenden Kugeln in beiden Büscheln immer gleich ist.

des Mittelpunktes von einer festen Ebene in der Beziehung

$$(8) \qquad R = c r + d \qquad |c| < 1$$

steht, mit festen Konstanten c und d [vgl. § 35 (23a). Alle diese Tatsachen kann man leicht beweisen, indem man in (7) für die hexasphärischen Kugelkoordinaten $\mathfrak{x}$ nach (2) etwa die kartesischen einführt.

X. Die durch § 46 (33) gegebene Transformation bezeichnen wir im Raum als *Spiegelung am linearen Komplex* oder wieder als *Lie-Inversion.* Zu einer Kugel $\mathfrak{x}$ außerhalb des Komplexes erhält man wieder das Bild $\mathfrak{x}^*$, indem man alle Kugeln des Komplexes nimmt, die $\mathfrak{x}$ berühren und dann $\mathfrak{x}^*$ als deren zweite gemeinsame Berührungskugel bestimmt. Aus den Lie-Inversionen läßt sich wieder die ganze Gruppe von *Lie* erzeugen.

Nehmen wir die aus zwei Tripeln $\mathfrak{x}^{\mathrm{I}}$, $\mathfrak{x}^{\mathrm{II}}$, $\mathfrak{x}^{\mathrm{III}}$ und $\mathfrak{y}^{\mathrm{I}}$, $\mathfrak{y}^{\mathrm{II}}$, $\mathfrak{y}^{\mathrm{III}}$ von Kugeln bestehende Figur f, bei der sich die $\mathfrak{x}^{\alpha}$ untereinander sowie die $\mathfrak{y}^{\alpha}$ untereinander nicht berühren, bei der aber alle $\mathfrak{x}^{\alpha}$ alle $\mathfrak{y}^{\beta}$ berühren, und nehmen wir zu f eine äquivalente Figur f^* hinzu, so ergibt sich, wie wir hier ohne Beweis anführen, daß es genau zwei Lie-Transformationen gibt, die f in f^* überführen. Sehen wir von der Zweiwertigkeit ab, *so ergibt sich also,* da die Figur f^* von 15 Parametern abhängt, *daß die räumliche Gruppe von Lie 15-gliedrig ist.* Zum Unterschied von der ebenen Gruppe $\mathfrak{K}_{10}$ werden wir daher die räumliche auch als $\mathfrak{K}_{15}$ bezeichnen.

XI. Für die Invariante § 46 (34) zweier Komplexe $\mathfrak{a}$ und $\mathfrak{p}$ läßt sich wieder eine ganz entsprechende Deutung finden wie in der Ebene. Man spiegelt eine $\mathfrak{a}$ angehörende Kugel $\mathfrak{u}$ dreimal abwechselnd an $\mathfrak{p}$ und $\mathfrak{a}$ und erhält so vier Kugeln einer linearen Schar, deren Doppelverhältnis wieder nach § 46 (36) mit der Invariante der Komplexe zusammenhängt. Zwei Komplexe sind wieder *involutorisch* zueinander, d. h. es gilt für sie $\langle \mathfrak{a}\mathfrak{p} \rangle = 0$, wenn mit jeder dem einen der Komplexe (etwa $\mathfrak{a}$) angehörenden Kugel $\mathfrak{u}$ auch die zum andern Komplex $\mathfrak{p}$ spiegelbildliche Kugel $\mathfrak{v}$ in $\mathfrak{a}$ gelegen ist.

XII. Die Invariante § 46 (37) zweier Kugeln $\mathfrak{u}, \mathfrak{v}$ und eines Komplexes $\mathfrak{p}$ läßt sich wieder nach § 46 (38) auf ein Doppelverhältnis von vier Kugeln einer linearen Schar zurückführen, nämlich von $\mathfrak{u}$, $\mathfrak{v}$ und den beiden zu $\mathfrak{p}$ spiegelbildlichen Kugeln $\mathfrak{u}'$, $\mathfrak{v}'$.

XIII. Für die Determinante von sechs Komplexen $\mathfrak{x}^{\alpha}$ [$\alpha = \mathrm{I}$ bis VI] gilt nach der Determinantenformel § 10 (14)

$$(9) \qquad |\mathfrak{x}^{\mathrm{I}}, \mathfrak{x}^{\mathrm{II}}, \mathfrak{x}^{\mathrm{III}}, \mathfrak{x}^{\mathrm{IV}}, \mathfrak{x}^{\mathrm{V}}, \mathfrak{x}^{\mathrm{VI}}|^2 = + |\langle \mathfrak{x}^{\alpha} \mathfrak{x}^{\beta} \rangle| \qquad (\alpha, \beta = \mathrm{I} \text{ bis VI}).$$

Denn in der quadratischen Form (1) dieses Kapitels haben, wenn man y_0 für den Augenblick mit y_6 bezeichnet, die in § 10 (6) auftretenden Koeffizienten die Werte:

$$B_{11} = B_{22} = B_{33} = B_{44} = -B_{55} = -B_{66} = 1$$
$$B_{ik} = 0 \quad \text{für } i \neq k. \qquad B = |B_{ik}| = +1\,.$$

§ 54. Über die Verwandtschaft der Kugelgeometrie von *Lie* mit der projektiven Liniengeometrie.

Wir kommen jetzt auf die Verwandtschaft zu sprechen, die die projektive Liniengeometrie mit der Kugelgeometrie von Lie besitzt.

Sind z_i $[i = 1, 2, 3, 4]$ homogene kartesische Punktkoordinaten im P_3, so sind bekanntlich die Linienkoordinaten p_{ik} der durch die beiden Punkte mit den Koordinaten z_i und t_i gehenden Geraden $\mathfrak{p}$ durch

$$p_{ik} = z_i t_k - z_k t_i \tag{10}$$

bestimmt[1]). Die sechs homogenen Linienkoordinaten der Geraden $\mathfrak{p}$ genügen bekanntlich der Gleichung

$$p_{12} p_{34} + p_{13} p_{42} + p_{14} p_{23} = 0. \tag{11}$$

Wir wollen beispielsweise für die Erzeugenden des hyperbolischen Paraboloids mit der Gleichung $x_3 x_4 = x_1 x_2$ in den homogenen kartesischen Koordinaten die Linienkoordinaten einführen. Wir können die Fläche mittels zweier Parameter ϱ und σ in der Parameterform schreiben

$$\begin{cases} x_1 = \varrho; & x_3 = \varrho\sigma \\ x_2 = \sigma; & x_4 = 1, \end{cases} \tag{12}$$

wo dann die Flächenkurven $\varrho = \text{const}$ und $\sigma = \text{const}$ den beiden Scharen von Erzeugenden entsprechen. Die Darstellung versagt nur für die beiden Erzeugenden

$$\{x_4 = 0;\quad x_1 = 0\} \quad \text{und} \quad \{x_4 = 0;\quad x_2 = 0\}$$

in der uneigentlichen Ebene $x_4 = 0$ des P_3, die sich aus (12) als ein Grenzfall für $\sigma \to \infty$ resp. $\varrho \to \infty$ ergeben. Zwei Punkte

$$\begin{Bmatrix} z_1 = \varrho_1; & z_3 = \varrho_1\sigma \\ z_2 = \sigma; & z_4 = 1 \end{Bmatrix} \qquad \begin{Bmatrix} t_1 = \varrho_2; & t_3 = \varrho_2\sigma \\ t_2 = \sigma; & t_4 = 1 \end{Bmatrix} \tag{13}$$

die zu demselben σ-Wert und verschiedenen Werten ϱ_1 und ϱ_2 von ϱ gehören, bestimmen eine Erzeugende der Schar $\sigma = \text{const}$. Aus (10), (13) ergibt sich für ihre Linienkoordinaten

$$\begin{cases} p_{12} = p_{34} = (\varrho_1 - \varrho_2)\sigma; & p_{13} = p_{42} = 0; \\ p_{14} = (\varrho_1 - \varrho_2); & p_{23} = -(\varrho_1 - \varrho_2)\sigma^2. \end{cases} \tag{14}$$

Dividieren wir die homogenen Linienkoordinaten durch den Faktor $\varrho_1 - \varrho_2$, so erhalten wir für die eine Schar der Erzeugenden die Linienkoordinaten:

$$\mathfrak{p}(\sigma) = \left\{ \begin{array}{c|c|c|c|c|c} p_{12} & p_{13} & p_{14} & p_{34} & p_{42} & p_{23} \\ = \sigma & = 0 & = 1 & = \sigma & = 0 & = -\sigma^2 \end{array} \right\}. \tag{15}$$

[1]) Den Proportionalitätsfaktor, den man gewöhnlich vor die rechte Seite schreibt, lassen wir hier weg.

Analog ergibt sich für die andere Schar:

$$\mathfrak{p}(\varrho) = \{\varrho, \quad \varrho^2, \quad 0, \quad -\varrho, \quad +1, \quad 0\}. \tag{16}$$

Die beiden Scharen des Paraboloids sind durch ihren Schraubungssinn unterschieden: Legen wir das System der homogenen kartesischen Koordinaten als ein Rechtssystem zugrunde, so vollführt man, wie man leicht erkennt, beim Durchlaufen der Schar (15) eine Rechtsschraubung, beim Durchlaufen der Schar (16) aber eine Linksschraubung. Allgemein bezeichnet man bekanntlich in der projektiven Geometrie eine Fläche mit zwei Scharen reeller Erzeugenden als Hyperboloid. Die beiden Scharen einer solchen Fläche sind immer durch den Schraubensinn unterschieden.

Die Bedingung für das Schneiden zweier Geraden $\mathfrak{p}$ und $\mathfrak{q}$ ist bekanntlich durch die zu (11) gehörige bilineare Gleichung

$$\frac{1}{2}\{p_{12}\,q_{34} + p_{34}\,q_{12} + p_{13}\,q_{42} + p_{42}\,q_{13} + p_{14}\,q_{23} + p_{23}\,q_{14}\} = 0 \tag{17}$$

gegeben.

Es ist ferner bekannt, daß durch die linearen Substitutionen der Linienkoordinaten, die die Gleichung (11) und damit auch die Gleichung (17) in sich überführen, *im wesentlichen die projektiven Transformationen des Raumes* dargestellt sind. Wir sagen im wesentlichen, weil diese Gruppe etwas weiter ist als die Gruppe, die man gewöhnlich der projektiven Geometrie zugrunde legt. Sie stellt nämlich außer den Kollineationen auch die *Korrelationen* dar, also insgesamt die *dualistischen Transformationen.*

Führen wir statt der gewöhnlichen Linienkoordinaten p_{ik}, durch

$$\begin{cases} p_{12} = q_1 + q_0; & p_{13} = q_2 + q_4; & p_{14} = q_3 + q_5 \\ p_{34} = q_1 - q_0; & p_{42} = q_2 - q_4; & p_{23} = q_3 - q_5 \end{cases} \tag{18}$$

neue Linienkoordinaten q ein, so geht die Gleichung (11) in die Gleichung

$$-q_0^2 + q_1^2 + q_2^2 + q_3^2 - q_4^2 - q_5^2 = 0 \tag{19}$$

über und die Gruppe der dualistischen Transformationen wird dann durch die linearen Substitutionen dargestellt, die die Gleichung (19) invariant lassen.

Die der projektiven Liniengeometrie zugrunde liegende Gruppe unterscheidet sich also nur um das in ihrer invarianten Gleichung vor q_4^2 stehende negative Zeichen von der Gruppe (1) von *Lie*. Durch die imaginäre Transformation

$$q_k = y_k \quad [\text{für } k = 0, 1, 2, 3, 5], \qquad q_4 = \sqrt{-1}\cdot y_4 \tag{20}$$

können wir die beiden Gruppen ineinander überführen. Sie stehen also in ganz ähnlicher Beziehung, wie im 4. Kapitel die Bewegungsgruppe und die Gruppe $\mathfrak{J}_6$ der indefiniten Bewegungsgeometrie.

Die Transformation (20) ist die berühmte *Geraden-Kugeltransformation von Sophus Lie.* Da sie nur im Komplexen Gültigkeit hat, stellt sie im Reellen natürlich keine eineindeutige Zuordnung der Geraden des Linienraums zu den K-Kugeln des Kugelraumes dar, bei der sich dualistische Transformationen und Lie-Transformationen entsprechen. Ihre Bedeutung für die reelle Geometrie beruht aber in der weitreichenden Analogie zwischen projektiver Liniengeometrie und *Lie*scher Kugelgeometrie, die sie durch die komplexen Transformationsformeln (20) aufgezeigt hat. So gelten für die Bildung von Invarianten für beide Geometrien ganz dieselben Gesetze:

Um Halbinvarianten zu bilden, haben wir zuerst die Gruppen zu nehmen, die die quadratischen Formen (19) bzw. (1) absolut invariant lassen. Beide Gruppen fallen dabei unter die im § 10 erwähnten, so daß für die sich in beiden Geometrien entsprechenden Gebilde, z. B. eine Anzahl K-Kugeln und eine gleiche Anzahl Geraden, die Zahl der unabhängigen Halbinvarianten sowie das Gesetz ihrer formalen Bildung ganz dasselbe ist, wenn man nur immer an Stelle der Form (1) der Kugelgeometrie in der Liniengeometrie die Form (19) treten läßt. Bei beiden Geometrien kommen dann in gleicher Weise die Umnormierungen hinzu.

Für die reelle geometrische Deutung der Invarianten werden die Verhältnisse aber, wie wir sehen werden, in beiden Geometrien sehr wesentlich verschieden liegen können. Viele Konstruktionen, die in der einen Geometrie reell sind, haben in der andern kein reelles Analogon, und man wird in der letzteren dann nach neuen reellen Konstruktionen suchen müssen. Natürlich wird auch der anschauliche Wert der einzelnen geometrischen Begriffe und Konstruktionen in beiden Geometrien ein wesentlich verschiedener sein können.

Statt der zu (19) gehörigen Gruppe können wir für die Liniengeometrie natürlich auch die ihr reell-isomorphe ursprüngliche nehmen [die zu (11) gehört] und müssen dann nur die quadratische Form (11) zugrunde legen. Führen wir dann die neue Bezeichnung

$$\begin{aligned} p_{12} &= x_1, \quad & p_{13} &= x_2, \quad & p_{14} &= x_3, \\ p_{34} &= x_4, \quad & p_{42} &= x_5, \quad & p_{23} &= x_6 \end{aligned} \tag{21}$$

für die Linienkoordinaten ein, und definieren wir in der Liniengeometrie das Symbol $\langle \mathfrak{x}\,\mathfrak{x} \rangle$ durch

$$\langle \mathfrak{x}\,\mathfrak{x} \rangle = x_1\,x_4 + x_2\,x_5 + x_3\,x_6 \tag{22}$$

in der Kugelgeometrie aber nach wie vor durch (1), so können wir beide Geometrien in weitgehender formaler Analogie behandeln.

Als wir ausführten, daß sich die Bildung der Invarianten in beiden Geometrien nach ganz denselben Gesetzen vollzieht, haben wir noch einen kleinen Unterschied unterschlagen. Während sich bei den Abbildungen von *Lie*, also den linearen Transformationen der y, die die Gleichung (1) in sich überführen, die Form $\langle \mathfrak{y}\mathfrak{y} \rangle$ nur mit einem positiven Faktor multiplizieren kann — (für den Raum läßt sich das ganz ebenso zeigen, wie wir das im § 43 für die Ebene bewiesen haben) — gibt es in der Liniengeometrie auch lineare Transformationen der Koordinaten (21), die das Vorzeichen der Form (22) ändern, gegenüber denen also sgn $\langle \mathfrak{x}\mathfrak{x} \rangle$ keine Invariante ist, z. B. die Spiegelung an der Koordinatenebene $z_3 = 0$, die sich nach (10) (21) in Linienkoordinaten darstellen läßt durch:

$$x_i = + x_i^* \quad [\text{für } i = 1, 3, 5]; \qquad x_i = - x_i^* \, [\text{für } i = 2, 4, 6].$$

Die Gruppe der dualistischen Transformationen zerfällt somit in zwei Scharen, von denen die eine, $\mathfrak{A}$, sgn $\langle \mathfrak{x}\mathfrak{x} \rangle$ invariant läßt und die andere, $\mathfrak{B}$, nicht. Die Schar $\mathfrak{A}$ bildet eine Untergruppe der dualistischen Gruppe. Wollen wir die formale Analogie zwischen unseren beiden Geometrien möglichst weit bringen, so beschränken wir uns in der Liniengeometrie am besten von vornherein auf die Untergruppe $\mathfrak{A}$, die wir dann schlechthin als die *liniengeometrische Gruppe* bezeichnen wollen. Denn nur bei der Gruppe, die sgn $\langle \mathfrak{x}\mathfrak{x} \rangle$ invariant läßt, kann man nach § 10 bei der Invariantenbildung die Zerlegung in die zwei Schritte 1. Halbinvarianten, 2. Normierungsinvarianten vollziehen. $\mathfrak{A}$ stellt die Untergruppe derjenigen dualistischen Transformationen dar, die den *Schraubensinn erhalten*, also etwa eine rechtsgewundene Regelschar eines Hyperboloids immer wieder in eine ebensolche überführen. Diese Tatsache läßt sich aus den jetzt folgenden Entwickelungen (vgl. Nr. IV) ohne weiteres ablesen.

Wir stellen jetzt den im § 52 und § 53 für die Kugelgeometrie zusammengestellten Tatsachen einige entsprechende der Liniengeometrie an die Seite, wobei wir dieser jetzt die eben erwähnte Gruppe zugrunde legen.

I. Zwei Gerade besitzen eine invariante Gleichung $\langle \mathfrak{x}\mathfrak{y} \rangle = 0$, die Bedingung des Schneidens, die der Berührungsbedingung zweier K-Kugeln entspricht.

II. Drei Gerade mit linear abhängigen Linienkoordinaten gehören demselben Büschel an. Die Geradenbüschel entsprechen den Büscheln von K-Kugeln, und die (ungerichteten) Flächenelemente als Geradengebilde den (gerichteten) Flächenelementen als Gebilden von K-Kugeln.

III. Bei drei linear unabhängigen Geraden $\mathfrak{x}^{\mathrm{I}}$, $\mathfrak{x}^{\mathrm{II}}$, $\mathfrak{x}^{\mathrm{III}}$ tritt hier ein neuer Fall auf, der in der Kugelgeometrie kein reelles Analogon hat. Während dort drei reelle K-Kugeln, die sich paarweise berührten [vgl. § 52 IV], notwendig einem Büschel angehören, also linear abhängig sein mußten, gibt es hier sich paarweise schneidende Tripel von Geraden $\mathfrak{x}^{\alpha}$

$$(23) \qquad \langle \mathfrak{x}^{\alpha}\,\mathfrak{x}^{\beta} \rangle = 0,$$

die keinem Büschel angehören, nämlich entweder drei Geraden, die durch einen Punkt gehen, ohne in derselben Ebene zu liegen, oder aber drei Geraden, die in einer Ebene liegen, ohne durch einen und denselben Punkt zu gehen. Beide Fälle sind gegenüber den Korrelationen äquivalent. Alle Geraden durch einen und denselben Punkt gehen bei den Transformationen unserer Liniengeometrie entweder in eine ebensolche Mannigfaltigkeit über oder in die Mannigfaltigkeit aller Geraden in einer Ebene. *Die Punkte und Ebenen* als die einfachsten Gebilde der projektiven Geometrie, die wir liniengeometrisch etwa durch die linear unabhängigen Geradentripel $\mathfrak{x}^{\alpha}$ mit (23) repräsentieren können, haben in der Kugelgeometrie *kein reelles Analogon.*

IV. Drei Gerade, von denen keine zwei sich schneiden, haben wieder als einzige Invariante die Vorzeicheninvariante:

$$\delta = \operatorname{sgn}\left[\langle \mathfrak{x}^{\mathrm{I}}\, \mathfrak{x}^{\mathrm{II}}\rangle\, \langle \mathfrak{x}^{\mathrm{II}}\, \mathfrak{x}^{\mathrm{III}}\rangle\, \langle \mathfrak{x}^{\mathrm{III}}\, \mathfrak{x}^{\mathrm{I}}\rangle\right]. \tag{24}$$

Man weist leicht nach, daß z. B. drei beliebige Gerade der Schar (15) von Erzeugenden des dort betrachteten Hyperboloids ein $\delta = -1$ haben, drei Geraden der anderen Schar (16) aber $\delta = +1$. Weil jedes Tripel $\mathfrak{x}^{\alpha}$ von windschiefen Geraden sich in ein solches überführen läßt, das in einer dieser beiden Regelscharen gelegen ist, so sehen wir, daß es zu jedem solchen Tripel immer ∞^1 gleichzeitig schneidende Geraden gibt, nämlich die eine Erzeugendenschar eines Hyperboloids, der die $\mathfrak{x}^{\alpha}$ jeweils nicht angehören. *Ist diese Schar linksgewunden, so ist $\delta = -1$, ist sie aber rechtsgewunden, so ist $\delta = +1$.*

V. Drei windschiefe Gerade $\mathfrak{x}^{\alpha}$ bestimmen, den analogen Verhältnissen der Kugelgeometrie entsprechend, eine *lineare Schar,* nämlich die der aus ihnen linear kombinierbaren Geraden

$$\mathfrak{z} = \sum_{\alpha=\mathrm{I}}^{\mathrm{III}} \varrho_{\alpha}\, \mathfrak{x}^{\alpha}. \tag{25}$$

An dem speziellen Beispiel (15), (16) kann man zeigen, daß je vier Geraden einer der Regelscharen unseres speziellen Hyperboloids linear abhängig sind. Daraus erkennt man, daß allgemein die linearen Scharen mit den Regelscharen der Hyperboloide identisch sind. Und zwar gehören immer zwei lineare Scharen (25) und

$$\bar{\mathfrak{z}} = \sum_{\lambda=\mathrm{I}}^{\mathrm{III}} \bar{\varrho}_{\lambda}\, \bar{\mathfrak{x}}^{\lambda} \tag{26}$$

als zum selben Hyperboloid gehörig zusammen. Die zweite Schar (26) denken wir uns dabei durch drei neue Geraden $\bar{\mathfrak{x}}^{\lambda}$ aufgespannt. Wir nennen solche zusammengehörige Scharen *konjugierte lineare Scharen.* Da alle $\mathfrak{z}$ alle $\bar{\mathfrak{z}}$ schneiden müssen, gelten die Gleichungen:

$$\langle \mathfrak{x}^{\alpha}\, \bar{\mathfrak{x}}^{\lambda}\rangle = 0 \qquad [\text{für } \alpha, \lambda = \mathrm{I} \text{ bis } \mathrm{III}] \tag{27}$$

Zu den drei gegebenen Geraden $\mathfrak{x}^\alpha$ sind die $\bar{\mathfrak{z}}$ die ∞^1 Geraden, die sich aus den Gleichungen

$$(28)\qquad \bar{\mathfrak{z}}\,\mathfrak{x}^\alpha = 0 \quad [\alpha = \text{I bis III}] \qquad \text{und} \qquad \bar{\mathfrak{z}}\,\bar{\mathfrak{z}} = 0\,.$$

bestimmen und analoges gilt für die $\mathfrak{z}$.

VI. Vier Geraden eines Büschels haben ein *Doppelverhältnis*, das sich wieder nach den Formeln § 44 (14), (17) bestimmt.

VII. Alle Geraden $\mathfrak{x}$, die einer linearen Gleichung $\langle \mathfrak{a}\,\mathfrak{x}\rangle = 0$ genügen, bilden einen *linearen Geradenkomplex*. Für die nicht ausgearteten Komplexe mit $\mathfrak{a}\,\mathfrak{a} \neq 0$ gelten wieder ganz entsprechende Konstruktionen, wie für die Kugelkomplexe. Zum Beispiel kann man einen Geradenkomplex aus zwei projektiven Geradenbüscheln konstruieren, die eine Gerade gemeinsam haben, indem man zu jedem Paar entsprechender Geraden immer alle das Paar gleichzeitig schneidenden Geraden zieht. Das kann man wieder mit Hilfe der auch für die Kugelgeometrie zu verwendenden Formeln § 45 (30), (32) nachweisen.

Bekanntlich sind die linearen Komplexe mit $\mathfrak{a}\,\mathfrak{a} \neq 0$ identisch mit den sogenannten *Nullsystemen von Möbius*[1]). Man kann leicht zeigen, daß den Komplexen mit $\mathfrak{a}\,\mathfrak{a} > 0$ die rechtsgewundenen und den Komplexen mit $\mathfrak{a}\,\mathfrak{a} < 0$ die linksgewundenen Nullsysteme entsprechen.

VIII. Für die Determinante von sechs Komplexen $\mathfrak{x}^\alpha$ $[\alpha = \text{I bis VI}]$ gilt in der Liniengeometrie im Gegensatz zur Kugelgeometrie die Formel:

$$(28\text{a})\qquad |\,\mathfrak{x}^{\text{I}}, \mathfrak{x}^{\text{II}}, \mathfrak{x}^{\text{III}}, \mathfrak{x}^{\text{IV}}, \mathfrak{x}^{\text{V}}, \mathfrak{x}^{\text{VI}}\,|^2 = -\,|\,\langle \mathfrak{x}^\alpha\,\mathfrak{x}^\beta\rangle\,|\,,$$

wie man erkennt, wenn man für die Form (22) die in § 10 (14) auftretende Größe $B = |\,B_{ik}\,|$ bestimmt.

§ 55. Hyperboloide und Zykliden von *Dupin*.

Unter Nr. V des vorigen Paragraphen haben wir gesehen [vgl. (25) und (26)], wie sich die beiden Regelscharen eines Hyperboloids aus zwei Geradentripeln $\mathfrak{x}^\alpha$ und $\bar{\mathfrak{x}}^\lambda$ linear kombinieren lassen. Da für die beiden windschiefen Geradentripel gilt

$$(29)\qquad \langle \mathfrak{x}^\alpha\,\mathfrak{x}^\beta\rangle \begin{cases} = 0 & \text{für } \alpha = \beta \\ \neq 0 & \text{für } \alpha \neq \beta \end{cases} \qquad \text{und} \qquad \langle \bar{\mathfrak{x}}^\lambda\,\bar{\mathfrak{x}}^\mu\rangle \begin{cases} = 0 & \text{für } \lambda = \mu \\ \neq 0 & \text{für } \lambda \neq \mu \end{cases}$$

folgt nach dem Determinantensatz (28a):

$$(30)\qquad \begin{cases} |\,\mathfrak{x}^{\text{I}}, \mathfrak{x}^{\text{II}}, \mathfrak{x}^{\text{III}}, \bar{\mathfrak{x}}^{\text{I}}, \bar{\mathfrak{x}}^{\text{II}}, \bar{\mathfrak{x}}^{\text{III}}\,|^2 \\ = -\,4\,\langle \mathfrak{x}^{\text{I}}\,\mathfrak{x}^{\text{II}}\rangle\,\langle \mathfrak{x}^{\text{II}}\,\mathfrak{x}^{\text{III}}\rangle\,\langle \mathfrak{x}^{\text{III}}\,\mathfrak{x}^{\text{I}}\rangle\,\langle \bar{\mathfrak{x}}^{\text{I}}\,\bar{\mathfrak{x}}^{\text{II}}\rangle\,\langle \bar{\mathfrak{x}}^{\text{II}}\,\bar{\mathfrak{x}}^{\text{III}}\rangle\,\langle \bar{\mathfrak{x}}^{\text{III}}\,\bar{\mathfrak{x}}^{\text{I}}\rangle \neq 0\,. \end{cases}$$

---

[1]) Vgl. *F. Klein:* Vorlesungen über höhere Geometrie. § 16. Berlin: Julius Springer 1926.

Die sechs Geraden $\mathfrak{x}^\alpha$, $\bar{\mathfrak{x}}^\lambda$ sind also linear unabhängig. In (28) können wir statt der $\mathfrak{x}^\alpha$ irgendwelche Linearkombinationen

$$\mathfrak{y}^\alpha = \sum_{\beta=\mathrm{I}}^{\mathrm{III}} a_\beta^\alpha \mathfrak{x}^\beta \tag{31}$$

einführen, wobei wir durch die Forderung

$$|a_\beta^\alpha| \neq 0$$

Sorge tragen, daß die drei $\mathfrak{y}^\alpha$ wieder linear unabhängig werden. Die Regelschar $\bar{\mathfrak{z}}$ können wir uns dann statt aus (28) aus

$$\bar{\mathfrak{z}}\,\mathfrak{y}^\alpha = 0; \qquad \bar{\mathfrak{z}}\,\bar{\mathfrak{z}} = 0 \tag{32}$$

bestimmt denken. Dabei gilt jetzt nicht mehr notwendig $\langle \mathfrak{y}^\alpha \mathfrak{y}^\beta \rangle = 0$ für $\alpha = \beta$, die $\mathfrak{y}^\alpha$ können also statt Gerade auch *allgemeine lineare Komplexe* sein. *Es läßt sich eine Regelschar eines Hyperboloids also als „Durchschnitt" dreier linearer Komplexe darstellen.* Führen wir statt der $\bar{\mathfrak{x}}^\lambda$ gleichfalls lineare Komplexe $\bar{\mathfrak{y}}^\lambda$ ein durch

$$\bar{\mathfrak{y}}^\lambda = \sum_{\mu=\mathrm{I}}^{\mathrm{III}} \bar{a}_\mu^\lambda \bar{\mathfrak{x}}^\mu \qquad \text{mit} \qquad |\bar{a}_\mu^\lambda| \neq 0$$

so gilt nach (27) identisch

$$\mathfrak{y}^\alpha \bar{\mathfrak{y}}^\lambda \equiv 0. \tag{33}$$

Die Komplexe $\mathfrak{y}^\alpha$ resp. $\bar{\mathfrak{y}}^\lambda$ spannen zwei Bündel

$$\mathfrak{p} = \sum_\alpha \sigma_\alpha \mathfrak{y}^\alpha; \qquad \bar{\mathfrak{p}} = \sum_\lambda \bar{\sigma}_\lambda \bar{\mathfrak{y}}^\lambda \tag{34}$$

von je ∞^2 linearen Komplexen $\mathfrak{p}$ und $\bar{\mathfrak{p}}$ auf, mit skalaren Koeffizienten σ_α, $\bar{\sigma}_\lambda$, derart, daß für jedes Paar $\mathfrak{p}$ und $\bar{\mathfrak{p}}$ gilt $\mathfrak{p}\,\bar{\mathfrak{p}} = 0$.

Zwei solche zusammengehörige Bündel linearer Komplexe nennt man *konjugierte Komplexbündel.* Die Geraden $\mathfrak{z}$ des Hyperboloids sind dann die ausgearteten Komplexe des Bündels $\mathfrak{p}$ und die Geraden $\bar{\mathfrak{z}}$ die des Bündels $\bar{\mathfrak{p}}$. Setzen wir zur Abkürzung

$$A^{\alpha\beta} = \langle \mathfrak{y}^\alpha \mathfrak{y}^\beta \rangle; \qquad \bar{A}^{\lambda\mu} = \langle \bar{\mathfrak{y}}^\lambda \bar{\mathfrak{y}}^\mu \rangle, \tag{35}$$

so ergeben sich die Geraden nach (34) für

$$\mathfrak{p}\,\mathfrak{p} = \sum_{\alpha,\beta} A^{\alpha\beta} \sigma_\alpha \sigma_\beta = 0; \quad \bar{\mathfrak{p}}\,\bar{\mathfrak{p}} = \sum_{\lambda,\mu} \bar{A}^{\lambda\mu} \bar{\sigma}_\lambda \bar{\sigma}_\mu = 0. \tag{36}$$

Da nach (30) die $\mathfrak{x}^\alpha$ und $\bar{\mathfrak{x}}^\lambda$ linear unabhängig waren, und da wir nach (31) die $\mathfrak{y}^\alpha$ und $\bar{\mathfrak{y}}^\lambda$ als linear unabhängige Linearkombinationen der $\mathfrak{x}^\alpha$ resp. $\bar{\mathfrak{x}}^\lambda$ angenommen haben, gilt

$$|\mathfrak{y}^{\mathrm{I}}, \mathfrak{y}^{\mathrm{II}}, \mathfrak{y}^{\mathrm{III}}, \bar{\mathfrak{y}}^{\mathrm{I}}, \bar{\mathfrak{y}}^{\mathrm{II}}, \bar{\mathfrak{y}}^{\mathrm{III}}| \neq 0. \tag{37}$$

Aus (28 a) folgt nun

(38) $$|\mathfrak{y}^{I}\mathfrak{y}^{II}\mathfrak{y}^{III}\bar{\mathfrak{y}}^{I}\bar{\mathfrak{y}}^{II}\bar{\mathfrak{y}}^{III}|^2 = -A\cdot\bar{A} > 0,$$

wo A und $\bar{A}$ für die Determinanten

(39) $$A = |A^{\alpha\beta}|; \quad \bar{A} = |\bar{A}^{\lambda\mu}|$$

gesetzt sind. Wegen (38) ist dann

(40) $$A \neq 0, \quad \bar{A} \neq 0.$$

Zusammenfassend können wir jetzt sagen: Ein Hyperboloid läßt sich immer durch zwei konjugierte, d. h. den Gleichungen (33) *genügende Bündel* $\mathfrak{y}^{\alpha}$, $\bar{\mathfrak{y}}^{\lambda}$ *von linearen Komplexen mit nichtverschwindenden Determinanten* (40) *darstellen.* Wir werden jetzt zeigen, daß umgekehrt *nicht immer* zu jedem Paar solcher konjugierter Komplexbündel ein reelles Hyperboloid gehört.

Da ein Komplexbündel das konjugierte mitbestimmt, wollen wir uns zunächst auf das eine der Bündel, etwa $\mathfrak{y}^{\alpha}$ beschränken. Wir wollen sehen, ob ein Komplexbündel mit $A \neq 0$ überhaupt Invarianten gegenüber unsern liniengeometrischen Abbildungen besitzt und ob es überhaupt verschiedene Typen solcher Bündel gibt. Zunächst kommen an Halbinvarianten der drei Komplexe $\mathfrak{y}^{\alpha}$ wegen ihrer linearen Unabhängigkeit nur die Skalarprodukte in Frage:

(41) $$\langle\mathfrak{y}^{\alpha}\mathfrak{y}^{\beta}\rangle = A^{\alpha\beta}. \qquad [\text{Vgl. } (35)]$$

Nun handelt es sich aber ja gar nicht um Invarianten der das Bündel aufspannenden Komplexe, sondern wir suchen Invarianten, die nur vom Bündel abhängen, die also bei einer Transformation

(42) $$\mathfrak{y}^{\alpha} = \sum c^{\alpha}_{\beta}\,\mathfrak{y}^{\beta *} \qquad |c^{\alpha}_{\beta}| \neq 0$$

der $\mathfrak{y}^{\alpha}$ in neue das Bündel darstellende Komplexe $\mathfrak{y}^{\beta *}$ invariant bleiben. Da in den Substitutionen (42) die Umnormierungen der Komplexe $\mathfrak{y}^{\alpha}$ für den speziellen Fall $[c^{\alpha}_{\beta} = 0$ für $\alpha \neq \beta]$ mit enthalten sind, bestimmen sich also die Invarianten des Bündels als die Ausdrücke in den Halbinvarianten (41), die auch noch gegenüber den Bündeltransformationen invariant sind.

Nach (42) gelten für die $A^{\alpha\beta}$, wenn wir für die transformierten Größen $\langle\mathfrak{y}^{\gamma *}\mathfrak{y}^{\delta *}\rangle$ noch $A^{\gamma\delta *}$ schreiben, die Substitutionsformeln:

(43) $$A^{\alpha\beta} = \sum c^{\alpha}_{\gamma}\,c^{\beta}_{\delta}\,A^{\gamma\delta *}.$$

Nach (41) gilt

(44) $$A^{\alpha\beta} = A^{\beta\alpha}.$$

Die $A^{\alpha\beta}$ [und natürlich ebenso die $A^{\alpha\beta *}$] sind also in den Indizes α und β symmetrisch und stellen somit 6 unabhängige Größen dar. Unsere Aufgabe ist jetzt, aus dem System von 6 Größen $A^{\alpha\beta}$, die sich nach (43) transformieren, die Invarianten gegenüber den Bündeltransformationen (42) zu bestimmen. Diese Invarianten sind dann die gesuchten Invarianten unseres Bündels.

Die $A^{\alpha\beta}$ lassen sich nun auffassen als die Koeffizienten einer quadratischen Form: Führen wir nämlich die drei Variablen q_{I}, q_{II}, q_{III} ein, die wir uns etwa als kartesische Koordinaten in einem 3-dimensionalen Raume vorstellen können, und unterwerfen diese den linearen Substitutionen

(45) $$q^{*}_{\alpha} = \sum_{\beta=I}^{III} c^{\beta}_{\alpha}\,q_{\beta}! \qquad [\alpha = I, II, III]$$

Die Transformation (45), die sozusagen die umgekehrte Transformation zu (42) darstellt, weil jetzt die c_α^β auf der Seite der ursprünglichen Größen q_β stehen, statt wie in (42) auf der Seite der transformierten $\mathfrak{y}^{\beta *}$ nennt man die zu (42) kontragradiente Substitution. Die ganze Gruppe der Transformationen (45) ist natürlich genau so wie (42) die aller linearen Transformationen mit nicht verschwindender Determinante. Sind q_α die kartesischen Koordinaten, so entspricht (45) die Gruppe der homogenen affinen Transformationen, d. h. der nicht notwendig volumtreuen affinen Transformationen, die den Ursprung $q_{\rm I} = q_{\rm II} = q_{\rm III} = 0$ fest lassen.

Denke nwir uns nun eine Mittelpunktsfläche zweiter Ordnung [d. h. ein Hyperboloid oder Ellipsoid] mit dem Mittelpunkt im Ursprung, so können wir ihre Gleichung in den laufenden Punktkoordinaten q_α immer in der Form

$$\Sigma B^{\alpha\beta} \mathfrak{q}_\alpha \mathfrak{q}_\beta = 1 \tag{46}$$

schreiben, wo die $B^{\alpha\beta}$ symmetrische Koeffizienten $[B^{\alpha\beta} = B^{\beta\alpha}]$ sind.

Wir können die Systeme von 6 Größen $B^{\alpha\beta}$ mit nichtverschwindender Determinante $|B^{\alpha\beta}|$ als Koordinaten eineindeutig den Mittelpunktsflächen zweiter Ordnung mit dem Mittelpunkt im Ursprung entsprechen lassen. Transformieren wir die q_α nach (45), so geht (46) über in eine neue Fläche

$$\Sigma B^{\alpha\beta *} \mathfrak{q}_\alpha^* \mathfrak{q}_\beta^* = 1\,. \tag{47}$$

Wir können uns berechnen, wie die neuen $B^{\alpha\beta *}$ mit den alten $B^{\alpha\beta}$ zusammenhängen. Ersetzen wir in

$$\Sigma B^{\alpha\beta} \mathfrak{q}_\alpha \mathfrak{q}_\beta = \Sigma B^{\alpha\beta *} \mathfrak{q}_\alpha^* \mathfrak{q}_\beta^*,$$

die q_α^* nach (45), so ergibt sich:

$$\Sigma B^{\alpha\beta} \mathfrak{q}_\alpha \mathfrak{q}_\beta = \sum_{\alpha\beta\gamma\delta} B^{\alpha\beta *} c_\alpha^\gamma c_\beta^\delta \mathfrak{q}_\gamma \mathfrak{q}_\delta\,.$$

Da diese Gleichung identisch in den q_α gelten muß, folgt

$$B^{\alpha\beta} = \Sigma c_\gamma^\alpha c_\delta^\beta B^{\gamma\delta *}. \tag{48}$$

Durch (48) werden also in den Koordinaten $B^{\alpha\beta}$ unserer speziellen Flächen zweiter Ordnung die homogenen affinen Substitutionen dargestellt. Da die $A^{\alpha\beta}$ in (43) sich genau so transformieren, wie die $B^{\alpha\beta}$ bei solcher affinen Substitution, so können wir unserem System $A^{\alpha\beta}$ eine Fläche zweiter Ordnung mit dem Mittelpunkt im Ursprung zuordnen und die Invarianten gegenüber den Bündeltransformationen sind nichts anderes als die Invarianten dieser Fläche gegenüber den homogenen affinen Substitutionen des Raumes. Nun läßt sich unsere Fläche durch eine spezielle solche Transformation, nämlich durch eine Drehung um den Ursprung immer auf die Hauptachsen transformieren, so daß wir eine Form

$$P_{\rm I}\, \mathfrak{q}_{\rm I}^2 + P_{\rm II}\, \mathfrak{q}_{\rm II}^2 + P_{\rm III}\, \mathfrak{q}_{\rm III}^2 = 1 \qquad [P_\alpha \neq 0] \tag{49}$$

bekommen. Durch die homogene Affinität

$$\mathfrak{q}_\alpha = [1 : \sqrt{|P_\alpha|}\,] \cdot \mathfrak{q}_\alpha^* \qquad [\alpha = \mathrm{I, II, III}]$$

kann man dann [wegen $P_\alpha : |P_\alpha| = \operatorname{sgn} P_\alpha = \pm 1$] noch (49) auf eine Form

$$\pm\, \mathfrak{q}_{\rm I}^2 \pm \mathfrak{q}_{\rm II}^2 \pm \mathfrak{q}_{\rm III}^2 = 1 \tag{50}$$

bringen. Da wir die Koordinaten vertauschen können, kommt es natürlich nur auf die Anzahl der negativen und positiven Zeichen an. Wir können also unsere Fläche auf eine der 4 folgenden Typen transformieren.

$$(51)\quad \begin{cases} 1. & \mathfrak{q}_{\mathrm{I}}^2 + \mathfrak{q}_{\mathrm{II}}^2 + \mathfrak{q}_{\mathrm{III}}^2 = 1 \\ 2. & \mathfrak{q}_{\mathrm{I}}^2 + \mathfrak{q}_{\mathrm{II}}^2 - \mathfrak{q}_{\mathrm{III}}^2 = 1 \\ 3. & \mathfrak{q}_{\mathrm{I}}^2 - \mathfrak{q}_{\mathrm{II}}^2 - \mathfrak{q}_{\mathrm{III}}^2 = 1 \\ 4. & -\mathfrak{q}_{\mathrm{I}}^2 - \mathfrak{q}_{\mathrm{II}}^2 - \mathfrak{q}_{\mathrm{III}}^2 = 1 \end{cases}$$

Diese 4 Typen sind aber nun gegenüber unserer homogenen affinen Gruppe wesentlich verschieden, denn sie können nicht einmal durch die vollständige affine Gruppe ineinander übergeführt werden. $(51)_1$ stellt eine Kugel, $(51)_2$ ein einschaliges und $(51)_3$ ein zweischaliges Hyperboloid dar, $(51)_4$ endlich stellt eine Fläche ohne reelle Punkte dar. Wir können jetzt sagen: die einzige Invariante, die unsere Fläche bei den homogenen affinen Transformationen besitzt, ist die Anzahl π der negativen Quadrate, die auftritt, wenn wir die Fläche auf die Normalform (50) transformieren, und die die Werte 0, 1, 2, 3 annehmen kann.

Dementsprechend ist auch die einzige Invariante unseres Komplexbündels gegenüber den dualistischen Transformationen der Liniengeometrie die Zahl π der negativen Zeichen, die auftritt, wenn wir $A^{\alpha\beta}$ durch Bündeltransformation auf die Form bringen

$$(52)\qquad A^{\alpha\beta} = \begin{cases} \pm 1 \text{ für } \alpha = \beta \\ 0 \text{ für } \alpha \neq \beta \end{cases}$$

Haben wir $A^{\alpha\beta}$ auf diese Normalform gebracht, so sind die 3 Komplexe $\mathfrak{y}^{\alpha}$, die dieser Darstellung des Bündels entsprechen, nach (41) *paarweise in Involution*, d. h. die Skalarprodukte je zweier verschwinden [vgl. § 53 XI] und sie sind außerdem so normiert, daß ihre skalaren Quadrate $= \pm 1$ sind. π ist dann einfach nach § 54 VII die Zahl der linksgewundenen unter den drei Komplexen. Es gibt also vier verschiedene Typen von Komplexbündeln, den Fällen (51) 1 bis 4 entsprechend.

Wir wollen jetzt auch das konjugierte Bündel hinzunehmen und sehen, wann ein Paar solcher Komplexbündel ein Hyperboloid darstellt.

Wir können durch Bündeltransformation (42) dann $A^{\alpha\beta}$ auf die Normalform (52) bringen, gleichzeitig aber auch $\overline{A}^{\lambda\mu}$ durch die zu $\overline{\mathfrak{y}}^{\lambda}$ gehörige und von der ersten ganz unabhängige Bündeltransformation

$$(53)\qquad \overline{\mathfrak{y}}^{\lambda} = \sum \overline{c}^{\lambda}_{\mu} \overline{\mathfrak{y}}^{\mu *} \quad \text{mit} \quad \left|\overline{c}^{\lambda}_{\mu}\right| \neq 0$$

auf die Normalform

$$(54)\qquad \overline{A}^{\lambda\mu} = \begin{cases} \pm 1 \text{ für } \lambda = \mu \\ 0 \text{ für } \lambda \neq \mu \end{cases}$$

bringen. Nach dieser Transformation haben wir sechs Komplexe $\mathfrak{y}^{\alpha}$, $\overline{\mathfrak{y}}^{\lambda}$, die wegen (38) linear unabhängig sind und von denen nach (33) und (52), (54) je zwei in Involution liegen.

Wir wollen jetzt zeigen, daß die Invarianten π und $\overline{\pi}$ der beiden konjugierten Komplexbündel nicht voneinander unabhängig sind, sondern daß zwischen ihnen die Relation

$$(55)\qquad \pi + \overline{\pi} = 3$$

bestehen muß. *Das bedeutet, daß von 6 Komplexen, die paarweise in Involution liegen, immer gerade drei linksgewunden und drei rechtsgewunden sein müssen.* Wir gehen von einem Beispiel aus, bei dem dies gerade zutrifft: Wir nehmen die 6 Komplexe $\mathfrak{a}^\alpha$ [α = I bis VI], deren Linienkoordinaten a_i^α [$i = 1, 2 \ldots 6$] [vgl. (21)] die Werte haben:

$$(56)\qquad \left\{\begin{array}{l} \mathfrak{a}^{\mathrm{I}} = \{1, \ 0, \ 0, \ 1, \ 0, \ 0\} \\ \mathfrak{a}^{\mathrm{II}} = \{0, \ 1, \ 0, \ 0, \ 1, \ 0\} \\ \mathfrak{a}^{\mathrm{III}} = \{0, \ 0, \ 1, \ 0, \ 0, \ 1\} \\ \mathfrak{a}^{\mathrm{IV}} = \{1, \ 0, \ 0, \ -1, \ 0, \ 0\} \\ \mathfrak{a}^{\mathrm{V}} = \{0, \ 1, \ 0, \ 0, \ -1, \ 0\} \\ \mathfrak{a}^{\mathrm{VI}} = \{0, \ 0, \ 1, \ 0, \ 0, \ -1\} \end{array}\right. .$$

In der Tat ergibt sich bei Berechnung der zu (22) gehörigen Skalarprodukte

$$(57)\qquad \langle \mathfrak{a}^\alpha \mathfrak{a}^\beta \rangle = 0 \text{ für } \alpha \neq \beta \qquad [\alpha, \beta = \mathrm{I} \text{ bis } \mathrm{VI}]$$

und wegen $\mathfrak{a}^{\mathrm{I}}\mathfrak{a}^{\mathrm{I}} = \mathfrak{a}^{\mathrm{II}}\mathfrak{a}^{\mathrm{II}} = \mathfrak{a}^{\mathrm{III}}\mathfrak{a}^{\mathrm{III}} = +1$ sind die ersten drei Komplexe rechtsgewunden, wegen $\mathfrak{a}^{\mathrm{IV}}\mathfrak{a}^{\mathrm{IV}} = \mathfrak{a}^{\mathrm{V}}\mathfrak{a}^{\mathrm{V}} = \mathfrak{a}^{\mathrm{VI}}\mathfrak{a}^{\mathrm{VI}} = -1$ die letzten linksgewunden. Wir können mit Hilfe dieses speziellen Beispiels nun leicht zeigen, daß es nie mehr als drei linksgewundene Komplexe mit verschwindenden Skalarprodukten geben kann. Das steht im Zusammenhang mit der Tatsache, daß man die Form (22) der Liniengeometrie auf die Form (19) mit drei negativen und drei positiven Quadraten transformieren kann. Jedes Tripel von drei zueinander involutorischen linksgewundenen Komplexen kann nämlich in das Tripel $\mathfrak{a}^{\mathrm{I}}$, $\mathfrak{a}^{\mathrm{II}}$, $\mathfrak{a}^{\mathrm{III}}$ übergeführt werden, denn ein Tripel mit verschwindenden Skalarprodukten hat als einzige Invarianten die Vorzeicheninvarianten der einzelnen Komplexe, diese sind bei allen diesen Tripeln aber alle $= +1$. Nehmen wir nun zu den $\mathfrak{a}^{\mathrm{I}}$, $\mathfrak{a}^{\mathrm{II}}$, $\mathfrak{a}^{\mathrm{III}}$ einen vierten Komplex $\mathfrak{b}$ hinzu, der mit allen drei $\mathfrak{a}$ verschwindende Produkte hat, so folgt nach (22)

$$b_1 + b_4 = b_2 + b_5 = b_3 + b_6 = 0$$

und es wird

$$\langle \mathfrak{b}\,\mathfrak{b} \rangle = -2b_1^2 - 2b_2^2 - 2b_3^2 < 0,$$

also muß $\mathfrak{b}$ notwendig rechtsgewunden sein. In ganz derselben Weise zeigt man auch, daß es nie mehr als drei rechtsgewundene paarweise involutorische Komplexe geben kann, somit ist dann (55) bewiesen.

Nach (55) hat man jetzt nur mehr zwei verschiedene Typen konjugierter Bündelpaare:

$$(58)\qquad \left\{\begin{array}{lll} 1. & \text{Es ist} & \pi = 0;\ \bar\pi = 3 \\ & \text{(oder umgekehrt} & \bar\pi = 0;\ \pi = 3) \\ 2. & \text{Es ist} & \pi = 1;\ \bar\pi = 2 \\ & \text{(oder umgekehrt} & \pi = 2;\ \bar\pi = 1). \end{array}\right.$$

Im Fall 1 nehmen nach Transformation auf die Normalform die Gleichungen (36) für die Koeffizienten σ_α, resp. $\bar\sigma_\lambda$, denen nach (34) in den Bündeln die Geraden entsprechen, die Form an

$$(59)\qquad \sigma_{\mathrm{I}}^2 + \sigma_{\mathrm{II}}^2 + \sigma_{\mathrm{III}}^2 = 0; \qquad -\bar\sigma_{\mathrm{I}}^2 - \bar\sigma_{\mathrm{II}}^2 - \bar\sigma_{\mathrm{III}}^2 = 0.$$

Da sie gar keine reellen Lösungen für die Tripel σ_α bzw. $\bar\sigma_\lambda$ haben, die nicht identisch verschwinden, gibt es im Fall 1 also gar keine reellen Regelscharen eines Hyperboloids. Somit kommt der Fall des Hyperboloids nur für 2 in Betracht und da haben die Gleichungen (36)

$$(60)\qquad \sigma_{\mathrm{I}}^2 + \sigma_{\mathrm{II}}^2 - \sigma_{\mathrm{III}}^2 = 0; \qquad \bar\sigma_{\mathrm{I}}^2 - \bar\sigma_{\mathrm{II}}^2 - \bar\sigma_{\mathrm{III}}^2 = 0$$

wirklich reelle Lösungen.

Da somit nur die Bündel des Falles 2 eine reelle Regelschar eines Hyperboloids enthalten, können wir unser Endergebnis dahin zusammenfassen: *Nur diejenigen Bündel linearer Komplexe enthalten eine Regelschar eines Hyperboloids, die sich entweder durch drei paarweise involutorische Komplexe, von denen einer linksgewunden und zwei rechtsgewunden sind, aufspannen lassen oder durch drei paarweise in Involution liegende Komplexe, von denen einer rechts- und zwei linksgewunden sind.*

Genau so wie in der Liniengeometrie können wir jetzt auch in der Kugelgeometrie die Bündel $\mathfrak{y}^\alpha$ von linearen Kugelkomplexen betrachten.

Wir haben wieder die Invarianten des Größensystems $A^{\alpha\beta}$ gegenüber den Bündeltransformationen (42) zu bestimmen. Hier gilt nur jetzt statt der Gleichung (55) für die Invarianten zweier konjugierter Bündel

$$\pi + \bar{\pi} = 2\,. \tag{61}$$

Denn weil die Form (1) zwei negative Quadrate und vier positive Quadrate besitzt, ergibt sich hier, daß von 6 linear unabhängigen und paarweise in Involution befindlichen Komplexen immer zwei hyperbolisch und vier elliptisch sein müssen. Man hat hier die zwei Fälle

$$\left\{\begin{array}{lll} 1) & \pi = 0; & \bar{\pi} = 2 \\ 2) & \pi = 1; & \bar{\pi} = 1. \end{array}\right. \tag{62}$$

Die zugehörigen Gleichungen (36) für die in den Bündeln enthaltenen Kugeln werden dann

$$\left\{\begin{array}{lll} 1) & \sigma_{\mathrm{I}}^2 + \sigma_{\mathrm{II}}^2 + \sigma_{\mathrm{III}}^2 = 0; & \bar{\sigma}_{\mathrm{I}}^2 - \bar{\sigma}_{\mathrm{II}}^2 - \bar{\sigma}_{\mathrm{III}}^2 = 0 \\ 2) & \sigma_{\mathrm{I}}^2 + \sigma_{\mathrm{II}}^2 - \sigma_{\mathrm{III}}^2 = 0; & \bar{\sigma}_{\mathrm{I}}^2 + \bar{\sigma}_{\mathrm{II}}^2 - \bar{\sigma}_{\mathrm{III}}^2 = 0\,. \end{array}\right. \tag{63}$$

Im Fall 1 ist also den reellen Lösungstripeln der σ_α, $\bar{\sigma}_\lambda$ entsprechend nur in dem einen der konjugierten Bündel, nämlich $\bar{\mathfrak{y}}^\lambda$, eine Schar von reellen Kugeln enthalten, in der andern sind aber gar keine. Im Fall 2 haben wir in jedem Bündel eine Schar von reellen Kugeln und beide Scharen berühren sich. Da in jedem Fall sich aus drei Kugeln eines Bündels alle andern linear kombinieren müssen, so werden in jedem Fall durch die Bündel lineare Scharen von Kugeln im Sinne des § 53, Nr. VII dargestellt. Im Fall 1 haben wir dann in dem einen Bündel eine Schar vom Typ $\delta = +1$, zu der es keine gemeinsamen Berührungskugeln gibt, in dem Fall 2 haben wir aber zwei konjugierte lineare Scharen vom Typ $\delta = -1$.

Die Paare von sich gegenseitig schneidenden Regelscharen eines Hyperboloids (58), Fall 2, haben also in der Kugelgeometrie ihr Analogon in den Paaren sich gegenseitig berührender linearer Scharen von K-Kugeln. Zu den beiden Regelscharen eines Hyperboloids gehört eine Fläche: Wir können sagen: Nehmen wir immer eine Gerade der einen Regelschar und eine der andern zusammen, so bestimmt ein solches Paar sich schneidender Geraden immer ein Flächenelement. Auf diese

Weise erhalten wir ∞^2 Flächenelemente und diese umhüllen die Fläche des Hyperboloids. Ganz ähnliche Verhältnisse herrschen in der Kugelgeometrie: Nehmen wir immer zwei sich berührende Kugeln verschiedener Scharen zusammen, so bestimmen diese ein gerichtetes Flächenelement. Auf diese Weise erhalten wir ∞^2 gerichtete Flächenelemente. Diese Flächenelemente bilden, wie wir im nächsten Paragraph noch näher ausführen werden, von gewissen ausgearteten Fällen abgesehen, eine gerichtete Fläche. Die Fläche wird sich dabei als Hüllfläche von jeder der beiden Kugelscharen ergeben. Eine solche zu zwei linearen Kugelscharen gehörige Fläche nennen wir nach ihrem Entdecker *Charles Dupin* eine *Zyklide von Dupin* oder einfach eine Zyklide. Für die Determinanten (40) der beiden Bündel $\mathfrak{y}^\alpha$ und $\bar{\mathfrak{y}}^\lambda$ gilt im Fall (62) 1) $A > 0$; $\bar{A} > 0$, im Fall 2) aber $A < 0$; $\bar{A} < 0$. In der Kugelgeometrie können wir daher einfach sagen: *In einem Komplexbündel* $\mathfrak{y}^\alpha$ *ist immer dann und nur dann eine Kugelschar einer Dupinschen Zyklide enthalten, wenn die zugehörige Determinante* $A < 0$ *ist*[1]).

§ 56. Invariantentheorie der Vektorbündel.

Wir haben im vorigen Abschnitt gesehen, daß die Hyperboloide durch gewisse Bündel linearer Komplexe analytisch dargestellt werden können, oder, wie wir auch sagen können, durch gewisse Bündel von Sechservektoren. Wir werden im folgenden noch mehrfach Gelegenheit haben, in unseren Geometrien neben den einfachen Vektoren, die in der Liniengeometrie ja z. B. die Geraden und linearen Komplexe darstellen, zur Darstellung gewisser komplizierterer geometrischer Gebilde auch *Vektorbündel* zu benutzen. Dabei brauchen wir nicht nur den speziellen Fall des § 55 allein ins Auge zu fassen, in dem es sich um Bündel handelt, die gerade durch drei Vektoren linear aufgespannt werden, sondern wir können allgemein von beliebig vielen Vektoren aufgespannte Bündel betrachten. Die durch zwei Vektoren aufgespannten Vektorbündel werden wir dabei speziell als Vektorbüschel bezeichnen.

Bei Einführung der Bündel erhebt sich nun ein neues invariantentheoretisches Problem: Bisher haben wir im Anschluß an die §§ 10 und 11 nur eine Methode angegeben, wie wir in unseren Geometrien ein vollständiges Invariantensystem für eine Reihe einfacher Vektoren bestimmen können. Eine neue Aufgabe entsteht nun, wenn außer den Vektoren auch noch Vektorbündel gegeben sind, deren *Bündeltransformationen* dann eine wesentliche Rolle spielen. Wir wollen an einem Beispiel ausführen, wie man in diesem Falle vorzugehen hat.

---

1) Für die Hyperboloide ist nach (58) ein ähnlich einfacher Satz nicht gültig, denn sowohl bei den Bündeln, die kein reelles Hyperboloid darstellen wie auch bei den Bündeln, die Hyperboloide darstellen, können beide Fälle $A < 0$ und $A > 0$ vorkommen.

Wir geben uns die Aufgabe, die projektiven, d. h. genauer die liniengeometrischen Invarianten zu bestimmen, die die aus einem Hyperboloid und einem linearen Geradenkomplex bestehende Figur $\mathfrak{F}$ besitzt. Das Hyperboloid denken wir uns durch zwei konjugierte Komplexbündel $\mathfrak{y}^\alpha$ und $\bar{\mathfrak{y}}^\lambda$ festgelegt, die dann von der im § 55 ermittelten besonderen Art sein müssen. Den Komplex denken wir uns durch den Vektor $\mathfrak{r}$ gegeben. Da die sieben Komplexe $\mathfrak{y}^\alpha$, $\bar{\mathfrak{y}}^\lambda$ und $\mathfrak{r}$ die Figur $\mathfrak{F}$ festlegen, werden sich die Invarianten von $\mathfrak{F}$ sicher aus den Invarianten der 7 Vektoren bilden lassen. Letztere erhält man aber nach der Vorschrift der §§ **10** und **11**. Wir haben erst die Halbinvarianten der Vektoren zu bilden. Nach (**37**) sind die sechs ersten linear unabhängig. Wir können also $\mathfrak{r}$ aus ihnen linear kombinieren:

$$\mathfrak{r} = \sum_\alpha C_\alpha \mathfrak{y}^\alpha + \sum_\lambda \bar{C}_\lambda \bar{\mathfrak{y}}^\lambda \tag{64}$$

mit Koeffizienten C_α, $\bar{C}_\lambda$, die schon Halbinvarianten der 7 Vektoren darstellen, ebenso wie die Skalarprodukte der Grundvektoren, von denen aber wegen (**33**) nur die durch (35) definierten $A^{\alpha\beta}$ und $\bar{A}^{\lambda\mu}$ in Frage kommen. Aus den C_α, $\bar{C}_\lambda$, $A^{\alpha\beta}$ und $\bar{A}^{\lambda\mu}$ haben wir dann noch Normierungsinvarianten zu bestimmen. Diese Normierungsinvarianten geben aber noch nicht die Invarianten von $\mathfrak{F}$; denn sie hängen noch von den speziellen Vektoren $\mathfrak{y}^\alpha$, $\bar{\mathfrak{y}}^\lambda$ ab. Uns kommt es ja gar nicht auf die speziellen Vektoren $\mathfrak{y}^\alpha$, $\bar{\mathfrak{y}}^\lambda$ an, durch die wir gerade unsere Bündel aufgespannt denken und auf deren Invarianten mit $\mathfrak{r}$, sondern nur auf die Größen, die allein von den Bündeln abhängen. Wir haben also zum Schluß aus den Normierungsinvarianten unserer 7 Vektoren noch die Größen zu bilden, die auch noch gegenüber den Transformationen der beiden Bündel (**42**) und (**53**) invariant sind. Da nach § 55 die Umnormierungen der $\mathfrak{y}^\alpha$ und $\bar{\mathfrak{y}}^\lambda$ in den Transformationen ihrer Bündel mit enthalten sind, erhalten wir somit die gesuchten Invarianten unserer Figur $\mathfrak{F}$, indem wir aus den Halbinvarianten C_α, $\bar{C}_\lambda$, $A^{\alpha\beta}$ und $\bar{A}^{\lambda\mu}$ diejenigen Ausdrücke bilden, die noch weiter invariant sind: erstens gegenüber den Umnormierungen $\mathfrak{r} = \tau \cdot \mathfrak{r}^*$ von $\mathfrak{r}$ und zweitens gegenüber den Bündeltransformationen (**42**) und (**53**). Die Transformationskoeffizienten τ, c^α_β und $\bar{c}^\lambda_\mu$ sind dabei **19** voneinander völlig unabhängige Größen.

Die Bündeltransformationen spielen eine ganz ähnliche Rolle, wie die Umnormierungen bei homogenen Koordinaten. Da die **36** Komponenten der **6** Vektoren $\mathfrak{y}^\alpha$, $\bar{\mathfrak{y}}^\lambda$, die wir uns als **36** Koordinaten eines Hyperboloids vorstellen können, an die **9** Gleichungen (**33**) gebunden sind, stecken in ihnen **27** unabhängige Parameter. Da ein Hyperboloid von **9** unabhängigen Parametern abhängt, sind die **27** unabhängigen Größen der Koordinaten $\mathfrak{y}^\alpha$, $\bar{\mathfrak{y}}^\lambda$ noch in **18** Freiheitsgraden überzählig, in ähnlicher Weise wie z. B. homogene Koordinaten noch in einem Freiheitsgrad willkürlich sind. Ebenso wie die Überzähligkeit der homogenen Koordinaten dadurch zum Ausdruck kommt, daß man sie hinterher durch die Umnormierungen wieder ausschalten muß, so muß man die **18** überzähligen Freiheitsgrade bei den $\mathfrak{y}^\alpha$, $\bar{\mathfrak{y}}^\lambda$ durch die Bündeltransformationen (**42**), (**53**) mit den **18** unabhängigen Parametern c^α_β, $\bar{c}^\lambda_\mu$ wieder ausschalten. Der Vorteil der Verwendung der Koordinaten $\mathfrak{y}^\alpha$, $\bar{\mathfrak{y}}^\lambda$ für die Hyperboloide beruht darin, daß man zwar in den Bündeltransformationen noch eine neue Invariantentheorie treiben muß, aber eine sehr einfache, nämlich die einer *linearen* Gruppe von niedriger Dimensionszahl. Man kann also auch hier ganz im Rahmen der linearen Invariantentheorie bleiben. Häufig wird man sich bei Hyperboloiden natürlich auch mit dem einen der beiden konjugierten Bündel begnügen können. Um auf unser Problem zurückzukommen, schalten wir zunächst die Umnormierungen von $\mathfrak{r}$ aus, indem wir $\mathfrak{r}$ von vornherein durch

$$\langle \mathfrak{r}\, \mathfrak{r} \rangle = \varepsilon \tag{65}$$

normiert annehmen, wo $\varepsilon = \pm 1$ ist, je nachdem $\mathfrak{r}$ rechts- oder linksgewunden ist. Aus (65) und (64) folgt mittels (35) und (33) dann die Relation

$$(66) \qquad \sum_{\alpha,\beta} A^{\alpha\beta} C_\alpha C_\beta + \sum_{\lambda,\mu} \bar{A}^{\lambda\mu} \bar{C}_\lambda \bar{C}_\mu = \varepsilon$$

zwischen den Halbinvarianten. Da die einzelnen Komponenten des normierten Komplexes $\hat{\mathfrak{r}}$ gegenüber den ihn gar nichts angehenden Bündeltransformationen des Hyperboloids Invarianten sind, muß nach einer Bündeltransformation (42) und (53) eine Gleichung der neuen Form

$$(67) \qquad \hat{\mathfrak{r}} = \sum_\alpha C_\alpha^* \mathfrak{y}^{\alpha *} + \sum_\lambda \bar{C}_\lambda^* \bar{\mathfrak{y}}^{\lambda *}$$

gelten mit demselben $\hat{\mathfrak{r}}$ und neuen C_α^*, $\bar{C}_\lambda^*$. Drückt man in (64) die $\mathfrak{y}^\alpha$, $\bar{\mathfrak{y}}^\lambda$ nach (42) (53) durch die $\mathfrak{y}^{\alpha *}$, $\bar{\mathfrak{y}}^{\lambda *}$ aus, so erhält man durch Vergleich mit (67), daß die C_α, $\bar{C}_\lambda$ sich nach

$$C_\alpha^* = \sum_\beta c_\alpha^\beta C_\beta; \qquad \bar{C}_\lambda^* = \sum \bar{c}_\lambda^\mu \bar{C}_\mu$$

transformieren. Da die beiden Bündeltransformationen völlig voneinander unabhängig vorgenommen werden können, und $A^{\alpha\beta}$, C_α sich nur bei (42), $\bar{A}^{\lambda\mu}$, $\bar{C}$ sich aber nur bei (53) ändern, können wir zuerst aus den $A^{\alpha\beta}$, C_α die Invarianten gegenüber (42) und dann die Invarianten von $\bar{A}^{\lambda\mu}$, $\bar{C}_\lambda$ gegenüber (53) bestimmen. Alle zusammen bilden dann das vollständige System der gesuchten Invarianten.

Bei unserer im § 55 verwandten Veranschaulichung unserer Größensysteme $A^{\alpha\beta}$ durch Flächen zweiter Ordnung in einem Raume mit den kartesischen Koordinaten q_{I}, q_{II}, q_{III} stellt C_α, da für die C_α dieselben Transformationsformeln (45) gelten wie für die q_α, einen Punkt in kartesischen Koordinaten dar. Wir haben also jetzt einfach gegenüber den homogenen affinen Transformationen die Invarianten der Figur zu bestimmen, die besteht aus einem Punkt C_α und einer Fläche zweiter Ordnung $A^{\alpha\beta}$, wobei die letztere hier nach (58) Fall 2 und (51) Fall 2 und 3 ein Hyperboloid ist.

Man überzeugt sich leicht, daß diese Figur nur eine einzige homogenaffine Invariante besitzt, nämlich das Teilverhältnis, unter dem die vom Ursprung 0 nach dem Punkte C_α führende Strecke durch einen der Durchstoßpunkte ihrer Geraden mit dem Hyperboloid getrennt wird[1]). Jeder Punkt der Geraden, die von 0 nach C_α führt, hat Koordinaten der Form $\varrho \cdot C_\alpha$ und ϱ ist dann das Verhältnis, unter dem er die Strecke von 0 nach C_α teilt. Soll der Punkt ϱC_α der Fläche $\sum A^{\alpha\beta} q_\alpha q_\beta = 1$ angehören, so muß

$$(68) \qquad \varrho = \pm \left[1 : \sqrt{\sum A^{\alpha\beta} C_\alpha C_\beta}\right]$$

gelten. Die beiden Werte von ϱ entsprechen dabei den beiden in Frage kommenden Punkten. Das reziproke Quadrat des Teilverhältnisses

$$(69) \qquad 1 : \varrho^2 = \sum A^{\alpha\beta} C_\alpha C_\beta$$

ist dann eine von der Wahl des Durchstoßpunktes unabhängige Invariante. Formal ist dann (69) auch für das Problem unserer Liniengeometrie eine Invariante unserer Figur $\mathfrak{F}$ von Hyperboloid und Komplex, und zwar die einzige, die sich aus $A^{\alpha\beta}$ und C_α bilden läßt.

Da die sich für das zweite Bündel ergebende Invariante $1 : \bar{\varrho}^2 = \sum \bar{A}^{\lambda\mu} \bar{C}_\lambda \bar{C}_\mu$ *nach* (66) *an* $1 : \varrho^2$ *geknüpft ist, können wir* $1 : \varrho^2$ *als Repräsentanten der einzigen*

[1]) Der Einfachheit halber beschränken wir uns hier für den Augenblick auf den Fall, wo die Durchstoßpunkte reell sind. Sind diese Punkte imaginär, so kann man leicht andere reelle Deutungen für unsere Invariante finden.

Invariante unseres Hyperboloids und unseres Komplexes angeben. Wir haben sie jetzt noch liniengeometrisch zu deuten. Für spätere Zwecke wollen wir die geometrische Deutung aber lieber für die Kugelgeometrie von *Lie* aussprechen. Dort haben wir dann in $1 : \varrho^2$ eine Invariante der Figur einer *Dupin*schen Zyklide und eines linearen Kugelkomplexes. Auf die Liniengeometrie läßt sich die Deutung dann unmittelbar übertragen.

Die Deutung unserer Invariante, die hier etwas kompliziert erscheint, wird beim Übergang zur Geometrie von *Möbius* und *Laguerre* im § 61 eine sehr einfache anschauliche geometrische Bedeutung gewinnen.

Zunächst bemerken wir, daß unter den Kugeln des Bündels $\mathfrak{y}^\alpha$, die nach (36) durch $\mathfrak{p} = \Sigma \sigma_\alpha \mathfrak{y}^\alpha$ mit

$$\Sigma A^{\alpha\beta} \sigma_\alpha \sigma_\beta = 0 \tag{70}$$

dargestellt sind, die speziellen, die dem Komplex $\mathfrak{r}$ angehören, nach (64) durch die weitere Gleichung

$$\mathfrak{r}\mathfrak{p} = \Sigma A^{\alpha\beta} \sigma_\alpha C_\beta = 0 \tag{71}$$

gegeben sind. Die quadratische Gleichung (70) und die lineare (71) haben wegen $A < 0$ [Vgl. § 55 Schluß] für die beiden Verhältnisgrößen $\sigma^{\mathrm{I}} : \sigma^{\mathrm{II}} : \sigma^{\mathrm{III}}$ nun zwei, eine oder keine reelle Lösung, je nachdem

$$\Sigma A^{\alpha\beta} C_\alpha C_\beta \gtreqless 0 \tag{72}$$

ist. Dabei müssen wir allerdings den Fall $C_\alpha = 0$ ausnehmen. Sind die C_α identisch 0, so gehört $\mathfrak{r}$ nach (67) dem konjugierten Bündel $\bar{\mathfrak{y}}^\lambda$ an, und sämtliche Kugeln aus dem Bündel $\mathfrak{y}^\alpha$ liegen in $\mathfrak{r}$. Schließen wir diesen letzten Fall aus und betrachten wir zwei Kugeln

$$\begin{cases} \mathfrak{u} = \Sigma \sigma_\alpha \mathfrak{y}^\alpha \\ \mathfrak{v} = \Sigma \tau_\alpha \mathfrak{y}^\alpha \end{cases} \qquad \begin{cases} \Sigma A^{\alpha\beta} \sigma_\alpha \sigma_\beta = 0 \\ \Sigma A^{\alpha\beta} \tau_\alpha \tau_\beta = 0 \end{cases} \tag{73}$$

die dem Komplex $\mathfrak{r}$ nicht angehören, für die also

$$\Sigma A^{\alpha\beta} \sigma_\alpha C_\beta \neq 0 \quad \Sigma A^{\alpha\beta} \tau_\alpha C_\beta \neq 0 \tag{73a}$$

ist! Dann haben die Kugeln $\mathfrak{u}$ und $\mathfrak{v}$ nach § 53, XII eine Invariante mit dem linearen Komplex $\mathfrak{r}$, nämlich [wenn wir die Normierung von $\hat{\mathfrak{r}}$ durch (65) festgelegt denken]

$$J = \frac{\mathfrak{u}\mathfrak{v}}{\langle \mathfrak{u}\hat{\mathfrak{r}}\rangle \langle \mathfrak{v}\hat{\mathfrak{r}}\rangle}. \tag{74}$$

Berechnen wir diese Invariante, deren geometrische Bedeutung wir nach § 53 und § 46 (38) kennen, für die beiden Kugeln (73), so ergibt sich

$$J = \frac{\Sigma A^{\alpha\beta} \sigma_\alpha \tau_\beta}{(\Sigma A^{\alpha\beta} \sigma_\alpha C_\beta)(\Sigma A^{\alpha\beta} \tau_\alpha C_\beta)}. \tag{75}$$

Wir wollen nun $\mathfrak{u}$ festhalten und $\mathfrak{v}$ in der Regelschar variieren lassen und zusehen, ob dabei die Invariante J einen extremen Wert annimmt. Wir haben dann J als Funktion der $\tau_{\mathrm{I}}, \tau_{\mathrm{II}}, \tau_{\mathrm{III}}$ zu einem Extremum zu machen unter der Nebenbedingung

$$\Sigma A^{\alpha\beta} \tau_\alpha \tau_\beta = 0 .$$

Wir haben also für den Ausdruck

$$F = J + \lambda \cdot \Sigma A^{\alpha\beta} \tau_\alpha \tau_\beta ,$$

wo λ ein *Euler*scher Multiplikator ist, die Gleichungen

$$\frac{\partial F}{\partial \tau_\alpha} = 0$$

zu bilden. Die Rechnung ergibt:

$$(76) \qquad \frac{\sum\limits_\alpha A^{\alpha\gamma}\sigma_\alpha}{(\sum A^{\alpha\beta}\sigma_\alpha C_\beta)(\sum A^{\alpha\beta}\tau_\alpha C_\beta)} - \frac{(\sum A^{\alpha\beta}\sigma_\alpha\tau_\beta)\cdot\sum A^{\alpha\gamma} C_\alpha}{(\sum A^{\alpha\beta}\sigma_\alpha C_\beta)(\sum A^{\alpha\beta}\tau_\alpha C_\beta)^2}$$
$$+ 2\lambda\sum A^{\alpha\gamma}\tau_\alpha = 0 \qquad [\text{für } \gamma = \text{I, II, III}].$$

Multiplizieren wir (76) mit σ_γ und summieren über γ, so erhalten wir unter Beachtung von (73) daraus eine Gleichung, die uns den Wert von λ liefert. Man erhält:

$$(77) \qquad 2\lambda = 1 : [\sum A^{\alpha\beta}\tau_\alpha C_\beta]^2.$$

Multiplizieren wir (76) nun mit C_γ und summieren über γ, so erhalten wir, wenn wir noch λ durch (77) ersetzen, nach einigen Umformungen

$$(78) \qquad \frac{\sum A^{\alpha\beta}\sigma_\alpha\tau_\beta}{(\sum A^{\alpha\beta}\sigma_\alpha C_\beta)(\sum A^{\alpha\beta}\tau_\alpha C_\beta)} = \frac{2}{\sum A^{\alpha\beta} C_\alpha C_\beta}.$$

Links steht nun formal gerade wieder die Invariante (75), die Gleichung (78) gilt jetzt aber natürlich nur für ihren extremen Wert. Es hängt nun nach (78) der extreme Wert von (75), wie die rechte Seite zeigt, gar nicht von der Wahl von $\mathfrak{u}$ ab, und

$$(79) \qquad 2 : [\sum A^{\alpha\beta} C_\alpha C_\beta]$$

stellt überhaupt den extremen Wert dar, der für irgend zwei Gerade $\mathfrak{u}$ und $\mathfrak{v}$ der Schar $\mathfrak{y}^\alpha$ herauskommen kann. Durch diesen extremen Wert findet die Invariante (69) unserer Zyklide und unseres Komplexes, die ja im wesentlichen auf der rechten Seite steht, ihre Deutung. Wenn wir die in § 53, XII gegebene Deutung der Invariante (75) benutzen, können wir zusammenfassend sagen:

Eine Dupinsche Zyklide und ein linearer Kugelkomplex bestimmen eine absolute Liegeometrische Invariante, die nach (64) (66) *durch* (79) *analytisch dargestellt ist. Ihre geometrische Bedeutung ist die folgende: Greift man aus der einen Kugelschar der Zyklide zwei Kugeln* $\mathfrak{u}$ *und* $\mathfrak{v}$ *heraus, die dem Komplex nicht angehören, so kann man diese an dem Komplex spiegeln und erhält so die Kugeln* $\mathfrak{u}'$, $\mathfrak{v}'$. $\mathfrak{u}$, $\mathfrak{u}'$, $\mathfrak{v}$, $\mathfrak{v}'$ *gehören dann einer linearen Schar an, und haben in dieser ein bestimmtes Doppelverhältnis* D ($\mathfrak{u}$, $\mathfrak{v}$, $\mathfrak{u}'$, $\mathfrak{v}'$). *Lassen wir nun* $\mathfrak{v}$ *in der Kugelschar der Zyklide variieren und berechnen jedesmal das zugehörige* D, *so erreicht* D *für eine ganz bestimmte* $\mathfrak{u}$ *zugehörige Kugel* $\mathfrak{v}$ *einen extremen Wert.*

Dieser Wert hängt nun aber von der Wahl von $\mathfrak{u}$ *gar nicht ab und ist schlechthin das Extremum aller* D, *die bei beliebigen Paaren* $\mathfrak{u}$, $\mathfrak{v}$ *vorkommen können. Der Extremwert* D' *von* D *ist dann natürlich eine Invariante der Figur von Zyklide und Komplex allein, sie hängt mit dem in* (74) und (79) *gegebenen Ausdruck* J *durch die Formel* [vgl. § 46 (38)] $J = 2D' : (D' - 1)$ *zusammen.*

Diese etwas komplizierte geometrische Deutung wird später zu einer viel anschaulicheren Geltung kommen.

Für die zweite Kugelschar der Zyklide können wir natürlich ganz die entsprechende Invariante bestimmen, die dann nach (66) mit (79) zusammenhängt.

In ähnlicher Weise, wie bei diesem Beispiel, hat man zu verfahren, um die Invarianten eines beliebig vorgegebenen Systems von einzelnen Vektoren und von Vektorbündeln zu bestimmen. Man hat zuerst die sämtlichen Halbinvarianten aus den einzeln gegebenen Vektoren und den die Bündel aufspannenden Vektoren zu bilden. Dann hat man nach der Reihe zuerst die Umnormierungen der einzeln gegebenen Vektoren zu berücksichtigen und aus den Halbinvarianten eine immer kleinere Zahl von Ausdrücken auszusieben. Schließlich hat man nach der Reihe die Transformationen der einzelnen Bündel zu berücksichtigen und die Invarianten gegenüber jeder dieser einzelnen linearen Transformationsgruppen zu bilden. Die zum Schluß noch übrig bleibenden Ausdrücke stellen dann das vollständige System der gesuchten Invarianten dar.

Eine wichtige Anwendung der Theorie der Vektorbündel ist der in den Aufgaben 5 und 8 des § 66 geschilderte Einbau der affinen Geometrie in die projektive Liniengeometrie.

§ 57. Flächenstreifen in der Kugel- und Liniengeometrie.

Ein gerichtetes Flächenelement können wir in der Geometrie von *Lie* durch zwei hindurchgehende sich berührende K-Kugeln $\mathfrak{z}^{\mathrm{I}}$ und $\mathfrak{z}^{\mathrm{II}}$ festlegen, für die dann gilt

$$\langle \mathfrak{z}^{\alpha}\, \mathfrak{z}^{\beta} \rangle = 0 . \qquad [\alpha, \beta = \mathrm{I}, \mathrm{II}] \tag{80}$$

Neben den eigentlichen Flächenelementen treten in dieser Darstellung dann auch die den uneigentlichen Punkt enthaltenden *uneigentlichen Flächenelemente* auf, die wir erhalten, wenn die $\mathfrak{z}^{\alpha}$ zwei parallele gerichtete Ebenen sind. Geben wir das Kugelpaar $\mathfrak{z}^{\alpha}$ als Funktion eines Parameters t und setzen wir voraus, daß für keinen Wert von t die beiden Sechservektoren

$$\frac{d\mathfrak{z}^{\alpha}}{dt} = \dot{\mathfrak{z}}^{\alpha}$$

beide zugleich Linearkombinationen der $\mathfrak{z}^{\alpha}$ sind, so gehört zu den verschiedenen Werten von t eine Schar von verschiedenen gerichteten Flächenelementen. Diese werden sich im allgemeinen nicht wie die Flächenelemente eines auf einer Fläche gelegenen Streifens glatt aneinanderschließen, sondern können z. B. so wie alle zu einer Geraden senkrechten Flächenelemente liegen. Wir wollen jetzt die Bedingung dafür aufstellen, daß sich die Flächenelemente einer eindimensionalen Schar $\mathfrak{z}^{\alpha}(t)$ in Form eines *Flächenstreifens* aneinanderschließen. Da wir, ohne den Streifen geometrisch zu ändern, von den $\mathfrak{z}^{\alpha}$ zu andern das Büschel aufspannenden K-Kugeln $\bar{\mathfrak{z}}^{\mathrm{I}}, \bar{\mathfrak{z}}^{\mathrm{II}}$ durch

$$\bar{\mathfrak{z}}^{\alpha} = \sum_{\beta=\mathrm{I}}^{\mathrm{II}} d^{\alpha}_{\beta}\, \mathfrak{z}^{\beta} \qquad \text{mit } |d^{\alpha}_{\beta}| \neq 0 \tag{81}$$

übergehen können, können wir [wenigstens bei den eigentlichen Flächenelementen] für $\mathfrak{z}^{\mathrm{I}}$ speziell den Punkt und für $\mathfrak{z}^{\mathrm{II}}$ die gerichtete Ebene aus dem durch das Flächenelement gehenden Büschel wählen. Für einen

Flächenstreifen muß dann die Tangentenebene $\mathfrak{z}^{\mathrm{II}}$ immer durch zwei konsekutive Punkte der Kurve $\mathfrak{z}^{\mathrm{I}}(t)$ hindurchgehen, d. h. es muß

(82) $$\mathfrak{z}^{\mathrm{II}}\dot{\mathfrak{z}}^{\mathrm{I}} = 0\,.$$

gelten.

Da aus (80) ohnehin

(83) $$\mathfrak{z}^{\mathrm{I}}\dot{\mathfrak{z}}^{\mathrm{I}} = \mathfrak{z}^{\mathrm{II}}\dot{\mathfrak{z}}^{\mathrm{II}} = \mathfrak{z}^{\mathrm{I}}\dot{\mathfrak{z}}^{\mathrm{II}} + \dot{\mathfrak{z}}^{\mathrm{I}}\mathfrak{z}^{\mathrm{II}} = 0$$

folgt, so können wir bei Zusammenfassung von (82) und (83) die Streifenbedingung auch in der Form schreiben

(84) $$\mathfrak{z}^{\alpha}\dot{\mathfrak{z}}^{\beta} = 0\,.$$

(84) gilt also notwendig für zwei benachbarte Flächenelemente, die sich wie bei einem Streifen glatt aneinanderfügen. Umgekehrt entsprechen (82) und damit auch (84) immer zwei Flächenelemente eines Streifens, solange $\mathfrak{z}^{\mathrm{I}}$ und $\mathfrak{z}^{\mathrm{I}} + \dot{\mathfrak{z}}^{\mathrm{I}}dt$ zwei verschiedene benachbarte Punkte sind. Fallen sie aber in einen zusammen, ist also $\mathfrak{z}^{\mathrm{I}}$ stationär, so haben wir zwei verschiedene benachbarte Flächenelemente durch einen und denselben Punkt, was bei den Streifen eines regulären Flächenstücks nicht vorkommt. Dementsprechend kann eine Schar von Flächenelementen, für die (84) identisch gilt, statt eines Streifens auch eine Schar von ∞^1 durch einen festen Punkt $\mathfrak{t}$ gehenden Flächenelementen sein.

Solche Scharen stellen aber nur eine sehr harmlose Ausartung eines Flächenstreifens dar, weil wir sie durch Lie-Transformation in wirkliche Flächenstreifen überführen können. Führen wir nämlich den festen Punkt $\mathfrak{t}$ in eine gerichtete Kugel über, so geht die Schar der Flächenelemente dabei über in einen Streifen auf dieser Kugel. Solche Ausartungen, die wir durch Lie-Transformation beseitigen können, und die wir auch als *hebbare Singularitäten* bezeichnen wollen, werden wir im folgenden einfach den regulären Fällen der Flächenstreifen zurechnen. Es gilt dann auch eine Schar von Flächenelementen durch den uneigentlichen Punkt, d. h. eine Schar von Parallelbüscheln als ein Streifen. Bei dieser Bezeichnungsweise können wir dann sagen: *Den Scharen von Flächenelementen mit* (84) *entsprechen die Flächenstreifen.*

Die Bedingung (84) gilt nun auch, wenn $\mathfrak{z}^{\mathrm{I}}$ und $\mathfrak{z}^{\mathrm{II}}$ nicht mehr Punkt und Ebene, sondern ganz beliebige, das Flächenelement aufspannende Kugeln sind. Denn wir können nach (81) bei allen Flächenelementen des Streifens zu allgemeinen Kugeln $\bar{\mathfrak{z}}^{\alpha}$ übergehen. *Dabei sind die d^{α}_{β} dann längs des Streifens Funktionen von t.* Aus (80), (81) und

(84a) $$\dot{\bar{\mathfrak{z}}}^{\alpha} = \sum \dot{d}^{\alpha}_{\beta}\,\mathfrak{z}^{\beta} + \sum d^{\alpha}_{\beta}\,\dot{\mathfrak{z}}^{\beta}$$

folgt dann aber

$$\langle \bar{\mathfrak{z}}^{\alpha}\,\dot{\bar{\mathfrak{z}}}^{\beta}\rangle = \sum_{\gamma,\,\delta} d^{\alpha}_{\gamma}\,d^{\beta}_{\delta}\,\langle \mathfrak{z}^{\gamma}\,\dot{\mathfrak{z}}^{\delta}\rangle\,.$$

Also folgt aus (84) auch $\langle \bar{\mathfrak{z}}^\alpha \dot{\bar{\mathfrak{z}}}^\beta \rangle = 0$. Somit ist die Gleichung (84) nur von den Flächenelementen der Schar und nicht von den sie darstellenden K-Kugeln abhängig.

Nun ist die Bedingung (84) aber invariant gegenüber der Gruppe von *Lie*, denn sie ist erstens in Skalarprodukten geschrieben, sie ist ferner gegenüber den in (81) ja ohnehin enthaltenen Umnormierungen der Kugeln $\mathfrak{z}^\alpha$ invariant und sie ändert sich schließlich nicht bei Substitutionen

$$(85) \qquad t = f(\bar{t})$$

des Parameters, für die $\dot{\mathfrak{z}} = \frac{d\mathfrak{z}}{d\bar{t}} \cdot \frac{d\bar{t}}{dt}$ wird.

Flächenstreifen gehen daher bei Abbildungen von Lie wieder in Flächenstreifen über.

Haben wir eine zweidimensionale Mannigfaltigkeit von Flächenelementen $\mathfrak{z}^\alpha(u, v)$, so schließen sich diese zu einer Fläche glatt aneinander, wenn die Streifenbedingung (84) in jeder Richtung erfüllt ist, d. h. wenn

$$(86) \qquad \langle \mathfrak{z}^\alpha \mathfrak{z}^\beta_u \rangle = \langle \mathfrak{z}^\alpha \mathfrak{z}^\beta_v \rangle = 0$$

gilt. Hier sind wieder gewisse hebbare Singularitäten mitzurechnen, z. B. der Fall aller durch eine Kurve „hindurchgehenden" Flächenelemente oder gar der Fall aller Flächenelemente durch einen festen Punkt. In beiden Fällen kann man die Flächenelemente etwa durch eine Dilatation[1]) in die Flächenelemente einer regulären gerichteten Fläche überführen. *Bei dieser durch das Mitrechnen der hebbar singulären Mannigfaltigkeiten ein wenig korrigierten Fassung des Begriffes Fläche gehen Flächen durch eine Abbildung von Lie wieder in Flächen über.* Spezielle Flächen sind z. B. die im vorigen Paragraph erwähnten Zykliden von *Dupin*. Nehmen wir z. B. die folgenden beiden konjugierten [vgl. § 53 VII] linearen Kugelscharen: 1) die Kugelschar mit den Mittelpunkten auf der ξ-Achse und dem Radius 1, sowie 2) die Schar aller diese Kugeln umhüllenden Tangentenebenen des Kreiszylinders mit dem Radius 1 um die ξ-Achse, so bestimmen je zwei Kugeln verschiedener Scharen ein Flächenelement dieses Zylinders, und diese Flächenelemente reihen sich zu der Fläche desselben aneinander. Weil Flächen in Flächen übergehen und weil durch $\mathfrak{K}_{15}$ jedes System von 2 konjugierten linearen Scharen in jedes andere übergeführt werden kann, gehört dann zu jedem solchen Paar von konjugierren linearen Scharen in gleicher Weise eine Fläche, eine allgemeine *Dupin*sche Zyklide. Als Ausartung tritt folgender Fall auf: Die eine Kugelschar besteht aus den Punkten eines Kreises und die andere ist das durch diesen Kreis gehende Kugelbüschel.

---

[1]) Vgl. S. 159.

Das zugehörige System der Flächenelemente besteht dann aus allen Flächenelementen durch den Kreis. Hier haben wir wieder hebbare Singularitäten von Flächen, denn durch eine Dilatation können wir die Punkte des Kreises zu lauter Kugeln mit gleich großem Radius aufblasen. Die Fläche wird dann die Ringfläche, die die Kugeln umhüllt. Den Kreis können wir als eine unendlich dünne Ringfläche auffassen. Analog ergibt sich als eine weitere Ausartung die Gerade als unendlich dünner Kreiszylinder. Ein weiteres Beispiel einer Zyklide ist der gerade Kreiskegel. Wir können sagen: *Die allgemeine Zyklide von Dupin entsteht durch Abbildung von Lie aus der Konfiguration gerichteter Flächenelemente, die durch eine feste Gerade gehen.*

Stellen wir eine Kugelschar in der Form $\mathfrak{y}(t)$ dar, so gilt identisch in t die Beziehung $\mathfrak{y}\mathfrak{y} = \mathfrak{y}\dot{\mathfrak{y}} = 0$. Wir wollen die Invarianten zweier konsekutiver Kugeln einer Schar bestimmen. Als Halbinvariante kommt nur das Produkt $\dot{\mathfrak{y}}\dot{\mathfrak{y}}$ in Frage. Bei der Umnormierung $\mathfrak{y} = \lambda(t) \cdot \mathfrak{y}^*$ multipliziert sich dieses aber mit λ^2 und bei der Parametersubstitution (85) mit $(d\bar{t} : dt)^2$. Daher ist

$$\tau = \operatorname{sgn}\langle\dot{\mathfrak{y}}\dot{\mathfrak{y}}\rangle \tag{87}$$

eine Invariante zweier unendlich benachbarter Kugeln. Es ist bemerkenswert, daß bei unendlich benachbarten Kugeln einer Schar schon bei zweien eine Vorzeicheninvariante auftritt, während es bei endlich verschiedenen Kugeln erst für drei eine solche gibt. Man rechnet leicht nach, daß für zwei unendlich benachbarte Punkte $\tau = +1$ gilt, für zwei unendlich benachbarte konzentrische Kugeln aber $\tau = -1$. An diesen Normaltypen, auf die man irgend zwei Paare von konsekutiven Kugeln mit $\tau = +1$, resp. $\tau = -1$ überführen kann, erkennt man: Wie es für benachbarte Punkte ∞^2 sich zu ∞^1 Büscheln anordnende Kugeln[1]) durch das von ihnen bestimmte Linienelement gibt, *so gibt es für jedes Paar benachbarter Kugeln mit* $\tau = +1$ ∞^2 *sie gemeinsam berührende Kugeln, für die Paare mit* $\tau = -1$ *gibt es aber wie für die konsekutiven konzentrischen Kugeln gar keine gemeinsamen Berührungskugeln.* Die ∞^2 Berührungskugeln ordnen sich natürlich auch im allgemeinen Falle $\tau = +1$ zu ∞^1 Flächenelementen an. Im allgemeinen Fall zweier konsekutiver gerichteter Kugeln müssen diese beiden Kugeln sich für $\tau = +1$ schneiden und die Flächenelemente sind längs des Schnittkreises aufgereiht. Nehmen wir nun immer zwei konsekutive Kugeln einer ganzen Kugelschar, für die dauernd $\tau = +1$ ist, so bilden die ∞^1 Scharen von Flächenelementen die Hüllfläche der Kugelschar. Solche Hüllflächen von Kugelscharen, die dem Fall $\tau = +1$ entsprechen, pflegt man als *Kanalflächen* zu bezeichnen. Als gewisse ausgeartete unendlich dünne Kanalflächen erscheinen die Kurven.

---

[1]) ∞^2 = 2-parametrige Mannigfaltigkeit.

Die Zykliden sind für beide ihrer Kugelscharen Kanalflächen, und da sich für eine Fläche, die auf zwei Arten Kanalfläche ist, die beiden Kugelscharen berühren müssen, sind sie die einzigen solchen Flächen.

Es bleibt nun noch der Fall $\dot{\mathfrak{y}}\,\dot{\mathfrak{y}} = 0$. In diesem berühren sich einfach konsekutive Kugeln. Denn wegen $\mathfrak{y}\mathfrak{y} = \mathfrak{y}\,\dot{\mathfrak{y}} = \dot{\mathfrak{y}}\,\dot{\mathfrak{y}} = 0$ ist

$$\langle \mathfrak{y} + \dot{\mathfrak{y}}\,dt,\quad \mathfrak{y} + \dot{\mathfrak{y}}\,dt\rangle = 0$$

und $\mathfrak{y}$ und $\mathfrak{y} + \dot{\mathfrak{y}}\,dt$ bestimmen ein Büschel.

Die ganzen bisherigen Untersuchungen lassen sich ohne weiteres auf die Liniengeometrie übertragen. Wenn wir uns durch $\mathfrak{z}^\alpha$ mit (80) zwei sich schneidende Geraden gegeben denken, so spannen sie eine Schar von ungerichteten Flächenelementen auf und (84) ist die Streifenbedingung für eine Schar von Flächenelementen. (86) ist dann die Bedingung für eine Fläche. Dabei treten wieder gewisse verhältnismäßig geringfügige Ausnahmefälle auf. Durch $\mathfrak{y}\,(t)$ ist weiter eine *geradlinige Fläche* gegeben und die Bedingungen $\tau = +1$ und $\tau = -1$ entsprechen den Fällen, daß zwei konsekutive Gerade einen Rechts- oder einen Linksschraubensinn bestimmen, wie man an dem Fall der beiden Scharen (15) und (16) des Hyperboloids leicht nachrechnen kann. Geradlinige Flächen mit $\tau = +1$ bezeichnen wir dann als rechtsgewunden und solche mit $\tau = -1$ als linksgewunden. Einer Schar $\dot{\mathfrak{y}}\,\dot{\mathfrak{y}} = 0$ sich konsekutiv berührender Kugeln, wie wir sagen wollen *einer Berührungsschar von Kugeln*, entspricht eine Schar sich konsekutiv schneidender Geraden, also eine *Torse*.

§ 58. Krümmungsstreifen und Asymptotenstreifen auf einer Fläche.

Wir wollen jetzt den besonderen Fall der Flächenstreifen $\mathfrak{z}^\alpha\,(t)$ behandeln, in dem die vier Sechservektoren $\mathfrak{z}^{\mathrm{I}}, \mathfrak{z}^{\mathrm{II}}, \dot{\mathfrak{z}}^{\mathrm{I}}, \dot{\mathfrak{z}}^{\mathrm{II}}$ linear abhängig sind, in dem also die Matrix

$$(88)\qquad \|\, \mathfrak{z}^{\mathrm{I}},\ \mathfrak{z}^{\mathrm{II}},\ \dot{\mathfrak{z}}^{\mathrm{I}},\ \dot{\mathfrak{z}}^{\mathrm{II}} \,\| \equiv 0$$

ist. Dabei sagen wir, daß die Matrix (88) identisch verschwindet, wenn alle ihre sechs Unterdeterminanten verschwinden. Die Bedingung (88) ist Lieinvariant, denn sie besagt geometrisch, daß die zwei konsekutiven Flächenelemente eine Kugel gemeinsam haben. In einem solchen Fall muß nämlich eine Gleichung

$$(88\,\mathrm{a})\qquad \sum_\alpha \varrho_\alpha\, \mathfrak{z}^\alpha = \sum_\alpha \sigma_\alpha\,(\mathfrak{z}^\alpha + \dot{\mathfrak{z}}^\alpha)\,dt$$

mit Koeffizienten ϱ_α, σ_α gelten, und diese Bedingung ist mit (88) äquivalent. Denken wir uns für $\mathfrak{z}^{\mathrm{I}}$ den Punkt und für $\mathfrak{z}^{\mathrm{II}}$ die Tangentenebene gewählt, so können wir die Bedingung (88) nach (2) und (4) auf kartesische Koordinaten umschreiben. Lassen wir in (2) und (4) die Faktoren

ϱ weg, was wir wegen der Normierungsinvarianz der Bedingung (88) dürfen, so erhalten wir, wenn wir zur Abkürzung $\sigma_0^2 = \xi_0^2 + \eta_0^2 + \zeta_0^2$ setzen:

$$(89)\qquad \begin{Vmatrix} \frac{1}{2}(1+\sigma_0^2) & w & \sigma_0\dot{\sigma}_0 & \dot{w} \\ \frac{1}{2}(1-\sigma_0^2) & -w & -\sigma_0\dot{\sigma}_0 & -\dot{w} \\ \xi_0 & \alpha_1 & \dot{\xi}_0 & \dot{\alpha}_1 \\ \eta_0 & \alpha_2 & \dot{\eta}_0 & \dot{\alpha}_2 \\ \zeta_0 & \alpha_3 & \dot{\zeta}_0 & \dot{\alpha}_3 \\ 0 & 1 & 0 & 0 \end{Vmatrix} = 0 .$$

Alle vierreihigen Unterdeterminanten dieser Matrix müssen verschwinden. Bilden wir die aus der Summe der ersten und zweiten Zeile sowie der dritten, vierten und fünften Zeile gebildete vierreihige Determinante, so erhält man, daß die dreireihige Determinante verschwinden muß:

$$(90)\qquad \begin{vmatrix} \alpha_1 & \dot{\xi}_0 & \dot{\alpha}_1 \\ \alpha_2 & \dot{\eta}_0 & \dot{\alpha}_2 \\ \alpha_3 & \dot{\zeta}_0 & \dot{\alpha}_3 \end{vmatrix} = 0 .$$

Es stellt sich dann heraus, daß man zu dieser Gleichung keine wesentlich neue Gleichung aus (89) mehr hinzubekommt. Da der Dreiervektor $\dot{\xi}_0, \dot{\eta}_0, \dot{\zeta}_0$ einfach der Tangentenvektor der Kurve des Streifens ist, und $\alpha_1, \alpha_2, \alpha_3$ der Einheitsvektor der Flächennormalen, so besagt (90), daß sich längs unseres Streifens konsekutive Flächennormalen schneiden. Nach Band I, § 37 ist unser Streifen also ein *Flächenstreifen längs einer Krümmungslinie*, oder, wie wir sagen wollen, ein *Krümmungsstreifen*. *Nach* (88a) *sind die Krümmungsstreifen in Lie-invarianter Weise dadurch ausgezeichnet, daß zwei konsekutive ihrer Flächenelemente eine Kugel gemeinsam haben*, nämlich die in (88a) durch $\Sigma \varrho_\alpha \mathfrak{z}^\alpha$ dargestellte. Diese gemeinsame Kugel nennen wir die *Krümmungskugel des Krümmungsstreifens*. Da sie durch zwei konsekutive Flächenelemente hindurchgeht, müssen sich die zu diesen gehörigen konsekutiven Flächennormalen beide in ihrem Mittelpunkte schneiden. Der Radius der Krümmungskugel ist also nach Band I, § 37 gleich dem zu der Krümmungslinie gehörigen Hauptkrümmungsradius.

In der Liniengeometrie sind durch (88) die Flächenstreifen gekennzeichnet, bei denen zwei konsekutive Flächenelemente eine gemeinsame Tangente haben. Diese Streifen sind bekanntlich auf den regulären Flächen die *Streifen längs der Asymptotenlinien*, oder die *Asymptotenstreifen*, die aber nur bei den hyperbolisch gekrümmten Flächen [vgl. Bd. I, § 34] reell sind.

Wählen wir speziell für $\mathfrak{z}^{\mathrm{I}}$ die Krümmungskugel [bzw. die asymptotische Tangente] des Streifens, so muß eine Linearkombination

$$\dot{\mathfrak{z}}^{\mathrm{I}} = \mu\,\mathfrak{z}^{\mathrm{I}} + \nu\,\mathfrak{z}^{\mathrm{II}} \tag{91}$$

gelten. Denn da eine Krümmungskugel des Streifens immer zwei konsekutive seiner Flächenelemente enthält, müssen konsekutive Krümmungskugeln sich längs des Streifens berühren. Somit muß nach § 57 Schluß für die Krümmungskugeln gelten: $\langle\dot{\mathfrak{z}}^{\mathrm{I}}\dot{\mathfrak{z}}^{\mathrm{I}}\rangle = 0$. Dann stellen aber nach (80) und (84) die Vektoren $\mathfrak{z}^{\mathrm{I}}$, $\mathfrak{z}^{\mathrm{II}}$ und $\dot{\mathfrak{z}}^{\mathrm{I}}$ drei Kugeln dar, die sich paarweise berühren, also einem und demselben Büschel angehören müssen. Das kommt aber gerade in der Gleichung (91) zum Ausdruck. Die Krümmungskugel ist auch die einzige Kugel des Büschels $\mathfrak{z}^{\alpha}$, für deren Ableitung eine Darstellung (91) gilt, denn gäbe es noch eine zweite, die wir dann als $\mathfrak{z}^{\mathrm{II}}$ wählen könnten, so wären entgegen unserer zu Beginn des § 57 gemachten Voraussetzung beide $\dot{\mathfrak{z}}^{\alpha}$ Linearkombinationen der $\mathfrak{z}^{\alpha}$.

Wir wollen jetzt Flächenstreifen betrachten, bei denen alle durch die verschiedenen Flächenelemente hindurchgehenden Kugeln einem festen linearen Kugelkomplex $\mathfrak{a}$ angehören. Es gilt für diese Streifen $\mathfrak{z}^{\alpha}(t)$:

$$\mathfrak{a}\,\mathfrak{z}^{\alpha} = 0 \tag{92}$$

bei konstantem $\mathfrak{a}$ identisch in t. Aus (92) folgt

$$\mathfrak{a}\,\dot{\mathfrak{z}}^{\alpha} = 0\,. \tag{93}$$

Ist $\mathfrak{a}\mathfrak{a} = 0$, so haben wir einen Streifen auf einer festen Kugel $\mathfrak{a}$. Schließen wir diesen Fall aus, so können wir $\langle\mathfrak{a}\mathfrak{a}\rangle > 0$ annehmen. Denn bei einem hyperbolischen Komplex $\mathfrak{a}\mathfrak{a} < 0$ gibt es überhaupt keine zwei dem Komplex angehörende und sich berührende Kugeln, wie man an dem speziellen Beispiel des hyperbolischen Komplexes aller Punkte erkennt, in den man ja jeden anderen überführen kann. In einem solchen Komplex können also erst recht keine ganzen Kugelbüschel oder Streifen vorkommen. Ein Streifen mit (92) und $\mathfrak{a}\mathfrak{a} > 0$ ist nun *notwendig ein Krümmungsstreifen*. Wir können nämlich die Determinante $\Delta = |\,\mathfrak{z}^{\mathrm{I}}, \mathfrak{z}^{\mathrm{II}}, \dot{\mathfrak{z}}^{\mathrm{I}}, \dot{\mathfrak{z}}^{\mathrm{II}}, \mathfrak{a}, *\,|$ bilden, wo für * ein beliebiger Hilfsvektor eingesetzt werden kann. Nach (9) können wir das Quadrat Δ^2 der Determinante durch skalare Produkte ausdrücken. Aus (80), (84), (92) und (93) ergibt sich dann, daß Δ^2, also auch $\Delta = 0$ ist für jeden beliebigen Hilfsvektor * und somit sind die 5 Vektoren $\mathfrak{z}^{\mathrm{I}}$, $\mathfrak{z}^{\mathrm{II}}$, $\dot{\mathfrak{z}}^{\mathrm{I}}$, $\dot{\mathfrak{z}}^{\mathrm{II}}$, $\mathfrak{a}$ linear abhängig und es gilt eine Gleichung

$$\alpha\,\mathfrak{z}^{\mathrm{I}} + \beta\,\mathfrak{z}^{\mathrm{II}} + \gamma\,\dot{\mathfrak{z}}^{\mathrm{I}} + \delta\,\dot{\mathfrak{z}}^{\mathrm{II}} + \varepsilon\,\mathfrak{a} = 0\,.$$

Durch Multiplizieren mit $\mathfrak{a}$ folgt aus ihr aber wegen (92), (93) und $\mathfrak{a}\mathfrak{a} > 0$, daß $\varepsilon = 0$ ist. Also haben wir nach (88) wegen der linearen Abhängigkeit der $\mathfrak{z}^{\alpha}$ und $\dot{\mathfrak{z}}^{\alpha}$ einen Krümmungsstreifen. Der elliptische Komplex $\mathfrak{a}$ besteht nun, wie wir aus § 53, IX wissen, aus allen K-Kugeln, die eine feste gerichtete Kugel oder Ebene $\mathfrak{y}$ unter festem Winkel schneiden. Speziell sind dabei die dem Komplex angehörenden Punkte die Punkte von $\mathfrak{y}$. Es liegen also die Punkte aller Flächenelemente unseres Streifens auf einer festen Kugel oder Ebene. *Wir haben daher eine ebene oder sphärische Krümmungslinie.*

Wir können nun auch noch zeigen, daß umgekehrt alle Kugeln, die die Flächenelemente längs einer ebenen oder sphärischen Krümmungslinie berühren, einem festen linearen Komplex angehören. Wenn wir nämlich die Punkte unseres Streifens mit den $\mathfrak{z}^{\mathrm{I}}(t)$ identifizieren, so liegen sie alle auf einer festen ungerichteten Ebene oder Kugel, d. h. auf zwei gegensinnig zusammenfallenden K-Kugeln $\mathfrak{y}^{\mathrm{I}}$ und $\mathfrak{y}^{\mathrm{II}}$:

$$(94) \qquad \langle \mathfrak{y}^{\mathrm{I}}, \mathfrak{z}^{\mathrm{I}}(t)\rangle = \langle \mathfrak{y}^{\mathrm{II}}, \mathfrak{z}^{\mathrm{I}}(t)\rangle = 0 .$$

Nach (88) können wir nun für unseren Krümmungsstreifen

$$(95) \qquad \dot{\mathfrak{z}}^{\mathrm{II}} = \mu\, \mathfrak{z}^{\mathrm{I}} + \nu\, \mathfrak{z}^{\mathrm{II}} + \sigma\, \dot{\mathfrak{z}}^{\mathrm{I}}$$

ansetzen, denn wir können $\mathfrak{z}^{\mathrm{I}}$, $\mathfrak{z}^{\mathrm{II}}$ und $\dot{\mathfrak{z}}^{\mathrm{I}}$ als linear unabhängig annehmen, da sonst der Punkt $\mathfrak{z}^{\mathrm{I}}$ Krümmungskugel sein müßte, was in einem regulären Flächenpunkt nicht möglich ist. Setzen wir nun einen Komplex

$$(96) \qquad \mathfrak{a}(t) = \alpha(t)\, \mathfrak{y}^{\mathrm{I}} + \beta(t)\, \mathfrak{y}^{\mathrm{II}}$$

so an, daß er für jeden Wert von t außer $\mathfrak{z}^{\mathrm{I}}$ [was ja durch (94) gewährleistet ist] auch noch $\mathfrak{z}^{\mathrm{II}}$ enthält, so muß

$$(97) \qquad \mathfrak{a}\, \mathfrak{z}^{\mathrm{II}} = \alpha \langle \mathfrak{y}^{\mathrm{I}} \mathfrak{z}^{\mathrm{II}}\rangle + \beta \langle \mathfrak{y}^{\mathrm{II}} \mathfrak{z}^{\mathrm{II}}\rangle = 0$$

gelten. Durch Ableitung nach t folgt aber wegen (94), (95) und der Konstanz von $\mathfrak{y}^{\mathrm{I}}$, $\mathfrak{y}^{\mathrm{II}}$, nach Weglassen eines wegen (97) verschwindenden Gliedes

$$(98) \qquad \dot{\alpha} \langle \mathfrak{y}^{\mathrm{I}} \mathfrak{z}^{\mathrm{II}}\rangle + \dot{\beta} \langle \mathfrak{y}^{\mathrm{II}} \mathfrak{z}^{\mathrm{II}}\rangle = 0 .$$

Aus (97) und (98) folgt dann $\alpha \dot{\beta} = \beta \dot{\alpha}$ und es ist daher das Verhältnis $\alpha : \beta$ konstant. Daher stellt sich der Komplex $\mathfrak{a}$ in (96) als längs des ganzen Streifens konstant heraus und somit liegen wirklich alle Kugeln des Streifens in einem festen linearen Komplex. Rechnen wir die ebenen Krümmungslinien mit zu den sphärischen, so können wir also sagen: *Die Streifen, deren berührende Kugelbüschel alle einem festen linearen Komplex angehören, sind identisch mit den Flächenstreifen längs sphärischer Krümmungslinien.* Zugleich sehen wir: *Durch Abbildung von Lie gehen Flächenstreifen längs sphärischer Krümmungslinien wieder in ebensolche Streifen über.*

Gehen wir jetzt von eindimensionalen Streifen von Flächenelementen zu zweidimensionalen Mannigfaltigkeiten $\mathfrak{z}^{\alpha}(u, v)$ über, die eine Fläche bilden, für die also (80) und (86) identisch in u und v gilt! Nach (88) ist die Fläche auf ihre Krümmungslinien als Parameterkurven $u =$ const. und $v =$ const. bezogen, wenn

$$(99) \qquad \| \mathfrak{z}^{\mathrm{I}}, \mathfrak{z}^{\mathrm{II}}, \mathfrak{z}^{\mathrm{I}}_u, \mathfrak{z}^{\mathrm{II}}_u \| = 0 \quad \text{und} \quad \| \mathfrak{z}^{\mathrm{I}}, \mathfrak{z}^{\mathrm{II}}, \mathfrak{z}^{\mathrm{I}}_v, \mathfrak{z}^{\mathrm{II}}_v \| = 0$$

gilt, oder, wie man statt (99) auch sagen kann, wenn lineare Relationen der Form

$$(100) \qquad \sum_{\alpha=\mathrm{I}}^{\mathrm{II}} (\varrho_\alpha \mathfrak{z}^{\alpha} + \lambda_\alpha \mathfrak{z}^{\alpha}_u) = 0 ,$$

$$(101) \qquad \sum_{\alpha=\mathrm{I}}^{\mathrm{II}} (\sigma_\alpha \mathfrak{z}^{\alpha} + \mu_\alpha \mathfrak{z}^{\alpha}_v) = 0$$

mit skalaren Koeffizienten ϱ_{I}, ϱ_{II}, λ_{I} usw. bis μ_{I}, μ_{II} gelten. Gilt für die Koeffizienten λ_α, μ_α, die man in den Linearkombinationen (100), (101) einer auf Krümmungslinien bezogenen Fläche $\mathfrak{z}^{\alpha}(u, v)$ erhält, speziell die Bedingung

$$(102) \qquad \lambda_{\mathrm{I}} \mu_{\mathrm{II}} - \lambda_{\mathrm{II}} \mu_{\mathrm{I}} = 0 ,$$

so hat die Fläche an der in Frage kommenden Stelle u, v einen *Nabelpunkt* (vgl. Bd. I, § 38). Denn statt (102) kann man sagen: Es müssen für die $\lambda_\alpha, \mu_\alpha$ Relationen der Form

$$A\,\lambda_\alpha = B\,\mu_\alpha \qquad [\alpha = \mathrm{I}, \mathrm{II}] \tag{103}$$

mit nicht gleichzeitig verschwindenden Koeffizienten A und B gelten. Multipliziert man aber (100) mit $A\,du$ und (101) mit $B \cdot dv$ und addiert, so erhält man wegen (103) und

$$\mathfrak{z}_u^\alpha\,du + \mathfrak{z}_v^\alpha\,dv = d\mathfrak{z}^\alpha$$

eine Gleichung der Form:

$$(\cdots)\,d\mathfrak{z}^{\mathrm{I}} + (\cdots)\,d\mathfrak{z}^{\mathrm{II}} + (\cdots)\,\mathfrak{z}^{\mathrm{I}} + (\cdots)\,\mathfrak{z}^{\mathrm{II}} = 0\,.$$

Die Krümmungsstreifenbedingung (88) ist also für jede Richtung d erfüllt, was ja die Nabelpunkte kennzeichnet. Schließen wir Nabelpunkte von der Betrachtung aus, so können wir für eine auf Krümmungslinien bezogene Fläche aus (100), (101) eine weitere wichtige Relation herleiten.

Differenzieren wir (100) nach v, so erhalten wir eine Gleichung der Gestalt

$$\sum_\alpha \lambda_\alpha\,\mathfrak{z}_{uv}^\alpha = \mathfrak{L}\,, \tag{104}$$

wo $\mathfrak{L}$ eine Linearkombination der Vektoren $\mathfrak{z}^\alpha$, $\mathfrak{z}_u^\alpha$ und $\mathfrak{z}_v^\alpha$ ist. Ebenso erhalten wir aus (101) durch Ableitung nach u eine Gleichung

$$\sum_\alpha \mu_\alpha\,\mathfrak{z}_{uv}^\alpha = \mathfrak{M}\,, \tag{105}$$

wo $\mathfrak{M}$ ebenfalls eine Linearkombination der $\mathfrak{z}^\alpha$, $\mathfrak{z}_u^\alpha$ und $\mathfrak{z}_v^\alpha$ ist. Wegen des Ausschlusses der Nabelpunkte (102) ist $\lambda_{\mathrm{I}}\mu_{\mathrm{II}} - \lambda_{\mathrm{II}}\mu_{\mathrm{I}} \neq 0$ und wir können die beiden Vektorgleichungen (104), (105) für die beiden Vektoren $\mathfrak{z}_{uv}^{\mathrm{I}}$ und $\mathfrak{z}_{uv}^{\mathrm{II}}$ nach den $\mathfrak{z}_{uv}^\alpha$ auflösen und das Gleichungssystem (104), (105) auf die explizite Form

$$\mathfrak{z}_{uv}^\alpha = \mathfrak{N}^\alpha \qquad [\alpha = \mathrm{I}, \mathrm{II}] \tag{106}$$

bringen, wo die $\mathfrak{N}^\alpha$ wieder zwei Linearkombinationen der Vektoren $\mathfrak{z}^\alpha$, $\mathfrak{z}_u^\alpha$ und $\mathfrak{z}_v^\alpha$ sind. Multiplizieren wir nun (106) skalar mit $\mathfrak{z}^\beta$, so ergeben die rechten Seiten 0, denn nach (80) und (86) sind die Skalarprodukte von $\mathfrak{z}^\beta$ mit den $\mathfrak{z}^\alpha$, $\mathfrak{z}_u^\alpha$ und $\mathfrak{z}_v^\alpha$ alle 0. Es ergibt sich also

$$\langle \mathfrak{z}_{uv}^\alpha\,\mathfrak{z}^\beta \rangle \equiv 0\,. \tag{107}$$

Aus (86) $\langle \mathfrak{z}_u^\alpha \mathfrak{z}^\beta \rangle = 0$ erhält man dann durch Differenzieren nach v unter Berücksichtigung von (107):

$$\langle \mathfrak{z}_u^\alpha\,\mathfrak{z}_v^\beta \rangle \equiv 0\,. \tag{108}$$

Diese Gleichungen, auf die wir im folgenden öfter zurückgreifen werden, gelten also notwendig für eine auf Krümmungslinien bezogene Fläche, wenigstens in allen regulären Punkten, die keine Nabelpunkte sind. Sie haben dabei Gültigkeit für eine ganz beliebige Darstellung $\mathfrak{z}^{\alpha}(u, v)$ der Fläche durch irgend zwei Systeme $\mathfrak{z}^{\mathrm{I}}(u, v)$ und $\mathfrak{z}^{\mathrm{II}}(u, v)$ von die Fläche berührenden K-Kugeln. [Über die Bedeutung der Gleichungen (108) vgl. auch § 66, Aufgabe (12).]

§ 59. Geometrie von *Möbius* im Raume.

Der Einbau der Geometrie von *Möbius* und *Laguerre* in die Geometrie von *Lie* vollzieht sich im Raume ganz ähnlich wie in der Ebene. Statt des absoluten linearen Kreissystems haben wir hier einen *absoluten linearen Komplex* einzuführen.

Wir beginnen mit der Geometrie von *Möbius*. Die Untergruppe der Abbildungen von *Lie*, die den hyperbolischen linearen Komplex $\mathfrak{p}$

$$\mathfrak{p} \doteq \{0, 0, 0, 0, 0, 1\}, \tag{109}$$

also nach (2) den Komplex $\mathfrak{x}\mathfrak{p} = -x_5 = 0$ aller eigentlichen und uneigentlichen Punkte in sich überführen, bezeichnen wir als Gruppe von *Möbius* im Raume. Für die Punkte

$$x_5 = 0 \tag{110}$$

gilt dann die Gleichung

$$(\mathfrak{x}\,\mathfrak{x}) = -x_0^2 + x_1^2 + x_2^2 + x_3^2 + x_4^2 = 0 \tag{111}$$

in den fünf ersten Koordinaten. Hier unterscheiden wir durch die runden Klammern die Form in den fünf Variablen von der Form $\langle\mathfrak{x}\,\mathfrak{x}\rangle$ in den sechs Variablen. In diesen fünf homogenen und an die Gleichung (111) gebundenen Punktkoordinaten, die wir auch als die *pentasphärischen Punktkoordinaten* bezeichnen, stellen sich die Abbildungen von *Möbius* als die linearen Transformationen dar, die die Gleichung (111) in sich überführen. Die pentasphärischen Koordinaten für die eigentlichen Punkte und den uneigentlichen Punkt des Raumes stellen das räumliche Analogon zu den tetrazyklischen Punktkoordinaten in der Ebene dar.

Die nach Absonderung der Punkte von den K-Kugeln übrigbleibenden gerichteten Kugeln und Ebenen fassen wir in den Begriff der gerichteten M-Kugeln zusammen.

Betreiben wir die Möbius-Geometrie wieder auf Stufe A, d. h. indem wir in unseren Formeln den absoluten Komplex $\mathfrak{p}$ ganz allgemein mitführen, so haben wir analog zu § 47, Nr. I zwei zum absoluten Komplex spiegelbildliche Kugeln wieder als zwei *gegensinnig zusammenfallende Kugeln* zu interpretieren.

Auf Stufe B ergibt sich dann wieder nach § 46 (33), daß sich die zu der Normierung $\langle\hat{\mathfrak{x}}\,\mathfrak{p}\rangle = -\hat{x}_5 = 1$ gehörigen ersten fünf Koordinaten zweier gegensinnig zusammenfallender Kugeln nur um den gemeinsamen Faktor -1 unterscheiden. Wir bezeichnen die zu der Normierung

$$\langle\hat{\mathfrak{x}}\,\mathfrak{p}\rangle = -\hat{x}_5 = 1$$

gehörigen ersten fünf Koordinaten, die dann wegen $\langle\mathfrak{x}\mathfrak{x}\rangle = 0$ der Gleichung

$$(112)\qquad (\hat{\mathfrak{x}}\,\hat{\mathfrak{x}}) = -\hat{x}_0^2 + x_1^2 + \hat{x}_2^2 + \hat{x}_3^2 + \hat{x}_4^2 = 1$$

genügen, als die normierten pentasphärischen Koordinaten der gerichteten M-Kugeln. Sie entsprechen ganz den Normalkoordinaten der gerichteten M-Kreise, die wir im § 13 eingeführt haben. In jedem Fall, ob wir nun die Forderung $\langle\hat{\mathfrak{x}}\,\mathfrak{p}\rangle = 1$ für die Normierung stellen, oder nicht, sind die Verhältnisse der ersten fünf Koordinaten für die beiden gegensinnig zusammenfallenden M-Kugeln gleich, und die ersten fünf Koordinaten sind dann die *unnormierten. homogenen pentazyklischen Koordinaten der ungerichteten M-Kugel, in die sie zusammenfallen.* Wegen $\langle\mathfrak{x}\mathfrak{x}\rangle = (\mathfrak{x}\mathfrak{x}) - x_5^2 = 0$ gilt für diese Kugelkoordinaten dann notwendig $(\mathfrak{x}\mathfrak{x}) > 0$.

Im Gegensatz zur Lie-Geometrie des Raumes haben in der räumlichen Möbius-Geometrie die Kreise als Mannigfaltigkeiten aller Punkte, die zwei Kugeln gemeinsam angehören, invariante Bedeutung.

Die Formel für den Winkel zweier gerichteter Kugeln $\mathfrak{u}$, $\mathfrak{v}$, die zur Stufe A gehört, ist der Formel § 47 (49) für den Winkel zweier Kreise ganz entsprechend durch

$$(113)\qquad \cos\varphi - 1 = -2\sin^2\frac{\varphi}{2} = \frac{\langle\mathfrak{u}\,\mathfrak{v}\rangle}{\langle\mathfrak{u}\,\hat{\mathfrak{p}}\rangle\,\langle\mathfrak{v}\,\hat{\mathfrak{p}}\rangle}$$

gegeben, wobei wir den absoluten Komplex, wie wir es jetzt überhaupt immer tun wollen, in der Normierung

$$(114)\qquad \hat{\mathfrak{p}}\,\hat{\mathfrak{p}} = -1$$

annehmen. Auf Stufe B ergibt sich daraus für die normierten pentasphärischen Kugelkoordinaten $\hat{\mathfrak{u}}$, $\hat{\mathfrak{v}}$ die Formel:

$$(115)\qquad \cos\varphi = (\hat{\mathfrak{u}}\,\hat{\mathfrak{v}}),$$

die der Formel § 13 (40) in tetrazyklischen Koordinaten entspricht.

Für die unnormierten pentasphärischen Koordinaten zweier ungerichteter Kugeln $\mathfrak{u}$, $\mathfrak{v}$ leitet man aus (113) aber leicht die Formel

$$(116)\qquad \cos^2\varphi = \frac{(\mathfrak{u}\,\mathfrak{v})^2}{(\mathfrak{u}\,\mathfrak{u})\,(\mathfrak{v}\,\mathfrak{v})}$$

für den Winkel her, zu dem die Formel § 9 (68) das ebene Analogon darstellt.

Mit einem beliebigen elliptischen Komplex $\mathfrak{a}$ sind wieder [vgl. § 47, III] die beiden zu $\mathfrak{p}$ spiegelbildlichen, also gegensinnig zusammenfallenden Kugeln

(117) $$\mathfrak{z} = \alpha\,\mathfrak{a} + \beta\,\mathfrak{p}$$

mit

(118) $$\langle\mathfrak{z}\,\mathfrak{z}\rangle = \alpha^2\langle\mathfrak{a}\,\mathfrak{a}\rangle + 2\,\alpha\,\beta\,\langle\mathfrak{a}\,\mathfrak{p}\rangle + \beta^2\langle\mathfrak{p}\,\mathfrak{p}\rangle = 0$$

invariant verbunden. Die Invariante

(119) $$K = \frac{\langle\mathfrak{a}\,\mathfrak{p}\rangle^2}{\langle\mathfrak{a}\,\mathfrak{a}\rangle\,\langle\mathfrak{p}\,\mathfrak{p}\rangle}$$

des Komplexes läßt sich dann wieder entsprechend § 47 III auf den festen Winkel zurückführen, unter dem alle Kugeln des Komplexes die ungerichtete M-Kugel schneiden, in die die beiden $\mathfrak{z}$ zusammenfallen. Lassen wir auf Stufe B bei einem elliptischen Komplex die sechste Koordinate weg, so stellen die ersten fünf die homogenen pentazyklischen Koordinaten der mit ihm invariant verbundenen ungerichteten M-Kugel $\mathfrak{z}$ dar.

Analog § 47, IV kann man wieder zeigen, daß die elliptischen Komplexe $\mathfrak{a}$, die zu dem absoluten Komplex $\mathfrak{p}$ *involutorisch* sind,

(120) $$\mathfrak{a}\,\mathfrak{p} = 0$$

identisch sind mit den Komplexen aller K-Kugeln, die eine feste M-Kugel *senkrecht* schneiden. Wir wollen solche Komplexe auch einfach als die *involutorischen Komplexe* der Möbius-Geometrie bezeichnen.

Im § 17 haben wir gezeigt, wie man von der ebenen Möbius-Geometrie durch Einführung eines absoluten Kreises zur [hyperbolischen] nichteuklidischen, und durch Einführung eines absoluten Punktes zur euklidischen Bewegungsgeometrie gelangen kann. In ganz analoger Weise gelangt man von der räumlichen Möbius-Geometrie zur räumlichen hyperbolischen Geometrie durch Einführung einer absoluten Kugel. Die zur absoluten Kugel senkrechten Kugeln sind dann als die Ebenen und die zur absoluten Kugel senkrechten Kreise als die nichteuklidischen Geraden der nichteuklidischen Geometrie zu interpretieren. Die nichteuklidische Entfernung zweier Punkte kann man dann analog zu § 17 (93) durch eine Winkelbeziehung an der Figur zweier Punkte und der absoluten Kugel deuten.

Da wir nun von der Geometrie von *Lie* wiederum zur Geometrie von *Möbius* durch Einführung eines absoluten hyperbolischen Komplexes gelangen, kommen wir von der Geometrie von *Lie* aus direkt zur hyperbolischen Geometrie des Raumes durch Einführung eines absoluten hyperbolischen Komplexes und einer absoluten, dem Komplex nicht angehörenden K-Kugel, also durch Einführung zweier Vektoren $\mathfrak{p}$, $\mathfrak{q}$ mit

$$(121)\qquad \langle \mathfrak{p}\,\mathfrak{p}\rangle < 0, \quad \langle \mathfrak{q}\,\mathfrak{q}\rangle = 0, \quad \langle \mathfrak{p}\,\mathfrak{q}\rangle \neq 0.$$

Zur euklidischen Bewegungsgeometrie gelangen wir dagegen durch Einführung eines hyperbolischen Komplexes $\mathfrak{p}$ und einer ihm angehörenden K-Kugel $\mathfrak{q}$

$$(122)\qquad \langle \mathfrak{p}\,\mathfrak{p}\rangle < 0, \quad \langle \mathfrak{q}\,\mathfrak{q}\rangle = \langle \mathfrak{p}\,\mathfrak{q}\rangle = 0.$$

Denn durch Einführung von $\mathfrak{p}$ kommen wir von der Lie- zur Möbius-Geometrie. In der Möbius-Geometrie hat dann aber $\mathfrak{q}$ die Bedeutung eines Punktes.

§ 60. Möbius-Geometrie der Kreise, Kugelscharen und Kurven im Raum. (Als Aufgabe.)

Um noch eine etwas deutlichere Vorstellung davon zu vermitteln, wie man Möbius-Geometrie in pentasphärischen Koordinaten betreibt, schließen wir hier einige zusammenhängende Aufgaben über diesen Gegenstand an.

Nach § 59 sind die Möbius-Transformationen des Raumes die linearen Transformationen der pentasphärischen Koordinaten, die die Gleichung (111) in sich überführen, und die (ungerichteten) M-Kugeln entsprechen den Fünfervektoren mit $(\mathfrak{x}\,\mathfrak{x}) > 0$, die Punkte aber den Vektoren mit $(\mathfrak{x}\,\mathfrak{x}) = 0$. Für die Invariantentheorie unserer Gruppe in den fünf Variablen kommen wieder die Regeln der §§ 10 und 11 in Frage. Die Kreise im Raum können wir dabei analytisch folgendermaßen behandeln: Wir denken uns einen Kreis $\mathfrak{K}$ durch zwei hindurchgehende Kugeln $\mathfrak{y}^{\mathrm{I}}$ und $\mathfrak{y}^{\mathrm{II}}$ festgelegt. Die Linearkombinationen $\mathfrak{x} = \alpha_{\mathrm{I}}\mathfrak{y}^{\mathrm{I}} + \alpha_{\mathrm{II}}\mathfrak{y}^{\mathrm{II}}$ sind dann die Kugeln des durch $\mathfrak{K}$ hindurchgehenden Kugelbüschels. (Warum ?) Ein Kreis kann also durch das Vektorbüschel $\mathfrak{x} = \alpha_{\mathrm{I}}\mathfrak{y}^{\mathrm{I}} + \alpha_{\mathrm{II}}\mathfrak{y}^{\mathrm{II}}$ analytisch dargestellt werden. Da irgend zwei Kugeln $\mathfrak{x}^{\mathrm{I}}$, $\mathfrak{x}^{\mathrm{II}}$ dieses Büschels sich schneiden müssen, gilt nach (116) für sie

$$(\mathfrak{x}^{\mathrm{I}}\,\mathfrak{x}^{\mathrm{I}})(\mathfrak{x}^{\mathrm{II}}\,\mathfrak{x}^{\mathrm{II}}) - (\mathfrak{x}^{\mathrm{I}}\,\mathfrak{x}^{\mathrm{II}})^2 > 0$$

oder, wenn wir die Abkürzung

$$(123)\qquad (\mathfrak{x}^{\alpha}\,\mathfrak{x}^{\beta}) = A^{\alpha\beta} \qquad [\alpha, \beta = \mathrm{I}, \mathrm{II}]$$

einführen

$$(124)\qquad A = |A^{\alpha\beta}| > 0.$$

Für die reellen Kugeln $\mathfrak{x}^{\mathrm{I}}$ und $\mathfrak{x}^{\mathrm{II}}$ muß nach § 59 außerdem

$$(\mathfrak{x}^{\mathrm{I}}\,\mathfrak{x}^{\mathrm{I}}) = A^{11} > 0 \quad \text{und} \quad (\mathfrak{x}^{\mathrm{II}}\,\mathfrak{x}^{\mathrm{II}}) = A^{22} > 0$$

gelten. Diese Ungleichungen und (124) kann man bekanntlich in die

Aussage zusammenfassen: Es muß für beliebige reelle Werte der Hilfsvariablen ξ_α die Form

(124a) $$A^{\alpha\beta}\,\xi_\alpha\,\xi_\beta > 0$$

sein, das heißt, die Form (124a) ist *positiv definit*.

Haben wir die Möbius-Invarianten gegebener Kreise mit andern geometrischen Gebilden zu bestimmen, so verfahren wir ganz wie im § 56 bei den Vektorbündeln, die die Hyperboloide darstellten.

I. Sind z. B. die Invarianten zweier durch zwei Kugelpaare $\mathfrak{x}^\alpha$ und $\bar{\mathfrak{x}}^\lambda$ ($\lambda = \mathrm{I}, \mathrm{II}$) festgelegter Kreise zu bestimmen, so haben wir zuerst die Halbinvarianten der vier Vektoren $\mathfrak{x}^\alpha$, $\bar{\mathfrak{x}}^\lambda$ zu bilden. Wir nehmen an, daß die Vektoren linear unabhängig sind. (Im Fall der linearen Abhängigkeit gibt es eine Kugel, die gleichzeitig durch beide Kreise hindurchgeht.) Dann sind die Halbinvarianten die Skalarprodukte

(125) $$(\mathfrak{x}^\alpha\,\mathfrak{x}^\beta) = A^{\alpha\beta}; \quad (\bar{\mathfrak{x}}^\lambda\,\bar{\mathfrak{x}}^\mu) = \bar{A}^{\lambda\mu}; \quad (\mathfrak{x}^\alpha\,\bar{\mathfrak{x}}^\lambda) = S^{\alpha\lambda}.$$

Aus diesen Halbinvarianten sind die Invarianten gegenüber den Büscheltransformationen

(126) $$\mathfrak{x}^\alpha = \sum_\beta c^\alpha_\beta\,\mathfrak{x}^{\beta *}; \quad \bar{\mathfrak{x}}^\lambda = \sum_\mu \bar{c}^\lambda_\mu\,\bar{\mathfrak{x}}^{\mu *}$$

zu bilden, die beide mit voneinander ganz unabhängigen Koeffizientensystemen c^α_β und $\bar{c}^\lambda_\mu$ ausgeführt werden können, und in denen die Umnormierungen der Kugeln $\mathfrak{x}^\alpha$, $\bar{\mathfrak{x}}^\lambda$ wieder enthalten sind.

Bei den Büscheltransformationen substituieren sich die Skalarprodukte (125) nach

(127) $$A^{\alpha\beta} = \sum_{\gamma,\delta} c^\alpha_\gamma\, c^\beta_\delta\, A^{\gamma\delta *}; \quad \bar{A}^{\lambda\mu} = \sum_{\varrho,\sigma} \bar{c}^\lambda_\varrho\,\bar{c}^\mu_\sigma\,\bar{A}^{\varrho\sigma *}; \quad S^{\alpha\lambda} = \sum_{\beta,\mu} c^\alpha_\beta\,\bar{c}^\lambda_\mu\, S^{\beta\mu *}.$$

Da die Indizes $\alpha, \beta, \gamma, \lambda, \mu$ usw. von I bis II laufen und da die Größensysteme $A^{\alpha\beta}$ und $\bar{A}^{\lambda\mu}$ in α, β resp. λ, μ symmetrisch sind, haben wir insgesamt 10 Halbinvarianten (125). Da es gilt, aus diesen 10 Größen solche Ausdrücke zu bilden, in deren Transformationsformeln die 8 Koeffizienten c^α_β, $\bar{c}^\lambda_\mu$ nicht mehr auftreten, wird man $10 - 8 = 2$ absolute Invarianten der beiden Kreise erwarten. In der Tat gibt es nun genau zwei Invarianten: Um das zu zeigen, führe man die zweireihigen Determinanten (124) und

(128) $$\bar{A} = |\bar{A}^{\lambda\mu}|; \quad S = |S^{\alpha\lambda}|$$

und ferner die neuen Größensysteme $A_{\alpha\beta}$, $\bar{A}_{\lambda\mu}$ mit unteren Indizes $\alpha, \beta, \lambda, \mu$ ein, die sich aus den $A^{\alpha\beta}$, resp. den $\bar{A}^{\lambda\mu}$ als die zu ihnen in den Determinanten A und $\bar{A}$ gehörigen algebraischen Komplemente dividiert durch die Determinanten A resp. $\bar{A}$ bestimmen und analytisch durch die Gleichungen

(129) $$\sum_\gamma A_{\alpha\gamma} A^{\gamma\beta} = \begin{cases} 1 & \text{für } \alpha = \beta \\ 0 & \text{für } \alpha \neq \beta \end{cases}; \quad \sum_\nu \bar{A}_{\lambda\nu}\,\bar{A}^{\nu\mu} = \begin{cases} 1 & \text{für } \lambda = \mu \\ 0 & \text{für } \lambda \neq \mu \end{cases}$$

definiert sind. Man zeige, daß für die eingeführten Größen die Substitutionsformeln

(130) $$A = c^2 \cdot A^*; \quad \bar{A} = \bar{c}^2 \cdot \bar{A}^*; \quad S = c \cdot \bar{c} \cdot S^*$$

$$\text{mit} \quad c = |c^\alpha_\beta| \quad \text{und} \quad \bar{c} = |\bar{c}^\lambda_\mu|$$

und

(131) $$A^*_{\alpha\beta} = \sum_{\gamma,\delta} c^\gamma_\alpha c^\delta_\beta A_{\gamma\delta}; \qquad \bar{A}^*_{\lambda\mu} = \sum_{\varrho,\sigma} \bar{c}^\varrho_\lambda \bar{c}^\sigma_\mu \bar{A}_{\varrho\sigma}$$

gelten und daß daher die Größen

(132) $$K = \frac{S^2}{A \cdot \bar{A}} \quad \text{und} \quad H = \sum_{\alpha,\beta,\lambda,\mu} \frac{1}{2} A_{\alpha\beta} \bar{A}_{\lambda\mu} S^{\alpha\lambda} S^{\beta\mu}$$

zwei absolute Invarianten unseres Kreispaares darstellen. Außerdem weise man nach, daß K und H die einzigen unabhängigen Invarianten des Kreispaares sind.

II. Um zu geometrischen Bedeutungen der unter I abgeleiteten Formeln zu gelangen, beweise man zunächst, daß der Winkel ϑ eines Kreises $\mathfrak{x}^\alpha$ mit einer ihn schneidenden Kugel $\mathfrak{y}$ durch

(133) $$\cos^2 \vartheta = \frac{\sum_{\alpha,\beta} A_{\alpha\beta} (\mathfrak{y}\,\mathfrak{x}^\alpha)(\mathfrak{y}\,\mathfrak{x}^\beta)}{(\mathfrak{y}\,\mathfrak{y})}$$

gegeben ist.

III. Man zeige: $K = 0$ kennzeichnet die Kreispaare, bei denen durch jeden Kreis eine Kugel geht, die den andern senkrecht schneidet. $H = 0$ kennzeichnet [im Reellen, wo $S^{\alpha\lambda} \equiv 0$ und daher auch $K = 0$ eine Folge von $H = 0$ ist[1])] die Paare, bei denen jede Kugel durch den einen der beiden Kreise den andern senkrecht trifft. $2H - K - 1 = 0$ ist die Bedingung für das Schneiden der beiden Kreise, $2H - K - 1 > 0$ aber die Bedingung dafür, daß die beiden Kreise ineinander verkettet sind, während Kreise mit $2H - K - 1 < 0$ voneinander getrennt liegen. $H^2 - K = 0$ kennzeichnet (im Reellen) die sog. *isogonalen Kreispaare*, bei denen für jeden der beiden Kreise alle durch ihn hindurchgehenden Kugeln den andern unter demselben festen Winkel schneiden.

IV. Bei der analytischen Behandlung der Kreise im Raum ist es sehr zweckmäßig, die Hilfskugeln ($\mathfrak{x}^{\mathrm{I}}$ und $\mathfrak{x}^{\mathrm{II}}$), die die Kreise darstellen, zunächst ganz willkürlich anzunehmen, und sich gegenüber beliebigen Büscheltransformationen invariante Formeln zu verschaffen. Man erreicht dadurch eine große Schmiegsamkeit des formalen Apparats. Denn bei speziellen Problemen kann man dann jederzeit nach Wunsch über die Hilfskugeln spezielle Festsetzungen treffen, z. B. kann man für einen Kreis die beiden ihn darstellenden Kugeln als zueinander senkrechte Kugeln in Normalkoordinaten annehmen. Dann wird nach (123) $A^{11} = A^{22} = 1$, $A^{12} = 0$. Durch diese Festsetzung sind dann $\mathfrak{x}^{\mathrm{I}}$ und $\mathfrak{x}^{\mathrm{II}}$ bis auf einen Freiheitsgrad festgelegt.

Folgendermaßen kann man bei der Figur unserer beiden Kreise die Hilfskugeln $\mathfrak{x}^\alpha$, $\bar{\mathfrak{x}}^\lambda$ völlig festlegen: Man zeige, daß man durch zwei Büscheltransformationen (126) immer auf solche neue Hilfskugeln $\mathfrak{x}^\alpha$, $\bar{\mathfrak{x}}^\lambda$ transformieren kann, daß für diese

(134) $$\begin{cases} A^{11} = A^{22} = \bar{A}^{11} = \bar{A}^{22} = 1, \quad A^{12} = \bar{A}^{12} = 0, \\ S^{12} = S^{21} = 0 \end{cases}$$

wird. Sieht man von dem unter Nr. III erwähnten Fall der isogonalen Kreise ab, so sind durch die Forderungen (134) die Kugeln $\mathfrak{x}^\alpha$ und $\bar{\mathfrak{x}}^\lambda$ durch die gegebenen Kreise eindeutig bestimmt. Sie sind die *Kugeln von Vessiot*[2]) und ihre geometrische

---

[1]) Das folgt daraus, daß die Form (124a) und die entsprechende Form für die $\bar{A}^{\lambda\mu}$ positiv definit ist, wie man erkennt, wenn man die $A^{\alpha\beta}$, $\bar{A}^{\lambda\mu}$ auf die Normalgestalt (134) bringt.

[2]) Vergleiche die Arbeit von *E. Vessiot* im Journal de Liouville (1923) p. 99—165.

Bedeutung ist die folgende: Gibt man sich einen Winkelwert φ zwischen 0 und $\pi/2$ vor, so gibt es bei nicht isogonalen Paaren durch jeden der beiden Kreise im allgemeinen entweder zwei oder gar keine reelle Kugeln, die den andern Kreis unter dem Winkel φ schneiden. Nur für zwei ausgezeichnete Winkelwerte φ_1 und φ_2 gibt es durch jeden der beiden Kreise gerade eine einzige Kugel, die den andern Kreis unter diesem Winkel schneidet, und zwar sind die ausgezeichneten Winkelwerte für beide Kreise dieselben. Die zwei Kugelpaare, die man für die ausgezeichneten Winkelwerte durch die beiden Kreise erhält, sind gerade die Kugeln $\mathfrak{x}^{\alpha}$ und $\bar{\mathfrak{x}}^{\lambda}$ von *Vessiot*, für die die Gleichungen (**134**) gelten. Die ausgezeichneten Winkelwerte φ_1 und φ_2 sind natürlich ausgezeichnete Invarianten des Kreispaars. Man zeige, daß sie mit den Invarianten (**132**) durch

$$K = \cos^2\varphi_1 \cdot \cos^2\varphi_2\,; \qquad H = \frac{1}{2}(\cos^2\varphi_1 + \cos^2\varphi_2)$$

zusammenhängen.

Wir gehen jetzt zu einigen differentialgeometrischen Anwendungen der pentasphärischen Koordinaten über. Ganz ähnlich, wie die Theorie der ebenen Kreisscharen im Kap. III in den tetrazyklischen Koordinaten, können wir hier die *Theorie der Kugelscharen* in den pentasphärischen entwickeln[1]).

V. Man gebe sich die normierten pentasphärischen Koordinaten $\mathfrak{x}$ $(\mathfrak{x}\mathfrak{x} = 1)$ einer gerichteten Kugel als Funktionen eines Parameters t. Man zeige, daß nur für $(\dot{\mathfrak{x}}\dot{\mathfrak{x}}) > 0$ die Kugelschar $\mathfrak{x}(t)$ *von einer reellen Kanalfläche umhüllt* wird. Im folgenden beschränke man sich auf diesen Fall und beziehe die Kugelschar auf den invarianten Parameter

$$\sigma = \int \sqrt{(\dot{\mathfrak{x}}\,\dot{\mathfrak{x}})}\,dt, \tag{135}$$

wo $d\sigma$ der unendlich kleine Winkel konsekutiver Kugeln $\mathfrak{x}$ und $\mathfrak{x} + \dot{\mathfrak{x}}\,dt$ der Schar ist, wie sich aus § 59 (116) ohne weiteres ergibt. Benutzt man für die Kugeln hexasphärische Koordinaten und ist $\mathfrak{p}$ der absolute Komplex der Möbius-Geometrie, so schreibt sich der Parameter (135) in der Form:

$$\sigma = \int \sqrt{\frac{\langle\dot{\mathfrak{x}}\,\dot{\mathfrak{x}}\rangle}{\langle\mathfrak{x}\,\mathfrak{p}\rangle^2}}\,dt. \tag{135a}$$

VI. Man zeige: Durch $a = (\mathfrak{x}''\mathfrak{x}'') - 1 = 0$ (wo Striche Ableitungen nach σ bezeichnen) sind die Kugelscharen gekennzeichnet, die aus den *Schmiegkugeln einer Kurve* bestehen. Im folgenden beschränke man sich auf den Fall $a = (\mathfrak{x}''\mathfrak{x}'') - 1 > 0$, für den drei konsekutive Kugeln der Schar sich in zwei reellen Punkten $\mathfrak{v}$ und $\bar{\mathfrak{v}}$ schneiden. a ist eine absolute Invariante der Kugelschar. Wir werden im nächsten Abschnitt sehen, daß eine *Dupin*sche Zyklide eine Möbius-Invariante von einfacher geometrischer Bedeutung besitzt. a läßt sich dann als die Möbius-Invariante der Zyklide deuten, die durch drei konsekutive Kugeln der Schar $\mathfrak{x}(t)$ festgelegt wird.

VII. Man führe als Grundvektoren außer $\mathfrak{x}$, $\mathfrak{v}$ und $\bar{\mathfrak{v}}$ noch ein: Die Kugel $\mathfrak{x}'$, die durch den Schnittkreis von $\mathfrak{x}$ mit der Nachbarkugel der Schar hindurchgeht und zu $\mathfrak{x}$ senkrecht ist, die sog. *Querkugel* der Schar und die Kugel $\mathfrak{z}$, die zu $\mathfrak{x}$ und $\mathfrak{x}'$ senkrecht ist und durch $\mathfrak{v}$ und $\bar{\mathfrak{v}}$ hindurchgeht. Man normiere $\mathfrak{z}$ durch $(\mathfrak{z}\mathfrak{z}) = 1$ und lege die Normierung der Punkte $\mathfrak{v}$ und $\bar{\mathfrak{v}}$ den Formeln (16) und (25) des § 22

[1]) Vgl. dazu die Arbeit: *Thomsen, G.:* Über konforme Geometrie II. Abh. a. d. Hamb. math. Sem. Bd. 4, S. 138—147. 1925.

ganz entsprechend durch $(\mathfrak{v}\bar{\mathfrak{v}}) = 1$ und $(\mathfrak{v}'\bar{\mathfrak{v}}) = 0$ bis auf eine Substitution § 22 (26) fest.

Man zeige, daß für die Grundvektoren unter den gemachten Voraussetzungen die Ableitungsgleichungen gelten

$$(136)\qquad \begin{cases} \mathfrak{x}'' = -\mathfrak{x} + a\,\mathfrak{z}\,, \\ \mathfrak{z}' = -a\,\mathfrak{x}' + \bar{d}\,\mathfrak{v} + d\,\bar{\mathfrak{v}}\,, \\ \mathfrak{v}' = -d\mathfrak{z}; \qquad \bar{\mathfrak{v}}' = -\bar{d}\,\mathfrak{z}\,, \end{cases}$$

worin a in VI erklärt ist und die Abkürzungen $(\mathfrak{v}\mathfrak{z}') = d$ und $(\bar{\mathfrak{v}}\mathfrak{z}') = \bar{d}$ verwendet sind.

VIII. Für $d = 0$ oder $\bar{d} = 0$ ist der eine der Punkte $\mathfrak{v}$, $\bar{\mathfrak{v}}$ längs der ganzen Schar konstant. Wir haben dann Scharen von Kugeln durch einen festen Punkt. Für $d\bar{d} \neq 0$ sind $\mathfrak{v}(t)$ und $\bar{\mathfrak{v}}(t)$ auf der Kanalfläche gelegene Kurven, die *Hauptkurven der Kugelschar.* Aus (136) leitet man leicht her, daß die Kugel $\mathfrak{x}$ der Schar durch drei konsekutive Punkte von jeder der Hauptkurven hindurchgeht. Da drei konsekutive Kurvenpunkte den *Schmiegkreis* der Kurve bestimmen, können wir auch sagen: $\mathfrak{x}$ geht durch die Schmiegkreise der beiden Hauptkurven hindurch.

IX. In ganz ähnlicher Weise wie im § 23 in der Ebene können wir auch hier im Raume als einen Spezialfall der Möbius-Geometrie der Kugelscharen die *Kurventheorie der euklidischen und nichteuklidischen Bewegungsgeometrie* erhalten. Zur euklidischen Kurventheorie gelangen wir in dem schon erwähnten Fall $\bar{d} = 0$. Den Punkt $\bar{\mathfrak{v}}$, der dann fest ist, können wir dann als den absoluten (uneigentlichen) Punkt betrachten und die $\mathfrak{x}(t)$ sind die Schmiegebenen der Kurve $\mathfrak{v}(t)$. Zur nichteuklidischen hyperbolischen Kurventheorie gelangen wir im Fall $d : \bar{d} = \text{const} < 0$, in dem alle Kugeln der Schar zu einer festen „absoluten" Kugel senkrecht sind. Für $d : \bar{d} = \text{const} > 0$ kommt man zur elliptischen nichteuklidischen Kurventheorie. Man ermittle in allen drei Fällen, wie sich die Bogenlänge und die als Krümmung und Torsion bezeichneten Kurveninvarianten mittels der in unserer Theorie der Kugelscharen auftretenden Größen a, d, $\bar{d}$ und des Parameters σ berechnen.

X. Man zeige: Setzt man

$$(137)\qquad \frac{2\,d\bar{d}}{a^2} = f,$$

so schneiden sich für $f < -1$ die beiden auf $\mathfrak{x}$ gelegenen Schmiegkreise der Kurven $\mathfrak{v}(t)$ und $\bar{\mathfrak{v}}(t)$ und ihr Winkel φ ist durch $\sin^2\frac{\varphi}{2} = -1 : f$ gegeben (*A. Besserve*). Man zeige weiter: Setzt man:

$$(138)\qquad \frac{d'}{d} - \frac{a'}{a} = h; \qquad \frac{\bar{d}'}{\bar{d}} - \frac{a'}{a} = \bar{h},$$

so bestimmen sich die Winkel ω und $\bar{\omega}$ der *Schmiegkugeln* der Kurven $\mathfrak{v}(t)$ und $\bar{\mathfrak{v}}(t)$ mit $\mathfrak{x}$ durch

$$(139)\qquad \operatorname{ctg}\omega = h\,, \qquad \operatorname{ctg}\bar{\omega} = \bar{h}\,.$$

Zwischen den Invarianten a, f, h und $\bar{h}$ unserer Kugelschar besteht, wie leicht nachzuweisen, die Relation:

$$a\,f\,(h + \bar{h}) = a\,f' - 2\,a'\,f\,.$$

Man zeige: *Gibt man die drei Invarianten a, f und $h - \bar{h}$ als Funktionen des Parameters σ vor, so ist dazu eine zugehörige Kugelschar bis auf Möbius-Transformationen eindeutig festgelegt.*

X a). Für eine Kurve nennen wir die Kugel, die durch den Schmiegkreis hindurchgeht und auf der Schmiegkugel senkrecht steht, die *Normalkugel* der Kurve. Nach (**139**) ist $h = 0$ die Bedingung dafür, daß die Kugeln $\mathfrak{x}$ der Schar aus den Normalkugeln der Hauptkurve $\mathfrak{y}(t)$ bestehen. Es sind dann die Kugelscharen mit $h = 0$ identisch mit den Normalkugelscharen von Kurven. Indem man so durch die Forderung $h = 0$ die Kugeln $\mathfrak{x}$ in eine invariante Beziehung zu einer Kurve setzt, gelangt man einfach zur *Möbius-Geometrie der Raumkurven*, in ganz ähnlicher Weise wie wir im § 25 in der Ebene von den Kreisscharen zur Kurventheorie übergingen. $\bar{\mathfrak{y}}(t)$ wird dann die mit der Kurve $\mathfrak{y}(t)$ invariant verbundene zweite Hauptkurve der Normalkugelschar und die geometrischen Deutungen der Invarianten f und h, $\bar{h}$ sowie die in Nr. V für a angedeutete lassen sich dann in die Kurventheorie übernehmen.

XI. Man zeige: Für die Kurven konstanter (euklidischer) Krümmung und ihre Möbius-Verwandten ist es kennzeichnend, daß ihre Normalkugeln alle durch einen festen Punkt hindurchgehen. Man zeige ferner: Besteht eine Kugelschar gleichzeitig aus den Normalkugeln ihrer beiden Hauptkurven, so sind diese Hauptkurven Kurven von konstanter nichteuklidischer Krümmung oder Kurven, die aus solchen durch Möbius-Transformation hervorgehen.

XII. Die Raumkurven, bei denen die nach der Forderung $h = 0$ übrigbleibenden Invarianten a und f konstant sind, sind die *Isogonaltrajektorien der Krümmungslinien auf den Dupinschen Zykliden.* (Die Krümmungslinien auf den Zykliden sind, wie wir im § **64** sehen werden, einfach die Schnittkreise konsekutiver Kugeln der beiden Kugelscharen, deren Hüllfläche die Zyklide ist.)

XIII. Gibt man die beiden Hilfskugeln $\mathfrak{x}^\alpha$, durch die nach I ein Kreis festgelegt wird, als Funktionen eines Parameters t, so ist dadurch *im Raum eine Kreisschar* festgelegt, die eine sog. *Kreisfläche* erzeugt. Will man die Invarianten einer solchen Kreisschar bestimmen, so hat man zuerst aus den Vektoren $\mathfrak{x}^\alpha$, $\dot{\mathfrak{x}}^\alpha$, $\ddot{\mathfrak{x}}^\alpha$ usw. die Halbinvarianten zu bilden, und aus diesen dann noch Ausdrücke, die erstens noch invariant sind gegenüber den Büscheltransformationen (**126**)$_1$ und zweitens gegenüber den Transformationen $t = f(t^*)$ des Parameters. Bei den Büscheltransformationen sind nun die c^α_β längs der Schar als Funktionen des Parameters t anzunehmen, und infolgedessen gelten für die Ableitungen der $\mathfrak{x}^\alpha$ Gleichungen der Form

$$(140)\qquad \dot{\mathfrak{x}}^\alpha = \sum_\beta \left[\dot{c}^\alpha_\beta \mathfrak{x}^{\beta *} + c^\alpha_\beta (\dot{\mathfrak{x}}^\beta)^*\right] \text{ usw.,}$$

in denen die Ableitungen der c^α_β auftreten. Einfacher als die $\dot{\mathfrak{x}}^\alpha$, $\ddot{\mathfrak{x}}^\alpha$ usw. substituieren sich die Vektoren:

$$(141)\qquad \mathring{\mathfrak{x}}^\alpha = \frac{d\mathfrak{x}^\alpha}{dt} - \sum_{\beta,\gamma} (\dot{\mathfrak{x}}^\alpha \mathfrak{x}^\beta) A_{\beta\gamma} \mathfrak{x}^\gamma; \qquad \overset{\circ\circ}{\mathfrak{x}}{}^\alpha = \frac{d\mathring{\mathfrak{x}}^\alpha}{dt} - \sum_{\beta,\gamma} (\dot{\mathfrak{x}}^\alpha \mathfrak{x}^\beta) A_{\beta\gamma} \mathring{\mathfrak{x}}^\gamma$$

$\overset{\circ\circ\circ}{\mathfrak{x}}{}^\alpha$ usw., von denen man jedes Vektorpaar [$\alpha = \text{I, II}$] aus dem vorigen immer nach demselben Bildungsgesetz konstruiert mit immer denselben durch (**125**) und (**129**) definierten Größen $A_{\beta\gamma}$ und immer den gleichen Größen $(\dot{\mathfrak{x}}^\alpha \mathfrak{x}^\beta)$. Für sie gilt nämlich

$$\mathring{\mathfrak{x}}^\alpha = \sum_\beta c^\alpha_\beta (\mathring{\mathfrak{x}}^\beta)^*; \qquad \overset{\circ\circ}{\mathfrak{x}}{}^\alpha = \sum_\beta c^\alpha_\beta (\overset{\circ\circ}{\mathfrak{x}}{}^\beta)^*$$

und dieselben Substitutionsformeln gelten auch für alle weiteren Vektoren $\overset{\circ\circ\circ}{\mathfrak{x}}{}^\alpha$ usw., die man nach dem Verfahren (**141**) bildet. Man zeige nun, daß man das Problem der Bildung der Invarianten der $\mathfrak{x}^\alpha$, $\dot{\mathfrak{x}}^\alpha$, $\ddot{\mathfrak{x}}^\alpha$ ... auf das einfachere der Bildung der Invarianten der Vektoren $\mathfrak{x}^\alpha$, $\mathring{\mathfrak{x}}^\alpha$, $\overset{\circ\circ}{\mathfrak{x}}{}^\alpha$ ... zurückführen kann, die sich bei den

Büscheltransformationen alle linear mit den c_α^β allein substituieren, ohne daß die Ableitungen der c_β^α mehr auftreten. Es gilt dabei $(\mathring{\mathfrak{x}}^\alpha\, \mathfrak{x}^\beta) = 0$. Setzt man $(\mathring{\mathfrak{x}}^\alpha\, \mathring{\mathfrak{x}}^\beta) = T^{\alpha\beta}$, so sind durch

$$(142)\qquad d\tau_1 = \sqrt{\left|\sum_{\alpha,\beta} A_{\alpha\beta}\, T^{\alpha\beta}\right|}\, dt \quad \text{und} \quad d\tau_2 = \sqrt[4]{\left|\frac{T}{A}\right|}\, dt \quad \text{mit} \quad T = |T^{\alpha\beta}|$$

zwei invariante Differentiale der Kreisschar gegeben, die von ersten Ableitungen des Kreises der Schar abhängen. Der Quotient $d\tau_1 : d\tau_2$ ist dann die einzige absolute Invariante erster Ordnung. Man zeige: Für $T < 0$ gibt es durch den Kreis der Schar zwei Kugeln, die den Nachbarkreis berühren. Der Winkel ψ dieser Kugeln bestimmt sich nach $\cos^2\psi = \frac{d\tau_1^4}{d\tau_1^4 - d\tau_2^4}$.[1])

§ 61. Geometrie von *Laguerre* im Raum.

Wir wollen jetzt zu unserer Lie-Geometrie des Raumes und zu den hexasphärischen Koordinaten zurückkehren.

Führen wir statt wie beim Einbau der Möbius-Geometrie einen hyperbolischen, jetzt einen *absoluten elliptischen Komplex* $\mathfrak{p}$ in die Geometrie von *Lie* ein, so gelangen wir zur *ebenen Gruppe* $\mathfrak{K}_{10}$ *von Lie* [5. Kap.]. Denn wenn wir für $\mathfrak{p}$ etwa die Koordinaten annehmen

$$(143)\qquad \mathfrak{p} = \{0,\ 0,\ 0,\ 0,\ 1,\ 0\},$$

so gilt für die Kugeln $\mathfrak{x}$ des Komplexes $\mathfrak{p}$ wegen $\mathfrak{x}\mathfrak{p} = x_4 = 0$ und $\langle\mathfrak{x}\mathfrak{x}\rangle = 0$

$$(144)\qquad -x_0^2 + x_1^2 + x_2^2 + x_3^2 - x_5^2 = 0$$

und ihre Koordinaten x_0, x_1, x_2, x_3, x_5 werden bei der $\mathfrak{p}$ fest lassenden Untergruppe von $\mathfrak{K}_{15}$ den linearen Substitutionen unterworfen, die die Gleichung (144) in sich überführen. Diese Gruppe stimmt aber, wenn wir x_4 für x_5 setzen, mit der Gruppe $\mathfrak{K}_{10}$ des § 42 der Abbildungen von *Lie* in der Ebene überein. Geometrisch stellt sich diese Sachlage folgendermaßen dar: Die Kugeln des Komplexes (143) sind nach (2) die zu der festen Koordinatenebene $\zeta_0 = 0$ senkrechten K-Kugeln. Lassen wir nun jeder K-Kugel des Komplexes in dieser Ebene ihren Schnittkreis entsprechen, und zwar in der mit der Kugel gleichlaufenden Richtung, so entsprechen sich berührenden Kugeln des Komplexes sich berührende K-Kreise der Ebene. Einer Abbildung von *Lie* im Raume, die den Komplex $\mathfrak{p}$ fest läßt, entspricht dann in der Ebene eine Abbildung der K-Kreise, die Berührung invariant läßt, also nach § 49 *eine ebene Abbildung von Lie.*

Nach § 47 und § 48 gelangt man von der räumlichen Geometrie $\mathfrak{K}_{15}$ von *Lie* dann weiter, wie wir nur andeuten wollen, zu der *ebenen Geometrie von Möbius und Laguerre,* indem man zu dem Vektor $\mathfrak{p}$ des

---

[1]) Vgl. die Thèse von *Besserve.* Paris: Gauthiers-Villars 1915.

absoluten elliptischen Komplexes noch einen weiteren geeigneten absoluten Vektor einführt, zur *ebenen nichteuklidischen und euklidischen Bewegungsgeometrie,* indem man noch zwei weitere absolute Vektoren einführt.

Wichtiger als der Übergang zu diesen Geometrien ist für uns nun der Übergang zur *Geometrie von Laguerre im Raume.* Zu ihr gelangen wir durch Einführung eines absoluten parabolischen Komplexes $\mathfrak{p}$ [$\langle\mathfrak{p}\,\mathfrak{p}\rangle = 0$], oder, was auf dasselbe hinauskommt, durch Einführung einer *absoluten K-Kugel* $\mathfrak{p}$. Nehmen wir diese als den uneigentlichen Punkt

$$(145)\qquad \mathfrak{p} = \{-1,\ 1,\ 0,\ 0,\ 0,\ 0\}$$

an, so gehen bei der Gruppe der ihn fest lassenden Abbildungen aus $\mathfrak{K}_{15}$ die gerichteten Ebenen als die den uneigentlichen Punkt berührenden K-Kugeln wieder in gerichtete Ebenen über. Fassen wir die nach Ausscheidung der Ebenen und des uneigentlichen Punktes übrigbleibenden K-Kugeln, die gerichteten Kugeln und die eigentlichen Punkte in den Begriff der L-Kugel zusammen, so können wir auf Stufe B die Koordinaten der L-Kugeln $\mathfrak{x}$ durch

$$(146)\qquad \mathfrak{x}\,\mathfrak{p} = x_0 + x_1 = 1$$

normieren, und nach (2) sind dann wegen $\varrho = 1$ die vier Koordinaten $\mathfrak{X} = \{X_1, X_2, X_3, X_0\}$, wo in neuer Bezeichnung gesetzt ist:

$$(147)\qquad x_2 = X_1,\quad x_3 = X_2,\quad x_4 = X_3,\quad x_5 = X_0,$$

einfach die kartesischen Koordinaten $\{\xi_0, \eta_0, \zeta_0, R\}$ der L-Kugeln. Benutzen wir in Analogie zu § 48 (59) für die räumliche Laguerre-Geometrie jetzt die Abkürzung

$$(148)\qquad (\mathfrak{X}\,\mathfrak{X}) = -X_0^2 + X_1^2 + X_2^2 + X_3^2,$$

so folgt aus (146) und $\langle\mathfrak{x}\,\mathfrak{x}\rangle = 0$:

$$x_0 = \frac{1+\mathfrak{X}\,\mathfrak{X}}{2},\qquad x_1 = \frac{1-\mathfrak{X}\,\mathfrak{X}}{2},$$

$$x_2 = X_1;\quad x_3 = X_2;\quad x_4 = X_3;\quad x_5 = X_0.$$

Diese Gleichungen entsprechen den im § 48 unter (61) gegebenen. Durch einen § 48 (65) ganz entsprechenden Gedankengang kann man dann zeigen, daß sich die Abbildungen von *Laguerre* in den vier Koordinaten X_1, X_2, X_3, X_0 als diejenigen linearen *in*homogenen Substitutionen schreiben, die für zwei L-Kugeln die Gleichung

$$(148\,a)\qquad (\mathfrak{X}-\mathfrak{Y})^2 = -(X_0-Y_0)^2 + (X_1-Y_1)^2 + (X_2-Y_2)^2 + (X_3-Y_3)^2 = 0$$

invariant lassen. Die abkürzende Schreibweise $(\mathfrak{X}-\mathfrak{Y})^2$ entspricht ganz der im § 33 verwendeten.

Für zwei L-Kugeln mit einer Schar gemeinsamer gerichteter Tangentenebenen, also für zwei L-Kugeln, die von einem gerichteten reellen Kreiskegel umhüllt werden, ist hier der Ausdruck $(\mathfrak{X} - \mathfrak{Y})^2$ das Quadrat der *Tangentenentfernung der beiden Kugeln*, das heißt die Entfernung der beiden Berührungspunkte auf irgend einer der gemeinsamen Tangentenebenen.

Wir beschränken uns hier wie in der Ebene wieder auf die Untergruppe der allgemeinen Gruppe von *Laguerre*, die den Ausdruck $(\mathfrak{X} - \mathfrak{Y})^2$ für die Tangentenentfernung absolut invariant läßt. Das entspricht dann wieder der Annahme, daß wir die absolute Kugel $\mathfrak{p}$ von vornherein in einer ganz bestimmten Normierung $\hat{\mathfrak{p}}$ annehmen. Es ist dann auf Stufe A die Tangentenentfernung t zweier Kugeln $\mathfrak{u}$ und $\mathfrak{v}$ durch die Formel

$$\frac{1}{2} t^2 = \frac{\langle \mathfrak{u}\,\mathfrak{v} \rangle}{\langle \mathfrak{u}\hat{\mathfrak{p}} \rangle \langle \mathfrak{v}\,\hat{\mathfrak{p}} \rangle} \tag{149}$$

gegeben [vgl. § 48 (72)].

Entsprechend den Verhältnissen der ebenen Laguerre-Geometrie können wir den L-Kugeln des Raumes wieder durch isotrope Projektion nach (147) die Punkte eines vierdimensionalen Raumes E_4 mit den kartesischen Koordinaten X_0, X_1, X_2, X_3 zuordnen. Der engeren Gruppe von *Laguerre* entspricht dann im E_4 einfach die aus der Relativitätstheorie bekannte *Gruppe der Lorentz-Transformationen* in der *vierdimensionalen Welt Minkowskis*, nämlich die Gruppe der linearen inhomogenen Transformationen der $\mathfrak{X}$, die den Ausdruck $(\mathfrak{X} - \mathfrak{Y})^2$ invariant lassen. $\sqrt{|(\mathfrak{X} - \mathfrak{Y})^2|}$ ist dann, je nachdem der Ausdruck $(\mathfrak{X} - \mathfrak{Y})^2$ größer oder kleiner als 0 ist, die *Ruheentfernung*, resp. die *Eigenzeit* zweier Punkte. Für die Zuordnung gelten die § 33ff. ganz entsprechenden Gesetze. Alle Kugeln, die z. B. eine feste Kugel berühren, entsprechen den ∞^3 Punkten eines isotropen Überkegels des E_4. Wir werden dann Kugelscharen, die den Geraden des E_4 entsprechen, wieder als *gerade Kugelreihen* bezeichnen, Kugelsysteme von ∞^3 Kugeln, die den Überebenen des E_4 entsprechen, als *ebene Kugel-*V_3 (V_3 = dreidimensionale Mannigfaltigkeit), usw.

Den *linearen Komplexen* entsprechen in der Welt die *Überebenen* und die durch Gleichungen

$$(\mathfrak{X} - \mathfrak{A})^2 = \text{const} \qquad [\mathfrak{A} = \text{const}] \tag{150}$$

dargestellten hyperboloidartigen Überflächen zweiter Ordnung, die wir als *J-Überkugeln* bezeichnen können. Überall unterscheiden wir, wie im 4. Kap., wieder zwischen *raumartigen* und *zeitartigen* Gebilden.

Wir werden im folgenden häufig die *Geometrien von Möbius und Laguerre gemeinsam behandeln*, indem wir zunächst einen Komplex eingeführt denken, den wir in der durch

$$\hat{\mathfrak{p}}\,\hat{\mathfrak{p}} = \varepsilon \qquad [\varepsilon = \text{const.}] \tag{151}$$

ein für allemal festgelegten Normierung annehmen. Für $\varepsilon = -1$ haben wir dann Möbius- und für $\varepsilon = 0$ Laguerre-Geometrie.

Wir können z. B. die verschiedenen *Typen von Zykliden* nach § 55 und § 56 in der Geometrie von *Möbius* und *Laguerre* klassifizieren: Betrachten wir den Komplex $\mathfrak{r}$ in (64) jetzt als den absoluten Komplex $\mathfrak{p}$ und lassen wir in (65) auch den Wert $\varepsilon = 0$ zu, so sind die Invarianten von Komplex und Zyklide die Möbius- resp. Laguerre-Invarianten der Zyklide. Für $C_\alpha \equiv 0$ besteht dann die eine Kugelschar der Zyklide aus lauter Kugeln des absoluten Komplexes, also aus lauter Punkten, resp. Ebenen, wir haben in der Möbius-Geometrie die Punkte eines *Kreises* als Kugelschar einer solchen Zyklide, in der Laguerre-Geometrie aber die Tangentenebenen eines *gerichteten Kreiskegels.* Für C_α nicht identisch 0, entsprechen den Fällen (72) in der Möbius-Geometrie die Typen von Kugelscharen einer Zyklide mit zwei, einem oder keinen reellen Punkten. Aus der Relation (66) mit $\varepsilon = -1$ erkennt man, daß eine der beiden Kugelscharen einer Zyklide immer keine Punkte enthält, denn einer der beiden Summanden in (66) muß mindestens negativ sein. Für die andere Kugelschar sind dann aber die drei verschiedenen Fälle möglich. Als Beispiele für die drei Typen von Zykliden, die wir somit erhalten, geben wir die 3 Ringflächen an, die durch Rotation eines Kreises um eine Achse entstehen, je nachdem der Kreis die Achse schneidet, berührt, und nicht schneidet.

Im Fall *Laguerre* haben wir für (72) die drei Fälle, daß in einer zu einer Zyklide gehörigen Kugelschar zwei, eine oder keine reellen Ebenen vorhanden sind. Aus (66) mit $\varepsilon = 0$ erkennt man, daß es in der Laguerre-Geometrie nur zwei verschiedene Typen von Zykliden gibt:

1. Eine Kugelschar enthält zwei Ebenen und die andere keine. Ein Beispiel ist hier die beliebige Ringfläche. Wie man an dem Beispiel der Ringfläche zeigen kann, ist eine allgemeine Zyklide dieses Typs die Hüllfläche der Schar von L-Kugeln, die zwei feste gerichtete Ebenen berühren und von einer festen, diese Ebenen gleichfalls berührenden Kugel, der *Mittelkugel der Zyklide,* feste Tangentenentfernung haben.

2. Die sogenannte *parabolische Zyklide,* bei der in jeder Schar genau eine Ebene vorhanden ist. Man kann eine solche Zyklide so konstruieren: Man nimmt in einer festen Ebene τ eine feste gerichtete Gerade g und einen festen gerichteten Kreis $\mathfrak{K}$ an. Dann bestimmt man alle Kugeln, die zu der Ebene senkrecht sind und Kreis und Gerade gleichsinnig berühren. Diese machen eine Kugelschar aus, deren Hüllfläche die Zyklide ist. In der Schar kommt als einzige Ebene die gerichtete Ebene vor, die durch die gerichtete zur Geraden g parallele Tangente von $\mathfrak{K}$ geht und zur Ebene τ senkrecht ist. Die Zyklide ist dann noch Hüllfläche einer zweiten Kugelschar von ganz derselben Art.

Eine Zyklide hat nach (69) eine Invariante in der Geometrie von *Möbius* und *Laguerre.* Nach der dort angegebenen Deutung und (74)

(113) (149) ist sie in der Geometrie von *Möbius* einfach der größte mögliche Winkel, den zwei Kugeln in einer der Scharen der Zyklide bilden können, im Fall *Laguerre* aber die größte mögliche Tangentenentfernung.

§ 62. Die sphärische Abbildung in der Geometrie von *Laguerre*.

In den §§ 62—65 geben wir jetzt einige Anwendungen der *Laguerre*schen Geometrie im Raume.

Wir schließen in diesem Abschnitt zunächst noch einige ergänzende Formeln an, die für die Stufe B in Betracht kommen, wenn wir den uneigentlichen Punkt (145) zur absoluten Kugel wählen.

I. Für die L-Kugeln haben wir schon gezeigt, daß bei der Normierung (146) die vier letzten Koordinaten (147) die gewöhnlichen kartesischen Koordinaten darstellen. Wie ist es nun bei den entsprechenden Koordinaten der Ebenen? Nach (145) gilt für die Ebenen

(152) $$\mathfrak{x}\,\mathfrak{p} = x_0 + x_1 = 0$$

und aus $\langle\mathfrak{x}\,\mathfrak{x}\rangle = 0$ folgt dann

(153) $$x_2^2 + x_3^2 + x_4^2 - x_5^2 = 0\,.$$

Nach § 52 (4) sind die Verhältnisse

(154) $$(x_2 : x_5) = \alpha_1\,; \quad (x_3 : x_5) = \alpha_2\,; \quad (x_4 : x_5) = \alpha_3$$

einfach die Richtungskosinus der gerichteten Ebene, die Verhältnisse

$$x_2 : x_3 : x_4 : x_5$$

bestimmen also allein die Richtung der Ebene und sind für gleichsinnig parallele Ebenen dieselben. Führen wir noch die neuen Bezeichnungen

155) $$x_2 = v_1\,, \quad x_3 = v_2\,, \quad x_4 = v_3\,, \quad x_5 = v_0$$

ein und deuten wir die $\mathfrak{v}$ als homogene kartesische Punktkoordinaten in einem Hilfsraum, so ist durch (153) oder

(156) $$(\mathfrak{v}\,\mathfrak{v}) = -\,v_0^2 + v_1^2 + v_2^2 + v_3^2 = 0$$

die Gleichung einer Kugel dargestellt, und jeder Ebenenrichtung entspricht ein Punkt dieser Kugel. Diese Kugel stellt das räumliche Analogon zu dem Kreis dar, den wir als Richtungsbild in § 37 für die ebene Geometrie von *Laguerre* eingeführt haben. Die Abbildung der Ebenenrichtungen auf die Punkte einer Kugel pflegt man auch als *sphärische Abbildung* zu bezeichnen. Der bis auf einen Faktor bestimmte und der Gleichung (156) genügende Vierervektor $\mathfrak{v}$ stellt also das *sphärische Bild einer Ebene* dar. Statt in einem Hilfsraum, können wir uns die

Kugel direkt auch in dem Raum unserer *Laguerre*schen Geometrie vorstellen, und jeder Ebene dann als Bild den Punkt der Kugel zuordnen, dessen Tangentenebene zu ihr parallel ist.

II. Denken wir uns nun weiter zwei sich berührende K-Kugeln mit den hexasphärischen Koordinaten $\mathfrak{y}$ und $\mathfrak{z}$, so ist das durch sie aufgespannte Kugelbüschel durch

$$\mathfrak{x} = \alpha\,\mathfrak{y} + \beta\,\mathfrak{z} \tag{156a}$$

bestimmt. Normieren wir $\mathfrak{y}$ und $\mathfrak{z}$ gemäß (146) durch

$$\mathfrak{y}\,\mathfrak{p} = 1, \quad \mathfrak{z}\,\mathfrak{p} = 1, \tag{157}$$

und bedenken, daß für die Ebene des Büschels $\mathfrak{x}$ gelten muß:

$$\mathfrak{x}\,\mathfrak{p} = 0, \tag{158}$$

so folgt aus (156a) durch Multiplizieren mit $\mathfrak{p}$ wegen (157), (158) $\alpha + \beta = 0$. Es gilt dann:

$$\mathfrak{x} \quad \text{prop.} \quad \mathfrak{y} - \mathfrak{z}\,. \tag{158a}$$

Lassen wir nun die ersten beiden Koordinaten von $\mathfrak{x}$, $\mathfrak{y}$ und $\mathfrak{z}$ weg, so behalten wir für die gerichtete Ebene $\mathfrak{x}$ den Vierervektor $\mathfrak{v}$ des sphärischen Bildes übrig und für die Kugeln $\mathfrak{y}$ und $\mathfrak{z}$ die Vierervektoren¹) $\mathfrak{Y}$ und $\mathfrak{Z}$ der kartesischen Koordinaten, somit folgt aus (158a)

$$\mathfrak{v} \quad \text{prop.} \quad \mathfrak{Y} - \mathfrak{Z}\,. \tag{159}$$

Da wir nun aus § 61 wissen, daß sich die Abbildungen von *Laguerre* im Raume als die linearen inhomogenen Substitutionen der kartesischen Kugelkoordinaten $\mathfrak{Y}$, $\mathfrak{Z}$ darstellen, werden die Differenzen $\mathfrak{Y} - \mathfrak{Z}$ den zugehörigen homogenen Substitutionen unterworfen, und aus (159) folgt dann, daß die homogenen Koordinaten v_i des Richtungsbildes sich immer so normieren lassen, daß sie bei den Abbildungen von *Laguerre* den linearen homogenen Transformationen unterworfen werden, die die Gleichung (156) in sich überführen. Nach § 8 haben wir also in dem Hilfsraum des sphärischen Bildes hyperbolische Bewegungen mit der Maßfläche (156). *Auf der Kugel des Richtungsbildes wird also eine Kreisverwandtschaft von Möbius induziert.* Die $\mathfrak{v}$ können wir dann auch als die vier tetrazyklischen Koordinaten des Kugelpunktes auffassen.

Zu jeder Abbildung von *Laguerre* gehört also eine Kreisverwandtschaft des sphärischen Bildes. Man sieht daraus z. B., *daß Winkelbeziehungen im sphärischen Bild etwas Laguerre-Invariantes sind.*

III. Die Gleichung einer Ebene $\mathfrak{x}$ in den laufenden Koordinaten der sie berührenden Kugeln $\mathfrak{y}$ hat in den hexasphärischen Koordinaten die Form: $\mathfrak{x}\mathfrak{y} = 0$.

¹) Genau genommen sind ja allerdings $\mathfrak{Y}$ und $\mathfrak{Z}$ keine Vierervektoren (nach der Bezeichnung von § 33), weil sie sich inhomogen transformieren.

Normieren wir die $\mathfrak{y}$ nach $\mathfrak{y}\mathfrak{p} = 1$, so können wir diese Gleichung auf Stufe B, wenn wir noch

(159a) $$x_0 = -x_1 = w$$

setzen, in der Form

(160) $$(\mathfrak{Y}\,\mathfrak{v}) = w$$

schreiben (vgl. § 35 Schluß). Die vier Verhältnisgrößen

$$v_0 : v_1 : v_2 : v_3 : w\,,$$

von denen die ersten drei an die Gleichung (156) gebunden sind, können wir dann als Ebenenkoordinaten verwenden. Nehmen wir für die $\mathfrak{Y}$ speziell nur die Punkte $[Y_0 = R = 0]$, so bekommen wir die Ebenengleichung

(161) $$v_1 Y_1 + v_2 Y_2 + v_3 Y_3 = w$$

in den gewöhnlichen kartesischen laufenden Punktkoordinaten Y_1, Y_2, Y_3.

IV. Nehmen wir zwei Kugeln $\mathfrak{Y}$ und $\mathfrak{Z}$ mit reeller Tangentenentfernung $(\mathfrak{Y} - \mathfrak{Z})^2 > 0$, so können wir die Verhältnisgrößen

(162) $$(Y_0 - Z_0):(Y_1 - Z_1):(Y_2 - Z_2):(Y_3 - Z_3),$$

die sich ja homogen linear substituieren, auffassen als *tetrazyklische Kreiskoordinaten eines Kreises im sphärischen Bild*. Durch (162) wird, wie man leicht nachweist, der Kreis dargestellt, der dem Hüllkegel der gemeinsamen Tangentenebenen der beiden Kugeln $\mathfrak{Y}, \mathfrak{Z}$ als sphärisches Bild entspricht.

V. Haben wir einen elliptischen Komplex $\mathfrak{a}$, so ist im allgemeinen Fall

$$\mathfrak{a}\mathfrak{p} \neq 0$$

[wenn also die absolute Kugel nicht zum Komplex gehört] durch die Spiegelkugel von $\mathfrak{p}$ an $\mathfrak{a}$

$$\mathfrak{r} = -\frac{2\,(\mathfrak{a}\,\mathfrak{p})}{\mathfrak{a}\,\mathfrak{a}}\,\mathfrak{a} + \mathfrak{p}$$

die *Mittelkugel des Komplexes* gegeben. Man berechnet leicht, daß von ihr alle Kugeln des Komplexes eine konstante Tangentenentfernung besitzen, die dann die Invariante des Komplexes ist. Normiert man $\mathfrak{a}$ nach $\mathfrak{a}\mathfrak{p} = 1$, so stellen auf Stufe B die vier letzten Koordinaten $\mathfrak{A}$ von $\mathfrak{a}$ einfach die kartesischen Koordinaten der Mittelkugel $\mathfrak{r}$ dar. In dem ausgeschlossenen Fall $\mathfrak{a}\mathfrak{p} = 0$ nimmt die Gleichung $\langle \mathfrak{x}\mathfrak{a}\rangle = 0$ des Komplexes $\mathfrak{a}$, wenn wir seine Kugeln $\mathfrak{x}$ nach $\mathfrak{x}\mathfrak{p} = 1$ normieren, die Form an

(163) $$a_1 + (\mathfrak{A}\,\mathfrak{X}) = 0\,.$$

Wir haben also eine lineare Gleichung in den $\mathfrak{X}$. Wir haben somit in der Bezeichnungsweise des § 61 eine *ebene Kugel-V_3*. Wie in der Möbius-

Geometrie, so wollen wir auch hier die Komplexe, deren Skalarprodukt mit dem absoluten Komplex $\mathfrak{p}$ verschwindet, als ***involutorische Komplexe*** bezeichnen. Die involutorischen Komplexe der Laguerre-Geometrie sind also identisch mit den ebenen Kugel-V_3. Im elliptischen Fall $\langle \mathfrak{a}\,\mathfrak{a}\rangle = (\mathfrak{A}\,\mathfrak{A}) > 0$ besteht eine solche ebene Kugel-V_3 aus allen K-Kugeln, die eine feste gerichtete Ebene ε unter festem Winkel φ schneiden, wobei die Punkte der Ebene mitzurechnen sind. Die sphärischen Bilder der gerichteten Ebenen $\mathfrak{y}$, die ε unter dem Winkel φ schneiden, also $\mathfrak{a}$ angehören, erfüllen dann einen Kreis. Seine tetrazyklischen Koordinaten sind gerade durch den Vierervektor $\mathfrak{A}$ gegeben. Denn führen wir auf Stufe B für $\mathfrak{y}$ die Koordinaten (160) $\mathfrak{v}$ und w ein, so gilt nach $\langle \mathfrak{y}\,\mathfrak{a}\rangle = 0$ wegen $a_0 + a_1 = 0$

$$(\mathfrak{v}\,\mathfrak{A}) = 0\,,$$

woraus die Behauptung folgt. Während also mit einem elliptischen Komplex mit $\mathfrak{a}\,\mathfrak{p} \neq 0$ eine invariante Kugel, die Mittelkugel $\mathfrak{A}$ verbunden ist, gibt es zu einem Komplex mit $\mathfrak{a}\,\mathfrak{p} = 0$ dafür einen invariant verbundenen Kreis im sphärischen Bild.

VI. Nehmen wir nun zwei elliptische Komplexe $\mathfrak{a}, \mathfrak{b}$ mit $\mathfrak{a}\,\mathfrak{p} = \mathfrak{b}\,\mathfrak{p} = 0$, also zwei ebene Kugel-$V_3$, so haben sie die Invariante

$$K = \frac{\langle \mathfrak{a}\,\mathfrak{b}\rangle^2}{\langle \mathfrak{a}\,\mathfrak{a}\rangle\,\langle \mathfrak{b}\,\mathfrak{b}\rangle}\,. \tag{164}$$

Wegen $\langle \mathfrak{a}\,\mathfrak{p}\rangle = \langle \mathfrak{b}\,\mathfrak{p}\rangle = 0$ können wir statt (164) schreiben

$$K = \frac{(\mathfrak{A}\,\mathfrak{B})^2}{(\mathfrak{A}\,\mathfrak{A})\,(\mathfrak{B}\,\mathfrak{B})} \tag{165}$$

und man erkennt nach § 9 (68), daß die Invariante K einfach gleich dem $\cos^2$ des Winkels φ ist, den die beiden zu $\mathfrak{a}$ und $\mathfrak{b}$ gehörigen Kreise im sphärischen Bild einschließen.

§ 63. Bestimmung einer Fläche aus dem sphärischen Bild ihrer Krümmungslinien.

Geben wir die hexasphärischen Koordinaten einer gerichteten Ebene $\mathfrak{x}$

$$\mathfrak{x}\,\mathfrak{x} = \mathfrak{x}\,\mathfrak{p} = 0 \tag{166}$$

als Funktionen zweier Parameter u und v, so ist dadurch eine gerichtete Fläche als ihr Hüllgebilde bestimmt. Eine Kugel $\mathfrak{y}$, die die Fläche an der Stelle $\{u, v\}$ berührt, ist dann eine Kugel, die die Ebene $\mathfrak{x}\,(u, v)$ und auch noch alle Nachbarebenen berührt, für die also gilt:

$$\mathfrak{y}\,\mathfrak{x} = \mathfrak{y}\,\mathfrak{x}_u = \mathfrak{y}\,\mathfrak{x}_v = 0\,; \qquad \mathfrak{y}\,\mathfrak{y} = 0\,. \tag{167}$$

Denken wir uns an jeder Stelle der Fläche eine solche berührende Kugel gegeben, so bilden natürlich die Flächenelemente, die durch je zwei zusammengehörige $\{\mathfrak{x}, \mathfrak{y}\}$ bestimmt sind, die Fläche, was auch darin zum Ausdruck kommt, daß wegen (166), (167) für die Flächenelemente $\{\mathfrak{x}, \mathfrak{y}\}$ die Streifenbedingungen (86) alle erfüllt sind. Ist nun die Fläche auf ihre Krümmungslinien, resp. Krümmungsstreifen $u = \text{const}$, $v = \text{const}$ bezogen, so muß nach (99) dann

$$(168)\qquad \begin{cases} \| \mathfrak{x},\ \mathfrak{y},\ \mathfrak{x}_u,\ \mathfrak{y}_u \| = 0, \\ \| \mathfrak{x},\ \mathfrak{y},\ \mathfrak{x}_v,\ \mathfrak{y}_v \| = 0 \end{cases}$$

gelten. Wir können nun annehmen, daß $\mathfrak{x}$, $\mathfrak{y}$ und $\mathfrak{x}_u$ linear unabhängig sind, denn sonst würde nach (91) die Ebene $\mathfrak{x}$ Krümmungskugel des Streifens sein. Wenn wir voraussetzen, daß die Ebene keine Krümmungskugel ist, so schließen wir damit den Fall eines *Flachpunktes* aus, d. h. eines Punktes, in dem der eine Hauptkrümmungsradius als Radius der Krümmungskugel unendlich wird, also eines Punktes von verschwindendem Krümmungsmaß von *Gauß*. Die Flächen mit lauter Flachpunkten sind ja die Torsen. Bei Ausschluß der Flachpunkte können wir für (168) schreiben

$$(169)\qquad \begin{cases} \mathfrak{y}_u = \alpha\,\mathfrak{x} + \beta\,\mathfrak{y} + \gamma\,\mathfrak{x}_u, \\ \mathfrak{y}_v = \tilde{\alpha}\,\mathfrak{x} + \tilde{\beta}\,\mathfrak{y} + \tilde{\gamma}\,\mathfrak{x}_v \end{cases}$$

mit skalaren Koeffizienten α, β, γ, $\tilde{\alpha}$, $\tilde{\beta}$, $\tilde{\gamma}$. Durch Multiplizieren mit $\mathfrak{p}$ folgt dann, wenn wir noch $\mathfrak{y}$ durch $\mathfrak{y}\mathfrak{p} = 1$ $[\mathfrak{y}_u\mathfrak{p} = \mathfrak{y}_v\mathfrak{p} = 0]$ normieren, wegen $\mathfrak{x}\mathfrak{p} = \mathfrak{x}_u\mathfrak{p} = \mathfrak{x}_v\mathfrak{p} = 0$ die Bedingung $\beta = \tilde{\beta} = 0$.

Lassen wir in den beiden Gleichungen

$$(169\text{a})\qquad \mathfrak{y}_u = \alpha\,\mathfrak{x} + \gamma\,\mathfrak{x}_u; \qquad \mathfrak{y}_v = \tilde{\alpha}\,\mathfrak{x} + \tilde{\gamma}\,\mathfrak{x}_v$$

die ersten beiden Koordinaten weg, und bezeichnen wir den zur Ebene $\mathfrak{x}$ gehörigen Vierervektor des sphärischen Bildes wieder mit $\mathfrak{v}$, den zur Kugel $\mathfrak{y}$ gehörigen Vierervektor[1]) aber mit $\mathfrak{Y}$, so erhalten wir:

$$(170)\qquad \mathfrak{Y}_u = \alpha\,\mathfrak{v} + \gamma\,\mathfrak{v}_u; \qquad \mathfrak{Y}_v = \tilde{\alpha}\,\mathfrak{v} + \tilde{\gamma}\,\mathfrak{v}_v$$

Im § 58 haben wir gezeigt, daß für eine auf Krümmungslinien bezogene Fläche notwendig die Gleichungen (108) bestehen. Identifizieren wir jetzt $\mathfrak{z}^{\mathrm{I}}$ mit dem Sechservektor $\mathfrak{x}$ der Tangentenebene und $\mathfrak{z}^{\mathrm{II}}$ mit $\mathfrak{y}$, so folgt für $\alpha = \beta = 1$ aus (108)

$$\langle \mathfrak{x}_u\,\mathfrak{x}_v \rangle = 0\,.$$

Aus (159a) folgt daraus für den zu $\mathfrak{x}$ gehörigen Vierervektor $\mathfrak{v}$:

$$(171)\qquad (\mathfrak{v}_u\,\mathfrak{v}_v) = 0\,.$$

(171) *besagt, daß den Krümmungsstreifen im sphärischen Bild ein orthogonales Kurvennetz entspricht* [vgl. § 27].

Wir wollen jetzt sehen, wie man eine Fläche bestimmt, wenn das sphärische Bild ihrer Krümmungslinien gegeben ist. Dies Problem

[1]) Vgl. die Fußnote auf S. 273.

kommt darauf hinaus, zu gegebenen Funktionen $\mathfrak{v}(u, v)$ mit $(\mathfrak{v}\mathfrak{v}) = 0$ $(\mathfrak{v}_u \mathfrak{v}_v) = 0$, die für die Festlegung der Ebenen der Fläche noch fehlende Funktion $w(u, v)$ in (160) zu bestimmen. Die Geometrie senkrechter Kurvennetze $\mathfrak{v}(u, v)$ haben wir im 3. Kap. behandelt. Da auf der Kugel des sphärischen Bildes den Abbildungen von *Laguerre* die Möbius-Transformationen entsprechen, ist der im 3. Kap. für die Möbius-Geometrie der Netze aufgestellte Formelapparat hier gerade der geeignete. Wir können die die Fläche berührende Kugel $\mathfrak{Y}$ aus den vier im 3. Kap., § 28 für die Aufstellung der Grundformeln der Netze eingeführten Vektoren $\mathfrak{v}, \mathfrak{w}, \mathfrak{p}, \bar{\mathfrak{p}}$ linear kombinieren[1]).

$$(172) \qquad \mathfrak{Y} = \alpha\,\mathfrak{v} + \beta\,\mathfrak{p} + \bar{\beta}\,\bar{\mathfrak{p}} + \gamma\,\mathfrak{w}\,.$$

Die Gleichungen (167) für $\mathfrak{y}$ können wir bei Verwendung der Vierervektoren wegen (159a) in der Form

$$(173) \qquad (\mathfrak{Y}\,\mathfrak{v}) = w\,; \qquad (\mathfrak{Y}\,\mathfrak{v}_u) = w_u\,; \qquad (\mathfrak{Y}\,\mathfrak{v}_v) = w_v$$

schreiben. Nach § 28 (91) ist

$$(174) \qquad \begin{cases} \mathfrak{v}_u = h\,\mathfrak{v} - t\,\bar{\mathfrak{p}}\,, \\ \mathfrak{v}_v = \bar{h}\,\mathfrak{v} - \bar{t}\,\mathfrak{p}\,. \end{cases}$$

Somit ergibt sich aus (172) wegen (173) und § 27 (75) für die Koeffizienten $\beta, \bar{\beta}, \gamma$

$$(175) \qquad \gamma = w\,, \qquad \beta = \frac{\bar{h}\,w - w_v}{\bar{t}}\,, \qquad \bar{\beta} = \frac{h\,w - w_u}{t}\,.$$

Der Koeffizient α ist nicht bestimmt, weil ja die Kugel $\mathfrak{Y}$ in dem Büschel der die Fläche berührenden Kugeln noch in einem Freiheitsgrad unbestimmt ist. Nun haben wir noch gar nicht berücksichtigt, daß die u, v-Linien des Netzes die Bilder der Krümmungsstreifen sind, was die Gleichungen (170) ausdrücken. Offenbar brauchen wir nur die erste der Gleichungen (170) zu berücksichtigen, denn wenn die u-Linien eines senkrechten Netzes die sphärischen Bilder von Krümmungsstreifen sind, so sind es die v-Linien von selbst. Nach (170) und (174) muß $\mathfrak{Y}_u$ eine Linearkombination von $\mathfrak{v}$ und $\bar{\mathfrak{p}}$ sein. Denkt man sich $\mathfrak{Y}_u$ als Linearkombination von $\mathfrak{v}, \mathfrak{w}, \mathfrak{p}, \bar{\mathfrak{p}}$, ausgedrückt, so müssen also die Koeffizienten von $\mathfrak{p}$ und $\mathfrak{w}$ verschwinden. Das kommt nach § 27 (75), (67) aber auf die Gleichungen

$$(176) \qquad \mathfrak{Y}_u\,\mathfrak{p} = \mathfrak{Y}_u\,\mathfrak{v} = 0$$

hinaus. Da $\mathfrak{Y}_u \mathfrak{v} = 0$ eine Folge von (173) ist, bleibt nur $\mathfrak{Y}_u \mathfrak{p} = 0$. Nach (172) ist nun aber $\mathfrak{Y}\mathfrak{p} = \beta$. Somit haben wir wegen (176):

$$\mathfrak{Y}\,\mathfrak{p}_u = \beta_u\,.$$

---

[1]) Der tetrazyklische Vierervektor des Krümmungskreises $\mathfrak{p}$ unseres Netzes im sphärischen Bild hat dabei nichts zu tun mit dem hexasphärischen Sechservektor $\mathfrak{p}$ des absoluten Komplexes (hier also des uneigentlichen Punktes).

Da nach § 28 (91) $\mathfrak{p}_u = r\mathfrak{v}$ gilt, erhalten wir vermittels (172)

$$r\gamma = \beta_u, \tag{177}$$

also nach (175_2) die endgültige Gleichung

$$\left(\frac{\bar{h}\,w - w_v}{\bar{t}}\right)_u = r\,w\,. \tag{178}$$

Es muß somit bei gegebenem sphärischen Bild $\mathfrak{v}(u, v)$ die die Fläche bestimmende Funktion $w(u, v)$ der Differentialgleichung zweiter Ordnung (178) genügen, in der $\bar{h}$, $\bar{t}$, r nach Kap. III aus dem sphärischen Bild bekannte Größen sind.

Natürlich können wir neben der Bedingung (178) für die u-Kurven die für die v-Kurven geltende analoge Bedingung

$$\left(\frac{h\,w - w_u}{t}\right)_v = \bar{r}\,w \tag{179}$$

für das Netz erhalten, aber diese Gleichung ist eine Folge von (178), wie es auch aus der Integrabilitätsbedingung (99) des § 28 hervorgeht.

Nach § 29 erhalten wir z. B. für die Flächen mit isothermem sphärischen Bild der Krümmungslinien wegen

$$h = \bar{h} = 0\,, \qquad t = \bar{t} = 1\,, \qquad r = \bar{r} = R \tag{179a}$$

aus (178) die Bedingung

$$w_{uv} = -R\,w \tag{180}$$

für die Fläche, wobei R noch nach § 29 eine Potentialfunktion ist.

§ 64. Flächen mit lauter ebenen Krümmungslinien.

Nach § 58 sind die Streifen längs sphärischer und ebener Krümmungslinien identisch mit den Flächenstreifen, deren berührende Kugeln alle einem festen linearen Komplex angehören. Dieser Komplex mußte, wenn wir die Streifen ausschlossen, deren Flächenelemente alle auf einer festen Kugel lagen, ein elliptischer sein.

Die ebenen Krümmungslinien erhalten wir nun speziell, wenn wir den Komplex als eine ebene Kugel-V_3 annehmen, wenn wir also speziell einen involutorischen Komplex $\mathfrak{a}$ annehmen, d. h. einen solchen, der den uneigentlichen Punkt $\mathfrak{p}$ enthält. Denn ein solcher elliptischer involutorischer Komplex besteht ja nach § 62 V aus allen K-Kugeln, die eine feste Ebene ε unter festem Winkel φ schneiden. Die Punkte des Komplexes sind dann die Punkte dieser festen Ebene und die Punkte unseres Streifens müssen dann alle dieser Ebene angehören. Wie der Begriff der ebenen Kugel-V_3, so ist auch *der Begriff des ebenen Krümmungsstreifens* zwar nicht gegenüber der Gruppe von *Lie*, wohl aber *gegenüber der Gruppe von Laguerre invariant.*

Ein Flächenstreifen, den wir uns nach § 57 durch $\mathfrak{z}^{\alpha}(t)$ darstellen, ist also ein ebener Krümmungsstreifen, wenn

$$(181) \qquad \langle \mathfrak{a}, \mathfrak{z}^{\alpha}(t) \rangle = 0$$

gilt mit konstantem $\mathfrak{a}$ identisch in t, wo $\mathfrak{a}$ der Bedingung

$$(182) \qquad \langle \mathfrak{a}\, \mathfrak{p} \rangle = 0 \qquad \langle \mathfrak{a}\, \mathfrak{a} \rangle > 0$$

genügt.

Gehen wir mit unseren Formeln (181), (182) zur Stufe B über, so erhalten wir

$$(183) \qquad a_0 + a_1 = 0 \qquad \langle \mathfrak{a}\, \mathfrak{a} \rangle = (\mathfrak{A}\, \mathfrak{A}) > 0$$

und wenn wir die $\mathfrak{z}^{I}(t)$ mit den Tangentenebenen $\mathfrak{x}$ des Streifens identifizieren, so gilt für den zu $\mathfrak{x}$ gehörigen Vierervektor $\mathfrak{v}$ des sphärischen Bildes

$$(184) \qquad (\mathfrak{A}\, \mathfrak{v}) = 0. \qquad (\mathfrak{A}\, \mathfrak{A}) > 0$$

Es genügen also die tetrazyklischen Koordinaten des Punktes $\mathfrak{v}$ im sphärischen Bild einer linearen Gleichung mit konstanten Koeffizienten und wegen $\mathfrak{A}\mathfrak{A} > 0$ ist nach § 7 das sphärische Bild unseres ebenen Krümmungsstreifens ein Kreis. Wir können auch umgekehrt zeigen: Eine Krümmungslinie, deren sphärisches Bild ein Kreis ist, ist notwendig eine ebene Krümmungslinie. Offenbar genügt es, den Nachweis für den Fall zu führen, daß der Kreis auf der Einheitskugel des sphärischen Bildes ein Großkreis ist. Denn durch eine Kreisverwandtschaft auf der Kugel können wir den Großkreis in jeden anderen Kugelkreis überführen, zu einer jeden Kreisverwandtschaft des sphärischen Bildes gehören aber zugehörige Laguerre-Transformationen, und diese vertauschen ja ebene Krümmungslinien mit ebensolchen. Im Fall des Großkreises müssen nun aber die Ebenen des Krümmungsstreifens alle zu einer festen Ebene senkrecht sein, sie bilden also einen senkrechten Zylinder, auf dem der Streifen liegt. Die Krümmungslinien einer solchen Zylinderfläche sind aber in der Tat ebene Kurven.

Die ebenen Krümmungslinien sind also identisch mit den Krümmungslinien, deren sphärisches Bild ein Kreis ist.

Für eine Fläche mit lauter ebenen Krümmungslinien ist nun das sphärische Bild ein senkrechtes Kurvennetz, das aus zwei Scharen von Kreisen besteht.

Für die Netze $\mathfrak{v}(u, v)$ mit zwei Scharen von Kreisen gilt nach § 30 $r = \bar{r} = 0$.

Nach § 29 (119) haben wir dann spezielle isotherme Netze und durch geeignete Normierung von $\mathfrak{v}$ können wir es nach § 29 erreichen, daß alle die Gleichungen gelten, die wir im vorigen Paragraphen unter (179a) schon angeführt haben, und bei denen jetzt speziell $R = 0$ ist. Aus § 28 (91) und (98) folgt dann für unsere Netze

$$\mathfrak{v}_{uv} = 0, \tag{187}$$

und man kann umgekehrt auch einsehen, daß ein Netz mit $\mathfrak{v}_{uv} = 0$ ein aus lauter Kreisen bestehendes ist. Aus der Forderung (187) folgt nämlich mittels § 28 (91), indem man $\mathfrak{v}_u$ nach v und $\mathfrak{v}_v$ nach u differenziert, wegen $t \neq 0$, $\bar{t} \neq 0$ zunächst $h = \bar{h} = 0$ und dann $r = \bar{r} = 0$.

Es ist besonders zu betonen, daß die Gleichungen (187) für unser Netz nur bei einer ganz besonderen ausgezeichneten Normierung der tetrazyklischen Koordinaten $\mathfrak{v}$ gelten. In der Tat: Gilt $\mathfrak{v}_{uv} = 0$ und wollen wir durch $\mathfrak{v}^* = \lambda\mathfrak{v}$ umnormieren, so daß auch $\mathfrak{v}^*_{uv} = 0$ gilt, so ergibt sich für λ

$$\lambda_{uv}\mathfrak{v} + \lambda_u\mathfrak{v}_v + \lambda_v\mathfrak{v}_u = 0. \tag{188}$$

Durch Multiplikation von (188) mit $\mathfrak{v}_u$ und $\mathfrak{v}_v$ folgt aber wegen $(\mathfrak{v}_u\mathfrak{v}_v) = 0$, $(\mathfrak{v}_u\mathfrak{v}_u) \neq 0$, $(\mathfrak{v}_v\mathfrak{v}_v) \neq 0$, daß $\lambda_u = \lambda_v = 0$ ist, also $\lambda = \text{const}$.

Die Normierung der tetrazyklischen Koordinaten des Punktes $\mathfrak{v}$ unseres Kreisnetzes ist also, wenn wir eine Darstellung der Form (187) annehmen, bis auf einen konstanten Faktor festgelegt. Ein senkrechtes Kreisnetz auf der Kugel besteht nun, wie aus (187) ohne Schwierigkeit nachzuweisen ist, notwendig *aus zwei konjugierten Kreisbüscheln* im Sinne des § 9. Wir haben also zwei Fälle:

1. Wir haben zwei nicht ausgeartete Büschel. Dann besteht die eine Kreisschar aus allen Kreisen durch zwei feste Punkte und die andere aus den zugehörigen Orthogonalkreisen. Mit Hilfe von vier konstanten (tetrazyklischen) Vierervektoren $\mathfrak{c}^\alpha$ ($\alpha = 0$ bis III) die den Relationen

$$\begin{cases} (\mathfrak{c}^0\mathfrak{c}^0) = -1, \quad (\mathfrak{c}^{\mathrm{I}}\mathfrak{c}^{\mathrm{I}}) = (\mathfrak{c}^{\mathrm{II}}\mathfrak{c}^{\mathrm{II}}) = (\mathfrak{c}^{\mathrm{III}}\mathfrak{c}^{\mathrm{III}}) = +1, \\ (\mathfrak{c}^\alpha\mathfrak{c}^\beta) = 0 \quad \text{für} \quad \alpha \neq \beta \qquad [\alpha, \beta = 0 \text{ bis III}] \end{cases} \tag{189}$$

genügen, können wir jedes solche Netz in der Form

$$\mathfrak{v} = \operatorname{sh} u\, \mathfrak{c}^0 + \operatorname{ch} u\, \mathfrak{c}^{\mathrm{I}} + \sin v\, \mathfrak{c}^{\mathrm{II}} + \cos v\, \mathfrak{c}^{\mathrm{III}} \tag{190}$$

darstellen.

2. Wir haben zwei ausgeartete Büschel von sich berührenden Kreisen, die durch zwei senkrechte Linienelemente der Kugel hindurchgehen. Benutzen wir wieder die Vektoren (189), so können wir jedes solche Netz in der Form

$$\mathfrak{v} = \frac{1 + u^2 + v^2}{2}\mathfrak{c}^0 + \frac{1 - (u^2 + v^2)}{2}\mathfrak{c}^{\mathrm{I}} + u\,\mathfrak{c}^{\mathrm{II}} + v\,\mathfrak{c}^{\mathrm{III}} \tag{191}$$

darstellen.

Da die beiden Darstellungen (190), (191) die Form haben

$$\mathfrak{v} = \mathfrak{g}(u) + \mathfrak{h}(v) \tag{192}$$

mit Viererverktorfunktionen $\mathfrak{g}(u)$, $\mathfrak{h}(v)$, die nur von u resp. v abhängen, entsprechen sie der ausgezeichneten Normierung (187) unserer Netze.

Für die Bestimmung der Flächen mit ebenen Krümmungslinien aus dem sphärischen Bild derselben gilt nun die Gleichung (178) resp. (180), die jetzt für $R = 0$ die Form

$$w_{uv} = 0 \tag{193}$$

annimmt, so daß wir als allgemeine Lösung

$$w = U(u) + V(v) \tag{194}$$

mit den Funktionen U, V eines einzigen Argumentes erhalten. *Durch die Funktionen* $\mathfrak{v}(u, v)$ und $w(u, v)$ *mit beliebigen, den Relationen* (189) *genügenden konstanten Vektoren* $\mathfrak{c}^\alpha$ *und beliebigen Funktionen* U, V *ist dann die allgemeinste Fläche mit lauter ebenen Krümmungslinien in integralloser Form in Ebenenkoordinaten dargestellt.* Führen wir für die $\mathfrak{v}$ wieder die Bezeichnungen (155) ein und für $w = x_0 = -x_1$, so ist in den hexasphärischen Ebenenkoordinaten $\mathfrak{x}$ für unsere auf Krümmungslinien bezogenen Flächen

$$\mathfrak{x}_{uv} = 0.$$

Spezielle Flächen mit lauter ebenen Krümmungslinien sind die *Dupin*schen Zykliden. Schließen wir in der Laguerre-Geometrie den Fall des Kreiskegels (vgl. § 61) aus, so ist eine solche Fläche Hüllfläche zweier Kugelscharen $\mathfrak{Y}(u)$, $\mathfrak{Z}(v)$, die sich gegenseitig berühren, für deren kartesische Koordinaten also die Gleichung

$$(\mathfrak{Y} - \mathfrak{Z})^2 = 0 \tag{195}$$

besteht. Das sphärische Bild $\mathfrak{v}$ dieser Fläche ist nach (159) durch

$$\mathfrak{v} = \frac{1}{R}[\mathfrak{Y}(u) - \mathfrak{Z}(v)] \tag{196}$$

mit einem Proportionalitätsfaktor $1 : R$ gegeben. Hier kann R noch eine ganz beliebige Funktion von u und v sein, die aber nur die Normierung von $\mathfrak{v}(u, v)$ beeinflußt. Der Annahme $R = \text{const}$ entspricht, da dann $\mathfrak{v}_{uv} = 0$ folgt, gerade die ausgezeichnete Annahme (187) für die Normierung. Die Krümmungslinien der Zykliden sind einfach die Kreise, längs derer sich konsekutive Kugeln der beiden Scharen schneiden.

Wir wollen jetzt eine geometrische Konstruktion der allgemeinen Flächen mit ebenen Krümmungslinien angeben. Wir betrachten zunächst den Fall eines Netzes (190).

In der Darstellung (192) ist dann

$$\mathfrak{g}(u) = \operatorname{sh} u\, \mathfrak{c}^0 + \operatorname{ch} u\, \mathfrak{c}^{\mathrm{I}}; \quad \mathfrak{h}(v) = \sin v\, \mathfrak{c}^{\mathrm{II}} + \cos v\, \mathfrak{c}^{\mathrm{III}}. \tag{197}$$

Für eine zu dem Bilde gehörige Zyklide muß nun speziell nach (196) wegen der Konstanz von R

$$\mathfrak{Y}_u = R\mathfrak{v}_u = R\mathfrak{g}_u; \quad \mathfrak{Z}_v = -R\mathfrak{h}_v,$$

also

(198) $$\mathfrak{Y} = \mathfrak{X}_0 + R\mathfrak{g}(u); \quad \mathfrak{Z} = \mathfrak{X}_0 - R\mathfrak{h}(v)$$

gelten mit einer beliebigen konstanten Kugel $\mathfrak{X}_0$. Durch (198) mit den aus (197) zu entnehmenden Funktionen $\mathfrak{h}$ (u) und $\mathfrak{g}$ (v) ist die allgemeinste zu dem sphärischen Bild (190) gehörige Zyklide dargestellt. Nach § 61 Schluß kann man hier leicht bestätigen, daß die Kugelschar $\mathfrak{Y}$ zwei, die Schar $\mathfrak{Z}$ aber keine feste gerichtete Ebene berührt, daß die Zykliden mit dem sphärischen Bild (190) also die vom Typ (1) des § 61 sind. $\mathfrak{X}_0$ ist dann einfach die Mittelkugel der Zyklide, und wegen $(\mathfrak{Y}-\mathfrak{X}_0)^2 = R^2$ ist R die konstante Tangentenentfernung aller Kugeln $\mathfrak{Y}$ von ihr.

Verwenden wir für die Tangentenebenen der Zyklide die Ebenenkoordinaten $\mathfrak{v}$, w und schreiben wir ihre Gleichungen nach (160) in den laufenden Koordinaten der sie berührenden Kugeln $\mathfrak{X}$ in der Form

(199) $$\mathfrak{X}\mathfrak{v}(u, v) = w(u, v),$$

so gilt, da zu gegebenem Wert von u, v die Kugeln $\mathfrak{Y}$ (u) und $\mathfrak{Z}$ (v) Lösungen $\mathfrak{X}$ sein müssen

$$\mathfrak{Y}\mathfrak{v} = \mathfrak{Z}\mathfrak{v} = w.$$

Da nach (198) und (197) (190)

$$\mathfrak{Y}\mathfrak{v} = \mathfrak{Z}\mathfrak{v} = \mathfrak{X}_0\mathfrak{v} + R$$

gilt, folgt

$$w = \mathfrak{X}_0\mathfrak{v} + R,$$

also die Darstellung

(200) $$\mathfrak{X}\mathfrak{v}(u, v) = \mathfrak{X}_0\mathfrak{v}(u, v) + R$$

für (199). Für eine allgemeine Fläche mit ebenen Krümmungslinien und demselben sphärischen Bild wie diese Zyklide gilt nun zweitens nach (194)

(201) $$\mathfrak{X}\mathfrak{v}(u, v) = U + V$$

mit demselben $\mathfrak{v}$ wie bei der Zyklide in (200).

Denken wir uns nun drittens auf der Mittelkugel $\mathfrak{X}_0$ der Zyklide das sphärische Bild der Krümmungslinien der Zyklide aufgezeichnet, so ist die einer Tangentenebene der Zyklide entsprechende Tangentenebene der Mittelkugel durch die Gleichung

(202) $$\mathfrak{X}\mathfrak{v} = \mathfrak{X}_0\mathfrak{v}$$

gegeben, denn für eine Tangentenebene dieser Kugel ist in (199), weil $\mathfrak{X}_0$ selbst eine Lösung $\mathfrak{X}$ ist, $w = \mathfrak{X}_0\mathfrak{v}$. Wir wollen uns jetzt das Abstandsverhältnis je dreier paralleler Tangentenebenen von Mittelkugel, Zyklide und unserer allgemeinen Fläche berechnen. Für drei parallele Ebenen (199) mit demselben Vektor $\mathfrak{v}$ und verschiedenen w^{I}, w^{II}, w^{III} ist das Abstandsverhältnis nach § 35 (30) etwa durch

$$\frac{w^{\mathrm{III}} - w^{\mathrm{I}}}{w^{\mathrm{II}} - w^{\mathrm{I}}} = A$$

gegeben. In unserem Falle haben wir also für A nach (200), (201), (202)

$$A = \frac{U + V - \mathfrak{x}_0 \mathfrak{v}}{\mathfrak{x}_0 \mathfrak{v} + R - \mathfrak{x}_0 \mathfrak{v}} = \frac{U + V - \mathfrak{x}_0 \mathfrak{v}}{R}.$$

Da nach (197) $\mathfrak{x}_0 \mathfrak{v}$ die Form hat $U'(u) + V'(v)$, so können wir

$$U_1 = \frac{1}{R}[U - U'(u)], \quad V_1 = \frac{1}{R}[V - V'(v)]$$

setzen und erhalten dann

(203) $$A = U_1(u) + V_1(v).$$

Ist also auf einer Kugel $\mathfrak{x}_0$ ein sphärisches Bild von zwei senkrechten Kreisbüscheln vom Typ 1 gegeben, so kann man die allgemeinste Fläche mit lauter ebenen Krümmungslinien zu diesem sphärischen Bild auf die folgende Weise konstruieren. *Man nimmt eine Zyklide mit dem gegebenen sphärischen Bild und der Kugel $\mathfrak{x}_0$ als Mittelkugel an, und konstruiert zu zwei parallelen Ebenen von Kugel $\mathfrak{x}_0$ und Zyklide immer die dritte ε, die das Abstandsverhältnis $U_1 + V_1$ hat, wo U_1 und V_1 beliebige, aber für eine und dieselbe zu konstruierende Fläche feste Funktionen sind. Die Ebenen ε umhüllen dann eine Fläche mit lauter ebenen Krümmungslinien.* [*W. Blaschke,* Hamburg 1925.]

Diese Konstruktion gilt nun mit einer geringen Abänderung auch für den Fall eines sphärischen Bildes von Typ 2. Wir können jetzt nach (191) in (198)

$$\mathfrak{g}(u) = \frac{u^2}{2}(\mathfrak{c}^0 - \mathfrak{c}^{\mathrm{I}}) + u\,\mathfrak{c}^{\mathrm{II}}, \qquad \mathfrak{h}(\mathfrak{v}) = \frac{v^2}{2}(\mathfrak{c}^0 - \mathfrak{c}^{\mathrm{I}}) + v\,\mathfrak{c}^{\mathrm{III}} + \frac{1}{2}(\mathfrak{c}^0 + \mathfrak{c}^{\mathrm{I}})$$

setzen. Wir erhalten dann in (198) eine parabolische Zyklide (vgl. § 61) und die $\mathfrak{x}_0$-Kugel gehört in diesem Falle der Schar $\mathfrak{Y}(u)$ an. Man hat dann, wie sich zeigt, bei der Konstruktion statt der bei der parabolischen Zyklide nicht existierenden Mittelkugel eine beliebige Kugel aus einer der beiden Scharen der Zyklide zu nehmen, und auf ihr das sphärische Bild abzutragen. Für das Abstandsverhältnis dreier paralleler Ebenen von Kugel, Zyklide und beliebiger Fläche mit ebenen Krümmungslinien mit demselben sphärischen Bild gilt dann wieder die Formel (203).

§ 65. Über die Anzahl der Nabelpunkte auf Eiflächen[1]).

Im § 20 haben wir gesehen, daß man statt der vier tetrazyklischen Koordinaten eines Punktes eine einzige komplexe Zahl z einführen kann.

[1]) Vgl. zu diesem Abschnitt: *W. Blaschke:* Über die Geometrie von Laguerre IV. Math. Z. 1925, S. 617ff.

Wenden wir die dort gegebenen Formeln auf den Vierervektor $\mathfrak{v}$ des sphärischen Bildes unserer Ebenen an, indem wir statt z noch u und statt der konjugiert komplexen Zahl $\bar{z}$ jetzt v schreiben, so haben wir

$$(204)\qquad \begin{cases} v_0 = \sigma\,(1 + u\,v) \\ v_1 = \sigma\,(1 - u\,v) \\ v_2 = \sigma\,(u + v) \\ v_3 = -\,i\,\sigma\,(u - v)\,. \end{cases} \qquad [i = \sqrt{-1}]$$

Diese Formeln ordnen jedem System von reellen Verhältnisgrößen $v_0 : v_1 : v_2 : v_3$ mit Ausnahme allein des Systems mit $v_0 + v_1 = 0$ ein Paar konjugiert komplexer Zahlen zu. Dies ausgenommene Wertsystem entspricht als Grenzfall dem Werte $u \to \infty$. Ersetzen wir nun unsere hexasphärischen Ebenenkoordinaten $\mathfrak{x}$ statt nach (155), (159a) durch den Vierervektor $\mathfrak{v}$ und den Skalar w nunmehr nach (204) und $w = \sigma\bar{w}$ gleich durch die neuen Größen $\bar{w}$, u, v, so erhalten wir:

$$(204\text{a})\qquad \begin{cases} x_0 = \sigma\,\bar{w}\,, & x_5 = \sigma\,(1 + u\,v)\,, \\ x_1 = \sigma\,(-\,\bar{w})\,, & x_3 = \sigma\,(u + v)\,, \\ x_2 = \sigma\,(1 - u\,v)\,, & x_4 = \sigma\,[-\,i\,(u - v)]\,. \end{cases}$$

Es sind dann die konjugiert komplexen u, v allein für das sphärische Bild maßgebend. Die Gleichung der gerichteten Ebene (160) nimmt jetzt in den laufenden kartesischen Kugelkoordinaten $\mathfrak{Y}$ [vgl. (147)] der sie berührenden L-Kugeln die Form an:

$$(205)\qquad (1 - u\,v)\,Y_1 + (u + v)\,Y_2 - i\,(u - v)\,Y_3 - (1 + u\,v)\,Y_0 = w\,,$$

wo wir jetzt der Einfachheit halber statt $\bar{w}$ wieder w schreiben wollen. Für $Y_0 = 0$ erhalten wir die Ebenengleichung in den gewöhnlichen kartesischen Punktkoordinaten Y_1, Y_2, Y_3. Die Koordinaten u, v, w in (205) heißen die *Ebenenkoordinaten von Bonnet*.

Haben wir nun eine Fläche $\mathfrak{x}\,(u^1, u^2)$ in hexasphärischen Ebenenkoordinaten mittels der beiden Parameter u^1, u^2 dargestellt, so können wir statt der $\mathfrak{x}$ die Koordinaten von *Bonnet* einführen und erhalten für die Fläche eine Darstellung

$$(206)\qquad u = u\,(u^1, u^2)\,; \qquad v = v\,(u^1, u^2)\,; \qquad w = w\,(u^1, u^2)\,.$$

Denken wir uns nun aus (206) die Parameter überhaupt eliminiert, indem wir aus $u = u\,(u^1, u^2)$ und $v = v\,(u^1, u^2)$ die u^1 und u^2 vermittels der u, v ausdrücken und in $w\,(u^1, u^2)$ einsetzen, so erhalten wir für die Fläche die einzige Gleichung

$$(207)\qquad w = w\,(u, v)\,.$$

Da $\frac{w}{1 + uv}$ nach (205) und (161) der Abstand der Ebene vom Ursprung ist, so ist durch $w(u, v)$ der Abstand der Tangentenebene vom Ursprung als Funktion des sphärischen Bildes, d. h. der Ebenenrichtung bestimmt.

Im folgenden wollen wir jetzt ausdrücklich $w(u, v)$ als analytische Funktion von u und v annehmen, und für diesen Fall eine flächentheoretische Anwendung der Koordinaten von *Bonnet* machen.

Wir wollen die Differentialgleichung der Krümmungslinien in den *Bonnet*schen Koordinaten aufstellen.

Nach (167) gilt für die hexasphärischen Koordinaten einer die Fläche $\mathfrak{x}(u^1, u^2)$ berührenden Kugel $\mathfrak{y}$

$$\text{(208)} \qquad \langle \mathfrak{y}\,\mathfrak{y} \rangle = 0, \qquad \langle \mathfrak{y}\,\mathfrak{x} \rangle = 0, \qquad \left\langle \mathfrak{y}\,\frac{\partial \mathfrak{x}}{\partial u^i} \right\rangle = 0. \qquad (i = 1, 2)$$

Normieren wir $\mathfrak{y}$ durch $\langle \mathfrak{y}\,\mathfrak{p} \rangle = 1$, so gilt nach (169a), wenn d eine Fortschreitungsrichtung längs einer Krümmungslinie andeutet

$$d\mathfrak{y} = (d\alpha)\,\mathfrak{x} + \beta\, d\mathfrak{x}$$

mit Faktoren $d\alpha$ und β.

Ist $\mathfrak{y}$ nun noch Krümmungskugel, so gilt nach (91) sogar

$$\text{(209)} \qquad d\mathfrak{y} = (d\alpha)\,\mathfrak{x}.$$

Aus (208) $\left\langle \mathfrak{y}\,\frac{\partial \mathfrak{x}}{\partial u^i} \right\rangle = 0$ folgt dann unter Berücksichtigung von (209) und $\left\langle \mathfrak{x}\,\frac{\partial \mathfrak{x}}{\partial u^i} \right\rangle = 0$ noch durch Differenzieren nach d

$$\text{(210)} \qquad \left\langle \mathfrak{y}\, d\,\frac{\partial \mathfrak{x}}{\partial u^i} \right\rangle = \sum_{k=1}^{2} \left\langle \mathfrak{y}\,\frac{\partial^2 \mathfrak{x}}{\partial u^i\, \partial u^k} \right\rangle du^k = 0.$$

Führen wir nun nach (147) für $\mathfrak{y}$ die kartesischen Koordinaten $\mathfrak{Y}$ ein und für $\mathfrak{x}(u^1, u^2,)$ nach (204a) mit $\overline{w} = w$ die *Bonnet*schen Koordinaten $u = u^1$, $v = u^2$, $w = w(u, v)$, so erhalten wir aus (208_2) (208_3) und (210) die 5 Gleichungen:

$$\begin{aligned}
(1 - uv)\,Y_1 + (u+v)\,Y_2 - i\,(u-v)\,Y_3 - (1+uv)\,Y_0 &= w,\\
-v\;\;Y_1 \qquad + Y_2 \qquad\qquad - i\,Y_3 \qquad\qquad - v\,Y_0 &= w_u,\\
-u\;\;Y_1 \qquad + Y_2 \qquad\qquad + i\,Y_3 \qquad\qquad - u\,Y_0 &= w_v,\\
-dv\;\;Y_1 \qquad\qquad\qquad\qquad\qquad\qquad\qquad - dv\,Y_0 &= w_{uu}\,du + w_{uv}\,dv,\\
-du\;\;Y_1 \qquad\qquad\qquad\qquad\qquad\qquad\qquad - du\,Y_0 &= w_{uv}\,du + w_{vv}\,dv.
\end{aligned}$$

Sollen diese 5 Gleichungen für die 4 kartesischen Koordinaten Y_0, Y_1, Y_2, Y_3 der Krümmungskugel eine Lösung haben, so muß die fünfreihige Determinante aus den 4×5 Koeffizienten der linken Seite und den 5 Größen der rechten Seite verschwinden. Das ergibt die Gleichung

$$\text{(211)} \qquad w_{uu}\,du^2 - w_{vv}\,dv^2 = 0.$$

(211) ist dann die *Differentialgleichung der Krümmungslinien.* Für reelle Flächenstellen sind w_{uu} und w_{vv} konjugiert komplex. Es verschwinden also w_{uu} und w_{vv} nur gleichzeitig, und zwar haben wir in diesem Fall, wo das Netz der Krümmungslinien eine Singularität aufweist, einen *Nabelpunkt* unserer Fläche. Für

$$w_{uu} \equiv w_{vv} \equiv 0 \tag{212}$$

identisch in u und v ergeben sich die Kugeln, die somit in den laufenden *Bonnet*schen Koordinaten ihrer Tangentenebenen durch eine Gleichung der Form

$$w = A\,u\,v + B\,u + \overline{B}\,v + D \tag{213}$$

dargestellt sind, wo A und D reell, B und $\overline{B}$ konjugiert komplex sind.

Wir wollen uns jetzt eine geschlossene und eindeutig sphärisch abbildbare Fläche, die wir uns durchweg regulär und analytisch denken, in unsern *Bonnet*schen Koordinaten durch die Funktion $w\,(u, v)$ darstellen. Es wird dann w eine analytische Funktion der beiden komplexen Veränderlichen u, v sein, die für alle konjugiert komplexen u, v reell und regulär ausfällt. Ein Nabelpunkt ist dabei nach (212) durch $w_{uu} = 0$ gegeben. Wir deuten jetzt u als komplexe Veränderliche in der Zahlenebene von *Gauß* und denken uns an jeder Stelle u dieser Ebene die komplexe Zahl w_{uu} als Vektor aufgetragen[1]). Wir wollen das Feld dieser Vektoren in der Zahlenebene studieren. Es ist arc w_{uu} — [der Winkel dieses Vektors mit der reellen Achse] — eine Ortsfunktion, die nur für $w_{uu} = 0$ unbestimmt, singulär ist. Wir betrachten das Integral über das vollständige Differential

$$J = \int d \operatorname{arc} w_{uu} \tag{214}$$

[genommen längs einer Kurve], das die Richtungsänderung des Vektors w_{uu} längs dieser Kurve mißt. Dieses Integral hat einen guten Sinn, sobald die Integrationskurve durch keinen Nabel geht und muß wegen der geometrischen Bedeutung von arc w_{uu} gleich einem Vielfachen von 2π sein, wenn die Kurve eine Jordan-Kurve ist. Das Integral J wird Null längs einer Jordan-Kurve, in deren Innerem kein Nabel liegt[2]).

---

[1]) Das heißt: Wir tragen im Punkte u den Vektor an, der vom Ursprung zur Zahl w_{uu} führt.

[2]) In der Tat ist ja in diesem Fall die Kurvenschar, die man erhält, wenn man die Richtungen der Vektoren w_{uu} in den zugehörigen Punkten u aneinanderreiht, im Innern der Jordan-Kurve eine reguläre Kurvenschar. Es ist dann geometrisch klar, daß man, wenn man die Richtungen der Vektoren w_{uu} bei einem Umlauf um die Jordan-Kurve verfolgt, zum Schluß die Gesamtdrehung 0 erhalten muß, und nicht etwa eine Drehung um ein Vielfaches von 2π in einem bestimmten Drehsinne.

Welche geometrische Bedeutung hat nun aber unser Integral, wenn im Inneren der Jordan-Kurve ein Nabel liegt? Wegen der für komplexe Zahlen $z = x + iy$; $[\bar{z} = x - iy]$ gültigen Identitäten

$$(215)\qquad \begin{cases} \operatorname{arc} z^2 = 2\cdot\operatorname{arc} z\,, \\ \operatorname{arc}\frac{1}{z} = -\operatorname{arc} z\,, \\ \operatorname{arc} z = \frac{1}{2}\operatorname{arc}\frac{z}{\bar{z}} \end{cases}$$

können wir nach (211) für die unendlich kleine komplexe Zahl des Differentials du oder, wie wir jetzt schreiben wollen, δu der Krümmungslinien setzen

$$\operatorname{arc}\delta u = \frac{1}{2}\operatorname{arc}\frac{\delta u}{\delta \bar{v}} = \frac{1}{4}\operatorname{arc}\frac{w_{vv}}{w_{uu}} = -\frac{1}{2}\operatorname{arc} w_{uu}$$

und somit ist

$$(216)\qquad \oint d(\operatorname{arc}\delta u) = -\frac{1}{2}\oint d\operatorname{arc} w_{uu}.$$

Bei gegebener Funktion $w\,(u, v)$ ist nun in der Zahlenebene als Abbild der Krümmungslinien ein Kurvennetz gegeben, das den Fortschreitungsrichtungen (211) entspricht. Es hängt natürlich mit dem sphärischen Bild der Krümmungslinien durch eine stereographische Projektion zusammen. Das Integral (216) mißt dann die Richtungsänderung des Bildes der Krümmungslinien in der Zahlenebene bei einem Umlauf um den Nabel. Nach (214) ist J wegen der geometrischen Bedeutung von arc w_{uu} ein ganzzahliges Vielfaches von 2π, setzen wir also

$$(217)\qquad n = \frac{1}{\pi}\oint (d\operatorname{arc}\delta u) = -\frac{1}{2\pi}\oint d\operatorname{arc} w_{uu},$$

so wird n eine ganze Zahl, die wir die *Kennziffer des Nabels* nennen wollen.

In (217) ist als Ergebnis enthalten: Wenn man bei einem Umlauf um einen Nabel, im Bild in der Zahlenebene, eine Krümmungsrichtung δu stetig verfolgt, so kommt man wieder zur Ausgangsrichtung in gleichem oder entgegengesetztem Sinn zurück und nicht etwa zu einer um $\pi : 2$ gedrehten Richtung.

Die Krümmungslinien in der Umgebung eines Nabelpunktes eines Ellipsoids mit ungleichen Achsen sehen bekanntlich im sphärischen Bild oder im Abbild in der Zahlenebene so aus, wie die konfokalen Parabeln in der Umgebung des Brennpunktes (Fig. 63). Bei einem Umlauf ergibt sich für die Richtungsänderung (217) der Wert π, die Kennziffer ist also $+1$.

Liegen im Innern der Jordan-Kurve mehrere isolierte Nabel, so ist die rechte Seite von (217) *gleich der Summe der Kennziffern der in ihrem In-*

nern enthaltenen Nabel. Wir haben dann das Innere der Jordan-Kurve in so viel Gebiete zu zerlegen, daß in einem jeden genau ein Nabel liegt. Das Kurvenintegral (217) ist dann gleich der Summe der immer im selben Drehsinn genommenen Integrale um die Umfänge der einzelnen Gebiete. Denn das Integral über jeden Weg, der nicht zur anfänglichen Jordan-Kurve gehört, kommt in der Summe zweimal in entgegengesetztem Durchlaufssinn vor.

Jetzt wollen wir feststellen, wie sich unser Integral J beim Umlauf um $u = \infty$ benimmt.

Wir wenden dazu die *Laguerre*sche Transformation an, die sich in Kugelkoordinaten Y_i in der Form schreibt

$$Y_0^* = Y_0; \quad Y_1^* = Y_1; \quad Y_2^* = -Y_2; \quad Y_3^* = -Y_3.$$

Sie ist offenbar die Spiegelung an der Y_1-Achse des kartesischen Koordinatensystems und schreibt sich nach (205) in *Bonnets* Koordinaten in der Form

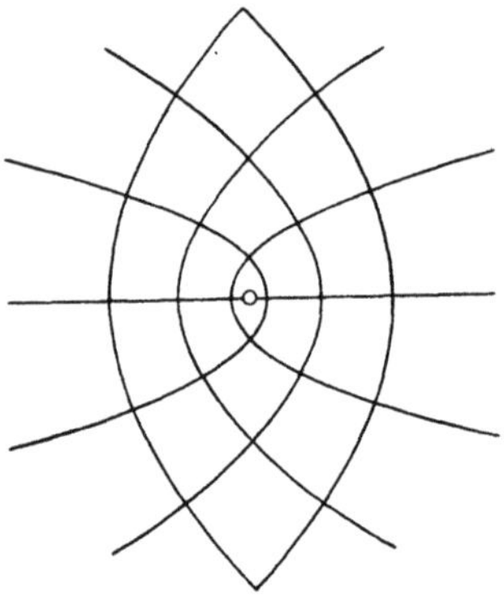

Fig. 63.

$$(218) \quad u^* = \frac{1}{u}; \quad v^* = \frac{1}{v}; \quad w^* = \frac{w}{uv}.$$

Wie können unser Achsenkreuz so legen, daß der Punkt $u = \infty$ oder $u^* = 0$ kein Nabel unserer Eifläche wird. Dann wird also das Integral

$$(219) \qquad \oint d \operatorname{arc} w^*_{u^* u^*} = 0$$

auf einem hinlänglich kleinen Kreis $|u^*| = \varrho$ um diesen Punkt erstreckt. Nun folgt aber aus (218) durch Ableitung

$$w_{uu} = \frac{u^{*3}}{v^*} \cdot w^*_{u^* u^*} = \frac{v}{u^3} w^*_{u^* u^*}$$

und daraus ist wegen (219)

$$(220) \quad \oint d \operatorname{arc} w_{uu} = \oint d \operatorname{arc} \frac{v}{u^3} + \oint d \operatorname{arc} w^*_{u^* u^*} = \oint d \operatorname{arc} \frac{1}{u^4} = -8\pi,$$

wenn das Integral auf einem hinlänglich großen Kreis $|u| = 1 : \varrho$ berechnet wird, so groß nämlich, daß außerhalb kein Nabel mehr liegt.

Nehmen wir nun an, unsere Fläche habe nur isolierte Nabel, also wegen ihrer Geschlossenheit nur endlich viele! Dann ist das Integral auf der linken Seite von (220), wie wir früher gesehen haben, auch gleich -2π mal der Summe der Kennziffern aller Nabelpunkte der Fläche. Wir haben also:

Die Summe der Kennziffern der Nabelpunkte einer geschlossenen und eindeutig sphärisch abbildbaren analytischen Fläche mit lauter isolierten Nabeln ist genau 4.

Sehen also z. B im sphärischen Bild die Nabelpunkte alle so aus wie in Fig. 63, d. h. haben alle Nabelpunkte die Kennziffer Eins, dann gibt es ihrer genau vier.

Wir haben also den zuerst von *Hamburger* bewiesenen Satz: *Wenn die Nabelpunkte einer geschlossenen, eindeutig sphärisch abbildbaren analytischen Fläche alle von demselben Typ* (Fig. 63) *sind, wie die auf einem Ellipsoid mit ungleichen Achsen, so sind es ihrer genau vier*[1]).

§ 66. Vermischte Aufgaben zu den Kap. 5 und 6.

1. Man zeige, daß die im § 44 erwähnten linearen Kreisscharen identisch sind mit den Scharen von K-Kreisen, die gleichzeitig zu einem festen Kreis $\mathfrak{k}$ senkrecht sind und eine feste gerichtete Gerade g unter einem gegebenen festen Winkel schneiden. Wenn g und $\mathfrak{k}$ sich schneiden, so erhält man die Scharen mit $\delta = +1$, wenn $\mathfrak{k}$ und g sich nicht schneiden, aber die mit $\delta = -1$.

2. Drei Kreise $\mathfrak{x}$, $\mathfrak{y}$, $\mathfrak{z}$ eines ausgearteten Kreisbüschels bestimmen durch die Reihenfolge $\mathfrak{x} \to \mathfrak{y} \to \mathfrak{z}$ in dem Büschel einen Durchlaufungssinn. Auf der Geraden der Mittelpunkte der Kreise des Büschels [die man sich am besten als über das Unendliche hinüber geschlossen vorstellt] ist zunächst durch die Reihenfolge der Mittelpunkte der Kreise $\mathfrak{x}$, $\mathfrak{y}$ und $\mathfrak{z}$ ein Durchlaufssinn festgelegt und durch die Reihenfolge der Mittelpunkte ist dann eine Reihenfolge der Kreise des Büschels gegeben. Im § 45 haben wir gesehen, wie man aus zwei Liegeometrisch bezogenen Kreisbüscheln ein lineares Kreissystem konstruieren kann. Durch die Reihenfolge der Kreise $\mathfrak{x} \to \mathfrak{y} \to \mathfrak{z}$ und $\mathfrak{x} \to \bar{\mathfrak{y}} \to \bar{\mathfrak{z}}$, von denen wir ausgingen, ist in beiden Büscheln ein Durchlaufssinn festgelegt. Auf den zwei zu dem gemeinsamen Kreis $\mathfrak{x}$ senkrechten Mittelpunktsgeraden sind dann die zugehörigen Richtungspfeile festgelegt. Man zeige: Wenn die beiden Richtungspfeile von der Peripherie von $\mathfrak{x}$ aus nach verschiedenen Seiten zeigen, führt die Konstruktion auf ein *hyperbolisches* lineares System, zeigen die Pfeile aber nach derselben Seite, so bekommt man ein elliptisches.

3. Man zeige, daß es bei dem Satz der Nr. III des § 51 für die Kennzeichnung der projektiven Abbildungen gar nicht nötig ist, die Stetigkeit der Abbildungen zu fordern, daß also schon der Satz gilt: Eine Abbildung des P_n, die die Punkte zweier Gebiete Γ und Γ^*, sowie die Geraden zweier mit Γ und Γ^* verknüpfter Geradengebiete Θ und Θ^* eineindeutig einander zuordnet und dabei Γ-Punkte und Θ-Geraden in vereinigter Lage immer in Γ^*-Punkte und Θ^*-Gerade in vereinigter Lage überführt, ist notwendig projektiv.

4. Man beweise statt des soeben ausgesprochenen den allgemeineren Satz: Eine Abbildung im P_n, die a) die P_s $(s < n)$ zweier P_s-Gebiete Γ_s und Γ_s^* im P_n eineindeutig aufeinander bezieht, b) die P_t $(t \neq s,\ t < n)$ zweier P_t-Gebiete Γ_t und Γ_t^* einander eineindeutig zuordnet und c) P_s aus Γ_s und P_t aus Γ_t in vereinigter Lage immer überführt in P_s aus Γ_s^* und P_t aus Γ_t^* in vereinigter Lage, ist notwendig projektiv. Ein P_s und P_t heißen dabei in vereinigter Lage, wenn der Raum von der kleineren Dimensionszahl ganz in dem anderen enthalten ist.

---

[1]) Während der Drucklegung dieses Bandes ist Herrn *Cohn-Vossen* der Beweis der Tatsache gelungen, *daß auf einer geschlossenen, eindeutig sphärisch abbildbaren analytischen Fläche keine Nabelpunkte mit einer Kennziffer* > 2 *existieren können* (Vortrag, gehalten auf dem Mathematikerkongreß zu Bologna 1928). Damit ist die Vermutung von *Carathéodory* bewiesen, daß eine solche Fläche mindestens zwei Nabel besitzt.

5. Hat man im projektiven Raum drei sich paarweise schneidende Geraden $\mathfrak{a}^{\mathrm{I}}, \mathfrak{a}^{\mathrm{II}}, \mathfrak{a}^{\mathrm{III}}$, die nicht einem und demselben Büschel angehören, so gilt nach § 54 III. die Gleichung

$$\langle \mathfrak{a}^{\varrho}\, \mathfrak{a}^{\sigma} \rangle \equiv 0 \qquad [\varrho, \sigma = \mathrm{I} \text{ bis } \mathrm{III}] \tag{221}$$

und die Vektoren $\mathfrak{a}^{\varrho}$ sind linear unabhängig. Man zeige: Im Fall, daß die drei Geraden durch einen und denselben Punkt gehen, stellen die Sechservektoren $\mathfrak{p}$ des Bündels (vgl. § 56)

$$\mathfrak{p} = \sum_{\varrho} \lambda_{\varrho}\, \mathfrak{a}^{\varrho} \tag{222}$$

alle Geraden durch den gemeinsamen Schnittpunkt dar, im Fall, daß die Geraden in einer festen Ebene liegen, aber alle Geraden dieser Ebene. Die besonderen, wie wir sagen wollen *ausgearteten Vektorbündel* mit der Bedingung (221) sind also im Linienraum das analytische Äquivalent der Punkte und Ebenen, ebenso wie die Bündel mit [(58_2) § 55] die Hyperboloide darstellten. Man kann in der Liniengeometrie folgendermaßen von den Linienkoordinaten zu Punkt- und Ebenenkoordinaten übergehen: Die zu dem ausgearteten Bündel $\mathfrak{a}^{\varrho}$ gehörige Matrix $\|\mathfrak{a}^{\mathrm{I}}, \mathfrak{a}^{\mathrm{II}}, \mathfrak{a}^{\mathrm{III}}\|$ hat 20 dreireihige Unterdeterminanten. Man kann nun aus diesen 20 Größen gewisse Systeme von vieren herausgreifen, deren Verhältnisse gerade gleich den Verhältnissen der projektiven Punktkoordinaten des Punktes, resp. der projektiven Ebenenkoordinaten der Ebene sind, die dem Bündel $\mathfrak{a}^{\varrho}$ entspricht. Man gebe das Gesetz an, nach dem man die geeigneten Systeme von vier Größen auswählen kann.

6. Stellt man nach § 55 ein Hyperboloid durch zwei konjugierte Komplexbündel $\mathfrak{y}^{\alpha}$ und $\bar{\mathfrak{y}}^{\lambda}$ dar, und nimmt man zwei skalare Größentripel ϱ_{α} und $\bar{\varrho}_{\lambda}$ an, die den Gleichungen

$$\sum_{\alpha,\beta} A^{\alpha\beta}\, \varrho_{\alpha}\, \varrho_{\beta} = 0\,; \qquad \sum_{\lambda,\mu} \bar{A}^{\lambda\mu}\, \bar{\varrho}_{\lambda}\, \bar{\varrho}_{\mu} = 0 \tag{223}$$

genügen, mit den durch (35) definierten $A^{\alpha\beta}$, $\bar{A}^{\lambda\mu}$, so ist durch

$$\mathfrak{r} = \sum_{\alpha} \varrho_{\alpha}\, \mathfrak{y}^{\alpha} + \sum_{\lambda} \bar{\varrho}_{\lambda}\, \bar{\mathfrak{y}}^{\lambda} \tag{224}$$

eine Gerade $\mathfrak{r}$ dargestellt. Man zeige, daß die durch (224) dargestellten Geraden den ∞^3 *Tangenten des Hyperboloids* entsprechen. Nimmt man in (224) für die ϱ_{α}, $\bar{\varrho}_{\lambda}$ statt (223) die Bedingungen

$$\sum_{\alpha,\beta} A^{\alpha\beta} \cdot \varrho_{\alpha}\, \varrho_{\beta} + \sum_{\lambda,\mu} \bar{A}^{\lambda\mu}\, \bar{\varrho}_{\lambda}\, \bar{\varrho}_{\mu} = 0\,; \qquad \sum_{\alpha,\beta} A^{\alpha\beta}\, \varrho_{\alpha}\, \varrho_{\beta} \neq 0$$

an, so ist $\mathfrak{r}$ *eine das Hyperboloid nicht berührende Gerade*. Die zu (224) bezüglich des Hyperboloids *konjugierte Gerade* ist dann durch

$$\bar{\mathfrak{r}} = \sum_{\alpha} \varrho_{\alpha}\, \mathfrak{y}^{\alpha} - \sum_{\lambda} \bar{\varrho}_{\lambda}\, \bar{\mathfrak{y}}^{\lambda} \tag{225}$$

gegeben. Man zeige, daß die durch

$$\mathfrak{r} = \sum_{\alpha\beta} A_{\alpha\beta}\, \langle \mathfrak{r}^{*}\, \mathfrak{y}^{\alpha} \rangle\, \mathfrak{y}^{\beta} - \sum_{\lambda\mu} \bar{A}_{\lambda\mu}\, \langle \mathfrak{r}^{*}\, \bar{\mathfrak{y}}^{\lambda} \rangle\, \bar{\mathfrak{y}}^{\mu} \tag{226}$$

gegebene Zuordnung der Geraden $\mathfrak{r} \to \mathfrak{r}^{*}$ die *Polarität bezüglich des Hyperboloids* $\{\mathfrak{y}^{\alpha}, \bar{\mathfrak{y}}^{\lambda}\}$ ist.

7. In ähnlicher Weise wie die Hyperboloide können wir auch die Flächen zweiter Ordnung vom Typ der Kugel (ohne reelle Erzeugende) durch Komplexbündel darstellen, wenn wir nur für die Koordinaten der Komplexe der Bündel auch imaginäre Werte zulassen. Wir haben hier zwei Tripel $\mathfrak{y}^{\alpha}$ und $\bar{\mathfrak{y}}^{\lambda}$ von imaginären Sechservektoren zu nehmen, für die erstens die (33) entsprechenden Gleichungen

(227) $$\langle \mathfrak{y}^{\alpha} \bar{\mathfrak{y}}^{\lambda} \rangle = 0$$

erfüllt sind und bei denen für jedes Vektorpaar $\{\mathfrak{y}^{\mathrm{I}}, \bar{\mathfrak{y}}^{\mathrm{I}}\}$, $\{\mathfrak{y}^{\mathrm{II}}, \bar{\mathfrak{y}}^{\mathrm{II}}\}$ und $\{\mathfrak{y}^{\mathrm{III}}, \bar{\mathfrak{y}}^{\mathrm{III}}\}$ je zwei entsprechende Komponenten konjugiert imaginäre Zahlen sind. Wir haben, wie wir sagen wollen, zwei *konjugiert imaginäre zueinander konjugierte Komplexbündel* zu nehmen. Definiert man hier wieder nach (35) die Größen $A^{\alpha\beta}$, nimmt dann ein Tripel skalarer imaginärer Größen ϱ_α an, das der Gleichung

$$\sum_{\alpha\beta} A^{\alpha\beta} \varrho_\alpha \varrho_\beta = 0$$

genügt, und bezeichnet mit $\bar{\varrho}_\lambda$ jetzt die drei zu den ϱ_α konjugiert imaginären Größen, so ist durch (224) eine reelle Gerade gegeben. Man zeige, daß den sämtlichen Geraden, die man so erhält, die Tangenten einer Fläche zweiter Ordnung vom Typ der Kugel entsprechen. Man zeige ferner, daß es zu einer solchen Fläche immer nur ein einziges Paar von Komplexbündeln der angegebenen Art gibt, mittels derer ihre Tangenten sich nach (224) darstellen lassen.

8. Die Untergruppe derjenigen dualistischen Abbildungen unseres Linienraumes, die die Geraden eines ausgearteten Bündels (222) immer wieder in Geraden dieses Bündels überführen, ist isomorph zur *Gruppe der affinen Abbildungen des Raumes*. Denn wir können die Ebene, resp. den Punkt $\mathfrak{a}^{\varrho}$ durch eine dualistische Abbildung immer in die uneigentliche Ebene des projektiven Raumes überführen. *Wir gelangen also von unserer projektiven Liniengeometrie zur affinen Geometrie, wenn wir im Raume ein absolutes ausgeartetes Bündel als von vornherein gegeben annehmen.* Haben wir z. B. die affinen Invarianten eines Hyperboloids zu bestimmen, das wir uns durch ein Komplexbündel $\mathfrak{y}^{\alpha}$ nach § 55 dargestellt denken (auf die Verwendung des konjugierten Bündels $\bar{\mathfrak{y}}^{\lambda}$ verzichten wir hier) so sind diese durch die liniengeometrischen Invarianten dieses Bündels $\mathfrak{y}^{\alpha}$ mit dem absoluten ausgearteten Bündel $\mathfrak{a}^{\varrho}$ gegeben. Man zeige, daß ein Hyperboloid gegenüber der allgemeinen affinen Gruppe keine absolute Invariante, sondern nur eine invariante Gleichung besitzt. Setzt man nämlich

(228) $$\langle \mathfrak{y}^{\alpha} \mathfrak{a}^{\varrho} \rangle = N^{\alpha\varrho} \qquad N = |N^{\alpha\varrho}|$$

und definiert A aus dem Bündel $\mathfrak{y}^{\alpha}$ nach (33) und (39), so ist $J = N^2 : A$ ein Ausdruck, der sich bei den Transformationen des Bündels $\mathfrak{y}^{\alpha}$ nicht ändert, bei den Substitutionen

(229) $$\mathfrak{a}^{\varrho} = \sum_{\sigma} b_{\sigma}^{\varrho} \mathfrak{a}^{\sigma *}$$

des Bündels $\mathfrak{a}^{\varrho}$ aber nach $J = b \cdot J^*$ transformiert, wo b die Determinante der b_{σ}^{ϱ} ist.

Man zeige, daß $J = 0$ die *hyperbolischen Paraboloide* kennzeichnet. Stellt man nach Nr. 7 die Flächen zweiter Ordnung vom Typ der Kugel durch ein imaginäres Vektorbündel $\mathfrak{y}^{\alpha}$ von der dort beschriebenen Art dar, so kennzeichnet unter ihnen die Gleichung $J = 0$ die *elliptischen Paraboloide*. Man zeige, daß für zwei durch die Bündel $\mathfrak{y}^{\alpha}$ und $\tilde{\mathfrak{y}}^{\alpha}$ dargestellte Ellipsoide das Verhältnis der beiden zugehörigen Größen $J : \tilde{J}$ eine affine Invariante ist, die in einfacher Weise mit dem *Verhältnis ihrer Volumina* zusammenhängt. Im Zusammenhang mit dieser Tatsache zeige man, daß eine Beschränkung der Bündeltransformationen (229) auf die speziellen mit der Determinante $b = 1$ dem Übergang von der allgemeinen affinen Gruppe zur *Untergruppe der volumtreuen Affinitäten* entspricht.

9. Gibt man die hexasphärischen Koordinaten einer K-Kugel $\mathfrak{x}$ als Funktionen eines Parameters t, so ist dadurch eine K-Kugelschar $\mathfrak{x}(t)$ festgelegt. Schließen wir die Berührungsscharen $\langle \dot{\mathfrak{x}} \dot{\mathfrak{x}} \rangle = 0$ (vgl. § 57 Schluß) von der Betrachtung aus, so kann man für die übrigen Kugelscharen einen Lieinvarianten Parameter bestimmen, der von Ableitungen dritter Ordnung in den $\mathfrak{x}$ abhängt. Führt man für vier Sechservektoren $\mathfrak{a}^{\mathrm{I}}, \mathfrak{a}^{\mathrm{II}}, \mathfrak{a}^{\mathrm{III}}, \mathfrak{a}^{\mathrm{IV}}$ den Ausdruck

$$\| \mathfrak{a}^{\mathrm{I}}, \mathfrak{a}^{\mathrm{II}}, \mathfrak{a}^{\mathrm{III}}, \mathfrak{a}^{\mathrm{IV}} \|^2 \tag{229a}$$

als symbolische Abkürzung ein für die vierreihige Determinante $|\langle \mathfrak{a}^{\alpha}\, \mathfrak{a}^{\beta} \rangle|$, die aus den 4×4 Skalarprodukten $\langle \mathfrak{a}^{\alpha} \mathfrak{a}^{\beta} \rangle$ gebildet ist, so ist dieser Parameter durch

$$\tau = \int \sqrt[4]{\frac{\| \mathfrak{x}\, \dot{\mathfrak{x}}\, \ddot{\mathfrak{x}}\, \dddot{\mathfrak{x}} \|^2}{(\dot{\mathfrak{x}}\, \dot{\mathfrak{x}})^4}} \cdot dt \tag{230}$$

gegeben. Man zeige: Durch $\| \mathfrak{x}\, \dot{\mathfrak{x}}\, \ddot{\mathfrak{x}}\, \dddot{\mathfrak{x}} \|^2 = 0$ sind die Kugelscharen gekennzeichnet, bei denen es zu vier konsekutiven Kugeln genau eine gemeinsame Berührungskugel gibt, während sonst entweder zwei oder keine solche gemeinsamen reellen Berührungskugeln existieren.

Für die Liniengeometrie ist durch (230) der einfachste projektiv-invariante Parameter einer geradlinigen Fläche gegeben. [*G. Thomsen* 1926.]

10. Nimmt man in Nr. 9 speziell lauter K-Kugeln an, die in dem hyperbolischen Kugelkomplex aller Punkte enthalten sind, für die also nach § 59 $x_5 = 0$ gilt, so ist durch $\mathfrak{x}(t)$ eine *Raumkurve* gegeben. Die nach Weglassung der letzten Koordinaten aus den $\mathfrak{x}$ entstehenden Fünfervektoren sind dann die der pentasphärischen Punktkoordinaten. Nimmt man in (229) und in der Determinante $|\langle \mathfrak{a}^{\alpha} \mathfrak{a}^{\beta} \rangle|$ sowie in (230) statt der Sechser- die Fünfervektoren, so ist durch (230) der einfachste Möbiusinvariante Parameter einer Raumkurve gegeben. Dieser Parameter ist in Bewegungsinvarianten zuerst von *H. Liebmann* angegeben worden. [Vgl. Ber. d. Bayr. Akad. d. Wiss. 1923: ,,Beiträge zur Inversionsgeometrie der Kurven“]. Er ist von dem in Nr. I und Nr. VII des § 60 gegebenen Parameter σ verschieden, letzterer ist in dem Kurvenpunkt von höherer als dritter Ordnung.

11. Berechnet man sich zu dem in 10. erklärten *Liebmann*schen Kurvenparameter τ die Extremalen des zugehörigen Variationsproblems $\delta \int d\tau = 0$, so ergeben sich folgende Kurven:

1) Die Kurven der konstanten euklidischen Krümmung 1, deren Torsion t an die Bogenlänge s durch die Gleichung

$$(2t - A)^2 - (A^2 - 4)\cos^2 2s = 0$$

mit einer willkürlichen Konstanten A geknüpft ist und die Möbiusverwandten dieser Kurven.

2) Die Kurven konstanter nichteuklidischer Krümmung ϱ, deren nichteuklidische Torsion t (vgl. über diesen Begriff *L. Berwald:* Enzyklopädieartikel ,,Differentialinvarianten in der Geometrie“ S. 96) an die nichteuklidische Bogenlänge s und an ϱ durch die Gleichung geknüpft ist:

$$(2t(1-\varrho^2) - B\varrho)^2 - [C\varrho^2 + 4(1-\varrho^2)] \cdot \cos\left(\frac{\sqrt{1-\varrho^2}\cdot s}{\varrho}\right) = 0,$$

wobei B und C willkürliche Konstanten sind, und die Möbiusverwandten dieser Kurven.

[Dies Resultat stammt von *R. Mühlbach* (Hamburg). Vgl. Heidelberger Akademieberichte 1928: ,,Über Raumkurven in der *Möbius*schen Geometrie.“ Schon 1923 hat *Liebmann* als eine spezielle Klasse von Extremalen die 45°-Trajektorien der Krümmungslinien der *Dupin*schen Zykliden gefunden.]

12. Im § 58 haben wir gezeigt, daß für eine in der Form $\mathfrak{z}^{\alpha}(u, v)$ dargestellte und auf Krümmungslinien bezogene Fläche aus den Bedingungen (99) die Gleichungen (108) folgen. Man zeige umgekehrt: Für eine durch zwei berührende Kugelsysteme $\mathfrak{z}^{\mathrm{I}}(u, v)$ und $\mathfrak{z}^{\mathrm{II}}(u, v)$ dargestellte Fläche (für die nach § 57 dann $\langle\mathfrak{z}^\alpha\mathfrak{z}^\beta\rangle = \langle\mathfrak{z}^\alpha\mathfrak{z}_u^\beta\rangle = \langle\mathfrak{z}^\alpha\mathfrak{z}_v^\beta\rangle = 0$ gelten muß) ist

$$\langle\mathfrak{z}_u^\alpha\,\mathfrak{z}_v^\alpha\rangle = 0$$

die notwendige und hinreichende Bedingung dafür, daß die Fläche auf Krümmungslinien $u = \text{const}$; $v = \text{const}$ bezogen ist. Es folgen also aus den Gleichungen (108) rückwärts die Bedingungen (99).

13. Man zeige: Die einzigen eineindeutigen Zuordnungen der M-Kreise des Raumes, die sich berührende M-Kreise immer wieder in ebensolche Paare überführen, sind die Möbius-Transformationen.

14. Man bestimme die eingliedrigen Untergruppen der räumlichen Gruppe von *Laguerre*, die die Tangentenentfernungen invariant läßt und die zugehörigen gerichteten Torsen, die entstehen, wenn man eine feste gerichtete Ebene den verschiedenen eingliedrigen Gruppen unterwirft. [*H. Schatz* 1928.]

15. Die Abbildungen der engeren Gruppe von *Laguerre* im Raume (die die Tangentenentfernungen invariant lassen), lassen sich in *Bonnet*schen Koordinaten in der Form darstellen: Die Abbildungen, zu denen eine gleichsinnige Kreisverwandtschaft des sphärischen Bildes gehört, durch

$$(231)\qquad \left\{\begin{aligned} u &= \frac{\alpha u^* + \beta}{\gamma u^* + \delta}; \qquad v = \frac{\bar\alpha v^* + \bar\beta}{\bar\gamma v^* + \bar\delta},\\ w &= \frac{\vartheta w^* + \lambda u^* v^* + \mu u^* + \bar\mu v^* + \nu}{(\gamma u^* + \delta)(\bar\gamma v^* + \bar\delta)}, \end{aligned}\right.$$

die mit einer ungleichsinnigen Abbildung des sphärischen Bildes aber durch

$$(232)\qquad \left\{\begin{aligned} u &= \frac{\alpha v^* + \beta}{\gamma v^* + \delta}; \qquad v = \frac{\bar\alpha u^* + \bar\beta}{\bar\gamma u^* + \bar\delta},\\ w &= \frac{\vartheta w^* + \lambda u^* v^* + \mu u^* + \bar\mu v^* + \nu}{(\gamma v^* + \delta)(\bar\gamma u^* + \bar\delta)}. \end{aligned}\right.$$

Hierbei müssen $\alpha, \beta, \gamma, \delta, \mu$ konjugiert komplex zu $\bar\alpha, \bar\beta, \bar\gamma, \bar\delta, \bar\mu$ und ϑ, λ, ν reell sein. Außerdem muß zwischen den Koeffizienten die Relation

$$(\alpha\delta - \beta\gamma)(\bar\alpha\bar\delta - \bar\beta\bar\gamma) = \vartheta^2 \neq 0$$

bestehen. Jede der beiden Scharen (231) und (232) zerfällt wieder in zwei weitere, je nachdem $\vartheta > 0$ oder $\vartheta < 0$ ist. Die Abbildungen mit $\vartheta > 0$ haben die Eigenschaft (gegenüber denen mit $\vartheta < 0$), daß bei ihnen die Anordnung der gleichsinnig parallelen Ebenen erhalten bleibt, d. h.: Liegt von zwei gleichsinnig parallelen Ebenen die zweite auf der positiven Seite der ersten, so gilt dasselbe für die transformierten Ebenen.

16. Wir schließen jetzt einige zusammenhängende Aufgaben über *Flächenstreifen in der Geometrie von Lie und in der projektiven Geometrie* an.

a) Nach § 57 können wir in der Geometrie von *Lie* einen Flächenstreifen durch zwei Kugelscharen $\mathfrak{z}^\alpha(t)$ festlegen. Es müssen dann die Gleichungen (80) und (84) gelten. Man zeige: Setzt man $\langle\dot{\mathfrak{z}}^\alpha\dot{\mathfrak{z}}^\beta\rangle = H^{\alpha\beta}$, so ist für reelle Flächenstreifen, die nicht Krümmungsstreifen sind, die Form

$$(233)\qquad \sum_{\alpha,\beta} H^{\alpha\beta}\xi_\alpha\xi_\beta > 0$$

für beliebige reelle Werte der Hilfsvariablen ξ_α, sie ist also positiv definit. Setzen wir

$$H = |H^{\alpha\beta}| \quad \text{und} \quad \sum_\gamma H_{\alpha\gamma} H^{\gamma\beta} = \begin{cases} 1 \text{ für } \alpha = \beta, \\ 0 \text{ für } \alpha \neq \beta, \end{cases}$$

wo $H_{\alpha\beta}$ die durch H dividierten algebraischen Komplemente der $H^{\alpha\beta}$ sind, so folgt aus (233) $H > 0$. Die Krümmungsstreifen sind, wie man leicht zeigen kann, durch $H = 0$ gekennzeichnet. Diese Bedingung ist also mit (88) äquivalent.

b) Im folgenden beschränken wir uns auf den Fall $H > 0$. Handelt es sich um die Bestimmung der Lie-Invarianten des Streifens, so haben wir zuerst aus den Vektoren $\mathfrak{z}^\alpha$, $\dot{\mathfrak{z}}^\alpha$, $\ddot{\mathfrak{z}}^\alpha$ ... die Halbinvarianten zu bestimmen, und aus diesen Größen dann noch die Invarianten gegenüber den Büscheltransformationen (81) zu bilden. Hier herrschen nun ganz ähnliche Verhältnisse, wie in Nr. XIII des § 60 bei den Kreisscharen im Raum. In den Substitutionsformeln der Ableitungen der $\dot{\mathfrak{z}}^\alpha$, der $\ddot{\mathfrak{z}}^\alpha$, $\dddot{\mathfrak{z}}^\alpha$ usw. treten nach (84a) die Ableitungen $\dot{d}^\alpha_\beta$, $\ddot{d}^\alpha_\beta$ usw. der d^α_β auf. Nun kann man wieder statt der gewöhnlichen Ableitungen $\dot{\mathfrak{z}}^\alpha$, $\ddot{\mathfrak{z}}^\alpha$ ... gewisse abgeänderte Größen $\mathring{\mathfrak{z}}^\alpha$, $\overset{\circ\circ}{\mathfrak{z}}{}^\alpha$, $\overset{\circ\circ\circ}{\mathfrak{z}}{}^\alpha$ usw. einführen, die sich viel einfacher transformieren als diese, und dann zeigen: Das Problem der Invariantenbestimmung der $\mathfrak{z}^\alpha$, $\dot{\mathfrak{z}}^\alpha$, $\ddot{\mathfrak{z}}^\alpha$ ... läßt sich ersetzen durch das einfachere der Bestimmung der Invarianten der $\mathfrak{z}^\alpha$, $\mathring{\mathfrak{z}}^\alpha$, $\overset{\circ\circ}{\mathfrak{z}}{}^\alpha$ ... Und zwar hat man hier

$$P^{\alpha\beta} = \frac{2}{3}\langle \ddot{\mathfrak{z}}^\alpha \, \dot{\mathfrak{z}}^\beta \rangle + \frac{1}{3}\langle \dot{\mathfrak{z}}^\alpha \, \ddot{\mathfrak{z}}^\beta \rangle$$

zu setzen und die abgeänderten Vektoren

$$\mathring{\mathfrak{z}}^\alpha = \frac{d\mathfrak{z}^\alpha}{dt} - \sum_{\beta\gamma} P^{\alpha\beta} H_{\beta\gamma}\, \mathfrak{z}^\gamma; \qquad \overset{\circ\circ}{\mathfrak{z}}{}^\alpha = \frac{d\mathring{\mathfrak{z}}^\alpha}{dt} - \sum_{\beta,\gamma} P^{\alpha\beta} H_{\beta\gamma}\, \mathring{\mathfrak{z}}^\gamma \quad \text{usw.}$$

zu bilden, von denen jedes neue Vektorenpaar $\mathring{\mathfrak{z}}^\alpha$, $\overset{\circ\circ}{\mathfrak{z}}{}^\alpha$, $\overset{\circ\circ\circ}{\mathfrak{z}}{}^\alpha$ usw. sich aus dem vorhergehenden immer nach demselben Bildungsgesetz mit den gleichen Größen $P^{\alpha\beta}$ und $H_{\beta\gamma}$ ergibt. Alle Vektorenpaare, die man so erhält, transformieren sich nach demselben Gesetz:

$$\mathring{\mathfrak{z}}^\alpha = \sum_\beta d^\alpha_\beta (\mathring{\mathfrak{z}}^\beta)^*; \qquad \overset{\circ\circ}{\mathfrak{z}}{}^\alpha = \sum_\beta d^\alpha_\beta (\overset{\circ\circ}{\mathfrak{z}}{}^\beta)^*$$

usw. Die Ableitungen der d^α_β treten also gar nicht mehr auf. Es gilt für die $\mathring{\mathfrak{z}}^\alpha$, $\overset{\circ\circ}{\mathfrak{z}}{}^\alpha$ noch: $\langle \mathring{\mathfrak{z}}^\alpha \, \mathring{\mathfrak{z}}^\beta \rangle \equiv H^{\alpha\beta}$ und $\langle \mathring{\mathfrak{z}}^\alpha \, \overset{\circ\circ}{\mathfrak{z}}{}^\beta \rangle \equiv 0$.

c) Setzt man

$$\langle \overset{\circ\circ}{\mathfrak{z}}{}^\alpha \, \overset{\circ\circ}{\mathfrak{z}}{}^\beta \rangle = B^{\alpha\beta}, \qquad B = |B^{\alpha\beta}|$$

und

$$L = \frac{B}{H}; \qquad M = \sum_{\alpha\beta} \frac{1}{2} H_{\alpha\beta} B^{\alpha\beta},$$

so sind die Größen L und M noch nicht invariant gegenüber den Transformationen $t = f(t^*)$ des Parameters des Streifens. Man kann aus ihnen nur den einfachsten Lieinvarianten Parameter des Streifens bilden:

$$\chi = \int \sqrt[4]{M^2 - L}\, dt. \tag{234}$$

Aus dem positivdefiniten Charakter der Form (233) kann man leicht schließen, daß für reelle Streifen $M^2 - L \geqq 0$ ist und daß die Gleichung $M^2 - L = 0$ die Bedingungen

$$B^{\alpha\beta} = \lambda \cdot H^{\alpha\beta} \qquad [\alpha, \beta = \mathrm{I}, \mathrm{II}] \tag{235}$$

mit einem für alle Relationen gleichen Faktor $\lambda(t)$ nach sich zieht.

d) Man zeige: *Bei einem Streifen, der kein Krümmungsstreifen ist, und bei dem nicht gerade die Bedingung* (235) *erfüllt ist, läßt sich durch vier konsekutive Flächenelemente genau eine Zyklide hindurchlegen.* [*H. Schatz*[1]) und *G. Thomsen*, 1926.] Die Streifen mit (235) sind dadurch gekennzeichnet, daß es durch vier konsekutive Flächenelemente ∞^1 Zykliden gibt.

e) Setzt man $\langle \overset{\circ\circ}{\mathfrak{z}}{}^{\alpha} \overset{\circ\circ\circ}{\mathfrak{z}}{}^{\beta} \rangle = D^{\alpha\beta}$, so ist das in t identische Bestehen von Relationen der Form

$$D^{\alpha\beta} = \mu B^{\alpha\beta} + \nu H^{\alpha\beta} \tag{236}$$

mit Faktoren μ, ν, die für alle vier Gleichungen $[\alpha, \beta = \text{I}, \text{II}]$ dieselben sind, die notwendige und hinreichende Bedingung dafür, daß man durch den gesamten Flächenstreifen eine *Dupin*sche Zyklide hindurchlegen kann. Gilt

$$D^{\alpha\beta} \text{ prop } H^{\alpha\beta} \quad \text{und zugleich} \quad B^{\alpha\beta} \text{ prop } H^{\alpha\beta},$$

so kann man durch den Streifen ∞^1 Zykliden hindurchlegen.

f) Man übertrage die unter a) bis e) angegebenen Resultate auf die Liniengeometrie, indem man die $\mathfrak{z}^{\alpha}$ als zwei sich schneidende Gerade in Linienkoordinaten annimmt. Man hat dann die asymptotischen Flächenstreifen $H = 0$ auszuschließen. Man zeige, daß folgende Abweichungen von der Kugelgeometrie bestehen: Statt (233) und $H > 0$ gilt hier $H < 0$, die Form (233) ist also indefinit. Im Zusammenhang mit dieser Tatsache gilt hier nicht mehr notwendig $M^2 - L \geqq 0$ für reelle Streifen, und ebenso kann die Gleichung $M^2 - L = 0$ bestehen, ohne daß sie (235) nach sich zieht. Man zeige: $M^2 - L = 0$ ist kennzeichnend dafür, daß entweder die Kurve des Streifens eben ist oder daß die Tangentenebenen des Streifens alle durch einen festen Punkt gehen. (235) kennzeichnet die Streifen, bei denen beides gleichzeitig eintritt.

g) Man zeige: *Bei einem nicht asymptotischen Flächenstreifen läßt sich durch vier konsekutive Flächenelemente im Fall* $M^2 - L > 0$ *genau ein Hyperboloid hindurchlegen, im Fall* $M^2 - L < 0$ *aber genau eine Fläche zweiter Ordnung vom Typ der Kugel.* Im Fall $M^2 - L = 0$ gibt es, wenn (235) nicht gleichzeitig besteht, durch vier konsekutive Flächenelemente überhaupt keine F_2, im Fall (235) aber unendlich viele. [*G. Thomsen*, 1925.]

Setzen wir $M^2 - L \neq 0$ voraus, so ist (236) wieder die Bedingung dafür, daß unser gesamter Streifen auf einer F_2 liegt. Gilt außer (236) noch (235), so gibt es durch den Streifen ∞^1 F_2.

---

[1]) *Schatz, H.*: Über die Geometrie von *Laguerre* IX. Math. Z. 1928.

7. Kapitel.

Flächentheorie in der Geometrie von *Möbius* und *Laguerre*[1]).

§ 67. Die Zentralkugel und die Mittenkugel einer Fläche.

Wir wollen in diesem Kapitel die in die Geometrie von *Möbius* und *Laguerre* gehörigen Fragen der *Flächentheorie* systematisch behandeln. Und zwar wollen wir beide Geometrien gemeinsam behandeln, indem wir uns in dem Raum der Liegeometrie einen *absoluten Komplex* $\mathfrak{p}$ eingeführt denken, den wir nach den Vorschriften des § 61 durch

$$\mathfrak{p}\,\mathfrak{p} = \varepsilon \tag{1}$$

normieren, wobei wir für die Möbius-Geometrie $\varepsilon = -1$ und für die Laguerre-Geometrie $\varepsilon = 0$ annehmen. Im letzteren Fall, wo die Normierung von $\mathfrak{p}$ durch (1) nicht festgelegt ist, nehmen wir $\mathfrak{p}$ immer in derselben ganz bestimmten Normierung an. Das kommt ja nach § 61 der Festlegung einer Einheitstangentenentfernung gleich. Nach § 57 können wir uns eine gerichtete Fläche durch zwei Systeme $\mathfrak{z}^\alpha(u, v)$ $(\alpha = \mathrm{I}, \mathrm{II})$ von sie berührenden Kugeln festgelegt denken und für die $\mathfrak{z}^\alpha$ muß nach § 57 (80) und (86) dann gelten:

$$\langle \mathfrak{z}^\alpha \mathfrak{z}^\beta \rangle = \langle \mathfrak{z}^\alpha \mathfrak{z}^\beta_u \rangle = \langle \mathfrak{z}^\alpha \mathfrak{z}^\beta_v \rangle = 0. \tag{2}$$

In unserer Möbius- resp. Laguerre-Geometrie gibt es nun durch jedes gerichtete Flächenelement $\{\mathfrak{z}^{\mathrm{I}}, \mathfrak{z}^{\mathrm{II}}\}$ der Fläche eine Kugel $\mathfrak{a}$, die dem Komplex $\mathfrak{p}$ angehört, für die also

$$\langle \mathfrak{a}\,\mathfrak{a} \rangle = \langle \mathfrak{a}\,\mathfrak{p} \rangle = 0 \tag{3}$$

---

[1]) Die Flächentheorie der Möbius-Geometrie ist zuerst systematisch entwickelt worden in der Arbeit: *G. Thomsen:* Grundlagen der konformen Flächentheorie. Hamb. Abh. Bd. 2. 1923. Die Flächentheorie der Geometrie von *Laguerre* wurde in den folgenden Arbeiten durch *W. Blaschke* systematisch entwickelt: Über die Geometrie von *Laguerre* I, II und III [sämtlich in den Hamb. Abh. und zwar I und II im Bd. 3 (1924) und III im Bd. 4 (1925)]. Über die gemeinsame Behandlung beider Flächentheorien vgl. *G. Thomsen:* „Über eine gemeinsame Behandlungsweise . . ." Math. Z. Bd. 21. 1924. Ausführliche Literaturangaben zur *Möbius*schen und *Laguerre*schen Differentialgeometrie finden sich in dem Werke: „Differentialkugelgeometrie" von *T. Takasu.* Sendai (Japan) 1928. (Science reports of the Tôhoku Imperial University.)

gilt. In der Möbius-Geometrie ist $\mathfrak{a}$ der *Flächenpunkt* und in der Geometrie von *Laguerre* die *gerichtete Tangentenebene* der Fläche. Unser K-Kugelsystem $\mathfrak{z}^{I}(u, v)$ wollen wir jetzt mit dem System $\mathfrak{a}(u, v)$ der Punkte resp. Tangentenebenen identifizieren. $\mathfrak{z}^{II}(u, v)$ nehmen wir zunächst noch nicht irgendwie spezialisiert an und schreiben statt $\mathfrak{z}^{II}$ jetzt $\mathfrak{x}$. $\mathfrak{x}(u, v)$ ist dann irgend ein System unsere Fläche berührender Kugeln. Wir stellen uns dabei natürlich die $\mathfrak{x}$ als mit dem Orte stetig variierend vor. Von der Kugel $\mathfrak{x}$ können wir annehmen, daß sie nicht auch im Komplex $\mathfrak{p}$ enthalten ist, daß also gilt:

$$(4) \qquad \langle\mathfrak{x}\,\mathfrak{x}\rangle = 0 \qquad \langle\mathfrak{x}\,\mathfrak{p}\rangle \neq 0\,.$$

Die Bedingungen (2) ergeben in unserer neuen Schreibweise $\{\mathfrak{a}, \mathfrak{x}\}$ außer (3) und (4) noch die Relationen

$$(5) \qquad \langle\mathfrak{a}\,\mathfrak{x}\rangle = 0\,; \qquad \langle\mathfrak{x}\,\mathfrak{a}_u\rangle = \langle\mathfrak{x}\,\mathfrak{a}_v\rangle = 0\,.$$

Alle übrigen in (2) steckenden Gleichungen sind eine Folge von (3),(4) und (5) und der sich aus ihnen durch Ableitung ergebenden Gleichungen.

Natürlich reicht zur Festlegung der Fläche die eine Vektorfunktion $\mathfrak{a}(u, v)$ aus, die die Fläche in Punkt- resp. Ebenenkoordinaten darstellt. Aber es ist ganz zweckmäßig, zu $\mathfrak{a}(u, v)$ eine (4), (5) genügende Vektorfunktion $\mathfrak{x}(u, v)$ hinzuzunehmen und dann gleich das Paar der Vektorfunktionen $\mathfrak{a}(u, v)$, $\mathfrak{x}(u, v)$ zugrunde zu legen. In der Möbius-Geometrie besagt (5), daß die Kugel $\mathfrak{x}$ durch den Punkt $\mathfrak{a}$ und alle Nachbarpunkte $\mathfrak{a} + \mathfrak{a}_u du + \mathfrak{a}_v dv$ hindurchgeht, also die Fläche berührt, in der Geometrie von *Laguerre* besagt (5), daß $\mathfrak{x}$ die gerichtete Tangentenebene $\mathfrak{a}$ und alle Nachbarebenen berührt, das heißt aber wieder: $\mathfrak{x}$ berührt die Fläche. Gehen wir von der einzigen an (3) geknüpften Vektorfunktion $\mathfrak{a}(u, v)$ aus und denken wir uns die fünf Verhältnisgrößen der homogenen Koordinaten von $\mathfrak{x}$ aus den vier Gleichungen (4), (5) bestimmt, so wird die Vektorfunktion $\mathfrak{x}(u, v)$, abgesehen von der Normierung, noch in einem Freiheitsgrad unbestimmt sein. In der Tat sind ja mit $\mathfrak{x}$ auch alle Kugeln $\mathfrak{y}$ des Büschels

$$(6) \qquad \mathfrak{y} = \alpha\,\mathfrak{x} + \beta\,\mathfrak{a}$$

Lösungen von (4) und (5). Aber diese Kugeln sind im Fall der Möbius-Geometrie noch nicht einmal die einzigen Lösungen. Durch die Punkte $\mathfrak{a}(u, v)$ ist nämlich nur eine ungerichtete Fläche festgelegt und in jedes ihrer Flächenelemente fallen zwei entgegengesetzt gerichtete Flächenelemente zusammen, entsprechend in die Fläche $\mathfrak{a}(u, v)$ zwei entgegengesetzt gerichtete Flächen, die sozusagen die beiden Hüllflächen des K-Kugelsystems der Punkte $\mathfrak{a}(u, v)$ sind. Mit jeder Kugel (6) genügt dann auch die entgegengesetzt gerichtete den Gleichungen (4), (5). Die zu $\mathfrak{x}$ entgegengesetzt gerichtete Kugel $\tilde{\mathfrak{x}}$ ist nach § 59 aber durch

$$(7) \qquad \tilde{\mathfrak{x}} = -\frac{2\,\langle\mathfrak{x}\,\mathfrak{p}\rangle}{\langle\mathfrak{p}\,\mathfrak{p}\rangle}\,\mathfrak{p} + \mathfrak{x}$$

gegeben. Wegen (1) können wir dann das zu (6) entgegengesetzt gerichtete Büschel in der Form darstellen:

$$(8) \qquad \tilde{\mathfrak{y}} = \tilde{\alpha}\,[2\,\langle\mathfrak{x}\,\mathfrak{p}\rangle\,\mathfrak{p} - \varepsilon\,\mathfrak{x}] + \tilde{\beta}\,\mathfrak{a}\,.$$

Haben wir also einmal irgend eine Lösung $\mathfrak{x}$ von (4), (5) bestimmt, so ist die allgemeinste mögliche Lösung durch die beiden Büschel (6) und (8) gegeben. Im Gegensatz zur Möbius-Geometrie ist in der Laguerre-Geometrie durch $\mathfrak{a}(u, v)$ von vornherein eine *gerichtete* Fläche gegeben als Hüllfläche der gerichteten Tangentenebenen $\mathfrak{a}$. Da alle Ebenen K-Kugeln durch den uneigentlichen Punkt $\mathfrak{p}$ sind, erscheint hier dieser uneigentliche Punkt als zweite ausgeartete Hüllfläche des K-Kugelsystems $\mathfrak{a}(u, v)$. Mit $\mathfrak{x}$ sind hier die beiden Kugelbüschel (6) und

$$(9) \qquad \tilde{\mathfrak{y}} = \varrho\,\mathfrak{p} + \tilde{\beta}\,\mathfrak{a}$$

in das (8) für den Fall $\varepsilon = 0$ übergeht, zugleich Lösungen der vier Gleichungen (4), (5). Die Kugeln des Büschels (9), die das Büschel der Parallelebenen von $\mathfrak{a}$ darstellen, kommen aber hier wegen der Forderung (4) $\mathfrak{x}\mathfrak{p} \neq 0$, die für die $\tilde{\mathfrak{y}}$ nicht bestehen würde, nicht in Frage.

Denken wir uns aus den Gleichungen (4), (5) irgend eine mögliche stetige Vektorfunktion $\mathfrak{x}(u, v)$ als Lösung bestimmt, so erfährt die Fläche durch die Wahl von $\mathfrak{x}$ auch im Fall *Möbius* eine Richtung, nämlich die des Flächenelements $\{\mathfrak{x}, \mathfrak{a}\}$.

Denken wir die Fläche jetzt *auf die Parameter der Krümmungslinien bezogen*, so gilt nach § 58 (99)

$$(10) \qquad \|\mathfrak{a}, \mathfrak{x}, \mathfrak{a}_u, \mathfrak{x}_u\| = 0; \qquad \|\mathfrak{a}, \mathfrak{x}, \mathfrak{a}_v, \mathfrak{x}_v\| = 0.$$

Wir können nun annehmen, daß $\mathfrak{a}$, $\mathfrak{x}$, $\mathfrak{a}_u$ einerseits und $\mathfrak{a}$, $\mathfrak{x}$, $\mathfrak{a}_v$ andererseits nicht linear abhängig sind. Denn sonst müßte nach § 58 (91) $\mathfrak{a}$ eine der beiden Krümmungskugeln der Fläche sein. Im Fall *Möbius* kann ein regulärer Flächenpunkt $\mathfrak{a}$ niemals Krümmungskugel sein, das ist höchstens für die im § 57 erwähnten *hebbaren singulären Stellen* von Flächenpunkten möglich. Diese schließen wir also jetzt aus. Im Fall *Laguerre* schließen wir den Fall des *Flachpunktes* (vgl. § 63) aus, in dem die Tangentenebene Krümmungskugel ist. Wir können auf Grund unserer Annahme jetzt wegen (10) für $\mathfrak{x}_u$ und $\mathfrak{x}_v$ die Linearkombination

$$(11) \qquad \begin{cases} \mathfrak{x}_u = \sigma\,\mathfrak{x} + \tau\,\mathfrak{a} + \varrho\,\mathfrak{a}_u \\ \mathfrak{x}_v = \bar{\sigma}\,\mathfrak{x} + \bar{\tau}\,\mathfrak{a} + \bar{\varrho}\,\mathfrak{a}_v \end{cases}$$

schreiben. Hierbei setzen wir im folgenden $\varrho \neq \bar{\varrho}$ voraus.

$\varrho = \bar{\varrho}$ kennzeichnet nach § 58 (102) die *Nabelpunkte*, die wir somit ausschließen. Wir wollen jetzt auch noch die Kugel $\mathfrak{x}$ in invarianter Weise festlegen: In der Möbius-Geometrie gibt es in dem Büschel der die Fläche berührenden Kugeln eine bestimmte, die mit dem Flächenpunkt zusammen das Paar der Krümmungskugeln harmonisch trennt. Wir wollen sie die *Zentralkugel* nennen. In der Laguerre-Geometrie gibt es aber die sogenannte *Mittenkugel*, die mit der Tangentenebene das Paar der Krümmungskugeln harmonisch trennt. Vier Kugeln eines Büschels heißen dabei harmonisch, wenn das im § 52 V (resp. § 44 (17)] definierte Doppelverhältnis der Radien -1 ist. Bezeichnet man mit R_1 und R_2 die Radien der gerichteten Krümmungskugeln, die Hauptkrümmungsradien, so gilt für die Radien R_Z und R_M der Zentralkugel und Mittenkugel

$$(12) \qquad \frac{1}{R_Z} = \frac{1}{2}\left(\frac{1}{R_1} + \frac{1}{R_2}\right); \qquad R_M = \frac{1}{2}(R_1 + R_2).$$

Die Zentralkugel kann man in Möbiusinvarianter Weise folgendermaßen konstruieren: Man nimmt alle Kugeln $\mathfrak{r}$, die die beiden gerichteten Krümmungskugeln $\mathfrak{y}^{\mathrm{I}}$, $\mathfrak{y}^{\mathrm{II}}$ in verschiedenem Sinne berühren (Fig. 64). Die Zentralkugel ergibt sich dann als die zu allen diesen Kugeln $\mathfrak{r}$ senkrechte Kugel. Um die Mittenkugel zu bekommen, nehmen wir zu jedem Paar gleichsinnig paralleler Tangentenebenen an die beiden gerichteten Krümmungskugeln die zu ihnen parallele Mittenebene. Alle diese Mittenebenen umhüllen die Mittenkugel.

Um zu sehen, welchen Einfluß es auf die Form der Gleichungen hat, wenn wir für $\mathfrak{x}$ speziell die Zentralkugel, resp. Mittenkugel wählen, wollen wir uns in dem Büschel (6) die beiden Krümmungskugeln bestimmen. Da für diese in (6) $\alpha \neq 0$ sein muß, können wir die Krümmungskugeln so normiert denken, daß $\alpha = 1$, also

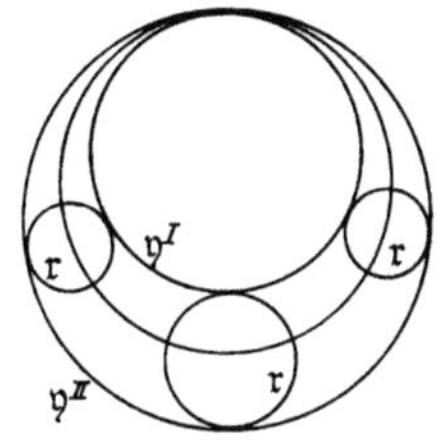

Fig. 64.

(13) $$\mathfrak{y} = \mathfrak{x} + \beta\,\mathfrak{a}$$

wird. Aus (11) und (13) folgt

(14) $$\mathfrak{y}_u = \sigma\,\mathfrak{y} + (\tau + \beta_u - \sigma\beta)\,\mathfrak{a} + (\varrho + \beta)\,\mathfrak{a}_u\,.$$

Da nach § 58 (91) für die Krümmungskugel $\mathfrak{y}$ der u-Linie die Ableitung $\mathfrak{y}_u$ eine Linearkombination von $\mathfrak{y}$ und $\mathfrak{a}$ sein muß, folgt aus (14) für diese $\beta = -\varrho$. Die Krümmungskugel $\mathfrak{y}^{\mathrm{I}}$ der u-Linie ist also durch

(15) $$\mathfrak{y}^{\mathrm{I}} = \mathfrak{x} - \varrho\,\mathfrak{a}$$

gegeben, und analog erhält man für die der v-Linie

(16) $$\mathfrak{y}^{\mathrm{II}} = \mathfrak{x} - \bar{\varrho}\,\mathfrak{a}\,.$$

Sollen nun $\mathfrak{a}$ und $\mathfrak{x}$ die Kugeln $\mathfrak{y}^{\mathrm{I}}$ und $\mathfrak{y}^{\mathrm{II}}$ harmonisch trennen, so muß nach § 44 (17)

$$D(\mathfrak{x}, \mathfrak{y}^{\mathrm{I}}, \mathfrak{a}, \mathfrak{y}^{\mathrm{II}}) = \frac{\varrho}{\bar{\varrho}} = -1$$

gelten. Falls wir $\mathfrak{x}$ als Zentral- resp. Mittenkugel wählen, besteht also in den Gleichungen (11) die Beziehung

(17) $$\varrho + \bar{\varrho} = 0\,.$$

Wegen der Voraussetzung $\varrho \neq \bar{\varrho}$ gilt dann:

(18) $$\varrho \neq 0\,; \qquad \bar{\varrho} \neq 0\,.$$

Nachdem wir so unsere das Flächenelement unserer Fläche bestimmenden K-Kugeln $\mathfrak{a}$ und $\mathfrak{x}$ geometrisch festgelegt haben, wollen wir für $\mathfrak{a}$ und $\mathfrak{x}$ auch besondere Normierungen einführen. Die Normierung von $\mathfrak{x}$ können wir nach (4) durch

(19) $$\langle \mathfrak{x}\,\mathfrak{p} \rangle = 1$$

festlegen. Da wegen der Konstanz des Vektors $\mathfrak{p}$ dann nach (19) und (3) gilt:

$$\langle \mathfrak{x}_u \mathfrak{p}\rangle = \langle \mathfrak{x}_v \mathfrak{p}\rangle = \langle \mathfrak{a}_u \mathfrak{p}\rangle = \langle \mathfrak{a}_v \mathfrak{p}\rangle = 0$$

folgt durch skalare Multiplikation der Gleichungen (11) mit $\mathfrak{p}$

$$\sigma = \bar{\sigma} = 0 .$$

Wir behalten also die Gleichungen

$$(20) \qquad \mathfrak{x}_u = \tau\, \mathfrak{a} + \varrho\, \mathfrak{a}_u ; \qquad \mathfrak{x}_v = \bar{\tau}\, \mathfrak{a} - \varrho\, \mathfrak{a}_v$$

übrig. Nun wollen wir noch $\mathfrak{a}$ normieren. Gehen wir von $\mathfrak{a}$ durch $\mathfrak{a} = \lambda \hat{\mathfrak{a}}$ zu einem neu normierten $\hat{\mathfrak{a}}$ über, so folgt aus (20)

$$(21) \qquad \begin{cases} \mathfrak{x}_u = (\lambda \tau + \varrho \lambda_u)\mathfrak{a} + \varrho \lambda \hat{\mathfrak{a}}_u \\ \mathfrak{x}_v = (\lambda \bar{\tau} - \varrho \lambda_v)\mathfrak{a} - \varrho \lambda \mathfrak{a}_v . \end{cases}$$

Setzen wir nun $\lambda = -1 : \varrho$, so wird in (21) der Koeffizient von $\mathfrak{a}_u$ gleich -1 und der von $\mathfrak{a}_v$ gleich $+1$. Gehen wir also von $\mathfrak{a}$ durch

$$(22) \qquad \mathfrak{a} = -\frac{1}{\varrho}\, \mathfrak{a}$$

zu einem $\hat{\mathfrak{a}}$ in neuer Normierung über und lassen hinterher die Zeichen $\wedge$ wieder weg, so erhalten wir eine Darstellung

$$(23) \qquad \boxed{\mathfrak{x}_u = \nu\, \mathfrak{a} - \mathfrak{a}_u \quad \Big| \quad \mathfrak{x}_v = \bar{\nu}\, \mathfrak{a} + \mathfrak{a}_v}$$

mit Koeffizienten ν, $\bar{\nu}$, die man sich aus (21), (22) berechnen kann. Diese wichtigen Gleichungen werden den Ausgangspunkt für unsere weiteren Untersuchungen bilden.

Weitere Gleichungen von Bedeutung folgen aus den Relationen (108) des § 58, die wir als notwendig für eine auf Krümmungslinien bezogene Fläche nachgewiesen haben. Wegen $\mathfrak{z}^{\mathrm{I}} = \mathfrak{a}$; $\mathfrak{z}^{\mathrm{II}} = \mathfrak{x}$ haben wir

$$(24) \qquad \langle \mathfrak{a}_u \mathfrak{a}_v\rangle = \langle \mathfrak{a}_u \mathfrak{x}_v\rangle = \langle \mathfrak{a}_v \mathfrak{x}_u\rangle = \langle \mathfrak{x}_u \mathfrak{x}_v\rangle = 0 .$$

§ 68. Invariante Ableitungen in der Flächentheorie.

Wollen wir die absoluten Möbius- resp. Laguerre-Invarianten bestimmen, die unsere durch $\mathfrak{a}\,(u, v)$, $\mathfrak{x}\,(u, v)$ dargestellte Fläche an der durch die Parameterwerte $\{u, v\}$ bestimmten Stelle besitzt, so kommt das auf folgendes hinaus: Wir haben zuerst für die Stelle $\{u, v\}$ die Vektoren

$$(25) \qquad \mathfrak{a}, \mathfrak{a}_u, \mathfrak{a}_v, \mathfrak{a}_{uu}, \mathfrak{a}_{uv}, \ldots \mathfrak{x}, \mathfrak{x}_u, \mathfrak{x}_v, \mathfrak{x}_{uu}, \ldots \mathfrak{p}$$

zu nehmen, bis zu so hohen Ableitungen, wie wir eben gehen wollen. Aus diesen Vektoren haben wir die Halbinvarianten zu bestimmen, die nach § 10 durch Skalarprodukte und Koeffizienten von Linearkombinationen gegeben sind. Aus den Halbinvarianten haben wir dann weiter solche Ausdrücke zu bilden, die erstens noch invariant sind gegenüber etwa noch in Frage kommenden Umnormierungen, und zweitens gegenüber den Parametersubstitutionen

$$(26) \qquad u = u(u^*, v^*); \qquad v = v(u^*, v^*)$$

der u, v auf neue Flächenparameter u^*, v^* mit beliebigen stetigen Funktionen $u(u^*, v^*), v(u^*, v^*)$. Zu diesen beiden letzten Invarianzforderungen ist in Hinsicht auf die Untersuchungen des vorigen Abschnitts das Folgende zu bemerken: Wir haben das Netz der Parameterkurven durch die Gleichungen (10) in invarianter Weise festgelegt, indem wir die Kurven resp. Streifen $u =$ const, $v =$ const mit den Lieinvarianten Krümmungsstreifen identifizierten. Dadurch sind die Parameter noch nicht völlig festgelegt, denn wir können noch eine Substitution

$$(27) \qquad u = f(u^*); \qquad v = \bar{f}(v^*)$$

vornehmen, ohne die Parameterkurven $u =$ const, $v =$ const zu ändern. Diese Transformationen entsprechen ganz den Parametertransformationen (102), die wir im § 28 für unsere senkrechten Netze auf der Kugel zu berücksichtigen hatten. Hier wie dort entsprechen sie der Abänderung der Skalen der u- (resp. v-)Werte, die wir den einzelnen Kurven (Streifen) unseres Netzes beilegen können. Was nun andererseits die Umnormierungen angeht, so kommen sie für unsere am Schluß erhaltenen Formeln (23) gar nicht mehr in Frage. Denn wir haben durch die Forderungen, daß identisch in u und v

$$(28) \qquad \langle \mathfrak{x}\,\mathfrak{p} \rangle = 1 \quad \text{und in (20)} \quad \varrho = -1$$

gelten soll, über die Normierung von $\mathfrak{x}$ und $\mathfrak{a}$ schon verfügt.

Wir können in gewissem Sinne sagen: Wir haben in *invarianter Weise* über die Normierung verfügt: Was wir im Grunde getan haben, ist das Folgende: Wir haben eine Größe gefunden, die, abgesehen von den Umnormierungen von $\mathfrak{x}$, alle weiteren Invarianzeigenschaften besaß (also die der Halbinvarianz und Parameterinvarianz) und die sich bei einer Umnormierung $\mathfrak{x} = \mu \mathfrak{x}^*$ von $\mathfrak{x}$ gerade mit $1 : \mu$ multiplizierte. Eine solche Größe war $1 : \langle \mathfrak{x}\mathfrak{p} \rangle$ und es war dann der Vektor

$$(29) \qquad \hat{\mathfrak{x}} = \mathfrak{x} : \langle \mathfrak{x}\,\mathfrak{p} \rangle$$

von den Umnormierungen überhaupt unabhängig. Indem wir längs der ganzen Fläche $\hat{\mathfrak{x}}\mathfrak{p} = 1$ forderten, war die ganze Umnormierungsfunktion $\mu(u, v)$ sozusagen ausgeschaltet. Analog verfuhren wir mit $\mathfrak{a}$. Der Faktor ϱ in (20) ist als Koeffizient einer Linearkombination halbinvariant, und außerdem, wie man leicht erkennt, invariant gegenüber den Parametersubstitutionen (27). Bei der Umnormierung $\mathfrak{a} = \lambda \hat{\mathfrak{a}}$ multipliziert er sich nach (21) aber mit λ, so daß das durch (22) definierte $\hat{\mathfrak{a}}$ von Umnormierungen wieder unabhängig ist. Somit ist bei Verwendung des normierten Vektors $\hat{\mathfrak{a}}$ auch die Umnormierungsfunktion $\lambda(u, v)$ ganz ausgeschaltet.

Was nun die Bildung von Invarianten gegenüber den Parametersubstitutionen (27) angeht, so können wir hier genau so verfahren wie im § 31 bei den Netzen. Wir brauchen nur einmal zwei Größen φ und $\bar{\varphi}$ zu finden, die sich nach § 31 (140b) transformieren oder, was nach § 31 auf dasselbe hinauskommt, wir brauchen nur einmal zwei invariante Differentiale

$$(30)\qquad d\psi = \varphi\, d u \qquad \text{und} \qquad d\bar{\psi} = \bar{\varphi}\, d v$$

zu finden, um mit ihrer Hilfe nach § 31 (142) *invariante Ableitungen* definieren zu können. Damit schalten wir die Parametersubstitutionen dann ganz aus. Da nach § 57 für zwei unendlich benachbarte Punkte und ebenso für zwei unendlich benachbarte Ebenen $\mathfrak{a}$ und $\mathfrak{a} + d\mathfrak{a}$ immer $\langle d\mathfrak{a}\, d\mathfrak{a}\rangle > 0$ gelten muß, gilt $\langle \mathfrak{a}_u \mathfrak{a}_u\rangle > 0$ und $\langle \mathfrak{a}_v \mathfrak{a}_v\rangle > 0$ und wir können für φ und $\bar{\varphi}$ die Größen wählen

$$(31)\qquad \varphi = \sqrt{\langle \mathfrak{a}_u\, \mathfrak{a}_u\rangle}; \qquad \bar{\varphi} = \sqrt{\langle \mathfrak{a}_v\, \mathfrak{a}_v\rangle},$$

die ja die geforderten Transformationseigenschaften besitzen. Nach (23) gilt

$$(32)\qquad \begin{cases} \langle \mathfrak{a}_u\, \mathfrak{a}_u\rangle = -\langle \mathfrak{a}_u\, \mathfrak{x}_u\rangle = +\langle \mathfrak{x}_u \mathfrak{x}_u\rangle \\ \langle \mathfrak{a}_v\, \mathfrak{a}_v\rangle = +\langle \mathfrak{a}_v\, \mathfrak{x}_v\rangle = +\langle \mathfrak{x}_v\, \mathfrak{x}_v\rangle \end{cases}$$

also sind

$$(33)\qquad \begin{cases} d\psi = \sqrt{\mathfrak{a}_u\, \mathfrak{a}_u}\, d u = \sqrt{-\langle \mathfrak{a}_u\, \mathfrak{x}_u\rangle}\, d u = \sqrt{\mathfrak{x}_u\, \mathfrak{x}_u}\, d u \\ d\bar{\psi} = \sqrt{\mathfrak{a}_v\, \mathfrak{a}_v}\, d v = \sqrt{+\langle \mathfrak{a}_v\, \mathfrak{x}_v\rangle}\, d v = \sqrt{\mathfrak{x}_v\, \mathfrak{x}_v}\, d v \end{cases}$$

unsere beiden invarianten Differentiale längs der Krümmungslinien.

Um ihre geometrische Bedeutung festzustellen, bemerken wir, daß bei unserer in der Darstellung (23) zum Ausdruck kommenden Festlegung der Kugel $\mathfrak{x}$ und der Verfügung über die Normierung von $\mathfrak{x}$ und $\mathfrak{a}$ nach (15), (16) die Krümmungskugeln nunmehr durch

$$(34)\qquad \mathfrak{y}^{\mathrm{I}} = \mathfrak{x} + \mathfrak{a}; \qquad \mathfrak{y}^{\mathrm{II}} = \mathfrak{x} - \mathfrak{a}$$

gegeben sind. Für unsere Formen $d\psi$ und $d\bar{\psi}$ gilt nun

$$(35)\qquad d\psi = \frac{1}{2}\sqrt{\langle d\mathfrak{y}^{\mathrm{I}}\, d\mathfrak{y}^{\mathrm{I}}\rangle}; \qquad d\bar{\psi} = \frac{1}{2}\sqrt{\langle d\mathfrak{y}^{\mathrm{II}}\, d\mathfrak{y}^{\mathrm{II}}\rangle}.$$

In der Tat: Aus (34) folgt

$$(36)\qquad \begin{cases} \langle d\mathfrak{y}^{\mathrm{I}}\, d\mathfrak{y}^{\mathrm{I}}\rangle = \langle d\mathfrak{x}\, d\mathfrak{x}\rangle + 2\langle d\mathfrak{x}\, d\mathfrak{a}\rangle + \langle d\mathfrak{a}\, d\mathfrak{a}\rangle \\ \langle d\mathfrak{y}^{\mathrm{II}}\, d\mathfrak{y}^{\mathrm{II}}\rangle = \langle d\mathfrak{x}\, d\mathfrak{x}\rangle - 2\langle d\mathfrak{x}\, d\mathfrak{a}\rangle + \langle d\mathfrak{a}\, d\mathfrak{a}\rangle. \end{cases}$$

Nach

$$d\mathfrak{x} = \mathfrak{x}_u\, du + \mathfrak{x}_v\, dv; \qquad d\mathfrak{a} = \mathfrak{a}_u\, du + \mathfrak{a}_v\, dv$$

und (33) sowie nach (24) folgt dann aber

$$(37)\qquad \begin{cases} \langle d\mathfrak{x}\, d\mathfrak{x}\rangle = \langle d\mathfrak{a}\, d\mathfrak{a}\rangle = d\psi^2 + d\bar{\psi}^2 \\ \langle d\mathfrak{x}\, d\mathfrak{a}\rangle = -d\psi^2 + d\bar{\psi}^2. \end{cases}$$

(36) und (37) ergeben dann tatsächlich die behaupteten Beziehungen (35). Nach § 60 (135a) ist wegen $\langle \mathfrak{y}^{\mathrm{I}}\, \mathfrak{p}\rangle = 1$ der Ausdruck $(d\mathfrak{y}^{\mathrm{I}} d\mathfrak{y}^{\mathrm{I}})$ aber einfach der unendlich kleine Winkel konsekutiver Kugeln $\mathfrak{y}^{\mathrm{I}}$ und $\mathfrak{y}^{\mathrm{I}} + d\mathfrak{y}^{\mathrm{I}}$. Also gilt im Fall *Möbius*: *Für zwei Nachbarpunkte* $\mathfrak{a}$ *und* $\mathfrak{a} + d\mathfrak{a}$ *unserer Fläche ist das Differential*

$d\psi$ bis auf einen Zahlenfaktor einfach der unendlich kleine Winkel der beiden zugehörigen Krümmungskugeln $\mathfrak{y}^{\mathrm{I}}$ des einen Systems, $d\overline{\psi}$ aber der entsprechende Winkel der Krümmungskugeln des anderen Systems. In der Laguerre-Geometrie tritt an die Stelle des Winkels die Tangentenentfernung der Krümmungskugeln[1]).

Bilden wir jetzt mit den Größen (31) nach § 31 invariante Ableitungen, so wird nach (32), (33)

$$(39)\qquad \begin{cases} \mathfrak{a}_1\mathfrak{a}_1 = -\mathfrak{a}_1\mathfrak{x}_1 = \mathfrak{x}_1\mathfrak{x}_1 = 1 \\ \mathfrak{a}_2\mathfrak{a}_2 = +\mathfrak{a}_2\mathfrak{x}_2 = \mathfrak{x}_2\mathfrak{x}_2 = 1. \end{cases}$$

Setzen wir in (23)

$$(40)\qquad r = +\frac{\nu}{\varphi}; \qquad \overline{r} = -\frac{\overline{\nu}}{\overline{\varphi}},$$

so folgt aus (23) nach Division durch φ resp. φ:

$$(41)\qquad \boxed{\begin{aligned} \mathfrak{a}_1 &= r\,\mathfrak{a} - \mathfrak{x}_1 \\ \mathfrak{a}_2 &= \overline{r}\,\mathfrak{a} + \mathfrak{x}_2 \end{aligned}}$$

wo wir jetzt die Ableitungen der $\mathfrak{a}$ auf die linke Seite schreiben. Da nach (31) die Formen φ und $\overline{\varphi}$ und damit die invarianten Ableitungen nur bis auf die in den Wurzelzeichen steckenden Vorzeichen bestimmt sind, sind auch die in (41) auftretenden Faktoren r und $\overline{r}$ nur bis auf Vorzeichen invariant. Sicher sind dann aber die Größen

$$(41\text{a})\qquad r^2 \quad\text{und}\quad \overline{r}^2$$

absolute Invarianten unserer Fläche. Wir werden diese Größen im § 71 geometrisch deuten. Die Gleichungen (1), (3), (4), (5), (24), (19) können wir jetzt in der invarianten Form zusammenstellen:

$$(42)\qquad \begin{cases} \mathfrak{p}\mathfrak{p} = \varepsilon; \quad \mathfrak{p}\mathfrak{a} = \mathfrak{a}\mathfrak{a} = \mathfrak{a}\mathfrak{x} = \mathfrak{x}\mathfrak{x} = 0; \quad \mathfrak{p}\mathfrak{x} = 1 \\ \mathfrak{x}\mathfrak{a}_1 = \mathfrak{x}\mathfrak{a}_2 = 0; \quad \mathfrak{a}_1\mathfrak{a}_2 = \mathfrak{a}_1\mathfrak{x}_2 = \mathfrak{a}_2\mathfrak{x}_1 = \mathfrak{x}_1\mathfrak{x}_2 = 0. \end{cases}$$

Alle bisherigen Ergebnisse drängen sich dann in die Formeln (41) und (42) zusammen.

Wir kommen jetzt zu etwas Neuem und wollen zeigen: Durch die sechs Gleichungen

$$(43)\qquad \mathfrak{b}\mathfrak{x} = \mathfrak{b}\mathfrak{x}_1 = \mathfrak{b}\mathfrak{x}_2 = \mathfrak{b}\mathfrak{p} = 0; \qquad \mathfrak{b}\mathfrak{a} = 1,$$

$$(44)\qquad \mathfrak{b}\mathfrak{b} = 0$$

ist ein Sechservektor $\mathfrak{b}$ eindeutig festgelegt und dieser Vektor $\mathfrak{b}$ bildet mit $\mathfrak{x}$, $\mathfrak{x}_1$, $\mathfrak{x}_2$, $\mathfrak{a}$ und $\mathfrak{p}$ zusammen ein System von sechs linear unabhängigen Vektoren, die wir dann im folgenden in unseren flächentheoretischen Formeln als *Grundvektoren* benutzen können. Für die sechs Grundvektoren gilt dann nach (42), (41), (39) und (43) und den durch

[1]) Diese Deutung enunserer invarianten Differentiale stammen von *T. Kubota* aus Sendai.

Ableitung aus ihnen folgenden Gleichungen die folgende Tabelle skalarer Produkte.

(45)

	$\mathfrak{a}$	$\mathfrak{x}$	$\mathfrak{x}_1$	$\mathfrak{x}_2$	$\mathfrak{p}$	$\mathfrak{b}$
$\mathfrak{a}$	0	0	0	0	0	1
$\mathfrak{x}$	0	0	0	0	1	0
$\mathfrak{x}_1$	0	0	1	0	0	0
$\mathfrak{x}_2$	0	0	0	1	0	0
$\mathfrak{p}$	0	1	0	0	ε	0
$\mathfrak{b}$	1	0	0	0	0	0

Um zu beweisen, daß der Vektor $\mathfrak{b}$ aus (43), (44) eindeutig bestimmbar ist, gehen wir von der Tatsache aus, daß die fünf Vektoren $\mathfrak{x}$, $\mathfrak{x}_1$, $\mathfrak{x}_2$, $\mathfrak{a}$, $\mathfrak{p}$ linear unabhängig sind. Sie folgt aus der für einen beliebigen Hilfsvektor $*$ gültigen Identität

$$(46) \qquad |\mathfrak{x}, \mathfrak{x}_1, \mathfrak{x}_2, \mathfrak{a}, \mathfrak{p}\, *|^2 = \langle \mathfrak{a}\, * \rangle^2,$$

die sich aus dem Determinantensatz § 53 (9) ergibt. Wären die 5 Vektoren nämlich linear abhängig, so müßte die Determinante (46) für jeden Hilfsvektor $*$ verschwinden. Nun braucht man aber nur eine die K-Kugel $\mathfrak{a}$ nicht berührende K-Kugel für $*$ zu nehmen, um $\langle \mathfrak{a}\, * \rangle$ und damit auch der Determinante einen von Null verschiedenen Wert zu geben.

Wir können nun sicher einen den fünf Gleichungen (43) für $\mathfrak{b}$ genügenden Hilfsvektor $\tilde{\mathfrak{b}}$ bestimmen, denn diese Gleichungen sind alle linear. $\tilde{\mathfrak{b}}$ unterscheidet sich von $\mathfrak{b}$ dann nur dadurch, daß $\tilde{\mathfrak{b}}\tilde{\mathfrak{b}}$ nicht nach (44) notwendig zu verschwinden braucht. Wegen $\langle \tilde{\mathfrak{b}}\mathfrak{a} \rangle = 1$ sind nach (46) $\mathfrak{x}$, $\mathfrak{x}_1$, $\mathfrak{x}_2$, $\mathfrak{a}$, $\mathfrak{p}$ und $\tilde{\mathfrak{b}}$ sechs linear unabhängige Vektoren. Wir können uns aus ihnen $\mathfrak{b}$ linear kombiniert denken:

$$\mathfrak{b} = \alpha\,\mathfrak{x} + \beta\,\mathfrak{x}_1 + \gamma\,\mathfrak{x}_2 + \lambda\,\mathfrak{a} + \mu\,\mathfrak{p} + \nu\,\tilde{\mathfrak{b}}.$$

Aus den sowohl für $\mathfrak{b}$ wie für $\tilde{\mathfrak{b}}$ geltenden Gleichungen (43) schließt man dann nach der Reihe:

$$\mu = 0; \qquad \beta = 0; \qquad \gamma = 0; \qquad \alpha = 0; \qquad \nu = 1,$$

somit gilt

$$\mathfrak{b} = \tilde{\mathfrak{b}} + \lambda\,\mathfrak{a}.$$

Aus $\mathfrak{b}\mathfrak{b} = 0$ folgt dann aber $\langle \tilde{\mathfrak{b}}\tilde{\mathfrak{b}} \rangle + 2\lambda = 0$. Somit ist auch λ und damit $\mathfrak{b}$ wirklich eindeutig bestimmt. Wegen (46) und $\langle \mathfrak{b}\mathfrak{a} \rangle = 1$ sind ferner die sechs Grundvektoren (45) linear unabhängig.

Die geometrische Bedeutung von $\mathfrak{b}$ ist eine sehr einfache. Da auf Grund von (43), (44) für das Paar sich berührender Kugeln $\{\mathfrak{b}, \mathfrak{x}\}$ die Streifenbedingungen (2), die sich in invarianten Ableitungen in der Form

$$\mathfrak{b}\,\mathfrak{b}_1 = \mathfrak{b}\,\mathfrak{x}_1 = \mathfrak{b}_1\,\mathfrak{x} = \mathfrak{x}\,\mathfrak{x}_1 = 0$$

$$\mathfrak{b}\,\mathfrak{b}_2 = \mathfrak{b}\,\mathfrak{x}_2 = \mathfrak{b}_2\,\mathfrak{x} = \mathfrak{x}\,\mathfrak{x}_2 = 0$$

schreiben lassen, erfüllt sind, erzeugen die Flächenelemente $\{\mathfrak{b}\,;\,\mathfrak{x}\}$eine Fläche, für die das System $\mathfrak{x}\,(u, v)$ der Zentral- resp. Mittenkugeln ein System berührender Kugeln ist. $\{\mathfrak{b}\,;\,\mathfrak{x}\}$ ist also neben $\{\mathfrak{a}\,;\,\mathfrak{x}\}$ eine zweite Hüllfläche des Systems dieser Kugeln. Wegen $\langle\mathfrak{b}\,\mathfrak{p}\rangle = 0$ ist im Fall *Möbius* $\mathfrak{b}$ der Punkt dieser zweiten Hüllfläche, im Fall *Laguerre* aber die gerichtete Tangentenebene. Wegen $\langle\mathfrak{a}\mathfrak{b}\rangle \neq 0$ sind die Hüllflächen des Systems der Zentralkugeln (Mittenkugeln) immer verschieden. Die Bedingung $\langle\mathfrak{a}\mathfrak{b}\rangle = 1$ können wir dann, da $\mathfrak{a}$ schon normiert ist, als die Bedingung für die Festlegung der Normierung von $\mathfrak{b}$ auffassen. Weil $\mathfrak{b}$ aus (43), (44) eindeutig bestimmt ist, gibt es immer genau zwei Hüllflächen.

Unsere sechs Grundvektoren (45) werden wir im § 70 dazu benutzen, um die Grundformeln der Flächentheorie aufzustellen. Im § 71 werden wir auch für die durch $\mathfrak{x}_1$ und $\mathfrak{x}_2$ dargestellten linearen Komplexe eine geometrische Deutung angeben. Für später heben wir hervor, daß alle bisher in der Flächentheorie benutzten voneinander unabhängigen Relationen sich in die Gleichungen der Tabelle (45) und in die Gleichungen (41) zusammendrängen, alle weiteren bestehenden Beziehungen, also auch die Gleichungen (42), folgen aus ihnen entweder direkt oder durch Ableitung.

Von welchen Ableitungsordnungen des Flächenpunktes (resp. der Tangentenebene) hängen nun die sechs Grundvektoren ab? Da die Krümmungskugeln von zweiter Ordnung sind, ist auch die Zentralkugel (Mittenkugel) als vierte harmonische von zweiter Ordnung. Da in der Normierungsbedingung (19) Ableitungen nicht vorkommen, ist auch der normierte Vektor $\mathfrak{x}$ von zweiter Ordnung. Der durch (22) normierte Vektor $\mathfrak{a}$ ist nun gleichfalls von zweiter Ordnung. Denn aus (20) erhält man durch Multiplizieren mit $\mathfrak{a}_u : \langle\mathfrak{x}_u\mathfrak{a}_u\rangle = \varrho\,\langle\mathfrak{a}_u\mathfrak{a}_u\rangle$ und da aus $\langle\mathfrak{x}\mathfrak{a}_u\rangle = 0$ folgt $\langle\mathfrak{x}_u\mathfrak{a}_u\rangle = -\langle\mathfrak{x}\mathfrak{a}_{uu}\rangle$ auch $\varrho = -\langle\mathfrak{x}\mathfrak{a}_{uu}\rangle : \langle\mathfrak{a}_u\mathfrak{a}_u\rangle$. Da hier natürlich noch das unnormierte $\mathfrak{a}$ steht, ist somit ϱ und damit nach (22) auch das normierte $\mathfrak{a}$ von zweiter Ordnung. Da aus (22) folgt $\langle\hat{\mathfrak{a}}_u\hat{\mathfrak{a}}_u\rangle = \varrho^2\langle\mathfrak{a}_u\mathfrak{a}_u\rangle$, sind die invarianten Differentiale (35) gleichfalls nur von zweiter Ordnung. Von dritter Ordnung sind dann aber die Vektoren $\mathfrak{x}_1$, $\mathfrak{x}_2$ und $\mathfrak{b}$ und ebenso die Invarianten r und $\bar{r}$ in (41).

§ 69. Flächentheorie und invariante Ableitungen für beliebige Parameter.

Bevor wir zur Aufstellung der Grundformeln der Flächentheorie übergehen, wollen wir noch zeigen, wie wir zu den invarianten Ableitungen gelangen können, wenn die Fläche in allgemeinen Parametern vorgegeben ist und nicht wie in den §§ 67 und 68 von vornherein in den Parametern der Krümmungslinien.

Wir bezeichnen jetzt die Parameter u, v mit u^1 und u^2 und denken uns die beiden Sechservektoren $\mathfrak{a}\,(u^1, u^2)$, $\mathfrak{x}\,(u^1, u^2)$ der die Fläche berührenden K-Kugeln wieder so gegeben, daß sie den Gleichungen (3), (4) und (5) identisch in $u = u^1$ und $v = u^2$ genügen. $\mathfrak{x}$ normieren wir jetzt gleich nach (19) durch $\langle\mathfrak{x}\mathfrak{p}\rangle = 1$. Wir setzen dann [für $i, k = 1, 2$]

$$\left\langle\frac{\partial\mathfrak{a}}{\partial u^i}\,\frac{\partial\mathfrak{a}}{\partial u^k}\right\rangle = g_{ik}\,; \qquad g = g_{11}\,g_{22} - (g_{12})^2. \tag{47}$$

Von der quadratischen Differentialform $\langle d\mathfrak{a}\, d\mathfrak{a}\rangle = \Sigma g_{ik}\, du^i\, du^k$ kann man leicht zeigen, daß sie in der Möbius-Geometrie zur Form des Bogenelements ds^2 der Fläche[1]) und im Fall *Laguerre* zum Bogenelement des sphärischen Bildes[2]) proportional ist. Da $\langle d\mathfrak{a}\, d\mathfrak{a}\rangle$ sich bei einer Umnormierung

$$\mathfrak{a} = \lambda\,\mathfrak{a}^* \qquad (d\mathfrak{a} = d\lambda\cdot\mathfrak{a}^* + \lambda\, d\mathfrak{a}^*)$$

nach $\langle d\mathfrak{a}\, d\mathfrak{a}\rangle = \lambda^2 \langle d\mathfrak{a}^*\, d\mathfrak{a}^*\rangle$ substituiert, gilt das, wenn überhaupt, dann gleich für beliebige Normierung von $\mathfrak{a}$.

Die Behauptung folgt für die Möbius-Geometrie durch Rückgang auf kartesische Koordinaten nach § 52 (2). Da es auf die Normierung von $\mathfrak{a}$ nicht ankommt, können wir dort $\varrho = 1$ setzen. Weil $\mathfrak{a}$ Punkt ist, gilt weiter $R = 0$. Man hat dann

$$d a_0 = - d a_1 = \xi_0\, d\xi_0 + \eta_0\, d\eta_0 + \zeta_0\, d\zeta_0$$
$$d a_2 = d\xi_0\,; \qquad d a_3 = d\eta_0\,; \qquad d a_4 = d\zeta_0; \qquad d a_5 = 0$$

und aus § 52 (1) folgt dann wirklich

$$\langle d\mathfrak{a}\, d\mathfrak{a}\rangle = d\xi_0^2 + d\eta_0^2 + d\zeta_0^2 = ds^2.$$

Im Fall *Laguerre* ist $\mathfrak{a}$ Ebene. Wir können dann in § 52 (4) $\varrho = 1$ setzen und wir erhalten

$$d a_0 = - d a_1 = d w; \qquad d a_5 = 0$$
$$d a_2 = d\alpha_1; \qquad d a_3 = d\alpha_2; \qquad d a_4 = d\alpha_3\,.$$

Da $\{\alpha_1, \alpha_2, \alpha_3\}$ der Dreiervektor der Flächennormalen ist, haben wir hier in

$$\langle d\mathfrak{a}\, d\mathfrak{a}\rangle = d\alpha_1^2 + d\alpha_2^2 + d\alpha_3^2$$

wirklich das Bogenelement des sphärischen Bildes.

Aus der soeben bewiesenen Tatsache folgt, daß der Winkel φ zweier durch $du^1 : du^2$ und $\delta u^1 : \delta u^2$ auf der Fläche gegebener Fortschreitungsrichtungen in der Möbius-Geometrie durch

$$\text{(47a)} \qquad \cos^2\varphi = \frac{\left(\sum\limits_{i,k} g_{ik}\, du^i\, \delta u^k\right)^2}{\left(\sum\limits_{i,k} g_{ik}\, du^i\, du^k\right)\left(\sum\limits_{i,k} g_{ik}\, \delta u^i\, \delta u^k\right)}$$

gegeben ist. Denn da (47a) in den g_{ik} homogen vom Grade 0 ist, kann man die g_{ik} durch die Koeffizienten der Form des Bogenelements ersetzen, und man hat dann die aus der bewegungsgeometrischen Flächentheorie bekannte Winkelformel. In der Laguerre-Geometrie ist der durch (47 a) gegebene Winkel φ dann der zu den Fortschreitungsrichtungen $du^1 : du^2$ und $\delta u^1 : \delta u^2$ im sphärischen Bild gehörige Winkel.

Wir können $g \neq 0$ annehmen, denn für $g = 0$ wäre die Form $\langle d\mathfrak{a}\, d\mathfrak{a}\rangle$ ausgeartet und gleiches würde dann auch für die Form des Linienelements der Fläche resp. des sphärischen Bildes gelten. Das heißt, in der Möbius-Geometrie würden wir eine singuläre Flächenstelle und in

---

[1]) Vgl. Bd. I, § 32. — [2]) Vgl. Bd. I, § 41.

der Laguerre-Geometrie einen Flachpunkt haben. Diese Fälle schließen wir aber nach § 67 aus. Wir definieren nun zu den g_{ik} Größen g^{ik} mit oberen Indizes durch

$$(48)\qquad g^{11} = \frac{g_{22}}{g}; \qquad g^{12} = g^{21} = -\frac{g_{12}}{g}; \qquad g^{22} = \frac{g_{11}}{g}.$$

Es gilt dann

$$(49)\qquad \sum_{r=1}^{2} g^{ir} g_{rk} = \begin{cases} 1 & \text{für } i = k \\ 0 & \text{für } i \neq k \end{cases} \quad \text{und} \quad \sum_{i,k} g^{ik} g_{ik} = 2\,.$$

Die g^{ik} sind die zu den g_{ik} in der Determinante g gehörigen und durch g dividierten algebraischen Komplemente. Wir setzen weiter für die Kugel $\mathfrak{x}$, die wir uns in dem Büschel der die Fläche berührenden Kugeln zunächst noch nicht festgelegt denken,

$$(50)\qquad \left\langle \mathfrak{x}\,\frac{\partial^2 \mathfrak{a}}{\partial u^i\,\partial u^k}\right\rangle = c_{ik}; \qquad c = c_{11}\,c_{22} - (c_{12})^2\,.$$

Da nach (3), (5) ist

$$(51)\qquad \left\langle \mathfrak{a}\,\frac{\partial \mathfrak{a}}{\partial u^i}\right\rangle = \left\langle \mathfrak{x}\,\frac{\partial \mathfrak{a}}{\partial u^i}\right\rangle = 0,$$

folgt durch Ableitung von (51) aus (47) und (50) auch

$$(52)\qquad \left\langle \mathfrak{a}\,\frac{\partial^2 \mathfrak{a}}{\partial u^i\,\partial u^k}\right\rangle = -\,g_{ik}\,,$$

$$(53)\qquad \left\langle \frac{\partial \mathfrak{x}}{\partial u^i}\,\frac{\partial \mathfrak{a}}{\partial u^k}\right\rangle = -\,c_{ik}\,.$$

Wir wollen jetzt sehen, wie die einzelnen soeben definierten Größen sich bei einer allgemeinen Parametersubstitution (26) transformieren. Für die Differentiale du^i gilt zunächst

$$(54)\qquad du^i = \sum_k \frac{\partial u^i}{\partial u^{k*}}\,du^{k*}\,.$$

Setzen wir

$$\mathfrak{a}\,(u^1\,[u^{1*}, u^{2*}],\quad u^2\,[u^{1*}, u^{2*}]) = \mathfrak{a}^*\,(u^{1*}, u^{2*}),$$
$$\mathfrak{x}\,(u^1\,[u^{1*}, u^{2*}],\quad u^2\,[u^{1*}, u^{2*}]) = \mathfrak{x}^*\,(u^{1*}, u^{2*}),$$

so gilt

$$(55)\qquad \frac{\partial \mathfrak{a}^*}{\partial u^{i*}} = \sum_k \frac{\partial \mathfrak{a}}{\partial u^k}\,\frac{\partial u^k}{\partial u^{i*}}; \qquad \frac{\partial \mathfrak{x}^*}{\partial u^{i*}} = \sum_k \frac{\partial \mathfrak{x}}{\partial u^k}\,\frac{\partial u^k}{\partial u^{i*}}$$

und nach (47), (53) folgt für

$$\left\langle \frac{\partial \mathfrak{a}^*}{\partial u^{i*}}\,\frac{\partial \mathfrak{a}^*}{\partial u^{k*}}\right\rangle = g^*_{ik}; \qquad \left\langle \frac{\partial \mathfrak{x}^*}{\partial u^{i*}}\,\frac{\partial \mathfrak{a}^*}{\partial u^{k*}}\right\rangle = -\,c^*_{ik};$$

$$(56)\qquad g^*_{ik} = \sum_{r,s} g_{rs}\,\frac{\partial u^r}{\partial u^{i*}}\,\frac{\partial u^s}{\partial u^{k*}}; \qquad c^*_{ik} = \sum_{r,s} c_{rs}\,\frac{\partial u^r}{\partial u^{i*}}\,\frac{\partial u^s}{\partial u^{k*}}\,.$$

Für die Determinanten g^* und c^* folgt nach (56) aus der Umkehrung des bekannten Multiplikationssatzes für Determinanten:

$$(57) \qquad g^* = \Delta^2 \cdot g; \qquad c^* = \Delta^2 \cdot c,$$

wo

$$\Delta = \left| \frac{\partial u^r}{\partial u^{i*}} \right| \neq 0$$

die Funktionaldeterminante der Transformation (54) ist.

Für die g^{ik} weist man aber etwa nach (49) leicht die Formeln nach:

$$(58) \qquad g^{ik} = \sum_{rs} g^{rs*} \frac{\partial u^i}{\partial u^{r*}} \frac{\partial u^k}{\partial u^{s*}}.$$

Aus (56), (57) und (58) folgt

$$(59) \qquad \sum_{i,k} g^{ik*} c^*_{ik} = \sum g^{ik} c_{ik}; \qquad \frac{c^*}{g^*} = \frac{c}{g},$$

also die *Parameterinvarianz der Ausdrücke* $\Sigma g^{ik} c_{ik}$ und $c:g$. Wenn wir daher die Kugel $\mathfrak{x}$ in dem Büschel der die Fläche berührenden Kugeln festlegen, indem wir den Gleichungen (5) die weitere Forderung

$$(60) \qquad \left\langle \mathfrak{x}, \sum_{i,k} g^{ik} \frac{\partial^2 \mathfrak{a}}{\partial u^i \partial u^k} \right\rangle = 0$$

oder nach (50)

$$(61) \qquad \sum_{i,k} g^{ik} c_{ik} = 0$$

hinzufügen, so ist diese Bedingung unabhängig von der Wahl der Parameter auf der Fläche. *Wir behaupten nun, daß durch* (60) *gerade die Zentral- bzw. Mittenkugel gekennzeichnet ist.*

Da die Gleichung (61) für beliebige Parameter gilt, brauchen wir nur zu zeigen, daß die Definition (60), wenn wir auf Krümmungslinienparameter spezialisieren, mit der im § 67 für die Zentral- resp. Mittenkugel übereinstimmt. Zunächst gilt in allgemeinen Parametern noch: Die beiden Determinanten

$$\Delta_i = \left| \mathfrak{a}, \quad \frac{\partial \mathfrak{a}}{\partial u^1}, \quad \frac{\partial \mathfrak{a}}{\partial u^2}, \quad \mathfrak{x}, \quad \frac{\partial \mathfrak{x}}{\partial u^i}, \quad * \right| \qquad [i = 1, 2]$$

verschwinden für beliebige Wahl der für * einzusetzenden Hilfsvektoren. Das kann man in gewohnter Weise zeigen, indem man die Quadrate der Determinanten durch Skalarprodukte ausdrückt. Nun können wir aber die lineare Unabhängigkeit von $\mathfrak{a}$, $\mathfrak{x}$, $\frac{\partial \mathfrak{a}}{\partial u^1}$ und $\frac{\partial \mathfrak{a}}{\partial u^2}$ annehmen, denn sonst gäbe es eine Fortschreitungsrichtung $du^1 : du^2$ auf der Fläche, für die $d\mathfrak{a} = \sum_i \frac{\partial \mathfrak{a}}{\partial u^i} du^i$ eine Linearkombination von $\mathfrak{a}$ und $\mathfrak{x}$ wäre. Nach § 58 (91) müßte dann $\mathfrak{a}$ Krümmungskugel sein, ein Fall, den wir schon im § 67 ausgeschlossen haben. Auf Grund des Verschwindens der Determinanten Δ_i gelten daher Linearkombinationen

$$(62) \qquad \frac{\partial \mathfrak{x}}{\partial u^i} = \alpha_i \mathfrak{x} + \beta_i \mathfrak{a} + \sum_{r=1}^{2} \gamma_i^r \frac{\partial \mathfrak{a}}{\partial u^r} \qquad [i = 1, 2]$$

mit Koeffizienten α_i, β_i, γ_i^r. Aus (53) folgt dann unter Berücksichtigung von (47):

(63) $$-c_{ik} = \sum_r \gamma_i^r g_{rk}$$

und die Bedingung (61) ist der Bedingung

(64) $$\sum_{r,i,k} \gamma_i^r g_{rk} g^{ik} = 0$$

oder nach (49):

(65) $$\gamma_1^1 + \gamma_2^2 = 0$$

für die Koeffizienten γ_1^1, γ_2^2 gleichwertig. Für die durch (61) festgelegte Kugel $\mathfrak{x}$ gilt also speziell eine Darstellung (62) mit $\gamma_1^1 + \gamma_2^2 = 0$. Für Krümmungslinienparameter muß nun nach (10) gelten

(66) $$\gamma_2^1 = \gamma_1^2 = 0\,.$$

Es sind dann γ_1^1 und γ_2^2 gerade die in (11) auftretenden Koeffizienten ϱ und $\overline{\varrho}$. Die Bedingung (65) legt nach (17) also gerade die Zentral- resp. Mittenkugel fest, w. z. b. w.

Nach (63) ist

$$c = (\gamma_1^1 \gamma_2^2 - \gamma_2^1 \gamma_1^2)\cdot g\,.$$

Es gilt also wegen (65) für den nach (59) parameterinvarianten Ausdruck $c:g$

$$-\frac{c}{g} = (\gamma_1^1)^2 + \gamma_2^1 \gamma_1^2\,.$$

Da bei Verwendung von Krümmungslinienparametern (66) und $\gamma_1^1 = \varrho$ gilt, also $\sqrt{-c:g} = \varrho$, so schreibt sich die in (22) gegebene Normierung von $\mathfrak{a}$ in allgemeinen Parametern in der Form

(67) $$\mathfrak{a} = -\sqrt{-\frac{g}{c}}\cdot\hat{\mathfrak{a}}$$

und bei Verwendung des normierten $\mathfrak{a}$ gilt dann für die g_{ik}, c_{ik} neben (61) wegen $\varrho = 1$ auch:

(68) $$c = -g\,.$$

Verwenden wir $\mathfrak{x}$ und $\mathfrak{a}$ in den durch (19) und (68) gegebenen Normierungen, so können wir unsere invarianten Differentiale $d\psi$ und $d\overline{\psi}$ einfach aus (37) bestimmen. Es gilt dann wegen

(69) $$\langle d\mathfrak{x}\, d\mathfrak{a}\rangle = -\sum_{i,k} c_{ik}\, du^i\, du^k\,;$$

(70) $$d\psi^2 = \frac{1}{2}\sum_{i,k}(g_{ik} + c_{ik})\, du^i\, du^k\,;$$

(71) $$d\overline{\psi}^2 = \frac{1}{2}\sum_{i,k}(g_{ik} - c_{ik})\, du^i\, du^k\,.$$

Die in (70) und (71) rechts auftretenden quadratischen Differentialformen sind beide ausgeartet, denn aus (68) und (61) ergibt sich wegen

$$g_{ik} = g_{ki}\,;\qquad c_{ik} = c_{ki}$$

für die Determinanten:

(72) $$|g_{ik}+c_{ik}|=0\,;\qquad |g_{ik}-c_{ik}|=0\,.$$

Setzen wir $g_{11}+c_{11}=n_1^2$; $g_{12}+c_{12}=n_1 n_2$, so ergibt sich aus (72) $g_{22}+c_{22}=n_2^2$. Wir können also auf Grund von (72) die drei Größen $g_{ik}+c_{ik}$ durch nur zwei n_1 und n_2 nach

(73) $$g_{ik}+c_{ik}=n_i n_k$$

ausdrücken. Durch (73) sind die n_i bis auf ein gemeinsames Vorzeichen bestimmt. Bei geeigneter Wahl desselben folgt aus (70)

(74) $$d\psi=\sum_i n_i\,du^i\,.$$

In ähnlicher Weise kann man wegen (72)

(75) $$g_{ik}-c_{ik}=\bar{n}_i \bar{n}_k$$

mit neuen Größen $\bar{n}_i$ setzen und aus (71) folgt dann

(76) $$d\bar{\psi}=\sum_i \bar{n}_i\,du^i.$$

Die Differentialausdrücke $d\psi$ und $d\bar{\psi}$, die wir im § 68 als invariant erkannt haben — [dort haben wir ja auch ihre geometrische Bedeutung angegeben] — *erweisen sich bei einer in allgemeinen Parametern gegebenen Fläche als lineare Differentialformen. Diese Formen können wir bei vorgelegter Fläche $\mathfrak{a}(u^1, u^2)$ nach dem Vorigen folgendermaßen bestimmen: Wir definieren die g_{ik}, g^{ik} aus den $\mathfrak{a}(u^1, u^2)$ nach* (47), (49) *und bestimmen aus den sechs Gleichungen* (4), (5), (19), (60) *dann den Vektor $\mathfrak{x}(u^1, u^2)$. Dann definieren wir nach* (50) *die c_{ik} und nach* (67) *das normierte $\hat{\mathfrak{a}}$. Für dies neue $\mathfrak{a}$ und das $\mathfrak{x}$, das wir beibehalten, bilden wir nach* (47) *und* (50) *dann die normierten Formen g_{ik} und c_{ik}. Aus diesen ergeben sich die Koeffizienten n_i, $\bar{n}_i$ unserer Linearformen dann nach* (73), (75).

Die Nullinien der Formen $d\psi$ und $d\bar{\psi}$ sind nach (33) natürlich die Krümmungslinien. Da diese nicht zusammenfallen dürfen, können die Formen (74) und (76) nicht proportional sein, das heißt, es ist

(77) $$n_1\bar{n}_2-n_2\bar{n}_1\neq 0\,.$$

Wegen der Invarianz der Formen $d\psi$ und $d\bar{\psi}$ gilt bei einer Parametersubstitution

$$\sum_i n_i\,du^i=\sum_i n_i^*\,du^{i*};\qquad \sum_i \bar{n}_i\,du^i=\sum_i \bar{n}_i^*\,du^{i*}.$$

Aus (54) folgt dann, daß die n_i, $\bar{n}_i$ sich nach

(77a) $$n_i^*=\sum_k \frac{\partial u^k}{\partial u^{i*}}\,n_k;\qquad \bar{n}_i^*=\sum_k \frac{\partial u^k}{\partial u^{i*}}\,\bar{n}_k$$

substituieren. Definieren wir nun zu den n_i, $\bar{n}_i$ neue Größen $n^i, \bar{n}^i$ mit oberen Indizes durch die beiden Systeme von je zwei linearen Gleichungen

(78) $$\sum_i n^i n_i = 1; \qquad \sum_i n^i \bar{n}_i = 0,$$

(79) $$\sum_i \bar{n}^i \bar{n}_i = 1; \qquad \sum_i \bar{n}^i n_i = 0,$$

deren Determinanten nach (77) $\neq 0$ sind, so gelten für die n^i, $\bar{n}^i$, wie man leicht sieht, die Transformationsformeln:

(80) $$n^i = \sum_k \frac{\partial u^i}{\partial u^{k*}} n^{k*}; \qquad \bar{n}^i = \sum_k \frac{\partial u^i}{\partial u^{k*}} \bar{n}^{k*},$$

also die gleichen, wie für die du^i nach (54). Haben wir nun eine parameterinvariante Funktion des Ortes $S(u^1, u^2)$ auf der Fläche, z. B. eine absolute Invariante der Fläche wie die Größen (41a) und setzen wir

$$S(u^1[u^{1*}, u^{2*}], u^2[u^{1*}, u^{2*}]) = S^*(u^{1*}, u^{2*})$$

so gilt

(81) $$\frac{\partial S^*}{\partial u^{i*}} = \sum_k \frac{\partial S}{\partial u^k} \frac{\partial u^k}{\partial u^{i*}}$$

und aus (80), (81) folgt dann:

$$\sum_i n^i \frac{\partial S}{\partial u^i} = \sum_i n^{i*} \frac{\partial S^*}{\partial u^{i*}}; \qquad \sum_i \bar{n}^i \frac{\partial S}{\partial u^i} = \sum_i \bar{n}^{i*} \frac{\partial S^*}{\partial u^{i*}}.$$

Die Größen

(82) $$S_1 = \sum_i n^i \frac{\partial S}{\partial u^i} \quad \text{und} \quad S_2 = \sum_i \bar{n}^i \frac{\partial S}{\partial u^i}$$

sind also parameterinvariant. Haben wir also nur einmal Größensysteme bestimmt, die sich nach (80) wie die n^i, $\bar{n}^i$ transformieren, so können wir aus den Ableitungen einer jeden parameterinvarianten Größe S nach der Vorschrift (82) neue Invarianten bilden. S_1 und S_2 sind nun bei Verwendung unserer nach (78), (79) aus den Formen $d\psi$ und $d\bar{\psi}$ bestimmten Größen n^i, $\bar{n}^i$ weiter nichts als unsere im § 68 eingeführten *invarianten Ableitungen*. Für Krümmungslinienparameter muß nach (74), (75) und (33), (31) nämlich

(83) $$n_2 = \bar{n}_1 = 0; \qquad n_1 = \varphi; \qquad \bar{n}_2 = \bar{\varphi}$$

werden und aus (78), (79) folgt dann:

(84) $$n^2 = \bar{n}^1 = 0; \qquad n^1 = \frac{1}{\varphi}; \qquad \bar{n}^2 = \frac{1}{\bar{\varphi}}; \qquad S_1 = \frac{S_u}{\varphi}; \qquad S_2 = \frac{S_v}{\bar{\varphi}}.$$

Wir brauchen also, um zu unseren invarianten Ableitungen zu gelangen, die Fläche gar nicht erst auf Krümmungslinienparameter zu transformieren, sondern wir können direkt zu ihnen gelangen, indem wir erst die Linearformen n_i, $\bar{n}_i$ und dann nach (78), (79) die Größen n^i, $\bar{n}^i$ bestimmen. Denken wir uns die invarianten Ableitungen überall durch (82) definiert, so haben unsere im § 68 abgeleiteten Gleichungen (41) und (45) sofort in allgemeinen Parametern Gültigkeit.

Allgemein können wir in einer beliebigen zweiparametrigen Mannigfaltigkeit invariante Ableitungen nach (78), (79) und (82) definieren, wenn wir nur einmal zwei invariante Linearformen (74), (76) gefunden haben, das heißt zwei von der Mannigfaltigkeit abhängige Paare $n_i, \bar{n}_i$ von Größen mit den Substitutionseigenschaften (77a).

Die für unsere Flächentheorie definierten invarianten Ableitungen haben eine einfache geometrische Bedeutung: Wir können davon ausgehen, daß die für die normierten $\mathfrak{a}$ genommene quadratische Differentialform

$$\langle d\mathfrak{a}\, d\mathfrak{a}\rangle = \sum_{i,k} g_{ik}\, du^i\, du^k$$

nach (37) auch identisch gleich der Form

$$\langle d\mathfrak{x}\, d\mathfrak{x}\rangle = \sum_{i,k} \left\langle \frac{\partial \mathfrak{x}}{\partial u^i}\, \frac{\partial \mathfrak{x}}{\partial u^k}\right\rangle du^i\, du^k$$

in dem normierten $\mathfrak{x}$ ist. Für den Fall der Möbius-Geometrie erkennt man durch Übergang zu pentasphärischen Koordinaten mittels § 60 (134), daß

(84a) $$\langle d\mathfrak{x}\, d\mathfrak{x}\rangle = \sum_{i,k} g_{ik}\, du^i\, du^k = d\chi^2$$

gilt, wo $d\chi$ der unendlich kleine Winkel konsekutiver Zentralkugeln in den durch $\{u^1, u^2\}$ und $\{u^1 + du^1, u^2 + du^2\}$ gegebenen Punkten ist. Auf einer beliebigen Flächenkurve $u^1(t)$, $u^2(t)$ kann man nun

$$\chi = \int \sqrt{d\mathfrak{x}\, d\mathfrak{x}} = \int \sqrt{\sum_{ik} g_{ik} \frac{du^i}{dt} \frac{du^k}{dt}}\, dt$$

als invarianten Parameter einführen, im besonderen auch auf den beiden Krümmungslinien. Ist nun unsere Ortsfunktion $S(u^1, u^2)$ auf der Fläche gegeben, so sind S_1 und S_2 einfach die längs der Krümmungslinien $d\psi = 0$ und $d\bar{\psi} = 0$ genommenen Ableitungen nach χ.

(84b) $$S_1 = \left(\frac{dS}{d\chi}\right)_{d\bar{\psi}=0}; \qquad S_2 = \left(\frac{dS}{d\chi}\right)_{d\psi=0}.$$

In der Tat: Da nach (37) $d\chi^2 = \langle d\mathfrak{x}\, d\mathfrak{x}\rangle = d\psi^2 + d\bar{\psi}^2$ ist, gilt z.B. längs der Krümmungslinie $d\bar{\psi} = 0$ bis auf ein Vorzeichen

(84c) $$d\chi = \pm\, d\psi; \qquad \frac{dS}{d\chi} = \pm \frac{dS}{d\psi}.$$

Bei Einführung von Krümmungslinienparametern (83), (84) erkennt man dann wirklich, daß die Identität:

$$\frac{dS}{d\psi} = \left(\frac{\partial S}{\partial u^1}\, du^1\right) : (\varphi\, du^1) = S_1$$

gilt. Das doppelte Vorzeichen tritt in (84c) auf, weil nach (73), (75) die $\mathfrak{n}, \bar{\mathfrak{n}}_i$ und damit auch die invarianten Ableitungen nur bis auf ein Vorzeichen bestimmt sind.

In der Laguerre-Geometrie tritt an die Stelle des Winkels der Zentralkugeln die unendlichkleine Tangentenentfernung konsekutiver Mittenkugeln, und die invarianten Ableitungen haben im übrigen die ganz analoge Bedeutung.

Nach $\langle \mathfrak{x}\, d\mathfrak{a}\rangle \equiv 0$ gilt $\langle d\mathfrak{x}\, d\mathfrak{a}\rangle = -\langle \mathfrak{x}\, d^2\mathfrak{a}\rangle$ und wegen (69)

$$\langle \mathfrak{x}\, d^2\, \mathfrak{a}\rangle = \sum_{i,k} c_{ik}\, du^i\, du^k\,. \tag{85}$$

Für die Möbius-Geometrie gilt nun: Will man auf der Fläche so fortschreiten, daß nicht nur zwei ($\langle \mathfrak{x}\,\mathfrak{a}\rangle = \langle \mathfrak{x}\, d\mathfrak{a}\rangle = 0$), sondern drei konsekutive Punkte ($\langle \mathfrak{x}\, d^2\mathfrak{a}\rangle = 0$) der Zentralkugel angehören, so muß man es in Richtung einer der beiden Nullinien der Form (85) tun. Man kann auch sagen: Im Punkte $\{u, v\}$ durchschneiden sich Fläche und Zentralkugel in einer Kurve, die in zwei getrennten Ästen durch den Punkt $\{u, v\}$ hindurchgeht. Die Richtungen dieser Kurvenäste sind durch die Nullinien von (85) gegeben. Wir wollen die Nullinien von (85) die *Schnittangentenkurven* nennen. Aus (47a) rechnet man leicht nach, daß diese Kurven nichts anderes sind als die Winkelhalbierenden der Krümmungslinien. Man hat nur zu beachten, daß für Krümmungslinienparameter nach (24), (32) gilt:

$$\begin{cases} g_{12} = c_{12} = 0\,; \\ g_{11} = +\, c_{11}\,; \quad g_{22} = -\, c_{22} \end{cases} \tag{86}$$

und den Winkel der Richtung $du^1{:}0$ mit den zu (85) gehörigen Nullrichtungen $\delta u^1{:}\delta u^2$ zu berechnen. Man findet dann $\cos^2\varphi = 1:2$.

Aus (47a) folgert man leicht, daß die Nullinien einer Form

$$\sum_{i,k} p_{ik}\, du^i\, du^k = 0$$

dann und nur dann senkrecht aufeinander stehen, wenn

$$\sum_{i,k} g^{ik}\, p_{ik} = 0 \tag{87}$$

gilt. Nehmen wir nun eine beliebige Kugel $\mathfrak{y}$ des Büschels (13), so folgt

$$\langle \mathfrak{y}\, d^2\, \mathfrak{a}\rangle = \sum_{i,k} (c_{ik} + \beta\, g_{ik})\, du^i\, du^k. \tag{88}$$

Durch die Nullinien von (88) sind dann die Richtungen der Kurvenäste gegeben, längs derer die Kugel $\mathfrak{y}$ die Fläche $\mathfrak{a}$ im Berührungspunkt durchschneidet.

Sollen diese senkrecht sein, so muß $g^{ik}\,[c_{ik} + \beta g_{ik}] = 0$ gelten, was nach $(49)_2$, (61) nur für $\beta = 0$, also nach (13) nur für die Zentralkugel $\mathfrak{x}$ selbst möglich ist. Wir haben somit den Satz: *Unter den die Fläche berührenden Kugeln ist die Zentralkugel dadurch gekennzeichnet, daß ihre Schnittkurve mit der Fläche im Berührungspunkt einen Doppelpunkt mit senkrechten Tangenten besitzt.*

Für die Nullinien von (85) erhalten wir für die Laguerre-Geometrie ganz ähnliche Sätze, die sich meist auf das sphärische Bild beziehen.

§ 70. Grundformeln der Flächentheorie.

Nach § 31 (145) gilt für die zweiten invarianten Ableitungen einer Funktion S die *Integrierbarkeitsbedingung*:

$$S_{12} + q\,S_1 = S_{21} + \bar{q}\,S_2 \tag{89}$$

mit den von S unabhängigen Faktoren q, $\bar{q}$, die sich aus den für die invariante Ableitung zugrunde gelegten Größen φ, $\bar{\varphi}$ mittels der Formeln § 31 (146)

$$q = \frac{\varphi_v}{\varphi\,\bar{\varphi}}; \qquad \bar{q} = \frac{\bar{\varphi}_u}{\varphi\,\bar{\varphi}} \tag{90}$$

berechnen lassen. In den Formeln unserer Flächentheorie, die wir im § 68 für die Parameter der Krümmungslinien aufgestellt haben, haben wir also in (89), (90) für φ und $\bar{\varphi}$ die in (31) angegebenen Größen anzunehmen und die q, $\bar{q}$ sind dann bis auf die in den Wurzelzeichen von (31) steckenden Vorzeichenänderungen Invarianten unserer Fläche.

Wie schreibt sich nun die Bedingung (89), wenn wir allgemeine Parameter zugrunde legen und die invarianten Ableitungen durch die Formen n_i, $\bar{n}_i$ definieren?

Zunächst gilt nach (82), wie man durch Elimination der $\frac{\partial S}{\partial u^i}$ erkennt,

$$\frac{\partial S}{\partial u^i} = n_i\,S_1 + \bar{n}_i\,S_2 \qquad [i = 1, 2]. \tag{91}$$

Die Gleichung (91) erlaubt, aus den invarianten Ableitungen einer beliebigen Größe die gewöhnlichen zu berechnen.

Differentiieren wir (91) nach u_k und setzen in der Gleichung, die man erhält, nach der Vorschrift (91)

$$\frac{\partial S_1}{\partial u^i} = n_i\,S_{11} + \bar{n}_i\,S_{12}; \qquad \frac{\partial S_2}{\partial u^i} = n_i\,S_{21} + \bar{n}_i\,S_{22},$$

so ergibt sich:

$$\frac{\partial^2 S}{\partial u^i\,\partial u^k} = \frac{\partial n_i}{\partial u^k}\,S_1 + \frac{\partial \bar{n}_i}{\partial u^k}\,S_2 + n_i\,n_k\,S_{11} + n_i\,\bar{n}_k\,S_{12} + \bar{n}_i\,n_k\,S_{21} + \bar{n}_i\,\bar{n}_k\,S_{22}. \tag{92}$$

Die Integrierbarkeitsbedingung für die zweiten gewöhnlichen Ableitungen können wir nun in der Form schreiben:

$$(93)\qquad \sum_{i,k}(n^i \bar{n}^k - n^k \bar{n}^i)\frac{\partial^2 S}{\partial u^i \partial u^k} = 0\,,$$

denn weil das Größensystem $n^i \bar{n}^k - n^k \bar{n}^i$ in i und k schiefsymmetrisch ist, bedeutet (93) gerade die Symmetrie des Systems $\frac{\partial^2 S}{\partial u^i \partial u^k}$ in i und k.

Aus (92) und (93) ergibt sich dann, wenn man (78), (79) berücksichtigt, eine Gleichung der Form (89), wo jetzt nur q und $\bar{q}$ durch

$$(94)\qquad q = \sum_{i,k}(n^i \bar{n}^k - n^k \bar{n}^i)\frac{\partial n_i}{\partial u^k}\,; \qquad \bar{q} = \sum_{i,k}(\bar{n}^i n^k - \bar{n}^k n^i)\frac{\partial \bar{n}_i}{\partial u^k}$$

zu ersetzen sind. In der Tat erhält man bei der Parameterwahl (83), (84) aus (94) gerade (90). Bei Verwendung allgemeiner Parameter haben wir also die Invarianten q, $\bar{q}$ nur durch (94) statt durch (90) zu erklären und das ist die einzige Änderung, die wir vorzunehmen haben.

Wir denken uns nun die invarianten Ableitungen allgemein mit den n_i, $\bar{n}_i$ gebildet und stellen jetzt die Grundformeln der Flächentheorie auf. Wir wollen die invarianten Ableitungen der Grundvektoren aus diesen selbst linear kombinieren. Für $\mathfrak{a}_1$ und $\mathfrak{a}_2$ kennen wir diese Linearkombinationen schon nach (41); ebenso wissen wir wegen der Konstanz von $\mathfrak{p}$, daß $\mathfrak{p}_1 = \mathfrak{p}_2 = 0$ gilt; weiter brauchen wir die Ableitungen von $\mathfrak{x}$ nicht besonders zu berechnen, da diese selbst Grundvektoren sind. Es bleiben also nur noch die Ableitungen $\mathfrak{x}_{11}$, $\mathfrak{x}_{12}$, $\mathfrak{x}_{21}$, $\mathfrak{x}_{22}$, $\mathfrak{b}_1$ und $\mathfrak{b}_2$ von $\mathfrak{x}_1$, $\mathfrak{x}_2$ und $\mathfrak{b}$ linear zu kombinieren.

Alles, was wir an bisherigen Formeln zu verwenden haben, ist in den Gleichungen (41) und (45) enthalten.

Wir beginnen zunächst damit, daß aus

$$(95)\qquad \mathfrak{x}_1\mathfrak{x}_1 = 1; \qquad \mathfrak{x}_1\mathfrak{x}_2 = 0; \qquad \mathfrak{x}_2\mathfrak{x}_2 = 1$$

durch Ableitung folgt:

$$(96)\qquad \begin{cases} \mathfrak{x}_1\mathfrak{x}_{11} = \mathfrak{x}_1\mathfrak{x}_{12} = 0\,; & \mathfrak{x}_1\mathfrak{x}_{21} + \mathfrak{x}_{11}\mathfrak{x}_2 = 0\,; \\ \mathfrak{x}_2\mathfrak{x}_{22} = \mathfrak{x}_2\mathfrak{x}_{21} = 0\,; & \mathfrak{x}_1\mathfrak{x}_{22} + \mathfrak{x}_{12}\mathfrak{x}_2 = 0\,. \end{cases}$$

Da nach (89) nun gelten muß

$$(97)\qquad \mathfrak{x}_{12} + q\,\mathfrak{x}_1 = \mathfrak{x}_{21} + \bar{q}\,\mathfrak{x}_2\,,$$

läßt sich durch skalare Multiplikation von (97) mit $\mathfrak{x}_1$ und $\mathfrak{x}_2$ in Rücksicht auf (95) und (96) folgern

$$(98)\qquad \langle\mathfrak{x}_1\mathfrak{x}_{21}\rangle = -\langle\mathfrak{x}_2\mathfrak{x}_{11}\rangle = q\,; \qquad \langle\mathfrak{x}_2\mathfrak{x}_{12}\rangle = -\langle\mathfrak{x}_1\mathfrak{x}_{22}\rangle = \bar{q}\,.$$

Aus (97) und (45) folgt weiter: $\langle\mathfrak{b}\,\mathfrak{x}_{12}\rangle = \langle\mathfrak{b}\,\mathfrak{x}_{21}\rangle$.

Setzen wir nun zur Abkürzung

$$(99)\qquad \langle\mathfrak{b}\,\mathfrak{x}_{11}\rangle = B\,;\qquad \langle\mathfrak{b}\,\mathfrak{x}_{12}\rangle = \langle\mathfrak{b}\,\mathfrak{x}_{21}\rangle = \mathfrak{B}\,;\qquad \langle\mathfrak{b}\,\mathfrak{x}_{22}\rangle = \overline{B}\,,$$

wo B, $\overline{B}$ und $\mathfrak{B}$ natürlich Invarianten sind, so können wir die folgende Tabelle skalarer Produkte aufstellen:

(100)

	$\mathfrak{x}$	$\mathfrak{x}_1$	$\mathfrak{x}_2$	$\mathfrak{a}$	$\mathfrak{b}$	$\mathfrak{p}$
$\mathfrak{x}_{11}$	-1	0	$-q$	$+1$	B	0
$\mathfrak{x}_{12}$	0	0	$+\overline{q}$	0	$\mathfrak{B}$	0
$\mathfrak{x}_{21}$	0	q	0	0	$\mathfrak{B}$	0
$\mathfrak{x}_{22}$	-1	$-\overline{q}$	0	-1	$\overline{B}$	0
$\mathfrak{b}_1$	0	$-B$	$-\mathfrak{B}$	$-\nu$	0	0
$\mathfrak{b}_2$	0	$-\mathfrak{B}$	$-\overline{B}$	$-\overline{\nu}$	0	0

Die in der Tabelle enthaltenen Relationen ergeben sich, soweit sie nicht schon direkt in (96), (98) und (99) enthalten sind, durch Ableitung aus (45) unter Berücksichtigung von (41) und (99). Zum Beispiel folgen aus der Relation (45) $\langle\mathfrak{x}\,\mathfrak{x}_1\rangle = 0$ durch Ableitung die in (100) enthaltenen

$$\langle\mathfrak{x}\,\mathfrak{x}_{11}\rangle = -\langle\mathfrak{x}_1\,\mathfrak{x}_1\rangle = -1\,;\qquad \langle\mathfrak{x}\,\mathfrak{x}_{12}\rangle = -\langle\mathfrak{x}_1\,\mathfrak{x}_2\rangle = 0\,.$$

Oder es folgt aus (45) $\langle\mathfrak{a}\,\mathfrak{x}_1'\rangle = 0$:

$$(101)\qquad \langle\mathfrak{a}\,\mathfrak{x}_{11}\rangle + \langle\mathfrak{a}_1\,\mathfrak{x}_1\rangle = 0\,.$$

Nun ergibt sich aber, wenn man (41) mit $\mathfrak{x}$ skalar multipliziert $\langle\mathfrak{a}_1\,\mathfrak{x}_1\rangle = -1$, somit folgt aus (101) die in (100) enthaltene Bedingung $\langle\mathfrak{a}\,\mathfrak{x}_{11}\rangle = +1$. Endlich folgt aus (45) $\langle\mathfrak{b}\,\mathfrak{x}_1\rangle = 0$ z. B.

$$\langle\mathfrak{b}\,\mathfrak{x}_{12}\rangle + \langle\mathfrak{b}_2\,\mathfrak{x}_1\rangle = 0\,,$$

nach (99) also auch die Gleichung (100) $\langle\mathfrak{b}_2\,\mathfrak{x}_1\rangle = -\mathfrak{B}$.

Nach Art dieser Beispiele kann man alle Relationen der Tabelle (100) leicht gewinnen. Da wir die Skalarprodukte (100) kennen, können wir nun aber sofort die *Ableitungsgleichungen* aufstellen. Gilt es etwa in der Linearkombination

$$\mathfrak{x}_{11} = \alpha\,\mathfrak{x} + \beta\,\mathfrak{x}_1 + \gamma\,\mathfrak{x}_2 + \lambda\,\mathfrak{a} + \mu\,\mathfrak{b} + \nu\,\mathfrak{p}$$

die Koeffizienten α, β bis ν zu bestimmen, so haben wir nur mit den sechs Grundvektoren nach der Reihe skalar hineinzumultiplizieren. Alle auftretenden Skalarprodukte sind uns nach (45) und (100) bekannt und wir erhalten sechs Gleichungen für die gesuchten Koeffizienten, die aus ihnen dann leicht zu bestimmen sind.

Wir erhalten auf diese Weise die folgenden Gleichungen:

$$(102)\qquad \left\{\begin{aligned}
\mathfrak{x}_{11} &= \varepsilon\,\mathfrak{x} - q\,\mathfrak{x}_2 + B\,\mathfrak{a} + \mathfrak{b} - \mathfrak{p}\\
\mathfrak{x}_{12} &= + \bar{q}\,\mathfrak{x}_2 + \mathfrak{B}\,\mathfrak{a}\\
\mathfrak{x}_{21} &= + q\,\mathfrak{x}_1 + \mathfrak{B}\,\mathfrak{a}\\
\mathfrak{x}_{22} &= \varepsilon\,\mathfrak{x} - \bar{q}\,\mathfrak{x}_1 + \bar{B}\,\mathfrak{a} - \mathfrak{b} - \mathfrak{p}\\
\mathfrak{b}_1 &= -B\,\mathfrak{x}_1 - \mathfrak{B}\,\mathfrak{x}_2 - r\,\mathfrak{b}\\
\mathfrak{b}_2 &= -\mathfrak{B}\,\mathfrak{x}_1 - \bar{B}\,\mathfrak{x}_2 - \bar{r}\,\mathfrak{b},
\end{aligned}\right.$$

deren Richtigkeit man hinterher auch leicht durch Multiplikation mit den Grundvektoren nachweisen kann.

Die Gleichungen (41) und (102) stellen ein System partieller linearer Differentialgleichungen für die Funktionen $\mathfrak{a}(u^1, u^2)$, $\mathfrak{x}(u^1, u^2)$ und $\mathfrak{b}(u^1, u^2)$ dar, wie man ohne weiteres erkennt, wenn man die Gleichungen nach (91), (92) auf gewöhnliche Ableitungen umschreibt. Soll das System lösbar sein, so müssen genau wie im § 31 gewisse *Integrierbarkeitsbedingungen* bestehen. Diese schreiben sich in invarianten Ableitungen folgendermaßen:

$$(103)\qquad \left\{\begin{aligned}
&\mathfrak{a}_{12} + q\,\mathfrak{a}_1 = \mathfrak{a}_{21} + \bar{q}\,\mathfrak{a}_2; \quad \mathfrak{b}_{12} + q\,\mathfrak{b}_1 = \mathfrak{b}_{21} + \bar{q}\,\mathfrak{b}_2\\
&\mathfrak{x}_{112} + q\,\mathfrak{x}_{11} = \mathfrak{x}_{121} + \bar{q}\,\mathfrak{x}_{12}; \quad \mathfrak{x}_{212} + q\,\mathfrak{x}_{21} = \mathfrak{x}_{221} + \bar{q}\,\mathfrak{x}_{22}.
\end{aligned}\right.$$

Durch wiederholte invariante Ableitung der Gleichungen (102) können wir beliebig hohe invariante Ableitungen der Grundvektoren aus diesen selbst linear kombinieren. Denken wir uns in den Gleichungen (103) die invarianten Ableitungen der Grundvektoren durch diese selbst ausgedrückt, so führt jede der Gleichungen auf eine Linearkombination der Grundvektoren und wegen der linearen Unabhängigkeit dieser Vektoren müssen dann die einzelnen Koeffizienten verschwinden. Das führt uns dann auf gewisse Gleichungen in den Koeffizienten q, $\bar{q}$, B, $\mathfrak{B}$, $\bar{B}$, r und $\bar{r}$ und ihren invarianten Ableitungen.

Wir wollen die Rechnung z. B. für die Gleichung

$$(104)\qquad \mathfrak{x}_{112} + q\,\mathfrak{x}_{11} - \mathfrak{x}_{121} - \bar{q}\,\mathfrak{x}_{12} = 0$$

durchführen. Aus (102) und (41) erhält man

$$\begin{aligned}
\mathfrak{x}_{112} = \varepsilon\,\mathfrak{x}_2 - q_2\,\mathfrak{x}_2 - q\,[\varepsilon\,\mathfrak{x} - \bar{q}\,\mathfrak{x}_1 + \bar{B}\,\mathfrak{a} - \mathfrak{b} - \mathfrak{p}]&\\
+ B_2\,\mathfrak{a} + B\,[\bar{r}\,\mathfrak{a} + \mathfrak{x}_2] + [-\mathfrak{B}\,\mathfrak{x}_1 - \bar{B}\,\mathfrak{x}_2 - \bar{r}\,\mathfrak{b}]&
\end{aligned}$$

und

$$\mathfrak{x}_{121} = \bar{q}_1\,\mathfrak{x}_2 + \bar{q}\,[q\,\mathfrak{x}_1 + \mathfrak{B}\,\mathfrak{a}] + \mathfrak{B}_1\,\mathfrak{a} + \mathfrak{B}\,[r\,\mathfrak{a} - \mathfrak{x}_1]$$

somit hat man

$$\begin{aligned}
\mathfrak{x}_{112} + q\,\mathfrak{x}_{11} = (-\mathfrak{B} + q\,\bar{q})\,\mathfrak{x}_1 + (B - \bar{B} - q_2 - q^2 + \varepsilon)\,\mathfrak{x}_2&\\
+ (B_2 + B\,\bar{r} - q\,\bar{B} + q\,B)\,\mathfrak{a} + (2\,q - \bar{r})\,\mathfrak{b}&
\end{aligned}$$

$$\mathfrak{x}_{121} + \bar{q}\,\mathfrak{x}_{12} = (-\mathfrak{B} + q\,\bar{q})\,\mathfrak{x}_1 + (\bar{q}_1 + \bar{q}^2)\,\mathfrak{x}_2 + (\mathfrak{B}_1 + \mathfrak{B}\,r + 2\,\mathfrak{B}\,\bar{q})\,\mathfrak{a}.$$

In unserer Bedingung (104) sind dann die Koeffizienten von $\mathfrak{x}$, $\mathfrak{x}_1$ und $\mathfrak{p}$ identisch 0. Das Nullsetzen der Koeffizienten von $\mathfrak{x}_2$, $\mathfrak{a}$ und $\mathfrak{b}$ führt aber auf die Gleichungen

$$(105)\quad \left\{\begin{aligned} &\bar{B} - B = \bar{q}_1 + q_2 + \bar{q}^2 + q^2 - \varepsilon \\ &B_2 + B(\bar{r} + q) - \bar{B} q = \mathfrak{B}_1 + \mathfrak{B}(r + 2\bar{q}) \\ &\bar{r} = 2q. \end{aligned}\right.$$

Führt man die Rechnung ebenso für die anderen drei Gleichungen (103) durch, so erhält man außer (105) noch drei neue Bedingungen

$$(106)\quad \left\{\begin{aligned} &\bar{B}_1 + \bar{B}(r + \bar{q}) - B\bar{q} = \mathfrak{B}_2 + \mathfrak{B}(\bar{r} + 2q) \\ &2\mathfrak{B} = r_2 + rq - \bar{r}_1 - \bar{r}\bar{q} \\ &r = 2\bar{q}, \end{aligned}\right.$$

während das Verschwinden der übrigen Koeffizienten teils Identitäten, teils aber die Gleichungen (105) noch einmal liefert. Soll unser System (102), (41) integrabel sein, so müssen für die Koeffizienten also insgesamt die sechs Bedingungen (105) und (106) bestehen.

Nach (94) lassen sich die q, $\bar{q}$ und dann natürlich auch deren sämtliche invarianten Ableitungen q_1, q_2, $\bar{q}_1$ usw. allein durch die n_i, $\bar{n}_i$ und ihre Ableitungen berechnen. Gleiches gilt nach (105), (106) auch für die r, $\bar{r}$ und für $\mathfrak{B}$, denn diese letztere Größe ist ja allein durch invariante Ableitungen der q, $\bar{q}$ bestimmt. Setzen wir

$$B - \bar{B} = 2\mathfrak{S}; \quad B + \bar{B} = 2\mathfrak{H},$$

also

$$(107)\qquad B = \mathfrak{H} + \mathfrak{S}; \quad \bar{B} = \mathfrak{H} - \mathfrak{S},$$

so ist nach $(105)_1$ auch $\mathfrak{S}$ eine allein aus den Funktionen n_i, $\bar{n}_i$ bestimmbare Größe. Nur $\mathfrak{H}$ ist dann noch nicht auf die n_i, $\bar{n}_i$ zurückgeführt. Wir wollen jetzt noch unsere Grundformeln (41), (102), (105), (106) etwas umformen, indem wir die r, $\bar{r}$ überall durch die q, $\bar{q}$ ersetzen und die B, $\bar{B}$ nach (107) durch $\mathfrak{S}$ und $\mathfrak{H}$. Dann können wir die Grundformeln zusammenstellen:

Ableitungsgleichungen:

$$(108)\qquad \boxed{\begin{aligned} \mathfrak{a}_1 &= 2\bar{q}\,\mathfrak{a} - \mathfrak{x}_1 \\ \mathfrak{a}_2 &= 2q\,\mathfrak{a} + \mathfrak{x}_2 \end{aligned}}$$

$$(109)\qquad \boxed{\begin{aligned} \mathfrak{x}_{11} &= \varepsilon\mathfrak{x} - q\,\mathfrak{x}_2 + (\mathfrak{H} + \mathfrak{S})\,\mathfrak{a} + \mathfrak{b} - \mathfrak{p} \\ \mathfrak{x}_{12} &= \phantom{\varepsilon\mathfrak{x}} + \bar{q}\,\mathfrak{x}_2 + \mathfrak{B}\,\mathfrak{a} \\ \mathfrak{x}_{21} &= \phantom{\varepsilon\mathfrak{x}} + q\,\mathfrak{x}_1 + \mathfrak{B}\,\mathfrak{a} \\ \mathfrak{x}_{22} &= \varepsilon\mathfrak{x} - \bar{q}\,\mathfrak{x}_1 + (\mathfrak{H} - \mathfrak{S})\,\mathfrak{a} - \mathfrak{b} - \mathfrak{p} \end{aligned}}$$

$$(110)\qquad \boxed{\begin{aligned} \mathfrak{b}_1 &= -(\mathfrak{H}+\mathfrak{S})\mathfrak{x}_1 - \mathfrak{B}\mathfrak{x}_2 - 2\bar{q}\mathfrak{b} \\ \mathfrak{b}_2 &= -\mathfrak{B}\mathfrak{x}_1 - (\mathfrak{H}-\mathfrak{S})\mathfrak{x}_2 - 2q\mathfrak{b} \end{aligned}}$$

Integrierbarkeitsbedingungen:

$$(111)\qquad \boxed{\begin{aligned} \mathfrak{B} &= \bar{q}_2 - q_1 \\ -2\mathfrak{S} &= \bar{q}_1 + q_2 + \bar{q}^2 + q^2 - \varepsilon \end{aligned}}$$

$$(112)\qquad \boxed{\begin{aligned} \mathfrak{H}_1 + 2\bar{q}\mathfrak{H} &= \mathfrak{B}_2 + 4q\mathfrak{B} + \mathfrak{S}_1 + 4\bar{q}\mathfrak{S} \\ \mathfrak{H}_2 + 2q\mathfrak{H} &= \mathfrak{B}_1 + 4\bar{q}\mathfrak{B} - \mathfrak{S}_2 - 4q\mathfrak{S} \end{aligned}}$$

Was die Differentiationsordnung der einzelnen Invarianten anbetrifft, so wissen wir schon, daß die Formen $d\psi$, $d\bar{\psi}$ sowie die n_i, $\bar{n}_i$ von zweiter und somit nach (94) die q, $\bar{q}$ von dritter Ordnung in der (unnormierten) Funktion $\mathfrak{a}(u^1, u^2)$ sind, die die Fläche bestimmt. Es sind dann die q_1, q_2, $\bar{q}_1$, $\bar{q}_2$ und nach (111) auch $\mathfrak{B}$ und $\mathfrak{S}$ von vierter Ordnung. Da $\mathfrak{b}$ von dritter Ordnung ist, sieht man aus (100) und (107), daß auch $\mathfrak{H}$ von vierter Ordnung ist. Da die q, $\bar{q}$, $\mathfrak{H}$ und ihre invarianten Ableitungen ein vollständiges System von Invarianten unserer Fläche ausmachen, sieht man: *Es gibt zwei unabhängige Invarianten dritter Ordnung unserer Fläche, nämlich q, $\bar{q}$ und weiter fünf von vierter Ordnung, die wir uns etwa durch q_1, q_2, $\bar{q}_1$, $\bar{q}_2$ und $\mathfrak{H}$ repräsentiert denken können.* Aus den beiden linearen Differentialgleichungen (112) für $\mathfrak{H}$ kann man schließen, daß sich im allgemeinen auch $\mathfrak{H}$ allein aus den n_i, $\bar{n}_i$ berechnen läßt. Bezeichnen wir nämlich einen Ausdruck, der sich aus den n_i, $\bar{n}_i$ und ihren Ableitungen berechnen läßt, mit $\{n\}$, so können wir für (112) schreiben

$$(113)\qquad \mathfrak{H}_1 + 2\bar{q}\mathfrak{H} = \{n\}; \quad \mathfrak{H}_2 + 2q\mathfrak{H} = \{n\}$$

Differentiieren wir nun $(113)_1$ nach **2** und $(113)_2$ nach **1**, so erhalten wir unter nachträglicher Verwendung von (113)

$$(114)\qquad \mathfrak{H}_{12} + (2\bar{q}_2 - 4q\bar{q})\mathfrak{H} = \{n\}; \quad \mathfrak{H}_{21} + (2q_1 - 4q\bar{q})\mathfrak{H} = \{n\}$$

Nun gilt aber die Bedingung $\mathfrak{H}_{12} + q\mathfrak{H}_1 = \mathfrak{H}_{21} + \bar{q}\mathfrak{H}_2$ oder nach (113)

$$(115)\qquad \mathfrak{H}_{12} - \mathfrak{H}_{21} = \{n\}$$

und aus (114) und (115) folgt:

$$(116)\qquad (\bar{q}_2 - q_1)\cdot\mathfrak{H} = \{n\}.$$

Somit läßt sich für Flächen mit $\bar{q}_2 - q_1 \neq 0$ oder nach (111) $\mathfrak{B} \neq 0$ auch $\mathfrak{H}$ durch die $\{n_i, \bar{n}_i\}$ ausdrücken. *Die Fläche ist dann durch Angabe der Formen* $d\psi$, $d\bar{\psi}$ *bis auf Transformationen der Gruppe bestimmt,* denn alle ihre Invarianten lassen sich ja aus den n_i, $\bar{n}_i$ berechnen. Eine Ausnahme tritt nur für die speziellen Flächen mit $\mathfrak{B} = 0$ ein, die wir im § 72 geometrisch kennzeichnen wollen.

§ 71. Invariant mit einer Fläche verbundene Kugelkomplexe.

Nehmen wir in der Möbius-Geometrie für $\mathfrak{p}$ den speziellen Komplex § 59 (109) und lassen bei den Punkten und Kugeln überall die letzten Koordinaten der Sechservektoren fort, so bleiben nach § 59 die Fünfervektoren der pentasphärischen Koordinaten übrig. Machen wir diesen Übergang, den wir im § 59 als Übergang zur Stufe B bezeichnet haben, bei unseren Grundformeln der Flächentheorie (45) und (109) bis (112), so behalten wir für $\mathfrak{a}$, $\mathfrak{b}$ die Fünfervektoren der pentasphärischen Punktkoordinaten übrig, für $\mathfrak{x}$ aber wegen der Normierung $\mathfrak{x}\mathfrak{p} = 1$ nach § 59 (112) die normierten pentasphärischen Kugelkoordinaten. Da die ersten fünf Koordinaten von $\mathfrak{p}$ alle 0 sind, können wir bei Verwendung der Fünfervektoren dann $\mathfrak{p} \equiv 0$ setzen und es bleiben nur mehr fünf Grundvektoren übrig. Im übrigen können wir unsere Grundformeln bei der Behandlung der Flächentheorie in pentasphärischen Koordinaten unverändert beibehalten, mit der einzigen Ausnahme, daß in der Tabelle (45), die jetzt die Skalarprodukte § 59 (111) in den runden Klammern darstellt, an die Stelle von $\langle\mathfrak{x}\mathfrak{x}\rangle = 0$ die Relation $(\mathfrak{x}\mathfrak{x}) = 1$ tritt.

In entsprechender Weise können wir in der Laguerre-Geometrie zur Stufe B übergehen, indem wir $\mathfrak{p}$ als den uneigentlichen Punkt § 61 (145) annehmen. Wir haben dann bei allen Vektoren die ersten beiden Koordinaten wegzulassen. Wegen der Normierung $\mathfrak{x}\mathfrak{p} = 1$ stellt der von $\mathfrak{x}$ übrigbleibende Vierervektor $\mathfrak{X}$ dann nach § 61 (147) einfach die kartesischen Kugelkoordinaten der Mittenkugel dar. Von den Ebenen $\mathfrak{a}$ und $\mathfrak{b}$ bleiben die Vierervektoren des sphärischen Bildes übrig, die wir als die Vektoren der tetrazyklischen Koordinaten der Punkte ansehen können, die den Ebenen im sphärischen Bild entsprechen (vgl. § 62).

Doch kehren wir jetzt wieder zu den hexasphärischen Koordinaten und zu den Formeln unserer Stufe A zurück, die wir ja für die gemeinsame Behandlung beider Geometrien immer zu benutzen haben. Wir wollen den Grundvektoren $\mathfrak{x}_1$ und $\mathfrak{x}_2$, die ja wegen $\langle\mathfrak{x}_1\mathfrak{x}_1\rangle = \langle\mathfrak{x}_2\mathfrak{x}_2\rangle = 1$ elliptische Kugelkomplexe darstellen, eine geometrische Deutung geben. Wegen $\langle\mathfrak{x}_1\mathfrak{p}\rangle = \langle\mathfrak{x}_2\mathfrak{p}\rangle = 0$ haben wir speziell Komplexe, die zum absoluten Komplex $\mathfrak{p}$ *involutorisch* sind. Wir haben ja solche lineare Komplexe, die in der Geometrie von *Möbius* und *Laguerre* von besonderer Wichtigkeit sind, auch kurz als *involutorische Komplexe* bezeichnet. In der Möbius-Geometrie besteht ein solcher elliptischer involutorischer

Komplex nach § 59 aus allen K-Kugeln, die zu einer festen Kugel oder Ebene senkrecht sind, in der Laguerre-Geometrie aber nach § 62 aus allen K-Kugeln, die eine feste gerichtete Ebene ε unter festem Winkel φ schneiden. Für $\mathfrak{x}_1$ gilt nun $\langle \mathfrak{x}_1 \mathfrak{x} \rangle = \langle \mathfrak{x}_1 \mathfrak{a} \rangle = 0$. $\mathfrak{x}_1$ enthält also alle Kugeln des Büschels $\{\mathfrak{x}, \mathfrak{a}\}$ der die Fläche berührenden Kugeln, wir wollen sagen: $\mathfrak{x}_1$ enthält das Flächenelement $\{\mathfrak{x}, \mathfrak{a}\}$ unserer Fläche. Wegen $\mathfrak{x}_1 \mathfrak{x}_2 = \mathfrak{x}_1 \mathfrak{a}_2 = 0$, vgl. (109), enthält $\mathfrak{x}_1$ aber auch noch das Nachbarflächenelement der Fläche in Richtung der Krümmungslinie 2. Wir können dann noch als ein drittes Flächenelement, das $\mathfrak{x}_1$ angehört, das Flächenelement $\{\mathfrak{x}, \mathfrak{b}\}$ der zweiten Hüllfläche des Kugelsystems $\mathfrak{x}$ angeben. Durch die Angaben, daß der Komplex $\mathfrak{x}_1$ involutorisch ist, und daß er die drei angegebenen Flächenelemente enthält, ist er aber auch schon festgelegt. Im Fall *Möbius* ist mit $\mathfrak{x}_1$ die Kugel $\tilde{\mathfrak{x}}_1$ invariant verbunden, zu der alle seine Kugeln senkrecht sind.

Die Punkte des Komplexes liegen dann auf der Kugel $\tilde{\mathfrak{x}}_1$. Weil $\mathfrak{x}$ dem Komplex $\mathfrak{x}_1$ angehört, erkennt man, daß $\tilde{\mathfrak{x}}_1$ bestimmt ist als die zur Fläche senkrechte Kugel, die durch das von $\mathfrak{a}$ auslaufende Linienelement der Krümmungslinie 2 und außerdem durch $\mathfrak{b}$ hindurchgeht. Damit ist dann auch der Komplex $\mathfrak{x}_1$ gedeutet. Die analoge Rolle spielt der Komplex $\mathfrak{x}_2$ für die Krümmungslinie 1. Wenn wir den Kreis $\mathfrak{N}$, der durch $\mathfrak{a}$ und $\mathfrak{b}$ geht und der auf beiden Hüllflächen unseres Zentralkugelsystems senkrecht steht, als den *Normalkreis* der Fläche bezeichnen, so sind, wie leicht einzusehen, $\tilde{\mathfrak{x}}_1$ und $\tilde{\mathfrak{x}}_2$ einfach die Kugeln durch den Normalkreis, die je eine der beiden Krümmungslinien im Punkte $\mathfrak{a}$ berühren.

Im Fall *Laguerre* muß die feste Ebene ε des involutorischen Komplexes $\mathfrak{x}_1$ die durch $\mathfrak{b}$ und das von $\mathfrak{a}$ auslaufende Linienelement der Krümmungslinie 2 bestimmte Ebene sein. Der Komplex besteht dann aus allen K-Kugeln, die die in bestimmter Richtung genommene Ebene ε unter dem gleichen Winkel φ schneiden wie die Mittenkugel $\mathfrak{x}$. Den Richtungen aller gerichteten Ebenen des Komplexes $\mathfrak{x}_1$, also aller ε unter dem Winkel φ schneidenden Ebenen entspricht im sphärischen Bild ein Kreis. Im Gegensatz zu ε und dem Winkelwert φ ist dieser Kreis des sphärischen Bildes nach § 62 (163) mit dem involutorischen Komplex $\mathfrak{x}_1$ Laguerre-invariant verbunden. Nach § 62 stellt beim Übergang zur Stufe B der Vierervektor $\mathfrak{X}_1$ die tetrazyklischen Koordinaten dieses Kreises dar. Analoges gilt für $\mathfrak{X}_2$. In der Möbius-Geometrie stellen beim Übergang auf Stufe B die Fünfervektoren $\mathfrak{x}_1$ und $\mathfrak{x}_2$ natürlich analog die normierten pentasphärischen Koordinaten der erwähnten Kugeln $\tilde{\mathfrak{x}}_1$ und $\tilde{\mathfrak{x}}_2$ dar.

Wir wollen nun noch zwei andere invariante involutorische Komplexe einführen. Wir fragen: Gibt es nicht einen solchen Komplex $\mathfrak{r}$, der genau so wie $\mathfrak{x}_1$ zwei konsekutive Flächenelemente längs der Krümmungslinie 2 enthält, dann aber statt des Flächenelementes $\{\mathfrak{x}, \mathfrak{b}\}$, wie dies bei $\mathfrak{x}_1$ der Fall war, noch ein drittes Flächenelement längs der Krümmungslinie 2? Es muß dann gelten

$$(117) \qquad \begin{cases} \mathfrak{r}\mathfrak{x} = \mathfrak{r}\mathfrak{p} = \mathfrak{r}\mathfrak{a} = \mathfrak{r}\mathfrak{x}_2 = 0 \\ \mathfrak{r}\mathfrak{a}_2 = \mathfrak{r}\mathfrak{x}_{22} = \mathfrak{r}\mathfrak{a}_{22} = 0 \end{cases}$$

Setzt man $\mathfrak{r}$ als Linearkombination der Grundvektoren an, so folgt aus den ersten vier Gleichungen (117) eine Darstellung $\mathfrak{r} = \alpha\mathfrak{x}_1 + \beta\mathfrak{a}$. Wegen $\langle\mathfrak{r}\mathfrak{r}\rangle = \alpha^2$ folgt $\alpha \neq 0$ und wir können $\mathfrak{r}$ so normieren, daß $\alpha = 1$ wird. Aus $(117)_6$ folgt dann nach (109) $\beta = -\bar{q}$. Weil $\mathfrak{a}_2$ sich nach (108) aus $\mathfrak{a}$ und $\mathfrak{x}_2$ linear kombinieren läßt, ergeben dann $(117)_5$ und $(117)_7$ keine neuen Bedingungen mehr für $\mathfrak{r}$, so daß

$$\mathfrak{r} = \mathfrak{x}_1 - \bar{q}\,\mathfrak{a} \tag{118}$$

wirklich ein Komplex mit den angegebenen Eigenschaften ist. Nimmt man statt der Krümmungslinie **2** die Krümmungslinie **1**, so erhält man den analogen Komplex

$$\bar{\mathfrak{r}} = \mathfrak{x}_2 + q\,\mathfrak{a}\,. \tag{119}$$

In der Möbius-Geometrie sind dann die festen Kugeln $\mathfrak{k}^{\mathrm{I}}$ und $\mathfrak{k}^{\mathrm{II}}$, zu denen die Kugeln der Komplexe $\mathfrak{r}$ und $\bar{\mathfrak{r}}$ senkrecht sind, einfach die beiden Kugeln durch die Schmiegkreise der Krümmungslinien, die zur Fläche senkrecht sind. Diese Kugeln wollen wir die beiden *Normalkugeln* der Fläche nennen.

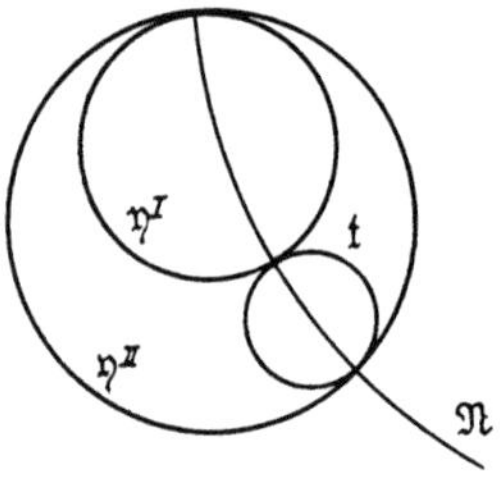

Fig. 65.

In der Laguerre-Geometrie haben wir die Komplexe $\mathfrak{r}, \bar{\mathfrak{r}}$ aller K-Kugeln, die die in bestimmter Richtung zu nehmenden Schmiegebenen der Krümmungslinien unter demselben Winkel schneiden wie die Mittenkugel $\mathfrak{x}$. Die zu den beiden Komplexen im sphärischen Bild gehörigen Kreise $\mathfrak{k}^{\mathrm{I}}$, $\mathfrak{k}^{\mathrm{II}}$ sind einfach die Schmiegkreise der Kurven, die den Krümmungslinien im sphärischen Bild entsprechen.

Wir können jetzt den Invarianten q und $\bar{q}$ eine geometrische Deutung geben. In der Möbius-Geometrie gilt nämlich: *Bezeichnen wir die Kugel, die zum Normalkreis* $\mathfrak{N}$ *der Fläche senkrecht steht und die die beiden Krümmungskugeln* $\mathfrak{y}^{\mathrm{I}}$ *und* $\mathfrak{y}^{\mathrm{II}}$ *der Fläche in verschiedenem Sinne berührt* (Fig. 65) *mit* $\mathfrak{t}$, *so sind die Winkel* φ_1 *und* φ_2, *die* $\mathfrak{t}$ *mit den beiden Normalkugeln* $\mathfrak{k}^{\mathrm{I}}$ *und* $\mathfrak{k}^{\mathrm{II}}$ *der Fläche bildet, durch*

$$|\cos\varphi_1| = |\bar{q}|\,; \quad |\cos\varphi_2| = |q| \tag{120}$$

gegeben [*G. Thomsen* 1927].

Nehmen wir die Formeln der Stufe B, so ist der Normalkreis als Durchschnitt der beiden in pentasphärischen Koordinaten durch $\mathfrak{x}_1$ und $\mathfrak{x}_2$ gegebenen Kugeln bestimmt. Es muß dann für den Fünfervektor $\mathfrak{t}$

$$(\mathfrak{t}\,\mathfrak{x}_1) = (\mathfrak{t}\,\mathfrak{x}_2) = 0 \tag{121}$$

gelten. Nach (34) sind die Krümmungskugeln in hexasphärischen, sowie dann auch in pentasphärischen Koordinaten durch $\mathfrak{x} \pm \mathfrak{a}$ gegeben. Normieren wir $\mathfrak{t}$ nach $\mathfrak{t}\mathfrak{t} = 1$, so gilt wegen § 59 (115) etwa

$$(\mathfrak{t}\,\mathfrak{x}) + (\mathfrak{t}\,\mathfrak{a}) = +1\,, \quad (\mathfrak{t}\,\mathfrak{x}) - (\mathfrak{t}\,\mathfrak{a}) = -1\,. \tag{122}$$

Setzen wir $\mathfrak{t}$ als Kombination

$$\mathfrak{t} = \alpha\,\mathfrak{x} + \beta\,\mathfrak{x}_1 + \gamma\,\mathfrak{x}_2 + \lambda\,\mathfrak{a} + \mu\,\mathfrak{b}$$

der fünf Grundvektoren an, so folgt aus (121), (122) und $(\mathfrak{x}\,\mathfrak{x}) = (\mathfrak{t}\,\mathfrak{t}) = 1$

$$\mathfrak{t} = \frac{1}{2}\,\mathfrak{a} + \mathfrak{b}\,. \tag{123}$$

Für die Winkel von $\mathfrak{t}$ mit den Normalkugeln (118) und (119) ergeben sich dann tatsächlich die Gleichungen (120).

In der Laguerre-Geometrie gilt statt (120) der Satz: *Nimmt man eine beliebige $\mathfrak{y}$ der beiden Krümmungskugeln der Fläche und legt durch das Flächenelement $\{\mathfrak{x}, \mathfrak{b}\}$ des zweiten Hüllmantels des Systems der Mittenkugeln die Kugel $\mathfrak{s}$, die von $\mathfrak{y}$ die Tangentenentfernung 2 hat, so werden $\mathfrak{y}$ und $\mathfrak{s}$ von einem geraden Kreiskegel gemeinsamer gerichteter Tangentenebenen berührt. Diesem Kegel entspricht im sphärischen Bild ein Kreis $\mathfrak{t}$. Er schneidet die Schmiegkreise der sphärischen Bilder der Krümmungslinien in Winkeln φ_1 und φ_2, die wieder durch* (120) *gegeben sind.*

Nimmt man nämlich in den Formeln der Stufe A die Krümmungskugel $(\mathfrak{x} + \mathfrak{a})$ und setzt die Kugel $\mathfrak{s}$ in der Form $\mathfrak{s} = \mathfrak{x} + \lambda\mathfrak{b}$ an, so muß nach § 61 (149), da die Tangentenentfernung von $\mathfrak{s}$ und $\mathfrak{y}$ gleich 2 sein soll, wegen

$$(\mathfrak{x} + \lambda\,\mathfrak{b}\,,\,\mathfrak{p}) = (\mathfrak{x} + \mathfrak{a}\,,\,\mathfrak{p}) = 1$$

$$\langle \mathfrak{x} + \lambda\,\mathfrak{b}\,,\,\mathfrak{x} + \mathfrak{a} \rangle = -\,2$$

gelten. Das ergibt $\lambda = -2$. Nimmt man nun die Differenz

$$\mathfrak{t} = \mathfrak{x} - 2\,\mathfrak{b} - \mathfrak{x} - \mathfrak{a}$$

der beiden Kugeln $\mathfrak{s}$ und $\mathfrak{y}$ und läßt auf Stufe B die ersten beiden Koordinaten t_0, t_1 derselben weg, so bleibt nach § 62 (159) gerade der Vierervektor der tetrazyklischen Koordinaten des Kreises $\mathfrak{t}$ übrig. Da die Schmiegkreise der sphärischen Bilder der Krümmungslinien durch die Vierervektoren (118) und (119) gegeben sind, so kann man aus § 9 (68) leicht wieder (120) folgern.

Ist der Komplex (118) längs der ganzen Krümmungslinie 2 konstant, so liegen alle Flächenelemente der Krümmungslinie in einem festen involutorischen Komplex $\mathfrak{r}$. Dieser Fall tritt nach (108), (109) für

$$\mathfrak{r}_2 = \bar{q}\,\mathfrak{x}_2 + \mathfrak{B}\,\mathfrak{a} - \bar{q}_2\,\mathfrak{a} - 2\,q\,\bar{q}\,\mathfrak{a} - \bar{q}\,\mathfrak{x}_2 = 0$$

also nach (111) für

$$q_1 + 2\,q\,\bar{q} = 0 \tag{124}$$

ein. Gilt (124) identisch, so liegen alle Krümmungslinien der Schar 2 in festen involutorischen Komplexen. In der Möbius-Geometrie liegen sie also auf den Kugeln einer zur Fläche senkrechten Kugelschar. Wir haben dann eine Fläche, die eine Kugelschar senkrecht durchsetzt, eine *orthogonale Trajektorienfläche einer Kugelschar*. Und zwar ist durch (124) auch die allgemeinste Fläche dieser Art gegeben. Denn bei einer beliebigen solchen Fläche gehören die Flächenstreifen längs der Schnittlinien mit den Kugeln der Schar, weil sie zu festen Kugeln senkrecht sind, involutorischen Komplexen an. Im § 58 haben wir aber gezeigt, daß ein Streifen in einem linearen Komplex notwendig ein Krümmungsstreifen ist und daraus folgt dann die Behauptung.

In der Laguerre-Geometrie sind durch (124) nach § 64 die *Flächen mit einer Schar ebener Krümmungslinien* gegeben.

Bei unserer gemeinsamen Behandlung der Flächentheorie von *Möbius* und *Laguerre* folgt somit für (124) aus jedem Satz über Orthogonalflächen einer Kugelschar als Grenzfall ein Satz über Flächen mit einer Schar ebener Krümmungslinien.

Nehmen wir außer (124) auch die analoge Gleichung $\bar{q}_2 + 2q\bar{q} = 0$ für die andere Schar der Krümmungslinien an, so haben wir im Fall *Laguerre* die im § 64 bereits betrachteten Flächen mit lauter ebenen Krümmungslinien. Im Fall *Möbius* haben wir Flächen, die auf zwei Weisen Orthogonalflächen einer Kugelschar sind. Wir müssen dann, da die Krümmungslinien sich senkrecht schneiden, zwei Kugelscharen S_1 und S_2 annehmen, bei denen jede Kugel der einen Schar jede Kugel der andern Schar senkrecht schneidet. Man kann nun leicht zeigen, daß man es bei zwei solchen Kugelscharen durch eine Möbius-Transformation immer erreichen kann, daß die eine Schar entweder in eine Schar konzentrischer Kugeln oder in ein Ebenenbüschel übergeht. Greifen wir zwei Kugeln $\mathfrak{y}$ und $\mathfrak{z}$ aus S_1 heraus und unterscheiden wir drei Fälle! 1) Es schneiden sich $\mathfrak{y}$ und $\mathfrak{z}$ nicht. Dann können wir sie durch eine Möbius-Transformation in zwei konzentrische Kugeln mit dem Mittelpunkt M überführen. Die Kugeln der Schar S_2 gehen dann notwendig in eine Schar $\bar{S}_2$ von Ebenen durch den Mittelpunkt M über. Bilden sie ein Büschel, so ist unsere Behauptung schon erwiesen. Bilden sie aber keins, so gibt es sicher zwei verschiedene Schnittgeraden g_1 und g_2 von Ebenenpaaren aus $\bar{S}_2$. Die zu $\bar{S}_2$ senkrechte Kugelschar $\bar{S}_1$, die aus S_1 entstanden ist, besteht dann aber aus zu g_1 und g_2 senkrechten Kugeln, das heißt aus lauter konzentrischen Kugeln um M. Also haben wir, wie verlangt, die eine der Scharen, S_1, in eine konzentrische Schar übergeführt. 2) Können wir nun aber keine zwei sich nicht schneidende Kugeln $\mathfrak{y}$ und $\mathfrak{z}$ aus S_1 herausgreifen, so können wir die sich schneidenden Kugeln $\mathfrak{y}$ und $\mathfrak{z}$ in zwei Ebenen $\bar{\mathfrak{y}}$ und $\bar{\mathfrak{z}}$ überführen. Die Schar S_2 geht dann in eine Kugelschar $\bar{S}_2$ über, die zu der Schnittgeraden h von $\bar{\mathfrak{y}}$ und $\bar{\mathfrak{z}}$ senkrecht sind. Bilden die $\bar{S}_2$ keine konzentrische Schar, so müssen dann wieder die Kugeln der orthogonalen Schar $\bar{S}_1$ dem Büschel der Ebenen durch h angehören. 3) Nun haben wir noch den Fall zu berücksichtigen, daß man aus S_1 nur Paare sich berührender Kugeln $\mathfrak{y}$ und $\mathfrak{z}$ herausgreifen kann. Dann können wir $\mathfrak{y}$ und $\mathfrak{z}$ überführen in zwei parallele Ebenen $\bar{\mathfrak{z}}$ und $\bar{\mathfrak{y}}$. S_2 geht dabei über in eine Schar von zu $\bar{\mathfrak{y}}$ und $\bar{\mathfrak{z}}$ senkrechten Ebenen $\bar{S}_2$ und es muß dann entweder $\bar{S}_2$ oder $\bar{S}_1$ ein Büschel paralleler Ebenen sein.

Die Orthogonalfläche einer konzentrischen Kugelschar mit dem Mittelpunkt M ist nun ein Kegel mit der Spitze M. Legen wir bei einem solchen Kegel die zur Fläche senkrechten Ebenen durch die Erzeugenden, so ist die Fläche auch Orthogonalfläche für die Kugelschar dieser Ebenen. Die Orthogonalfläche eines Ebenenbüschels durch eine feste Gerade ist eine Drehfläche. Legt man durch deren Breitenkreise die zur Fläche senkrechten Kugeln, so bilden diese die zweite der Kugelscharen. Die Orthogonalfläche eines Parallelenbüschels von Ebenen ist ein Zylinder. Wir haben also insgesamt den Satz:

Eine durch

(125) $$q_1 + 2q\bar{q} = \bar{q}_2 + 2q\bar{q} \equiv 0$$

gekennzeichnete Fläche, die gleichzeitig Orthogonalfläche zweier Kugelscharen ist, entsteht entweder aus einem allgemeinen Kegel oder aus einem allgemeinen Zylinder oder aus einer Rotationsfläche durch Abbildung von Möbius.

Spezielle Lösungen der Gleichung (124) sind die Flächen mit $q = 0$. Diese sind einfach die *Kanalflächen*. Denn nach (108) ist dann

$(\mathfrak{a}-\mathfrak{x})_2=0$, die Krümmungskugeln $\mathfrak{a}-\mathfrak{x}$ fallen also längs ihrer ganzen Krümmungslinien immer in eine und dieselbe Kugel hinein und die Fläche ist Hüllfläche der Schar dieser Krümmungskugeln.

Durch $q=\bar{q}=0$ sind dann die Flächen gekennzeichnet, die auf zwei Arten Hüllflächen einer Kugelschar sind, also nach § 57 die *Zykliden von Dupin.*

§ 72. Isotherme Kurvennetze auf einer Fläche.

Wir haben im § 70 gesehen, daß die Flächen mit $\mathfrak{B}=0$ die einzigen sind, die durch Angabe ihrer Formen n_i und $\bar{n}_i$ nicht bestimmt sind [bis auf Transformationen der Gruppe von *Möbius* resp. *Laguerre*]. Im Fall $\mathfrak{B}=q_2-q_1=0$ [vgl. (111)], muß das Glied auf der rechten Seite von (116) verschwinden, das nur aus den n_i, $\bar{n}_i$ und ihren Ableitungen gebildet ist. Das liefert eine Integrierbarkeitsbedingung für die Funktionen n_i, $\bar{n}_i$, die bei den Flächen $\mathfrak{B}=0$ notwendig bestehen muß. Gilt sie aber, dann ist auf Grund der Ableitung, die wir für die Gleichung (116) im § 70 gaben, das System (112) für die Funktion $\mathfrak{H}$ integrabel. Aus dem System (112) ist dann $\mathfrak{H}$ bis auf eine Integrationskonstante bestimmt. Es gibt also immer eine einparametrige Schar wesentlich verschiedener Flächen $\mathfrak{B}=0$ mit denselben Formen $n_i, \bar{n}_i$. Eine erste geometrischeKennzeichnung der Flächen mit $\mathfrak{B}=0$ liefern die Gleichungen (110) unmittelbar, denn es gilt für sie

$$(126) \qquad \|\mathfrak{x},\mathfrak{b},\mathfrak{x}_1,\mathfrak{b}_1\|=0; \quad \|\mathfrak{x},\mathfrak{b},\mathfrak{x}_2,\mathfrak{b}_2\|=0.$$

Nach § 58 entsprechen also den Krümmungslinien von $\mathfrak{a}$, längs derer ja die invarianten Differentiationen genommen werden, auf $\mathfrak{b}$ wieder die Krümmungslinien. Es gilt somit: *Bei den Flächen mit* $\mathfrak{B}=0$ ***und*** *nur bei diesen entsprechen sich auf den beiden Hüllflächen des Systems der Zentralkugeln (resp. Mittenkugeln) die Krümmungslinien.*

Wir wollen nun noch eine andere kennzeichnende Eigenschaft unserer Flächen angeben. Wir nennen ein auf einer Fläche gegebenes Kurvennetz $\mathfrak{C}$ zu einem zweiten Kurvennetz $\mathfrak{W}$ *diagonal,* wenn die beiden Netze die folgende Konfigurationseigenschaft besitzen:

Man ziehe die beiden Kurven $\mathfrak{C}_1$ *und* $\mathfrak{C}_2$ *des Netzes* $\mathfrak{C}$ *durch einen beliebigen Punkt* P *der Fläche, in dem das Netz dieser Kurven regulär ist und wähle auf einer von ihnen, etwa* $\mathfrak{C}_1$, *einen beliebigen Punkt* P_1 (der nur so nahe an P gelegen sein muß, daß die folgende Konstruktion ganz in dem Gebiet der regulären Punkte des Netzes $\mathfrak{C}$ verläuft) [Fig. 66a]. *Zieht man dann durch* P_1 *die beiden Kurven* $\mathfrak{W}_1$ *und* $\mathfrak{W}_2$ *des Netzes* $\mathfrak{W}$ *bis zu den Schnittpunkten* Q_1 *und* Q_2 *mit* $\mathfrak{C}_2$, *und zieht man durch* Q_1 *und* Q_2 *die noch fehlenden beiden Kurven* $\overline{\mathfrak{W}}_2$ *und* $\overline{\mathfrak{W}}_1$ *des Netzes* $\mathfrak{W}$, *so treffen sich diese* **gerade auf einem Punkt von** $\mathfrak{C}_1$.

Ein Netz, zu dem sein winkelhalbierendes Netz diagonal ist, nennen wir *isotherm*. Wir wollen zeigen: *Im Fall Möbius sind die Flächen mit* $\mathfrak{V} = 0$ *die Flächen, bei denen das Netz der Krümmungslinien isotherm ist. Diese Flächen nennt man daher auch Isothermflächen.* Spezielle Isothermflächen sind nach (125) die allgemeinen Kegel, Zylinder und Drehflächen. Ferner wollen wir zeigen: *Im Fall Laguerre ist für* $\mathfrak{V} = 0$ *das Netz der sphärischen Bilder der Krümmungslinien auf der Einheitskugel isotherm.* Wir haben nun im § 29 für den speziellen Fall der Netze auf der Kugel schon von isothermen

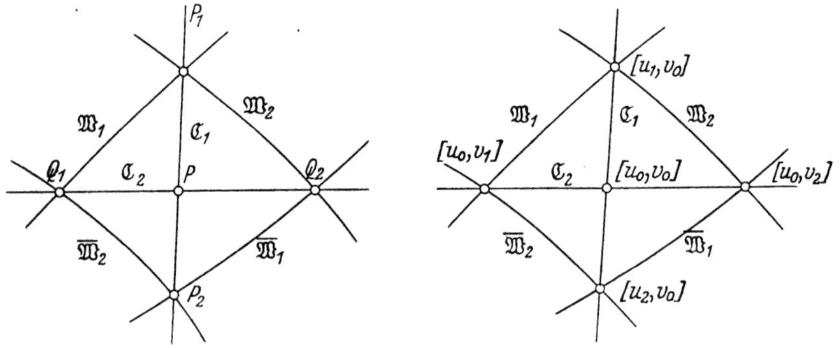

Fig. 66a und b.

Netzen gesprochen. Wir werden zeigen, daß die allgemeine Definition der isothermen Netze für den Fall der Kugel mit der dort gegebenen übereinstimmt.

Um unsere Behauptungen [wenigstens unter gewissen Differenzierbarkeitsannahmen über unsere Netze] nachzuweisen, schicken wir folgenden topologischen Hilfssatz voran.

Wenn zwei Netze die Konfiguration der Fig. 66a *besitzen, so kann man sie durch eine eineindeutige stetige Zuordnung so auf eine Hilfsebene abbilden, daß alle vier Kurvenscharen der beiden Netze gleichzeitig in vier Büschel paralleler Geraden übergehen*[1]).

Wir können auf unserer Fläche solche Parameter eingeführt denken, daß die Kurven des einen Netzes $\mathfrak{C}$ die Kurven $v = \text{const}$, $u = \text{const}$ werden. Dann werden die Kurven des anderen Netzes $\mathfrak{W}$ durch Gleichungen

$$g(u, v) = \text{const} \quad \text{und} \quad h(u, v) = \text{const} \tag{127}$$

dargestellt. Geben wir den Kurven $\mathfrak{C}_1$, $\mathfrak{C}_2$ der Fig. 66a die Gleichungen $v = v_0$ und $u = u_0$, so hat der Punkt P die „Koordinaten" u_0, v_0. Bezeichnen wir die

[1]) Zu diesem topologischen Satz vgl. *W. Blaschke:* Topologische Fragen der Differentialgeometrie. Math. Z. 1928.

u-Koordinaten von P_1 und P_2 mit u_1 resp. u_2 und die v-Koordinaten von Q_1 und Q_2 mit v_1 resp. v_2, so haben die Punkte der Fig. 66a die in Fig. 66b beigeschriebenen Koordinaten. Da die Punktepaare $\{P_1Q_1\}$ und $\{P_2Q_2\}$ auf Kurven $g = \text{const}$ und die Paare $\{P_1Q_2\}$ und $\{P_2Q_1\}$ auf Kurven $h = \text{const}$ liegen, müssen die Gleichungen bestehen:

$$(128)\quad \left|\begin{array}{ll} (1) & g(u_0, v_1) = g(u_1, v_0) \\ (2) & h(u_0, v_2) = h(u_1, v_0) \\ (3) & h(u_2, v_0) = h(u_0, v_1) \\ (4) & g(u_2, v_0) = g(u_0, v_2) \end{array}\right.$$

Auf Grund ihrer geometrischen Definition spricht sich die Diagonaleigenschaft der beiden Netze dann analytisch folgendermaßen aus: Nimmt man die Werte u_0, v_0 sowie den Wert u_1 (Punkt P_1 auf $\mathfrak{C}_1$) willkürlich an, berechnet aus $(128)_1$ und aus $(128)_2$ v_1 resp. v_2 als Funktion von $\{u_0, v_0, u_1\}$ und setzt die gefundenen Ausdrücke in $(128)_3$ resp. $(128)_4$ ein, so ergeben die beiden Gleichungen $(128)_3$ und $(128)_4$ nach u_2 aufgelöst für u_2 identisch den gleichen Ausdruck in u_0, v_0 und u_1. Wir werden sehen, daß diese Bedingung nur für ganz spezielle Funktionenpaare $g(u, v)$ und $h(u, v)$ erfüllt ist.

Wir denken uns die Funktionen g und h in (128) in der Umgebung der Stelle u_0, v_0 nach Potenzen der Differenzen $\bar{u}_1 = u_1 - u_0$, $\bar{u}_2 = u_2 - u_0$, $\bar{v}_1 = v_1 - v_0$ und $\bar{v}_2 = v_2 - v_0$ entwickelt. Gehen wir bis zu den Gliedern dritter Ordnung, so erhalten wir für (128)

$$(129)\quad \left\{\begin{array}{ll} (1) & \mathring{g}_v \bar{v}_1 + \frac{1}{2}\mathring{g}_{vv}\bar{v}_1^2 + \frac{1}{6}\mathring{g}_{vvv}\bar{v}_1^3 + \cdots = \mathring{g}_u \bar{u}_1 + \frac{1}{2}\mathring{g}_{uu}\bar{u}^2 + \frac{1}{6}\mathring{g}_{uuu}\bar{u}_1^3 \ldots \\ (2) & \mathring{h}_v \bar{v}_2 + \frac{1}{2}\mathring{h}_{vv}\bar{v}_2^2 + \frac{1}{6}\mathring{h}_{vvv}\bar{v}_2^3 + \cdots = \mathring{h}_u \bar{u}_1 + \frac{1}{2}\mathring{h}_{uu}\bar{u}_1^2 + \frac{1}{6}\mathring{h}_{uuu}\bar{u}_1^3 \ldots \\ (3) & \mathring{h}_u \bar{u}_2 + \frac{1}{2}\mathring{h}_{uu}\bar{u}_2^2 + \frac{1}{6}\mathring{h}_{uuu}\bar{u}_2^3 + \cdots = \mathring{h}_v \bar{v}_1 + \frac{1}{2}\mathring{h}_{vv}\bar{v}_1^2 + \frac{1}{6}\mathring{h}_{vvv}\bar{v}_1^3 \ldots \\ (4) & \mathring{g}_u \bar{u}_2 + \frac{1}{2}\mathring{g}_{uu}\bar{u}_2^2 + \frac{1}{6}\mathring{g}_{uuu}\bar{u}_2^3 + \cdots = \mathring{g}_v \bar{v}_2 + \frac{1}{2}\mathring{g}_{vv}\bar{v}_2^2 + \frac{1}{6}\mathring{g}_{vvv}\bar{v}_2^3 \ldots \end{array}\right.$$

Hier geben die über die Ableitungen der g und h geschriebenen Zeichen $\circ$ an, daß diese für die Stelle u_0, v_0 zu nehmen, also nur von u_0, v_0 abhängige Ausdrücke sind. Setzen wir in $(129)_1$ $\bar{v}_1$ als Potenzreihe in $\bar{u}_1$ an:

$$\bar{v}_1 = A\bar{u}_1 + B\bar{u}_1^2 + C\bar{u}_1^3 \ldots$$

so erhalten wir aus $(129)_1$ durch Koeffizientenvergleich:

$$(130)\quad \bar{v}_1 = \frac{\mathring{g}_u}{\mathring{g}_v}\bar{u}_1 + \frac{1}{2}\frac{\mathring{G}_{II}}{\mathring{g}_v^3}\bar{u}_1^2 + \left[\frac{1}{6}\frac{\mathring{G}_{III}}{\mathring{g}_v^4} - \frac{1}{2}\frac{G_{II}\,\mathring{g}_{vv}\mathring{g}_u}{\mathring{g}_v^5}\right]\bar{u}_1^3 + \cdots$$

wobei wir die Abkürzungen

$$(131)\quad G_{II} = g_{uu}g_v^2 - g_{vv}g_u^2; \quad G_{III} = g_{uuu}g_v^3 - g_{vvv}g_u^3$$

und ebenso später

$$(132)\quad H_{II} = h_{uu}h_v^2 - h_{vv}h_u^2; \quad H_{III} = h_{uuu}h_v^3 - h_{vvv}h_u^3$$

verwenden.

Setzen wir die für $\bar{v}_1$ erhaltene Entwicklung (130) in $(129)_3$ ein und berechnen dann $\bar{u}_2$ als Potenzreihe in $\bar{u}_1$, so ergibt sich:

$$(133)\quad \left\{\begin{aligned} \bar{u}_2 = {} & \frac{\mathring{g}_u \mathring{h}_v}{\mathring{g}_v \mathring{h}_u}\,\bar{u}_1 + \frac{1}{2}\left[\frac{\mathring{h}_v \mathring{G}_{\mathrm{II}}}{\mathring{h}_u \mathring{g}_v^3} - \frac{\mathring{g}_u^2 \mathring{H}_{\mathrm{II}}}{\mathring{g}_v^2 \mathring{h}_u^3}\right]\bar{u}_1^2 \\ & + \left[\frac{1}{6}\frac{\mathring{h}_v \mathring{G}_{\mathrm{III}}}{\mathring{h}_u \mathring{g}_v^4} - \frac{1}{6}\frac{\mathring{g}_u^3 \mathring{H}_{\mathrm{III}}}{\mathring{g}_v^3 \mathring{h}_u^4} - \frac{1}{2}\frac{\mathring{g}_u \mathring{G}_{\mathrm{II}} \mathring{H}_{\mathrm{II}}}{\mathring{g}_v \mathring{h}_u^3} - \frac{1}{2}\frac{\mathring{g}_u \mathring{h}_v \mathring{g}_{vv} \mathring{G}_{\mathrm{II}}}{\mathring{g}_v^5 \mathring{h}_u}\right. \\ & \left. + \frac{1}{2}\frac{\mathring{g}_u^3 \mathring{h}_v \mathring{h}_{uu} \mathring{H}_{\mathrm{II}}}{\mathring{g}_v^3 \mathring{h}_u^5}\right]\bar{u}_1^3 \ldots \end{aligned}\right.$$

Ähnlich wie mit den beiden Gleichungen $(129)_3$ und $(129)_1$ verfahren wir nun mit $(129)_2$ und $(129)_4$: Wir berechnen $\bar{v}_2$ als Funktion von $\bar{u}_1$ aus $(129)_2$, setzen den gefundenen Wert in $(129)_4$ ein und berechnen dann $\bar{u}_2$ als Funktion von $\bar{u}_1$. Da v_2 in $(129)_2$ und $(129)_4$ nur eine zu eliminierende Hilfsvariable darstellt, wie $\bar{v}_1$ in $(129)_1$, $(129)_3$, und da im übrigen das Gleichungspaar $(129)_2$, $(129)_4$ aus dem Paar $(129)_1$, $(129)_3$ durch Vertauschung der Funktionszeichen g und h entsteht, ergibt sich auch das Endresultat einfach aus (133) durch Vertauschung von g und h. Wir erhalten also:

$$(134)\quad \left\{\begin{aligned} \bar{u}_2 = {} & \frac{\mathring{h}_u \mathring{g}_v}{\mathring{h}_v \mathring{g}_u}\,\bar{u}_1 + \frac{1}{2}\left[\frac{\mathring{g}_v \mathring{H}_{\mathrm{II}}}{\mathring{g}_u \mathring{h}_v^3} - \frac{\mathring{h}_u^2 \mathring{G}_{\mathrm{II}}}{\mathring{h}_v^2 \mathring{g}_u^3}\right]\bar{u}_1^2 \\ & + \left[\frac{1}{6}\frac{\mathring{g}_v \mathring{H}_{\mathrm{III}}}{\mathring{g}_u \mathring{h}_v^4} - \frac{1}{6}\frac{\mathring{h}_u^3 \mathring{G}_{\mathrm{III}}}{\mathring{h}_v^3 \mathring{g}_u^4} - \frac{1}{2}\frac{\mathring{h}_u \mathring{G}_{\mathrm{II}} \mathring{H}_{\mathrm{II}}}{\mathring{h}_v \mathring{g}_u^3} - \frac{1}{2}\frac{\mathring{h}_u \mathring{g}_v \mathring{h}_{vv} \mathring{H}_{\mathrm{II}}}{\mathring{h}_v^5 \mathring{g}_u}\right. \\ & \left. + \frac{1}{2}\frac{\mathring{h}_u^3 \mathring{g}_v \mathring{g}_{uu} \mathring{G}_{\mathrm{II}}}{\mathring{h}_v^3 \mathring{g}_u^5}\right]\bar{u}_1^3 \ldots \end{aligned}\right.$$

Unsere Konfigurationseigenschaft spricht sich nun darin aus, daß die in (133) und (134) für $\bar{u}_2$ gefundenen Werte identisch in u_0, v_0 und $\bar{u}_1$ übereinstimmen. Berücksichtigen wir zunächst nur die identische Übereinstimmung in $\bar{u}_1$, so müssen in (133), (134) die einzelnen Faktoren gleicher Potenzen von $\bar{u}_1$ übereinstimmen. Für die ersten Glieder mit dem Faktor $\bar{u}_1$ gibt das

$$(\mathring{g}_u \mathring{h}_v)^2 = (\mathring{g}_v \mathring{h}_u)^2 .$$

Das ergibt entweder

$$(135)\qquad \mathring{g}_u \mathring{h}_v = \mathring{g}_v \mathring{h}_u$$

oder

$$(136)\qquad \mathring{g}_u \mathring{h}_v + \mathring{g}_v \mathring{h}_u = 0 .$$

(135) scheidet aber aus, denn diese Gleichung würde bedeuten, daß in P die zu den Kurven $g = \text{const}$, $h = \text{const}$ gehörigen Richtungen $du : dv$, die

$$(137)\qquad dg = \mathring{g}_u\,du + \mathring{g}_v\,dv = 0\,;\quad dh = \mathring{h}_u\,du + \mathring{h}_v\,dv = 0$$

genügen, zusammenfallen. Wir setzen aber beide Netze als regulär voraus. Es bleibt somit (136). Diese Gleichung besagt, daß die beiden Richtungen (137) zu den Richtungen des Netzes $\mathfrak{C}$ $(du = 0,\ dv = 0)$ *harmonisch* liegen müssen. Da (136) für jeden Punkt (u_0, v_0), also identisch in u, v gelten muß, haben wir somit

$$(138)\qquad g_u h_v + g_v h_u = 0 .$$

In jedem Punkt des Gebiets, in dem unsere Netze regulär sind, müssen sich also die beiden Kurvenpaare unserer Netze harmonisch trennen. Für die Koeffizienten von $\bar{u}_1^2$ in (133) und (134) ergibt sich mit Hilfe von (136) jetzt weiter leicht, daß sie identisch gleich sind. Eine weitere Bedingung bekommen wir erst bei den Gliedern dritter Ordnung.

Auch die Bedingung, die sich durch Gleichsetzen der Faktoren von $\bar{u}_1^3$ in (133) und (134) ergibt, muß identisch in u_0, v_0 gelten. Wir können daher statt u_0, v_0 wieder u, v setzen und die Zeichen $\circ$ überall weglassen.

Mit Berücksichtigung von (138) können wir die Bedingung auf die Form bringen:

$$(139)\quad \left\{\begin{aligned} &\frac{1}{3}\,\frac{g_{uuu}\,g_v^3 - g_{vvv}\,g_u^3}{g_u\,g_v^3} - \frac{1}{2}\,\frac{g_{uu}^2\,g_v^4 - g_{vv}^2\,g_u^4}{g_u^2\,g_v^4} \\ &= \frac{1}{3}\,\frac{h_{uuu}\,h_v^3 - h_{vvv}\,h_u^3}{h_u\,h_v^3} - \frac{1}{2}\,\frac{h_{uu}^2\,h_v^4 - h_{vv}^2\,h_u^4}{h_u^2\,h_v^4}\,. \end{aligned}\right.$$

Setzen wir nun nach (138)

$$(140)\quad h_u = \lambda(u, v)\cdot g_u; \quad h_v = -\lambda(u, v)\cdot g_v\,,$$

so können wir in (139) die Ableitungen von h durch die Ableitungen von g und λ ersetzen. Es ergibt sich dann aus (139):

$$(141)\quad \left\{\begin{aligned} &2\,g_{uu}\,g_v^3\,(\lg\lambda)_u - 2\,g_u\,g_v^3\,(\lg\lambda)_{uu} + g_u\,g_v^3\,[(\lg\lambda)_u]^2 \\ &= 2\,g_{vv}\,g_u^3\,(\lg\lambda)_v - 2\,g_v\,g_u^3\,(\lg\lambda)_{vv} + g_v\,g_u^3\,[(\lg\lambda)_v]^2\,. \end{aligned}\right.$$

Für die Funktion λ muß nun außer der Gleichung (141) noch eine weitere gelten, die sich aus (140) durch die Integrierbarkeitsbedingung $h_{uv} = h_{vu}$ ergibt, nämlich

$$(142)\quad (\lg\lambda)_u\,g_v + (\lg\lambda)_v\,g_u + 2\,g_{uv} = 0\,.$$

Durch Ableitung von (142) erhalten wir:

$$(143)\quad \left\{\begin{aligned} &(\lg\lambda)_{uu}\,g_v + (\lg\lambda)_u\,g_{uv} + (\lg\lambda)_{uv}\,g_u + (\lg\lambda)_v\,g_{uu} + 2\,g_{uuv} = 0 \\ &(\lg\lambda)_{uv}\,g_v + (\lg\lambda)_u\,g_{vv} + (\lg\lambda)_{vv}\,g_u + (\lg\lambda)_v\,g_{uv} + 2\,g_{uvv} = 0\,. \end{aligned}\right.$$

Eliminieren wir $(\lg\lambda)_{uv}$ aus (143) so haben wir:

$$(144)\quad \left\{\begin{aligned} &(\lg\lambda)_{uu}\,g_v^2 + (\lg\lambda)_u\,g_v\,g_{uv} + (\lg\lambda)_v\,g_v\,g_{uu} + 2\,g_v\,g_{uuv} \\ &= (\lg\lambda)_{vv}\,g_u^2 + (\lg\lambda)_v\,g_u\,g_{uv} + (\lg\lambda)_u\,g_u\,g_{vv} + 2\,g_u\,g_{uvv}\,. \end{aligned}\right.$$

Ersetzen wir in (141) dann $(\lg\lambda)_{uu}$ und $(\lg\lambda)_u$ nach (142) und (144), so fallen auch gerade alle Glieder in $(\lg\lambda)_v$ und $(\lg\lambda)_{vv}$ heraus, und wir behalten die Gleichung in g allein:

$$(145)\quad (\lg g_u)_{uv} = (\lg g_v)_{uv}\,.$$

Aus (145) erhält man durch zweimalige Integration

$$(146)\quad g_u\cdot U = g_v\cdot V\,,$$

wo U und V Funktionen von u resp. v allein sind. Durch geeignete Wahl der Skalen der u- und v-Werte für die Kurven des Netzes $u = \text{const}$, $v = \text{const}$, über die wir ja noch nach Belieben zu verfügen haben, können wir dann erreichen, daß $U = V = 1$, also $g_u = g_v$ wird. Diese Gleichung liefert integriert $g = \chi[u + v]$, wo χ eine Funktion des einzigen Arguments $u + v$ ist. Die Kurven $g = \text{const}$ sind also die Kurven

$$(147)\quad u + v = \text{const}\,.$$

Für die Kurven $h = \text{const}$, als die zu $u = \text{const}$, $v = \text{const}$ und $u + v = \text{const}$ harmonischen Kurven erhält man dann:

$$u - v = \text{const}\,. \tag{148}$$

Damit ist unser Satz aber auch schon bewiesen, denn wenn wir u und v als kartesische Koordinaten in einer Hilfsebene interpretieren und dadurch eine eineindeutige stetige Zuordnung der Punkte $\{u, v\}$ unserer Fläche zu den Punkten dieser Ebene herstellen, so bildet sich das Netz $u = \text{const}$, $v = \text{const}$, auf das Netz der beiden Parallelbüschel der Koordinatengeraden ab, das Netz $g = \text{const}$, $h = \text{const}$ aber nach (147), (148) auf die beiden Büschel der unter $\pi : 4$ geneigten Geraden. Wir können also aus unseren Bedingungen wirklich folgern, daß die in unserem Satze behauptete Abbildung möglich ist. Und zwar genügt es schon, um diese notwendige Bedingung herzuleiten, in den Potenzentwickelungen (129) Glieder dritter Ordnung zu berücksichtigen. Umgekehrt besitzen zwei aus Parallelbüscheln gebildete zueinander harmonische Netze immer die Diagonaleigenschaft, und aus den Verhältnissen der kartesischen Bildebene ersieht man: *Ist das Netz $\mathfrak{W}$ zu $\mathfrak{C}$ diagonal, so ist notwendig $\mathfrak{C}$ auch zu $\mathfrak{W}$ diagonal. Die Eigenschaft der Diagonalität zweier Netze ist also wechselseitig.*

Um nun zu beweisen, daß die Diagonaleigenschaft für die Krümmungslinien und ihre Winkelhalbierenden auf den Flächen mit $\mathfrak{B} = 0$ und nur auf diesen gilt, bemerken wir, daß nach (85) und (37) die Winkelhalbierenden als Nullinien der Formen

$$\left\{\begin{aligned} d\psi + d\overline{\psi} &= \sum_i (n_i + \overline{n}_i)\, d u^i \\ \text{und}\qquad d\psi - d\overline{\psi} &= \sum_i (n_i - \overline{n}_i)\, d u^i \end{aligned}\right. \tag{149}$$

gegeben sind. Führen wir Krümmungslinienparameter ein, so folgt aus (83) für (149)

$$d\psi + d\overline{\psi} = \varphi\, d u + \overline{\varphi}\, d v \tag{150}$$

$$d\psi - d\overline{\psi} = \varphi\, d u - \overline{\varphi}\, d v\,. \tag{151}$$

Nehmen wir (150) als Schar $g = \text{const}$, so lehrt der Vergleich von (150) und (137), daß sicher

$$g_u = \mu\cdot\varphi\,;\quad g_v = \mu\cdot\overline{\varphi} \tag{152}$$

mit einem Faktor μ gelten muß. Soll die Diagonaleigenschaft statthaben, so muß (145) gelten. Das liefert aber nach (152)

$$(\lg\varphi)_{uv} = (\lg\overline{\varphi})_{uv}\,. \tag{153}$$

(153) ist schon die notwendige und hinreichende Bedingung für die Gültigkeit der geforderten Eigenschaft auf unseren Flächen. Denn da (151) als zweite winkelhalbierende Schar mit (150) zusammen die Krümmungslinien harmonisch trennt, sind dann alle in Frage kommenden Bedingungen erfüllt. (153) ist aber invariant geschrieben nichts anderes als

$$\mathfrak{B} = \overline{q}_2 - q_1 = 0,$$

wie man erkennt, wenn man durch (83), (84) und (90) auf Krümmungslinienparameter zurückgeht.

Da für die Laguerre-Geometrie die durch (85) gegebenen Kurven die Winkelhalbierenden im sphärischen Bild sind, folgt aus dem Beweis zugleich, daß hier die entsprechende Konfigurationseigenschaft im sphärischen Bild gilt. $\mathfrak{B} = 0$ ist also kennzeichnend für Flächen, bei denen die sphärischen Bilder der Krümmungslinien ein isothermes Netz bilden.

Wir wollen noch zeigen, daß die im § 29 für die Kugel gegebene Definition des isothermen Netzes mit unserer jetzigen übereinstimmt. Im Anschluß an die Formeln des § 29 sieht man leicht, daß die Winkelhalbierenden des Netzes $\mathfrak{v}(u, v)$ dort durch die Nullinien der Form

$$(\mathfrak{v}_u \mathfrak{v}_u)\, d u^2 - (\mathfrak{v}_v \mathfrak{v}_v)\, d v^2 = 0 \tag{154}$$

gegeben sind. Soll das Netz in unserem neuen Sinne isotherm sein, so muß man nach (147), (148) die Parameter u, v so wählen können, daß $du \pm dv = 0$ die Winkelhalbierenden werden, daß also nach (154)

$$(\mathfrak{v}_u \mathfrak{v}_u) = (\mathfrak{v}_v \mathfrak{v}_v) \tag{155}$$

wird. (155) kennzeichnet nach § 29 (91) aber gerade die isothermen Netze in unserem alten Sinne.

§ 73. Krümmungskreise und zyklische Kurvensysteme.

Die bisherigen Untersuchungen erwecken vielleicht den Anschein, daß unsere invarianten Ableitungen nur bei der Lösung solcher Probleme verwendbar sind, die sich unmittelbar auf die Krümmungslinien der Fläche beziehen. [Wir hatten ja nach (84b) die invarianten Ableitungen durch gewisse Differentiationsprozesse längs der Krümmungslinien geometrisch erklärt.] In diesem Abschnitt wollen wir nun aber zeigen, daß man die invarianten Ableitungen auch bei Problemen mit Vorteil verwenden kann, die andere Flächenkurven als die Krümmungslinien betreffen. Wir wollen uns hier der Einfachheit halber auf die Möbius-Geometrie beschränken und nach Angabe der im § 71 gegebenen Bemerkungen mit unseren flächentheoretischen Formeln zu pentasphärischen Koordinaten übergehen. Wir haben dann nach § 71 in (108) bis (110) die Fünfervektoren zu nehmen und $\mathfrak{p} \equiv 0$ zu setzen und in (45) statt $\langle \mathfrak{x}\mathfrak{x} \rangle = 0$ jetzt $(\mathfrak{x}\mathfrak{x}) = 1$ zu nehmen.

Durch eine Gleichung

$$\sum_i (\alpha\, n_i + \bar{\alpha}\, \bar{n}_i)\, d u^i = 0 \tag{156}$$

mit Funktionen $\alpha(u^1, u^2)$; $\bar{\alpha}(u^1, u^2)$, die nicht beide an derselben Stelle verschwinden, können wir uns eine einparametrige Kurvenschar auf unserer Fläche gegeben denken. Denn es ergibt sich aus (156) eine Differentialgleichung erster Ordnung

$$\frac{d u^2}{d u^1} = f(u^1, u^2),$$

deren Lösung eine Kurvenschar $u^2 = u^2(u^1, C)$ mit der Integrationskonstanten C ist. Da es nur auf das Verhältnis der $\alpha:\bar{\alpha}$ ankommt, können wir

$$(157)\qquad \hat{\alpha} = \frac{\alpha}{\sqrt{\alpha^2+\bar{\alpha}^2}}; \qquad \hat{\bar{\alpha}} = \frac{\bar{\alpha}}{\sqrt{\alpha^2+\bar{\alpha}^2}}$$

setzen und statt (156)

$$(158)\qquad \sum_i (\hat{\alpha}\, n_i + \hat{\bar{\alpha}}\, \bar{n}_i)\, du^i = 0 \quad \text{mit} \quad \hat{\alpha}^2 + \hat{\bar{\alpha}}^2 = 1$$

schreiben. Nach (73), (75) sind nun die Formen n_i, $\bar{n}_i$ und dann nach (78), (79) auch die n^i, $\bar{n}^i$ bis auf zwei voneinander ganz unabhängige Vorzeichenfaktoren bestimmt. Ebenso steckt diese Unbestimmtheit dann in der Definition der invarianten Ableitungen. Im Zusammenhang damit sind auch die pentasphärischen Koordinaten der die Krümmungslinien berührenden und zur Fläche senkrechten Kugeln $\mathfrak{x}_1$ und $\mathfrak{x}_2$ (vgl. § 71) nur bis auf ein Vorzeichen festgelegt. Entscheiden wir uns für ein bestimmtes Vorzeichen der n_i und ebenso für ein bestimmtes Vorzeichen der $\bar{n}_i$, so sind gleichfalls nach (78), (82) die invarianten Ableitungen im Vorzeichen festgelegt, und das entspricht auch einer Festlegung der Vorzeichen der normierten pentasphärischen Koordinaten der beiden Kugeln $\mathfrak{x}_1$ und $\mathfrak{x}_2$. Einer solchen Festlegung des Vorzeichens der Normalkoordinaten einer Kugel können wir aber nach § 13 und § 59 geometrisch *eine Richtung* der Kugel entsprechen lassen. Durch die Richtung der Kugeln $\mathfrak{x}_1$ und $\mathfrak{x}_2$ erfahren dann auch die von ihnen berührten Krümmungslinien eine bestimmte Richtung: Das eine Ufer einer Krümmungslinie wird dann immer als positiv ausgezeichnet (Fig. 67). Einer Festlegung der in den Formen n_i und $\bar{n}_i$ steckenden willkürlichen Vorzeichen können wir also geometrisch eine Richtung der Krümmungslinien entsprechen lassen.

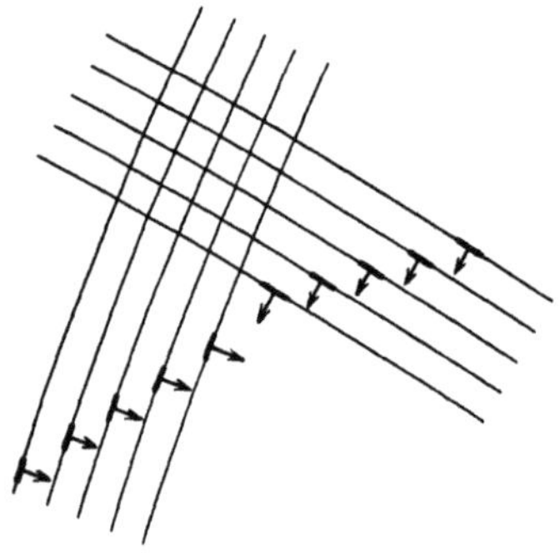

Fig. 67.

Für die vom Punkte $\{u, v\}$ auslaufende Kurve der Schar (158) ist nun die Kugel

$$(159)\qquad \mathfrak{t} = \hat{\alpha}\,\mathfrak{x}_1 - \hat{\bar{\alpha}}\,\mathfrak{x}_2$$

eine berührende und zur Fläche senkrechte Kugel. Denn es gilt

$$(\mathfrak{t}\,\mathfrak{x}) = (\mathfrak{t}\,\mathfrak{a}) = (\mathfrak{t}\, d\,\mathfrak{a}) = 0,$$

wenn $d\mathfrak{a} = \sum_i \frac{\partial \mathfrak{a}}{\partial u^i} du^i$ in Richtung der Kurve (158), also die $du^1 : du^2$

als Lösungen von (158) genommen werden. Es folgt tatsächlich aus (158)

$$(160)\qquad du^i \text{ prop. } \hat{\bar{\alpha}}\, n^i - \hat{\alpha}\, \bar{n}^i$$

also

$$d\mathfrak{a} \text{ prop. } \hat{\bar{\alpha}}\, \mathfrak{a}_1 - \hat{\alpha}\, \mathfrak{a}_2,$$

woraus die Behauptung folgt. In (158) sind nun wieder die normierten $\hat{\alpha}$, $\hat{\bar{\alpha}}$ nur bis auf ein gemeinsames Vorzeichen bestimmt. Seiner Festlegung entspricht nach (159) dann aber wieder eine Richtung der Kugel $\mathfrak{t}$ und damit dann auch eine Richtung der Kurve (158). Im folgenden denken wir uns jetzt immer durch (158) eine gerichtete Kurve (resp. Kurvenschar) gegeben. Die Winkel ϑ, $\bar{\vartheta}$ der gerichteten Kurve (158) im Punkte $\{u, v\}$ mit den gerichteten Krümmungslinien sind dabei gleich den Winkeln der gerichteten Kugel (159) mit $\mathfrak{x}_1$ und $\mathfrak{x}_2$. Aus § 59 (115) ergibt sich dann einfach

$$\cos\vartheta = \hat{\alpha} \qquad \cos\bar{\vartheta} = \hat{\bar{\alpha}},$$

also sind die $\hat{\alpha}$, $\hat{\bar{\alpha}}$ geometrisch gedeutet.

Im § 69 (84b) haben wir S_1 und S_2 geometrisch erklärt durch die längs der Krümmungslinien genommenen Differentialquotienten von dS nach dem Winkel $d\chi$ der konsekutiven Zentralkugeln. Wir wollen jetzt als invariante Ableitung S_α diesen selben aber längs unserer Kurve (158) genommenen Differentialquotienten definieren. Es ist dann nach (84a)

$$(161)\qquad S_\alpha = \frac{dS}{d\chi} = \frac{\sum\limits_i \frac{\partial S}{\partial u^i}\, du^i}{\sqrt{\sum\limits_{i,k} g_{ik}\, du^i\, du^k}},$$

wo jetzt aber ausdrücklich die durch (160) gegebenen, zur Kurve (158) gehörigen Differentiale du^i zu nehmen sind. Setzen wir (160) in (161) ein, so ergibt sich in Rücksicht auf (137)

$$(162)\qquad S_\alpha = \hat{\bar{\alpha}}\, S_1 - \hat{\alpha}\, S_2.$$

Das ist also der analytische Ausdruck für die invariante Ableitung in der durch die Richtungskosinus $\hat{\alpha}$, $\hat{\bar{\alpha}}$ bestimmten Richtung. Den Prozeß der α-Ableitung können wir nun wiederholen. Lassen wir im folgenden die Normierungszeichen $\wedge$ für die α weg, so gilt

$$S_{\alpha\alpha} = \bar{\alpha}\,(S_\alpha)_1 - \alpha\,(S_\alpha)_2$$

oder wenn wir S_α aus (162) einsetzen und die Abkürzungen

$$\alpha_\alpha = \bar{\alpha}\,\alpha_1 - \alpha\,\alpha_2; \qquad \bar{\alpha}_\alpha = \bar{\alpha}\,\bar{\alpha}_1 - \alpha\,\bar{\alpha}_2$$

für die α-Ableitungen der α, $\bar\alpha$ selbst verwenden:

(163)
$$S_{\alpha\alpha} = \bar\alpha_\alpha S_1 - \alpha_\alpha S_2 + \bar\alpha^2 S_{11} - \alpha\bar\alpha(S_{12} + S_{21}) + \alpha^2 S_{22}\,.$$

Den Differentiationsprozeß $\boldsymbol{\alpha}$ können wir auch auf unseren Vektor $\mathfrak{a}$ des Flächenpunktes anwenden. Setzen wir in (162), (163) statt S den Vektor $\mathfrak{a}$ ein und drücken nach (108) bis (110) die invarianten Ableitungen **1** und **2** der Grundvektoren durch die Grundvektoren selber aus, so erhalten wir unter Berücksichtigung von $\varepsilon = -1$ und $\alpha^2 + \bar\alpha^2 = 1$

(164)
$$\mathfrak{a}_\alpha = [2\bar q\bar\alpha - 2q\alpha]\,\mathfrak{a} - \bar\alpha\,\mathfrak{x}_1 - \alpha\,\mathfrak{x}_2,$$

(165)
$$\left\{\begin{aligned}\mathfrak{a}_{\alpha\alpha} = {} & [(2\bar q\bar\alpha - 2q\alpha)_\alpha + (2\bar q\bar\alpha - 2q\alpha)^2 + \mathfrak{H}(\alpha^2 - \bar\alpha^2) - \mathfrak{S}]\,\mathfrak{a}\\ & + [\bar\alpha^2 - \alpha^2]\,\mathfrak{x} + [-\bar\alpha_\alpha + \alpha\bar\alpha q - (1+\bar\alpha^2)\bar q]\,\mathfrak{x}_1\\ & + [-\alpha_\alpha - \alpha\bar\alpha\bar q + (1+\alpha^2)q]\,\mathfrak{x}_2 - \mathfrak{b}\,.\end{aligned}\right.$$

Von diesen Formeln wollen wir geometrische Anwendungen machen.

Für eine Kugel $\mathfrak{r}$, die durch den Krümmungskreis der von $\{u, v\}$ auslaufenden Kurve der Schar (158) hindurchgeht, muß gelten

(166)
$$(\mathfrak{r}\,\mathfrak{a}) = (\mathfrak{r}\,\mathfrak{a}_\alpha) = (\mathfrak{r}\,\mathfrak{a}_{\alpha\alpha}) = 0\,.$$

Setzen wir an

$$\mathfrak{r} = A\,\mathfrak{x} + B\,\mathfrak{x}_1 + C\,\mathfrak{x}_2 + D\,\mathfrak{a} + E\,\mathfrak{b}\,,$$

so folgt aus (166):

$$E = 0; \qquad \bar\alpha B + \alpha C = 0\,,$$

$$D = (\bar\alpha^2 - \alpha^2)A + [-\bar\alpha_\alpha + \alpha\bar\alpha q - (1+\bar\alpha^2)\bar q]\,B + [-\alpha_\alpha - \alpha\bar\alpha\bar q + (1+\alpha^2)q]\,C\,.$$

Setzen wir $C = F\bar\alpha$; $B = -F\alpha$, so entsprechen dann die durch den Krümmungskreis gehenden Kugeln den sich für die verschiedenen Verhältnisse $A:F$ in der Darstellung

(167)
$$\left\{\begin{aligned}\mathfrak{r} = {} & A\,\mathfrak{x} - \alpha F\,\mathfrak{x}_1 + \bar\alpha F\,\mathfrak{x}_2\\ & + [A(\bar\alpha^2 - \alpha^2) + F(\alpha\bar\alpha_\alpha - \bar\alpha\alpha_\alpha + \alpha\bar q + \bar\alpha q)]\,\mathfrak{a}\end{aligned}\right.$$

ergebenden Kugeln $\mathfrak{r}$. Für $F = 0$ erhalten wir die die Fläche berührende Kugel des Büschels

(168)
$$\mathfrak{r}_t = \mathfrak{x} + (\bar\alpha^2 - \alpha^2)\,\mathfrak{a}$$

und für $A = 0$ die zur Fläche normale Kugel:

(169)
$$\mathfrak{r}_n = -\alpha\,\mathfrak{x}_1 + \bar\alpha\,\mathfrak{x}_2 + (\alpha\bar\alpha_\alpha - \bar\alpha\alpha_\alpha + \alpha\bar q + \bar\alpha q)\,\mathfrak{a}\,.$$

(168) nennen wir auch die *Tangentialkugel* und (169) die *Normalkugel* unserer Kurve.

Die Kugel $\mathfrak{r}_t$ hängt nur von den Richtungskosinus $\alpha:\bar\alpha$ der Kurve ab, die sozusagen das erste von $\mathfrak{a}\,(u, v)$ auslaufende Linienelement der

Kurve festlegen, nicht aber von den α_a, $\bar{\alpha}_a$, die das zweite folgende Linienelement bestimmen. Darin steckt der Satz von *Meusnier*: *Die Krümmungskreise der durch ein festes Linienelement einer Fläche gehenden Flächenkurven liegen alle auf einer und derselben Kugel.*

Aus (168) ersieht man, daß für die Krümmungsrichtungen $[(\alpha = 0, \bar{\alpha} = \pm 1), (\alpha = \pm 1, \bar{\alpha} = 0)]$ die Tangentialkugeln die Krümmungskugeln sind. Für die Winkelhalbierenden der Krümmungslinien ($\alpha = \pm 1$, $\bar{\alpha} = \pm 1$) erhält man aber beide Male die Zentralkugel.

Für den Winkel τ der Normalkugel (169) unserer Kurve mit der im § 71 (123) erwähnten Kugel $\frac{1}{2}\,\mathfrak{a} + \mathfrak{b}$, die zum Normalkreis senkrecht ist und die beiden Krümmungskugeln in verschiedenem Sinne berührt, erhält man nach § 59 (115)

$$\cos\tau = \beta, \tag{170}$$

wo $\beta = \alpha\bar{\alpha}_a - \bar{\alpha}\alpha_a + \alpha\bar{q} + \bar{\alpha}q$ der in (167), (169) auftretende Ausdruck ist. Durch Angabe der Normalkugel ist nun der Krümmungskreis der zugehörigen Flächenkurve festgelegt, es sind also zwei konsekutive Linienelemente der Kurve bestimmt. Da nun bei gegebenen α, $\bar{\alpha}$ und bei gegebener Fläche die Kugel $\mathfrak{r}_n$ nach (169) festgelegt ist, wenn nur noch β bekannt ist, können wir sagen: Wie die α, $\bar{\alpha}$ das erste, so legt β das zweite Linienelement einer von $\mathfrak{a}$ auslaufenden Flächenkurve fest.

Von unserer Formel für die Krümmungskreise wollen wir eine Anwendung auf die sog. zyklischen Kurvensysteme machen. Wir geben uns durch jeden Punkt der Fläche einen (nicht notwendig zur Fläche senkrechten, aber die Fläche nicht berührenden) Kreis $\mathfrak{K}$. Dann gibt es ein System von ∞^2 Flächenkurven, deren Krümmungskreise in einem jeden Flächenpunkt den zugehörigen Kreis $\mathfrak{K}$ außer im Flächenpunkt selbst noch ein zweites Mal schneiden. Dieses Kurvensystem nennen wir das zu dem gegebenen Kreissystem gehörige *zyklische Kurvensystem*.

Durch einen vom Punkt $\mathfrak{a}$ möglicherweise schief auslaufenden Kreis $\mathfrak{K}$ können wir immer gerade zwei Kugeln legen, die die von $\mathfrak{a}$ ausgehenden Krümmungslinien berühren. Wir können also $\mathfrak{K}$ immer darstellen als Schnitt zweier durch $\mathfrak{a}$ gehender und die beiden Krümmungslinien berührender Kugeln. Das allgemeinste Paar $\mathfrak{t}^{I}$, $\mathfrak{t}^{II}$ solcher Kugeln ist nun in normierten pentasphärischen Koordinaten durch

$$\mathfrak{t}^{I} = \mathfrak{x}_1 + \varrho\,\mathfrak{a} + \sigma\,\mathfrak{x}; \qquad \mathfrak{t}^{II} = \mathfrak{x}_2 + \bar{\varrho}\,\mathfrak{a} + \bar{\sigma}\,\mathfrak{x} \tag{171}$$

gegeben. Die vier Parameter ϱ, $\bar{\varrho}$, σ, $\bar{\sigma}$ entsprechen den ∞^4 von $\mathfrak{a}$ auslaufenden Kreisen. Soll sich nun der Krümmungskreis einer Kurve (158), den wir immer als Schnitt der beiden Kugeln $\mathfrak{r}_t$ und $\mathfrak{r}_n$ (168), (169) darstellen können, mit $\mathfrak{K}$ in zwei Punkten schneiden, so heißt das, es muß durch $\mathfrak{K}$ eine Kugel geben, die auch durch den Krümmungskreis geht. Es muß also eine Linearkombination von $\mathfrak{t}^{I}$, $\mathfrak{t}^{II}$ gleich einer Linearkombination der $\mathfrak{r}_t$, $\mathfrak{r}_n$ sein, das heißt, es muß die Matrix

$$(172) \qquad \| \mathfrak{t}^{I}, \mathfrak{t}^{II}, \mathfrak{r}_t, \mathfrak{r}_n \| \equiv 0$$

sein. Drücken wir in (172) die vier Vektoren durch die Grundvektoren aus, so muß die Matrix von 5 Zeilen und 4 Kolonnen verschwinden, die in der ersten Zeile die vier Koeffizienten des ersten Grundvektors enthält, die bei den Linearkombinationen der vier Vektoren (172) auftreten, in der zweiten Zeile entsprechend die Koeffizienten des zweiten Grundvektors usw. bis zum fünften Grundvektor. Die Rechnung führt dann nur auf eine Gleichung, die sich unter Verwendung der in (170) eingeführten Abkürzung in der Form schreibt:

$$(173) \qquad \beta = \alpha^3(-\varrho - \sigma) + \alpha^2 \bar{\alpha}(\bar{\varrho} + \bar{\sigma}) + \alpha \bar{\alpha}^2(-\varrho + \sigma) + \bar{\alpha}^3(\bar{\varrho} - \bar{\sigma}).$$

Da in (173) der Richtungsparameter β des zweiten Linienelementes der Kurve auftritt, haben wir eine Differentialgleichung zweiter Ordnung für die zum Kreissystem (171) gehörigen Kurven. Es gibt deren dann ∞^2, durch jedes Linienelement eine.

Das allgemeinste zyklische Kurvensystem, das überhaupt zu einem Kreissystem gehören kann, ist nach (173) also durch eine Differentialgleichung gegeben, in der β als eine Form dritten Grades in den $\alpha, \bar{\alpha}$ dargestellt ist.

Aus (173) können wir dann auch rückwärts aus einem zyklischen Kurvensystem die zugehörigen Kreise ermitteln, denn aus den Koeffizienten der kubischen Form auf der rechten Seite von (173) können wir ja die Größen $\varrho, \bar{\varrho}, \sigma, \bar{\sigma}$ ermitteln, die wir in (171) einzusetzen haben.

Besondere *orthogonalzyklische Kurvensysteme* erhalten wir, wenn wir die Kreise (171) als zur Fläche senkrecht vorschreiben. Dann muß $\sigma = \bar{\sigma} = 0$ gelten, und aus (173) folgt wegen $\alpha^2 + \bar{\alpha}^2 = 1$:

$$(176) \qquad \beta = -\alpha \varrho + \bar{\alpha} \bar{\varrho}.$$

Bei einem orthogonalzyklischen Kurvensystem ist β also eine Linear form der α, $\bar{\alpha}$.

Ein spezielles orthogonalzyklisches System ist das Kurvensystem der *Isogonaltrajektorien der Krümmungslinien*[1]). Diese Kurven sind durch (158) mit $\alpha = \text{const}$, $\bar{\alpha} = \text{const}$ gegeben, wie man aus (47a) leicht berechnen kann. Es folgt dann $\alpha_\alpha = \bar{\alpha}_\alpha = 0$ und nach (170) $\beta = \alpha\bar{q} + \bar{\alpha}q$. Die Isogonaltrajektorien der Krümmungslinien bilden also das zu $\varrho = -\bar{q}$; $\bar{\varrho} = +q$ gehörige orthogonalzyklische System. Die zugehörigen Kreise sind die Schnittkreise der in § 71 definierten Normalkugeln

$$\mathfrak{x}_1 - \bar{q}\,\mathfrak{a}; \qquad \mathfrak{x}_2 + q\,\mathfrak{a}$$

[1]) Vgl. dazu die Arbeit: *W. Blaschke:* Über konforme Geometrie IV. Hamb. Abh. 1925. Die dort als zyklische bezeichneten Kurvensysteme entsprechen hier den orthogonalzyklischen.

der Krümmungslinien. Den Schnittkreis der Normalkugeln wollen wir zum Unterschied von dem als Schnitt der Kugeln $\mathfrak{x}_1$ und $\mathfrak{x}_2$ definierten *Normalkreis* als *Pseudonormalkreis* der Fläche bezeichnen.

Wichtige Anwendungen der Theorie der invarianten Ableitungen in beliebiger Richtung und der Theorie der zyklischen Systeme finden sich in den Aufg. 8 bis 19 des § 74.

§ 74. Vermischte Aufgaben zum 7. Kapitel.

1. Setzt man die Fläche $\mathfrak{a}(u, v)$ als analytisch voraus und bedient sich der Ausdrucksweise der komplexen Differentialgeometrie, so kann man die Zentralkugel des Punktes $\mathfrak{a}$ auf die folgende Weise erklären:

Man zieht durch $\mathfrak{a}$ *eine der beiden isotropen Linien der Fläche* (vgl. Band I, § 19 und § 90) *und nimmt längs dieser zwei konsekutive Tangenten an die isotropen Linien der andern Schar. Diese beiden isotropen Geraden bestimmen dann als die einzige durch sie hindurchgehende Kugel die Zentralkugel.* Es ist dabei gleichgültig, von welcher der beiden isotropen Linien durch $\mathfrak{a}$ man ausgeht. Die Zentralkugel hat also die zwei Paare konsekutiver isotroper Geraden der geschilderten Art zu Erzeugenden. [*G. Thomsen*, Hamburg 1924.]

2. Ist $\mathfrak{a}(u^1, u^2)$ der Fünfervektor der pentasphärischen Koordinaten des Flächenpunktes, definiert man die Größen g^{ik} nach (47) und (48) und bezeichnet mit $\mathfrak{t}$ einen Hilfsvektor mit den pentasphärischen Koordinaten $t_0, t_1 \ldots t_4$, so sind die unnormierten pentasphärischen Koordinaten x_ϱ der Zentralkugel für

$$\varrho = 0, 1 \ldots 4$$

durch

$$x_\varrho = \frac{\partial}{\partial t_\varrho} \left| \mathfrak{t}, \mathfrak{a}, \frac{\partial \mathfrak{a}}{\partial u^1}, \frac{\partial \mathfrak{a}}{\partial u^2}, \sum_{ik} g^{ik} \frac{\partial^2 \mathfrak{a}}{\partial u^i \partial u^k} \right| \tag{177}$$

gegeben.

3. Stellt man eine Fläche nach § 57 durch zwei berührende Kugelsysteme $\mathfrak{z}^\alpha(u^1, u^2)$ in hexasphärischen Koordinaten dar und ist e^{ik} $[i, k = 1, 2]$ ein beliebiges schiefsymmetrisches Größensystem ($e^{11} = e^{22} = 0$, $e^{12} = -e^{21}$), so sind die Krümmungsrichtungen als die Fortschreitungsrichtungen $du^1 : du^2$ auf der Fläche gegeben, für die

$$\sum_{i,k,r,s} e^{ik} \left\langle \frac{\partial \mathfrak{z}^\alpha}{\partial u^i} \frac{\partial \mathfrak{z}^\beta}{\partial u^r} \right\rangle \left\langle \frac{\partial \mathfrak{z}^\gamma}{\partial u^k} \frac{\partial \mathfrak{z}^\delta}{\partial u^s} \right\rangle du^r du^s = 0 \tag{178}$$

identisch in ($\alpha, \beta, \gamma, \delta = \mathrm{I}, \mathrm{II}$) erfüllt ist.

Ist $\mathfrak{a}$ der Vektor der pentasphärischen Koordinaten des Flächenpunktes, so kann man die Differentialgleichung der Krümmungslinien in der Form schreiben:

$$0 = \sum_{i,k,r,s} e^{ik} \left| \mathfrak{a}, \frac{\partial \mathfrak{a}}{\partial u^1}, \frac{\partial \mathfrak{a}}{\partial u^2}, \frac{\partial^2 \mathfrak{a}}{\partial u^i \partial u^r}, \frac{\partial^2 \mathfrak{a}}{\partial u^k \partial u^s} \right| du^r du^s. \tag{179}$$

4. In welcher geometrischen Verwandtschaft stehen die ∞^1 Isothermflächen, die in den Formen $n_i, \bar{n}_i$ übereinstimmen und die zu verschiedenen Werten von $\mathfrak{H}$ gehören?

5. Man zeige: Für die Stellen $\{u, v\}$, in denen $\mathfrak{H}^2 - \mathfrak{S}^2 - \mathfrak{V}^2 = 0$ ist, hat die Hüllfläche $\mathfrak{b}(u, v)$ eine singuläre Stelle (*Möbius*) bzw. einen Flachpunkt (*Laguerre*), für $\mathfrak{S}^2 + \mathfrak{V}^2 = 0$ hat sie aber einen Nabelpunkt. Setzt man $\mathfrak{V}^2 + \mathfrak{S}^2 \neq 0$ und $\mathfrak{H}^2$

$-\mathfrak{S}^2 - \mathfrak{P}^2 \neq 0$ voraus, so sind die Krümmungskugeln der Fläche $\mathfrak{b}(u, v)$ durch

$$\mathfrak{x} + \frac{\mathfrak{H} \pm \sqrt{\mathfrak{S}^2 + \mathfrak{P}^2}}{\mathfrak{H}^2 - \mathfrak{S}^2 - \mathfrak{P}^2}\,\mathfrak{b} \tag{180}$$

und die Zentralkugel, resp. Mittenkugel durch

$$\mathfrak{x} + \frac{\mathfrak{H}}{\mathfrak{H}^2 - \mathfrak{S}^2 - \mathfrak{P}^2}\,\mathfrak{b} \tag{181}$$

gegeben. Man berechne die Winkel [resp. Tangentenentfernungen], die die Krümmungskugeln der beiden Hüllflächen miteinander bilden.

6. *Die Flächen mit $\mathfrak{S} = 0$ sind in der Möbius-Geometrie dadurch gekennzeichnet, daß ihren Krümmungslinien auf der zweiten Hüllfläche des Systems der Zentralkugeln die Winkelhalbierenden der Krümmungslinien entsprechen.* [*G. Thomsen* 1927.] (Wie heißt die entsprechende Eigenschaft der Flächen $\mathfrak{S} = 0$ in der Geometrie von *Laguerre*?)

7. Man bestimme die vier Hüllflächen des Systems der Normalkreise einer Fläche. Man zeige: *Die Flächen, deren Normalkreise alle durch einen festen Punkt gehen, sind die Flächen konstanter mittlerer Krümmung* (im Sinne der Bewegungsgeometrie) *und ihre Möbius-Verwandten.* [*G. Thomsen.*]

8. Bei Verwendung hexasphärischer Koordinaten (Stufe A) stellen sich die Kugeln $\mathfrak{r}$, die durch den Krümmungskreis einer Flächenkurve (158) hindurchgehen, [vgl. (167)], in der Form dar:

$$\begin{cases} \mathfrak{r} = A\,\mathfrak{x} \pm \sqrt{-2AG - \varepsilon G^2}\,(-\alpha\,\mathfrak{x}_1 + \bar\alpha\,\mathfrak{x}_2) + G\,\mathfrak{p} \\ \quad + [A(\bar\alpha^2 - \alpha^2) \pm \sqrt{-2AG - \varepsilon G^2}\,(\alpha\,\bar\alpha_\alpha - \bar\alpha\,\alpha_\alpha + \alpha\,\bar q + \bar\alpha\,q)]\,\mathfrak{a}\,. \end{cases} \tag{182}$$

Den verschiedenen Verhältnissen $A : G$ entsprechen dabei die verschiedenen Kugeln $\mathfrak{r}$ des Büschels durch den Krümmungskreis. Im Fall *Laguerre* sind durch (182) dann die Kugeln gegeben, die drei konsekutive gerichtete Ebenen der der Flächenkurve (158) umschriebenen Torse berühren. Die drei Ebenen bestimmen einen gerichteten Kreiskegel, den *Schmiegkreiskegel* der Torse, der das *Laguerre*sche Gegenstück zum Krümmungskreis ist. Die gerichteten Kugeln (182) stellen die Schar der dem Schmiegkegel einbeschriebenen Kugeln dar. Als Gegenstück zu dem Satz von *Meusnier* haben wir hier den Satz von *Hostinský* [Nouvelles Annales de mathématiques 1909, S. 399—403]: Nehmen wir im Flächenpunkt $\mathfrak{a}$ alle Flächenkurven, die durch ein gegebenes, durch $\alpha : \bar\alpha$ festgelegtes Linienelement hindurchgehen, so umhüllen die Schmiegkegel der diesen Flächenkurven umschriebenen Torsen alle dieselbe gerichtete Kugel

$$\mathfrak{x} + (\alpha^2 - \bar\alpha^2)\,\mathfrak{a}\,.$$

9. Die Flächenkurven, deren Schmiegkugeln die Fläche berühren, bezeichnet man nach *Darboux* [Comptes Rendus 1871] als *D-Kurven.* Man zeige: Durch jedes Linienelement der Fläche geht genau eine *D*-Kurve, mit Ausnahme der zu den Krümmungslinien gehörigen Linienelemente, durch die, wenn die Krümmungslinie nicht gerade ein Kreis ist, keine *D*-Kurve hindurchgeht. Für $\alpha\bar\alpha \neq 0$ ist die Differentialgleichung der *D*-Kurven durch

$$\alpha\,\bar\alpha\,\beta = (\alpha^2 - \bar\alpha^2)(\bar\alpha\,\bar q - \alpha\,q) \tag{183}$$

gegeben, wobei β wieder durch (170) erklärt ist. In der Laguerre-Geometrie sind durch (183) die Kurven gekennzeichnet, längs derer die gemeinsame gerichtete Berührungskugel von vier konsekutiven Tangentenebenen die Fläche berührt. Die zu diesen Kurven gehörigen Torsen bezeichnet man als *L-Torsen.* [*W. Blaschke:* Über die Geometrie von Laguerre III. Hamb. Abh. 1925.]

10. Die Flächen, bei denen eine Schar der Winkelhalbierenden der Krümmungslinien aus *D*-Kurven besteht, sind die Flächen mit $q^2 = \bar q^2$. *Die einzigen Flächen,* *bei denen die Winkelhalbierenden alle Kreise sind, sind der gleichseitige Ring und seine Möbiusverwandten Flächen.* Als gleichseitigen Ring bezeichnet man die durch Rotation des Meridianschnittes der Fig. 68 um die Achse a entstehende spezielle Ringfläche.

11. Durch jedes von einem Punkt $\mathfrak{a}$ auf einer Fläche auslaufende Linienelement, das nicht gerade zu einer Krümmungslinie gehört, gibt es genau einen Kreis, der vier konsekutive Punkte mit der Fläche gemeinsam hat. Diese ausgezeichneten Kreise sind einfach die Krümmungskreise der D-Linien. (Man gebe das analoge Resultat für die L-Torsen an.)

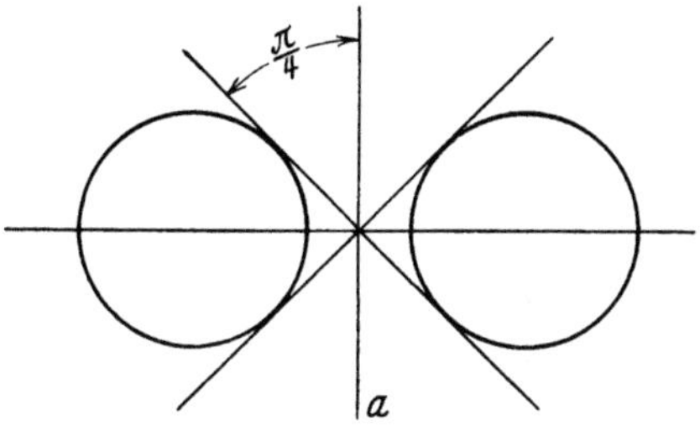

Fig. 68.

12. *Durch einen Flächenpunkt gibt es im allgemeinen Fall zehn Kreise, die fünf konsekutive Punkte mit der Fläche gemeinsam haben.* [Dabei sind allerdings auch die imaginären Kreise mitgezählt.] Man bestimme die zehn zugehörigen ausgezeichneten Richtungen auf der Fläche. [Vgl. *Darboux:* Bulletin des sciences mathématiques 1880.]

13. Man stelle die Differentialgleichung fünfter Ordnung auf, die in der Möbius-Geometrie die Flächen mit einer Schar von daraufliegenden Kreisen (vgl. § 60, Aufg. XIII) und in der Laguerre-Geometrie die Flächen kennzeichnet, die von einer Schar von Kreiskegeln umhüllt werden.

14. Ist auf unserer Fläche eine beliebige quadratische Differentialform

(184) $$d\sigma^2 = \sum_{ik} a_{ik}(u^1, u^2)\, du^i\, du^k \qquad [a_{ik} = a_{ki}]$$

gegeben, so kann man die a_{ik} nach

(185) $$a_{ik} = P\, n_i n_k - \mathfrak{R}\,(n_i \bar n_k + n_k \bar n_i) + \bar P\, \bar n_i \bar n_k$$

aus den in i und k symmetrischen Größensystemen $n_i n_k$, $n_i \bar n_k + n_k \bar n_i$ und $\bar n_i \bar n_k$, die sich aus unseren flächentheoretischen Formeln ergeben, linear kombinieren. Durch Angabe der drei Funktionen $P(u^1, u^2)$, $\mathfrak{R}(u^1, u^2)$ und $\bar P(u^1, u^2)$ ist jede quadratische Form bestimmt. Für $P\bar P - \mathfrak{R}^2 = 0$ ist die Form ausgeartet. Schließen wir diesen Fall aus, so berechnen sich die Extremalen des Variationsproblems

$$\delta \int d\sigma = 0$$

auf der Fläche als die Kurven, die der Differentialgleichung genügen:

(186) $$\begin{aligned} \beta = \alpha^3 \cdot &\frac{\bar P \mathfrak{R}_2 - \frac{1}{2} \bar P \bar P_1 - \frac{1}{2} \mathfrak{R} \bar P_2 + \bar q\,(\mathfrak{R}^2 - P\bar P - \bar P^2) - q \bar P \mathfrak{R}}{\mathfrak{R}^2 - P\bar P} \\ + \alpha^2 \bar\alpha &\frac{\frac{3}{2} \mathfrak{R} \bar P_1 + \frac{1}{2} P \bar P_2 - \bar P P_2 - \mathfrak{R}\mathfrak{R}_2 - q\,(\mathfrak{R}^2 + 2 P\bar P) + 3 \bar q \bar P \mathfrak{R}}{\mathfrak{R}^2 - P\bar P} \\ + \alpha \bar\alpha^2 &\frac{\frac{3}{2} \mathfrak{R} P_2 + \frac{1}{2} \bar P P_1 - P \bar P_1 - \mathfrak{R}\mathfrak{R}_1 - \bar q\,(\mathfrak{R}^2 + 2 P\bar P) + 3 q P \mathfrak{R}}{\mathfrak{R}^2 - P\bar P} \\ + \bar\alpha^3 &\frac{P \mathfrak{R}_1 - \frac{1}{2} P P_2 - \frac{1}{2} \mathfrak{R} P_1 + q\,(\mathfrak{R}^2 - P\bar P - P^2) - \bar q P \mathfrak{R}}{\mathfrak{R}^2 - P\bar P}. \end{aligned}$$

Der Vergleich mit (173) liefert das Ergebnis: *Die Extremalkurven einer beliebigen, auf einer Fläche gegebenen quadratischen Form bilden ein zyklisches System.* [*G. Thomsen* 1926.]

15. Ist in (185) $\mathfrak{R} = 0$ und $P = \bar{P}$, so behalten wir ein Variationsproblem von der Form

$$\delta \int F(u^1, u^2)\, ds\,, \tag{187}$$

wo ds das gewöhnliche Bogenelement der Fläche ist und $F(u^1, u^2)$ eine willkürliche Funktion. Das folgt aus der Identität

$$n_i\, n_k + \bar{n}_i\, \bar{n}_k = g_{ik}\,, \tag{188}$$

die sich aus (73) und (75) ergibt. Nach (186) sind die Extremalen für den Fall $\mathfrak{R} = 0$, $P = \bar{P}$ eines Problems (187) durch

$$\beta = \alpha \left[2\,\bar{q} + \frac{1}{2}\,(\lg P)_1\right] + \bar{\alpha}\left[2\,q + \frac{1}{2}\,(\lg P)_2\right]$$

gegeben, *sie bilden also nach* (176) *ein orthogonalzyklisches System.* Man zeige: Denkt man sich den Fünfervektor $\mathfrak{a}$ der pentasphärischen Koordinaten des Flächenpunktes $\{u, v\}$ in einer ganz beliebigen Normierung vorgegeben, so gehört zu dieser Normierung ein spezielles System von zur Fläche senkrechten Kreisen. Man kann nämlich in jedem Punkt als Schnitt der durch $\mathfrak{a}_u$ und $\mathfrak{a}_v$ gegebenen Kugeln einen senkrechten Kreis bestimmen. Bestimmt man nun alle möglichen Kreissysteme, die sich aus den verschiedenen Normierungen des Flächenpunktes $\mathfrak{a}$ ergeben, so gehören diese Kreissysteme gerade zu allen möglichen orthogonalzyklischen Kurvensystemen, die Extremalen eines Variationsproblems (187) sind. [*W. Blaschke:* Über konforme Geometrie IV. Hamb. Abh. 1925.]

16. Setzt man in (185) speziell $\mathfrak{R} = 0$, $P = \bar{P} = 1$, so ist die Form (185) einfach die normierte Form (188) unserer Flächentheorie. Die Extremalen, die dann durch

$$\beta = 2\,\alpha\,\bar{q} + 2\,\bar{\alpha}\,q$$

gegeben sind, nennen wir die *konformgeodätischen Linien.* Die zugehörigen zur Fläche senkrechten Kreise sind bei der ausgezeichneten, für die Möbius-Geometrie verwandten Normierung (67) für den Flächenpunkt $\mathfrak{a}$ als Schnitte der Kugelpaare $\mathfrak{a}_1$ und $\mathfrak{a}_2$ dargestellt. Man zeige: Der Kreis $\{\mathfrak{a}_1, \mathfrak{a}_2\}$ liegt mit dem Normalkreis und dem im § 73 erklärten Pseudonormalkreis der Fläche auf einer und derselben zur Fläche senkrechten Kugel. Auf dieser Kugel gehören alle drei Kreise dem ausgearteten Büschel der Kreise an, die durch das zur Fläche senkrechte Linienelement gehen, und der Kreis $\{\mathfrak{a}_1, \mathfrak{a}_2\}$ ist der zu dem Normalkreis bezüglich des Pseudonormalkreises inverse Kreis. Damit ist auch eine geometrische Deutung der konformgeodätischen Linien gegeben. [*G. Thomsen* 1926.]

17. Man zeige: Bei einer eineindeutigen und stetigen Abbildung zweier Flächen aufeinander entspricht jedem zyklischen Kurvensystem wieder ein zyklisches System, im allgemeinen Fall gibt es bei einer solchen Abbildung aber nur ein orthogonalzyklisches System, dem wieder ein orthogonalzyklisches System entspricht. Eine Ausnahme tritt nur ein, wenn die Abbildung der beiden Flächen konform ist. Dann entspricht jedem orthogonalzyklischen System wieder ein solches. [*W. Blaschke:* a. a. O. Hamb. Abh. 1925. Vgl. auch die eng zusammenhängenden Untersuchungen von *E. Bompiani:* Sulla corrispondenza puntuale . . . Bolletino dell'Unione Mat. Ital. 1925.]

18. Nach *Gauß* besitzt das System der gewöhnlichen geodätischen Linien einer Fläche die Eigenschaft, daß für jedes aus geodätischen Linien gebildete Dreieck der Exzeß, d. h. der Überschuß seiner Winkelsumme über π durch das über das Dreiecksinnere erstreckte Flächenintegral der Totalkrümmung gemessen wird, daß also gilt

$$\alpha+\beta+\gamma-\pi=\iint K\,df,$$

wo α, β, γ die Dreieckswinkel, K die *Gaußsche* Krümmung und df das Element der Oberfläche ist. Man zeige nun: Die allgemeinsten Systeme von ∞^2 Kurven, bei denen der Exzeß eines jeden Dreiecks von Systemkurven durch ein über das Dreiecksinnere erstrecktes Doppelintegral

$$\iint \Phi(u^1, u^2)\,df$$

mit einer beliebigen Funktion $\Phi(u^1, u^2)$ auf der Fläche gegeben ist, sind die orthogonalzyklischen Kurvensysteme. [*J. Radon:* Über konforme Geometrie V, VI. Hamb. Abh. Bd. **4**. **1926** und Bd. **5**. **1926**.]

19. Gibt man auf einer Fläche eine einparametrige Kurvenschar beliebig vor, so ist das System der ∞^2 Isogonaltrajektorien dieser Kurvenschar immer ein orthogonalzyklisches System. [*J. Radon:* a. a. O.]

20. Ein Element dritter Ordnung einer Fläche ist in dem Flächenpunkt $\mathfrak{a}$ bestimmt, wenn man in $\mathfrak{a}$ die elementargeometrische Figur vorgibt, die aus den beiden Krümmungskugeln, aus dem Normalkreis, und den beiden Normalkugeln der Krümmungslinien besteht.

21. Die normierte Form (84a)

$$\sum_{ik} g_{ik}\,du^i\,du^k \tag{189}$$

der Flächentheorie von *Möbius* ist in Bewegungsinvarianten geschrieben gleich

$$\left(\frac{1}{R_1}-\frac{1}{R_2}\right)^2 ds^2 \tag{190}$$

wo R_1 und R_2 die Hauptkrümmungsradien sind und ds das gewöhnliche Bogenelement der Fläche ist. Die normierte Form (189) der Flächentheorie von *Laguerre* ist in Bewegungsinvarianten gleich

$$(R_1-R_2)^2\,d\sigma^2 \tag{191}$$

wo $d\sigma$ das Bogenelement des sphärischen Bildes bezeichnet.

22. Man bestimme die Differentialgleichung der Flächen, bei denen das sphärische Bild der Krümmungslinien ein Wechselnetz ist (§ 30). [Vgl. *K. König:* Untersuchungen über das sphärische Bild. Tôhoku Mathem. Journ. **1928**, p. **91**.]

23. Man bestimme die Flächen, die ein durch zwei feste Punkte gehendes Kreisbündel isogonal schneiden. [Vgl. *G. Scheffers:* Math. Ann. Bd. **66** und *R. Baldus:* Heidelberger Akad. Ber. **1921**.]

24. Als Laguerregeometrisches Analogon zu den Flächen der Nr. **23** bestimme man alle Flächen, die von einer festen ebenen Kugel — V_2 [vgl. § **61**] konstante Tangentenentfernung besitzen. Dabei bezeichnet man als Tangentenentfernung eines Flächenelements von einer ebenen Kugel — V_2 die kürzeste Tangentenentfernung, die dieses von einer die Tangentenebene berührenden Kugel der ebenen V_2 haben kann.

[Die gesuchten Flächen sind bestimmt worden in der Prüfungsarbeit von *Annemarie Hardt*, Archiv der Oberschulbehörde, Hamburg **1926**.]

8. Kapitel.

Kugelsysteme.

§ 75. Kugelsysteme in der Geometrie von *Möbius* und *Laguerre*.

Wir wollen jetzt von den Flächen zu den zweiparametrigen Systemen von Kugeln übergehen. Es soll uns zunächst um die Möbius- und Laguerregeometrischen Eigenschaften dieser Systeme zu tun sein. Wir denken uns das Kugelsystem in hexasphärischen Koordinaten $\mathfrak{x}\ (u^1, u^2)$ dargestellt, und führen wieder den absoluten Komplex $\mathfrak{p}$ ein. Nehmen wir die $\mathfrak{x}$ als dem Komplex $\mathfrak{p}$ nicht angehörende K-Kugeln an, so können wir durch $\mathfrak{x}\mathfrak{p} = 1$ normieren und es gilt dann:

$$(1) \qquad \langle \mathfrak{x}\,\mathfrak{x}\rangle = 0; \quad \langle \mathfrak{x}\,\mathfrak{p}\rangle = 1.$$

Wir wollen unsere Formeln und Bezeichnungen so einrichten, daß die im vorigen Kapitel entwickelte Flächentheorie als ein Spezialfall unserer Theorie der Kugelsysteme erscheint. Da nämlich jeder Fläche eindeutig ein zugehöriges Zentral- resp. Mittenkugelsystem zugeordnet ist und da umgekehrt den Systemen von Zentral- resp. Mittenkugeln eindeutig die Flächen als ihre ausgezeichneten Hüllmäntel entsprechen, ist die Flächentheorie gleichbedeutend mit dem Studium derjenigen speziellen Kugelsysteme, die aus Zentralkugeln (Mittenkugeln) einer Fläche bestehen. Die Bedingung, die diese Kugelsysteme kennzeichnet, werden wir im § 76 aufstellen, und damit dann die Flächentheorie der allgemeinen Theorie der Kugelsysteme unterordnen. Wir verwenden nun für die Kugel unseres allgemeinen Systems wieder den Buchstaben $\mathfrak{x}$, wie im 7. Kap. für die Zentral- und Mittenkugel. Ebenso setzen wir in Übereinstimmung mit § 69 (84a) jetzt auch für unsere allgemeinen Systeme:

$$(2) \qquad \langle d\,\mathfrak{x}\, d\,\mathfrak{x}\rangle = \sum_{i,k} g_{ik}\, d\,u^i\, d\,u^k. \qquad \left[g_{ik} = \left\langle \frac{\partial\,\mathfrak{x}}{\partial\,u^i}\, \frac{\partial\,\mathfrak{x}}{\partial\,u^k}\right\rangle\right]$$

Da $\mathfrak{x}$ nach (1) normiert ist, ist (2) eine invariante quadratische Form unseres Kugelsystems. Wir werden sie im folgenden als positiv definit voraussetzen:

$$(3) \qquad \langle d\,\mathfrak{x}\, d\,\mathfrak{x}\rangle > 0 \quad \text{identisch in} \quad d\,u^1, d\,u^2.$$

Die Form (2) stellt nach § 60 (135) das Quadrat des unendlich kleinen Winkels konsekutiver Systemkugeln dar. *Durch* (3) *sind nun die Kugel-*

systeme mit zwei reellen getrennten Hüllflächen gekennzeichnet, auf die wir uns im folgenden beschränken.

Gehen wir nämlich im Fall *Möbius* zu pentasphärischen Koordinaten (Stufe B) über, so gilt wegen (3)

$$\langle \mathfrak{x}_u \mathfrak{x}_u \rangle = (\mathfrak{x}_u \mathfrak{x}_u) > 0; \quad \langle \mathfrak{x}_v \mathfrak{x}_v \rangle = (\mathfrak{x}_v \mathfrak{x}_v) > 0$$

und wegen $(\mathfrak{x}\mathfrak{x}_u) = (\mathfrak{x}\mathfrak{x}_v) = 0$ sind durch $\mathfrak{x}_u$ und $\mathfrak{x}_v$ zwei zur Systemkugel $\mathfrak{x}$ senkrechte Kugeln dargestellt. Ihr Winkel, der dann auch der Winkel φ ihrer Schnittkreise auf $\mathfrak{x}$ ist, wird nach § 59 (116) gegeben durch

$$\cos^2 \varphi = \frac{(\mathfrak{x}_u \mathfrak{x}_v)^2}{(\mathfrak{x}_u \mathfrak{x}_u)(\mathfrak{x}_v \mathfrak{x}_v)}. \tag{4}$$

Da nach der Voraussetzung (3) nun aber

$$g = | g_{ik} | = (\mathfrak{x}_u \mathfrak{x}_u)(\mathfrak{x}_v \mathfrak{x}_v) - (\mathfrak{x}_u \mathfrak{x}_v)^2 > 0 \tag{5}$$

gilt, ist dieser Winkel reell. $\mathfrak{x}$, $\mathfrak{x}_u$ und $\mathfrak{x}_v$ schneiden sich also in einem reellen Punktepaar $\mathfrak{a}$, $\mathfrak{b}$. Durch dieses Punktepaar gehen dann auch alle Kugeln $\mathfrak{x} + d\mathfrak{x}$ hindurch, die sich ja als Linearkombinationen von $\mathfrak{x}$, $\mathfrak{x}_u$ und $\mathfrak{x}_v$ schreiben lassen. $\mathfrak{x}$ schneidet sich also mit sämtlichen Nachbarkugeln $\mathfrak{x} + d\mathfrak{x}$ in $\mathfrak{a}$ und $\mathfrak{b}$. Da die Punkte der Hüllflächen unseres Kugelsystems nun aber gerade die Punkte sind, die $\mathfrak{x}$ und allen Nachbarkugeln $\mathfrak{x} + d\mathfrak{x}$ gemeinsam sind, haben wir in unserem Fall (3) somit notwendig zwei verschiedene Hüllflächen. Hat umgekehrt ein Kugelsystem zwei getrennte Hüllflächen, so muß $\mathfrak{x}$ sich mit jeder Nachbarkugel $\mathfrak{x} + d\mathfrak{x}$ in einem reellen Kreis schneiden und das führt nach § 59 (116) auf die Bedingung (3). Die Bedingung (3) für die Kugelsysteme mit zwei getrennten Hüllmänteln ist etwas Lie-invariantes, denn da bei einer Umnormierung $\mathfrak{x} = \lambda \mathfrak{x}^*$ gilt: $\langle d\mathfrak{x} d\mathfrak{x} \rangle = \lambda^2 \langle d\mathfrak{x}^* d\mathfrak{x}^* \rangle$, ist $\langle d\mathfrak{x} d\mathfrak{x} \rangle$ im Fall (3) auch für beliebige Normierung von $\mathfrak{x}$ positiv definit, somit spielt in dieser Bedingung der Komplex $\mathfrak{p}$, den wir ja nur zur Normierung von $\mathfrak{x}$ benutzt haben, gar keine Rolle.

Wir wollen nebenbei auch noch die Frage beantworten, wann ein Kugelsystem *nur eine einzige Hüllfläche* besitzt. In diesem Fall dürfen die den Fünfervektoren $\mathfrak{x}$, $\mathfrak{x}_u$ und $\mathfrak{x}_v$ entsprechenden Kugeln (resp. Nullkugeln) nur einen einzigen Punkt gemeinsam haben. $\mathfrak{x}_u$ und $\mathfrak{x}_v$ müssen sich dann berühren, das heißt, es muß nach (4), (5) $g = 0$ sein. Da $\mathfrak{x}$ mit jeder Nachbarkugel im Fall einer reellen Hüllfläche nun aber immer mindestens einen Punkt gemein haben muß, müssen sich $\mathfrak{x}$ und $\mathfrak{x} + d\mathfrak{x}$ schneiden oder zum mindesten berühren, das heißt nach § 59 (116), daß immer $\langle d\mathfrak{x} d\mathfrak{x} \rangle \geqq 0$ sein muß. Die Bedingungen

$$g = 0; \quad \langle d\mathfrak{x}\, d\mathfrak{x} \rangle \geqq 0 \tag{6}$$

besagen dann, *daß die Form* (2) *im Fall nur eines Hüllmantels positiv semidefinit ist.* Man sieht nun leicht ein: *Die einzigen Kugelsysteme mit genau einer Hüllfläche sind die Systeme, die aus den Krümmungskugeln einer Fläche bestehen.* Aus (6) folgt nämlich, daß die Gleichung $\langle d\mathfrak{x} d\mathfrak{x} \rangle = 0$ genau eine Lösung in $du^1 : du^2$ besitzt[1]. Da $\langle d\mathfrak{x} d\mathfrak{x} \rangle = 0$ nach § 57 besagt, daß sich die konsekutiven Kugeln $\mathfrak{x}$ und $\mathfrak{x} + d\mathfrak{x}$ berühren, gibt es bei den Systemen (6) genau eine Familie von *Berührscharen.* Wählen wir für die Scharen $v =$ const diese Berührscharen, so ist $\langle \mathfrak{x}_u \mathfrak{x}_u \rangle = 0$ und aus $g = 0$ folgt dann weiter $\langle \mathfrak{x}_u \mathfrak{x}_v \rangle = 0$. Wegen $\langle d\mathfrak{x} d\mathfrak{x} \rangle \geqq 0$ ist dann ferner $\langle \mathfrak{x}_v \mathfrak{x}_v \rangle > 0$. Wegen $\langle \mathfrak{x}\mathfrak{x} \rangle = \langle \mathfrak{x}\mathfrak{x}_u \rangle = \langle \mathfrak{x}_u \mathfrak{x}_u \rangle = 0$ sind durch $\mathfrak{x}$ und $\mathfrak{x}_u$ zwei sich berührende K-Kugeln dargestellt. Setzen wir $\mathfrak{z}^{\mathrm{I}} = \mathfrak{x}$ und $\mathfrak{z}^{\mathrm{II}} = \mathfrak{x}_u$, so erzeugen die Flächenelemente $\mathfrak{z}^{\alpha}$ nach § 57 eine Fläche, denn es sind die Streifenbedingungen

[1] Der Fall $\langle d\mathfrak{x} d\mathfrak{x} \rangle \equiv 0$ für jede Fortschreitungsrichtung kommt, wie man leicht sieht, bei zweiparametrigen Kugelsystemen nicht in Frage.

$\langle\mathfrak{z}^\alpha\mathfrak{z}^\beta_u\rangle = \langle\mathfrak{z}^\alpha\mathfrak{z}^\beta_v\rangle = 0$ erfüllt. Da $\mathfrak{x}$ ein die Fläche $\{\mathfrak{x}, \mathfrak{x}_u\}$ berührendes Kugelsystem darstellt, ist die Fläche $\{\mathfrak{x}, \mathfrak{x}_u\}$ Hüllfläche unseres Kugelsystems $\mathfrak{x}$. Wegen

$$\mathfrak{z}^{\mathrm{I}}_u = \mathfrak{z}^{\mathrm{II}}$$

sind dann aber tatsächlich nach § 58 (91) die $\mathfrak{x}$ Krümmungskugeln der Fläche $\{\mathfrak{x}, \mathfrak{x}_u\}$, und die Scharen $v = \text{const}$ entsprechen den Krümmungsstreifen der Hüllfläche. Haben wir jetzt umgekehrt eine Fläche $\mathfrak{z}^\alpha(u, v)$ mit den Krümmungskugeln $\mathfrak{z}^{\mathrm{I}}$ und den zugehörigen Krümmungsstreifen $v = \text{const}$, so muß nach § 58 (91) gelten $\mathfrak{z}^{\mathrm{I}}_u = \alpha\,\mathfrak{z}^{\mathrm{I}} + \beta\,\mathfrak{z}^{\mathrm{II}}$ und $\langle\mathfrak{z}^{\mathrm{I}}_u\mathfrak{z}^{\mathrm{I}}_u\rangle = \langle\mathfrak{z}^{\mathrm{I}}_u\mathfrak{z}^{\mathrm{I}}_v\rangle = 0$. Daraus folgt dann für das Kugelsystem $\mathfrak{z}^{\mathrm{I}} = \mathfrak{x}$ das Verschwinden der Determinante g. Die Bedingung $\langle d\mathfrak{x}\, d\mathfrak{x}\rangle \geqq 0$ muß für Kugelsysteme mit mindestens einer reellen Hüllfläche natürlich ohnehin gelten. Somit ist auch die Umkehrung unseres Satzes bewiesen.

Nach dieser Abschweifung wollen wir jetzt zu den Kugelsystemen (3) mit zwei getrennten Hüllmänteln übergehen. Wir können dann solche spezielle Familien $u = \text{const}$, $v = \text{const}$ von Parameterscharen einführen, daß

(7) $$\langle\mathfrak{x}_u\mathfrak{x}_v\rangle = 0$$

wird. Bei der Normierung (1) folgt auf Stufe B der Möbius-Geometrie nach (4), daß dann die beiden zu $\mathfrak{x}$ senkrechten Kugeln $\mathfrak{x}_u$ und $\mathfrak{x}_v$ auch ihrerseits senkrecht sind. (7) besagt also, daß $\mathfrak{x}$ von den beiden Nachbarkugeln $\mathfrak{x} + \mathfrak{x}_u\,du$ und $\mathfrak{x} + \mathfrak{x}_v\,dv$, die zu den Fortschreitungsrichtungen du und dv gehören, in zwei zueinander senkrechten Kreisen geschnitten wird. Allgemein besagt

(8) $$\langle d\mathfrak{x}\,\delta\mathfrak{x}\rangle = 0,$$

daß $\mathfrak{x}$ von den Nachbarkugeln $\mathfrak{x} + d\mathfrak{x}$ und $\mathfrak{x} + \delta\mathfrak{x}$ in zwei zueinander senkrechten Kreisen geschnitten wird. Da diese Bedingung von der Normierung von $\mathfrak{x}$, also auch von dem Komplex $\mathfrak{x}$ nicht abhängt, ist sie eine Lieinvariante Eigenschaft der aus $\mathfrak{x}$ und zwei unendlich benachbarten Kugeln $\mathfrak{x} + d\mathfrak{x}$, $\mathfrak{x} + \delta\mathfrak{x}$ gebildeten Figur. Wir wollen zwei Familien von Kugelscharen $u = \text{const}$, $v = \text{const}$ eines Systems $\mathfrak{x}(u, v)$, für die (7) gilt, als *zueinander harmonische Scharen* bezeichnen. Wir beziehen im folgenden unser Kugelsystem auf harmonische Scharen. Natürlich kann man etwa die Familie $v = \text{const}$ noch völlig willkürlich annehmen. Dann ist dazu die zugehörige harmonische Familie $u = \text{const}$ festgelegt. Längs unserer Parameterscharen sind nun [nach § 60 (135a)] die Winkel [Tangentenentfernungen] $d\psi$ und $d\bar{\psi}$ konsekutiver Systemkugeln durch

(9) $$d\psi = \sqrt{\langle\mathfrak{x}_u\mathfrak{x}_u\rangle}\,du \quad \text{und} \quad d\bar{\psi} = \sqrt{\langle\mathfrak{x}_v\mathfrak{x}_v\rangle}\,dv$$

gegeben. Die mit den Größen

(10) $$\varphi = \sqrt{\langle\mathfrak{x}_u\mathfrak{x}_u\rangle}; \qquad \bar{\varphi} = \sqrt{\langle\mathfrak{x}_v\mathfrak{x}_v\rangle}$$

gebildeten $d\psi$, $d\bar{\psi}$ können wir als invariante Differentiale längs unserer Parameterscharen ansehen und mit ihnen nach §§ 68, 31 *invariante Ableitungen* bilden. Es wird dann nach (7), (9)

(11) $$\langle\mathfrak{x}_1\mathfrak{x}_1\rangle = 1; \quad \langle\mathfrak{x}_1\mathfrak{x}_2\rangle = 0; \quad \langle\mathfrak{x}_2\mathfrak{x}_2\rangle = 1.$$

Im Gegensatz zu § 68 ist natürlich zu bemerken, daß hier die $d\psi$, $d\overline{\psi}$ und die invarianten Ableitungen gar nicht in invarianter Weise in dem Kugelsystem definiert sind, weil die Scharen $u = \text{const}$, $v = \text{const}$ nicht festgelegt sind. Dementsprechend sind die Parametertransformationen hier noch gar nicht ausgeschaltet. Das wird erst der Fall sein, wenn durch eine weitere Bedingung etwa über die Familie $v = \text{const}$ verfügt wird. Es wird sich nun als zweckmäßig ergeben, die invarianten Ableitungen von vornherein noch nicht ganz festzulegen, sondern zuerst den Formelapparat für zwei beliebige harmonische Familien von Parameterscharen und zugehörige durch § 31 (142) definierte invariante Ableitungen aufzubauen. Später können wir dann, je nach Bedarf, die in unseren Formeln noch steckende Willkür beseitigen und wir erreichen so eine größere Schmiegsamkeit unseres Formelapparates.

Gehen wir von allgemeinen Parametern aus, so können wir die $d\psi$ und $d\overline{\psi}$ wieder als zwei Linearformen darstellen. Wir setzen

$$g_{ik} = n_i n_k + \overline{n}_i \overline{n}_k \qquad [i = 1, 2]. \tag{12}$$

Dann sind durch die drei Gleichungen (12) die vier Größen n_i, $\overline{n}_i$ nur bis auf eine Transformation

$$\begin{cases} n_i = \quad \cos\tau \cdot n_i^* + \sin\tau\, \overline{n}_i^* \\ \overline{n}_i = \pm \sin\tau\; n_i^* \mp \cos\tau\, \overline{n}_i^* \end{cases} \tag{13}$$

mit dem einen Parameter τ bestimmt. Führen wir nach § 69 (83) die Nullscharen von

$$\sum_i n_i\, du^i \quad \text{und} \quad \sum_i \overline{n}_i\, du^i \tag{14}$$

als Parameterscharen ein, so wird $g_{12} = 0$ und $g_{11} = n_1 n_1$, $g_{22} = \overline{n}_2 \overline{n}_2$ und es wird nach (9)

$$d\psi = \sum_i n_i\, du^i; \qquad d\overline{\psi} = \sum_i \overline{n}_i\, du^i.$$

Die Formen (14) sind also einfach die Differentiale $d\psi$, $d\overline{\psi}$ in allgemeiner Parameterdarstellung. Wegen (13) können wir sagen: Die n_i, $\overline{n}_i$ sind noch in einem Freiheitsgrad unbestimmt. Definieren wir die Größen n^i, $\overline{n}^i$ zu den n_i, $\overline{n}_i$ wieder nach § 69 (78), (79), so sind dann die invarianten Ableitungen nach § 69 (82) in allgemeiner Form gegeben. Führen wir jetzt in der Möbius-Geometrie die beiden Punkte, und in der Laguerre-Geometrie die beiden gerichteten Tangentenebenen $\mathfrak{a}$ und $\mathfrak{b}$ der beiden Hüllflächen ein und normieren $\mathfrak{a}$ und $\mathfrak{b}$ nach

$$\mathfrak{a}\,\mathfrak{b} = 1, \tag{15}$$

so gelten genau die Relationen der Tabelle § 68 (45). Durch die Bedingung (15) sind jetzt aber die Normierungen von $\mathfrak{a}$ und $\mathfrak{b}$ nur bis auf Transformationen der Form

$$\mathfrak{a} = \lambda\, \mathfrak{a}^*; \quad \mathfrak{b} = \frac{1}{\lambda}\, \mathfrak{b}^* \tag{16}$$

festgelegt. Dies ist ein zweiter Freiheitsgrad, über den wir in unseren Formeln zunächst gar nicht verfügen wollen.

Es drängen sich alle bisherigen Tatsachen dann in die Relationen der erwähnten Tabelle § 68 (45) zusammen.

Wir können nun darangehen, Ableitungsgleichungen aufzustellen. Die Vorbedingungen dafür sind von denen, die sich seinerzeit in der Flächentheorie ergaben, nur dadurch unterschieden, daß die Formeln § 68 (41) jetzt nicht gelten, in denen dreierlei darinsteckte:

1. Die Bedingung, daß die Kugeln $\mathfrak{x}$ für die Hüllfläche $\mathfrak{a}$ die Zentral- resp. Mittenkugeln waren.

2. Die Bedingung § 69 (67) für die Festlegung der Normierung von $\mathfrak{a}$ und damit nach (15) auch von $\mathfrak{b}$.

3. Die Bedingung für die völlige Festlegung der Formen n_i und $\bar{n}_i$ und damit der invarianten Ableitungen, die wir in der Flächentheorie ja längs der Krümmungslinien ausführten.

§ 76. Grundformeln für Kugelsysteme.

Wir nehmen jetzt also an, daß § 68 (45) gilt, § 68 (41) aber nicht. Dann kann man die Relationen § 70 (96) und (98) in ganz gleicher Weise ableiten, wie in der Flächentheorie.

Definieren wir ferner die Größen B, $\bar{B}$ und $\mathfrak{B}$ wieder nach § 70 (99) und weitere Größen A, $\bar{A}$ und $\mathfrak{A}$ nach

$$(17) \qquad \langle \mathfrak{a}\,\mathfrak{x}_{11}\rangle = A\,; \quad \langle \mathfrak{a}\,\mathfrak{x}_{12}\rangle = \langle \mathfrak{a}\,\mathfrak{x}_{21}\rangle = \mathfrak{A}\,; \quad \langle \mathfrak{a}\,\mathfrak{x}_{22}\rangle = \bar{A}$$

sowie r und $\bar{r}$ nach

$$(18) \qquad \langle \mathfrak{b}\,\mathfrak{a}_1\rangle = r\,; \quad \langle \mathfrak{b}\,\mathfrak{a}_2\rangle = \bar{r}\,,$$

so kann man das folgende System von Ableitungsgleichungen berechnen:

$$(19) \qquad \boxed{\begin{aligned} \mathfrak{x}_{11} &= \varepsilon\,\mathfrak{x} - q\,\mathfrak{x}_2 + B\,\mathfrak{a} + A\,\mathfrak{b} - \mathfrak{p} \\ \mathfrak{x}_{12} &= \phantom{\varepsilon\,\mathfrak{x}} + \bar{q}\,\mathfrak{x}_2 + \mathfrak{B}\,\mathfrak{a} + \mathfrak{A}\,\mathfrak{b} \\ \mathfrak{x}_{21} &= \phantom{\varepsilon\,\mathfrak{x}} + q\,\mathfrak{x}_1 + \mathfrak{B}\,\mathfrak{a} + \mathfrak{A}\,\mathfrak{b} \\ \mathfrak{x}_{22} &= \varepsilon\,\mathfrak{x} - \bar{q}\,\mathfrak{x}_1 + \bar{B}\,\mathfrak{a} + \bar{A}\,\mathfrak{b} - \mathfrak{p} \end{aligned}}$$

$$(20) \qquad \boxed{\begin{aligned} \mathfrak{a}_1 &= -A\,\mathfrak{x}_1 - \mathfrak{A}\,\mathfrak{x}_2 + r\,\mathfrak{a} \\ \mathfrak{a}_2 &= -\mathfrak{A}\,\mathfrak{x}_1 - \bar{A}\,\mathfrak{x}_2 + \bar{r}\,\mathfrak{a} \\ \mathfrak{b}_1 &= -B\,\mathfrak{x}_1 - \mathfrak{B}\,\mathfrak{x}_2 - r\,\mathfrak{b} \\ \mathfrak{b}_2 &= -\mathfrak{B}\,\mathfrak{x}_1 - \bar{B}\,\mathfrak{x}_2 - \bar{r}\,\mathfrak{b} \end{aligned}}$$

Die Richtigkeit der Gleichungen beweist man wieder durch skalare Multiplikationen mit den Grundvektoren unter Berücksichtigung der sich aus § 68 (45) durch Ableitung ergebenden Relationen. Für diese Gleichungen sind wieder die Integrierbarkeitsbedingungen § 70 (103) aufzustellen. Verfährt man ganz analog, wie im § 70, so erhält man die folgenden Relationen:

$$\boxed{\begin{aligned} &q_2 + \bar{q}_1 + q^2 + \bar{q}^2 + B\bar{A} + \bar{B}A - 2\mathfrak{A}\mathfrak{B} = \varepsilon \\ &B_2 + B(q+\bar{r}) - \bar{B}q = \mathfrak{B}_1 + \mathfrak{B}(2\bar{q}+r) \\ &\bar{B}_1 + \bar{B}(\bar{q}+r) - B\bar{q} = \mathfrak{B}_2 + \mathfrak{B}(2q+\bar{r}) \\ &A_2 + A(q-\bar{r}) - \bar{A}q = \mathfrak{A}_1 + \mathfrak{A}(2\bar{q}-r) \\ &\bar{A}_1 + \bar{A}(\bar{q}-r) - A\bar{q} = \mathfrak{A}_2 + \mathfrak{A}(2q-\bar{r}) \\ &r_2 + rq + \mathfrak{B}(\bar{A}-A) = \bar{r}_1 + \bar{r}\bar{q} + \mathfrak{A}(\bar{B}-B) \end{aligned}} \tag{21}$$

Um eine erste Anwendung unserer Formeln zu machen, wollen wir uns die *Krümmungslinien und die Krümmungskugeln unserer Hüllflächen* $\mathfrak{a}(u, v)$ und $\mathfrak{b}(u, v)$, die ja jetzt ganz gleichberechtigt auftreten, berechnen. Zunächst bemerken wir, daß für

$$A\bar{A} - \mathfrak{A}^2 = 0 \quad [\text{resp. } B\bar{B} - \mathfrak{B}^2 = 0] \tag{22}$$

die Hüllfläche $\mathfrak{a}$ [resp. $\mathfrak{b}$] im Fall *Möbius* eine singuläre Stelle und im Fall *Laguerre* einen Flachpunkt besitzt, denn aus (22) ergibt sich die lineare Abhängigkeit von $\mathfrak{a}$, $\mathfrak{a}_1$, $\mathfrak{a}_2$ resp. $\mathfrak{b}$, $\mathfrak{b}_1$, $\mathfrak{b}_2$, woraus nach § 67 leicht die Behauptung folgt. Diese Fälle wollen wir für den Moment ausschließen. Wir können nun z. B. eine Krümmungslinie der Fläche $\mathfrak{a}$ resp. die zu ihr gehörige Schar des Kugelsystems $\mathfrak{x}$ nach § 73 (158) in der Form

$$\sum_i (\alpha n_i + \bar{\alpha}\bar{n}_i)\, du^i = 0 \tag{23}$$

darstellen, und die in § 73 (162) definierte zugehörige Ableitung S_α ist dann die invariante Ableitung in Richtung dieser Krümmungslinie. Jede den Mantel $\mathfrak{a}$ berührende Kugel, also auch die zu (23) gehörige Krümmungskugel $\mathfrak{y}$, läßt sich nun in der Form

$$\mathfrak{y} = \mathfrak{x} + \beta\mathfrak{a} \tag{24}$$

mit einem Faktor β darstellen. Nach § 58 (91) und (24) muß dann gelten

$$\mathfrak{y}_\alpha = \text{Lin. Komb. von } \mathfrak{x} \text{ und } \mathfrak{a} \tag{25}$$

oder nach (24) und § 73 (162):

$$\bar{\alpha}(\mathfrak{x}_1 + \beta\mathfrak{a}_1) - \alpha(\mathfrak{x}_2 + \beta\mathfrak{a}_2) = \text{Lin. Komb. von } \mathfrak{x} \text{ und } \mathfrak{a}. \tag{26}$$

Geht man nach (20) auf Grundvektoren zurück, so folgen aus (20) die beiden Gleichungen:

$$(27)\qquad \begin{cases} \bar{\alpha} - \bar{\alpha}\beta A + \alpha\beta\mathfrak{A} = 0 \\ \alpha - \alpha\beta\bar{A} + \bar{\alpha}\beta\mathfrak{A} = 0 . \end{cases}$$

Eliminiert man hieraus β, so ergibt sich für die die Krümmungsrichtungen auf $\mathfrak{a}$ nach (23) bestimmenden Verhältnisse $\alpha : \bar{\alpha}$ die quadratische Gleichung

$$(28)\qquad \alpha^2\mathfrak{A} - \alpha\bar{\alpha}(A - \bar{A}) - \bar{\alpha}^2\mathfrak{A} = 0 .$$

Die Diskriminante der Gleichung (28) ist

$$(29)\qquad (A - \bar{A})^2 + 4\mathfrak{A}^2 .$$

Sie verschwindet im Reellen also nur für

$$(30)\qquad A = \bar{A};\quad \mathfrak{A} = 0 .$$

Dann ist (28) aber für alle $\alpha : \bar{\alpha}$ erfüllt, und jede Kurve (23) ist auf der Fläche $\mathfrak{a}$ Krümmungslinie. Wir haben also einen Nabelpunkt. Schließen wir diesen Fall aus, so ergibt (28) zwei reelle Lösungen für $\alpha : \bar{\alpha}$, die, in (23) eingesetzt, die beiden Krümmungslinien ergeben. Das gilt auch für die Ausartungen (22) der Fläche $\mathfrak{a}$, in denen sich ja nach § 57 im Sinne der Lie-Geometrie auch noch Krümmungsstreifen definieren lassen. Eliminieren wir aus (27) $\alpha : \bar{\alpha}$, so erhalten wir für die in (24) auftretende Größe β die quadratische Gleichung

$$(31)\qquad \beta^2(A\bar{A} - \mathfrak{A}^2) - \beta(A + \bar{A}) + 1 = 0 ,$$

und die beiden Krümmungskugeln $\mathfrak{y}^{\mathrm{I}}$ und $\mathfrak{y}^{\mathrm{II}}$ sind dann unter Ausschluß des Falles (22) durch

$$(32)\qquad \left.\begin{matrix}\mathfrak{y}^{\mathrm{I}}\\ \mathfrak{y}^{\mathrm{II}}\end{matrix}\right\} = \mathfrak{x} + \frac{A + \bar{A} \pm \sqrt{(A - \bar{A})^2 + 4\mathfrak{A}^2}}{2(A\bar{A} - \mathfrak{A}^2)}\,\mathfrak{a}$$

gegeben. Für die *Zentral-* resp. *Mittenkugel* $\mathfrak{f}$ der Fläche $\mathfrak{a}$ erhält man als für die vierte harmonische von $\mathfrak{a}$, $\mathfrak{y}^{\mathrm{I}}$ und $\mathfrak{y}^{\mathrm{II}}$

$$(33)\qquad \mathfrak{f} = \mathfrak{x} + \frac{1}{2}\,\frac{A + \bar{A}}{A\bar{A} - \mathfrak{A}^2}\,\mathfrak{a} .$$

Ganz die analogen Formeln können wir für die andere Hüllfläche $\mathfrak{b}$ ableiten.

$$(34)\qquad (B - \bar{B})^2 + 4\mathfrak{B}^2 = 0$$

ist hier die Bedingung für einen Nabel. Die Krümmungslinien sind durch

$$(35)\qquad \alpha^2\mathfrak{B} - \alpha\bar{\alpha}(B - \bar{B}) - \bar{\alpha}^2\mathfrak{B} = 0$$

bestimmt, und für die Krümmungskugeln $\tilde{\mathfrak{y}}^{\mathrm{I}}$, $\tilde{\mathfrak{y}}^{\mathrm{II}}$ ergibt sich

$$(36) \qquad \left.\begin{array}{l}\tilde{\mathfrak{y}}^{\mathrm{I}} \\ \tilde{\mathfrak{y}}^{\mathrm{II}}\end{array}\right\} = \mathfrak{x} + \frac{B+\bar{B} \pm \sqrt{(B-\bar{B})^2 + 4\mathfrak{B}^2}}{2(B\bar{B} - \mathfrak{B}^2)} \mathfrak{b}$$

ferner erhält man für die Zentralkugel (Mittenkugel) $\tilde{\mathfrak{f}}$:

$$(37) \qquad \tilde{\mathfrak{f}} = \mathfrak{x} + \frac{1}{2} \frac{B+\bar{B}}{B\bar{B} - \mathfrak{B}^2} \mathfrak{b}.$$

Für jede Krümmungskugel $\mathfrak{y}^\alpha$ ($\alpha = \mathrm{I, II}$) der Fläche $\mathfrak{a}$ kann man sich die Invarianten

$$(38) \qquad J_{\alpha\beta} = \frac{\langle \mathfrak{y}^\alpha \, \tilde{\mathfrak{y}}^\beta \rangle}{\langle \mathfrak{y}^\alpha \, \mathfrak{p} \rangle \langle \tilde{\mathfrak{y}}^\beta \, \mathfrak{p} \rangle}$$

berechnen, die sie mit den beiden Krümmungskugeln $\tilde{\mathfrak{y}}^\beta$ der anderen Hüllfläche bildet und die nach § 61 in der Möbius-Geometrie durch die Winkel und in der Laguerre-Geometrie durch die Tangentenentfernungen zu deuten sind. Man erhält so vier Invarianten, für die man leicht die Abhängigkeit

$$(39) \qquad J_{\mathrm{I\,I}} J_{\mathrm{II\,II}} - J_{\mathrm{I\,II}} J_{\mathrm{II\,I}} = 0$$

nachweisen kann, so daß sie nur drei unabhängige Invarianten ausmachen. Da durch die ersten Ableitungen der Systemkugel $\mathfrak{x}$ die Flächenelemente der Hüllflächen festgelegt sind, hängen die Krümmungslinien und Krümmungskugeln der Hüllflächen von zweiten Ableitungen in $\mathfrak{x}$ ab, und ebenso die drei unabhängigen, in den $J_{\alpha\beta}$ steckenden Invarianten. Es gibt nun noch eine vierte unabhängige Invariante zweiter Ordnung, nämlich das Doppelverhältnis der vier Fortschreitungsrichtungen, die zu den 2·2 Krümmungslinien der Mäntel gehören. Sind nach (23) durch

$$(40) \qquad \sum_i (\alpha^\varrho n_i + \bar{\alpha}^\varrho \bar{n}_i) du^i = 0 \qquad [\varrho = \mathrm{I} \text{ bis IV}]$$

vier von der Stelle $\{u, v\}$ auslaufende Fortschreitungsrichtungen in dem Kugelsystem resp. vier entsprechende Richtungen auf jeder der beiden Hüllflächen gegeben, so ist ihr Doppelverhältnis durch

$$(41) \qquad D = \frac{(\alpha^{\mathrm{I}} \bar{\alpha}^{\mathrm{II}} - \alpha^{\mathrm{II}} \bar{\alpha}^{\mathrm{I}})(\alpha^{\mathrm{III}} \bar{\alpha}^{\mathrm{IV}} - \alpha^{\mathrm{IV}} \bar{\alpha}^{\mathrm{III}})}{(\alpha^{\mathrm{I}} \bar{\alpha}^{\mathrm{IV}} - \alpha^{\mathrm{IV}} \bar{\alpha}^{\mathrm{I}})(\alpha^{\mathrm{III}} \bar{\alpha}^{\mathrm{II}} - \alpha^{\mathrm{II}} \bar{\alpha}^{\mathrm{III}})}$$

gegeben. Setzt man für $\alpha^{\mathrm{I}} : \bar{\alpha}^{\mathrm{I}}$ und $\alpha^{\mathrm{III}} : \bar{\alpha}^{\mathrm{III}}$ nun die beiden Lösungen von (28) und für $\alpha^{\mathrm{II}} : \bar{\alpha}^{\mathrm{II}}$ und $\alpha^{\mathrm{IV}} : \bar{\alpha}^{\mathrm{IV}}$ die Lösungen von (35) ein, so erhält man

$$(42) \qquad \frac{D}{(D+1)^2} = \left[\frac{\mathfrak{A}(B-\bar{B}) - \mathfrak{B}(A-\bar{A})}{(A-\bar{A})(B-\bar{B}) + 4\mathfrak{A}\mathfrak{B}}\right]^2.$$

Da das Doppelverhältnis von vier von einer Stelle einer Mannigfaltigkeit auslaufenden Richtungen sich bei beliebigen stetigen Abbildungen dieser Mannigfaltigkeit erhält und da die Hüllflächen und Krümmungslinien Lieinvariante Begriffe sind, ist (42) im Gegensatz zu den $J_{\alpha\beta}$ sogar eine Lie-Invariante des Kugelsystems.

Wählen wir die zu den Krümmungslinien unserer Fläche $\mathfrak{a}$ gehörigen Kugelscharen als Parameterscharen, so gilt nach § 58 (108) für die berührenden Kugeln $\mathfrak{x}$

$$\langle \mathfrak{x}_u \mathfrak{x}_v \rangle = 0\,.$$

Diese Gleichung besagt nach (7), daß diese Scharen spezielle harmonische Scharen sind. Es gilt also:

Die beiden Familien von Kugelscharen, die den Krümmungslinien einer der Hüllflächen eines Kugelsystems entsprechen, bestehen aus zueinander harmonischen Scharen.

Wir können daher unsere Formen n_i, $\bar{n}_i$ und die invarianten Ableitungen völlig festlegen, indem wir sie längs der Krümmungslinien einer der Hüllflächen nehmen. Wählen wir die Fläche $\mathfrak{a}$, so muß nach § 58 (99)

$$\mathfrak{A} = 0 \tag{43}$$

gelten. Die Gleichung $\mathfrak{A} = 0$ läßt sich für jedes Kugelsystem erfüllen. Hat $\mathfrak{a}$ an der Stelle $\{u, v\}$ einen Nabel, so gilt nach (30) $\mathfrak{A} = 0$ identisch, einerlei, wie wir über die invarianten Ableitungen verfügen. Das stimmt mit der Tatsache überein, daß in einem Nabelpunkt jede Richtung Krümmungsrichtung ist. Im Fall eines Nabels sind also n_i, $\bar{n}_i$ durch (43) nicht festgelegt.

Nach (17) gilt nun bei einer Umnormierung (16) weiter

$$A = \lambda A^*; \quad \bar{A} = \lambda \bar{A}^*.$$

Schließen wir daher den Fall aus, daß die Fläche $\mathfrak{a}$ einen Nabelpunkt hat, so ist wegen (43) und (29) $A - \bar{A} \neq 0$ und wir können die Normierung von $\mathfrak{a}$ und $\mathfrak{b}$ durch die Forderung

$$A - \bar{A} = 2$$

völlig festlegen. Wir können also die beiden Unbestimmtheiten in unsern Formeln beseitigen, indem wir

$$A - \bar{A} = 2 \quad \text{und} \quad \mathfrak{A} = 0 \tag{44}$$

machen. Wir können dann etwa

$$A = \mathfrak{E} + 1; \quad \bar{A} = \mathfrak{E} - 1$$

setzen, und unsere Formeln (19) bis (21) erfahren erhebliche Vereinfachungen. Bei der Festsetzung (44) werden dann

$$\mathfrak{E}, B, \bar{B}, \mathfrak{B}, r, \bar{r}, q, \bar{q}$$

bis auf Vorzeichenfaktoren absolute Invarianten des Kugelsystems. Wie man leicht einsehen kann, stellen sich dabei $\mathfrak{C}$, B, $\bar{B}$ und $\mathfrak{B}$ als Invarianten zweiter und r, $\bar{r}$ und q, $\bar{q}$ als Invarianten dritter Ordnung dar, und man sieht leicht, daß die vier durch die $J_{\alpha\beta}$ und D in (38) und (42) gegebenen Invarianten die einzigen unabhängigen Invarianten zweiter Ordnung sind. Wir wollen uns im folgenden jedoch auf die Festsetzung (44) nicht von vornherein einlassen, schon um die Hüllfläche $\mathfrak{a}$ nicht über Gebühr auszuzeichnen.

Nach (33) ist für unsere noch allgemein gehaltenen Formeln $A + \bar{A} = 0$ die notwendige Bedingung dafür, daß das Kugelsystem $\mathfrak{x}$ aus den Zentralkugeln (Mittenkugeln) der Hüllfläche $\mathfrak{a}$ besteht. In diesem Fall gelangen wir also zur Flächentheorie. Wir können dann die Forderungen (44) hinzunehmen, so daß dann $A = 1$; $\mathfrak{A} = 0$; $\bar{A} = -1$ wird. Man hat dann genau die Formeln § 68 (41) und § 70 (102) der Flächentheorie, an die somit der vollständige Anschluß erreicht ist.

§ 77. R-Kugelsysteme[1]).

Wir wollen jetzt die speziellen Kugelsysteme betrachten, bei denen die Invariante auf der rechten Seite von (42) verschwindet, für die also gilt:

(44a) $$\mathfrak{A}(B - \bar{B}) - \mathfrak{B}(A - \bar{A}) \equiv 0\,.$$

Sie sind einfach die *Kugelsysteme, bei denen sich auf den beiden Hüllflächen die Krümmungslinien entsprechen.* Diese Kugelsysteme, die Lieinvarianten Charakter haben, bezeichnet man nach *Ribaucour* auch als *R-Kugelsysteme.*

Nach § 76 können wir nämlich für jedes Kugelsystem immer $\mathfrak{A} \equiv 0$ machen, aus dem Verschwinden der Invariante (42) folgt dann entweder $A \equiv \bar{A}$, dann besteht die Fläche $\mathfrak{a}$ aus lauter Nabelpunkten, ist also eine K-Kugel, wir können dann noch die invarianten Ableitungen längs der Krümmungslinien der zweiten Hüllfläche $\mathfrak{b}$ vornehmen, so daß $\mathfrak{B} = 0$ gilt. Ist aber $A - \bar{A} \neq 0$, so muß aus (44) direkt $\mathfrak{B} = 0$ folgen. Jedenfalls sind alle unsere Kugelsysteme gekennzeichnet als die einzigen, bei denen die Gleichungen

(45) $$\mathfrak{A} = \mathfrak{B} = 0$$

zugleich bestehen können. (45) heißt aber, daß die Richtungen der invarianten Ableitung für beide Hüllflächen gleichzeitig Krümmungsrich-

[1]) Über die enge Verwandtschaft der R-Kugelsysteme mit den sogenannten W-Strahlensystemen der Liniengeometrie vgl. § 83, Aufg. 15) h. Die Ergebnisse dieses Abschnitts finden sich in den Arbeiten: *W. Blaschke:* Über die Geometrie von Laguerre V und VII. Math. Z. 1925.

tungen sind, daß sich also die Krümmungslinien entsprechen. Die letzte der Gleichungen (21) führt im Fall (45) auf

$$r_2 + r q = \bar{r}_1 + \bar{r} \bar{q}. \tag{46}$$

Nehmen wir nun die Umnormierung (16) von $\mathfrak{a}$ und $\mathfrak{b}$ vor, so folgt aus (18), daß dabei für r und $\bar{r}$ die Substitutionsformeln

$$r = (\lg \lambda)_1 + r^*; \quad \bar{r} = (\lg \lambda)_2 + \bar{r}^* \tag{47}$$

gelten. Daraus ersieht man, daß man immer dann und nur dann durch geeignete Normierung von $\mathfrak{a}$ und $\mathfrak{b}$ sowohl r wie $\bar{r}$ zum Verschwinden bringen kann, wenn die Gleichung (46) besteht, die ja nach $(21)_6$ ebensogut wie (44a) die R-Kugelsysteme kennzeichnet. Sollen nämlich r^* und $\bar{r}^*$ in (47) gleich 0 werden, so muß für das Gleichungssystem

$$r = (\lg \lambda)_1; \quad \bar{r} = (\lg \lambda)_2 \tag{48}$$

für die Funktion $\lambda(u, v)$ die Integrierbarkeitsbedingung

$$(\lg \lambda)_{12} + q (\lg \lambda)_1 = (\lg \lambda)_{21} + \bar{q} (\lg \lambda)_2$$

bestehen. Diese führt aber auf (46). Setzen wir im folgenden

$$r = \bar{r} = 0 \tag{49}$$

voraus, so ist dadurch, weil λ nach (48) bis auf eine multiplikative Konstante festgelegt ist, auch die Normierung von $\mathfrak{a}$ und $\mathfrak{b}$ bis auf eine Transformation (16) mit konstantem λ festgelegt. Auf Grund von (45) und (49) vereinfachen sich nun unsere Grundformeln (19), (20), (21) zu den folgenden:

$$\boxed{\begin{aligned} \mathfrak{x}_{11} &= \varepsilon \mathfrak{x} - q \mathfrak{x}_2 + B \mathfrak{a} + A \mathfrak{b} - \mathfrak{p} \\ \mathfrak{x}_{12} &= \quad\quad + \bar{q} \mathfrak{x}_2 \\ \mathfrak{x}_{21} &= \quad\quad + q \mathfrak{x}_1 \\ \mathfrak{x}_{22} &= \varepsilon \mathfrak{x} - \bar{q} \mathfrak{x}_1 + \bar{B} \mathfrak{a} + \bar{A} \mathfrak{b} - \mathfrak{p} \end{aligned}} \tag{50}$$

$$\boxed{\begin{aligned} \mathfrak{a}_1 &= -A \mathfrak{x}_1; \quad \mathfrak{b}_1 = -B \mathfrak{x}_1 \\ \mathfrak{a}_2 &= -\bar{A} \mathfrak{x}_2; \quad \mathfrak{b}_2 = -\bar{B} \mathfrak{x}_2 \end{aligned}} \tag{51}$$

$$\boxed{\begin{aligned} & q_2 + \bar{q}_1 + q^2 + \bar{q}^2 + B \bar{A} + \bar{B} A = \varepsilon \\ & A_2 + (A - \bar{A}) q = 0; \quad B_2 + (B - \bar{B}) q = 0 \\ & \bar{A}_1 + (\bar{A} - A) \bar{q} = 0; \quad \bar{B}_1 + (\bar{B} - B) \bar{q} = 0 \end{aligned}} \tag{52}$$

Wir können unsere R-Kugelsysteme noch auf eine andere Weise analytisch kennzeichnen. Drückt man nämlich in der Determinante

(53) $$\Delta = |\mathfrak{x}, \mathfrak{x}_1, \mathfrak{x}_2, \mathfrak{x}_{11}, \mathfrak{x}_{12}, \mathfrak{x}_{22}|$$

alle sechs Vektoren durch die Grundvektoren aus, so ergibt sich nach (19)

(54) $$\Delta = -|\mathfrak{x}, \mathfrak{x}_1, \mathfrak{x}_2, \mathfrak{a}, \mathfrak{b}, \mathfrak{p}| \cdot [\mathfrak{A}(B - \bar{B}) - \mathfrak{B}(A - \bar{A})].$$

Weil die Determinante aus den sechs Grundvektoren $\neq 0$ ist, ist die Bedingung (44) für die R-Kugelsysteme mit

(55) $$\Delta = 0$$

äquivalent.

Nach dem Multiplikationssatz der Determinanten weist man nun leicht die Identität nach

(55a) $$\begin{vmatrix} n_1 & \bar{n}_1 \\ n_2 & \bar{n}_2 \end{vmatrix}^4 \cdot |\mathfrak{x}, \mathfrak{x}_u, \mathfrak{x}_v, \mathfrak{x}_{uu}, \mathfrak{x}_{uv}, \mathfrak{x}_{vv}| = \Delta.$$

Daher kann man die Differentialgleichung der R-Kugelsysteme auch in der Form schreiben:

(56) $$|\mathfrak{x}, \mathfrak{x}_u, \mathfrak{x}_v, \mathfrak{x}_{uu}, \mathfrak{x}_{uv}, \mathfrak{x}_{vv}| = 0.$$

Man weist leicht nach, daß sich (56) weder bei Umnormierungen noch bei Parametertransformationen ändert Daher gilt (56) ganz allgemein. Man kann dann nach (55) auch ganz beliebige Formen n^i, $\bar{n}^i$ einführen und mit diesen invariante Ableitungen bilden. Das Verschwinden von Δ kennzeichnet dann immer die R-Systeme etwa auf Grund der Formeln des VII. Kap. Mit Hilfe dieser Tatsache kann man leicht nachweisen, daß man die eine Hüllfläche eines R-Kugelsystems noch ganz willkürlich annehmen kann, und daß es zu dieser Fläche als Hüllfläche dann immer R-Kugelsysteme gibt.

In § **83** Aufg. **3** ist angegeben, daß bei gegebener Fläche die zugehörigen R-Kugelsysteme noch von einer partiellen Differentialgleichung zweiter Ordnung abhängen.

Eine weitere analytische Kennzeichnung der R-Kugelsysteme, die den Formeln (56) und (50) unmittelbar zu entnehmen ist, ist die folgende: Sie lassen sich bei beliebig normiertem $\mathfrak{x}$ auf solche Parameterscharen u, v beziehen, daß

(57) $\mathfrak{x}_{uv}$ eine Linearkombination von $\mathfrak{x}$, $\mathfrak{x}_u$ und $\mathfrak{x}_v$ wird.

In (56) steckt der geometrische Satz: *Bei den R-Kugelsystemen und nur bei diesen gibt es einen* o s k u l i e r e n d e n *linearen Komplex* $\mathfrak{r}$, *dem die Kugel* $\mathfrak{x}$ *und noch alle in erster und zweiter Ordnung benachbarten Systemkugeln angehören.* Denn die Gleichungen

(58) $$\langle \mathfrak{r}\,\mathfrak{x} \rangle = \left\langle \mathfrak{r} \frac{\partial \mathfrak{x}}{\partial u^i} \right\rangle = \left\langle \mathfrak{r} \frac{\partial^2 \mathfrak{x}}{\partial u^k \partial u^l} \right\rangle = 0$$

sind für einen nicht identisch verschwindenden Vektor $\mathfrak{r}$ nur dann erfüllbar, wenn (56) gilt. Setzt man $\mathfrak{r}$ als Linearkombination der Grundvektoren an, so findet man aus (58)

$$\mathfrak{r} = (A\bar{B} - \bar{A}B)\mathfrak{x} - (B - \bar{B})\mathfrak{a} + (A - \bar{A})\mathfrak{b}. \tag{59}$$

Dabei muß man nur den Fall $A - \bar{A} = B - \bar{B} = 0$ ausschließen, in dem das Kugelsystem aus lauter Kugeln besteht, die zwei feste K-Kugeln berühren, und in dem es ein ganzes Büschel von Komplexen $\mathfrak{r}$ gibt.

Wir wollen nun noch einige geometrische Sätze über unsere R-Kugelsysteme ableiten. Denken wir dieselben im Rahmen der Laguerre-Geometrie behandelt $[\mathfrak{p}\mathfrak{p} = \varepsilon = 0]$ und gehen wir zur Stufe B über, so sind nach § 61 bei der Normierung (1) die vier letzten Koordinaten $\mathfrak{X}$ von $\mathfrak{x}$ einfach die kartesischen Koordinaten der Kugel. Im § 61 haben wir nun erwähnt, wie man den L-Kugeln des Raumes durch isotrope Projektion die Punkte eines vierdimensionalen euklidischen Raumes E_4, einer „Welt" zuordnen kann. Einem Kugelsystem entspricht dabei natürlich eine Fläche. Die Flächen (3) mit positiv definitem „Bogenelement" $\langle d\mathfrak{x}\, d\mathfrak{x}\rangle = (d\mathfrak{X}\, d\mathfrak{X})$ werden wir im Sinne der im Kap. IV bei der isotropen Projektion verwandten Bezeichnungen als *raumartige Flächen* bezeichnen. Beziehen wir das Kugelsystem nach (7) auf harmonische Scharen, so folgt aus $\mathfrak{x}\mathfrak{p} = 1$, $\mathfrak{x}_u\mathfrak{p} = \mathfrak{x}_v\mathfrak{p} = 0$:

$$(\mathfrak{X}_u\, \mathfrak{X}_v) = 0.$$

Entsprechend den Definitionen des § 35 (21) werden wir auch in der indefiniten Bewegungsgeometrie eines E_4 zwei Vierervektoren $\mathfrak{y}$, $\mathfrak{z}$ als „*orthogonal*" bezeichnen, wenn $(\mathfrak{y}\,\mathfrak{z}) = 0$ gilt. Da $\mathfrak{X}_u$ und $\mathfrak{X}_v$ nun die Tangentenvektoren an die Parameterlinien unserer Fläche im E_4 sind, *entsprechen harmonischen Scharen unseres Kugelsystems „senkrechte" Kurvennetze auf den Flächen im* E_4. Wir können nun durch die Formeln (148a) des § 61 auch für die Punkte des E_4 sechs überzählige Punktkoordinaten eingeführt denken, die ganz den hexasphärischen Kugelkoordinaten in der isotropen Projektion entsprechen. Durch $\mathfrak{x}(u, v)$ können wir uns dann im E_4 die Fläche dargestellt denken, und (7) ist die Bedingung für das Senkrechtstehen der Parameterlinien. Allgemeiner ist (8) die Bedingung für das Senkrechtstehen zweier von $\mathfrak{x}$ nach $\mathfrak{x} + d\mathfrak{x}$ und $\mathfrak{x} + \delta\mathfrak{x}$ auslaufender Linienelemente. Wir wollen nun in der Welt ein „*vierfaches Orthogonalsystem*" $\mathfrak{x}(u, v, p, s)$ betrachten, d. h. ein System von vier Scharen von Hyperflächen $u = \text{const}$, $v = \text{const}$, $p = \text{const}$, $s = \text{const}$, bei denen die durch einen Punkt gehenden Tangentenvektoren an die Koordinatenlinien paarweise orthogonal sind, so daß die Gleichungen gelten:

$$\begin{aligned} \langle\mathfrak{x}_u\,\mathfrak{x}_v\rangle &= \langle\mathfrak{x}_u\,\mathfrak{x}_p\rangle = \langle\mathfrak{x}_u\,\mathfrak{x}_s\rangle = 0, \\ \langle\mathfrak{x}_v\,\mathfrak{x}_p\rangle &= \langle\mathfrak{x}_v\,\mathfrak{x}_s\rangle = \langle\mathfrak{x}_p\,\mathfrak{x}_s\rangle = 0. \end{aligned} \tag{60}$$

Dabei setzen wir die lineare Unabhängigkeit der Vektoren $\mathfrak{x}, \mathfrak{x}_u, \mathfrak{x}_v, \mathfrak{x}_p, \mathfrak{x}_s$ voraus, um das Vorhandensein von wirklich vier verschiedenen Scharen von Hyperflächen zu gewährleisten. Das vierfache Orthogonalsystem können wir auch auffassen als statt aus Hyperflächen aus den sechs Scharen von Flächen gebildet, die entstehen, indem wir eins der Parameterpaare

$$\{u, v\}, \quad \{u, p\}, \quad \{u, s\}, \quad \{v, p\}, \quad \{v, s\}, \quad \{p, s\}$$

konstant setzen. Wir wollen nun voraussetzen, daß die Flächen $p =$ const, $s =$ const, also die $\{u, v\}$-Flächen raumartig sind, so daß

$$\langle\mathfrak{x}_u \mathfrak{x}_u\rangle\langle\mathfrak{x}_v \mathfrak{x}_v\rangle - \langle\mathfrak{x}_u \mathfrak{x}_v\rangle^2 > 0$$

und

$$\langle\mathfrak{x}_u \mathfrak{x}_u\rangle > 0 ; \quad \langle\mathfrak{x}_v \mathfrak{x}_v\rangle > 0$$

gilt. Betrachten wir nun etwa die Gleichungen

(61) $$\mathfrak{x}_u \mathfrak{x}_v = \mathfrak{x}_u \mathfrak{x}_p = \mathfrak{x}_v \mathfrak{x}_p = 0 ,$$

so folgt durch Ableitung nach p, v, u:

(62) $$\begin{cases} \mathfrak{x}_{up} \mathfrak{x}_v + \mathfrak{x}_{vp} \mathfrak{x}_u = 0, \\ \mathfrak{x}_{vp} \mathfrak{x}_u + \mathfrak{x}_{uv} \mathfrak{x}_p = 0, \\ \mathfrak{x}_{uv} \mathfrak{x}_p + \mathfrak{x}_{up} \mathfrak{x}_v = 0. \end{cases}$$

Somit sind alle drei in (62) vorkommenden skalaren Produkte gleich Null, wie z. B.

(63) $$\mathfrak{x}_{uv} \mathfrak{x}_p = 0 .$$

Vertauscht man in (61) p mit s, so erhält man auf gleiche Weise

(64) $$\mathfrak{x}_{uv} \mathfrak{x}_s = 0.$$

Aus dem Satz 9 des § 53 folgt dann

$$|\mathfrak{x}, \mathfrak{x}_u, \mathfrak{x}_v, \mathfrak{x}_p, \mathfrak{x}_s, \mathfrak{x}_{uv}|^2 = 0 ,$$

so daß man ansetzen kann

(65) $$\mathfrak{x}_{uv} = \alpha \mathfrak{x} + \beta \mathfrak{x}_u + \gamma \mathfrak{x}_v + \lambda \mathfrak{x}_p + \mu \mathfrak{x}_s .$$

Aus (60), (63) und (64) folgt dann durch Multiplizieren mit $\mathfrak{x}_s$ und $\mathfrak{x}_p$, daß sogar eine Darstellung

$$\mathfrak{x}_{uv} = \alpha \mathfrak{x} + \beta \mathfrak{x}_u + \gamma \mathfrak{x}_v$$

gilt. Nach (57) entspricht daher jeder $\{uv\}$-Fläche $p =$ const, $s =$ const in der isotropen Projektion ein R-Kugelsystem. Wir wollen auch umgekehrt zeigen: Jede Fläche $\mathfrak{x}(u, v)$ der Welt, die einem R-System entspricht, läßt sich in ein vierfaches Orthogonalsystem einbetten. Das läßt sich nun beispielsweise so bewerkstelligen: Wenn die Fläche $\mathfrak{x}(u, v)$

einem R-System entspricht, und $\mathfrak{a}(u, v)$, $\mathfrak{b}(u, v)$ sich nach § 68 (45) bestimmen, setzen wir

$$\mathfrak{x}^*(u, v, p, s) = \mathfrak{x}(u, v) + (p + s)\,\mathfrak{a}(u, v) + (p - s)\,\mathfrak{b}(u, v) \tag{66}$$

und behaupten, daß $\mathfrak{x}^*(u, v, p, s)$ ein vierfaches Orthogonalsystem darstellt. In der Tat! Es ist nach (51), da p und s als von u und v unabhängig zu betrachten sind,

$$\mathfrak{x}_1^* = [1 - (p + s)A - (p - s)B]\,\mathfrak{x}_1,$$

$$\mathfrak{x}_2^* = [1 - (p + s)\bar{A} - (p - s)\bar{B}]\,\mathfrak{x}_2.$$

Es gilt dann

$$\langle \mathfrak{x}_1^* \mathfrak{x}_2^* \rangle = 0$$

identisch in p und s. Und aus (66) folgt weiter

$$\mathfrak{x}_p^* = \mathfrak{a} + \mathfrak{b}\,; \quad \mathfrak{x}_s^* = \mathfrak{a} - \mathfrak{b}.$$

Es sind dann die Gleichungen erfüllt:

$$\mathfrak{x}_1^* \mathfrak{x}_2^* = \mathfrak{x}_1^* \mathfrak{x}_p^* = \mathfrak{x}_1^* \mathfrak{x}_s^* = 0,$$

$$\mathfrak{x}_2^* \mathfrak{x}_p^* = \mathfrak{x}_2^* \mathfrak{x}_s^* = \mathfrak{x}_p^* \mathfrak{x}_s^* = 0.$$

Das ergibt, wenn wir für das R-System $\mathfrak{x}(u, v)$ Krümmungslinienparameter einführen, aber gerade die Gleichungen (60), die ein vierfaches Orthogonalsystem kennzeichnen. Wir haben somit den Satz: *Die raumartigen Flächen, die in den vierfachen Orthogonalsystemen im indefiniten E_4 auftreten können, sind identisch mit den Flächen, denen in der isotropen Projektion R-Kugelsysteme entsprechen.*

Wir wollen nun einen weiteren Satz über die R-Kugelsysteme ableiten und stellen uns zu diesem Zweck auf die Stufe B der Laguerre-Geometrie. Die Vierervektoren $\mathfrak{a}$ und $\mathfrak{b}$ stellen dann die sphärischen Bilder der beiden Hüllflächen dar. Zu jeder Stelle $\{u, v\}$ des Kugelsystems gehört dann auf der Einheitskugel des sphärischen Bildes ein Punktepaar $\mathfrak{a}$, $\mathfrak{b}$. Denken wir uns die Kugel des sphärischen Bildes nun in einem Hilfsraum und verbinden die Punkte $\mathfrak{a}$ und $\mathfrak{b}$ durch eine Gerade, so können wir jeder Stelle des Kugelsystems eine solche *Verbindungsgerade als sphärisches Bild zuordnen.* Zu dem ganzen Kugelsystem gehört dann im Hilfsraum ein Strahlensystem von die Kugel treffenden Geraden. Da den Laguerre-Transformationen des Raumes unseres Kugelsystems die Möbius-Transformationen auf der Kugel des sphärischen Bildes entsprechen, induzieren sie nach § 8 hyperbolische Bewegungen des Strahlensystems im Hilfsraum. Die Laguerregeometrischen Eigenschaften unseres Kugelsystems sprechen sich dann aus in Eigenschaften des Strahlensystems, die der hyperbolischen Geometrie angehören.

Wir wollen nun hier nur ein spezielles Beispiel für die Anwendung dieser Zuordnung geben. Wir fragen nach den Kugelsystemen, denen im sphärischen Bild nichteuklidische Normalensysteme entsprechen (vgl. § 27). Die Vierervektoren $\mathfrak{a}$ und $\mathfrak{b}$ haben wir uns jetzt als homogene kartesische Punktkoordinaten im Hilfsraum vorzustellen, in dem

$$-a_0^2 + a_1^2 + a_2^2 + a_3^2 = 0 \tag{67}$$

die Gleichung der Kugel des sphärischen Bildes ist. Durch

$$\mathfrak{t} = \alpha\,\mathfrak{a} + \beta\,\mathfrak{b} \tag{68}$$

sind dann die Punkte des Strahles des sphärischen Bildes gegeben, den einzelnen Werten von $\alpha : \beta$ entsprechend.

Nehmen wir α und β als Funktionen von u und v an, so ist $\mathfrak{t}(u, v)$ eine Fläche im Hilfsraum. Soll das System der Strahlen (68) nun ein Normalensystem sein, so müssen sich α und β so wählen lassen, daß die Strahlen (68) die Normalen der Fläche $\mathfrak{t}(u, v)$ werden. Als die Flächennormale von $\mathfrak{t}(u, v)$ haben wir im § 27 in der hyperbolischen Geometrie die von $\mathfrak{t}$ auslaufende Gerade bezeichnet, die durch den Pol $\tilde{\mathfrak{t}}$ der Tangentenebene der Fläche $\mathfrak{t}(u, v)$ hindurchgeht. Soll die Gerade (68) Normale sein, so muß dieser Pol $\tilde{\mathfrak{t}}$ auf ihr liegen, also eine Linearkombination von $\mathfrak{a}$ und $\mathfrak{b}$ sein. Da aber $\mathfrak{t}$ und $\tilde{\mathfrak{t}}$ konjugiert zueinander sein müssen bezüglich der Kugel (67), so müssen sich die Paare $\{\mathfrak{t}, \tilde{\mathfrak{t}}\}$ und $\{\mathfrak{a}, \mathfrak{b}\}$ von Punkten der Geraden (68) harmonisch trennen. Deshalb läßt sich $\tilde{\mathfrak{t}}$ nach § 5 (14) in der Form

$$\tilde{\mathfrak{t}} = \alpha\,\mathfrak{a} - \beta\,\mathfrak{b} \tag{69}$$

darstellen. Soll nun $\tilde{\mathfrak{t}}$ der Pol der Tangentenebene von $\mathfrak{t}(u, v)$ sein, so muß noch $(\tilde{\mathfrak{t}}\,\mathfrak{t}_u) = (\tilde{\mathfrak{t}}\,\mathfrak{t}_v) = 0$ oder in invarianten Ableitungen

$$(\tilde{\mathfrak{t}}\,\mathfrak{t}_1) = (\tilde{\mathfrak{t}}\,\mathfrak{t}_2) = 0$$

gelten. Das führt nach (20) und (68), (69) auf die Gleichungen

$$\left\{\begin{aligned} -\frac{1}{2}\left(\lg\frac{\beta}{\alpha}\right)_1 &= r, \\ -\frac{1}{2}\left(\lg\frac{\beta}{\alpha}\right)_2 &= \bar{r}. \end{aligned}\right. \tag{70}$$

Stellen wir für die Gleichungen (70) für die Größe $\beta : \alpha$ die Integrierbarkeitsbedingung auf, so ergibt sich gerade die Bedingung (46), d. h. wir haben R-Systeme.

Wir haben somit den Satz: *Die Kugelsysteme, denen im sphärischen Bild Normalensysteme entsprechen, sind die R-Kugelsysteme.*

§ 78. Kugelsysteme, deren Hüllflächen winkeltreu aufeinander bezogen sind[1]).

Da es in der Formel § 69 (47a) für den Winkel zweier Flächenrichtungen wesentlich ankommt auf die Verhältnisse der Koeffizienten der quadratischen Form

$$\langle d\mathfrak{a}\, d\mathfrak{a}\rangle = \sum_{ik} g_{ik}\, du^i\, du^k$$

der Fläche $\mathfrak{a}$, werden zwei durch gleiche $\{u, v\}$-Werte aufeinander bezogene Flächen $\mathfrak{a}$ und $\mathfrak{b}$ dann und nur dann winkeltreu aufeinander ab-

[1]) Eine teilweise, wenn auch nicht vollständige Lösung dieses Problems findet sich schon bei *G. Darboux:* Annales de l'école Normale Supérieure 1899, S. 498ff. Bei *Darboux* fehlen die Lösungen, die wir im § 81 angeben werden. Die ersten Lösungen des entsprechenden Problems der Laguerre-Geometrie (siehe diesen Abschnitt) finden sich bei *W. Blaschke*: Über die Geometrie von Laguerre II. Hamb. Abh. 1924. Die vollständige Lösung beider Probleme wurde von *G. Thomsen* berechnet.

gebildet, wenn ihre Formen $\langle d\mathfrak{a}\, d\mathfrak{a}\rangle$ und $\langle d\mathfrak{b}\, d\mathfrak{b}\rangle$ proportional sind, d. h. wenn

$$\lambda \left\langle \frac{\partial \mathfrak{a}}{\partial u^i} \frac{\partial \mathfrak{a}}{\partial u^k} \right\rangle + \mu \left\langle \frac{\partial \mathfrak{b}}{\partial u^i} \frac{\partial \mathfrak{b}}{\partial u^k} \right\rangle = 0 \qquad [i, k = 1, 2] \tag{71}$$

gilt mit nicht gleichzeitig verschwindenden Koeffizienten λ, μ, die für alle drei Gleichungen (71) dieselben sind. Das gilt natürlich, wenn man $\mathfrak{a}$ und $\mathfrak{b}$ in einer ganz beliebigen Normierung annimmt.

Wir wollen jetzt die Kugelsysteme bestimmen, deren Hüllflächen $\mathfrak{a}$ *und* $\mathfrak{b}$ *winkeltreu aufeinander bezogen sind,* für die also (71) gültig ist. Dies Problem gehört offenbar in die Geometrie von *Möbius.* Das analoge Problem der Geometrie von *Laguerre,* das wir gleichzeitig behandeln können, ist das der *Bestimmung der Kugelsysteme, für deren sphärische Bilder* $\mathfrak{a}$ *und* $\mathfrak{b}$ *auf der Einheitskugel eine winkeltreue Zuordnung vermittelt wird.* Da im Fall *Laguerre* nach § 69 die Formen $\langle d\mathfrak{a}\, d\mathfrak{a}\rangle$ und $\langle d\mathfrak{b}\, d\mathfrak{b}\rangle$ den Linienelementen des sphärischen Bildes proportional sind, muß wieder (71) gelten.

Multipliziert man (71) nach der Reihe mit $n^i n^k$ sowie $n^i \bar{n}^k$ und $\bar{n}^i \bar{n}^k$ und summiert über i und k, so ergibt sich, daß wir statt (71) auch in den invarianten Ableitungen

$$\begin{cases} \lambda \langle \mathfrak{a}_1 \mathfrak{a}_1\rangle + \mu \langle \mathfrak{b}_1 \mathfrak{b}_1\rangle = 0; \qquad \lambda \langle \mathfrak{a}_1 \mathfrak{a}_2\rangle + \mu \langle \mathfrak{b}_1 \mathfrak{b}_2\rangle = 0; \\ \lambda \langle \mathfrak{a}_2 \mathfrak{a}_2\rangle + \mu \langle \mathfrak{b}_2 \mathfrak{b}_2\rangle = 0 \end{cases} \tag{72}$$

schreiben können. Statt (72) können wir die drei Gleichungen

$$\begin{cases} \langle \mathfrak{a}_1 \mathfrak{a}_1\rangle \langle \mathfrak{b}_2 \mathfrak{b}_2\rangle = \langle \mathfrak{a}_2 \mathfrak{a}_2\rangle \langle \mathfrak{b}_1 \mathfrak{b}_1\rangle \\ \langle \mathfrak{a}_1 \mathfrak{a}_2\rangle \langle \mathfrak{b}_2 \mathfrak{b}_2\rangle = \langle \mathfrak{a}_2 \mathfrak{a}_2\rangle \langle \mathfrak{b}_1 \mathfrak{b}_2\rangle \\ \langle \mathfrak{a}_1 \mathfrak{a}_2\rangle \langle \mathfrak{b}_1 \mathfrak{b}_1\rangle = \langle \mathfrak{a}_1 \mathfrak{a}_1\rangle \langle \mathfrak{b}_1 \mathfrak{b}_2\rangle \end{cases} \tag{73}$$

schreiben, in denen die λ, μ nicht mehr vorkommen. (73) ergibt nach (20)

$$(A^2 + \mathfrak{A}^2)(\mathfrak{B}^2 + \bar{B}^2) = (\bar{A}^2 + \mathfrak{A}^2)(\mathfrak{B}^2 + B^2), \tag{74}$$

$$\mathfrak{A}(A + \bar{A})(\mathfrak{B}^2 + \bar{B}^2) = \mathfrak{B}(B + \bar{B})(\bar{A}^2 + \mathfrak{A}^2), \tag{75}$$

$$\mathfrak{A}(A + \bar{A})(\mathfrak{B}^2 + B^2) = \mathfrak{B}(B + \bar{B})(A^2 + \mathfrak{A}^2). \tag{76}$$

Nun können wir es durch geeignete Festlegung unserer invarianten Ableitungen ja immer erreichen, daß $\mathfrak{A} = 0$ wird. Wir haben dann, wenn wir etwa in (75) beginnen, die einzelnen Faktoren der rechten Seite $= 0$ zu setzen und die übrigen beiden Gleichungen zu erfüllen, die folgenden Fälle

I. $\mathfrak{A} = 0, \quad \mathfrak{B} = 0, \quad A\bar{B} + \bar{A}B = 0,$

II. $\mathfrak{A} = 0, \quad \mathfrak{B} = 0, \quad A\bar{B} - \bar{A}B = 0,$

III. $\mathfrak{A} = 0, \quad B + \bar{B} = 0, \quad A + \bar{A} = 0,$

$$\text{IV.}\quad \mathfrak{A}=0,\quad B+\bar{B}=0,\quad A-\bar{A}=0,$$

$$\text{V.}\quad \mathfrak{A}=0,\quad B=\bar{B}=\mathfrak{B}=0,$$

$$\text{VI.}\quad \mathfrak{A}=0,\quad A=\bar{A}=0.$$

In den Fällen IV und VI besteht die Fläche $\mathfrak{a}$ nach (30) aus Nabelpunkten, und wir können, da die invarianten Ableitungen dann nicht festgelegt sind (vgl. § 76), noch $\mathfrak{B}=0$ erreichen. Dann sind IV, V und VI einfach Unterfälle von I. Wir behalten dann die drei Fälle

$$(77)\qquad \begin{cases} \text{A.}\quad \mathfrak{A}=\mathfrak{B}=0; & A\bar{B}+\bar{A}B=0, \\ \text{B.}\quad \mathfrak{A}=\mathfrak{B}=0; & A\bar{B}=\bar{A}B, \\ \text{C.}\quad A+\bar{A}=B+\bar{B}=0. \end{cases}$$

Offenbar können wir in C die in III auftretende Bedingung $\mathfrak{A}=0$ weglassen, denn die Gleichungen (74), (75), (76) sind in diesem Fall schon erfüllt, wenn die Bedingungen C gelten, und $\mathfrak{A}=0$ sagt dann unabhängig von diesen Gleichungen nur etwas aus über die Festlegung der Formen n_i und $\bar{n}_i$, nicht über die spezielle Gestalt des Kugelsystems.

Über eine genauere Unterscheidung der winkeltreuen Abbildungen der Flächen $\mathfrak{a}$ und $\mathfrak{b}$ (resp. ihrer sphärischen Bilder) als gleichsinnig und gegensinnig vergleiche man die Aufgabe 4 des § 83.

Wir wollen in diesem Abschnitt zunächst die geometrischen Eigenschaften der Kugelsysteme des Falles A untersuchen. Die vollständige Diskussion der Lösungen unseres Problems werden wir erst im § 81 beenden. Wegen der Gleichungen $\mathfrak{A}=\mathfrak{B}=0$ haben wir es im Fall (77) A ebenso wie im Fall B mit speziellen R-Kugelsystemen zu tun.

Wir können daher auf die Formeln des § 77 zurückgehen. Nach (22) können wir die Größen $A, \bar{A}, B, \bar{B}$ alle als von 0 verschieden annehmen, da sonst eine der Flächen $\mathfrak{a}$ oder $\mathfrak{b}$ eine singuläre Stelle [resp. eine Singularität des sphärischen Bildes] besitzen würde und man von einer Abbildung der Flächen an dieser Stelle gar nicht mehr reden könnte. Wir können wegen $A\bar{B}+B\bar{A}=0$ dann ansetzen:

$$(78)\qquad B=\lambda\cdot A;\quad \bar{B}=-\lambda\bar{A}\qquad [\lambda\neq 0]$$

und in unseren Formeln dann statt der vier Größen $A, \bar{A}, B, \bar{B}$ nur die drei $A, \bar{A}$ und λ verwenden. Setzen wir (78) in die Integrierbarkeitsbedingungen (52) ein, so können wir diese auf die Form bringen

$$(79)\qquad q_2+\bar{q}_1+q^2+\bar{q}^2=\varepsilon,$$

$$(80)\qquad (\lg\lambda)_2+(\lg A)_2+q\left(1+\frac{\bar{A}}{A}\right)=0,$$

$$(\lg\lambda)_1 + (\lg\bar{A})_1 + \bar{q}\left(1+\frac{A}{\bar{A}}\right) = 0, \tag{81}$$

$$2q + (\lg A)_2 = q\left(1+\frac{\bar{A}}{A}\right), \tag{82}$$

$$2\bar{q} + (\lg\bar{A})_1 = \bar{q}\left(1+\frac{A}{\bar{A}}\right). \tag{83}$$

Aus (80) und (82) einerseits und aus (81) und (83) andererseits kann man dann ableiten

$$\left\{\begin{aligned} -\frac{1}{2}(\lg\lambda)_2 &= (\lg A)_2 + q, \\ -\frac{1}{2}(\lg\lambda)_1 &= (\lg\bar{A})_1 + \bar{q}. \end{aligned}\right. \tag{84}$$

Aus der Integrierbarkeitsbedingung

$$(\lg\lambda)_{12} + q(\lg\lambda)_1 = (\lg\lambda)_{21} + \bar{q}(\lg\lambda)_2$$

für $\lg\lambda$ folgt dann wegen (84)

$$(\lg\bar{A})_{12} + q(\lg\bar{A})_1 + \bar{q}_2 = (\lg A)_{21} + \bar{q}(\lg A)_2 + q_1. \tag{85}$$

Wir haben hier also eine neue Relation abgeleitet, in der nur A, $\bar{A}$ und q, $\bar{q}$ vorkommen. Da nun aber in den Bedingungen (77) A die Hüllflächen $\mathfrak{a}$ und $\mathfrak{b}$ und daher auch die Größen A, $\bar{A}$ einerseits und B, $\bar{B}$ andererseits ganz gleichberechtigt auftreten, folgt ebenso, wenn man, von (78) an beginnend, überall die Rollen von A, $\bar{A}$ und B, $\bar{B}$ vertauscht

$$(\lg\bar{B})_{12} + q(\lg\bar{B})_1 + \bar{q}_2 = (\lg B)_{21} + \bar{q}(\lg B)_2 + q_1. \tag{86}$$

Den Bedingungen können wir nun leicht eine geometrische Deutung geben. Führen wir nämlich nach § 69 (83), (84) und § 70 (90) die Krümmungslinien des R-Systems als Parameterlinien ein, so wird

$$\bar{q}_2 + q_1 = \frac{1}{\varphi\bar{\varphi}}\frac{\partial^2\lg(\bar{\varphi}:\varphi)}{\partial u\,\partial v},$$

$$(\lg\bar{A})_{12} + q(\lg\bar{A})_1 = \frac{1}{\varphi\bar{\varphi}}\frac{\partial^2\lg\bar{A}}{\partial u\,\partial v},$$

$$(\lg A)_{21} + \bar{q}(\lg A)_2 = \frac{1}{\varphi\bar{\varphi}}\frac{\partial^2\lg A}{\partial u\,\partial v}$$

und es schreibt sich daher die Gleichung (85) in der Form

$$\frac{\partial^2\lg\dfrac{\bar{A}\bar{\varphi}}{A\varphi}}{\partial u\,\partial v} = 0. \tag{87}$$

(87) gibt integriert:

$$A\varphi V = \bar{A}\bar{\varphi}U, \tag{88}$$

wo U eine Funktion von u und V eine Funktion von v allein ist. Wenn wir durch

$$\int U\,du = \bar{u}; \qquad \int V\,dv = \bar{v}$$

neue Skalen auf den Krümmungslinien einführen, können wir (88) auf die Form bringen

$$A\,\varphi = \bar{A}\,\bar{\varphi}. \tag{89}$$

Nun wollen wir uns, um die Bedeutung von (89) zu ermitteln, berechnen, wie sich die Winkelhalbierenden der Krümmungslinien auf der Fläche $\mathfrak{a}$ (resp. die Winkelhalbierenden der entsprechenden sphärischen Bilder) für unsere speziellen Kugelsysteme darstellen. Ist $\mathfrak{f}$ die Zentralkugel (Mittenkugel) der Fläche $\mathfrak{a}$, so sind nach § 69 (85) diese Kurven die Nulllinien der Form

$$\langle \mathfrak{f}\, d^2 \mathfrak{a}\rangle = 0. \tag{90}$$

Nun ist nach (33) wegen $\mathfrak{A} = 0$ diese Kugel durch

$$\mathfrak{f} = \mathfrak{x} + \frac{1}{2}\left(\frac{1}{A} + \frac{1}{\bar{A}}\right)\mathfrak{a} \tag{91}$$

dargestellt. Da $\langle \mathfrak{f}\, d\mathfrak{a}\rangle \equiv 0$ gilt, können wir statt (90) auch $\langle d\mathfrak{f}\, d\mathfrak{a}\rangle = 0$ schreiben oder wegen

$$d\mathfrak{f} = \mathfrak{f}_1\, d\psi + \mathfrak{f}_2\, d\bar{\psi}$$

und

$$d\mathfrak{a} = \mathfrak{a}_1\, d\psi + \mathfrak{a}_2\, d\bar{\psi}$$

sowie der nach (50), (51) gültigen Beziehung $\mathfrak{f}_1\mathfrak{a}_2 = \mathfrak{f}_2\mathfrak{a}_1$ auch

$$\langle \mathfrak{f}_1 \mathfrak{a}_1\rangle\, d\psi^2 + 2\langle \mathfrak{f}_1 \mathfrak{a}_2\rangle\, d\psi\, d\bar{\psi} + \langle \mathfrak{f}_2 \mathfrak{a}_2\rangle\, d\bar{\psi}^2 = 0. \tag{91a}$$

Mittels (91) und (51) erhalten wir aus (91a)

$$(A - \bar{A})\,[A^2\, d\psi^2 - \bar{A}^2\, d\bar{\psi}^2] = 0.$$

Führen wir jetzt die Krümmungslinienparameter ein und lassen den Faktor $A - \bar{A}$ weg, so können wir statt (90) auch schreiben

$$A^2\varphi^2\, du^2 - \bar{A}^2\bar{\varphi}^2\, dv^2 = 0. \tag{92}$$

[In dem ausgeschlossenen Fall $A - \bar{A} = 0$ ist ja $\mathfrak{a}$ eine Kugel und jede Kurve läßt sich als Winkelhalbierende auffassen.] (92) nimmt nun gerade in unserem Fall (89) und nur in diesem die Form

$$du^2 - dv^2 = 0 \qquad \begin{cases} u + v = \text{const} \\ u - v = \text{const} \end{cases} \tag{93}$$

an. Die Gleichungen (93) bedeuten aber nach § 72 (147), (148), daß das Netz der Winkelhalbierenden zu dem der Krümmungslinien diagonal ist, und nach § 72 ist dann die Fläche $\mathfrak{a}$ im Fall *Möbius* eine Isothermfläche, und im Fall *Laguerre* eine Fläche mit isothermem sphärischen Bild der Krümmungslinien. Da man aus (86) ganz das gleiche für die Fläche $\mathfrak{b}$ beweisen kann, haben wir den Satz:

Die durch die Gleichungen (77) A *gekennzeichneten Kugelsysteme mit winkeltreu aufeinander bezogenen Hüllflächen sind spezielle R-Systeme, deren beide Hüllflächen Isothermflächen sind.* Und weiter: *Die der Gleichung* (77) A *genügenden Kugelsysteme, bei denen die sphärischen Bilder der Hüllflächen winkeltreu aufeinander bezogen sind, sind spezielle R-Systeme mit Hüllflächen, bei denen das sphärische Bild der Krümmungslinien isotherm ist.*

§ 79. Übergang zur Flächentheorie der euklidischen Bewegungsgeometrie.

Wir kommen nun zu dem zweiten Fall (77) B. Im § 77 haben wir gesehen, daß es nur bei den R-Kugelsystemen einen oskulierenden linearen Komplex $\mathfrak{r}$ gibt, der die Kugel $\mathfrak{x}$ und alle in erster und zweiter Ordnung benachbarten Systemkugeln enthält. Für den Komplex $\mathfrak{r}$ haben wir die Darstellung (59) gefunden. Eine besondere Klasse von R-Kugelsystemen bekommen wir nun, wenn wir verlangen, daß $\mathfrak{r}$ ein *involutorischer* Komplex ist. Als involutorische Komplexe haben wir ja im § 71 die Komplexe bezeichnet, die mit dem absoluten Komplex $\mathfrak{p}$ der Möbius- resp. Laguerre-Geometrie in Involution liegen ($(\langle\mathfrak{r}\,\mathfrak{p}\rangle = 0)$). Aus $\mathfrak{r}\,\mathfrak{p} = 0$ folgt dann nach (59)

$$A\bar{B} - \bar{A}B = 0. \tag{94}$$

Wir erhalten also gerade die speziellen R-Kugelsysteme unseres Falles (77) B), als die einzigen, bei denen ein oskulierender involutorischer Komplex existiert. Wir können nun weiter zeigen: Wenn für ein R-System (94) identisch gilt, so liegen überhaupt alle Kugeln des gesamten Systems in einem festen involutorischen Komplex $\mathfrak{r}$. In der Tat! Wenn wir auf Grund von (94) ansetzen

$$B = -\mu \cdot A; \qquad \bar{B} = -\mu \cdot \bar{A} \tag{95}$$

und in den letzten beiden Gleichungen (52) die B, $\bar{B}$ durch die A, $\bar{A}$ und μ ersetzen, so schreiben sich diese Gleichungen in der Form:

$$\mu_2 A + \mu[A_2 + (A - \bar{A})q] = 0; \qquad \mu_1 \bar{A} + \mu[\bar{A}_1 + (\bar{A} - A)\bar{q}] = 0.$$

Aus (52) erhält man dann aber

$$\mu_1 = \mu_2 = 0; \qquad \mu = \text{const}. \tag{96}$$

Nun ist durch die Bedingungen (49) die Normierung von $\mathfrak{a}$ und $\mathfrak{b}$ bei den R-Systemen nur bis auf eine Transformation (16) mit konstantem λ

festgelegt. Üben wir diese Transformation aus, so substituieren sich $A, \bar{A}, B, \bar{B}$ nach

$$A = \lambda A^*; \qquad \bar{A} = \lambda \bar{A}^*; \qquad B = \frac{1}{\lambda} B^*; \qquad \bar{B} = \frac{1}{\lambda} \bar{B}^*,$$

wie aus (51) ersichtlich, und nach (95) transformiert sich die Konstante μ nach

(97) $$\mu^* = \lambda^2 \cdot \mu .$$

Wir unterscheiden drei Fälle:

1. Es ist $\mu > 0$. Dann können wir $\mathfrak{a}$ und $\mathfrak{b}$ nach (97) so normieren, daß $\mu = +1$ wird.

2. Es ist $\mu < 0$. Dann können wir $\mu = -1$ machen.

3. Es ist $\mu = 0$. Dann ist auch $\mu^* = 0$ und die Normierung von $\mathfrak{a}$ und $\mathfrak{b}$ ist nur bis auf die multiplikativen Konstanten λ (resp. $1:\lambda$) bestimmt.

Wir können jedenfalls im folgenden für μ einen der drei Werte $+1$, -1 oder 0 annehmen. Dann folgt aus (59) und (95), daß wir den oskulierenden involutorischen Komplex bei geeigneter Normierung in der Form darstellen können:

(98) $$\mathfrak{r} = \frac{\mathfrak{b} + \mu\,\mathfrak{a}}{\sqrt{2}} .$$

Es gilt dann

(99) $$\langle \mathfrak{r}\,\mathfrak{r} \rangle = +\mu$$

und es folgt, daß der Komplex $\mathfrak{r}$ im Fall 1 elliptisch, im Fall 3 parabolisch und im Fall 2 hyperbolisch ist. Aus (98) folgt nun durch Ableitung mittels (51), (95)

(100) $$\mathfrak{r}_1 = \mathfrak{r}_2 = 0; \qquad \mathfrak{r} = \text{const}.$$

Da $\mathfrak{r}$ somit für jede Stelle $\{u, v\}$ des Kugelsystems ein und derselbe feste Komplex ist, ergibt sich, wie behauptet, daß das ganze Kugelsystem in dem festen Komplex $\mathfrak{r}$ liegt. Wir haben also:

Die durch (77) B *gekennzeichneten Kugelsysteme sind die Systeme, deren Kugeln alle in einem festen involutorischen Komplex liegen.*

Wir wollen nun noch näher auf die geometrische Gestalt dieser Kugelsysteme eingehen. Wir wollen hier einmal zuerst mit dem Fall $\langle \mathfrak{p}\,\mathfrak{p} \rangle = \varepsilon = 0$ der Laguerre-Geometrie beginnen. Wir beschäftigen uns also mit den durch (77) B gekennzeichneten Kugelsystemen, bei denen die sphärischen Bilder der Hüllflächen winkeltreu bezogen sind. Wir wissen nach dem eben ausgesprochenen Satz, daß ein solches Kugelsystem in einem festen Komplex $\mathfrak{r}$ liegt, der den uneigentlichen Punkt $\mathfrak{p}$ enthält. [Solche Komplexe haben wir im § 61 auch als ebene Kugel-V_3 bezeichnet, weil ihnen in der isotropen Projektion in der vierdimensionalen Welt die Hyperebenen entsprechen.] Wir haben die drei Fälle $\mu = +1$, $-1, 0$. Für $\mu = +1$ ist der Komplex $\mathfrak{r}$ elliptisch. Er besteht nach § 71 also aus lauter Kugeln, die eine feste Ebene unter festem Winkel schneiden. *Wir haben es also mit Systemen von Kugeln zu tun, die eine feste Ebene unter festem Winkel schneiden.* Nach § 62 ist dem involutorischen Komplex $\mathfrak{r}$ Laguerreinvariant ein Kreis $\tilde{\mathfrak{r}}$ im sphärischen Bild zugeordnet. Aus der Tatsache, daß die Ebenen $\mathfrak{a}$ und $\mathfrak{b}$ durch Spiegelung an dem Komplex $\mathfrak{r}$ auseinander hervorgehen, läßt sich dann leicht folgern, daß ihre sphärischen Bilder durch Inversion an $\tilde{\mathfrak{r}}$, also durch eine winkeltreue Abbildung, auseinander hervorgehen.

Für $\mu = 0$ haben wir nach (95), (51) *ein System von Kugeln, die eine feste Ebene $\mathfrak{b}$ berühren.* Das sphärische Bild von $\mathfrak{b}$ (u, v) schrumpft dann auf einen einzigen Punkt zusammen.

Wichtiger als diese beiden Fälle ist für uns der dritte, $\mu = -1$. Nehmen wir $\mathfrak{p}$ auf Stufe B der Laguerre-Geometrie als uneigentlichen Punkt an

$$\mathfrak{p} = \{-1, 1, 0, 0, 0, 0\}, \tag{101}$$

so können wir den hyperbolischen involutorischen Komplex $\mathfrak{r}$ immer noch durch eine Laguerre-Transformation in den speziellen involutorischen Komplex aller Punkte

$$\mathfrak{r} = \{0, 0, 0, 0, 0, 1\} \tag{102}$$

überführen.

Denn zwei Vektoren $\mathfrak{p}$ und $\mathfrak{r}$ mit $\mathfrak{p}\mathfrak{p} = \mathfrak{p}\mathfrak{r} = 0$, $\mathfrak{r}\mathfrak{r} = -1$, haben in der Liegeometrie keine Invariante, es läßt sich also ein Komplex $\mathfrak{r}$ mit $(\mathfrak{r}\mathfrak{r}) = -1$, $(\mathfrak{r}\mathfrak{p}) = 0$ durch eine $\mathfrak{p}$ fest lassende Lie-Transformation, d. h. aber eine Abbildung von *Laguerre* in jeden gleichartigen überführen.

Bei der Wahl (102) für $\mathfrak{r}$ sind dann aber die $\mathfrak{r}$ angehörenden Kugeln des Systems $\mathfrak{x}\,(u, v)$ alle Punkte; das Kugelsystem schrumpft also auf eine Fläche zusammen. Bei einem solchen Punktsystem $\mathfrak{x}\,(u, v)$ fallen dann die beiden Hüllflächen $\mathfrak{a}$ und $\mathfrak{b}$ gegensinnig zusammen. Die Winkeltreue ihrer sphärischen Bilder ist daher evident. Allgemein haben wir: *Die Kugelsysteme* (77) B *mit $\mu = -1$ gehen durch Abbildung von Laguerre aus den Punkten einer Fläche hervor.* Nun gelangen wir nach § 61 von der Laguerre-Geometrie durch Einführung des Komplexes (102) aller Punkte gerade zur Bewegungsgeometrie. Wählen wir daher für $\mathfrak{r}$ den speziellen Komplex (102), so daß die $\mathfrak{x}$ die Punkte einer Fläche werden, so gelangen wir gerade zur gewöhnlichen Bewegungsgeometrie dieser Fläche. In der Tat können wir die im Band I abgeleiteten Grundformeln der euklidischen Flächentheorie aus unseren Formeln (50) bis (52) unter der Voraussetzung (95) und $\mu = -1$, also

$$B = A\,; \qquad \bar{B} = \bar{A} \tag{103}$$

ohne weiteres gewinnen.

Das können wir so bewerkstelligen:

Wir wollen von den hexasphärischen Koordinaten die ersten beiden und die letzte Koordinate weglassen, so daß nur der Dreiervektor der Koordinaten mit den Indizes 2, 3, 4 übrigbleibt. Dann stellt der Dreiervektor $\mathfrak{x}$ wegen $(\mathfrak{x}\mathfrak{p}) = x_0 + x_1 = 1$ einfach die kartesischen Koordinaten des Punktes $\mathfrak{x}$ dar. Denn es wird dann in § 52 (2) der Faktor $\varrho = 1$. Welcher Dreiervektor bleibt nun von der Tangentenebene $\mathfrak{a}$ übrig? Aus (98), (102) folgt für $\mathfrak{a}$

$$\langle \mathfrak{a}\,\mathfrak{r} \rangle = -a_5 = \frac{1}{\sqrt{2}}.$$

Es ist daher in § 52 (4) $\varrho = -\frac{1}{\sqrt{2}}$ und es folgt

$$a_2 = -\frac{1}{\sqrt{2}}\alpha_1; \qquad a_3 = -\frac{1}{\sqrt{2}}\alpha_2; \qquad a_4 = -\frac{1}{\sqrt{2}}\alpha_3.$$

Da die α_1, α_2, α_3 die Komponenten des Einheitsvektors ξ der Flächennormalen sind [vgl. Bd. I § 32 (5)] folgt für die Dreiervektoren $\mathfrak{a}$ und ξ:

$$\mathfrak{a} = -\frac{1}{\sqrt{2}}\,\xi.$$

Läßt man in den Grundformeln (50) bis (52) überall die drei Koordinaten mit den Indizes 0, 1 und 5 weg, so hat man $\mathfrak{p} \equiv 0$ und $\mathfrak{r} \equiv 0$ zu setzen und nach (98) $\mathfrak{a} \equiv \mathfrak{b}$. Setzen wir noch

$$(104) \qquad -A\sqrt{2} = D; \qquad -\bar{A}\sqrt{2} = \bar{D},$$

so gelangen wir zu den *Grundformeln der bewegungsgeometrischen Flächentheorie*[1]) in kartesischen Koordinaten:

$$(105) \qquad \boxed{\begin{array}{l|l} \mathfrak{x}_{11} = -q\,\mathfrak{x}_2 + D\,\xi & \mathfrak{x}_{12} = \bar{q}\,\mathfrak{x}_2 \\ \mathfrak{x}_{22} = -\bar{q}\,\mathfrak{x}_1 + \bar{D}\,\xi & \mathfrak{x}_{21} = q\,\mathfrak{x}_1 \end{array}}$$

$$(106) \qquad \boxed{\begin{array}{l|l} \xi_1 = -D\,\mathfrak{x}_1 & \xi_2 = -\bar{D}\,\mathfrak{x}_2 \end{array}}$$

$$(107) \qquad \boxed{-q_2 - \bar{q}_1 - q^2 - \bar{q}^2 = D\bar{D}}$$

$$(108) \qquad \boxed{\begin{array}{l|l} D_2 = (\bar{D} - D)\,q & \bar{D}_1 = (D - \bar{D})\,\bar{q} \end{array}}$$

---

[1]) Die Grundformeln der Flächentheorie in invarianten Ableitungen finden sich, wenn auch in etwas komplizierterer Symbolik, in dem Buche von *J. Knoblauch:* Grundlagen der Differentialgeometrie. Leipzig und Berlin 1913.

Für die Dreiervektoren $\mathfrak{x}_1$, $\mathfrak{x}_2$, ξ gilt die Tabelle skalarer Produkte (im gewöhnlichen Sinne):

(109)

	$\mathfrak{x}_1$	$\mathfrak{x}_2$	ξ
$\mathfrak{x}_1$	1	0	0
$\mathfrak{x}_2$	0	1	0
ξ	0	0	1

Diese Relationen kann man aus den für die Skalarprodukte der entsprechenden Sechservektoren gültigen Bedingungen leicht ableiten; z. B. folgt aus

$$\langle\mathfrak{x}_1\,\mathfrak{x}_1\rangle = 1 \text{ sowie } \mathfrak{x}_1\,\mathfrak{p} = (x_0)_1 + (x_1)_1 = 0 \text{ und } -\langle\mathfrak{x}_1\,\mathfrak{r}\rangle = (x_5)_1 = 0$$

für das Dreierprodukt:

$$[(x_2)_1]^2 + [(x_3)_1]^2 + [(x_4)_1]^2 = 1.$$

Aus (109) folgt für die Determinante der drei Grundvektoren

$$|\xi, \mathfrak{x}_1, \mathfrak{x}_2|^2 = 1.$$

Die Formeln (105) bis (109) sind mit den im Bd. I für die Flächentheorie abgeleiteten Grundformeln identisch und nur in unseren invarianten Ableitungen geschrieben. Die Formeln zeigen, wie besonders einfach sich die Flächentheorie mit den invarianten Ableitungen behandeln läßt. Die invarianten Ableitungen müssen natürlich nach wie vor längs der gemeinsamen Krümmungslinien der beiden Hüllflächen unseres R-Systems genommen werden, das heißt aber, da die Hüllflächen jetzt gegensinnig zusammenfallen, längs der Krümmungslinien unserer Fläche $\mathfrak{x}$. Da wir von der Laguerre-Geometrie ausgehen, stellen die invarianten Ableitungen die Differentialquotienten nach den unendlich kleinen Tangentenentfernungen konsekutiver Kugeln $\mathfrak{x}$ dar; da die $\mathfrak{x}$ Punkte sind, stellen sie also einfach die *Ableitungen nach den Bogenlängen der Krümmungslinien* dar. *Für zwei Nachbarpunkte $\mathfrak{x}$ und $\mathfrak{x} + d\mathfrak{x}$ sind dann die Formen*

$$d\psi = \sum_i n_i\,du^i$$

und

$$d\bar{\psi} = \sum_i \bar{n}_i\,du^i$$

die Projektionen ihres unendlich kleinen Abstands auf die Krümmungslinien. (105) sind die *Gleichungen von Gauß* (vgl. Bd. I, § 48) und (106) die *Weingartenschen Gleichungen* (Bd. I § 46). Führen wir Krümmungslinienparameter ein, so nehmen sie die Form

$$\xi_u = -D\,\mathfrak{x}_u; \qquad \xi_v = -\bar{D}\,\mathfrak{x}_v$$

an. Der Vergleich mit den Gleichungen Bd. I, § 37 (49) von *Rodrigues* lehrt dann, daß D und $\overline{D}$ einfach die *Hauptkrümmungsradien* der Fläche sind. Man kann weiter leicht nachrechnen, daß sich der Ausdruck auf der linken Seite von (107) bei einer Transformation (13) der n_i, $\overline{n}_i$ auf neue Formen n_i^*, $\overline{n}_i^*$ und zugehörige Größen q^*, $\overline{q}^*$ nicht ändert. Er hängt somit nur von der quadratischen Form (2) ab, die jetzt das *Gaußsche Bogenelement* der Fläche darstellt. Da in (107) rechts das *Gauß*sche Krümmungsmaß steht, ist (107) das *Theorema egregium von Gauß* [Bd. I, § 49 (138)] in invarianter Schreibweise. (108) sind die *Codazzischen Gleichungen* [Bd. I, § 49 (139)].

Für die zweite Grundform der Asymptotenlinien, die nach Bd. I, § 33 (14) durch das Dreierprodukt — $(d\mathfrak{x}\, d\,\mathfrak{\xi})$ gegeben ist, ergibt sich aus

$$d\mathfrak{x} = \mathfrak{x}_1\, d\psi + \mathfrak{x}_2\, d\overline{\psi}\,; \qquad d\mathfrak{\xi} = \mathfrak{\xi}_1\, d\psi + \mathfrak{\xi}_2\, d\overline{\psi}$$

und (106)

$$-(d\mathfrak{x}\, d\mathfrak{\xi}) = D\, d\psi^2 + \overline{D}\, d\overline{\psi}^2\,.$$

q und $\overline{q}$ sind die *geodätischen Krümmungen der Krümmungslinien.* Denn im Band I, § 54 wurde der Ausdruck

$$\frac{1}{\varrho_g} = |\,\mathfrak{x}_s, \mathfrak{x}_{ss}, \mathfrak{\xi}\,|$$

für die geodätische Krümmung einer Flächenkurve abgeleitet, wobei die Indizes s Ableitungen nach der Bogenlänge bezeichnen. Nun sind aber die Ableitungen nach der Bogenlänge längs der Krümmungslinien einfach durch die invarianten Ableitungen **1**, **2** gegeben, so daß man für die geodätischen Krümmungen ϱ', ϱ'' der Krümmungslinien hat

$$\frac{1}{\varrho'} = |\,\mathfrak{x}_1, \mathfrak{x}_{11}, \mathfrak{\xi}\,|\,; \qquad \frac{1}{\varrho''} = |\,\mathfrak{x}_2, \mathfrak{x}_{22}, \mathfrak{\xi}\,|\,.$$

Aus (105) folgt dann aber wegen $|\mathfrak{x}_1\,\mathfrak{x}_2\,\mathfrak{\xi}| = \pm 1$

$$\text{(109a)} \qquad \frac{1}{\varrho'} = \pm q\,; \qquad \frac{1}{\varrho''} = \mp \overline{q}\,.$$

Die Gleichung $q = 0$ ($\overline{q} = 0$) kennzeichnet die *Gesimsflächen von Monge,* wie wir zum Schluß noch kurz bemerken wollen. Denn aus $q = 0$ folgt nach (105)

$$|\,\mathfrak{x}_1 \quad \mathfrak{x}_{11} \quad \mathfrak{x}_{111}\,| = 0\,,$$

die Kümmungslinien **1** sind also eben, und weil sie nach (109a) auch geodätische Linien der Fläche sind, müssen ihre Ebenen senkrecht zur Fläche sein. Die Fläche ist daher eine orthogonale Trajektorienfläche einer Ebenenschar.

Diese Flächen nennt man auch die Gesimsflächen von *Monge*. Ihre Eigenschaft, Orthogonalfläche einer Ebenenschar zu sein, pflegt man auch in der folgenden Konstruktion auszusprechen: *Man nimmt eine beliebige Torse und zeichnet auf einer ihrer Tangentenebenen eine beliebige Kurve C. Läßt man dann die Tangentenebene, ohne zu gleiten, auf der Torse rollen, so daß sie diese immer längs einer Erzeugenden berührt, so beschreibt C die allgemeinste Gesimsfläche*[1]).

Ein Beispiel dafür, wie man in der bewegungsgeometrischen Flächentheorie invariante α-Ableitungen nach den Bogenlängen beliebiger Flächenkurven (23) verwendet, findet sich in der Aufg. 5 des § 83.

---

[1]) Bei dem Rollen ohne zu gleiten sind nämlich die Bahnkurven der Punkte von C jeweils senkrecht zu der Ebene von C.

§ 80. Gemeinsame Behandlung der hyperbolischen, elliptischen und euklidischen Flächentheorie.

Wir wollen jetzt sehen, welche Rolle unsere Kugelsysteme (77) B) in der Möbius-Geometrie spielen. Wir haben dann $\langle\mathfrak{p}\,\mathfrak{p}\rangle = \varepsilon = -1$. Im Fall $\mu = +1$ haben wir einen elliptischen involutorischen Komplex $\mathfrak{r}$. Ein solcher besteht nach § 71 aus allen Kugeln, die zu einer festen Kugel $\tilde{\mathfrak{r}}$ senkrecht sind. *Wir bekommen also Systeme von Kugeln, die alle zu einer festen Kugel $\tilde{\mathfrak{r}}$ senkrecht sind.* In diesem Fall ist es trivial, daß die Hüllflächen $\mathfrak{a}$ und $\mathfrak{b}$ winkeltreu bezogen sind, denn diese Flächen gehen einfach durch Inversion an der Kugel $\tilde{\mathfrak{r}}$ auseinander hervor. Nun gelangt man nach § 69 durch Einführung einer absoluten Kugel in die Möbius-Geometrie einfach zur *hyperbolischen Bewegungsgeometrie des Raumes.* Der Einbau der hyperbolischen Geometrie in die Möbius-Geometrie vollzieht sich im Raume ganz ebenso wie wir dies für die Ebene im § 17 ausgeführt haben. Die zu der absoluten Kugel inversen Punktepaare haben wir als die Punkte des hyperbolischen Raumes zu deuten und die zur absoluten Kugel senkrechten Kugeln als Ebenen. Nehmen wir nun bei unserem Kugelsystem die Kugel $\tilde{\mathfrak{r}}$ als absolute Kugel, so sind die $\mathfrak{x}$ einfach als Tangentenebenen der Fläche $\mathfrak{a}\,(u, v)$ zu deuten. Die Fläche $\mathfrak{b}$ ist als zu $\mathfrak{a}$ invers mit $\mathfrak{a}$ zu identifizieren. Wir erhalten durch unsere Kugelsysteme $\mathfrak{x}$, wie wir sagen können, die hyperbolische Flächentheorie in Ebenenkoordinaten.

In ähnlicher Weise gelangen wir im zweiten Fall $\mu = -1$ zur Flächentheorie der *elliptischen nichteuklidischen Geometrie.* $\mathfrak{r}$ ist dann ein hyperbolischer involutorischer Komplex. Die Kugeln eines solchen Komplexes stellen ein sogenanntes *nullteiliges Kugelsystem* dar, das ganz das räumliche Analogon zu dem im § 19 erklärten nullteiligen Kreissystem in der Ebene darstellt. Wie das nullteilige Kreissystem aus allen Kreisen bestand, die einen festen Kreis in diametral gegenüberliegenden Punkten schnitten, so besteht das nullteilige Kugelsystem aus allen Kugeln, die eine feste Kugel in Großkreisen schneiden. Diese Tatsache kann man leicht nachweisen, wenn man bedenkt, daß auf Stufe B der Möbius-Geometrie wegen $\langle\mathfrak{r}\,\mathfrak{p}\rangle = 0$; $\langle\mathfrak{r}\,\mathfrak{r}\rangle = -1$ für $\mathfrak{r}$ gelten muß: $r_5 = 0$ und $(\mathfrak{r}\,\mathfrak{r}) = -1$, und wenn man dann in der Gleichung $(\mathfrak{r}\,\mathfrak{x}) = 0$ für die Kugeln $\mathfrak{x}$ des Komplexes nach § 52 kartesische Koordinaten einführt. Ebenso wie in der Ebene (§ 19) gelangt man auch im Raum durch Einführung eines absoluten nullteiligen Systems von der Möbius-Geometrie zur elliptischen nichteuklidischen Geometrie. Die $\mathfrak{r}$ angehörenden Kugeln haben wir wieder als Ebenen zu interpretieren, so daß die $\mathfrak{x}$ wieder die Tangentenebenen der Fläche $\mathfrak{a}$ darstellen.

In unserem dritten Fall $\mu = 0$ ist $\mathfrak{r}$ nach (98) einfach identisch mit dem Punkt $\mathfrak{b}$, der dann fest sein muß. *Wir haben also Systeme, deren Kugeln alle durch einen festen Punkt gehen.*

Da man von der Möbius-Geometrie zur euklidischen Bewegungsgeometrie durch Einführung eines festen Punktes gelangt, haben wir hier die *gewöhnliche bewegungsgeometrische Flächentheorie.* $\mathfrak{b}$ ist dabei der uneigentliche Punkt, und die $\mathfrak{x}$ sind als Kugeln durch $\mathfrak{b}$ die Tangentenebenen der Fläche $\mathfrak{a}$. Im Gegensatz zu der im § 79 angegebenen Methode können wir hier also noch auf eine zweite wesentlich neue Weise die euklidische Flächentheorie in unsere allgemeine Theorie der Kugelsysteme einbauen. Während im § 79 im Fall ($\varepsilon = 0$, $\mu = -1$), zu dem wir von der Laguerre-Geometrie aus gelangten, die $\mathfrak{x}$ die Punkte waren und die $\mathfrak{a}$ die Tangentenebenen unserer Fläche, ist es hier gerade umgekehrt: Die $\mathfrak{x}$ sind jetzt die Tangentenebenen und die $\mathfrak{a}$ die Punkte der Fläche. Das entspricht ja auch der Tatsache, daß in unserem neuen Fall $\{\varepsilon = -1,\ \mu = 0\}$ $\mathfrak{p}$ und $\mathfrak{r}$ gegenüber dem Fall $\{\varepsilon = 0,\ \mu = -1\}$ ihre Rollen vertauscht haben. Statt $\mathfrak{r}$ ist jetzt $\mathfrak{p}$ der Komplex aller Punkte und statt $\mathfrak{p}$ ist jetzt $\mathfrak{r}$ der uneigentliche Punkt.

Entscheiden wir uns zunächst nicht für den speziellen Wert der Konstanten μ, so können wir alle drei Flächentheorien, die hyperbolische, elliptische und euklidische gemeinsam behandeln. Ersetzen wir B und $\bar{B}$ in den Gleichungen (50) bis (52) nach (95), so erhalten wir die Grundformeln der euklidischen und nichteuklidischen Flächentheorie[1]):

$$\boxed{\begin{aligned} \mathfrak{x}_{11} &= -\mathfrak{x} - q\,\mathfrak{x}_2 + A\sqrt{2}\,\mathfrak{r} - \mu A\,\mathfrak{a} - \mathfrak{p} \\ \mathfrak{x}_{22} &= -\mathfrak{x} - \bar{q}\,\mathfrak{x}_1 + \bar{A}\sqrt{2}\,\mathfrak{r} - \mu \bar{A}\,\mathfrak{a} - \mathfrak{p} \end{aligned}} \tag{110}$$

$$\boxed{\mathfrak{x}_{12} - \bar{q}\,\mathfrak{x}_2 = \mathfrak{x}_{21} - q\,\mathfrak{x}_1 = 0} \tag{111}$$

$$\boxed{\mathfrak{a}_1 = -A\,\mathfrak{x}_1 \quad\Big|\quad \mathfrak{a}_2 = -\bar{A}\,\mathfrak{x}_2} \tag{112}$$

$$\boxed{q_2 + \bar{q}_1 + q^2 + \bar{q}^2 = 2\,\mu\cdot A\,\bar{A} - 1} \tag{113}$$

$$\boxed{A_2 + (A - \bar{A})\,q = 0 \quad\Big|\quad \bar{A}_1 + (\bar{A} - A)\,\bar{q} = 0} \tag{114}$$

Die Form

$$\langle d\mathfrak{a}\, d\mathfrak{a}\rangle = A^2\, d\psi^2 + \bar{A}^2\, d\bar{\psi}^2 \tag{115}$$

ist in allen drei Geometrien die Form, die man als die erste Grundform oder das Bogenelement der Fläche bezeichnet,

$$-\langle d\mathfrak{a}\, d\mathfrak{x}\rangle = A\, d\psi^2 + \bar{A}\, d\bar{\psi}^2 \tag{117}$$

---

1) Die Formeln der nichteuklidischen Flächentheorie sind zuerst in nicht invarianter Schreibweise von dem im Vorjahre verstorbenen *Luigi Bianchi* entwickelt worden. [*L. Bianchi:* „Vorlesungen über Differentialgeometrie". Deutsch von *Lukat.* 1. Aufl. S. 624. Leipzig 1899.]

ist die zweite Grundform, deren Nullinien die Asymptotenlinien sind,

$$(118) \qquad \langle d\mathfrak{x}\, d\mathfrak{x}\rangle = d\psi^2 + d\overline{\psi}^2$$

aber die dritte Grundform, die man als Bogenelement des sphärischen Bildes zu benennen pflegt.

Das kann man alles auf dem folgenden Wege nachweisen: Wir denken uns zu einer Stufe B übergegangen, indem wir $\mathfrak{p}$ und $\mathfrak{r}$ identifizieren mit den speziellen Komplexen

$$\mathfrak{p} = \{0,\ 0,\ 0,\ 0,\ 0,\ 1\}$$

$$\mathfrak{r} = \left\{-\sqrt{\frac{1-\mu}{2}},\ +\sqrt{\frac{1+\mu}{2}},\ 0,\ 0,\ 0,\ 0\right\}.$$

Für den Fall $\mu = +1$ der hyperbolischen Geometrie lassen wir dann überall die Koordinaten mit den Indizes 1 und 5 weg. Die übrigbleibenden Vierervektoren $\mathfrak{x}$ und $\tilde{\mathfrak{a}} = \mathfrak{a}\sqrt{2}$, für die dann wegen

$$\langle \mathfrak{x}\,\mathfrak{r}\rangle = \langle \tilde{\mathfrak{a}}\,\mathfrak{p}\rangle = \langle \mathfrak{a}\,\tilde{\mathfrak{a}}\rangle = \langle \mathfrak{x}\,\mathfrak{x}\rangle = 0$$

und

$$\langle \mathfrak{x}\,\mathfrak{p}\rangle = 1, \quad \langle \tilde{\mathfrak{a}}\,\mathfrak{r}\rangle = \frac{1}{\sqrt{2}}$$

gilt

$$-x_0^2 + x_2^2 + x_3^2 + x_4^2 = +1,$$

$$-\tilde{a}_0^2 + \tilde{a}_2^2 + \tilde{a}_3^2 + \tilde{a}_4^2 = -1,$$

stellen dann einfach die sogenannten *Weierstraßschen Punkt- resp. Ebenenkoordinaten* von $\mathfrak{a}$ resp. $\mathfrak{x}$ dar. Schreiben wir in (110) bis (112) überall Vierervektoren, so haben wir $\mathfrak{r} \equiv 0$, $\mathfrak{p} \equiv 0$ zu setzen, und wir erhalten die üblichen Formeln der hyperbolischen Flächentheorie. [Im § 26 haben wir uns bereits einmal mit hyperbolischer Flächentheorie beschäftigt. Dort hatten wir aber von unseren Flächen angenommen, daß sie außerhalb der Grundkugel gelegen waren, und nicht innerhalb der Kugel, also in dem Gebiet, das für die *Lobatschefsky*sche Geometrie genau genommen in Frage kommt. Daher ist eine Zurückführung unserer Formeln auf die dortigen im Reellen nicht direkt möglich.]

Im Fall der elliptischen Geometrie $\mu = -1$ lassen wir überall die Koordinaten 0 und 5 weg, und für die Viererverktoren gilt

$$+x_1^2 + x_2^2 + x_3^2 + x_4^2 = 1$$

$$+\tilde{a}_1^2 + \tilde{a}_2^2 + \tilde{a}_3^2 + \tilde{a}_4^2 = 1.$$

Wir haben dann wieder die *Weierstraß*schen Koordinaten und können bei ihrer Verwendung $\mathfrak{r} = \mathfrak{p} = 0$ setzen.

Lassen wir im euklidischen Fall die drei Koordinaten 0, 1, 5 weg, so erhalten wir in x_2, x_3, x_4 den Einheitsvektor der Flächennormalen, und das Gleichungssystem (110) stellt dann wegen $\mathfrak{r} \equiv \mathfrak{p} \equiv 0$, $\mu = 0$ die bekannten Ableitungsgleichungen der Flächentheorie für das sphärische Bild dar. a_2, a_3, a_4 sind die kartesischen Koordinaten des Flächenpunktes. Bedenken wir, daß für die Ebene $\mathfrak{x}$ wegen der für die sechs Koordinaten gültigen Bedingung $\langle \mathfrak{x}\, \mathfrak{p} \rangle = 1$ nach § 52 (4) die Koordinate x_0 einfach der Abstand w oder, wie wir jetzt schreiben wollen, p vom Ursprung ist, so erhalten wir aus (110), indem wir für die auftretenden Vektoren überall die ersten Koordinaten nehmen:

$$(119) \qquad \begin{cases} p_{11} = -p - q\, p_2 - A \\ p_{22} = -p - \bar{q}\, p_1 - \bar{A}\,. \end{cases}$$

Bedenken wir nun, daß A und $\bar{A}$ nach (116) und (117) einfach die Hauptkrümmungsradien R_1 und R_2 der Fläche sind, so ergibt sich aus (119) eine bekannte Formel von *Weingarten*:

$$(119\,\text{a}) \qquad p_{11} + p_{22} + \bar{q}\, p_1 + q\, p_2 + 2\, p + R_1 + R_2 = 0\,,$$

die man meistens in der in Aufg. 6 des § 83 angegebenen Weise schreibt.

Ebenso wie im euklidischen Fall nennt man auch in den beiden nichteuklidischen Fällen die Flächen mit $(A + \bar{A}) = 0$ die Minimalflächen. Da nach (33) die Zentralkugel unserer Fläche sich wegen $\mathfrak{A} = 0$ in der Form $\mathfrak{f} = \mathfrak{x} + \frac{A + \bar{A}}{2\, A\, \bar{A}}\, \mathfrak{a}$ darstellt, *sind die Minimalflächen in allen drei Geometrien dadurch gekennzeichnet, daß ihre Zentralkugeln mit den Tangentenebenen zusammenfallen.*

§ 81. M-Minimalflächen und L-Minimalflächen.

Wir kommen jetzt zum dritten Fall (77) C unserer Kugelsysteme, bei denen die Hüllflächen resp. deren sphärische Bilder winkeltreu bezogen sind:

$$(120) \qquad A + \bar{A} = B + \bar{B} = 0\,.$$

Hier haben wir es nicht mehr mit speziellen R-Kugelsystemen zu tun, so daß wir auf die allgemeinen Grundformeln des § 76 zurückgreifen müssen. Die Kugelsysteme (120) sind schon analytisch besonders ausgezeichnet. *Sie sind nämlich die Extremalen des Variationsproblems, das zu dem einfachsten Möbius- resp. Laguerreinvarianten Doppelintegral eines Kugelsystems gehört.* Normieren wir nämlich die Kugeln $\mathfrak{x}$ des Systems nach (1) so ist, wie wir gesehen haben, (2) eine invariante quadratische Differentialform des Kugelsystems und

$$(121) \qquad \iint \sqrt{g}\, du\, dv$$

ist daher ein invariantes Integral. Dieses hängt nur von ersten Ableitungen des Kugelsystems ab und ist das einzige dieser Art. Denn gäbe es noch ein zweites invariantes Doppelintegral $\iint h\,du\,dv$ erster Ordnung, so müßte $h:\sqrt{g}$ eine absolute Invariante erster Ordnung sein. Wir wissen aber nach § 76, daß es erst in zweiter Ordnung absolute Invarianten eines Kugelsystems gibt. Durch

$$(122)\qquad \delta\iint\sqrt{g}\,du\,dv = \delta\iint\sqrt{\langle\mathfrak{x}_u\mathfrak{x}_u\rangle\langle\mathfrak{x}_v\mathfrak{x}_v\rangle - \langle\mathfrak{x}_u\mathfrak{x}_v\rangle^2}\,du\,dv = 0$$

ist nun das zu (121) gehörige Variationsproblem für die sechs Funktionen $\mathfrak{x}\,(u, v)$ des Kugelsystems gegeben. Es werden dabei aber nur solche Systeme von sechs Funktionen $\mathfrak{x}$ zur Konkurrenz zugelassen, die die beiden Nebenbedingungen (1)

$$\langle\mathfrak{x}\,\mathfrak{x}\rangle = 0; \qquad \langle\mathfrak{x}\,\mathfrak{p}\rangle - 1 = 0$$

erfüllen.

Nach den Regeln der Variationsrechnung haben wir daher die Funktion

$$(123)\qquad F = \sqrt{\langle\mathfrak{x}_u\mathfrak{x}_u\rangle\langle\mathfrak{x}_v\mathfrak{x}_v\rangle - \langle\mathfrak{x}_u\mathfrak{x}_v\rangle^2} + \lambda\langle\mathfrak{x}\,\mathfrak{x}\rangle + \mu\,[\langle\mathfrak{x}\,\mathfrak{p}\rangle - 1]$$

mit zwei Multiplikatoren λ und μ zu bilden, und die Extremalen von (122) genügen dann den Differentialgleichungen von *Euler* und *Lagrange*

$$(124)\qquad \frac{\partial F}{\partial x_i} - \frac{\partial}{\partial u}\frac{\partial F}{\partial\frac{\partial x_i}{\partial u}} - \frac{\partial}{\partial v}\frac{\partial F}{\partial\frac{\partial x_i}{\partial v}} = 0. \qquad [i = 0, 1, \ldots 5]$$

Setzen wir den Ausdruck (123) in (124) ein, so haben wir lauter Skalarprodukte von zwei Vektoren zu differenzieren nach einer einzelnen Koordinate eines der Vektoren. Da nun bei Zugrundelegung unserer Form § 52 (1) gilt:

$$(124\text{a})\qquad \frac{\partial}{\partial a_k}\langle\mathfrak{a}\,\mathfrak{b}\rangle = -b_k, \qquad \frac{\partial}{\partial a_k}\langle\mathfrak{a}\,\mathfrak{a}\rangle = -2a_k \qquad \text{für } k = 0 \text{ oder } 5$$

aber

$$\frac{\partial}{\partial a_k}\langle\mathfrak{a}\,\mathfrak{b}\rangle = +b_k; \qquad \frac{\partial}{\partial a_k}\langle\mathfrak{a}\,\mathfrak{a}\rangle = +2a_k \qquad \text{für } k = 1, 2, 3, 4$$

wo $\mathfrak{a}$ und $\mathfrak{b}$ irgendwelche Vektoren sind, tritt in den Gleichungen (124) für $i = 0$ und $i = 5$ in allen Gliedern ein Faktor -1 auf, während in den Gleichungen $i = 1, 2, 3, 4$ der Faktor $+1$ steht. Denken wir uns nun aber hinterher die Gleichungen (124) mit $i = 0$ und $i = 5$ mit -1 multipliziert, so können wir alle sechs Gleichungen wieder vektoriell zusammenfassen. Wir erhalten

$$(125)\qquad \left|\begin{aligned} &2\lambda\mathfrak{x} + \mu\mathfrak{p} - \frac{\partial}{\partial u}\left\{\frac{1}{\sqrt{g}}\left[\mathfrak{x}_u\langle\mathfrak{x}_v\mathfrak{x}_v\rangle - \mathfrak{x}_v\langle\mathfrak{x}_u\mathfrak{x}_v\rangle\right]\right\} \\ &\qquad - \frac{\partial}{\partial v}\left\{\frac{1}{\sqrt{g}}\left[\mathfrak{x}_v\langle\mathfrak{x}_u\mathfrak{x}_u\rangle - \mathfrak{x}_u\langle\mathfrak{x}_u\mathfrak{x}_v\rangle\right]\right\} = 0. \end{aligned}\right.$$

Denken wir uns nun unser Kugelsystem auf harmonische Parameterscharen bezogen (7) und führen wir nach (10) die Abkürzungen φ und $\bar{\varphi}$ ein, so haben wir wegen (5)

$$(125\text{a})\qquad 2\lambda\mathfrak{x} + \mu\mathfrak{p} - \left(\frac{\mathfrak{x}_u\bar{\varphi}}{\varphi}\right)_u - \left(\frac{\mathfrak{x}_v\varphi}{\bar{\varphi}}\right)_v = 0.$$

Multiplizieren wir (125a) mit $1 : \varphi\bar{\varphi}$ und denken nach

$$S_1 = \frac{S_u}{\varphi}; \qquad S_2 = \frac{S_v}{\bar{\varphi}}$$

die invarianten Ableitungen eingeführt, so erhalten wir

$$(125\text{b}) \qquad 2\frac{\lambda}{\varphi\bar{\varphi}}\mathfrak{x} + \frac{\mu}{\varphi\bar{\varphi}}\mathfrak{p} - \mathfrak{x}_{11} - \mathfrak{x}_{22} - \bar{q}\,\mathfrak{x}_1 - q\,\mathfrak{x}_2 = 0\,.$$

Nun ist nach (19)

$$(126) \qquad \mathfrak{x}_{11} + \mathfrak{x}_{22} + \bar{q}\,\mathfrak{x}_1 + q\,\mathfrak{x}_2 = 2\,\varepsilon\,\mathfrak{x} + (B + \bar{B})\,\mathfrak{a} + (A + \bar{A})\,\mathfrak{b} - 2\,\mathfrak{p}\,.$$

Ersetzen wir den Ausdruck der linken Seite von (126) in der Gleichung (125b) durch die auf der rechten Seite von (126) stehende Linearkombination der Grundvektoren, so müssen die einzelnen Koeffizienten von $\mathfrak{x}$, $\mathfrak{p}$ und $\mathfrak{a}$, $\mathfrak{b}$ verschwinden. Das liefert außer zwei Gleichungen zur Bestimmung der Multiplikatoren λ und μ gerade die beiden Bedingungen (120).

Unsere Kugelsysteme (120) sind also die Extremalen des Variationsproblems (122).

Unsere Kugelsysteme sind nach (33) *und* (37) *geometrisch dadurch gekennzeichnet, daß sie gleichzeitig aus den Zentralkugeln resp. Mittenkugeln ihrer beiden Hüllflächen bestehen.*

Die Hüllflächen eines solchen Kugelsystems werden natürlich ganz besonders ausgezeichnete Flächen sein müssen, denn im allgemeinen wird eine Fläche nicht die Eigenschaft besitzen, daß ihre Zentralkugeln (Mittenkugeln) auch für die zweite Hüllfläche wieder Zentralkugeln (Mittenkugeln) sind. *Die Flächen, die als Hüllflächen der Kugelsysteme* (120) *auftreten, wollen wir in der Möbius-Geometrie als M-Minimalflächen, in der Laguerre-Geometrie aber als L-Minimalflächen bezeichnen*[1]). Diese Flächen sind nun wiederum Extremalen des Variationsproblems, das zu dem einfachsten Möbius- resp. Laguerreinvarianten Doppelintegral einer Fläche gehört. Das kann man aus unserem Satz über die Extremalen unseres Variationsproblems für Kugelsysteme ohne weiteres entnehmen. Betrachten wir nämlich die speziellen Kugelsysteme mit $A + \bar{A} = 0$, die nach § 76 (33) aus den Zentralkugeln resp. Mittenkugeln nur des einen ausgezeichneten Mantels $\mathfrak{a}$ bestehen, deren Studium also mit der Flächentheorie äquivalent ist, so wird die Form (2) nach § 69 (84a) einfach die normierte Form

$$(127) \qquad \langle d\mathfrak{x}\, d\mathfrak{x}\rangle = \langle d\hat{\mathfrak{a}}\, d\hat{\mathfrak{a}}\rangle = \sum_{ik} g_{ik}\, du^i\, du^k$$

der Flächentheorie. Das zugehörige Integral (121) wird dann ein invariantes Doppelintegral der Fläche. Es hängt wie die Form (127) nur

[1] Die M-Minimalflächen sind unter dem Namen Konformminimalflächen behandelt worden in der Arbeit: *G. Thomsen:* Grundlagen der konformen Flächentheorie. Hamb. Abh. Bd. II. 1923. Mit den L-Minimalflächen beschäftigen sich die Arbeiten: *W. Blaschke:* Über die Geometrie von Laguerre II und III. Hamb. Abh. 1924 und 1925; *K. König:* Über L-Minimalflächen I und II. Mitt. Math. Ges. Hamburg 1926 und 1928.

von zweiten Ableitungen des Flächenpunktes resp. der Tangentenebene $\mathfrak{a}$ ab, und da es nach § 70 keine absoluten Invarianten einer Fläche bis zur zweiten Ordnung gibt, ist es das einfachste invariante Doppelintegral einer Fläche. Will man im Fall *Möbius* etwa die Extremalen des Variationsproblems (122) für Flächen bestimmen, so muß man in ihm nur die Zentralkugelsysteme $A + \bar{A} = 0$, d. h. die Flächen, zur Konkurrenz zulassen. Nun wissen wir schon, daß unsere speziellen Zentralkugelsysteme (120) die Extremumeigenschaft besitzen gegenüber allen Kugelsystemen überhaupt, sie haben diese also auch gegenüber den Zentralkugelsystemen. Daraus geht hervor, daß die M-Minimalflächen [und analog auch die L-Minimalflächen] Extremalen des einfachsten invarianten Variationsproblems für Flächen sind. Sie spielen also in der Möbius- resp. Laguerre-Geometrie dieselbe Rolle, wie die Minimalflächen in der Bewegungsgeometrie. Diese sind ja die Extremalen des einfachsten bewegungsinvarianten Variationsproblems.

Eins ist durch die angestellte Überlegung allerdings nicht entschieden, nämlich ob unsere durch (120) gekennzeichneten Minimalflächen die einzigen Extremalflächen des erwähnten Variationsproblems für Flächen sind. Denn es könnte ja noch weitere Flächen resp. Zentral- und Mittenkugelsysteme geben, die zwar kein Extremum liefern, wenn alle Kugelsysteme überhaupt zur Konkurrenz zugelassen werden, wohl aber, wenn nur die Zentral- resp. Mittenkugelsysteme zugelassen werden. Hier kann man nun aber auf anderem Wege zeigen (vgl. Aufg. 8 des § 83), daß unsere Minimalflächen die einzigen Extremalen sind. Für die Laguerre-Geometrie werden wir diesen Beweis im nächsten Paragraphen auch noch explizite erbringen.

Wir können unsere Minimalflächen natürlich mit unseren im Kap. VII entwickelten flächentheoretischen Formeln behandeln, wenn wir nach der Vorschrift des § 76 (Schluß) die invarianten Ableitungen und die Normierung von $\mathfrak{a}$ durch

$$A = 1; \qquad \mathfrak{A} = 0; \qquad \bar{A} = -1$$

festlegen. Nach § 70 (107) sind dann unsere Minimalflächen durch das Verschwinden der Invariante $\mathfrak{H}$ gekennzeichnet, die ja in dem unnormierten $\mathfrak{a}$ von vierter Ordnung ist. Wir können leicht die speziellen M-Minimalflächen bestimmen, die gleichzeitig Isothermflächen sind, für die nach § 72 also gilt

$$\bar{q}_2 - q_1 = 0. \tag{128}$$

Da nach § 72 die Isothermflächen als die Flächen gekennzeichnet sind, deren Zentralkugelsystem ein R-System ist, gehören diese speziellen Flächen als Hüllflächen zu den allgemeinen Kugelsystemen, die sich in den Formeln des § 76 durch

$$A + \bar{A} = B + \bar{B} = 0; \qquad \mathfrak{A} = \mathfrak{B} = 0 \tag{129}$$

kennzeichnen lassen. Diese Kugelsysteme fallen aber alle unter die im § 78 durch (77) B gekennzeichneten, die nach § 79 in einem involutorischen Komplex enthalten sind. Und zwar sind sie noch solche spezielle Kugelsysteme dieser Art, die aus den Zentralkugeln ihrer Hüllflächen bestehen. Nach der Schlußbemerkung des § 80 haben wir dann aber einfach die Minimalflächen der nichteuklidischen und der euklidischen Bewegungsgeometrie.

Wir haben somit den Satz:

Die M-Minimalflächen, die gleichzeitig Isothermflächen sind, sind die Minimalflächen der elliptischen, hyperbolischen und euklidischen Bewegungsgeometrie und ihre Möbius-Verwandten.

In der Laguerre-Geometrie sind durch (120), (128) die speziellen L-Minimalflächen gekennzeichnet, bei denen das sphärische Bild der Krümmungslinien isotherm ist. Mit (120), (128) ist wieder die Bedingung (129) für die entsprechenden Kugelsysteme äquivalent. Hier wird man ebenfalls auf den Fall des § 79 geführt, und zwar auf diejenigen unter den dortigen Kugelsystemen, die auch noch Mittenkugeln für die Hüllflächen sind. Für $\mu = +1$ haben wir dann Flächen, deren Mittenkugeln alle eine feste Ebene η unter festem Winkel φ schneiden. Da wir durch eine Laguerre-Transformation den involutorischen Komplex aller Kugeln, die η unter dem Winkel φ schneiden, überführen können in den Komplex aller Kugeln, die eine feste Ebene senkrecht schneiden, gehen unsere Flächen durch Abbildung von *Laguerre* aus solchen hervor, deren Mittenkugeln alle zu einer festen Ebene senkrecht sind, also ihre Mittelpunkte alle in einer festen Ebene haben. Diese Flächen sind die sogenannten *Bonnetschen Flächen*[1]). Für $\mu = 0$ hat man Flächen, deren Mittenkugeln alle eine feste Ebene berühren. Für $\mu = -1$ kann man die Mittenkugeln alle in Punkte transformieren. Dann muß aber der in § 67 (12) angegebene Radius R_M verschwinden, und man sieht, daß man auf die Minimalflächen der gewöhnlichen Bewegungsgeometrie geführt wird, die somit sowohl in der Klasse der M-Minimalflächen wie in der Klasse der L-Minimalflächen enthalten sind.

Wir haben dann den Satz: *Die L-Minimalflächen mit isothermem sphärischen Bild der Krümmungslinien gehen entweder durch Abbildung von Laguerre aus den gewöhnlichen Minimalflächen hervor, oder sie bestehen aus Flächen, deren Mittenkugeln alle eine feste Ebene berühren, oder sie gehen durch Laguerre-Transformation aus den Flächen von Bonnet hervor.*

Nach (126) sind die zu unseren M- und L-Minimalflächen gehörigen Kugelsysteme durch das Bestehen der Gleichung

$$(130) \qquad \mathfrak{x}_{11} + \mathfrak{x}_{22} + \bar{q}\,\mathfrak{x}_1 + q\,\mathfrak{x}_2 = 2\,\varepsilon\,\mathfrak{x} - 2\,\mathfrak{p}$$

[1] Vgl. Enzyklopädie III. D. 5. [330]) S. 345 und *P. Mercatanti:* Giornale di matematiche 42, S. 125—148. 1904.

gekennzeichnet. Diese Gleichung nimmt unter der Voraussetzung, daß unsere Flächen analytisch sind, eine besonders einfache Form an, wenn wir spezielle komplexe Parameter einführen.

Da nach § 69 die Form g_{ik} proportional zum Bogenelement der Fläche $\mathfrak{a}$ ist, resp. zu dem ihres sphärischen Bildes, können wir nach Bd. I, § 71 solche konjugiert komplexe Parameter u und v einführen, daß

$$g_{11} = g_{22} = 0 \qquad g_{12} \neq 0 \tag{130a}$$

wird. Dann haben wir nach (12)

$$(n_1)^2 + (\bar{n}_1)^2 = 0; \qquad (n_2)^2 + (\bar{n}_2)^2 = 0.$$

Da die n_i und $\bar{n}_i$ noch bis auf zwei gemeinsame Vorzeichen willkürlich sind, können wir etwa

$$\bar{n}_1 = i\,n_1 \qquad \bar{n}_2 = -i\,n_2 \qquad [i = \sqrt{-1}] \tag{131}$$

annehmen. Dann wird

$$\left\{\begin{aligned} n^1 &= \frac{1}{2n_1}; & n^2 &= \frac{1}{2n_2}; & q &= \frac{i}{2n_1 n_2}\left(\frac{\partial n_1}{\partial v} - \frac{\partial n_2}{\partial u}\right) \\ \bar{n}^1 &= \frac{-i}{2n_1}; & \bar{n}^2 &= \frac{+i}{2n_2}; & \bar{q} &= \frac{1}{2n_1 n_2}\left(\frac{\partial n_1}{\partial v} + \frac{\partial n_2}{\partial u}\right) \end{aligned}\right. \tag{132}$$

und es wird aus (130), wenn wir die invarianten Ableitungen bei der Parameterwahl (131) durch gewöhnliche ersetzen:

$$\mathfrak{x}_{uv} = 2\,n_1 n_2 (\varepsilon\,\mathfrak{x} - \mathfrak{p}). \tag{133}$$

Gehen wir nun in der Möbius-Geometrie zur Stufe B über, so behalten wir in $\mathfrak{x}$ den Fünfervektor der pentasphärischen Koordinaten und wegen $\varepsilon = -1$, $\mathfrak{p} \equiv 0$ ergibt sich aus (133) dann eine Gleichung der Form

$$\mathfrak{x}_{uv} = M(u, v)\cdot\mathfrak{x}, \tag{134}$$

eine sogenannte *Moutard*sche Gleichung. *Die pentasphärischen Koordinaten der Zentralkugeln einer M-Minimalfläche sind also alle Lösungen einer und derselben Moutardschen Gleichung* (134). Die Lösungen müssen dabei wegen (130a) den Nebenbedingungen

$$(\mathfrak{x}_u\,\mathfrak{x}_u) = (\mathfrak{x}_v\,\mathfrak{x}_v) = 0$$

genügen.

Gehen wir im Fall *Laguerre* zur Stufe B über, so wird wegen $\varepsilon = 0$, $\mathfrak{p} \equiv 0$ für die vier kartesischen Koordinaten der Mittenkugel

$$\mathfrak{X}_{uv} \equiv 0, \tag{135}$$

also haben wir die Lösung

$$\mathfrak{X} = \mathfrak{u} + \mathfrak{v} \tag{136}$$

mit zwei Viererverktorfunktionen $\mathfrak{u}$ und $\mathfrak{v}$, die nur von u resp. v abhängen. Diese Funktionen müssen wegen (130a)

$$(\mathfrak{X}_u \mathfrak{X}_u) = (\mathfrak{X}_v \mathfrak{X}_v) = 0$$

den Bedingungen

$$(\mathfrak{u}' \mathfrak{u}') = (\mathfrak{v}' \mathfrak{v}') = 0 \tag{137}$$

genügen. Setzen wir in (136) für die ersten Komponenten u_0 und v_0 von $\mathfrak{u}$ und $\mathfrak{v}$

$$u_0 = \int \sqrt{\sum_{i=1}^{3} u_i'^2}\, du; \qquad v_0 = \int \sqrt{\sum_{i=1}^{3} v_i'^2}\, dv;$$

so ist den Bedingungen (137) Rechnung getragen und *wir haben die Differentialgleichung der L-Minimalflächen allgemein gelöst.* Denn zu dem Mittenkugelsystem $\mathfrak{X}$ erhält man die Hüllfläche $\mathfrak{a}$ allein durch Differentiationsprozesse.

Im folgenden Paragraphen werden wir noch auf eine elegantere explizite Darstellung der L-Minimalflächen eingehen bei der wir sie durch ihre *Bonnet*schen Ebenenkoordinaten in integralloser Form darstellen.

§ 82. Flächentheorie in *Bonnet*schen Koordinaten[1]).

Wir wollen jetzt in unseren flächentheoretischen Formeln des Kap. VII für den Fall der Laguerre-Geometrie die hexasphärischen Koordinaten $\mathfrak{a}$ der gerichteten Tangentenebene der Fläche nach § 65 (204a) durch die *Bonnet*schen Ebenenkoordinaten ausdrücken. Wir lassen den Faktor σ jetzt weg und schreiben statt $\overline{w}$ wieder w, wir haben also:

$$\left\{\begin{aligned} a_0 &= w(u,v), & a_2 &= 1 - uv, & a_4 &= -i(u-v) \\ a_1 &= -w(u,v), & a_3 &= u+v, & a_5 &= (1+uv). \end{aligned}\right. \tag{138}$$

Dann sind u und v konjugiert-komplexe Größen, die das sphärische Bild der Ebene festlegen, und

$$p = \frac{w}{1+uv} \tag{139}$$

ist der Abstand der Ebene vom Ursprung. Denken wir uns die Fläche als analytisch vorausgesetzt, so ist sie durch die eine einzige Funktion $w(u,v)$ bestimmt.

Durch (138) ist natürlich nur das unnormierte und noch nicht das nach § 69 (67) normierte $\mathfrak{a}$ der Flächentheorie gegeben. Aus (138) folgt

$$\left\{\begin{aligned} \mathfrak{a}_u &= \{w_u;\ -w_u;\ -v;\ 1;\ -i;\ v\} \\ \mathfrak{a}_v &= \{w_v;\ -w_v;\ -u;\ 1;\ +i;\ u\} \\ \mathfrak{a}_{uv} &= \{w_{uv};\ -w_{uv};\ -1;\ 0;\ 0;\ 1\} \end{aligned}\right. \tag{139a}$$

---

[1]) Vgl. *W. Blaschke:* Über die Geometrie von Laguerre II. Hamb. Abh. 1924

Danach haben wir für die unnormierte Form g_{ik} (vgl. § 69 (47)]

(139b) $$\langle\mathfrak{a}_u\,\mathfrak{a}_u\rangle = g_{11} = 0\,; \qquad \langle\mathfrak{a}_v\,\mathfrak{a}_v\rangle = g_{22} = 0\,.$$

Die Parameter u, v der *Bonnet*schen Koordinaten sind also von der speziellen Art der in (130a) eingeführten Parameter. Da nach § 69 (49) auch $g^{11} = g^{22} = 0$ gilt, ist die Mittenkugel $\mathfrak{x}$ nach § 67 (5), und § 69 (60) durch

(140) $$\mathfrak{x}\,\mathfrak{a} = \mathfrak{x}\,\mathfrak{a}_u = \mathfrak{x}\,\mathfrak{a}_v = \mathfrak{x}\,\mathfrak{a}_{uv} = 0$$

bestimmt. Nehmen wir $\mathfrak{x}$ wieder in der Normierung $\mathfrak{x}\,\mathfrak{p} = 1$ und gehen mit $\mathfrak{x}$ zur Stufe B der Laguerre-Geometrie über, so haben wir nach (140) für die kartesischen Koordinaten $\mathfrak{X}$ der Mittenkugel die vier Gleichungen

$$\begin{aligned}
-(1+uv)X_0 + (1-uv)X_1 + (u+v)X_2 - i(u-v)X_3 &= w\\
-vX_0 - vX_1 \qquad + X_2 \qquad - iX_3 &= w_u\\
-uX_0 - uX_1 \qquad + X_2 \qquad + iX_3 &= w_v\\
-X_0 - X_1 \qquad\qquad\qquad &= w_{uv}
\end{aligned}$$

Daraus ergibt sich für die vier Größen X_i die Lösung

(141) $$\left|\begin{aligned}
X_0 &= \frac{1}{2}[-(1+uv)\,w_{uv} + u\,w_u + v\,w_v - w]\\
X_1 &= \frac{1}{2}[-(1-uv)\,w_{uv} - u\,w_u - v\,w_v + w]\\
X_2 &= \frac{1}{2}[-(u+v)\,w_{uv} + w_u + w_v]\\
X_3 &= \frac{+i}{2}[\;(u-v)\,w_{uv} + w_u - w_v]\,.
\end{aligned}\right.$$

Die normierte Form g_{ik} erhalten wir nach § 69 (84a) nun durch

$$\langle d\mathfrak{x}\,d\mathfrak{x}\rangle = (d\mathfrak{X}\,d\mathfrak{X}) = \sum_{ik} g_{ik}\,du^i\,du^k.$$

Da nach (139b) $(\mathfrak{X}_u\,\mathfrak{X}_u) = 0$ und $(\mathfrak{X}_v\,\mathfrak{X}_v) = 0$ gelten muß, haben wir aus (141) nur $(\mathfrak{X}_u\,\mathfrak{X}_v) = g_{12}$ zu berechnen. Man findet

$$(\mathfrak{X}_u\,\mathfrak{X}_v) = \frac{1}{2}\,w_{uu}\,w_{vv}\,,$$

wir haben also die Form

(142) $$\langle d\mathfrak{x}\,d\mathfrak{x}\rangle = w_{uu}\,w_{vv}\,du\,dv.$$

Für das nach § 69 normierte $\hat{\mathfrak{a}}$ muß

$$\hat{\mathfrak{a}} = \lambda\,\mathfrak{a}$$

mit einem solchen λ gelten, daß

$$\langle\hat{\mathfrak{a}}_u\,\hat{\mathfrak{a}}_v\rangle = \lambda^2\langle\mathfrak{a}_u\,\mathfrak{a}_v\rangle = (\mathfrak{x}_u\,\mathfrak{x}_v) = g_{12}$$

wird.

Aus (142) und (139a) erhält man

$$\lambda = \frac{1}{2}\sqrt{w_{uu} w_{vv}}\,. \tag{143}$$

Nun können wir auch die Linearformen $d\psi$ und $d\bar{\psi}$ der Krümmungslinien in unseren *Bonnet*schen Koordinaten ausdrücken. Nach § 65 (211) genügen die Richtungen $du:dv$ der Krümmungslinien der Gleichung

$$w_{uu}\,du^2 - w_{vv}\,dv^2 = 0. \tag{144}$$

Spalten wir (144) in zwei Linearfaktoren, so sehen wir, daß wir

$$\begin{cases} d\psi = \mu\left[\sqrt{w_{uu}}\,du + \sqrt{w_{vv}}\,dv\right] \\ d\bar{\psi} = \bar{\mu}\left[\sqrt{w_{uu}}\,du - \sqrt{w_{vv}}\,dv\right] \end{cases} \tag{145}$$

setzen können mit noch zu bestimmenden Faktoren μ und μ. Wegen

$$d\psi = \sum_i n_i\,du^i\,; \qquad d\bar{\psi} = \sum_i \bar{n}_i\,du^i$$

$$g_{ik} = n_i n_k + \bar{n}_i \bar{n}_k$$

ergibt sich aber aus (139b), (142) und (145)

$$g_{11} = 0 = \mu^2 w_{uu} + \bar{\mu}^2 w_{uu}$$

$$g_{12} = \frac{1}{2} w_{uu} w_{vv} = \mu^2 \sqrt{w_{uu} w_{vv}} - \bar{\mu}^2 \sqrt{w_{uu} w_{vv}}\,.$$

Wir erhalten somit

$$\mu^2 = \frac{1}{4}\sqrt{w_{uu} w_{vv}}\,; \qquad \bar{\mu}^2 = -\frac{1}{4}\sqrt{w_{uu} w_{vv}}\,.$$

Setzen wir etwa

$$\mu = \frac{1}{2}\sqrt[4]{w_{uu} w_{vv}}\,; \qquad \bar{\mu} = \frac{i}{2}\sqrt[4]{w_{uu} w_{vv}}\,,$$

so haben wir

$$\begin{cases} d\psi = \frac{1}{2}(w_{uu})^{3/4}(w_{vv})^{1/4}\,du + \frac{1}{2}(w_{uu})^{1/4}(w_{vv})^{3/4}\,dv \\ d\bar{\psi} = \frac{i}{2}(w_{uu})^{3/4}(w_{vv})^{1/4}\,du - \frac{i}{2}(w_{uu})^{1/4}(w_{vv})^{3/4}\,dv. \end{cases} \tag{146}$$

Nach § 70 (94), (111) können wir jetzt alle Invarianten $q, \bar{q}, q_1, q_2, \bar{q}_1, \bar{q}_2$, $\mathfrak{B}$, $\mathfrak{S}$ usw. leicht berechnen, die sich direkt aus den n_i, $\bar{n}_i$ und ihren Ableitungen berechnen lassen. Um die Invariante $\mathfrak{H}$ zu bekommen, wird man sich am besten zuerst die *Bonnet*schen Koordinaten der Tangentenebene der zweiten Hüllfläche $\mathfrak{b}$ berechnen, dann das nach $\langle\mathfrak{a}\mathfrak{b}\rangle = 1$ normierte $\mathfrak{b}$ bilden und $\mathfrak{H}$ durch $\mathfrak{H} = \langle\mathfrak{b}\,\mathfrak{x}_{11}\rangle + \langle\mathfrak{b}\,\mathfrak{x}_{22}\rangle$ bestimmen (vgl. § 83 Aufg. 9, wo der Ausdruck für $\mathfrak{H}$ angegeben ist). Wir wollen diese Rechnung hier aber nicht durchführen.

Aus (142) ergibt sich, daß das Flächenvariationsproblem (122), zu deren Extremalen die L-Minimalflächen nach § 81 sicher gehören, sich in den *Bonnet*schen Koordinaten in der Form schreibt

$$\delta \iint \frac{i}{2} w_{uu} w_{vv} \, du \, dv = 0 .$$

Hier haben wir jetzt ein Variationsproblem für die einzige Funktion $w(u, v)$, die an keine Nebenbedingung gebunden ist. Für die Funktion

$$F = \frac{i}{2} w_{uu} w_{vv}$$

haben wir dann die *Euler-Lagrange*sche Gleichung anzusetzen:

$$\frac{\partial^2}{\partial u^2} \frac{\partial F}{\partial w_{uu}} + \frac{\partial^2}{\partial v^2} \frac{\partial F}{\partial w_{vv}} = 0 .$$

Diese führt auf die Differentialgleichung

(147) $$w_{uuvv} = 0,$$

deren allgemeine Lösung durch

(148) $$w = U_1 v + V_1 u + U_2 + V_2$$

gegeben ist mit zwei Funktionen U_1 und U_2 des Parameters u allein und den zwei konjugiert komplexen Funktionen V_1, V_2 der konjugierten Variablen v.

Wir können nun leicht einsehen, daß die Flächen (148) mit der Differentialgleichung (147) die ganze Klasse der L-Minimalflächen ausmachen und dadurch den noch ausstehenden Beweis führen, daß die L-Minimalflächen die einzigen Extremalen des einfachsten Laguerre-invarianten Variationsproblems für Flächen sind. Da nämlich unsere *Bonnet*schen Koordinaten u, v wegen (139b) spezielle Parameter der Art (130a) sind, muß bei den L-Minimalflächen die Gleichung (135) bestehen, in der die $\mathfrak{X}$ nach (141) durch die *Bonnet*schen Koordinaten auszudrücken sind. Nach (141) kann man nun nachrechnen, daß einerseits (135) nur auf die einzige Gleichung (147) führt, daß andererseits aber aus (147) wieder (135) folgt.

Führen wir statt w den Abstand p (139) der Tangentenebene vom Ursprung als Funktion des sphärischen Bildes $\{u, v\}$ ein und ersetzen wir die U_1, U_2, V_1, V_2 nach

$$U_1 = u \bar{U}_1 ; \qquad V_1 = v \bar{V}_1 ; \qquad U_2 = \bar{U}_1 + \bar{U}_2 ; \qquad V_2 = \bar{V}_1 + \bar{V}_2$$

durch neue Funktionen $\bar{U}_1$, $\bar{U}_2$, $\bar{V}_1$, $\bar{V}_2$, so erhalten wir für die L-Minimalflächen die allgemeine Darstellung:

(149) $$p = \bar{U}_1 + \bar{V}_1 + \frac{\bar{U}_2 + \bar{V}_2}{1 + uv} .$$

Wollen wir das sphärische Bild nicht durch die komplexen Größen u, v, sondern reell ausdrücken, so können wir nach

$$u = \xi + i\eta, \qquad v = \xi - i\eta$$
$$2\overline{U}_1 = P(\xi, \eta) + iQ(\xi, \eta); \qquad 2\overline{V}_1 = P - iQ$$
$$2\overline{U}_2 = R(\xi, \eta) + iS(\xi, \eta); \qquad 2\overline{V}_2 = R - iS$$

in Realteil und Imaginärteil spalten und erhalten statt (149)

$$p = P + \frac{R}{1 + \xi^2 + \eta^2}, \tag{150}$$

wo jetzt P und R, da $\overline{U}_1$, $\overline{U}_2$ analytische Funktionen waren, zwei allgemeine Potentialfunktionen sind:

$$P_{\xi\xi} + P_{\eta\eta} = 0; \qquad R_{\xi\xi} + R_{\eta\eta} = 0.$$

Die ξ und η sind auf der Kugel des sphärischen Bildes nach § 20 einfach die Parameter, die bei einer stereographischen Projektion den kartesischen Koordinaten der Projektionsebene entsprechen. Denken wir uns in dem Raum unserer Laguerre-Geometrie die gerichtete Einheitskugel um den Ursprung als Kugel des sphärischen Bildes genommen, und auf sie etwa die kartesischen Koordinaten ξ, η der Äquatorebene durch stereographische Projektion übertragen, so kann man zu einem vorgegebenen Paar von Potentialfunktionen P und R die zugehörige L-Minimalfläche konstruieren, indem man zu der Tangentenebene jedes Kugelpunktes $\{\xi, \eta\}$ die Parallelebene zeichnet, die vom Ursprung den durch (150) gegebenen Abstand p besitzt. Diese Parallelebenen umhüllen die L-Minimalfläche.

§ 83. Vermischte Aufgaben zum 8. Kapitel.

1. Ist in einer beliebigen zweidimensionalen Mannigfaltigkeit u^1, u^2 eine quadratische Differentialform

$$\sum_{i,k} g_{ik}\, du^i\, du^k \tag{151}$$

gegeben [wir können uns die Mannigfaltigkeit etwa als Punktmannigfaltigkeit vorstellen, der durch (151) eine Maßbestimmung aufgeprägt ist], so können wir aus

$$g_{ik} = n_i n_k + \overline{n}_i \overline{n}_k \tag{151a}$$

zwei Linearformen n_i und $\overline{n}_i$ bestimmen, die dann aber nur bis auf eine Substitution (13) festgelegt sind. Bezeichnet man die mit den n_i, $\overline{n}_i$ gebildeten invarianten Ableitungen einer Größe S durch die Indizes **1**, **2**, die mit den nach (13) transformierten Formen n_i^*, $\overline{n}_i^*$ gebildeten invarianten Ableitungen aber durch [**1**], [**2**], so gilt nach (13)

$$\begin{cases} S_{\mathbf{1}} = S_{[\mathbf{1}]} \cdot \cos\tau + S_{[\mathbf{2}]} \cdot \sin\tau, \\ S_{\mathbf{2}} = \pm S_{[\mathbf{1}]} \cdot \sin\tau \mp S_{[\mathbf{2}]} \cdot \cos\tau. \end{cases} \tag{152}$$

Ferner gilt für die mit den n_i, $\bar{n}_i$ nach § 70 (94) gebildeten q, $\bar{q}$ und die analogen mit den n_i^*, $\bar{n}_i^*$ gebildeten q^*, $\bar{q}^*$:

$$(153)\qquad \begin{cases} q = \mp \cos\tau\, q^* \pm \sin\tau\, \bar{q}^* \pm \cos\tau\cdot\tau_1 \pm \sin\tau\cdot\tau_2\,, \\ \bar{q} = +\sin\tau\, q^* + \cos\tau\, \bar{q}^* - \sin\tau\cdot\tau_1 + \cos\tau\cdot\tau_2\,. \end{cases}$$

Auf Grund von (152) und (153) kann man zeigen, daß der Ausdruck

$$K = -q_2 - \bar{q}_1 - q^2 - \bar{q}^2$$

invariant ist gegenüber den Substitutionen (13). K hängt also nur von der Form g_{ik} ab. Man zeige, daß K einfach das *Gaußsche Krümmungsmaß der Form* (151) ist [vgl. Bd. I, § 49 (138)]. Für eine Größe S sind weiter die Differentialausdrücke

$$(154)\qquad \begin{cases} \Delta_1 S = S_1^2 + S_2^2\,, \\ \Delta_2 S = S_{11} + S_{22} + \bar{q}\, S_1 + q\, S_2 \end{cases}$$

invariant gegenüber (13). Man zeige, daß $\Delta_1 S$ und $\Delta_2 S$ einfach *der erste und zweite Beltramische Differentiator bezüglich der Form* (151) sind [vgl. Bd. I, § 66, 67].

Man zeige ferner, daß die *zweiten kovarianten Ableitungen* $S_{[i,k]}$ einer ,,skalaren" Größe S in bezug auf die quadratische Form (151a) mit den invarianten Ableitungen durch

$$(154\text{a})\qquad \begin{aligned} S_{[i,k]} = {} & (S_{11} + q\, S_2)\, n_i\, n_k \\ & + (S_{12} - \bar{q}\, S_2)\, n_i\, \bar{n}_k \\ & + (S_{21} - q\, S_1)\, \bar{n}_i\, n_k \\ & + (S_{22} + \bar{q}\, S_1)\, \bar{n}_i\, \bar{n}_k \end{aligned}$$

zusammenhängen.

Man zeige weiter: Geht man statt durch (13) durch

$$(155)\qquad n_i = \sigma\cdot n_i^*; \qquad \bar{n}_i = \sigma\cdot\bar{n}_i^*$$

mit einem Faktor $\sigma(u^1, u^2)$ zu neuen Formen n_i^*, $\bar{n}_i^*$ über, so sind die Gleichungen

$$(156)\qquad \bar{q}_2 - q_1 = 0\,,$$

$$(157)\qquad \Delta_2 S = 0$$

invariant gegenüber (155). *Man zeige, daß* (156) *die kennzeichnende Bedingung dafür ist, daß das Netz der Nullinien*

$$\sum_i n_i\, du^i = 0\,; \qquad \sum_i \bar{n}_i\, du^i = 0$$

im Sinne des § 72 *zu dem Netz der Kurven*

$$\sum_i (n_i + \bar{n}_i)\, du^i = 0\,; \qquad \sum_i (n_i - \bar{n}_i)\, du^i = 0$$

diagonal ist.

2. Bei einem allgemeinen Kugelsystem gibt es zu jeder Stelle zwei Fortschreitungsrichtungen $du^1 : du^2$, für die die zugehörigen Linienelemente auf den beiden Hüllmänteln auf einem und demselben Kreise liegen. Sie ergeben sich aus (23), wenn man für $\alpha : \bar{\alpha}$ die beiden Lösungen von

$$\alpha^2 (\mathfrak{A}\,\bar{B} - \mathfrak{B}\,\bar{A}) + \alpha\,\bar{\alpha}\,(\bar{A}\,B - A\,\bar{B}) + \bar{\alpha}^2 (\mathfrak{B}\,A - \mathfrak{A}\,B) = 0$$

einsetzt. Man nennt sie nach *Darboux* die *Hauptrichtungen des Kugelsystems.*

3. Benutzen wir die flächentheoretischen Formeln des VII. Kapitels, so ist durch

$$\mathfrak{t} = \mathfrak{x} + \varrho(u^1, u^2)\,\mathfrak{a}$$

mit einer beliebigen Funktion ϱ das allgemeinste Kugelsystem $\mathfrak{t}(u^1, u^2)$ gegeben, das $\mathfrak{a}$ als die eine Hüllfläche hat. Man zeige: Bei gegebener Fläche $\mathfrak{a}$ erhält man für $\mathfrak{t}$ ein R-Kugelsystem, wenn $\varrho^2 \neq 1$ und wenn

$$(1-\varrho^2)\,[\varrho_{12} + \varrho_{21} + q\,\varrho_1 + \bar{q}\,\varrho_2 + 2\,\varrho\,(\bar{q}_2 + q_1 + 4\,q\,\bar{q}) + 4\,\mathfrak{B}]$$
$$+ 4\,\varrho\,\varrho_1\,\varrho_2 + 2\,q\,\varrho_1\,(1-\varrho)^2 + 2\,\bar{q}\,\varrho_2\,(1+\varrho)^2 = 0$$

ist, wobei die q, $\bar{q}$, $\mathfrak{B}$ und die invarianten Ableitungen nach § 70 definiert sind.

4. Man zeige unter Zuhilfenahme der im § 15 abgeleiteten Formeln für gerichtete Winkel, daß bei den Kugelsystemen mit (77) A die Hüllflächen bzw. ihre sphärischen Bilder *gleichsinnig winkeltreu* aufeinander bezogen sind, in den Fällen (77) B und C aber *gegensinnig*. Im Fall *Möbius* nennen wir dabei die Abbildung der Hüllmäntel gleichsinnig, wenn das auf der Kugel $\mathfrak{x}$ gelegene, von $\mathfrak{a}$ ausstrahlende Linienelementbüschel $\mathfrak{a} + d\mathfrak{a}$ dem gleichfalls auf $\mathfrak{x}$ gelegenen Büschel $\mathfrak{b} + d\mathfrak{b}$ im Sinne des § 8 gleichsinnig zugeordnet ist.

5. In den Formeln der bewegungsgeometrischen Flächentheorie des § 79 sind die geodätischen Linien die durch

$$\alpha\,\bar{\alpha}_\alpha - \bar{\alpha}\,\alpha_{\bar{\alpha}} = \alpha\,\bar{q} + \bar{\alpha}\,q$$

gegebenen Flächenkurven.

6. Die Gleichung (119a) des § 80 läßt sich mittels (154) in der bekannten *Weingarten*schen Form

$$\Delta_2 p + 2\,p + R_1 + R_2 = 0$$

schreiben.

7. Das Variationsproblem für Flächen, dessen Extremalen die M-Minimalflächen sind, schreibt sich [auf Grund von § 74, Aufg. 21] in Bewegungsinvarianten in der Form

$$\delta \iint \left(\frac{1}{R_1} - \frac{1}{R_2}\right)^2 dF = 0\,, \tag{158}$$

wo dF das Element der Oberfläche ist, das zu den L-Minimalflächen gehörige Problem ist aber

$$\delta \iint (R_1 - R_2)^2\, d\Omega = 0\,,$$

wo $d\Omega$ das Element der Oberfläche des sphärischen Bildes ist. Die Differentialgleichungen der M- und L-Minimalflächen sind in Bewegungsinvarianten und *Beltrami*schen Differentiatoren (154) geschrieben

$$\Delta_2 \left(\frac{1}{R_1} + \frac{1}{R_2}\right) = -\frac{1}{2}\left(\frac{1}{R_1} + \frac{1}{R_2}\right)\left(\frac{1}{R_1} - \frac{1}{R_2}\right)^2 \quad \text{[\textit{W. Schadow} 1923]}$$

und

$$\Delta_2 (R_1 + R_2) = 0\,. \quad \text{[\textit{J. Weingarten} 1888.]}$$

8. Das Problem (158) läßt sich in den unnormierten pentasphärischen Koordinaten $\mathfrak{a}$ des Flächenpunktes in der Form

$$\delta \iint \frac{4\,|\mathfrak{a}, \mathfrak{a}_u, \mathfrak{a}_v, \mathfrak{a}_{uu}, \mathfrak{a}_{uv}| \cdot |\mathfrak{a}, \mathfrak{a}_u, \mathfrak{a}_v, \mathfrak{a}_{uv}, \mathfrak{a}_{vv}| - |\mathfrak{a}, \mathfrak{a}_u, \mathfrak{a}_v, \mathfrak{a}_{uu}, \mathfrak{a}_{vv}|^2}{[(\mathfrak{a}_u\,\mathfrak{a}_u)(\mathfrak{a}_v\,\mathfrak{a}_v) - (\mathfrak{a}_u\,\mathfrak{a}_v)^2]^{5/2}}\, du\, dv = 0 \tag{159}$$

schreiben. Man führe mittels (159) den im § 82 noch beiseite gelassenen Beweis, daß die M-Minimalflächen die einzigen Extremalen dieses einfachsten Möbiusinvarianten Variationsproblems für Flächen sind.

9. Die *Bonnet*schen Koordinaten w', u', v' der zweiten Hüllfläche $\mathfrak{b}$ des Mittenkugelsystems der Fläche $w(u, v)$ sind durch

$$(160)\qquad u' = u - \frac{w_{vv}}{w_{uvv}}; \qquad v' = v - \frac{w_{uu}}{w_{uuv}},$$

$$(161)\qquad w' = (w - u\,w_u - v\,w_v + u\,v\,w_{uv}) + u'(w_u - v\,w_{uv}) + v'(w_v - u\,w_{uv}) + u'\,v'\,w_{uv}$$

gegeben.

Für die Invariante $\mathfrak{H}$ gilt in *Bonnets* Koordinaten

$$\mathfrak{H} = \frac{4\,w_{uuvv}}{(w_{uu}\,w_{vv})^{3/2}}.$$

[*W. Blaschke* 1924.]

10. Für die zweite Hüllfläche $\mathfrak{b}$ der L-Minimalflächen gilt nach (148), (160)

$$(162)\qquad u' = -\frac{V_2''}{V_1''}; \qquad v' = -\frac{U_2''}{U_1''}.$$

Daraus leite man ab: Die einzigen Flächen, bei denen alle Mittenkugeln die feste gerichtete Ebene $u' = v' = w' = 0$ berühren, sind die besonderen L-Minimalflächen mit der Gleichung

$$w = U_1\,v + V_1\,u.$$

Stellen wir an die *L-Minimalflächen* die bewegungsgeometrische Forderung, daß *die beiden Hüllflächen* $\mathfrak{a}$ *und* $\mathfrak{b}$ *gegensinnig parallel* sein sollen, so muß in (160) $u' = -1:v$ und $v' = -1:u$ sein. Diese Bedingung führt auf die Flächen

$$(163)\qquad w = (1 + u\,v)(\tilde U' + \tilde V') - 2(\tilde U\,v + \tilde V\,u) + c\,u\,v$$

mit Funktionen $\tilde U$, $\tilde V$ von u, bzw. v allein und einer Konstanten c.

Weil in (141) X_0 gleich dem Radius $^1/_2\,(R_1 + R_2)$ der Mittenkugel ist, kann man, indem man die Funktion w aus (163) in den Ausdruck (141) für X_0 einsetzt, leicht einsehen, daß (163) mit der Gleichung äquivalent ist

$$(164)\qquad -(R_1 + R_2) = c.$$

Diese Flächen sind aber nichts anderes als die *Parallelflächen der Minimalflächen der Bewegungsgeometrie*, und für $c = 0$ die Minimalflächen selbst. [*W. Blaschke* 1924.]

11. Die einzigen *L-Minimaldrehflächen* sind die Flächen mit der Meridiankurve

$$\sqrt{\xi^2 \pm \eta^2} = \frac{a\,e^{4t} \pm 2(a - b)\,t\,e^{2t} + d\,e^{2t} + b}{e^t(1 + e^{2t})},$$

$$\zeta = -2\,\frac{a\,t\,e^{2t} + h\,e^{2t} + b\,t + k}{1 + e^{2t}},$$

wobei ξ, η, ζ kartesische Koordinaten sind, a, b, d, h, k Konstante und t der Kurvenparameter. [*K. König:* Mitt. Math. Ges. Hamburg 1926.]

Man zeige weiter: Die L-Minimalflächen, bei denen sich die Mittenkugeln in ∞^1 Kugelscharen anordnen lassen, deren jede von einem gerichteten Drehkegel umhüllt wird, sind durch die Gleichungen $\mathfrak{H} = \mathfrak{B} = \mathfrak{S} = 0$ gekennzeichnet. Man gebe die explizite Darstellung dieser Flächen. [*K. König:* a. a. O.]

12. Die Flächen, deren Mittenkugeln alle die feste gerichtete Kugel $w = 0$ berühren, sind nach (160), (161) durch

$$w = U \cdot V$$

gegeben.

13. Unter den Voraussetzungen und in der Ausdrucksweise der komplexen Differentialgeometrie kann man für die L-Minimalflächen die folgende imaginäre Konstruktion angeben: Man nimmt zwei beliebige isotrope Torsen $\mathfrak{T}_1$, $\mathfrak{T}_2$ an und auf jeder von ihnen eine nichtisotrope Kurve C_1 und C_2. Verbindet man nun einen beliebigen Punkt P_1 von C_1 mit einem beliebigen Punkt P_2 von C_2, und legt durch die Mitte der Sehne $\{P_1 P_2\}$ eine Gerade, die der Schnittgeraden der zu P_1 und P_2 gehörenden Tangentenebenen der Torsen parallel ist, so erhält man, dieses Verfahren auf beliebige Punktepaare P_1 und P_2 von C_1 und C_2 anwendend, das Normalensystem einer L-Minimalfläche. [*De Montcheuil:* Bull. math. de France, Bd. 26, S. 102—114. 1898. In dieser Arbeit treten die L-Minimalflächen zum erstenmal auf.]

14. Nennt man die Hüllfläche der Symmetrieebenen entsprechender Hauptkrümmungsmittelpunkte einer Fläche ihre Mittenevolute, so gilt:

Ist die Ausgangsfläche eine L-Minimalfläche, so ist die Mittenevolute eine gewöhnliche Minimalfläche und umgekehrt. Dabei muß man allerdings den Ausnahmefall derjenigen L-Minimalflächen ausschließen, bei denen die Symmetrieebenen der Hauptkrümmungsmittelpunkte alle durch einen festen Punkt gehen, die Mittenevolute also auf einen Punkt zusammenschrumpft. [*K. Kommerell:* Math. Ann. Bd. 70, S. 143—160. 1911.]

Wir gehen jetzt zu einer zusammenhängenden größeren Aufgabe über:

15. Bisher haben wir die Kugelsysteme nur mit Formeln untersucht, die ihnen für den Gebrauch der Möbius- und Laguerre-Geometrie zukommen. Will man die *Lie-Geometrie der Kugelsysteme* systematisch entwickeln, so darf man den absoluten Komplex $\mathfrak{p}$ nicht verwenden[1]).

a) Man kann dann für das Kugelsystem $\mathfrak{x}(u^1, u^2)$ $(\mathfrak{x}\mathfrak{x} = 0)$ die Form

$$(165) \qquad \langle d\mathfrak{x}\, d\mathfrak{x}\rangle = \sum_{i,k} g_{ik}\, du^i\, du^k$$

definieren, wo zunächst aber weder $\mathfrak{x}$ noch die g_{ik} normiert sind, da man $\mathfrak{x}$ jetzt nicht mehr durch $\langle \mathfrak{x}\mathfrak{p}\rangle = 1$ an dem absoluten Komplex $\mathfrak{p}$ normieren kann.

b) Bildet man unter der Voraussetzung, daß die Form (165) positiv definit ist, die g^{ik} nach § 69 (48), so kann man aus den Gleichungen

$$\langle \mathfrak{v}\,\mathfrak{v}\rangle = \langle \mathfrak{v}\,\mathfrak{x}\rangle = \left\langle \mathfrak{v}\,\frac{\partial \mathfrak{x}}{\partial u^i}\right\rangle = \left\langle \mathfrak{v}, \sum_{ik} g^{ik}\,\frac{\partial^2 \mathfrak{x}}{\partial u^i\, \partial u^k}\right\rangle = 0$$

als die beiden Lösungen $\mathfrak{w}$, $\tilde{\mathfrak{w}}$ für $\mathfrak{v}$ zwei unnormierte Kugeln $\mathfrak{w}$ und $\tilde{\mathfrak{w}}$ bestimmen. Man zeige: Die Flächenelemente $\{\mathfrak{x}\,\mathfrak{w}\}$ und $\{\mathfrak{x}\,\tilde{\mathfrak{w}}\}$ beschreiben die *Hüllflächen des Kugelsystems* und $\mathfrak{w}$ ist die Kugel, die mit $\mathfrak{x}$ zusammen in dem Büschel der $\{\mathfrak{x}\,\mathfrak{w}\}$ berührenden Kugeln das Paar der Krümmungskugeln harmonisch trennt, und die analoge Bedeutung kommt $\tilde{\mathfrak{w}}$ für die andere Hüllfläche zu.

c) Setzt man

$$\left\langle \mathfrak{w}\,\frac{\partial^2 \mathfrak{x}}{\partial u^i\, \partial u^k}\right\rangle = d_{ik}; \qquad \left\langle \tilde{\mathfrak{w}}\,\frac{\partial^2 \mathfrak{x}}{\partial u^i\, \partial u^k}\right\rangle = \tilde{d}_{ik},$$

$$d = |d_{ik}|; \qquad \tilde{d} = |\tilde{d}_{ik}|,$$

[1]) Zu den Ausführungen der Aufg. 15 a) bis h) vgl. *G. Thomsen:* „Über eine gemeinsame Behandlungsweise ...“ Math. Z. 1924.

so gilt für reelle Hüllflächen

$$d < 0\,; \qquad \tilde{d} < 0\,,$$

und man kann die Normierungen der drei Kugeln $\mathfrak{x}$, $\mathfrak{w}$, $\tilde{\mathfrak{w}}$ durch die drei Forderungen

$$\langle \mathfrak{w}\,\tilde{\mathfrak{w}} \rangle = 1\,; \qquad d = -g\,; \qquad \tilde{d} = -g$$

bis auf Einheitswurzelfaktoren gleichzeitig festlegen. Bei Verwendung dieser Normierung sind die Krümmungskugeln der Hüllflächen durch

$$\mathfrak{x} \pm \mathfrak{w}\,; \qquad \mathfrak{x} \pm \tilde{\mathfrak{w}}$$

gegeben.

d) Bildet man mit dem normierten $\mathfrak{x}$ die normierte Form (**165**), so kann man aus (**151** a) wieder Linearformen n_i, n_i bestimmen, die man am besten wieder in einem Freiheitsgrad (**13**) willkürlich läßt. Bildet man dann die invarianten Ableitungen $\mathfrak{x}_1$ und $\mathfrak{x}_2$, so kann man zu $\mathfrak{x}$, $\mathfrak{x}_1$, $\mathfrak{x}_2$, $\mathfrak{w}$ und $\tilde{\mathfrak{w}}$ noch als sechsten Grundvektor die normierte Kugel $\mathfrak{z}$ hinzunehmen, die durch

$$\mathfrak{z}\,\mathfrak{z} = \mathfrak{z}\,\mathfrak{x}_1 = \mathfrak{z}\,\mathfrak{x}_2 = \mathfrak{z}\,\mathfrak{w} = \mathfrak{z}\,\tilde{\mathfrak{w}} = 0\,; \qquad \mathfrak{z}\,\mathfrak{x} = 1$$

bestimmt ist. Man stelle für diese Grundvektoren das vollständige System der Grundformeln der *Lie*schen Theorie der Kugelsysteme auf.

e) Verwendet man ein beliebiges schiefsymmetrisches Größensystem e^{ik} ($e^{ik} + e^{ki} = 0$), so ergeben sich die *Krümmungslinien der Hüllflächen* als Nullinien der Formen

$$\text{(166)} \qquad \begin{cases} \sum\limits_{i,k,r,s} e^{ik}\, g_{is}\, d_{kr}\, du^s\, du^r = 0\,, \\ \sum\limits_{i,k,r,s} e^{ik}\, g_{is}\, \tilde{d}_{kr}\, du^s\, du^r = 0\,. \end{cases}$$

Das Doppelverhältnis D der vier zu den Krümmungslinien gehörigen Fortschreitungsrichtungen, das die einzige absolute Invariante zweiter Ordnung darstellt, ist durch

$$\left(\frac{1+D}{1-D}\right)^2 = \sum_{i,k,r,s} e^{ik}\, e^{rs}\, d_{ir}\, \tilde{d}_{ks}$$

gegeben. Man zeige: *In dritter Ordnung* kommen zu dieser Invariante zweiter Ordnung weitere *sechs unabhängige Liegeometrische Invarianten eines Kugelsystems* hinzu.

f) Für die normierten $\mathfrak{w}$, $\mathfrak{w}$ sind die durch

$$\mathfrak{w} + \tilde{\mathfrak{w}}\,; \qquad \mathfrak{w} - \tilde{\mathfrak{w}}$$

gegebenen Kugelkomplexe die *Hauptkomplexe des Kugelsystems*. Sie sind dadurch gekennzeichnet, daß sie die Kugel $\mathfrak{x}$ sowie alle Nachbarkugeln erster Ordnung des Systems enthalten, und daß immer je eine Krümmungskugel der einen Hüllfläche und eine Krümmungskugel der anderen Hüllfläche zu diesen Komplexen spiegelbildlich liegen.

g) In einem allgemeinen Kugelsystem gibt es nur *fünf Fortschreitungsrichtungen*, in denen man vier konsekutive einer und derselben *Dupin*schen Zyklide angehörende Systemkugeln antreffen kann. Nur bei den R-Kugelsystemen gibt es in jeder Richtung solche das Kugelsystem *hyperoskulierende Zykliden*.

h) Die Grundformeln der *projektiven Geometrie der Strahlensysteme* weichen von denen der Kugelsysteme nach § **54** nur unwesentlich ab, wenn man das Strahlensystem in den sechs Linienkoordinaten $\mathfrak{x}(u^1, u^2)$ darstellt. Sollen nach Nr. **b)** dieser Aufgabe **15** durch $\{\mathfrak{x}\,\mathfrak{w}\}$, $\{\mathfrak{x}\,\tilde{\mathfrak{w}}\}$ zwei reelle Hüll- oder Brennflächen des Strahlensystems gegeben sein, so hat man hier nur $g < 0$ vorauszusetzen. Die Nullscharen von (**165**) sind dann die Torsen des Strahlensystems. Die Geraden $\mathfrak{w}$

und $\tilde{\mathfrak{w}}$ sind jetzt Tangenten der Hüllflächen, die mit dem Systemstrahl $\mathfrak{x}$ zusammen das Paar der Tangenten an die Asymptotenlinien (166) harmonisch trennen. Den *R*-Kugelsystemen entsprechen die sog. *W*-Strahlensysteme, auf deren Brennflächen sich die Asymptotenlinien entsprechen.

j) Verwendet man Linienkoordinaten und führt in den Formeln nach § 66, Aufgabe 5 und 8 ein absolutes Vektorbündel $\mathfrak{a}^{\varrho}$ (die uneigentliche Ebene) mit, so kann man auch die *affine Geometrie der Strahlensysteme* $\mathfrak{x}(u^1, u^2)$ behandeln. Normiert man den Strahl des Systems nach

$$(167)\qquad \hat{\mathfrak{x}} = \mathfrak{x}\cdot\frac{\sqrt{\langle\mathfrak{x}_u\,\mathfrak{x}_u\rangle\langle\mathfrak{x}_v\,\mathfrak{x}_v\rangle - \langle\mathfrak{x}_u\,\mathfrak{x}_v\rangle^2}}{|\,\mathfrak{x}\,\mathfrak{x}_u\,\mathfrak{x}_v\,\mathfrak{a}^{\mathrm{I}}\,\mathfrak{a}^{\mathrm{II}}\,\mathfrak{a}^{\mathrm{III}}\,|},$$

so ist

$$(168)\qquad \langle d\hat{\mathfrak{x}}\; d\hat{\mathfrak{x}}\rangle$$

die gegenüber inhaltstreuen Affinitäten invariant-normierte quadratische Form der Torsen des Strahlensystems. Nimmt man die invariante kubische Form

$$(169)\qquad \sum_{i,k,l} \left|\,\hat{\mathfrak{x}},\ \frac{\partial\hat{\mathfrak{x}}}{\partial u^l},\ \hat{\mathfrak{x}}_{[i,k]},\ \mathfrak{a}^{\mathrm{I}},\ \mathfrak{a}^{\mathrm{II}},\ \mathfrak{a}^{\mathrm{III}}\,\right| du^i\, du^k\, du^l$$

hinzu, wobei die $\hat{\mathfrak{x}}_{[i,k]}$ die zweiten kovarianten Ableitungen [vgl. (154a) und Bd. II, § 56] von $\hat{\mathfrak{x}}$ bezüglich der Form (168) sind, so ist das Strahlensystem durch Angabe der Formen (168) und (169) bis auf inhaltstreue Affinitäten festgelegt. Man deute die Nullinien von (169) geometrisch und zeige ferner: Es existieren bis zu zweiten Ableitungen in dem Systemstrahl genau drei unabhängige, absolute Invarianten eines Strahlensystems gegenüber den inhaltstreuen Affinitäten. Diese drei Invarianten sind die Simultaninvarianten der Formen (168) und (169). [*G. Thomsen*, Hamburg 1925. Vgl. hierzu und zu dem Folgenden auch die Arbeit von *W. Haack*. Wiener Monatshefte Bd. XXXVI.]

k) Zwei wichtige Begriffe der Affingeometrie der Strahlensysteme sind die der *Mittenfläche* und des *Krümmungsbildes*. Nimmt man auf jedem Strahl den Mittelpunkt der Strecke zwischen den Brennpunkten (d. h. den Punkten der Hüllflächen), so erfüllen diese Punkte die *Mittenfläche*. Trägt man von einem festen Ursprung aus die Vektoren ab, die bei den einzelnen Strahlen des Systems durch die Strecken zwischen den Brennpunkten gegeben sind, so erfüllen die Endpunkte dieser Vektoren eine Fläche, das *affine Krümmungsbild des Strahlensystems*.

l) Die geradlinigen Flächen eines Strahlensystems, die den Nullscharen der kubischen Form (169) entsprechen, lassen sich folgendermaßen geometrisch deuten: Man lege durch den Systemstrahl $\mathfrak{x}$ alle möglichen geradlinigen Flächen des Systems und konstruiere zu jeder von diesen die Affinnormale [vgl. Bd. II § 40 oder auch in diesem Band § 96, Aufg. 9] im Schnittpunkt von $\mathfrak{x}$ mit der Mittenfläche. Dann gibt es gerade drei Fortschreitungsrichtungen von $\mathfrak{x}$ aus, für die die Affinnormalen der zu diesen drei Richtungen gehörigen geradlinigen Flächen in der Tangentenebene der Mittenfläche liegen. Bestimmt man jetzt zu jeder dieser drei Richtungen die vierte harmonische bezüglich der Torsenrichtungen, so bekommt man die Nullrichtungen der Form (169). [*W. Haack*, Hamburg 1927, a. a. O.]

9. Kapitel.

Flächen und Zyklidensysteme in der Geometrie von *Lie*[1]).

§ 84. Die *Lie*sche Zyklide einer Fläche.

Wenn wir die Flächentheorie für die Geometrie von *Lie* systematisch entwickeln wollen, dann dürfen wir nicht, wie im 7. Kap., einen absoluten Komplex $\mathfrak{p}$ in unseren Formeln mitführen. Die Flächentheorie des 7. Kap. war den Bedürfnissen der Möbius- und Laguerre-Geometrie angepaßt. Für die Zwecke der Liegeometrischen Flächentheorie wollen wir uns jetzt einen neuen Formelapparat verschaffen. Wir gehen wieder von den im § 57 abgeleiteten Formeln aus, und denken uns die gerichtete Fläche durch zwei berührende Kugelsysteme $\mathfrak{z}^{\alpha}(u, v)$ $(\alpha = \text{I}, \text{II})$ festgelegt. Setzen wir hier $\mathfrak{z}^{\text{I}} = \mathfrak{y}$ und $\mathfrak{z}^{\text{II}} = \bar{\mathfrak{y}}$, so müssen nach § 57 (80) für die Funktionen $\mathfrak{y}(u, v)$, $\bar{\mathfrak{y}}(u, v)$ identisch in u, v die Gleichungen

$$\mathfrak{y}\,\mathfrak{y} = \mathfrak{y}\,\bar{\mathfrak{y}} = \bar{\mathfrak{y}}\,\bar{\mathfrak{y}} = 0 \tag{1}$$

und weiter nach § 57 (84) noch die Streifenbedingungen

$$\mathfrak{y}\,\bar{\mathfrak{y}}_u = \mathfrak{y}\,\bar{\mathfrak{y}}_v = 0 \qquad [\mathfrak{y}_u \bar{\mathfrak{y}} = \mathfrak{y}_v \bar{\mathfrak{y}} = 0] \tag{2}$$

erfüllt sein. Denken wir uns die Fläche nun auf die Parameter der *Krümmungsstreifen* $u = \text{const}$, $v = \text{const}$ bezogen und nehmen an, daß die $\mathfrak{y}$ die *Krümmungskugeln* der Streifen $u = \text{const}$, die $\bar{\mathfrak{y}}$ aber die Krümmungskugeln der Streifen $v = \text{const}$ sind, so gelten nach § 58 (91) Linearkombinationen:

$$\left\{\begin{aligned} \mathfrak{y}_v &= \varrho\,\mathfrak{y} + \sigma\,\bar{\mathfrak{y}}, \\ \bar{\mathfrak{y}}_u &= \bar{\varrho}\,\bar{\mathfrak{y}} + \bar{\sigma}\,\mathfrak{y}. \end{aligned}\right. \tag{3}$$

Dabei müssen wir natürlich voraussetzen, daß die Fläche in dem betrachteten Bereich *keine Nabelpunkte* besitzt. Nach § 58 (108) be-

[1]) Zu der in diesem Kapitel gegebenen Behandlung der Flächen und Zyklidensysteme vgl. *G. Thomsen:* „Über eine liniengeometrische . . .“ Hamb. Abh. 1925. In dieser Arbeit sind die Methoden unseres Kapitels statt für die Kugelgeometrie für die entsprechenden Probleme der Liniengeometrie verwendet worden.

stehen für eine auf Krümmungsstreifen bezogene Fläche $\mathfrak{z}^\alpha(u, v)$ notwendig die Bedingungen

(4) $$\langle \mathfrak{z}_u^\alpha \mathfrak{z}_v^\beta \rangle = 0 .$$

Setzen wir $\alpha = \mathrm{I}$, $\beta = \mathrm{II}$, so folgt in unseren Bezeichnungen $\mathfrak{y}$, $\bar{\mathfrak{y}}$:

(5) $$\mathfrak{y}_u \bar{\mathfrak{y}}_v = 0 .$$

Da nach (3) und (1), (2) ferner gilt

$$\mathfrak{y}_u \bar{\mathfrak{y}}_u = \mathfrak{y}_v \bar{\mathfrak{y}}_v = \mathfrak{y}_v \bar{\mathfrak{y}}_u = 0 ,$$

ist für alle Fortschreitungsrichtungen d auf der Fläche die Gleichung

(6) $$\langle d\mathfrak{y}\, d\bar{\mathfrak{y}} \rangle = 0$$

identisch erfüllt. Da nach (2) gilt $\langle \mathfrak{y}\, d\bar{\mathfrak{y}} \rangle = \langle \bar{\mathfrak{y}}\, d\mathfrak{y} \rangle = 0$, können wir statt (6) auch

(7) $$\langle \mathfrak{y}\, d^2\bar{\mathfrak{y}} \rangle = 0 \qquad \text{oder} \qquad \langle d^2\mathfrak{y}, \bar{\mathfrak{y}} \rangle = 0$$

schreiben. Es gilt somit für die beiden Systeme von Krümmungskugeln der Satz: *Eine Krümmungskugel des einen Systems berührt nicht nur die zu ihrem Berührungspunkt gehörige Krümmungskugel des anderen Systems, sondern auch noch alle zu dieser in zweiter Ordnung benachbarten Krümmungskugeln des anderen Systems.*

Ist in (3) $\sigma = 0$ (oder $\bar{\sigma} = 0$), so ist die Fläche eine *Kanalfläche* [vgl. § 71 Schluß], denn es ist dann die Krümmungskugel $\mathfrak{y}$ (oder $\bar{\mathfrak{y}}$) längs ihrer ganzen Krümmungslinie konstant.

Im folgenden schließen wir diesen Fall aus und nehmen an:

(8) $$\sigma \neq 0 ; \qquad \bar{\sigma} \neq 0 .$$

Dann sind die Krümmungskugelsysteme $\mathfrak{y}(u, v)$ und $\bar{\mathfrak{y}}(u, v)$ wirklich zweidimensionale Kugelsysteme, und zwar solche von der im § 75 (6) angegebenen Art. Aus dem dort als positiv semidefinit erkannten Charakter der Form $\langle d\mathfrak{y}\, d\mathfrak{y} \rangle$ resp. $\langle d\bar{\mathfrak{y}}\, d\bar{\mathfrak{y}} \rangle$ eines Krümmungskugelsystems folgt dann, weil nach (1) (2) (3)

(9) $$\langle \mathfrak{y}_u \mathfrak{y}_v \rangle = \langle \mathfrak{y}_v \mathfrak{y}_v \rangle = \langle \bar{\mathfrak{y}}_u \bar{\mathfrak{y}}_u \rangle = \langle \bar{\mathfrak{y}}_v \bar{\mathfrak{y}}_u \rangle = 0$$

gilt:

(10) $$\langle \mathfrak{y}_u \mathfrak{y}_u \rangle > 0 ; \qquad \langle \bar{\mathfrak{y}}_v \bar{\mathfrak{y}}_v \rangle > 0 .$$

Durch Ableitung von (3) und nachheriger weiterer Berücksichtigung von (3) ergeben sich Linearkombinationen der Form

(11) $$\begin{cases} \mathfrak{y}_{uv} = (\cdots)\mathfrak{y} + (\cdots)\bar{\mathfrak{y}} + (\cdots)\mathfrak{y}_u , \\ \bar{\mathfrak{y}}_{uv} = (\cdots)\bar{\mathfrak{y}} + (\cdots)\mathfrak{y} + (\cdots)\bar{\mathfrak{y}}_v , \end{cases}$$

(12) $$\mathfrak{y}_{uuv} = (\cdots)\mathfrak{y} + (\cdots)\bar{\mathfrak{y}} + (\cdots)\mathfrak{y}_u + (\cdots)\mathfrak{y}_{uu} ,$$

wo wir die in den Klammern stehenden Koeffizienten nicht im einzelnen berechnen wollen.

Leiten wir nun (5) ab

$$\mathfrak{y}_{uu}\bar{\mathfrak{y}}_v + \mathfrak{y}_u\bar{\mathfrak{y}}_{uv} = 0; \qquad \mathfrak{y}_{uv}\bar{\mathfrak{y}}_v + \mathfrak{y}_u\bar{\mathfrak{y}}_{vv} = 0,$$

so folgt aus (11) und (2), (5) $\mathfrak{y}_{uv}\bar{\mathfrak{y}}_v = \mathfrak{y}_u\bar{\mathfrak{y}}_{uv} = 0$ und somit auch

$$\mathfrak{y}_{uu}\bar{\mathfrak{y}}_v = 0; \qquad \bar{\mathfrak{y}}_{vv}\mathfrak{y}_u = 0. \tag{13}$$

Leiten wir weiter $\mathfrak{y}_{uu}\bar{\mathfrak{y}}_v = 0$ ab, so haben wir

$$\mathfrak{y}_{uuv}\bar{\mathfrak{y}}_v + \mathfrak{y}_{uu}\bar{\mathfrak{y}}_{vv} = 0.$$

Aus (12) folgt dann mittels (2), (5) und (13) $\mathfrak{y}_{uuv}\bar{\mathfrak{y}}_v = 0$ und somit auch

$$\mathfrak{y}_{uu}\bar{\mathfrak{y}}_{vv} = 0. \tag{14}$$

Nach (1), (2), (5), (13) *und* (14) *verschwinden also die sämtlichen skalaren Produkte der drei Vektoren* $\mathfrak{y}$, $\mathfrak{y}_u$ *und* $\mathfrak{y}_{uu}$ *einerseits mit den drei Vektoren* $\bar{\mathfrak{y}}$, $\bar{\mathfrak{y}}_v$ *und* $\bar{\mathfrak{y}}_{vv}$ *andererseits.* Dem entspricht folgender geometrischer Sachverhalt: Nehmen wir drei konsekutive Krümmungskugeln $\mathfrak{y}$, und zwar nicht längs der zu ihnen gehörenden v-Krümmungslinie $u = \text{const}$, längs derer sie sich nach (9) konsekutiv berühren, sondern längs der anderen Krümmungslinie $v = \text{const}$, so bestimmen diese drei Kugeln nach § 55 eine Zyklide von *Dupin* als die Hüllfläche aller ∞^1 Kugeln, die diese drei konsekutiven Krümmungskugeln gleichzeitig berühren. Diese Zyklide ist analytisch durch das Komplexbündel dargestellt (vgl. § 56), das von den drei Vektoren $\mathfrak{y}$, $\mathfrak{y}_u$, $\mathfrak{y}_{uu}$ aufgespannt wird. Nun ist das Komplexbündel $\{\bar{\mathfrak{y}}, \bar{\mathfrak{y}}_v, \bar{\mathfrak{y}}_{vv}\}$ nach dem eben ausgesprochenen Satze aber das zu $\{\mathfrak{y}, \mathfrak{y}_u, \mathfrak{y}_{uu}\}$ konjugierte Komplexbündel (§ 56). Daher gelangt man zu ganz derselben Zyklide, wenn man von drei konsekutiven Krümmungskugeln $\bar{\mathfrak{y}}$ des zweiten Systems längs der anderen Krümmungslinie $u = \text{const}$ ausgeht. Diese ausgezeichnete, mit einem Flächenpunkt Lieinvariant verbundene Zyklide ist die *Zyklide von Lie*[1]). Es gilt für sie also: *Nehmen wir längs einer jeden der beiden Krümmungslinien das Tripel der dieser Krümmungslinie nicht zugehörenden drei konsekutiven Krümmungskugeln, so bestimmen diese beiden Tripel die beiden erzeugenden Kugelscharen der Zyklide von Lie.*

In unseren Formeln (3) haben wir zweierlei zu berücksichtigen: Erstens, daß die beiden Krümmungskugeln in ihrer Normierung noch

---

[1]) Wir benennen diese Zyklide nach *Sophus Lie*, weil dieser ihr Gegenstück in der projektiven Flächentheorie, die *Lie*-F_2 entdeckt hat. [*Lie, S.:* Gesammelte Abhandlungen Bd. 3, S. 718. 1922 (Brief an *Klein*). Vgl. auch § 90 dieses Buches und § 81 des zweiten Bandes.]

nicht festgelegt sind und zweitens, daß die Parameter nur bis auf die Skalentransformationen

$$u = f(u^*), \qquad v = \bar{f}(v^*) \tag{15}$$

der Krümmungsstreifen bestimmt sind. Bei einer Substitution (15) geht (3) über in

$$\frac{\partial \mathfrak{y}}{\partial v^*} = \varrho \bar{f}' \mathfrak{y} + \sigma \bar{f}' \bar{\mathfrak{y}}; \qquad \frac{\partial \bar{\mathfrak{y}}}{\partial u^*} = \bar{\varrho} f' \bar{\mathfrak{y}} + \bar{\sigma} f' \mathfrak{y}. \tag{16}$$

Es transformieren sich also die in (3) als Halbinvarianten auftretenden Koeffizienten σ und σ nach

$$\sigma^* = \sigma \cdot \bar{f}'; \qquad \bar{\sigma}^* = \bar{\sigma} \cdot f'.$$

Da ferner für die Größen (10) gilt

$$\left\langle \frac{\partial \mathfrak{y}}{\partial u^*} \frac{\partial \mathfrak{y}}{\partial u^*} \right\rangle = f'^2 \cdot \langle \mathfrak{y}_u \mathfrak{y}_u \rangle; \qquad \left\langle \frac{\partial \bar{\mathfrak{y}}}{\partial v^*} \frac{\partial \bar{\mathfrak{y}}}{\partial v^*} \right\rangle = \bar{f}'^2 \langle \bar{\mathfrak{y}}_v \bar{\mathfrak{y}}_v \rangle$$

sind

$$\sigma^2 : \langle \bar{\mathfrak{y}}_v \bar{\mathfrak{y}}_v \rangle \quad \text{und} \quad \bar{\sigma}^2 : \langle \mathfrak{y}_u \mathfrak{y}_u \rangle \tag{17}$$

invariante Ausdrücke gegenüber den Parametersubstitutionen (15). Bei einer Umnormierung

$$\mathfrak{y} = \lambda \tilde{\mathfrak{y}}; \qquad \bar{\mathfrak{y}} = \bar{\lambda} \tilde{\bar{\mathfrak{y}}} \tag{18}$$

geht nun (16) über in

$$\tilde{\mathfrak{y}}_v = [\varrho - (\lg \lambda)_v] \tilde{\mathfrak{y}} + \sigma \frac{\bar{\lambda}}{\lambda} \tilde{\bar{\mathfrak{y}}}; \qquad \tilde{\bar{\mathfrak{y}}}_u = [\bar{\varrho} - (\lg \bar{\lambda})_u] \tilde{\bar{\mathfrak{y}}} + \bar{\sigma} \frac{\lambda}{\bar{\lambda}} \tilde{\mathfrak{y}}.$$

σ und $\bar{\sigma}$ transformieren sich also nach

$$\tilde{\sigma} = \sigma \frac{\bar{\lambda}}{\lambda}; \qquad \tilde{\bar{\sigma}} = \bar{\sigma} \frac{\lambda}{\bar{\lambda}}. \tag{19}$$

Ferner gilt bei der Umnormierung (18)

$$\mathfrak{y}_u \mathfrak{y}_u = \lambda^2 \langle \tilde{\mathfrak{y}}_u \tilde{\mathfrak{y}}_u \rangle; \qquad \bar{\mathfrak{y}}_v \bar{\mathfrak{y}}_v = \bar{\lambda}^2 \langle \tilde{\bar{\mathfrak{y}}}_v \tilde{\bar{\mathfrak{y}}}_v \rangle$$

und nach (19) somit für die parameterinvarianten Ausdrücke (17)

$$\frac{\sigma^2}{\langle \bar{\mathfrak{y}}_v \bar{\mathfrak{y}}_v \rangle} = \frac{\lambda^2}{\bar{\lambda}^4} \cdot \frac{\tilde{\sigma}^2}{\langle \tilde{\bar{\mathfrak{y}}}_v \tilde{\bar{\mathfrak{y}}}_v \rangle}; \qquad \frac{\bar{\sigma}^2}{\langle \mathfrak{y}_u \mathfrak{y}_u \rangle} = \frac{\bar{\lambda}^2}{\lambda^4} \cdot \frac{\tilde{\bar{\sigma}}^2}{\langle \tilde{\mathfrak{y}}_u \tilde{\mathfrak{y}}_u \rangle}.$$

Wir können daher

$$\hat{\mathfrak{y}} = \sqrt[6]{\frac{\sigma^2 \bar{\sigma}^4}{\langle \mathfrak{y}_u \mathfrak{y}_u \rangle^2 \langle \bar{\mathfrak{y}}_v \bar{\mathfrak{y}}_v \rangle}} \cdot \mathfrak{y}; \qquad \hat{\bar{\mathfrak{y}}} = \sqrt{\frac{\sigma^4 \bar{\sigma}^2}{\langle \bar{\mathfrak{y}}_v \bar{\mathfrak{y}}_v \rangle^2 \langle \mathfrak{y}_u \mathfrak{y}_u \rangle}} \cdot \bar{\mathfrak{y}} \tag{20}$$

setzen und dadurch zu normierten Vektoren $\hat{\mathfrak{y}}$, $\hat{\bar{\mathfrak{y}}}$ gelangen, die durch die Substitutionen (18) nicht mehr beeinflußt werden. Wenn wir $\hat{\mathfrak{y}}$, $\hat{\bar{\mathfrak{y}}}$ als reell voraussetzen, so sind diese Vektoren nach (20) bis auf je ein

Vorzeichen festgelegt. Verwenden wir von vornherein diese normierten $\mathfrak{y}$ und $\bar{\mathfrak{y}}$ und lassen wir für diese jetzt die Normierungszeichen $\wedge$ wieder weg, so müssen die zu ihnen gehörigen Radikanden in (20) beide gleich 1 sein. Da die Ausdrücke (17) reell sein müssen, ergeben sich dann Darstellungen (3), in denen

(21) $$\sigma^2 = \bar{\mathfrak{y}}_v \bar{\mathfrak{y}}_v \qquad \text{und} \qquad \bar{\sigma}^2 = \mathfrak{y}_u \mathfrak{y}_u$$

ist.

Für die normierten $\mathfrak{y}$, $\mathfrak{y}$ sind nun durch

(22) $$d\psi = \bar{\sigma}\, du\,; \qquad d\bar{\psi} = \sigma\, dv$$

zwei invariante Differentiale längs der beiden Krümmungslinien gegeben. Wir können dann mit den Größen

(23) $$\varphi = \bar{\sigma} \qquad \text{und} \qquad \bar{\varphi} = \sigma$$

ganz wie in den §§ 31 und 68 invariante Ableitungen bilden. Für

(24) $$\mathfrak{y}_1 = \frac{\mathfrak{y}_u}{\varphi} \qquad \text{und} \qquad \bar{\mathfrak{y}}_2 = \frac{\bar{\mathfrak{y}}_v}{\bar{\varphi}}$$

gilt dann

(25) $$\mathfrak{y}_1 \mathfrak{y}_1 = \bar{\mathfrak{y}}_2 \bar{\mathfrak{y}}_2 = 1\,.$$

Die Gleichungen (3) können wir dann nach Division durch σ bzw. $\bar{\sigma}$ unter Verwendung der neuen Bezeichnungen $\varrho : \sigma = a$ und $\varrho : \bar{\sigma} = \bar{a}$ in der invarianten Form

(26) $$\begin{aligned} \mathfrak{y}_2 &= a\,\mathfrak{y} + \bar{\mathfrak{y}}\,, \\ \bar{\mathfrak{y}}_1 &= \bar{a}\,\bar{\mathfrak{y}} + \mathfrak{y} \end{aligned}$$

schreiben. Nachdem wir jetzt die Umnormierungen der $\mathfrak{y}$, $\bar{\mathfrak{y}}$ und die Parametersubstitutionen (15) durch Einführung invarianter Normierungen und invarianter Ableitungen ausgeschaltet haben, können wir darangehen, für unsere Flächentheorie Grundvektoren zu bestimmen.

Die beiden konjugierten Vektorbündel der Zyklide von *Lie* können wir bei Verwendung der durch (23) definierten invarianten Ableitungen jetzt durch

(26a) $$\{\mathfrak{y}, \mathfrak{y}_1, \mathfrak{y}_{11}\} \qquad \text{resp.} \qquad \{\bar{\mathfrak{y}}, \bar{\mathfrak{y}}_2, \bar{\mathfrak{y}}_{22}\}$$

aufspannen. Die sechs Vektoren (26a) sind daher linear unabhängig. Wir wollen aber nun statt der $\mathfrak{y}_1$, $\mathfrak{y}_{11}$, $\bar{\mathfrak{y}}_2$, $\bar{\mathfrak{y}}_{22}$ als Grundvektoren lieber die folgenden Vektoren einführen

(27) $$\begin{cases} \mathfrak{t} = \mathfrak{y}_1 - 2\,\bar{a}\,\mathfrak{y}\,, \\ \bar{\mathfrak{t}} = \bar{\mathfrak{y}}_2 - 2\,a\,\bar{\mathfrak{y}}\,, \end{cases}$$

(28) $$\begin{cases} \mathfrak{q} = \mathfrak{t}_1 + \frac{1}{2}\langle \mathfrak{t}_1 \mathfrak{t}_1 \rangle\, \mathfrak{y}\,, \\ \bar{\mathfrak{q}} = \bar{\mathfrak{t}}_2 + \frac{1}{2}\langle \bar{\mathfrak{t}}_2 \bar{\mathfrak{t}}_2 \rangle\, \bar{\mathfrak{y}}\,, \end{cases}$$

für die wir im nächsten Abschnitt eine einfache geometrische Deutung angeben werden.

Für die sechs Vektoren $\mathfrak{y}$, $\bar{\mathfrak{y}}$, $\mathfrak{t}$, $\bar{\mathfrak{t}}$, $\mathfrak{q}$, $\bar{\mathfrak{q}}$ gilt dann die besonders einfache Tabelle der Skalarprodukte

(29)

	$\mathfrak{y}$	$\mathfrak{t}$	$\mathfrak{q}$	$\bar{\mathfrak{y}}$	$\bar{\mathfrak{t}}$	$\bar{\mathfrak{q}}$
$\mathfrak{y}$	0	0	-1	0	0	0
$\mathfrak{t}$	0	$+1$	0	0	0	0
$\mathfrak{q}$	-1	0	0	0	0	0
$\bar{\mathfrak{y}}$	0	0	0	0	0	-1
$\bar{\mathfrak{t}}$	0	0	0	0	$+1$	0
$\bar{\mathfrak{q}}$	0	0	0	-1	0	0

die man aus (25), (27), (28), aus den durch Ableitung von (25) mittels (28) folgenden Relationen $\langle \mathfrak{y}\, \mathfrak{t}_1 \rangle = \langle \bar{\mathfrak{y}}\, \bar{\mathfrak{t}}_2 \rangle = -1$, und aus dem Verschwinden der Skalarprodukte der beiden Vektortripel (26a) ohne weiteres erhält. Aus (29) und dem Determinantensatz § 53 (9) folgt:

$$|\mathfrak{y}, \mathfrak{t}, \mathfrak{q}, \bar{\mathfrak{y}}, \bar{\mathfrak{t}}, \bar{\mathfrak{q}}|^2 = +1. \tag{30}$$

Die sechs Vektoren sind also linear unabhängig und wir können sie im nächsten Abschnitt als Grundvektoren einführen.

Die beiden konjugierten Bündel der Lie-Zyklide sind jetzt durch

$$\{\mathfrak{y}, \mathfrak{t}, \mathfrak{q}\} \quad \text{und} \quad \{\bar{\mathfrak{y}}, \bar{\mathfrak{t}}, \bar{\mathfrak{q}}\} \tag{31}$$

gegeben. Nach (20) hängen die normierten $\mathfrak{y}$ und $\bar{\mathfrak{y}}$, sowie die Differentiale (22) von ersten Ableitungen der unnormierten Krümmungskugeln $\langle \mathfrak{y}, \bar{\mathfrak{y}} \rangle$ ab, die Vektoren $\mathfrak{t}$, $\bar{\mathfrak{t}}$, $\mathfrak{q}$ und $\bar{\mathfrak{q}}$ aber, wie man leicht erkennt, von zweiten Ableitungen.

§ 85. Grundformeln der Liegeometrischen Flächentheorie.

Im vorigen Abschnitt haben wir die Fläche $\{\mathfrak{y}, \mathfrak{y}\}$ in Krümmungslinienparametern vorausgesetzt und sind unter dieser Annahme zu invarianten Ableitungen gelangt. In ganz ähnlicher Weise wie im § 69 wollen wir jetzt wieder sehen, wie wir zu diesen selben invarianten Ableitungen gelangen, wenn wir die Fläche in allgemeinen Parametern gegeben annehmen. Sind $\mathfrak{y}\,(u, v)$, $\bar{\mathfrak{y}}\,(u, v)$ die auf allgemeine Parameter bezogenen Krümmungskugelsysteme einer und derselben Fläche, so müssen natürlich die Gleichungen (1), (2) nach wie vor bestehen. Die Tatsache, daß $\mathfrak{y}$ und $\bar{\mathfrak{y}}$ Krümmungskugeln sind, spricht sich nach

§ 75 (6) dann darin aus, daß die Determinanten der Formen $\langle d\mathfrak{y}\, d\mathfrak{y}\rangle$ und $\langle d\bar{\mathfrak{y}}\, d\bar{\mathfrak{y}}\rangle$ verschwinden:

$$(32)\qquad \begin{cases} \langle\mathfrak{y}_u\,\mathfrak{y}_u\rangle\,\langle\mathfrak{y}_v\,\mathfrak{y}_v\rangle - \langle\mathfrak{y}_u\,\mathfrak{y}_v\rangle^2 = 0\,, \\ \langle\bar{\mathfrak{y}}_u\,\bar{\mathfrak{y}}_u\rangle\,\langle\bar{\mathfrak{y}}_v\,\bar{\mathfrak{y}}_v\rangle - \langle\bar{\mathfrak{y}}_u\,\bar{\mathfrak{y}}_v\rangle^2 = 0\,. \end{cases}$$

Genau wie im § 69 (73), (75) für die ausgearteten Formen $g_{ik} \pm c_{ik}$, können wir hier den Ansatz machen

$$(33)\qquad \left\langle \frac{\partial\mathfrak{y}}{\partial u^i}\,\frac{\partial\mathfrak{y}}{\partial u^k}\right\rangle = n_i\, n_k\,; \qquad \left\langle \frac{\partial\bar{\mathfrak{y}}}{\partial u^i}\,\frac{\partial\bar{\mathfrak{y}}}{\partial u^k}\right\rangle = \bar{n}_i\,\bar{n}_k$$

und dadurch zwei Linearformen

$$(34)\qquad d\psi = \sum_i n_i\, du^i\,; \qquad d\bar{\psi} = \sum_i \bar{n}_i\, du^i$$

bestimmen. Definieren wir zu den n_i, $\bar{n}_i$ wieder nach § 69 (78), (79) die Größen n^i und $\bar{n}^i$ mit den oberen Indizes, so können wir mit diesen nach § 69 (82) invariante Ableitungen bilden.

Wegen § 69 (78), (79) folgt dann aus (33) für diese invarianten Ableitungen

$$(35)\qquad \begin{cases} \mathfrak{y}_1\,\mathfrak{y}_1 = 1\,; \qquad \mathfrak{y}_1\,\mathfrak{y}_2 = \mathfrak{y}_2\,\mathfrak{y}_2 = 0\,, \\ \bar{\mathfrak{y}}_2\,\bar{\mathfrak{y}}_2 = 1\,; \qquad \bar{\mathfrak{y}}_1\,\bar{\mathfrak{y}}_2 = \bar{\mathfrak{y}}_1\,\bar{\mathfrak{y}}_1 = 0\,. \end{cases}$$

Aus dem Determinantensatz § 53 (9) kann man dann durch Quadrieren leicht beweisen, daß nach (1), (2) und (35) die beiden Determinanten

$$(36)\qquad |\,\bar{\mathfrak{y}},\,\mathfrak{y},\,\mathfrak{y}_1,\,\mathfrak{y}_2,\,\mathfrak{c},\,\mathfrak{d}\,| \quad \text{und} \quad |\,\mathfrak{y},\,\bar{\mathfrak{y}},\,\bar{\mathfrak{y}}_2,\,\bar{\mathfrak{y}}_1,\,\mathfrak{c},\,\mathfrak{d}\,|$$

für beliebige Wahl der Hilfsvektoren $\mathfrak{c}$, $\mathfrak{d}$ verschwinden. Da wegen des Ausschlusses der Kanalflächen die beiden Vektortripel $\mathfrak{y}, \mathfrak{y}_1, \mathfrak{y}_2$ und $\bar{\mathfrak{y}}, \bar{\mathfrak{y}}_1, \bar{\mathfrak{y}}_2$ jedes für sich linear unabhängig sind, folgt aus dem Verschwinden der Determinanten (36) eine Darstellung

$$(37)\qquad \begin{cases} \bar{\mathfrak{y}} = \mu\,\mathfrak{y} + \nu\,\mathfrak{y}_1 + \tau\,\mathfrak{y}_2\,, \\ \mathfrak{y} = \bar{\mu}\,\bar{\mathfrak{y}} + \bar{\nu}\,\bar{\mathfrak{y}}_2 + \bar{\tau}\,\bar{\mathfrak{y}}_1. \end{cases}$$

Durch skalare Multiplikation mit $\mathfrak{y}_1$ resp. $\bar{\mathfrak{y}}_2$ folgt nach (35) aber $\nu = \bar{\nu} = 0$ und aus § 58 (91) sehen wir dann, *daß die invarianten Ableitungen nach den beiden Krümmungsrichtungen genommen werden.* Wählen wir die Nullinien von (34) als Parameterlinien

$$(38)\qquad \begin{cases} n_1 = \dfrac{1}{n^1} = \varphi\,; \qquad \bar{n}_2 = \dfrac{1}{\bar{n}^2} = \bar{\varphi}\,, \\ n_2 = n^2 = 0\,; \qquad \bar{n}_1 = \bar{n}^1 = 0\,, \end{cases}$$

so erhalten wir aus (37) gerade Gleichungen von der Form (3). *Die Nullinien von* (34) *sind also die Krümmungslinien.* Die Formen n_i, $\bar{n}_i$

sind ebenso wie die invarianten Ableitungen noch nicht völlig festgelegt, solange die $\mathfrak{y}$ und $\bar{\mathfrak{y}}$ nicht normiert sind. Bei einer Umnormierung (18) gilt

$$n_i = \pm \lambda \tilde{n}_i; \qquad \bar{n}_i = \pm \bar{\lambda} \tilde{\bar{n}}_i,$$
$$n^i = \pm \frac{1}{\lambda} \tilde{n}^i; \qquad \bar{n}^i = \pm \frac{1}{\bar{\lambda}} \tilde{\bar{n}}^i,$$

und daraus leitet man leicht her, daß für die Koeffizienten τ, $\bar{\tau}$ in (37) die Substitutionsformeln

$$\tau^2 = \frac{\bar{\lambda}^4}{\lambda^2} \tilde{\tau}^2; \qquad \bar{\tau}^2 = \frac{\lambda^4}{\bar{\lambda}^2} \tilde{\bar{\tau}}^2$$

gelten. Setzen wir dann in (18)

$$\lambda = \sqrt[6]{\tau^2 \bar{\tau}^4}; \qquad \bar{\lambda} = \sqrt[6]{\tau^4 \bar{\tau}^2}, \tag{39}$$

so können wir durch diese Umnormierung bei geeigneter Entscheidung über die Vorzeichen der Wurzeln in (39) erreichen, daß die neuen τ und $\bar{\tau}$ in (37) beide zu 1 werden. Dann haben wir die Gleichungen (37) aber gerade auf die Form (26) gebracht. Gehen wir also durch (39) zu normierten $\mathfrak{y}$, $\bar{\mathfrak{y}}$ über, so sind die zugehörigen invarianten Ableitungen gerade mit den im § 84 für die speziellen Parameter gegebenen identisch. Unsere Formen (34) sind dann natürlich die invarianten Differentiale (22), (23) in allgemeiner Schreibweise.

Wir wollen jetzt an die Gleichungen (26), (27), (28) und (29), in denen alle bisher über unsere Flächen abgeleiteten unabhängigen Relationen enthalten sind, wieder anknüpfen.

Setzen wir

$$\left\{\begin{aligned} w &= -\langle \mathfrak{q}\, \mathfrak{t}_1 \rangle = -\frac{1}{2} \langle \mathfrak{t}_1 \mathfrak{t}_1 \rangle, & \bar{w} &= -\langle \bar{\mathfrak{q}}\, \bar{\mathfrak{t}}_2 \rangle = -\frac{1}{2} \langle \bar{\mathfrak{t}}_2 \bar{\mathfrak{t}}_2 \rangle \\ h &= -\langle \mathfrak{q}\, \mathfrak{t}_2 \rangle, & \bar{h} &= -\langle \bar{\mathfrak{q}}\, \bar{\mathfrak{t}}_1 \rangle \\ g &= -\langle \mathfrak{q}\, \mathfrak{q}_2 \rangle, & \bar{g} &= -\langle \mathfrak{q}\, \bar{\mathfrak{q}}_1 \rangle \end{aligned}\right. \tag{40}$$

so gelten für die Ableitungen der Grundvektoren die Gleichungen

$$\left\{\begin{aligned} \mathfrak{y}_1 &= 2\bar{a}\,\mathfrak{y} + \mathfrak{t}, & {}_2 &= 2a\,\bar{\mathfrak{y}} + \bar{\mathfrak{t}} \\ \mathfrak{y}_2 &= a\,\mathfrak{y} + \bar{\mathfrak{y}}, & \bar{\mathfrak{y}}_1 &= \bar{a}\,\bar{\mathfrak{y}} + \mathfrak{y} \\ \mathfrak{t}_1 &= w\,\mathfrak{y} + \mathfrak{q}, & \bar{\mathfrak{t}}_2 &= \bar{w}\,\bar{\mathfrak{y}} + \bar{\mathfrak{q}} \\ \mathfrak{t}_2 &= h\,\mathfrak{y}; & \bar{\mathfrak{t}}_1 &= \bar{h}\,\bar{\mathfrak{y}} \\ \mathfrak{q}_1 &= -\bar{g}\,\bar{\mathfrak{y}} - \bar{\mathfrak{q}} + w\,\mathfrak{t} - 2\ddot{a}\,\mathfrak{q}, & \bar{\mathfrak{q}}_2 &= -g\,\mathfrak{y} - \mathfrak{q} + \bar{w}\,\bar{\mathfrak{t}} - 2a\,\bar{\mathfrak{q}} \\ \mathfrak{q}_2 &= h\,\mathfrak{t} - a\,\mathfrak{q} + g\,\mathfrak{y}, & \bar{\mathfrak{q}}_1 &= \bar{h}\,\bar{\mathfrak{t}} - \bar{a}\,\bar{\mathfrak{q}} + \bar{g}\,\mathfrak{y} \end{aligned}\right. \tag{41}$$

Die Gleichungen der ersten drei Zeilen von (41) folgen aus (26), (27), (28) mittels der in (40) eingeführten Abkürzungen w und $\bar{w}$ unmittelbar. Die Richtigkeit der übrigen beweist man wieder wie schon wiederholt in ähnlichen Fällen durch Hineinmultiplizieren mit den Grundvektoren unter Berücksichtigung von (29), (40), der ersten drei Zeilen von (41) und der aus (29) durch Ableitung entstehenden Relationen.

Für die Gleichungen (41) müssen wieder die Integrierbarkeitsbedingungen

$$\tag{42} \begin{cases} \mathfrak{y}_{12} + q\,\mathfrak{y}_1 = \mathfrak{y}_{21} + \bar{q}\,\mathfrak{y}_2 \\ \mathfrak{t}_{12} + q\,\mathfrak{t}_1 = \mathfrak{t}_{21} + \bar{q}\,\mathfrak{t}_2 \\ \mathfrak{q}_{12} + q\,\mathfrak{q}_1 = \mathfrak{q}_{21} + \bar{q}\,\mathfrak{q}_2 \\ \mathfrak{y}_{12} + q\,\mathfrak{y}_1 = \bar{\mathfrak{y}}_{21} + \bar{q}\,\mathfrak{y}_2 \end{cases}$$

usw. bestehen, mit den Größen q, $\bar{q}$, die in allgemeinen Parametern nach § 70 (94) aus den n_i, $\bar{n}_i$ abgeleitet sind.

Ersetzt man wieder in (42) die Ableitungen der Grundvektoren durch diese selbst nach (41), so ergeben sich die folgenden unabhängigen Integrierbarkeitsbedingungen

$$\tag{43} \left| \begin{array}{l} a = q; \qquad \bar{a} = \bar{q} \\ g = -w; \qquad \bar{g} = -\bar{w} \\ a_1 + \bar{q}\,a + 1 = 2\,\bar{a}_2 + h + 2\,q\,\bar{a} \\ \bar{a}_2 + q\,\bar{a} + 1 = 2\,a_1 + \bar{h} + 2\,\bar{q}\,a \\ h_1 + 2\,\bar{a}\,h + \bar{q}\,h = w_2 + w\,a + w\,q \\ \bar{h}_2 + 2\,a\,\bar{h} + q\,\bar{h} = \bar{w}_1 + \bar{w}\,\bar{a} + \bar{w}\,\bar{q} \\ g_1 + g(3\,\bar{a} + \bar{q}) + \bar{g}_2 + \bar{g}(3\,a + q) = 0\,. \end{array} \right.$$

Drücken wir in den Ableitungsgleichungen und Integrierbarkeitsbedingungen (41), (43) überall nach $(43)_1$, $(43)_2$ a durch q und $\bar{a}$ durch $\bar{q}$, g und $\bar{g}$ aber durch w und $\bar{w}$ aus, so erhalten wir *das endgültige System der Grundformeln der Liegeometrischen Flächentheorie*:

$$\tag{44} \begin{array}{|l|l|} \hline \mathfrak{y}_1 = 2\,\bar{q}\,\mathfrak{y} + \mathfrak{t} & \bar{\mathfrak{y}}_2 = 2\,q\,\bar{\mathfrak{y}} + \bar{\mathfrak{t}} \\ \mathfrak{y}_2 = q\,\mathfrak{y} + \bar{\mathfrak{y}} & \bar{\mathfrak{y}}_1 = \bar{q}\,\bar{\mathfrak{y}} + \mathfrak{y} \\ \mathfrak{t}_1 = w\,\mathfrak{y} + \mathfrak{q} & \bar{\mathfrak{t}}_2 = \bar{w}\,\bar{\mathfrak{y}} + \bar{\mathfrak{q}} \\ \mathfrak{t}_2 = h\,\mathfrak{y} & \bar{\mathfrak{t}}_1 = \bar{h}\,\bar{\mathfrak{y}} \\ \mathfrak{q}_1 = w\,\mathfrak{t} - 2\,\bar{q}\,\mathfrak{q} + \bar{w}\,\bar{\mathfrak{y}} - \bar{\mathfrak{q}} & \bar{\mathfrak{q}}_2 = \bar{w}\,\bar{\mathfrak{t}} - 2\,q\,\bar{\mathfrak{q}} + w\,\mathfrak{y} - \mathfrak{q} \\ \mathfrak{q}_2 = h\,\mathfrak{t} - q\,\mathfrak{q} - w\,\bar{\mathfrak{y}} & \bar{\mathfrak{q}}_1 = \bar{h}\,\bar{\mathfrak{t}} - \bar{q}\,\bar{\mathfrak{q}} - \bar{w}\,\mathfrak{y} \\ \hline \end{array}$$

$$
\begin{array}{|ll|}
\hline
(45) & h = q_1 - 2\bar{q}_2 - q\bar{q} + 1 \\
(46) & \bar{h} = \bar{q}_2 - 2q_1 - q\bar{q} + 1 \\
(47) & w_2 + 2qw = h_1 + 3\bar{q}h \\
(48) & \bar{w}_1 + 2\bar{q}\bar{w} = \bar{h}_2 + 3q\bar{h} \\
(49) & w_1 + 4\bar{q}w + \bar{w}_2 + 4q\bar{w} = 0 \\
\hline
\end{array}
$$

Aus (44) ergibt sich leicht die geometrische Bedeutung des linearen Kugelkomplexes $\mathfrak{t}$. Nach (29) und (44) gilt nämlich

$$
(49\text{a}) \qquad \begin{cases} \mathfrak{t}\,\mathfrak{y} = \mathfrak{t}\,\mathfrak{y}_2 = \mathfrak{t}\,\mathfrak{y}_{22} = \mathfrak{t}\,\mathfrak{y}_{222} = 0 \\ \mathfrak{t}\,\bar{\mathfrak{y}} = \mathfrak{t}\,\bar{\mathfrak{y}}_2 = \mathfrak{t}\,\bar{\mathfrak{y}}_{22} = \mathfrak{t}\,\bar{\mathfrak{y}}_{222} = 0. \end{cases}
$$

Dem Komplex $\mathfrak{t}$ gehören also vier konsekutive Flächenelemente der Krümmungslinie 2 an. Da $\mathfrak{t}$ als elliptischer Komplex aus lauter K-Kugeln besteht, die eine feste gerichtete M-Kugel unter festem Winkel schneiden, und da die Punkte der vier konsekutiven Flächenelemente der festen Kugel angehören müssen, erkennt man: Der Komplex $\mathfrak{t}$ besteht aus allen Kugeln, die die Schmiegkugel der Krümmungslinie 2 unter demselben Winkel schneiden, wie das Flächenelement $\{\mathfrak{y}, \bar{\mathfrak{y}}\}$. Wir nennen den Komplex $\mathfrak{t}$ den *Schmiegkomplex des Krümmungsstreifens* 2. Die analoge Bedeutung hat ¯ als Schmiegkomplex des Krümmungsstreifens 1.

Die Vektoren $\mathfrak{q}$ und $\bar{\mathfrak{q}}$ stellen wegen $\mathfrak{q}\,\mathfrak{q} = \bar{\mathfrak{q}}\,\bar{\mathfrak{q}} = 0$ K-Kugeln dar. Sie sind nach (31) Kugeln der erzeugenden Kugelscharen der Zyklide von *Lie*.

$\mathfrak{y}$ und $\mathfrak{q}$ sind in der in dem Vektorbündel $\{\mathfrak{y}, \mathfrak{t}, \mathfrak{q}\}$ enthaltenen Kugelschar der Lie-Zyklide die beiden einzigen Kugeln, die dem Komplex $\mathfrak{t}$ angehören, und durch diese Angabe ist $\mathfrak{q}$ geometrisch bestimmt. Analoges gilt für $\bar{\mathfrak{q}}$. Die beiden auf der Lie-Zyklide gelegenen gerichteten Flächenelemente $\{\mathfrak{y}, \bar{\mathfrak{y}}\}$ und $\{\mathfrak{q}, \bar{\mathfrak{q}}\}$ sind somit die einzigen Flächenelemente der Lie-Zyklide, die gleichzeitig in den beiden Komplexen $\mathfrak{t}$ und $\bar{\mathfrak{t}}$ liegen. Auf Grund der geometrischen Bedeutung von $\mathfrak{t}$ und $\bar{\mathfrak{t}}$ und, weil der Punkt des Flächenelements $\{\mathfrak{q}, \bar{\mathfrak{q}}\}$ auf den zu den Komplexen $\mathfrak{t}$, $\bar{\mathfrak{t}}$ gehörigen festen Kugeln liegen muß, folgt dann:

Von den Punkten, in denen der Schnittkreis der Schmiegkugeln der Krümmungslinien die Liesche Zyklide durchstößt, ist einer besonders ausgezeichnet. Das durch ihn hindurchgehende Flächenelement der Lie-Zyklide schneidet nämlich jede der beiden Schmiegkugeln unter dem gleichen Winkel wie das Flächenelement der Ausgangsfläche. Diesen Punkt wollen wir den Gegenpunkt der Lie-Zyklide nennen. Die Krümmungskugeln (d. h. die erzeugenden Kugeln) der Lie-Zyklide im Gegenpunkt sind die Kugeln $\mathfrak{q}$ *und* $\bar{\mathfrak{q}}$.

Als die beiden einzigen unabhängigen Invarianten der Fläche, die nur von zweiten Ableitungen der beiden unnormierten Krümmungskugeln $\{\mathfrak{y}, \bar{\mathfrak{y}}\}$ abhängen, ergeben sich, wie man leicht nachprüfen kann, q und $\bar{q}$. q_1, q_2, $\bar{q}_1$, $\bar{q}_2$ und w, $\bar{w}$ sind dann sechs weitere unabhängige Invarianten dritter Ordnung, durch die sich die Invarianten h und $\bar{h}$ nach (45), (46) ausdrücken lassen. Wie die q, $\bar{q}$ und deren invariante Ableitungen, so lassen sich dann auch die h, $\bar{h}$ allein durch die beiden Linearformen n_i, $\bar{n}_i$ und deren Ableitungen berechnen. Wir werden sehen, daß sich im allgemeinen Fall auch die letzten beiden noch fehlenden Invarianten w und $\bar{w}$ durch die n_i, $\bar{n}_i$ und ihre Ableitungen ausdrücken lassen, so daß von zwei noch zu erwähnenden Ausnahmefällen abgesehen, eine Fläche durch Angabe der beiden Linearformen n_i, $\bar{n}_i$ bis auf Abbildungen von *Lie* bestimmt ist.

Wir gehen davon aus, daß die drei Gleichungen (47), (48), (49), wie man durch Rückgang auf gewöhnliche Ableitungen ohne weiteres erkennt, lineare Differentialgleichungen für die Funktionen w und $\bar{w}$ sind. Ist also w_0, $\bar{w}_0$ ein spezielles System von Lösungen dieser drei Gleichungen, so hat jede weitere mögliche Lösung sicher die Form:

$$w = w_0 + \mathfrak{w}; \qquad \bar{w} = \bar{w}_0 + \bar{\mathfrak{w}}, \tag{50}$$

wo jetzt $\mathfrak{w}$ und $\bar{\mathfrak{w}}$ Lösungen des zu (47), (48), (49) gehörigen homogenen Systems sind:

$$\begin{cases} \mathfrak{w}_2 + 2\,q\,\mathfrak{w} = 0; \qquad \bar{\mathfrak{w}}_1 + 2\,\bar{q}\,\bar{\mathfrak{w}} = 0; \\ \mathfrak{w}_1 + 4\,\bar{q}\,\mathfrak{w} + \bar{\mathfrak{w}}_2 + 4\,q\,\bar{\mathfrak{w}} = 0. \end{cases} \tag{51}$$

Soll sich nun w und $\bar{w}$ eindeutig aus den n_i, $\bar{n}$ bestimmen lassen, so muß das System (47), (48), (49) nur eine einzige Lösung w, $\bar{w}$ besitzen und (51) darf keine Lösungen außer $\mathfrak{w}$ und $\bar{\mathfrak{w}}$ gleichzeitig $\equiv 0$ besitzen. Um die Fälle zu finden, in denen w und $\bar{w}$ sich nicht aus den n_i, n_i bestimmen lassen, haben wir zu untersuchen, wann (51) Lösungen in $\mathfrak{w}$, $\bar{\mathfrak{w}}$ besitzt, die nicht gleichzeitig identisch verschwinden. Wir können zwei Fälle unterscheiden:

1. Es existiert für (51) entweder eine Lösung $\mathfrak{w} = 0$; $\bar{\mathfrak{w}} \neq 0$ [oder $\mathfrak{w} \neq 0$; $\bar{\mathfrak{w}} = 0$]. Es sei etwa das erste der Fall. Dann haben wir nach (51)

$$\bar{\mathfrak{w}}_1 + 2\,\bar{q}\,\bar{\mathfrak{w}} = 0; \qquad \bar{\mathfrak{w}}_2 + 4\,q\,\bar{\mathfrak{w}} = 0. \tag{52}$$

Aus der Integrierbarkeitsbedingung

$$\bar{\mathfrak{w}}_{12} + q\,\bar{\mathfrak{w}}_1 = \bar{\mathfrak{w}}_{21} + \bar{q}\,\bar{\mathfrak{w}}_2$$

ergibt sich dann mittels (52)

$$\bar{\mathfrak{w}}\,[\bar{q}_2 - 2\,q_1 - q\,\bar{q}] = 0.$$

Aus $\bar{\mathfrak{w}} \neq 0$ folgt dann $\bar{q}_2 = 2q_1 + q\bar{q}$ oder nach (46) $\bar{h} = 1$. Gilt $\bar{h} = 1$, so ist dann aber auch $\bar{\mathfrak{w}}$ aus (52) nur bis auf eine Integrationskonstante bestimmbar. Wir haben also in den Flächen mit $\bar{h} = 1$ einen Ausnahmefall gefunden, in dem sich nicht alle Invarianten durch die Formen n_i, $\bar{n}_i$ ausdrücken lassen. Ein analoger Ausnahmefall ergibt sich natürlich für $\bar{\mathfrak{w}} \equiv 0$; $\mathfrak{w} \neq 0$ und $h = 1$.

2. Setzen wir jetzt $\mathfrak{w} \not\equiv 0$, $\bar{\mathfrak{w}} \not\equiv 0$ voraus, so können wir nach (38) Krümmungslinienparameter einführen, und es wird nach § 70 (94)

$$q = \frac{\varphi_v}{\varphi\,\bar{\varphi}}; \qquad \bar{q} = \frac{\bar{\varphi}_u}{\varphi\,\bar{\varphi}} \tag{53}$$

und wir erhalten aus $(51)_1$ und $(51)_2$

$$\frac{\mathfrak{w}_v}{\overline{\varphi}} + 2\,\mathfrak{w}\,\frac{\varphi_v}{\varphi\,\overline{\varphi}} = 0\,; \qquad \frac{\overline{\mathfrak{w}}_u}{\varphi} + 2\,\overline{\mathfrak{w}}\,\frac{\overline{\varphi}_u}{\varphi\,\overline{\varphi}}\,,$$

somit durch Integration

$$\mathfrak{w} = \frac{U}{\varphi^2}\,; \qquad \overline{\mathfrak{w}} = \frac{V}{\overline{\varphi}^2}\,,$$

wo U eine Funktion von u allein und V eine von v allein ist. Wegen $\mathfrak{w} \neq 0$, $\overline{\mathfrak{w}} \neq 0$ können wir es durch Wahl der u- und v-Skalen auf den Krümmungslinien erreichen, daß $U = V = 1$, also

$$\mathfrak{w} = \frac{1}{\varphi^2}\,; \qquad \overline{\mathfrak{w}} = \frac{1}{\overline{\varphi}^2} \tag{54}$$

wird. Setzt man dann (53) in die dritte Gleichung (51) ein, so folgt nach (54)

$$\left(\frac{\overline{\varphi}^2}{\varphi}\right)_u + \left(\frac{\varphi^2}{\overline{\varphi}}\right)_v = 0\,. \tag{55}$$

Es treten hier also als ein zweiter Ausnahmefall die Flächen auf, bei denen sich solche Krümmungslinienparameter einführen lassen, daß für die durch (38) definierten Größen φ und $\overline{\varphi}$ die Gleichung (55) gilt. Diese Flächen können wir nun in einfacher Weise geometrisch kennzeichnen.

Es sind nämlich die Flächen unseres zweiten Ausnahmefalles (55) die einzigen, bei denen es zwei R-Kugelsysteme

$$\mathfrak{x}(u, v) \qquad \text{und} \qquad \tilde{\mathfrak{x}}(u, v)$$

von die Fläche berührenden Kugeln gibt, deren Kugeln $\mathfrak{x}$ und $\tilde{\mathfrak{x}}$ in jedem Flächenpunkt zu den Krümmungskugeln harmonisch liegen.

Den Beweis führen wir so: Das allgemeinste unsere Fläche berührende Kugelsystem $\mathfrak{x}$, dessen Kugeln von den Krümmungskugeln verschieden sind, können wir in der Form

$$\mathfrak{x} = \mathfrak{y} + \varrho(u, v)\cdot\overline{\mathfrak{y}} \tag{56}$$

darstellen mit einer von 0 verschiedenen Funktion ϱ. Das aus den harmonischen Kugeln $\tilde{\mathfrak{x}}$ bestehende System ist dann durch

$$\tilde{\mathfrak{x}} = \mathfrak{y} - \varrho(u, v)\cdot\overline{\mathfrak{y}} \tag{57}$$

gegeben. Soll nun $\mathfrak{x}$ ein R-System sein, so muß nach § 77 (53), (55)

$$|\,\mathfrak{x}, \mathfrak{x}_1, \mathfrak{x}_2, \mathfrak{x}_{11}, \mathfrak{x}_{12}, \mathfrak{x}_{22}\,| = 0 \tag{58}$$

gelten, wo ganz beliebige invariante Ableitungen, also auch speziell die unserer Flächentheorie genommen werden können. Drücken wir nach (56) und nach den Ableitungsgleichungen (44) $\mathfrak{x}$ und seine Ableitungen durch die Grundvektoren selbst aus, so muß wegen (30) die Determinante aus den 6×6 Koeffizienten verschwinden, die in den 6 Linearkombinationen der sechs Vektoren (58) auftreten. Das ergibt nach einiger Rechnung die Gleichung:

$$\varrho\,\varrho_{12} - \varrho_1\,\varrho_2 + \varrho^2(\overline{q}_2 - q_1) + q\,\varrho\,\varrho_1 - \varrho^2\,\varrho_2 - \varrho_1 - \varrho^3\,q + \varrho\,\overline{q} = 0\,. \tag{59}$$

Soll nun mit $\mathfrak{x}$ gleichzeitig auch das harmonische System (57) ein R-System sein, so muß auch die aus (59) durch Vertauschung von ϱ mit $-\varrho$ entstehende Gleichung verschwinden. Das heißt, es muß in (59) die Summe der Glieder, die bei der Transformation $\varrho \to -\varrho$ ihr Vorzeichen nicht ändern, für sich verschwinden. Man erhält somit die beiden Gleichungen

$$\varrho\,\varrho_{12} - \varrho_1\,\varrho_2 + \varrho^2(\bar{q}_2 - q_1) + \varrho\,\varrho_1\,q = 0\,, \tag{60}$$

$$-\varrho^2\,\varrho_2 - \varrho_1 - \varrho^3\,q + \varrho\,\bar{q} = 0\,. \tag{61}$$

Für unsere Flächen mit zwei harmonischen berührenden R-Systemen und nur für diese, muß sich mindestens eine Funktion ϱ bestimmen lassen, die gleichzeitig diesen beiden Gleichungen genügt. Führen wir nach (38) wieder Krümmungslinienparameter ein, so gilt nach (53)

$$\varrho\,\varrho_{12} - \varrho_1\,\varrho_2 + \varrho\,\varrho_1\,q = \frac{\varrho^2}{\varphi\,\bar{\varphi}}(\lg\varrho)_{uv}$$

und

$$q_1 - \bar{q}_2 = \frac{1}{\varphi\,\bar{\varphi}}\left(\lg\frac{\varphi}{\bar{\varphi}}\right)_{uv}. \tag{61a}$$

Also ergibt sich aus (60) die Lösung

$$\varrho = \frac{\bar{\varphi}\cdot\mathfrak{V}(v)}{\varphi\cdot\mathfrak{U}(u)}\,,$$

wo wir wieder durch Wahl der Skalen $\mathfrak{U} = \mathfrak{V} = 1$ machen können. Setzt man $\varrho = \bar{\varphi} : \varphi$ in (61) ein, so wird man aber gerade auf die Gleichung (55) geführt, wodurch unsere Behauptung bewiesen ist.

Wir haben also den Satz: *Die einzigen Flächen, die durch ihre Formen n_i, $\bar{n}_i$ bis auf Lie-Transformationen nicht festgelegt sind, sind die Flächen mit $h = 1$ oder $\bar{h} = 1$*[1]) *und die Flächen mit zwei berührenden R-Systemen, die zu den beiden Krümmungskugelsystemen harmonisch liegen.*

§ 86. Oskulierende Zykliden einer Fläche und zyklidische Kurven.

Es gibt natürlich sehr viele *Dupin*sche Zykliden, die unsere Fläche im Punkte $\{u, v\}$ berühren. Wir brauchen nur durch das zur Stelle $\{u, v\}$ gehörige Flächenelement $\{\mathfrak{y}, \bar{\mathfrak{y}}\}$ zwei Kugeln $\mathfrak{v}$ und $\mathfrak{w}$ zu legen und dann etwa noch zwei beliebige $\mathfrak{w}$ berührende weitere Kugeln $\mathfrak{v}'$ und $\mathfrak{v}''$ anzunehmen. Die durch $\mathfrak{v}$, $\mathfrak{v}'$ und $\mathfrak{v}''$ bestimmte Zyklide berührt dann schon die Fläche. Sie enthält nämlich $\mathfrak{v}$, $\mathfrak{v}'$ und $\mathfrak{v}''$ in einer erzeugenden Kugelschar und $\mathfrak{w}$ in der anderen, und sie geht durch das Flächenelement $\{\mathfrak{v}, \mathfrak{w}\}$, d. h. durch das Flächenelement $\{\mathfrak{y}, \bar{\mathfrak{y}}\}$ hindurch.

Wir fragen nun: Gibt es Zykliden, die unsere Fläche in zweiter Ordnung berühren, d. h. die neben $\{\mathfrak{y}, \bar{\mathfrak{y}}\}$ auch noch alle in erster Ordnung benachbarten Flächenelemente $\{\mathfrak{y} + d\mathfrak{y}, \bar{\mathfrak{y}} + d\bar{\mathfrak{y}}\}$ enthalten, und in welcher Mannigfaltigkeit sind sie vorhanden? Eine Zyklide dieser Art wollen wir eine die Fläche *oskulierende Zyklide* nennen.

Da eine solche oskulierende Zyklide eine Umgebung zweiter Ordnung des Flächenpunktes $\{u, v\}$ mit der Fläche gemeinsam hat, und da die Krümmungskugeln $\mathfrak{y}$, $\bar{\mathfrak{y}}$ der Fläche nur von dieser Umgebung zweiter Ordnung abhängen, müssen

[1]) Für die Flächen $h = 1$ oder $\bar{h} = 1$ fehlt bisher eine geometrische Deutung.

$\mathfrak{y}$ und $\bar{\mathfrak{y}}$ auch Krümmungskugeln, d. h. erzeugende Kugeln der Zyklide sein. Nach § 55 können wir eine Zyklide nun festlegen durch zwei konjugierte Komplexbündel

$$\mathfrak{x}^{\alpha}\,[\alpha = \mathrm{I}, \mathrm{II}, \mathrm{III}] \quad \text{und} \quad \bar{\mathfrak{x}}^{\lambda} \quad [\lambda = \mathrm{I}, \mathrm{II}, \mathrm{III}]$$

mit

(62) $$(\mathfrak{x}^{\alpha}\,\bar{\mathfrak{x}}^{\lambda}) \equiv 0$$

und

(63) $$|(\mathfrak{x}^{\alpha}\mathfrak{x}^{\beta})| < 0\,; \qquad |(\bar{\mathfrak{x}}^{\lambda}\,\bar{\mathfrak{x}}^{\mu})| < 0\,.$$

Da bei einer oskulierenden Zyklide jede der beiden Krümmungskugeln als ausgearteter Komplex in einem der Bündel $\mathfrak{x}^{\alpha}$, $\bar{\mathfrak{x}}^{\lambda}$ enthalten ist, können wir etwa

$$\mathfrak{x}^{\mathrm{I}} = \mathfrak{y}\,; \qquad \bar{\mathfrak{x}}^{\mathrm{I}} = \bar{\mathfrak{y}}$$

setzen. Es müssen dann weiter $\mathfrak{x}^{\mathrm{II}}$ und $\mathfrak{x}^{\mathrm{III}}$ Komplexe sein, die die Kugel $\bar{\mathfrak{y}}$ enthalten (und ebenso $\bar{\mathfrak{x}}^{\mathrm{II}}$ und $\bar{\mathfrak{x}}^{\mathrm{III}}$ Komplexe, die $\mathfrak{y}$ enthalten). Der allgemeinste Komplex, der $\bar{\mathfrak{y}}$ enthält, kann nun in der Form dargestellt werden

$$\alpha\,\mathfrak{y} + \beta\,\mathfrak{t} + \gamma\,\mathfrak{q} + \delta\,\bar{\mathfrak{y}} + \nu\,\bar{\mathfrak{t}}\,.$$

Wir können uns daher das Bündel $\mathfrak{x}^{\alpha}$ in der Form dargestellt denken

(64) $$\begin{cases} \mathfrak{x}^{\mathrm{I}} \;\; = \mathfrak{y}\,, \\ \mathfrak{x}^{\mathrm{II}} \; = A\,\mathfrak{y} + B\,\mathfrak{t} + C\,\mathfrak{q} + D\,\bar{\mathfrak{y}} + E\,\bar{\mathfrak{t}}\,, \\ \mathfrak{x}^{\mathrm{III}} = \tilde{A}\,\mathfrak{y} + \tilde{B}\,\mathfrak{t} + \tilde{C}\,\mathfrak{q} + \tilde{D}\,\bar{\mathfrak{y}} + \tilde{E}\,\bar{\mathfrak{t}}\,, \end{cases}$$

wo A, $\tilde{A}$, B, $\tilde{B}$, C, $\tilde{C}$, D, $\tilde{D}$, E, $\tilde{E}$ skalare Konstanten sind. Wir können sicher jede Zyklide, die $\mathfrak{y}$ und $\bar{\mathfrak{y}}$ zu Krümmungskugeln hat, durch ein Bündel (64) und das zugehörige automatisch mitbestimmte konjugierte Bündel $\bar{\mathfrak{x}}^{\lambda}$ darstellen, denn $\mathfrak{y}$ ist ja in dem Bündel (64) enthalten und alle Komplexe $\mathfrak{x}^{\alpha}$ enthalten $\bar{\mathfrak{y}}$. Denken wir uns nun durch (64) mit fest gewählten A, $\tilde{A}$ ... bis $\tilde{E}$ eine ganz bestimmte Zyklide festgelegt, so können wir die Darstellung dieser selben Zyklide noch vereinfachen. Wir können ja statt (64) auch drei geeignete linear unabhängige Linearkombinationen der $\mathfrak{x}^{\alpha}$ einführen. Wir können z. B. statt $\mathfrak{x}^{\mathrm{II}}$ und $\mathfrak{x}^{\mathrm{III}}$ einführen $\mathfrak{x}^{\mathrm{II}} - A\,\mathfrak{x}^{\mathrm{I}}$ und $\mathfrak{x}^{\mathrm{III}} - \tilde{A}\,\mathfrak{x}^{\mathrm{I}}$ und erreichen, daß in der neuen Darstellung (64) A und $\tilde{A}$ verschwinden. Wir können daher fürs folgende von vornherein annehmen, daß $A = \tilde{A} = 0$ ist. Weiter können wir dann noch annehmen, daß in (64) einer der Koeffizienten C oder $\tilde{C} = 0$ ist. Denn sollte dies zunächst nicht der Fall sein $[C \neq 0,\ \tilde{C} \neq 0]$, so können wir statt $\mathfrak{x}^{\mathrm{II}}$ einführen $\mathfrak{x}^{\mathrm{II}} - (C : \tilde{C})\,\mathfrak{x}^{\mathrm{III}}$ und dadurch das Gewünschte erreichen. Wir setzen im folgenden etwa $C = 0$ voraus. Soll nun (64) wirklich eine Zyklide darstellen, so haben wir Sorge zu tragen, daß die Ungleichung $(63)_1$ erfüllt ist. Unter der Annahme $A = \tilde{A} = C = 0$ ergibt die Rechnung:

(65) $$\tilde{C}^2\,(B^2 + E^2) > 0\,.$$

Da somit $\tilde{C} \neq 0$ sein muß, können wir die Normierung von $\mathfrak{x}^{\mathrm{III}}$ so einrichten, daß $\tilde{C} = 1$ wird. Es darf dann nach (65) nicht

(66) $$B = 0 \quad \text{und gleichzeitig} \quad E = 0$$

sein. Unter den bisher gemachten Voraussetzungen nimmt unser Bündel (64) die Form an:

(67) $$\begin{cases} \mathfrak{x}^{\mathrm{I}} \;\; = \mathfrak{y}\,, \\ \mathfrak{x}^{\mathrm{II}} \; = B\,\mathfrak{t} + D\,\bar{\mathfrak{y}} + E\,\bar{\mathfrak{t}} \\ \mathfrak{x}^{\mathrm{III}} = \tilde{B}\,\mathfrak{t} + \mathfrak{q} + \tilde{D}\,\bar{\mathfrak{y}} + \tilde{E}\,\bar{\mathfrak{t}}\,. \end{cases}$$

Bisher haben wir nur zum Ausdruck gebracht, daß unsere oskulierende Zyklide $\mathfrak{y}$ und $\bar{\mathfrak{y}}$ zu Krümmungskugeln hat. Diese Bedingung ist für eine oskulierende Zyklide zwar notwendig, aber nicht hinreichend. Die Forderung, daß außer dem Flächenelement $\{\mathfrak{y}, \bar{\mathfrak{y}}\}$ auch alle Nachbarflächenelemente der Zyklide angehören sollen, schließt noch mehr in sich. Die allgemeinste, die Fläche im Element $\{u, v\}$ tangierende Kugel $\mathfrak{s}$ können wir in der Form darstellen

(68) $$\mathfrak{s} = \mu\,\mathfrak{y} + \bar{\mu}\,\bar{\mathfrak{y}},$$

die allgemeinste Kugel $\mathfrak{s} + d\mathfrak{s}$, die die Fläche in einem Nachbarelement $\{u + du, v + dv\}$ berührt, aber in der Form

(69) $$\mathfrak{s} + d\mathfrak{s} = (\mu + d\mu)(\mathfrak{y} + d\mathfrak{y}) + (\bar{\mu} + d\bar{\mu})(\bar{\mathfrak{y}} + d\bar{\mathfrak{y}})$$

mit endlichen Koeffizienten μ, $\bar{\mu}$ und unendlich kleinen Koeffizienten $d\mu$ und $d\bar{\mu}$. Bei Vernachlässigung von Gliedern von höherer als erster Ordnung können wir für (69) schreiben

(70) $$\mathfrak{s} + d\mathfrak{s} = \mu\,\mathfrak{y} + \bar{\mu}\,\bar{\mathfrak{y}} + [\mu\, d\mathfrak{y} + \bar{\mu}\, d\bar{\mathfrak{y}} + d\mu\,\mathfrak{y} + d\bar{\mu}\,\bar{\mathfrak{y}}].$$

Durch (70) sind die Kugeln durch das Flächenelement $\{u + du, v + dv\}$ gegeben, die von der durch das Element $\{u, v\}$ gehenden Kugel $\mathfrak{s}$ (68) unendlich wenig verschieden sind. Für die Kugeln durch das Nachbarelement $\{u + du, v + dv\}$, die von der Krümmungskugel $\mathfrak{y}$ ($\mu = 1$, $\bar{\mu} = 0$) resp. $\bar{\mathfrak{y}}$ ($\mu = 0$, $\bar{\mu} = 1$) unendlich wenig abweichen, gelten daher speziell Darstellungen:

(71) $$\mathfrak{y} + d\mathfrak{y} + d\mu\,\mathfrak{y} + d\bar{\mu}\,\bar{\mathfrak{y}},$$

(72) $$\bar{\mathfrak{y}} + d\bar{\mathfrak{y}} + d\mu\,\mathfrak{y} + d\bar{\mu}\,\bar{\mathfrak{y}}.$$

Für eine oskulierende Zyklide mit den Krümmungskugeln $\{\mathfrak{y}, \bar{\mathfrak{y}}\}$ im Element $\{u, v\}$ werden die Krümmungskugeln in jedem Nachbarflächenelement unendlich wenig von $\mathfrak{y}$ resp. $\bar{\mathfrak{y}}$ verschieden sein, und da die Zyklide diese Nachbarflächenelemente auch noch mit der Fläche gemeinsam haben soll, müssen sie Darstellungen der Form (71), (72) haben. Soll (67) oskulierende Zyklide sein, so muß also nicht nur $\langle\bar{\mathfrak{y}}\,\mathfrak{x}^\alpha\rangle \equiv 0$ gelten, sondern es muß noch eine erzeugende Nachbarkrümmungskugel der Form (72) geben, für die die Skalarprodukte mit den drei $\mathfrak{x}^\alpha$ verschwinden. Da $\bar{\mathfrak{y}}\,\mathfrak{x}^\alpha = 0$ schon erfüllt ist, gibt das

(73) $$\langle d\bar{\mathfrak{y}}\,\mathfrak{x}^\alpha\rangle + d\mu\,\langle\mathfrak{y}\,\mathfrak{x}^\alpha\rangle = 0 \qquad [\alpha = \mathrm{I}, \mathrm{II}, \mathrm{III}].$$

Für jede Richtung $du : dv$ muß es ein $d\mu$ geben, so daß (73) erfüllt ist. Setzen wir

$$d\bar{\mathfrak{y}} = \bar{\mathfrak{y}}_u\, du + \bar{\mathfrak{y}}_v\, dv$$

oder in invarianten Ableitungen $d\bar{\mathfrak{y}} = \bar{\mathfrak{y}}_1 \cdot d\psi + \bar{\mathfrak{y}}_2 \cdot d\bar{\psi}$, so muß auch $d\mu$ als Linearkombination von du und dv sich durch

$$d\mu = \mu^{(1)}\, d\psi + \mu^{(2)}\, d\bar{\psi}$$

mit Koeffizienten $\mu^{(1)}$, $\mu^{(2)}$ darstellen lassen. (73) ergibt dann, da die Bedingung identisch in $du : dv$, d. h. in $d\psi : d\bar{\psi}$ gelten muß: Es müssen sich Größen $\mu^{(1)}$ und $\mu^{(2)}$ bestimmen lassen, daß

(74) $$\langle\bar{\mathfrak{y}}_1\,\mathfrak{x}^\alpha\rangle + \mu^{(1)}\langle\mathfrak{y}\,\mathfrak{x}^\alpha\rangle = 0; \qquad \langle\bar{\mathfrak{y}}_2\,\mathfrak{x}^\alpha\rangle + \mu^{(2)}\langle\mathfrak{y}\,\mathfrak{x}^\alpha\rangle = 0$$

gilt. Analog muß es natürlich für das konjugierte Bündel Größen $\bar{\mu}^{(1)}$ und $\bar{\mu}^{(2)}$ geben, so daß

(75) $$\langle\mathfrak{y}_1\,\bar{\mathfrak{x}}^\lambda\rangle + \bar{\mu}^{(1)}\langle\bar{\mathfrak{y}}\,\bar{\mathfrak{x}}^\lambda\rangle = 0; \qquad \langle\mathfrak{y}_2\,\bar{\mathfrak{x}}^\lambda\rangle + \bar{\mu}^{(2)}\langle\bar{\mathfrak{y}}\,\bar{\mathfrak{x}}^\lambda\rangle = 0$$

gilt. Die Rechnung liefert nun nach (67), (44) für (74)

$$-1-\mu^{(1)}=0\,;\qquad E=0\,;\qquad \tilde{\tilde{E}}-\mu^{(2)}=0\,. \tag{75a}$$

Da die erste und dritte Gleichung zur Bestimmung von $\mu^{(1)}$ und $\mu^{(2)}$ dienen, kommt nur die zweite Gleichung für uns in Betracht. Da nach (66) jetzt $B \neq 0$ sein muß, können wir $\mathfrak{x}^{\mathrm{II}}$ so normieren, daß $B = 1$ wird. Wir können dann weiter noch $\tilde{\tilde{B}}$ zu Null machen. Denn wenn $\tilde{B}$ zunächst ungleich 0 ist, so können wir statt $\mathfrak{x}^{\mathrm{III}}$ einführen $\mathfrak{x}^{\mathrm{III}} - \tilde{\tilde{B}}\mathfrak{x}^{\mathrm{II}}$. Dann wird der $\tilde{\tilde{B}}$ entsprechende Faktor $= 0$, ohne daß die sonstige Form von $\mathfrak{x}^{\mathrm{III}}$ zerstört wird.

Wir haben dann die endgültige Darstellung

$$\begin{cases} \mathfrak{x}^{\mathrm{I}} &= \mathfrak{y} \\ \mathfrak{x}^{\mathrm{II}} &= \mathfrak{t} + D\,\bar{\mathfrak{y}} \\ \mathfrak{x}^{\mathrm{III}} &= \mathfrak{q} + \tilde{D}\,\bar{\mathfrak{y}} + \tilde{E}\,\bar{\mathfrak{t}}. \end{cases} \tag{76}$$

Das zu (76) konjugierte Bündel läßt sich dann durch die Vektoren

$$\begin{cases} \bar{\mathfrak{x}}^{\mathrm{I}} &= \bar{\mathfrak{y}} \\ \bar{\mathfrak{x}}^{\mathrm{II}} &= \bar{\mathfrak{t}} + \tilde{E}\,\mathfrak{y} \\ \bar{\mathfrak{x}}^{\mathrm{III}} &= \bar{\mathfrak{q}} - \tilde{D}\,\mathfrak{y} + D\,\mathfrak{t} \end{cases} \tag{77}$$

aufspannen. In der Tat braucht man ja nur die Gleichungen (62) nachzuweisen, die leicht durch Rechnung folgen. Man kann dann auch bestätigen, daß die Gleichungen (75) jetzt von selbst erfüllt sind, *so daß durch* (76), (77) *die allgemeinste oskulierende Zyklide unserer Fläche dargestellt ist.* In der Darstellung (76), (77) sind alle drei Konstanten $D, \tilde{D}, \tilde{E}$ wesentlich: Man kann sie nicht abändern, ohne die Zyklide zu verändern. Denn setzen wir für (77) ein neues Bündel $(\bar{\mathfrak{x}}^{\lambda})^*$ mit neuen Konstanten D^*, $\tilde{D}^*$ und $\tilde{E}^*$ an, so müßte, wenn dies Bündel die alte Zyklide darstellen sollte, $\langle(\bar{\mathfrak{x}}^{\lambda})^*\mathfrak{x}^{\alpha}\rangle \equiv 0$ gelten, wo $\mathfrak{x}^{\alpha}$ das alte durch (76) gegebene Bündel ist. Diese Bedingung ist, wie die Rechnung zeigt, aber nur für $D^* = D$, $\tilde{D}^* = \tilde{D}$, $\tilde{E}^* = \tilde{E}$ erfüllt. Es gilt somit: *Es gibt* ∞^3 *verschiedene Dupinsche Zykliden, die eine Fläche in zweiter Ordnung berühren.*

Wir wollen nun untersuchen, ob es nicht ausgezeichnete unter den ∞^3 oskulierenden Zykliden gibt, die eine noch innigere Berührung mit der Fläche eingehen, als die angegebene. Wir fragen: Gibt es Zykliden, die nicht nur im Punkt $\{u, v\}$, sondern auch noch in einem Nachbarpunkt $\{u + du, v + dv\}$ mit der Fläche eine Berührung zweiter Ordnung eingehen? Diese Forderung ist offenbar schwächer als die einer Berührung in dritter Ordnung. Unsere Frage ist eine ganz ähnliche wie die nach den eine Fläche berührenden Kugeln, welche die Fläche auch noch in einem Nachbarpunkt berühren. Diese Frage hat uns im § 58 ja auf die Krümmungskugeln geführt und zugleich auf die Krümmungsrichtungen als die ausgezeichneten Richtungen, in denen eine solche Berührung längs zweier Nachbarpunkte überhaupt nur möglich ist. In ähnlicher Weise werden wir durch unsere jetzige Forderung auch gleichzeitig auf besonders ausgezeichnete Lieinvariante Fortschreitungsrichtungen geführt werden, längs derer eine solche innigere Berührung überhaupt nur möglich ist. Wie es in einem Flächenpunkt, der kein Nabelpunkt ist, keine Kugel gibt, die die Fläche in zweiter Ordnung berührt, so wird sich auch bei unseren Flächen, die keine Kanalflächen sind [vgl. (8)] keine Zyklide ergeben, die unsere Fläche in dritter Ordnung berührt.

Soll die angegebene Berührung stattfinden, so muß es eine oskulierende Zyklide geben, die sowohl dem Büschel der ∞^3 Zykliden (77) angehört, wie auch dem Büschel der ∞^3 Zykliden im Punkte $\{u + du, v + dv\}$, die durch die Bündel $\{\bar{\mathfrak{x}}^\lambda + d\bar{\mathfrak{x}}^\lambda\}$ mit den Konstanten $D + dD$, $\tilde{D} + d\tilde{D}$, $\tilde{E} + d\tilde{E}$ gebildet sind. Aus (77) erhalten wir nach (44)

$$(78)\qquad d\bar{\mathfrak{x}}^{\mathrm{I}} = (\bar{q}\bar{\mathfrak{y}} + \mathfrak{y})\,d\psi + (2\,q\bar{\mathfrak{y}} + \bar{\mathfrak{t}})\,d\bar{\psi},$$

$$(79)\qquad \begin{cases} d\bar{\mathfrak{x}}^{\mathrm{II}} = [\bar{h}\bar{\mathfrak{y}} + \tilde{E}(2\,\bar{q}\,\mathfrak{y} + \mathfrak{t})]\,d\psi + [\bar{w}\bar{\mathfrak{y}} + \bar{\mathfrak{q}} + \tilde{E}(q\,\mathfrak{y} + \bar{\mathfrak{y}})]\,d\bar{\psi} \\ \qquad + d\tilde{E}\,\mathfrak{y}, \end{cases}$$

$$(80)\begin{cases} d\bar{\mathfrak{x}}^{\mathrm{III}} = [\bar{h}\bar{\mathfrak{t}} - \bar{q}\,\bar{\mathfrak{q}} - \bar{w}\,\mathfrak{y} - \tilde{D}(2\,\bar{q}\,\mathfrak{y} + \mathfrak{t}) + D(w\,\mathfrak{y} + \mathfrak{q})]\,d\psi \\ + [\bar{w}\bar{\mathfrak{t}} - 2\,q\,\bar{\mathfrak{q}} + w\,\mathfrak{y} - \mathfrak{q} - \tilde{D}(q\,\mathfrak{y} + \bar{\mathfrak{y}}) + D\,h\,\mathfrak{y}]\,d\bar{\psi} - d\tilde{D}\,\mathfrak{y} + dD\,\mathfrak{t}. \end{cases}$$

Soll nun die durch (77) und (78) bis (80) dargestellte Zyklide $\bar{\mathfrak{x}}^\lambda + d\bar{\mathfrak{x}}^\lambda$ mit $\mathfrak{x}^\alpha$ identisch sein, so muß außer $\mathfrak{x}^\alpha\bar{\mathfrak{x}}^\lambda = 0$ auch

$$(81)\qquad \langle\mathfrak{x}^\alpha\, d\bar{\mathfrak{x}}^\lambda\rangle \equiv 0 \qquad [\alpha, \lambda = \mathrm{I}, \mathrm{II}, \mathrm{III}]$$

gelten. Für $\lambda = \mathrm{I}$ wird man durch (81) auf zwei Identitäten und die Gleichung

$$(82)\qquad -d\psi + \tilde{E}\,d\bar{\psi} = 0$$

für $\lambda = \mathrm{II}$ auf eine Identität, auf die Gleichung

$$(83)\qquad \tilde{E}\,d\psi - D\,d\bar{\psi} = 0$$

und auf eine weitere zur Bestimmung von $d\tilde{E}$ dienende Gleichung geführt, die wir hier nicht zu berechnen brauchen. Für $\lambda = \mathrm{III}$ endlich führt (81) auf

$$(84)\qquad -D\,d\psi + d\bar{\psi} = 0$$

und auf zwei weitere Gleichungen, die zur Bestimmung von dD und $d\tilde{D}$ dienen. Soll (81) überhaupt für eine Richtung $du:dv$, d. h. $d\psi:d\bar{\psi}$ mit nicht gleichzeitig verschwindenden $d\psi$ und $d\bar{\psi}$ erfüllt sein, so muß nach den drei wesentlichen Gleichungen (82), (83) und (84) gelten

$$(85)\qquad D^3 = +1; \qquad \tilde{E} = D^2,$$

also für reelle D, $\tilde{E}$:

(86) $$D = +1; \qquad \tilde{E} = +1$$

und die durch (82), (83), (84) gegebene ausgezeichnete Richtung $d\psi : d\overline{\psi}$ ist dann durch $d\psi - d\overline{\psi} = 0$ oder

(87) $$\sum_i (n_i - \bar{n}_i)\, du^i = 0$$

gegeben. *Nur für die Fortschreitungsrichtung der durch* (87) *gegebenen Flächenstreifen, die wir auch als zyklidische Streifen bezeichnen wollen, gibt es also Zykliden, die die Fläche in zwei konsekutiven Punkten je in zweiter Ordnung berühren. Da nach* (86) *nur D und $\tilde{E}$ festgelegt sind, $\tilde{D}$ aber völlig willkürlich bleibt, gibt es für diese Fortschreitungsrichtung dann aber gleich ∞^1 solche Zykliden, die dann durch die Vektorbündel*

(88)

$\mathfrak{x}^{I} = \mathfrak{y}$	$\mathfrak{x}^{II} = \mathfrak{t} + \bar{\mathfrak{y}}$	$\mathfrak{x}^{III} = \mathfrak{q} + \tilde{D}\,\bar{\mathfrak{y}} + \bar{\mathfrak{t}}$
$\bar{\mathfrak{x}}^{I} = \bar{\mathfrak{y}}$	$\bar{\mathfrak{x}}^{II} = \bar{\mathfrak{t}} + \mathfrak{y}$	$\bar{\mathfrak{x}}^{III} = \bar{\mathfrak{q}} - \tilde{D}\,\mathfrak{y} + \mathfrak{t}$

dargestellt sind. Wir nennen sie die Schmiegzykliden der Fläche. Wir können die zyklidischen Streifen noch auf eine andere Weise kennzeichnen. Im § 84 [vgl. (7)] haben wir gezeigt, daß jede der Krümmungskugeln nicht nur die zum selben Berührungspunkt gehörige Krümmungskugel des anderen Systems berührt, sondern noch alle in zweiter Ordnung benachbarten Krümmungskugeln dieses anderen Systems. Es gilt also z. B. für $\mathfrak{y}$ nicht nur $\mathfrak{y}\bar{\mathfrak{y}} = 0$, sondern auch $\mathfrak{y}\, d\bar{\mathfrak{y}} = \mathfrak{y}\, d^2\bar{\mathfrak{y}} = 0$. Wir können nun fragen: Gibt es eine Fortschreitungsrichtung, in der nicht nur $\mathfrak{y}$, sondern auch die Nachbarkrümmungskugel $\mathfrak{y} + d\mathfrak{y}$ alle die zu $\bar{\mathfrak{y}}$ in zweiter Ordnung benachbarten Krümmungskugeln des zweiten Systems berührt, für die also gilt

(89) $$\langle d\mathfrak{y}\, d^2\bar{\mathfrak{y}}\rangle = 0\,?$$

Nach (7) folgt aus (89) auch $\langle d^2\mathfrak{y}\, d\bar{\mathfrak{y}}\rangle = 0$, so daß derselbe Sachverhalt für die durch (89) gegebene Richtung auch bestehen bleibt, wenn man die beiden Krümmungskugelsysteme vertauscht. Da die Skalarprodukte der $\mathfrak{y}_u$, $\mathfrak{y}_v$ mit den $\bar{\mathfrak{y}}_u$, $\bar{\mathfrak{y}}_v$ verschwinden, und da weiter nach (11) $\mathfrak{y}_u\bar{\mathfrak{y}}_{uv} = \mathfrak{y}_v\bar{\mathfrak{y}}_{uv} = 0$ gilt, erhält man aus (89)

(90) $$\langle \mathfrak{y}_u\, \bar{\mathfrak{y}}_{uu}\rangle\, du^3 + \langle \mathfrak{y}_v\, \bar{\mathfrak{y}}_{vv}\rangle\, dv^3 = 0\,.$$

Da nach (22) $du^3 = d\psi^3 : \bar{\sigma}^3$ und $dv^3 = d\overline{\psi}^3 : \sigma^3$ gilt, und da nach (23), (24) $\bar{\mathfrak{y}}_{11}$ und $\bar{\mathfrak{y}}_{22}$ bis auf erste Ableitungen von $\bar{\mathfrak{y}}$, die aber nicht zur Geltung kommen, mit

$$\bar{\mathfrak{y}}_{uu} : \bar{\sigma}^2 \qquad \text{und} \qquad \bar{\mathfrak{y}}_{vv} : \sigma^2$$

übereinstimmen, können wir (90) in der invarianten Form

$$\langle \mathfrak{y}_1 \bar{\mathfrak{y}}_{11} \rangle \, d\psi^3 + \langle \mathfrak{y}_2 \bar{\mathfrak{y}}_{22} \rangle \, d\bar{\psi}^3 = 0 \tag{90a}$$

schreiben. Nach (44) ist aber $\langle \mathfrak{y}_1 \bar{\mathfrak{y}}_{11} \rangle = -\langle \mathfrak{y}_2 \bar{\mathfrak{y}}_{22} \rangle = +1$. Wir haben somit $d\psi^3 - d\bar{\psi}^3 = 0$. Im Reellen gibt das aber nur für $d\psi - d\bar{\psi} = 0$ eine reelle Fortschreitungsrichtung, das heißt aber für die Richtung der durch (87) erklärten zyklidischen Kurve[1]).

Zu der einparametrigen Schar der zyklidischen Kurven resp. Streifen (87) gibt es eine zugehörige zweite Schar, die mit ihr zusammen das Netz der Krümmungslinien harmonisch trennt. Sie ist nach § 76 (41) durch

$$\sum_i (n_i + \ddot{n}_i)\, du^i = 0 \tag{91}$$

dargestellt. Um eine Anwendung zu machen, wollen wir einmal die *Flächen* bestimmen, *auf denen das Netz der zyklidischen Streifen und ihrer harmonischen zu dem Netz der Krümmungsstreifen diagonal im Sinne des* § 72 *ist*. Bei Verwendung von Krümmungslinienparametern (38) haben wir für (87), (91)

$$\varphi\, du - \bar{\varphi}\, dv = 0 \quad \text{und} \quad \varphi\, du + \bar{\varphi}\, dv = 0. \tag{92}$$

Soll das Netz (92) zu dem Netz $du = 0$, $dv = 0$ diagonal sein, so müssen sich die u, v-Skalen so wählen lassen, daß nach § 72 (147), (148) die Gleichungen (92) die Formen $du \mp dv = 0$ annehmen, das heißt, daß

$$\varphi = \bar{\varphi} \tag{93}$$

wird. Bei beliebiger Wahl der u- und v-Skalen gilt dann statt (93) eine Gleichung

$$\varphi\, U(u) = \bar{\varphi}\, V(v). \tag{94}$$

(94) ist gleichbedeutend mit der Differentialgleichung

$$\left(\lg \frac{\bar{\varphi}}{\varphi}\right)_{uv} = 0, \tag{95}$$

nach (61a) ist (95) aber wieder äquivalent mit

$$q_1 - \bar{q}_2 = 0 \quad \text{oder nach (45) mit} \quad h = \bar{h} \tag{96}$$

und wegen der Invarianz dieser Gleichung kennzeichnet sie die gesuchten Flächen bei Zugrundelegung allgemeiner Parameter. Wir wollen diese Flächen als *diagonalzyklidische Flächen* bezeichnen.

---

[1]) Der hier beschriebene Sachverhalt geht auf *E. Čech* zurück, der den analogen Satz für die Liniengeometrie entdeckt hat. [Vgl. *Fubini-Čech:* Geometria proiettiva differenziale § 16.]

Wir schließen diesen Abschnitt, indem wir noch auf einige spezielle unter den ∞^3 oskulierenden Zykliden einer Fläche hinweisen. Fordern wir, daß eine Zyklide längs jeder der beiden Krümmungslinien zwei konsekutive Krümmungskugeln mit der Fläche gemeinsam hat, und zwar von dem System, das jeweils nicht der Krümmungslinie zugehört, so können wir von der Darstellung (67) ausgehen, und wir haben außer $\langle \bar{\mathfrak{y}}\, \mathfrak{x}^\alpha \rangle = 0$ noch $\langle \bar{\mathfrak{y}}_2\, \mathfrak{x}^\alpha \rangle = 0$ oder nach (44) $\langle \bar{\mathfrak{t}}\, \mathfrak{x}^\alpha \rangle = 0$. Das gibt $E = \tilde{E} = 0$. Wegen $E = 0$ [vgl. (75a)] bekommen wir also spezielle oskulierende Zykliden. Gehen wir dann von (76), (77) aus, so folgt aus $\langle \mathfrak{y}_1\, \bar{\mathfrak{x}}^\lambda \rangle = 0$, daß außer $\tilde{E} = 0$ auch noch $D = 0$ ist. Wir erhalten also ∞^1 Zykliden der verlangten Art, die den Werten der verbleibenden Konstanten $\tilde{D}$ entsprechen. Ist außer $\tilde{E} = D = 0$ auch noch $\tilde{D} = 0$, so bekommen wir insbesondere nach (31) die Zyklide von *Lie*.

§ 87. Die Hüllflächen des Systems der Zykliden von *Lie*[1]).

Nach (31) wird die Lie-Zyklide durch die beiden Komplexbündel

$$\{\mathfrak{y}, \mathfrak{t}, \mathfrak{q}\} \quad \text{und} \quad \{\bar{\mathfrak{y}}, \bar{\mathfrak{t}}, \bar{\mathfrak{q}}\}$$

dargestellt. Die beiden erzeugenden Kugelscharen $\mathfrak{f}$ und $\bar{\mathfrak{f}}$ sind dann durch

$$(97) \qquad \begin{cases} \mathfrak{f} = \alpha^2 \mathfrak{y} + \sqrt{2}\, \alpha \alpha' \mathfrak{t} + \alpha'^2 \mathfrak{q} \\ \bar{\mathfrak{f}} = \bar{\alpha}^2 \bar{\mathfrak{y}} + \sqrt{2}\, \bar{\alpha} \bar{\alpha}' \bar{\mathfrak{t}} + \bar{\alpha}'^2 \bar{\mathfrak{q}} \end{cases}$$

gegeben. Man kann nach (29) nämlich leicht bestätigen, daß die durch (97) mit zwei homogenen Parametern $\alpha:\alpha'$ dargestellten Komplexe $\mathfrak{f}$ die einzigen Linearkombinationen von $\mathfrak{y}$, $\mathfrak{t}$ und $\mathfrak{q}$ sind, für die $\mathfrak{f}\mathfrak{f} = 0$ gilt, und ebenso sind die Komplexe $\bar{\mathfrak{f}}$ mit den beiden homogenen Parametern $\bar{\alpha}$ und $\bar{\alpha}'$ die einzigen Linearkombinationen von $\bar{\mathfrak{y}}$, $\bar{\mathfrak{t}}$, $\bar{\mathfrak{q}}$ mit $\bar{\mathfrak{f}}\bar{\mathfrak{f}} = 0$.

Wir wollen jetzt das mit der Fläche verbundene *System der Zykliden von Lie* betrachten und sein *Hüllgebilde* untersuchen. Einem Kugelpaar $\{\mathfrak{f}, \bar{\mathfrak{f}}\}$ mit irgendwelchen Parametern $\alpha:\alpha'$ und $\bar{\alpha}:\bar{\alpha}'$ entspricht ein gerichtetes Flächenelement auf der Zyklide von *Lie*. Soll durch $\{\mathfrak{f}(u, v),\ \bar{\mathfrak{f}}(u, v)\}$ mit Funktionen α, α', $\bar{\alpha}$, $\bar{\alpha}'$ von u und v nun eine einhüllende Fläche des Zyklidensystems gegeben sein, so muß nach § 57 die Streifenbedingung

$$(98) \qquad \langle \mathfrak{f}\, d\bar{\mathfrak{f}} \rangle \equiv 0, \quad \langle \bar{\mathfrak{f}}\, d\mathfrak{f} \rangle \equiv 0$$

[1]) Die zu den Untersuchungen dieses Abschnitts analogen der projektiven Flächentheorie gehen auf *A. Demoulin* zurück. Comptes Rendus [Paris] Bd. 147, S. 493—496. 1908.

für alle Richtungen d gelten. Wir können (98) ersetzen durch

(99) $$\langle \mathfrak{f}\bar{\mathfrak{f}}_1\rangle = \langle\bar{\mathfrak{f}}\mathfrak{f}_2\rangle = 0$$

denn die übrigen Bedingungen $\langle \mathfrak{f}\bar{\mathfrak{f}}_2\rangle = \langle\bar{\mathfrak{f}}\mathfrak{f}_1\rangle = 0$ folgen aus $\mathfrak{f}\bar{\mathfrak{f}} = 0$ mittels (99) durch Ableitung. Aus (99) erhalten wir, wenn wir $\mathfrak{f}$, $\bar{\mathfrak{f}}$ und die Ableitungen aus (97) einsetzen und mittels der Ableitungsgleichungen (44) auf Grundvektoren zurückgehen:

(100) $$\alpha'^2[\bar{w}\,\bar{\alpha}'^2 - \bar{\alpha}^2] = 0$$

(101) $$\bar{\alpha}'^2[w\,\alpha'^2 - \alpha^2] = 0\,.$$

Diese beiden Gleichungen liefern die Werte der Verhältnisse $\alpha:\alpha'$ und $\bar{\alpha}:\bar{\alpha}'$, die in (97) eingesetzt die *Flächenelemente* $\{\mathfrak{f}, \bar{\mathfrak{f}}\}$ *der Hüllflächen* bestimmen. Nehmen wir zunächst in (100) $\alpha' = 0$ an, so folgt aus (101), da α' und α in (97) nicht gleichzeitig verschwinden dürfen, daß auch $\bar{\alpha}' = 0$ ist. Nach (97) ergibt sich für $\alpha' = \bar{\alpha}' = 0$ das Kugelpaar $\{\mathfrak{y}, \bar{\mathfrak{y}}\}$, also das Flächenelement unserer Ausgangsfläche. Als triviale Lösung erhalten wir also als eine Hüllfläche des Systems der Lie-Zykliden die Ausgangsfläche. Schließen wir diesen Fall aus ($\alpha' \neq 0$, $\bar{\alpha}' \neq 0$), so haben wir nach (100), (101)

$$\alpha = \pm\,\alpha'\sqrt{w}\,; \qquad \bar{\alpha} = \pm\,\bar{\alpha}'\sqrt{\bar{w}}\,.$$

Das führt auf die beiden Kugelpaare (97)

(102) $$\begin{cases} \mathfrak{f}^{\mathrm{I}} = w\,\mathfrak{y} + \sqrt{2\,w}\,\mathfrak{t} + \mathfrak{q}\,; & \bar{\mathfrak{f}}^{\mathrm{I}} = \bar{w}\,\bar{\mathfrak{y}} + \sqrt{2\,\bar{w}}\,\bar{\mathfrak{t}} + \bar{\mathfrak{q}}\,,\\ \mathfrak{f}^{\mathrm{II}} = w\,\mathfrak{y} - \sqrt{2\,w}\,\mathfrak{t} + \mathfrak{q}\,; & \bar{\mathfrak{f}}^{\mathrm{II}} = \bar{w}\,\bar{\mathfrak{y}} - \sqrt{2\,\bar{w}}\,\bar{\mathfrak{t}} + \bar{\mathfrak{q}}\,. \end{cases}$$

Die vier Kugeln (102), die nur für

(103) $$w > 0 \quad \text{und} \quad \bar{w} > 0$$

alle reell und verschieden sind, nennen wir die *Kugeln von Demoulin*. Die beiden Kugeln $\mathfrak{f}^{\mathrm{I}}$ und $\mathfrak{f}^{\mathrm{II}}$ ergeben sich auch als Lösungen $\mathfrak{f}$ des Gleichungssystems

$$\mathfrak{f}\mathfrak{f} = \mathfrak{f}\bar{\mathfrak{y}} = \mathfrak{f}\bar{\mathfrak{y}}_2 = \mathfrak{f}\bar{\mathfrak{y}}_{22} = \mathfrak{f}\bar{\mathfrak{y}}_{222} = 0\,.$$

$\mathfrak{f}^{\mathrm{I}}$ und $\mathfrak{f}^{\mathrm{II}}$ sind daher bestimmt als die beiden K-Kugeln, die vier konsekutive Kugeln $\bar{\mathfrak{y}}$ längs der Krümmungslinie **2** gleichzeitig berühren. Analog lassen sich $\bar{\mathfrak{f}}^{\mathrm{I}}$ und $\bar{\mathfrak{f}}^{\mathrm{II}}$ deuten.

Aus je einer der beiden Kugeln $\mathfrak{f}$ und je einer der Kugeln $\bar{\mathfrak{f}}$ lassen sich im Fall (103) vier Flächenelemente bilden. *Es gibt also in diesem Fall außer der Ausgangsfläche noch vier weitere Hüllflächen des Systems der Lie-Zykliden.* Berechnet man nach § 52, V und § 44 (20) das Doppelverhältnis der vier in derselben erzeugenden linearen Kugelschar der Zyklide von *Lie* gelegenen Kugeln $\mathfrak{y}$, $\mathfrak{f}^{\mathrm{I}}$, $\mathfrak{q}$ und $\mathfrak{f}^{\mathrm{II}}$, so ergibt sich, daß die Paare $\{\mathfrak{y}, \mathfrak{q}\}$ und $\{\mathfrak{f}^{\mathrm{I}}, \mathfrak{f}^{\mathrm{II}}\}$ sich harmonisch trennen. Entsprechendes gilt für die Paare $\{\bar{\mathfrak{y}}, \bar{\mathfrak{q}}\}$ und $\bar{\mathfrak{f}}^{I}$, $\bar{\mathfrak{f}}^{II}$ in der anderen Kugelschar. Damit ist eine neue geometrische Deutung der Kugeln $\mathfrak{q}$ und $\bar{\mathfrak{q}}$ gefunden.

Ist nur eine der Größen w und $\bar{w}$ kleiner als 0, so existiert im Reellen außer der Ausgangsfläche keine weitere Hüllfläche. Für $w = 0$ fallen die beiden Kugeln $\mathfrak{f}^{I}$, $\mathfrak{f}^{II}$ und für $\bar{w} = 0$ die Kugeln $\bar{\mathfrak{f}}^{I}$ und $\bar{\mathfrak{f}}^{II}$ zusammen. *Für*

(104) $$w = 0; \quad \bar{w} > 0$$

oder

$$w > 0; \quad \bar{w} = 0$$

gibt es dann außer der Urfläche noch zwei weitere Hüllflächen. Ist gleichzeitig

(105) $$w = \bar{w} = 0,$$

so gibt es nur noch eine weitere Hüllfläche, also im ganzen zwei. Es ist dann das Flächenelement der zweiten Hüllfläche durch $\{\mathfrak{q}, \bar{\mathfrak{q}}\}$ gegeben. Da nach (44) jetzt $\mathfrak{q}_1$ und ebenso $\bar{\mathfrak{q}}_2$ eine Linearkombination von $\mathfrak{q}$ und $\bar{\mathfrak{q}}$ ist, sind nach § 58 (90) $\mathfrak{q}$ und $\bar{\mathfrak{q}}$ die Krümmungskugeln dieser Fläche und ihre Krümmungslinien entsprechen den Krümmungslinien der Urfläche.

Man erkennt dann weiter aus (44), daß die Komplexe $\{\mathfrak{q}, \mathfrak{q}_2, \mathfrak{q}_{22}\}$ einerseits und $\{\bar{\mathfrak{q}}, \bar{\mathfrak{q}}_1, \bar{\mathfrak{q}}_{11}\}$ andererseits den beiden Komplexbündeln der Lie-Zyklide angehören. *In unserem Fall* (105) *ist also die Lie-Zyklide von* $\{\mathfrak{y}, \bar{\mathfrak{y}}\}$ *auch Lie-Zyklide von* $\{\mathfrak{q}, \bar{\mathfrak{q}}\}$.

§ 88. Flächen mit einer Schar sphärischer oder ebener Krümmungslinien[1]).

Wenn die Invariante h verschwindet, so ist nach (44) $\mathfrak{t}_2 = 0$, d. h. der Schmiegkomplex $\mathfrak{t}$ eines jeden Krümmungsstreifens der Schar 2 ist längs dieses ganzen Streifens konstant. Es gehört also jeder der Krümmungsstreifen 2 für sich einem festen linearen Komplex an. Nach § 58 heißt das: Die Krümmungslinien der Schar 2 sind alle sphärische oder ebene Kurven. *Durch* $h = 0$ oder $\bar{h} = 0$ *sind also die Flächen mit einer Schar sphärischer oder ebener Krümmungslinien gekennzeichnet.* Führt man die Krümmungslinien als Parameterkurven ein, so folgt aus $h = 0$, daß $\mathfrak{t}_v = 0$ ist, daß wir also $\mathfrak{t}$ als eine Vektorfunktion $\mathfrak{t}(u)$ von u allein ansetzen können. Da die Komplexe $\mathfrak{t}$ alle elliptisch sind, und da ein elliptischer Komplex $\mathfrak{t}$ aus allen K-Kugeln besteht, die eine feste gerichtete M-Kugel $\tilde{\mathfrak{t}}$ unter festem Winkel φ schneiden, ist die Schar $\mathfrak{t}(u)$ festgelegt, wenn wir die gerichtete Kugelschar $\tilde{\mathfrak{t}}(u)$ und für jede Kugel den Winkel φ, also die zur Kugelschar gehörige Winkel-

[1]) Vgl. zu diesem Abschnitt die Ergebnisse von *Darboux* [Théorie des surfaces. Bd. 4, Kap. IX und XI].

funktion $\varphi(u)$ vorgeben. Nehmen wir auf einer der Kugeln $\tilde{\mathfrak{t}}$, etwa auf $\tilde{\mathfrak{t}}(u_0) = \tilde{\mathfrak{t}}_0$ die sphärische Krümmungslinie C beliebig an, so ist damit die ganze Fläche beinahe schon bestimmt. Denn durch C müssen wir einen Flächenstreifen legen, der die gerichtete Kugel $\tilde{\mathfrak{t}}_0$ unter dem Winkel $\varphi(u_0) = \varphi_0$ schneidet. Durch jedes Linienelement von C gibt es nun zwei gerichtete Flächenelemente, die $\tilde{\mathfrak{t}}_0$ unter dem Winkel φ_0 schneiden, und somit gibt es genau zwei Flächenstreifen der verlangten Art. Entscheiden wir uns nun für den einen der beiden Streifen, so ist die ganze gerichtete Fläche bestimmt. Der gewählte Streifen durch C schneidet nämlich die Nachbarkugel $\tilde{\mathfrak{t}}_0 + d\tilde{\mathfrak{t}}$ der Schar in einer Nachbarkurve $C + dC$. Durch diese haben wir dann den Streifen zu legen, der die gerichtete Kugel $\tilde{\mathfrak{t}}_0 + d\tilde{\mathfrak{t}}$ unter dem zugehörigen Winkelwert $\varphi_0 + d\varphi$ schneidet, und auf diese Weise haben wir die Fläche immer weiter fortzusetzen. Wir können die drei Funktionen einer Variablen, die in der Kugelschar $\tilde{\mathfrak{t}}(u)$ stecken, die Winkelfunktion $\varphi(u)$ und die in der Wahl von C steckende eine Funktion noch völlig willkürlich wählen. Denn durch die angegebene Konstruktion erhält man natürlich immer eine Fläche mit einer Schar sphärischer (oder ebener) Krümmungslinien. *In der allgemeinen Fläche mit einer Schar sphärischer oder ebener Krümmungslinien stecken* also, abgesehen von der erwähnten Zweideutigkeit in der Wahl des Anfangsstreifens, *fünf willkürliche Funktionen einer Variablen.* In ganz ähnlicher Weise, wie man zu einer gegebenen Kugelschar gewöhnlich Isogonal- und Orthogonalflächen konstruiert, ergeben sich unsere Flächen also als die Flächen, die eine gegebene Kugelschar $\tilde{\mathfrak{t}}(u)$ unter einer gegebenen allgemeinen Winkelfunktion $\varphi(u)$ durchsetzen. Da der Winkel der Fläche mit den Kugeln der Schar nur längs jeder einzelnen Kugel konstant ist, mit den Kugeln der Schar aber variiert, wollen wir unsere Flächen auch als *Halbisogonalflächen einer Kugelschar* bezeichnen. Da die Krümmungslinien alle sphärisch werden, wenn die $\tilde{\mathfrak{t}}$ wirkliche Kugeln darstellen, da sie aber eben werden, wenn die $\tilde{\mathfrak{t}}$ Ebenen sind, so gilt: *Die Flächen mit einer Schar sphärischer Krümmungslinien sind die Halbisogonalflächen einer Schar von Kugeln, die Flächen mit einer Schar ebener Krümmungslinien aber die Halbisogonalflächen einer Schar von Ebenen.*

In unserer allgemeinen Flächenklasse sind als spezieller Fall die im § 71 erwähnten *Orthogonalflächen einer Kugelschar* und die im § 79 angeführten *Gesimsflächen von Monge* als Orthogonalflächen einer Schar von Ebenen enthalten.

Wir wollen jetzt zu den *Flächen mit lauter sphärischen oder ebenen Krümmungslinien* übergehen, die durch das gleichzeitige Bestehen der Gleichungen

$$h = 0, \quad \bar{h} = 0 \tag{106}$$

gekennzeichnet sind. In den Parametern der Krümmungslinien haben wir dann

$$\mathfrak{t} = \mathfrak{t}(u), \quad \bar{\mathfrak{t}} = \bar{\mathfrak{t}}(v).$$

Da die zu einem Punkt $\{u, v\}$ gehörigen Komplexe $\mathfrak{t}$ und $\bar{\mathfrak{t}}$ wegen (29) $\mathfrak{t}\bar{\mathfrak{t}} = 0$ involutorisch sind, muß

$$\langle\mathfrak{t}(u)\ \bar{\mathfrak{t}}(v)\rangle \equiv 0$$

identisch in u und v gelten. Es müssen daher die Skalarprodukte von $\mathfrak{t}, \mathfrak{t}_u, \mathfrak{t}_{uu}, \mathfrak{t}_{uuu} \ldots$ einerseits mit $\bar{\mathfrak{t}}, \bar{\mathfrak{t}}_v, \bar{\mathfrak{t}}_{vv}, \bar{\mathfrak{t}}_{vvv} \ldots$ andererseits oder in invarianten Ableitungen die Produkte der $\mathfrak{t}, \mathfrak{t}_1, \mathfrak{t}_{11}, \mathfrak{t}_{111} \ldots$ mit den $\bar{\mathfrak{t}}, \bar{\mathfrak{t}}_2, \bar{\mathfrak{t}}_{22}, \bar{\mathfrak{t}}_{222} \ldots$ alle verschwinden. Nun gilt nach (44)

$$(107)\qquad \left\{\begin{aligned} \mathfrak{t} &= \mathfrak{t} \\ \mathfrak{t}_1 &= w\,\mathfrak{y} + \mathfrak{q} \\ \mathfrak{t}_{11} &= (w_1 + 2\,\bar{q}\,w)\,\mathfrak{y} + 2\,w\,\mathfrak{t} - 2\,\bar{q}\,\mathfrak{q} + \bar{w}\,\bar{\mathfrak{y}} - \bar{\mathfrak{q}}, \end{aligned}\right.$$

daraus folgt, daß $\mathfrak{t}$, $\mathfrak{t}_1$ und $\mathfrak{t}_{11}$ immer linear unabhängig sind. Ebenso sind dann $\bar{\mathfrak{t}}$, $\bar{\mathfrak{t}}_2$ und $\bar{\mathfrak{t}}_{22}$ linear unabhängig. Da die Skalarprodukte der $\mathfrak{t}, \mathfrak{t}_1, \mathfrak{t}_{11}$ mit den $\bar{\mathfrak{t}}, \bar{\mathfrak{t}}_2, \bar{\mathfrak{t}}_{22}$ verschwinden, so spannen die beiden Tripel von Komplexen zwei konjugierte Komplexbündel auf. Nach § 55 müssen dann alle weiteren Ableitungen $\bar{\mathfrak{t}}_{222}, \bar{\mathfrak{t}}_{2222} \ldots$ usw. von $\bar{\mathfrak{t}}$, da ihre Skalarprodukte mit dem Bündel (107) Null ergeben, in dem konjugierten Bündel $\{\bar{\mathfrak{t}}, \bar{\mathfrak{t}}_2, \bar{\mathfrak{t}}_{22}\}$ enthalten sein[1]). Also sind sämtliche Komplexe der Schar $\bar{\mathfrak{t}}(v)$ in diesem Bündel enthalten. Ebenso liegen dann alle Komplexe $\mathfrak{t}(u)$ in dem Bündel (107).

Bei den Flächen mit lauter sphärischen (ebenen) Krümmungslinien bilden also die beiden Scharen $\mathfrak{t}, \bar{\mathfrak{t}}$ der Schmiegkomplexe der Krümmungsstreifen zwei konjugierte Komplexbündel.

Setzen wir $\mathfrak{x}^{\mathrm{I}} = \mathfrak{t}$, $\mathfrak{x}^{\mathrm{II}} = \mathfrak{t}_1$, $\mathfrak{x}^{\mathrm{III}}$ aber gleich $\mathfrak{t}_{11} + 2\bar{q}\,\mathfrak{t}_1 - 2w\,\mathfrak{t}$ und ebenso $\bar{\mathfrak{x}}^{\mathrm{I}} = \bar{\mathfrak{t}}$, $\bar{\mathfrak{x}}^{\mathrm{II}} = \bar{\mathfrak{t}}_2$ und $\bar{\mathfrak{x}}^{\mathrm{III}} = \bar{\mathfrak{t}}_{22} + 2q\,\bar{\mathfrak{t}}_2 - 2\bar{w}\,\bar{\mathfrak{t}}$, so können wir nach (107) die beiden Bündel $\mathfrak{x}^{\alpha}$, $\bar{\mathfrak{x}}^{\lambda}$ in der Form darstellen:

(108)	$\mathfrak{x}^{\mathrm{I}} = \mathfrak{t}$	$\bar{\mathfrak{x}}^{\mathrm{I}} = \bar{\mathfrak{t}}$
	$\mathfrak{x}^{\mathrm{II}} = w\,\mathfrak{y} + \mathfrak{q}$	$\bar{\mathfrak{x}}^{\mathrm{II}} = \bar{w}\,\bar{\mathfrak{y}} + \bar{\mathfrak{q}}$
	$\mathfrak{x}^{\mathrm{III}} = (w_1 + 4\,w\,\bar{q})\,\mathfrak{y} + \bar{w}\,\bar{\mathfrak{y}} - \bar{\mathfrak{q}}$	$\bar{\mathfrak{x}}^{\mathrm{III}} = (\bar{w}_2 + 4\,w\,q)\,\bar{\mathfrak{y}} + w\,\mathfrak{y} - \mathfrak{q}$

[1]) Streng genommen kann man diesen Schluß nach § 55 zunächst nur für den dort allein betrachteten Fall ziehen, daß für die beiden Komplexbündel die Determinanten § 55 (40) nicht verschwinden. Man kann aber leicht nachtragen, daß der Schluß auch für den Fall verschwindender Determinanten zu Recht besteht.

Für die charakteristischen Determinanten
$$A = |\langle \mathfrak{x}^\alpha \mathfrak{x}^\beta \rangle|; \quad \bar{A} = |\langle \bar{\mathfrak{x}}^\lambda \bar{\mathfrak{x}}^\mu \rangle|$$
der Bündel erhält man

(109) $\quad \begin{cases} A = -[(w_1 + 4\,w\,\bar{q})^2 + 4\,w\,\bar{w}]; \\ \bar{A} = -[(\bar{w}_2 + 4\,\bar{w}\,q)^2 + 4\,w\,\bar{w}]. \end{cases}$

Nach (49) gilt also
$$A = \bar{A}.$$

Wir unterscheiden für unsere Flächenklasse (106) nun drei Typen:

1. Es ist $A = \bar{A} < 0$. Dann bestimmen nach § 55 die beiden Bündel $\mathfrak{x}^\alpha$, $\bar{\mathfrak{x}}^\lambda$, die zu unserer Fläche $\{\mathfrak{y}, \bar{\mathfrak{y}}\}$ nach (108) gehören, eine *Dupin*sche Zyklide. Wir können dann nach § 53 durch Abbildung von *Lie* die in dem Bündel $\bar{\mathfrak{x}}^\lambda$ enthaltene Kugelschar der Zyklide überführen in die Punkte einer Geraden g und die konjugierte Kugelschar in das Ebenenbüschel durch g. Die Ebenen dieses Büschels müssen dann allen Komplexen des aus $\mathfrak{x}^\alpha$ bei der Transformation entstandenen Bündels $(\mathfrak{x}^\alpha)'$, also allen aus den $\mathfrak{t}$ hervorgegangenen Komplexen $\mathfrak{t}'$ angehören. Die zu diesen Komplexen $\mathfrak{t}'$ gehörigen Fixkugeln $\tilde{\mathfrak{t}}'$ müssen dann alle Ebenen des Büschels unter gleichem Winkel schneiden, sie können somit nur die *M*-Kugeln mit dem Mittelpunkt auf g sein, und der Schnittwinkel ist immer ein rechter. Jeder der Komplexe der Schar $\mathfrak{t}'(u)$ besteht also aus lauter Kugeln, die senkrecht sind zu einer festen *M*-Kugel mit dem Mittelpunkt auf g.

Die zugehörige Fläche $\{\mathfrak{y}', \bar{\mathfrak{y}}'\}$ muß dann Orthogonalfläche dieser Kugelschar sein. Nun ist aber auch schon jede solche Fläche eine Fläche vom Typ 1 mit lauter sphärischen oder ebenen Krümmungslinien. Denn die Flächenkurven, die Orthogonaltrajektorien der Kugelschar der erwähnten Art sind, bilden das zweite System der nicht auf den Kugeln $\tilde{\mathfrak{t}}'$ gelegenen Krümmungslinien. Diese Trajektorien liegen aber aus Symmetriegründen alle in Ebenen durch g.

Die Flächen unseres Typs 1 entstehen also durch Abbildung von Lie aus den Orthogonalflächen von solchen M-Kugelscharen, deren Mittelpunkte alle auf einer festen Geraden liegen und bei denen die eine Schar der Krümmungslinien dann sogar eben ist.

2. Ist $A = \bar{A} > 0$, so haben wir nach § 55 zwei Komplexbündel von dem dort unter Nr. (63)$_1$ angegebenen Typ. Nur in dem einen Bündel ist dann eine lineare Kugelschar ohne Hüllfläche enthalten, die sich durch Lie-Transformation in eine Schar konzentrischer Kugeln abbilden läßt. Denken wir uns diese Abbildung bereits ausgeführt und nehmen wir an, daß die konzentrischen Kugeln in dem aus $\mathfrak{t}$ transformierten Bündel $\bar{\mathfrak{t}}'$ liegen, so müssen alle Komplexe des konjugierten Bündels $\mathfrak{t}'$ die Schar der konzentrischen Kugeln enthalten. Die zugehörigen Fixkugeln $\tilde{\mathfrak{t}}'$ müssen also alle konzentrischen Kugeln unter dem gleichen Winkel schneiden. Eine konzentrische Kugelschar mit dem Zentrum M wird nun aber nur von den durch M gehenden Ebenen und sonst von keinen M-Kugeln mehr unter gleichem Winkel geschnitten. Bei diesen Ebenen ist der Schnittwinkel aber ein Rechter. Daher besteht jeder Komplex $\mathfrak{t}'$ aus lauter Kugeln, die eine feste Ebene $\tilde{\mathfrak{t}}'$ durch M senkrecht schneiden. Die Schar $\tilde{\mathfrak{t}}'$ besteht dann aus den Tangentenebenen eines allgemeinen Kegels mit dem Zentrum M, und die zugehörige Fläche ist Orthogonalfläche der Schar der Tangentenebenen. Die nicht in den Tangentenebenen gelegene Schar der Krümmungslinien liegt dann auf konzentrischen Kugeln um M. *Die Flächen unseres Typs* 2 *entstehen also durch Lietransformation aus den speziellen Gesimsflächen von Monge* (§ 79), *die Orthogonalflächen der Schar der Tangentenebenen eines allgemeinen Kegels sind.*

3. Es ist $A = \bar{A} = 0$. *Es ist leicht einzusehen, daß diese Flächen des letzten Typs identisch sind mit den Flächen, die durch Lie-Transformation aus den im* § 64 *behandelten Flächen mit lauter ebenen Krümmungslinien hervorgehen.* Wir haben nur zu zeigen, daß es in unserem Fall 3 und nur in diesem eine Kugel $\mathfrak{k}$ gibt, die allen Komplexen $\mathfrak{t}$ und allen Komplexen $\bar{\mathfrak{t}}$ angehört, also sowohl in dem Bündel $\mathfrak{x}^\alpha$ wie in dem konjugierten Bündel $\bar{\mathfrak{x}}^\lambda$ enthalten ist. Denn wenn wir dann $\mathfrak{k}$ durch Abbildung von *Lie* in den uneigentlichen Punkt befördern, so sind nach § 62 alle $\mathfrak{t}$ und $\bar{\mathfrak{t}}$ involutorische Komplexe der Laguerre-Geometrie, woraus nach § 71 die Behauptung folgt.

Soll eine Kugel $\mathfrak{k}$ mit den angegebenen Eigenschaften existieren, so müssen die sechs Komplexe (108) linear abhängig sein, was wirklich, wie man sich leicht überzeugt, nur für $A = \bar{A} = 0$ der Fall ist. Umgekehrt existiert für $A = \bar{A} = 0$ aber auch immer eine solche Kugel $\mathfrak{k}$, die beiden Bündeln angehört. Für $A = 0$ ist nach (109) nämlich $w\bar{w} \leqq 0$, und für $w\bar{w} < 0$ ist dann durch

$$\mathfrak{k} = w(\bar{w}\,\mathfrak{y} - \bar{\mathfrak{q}}) + \sqrt{-w\bar{w}}\,(w\,\mathfrak{y} - \mathfrak{q})$$

eine beiden Bündeln angehörende Kugel gegeben.

Für $w = 0$ ist aber $\mathfrak{q}$ und für $\bar{w} = 0$ ist $\bar{\mathfrak{q}}$ eine solche Kugel.

Aus den in den Fällen 1 bis 3 gewonnenen Resultaten geht hervor: *Jede Fläche mit lauter sphärischen Krümmungslinien geht durch Abbildung von Lie hervor aus einer Fläche mit mindestens einer Schar ebener Krümmungslinien.*

§ 89. Spezielle R-Kugelsysteme.

Wir wollen von den Begriffen, die wir in unserer Liegeometrischen Flächentheorie entwickelt haben, jetzt einige Anwendungen auf die Theorie der im § 77 erklärten R-Kugelsysteme machen. Wir wollen uns z. B. für die Hüllflächen eines R-Systems die Schmiegkomplexe der Krümmungsstreifen und die zyklidischen Kurven berechnen. Wir schließen dabei direkt an die Formeln des § 77 an. Die Formen $d\psi$, $d\bar{\psi}$, n_i, $\bar{n}_i$ sowie die Invarianten q und $\bar{q}$ usw. haben jetzt also nicht mehr die in unserer Liegeometrischen Flächentheorie definierte Bedeutung, sondern entsprechen den im 8. Kap. für die Kugelsysteme gegebenen Formeln. Die R-Kugelsysteme als die Kugelsysteme, auf deren Hüllflächen sich die Krümmungsstreifen entsprechen, stellen ja eine Lieinvariante Klasse von Kugelsystemen dar, und die Untersuchungen dieses Paragraphen werden alle rein Liegeometrischen Charakter besitzen zum Unterschied von denen des § 77, die meist in die Möbius- oder Laguerre-Geometrie gehörten. Trotzdem die Formeln des § 77, die den absoluten Komplex $\mathfrak{p}$ enthalten, nicht Lieinvariant geschrieben sind, werden wir sie für unsere Rechnungen ziemlich gut benutzen können.

Nach § 76 (32) und § 77 (45) sind die *Krümmungskugeln der Hüllfläche* $\mathfrak{a}$ eines R-Systems durch

$$\mathfrak{y}^{\mathrm{I}} = \mathfrak{x} + \frac{1}{A}\mathfrak{a} \quad \text{und} \quad \mathfrak{y}^{\mathrm{II}} = \mathfrak{x} + \frac{1}{\bar{A}}\mathfrak{a} \tag{110}$$

gegeben und die Krümmungskugeln der Hüllfläche $\mathfrak{b}$ durch

$$\tilde{\mathfrak{y}}^{\mathrm{I}} = \mathfrak{x} + \frac{1}{B}\mathfrak{b} \quad \text{und} \quad \tilde{\mathfrak{y}}^{\mathrm{II}} = \mathfrak{x} + \frac{1}{\bar{B}}\mathfrak{b}. \tag{111}$$

Dabei gehören die Kugeln $\mathfrak{y}^{\mathrm{I}}$ und $\tilde{\mathfrak{y}}^{\mathrm{I}}$ zu den Krümmungslinien **1** und die Kugeln $\mathfrak{y}^{\mathrm{II}}$, $\tilde{\mathfrak{y}}^{\mathrm{II}}$ zu den Krümmungslinien **2**. Nehmen wir an, daß die Hüllflächen keine Nabelpunkte besitzen, so muß nach § 76 (30)

$$A - \bar{A} \neq 0; \quad B - \bar{B} \neq 0. \tag{112}$$

sein. Aus (110) ergibt sich mittels § 77 (51):

$$\mathfrak{y}_1^{\mathrm{I}} = -\frac{A_1}{A^2}\mathfrak{a}.$$

Für $A_1 = 0$ sind somit die Krümmungskugeln $\mathfrak{y}^{\mathrm{I}}$ der Fläche $\mathfrak{a}$ längs ihrer ganzen Krümmungslinien **1** konstant. Nach § 71 *ist dann* $\mathfrak{a}$ *eine Kanalfläche.* Ganz analog ist die Bedeutung von $\bar{A}_2 = 0$ resp. $B_1 = 0$ und $\bar{B}_2 = 0$. Wir haben also: Für

$$A_1 \bar{A}_2 = 0 \quad \text{oder} \quad B_1 \bar{B}_2 = 0 \tag{113}$$

ist die Hüllfläche $\mathfrak{a}$ resp. $\mathfrak{b}$ eine Kanalfläche. *Für* $A_1 = \bar{A}_2 = 0$ oder $B_1 = \bar{B}_2 = 0$ *ist die eine Hüllfläche eine Dupinsche Zyklide.* Bei den Kanalflächen und nur bei diesen besteht die eine Schar der Krümmungslinien nach § 71 (Schluß) aus Kreisen. Für eine Krümmungslinie, die ein Kreis ist, ist die Schmiegkugel unbestimmt und nach § 85 dann auch der Schmiegkomplex des Krümmungsstreifens. In allen anderen Fällen aber ist der Schmiegkomplex des Krümmungsstreifens eindeutig festgelegt. *Wir wollen uns für den Krümmungsstreifen* **1** *der Fläche* $\mathfrak{a}$ unter der Annahme $A_1 \neq 0$ *den Schmiegkomplex* $\mathfrak{m}$ *berechnen.* Nach § 85 enthält er vier konsekutive Flächenelemente längs der Krümmungslinie **1**. Es gilt also

$$(114)\qquad \begin{cases} \mathfrak{m}\,\mathfrak{x} = \mathfrak{m}\,\mathfrak{x}_1 = \mathfrak{m}\,\mathfrak{x}_{11} = \mathfrak{m}\,\mathfrak{x}_{111} = 0 \\ \mathfrak{m}\,\mathfrak{a} = \mathfrak{m}\,\mathfrak{a}_1 = \mathfrak{m}\,\mathfrak{a}_{11} = \mathfrak{m}\,\mathfrak{a}_{111} = 0\,. \end{cases}$$

Setzen wir $\mathfrak{m}$ als Linearkombination der Grundvektoren $\mathfrak{x}$, $\mathfrak{x}_1$, $\mathfrak{x}_2$, $\mathfrak{a}$, $\mathfrak{b}$ und $\mathfrak{p}$ an und fügen die Normierungsbedingung $\mathfrak{m}\mathfrak{m} = 1$ hinzu, so ergibt sich mittels (114) auf Grund der Ableitungsgleichungen § 77 (50), (51) für $\mathfrak{m}$ die Darstellung

$$(115)\qquad \mathfrak{m} = \mathfrak{x}_2 + \left(\frac{q_1 A - A_1 q}{A_1}\right)\mathfrak{x} + \frac{q_1}{A_1}\,\mathfrak{a}\,.$$

Für den Schmiegkomplex $\bar{\mathfrak{m}}$ der Krümmungslinie **2** erhält man ebenso:

$$(116)\qquad \bar{\mathfrak{m}} = \mathfrak{x}_1 + \left(\frac{\bar{q}_2 \bar{A} - \bar{A}_2 \bar{q}}{\bar{A}_2}\right)\mathfrak{x} + \frac{\bar{q}_2}{\bar{A}_2}\,\mathfrak{a}\,.$$

Die Schmiegkomplexe, die zur Fläche $\mathfrak{b}$ gehören, erhält man einfach, wenn man in (115), (116) die A, $\bar{A}$ und $\mathfrak{a}$ durch die B, $\bar{B}$, $\mathfrak{b}$ ersetzt.

Von der Formel (115) wollen wir eine Anwendung machen. Wir wollen einmal annehmen, daß die Fläche $\mathfrak{b}$ unseres R-Systems eine Kanalfläche ist. Sind die Krümmungslinien **1** die Kreise, so ist dann

$$B_1 = 0\,.$$

Nehmen wir die Gleichung § 77 (52)

$$B_2 + (B - \bar{B})\,q = 0$$

hinzu und bilden für B die Integrierbarkeitsbedingung

$$(117)\qquad B_{12} + q\,B_1 = B_{21} + \bar{q}\,B_2\,,$$

so ergibt sich mittels § 77 (52) $\bar{B}_1 + (\bar{B} - B)\,\bar{q} = 0$ die Bedingung:

$$q_1 = 0\,.$$

Nehmen wir zunächst $A_1 \neq 0$ an, so ergibt sich für den Schmiegkomplex $\mathfrak{m}$ jetzt aus (115)

$$\mathfrak{m} = \mathfrak{x}_2 - q\,\mathfrak{x}$$

und aus § 77 (50) folgt dann $\mathfrak{m}_1 = 0$. Der Schmiegkomplex $\mathfrak{m}$ ist also längs der ganzen Krümmungslinie **1** der Fläche $\mathfrak{a}$ konstant. $\mathfrak{a}$ ist nach § 88 also eine Fläche mit einer Schar sphärischer oder ebener Krümmungslinien. In dem ausgeschlossenen Fall $A_1 = 0$ ist aber $\mathfrak{a}$ eine

Kanalfläche, deren Krümmungslinien 1 Kreise sind, also gleichfalls ebene Kurven. Wir haben somit den Satz:

Ist die eine Hüllfläche eines R-Systems eine Kanalfläche, so ist die andere Hüllfläche notwendig eine Fläche mit einer Schar sphärischer oder ebener Krümmungslinien und diese Krümmungslinien entsprechen den Kreisen der Kanalfläche[1]).

Nimmt man die Fläche $\mathfrak{b}$ als Zyklide an ($B_1 = \bar{B}_2 = 0$), so folgt aus $B_1 = 0$ wieder $q_1 = 0$ und ebenso aus $\bar{B}_2 = 0$, daß $\bar{q}_2 = 0$ ist. Die Fläche $\mathfrak{a}$ hat dann lauter sphärische oder ebene Krümmungslinien. Wir haben also:

Ist die eine Hüllfläche eines R-Kugelsystems eine Zyklide von Dupin, so ist die andere Hüllfläche notwendig eine Fläche mit lauter sphärischen oder ebenen Krümmungslinien.

Wir wollen uns jetzt weiter die zyklidischen Kurven auf der Hüllfläche $\mathfrak{a}$ eines allgemeinen R-Systems bestimmen. Nach (89) muß für diese Kurven gelten

$$\langle d\,\mathfrak{y}^{\mathrm{I}}\, d^2\,\mathfrak{y}^{\mathrm{II}}\rangle = 0\,,$$

wo $\mathfrak{y}^{\mathrm{I}}$ und $\mathfrak{y}^{\mathrm{II}}$ die durch (110) gegebenen Krümmungskugeln sind. Bei Verwendung der Parameter der Krümmungslinien muß hier der Gleichung (90) entsprechend gelten

$$\langle \mathfrak{y}^{\mathrm{I}}_u\, \mathfrak{y}^{\mathrm{II}}_{uu}\rangle\, d\,u^3 + \langle \mathfrak{y}^{\mathrm{I}}_v\, \mathfrak{y}^{\mathrm{II}}_{vv}\rangle\, d\,v^3 = 0\,, \tag{118}$$

denn (90) war ja für beliebige Normierung der Krümmungskugeln richtig. (118) können wir (90a) entsprechend wieder in die invariante Form schreiben

$$\langle \mathfrak{y}^{\mathrm{I}}_1\, \mathfrak{y}^{\mathrm{II}}_{11}\rangle\, d\,\psi^3 + \langle \mathfrak{y}^{\mathrm{I}}_2\, \mathfrak{y}^{\mathrm{II}}_{22}\rangle\, d\,\bar{\psi}^3 = 0\,, \tag{119}$$

wo wir jetzt die längs der Krümmungslinien genommenen invarianten Ableitungen des § 77 und die zugehörigen Formen $d\psi$, $d\bar{\psi}$ verwenden. Denn weil nach § 84 die Skalarprodukte der ersten Ableitungen von $\mathfrak{y}^{\mathrm{I}}$ mit den ersten Ableitungen von $\mathfrak{y}^{\mathrm{II}}$ alle verschwinden, wird in Krümmungslinienparametern

$$\varphi^3\,\langle \mathfrak{y}^{\mathrm{I}}_1\, \mathfrak{y}^{\mathrm{II}}_{11}\rangle = \langle \mathfrak{y}^{\mathrm{I}}_u\, \mathfrak{y}^{\mathrm{II}}_{uu}\rangle; \quad \bar{\varphi}^3\,\langle \mathfrak{y}^{\mathrm{I}}_2\, \mathfrak{y}^{\mathrm{II}}_{22}\rangle = \langle \mathfrak{y}^{\mathrm{I}}_v\, \mathfrak{y}^{\mathrm{II}}_{vv}\rangle$$

und wegen

$$d\,\psi^3 = \varphi^3\, d\,u^3; \quad d\,\bar{\psi}^3 = \bar{\varphi}^3\, d\,v^3 \tag{119a}$$

ist (119) wirklich mit (118) identisch. Aus § 77 (50) errechnet man

$$\langle \mathfrak{y}^{\mathrm{I}}_1\, \mathfrak{y}^{\mathrm{II}}_{11}\rangle = -\,A_1\left(\frac{1}{A} - \frac{1}{\bar{A}}\right); \quad \langle \mathfrak{y}^{\mathrm{I}}_2\, \mathfrak{y}^{\mathrm{II}}_{22}\rangle = -\,\bar{A}_2\left(\frac{1}{A} - \frac{1}{\bar{A}}\right).$$

---

[1] Der zu diesem Satz analoge Satz der Liniengeometrie stammt von *Segre*. [Vgl. *Fubini-Čech:* Geometria proiettiva differenziale. I. § 49.

Die reellen zyklidischen Kurven der Fläche $\mathfrak{a}$ *sind also durch*

$$\sqrt[3]{A_1}\,d\psi + \sqrt[3]{\overline{A}_2}\,d\overline{\psi} = \sum_i \left(\sqrt[3]{A_1}\,n_i + \sqrt[3]{\overline{A}_2}\,\overline{n}_i\right) du^i = 0 \tag{120}$$

gegeben, wobei die reellen dritten Wurzeln zu nehmen sind. Analog erhält man für die zyklidischen Kurven der anderen Hüllfläche

$$\sqrt[3]{B_1}\,d\psi + \sqrt[3]{\overline{B}_2}\,d\overline{\psi} = 0 \tag{121}$$

Wir wollen nun die Kugelsysteme untersuchen, auf deren Hüllflächen sich nicht nur die Krümmungslinien, sondern auch noch die zyklidischen Kurven entsprechen. Nach (120), (121) werden diese die speziellen R-Systeme sein, für die

$$A_1 \overline{B}_2 - \overline{A}_2 B_1 = 0 \tag{122}$$

gilt. Schließen wir Kanalflächen als Hüllflächen aus, so können wir nach (122) setzen

$$B_1 = \lambda A_1; \quad \overline{B}_2 = \lambda \overline{A}_2 \tag{123}$$

mit einer Hilfsfunktion $\lambda\,(u, v)$. Außer (123) gelten dann nach § 77 (52) noch die Gleichungen

$$\begin{cases} A_2 = (\overline{A} - A)\,q; & B_2 = (\overline{B} - B)\,q, \\ \overline{A}_1 = (A - \overline{A})\,\overline{q}; & \overline{B}_1 = (B - \overline{B})\,\overline{q}. \end{cases} \tag{124}$$

Setzen wir in die Integrierbarkeitsbedingung

$$\overline{B}_{12} + q\,\overline{B}_1 = \overline{B}_{21} + \overline{q}\,\overline{B}_2 \tag{125}$$

für $\overline{B}_{12}$ und $\overline{B}_{21}$ die Ausdrücke

$$\overline{B}_{12} = (B_2 - \overline{B}_2)\,\overline{q} + (B - \overline{B})\,\overline{q}_2; \quad \overline{B}_{21} = \lambda_1 \overline{A}_2 + \lambda \overline{A}_{21}$$

ein, die sich aus $(123)_2$ und $(124)_4$ durch Ableitung unter Verwendung von (123), (124) ergeben und ersetzen wir in (125) dann noch B_2, $\overline{B}_1$ und $\overline{B}_2$ nach (123), (124), so erhalten wir

$$\lambda \overline{A}_{21} + \lambda_1 \overline{A}_2 + 2\,\overline{q}\,\lambda\,\overline{A}_2 = (B - \overline{B})\,\overline{q}_2. \tag{126}$$

Nun ist nach (123) und (124)

$$\overline{A}_{12} = (A - \overline{A})(\overline{q}_2 - q\,\overline{q}) - \overline{A}_2\,\overline{q}$$

und wegen

$$\overline{A}_{12} + q\,\overline{A}_1 = \overline{A}_{21} + \overline{q}\,\overline{A}_2$$

$$\overline{A}_{21} = (A - \overline{A})\,\overline{q}_2 - 2\,\overline{q}\,\overline{A}_2. \tag{127}$$

Setzen wir diesen Ausdruck für $\overline{A}_{21}$ in (126) ein, so erhalten wir

$$\lambda_1 = \frac{\overline{q}_2}{\overline{A}_2}[(B-\overline{B}) - \lambda(A-\overline{A})]. \tag{128}$$

Verfahren wir mit der Gleichung (117) in gleicher Weise wie mit (125), so werden wir statt auf (128) auf

$$\lambda_2 = \frac{q_1}{A_1}[(\overline{B}-B) - \lambda(\overline{A}-A)] \tag{129}$$

geführt. Ersetzen wir nun in

$$\lambda_{12} + q\lambda_1 = \lambda_{21} + \overline{q}\lambda_2$$

die Ableitungen von λ nach (128), (129) und den daraus durch Differenzieren folgenden Gleichungen durch Ausdrücke allein in λ selbst und den A, $\overline{A}$, B, $\overline{B}$ sowie den q, $\overline{q}$ und ihren Ableitungen, wobei wir die Ableitungen der A und B immer gleich nach (123), (124) eliminieren, so erhalten wir

$$\left[\left(\frac{\overline{q}}{\overline{A}_2}\right)_2 + \left(\frac{q_1}{A_1}\right)_1\right]\cdot[(B-\overline{B}) - \lambda(A-\overline{A})] = 0. \tag{130}$$

Hier haben wir nun zwei Fälle:

1. Es ist

$$(B-\overline{B}) = \lambda(A-\overline{A}). \tag{131}$$

Aus (128) und (129) folgt in diesem Fall die Konstanz von λ. Ersetzen wir in dem Ausdruck § 77 (59) für den oskulierenden Komplex $\mathfrak{r}$ des R-Systems überall B nach (131), so bekommen wir nach Weglassung eines Faktors $A - \overline{A}$ für $\mathfrak{r}$ die Darstellung

$$\mathfrak{r} = (\overline{B} - \lambda\overline{A})\mathfrak{x} - \lambda\mathfrak{a} + \mathfrak{b}.$$

Aus § 77 (51) folgt dann mittels (124), (131) $\mathfrak{r}_1 = \mathfrak{r}_2 = 0$.

Der oskulierende Komplex $\mathfrak{r}$ ist somit in unserem Fall 1 konstant. Das heißt aber, daß alle Kugeln des Systems in einem festen Komplex $\mathfrak{r}$ enthalten sind. Für diese Systeme gehen aber die Hüllflächen einfach durch Lie-Inversion an dem Komplex $\mathfrak{r}$ auseinander hervor, und es ergibt sich trivialerweise, daß sich die zyklidischen Streifen als Lie-invariante Streifen entsprechen. Während wir im § 79 nur Kugelsysteme behandelten, die in einem festen involutorischen Komplex lagen, haben wir hier Systeme, die in einem allgemeinen Komplex liegen.

2. Ist

$$(B-\overline{B}) - \lambda(A-\overline{A}) \neq 0,$$

so haben wir nach (130)

$$\left(\frac{\overline{q}_2}{\overline{A}_2}\right)_2 + \left(\frac{q_1}{A_1}\right)_1 = 0. \tag{131a}$$

Diese Gleichung ist aber identisch mit jeder der folgenden beiden Gleichungen:

$$(132)\qquad (\lg \bar{A}_2)_{12} + q(\lg \bar{A}_2)_1 + 3\,\bar{q}_2 = (\lg A_1)_{21} + \bar{q}(\lg A_1)_2 + 3\,q_1$$

$$(133)\qquad (\lg \bar{B}_2)_{12} + q(\lg \bar{B}_2)_1 + 3\,\bar{q}_2 = (\lg B_1)_{21} + \bar{q}(\lg B_1)_2 + 3\,q_1 .$$

In der Tat: Aus (127) folgt

$$(134)\qquad (\lg \bar{A}_2)_1 = \frac{\bar{q}_2}{\bar{A}_2}(A - \bar{A}) - 2\,\bar{q}$$

und ebenso gilt

$$(135)\qquad (\lg A_1)_2 = \frac{q_1}{A_1}(\bar{A} - A) - 2\,q .$$

Wenn man dann (134) und (135) in (132) einsetzt und wieder (123), (124) berücksichtigt, so erhält man gerade die Gleichung (131a). Analog führt man (133) auf (131a) zurück. Den Gleichungen (132), (133) können wir nun aber eine einfache geometrische Deutung geben. Führen wir die Parameter der Krümmungslinien ein, so wird

$$\frac{1}{3}(\lg \bar{A}_2)_{12} + \frac{1}{3}\,q(\lg \bar{A}_2)_1 = \frac{1}{\varphi\bar{\varphi}}\left(\lg \sqrt[3]{\bar{A}_2}\right)_{uv}$$

$$\frac{1}{3}(\lg A_1)_{21} + \frac{1}{3}\,\bar{q}(\lg A_1)_2 = \frac{1}{\varphi\bar{\varphi}}\left(\lg \sqrt[3]{A_1}\right)_{uv}$$

$$\bar{q}_2 - q_1 = \frac{1}{\varphi\bar{\varphi}}\left(\lg \frac{\bar{\varphi}}{\varphi}\right)_{uv}$$

und (132) läßt sich in die Form schreiben

$$\left[\lg\left(\frac{\sqrt[3]{\bar{A}_2}\,\bar{\varphi}}{\sqrt[3]{A_1}\,\varphi}\right)\right]_{uv} = 0 .$$

Das ergibt integriert

$$\sqrt[3]{\bar{A}_2}\,\bar{\varphi}\cdot V(v) = \sqrt[3]{A_1}\,\varphi \cdot U(u)$$

und bei geeigneter Wahl der u-, v-Skalen

$$\sqrt[3]{A_1}\,\varphi = \sqrt[3]{\bar{A}_2}\,\bar{\varphi} .$$

Wegen (119a) wird also die Gleichung der zyklidischen Kurven:

$$du + dv = 0 .$$

Daraus folgt aber nach § 72 (147), daß das Netz der Krümmungslinien $du = 0$, $dv = 0$ und das Netz aus den zyklidischen Kurven und ihren zu den Krümmungslinien harmonischen Kurven zueinander diagonale Netze sind. Die Fläche $\mathfrak{a}$ ist also nach § 86 eine diagonalzyklidische Fläche. Das gleiche gilt aber nach (133), wie sich ganz analog zeigen läßt, für die Fläche $\mathfrak{b}$. Somit haben wir den Satz:

Entsprechen sich auf den Hüllflächen eines Kugelsystems nicht nur die Krümmungslinien, sondern auch noch die zyklidischen Kurven, so gehören entweder alle Kugeln des Systems einem festen linearen Komplex an oder beide Hüllflächen sind diagonalzyklidische Flächen[1]).

§ 90. Grundlagen der projektiven Flächentheorie.

Auf Grund der im § 54 geschilderten Verwandtschaft zwischen der Kugelgeometrie von *Lie* und der projektiven Liniengeometrie lassen sich die Formeln und Ergebnisse, die wir in diesem Kapitel für die Liegeometrische Flächentheorie abgeleitet haben, ohne Schwierigkeit auf die *projektive Flächentheorie* übertragen. Wir denken uns im projektiven Raum nach § 57 ein ungerichtetes Flächenelement durch ein Paar sich schneidender Geraden festgelegt, die in Linienkoordinaten durch die Sechservektoren $\mathfrak{z}^{I}$ und $\mathfrak{z}^{II}$ gegeben sind. Für die Linienelemente einer Fläche $\mathfrak{z}^{\alpha}(u, v)$ muß dann nach § 57 wieder die Streifenbedingung $\langle \mathfrak{z}^{\alpha} \mathfrak{z}^{\beta}_{u} \rangle = \langle \mathfrak{z}^{\alpha} \mathfrak{z}^{\beta}_{v} \rangle = 0$ erfüllt sein. *Wenn wir uns auf hyperbolisch gekrümmte Flächen* (vgl. Bd. I, § 34) *beschränken*, was wir im folgenden tun wollen, so sind die *Asymptotenlinien* der Fläche *reell*, und wir können uns jedes ihrer Flächenelemente speziell durch die beiden Tangenten an die Asymptotenlinien, die wir auch als *Schmiegtangenten* oder Haupttangenten der Fläche bezeichnen wollen, aufgespannt denken. Setzen wir dann für die zwei Haupttangenten $\mathfrak{z}^{I} = \mathfrak{y}$, $\mathfrak{z}^{II} = \bar{\mathfrak{y}}$ und beziehen wir die Fläche auf die Parameter der Asymptotenlinien, so gelten nach § 58 wieder Gleichungen von der Form (3) des § 84. Überhaupt sind die Gleichungen (1) bis (7) des § 84 in der Liniengeometrie unverändert gültig. Durch (8) schließen wir jetzt die *geradlinigen Flächen* von der Betrachtung aus. Denn bei diesen Flächen und nur bei diesen sind die Schmiegtangenten längs der einen Schar der Asymptotenlinien konstant.

Weiter gelten auch die Formeln (11) bis (14) in der Liniengeometrie. Der Zyklide von *Lie* entspricht dann ein projektivinvariant mit der Fläche verbundenes Hyperboloid. Diese ausgezeichnete Fläche zweiter Ordnung nennen wir die *Liesche Fläche zweiter Ordnung* oder kurz die *Lie-F_2 des Flächenpunkts*[2]). Für sie gilt dann: *Nehmen wir längs jeder der beiden durch einen Flächenpunkt gehenden Asymptotenlinien die drei konsekutiven Tangenten an die Asymptotenlinien der anderen Schar, so bestimmen diese beiden Geradentripel die beiden erzeugenden Regelscharen der Lie-F_2*.

Eine erste, wenn auch nur geringfügige Abweichung der projektiven Flächentheorie der hyperbolisch gekrümmten Flächen von der

---

[1]) Der zu diesem Satz analoge Satz der Liniengeometrie stammt von *G. Fubini*. [Vgl. *Fubini-Čech:* Geometria proiettiva differenziale. I. § 51.]

[2]) Mit der *Lie-F_2* haben wir uns schon in Bd. 2, § 81ff. beschäftigt.

Liegeometrischen Flächentheorie tritt nun dadurch ein, daß die Formel (10) nicht mehr gültig ist.

Bilden wir nämlich die Determinante

$$\varDelta = |\mathfrak{y}, \mathfrak{y}_u, \mathfrak{y}_{uu}, \bar{\mathfrak{y}}, \bar{\mathfrak{y}}_v, \bar{\mathfrak{y}}_{vv}|$$

so müssen wir deren Quadrat jetzt nach dem Determinantensatz § 54 (28a) durch Skalarprodukte ausdrücken statt nach § 53 (9).

Berechnen wir uns nun $\varDelta^2$, so folgt mittels § 84 (1), (2), (5), (13), (14):

$$\varDelta^2 = \pm \langle \mathfrak{y}_u \mathfrak{y}_u \rangle^3 \cdot \langle \bar{\mathfrak{y}}_v \bar{\mathfrak{y}}_v \rangle^3,$$

wo das +-Zeichen für die Kugelgeometrie gilt und das —-Zeichen für die Liniengeometrie. Als ein Quadrat einer reellen Größe $\varDelta$ muß die rechte Seite positiv sein. Setzen wir

(136) $$\operatorname{sgn} \langle \mathfrak{y}_u \mathfrak{y}_u \rangle = \varepsilon; \quad \operatorname{sgn} \langle \bar{\mathfrak{y}}_v \bar{\mathfrak{y}}_v \rangle = \bar{\varepsilon}$$

εo ist für die Kugelgeometrie $\varepsilon = \bar{\varepsilon}$, für die Liniengeometrie aber s $= - \bar{\varepsilon}$.

Für die Kugelgeometrie wissen wir schon aus § 75 (6), daß die beiden quadratischen Formen $\langle d\mathfrak{y}\, d\mathfrak{y} \rangle$ und $\langle d\bar{\mathfrak{y}}\, d\bar{\mathfrak{y}} \rangle$ der beiden Krümmungskugelsysteme der Fläche positiv semidefinit sind, das heißt, daß ihre Determinanten $g = \bar{g} = 0$ sind und daß außerdem für alle Richtungen $du:dv$ gilt

(137) $$\langle d\mathfrak{y}\, d\mathfrak{y} \rangle \geqq 0; \quad \langle d\bar{\mathfrak{y}}\, d\bar{\mathfrak{y}} \rangle \geqq 0.$$

Es muß nach (9) dann, wenn die Formen (137) nicht identisch verschwinden sollen, in (136) $\varepsilon = {}^{-} = +1$ sein.

In der Liniengeometrie muß eine der Größen ε, $\bar{\varepsilon}$ gleich $+1$, und eine gleich -1 sein. Wegen der Gleichberechtigung der beiden Systeme der Schmiegtangenten $\mathfrak{y}$ und $\bar{\mathfrak{y}}$ können wir etwa

(138) $$\varepsilon = +1; \quad \bar{\varepsilon} = -1$$

annehmen. Nach § 84 (9) sind wieder beide Determinanten g und $\bar{g} = 0$. Aber es gilt jetzt statt (137)

(139) $$\langle d\mathfrak{y}\, d\mathfrak{y} \rangle \geqq 0; \quad \langle d\bar{\mathfrak{y}}\, d\bar{\mathfrak{y}} \rangle \leqq 0.$$

Das heißt, die eine Form $\langle d\mathfrak{y}\, d\mathfrak{y} \rangle$ *ist positiv semidefinit und die andere* $\langle d\bar{\mathfrak{y}}\, d\bar{\mathfrak{y}} \rangle$ *ist negativ semidefinit.* Geometrisch besagt (139) resp. (136), (138) nach § 57, daß die geradlinigen Flächen der Schmiegtangenten $\mathfrak{y}$ längs der Asymptotenlinien $v =$ const rechtsgewunden sind, die geradlinigen Flächen der $\bar{\mathfrak{y}}$ längs der Asymptotenlinien $u =$ const aber linksgewunden.

Wollen wir die Liegeometrische und die projektive Flächentheorie formal ganz gemeinsam behandeln, so können wir das tun, indem wir die Vorzeichenfaktoren ε und $\bar{\varepsilon}$ in unseren Formeln mitführen. Für $\varepsilon = \varepsilon = +1$ gewinnen wir dann unsere Formeln der Kugelgeometrie zurück, für $\varepsilon = +1$, $\bar{\varepsilon} = -1$ aber die Formeln für die hyperbolisch gekrümmten Flächen in der Liniengeometrie.

Gehen wir von allgemeinen Parametern aus, so haben wir statt § 85 (33) jetzt

$$\left\langle \frac{\partial \mathfrak{y}}{\partial u^i} \frac{\partial \mathfrak{y}}{\partial u^k} \right\rangle = \varepsilon\, n_i n_k; \qquad \left\langle \frac{\partial \bar{\mathfrak{y}}}{\partial u^i} \frac{\partial \bar{\mathfrak{y}}}{\partial u^k} \right\rangle = \bar{\varepsilon}\, \bar{n}_i \bar{n}_k \tag{140}$$

anzusetzen, denn nach

$$\langle d\mathfrak{y}\, d\mathfrak{y}\rangle = \sum_{ik} \left\langle \frac{\partial \mathfrak{y}}{\partial u^i} \frac{\partial \mathfrak{y}}{\partial u^k} \right\rangle du^i du^k = \varepsilon \,[\sum_i n_i du^i]^2$$

ist $\varepsilon \cdot \langle d\mathfrak{y}\, d\mathfrak{y}\rangle \geqq 0$ und ebenso $\bar{\varepsilon}\, \langle d\bar{\mathfrak{y}}\, d\bar{\mathfrak{y}}\rangle \geqq 0$.

Wir können zu den durch (140) erklärten n_i, $\bar{n}_i$ wieder nach § 69 (78), (79), (82) in gewohnter Weise die zugehörigen n^i, $\bar{n}^i$ und die invarianten Ableitungen definieren. Ferner können wir die Normierung von $\mathfrak{y}$ und $\bar{\mathfrak{y}}$ wieder unverändert durch die Forderung festlegen, daß in der Darstellung (26) die Faktoren von $\bar{\mathfrak{y}}$ resp. von $\mathfrak{y}$ gleich $+1$ werden.

Wir können auf dieser Grundlage nun ganz dem Verfahren der §§ 84 und 85 entsprechend die Hauptformeln für die gemeinsame Behandlung von Kugelgeometrie und Liniengeometrie entwickeln. Dabei werden durch das Mitführen der Vorzeichenfaktoren ε und $\bar{\varepsilon}$ gewisse geringfügige Abweichungen von den bisher abgeleiteten Formeln entstehen.

Wir wollen hier zunächst die *Grundformeln* alle zusammenstellen und hinterher einige Erläuterungen anfügen.

Erklärung der Formen $d\psi$, $d\bar{\psi}$ und der invarianten Ableitungen:

$$\boxed{\begin{aligned} &\left\langle \frac{\partial \mathfrak{y}}{\partial u^i} \frac{\partial \mathfrak{y}}{\partial u^k} \right\rangle = \varepsilon\, n_i n_k; && \left\langle \frac{\partial \bar{\mathfrak{y}}}{\partial u^i} \frac{\partial \bar{\mathfrak{y}}}{\partial u^k} \right\rangle = \bar{\varepsilon}\, \bar{n}_i \bar{n}_k; \\ &d\psi = \sum_i n_i du^i; && d\bar{\psi} = \sum_i \bar{n}_i du^i. \end{aligned}} \tag{141}$$

$$\boxed{\begin{aligned} &\sum_i n^i n_i = 1; && \sum_i n^i \bar{n}_i = 0; \\ &\sum_i \bar{n}^i \bar{n}_i = 1; && \sum_i \bar{n}^i n_i = 0. \end{aligned}} \tag{142}$$

$$\boxed{S_1 = \sum_i n^i \frac{\partial S}{\partial u^i}; \qquad S_2 = \sum_i \bar{n}^i \frac{\partial S}{\partial u^i}.} \tag{143}$$

$$\boxed{\begin{gathered} S_{12} + q S_1 = S_{21} + \bar{q} S_2 \\ q = \sum_{i,k} (n^i \bar{n}^k - n^k \bar{n}^i) \frac{\partial n_i}{\partial u^k}; \qquad \bar{q} = \sum_{i,k} (\bar{n}^i n^k - \bar{n}^k n^i) \frac{\partial \bar{n}_i}{\partial u^k}. \end{gathered}} \tag{144}$$

Festlegung der Normierung von $\mathfrak{y}$ *und* $\bar{\mathfrak{y}}$ *durch*:

$$\boxed{\mathfrak{y}_2 = a\,\mathfrak{y} + \bar{\mathfrak{y}} \quad\Big|\quad \bar{\mathfrak{y}}_1 = \bar{a}\,\bar{\mathfrak{y}} + \mathfrak{y}.} \tag{145}$$

Definition der Grundvektoren $\mathfrak{t}$, $\bar{\mathfrak{t}}$, $\mathfrak{q}$ *und* $\bar{\mathfrak{q}}$:

$$\boxed{\mathfrak{t} = \mathfrak{y}_1 - 2\,\bar{a}\,\mathfrak{y}; \qquad \bar{\mathfrak{t}} = \bar{\mathfrak{y}}_2 - 2\,a\,\bar{\mathfrak{y}}.} \tag{146}$$

$$\boxed{\mathfrak{q} = \mathfrak{t}_1 + \frac{\varepsilon}{2}\langle \mathfrak{t}_1\,\mathfrak{t}_1\rangle\,\mathfrak{y}; \qquad \bar{\mathfrak{q}} = \bar{\mathfrak{t}}_2 + \frac{\bar{\varepsilon}}{2}\langle \bar{\mathfrak{t}}_2\,\bar{\mathfrak{t}}_2\rangle\,\bar{\mathfrak{y}}.} \tag{147}$$

Definition der Invarianten:

$$\boxed{\begin{aligned} w &= -\frac{\varepsilon}{2}\langle \mathfrak{t}_1\,\mathfrak{t}_1\rangle; & \bar{w} &= -\frac{\bar{\varepsilon}}{2}\langle \bar{\mathfrak{t}}_2\,\bar{\mathfrak{t}}_2\rangle. \\ h &= -\varepsilon\langle \mathfrak{q}\,\mathfrak{t}_2\rangle; & \bar{h} &= -\bar{\varepsilon}\langle \bar{\mathfrak{q}}\,\bar{\mathfrak{t}}_1\rangle. \end{aligned}} \tag{148}$$

Tabelle der Skalarprodukte der Grundvektoren:

(149)

	$\mathfrak{y}$	$\mathfrak{t}$	$\mathfrak{q}$	$\bar{\mathfrak{y}}$	$\bar{\mathfrak{t}}$	$\bar{\mathfrak{q}}$
$\mathfrak{y}$	0	0	$-\varepsilon$	0	0	0
$\mathfrak{t}$	0	ε	0	0	0	0
$\mathfrak{q}$	$-\varepsilon$	0	0	0	0	0
$\bar{\mathfrak{y}}$	0	0	0	0	0	$-\bar{\varepsilon}$
$\bar{\mathfrak{t}}$	0	0	0	0	$\bar{\varepsilon}$	0
$\bar{\mathfrak{q}}$	0	0	0	$-\bar{\varepsilon}$	0	0

Ableitungsgleichungen:

$$\boxed{\begin{aligned} \mathfrak{y}_1 &= 2\,\bar{q}\,\mathfrak{y} + \mathfrak{t} & \bar{\mathfrak{y}}_2 &= 2\,q\,\bar{\mathfrak{y}} + \bar{\mathfrak{t}} \\ \mathfrak{y}_2 &= q\,\mathfrak{y} + \bar{\mathfrak{y}} & \bar{\mathfrak{y}}_1 &= \bar{q}\,\bar{\mathfrak{y}} + \mathfrak{y} \\ \mathfrak{t}_1 &= w\,\mathfrak{y} + \mathfrak{q} & \bar{\mathfrak{t}}_2 &= \bar{w}\,\bar{\mathfrak{y}} + \bar{\mathfrak{q}} \\ \mathfrak{t}_2 &= h\,\mathfrak{y} & \bar{\mathfrak{t}}_1 &= \bar{h}\,\bar{\mathfrak{y}} \\ \mathfrak{q}_1 &= w\,\mathfrak{t} - 2\,\bar{q}\,\mathfrak{q} + \varepsilon\,\bar{\varepsilon}\,(\bar{w}\,\bar{\mathfrak{y}} - \bar{\mathfrak{q}}) & \bar{\mathfrak{q}}_2 &= \bar{w}\,\bar{\mathfrak{t}} - 2\,q\,\bar{\mathfrak{q}} + \varepsilon\,\bar{\varepsilon}\,(w\,\mathfrak{y} - \mathfrak{q}) \\ \mathfrak{q}_2 &= h\,\mathfrak{t} - q\,\mathfrak{q} - w\,\bar{\mathfrak{y}} & \bar{\mathfrak{q}}_1 &= \bar{h}\,\bar{\mathfrak{t}} - \bar{q}\,\bar{\mathfrak{q}} - \bar{w}\,\mathfrak{y} \end{aligned}} \tag{150}$$

Integrierbarkeitsbedingungen:

$$\boxed{\begin{aligned} h &= q_1 - 2\,\bar{q}_2 - q\,\bar{q} + 1 \\ \bar{h} &= \bar{q}_2 - 2\,q_1 - q\,\bar{q} + 1 \end{aligned}} \tag{151}$$

$$\boxed{\begin{aligned} w_2 + 2\,q\,w &= h_1 + 3\,\bar{q}\,h \\ \bar{w}_1 + 2\,\bar{q}\,\bar{w} &= \bar{h}_2 + 3\,q\,\bar{h} \end{aligned}} \tag{152}$$

$$\boxed{\varepsilon\,(w_1 + 4\,\bar{q}\,w) + \bar{\varepsilon}\,(\bar{w}_2 + 4\,q\,\bar{w}) = 0\,.} \tag{153}$$

Zu diesen Grundformeln bemerken wir: Von den Komplexen $\mathfrak{t}$ und $\bar{\mathfrak{t}}$, die nach § 85 (49a) die *Schmiegkomplexe der Asymptotenstreifen* darstellen, ergibt sich hier wegen

$$\langle\mathfrak{t}\,\mathfrak{t}\rangle = \varepsilon\,, \qquad \langle\bar{\mathfrak{t}}\,\bar{\mathfrak{t}}\rangle = \bar{\varepsilon}\,,$$

der eine als rechts- und der andere als linksgewunden.

Damit $\mathfrak{q}$ und $\bar{\mathfrak{q}}$ Geraden werden, d. h. damit wir die Gültigkeit von $\mathfrak{q}\,\mathfrak{q} = \bar{\mathfrak{q}}\,\bar{\mathfrak{q}} = 0$ erreichen, müssen wir in (147) jetzt zwei Faktoren ε und $\bar{\varepsilon}$ hinzufügen. Die Ableitung der Gleichungen (150) geschieht dann ganz wie im § 85 die Ableitung der Gleichungen (44). Zunächst haben wir außer den Größen (148) noch die weiteren einzuführen [vgl. (40)]:

$$g = -\,\bar{\varepsilon}\,\langle\bar{\mathfrak{q}}\,\mathfrak{q}_2\rangle\,; \qquad \bar{g} = -\,\varepsilon\,\langle\mathfrak{q}\,\bar{\mathfrak{q}}_1\rangle$$

und können dann die (41) entsprechenden Gleichungen aufstellen. Die Integrierbarkeitsbedingungen dieses Systems liefern wieder wie in (43)

$$\begin{aligned} g &= -\,w\,; & a &= q\,; \\ \bar{g} &= -\,\bar{w}\,; & \bar{a} &= \bar{q} \end{aligned}$$

und wir können die Formeln dann zu (150) vereinfachen. Es tritt dabei nur in den Formeln für $\mathfrak{q}_1$ und $\bar{\mathfrak{q}}_2$ durch das Auftreten des Faktors $\varepsilon\bar{\varepsilon}$ eine Abweichung von (44) auf und ebenso kommen bei den Integrierbarkeitsbedingungen nur bei der letzten (153) die Faktoren ε und $\bar{\varepsilon}$ neu hinzu. ε^2 und $\bar{\varepsilon}^2$ können wir natürlich in den Rechnungen überall sofort gleich $+\,1$ setzen.

§ 91. Aufgaben zur projektiven Flächentheorie[1]).

1. Man gebe für die Geraden $\mathfrak{q}$ und $\bar{\mathfrak{q}}$ die geometrische Deutung an, welche der Deutung der Kugeln $\mathfrak{q}$, $\bar{\mathfrak{q}}$ entspricht, die wir in der Geometrie von *Lie* angegeben haben.

---

[1]) Zu den geometrischen Sätzen dieses Abschnitts vgl. das zweibändige Werk *Fubini-Čech:* Geometria proiettiva differenziale. Bologna 1926.

2. Die einzigen Flächen, die durch ihre Formen n_i, $\bar{n}_i$ bis auf projektive, bzw. dualistische Transformationen nicht bestimmt sind, sind wie im § 85 wieder die Flächen mit $h = 1$ oder $\bar{h} = 1$ (die man als R_0-*Flächen* bezeichnet) und die Flächen, auf denen ein konjugiertes Kurven-Netz existiert, für das die beiden Tangentensysteme der beiden Kurvenscharen W-Strahlensysteme (vgl. § 83, Aufg. 15h) sind. (Diese Flächen bezeichnet man als *R-Flächen*).

3. Die die Fläche in zweiter Ordnung berührenden *oskulierenden Flächen zweiter Ordnung*, die für eine hyperbolisch gekrümmte Fläche natürlich Hyperboloide sind, werden (76), (77) entsprechend durch die beiden Bündel

(154)

$\mathfrak{x}^{I} = \mathfrak{y}$	$\mathfrak{x}^{II} = \mathfrak{t} + D\,\bar{\mathfrak{y}}$	$\mathfrak{x}^{III} = \mathfrak{q} + \tilde{D}\,\bar{\mathfrak{y}} + \tilde{E}\,\bar{\mathfrak{t}}$
$\bar{\mathfrak{x}}^{I} = \bar{\mathfrak{y}}$	$\bar{\mathfrak{x}}^{II} = \bar{\mathfrak{t}} + \varepsilon\bar{\varepsilon}\,\tilde{E}\,\mathfrak{y}$	$\bar{\mathfrak{x}}^{III} = \bar{\mathfrak{q}} - \varepsilon\bar{\varepsilon}\,\tilde{D}\,\mathfrak{y} + \varepsilon\bar{\varepsilon}\,D\,\mathfrak{t}$

dargestellt. Für $D = \tilde{E} = 0$ erhält man das Büschel der ∞^1 besonderen oskulierenden F_2, die zwei konsekutive Haupttangenten $\mathfrak{y}$ längs der Asymptotenlinie **1** und zwei konsekutive $\bar{\mathfrak{y}}$ längs der Kurve **2** zu Erzeugenden haben. Für $\tilde{D} = 0$ erhält man die *Lie*-F_2. Für $\tilde{D} = 1$ ergibt sich eine andere ausgezeichnete F_2, die F_2 *von Bompiani*. Man erhält sie geometrisch auf folgende Weise: Nimmt man drei konsekutive Haupttangenten $\mathfrak{y}$ nicht wie bei der Lie-F_2 längs der Asymptotenlinie **1**, sondern längs der Tangente dieser Kurve, die ja drei konsekutive Punkte mit der Fläche gemeinsam hat und nur zwei mit der Kurve **1**, so bestimmen die drei konsekutiven Haupttangenten die F_2 von *Bompiani*. Wie bei der Lie-F_2 gelangt man nun beide Male zu derselben Fläche, wenn man die Rollen der Asymptotenlinien vertauscht. Den Beweis führe man mit den Formeln, die unten in Nr. 9 angegeben sind. [*E. Bompiani:* Rendiconti dei Lincei. Bd. 6, ser. 6. 1927.]

4. Die Richtungen, für die es F_2 gibt, die die Fläche in zwei konsekutiven Punkten in zweiter Ordnung berühren, sind durch

$$+\varepsilon\, d\psi^3 - \bar{\varepsilon}\, d\bar{\psi}^3 = 0 \tag{155}$$

bestimmt, im Reellen also durch

$$\varepsilon\, d\psi - \bar{\varepsilon}\, d\bar{\psi} = \sum_i (\varepsilon\, n_i - \bar{\varepsilon}\, \bar{n}_i)\, du^i = 0\,. \tag{156}$$

Die zu (**156**) gehörige Kurvenschar bezeichnet man als die der *Kurven von Darboux*. Für zwei konsekutive Punkte einer Kurve von *Darboux* gibt es, ganz den analogen Verhältnissen im § 86 entsprechend, wieder ein ganzes Büschel von F_2, die die Fläche in beiden Punkten in zweiter Ordnung berühren. Diese sog. *Schmieg*-F_2 sind durch die Bündel

(157)

$\mathfrak{x}^{I} = \mathfrak{y}$	$\mathfrak{x}^{II} = \mathfrak{t} + \bar{\mathfrak{y}}$	$\mathfrak{x}^{III} = \mathfrak{q} + \tilde{D}\,\bar{\mathfrak{y}} + \bar{\mathfrak{t}}$
$\bar{\mathfrak{x}}^{I} = \bar{\mathfrak{y}}$	$\bar{\mathfrak{x}}^{II} = \bar{\mathfrak{t}} + \varepsilon\bar{\varepsilon}\,\mathfrak{y}$	$\bar{\mathfrak{x}}^{III} = \bar{\mathfrak{q}} - \varepsilon\bar{\varepsilon}\,\tilde{D}\,\mathfrak{y} + \varepsilon\bar{\varepsilon}\,\bar{\mathfrak{t}}$

gegeben, wo $\tilde{D}$ der Parameter ist, der den ∞^1 Schmieg-F_2 entspricht.

Die zu den Kurven von *Darboux* konjugierten Kurven bezeichnet man als die *Kurven von Segre*. Ihre Differentialgleichung ist

$$\sum_i (\varepsilon\, n_i + \bar{\varepsilon}\, \bar{n}_i)\, du^i = 0\,. \tag{158}$$

5. Die den diagonalzyklidischen Flächen entsprechenden Flächen $h = \bar{h}$, bei denen das Netz der Kurven von *Darboux* und der Kurven von *Segre* zu dem

Netz der Asymptotenlinien diagonal ist, bezeichnet man als *isotherm-asymptotische Flächen*.

6. Für die Hüllflächen des Systems der Lie-F_2 gelten unverändert dieselben Formeln (102) wie für die Hüllflächen des Systems der Zykliden von *Lie*. Die $\mathfrak{f}^{I}, \mathfrak{f}^{II}, \bar{\mathfrak{f}}^{I}, \bar{\mathfrak{f}}^{II}$ sind jetzt vier erzeugende Gerade der Lie-F_2, die ein windschiefes Viereck bilden, das sog. *Viereck von Demoulin*. [Vgl, Bd. 2, § 82].

7. Durch $h = 0$ sind nach § 88 die *Flächen* gekennzeichnet, *auf denen es eine Schar von Streifen gibt, die linearen Strahlenkomplexen angehören*. Diese Streifen müssen nach § 58 immer asymptotische Streifen sein.

8. Man übertrage die im § 89 abgeleiteten Sätze über R-Kugelsysteme auf W-Strahlensysteme.

Wir gehen jetzt zu einigen Sätzen der projektiven Flächentheorie über, die in der Geometrie von *Lie* kein reelles Analogon besitzen. Dabei wollen wir jetzt die Zeichen ε und $\bar{\varepsilon}$ nicht mehr mitführen, sondern $\varepsilon = 1$, $\bar{\varepsilon} = -1$ setzen.

9. Für die nach § 73 erklärten α-Ableitungen längs einer Flächenkurve

$$\sum_i (\alpha\, n_i + \bar{\alpha}\, \bar{n}_i)\, du^i = 0 \tag{159}$$

gilt

$$\boxed{\begin{aligned} \mathfrak{y}_\alpha &= (2\,\bar{q}\,\bar{\alpha} - \alpha\, q)\,\mathfrak{y} + \bar{\alpha}\,\mathfrak{t} - \alpha\,\bar{\mathfrak{y}} \\ \bar{\mathfrak{y}}_\alpha &= (-2\,q\,\alpha + \bar{\alpha}\,\bar{q})\,\bar{\mathfrak{y}} - \alpha\,\bar{\mathfrak{t}} + \bar{\alpha}\,\mathfrak{y} \end{aligned}} \tag{160}$$

und ferner gelten Darstellungen der Form:

$$\boxed{\begin{aligned} \mathfrak{y}_{\alpha\alpha} &= [\ldots]\,\mathfrak{y} + [-\alpha_\alpha - 3\,\alpha\,\bar{\alpha}\,\bar{q} + 3\,\alpha^2\, q]\,\bar{\mathfrak{y}} \\ &\quad + [\bar{\alpha}_\alpha + 2\,\bar{q}\,\bar{\alpha}^2 - \alpha\,\bar{\alpha}\, q]\,\mathfrak{t} + \alpha^2\,\bar{\mathfrak{t}} + \bar{\alpha}^2\,\mathfrak{q} \\ \hline \bar{\mathfrak{y}}_{\alpha\alpha} &= [\ldots]\,\bar{\mathfrak{y}} + [+\bar{\alpha}_\alpha - 3\,\alpha\,\bar{\alpha}\, q + 3\,\bar{\alpha}^2\,\bar{q}]\,\mathfrak{y} \\ &\quad + [-\alpha_\alpha + 2\,q\,\alpha^2 - \alpha\,\bar{\alpha}\,\bar{q}]\,\bar{\mathfrak{t}} + \bar{\alpha}^2\,\mathfrak{t} + \alpha^2\,\bar{\mathfrak{q}} \end{aligned}} \tag{161}$$

Man zeige mittels (**160**), daß für die beiden Geraden

$$\mathfrak{k}^{I} = \alpha\,\mathfrak{y} + \bar{\alpha}\,\bar{\mathfrak{y}}; \quad \mathfrak{k}^{II} = \alpha\,\mathfrak{y} - \bar{\alpha}\,\bar{\mathfrak{y}} \tag{162}$$

gilt:

$$\langle \mathfrak{k}^{I}_\alpha\, \mathfrak{k}^{I}_\alpha \rangle = 0\,, \qquad \langle \mathfrak{k}^{II}_\alpha\, \mathfrak{k}^{II}_\alpha \rangle = 0\,.$$

Die aus den Geraden $\mathfrak{k}^{I}$ resp. $\mathfrak{k}^{II}$ längs der Kurve (159) gebildeten geradlinigen Flächen sind nach § 58 also Torsen. Da die Geraden aber alle durch den Flächenstreifen längs (159) hindurchgehen, müssen dann entweder die Tangentenebenen des Streifens Tangentenebenen der Torse sein, dann sind die zugehörigen Geraden $\mathfrak{k}$ die zu den Kurventangenten konjugierten Tangenten auf der Fläche oder die Kurve (159) ist die singuläre Rückkehrkante der Torse. Dann sind die Geraden $\mathfrak{k}$ die Kurventangenten selbst. *Das Geradenpaar* (162) *stellt also die Kurventangente und ihre konjugierte dar.* Beide Geraden kann man gegenüber den dualistischen Transformationen, die ja unserer Liniengeometrie zugrunde liegen, nicht unterscheiden.

Wir können nun in unserer Flächentheorie die dualistischen Transformationen ganz ausscheiden und uns ganz auf die projektiven Abbildungen beschränken, wenn wir ein für allemal festsetzen: Es soll

$$\begin{cases} \mathfrak{t}^{I} \text{ Kurventangente und} \\ \mathfrak{t}^{II} \text{ die konjugierte Tangente sein}, \end{cases} \tag{163}$$

und wenn wir dann nur Transformationen zulassen, die $\mathfrak{t}^{I}$ wieder in die Kurventangente der aus (159) hervorgehenden Kurve überführen.

10. Unter der Annahme (163) zeige man, daß *die allgemeinste Gerade, die durch den Punkt* $\{u, v\}$ *unserer Fläche hindurchgeht,* durch

$$\mathfrak{t} - \bar{\mathfrak{t}} + \varrho\,\mathfrak{q} - \bar{\varrho}\,\bar{\mathfrak{q}} \tag{164}$$

dargestellt ist mit willkürlichen Faktoren ϱ, $\bar{\varrho}$, *die allgemeinste Gerade in der Tangentenebene* aber durch

$$\mathfrak{t} + \bar{\mathfrak{t}} + \varrho\,\mathfrak{q} + \bar{\varrho}\,\bar{\mathfrak{q}}\,. \tag{165}$$

Die Geraden (164) und (165), die zu denselben Werten der Koeffizienten ϱ und $\bar{\varrho}$ gehören, sind Polaren voneinander bezüglich der Lie-F_2 (vgl. § 66, Aufg. 6).

11. Die Gerade

$$\mathfrak{t} - \bar{\mathfrak{t}}$$

die sog. *Normale von Wilczynski* ist die einzige Gerade durch den Flächenpunkt, die die beiden Diagonalen des Vierecks von *Demoulin* (vgl. Nr. 6) schneidet.

12. Die einzigen Flächen, bei denen die Torsen des Strahlensystems der Normalen von *Wilczynski* auf der Fläche ein konjugiertes Netz ausschneiden, sind die isotherm-asymptotischen Flächen (vgl. Nr. 5).

13. Im Gegensatz zu dem System der Normalen von *Wilczynski* schneiden die Torsen des Systems der Geraden

$$\mathfrak{t} + 3\,\bar{q}\,\mathfrak{y} - \bar{\mathfrak{t}} - 3\,q\,\bar{\mathfrak{y}}$$

der *Normalen von Fubini*, auf jeder Fläche ein konjugiertes System aus.

Zum Schluß wollen wir nun noch kurz angeben, wie man auch die *projektive Geometrie der elliptisch gekrümmten Flächen* liniengeometrisch behandeln kann, wenn man komplexe Koordinaten zu Hilfe nimmt.

Man hat für die Linienkoordinaten von $\mathfrak{y}$ jetzt komplexe Werte anzunehmen und für die sechs Koordinaten von $\bar{\mathfrak{y}}$ die konjugiert imaginären Werte der entsprechenden Koordinaten von $\mathfrak{y}$. ε und $\bar{\varepsilon}$ setzt man hier beide $= +1$.

Setzt man die Funktionen $\mathfrak{y}\,(u, v)$ als analytisch voraus, so hat man dann für die $\mathfrak{y}\ (u, v)$ und $\bar{\mathfrak{y}}\ (u, v)$ ganz dieselben Bedingungen als erfüllt anzunehmen, die wir im § 84 für die reellen $\mathfrak{y}$, $\mathfrak{y}$ annahmen, und kann formal den ganzen Formelapparat des § 90 ableiten.

14. Die Geraden $\mathfrak{p} = \alpha\,\mathfrak{y} + \bar{\alpha}\,\bar{\mathfrak{y}}$ mit konjugiert komplexen α, $\bar{\alpha}$ bilden ein reelles Büschel, bestimmen also ein reelles Flächenelement $\mathfrak{p}$, und die Flächenelemente $\mathfrak{p}\,(u, v)$ umhüllen eine elliptisch gekrümmte Fläche.

15. Die beiden Vektorbündel

$$\{\mathfrak{y}, \mathfrak{t}, \mathfrak{q}\} \quad \text{und} \quad \{\bar{\mathfrak{y}}, \bar{\mathfrak{t}}, \bar{\mathfrak{q}}\}$$

stellen zwei konjugiert komplexe Bündel von der im § 66 in der Aufg. 7 angegebenen Art dar. Sie bestimmen also eine reelle F_2 vom Typ der Kugel. Man gebe für diese

F_2, welche die Fläche in zweiter Ordnung berührt, und wieder die Lie-F_2 des Flächenpunktes genannt wird, eine reelle geometrische Deutung an.

16. Bei einer elliptisch gekrümmten Fläche sind die Richtungen, längs derer die Fläche in zwei konsekutiven Punkten von Schmieg-F_2 in zweiter Ordnung berührt wird, wieder durch (155) gegeben. Bei den elliptisch gekrümmten Flächen sind aber alle drei Richtungen (155) reell. Wir haben also *drei reelle Scharen von Kurven von Darboux*. Die drei reellen zu den Kurven von *Darboux* konjugierten *Kurvenscharen von Segre* werden jetzt durch

(165a) $$d\psi^3 + d\bar{\psi}^3 = 0$$

bestimmt.

17. Durch

$$\mathfrak{y} - \sigma\,\bar{\mathfrak{y}},$$

wo σ eine dritte Einheitswurzel ist, sind unter der Annahme (**163**) jetzt den drei Werten von σ entsprechend die drei Tangenten an die Kurven von *Darboux* gegeben, durch

(165b) $$\mathfrak{f} = \mathfrak{y} + \sigma\,\bar{\mathfrak{y}}$$

aber die drei Tangenten von *Segre*.

18. *Die drei Schmiegebenen der drei Kurven von Segre, die durch einen Flächenpunkt gehen, schneiden sich in einer und derselben Geraden*

$$\mathfrak{n} = \mathfrak{t} + \bar{q}\,\mathfrak{y} - \bar{\mathfrak{t}} - q\,\bar{\mathfrak{y}}\,.$$

Man beweise dies, indem man die Gültigkeit der Gleichungen

$$\mathfrak{n}\,\mathfrak{f} = \mathfrak{n}\,\mathfrak{f}_\alpha = \mathfrak{n}\,\mathfrak{f}_{\alpha\alpha} = 0$$

für alle drei Werte von σ in (**165b**) nachweist, wobei α jedesmal die Ableitung längs der entsprechenden Kurve (**165a**) von *Segre* bedeutet.

19. Die einzigen Flächen, bei denen alle sechs Systeme der Tangenten von *Darboux* und *Segre* W-Strahlensysteme bilden, sind die Flächen mit $q = q = 0$, auf denen die Geraden der Nr. **11**, **13** und **18** alle drei zusammenfallen.

20. Man zeige: Sind die beiden Hüllflächen eines Strahlensystems elliptisch gekrümmt und entsprechen sich auf ihnen die Kurven von *Darboux*, so ist das Strahlensystem entweder ganz in einem linearen Komplex enthalten oder es ist ein W-Strahlensystem, dessen beide Hüllflächen isotherm-asymptotische Flächen sind. Die isotherm-asymptotischen Flächen $h = \bar{h}$ lassen sich dabei im elliptischen Fall durch die geometrische Eigenschaft kennzeichnen, daß je ein Netz aus zwei Scharen der Kurven von *Darboux* zu je einem Netz aus Segrekurven diagonal ist.

§ 92. Allgemeine Systeme von Zykliden.

In der Flächentheorie der Geometrie von *Möbius*, die im 7. Kap. entwickelt wurde, haben wir die Zentralkugel eines Flächenpunktes eingeführt. Das Studium des mit der Fläche verbundenen Systems der Zentralkugeln lieferte uns dann viele wichtige geometrische Begriffe der *Möbius*schen Flächentheorie, z. B. den Berührungspunkt $\mathfrak{b}$ der zweiten Hüllfläche des Systems der Zentralkugeln. Im 8. Kap. sahen wir dann, daß wir von der Flächentheorie bzw. von der Theorie der Zentralkugelsysteme durch verhältnismäßig unwesentliche Erweiterungen unseres Formelapparats zur Theorie der allgemeinen Kugelsysteme übergehen konnten. Wir stellten dann die Bedingung dafür auf, daß ein Kugelsystem aus den Zentralkugeln des einen ausgezeichneten Hüllmantels bestand, und die Flächentheorie erschien so einfach als ein Sonderfall der allgemeinen Theorie der Kugelsysteme. Dieser Übergang zur allgemeinen Theorie der Kugelsysteme war in verschiedener Hinsicht geometrisch fruchtbar. So führten uns manche Fragestellungen aus der Theorie der Kugelsysteme zu besonders bemerkenswerten Flächenklassen, die als Hüllflächen gewisser ausgezeichneter Kugelsysteme auftraten. Z. B. führte uns die Frage nach den Kugelsystemen mit winkeltreu bezogenen Hüllflächen auf die M-Minimalflächen. Weiter erwies sich die Theorie des 8. Kap. aber auch gleich als viel umfassender als die des 7. Kap. Konnten wir doch aus ihr z. B. als einen Sonderfall im § 80 die nichteuklidische und die euklidische Flächentheorie gewinnen. Schließlich konnten wir auf dem Boden der allgemeinen Theorie der Kugelsysteme auf rechnerisch verhältnismäßig mühelosem Wege Einsichten in rein flächentheoretische Probleme gewinnen. Z. B. sei hier der im § 81 geführte Nachweis erwähnt, daß die M-Minimalflächen Extremalen des einfachsten Möbiusinvarianten Variationsproblems für Flächen sind. Hätten wir uns die Extremalen auf rein flächentheoretischem Wege, etwa unter Verwendung der Punktkoordinaten des Flächenpunktes (vgl. § 83 Aufg. 8) ermittelt, so wäre ein ungleich größerer rechnerischer Aufwand nötig geworden. Der tiefere Grund für einen solchen Sachverhalt wie überhaupt der tiefere Grund für die geometrische Verwendungsfähigkeit der allgemeinen Theorie der Kugelsysteme liegt in folgendem: Die Kugel hängt von vier Bestimmungsstücken ab (etwa von drei Mittelpunktskoordinaten und dem Radius), während der Punkt nur durch drei unabhängige Bestimmungsstücke festgelegt wird. Die Kugel ist gegenüber dem Punkt sozusagen das geometrisch inhaltreichere Gebilde. Daher wird ein Kugelsystem, wenn wir bis zu einer bestimmten Ableitungsordnung in den Koordinaten der Systemkugel aufsteigen, gegenüber einer Transformationsgruppe, z. B. der von *Möbius*, schon viel mehr Invarianten besitzen als eine Fläche, wenn wir in deren Punktkoordinaten bis zu derselben Ableitungsordnung vorgehen. In der Tat erhielten wir ja im § 76, daß ein allgemeines Kugelsystem z. B. in zweiter Ordnung schon vier unabhängige Invarianten besitzt, aus § 70 wissen wir aber, daß eine Fläche noch keine Invarianten besitzt, die in zweiter Ordnung von den Punktkoordinaten abhängen. Dieselbe Sachlage zugunsten der Kugelsysteme bleibt nun erhalten, wenn wir auf den Fall der Zentralkugelsysteme spezialisieren. In der Tat sind diese Systeme ja nach § 76 unter den allgemeinen Systemen durch eine Differentialgleichung zweiter Ordnung gekennzeichnet. Dadurch geht eine der vier Invarianten zweiter Ordnung eines allgemeinen Kugelsystems verloren, es bleiben aber noch drei übrig, während es ja bei der Fläche, in Punktkoordinaten gerechnet, noch keine Invarianten zweiter Ordnung gab. Wenn wir daher die Flächentheorie von vornherein auf das Studium des zugehörigen Zentralkugelsystems gründen, erniedrigt sich die Differentiationsordnung der meisten Invarianten und überhaupt der meisten geometrischen Begriffe und Probleme, sofern wir nur in den Ableitungen der Zentralkugel rechnen, statt in den Ableitungen des Flächenpunktes. Gehen wir von der Theorie der Kugelsysteme aus, so bauen wir sozusagen von vornherein auf einer breiteren Basis, und alles läßt sich dann auf viel niedrigere Stockwerke (Ableitungen) zusammendrängen. Mehr noch als für die rechnerische Behandlung hat das nun zu sagen für die geometrische Durchdringung des aufgestellten Formelapparats. Wenn eine Invariante, die wir geometrisch deuten sollen, in dem Zentralkugelsystem von besonders niedrigen Ableitungen abhängt, so gibt uns das einen Fingerzeig, diese Deutung in den Beziehungen des mit der Fläche verbundenen Kugelsystems der Zentralkugeln zu suchen, und vom systematischen Standpunkt liegt es dann nahe, vorerst einmal ganz allgemein die Theorie der Kugelsysteme zu behandeln, unabhängig von der besonderen invarianten Beziehung, in der das Kugelsystem als Zentralkugelsystem in dem vorliegenden Fall zu der Fläche stand.

Gehen wir nun von der Flächentheorie aus, die wir in diesem 9. Kap. für die Geometrie von *Lie* entwickelt haben, so spielt hier die Zyklide von *Lie* in gewissem Sinne eine ähnliche Rolle, wie die Zentralkugel in der Möbius-Geometrie. Im § 87 hat uns ja auch das Studium des mit der Fläche verbundenen Systems der Zykliden von *Lie*, besonders die Untersuchung ihres Hüllgebildes auf wichtige geometrische Beziehungen geführt. Wieder erweist es sich nun als geometrisch fruchtbar, von der Theorie der speziellen Systeme von Zykliden, die aus Lie-Zykliden einer Fläche bestehen, zu der Theorie ganz allgemeiner Zyklidensysteme überzugehen. Diese Untersuchung, die wir jetzt anstellen wollen, enthält viele wichtige geometrische Theorien als Sonderfälle. So ist im § 95 z. B. die Möbius-Geometrie der Kreissysteme im Raum als ein solcher Sonderfall behandelt. Wir werden im folgenden das Hüllgebilde eines allgemeinen Zyklidensystems untersuchen (wir werden bis zu acht Hüllflächen finden) und die Bedingung dafür aufstellen, daß das System aus den Lie-Zykliden der einen der Hüllflächen besteht.

Im § 94 werden wir dann an dem speziellen Problem der *K*-Minimalflächen zeigen, wie man die für die allgemeine Theorie der Zyklidensysteme entwickelten Formeln auf Probleme der Lie-geometrischen Flächentheorie anwenden kann.

Wir stellen nach § 55 wieder eine Zyklide durch zwei konjugierte Komplexbündel $\mathfrak{x}^{\alpha}$ und $\bar{\mathfrak{x}}^{\lambda}$ dar. Setzen wir

$$(166) \qquad \langle \mathfrak{x}^{\alpha} \mathfrak{x}^{\beta} \rangle = A^{\alpha\beta}; \qquad \langle \bar{\mathfrak{x}}^{\lambda} \bar{\mathfrak{x}}^{\mu} \rangle = \bar{A}^{\lambda\mu},$$

so muß dann für die zugehörigen Determinanten [vgl. § 55 (39)]

$$A < 0; \qquad \bar{A} < 0 \tag{167}$$

gelten. Weiter besteht für die konjugierten Bündel dann die Bedingung

$$\langle \mathfrak{x}^{\alpha} \bar{\mathfrak{x}}^{\lambda} \rangle \equiv 0\,. \tag{168}$$

Geben wir die Bündel $\mathfrak{x}^{\alpha}$ und $\bar{\mathfrak{x}}^{\lambda}$ als Funktionen zweier Parameter u und v, für die (167), (168) identisch gilt, so ist dadurch ein allgemeines Zyklidensystem gegeben. Wir führen jetzt die Abkürzungen ein:

$$\left\{\begin{aligned} &\langle \mathfrak{x}^{\alpha}_{u} \mathfrak{x}^{\beta} \rangle = P^{\alpha\beta}; && \langle \mathfrak{x}^{\alpha}_{v} \mathfrak{x}^{\beta} \rangle = Q^{\alpha\beta} \\ &\langle \bar{\mathfrak{x}}^{\lambda}_{u} \bar{\mathfrak{x}}^{\mu} \rangle = \bar{P}^{\lambda\mu}; && \langle \bar{\mathfrak{x}}^{\lambda}_{v} \bar{\mathfrak{x}}^{\mu} \rangle = \bar{Q}^{\lambda\mu}, \\ &\langle \mathfrak{x}^{\alpha}_{u} \bar{\mathfrak{x}}^{\lambda} \rangle = -\langle \mathfrak{x}^{\alpha} \bar{\mathfrak{x}}^{\lambda}_{u} \rangle = U^{\alpha\lambda}; && \langle \mathfrak{x}^{\alpha}_{v} \bar{\mathfrak{x}}^{\lambda} \rangle = -\langle \mathfrak{x}^{\alpha} \bar{\mathfrak{x}}^{\lambda}_{v} \rangle = V^{\alpha\lambda}. \end{aligned}\right. \tag{169}$$

Kombinieren wir nun die Ableitungen der $\mathfrak{x}^{\alpha}$, $\bar{\mathfrak{x}}^{\lambda}$ linear aus den $\mathfrak{x}^{\alpha}$, $\bar{\mathfrak{x}}^{\lambda}$ selbst, die wir hier als Grundvektoren benützen können, da sie nach § 55 linear unabhängig sind, so erhalten wir:

$$\boxed{\begin{aligned} \mathfrak{x}^{\alpha}_{u} &= \sum_{\beta,\gamma} P^{\alpha\beta} A_{\beta\gamma} \mathfrak{x}^{\gamma} + \sum_{\mu,\nu} U^{\alpha\mu} \bar{A}_{\mu\nu} \bar{\mathfrak{x}}^{\nu} \\ \mathfrak{x}^{\alpha}_{v} &= \sum_{\beta,\gamma} Q^{\alpha\beta} A_{\beta\gamma} \mathfrak{x}^{\gamma} + \sum_{\mu,\nu} V^{\alpha\mu} \bar{A}_{\mu\nu} \bar{\mathfrak{x}}^{\nu} \\ \bar{\mathfrak{x}}^{\lambda}_{u} &= \sum_{\mu,\nu} \bar{P}^{\lambda\mu} \bar{A}_{\mu\nu} \bar{\mathfrak{x}}^{\nu} - \sum_{\beta,\gamma} U^{\beta\lambda} A_{\beta\gamma} \mathfrak{x}^{\gamma} \\ \bar{\mathfrak{x}}^{\lambda}_{v} &= \sum_{\mu,\nu} \bar{Q}^{\lambda\mu} \bar{A}_{\mu\nu} \bar{\mathfrak{x}}^{\nu} - \sum_{\beta,\gamma} V^{\beta\lambda} A_{\beta\gamma} \mathfrak{x}^{\gamma} \end{aligned}} \tag{170}$$

Die Richtigkeit dieser Gleichungen folgt wieder durch Multiplikation mit den Grundvektoren $\mathfrak{x}^{\varepsilon}$, $\bar{\mathfrak{x}}^{\varrho}$ unter Berücksichtigung von (166), (168), (169) und der Gleichungen

$$\sum_{\beta} A_{\alpha\beta} A^{\beta\gamma} = \begin{cases} 1 & \text{für } \alpha = \gamma, \\ 0 & \text{„ } \alpha \neq \gamma; \end{cases} \qquad \sum_{\mu} \bar{A}_{\lambda\mu} \bar{A}^{\mu\nu} = \begin{cases} 1 & \text{für } \lambda = \nu, \\ 0 & \text{„ } \lambda \neq \nu, \end{cases} \tag{171}$$

mittels derer wir zu den $A^{\alpha\beta}$, $\bar{A}^{\lambda\mu}$ die zu ihnen gehörigen neuen Größensysteme $A_{\alpha\beta}$, $\bar{A}_{\lambda\mu}$ erklären. Die $A_{\alpha\beta}$ ($\bar{A}_{\lambda\mu}$) sind einfach die zu den $A^{\alpha\beta}$ ($\bar{A}^{\lambda\mu}$) in der Determinante A ($\bar{A}$) gehörigen algebraischen Komplemente, dividiert durch A (bzw. $\bar{A}$).

Berechnen wir uns zu den Ableitungsgleichungen (170) die Integrierbarkeitsbedingungen

$$\mathfrak{x}^{\alpha}_{uv} - \mathfrak{x}^{\alpha}_{vu} = 0 \quad \text{und} \quad \bar{\mathfrak{x}}^{\lambda}_{uv} - \bar{\mathfrak{x}}^{\lambda}_{vu} = 0, \tag{172}$$

indem wir in (172) überall die Ableitungen der Grundvektoren nach (170) und den durch Ableitung folgenden Gleichungen durch diese selbst ausdrücken und zum Schluß die Koeffizienten der Grundvektoren einzeln gleich Null setzen, so werden wir unter Beachtung der aus (166) und (169) folgenden Beziehungen

$$A_u^{\alpha\beta} = P^{\alpha\beta} + P^{\beta\alpha}; \qquad A_v^{\alpha\beta} = Q^{\alpha\beta} + Q^{\beta\alpha} \tag{173}$$

und der aus (171) mittels (173) durch Ableitung folgenden Bedingungen:

$$\begin{aligned} \frac{\partial A_{\alpha\beta}}{\partial u} &= -\sum_{\delta\gamma} A_{\alpha\gamma} A_{\beta\delta} (P^{\gamma\delta} + P^{\delta\gamma}) \\ \frac{\partial A_{\alpha\beta}}{\partial v} &= -\sum_{\gamma\delta} A_{\alpha\gamma} A_{\beta\delta} (Q^{\gamma\delta} + Q^{\delta\gamma}), \end{aligned} \tag{174}$$

sowie der entsprechenden Beziehungen für die quergestrichenen Größen auf die folgenden Bedingungen geführt:

$$\boxed{\begin{aligned} \sum_{\mu,\nu} \bar{A}_{\mu\nu} (U^{\alpha\mu} V^{\beta\nu} - V^{\alpha\mu} U^{\beta\nu}) &= P_v^{\alpha\beta} - Q_u^{\alpha\beta} \\ &+ \sum_{\gamma\delta} A_{\gamma\delta} (Q^{\alpha\gamma} P^{\beta\delta} - P^{\alpha\gamma} Q^{\beta\delta}) \end{aligned}} \tag{175}$$

$$\boxed{\begin{aligned} \sum_{\gamma\delta} A_{\gamma\delta} (V^{\gamma\lambda} U^{\delta\mu} - U^{\gamma\lambda} V^{\delta\mu}) &= \bar{P}_v^{\lambda\mu} - \bar{Q}_u^{\lambda\mu} \\ &+ \sum_{\nu,\tau} \bar{A}_{\nu\tau} (\bar{Q}^{\lambda\nu} \bar{P}^{\mu\tau} - \bar{P}^{\lambda\nu} \bar{Q}^{\mu\tau}) \end{aligned}} \tag{176}$$

$$\boxed{\begin{aligned} U_v^{\alpha\lambda} &- \sum_{\gamma\delta} A_{\gamma\delta} U^{\gamma\lambda} Q^{\alpha\delta} - \sum_{\mu\nu} \bar{A}_{\mu\nu} U^{\alpha\mu} \bar{Q}^{\lambda\nu} \\ &= V_u^{\alpha\lambda} - \sum_{\gamma\delta} A_{\gamma\delta} V^{\gamma\lambda} P^{\alpha\delta} - \sum_{\mu\nu} \bar{A}_{\mu\nu} V^{\alpha\mu} \bar{P}^{\lambda\nu} \end{aligned}} \tag{177}$$

(170) und (175) bis (177) stellen die Grundgleichungen der Theorie der Zyklidensysteme dar. Wir müssen beachten, daß diese Gleichungen nicht im entferntesten invariant geschrieben sind. Einmal sind sie nicht parameterinvariant, dann aber sind sie im besonderen nicht invariant gegenüber den Bündeltransformationen

$$\mathfrak{x}^{\alpha} = \sum_{\beta} c_{\beta}^{\alpha} \mathfrak{x}^{\beta *}; \qquad \bar{\mathfrak{x}}^{\lambda} = \sum_{\mu} \bar{c}_{\mu}^{\lambda} \bar{\mathfrak{x}}^{\mu *}. \tag{178}$$

(vgl. § 56). Bei den Bündeltransformationen tritt hier nun noch die besondere Schwierigkeit auf, daß die c_{β}^{α} und $\bar{c}_{\mu}^{\lambda}$ in (178) als ganz allgemeine Funktionen von u und v anzusetzen sind, weil wir ja an jeder Stelle des Systems noch eine ganz verschiedene Bündeltransformation vornehmen können. Es transformieren sich daher die Ableitungen der $\mathfrak{x}^\alpha$, $\bar{\mathfrak{x}}^\lambda$ komplizierter als diese selbst. So gilt z. B.

$$\mathfrak{x}_u^\alpha = \sum_\beta c_\beta^\alpha \mathfrak{x}_u^{\beta *} + \sum_\beta \frac{\partial c_\beta^\alpha}{\partial u} \mathfrak{x}^{\beta *} \tag{179}$$

und auch in den Substitutionsformeln der in (169) erklärten Größen $P^{\alpha\beta}$ treten dann z. B. die $\frac{\partial c_\beta^\alpha}{\partial u}$ auf. Für ein tiefergehendes Studium der Zyklidensysteme wird man daher noch ganz besondere Methoden zur Anwendung bringen müssen, um eine Übersicht über den ganzen Vorrat an Invarianten und invarianten Beziehungen, insbesondere gegenüber den Bündeltransformationen (178), (179) zu bekommen (vgl. dazu § 96 Aufg. 4).

Für die Zwecke, die wir verfolgen, werden die aufgestellten Formeln aber voll ausreichen.

Wir wollen uns die Hüllflächen eines allgemeinen Zyklidensystems berechnen. Nach § 55 gelten für die Kugeln $\mathfrak{z}$ und $\bar{\mathfrak{z}}$ der beiden erzeugenden Kugelscharen der durch $\mathfrak{x}^\alpha$, $\bar{\mathfrak{x}}^\lambda$ bestimmten Zyklide Darstellungen der Form

$$\mathfrak{z} = \sum_\alpha \varrho_\alpha \mathfrak{x}^\alpha; \qquad \bar{\mathfrak{z}} = \sum_\lambda \bar{\varrho}_\lambda \bar{\mathfrak{x}}^\lambda \tag{180}$$

mit Koeffizienten $\varrho_{\mathrm{I}}, \varrho_{\mathrm{II}}, \varrho_{\mathrm{III}}$ und $\bar{\varrho}_{\mathrm{I}}, \bar{\varrho}_{\mathrm{II}}, \bar{\varrho}_{\mathrm{III}}$, die den Gleichungen

$$\sum_{\alpha,\beta} A^{\alpha\beta} \varrho_\alpha \varrho_\beta = 0 \quad \text{und} \quad \sum_{\lambda,\mu} \bar{A}^{\lambda\mu} \bar{\varrho}_\lambda \bar{\varrho}_\mu = 0 \tag{181}$$

genügen. Wählen wir irgend ein Tripel von (181) genügenden Größen ϱ_α und ein zweites Tripel von (181) genügenden $\bar{\varrho}_\lambda$ aus, so ist durch das zugehörige nach (180) erklärte Paar sich berührender K-Kugeln $\mathfrak{z}$, $\bar{\mathfrak{z}}$ ein Flächenelement der Zyklide aufgespannt. Geben wir die $\mathfrak{z}$, $\bar{\mathfrak{z}}$ gemäß (181) als Funktionen von u und v, so haben wir eine zweiparametrige Mannigfaltigkeit von Flächenelementen $\{\mathfrak{z}(u,v), \bar{\mathfrak{z}}(u,v)\}$.

Sie schließen sich nur dann zu einer Fläche aneinander, wenn die Streifenbedingungen

$$\mathfrak{z}\,\bar{\mathfrak{z}}_u = \mathfrak{z}\,\bar{\mathfrak{z}}_v \doteq 0 \tag{182}$$

erfüllt sind. Falls die Gleichungen (182) befriedigt sind, erhalten wir aber auch eine Hüllfläche des Zyklidensystems. Aus (182) erhalten wir mittels (180) und (170)

$$\sum_{\alpha\lambda} \varrho_\alpha \bar{\varrho}_\lambda U^{\alpha\lambda} = 0; \qquad \sum_{\alpha\lambda} \varrho_\alpha \bar{\varrho}_\lambda V^{\alpha\lambda} = 0. \tag{183}$$

Für eine Hüllfläche müssen die ϱ_α, $\bar{\varrho}_\lambda$ also den vier Gleichungen (181) und (183) genügen. Da die Gleichungen (181) quadratisch, die Gleichungen (183) aber bilinear in den ϱ_α, $\bar{\varrho}_\lambda$ sind, erhalten wir im allgemeinen Fall für die vier Verhältnisgrößen $\varrho_{\mathrm{I}}:\varrho_{\mathrm{II}}:\varrho_{\mathrm{III}}$ und $\bar{\varrho}_{\mathrm{I}}:\bar{\varrho}_{\mathrm{II}}:\bar{\varrho}_{\mathrm{III}}$ acht Systeme von Lösungen, die aber nicht alle reell zu sein brauchen. *Jedenfalls sehen wir, daß ein allgemeines Zyklidensystem bis zu acht Hüllflächen besitzen kann.*

§ 93. Systeme von Zykliden von *Lie*.

Wir fragen nun: Wann besteht ein Zyklidensystem aus den Lie-Zykliden der einen seiner Hüllflächen?

Aus der Erklärung der Zyklide von *Lie* können wir zunächst folgende wichtige Eigenschaft der Zykliden eines Lie-Zyklidensystems entnehmen: Längs einer Krümmungslinie unserer Ausgangsfläche $\{\mathfrak{y}, \bar{\mathfrak{y}}\}$ berühren sich konsekutive Lie-Zykliden längs eines ganzen Kreises. In der Tat: Da eine Lie-Zyklide längs einer Krümmungslinie drei konsekutive Krümmungskugeln des nicht zur Kurve gehörigen Systems mit der Fläche gemeinsam hat, haben zwei konsekutive Lie-Zykliden zwei unendlich benachbarte Krümmungskugeln gemein. Beide Zykliden umhüllen nun die beiden gemeinsamen konsekutiven Krümmungskugeln längs ihres ganzen Schnittkreises, sie berühren sich also längs dieses ganzen Schnittkreises, der auf beiden Flächen Krümmungslinie ist. Berühren sich umgekehrt zwei Zykliden längs des Kreises einer ganzen Krümmungslinie, also längs eines ganzen Krümmungsstreifens, so haben sie zwei benachbarte Krümmungskugeln gemein, eben die, die durch den kreisförmigen Krümmungsstreifen festgelegt sind.

In einem Lie-Zyklidensystem findet also bei jeder Zyklide des Systems für zwei Fortschreitungsrichtungen, nämlich die zur Ausgangsfläche gehörigen Krümmungsrichtungen, eine solche Berührung mit der Nachbarzyklide längs des Kreises einer ganzen gemeinsamen Krümmungslinie statt. Die beiden Berührungskreise gehören dabei zwei verschiedenen Scharen von Krümmungslinien auf der Zyklide an. Wir wollen nun zeigen, daß von diesem Satz auch die Umkehrung gilt:

Gibt es in einem Zyklidensystem zu jeder Zyklide genau zwei Fortschreitungsrichtungen, für die sie sich mit der Nachbarzyklide längs des ganzen Kreises einer Krümmungslinie berührt [und sind dabei die beiden Berührungskreise immer Krümmungslinien verschiedener Scharen], so besteht das System aus den Lie-Zykliden einer Fläche.

Wir wollen zunächst die Bedingung dafür aufstellen, daß sich eine Zyklide mit einer benachbarten längs des Kreises einer ganzen Krümmungslinie berührt oder, was auf dasselbe hinauskommt, daß zwei konsekutive Kugeln aus einer der erzeugenden Kugelscharen der Zyklide auch noch erzeugende Kugeln der Nachbarzyklide sind. Greifen wir durch $u = u(\sigma)$, $v = v(\sigma)$, wo σ ein Parameter ist, eine eindimensionale Schar von Zykliden aus unserem System heraus und bezeichnen wir die Fortschreitungsrichtung längs dieser Schar durch das Ableitungssymbol d! Nehmen wir ferner an, daß die beiden konsekutiven Kugeln, die auch noch der Nachbarzyklide angehören, in dem Bündel $\mathfrak{x}^\alpha$ liegen. Die Kugeln dieses Bündels können wir mit Hilfe eines Parameters t nach (180), (181) durch

$$\mathfrak{z} = \sum_\alpha \varrho_\alpha(t) \cdot \mathfrak{x}^\alpha \tag{184}$$

mit

$$\sum_{\alpha\beta} A^{\alpha\beta} \cdot \varrho_\alpha(t) \cdot \varrho_\beta(t) = 0 \tag{185}$$

darstellen. Bezeichnen wir Ableitung längs der Kugelschar (184) durch δ, so ist die zu $\mathfrak{z}$ benachbarte erzeugende Kugel durch

$$\mathfrak{z} + \frac{\delta\mathfrak{z}}{\delta t}\,\delta t = \sum_\alpha \left(\varrho_\alpha + \frac{\delta\varrho_\alpha}{\delta t}\,\delta t\right) \mathfrak{x}^\alpha \tag{186}$$

gegeben, wobei noch die aus (185) folgende Bedingung

$$\sum_{\alpha\beta} A^{\alpha\beta} \varrho_\alpha \frac{\delta\varrho_\beta}{\delta t} = 0 \tag{187}$$

für $\frac{\delta\varrho_\beta}{\delta t}$ erfüllt sein muß. Sollen die Kugeln $\mathfrak{z}$ und $\mathfrak{z} + \delta\mathfrak{z}$ den zwei konsekutiven Zykliden $\{\mathfrak{x}^\alpha, \bar{\mathfrak{x}}^\lambda\}$ und $\{\mathfrak{x}^\alpha + d\mathfrak{x}^\alpha, \bar{\mathfrak{x}}^\lambda + d\bar{\mathfrak{x}}^\lambda\}$ angehören, so muß außer

$$\langle \mathfrak{z}\bar{\mathfrak{x}}^\lambda \rangle = \frac{\delta\mathfrak{z}}{\delta t}\bar{\mathfrak{x}}^\lambda = 0,$$

auch

$$\mathfrak{z}\frac{d\bar{\mathfrak{x}}^\lambda}{d\sigma} = \frac{\delta\mathfrak{z}}{\delta t}\frac{d\bar{\mathfrak{x}}^\lambda}{d\sigma} = 0 \tag{188}$$

gelten. Wir können es nun durch eine Bündeltransformation erreichen, daß $\mathfrak{x}^{\mathrm{I}}$ in $\mathfrak{z}$ übergeht und $\mathfrak{x}^{\mathrm{II}}$ in den durch $\frac{\delta\mathfrak{z}}{\delta t}$ gegebenen Komplex, also

$$\mathfrak{x}^{\mathrm{I}} \to \mathfrak{z} = \sum_\alpha \varrho_\alpha \mathfrak{x}^\alpha; \qquad \mathfrak{x}^{\mathrm{II}} \to \frac{\delta\mathfrak{z}}{\delta t} = \sum_\alpha \frac{\delta\varrho_\alpha}{\delta t}\mathfrak{x}^\alpha.$$

Dann wird nach (185) und (187)

$$\langle \mathfrak{x}^{\mathrm{I}}\mathfrak{x}^{\mathrm{I}} \rangle = A^{11} = 0; \qquad \langle \mathfrak{x}^{\mathrm{I}}\mathfrak{x}^{\mathrm{II}} \rangle = A^{12} = 0, \tag{188a}$$

ferner erhält man nach (188) für die Matrix $\left\langle \mathfrak{x}^\alpha \frac{d\bar{\mathfrak{x}}^\lambda}{d\sigma} \right\rangle$:

$$\left\langle \mathfrak{x}^\alpha \frac{d\bar{\mathfrak{x}}^\lambda}{d\sigma} \right\rangle = \left|\begin{matrix} 0 & 0 & * \\ 0 & 0 & * \\ 0 & 0 & * \end{matrix}\right| \quad (\alpha \longrightarrow,\ \lambda \downarrow) \tag{189}$$

Es ist also diese Matrix, bei der wir die mit * bezeichneten Glieder gar nicht auszurechnen brauchen, notwendig vom Rang 1. (Sie kann nicht identisch verschwinden, da sonst das Bündel $\bar{\mathfrak{x}}^\lambda + d\bar{\mathfrak{x}}^\lambda$ zu $\mathfrak{x}^\alpha$ konjugiert wäre, die benachbarten Zykliden also zusammenfallen würden.)

Bilden wir die quadratische Differentialform

$$(190)\qquad \sum_{\alpha,\beta,\lambda,\mu} A_{\alpha\beta}\bar{A}_{\lambda\mu}\langle\mathfrak{x}^\alpha d\bar{\mathfrak{x}}^\lambda\rangle\langle\mathfrak{x}^\beta d\bar{\mathfrak{x}}^\mu\rangle = \sum_{i,k}\mathfrak{G}_{ik}\,du^i\,du^k$$

mit $u^1 = u$, $u^2 = v$ und

$$(190\text{a})\qquad \mathfrak{G}_{ik} = \sum_{\alpha,\beta,\lambda,\mu}\bar{A}_{\alpha\beta}A_{\lambda\mu}\left\langle\mathfrak{x}^\alpha\frac{\partial\bar{\mathfrak{x}}^\lambda}{\partial u^i}\right\rangle\left\langle\mathfrak{x}^\beta\frac{\partial\bar{\mathfrak{x}}^\mu}{\partial u^k}\right\rangle$$

und setzen

$$(191)\qquad J = \sum_{ik}\mathfrak{G}_{ik}\frac{du^i}{d\sigma}\frac{du^k}{d\sigma},$$

so erhalten wir bei Berücksichtigung von (189) wegen

$$A_{33} = \frac{A^{11}A^{22} - (A^{12})^2}{A} = 0:$$

$$(192)\qquad J = A_{33}\sum_{\lambda\mu}\bar{A}_{\lambda\mu}\left\langle\mathfrak{x}^{\mathrm{III}}\frac{d\bar{\mathfrak{x}}^\lambda}{d\sigma}\right\rangle\left\langle\mathfrak{x}^{\mathrm{III}}\frac{d\bar{\mathfrak{x}}^\mu}{d\sigma}\right\rangle = 0.$$

Man überzeugt sich nun leicht, daß sowohl der Rang der Matrix (189), sowie die quadratische Differentialform (190) invariant sind gegenüber beliebigen Bündeltransformationen, also unabhängig von der speziellen Verfügung über die Komplexe $\mathfrak{x}^{\mathrm{I}}$ und $\mathfrak{x}^{\mathrm{II}}$. *Wir haben also allgemein für die Berührung benachbarter Zykliden längs des ganzen Kreises einer Krümmungslinie die notwendigen Bedingungen*:

(193)
1. *Die Matrix* $\left\langle\mathfrak{x}^\alpha\frac{d\bar{\mathfrak{x}}^\lambda}{d\sigma}\right\rangle$ *ist vom Rang 1.*
2. *Der Ausdruck* (191) *verschwindet.*

Eine solche Berührung kann in einem Zyklidensystem also nur längs einer Nullschar von (190) geschehen.

Bei einem Zyklidensystem mit der in unserem Satze geforderten Eigenschaft muß es genau zwei reelle Nullscharen der Form (190) geben, das heißt, es muß

$$(193\text{a})\qquad \mathfrak{G}_{12}^2 - \mathfrak{G}_{11}\mathfrak{G}_{22} > 0$$

sein, die Form (190) muß also indefinit sein. Wir denken uns diese Nullscharen nun als Parameterscharen eingeführt. Nehmen wir an, daß längs der u-Scharen $v = \text{const}$ die gemeinsamen erzeugenden Kugeln $\mathfrak{z}$ und $\mathfrak{z} + \delta\mathfrak{z}$ benachbarter Zykliden dem Bündel $\mathfrak{x}^\alpha$ angehören, die entsprechenden Kugeln $\bar{\mathfrak{z}}$ und $\bar{\mathfrak{z}} + \delta\bar{\mathfrak{z}}$ längs der v-Scharen $u = \text{const}$ aber dem Bündel $\bar{\mathfrak{x}}^{\lambda}$, so muß nach (193) unter Verwendung der im § 92 eingeführten Bezeichnungen gelten: Die Matrizen

$$U^{\alpha\lambda} \quad \text{und} \quad V^{\alpha\lambda}$$

sind beide vom Rang 1.

Führen wir als die unsere Zyklide darstellenden Komplexe $\mathfrak{x}^{\mathrm{I}}$ und $\bar{\mathfrak{x}}^{\mathrm{I}}$ die Kugeln $\mathfrak{z}$ und $\bar{\mathfrak{z}}$ ein und als $\mathfrak{x}^{\mathrm{II}}$ und $\bar{\mathfrak{x}}^{\mathrm{II}}$ die Komplexe $\delta\mathfrak{z}$ und $\delta\bar{\mathfrak{z}}$, so gilt dann entsprechend (188) $\langle \mathfrak{x}^{\mathrm{I}}\, \bar{\mathfrak{x}}_u^{\lambda}\rangle = \langle \mathfrak{x}^{\mathrm{II}}\, \bar{\mathfrak{x}}_u^{\lambda}\rangle = 0$ und ebenso $\langle \bar{\mathfrak{x}}^{\mathrm{I}}\, \mathfrak{x}_v^{\alpha}\rangle = \langle \bar{\mathfrak{x}}^{\mathrm{II}}\, \mathfrak{x}_v^{\alpha}\rangle = 0$, nach (169) muß dann also gelten

$$\text{(194)} \qquad U^{\alpha\lambda} = \overset{\xrightarrow{\qquad\qquad}\ \alpha}{\left\{\begin{array}{ccc} 0 & 0 & * \\ 0 & 0 & * \\ 0 & 0 & * \end{array}\right\}}\Big\downarrow\lambda \quad \text{und} \quad V^{\alpha\lambda} = \overset{\xrightarrow{\qquad\qquad}\ \alpha}{\left\{\begin{array}{ccc} 0 & 0 & 0 \\ 0 & 0 & 0 \\ * & * & * \end{array}\right\}}\Big\downarrow\lambda$$

Da wegen $A^{11} = A^{12} = 0$ [vgl. (188a)] und (167) jetzt gilt:

$$A = -A^{22}(A^{13})^2 < 0,$$

so muß $A^{22} > 0$ gelten, und wir können $\mathfrak{x}^{\mathrm{II}}$ dann durch $A^{22} = 1$ normieren, und aus dem gleichen Grunde dann auch $\bar{\mathfrak{x}}^{\mathrm{II}}$ durch $\bar{A}^{22} = 1$. $\mathfrak{x}^{\mathrm{II}}$ und $\bar{\mathfrak{x}}^{\mathrm{II}}$ sind jetzt elliptische Komplexe, die die Kugeln $\mathfrak{x}^{\mathrm{I}}$ resp. $\bar{\mathfrak{x}}^{\mathrm{I}}$ enthalten. Nehmen wir nun für $\mathfrak{x}^{\mathrm{III}}$ noch die zweite Kugel des Bündels $\mathfrak{x}^{\alpha}$, die außer $\mathfrak{x}^{\mathrm{I}}$ noch $\mathfrak{x}^{\mathrm{II}}$ angehört, so daß $\langle \mathfrak{x}^{\mathrm{III}}\, \mathfrak{x}^{\mathrm{III}}\rangle = \langle \mathfrak{x}^{\mathrm{II}}\, \mathfrak{x}^{\mathrm{III}}\rangle = 0$ wird und ebenso $\bar{\mathfrak{x}}^{\mathrm{III}}$ als die zweite $\bar{\mathfrak{x}}^{\mathrm{II}}$ angehörende Kugel des Bündels $\bar{\mathfrak{x}}^{\lambda}$, und normieren wir die Kugelpaare $\{\mathfrak{x}^{\mathrm{I}}\, \mathfrak{x}^{\mathrm{III}}\}$ und $\{\bar{\mathfrak{x}}^{\mathrm{I}}, \bar{\mathfrak{x}}^{\mathrm{III}}\}$ durch

$$\langle \mathfrak{x}^{\mathrm{I}}\, \mathfrak{x}^{\mathrm{III}}\rangle = -1 \quad \text{und} \quad \langle \bar{\mathfrak{x}}^{\mathrm{I}}\, \bar{\mathfrak{x}}^{\mathrm{III}}\rangle = -1$$

so gilt für die Matrizen $A^{\alpha\beta}$ und $\bar{A}^{\lambda\mu}$

$$\text{(195)} \qquad A^{\alpha\beta} = \left\{\begin{array}{rrr} 0 & 0 & -1 \\ 0 & 1 & 0 \\ -1 & 0 & 0 \end{array}\right\}; \quad \bar{A}^{\lambda\mu} = \left\{\begin{array}{rrr} 0 & 0 & -1 \\ 0 & 1 & 0 \\ -1 & 0 & 0 \end{array}\right\}$$

und weiter

$$A_{\alpha\beta} = A^{\alpha\beta}; \quad \bar{A}_{\lambda u} = \bar{A}^{\lambda\mu}$$

Aus der Konstanz von $A^{\alpha\beta}$ und $\bar{A}^{\lambda\mu}$ ergibt sich dann mittels (166), (169)

$$\text{(196)} \qquad \left\{\begin{array}{l} P^{\alpha\beta} + P^{\beta\alpha} = Q^{\alpha\beta} + Q^{\beta\alpha} = 0 \\ \bar{P}^{\lambda\mu} + \bar{P}^{\mu\lambda} = \bar{Q}^{\lambda\mu} + \bar{Q}^{\mu\lambda} = 0 \end{array}\right.$$

In jeder der Matrizen $P^{\alpha\gamma}$, $Q^{\alpha\beta}$, $\bar{P}^{\lambda\mu}$, $\bar{Q}^{\lambda\mu}$ kommen wegen ihrer schiefen Symmetrie (196) dann nur drei unabhängige Komponenten vor:

$$(196\text{a})\quad P^{\alpha\beta} = \begin{Bmatrix} 0 & -P^{12} & -P^{13} \\ P^{12} & 0 & -P^{23} \\ P^{13} & P^{23} & 0 \end{Bmatrix} \begin{matrix}\longrightarrow \alpha \\ \downarrow \beta\end{matrix}; \quad Q^{\alpha\beta} = \begin{Bmatrix} 0 & -Q^{12} & -Q^{13} \\ Q^{12} & 0 & -Q^{23} \\ Q^{13} & Q^{23} & 0 \end{Bmatrix} \begin{matrix}\longrightarrow \alpha \\ \downarrow \beta\end{matrix}$$

$$(196\text{b})\quad \bar{P}^{\mu\lambda} = \begin{Bmatrix} 0 & -\bar{P}^{12} & -\bar{P}^{13} \\ \bar{P}^{12} & 0 & -\bar{P}^{23} \\ \bar{P}^{13} & \bar{P}^{23} & 0 \end{Bmatrix} \begin{matrix}\longrightarrow \lambda \\ \downarrow \mu\end{matrix}; \quad \bar{Q}^{\lambda\mu} = \begin{Bmatrix} 0 & -\bar{Q}^{12} & -\bar{Q}^{13} \\ \bar{Q}^{12} & 0 & -\bar{Q}^{23} \\ \bar{Q}^{13} & \bar{Q}^{23} & 0 \end{Bmatrix} \begin{matrix}\longrightarrow \lambda \\ \downarrow \mu\end{matrix}$$

Nach (194), (196a), (196b) gilt somit speziell:

$$(196\text{c})\qquad U^{1\lambda} = U^{2\lambda} = V^{\alpha 1} = V^{\alpha 2} = P^{11} = \bar{P}^{11} = Q^{11} = \bar{Q}^{11} = 0.$$

Setzt man die Integrierbarkeitsbedingung (177) für die Indizes $\alpha = 1$ und $\lambda = 2$ an, so ergibt sich dann mittels (196c) und (196):

$$(197)\qquad V^{13} \cdot \bar{P}^{12} = 0.$$

Ebenso folgt, wenn wir in (177) $\alpha = 2$ und $\lambda = 1$ setzen:

$$(198)\qquad U^{31} \cdot Q^{12} = 0.$$

Bei Verwendung der Nullscharen von (190) als Parameterscharen folgt nun weiter aus (193a) $\mathfrak{G}_{12} \neq 0$. Nun gilt nach (190a), (194), (196):

$$(198\text{a})\qquad \mathfrak{G}_{12} = \sum_{\alpha,\beta,\lambda,\mu} A_{\alpha\beta} \bar{A}_{\lambda\mu} U^{\alpha\lambda} V^{\beta\mu} = U^{31} V^{13}.$$

Also ist

$$(199)\qquad U^{31} \neq 0; \qquad V^{13} \neq 0$$

und es folgt aus (197), (198)

$$(200)\qquad Q^{12} = \bar{P}^{12} = 0.$$

Nach (169) und (194) sind nun für das von den Kugeln $\mathfrak{x}^{\mathrm{I}}$, $\bar{\mathfrak{x}}^{\mathrm{I}}$ aufgespannte Flächenelement die Streifenbedingungen

$$\mathfrak{x}^{\mathrm{I}} \bar{\mathfrak{x}}^{\mathrm{I}}_u = \mathfrak{x}^{\mathrm{I}} \bar{\mathfrak{x}}^{\mathrm{I}}_v = 0$$

erfüllt. Die Flächenelemente $\mathfrak{x}^{\mathrm{I}}$, $\bar{\mathfrak{x}}^{\mathrm{I}}$ bilden also eine Hüllfläche der Zyklide. *Für diese Fläche können wir nun gerade leicht zeigen, daß die Zykliden unseres Systems ihre Lie-Zykliden sind.*

Schreiben wir die Ableitungsgleichungen (170) für $\mathfrak{x}^{\mathrm{I}}_u$ und $\bar{\mathfrak{x}}^{\mathrm{I}}_v$, so ergibt sich mittels (194), (195), (196), (196a), (200)

$$\mathfrak{x}^{\mathrm{I}}_v = -Q^{13}\mathfrak{x}^{\mathrm{I}} - V^{13}\bar{\mathfrak{x}}^{\mathrm{I}},$$

$$\bar{\mathfrak{x}}^{\mathrm{I}}_u = -\bar{P}^{13}\bar{\mathfrak{x}}^{\mathrm{I}} + U^{31}\mathfrak{x}^{\mathrm{I}}.$$

Nach § 58 (99) sind also die Kurven $u = \text{const}$, $v = \text{const}$ auf der Fläche $\{\mathfrak{x}^{\mathrm{I}}, \bar{\mathfrak{x}}^{\mathrm{I}}\}$ die Krümmungslinien und nach § 58 (91) die Kugeln $\mathfrak{x}^{\mathrm{I}}$ die zu den u-Linien gehörigen Krümmungskugeln, die $\bar{\mathfrak{x}}^{\mathrm{I}}$ aber die zu den v-Linien gehörigen.

Aus (170) folgt nun weiter mittels der verschiedenen in diesem Abschnitt abgeleiteten Relationen

$$\mathfrak{x}_u^{\mathrm{I}} = P^{12}\mathfrak{x}^{\mathrm{II}} - P^{13}\mathfrak{x}^{\mathrm{I}}$$
$$\mathfrak{x}_u^{\mathrm{II}} = +P^{12}\mathfrak{x}^{\mathrm{III}} - P^{23}\mathfrak{x}^{\mathrm{I}}.$$

Daraus folgt, daß die Zyklide unseres Systems in ihrem Bündel $\mathfrak{x}^{\alpha}$ die drei Komplexe $\mathfrak{x}^{\mathrm{I}}$, $\mathfrak{x}_u^{\mathrm{I}}$ und $\mathfrak{x}_{uu}^{\mathrm{I}}$ enthält. Das besagt nach § 84 aber, daß sie die Lie-Zyklide der Fläche $\{\mathfrak{x}^{\mathrm{I}}, \bar{\mathfrak{x}}^{\mathrm{I}}\}$ ist. Damit ist unser Beweis geführt.

Aus unserem Beweise geht hervor: *Die Zyklidensysteme, die aus den Lie-Zykliden einer Fläche bestehen, sind analytisch dadurch gekennzeichnet, daß bei Einführung der Nullscharen der quadratischen Form* (190) (*die dabei indefinit sein muß*) *die Matrizen* $U^{\alpha\lambda}$ und $V^{\alpha\lambda}$ *beide den Rang* 1 *besitzen.* Den Nullscharen der Form (190) entsprechen die Krümmungslinien der ausgezeichneten Hüllfläche des Lie-Zyklidensystems.

Natürlich können wir ohne weiteres Anschluß an die Formeln unserer Flächentheorie des § 85 gewinnen. Denken wir uns die Formeln (41) usw. des § 85 in den Parametern der Krümmungslinien geschrieben [vgl. § 85 (38)] und setzen wir

$$\mathfrak{x}^{\mathrm{I}} = \mathfrak{y};\quad \mathfrak{x}^{\mathrm{II}} = \mathfrak{t};\quad \mathfrak{x}^{\mathrm{III}} = \mathfrak{q}$$
$$\bar{\mathfrak{x}}^{\mathrm{I}} = \bar{\mathfrak{y}};\quad \bar{\mathfrak{x}}^{\mathrm{II}} = \bar{\mathfrak{t}};\quad \bar{\mathfrak{x}}^{\mathrm{III}} = \mathfrak{q},$$

so ergibt der Vergleich mit den Formeln (170) des § 92, daß wir außer (195) zu setzen haben

$$P^{\alpha\beta} = \begin{Bmatrix} 0 & -\varphi & +2\varphi\bar{q} \\ \varphi & 0 & +\varphi w \\ -2\varphi\bar{q} & -\varphi w & 0 \end{Bmatrix} \overset{\longrightarrow\alpha}{}\downarrow\beta;\quad Q^{\alpha\beta} = \begin{Bmatrix} 0 & 0 & +\bar{\varphi} q \\ 0 & 0 & +\bar{\varphi} h \\ -\bar{\varphi} q & -\bar{\varphi} h & 0 \end{Bmatrix} \overset{\longrightarrow\alpha}{}\downarrow\beta$$

$$\bar{P}^{\lambda\mu} = \begin{Bmatrix} 0 & 0 & +\varphi\bar{q} \\ 0 & 0 & +\varphi\bar{h} \\ -\varphi\bar{q} & -\varphi\bar{h} & 0 \end{Bmatrix} \overset{\longrightarrow\lambda}{}\downarrow\mu;\quad \bar{Q}^{\lambda\mu} = \begin{Bmatrix} 0 & -\varphi & +2\bar{\varphi} q \\ \bar{\varphi} & 0 & +\bar{\varphi}\bar{w} \\ -2\bar{\varphi} q & -\bar{\varphi}\bar{w} & 0 \end{Bmatrix} \overset{\longrightarrow\lambda}{}\downarrow\mu$$

$$U^{\alpha\lambda} = \begin{Bmatrix} 0 & 0 & \varphi \\ 0 & 0 & 0 \\ 0 & 0 & -\varphi\bar{w} \end{Bmatrix} \overset{\longrightarrow\alpha}{}\downarrow\lambda;\quad V^{\alpha\lambda} = \begin{Bmatrix} 0 & 0 & 0 \\ 0 & 0 & 0 \\ -\bar{\varphi} & 0 & +\bar{\varphi} w \end{Bmatrix} \overset{\longrightarrow\alpha}{}\downarrow\lambda$$

Diese Gleichungen sind nicht alle eine unmittelbare Folge der in diesem Abschnitt abgeleiteten Beziehungen, sondern wir müssen bedenken, daß die Kugeln $\mathfrak{x}^{\mathrm{I}} = \mathfrak{z}$, $\bar{\mathfrak{x}}^{\mathrm{I}} = \bar{\mathfrak{z}}$ zunächst noch gar nicht normiert sind, und daß daher die Komplexe $\mathfrak{x}^{\mathrm{II}} = \mathfrak{z} + \delta\mathfrak{z}$ und $\bar{\mathfrak{x}}^{\mathrm{II}} = \bar{\mathfrak{z}} + \delta\bar{\mathfrak{z}}$ in den Bündeln $\mathfrak{x}^{\alpha}$ und $\bar{\mathfrak{x}}^{\lambda}$ nicht festgelegt sind. In den Annahmen (201) stecken dann zugleich die Festsetzungen über die Normierung der $\mathfrak{x}^{\mathrm{I}}$, $\bar{\mathfrak{x}}^{\mathrm{I}}$ und die Festlegung der $\mathfrak{x}^{\mathrm{II}}$, $\bar{\mathfrak{x}}^{\mathrm{II}}$. Aus (198a) und (201) ergibt sich

$$\mathfrak{G}_{12}\, du\, dv = -(\varphi\, du)(\bar{\varphi}\, dv) = -d\psi \cdot d\bar{\psi}\,.$$

Wegen der Symmetrie der $\mathfrak{G}_{ik}$ in den Indizes i und k haben wir nach § 69 (74), (76) daher in allgemeinen Parametern zu setzen

$$(202) \qquad -\mathfrak{G}_{ik} = n_i \bar{n}_k + n_k \bar{n}_i\,.$$

§ 94. *K*-Minimalflächen und Projektivminimalflächen.

Wir wollen nun die in den beiden voraufgegangenen Abschnitten entwickelte Theorie benutzen, um eine wichtige Eigenschaft der Flächenklasse nachzuweisen, die unter Verwendung der im § 85 für die Flächentheorie von *Lie* eingeführten Bezeichnungen durch die Differentialgleichungen

$$(203) \qquad w_1 + 4\bar{q}\,w = 0, \quad \bar{w}_2 + 4\,q\,\bar{w} = 0$$

gekennzeichnet ist. Wegen der Integrierbarkeitsbedingung (49) des § 85 zieht die eine der beiden Gleichungen die andere nach sich. Die Flächenklasse wird also durch eine einzige Differentialgleichung gekennzeichnet. Nach § 85 hängen w und $\bar{w}$ von dritten Ableitungen der unnormierten Krümmungskugeln $\mathfrak{y}$, $\bar{\mathfrak{y}}$ ab, die Gleichungen (203) sind in ihnen also von vierter Ordnung. Da die Krümmungskugeln wieder von zweiten Ableitungen des Flächenpunktes abhängen, ist (203) mit einer Differentialgleichung sechster Ordnung in den Punktkoordinaten der Fläche gleichwertig.

Wir wollen die durch (203) gekennzeichneten Flächen *K-Minimalflächen* nennen. Wir können nämlich von ihnen eine ganz analoge Eigenschaft nachweisen, wie wir dies im § 81 für die *M*-Minimalflächen und *L*-Minimalflächen getan haben. Wir wollen zeigen: *Die K-Minimalflächen sind Extremalen des Variationsproblems, das zu dem einfachsten Lieinvarianten Doppelintegral einer Fläche gehört.* Verwenden wir die normierten Formen n_i und $\bar{n}_i$ der Liegeometrischen Flächentheorie, und denken wir uns durch

$$(204) \qquad -\mathfrak{G}_{ik} = n_i \bar{n}_k + n_k \bar{n}_i$$

die Koeffizienten einer invarianten quadratischen Differentialform bestimmt, deren Nullinien wegen

$$\sum_{ik} \mathfrak{G}_{ik}\, du^i\, du^k = -\sum_i (n_i\, du^i) \cdot \sum_k (\bar{n}_k\, du^k)$$

die Krümmungslinien sind, so ist das einfachste Lieinvariante Integral einer Fläche durch

$$\iint \sqrt{\mathfrak{G}_{12}^2 - \mathfrak{G}_{11}\,\mathfrak{G}_{22}}\; du\, dv \tag{205}$$

gegeben oder, wie man auf Grund der Identität

$$\mathfrak{G} = \mathfrak{G}_{12}^2 - \mathfrak{G}_{11}\,\mathfrak{G}_{22} = (n_1\,\bar{n}_2 - n_2\,\bar{n}_1)^2$$

auch schreiben kann, durch

$$\pm \iint (n_1\,\bar{n}_2 - n_2\,\bar{n}_1)\, du\, dv\,.$$

Das Integral (205) hängt wie die normierten Formen n_i, $\bar{n}_i$ nur von ersten Ableitungen der Krümmungskugeln ab, also von dritten Ableitungen des Flächenpunktes. Es kann nun wieder kein weiteres invariantes Doppelintegral $\iint h\, du\, dv$ geben, das in den unnormierten Krümmungskugeln von erster Ordnung ist, denn sonst müßte der Quotient $\sqrt{\mathfrak{G}} : h$ eine Invariante erster Ordnung geben. Wir wissen aber aus § 85, daß die niedrigsten absoluten Invarianten einer Fläche in der Geometrie von *Lie* von den zweiten Ableitungen der Krümmungskugeln abhängen.

Um nun die Flächen (203) als Extremalen des Variationsproblems

$$\delta \iint \sqrt{\mathfrak{G}}\; du\, dv = 0 \tag{206}$$

nachzuweisen, verfahren wir ganz ähnlich, wie im § 81. Wir gehen zunächst von der allgemeinen Theorie der Zyklidensysteme aus und denken uns für die durch (190) erklärte quadratische Differentialform das Variationsproblem gebildet. Für dieses berechnen wir dann die Extremalen. Unter diesen Extremalen werden wir dann nach § 93 die speziellen Zyklidensysteme aussuchen, die Lie-Zyklidensysteme sind: Wir werden gerade die Lie-Zyklidensysteme finden, die zu den Flächen (203) gehören. Da nun die Form (190) für Lie-Zyklidensysteme nach (202) in die Form (204) der zugehörigen Flächen übergeht, geht auch das allgemeine Variationsproblem dabei über in unser Variationsproblem für Flächen. Die Flächen (203) bzw. die zugehörigen Lie-Zyklidensysteme haben also hinsichtlich des Integrals (205) die Extremumeigenschaft gegenüber sämtlichen Zyklidensystemen überhaupt, daher um so mehr auch gegenüber den Lie-Zyklidensystemen, d. h. gegenüber den Flächen. Damit werden dann die Flächen (203) als Extremalen des einfachsten Lieinvarianten Variationsproblems für Flächen nachgewiesen sein.

Wenn wir uns die Extremalen für das allgemeine Variationsproblem der Zyklidensysteme berechnen, so sind nach (190) die $\mathfrak{G}_{ik}$ und damit auch die Wurzel $\sqrt{\mathfrak{G}_{12}^2 - \mathfrak{G}_{11}\mathfrak{G}_{22}}$ unter dem Integral (205) Ausdrücke in den 36 Funktionen, die den sechsmal sechs Koordinaten der Komplexe $\mathfrak{x}^{\alpha}$, $\bar{\mathfrak{x}}^{\lambda}$ entsprechen, und zwar Ausdrücke in deren Koordinaten x_i^{α}, $\bar{x}_i^{\lambda}$ $[i = 0, 1 \ldots 5]$ und ihren ersten Ableitungen. Die $\mathfrak{x}^{\alpha}$, $\bar{}^{\lambda}$ sind dabei an die Nebenbedingungen

$$\langle \mathfrak{x}^{\alpha}\, \bar{\mathfrak{x}}^{\lambda}\rangle = 0$$

geknüpft. Nach den Regeln der Variationsrechnung haben wir also die Funktion

$$F = \sqrt{\mathfrak{G}_{12}^2 - \mathfrak{G}_{11}\,\mathfrak{G}_{22}} + \sum_{\alpha\lambda} \mathfrak{L}_{\alpha\lambda} \langle \mathfrak{x}^{\alpha}\, \bar{\mathfrak{x}}^{\lambda}\rangle \tag{207}$$

mit den Multiplikatoren $\mathfrak{L}_{\alpha\lambda}$ zu bilden, und für diese die Differentialgleichungen von *Euler* und *Lagrange*

$$\text{(208)}\quad \left\{\begin{aligned} &\frac{\partial F}{\partial x_i^{\alpha}} - \frac{\partial}{\partial u}\left(\frac{\partial F}{\partial \frac{\partial x_i^{\alpha}}{du}}\right) - \frac{\partial}{\partial v}\left(\frac{\partial F}{\partial \frac{\partial x_i^{\alpha}}{\partial v}}\right) = 0\,.\\ &\frac{\partial F}{\partial \bar{x}_i^{\lambda}} - \frac{\partial}{\partial u}\left(\frac{\partial F}{\partial \frac{\partial \bar{x}_i^{\lambda}}{\partial u}}\right) - \frac{\partial}{\partial v}\left(\frac{\partial F}{\partial \frac{\partial \bar{x}_i^{\lambda}}{\partial v}}\right) = 0\,. \end{aligned}\right. \qquad \begin{bmatrix}\alpha, \lambda = \text{I bis III}\\ i = 0, 1 \ldots 5\end{bmatrix}$$

für die 36 Koordinaten x_i^{α}, $\bar{x}_i^{\lambda}$ der $\mathfrak{x}^{\alpha}$, $\bar{\mathfrak{x}}^{\lambda}$ zu bilden. Die Rechnung wollen wir uns noch in zweifacher Weise vereinfachen. Bezeichnet p irgendeine der 36 Größen x_i^{α}, $\bar{x}_i^{\lambda}$, so gilt für $\mathfrak{G} = \mathfrak{G}_{12}^2 - \mathfrak{G}_{11}\,\mathfrak{G}_{22}$

$$\frac{\partial\sqrt{\mathfrak{G}}}{\partial p} = \frac{1}{2\sqrt{\mathfrak{G}}}\left\{2\,\mathfrak{G}_{12}\frac{\partial\mathfrak{G}_{12}}{\partial p} - \mathfrak{G}_{22}\frac{\partial\mathfrak{G}_{11}}{\partial p} - \mathfrak{G}_{11}\frac{\partial\mathfrak{G}_{22}}{\partial p}\right\}. \tag{209}$$

Nehmen wir nun $\mathfrak{G} \neq 0$ an, setzen wir alle in Frage kommenden Funktionen als analytisch voraus und denken uns nach Aufstellung der Gleichungen (208) nachträglich in diesen solche reelle oder komplexe Parameter u, v eingeführt [vgl. § 81 (130a)], für die

$$\mathfrak{G}_{11} = \mathfrak{G}_{22} = 0 \tag{210}$$

wird, so haben wir nach (209) bis auf ein Vorzeichen

$$\frac{\partial\sqrt{\mathfrak{G}}}{\partial p} = \frac{\partial\mathfrak{G}_{12}}{\partial p}\,.$$

Legen wir uns also von vornherein darauf fest, die Gleichungen (208) in den Parametern (210) zu schreiben, so können wir in ihnen statt der Funktion (207) die Funktion

$$F = \mathfrak{G}_{12} + \sum_{\alpha,\lambda} \mathfrak{L}_{\alpha\lambda} \langle \mathfrak{x}^{\alpha}\, \bar{\mathfrak{x}}^{\lambda}\rangle \tag{211}$$

verwenden, worin nach (190)

$$\mathfrak{G}_{12} = \sum_{\alpha,\beta,\lambda,\mu} A_{\alpha\beta}\,\bar{A}_{\lambda\mu}\,\langle \mathfrak{x}^{\alpha}_{\,}\, \bar{\mathfrak{x}}^{\lambda}_{u}\rangle\,\langle \mathfrak{x}^{\beta}\, \bar{\mathfrak{x}}^{\mu}_{v}\rangle \tag{212}$$

ist. Eine zweite Vereinfachung nehmen wir nun dadurch vor, daß wir uns die darstellenden Komplexe $\mathfrak{x}^{\alpha}$, $\bar{\mathfrak{x}}^{\lambda}$ der Zyklide in ihren Bündeln so gewählt denken, daß für das ganze System die $A^{\alpha\beta}$ und $\bar{A}^{\lambda\mu}$ konstant werden:

$$A^{\alpha\beta} = \langle \mathfrak{x}_{\alpha}\,\mathfrak{x}^{\beta}\rangle = a^{\alpha\beta};\quad \bar{A}^{\lambda\mu} = \langle \bar{\mathfrak{x}}^{\lambda}\, \bar{\mathfrak{x}}^{\mu}\rangle = \bar{a}^{\lambda\mu} \tag{213}$$

mit Konstanten $a^{\alpha\beta}$ und $\bar{a}^{\lambda\mu}$. Das ist natürlich bei jedem System möglich. Denn nach § 55 (63) können wir ja z. B. eine Zyklide speziell durch solche Komplexe $\mathfrak{x}^{\alpha}$, $\bar{\mathfrak{x}}^{\lambda}$ darstellen, daß

$$A^{11} = A^{22} = \bar{A}^{11} = \bar{A}^{22} = +1; \quad A^{33} = \bar{A}^{33} = -1$$

$$A^{\alpha\beta} = 0 \text{ für } \alpha \neq \beta; \quad \bar{A}^{\lambda\mu} = 0 \text{ für } \lambda \neq \mu$$

wird, und wenn wir für jede Zyklide des Systems derartige Komplexe einführen, werden die $A^{\alpha\beta}$, $\bar{A}^{\lambda\mu}$ wirklich konstant $= \pm 1$ oder 0. Auf diesen speziellen Fall wollen wir uns jedoch nicht festlegen, sondern für die $a^{\alpha\beta}$, $\bar{a}^{\lambda\mu}$ irgendwelche Konstanten annehmen. Mit den $A^{\alpha\beta}$, $\bar{A}^{\lambda\mu}$ werden natürlich dann auch die $A_{\alpha\beta}$, $\bar{A}_{\lambda\mu}$ konstant. Da jetzt die neuen Nebenbedingungen (213) hinzugekommen sind, müssen wir in (208) statt (211), (212) die neue Funktion

$$(214)\quad \left\{\begin{aligned} F = &\sum_{\alpha,\beta,\lambda,\mu} A_{\alpha\beta}\bar{A}_{\lambda\mu}\langle\mathfrak{x}^{\alpha}\,\bar{\mathfrak{x}}^{\lambda}_{u}\rangle\langle\mathfrak{x}^{\beta}\,\bar{\mathfrak{x}}^{\mu}_{v}\rangle + \sum_{\lambda\,\alpha}\mathfrak{L}_{\alpha\lambda}\langle\mathfrak{x}^{\alpha}\,\bar{\mathfrak{x}}^{\lambda}\rangle \\ &+ \sum_{\alpha\beta}\varDelta_{\alpha\beta}(A^{\alpha\beta} - a^{\alpha\beta}) + \sum_{\lambda\,\mu}\bar{\varDelta}_{\lambda\mu}(\bar{A}^{\lambda\mu} - \bar{a}^{\lambda\mu})\end{aligned}\right.$$

mit neuen Multiplikatoren $\varDelta_{\alpha\beta}$ und $\bar{\varDelta}_{\lambda\mu}$ einsetzen. Bilden wir jetzt die Gleichungen (208) für die Funktion (214) und beachten wir, daß wir in ihr die $A_{\alpha\beta}$ und $\bar{A}_{\lambda\mu}$ als Konstante zu behandeln haben, so müssen wir immer Skalarprodukte, die aus zwei der Vektoren $\mathfrak{x}^{\alpha}$, $\bar{\mathfrak{x}}^{\lambda}$, $\mathfrak{x}^{\alpha}_{u}$, $\bar{\mathfrak{x}}^{\lambda}_{u}$, $\mathfrak{x}^{\alpha}_{v}$, $\bar{\mathfrak{x}}^{\lambda}_{v}$ gebildet sind, nach einer Komponente des einen der Vektoren differentiieren. Es gelten dann wieder die Rechenregeln § 81 (124a), die wir schon bei der ähnlichen Rechnung im § 81 verwendet haben, und wenn wir zum Schluß die zu den Indizes $i = 0$ und $i = 5$ gehörigen Gleichungen (208) mit -1 multipliziert denken, können wir wieder immer je sechs Gleichungen in vektorieller Schreibweise zusammenfassen. Unter Beachtung von (169) erhalten wir aus der ersten der Gleichungen (208):

$$-\sum_{\beta,\mu,\lambda} A_{\alpha\beta}\bar{A}_{\lambda\mu}V^{\beta\mu}\bar{\mathfrak{x}}^{\lambda}_{u} - \sum_{\beta,\mu,\lambda} A_{\alpha\beta}\bar{A}_{\lambda\mu}U^{\beta\mu}\bar{\mathfrak{x}}^{\lambda}_{v}$$

$$+2\sum_{\beta}\varDelta_{\alpha\beta}\mathfrak{x}^{\beta} + \sum_{\lambda}\mathfrak{L}_{\alpha\lambda}\bar{\mathfrak{x}}^{\lambda} = 0.$$

Ersetzen wir hierin $\bar{\mathfrak{x}}^{\lambda}_{u}$ und $\bar{\mathfrak{x}}^{\lambda}_{v}$ nach (170), so erhalten wir

$$-\sum_{\beta,\lambda,\mu,\varrho,\sigma} A_{\alpha\beta}\bar{A}_{\lambda\mu}\bar{A}_{\varrho\sigma}V^{\beta\mu}\bar{P}^{\lambda\varrho}\bar{\mathfrak{x}}^{\sigma} + \sum_{\beta,\varepsilon,\delta,\lambda,\mu} A_{\alpha\beta}\bar{A}_{\lambda\mu}A_{\varepsilon\delta}V^{\beta\mu}U^{\varepsilon\lambda}\mathfrak{x}^{\delta}$$

$$-\sum_{\beta,\lambda,\mu,\varrho,\sigma} A_{\alpha\beta}\bar{A}_{\lambda\mu}\bar{A}_{\varrho\sigma}U^{\beta\mu}\bar{Q}^{\lambda\varrho}\bar{\mathfrak{x}}^{\sigma} + \sum_{\beta,\varepsilon,\delta,\lambda,\mu} A_{\alpha\beta}\bar{A}_{\lambda\mu}A_{\varepsilon\delta}U^{\beta\mu}V^{\varepsilon\lambda}\mathfrak{x}^{\delta}$$

$$+2\sum_{\delta}\varDelta_{\alpha\delta}\mathfrak{x}^{\delta} + \sum_{\sigma}\mathfrak{L}_{\alpha\sigma}\bar{\mathfrak{x}}^{\sigma} = 0.$$

Da hier die einzelnen Koeffizienten der Grundvektoren verschwinden müssen, ergibt sich

$$(215)\qquad 2\varDelta_{\alpha\delta} = -\sum_{\beta,\varepsilon,\delta,\lambda,\mu} A_{\alpha\beta}\bar{A}_{\lambda\mu}A_{\varepsilon\delta}(V^{\beta\mu}U^{\varepsilon\lambda} + U^{\beta\mu}V^{\varepsilon\lambda}),$$

$$(216)\qquad \mathfrak{L}_{\alpha\sigma} = +\sum_{\beta,\lambda,\mu,\varrho,\sigma} A_{\alpha\beta}\bar{A}_{\lambda\mu}\bar{A}_{\varrho\sigma}(V^{\beta\mu}\bar{P}^{\lambda\varrho} + U^{\beta\mu}\bar{Q}^{\lambda\varrho}).$$

Aus der zweiten Gleichung (208) erhält man entsprechend:

$$2\sum_{\mu}\bar{\Delta}_{\lambda\mu}\dot{\bar{\mathfrak{x}}}^{\mu}+\sum_{\alpha}\mathfrak{L}_{\alpha\lambda}\dot{\mathfrak{x}}^{\alpha}$$
$$+\frac{\partial}{\partial u}\Big[\sum_{\alpha,\beta,\mu}A_{\alpha\beta}\bar{A}_{\lambda\mu}V^{\beta\mu}\mathfrak{x}^{\alpha}\Big]+\frac{\partial}{\partial v}\Big[\sum_{\alpha,\beta,\mu}A_{\alpha\beta}\bar{A}_{\lambda\mu}U^{\alpha\mu}\mathfrak{x}^{\beta}\Big]=0$$

Differenzieren wir aus, berücksichtigen wir (170) und die Konstanz von $A_{\alpha\beta}$, $\bar{A}_{\lambda\mu}$, so erhalten wir

$$(217)\quad\left\{\begin{aligned}&2\sum_{\mu}\bar{\Delta}_{\lambda\mu}\dot{\bar{\mathfrak{x}}}^{\mu}+\sum_{\alpha,\beta,\nu,\mu,\varrho}A_{\alpha\beta}\bar{A}_{\lambda\nu}\bar{A}_{\varrho\mu}(V^{\beta\nu}U^{\alpha\varrho}+U^{\beta\nu}V^{\alpha\varrho})\bar{\mathfrak{x}}^{\mu}\\&+\sum_{\alpha,\beta,\varepsilon,\delta,\mu}A_{\varepsilon\beta}\bar{A}_{\lambda\mu}A_{\delta\alpha}[V^{\beta\mu}P^{\varepsilon\delta}+U^{\beta\mu}Q^{\varepsilon\delta}]\mathfrak{x}^{\alpha}\\&+\sum_{\alpha}\mathfrak{L}_{\alpha\lambda}\mathfrak{x}^{\alpha}+\sum_{\alpha,\varepsilon,\mu}A_{\varepsilon\alpha}\bar{A}_{\lambda\mu}[U_{v}^{\varepsilon\mu}+V_{u}^{\varepsilon\mu}]\mathfrak{x}^{\alpha}=0\,.\end{aligned}\right.$$

Hier müssen wieder die Koeffizienten von $\mathfrak{x}^{\alpha}$ und $\mathfrak{x}^{\mu}$ einzeln verschwinden. Setzen wir die Koeffizienten von $\bar{\mathfrak{x}}^{\mu}$ gleich 0, so erhalten wir Gleichungen zur Bestimmung der $\bar{\Delta}_{\lambda\mu}$, die wir ebenso wie die zur Bestimmung der $\Delta_{\alpha\delta}$ dienenden Gleichungen (215) nicht weiter nötig haben werden. Setzen wir in (217) die Koeffizienten der $\mathfrak{x}^{\alpha}$ gleich 0 und ersetzen wir $\mathfrak{L}_{\alpha\lambda}$ nach (216), so erhalten wir:

$$\sum_{\beta,\varepsilon,\delta,\mu}A_{\varepsilon\beta}\bar{A}_{\lambda\mu}A_{\delta\alpha}[V^{\beta\mu}P^{\varepsilon\delta}+U^{\beta\mu}Q^{\varepsilon\delta}]$$
$$+\sum_{\beta,\mu,\nu,\varrho}A_{\alpha\beta}\bar{A}_{\mu\nu}\bar{A}_{\varrho\lambda}[V^{\beta\mu}\bar{P}^{\nu\varrho}+U^{\beta\mu}\bar{Q}^{\nu\varrho}]$$
$$+\sum_{\varepsilon,\mu}A_{\varepsilon\alpha}\bar{A}_{\lambda\mu}[U_{v}^{\varepsilon\mu}+V_{u}^{\varepsilon\mu}]=0.$$

Multiplizieren wir die so entstehende Gleichung mit $A^{\alpha\gamma}\bar{A}^{\lambda\pi}$ und summieren über α und λ, so erhalten wir nach (171)

$$(218)\quad\left\{\begin{aligned}&U_{v}^{\gamma\pi}+V_{u}^{\gamma\pi}+\sum_{\varepsilon,\beta}A_{\varepsilon\beta}(V^{\beta\pi}P^{\varepsilon\gamma}+U^{\beta\pi}Q^{\varepsilon\gamma})\\&+\sum_{\mu,\nu}\bar{A}_{\mu\nu}(V^{\gamma\mu}\bar{P}^{\nu\pi}+U^{\gamma\mu}\bar{Q}^{\nu\pi})=0\,.\end{aligned}\right.$$

Jetzt wollen wir unter den Extremalen (218) die Lie-Zyklidensysteme aufsuchen. Da wir im § 93 die $A^{\alpha\beta}$ und $A^{\lambda\mu}$ nach (195) konstant gemacht haben, können wir ohne weiteres von der Formel (218) ausgehen, und brauchen nur in (218) die $U^{\gamma\tau}$, $V^{\gamma\tau}$, $P^{\varepsilon\gamma}$, $Q^{\varepsilon\gamma}$ usw. nach (195), (201) durch die dort angegebenen Werte zu ersetzen. Wir erhalten dann nur für $\gamma=3$, $\tau=3$ keine Identität, und zwar gelangen wir zu der Gleichung

$$\bar{\varphi}\,w_u-\varphi\,\bar{w}_v+4\,w\,\bar{\varphi}_u-4\,\bar{w}\,\varphi_v=0\,,$$

die in den invarianten Ableitungen unserer Flächentheorie (§ 85) lautet:

$$w_1 + 4\,\bar{q}\,w - \bar{w}_2 - 4\,q\,\bar{w} = 0\,. \tag{219}$$

Wegen der Integrierbarkeitsbedingung § 85 (49) ist (219) aber mit den beiden Gleichungen (203) identisch und der verlangte Beweis ist geführt.

Natürlich geht aus unserem Beweis, ganz den Verhältnissen des § 81 entsprechend, wieder nicht hervor, daß die K-Minimalflächen die einzigen Extremalen des Variationsproblems (205) für Flächen sind. Das kann aber, wie hier nur erwähnt sei, auf anderem Wege[1]) gezeigt werden.

Wir wollen nun unsere K-Minimalflächen zum mindesten für den Fall von Flächen $w \geqq 0$, $\bar{w} \geqq 0$, bei denen das System der Lie-Zykliden außer der Urfläche noch mindestens eine weitere reelle Hüllfläche besitzt, geometrisch kennzeichnen. Für diesen Fall wollen wir zeigen: *Abgesehen von der viel engeren Klasse der Flächen mit lauter sphärischen Krümmungslinien sind die K-Minimalflächen die einzigen, bei denen sich auf allen vorhandenen Hüllflächen des Systems der Lie-Zykliden die Krümmungslinien entsprechen.*

Sollen sich auf allen Hüllflächen des Systems der Lie-Zykliden die Krümmungslinien entsprechen, so müssen die invarianten Ableitungen **1**, **2**, die wir im § 85 erklärt haben und die sich auf die Krümmungslinien der Ausgangsfläche beziehen, auch auf den weiteren Hüllflächen Ableitungen längs der Krümmungslinien genommen sein. Das heißt: Für jede Fläche $\{\mathfrak{f}, \bar{\mathfrak{f}}\}$, die einem der vier Paare der Kugeln § 87 (102)

$$\left\{\begin{aligned} \mathfrak{f} &= w\,\mathfrak{y} \pm \sqrt{2\,w}\,\mathfrak{t} + \mathfrak{q} \\ \bar{\mathfrak{f}} &= \bar{w}\,\bar{\mathfrak{y}} \pm \sqrt{2\,\bar{w}}\,\bar{\mathfrak{t}} + \mathfrak{q} \end{aligned}\right. \tag{220}$$

entspricht, muß nach § 58 (99)

$$\|\mathfrak{f}, \bar{\mathfrak{f}}, \mathfrak{f}_1, \bar{\mathfrak{f}}_1,\| \equiv 0; \quad \|\mathfrak{f}, \bar{\mathfrak{f}}, \mathfrak{f}_2, \bar{\mathfrak{f}}_2\| \equiv 0 \tag{221}$$

gelten. Durch Ableitung folgt nun aus (220) mittels § 85 (44)

$$\left\{\begin{aligned} \mathfrak{f}_1 &= (w_1 + 2\,\bar{q}\,w \pm w\,\sqrt{2\,w})\,\mathfrak{y} + \left[(\sqrt{2\,w})_1 + 2\,w\right]\mathfrak{t} \\ &\quad + (\pm\,\sqrt{2\,w} - 2\,\bar{q})\,\mathfrak{q} + \bar{w}\,\bar{\mathfrak{y}} - \bar{\mathfrak{q}} \\ \bar{\mathfrak{f}}_1 &= (\bar{w}_1 + \bar{q}\,\bar{w} \pm \bar{h}\,\sqrt{2\,\bar{w}})\,\bar{\mathfrak{y}} + \left[\pm\,(\sqrt{2\,\bar{w}})_1 + \bar{h}\right]\bar{\mathfrak{t}} - \bar{q}\,\bar{\mathfrak{q}}\,. \end{aligned}\right. \tag{222}$$

Drücken wir in der Matrix $\|\mathfrak{f}, \bar{\mathfrak{f}}, \mathfrak{f}_1, \bar{\mathfrak{f}}_1\|$ nun alle vier Vektoren nach (220), (222) durch die Grundvektoren aus, so muß die Matrix iden-

[1]) Vgl. die Arbeit *G. Thomsen:* Sulle superficie minime proiettive [Annali di matematica. Serie IV. Tomo V. 1927/28], die sich mit dem projektivgeometrischen Gegenstück unseres Problems beschäftigt.

tisch verschwinden, die aus den 4 mal 6 Koeffizienten dieser Linearkombinationen entsteht. Das ergibt:

$$(223)\qquad \begin{Vmatrix} w & \pm\sqrt{2w} & 1 & 0 & 0 & 0 \\ 0 & 0 & 0 & \bar{w} & \pm\sqrt{2\bar{w}} & 1 \\ \begin{pmatrix} w_1 + 2\bar{q}w \\ \pm w\sqrt{2w} \end{pmatrix} & \begin{pmatrix} (\sqrt{2w})_1 \\ + 2w \end{pmatrix} & \begin{pmatrix} \pm\sqrt{2w} \\ -2\bar{q} \end{pmatrix} & \bar{w} & 0 & -1 \\ 0 & 0 & 0 & \begin{pmatrix} \bar{w}_1 + \bar{q}\bar{w} \\ \pm h\sqrt{2\bar{w}} \end{pmatrix} & \begin{pmatrix} \pm(\sqrt{2\bar{w}})_1 \\ + \bar{h} \end{pmatrix} & -\bar{q} \end{Vmatrix} = 0.$$

Da die erste Kolonne eine Linearkombination der zweiten und dritten ist, die vierte aber eine solche der fünften und sechsten, so ist (223) erfüllt, wenn die vierreihige Determinante aus der zweiten, dritten, fünften und sechsten Kolonne verschwindet. Das führt dann auf die Gleichung:

$$(224)\qquad (w_1 + 4\bar{q}w)\left[\pm(\sqrt{2\bar{w}})_1 \pm \bar{q}\sqrt{2\bar{w}} + \bar{h}\right] = 0.$$

Ebenso liefert die zweite der Gleichungen (221) die entsprechende Bedingung:

$$(225)\qquad (\bar{w}_2 + 4q\bar{w})\left[\pm(\sqrt{2w})_2 \pm q\sqrt{2w} + h\right] = 0.$$

Es sind nun zwei Fälle zu unterscheiden:

1. Es ist in (224)

$$w_1 + 4\bar{q}w = 0.$$

Dann folgt aus § 85 (49), daß auch $\bar{w}_2 + 4q\bar{w} = 0$ ist. Die Gleichung (225) ist also von selbst erfüllt. Wir erhalten als Lösung somit die K-Minimalflächen.

2. Es ist

$$w_1 + 4\bar{q}w = -\bar{w}_2 - 4q\bar{w} \neq 0,$$

also

$$(226)\qquad \left[\pm(\sqrt{2\bar{w}})_1 \pm \bar{q}\sqrt{2\bar{w}} + \bar{h}\right] = \left[\pm(\sqrt{2w})_2 \pm q\sqrt{2w} + h\right] = 0.$$

Da (226) für alle Hüllflächen gültig sein muß, die durch beliebige voneinander unabhängige Wahl der Vorzeichen +, — in den Darstellungen (220) entstehen, folgt aus (226)

$$h = \bar{h} = 0$$

$$(\sqrt{2\bar{w}})_1 + \bar{q}\sqrt{2\bar{w}} = 0; \quad (\sqrt{2w})_2 + q\sqrt{2w} = 0.$$

Die beiden letzten Gleichungen sind aber nach § 85 (45), (46) eine Folge der beiden ersten. Wir erhalten also hier die Flächen, für die gleichzeitig $h = \bar{h} = 0$ besteht, nach § 88 also die Flächen mit lauter sphärischen Krümmungslinien.

Die in den §§ 92 bis 94 entwickelte Theorie der Zyklidensysteme läßt sich nach den Ausführungen der §§ 90, 91 ohne weiteres für die projektive Geometrie verwerten. Die Formeln des § 92, in denen man einzig die Forderung (167) abzuändern hat, gelten dann für Systeme von Hyperboloiden, oder wenn man nach § 66 Aufg. 7 komplexe Koordinaten zuläßt, allgemein für beliebige *Systeme von* F_2. In der projektiven Geometrie nimmt der Satz des § 93 die Form an: *Gibt es in einem zweiparametrigen F_2-System zu jeder F_2 genau zwei Fortschreitungsrichtungen, für die sie sich mit einer Nachbar-F_2 längs einer ganzen Erzeugenden berührt und gehören die beiden Berührungsgeraden verschiedenen Erzeugendenscharen der F_2 an, so besteht das System aus den Lie-F_2 einer Fläche.*

Den K-Minimalflächen entsprechen in der projektiven Geometrie die *Projektivminimalflächen*, die die Extremalen des einfachsten projektivinvarianten Variationsproblems für Flächen sind. Sie sind analytisch wieder durch die Gleichungen (203) gekennzeichnet. Für sie gilt dann der geometrische Satz: *Abgesehen von der viel engeren Klasse der Flächen, deren asymptotische Streifen alle in linearen Komplexen liegen, sind die Projektivminimalflächen unter allen Flächen mit $w \geqq 0$, $\bar{w} \geqq 0$ die einzigen, bei denen sich auf den sämtlichen Hüllflächen des Lie-F_2-Systems die Asymptotenlinien entsprechen.*

§ 95. Möbius-Geometrie der Kreissysteme im Raum.

Nach § 61 ist eine *Dupin*sche Zyklide, deren eine erzeugende Kugelschar ganz in dem absoluten hyperbolischen Komplex $\mathfrak{p}$ aller Punkte enthalten ist, ein M-Kreis, das heißt ein Kreis im gewöhnlichen Sinne oder eine Gerade. Eine zweiparametrige Mannigfaltigkeit von Zykliden, bei denen die erzeugenden Kugelscharen des einen Systems, etwa die in den Bündeln $\bar{\mathfrak{x}}^\lambda$ enthaltenen, alle in diesem absoluten Komplex $\mathfrak{p}$ liegen, ist ein Kreissystem (genauer ein System von M-Kreisen im Raum). Die Lie-Geometrie dieser Zyklidensysteme ist dann gleichbedeutend mit der *Möbius-Geometrie der Kreissysteme im Raum.* Der absolute Komplex $\mathfrak{p}$ muß bei diesen Systemen in allen Bündeln $\mathfrak{x}^\alpha$ enthalten sein. Wir können in jedem der Bündel $\mathfrak{x}^\alpha$ etwa den Komplex $\mathfrak{x}^{\text{III}}$ nach $\mathfrak{p}$ hineinlegen, und wenn wir $\mathfrak{x}^{\text{III}} = \mathfrak{p}$ nach $(\mathfrak{x}^{\text{III}}\mathfrak{x}^{\text{III}}) = A^{33} = -1$ normieren, so muß in (170)

$$\mathfrak{x}^{\text{III}}_u = \mathfrak{x}^{\text{III}}_v = 0$$

gelten. Das ergibt

(226a) $$\sum_\beta P^{3\beta} A_{\beta\gamma} = \sum_\beta Q^{3\beta} A_{\beta\gamma} = 0$$

(227) $$\sum_\mu U^{3\mu} \bar{A}_{\mu\nu} = \sum_\mu V^{3\mu} \bar{A}_{\mu\nu} = 0 .$$

Wenn wir (226a) mit $A^{\alpha\gamma}$ multiplizieren und über γ summieren und wenn wir (227 mit $\bar{A}^{\lambda\nu}$ multiplizieren und über ν summieren, ergibt sich daraus:

(228) $$P^{3\alpha} = Q^{3\alpha} = 0; \quad U^{3\lambda} = V^{3\lambda} = 0 .$$

Die Gleichungen (228) kennzeichnen dann zusammen mit $A^{33} = -1$ die Zyklidensysteme, die sich durch Abbildung von *Lie* in ein Kreissystem überführen lassen. Wir können nun zur Stufe B der Möbius-Geometrie übergehen, in der $\mathfrak{p}$ die Koordinaten bekommt

(229) $$\mathfrak{p} = \{0,\ 0,\ 0,\ 0,\ 0,\ 1\}$$

und dann alle sechsten Koordinaten weglassen. Wir erhalten nach § 59 dann statt der Sechservektoren der hexasphärischen die Fünfervektoren der pentasphärischen Koordinaten. Da für die Sechservektoren $\bar{\mathfrak{x}}^{\lambda}$, wegen $\langle\bar{\mathfrak{x}}^{\lambda}\mathfrak{p}\rangle = 0$ die letzten Koordinaten alle 0 sind, wird

(230) $$\bar{A}^{\lambda\mu} = \langle\bar{\mathfrak{x}}^{\lambda}\,\bar{\mathfrak{x}}^{\mu}\rangle = (\bar{\mathfrak{x}}^{\lambda}\,\bar{\mathfrak{x}}^{\mu}),$$

wo die runden Klammern wieder die Skalarprodukte der Fünfervektoren kennzeichnen, und die Punkte $\mathfrak{z}$ des Kreises werden durch Fünfervektoren

(231) $$\mathfrak{z} = \sum_{\lambda} \bar{\varrho}_{\lambda}\,\bar{\mathfrak{x}}^{\lambda}$$

dargestellt, für die

(232) $$\sum_{\lambda,\mu} \bar{A}^{\lambda\mu}\,\bar{\varrho}_{\lambda}\,\bar{\varrho}_{\mu} = 0$$

gilt. Von dem Bündel $\mathfrak{x}^{\alpha}$ bleibt jetzt nur das durch die beiden Fünfervektoren $\mathfrak{x}$ und $\mathfrak{x}^{\mathrm{II}}$ aufgespannte Vektorbüschel übrig. Wegen

(233) $$\langle\mathfrak{x}^{\alpha}\,\bar{\mathfrak{x}}^{\lambda}\rangle = (\mathfrak{x}^{\alpha}\,\bar{\mathfrak{x}}^{\lambda}) = 0$$

werden durch die Fünfervektoren des Büschels $\mathfrak{x}^{\alpha}$ ($\alpha = \mathrm{I, II}$) die Kugeln dargestellt, die sämtliche Punkte des Kreises enthalten, also die Kugeln des Büschels durch den Kreis. Die allgemeinen Fünfervektoren

(234) $$\mathfrak{r} = \sum_{\lambda} \bar{\varrho}_{\lambda}\,\bar{\mathfrak{x}}^{\lambda}$$

des Bündels $\bar{\mathfrak{x}}^{\lambda}$, für die $\sum_{\lambda\mu} A^{\lambda\mu}\,\bar{\varrho}_{\lambda}\,\bar{\varrho}_{\mu} > 0$ gilt, stellen nach § 59 (116) dann wegen (233) die zum Kreis senkrechten Kugeln dar. Setzt man

$$\tilde{A}^{\alpha\beta} = (\mathfrak{x}^{\alpha}\,\mathfrak{x}^{\beta})\,[\alpha,\beta = \mathrm{I, II}];\quad \tilde{A} = |\,\tilde{A}^{\alpha\beta}\,|,$$

so kann man aus den aus (229) folgenden Relationen $\langle\mathfrak{x}^{\alpha}\,\mathfrak{x}^{\mathrm{III}}\rangle = \langle\mathfrak{x}^{\alpha}\,\mathfrak{p}\rangle = A^{\alpha 3} = -x^{\alpha}_{5}$ [für $\alpha = \mathrm{I, II}$] und aus $A^{33} = -1$ leicht die Identität ableiten

$$\tilde{A} = -A,$$

und wegen $A < 0$ ist dann

(235) $$\tilde{A} > 0.$$

Im folgenden wollen wir ganz in pentasphärischen Koordinaten arbeiten und statt $\tilde{A}^{\alpha\beta}$, $\tilde{A}$ jetzt $A^{\alpha\beta}$ und A schreiben. Wir stellen dann den Kreis unseres Systems durch ein Büschel $\mathfrak{x}^{\alpha}$ und ein Bündel $\bar{\mathfrak{x}}^{\lambda}$ von Fünfervektoren dar, wobei (233) identisch erfüllt ist und $(167)_2$ und (235) gelten. Wir können dann für unsere Kreissysteme formal ganz genau die Ableitungsgleichungen (170) und die Integrierbarkeitsbedingungen (175) bis (177) ableiten, wenn wir nur erstens die Indizes α, β, γ, δ überall von I bis II statt von I bis III laufen lassen (die Indizes λ, μ, ν, τ lassen wir nach wie vor die Werte von I bis III annehmen) und wenn wir in (169) die Größen $P^{\alpha\beta}$, $Q^{\alpha\beta}$, $\bar{P}^{\lambda\mu}$ usw. bis $V^{\alpha\lambda}$ durch die Skalarprodukte mit den runden Klammern statt mit den eckigen Klammern erklären.

Wir wollen die Verwendungsfähigkeit der Formeln des § 92 für die Theorie der Kreissysteme jetzt erweisen, indem wir sie zur Beantwortung der Frage benutzen: *Unter welchen Bedingungen gibt es zu einem Kreissystem eine, zwei, drei usw. oder unendlich viele Orthogonalflächen?*

Wir beginnen mit der Frage nach den Kreissystemen mit zwei Orthogonalflächen $\mathfrak{a}(u, v)$, $\mathfrak{b}(u, v)$. Da hier jeder Kreis $\mathfrak{K}$ des Systems von je einem Flächenelement der Flächen $\mathfrak{a}$ und $\mathfrak{b}$ senkrecht geschnitten wird, können wir durch die beiden Flächenelemente immer eine Kugel $\mathfrak{r}$ legen, die dann die Flächen $\mathfrak{a}(u, v)$ und $\mathfrak{b}(u, v)$ berührt, und zum Systemkreis $\mathfrak{K}$ senkrecht ist. Die Flächen $\mathfrak{a}$, $\mathfrak{b}$ erscheinen dann als Hüllflächen des Kugelsystems der Kugeln $\mathfrak{r}(u, v)$. Nennen wir nun für ein Kugelsystem $\mathfrak{r}(u, v)$ mit zwei reellen Hüllflächen den Kreis, der auf den beiden Flächenelementen der Hüllflächen senkrecht steht, den *Normalkreis* des Kugelsystems, so sind in unserem Falle die Kreise $\mathfrak{K}$ des vorliegenden Kreissystems einfach die Normalkreise des Kugelsystems $\mathfrak{r}(u, v)$. Ein Kreissystem mit zwei Orthogonalflächen besteht also immer aus den Normalkreisen eines Kugelsystems. Da umgekehrt das System der Normalkreise eines Kugelsystems immer die beiden Hüllflächen des Kugelsystems zu Orthogonalflächen hat, *ist unsere Frage nach den Kreissystemen mit zwei Orthogonalflächen gleichbedeutend mit der Frage nach den Kreissystemen, die aus den Normalkreisen eines Kugelsystems bestehen.*

Wenn wir nun mit unseren Formeln des § 76, die wir für die Möbius-Geometrie der Kugelsysteme entwickelt haben, zur Stufe B übergehen, so ist wegen $\langle\mathfrak{x}\mathfrak{p}\rangle = 1$ der Fünfervektor $\mathfrak{x}$ der pentasphärischen Koordinaten der Kugel des Systems durch

(236) $$(\mathfrak{x}\mathfrak{x}) = 1$$

normiert. Durch $\mathfrak{x}_1$, $\mathfrak{x}_2$ oder in gewöhnlichen Ableitungen durch $\mathfrak{x}_u$ und $\mathfrak{x}_v$ sind dann zwei Kugeln dargestellt, die wegen der aus § 68 (45) folgenden Gleichungen

$$(\mathfrak{x}\mathfrak{x}_u) = (\mathfrak{x}\mathfrak{x}_v) = (\mathfrak{x}_u\mathfrak{a}) = (\mathfrak{x}_u\mathfrak{b}) = (\mathfrak{x}_v\mathfrak{a}) = (\mathfrak{x}_v\mathfrak{b}) = 0$$

auf $\mathfrak{x}$ senkrecht stehen und durch die Berührungspunkte $\mathfrak{a}$, $\mathfrak{b}$ der Hüllflächen hindurchgehen, die also auf den Flächenelementen der Hüllflächen senkrecht stehen. Ihr Schnittkreis ist daher der Normalkreis. Dieser ist überhaupt der Schnittkreis aller durch die Fünfervektoren $d\mathfrak{x}$ dargestellten Kugeln, die zu dem nach (236) normierten $\mathfrak{x}$ gehören. Diese Kugeln sind ja alle Linearkombinationen von $\mathfrak{x}_u$ und $\mathfrak{x}_v$ (resp. $\mathfrak{x}_1$ und $\mathfrak{x}_2$).

Soll nun unser Kreissystem $\{\mathfrak{x}^\alpha, \bar{\mathfrak{x}}^\lambda\}$ aus den Normalkreisen des Kugelsystems $\mathfrak{r}(u, v)$ bestehen, so muß für das nach $(\mathfrak{r}\mathfrak{r}) = 1$ normierte $\mathfrak{r}$ als für eine zu dem Systemkreis senkrechte Kugel eine Darstellung (234) mit Koeffizienten $\bar\varrho_\lambda$ gelten, die der Bedingung genügen

(237) $$(\mathfrak{r}\mathfrak{r}) = \sum_{\lambda,\mu} \bar A^{\lambda\mu}\,\bar\varrho_\lambda\,\bar\varrho_\mu = 1\,.$$

Es muß dann weiter das Kugelbüschel $\{\mathfrak{r}_u, \mathfrak{r}_v\}$ oder das Büschel aller $d\mathfrak{r}$ des Normalkreises mit dem Büschel $\mathfrak{x}^\alpha$ des Systemkreises $\mathfrak{K}$ identisch sein. Da das zu dem Bündel $\bar{\mathfrak{x}}^\lambda$ gehörige Büschel $\mathfrak{x}^\alpha$ durch (233) festgelegt ist, kann man diese Tatsache durch die Gleichungen

(238) $$(\mathfrak{r}_u\bar{\mathfrak{x}}^\lambda) = (\mathfrak{r}_v\bar{\mathfrak{x}}^\lambda) = 0$$

zum Ausdruck bringen. Setzt man $\mathfrak{r}$ aus (234) ein und berücksichtigt (169), (170) und (166), so erhält man:

(239) $$\sum_\mu \left(\frac{\partial\bar\varrho_\mu}{\partial u}\bar A^{\mu\lambda} + \bar\varrho_\mu \bar P^{\mu\lambda}\right) = \sum_\mu \left(\frac{\partial\bar\varrho_\mu}{\partial v}\bar A^{\mu\lambda} + \bar\varrho_\mu \bar Q^{\mu\lambda}\right) = 0\,.$$

Multipliziert man (239) mit $\bar{A}_{\lambda\nu}$ und summiert über λ, so erhält man

$$(240)\qquad \frac{\partial \bar{\varrho}_\nu}{\partial u} = -\sum_{\lambda,\nu} \bar{\varrho}_\mu \bar{P}^{\mu\lambda} \bar{A}_{\lambda\nu}; \quad \frac{\partial \bar{\varrho}_\nu}{\partial v} = -\sum_{\lambda,\nu} \bar{\varrho}_\mu \bar{Q}^{\mu\lambda} \bar{A}_{\lambda\nu}.$$

Dafür, daß unser Systemkreis Normalkreis des Kugelsystems $\mathfrak{r}(u, v)$ ist, ist also notwendig und hinreichend, daß die Gleichungen (237) und (240) Lösungen für die drei Funktionen $\bar{\varrho}_\lambda(u, v)$ besitzen. Für das System der Differentialgleichungen (240) muß die Integrierbarkeitsbedingung $\frac{\partial^2 \bar{\varrho}_\lambda}{\partial u\, \partial v} = \frac{\partial^2 \bar{\varrho}_\lambda}{\partial v\, \partial u}$ gelten. Leitet man $(240)_1$ nach v und $(240)_2$ nach u ab, bildet $\frac{\partial^2 \bar{\varrho}_\lambda}{\partial u\, \partial v} - \frac{\partial^2 \bar{\varrho}_\lambda}{\partial v\, \partial u} = 0$ und ersetzt in der so entstehenden Gleichung die ersten Ableitungen der $\bar{\varrho}_\lambda$ nach (240) durch die $\bar{\varrho}_\lambda$ selbst, so erhält man mit Rücksicht auf (173)

$$\sum_{\lambda} \bar{\varrho}_\lambda \left(\bar{P}^{\lambda\mu}_v - \bar{Q}^{\lambda\mu}_u\right) + \sum_{\lambda,\nu,\tau} \bar{\varrho}_\lambda \bar{A}_{\nu\tau} \left(\bar{Q}^{\lambda\nu} \bar{P}^{\mu\tau} - \bar{P}^{\lambda\nu} \bar{Q}^{\mu\tau}\right) = 0\,.$$

Auf Grund der Integrierbarkeitsbedingung (176) kann man diese Gleichung auch in der Form

$$(241)\qquad \sum_{\lambda,\gamma,\delta} \bar{\varrho}_\lambda \bar{A}_{\gamma\delta} \left(V^{\gamma\lambda} U^{\delta\mu} - U^{\gamma\lambda} V^{\delta\mu}\right) = 0$$

schreiben. Da das Größensystem

$$(242)\qquad \bar{K}^{\lambda\mu} = \sum_{\delta} A_{\gamma\delta} \left(V^{\gamma\lambda} U^{\delta\mu} - U^{\gamma\lambda} V^{\delta\mu}\right)$$

in den Indizes λ und μ schiefsymmetrisch ist, verschwindet die Determinante:

$$(242\,\text{a})\qquad |\bar{K}^{\lambda\mu}| = \begin{vmatrix} 0 & \bar{K}^{12} & \bar{K}^{13} \\ -\bar{K}^{12} & 0 & \bar{K}^{23} \\ -\bar{K}^{13} & -\bar{K}^{23} & 0 \end{vmatrix}.$$

Sie ist zugleich die Determinante des linearen Gleichungssystems (241) für die $\bar{\varrho}_\lambda$. Dieses hat dann immer genau eine Lösung in den Verhältnissen $\bar{\varrho}^{\text{I}} : \bar{\varrho}^{\text{II}} : \bar{\varrho}^{\text{III}}$, solange nur die Determinante $|\bar{K}^{\lambda\mu}|$ den Rang zwei besitzt. Der Rang von $|\bar{K}^{\lambda\mu}|$ kann nun, wie aus (242 a) ersichtlich, nur für $\bar{K}^{\lambda\mu} \equiv 0$ kleiner als zwei sein. Wir haben daher nur die zwei Fälle:

1. $\bar{K}^{\lambda\mu} \equiv 0$. Man kann es in diesem und nur in diesem Fall durch eine Bündeltransformation erreichen, daß $\bar{P}^{\lambda\mu} \equiv \bar{Q}^{\lambda\mu} \equiv 0$ wird. Aus (169) folgen nämlich bei einer Transformation des Bündels $\bar{\mathfrak{x}}^\lambda$:

$$(243)\qquad \bar{\mathfrak{x}}^{\lambda *} = \sum_{\mu} d^\lambda_\mu \bar{\mathfrak{x}}^\mu$$

für die $\bar{P}^{\lambda\mu}$, $\bar{Q}^{\lambda\mu}$ die Substitutionsformeln:

$$\bar{P}^{\lambda\mu *} = \sum_{\varrho,\sigma} \left(d^\lambda_\varrho d^\mu_\sigma \bar{P}^{\varrho\sigma} + \frac{\partial d^\lambda_\varrho}{d u} d^\mu_\sigma \bar{A}^{\varrho\sigma}\right);$$

$$\bar{Q}^{\lambda\mu *} = \sum_{\varrho,\sigma} \left(d^\lambda_\varrho d^\mu_\sigma \bar{Q}^{\varrho\sigma} + \frac{\partial d^\lambda_\varrho}{\partial v} d^\mu_\sigma \bar{A}^{\varrho\sigma}\right).$$

Will man es nun durch eine Bündeltransformation erreichen, daß $\bar{P}^{\lambda\mu *} \equiv \bar{Q}^{\lambda\mu *} \equiv 0$ wird, so muß

$$\sum_{\varrho\sigma}\left(d^\lambda_\varrho\, d^\mu_\sigma\, \bar{P}^{\varrho\sigma} + \frac{\partial d^\lambda_\varrho}{\partial u}\, d^\mu_\sigma\, \bar{A}^{\varrho\sigma}\right) = \sum_{\varrho\sigma}\left(d^\lambda_\varrho\, d^\mu_\sigma\, \bar{Q}^{\varrho\sigma} + \frac{\partial d^\lambda_\varrho}{\partial v}\, d^\mu_\sigma\, \bar{A}^{\varrho\sigma}\right) = 0$$

oder

$$\sum_{\varrho}\left(d^\lambda_\varrho\, \bar{P}^{\varrho\sigma} + \frac{\partial d^\lambda_\varrho}{d u}\, \bar{A}^{\varrho\sigma}\right) = \sum_{\varrho}\left(d^\lambda_\varrho\, \bar{Q}^{\varrho\sigma} + \frac{\partial d^\lambda_\varrho}{\partial v}\, \bar{A}^{\varrho\sigma}\right) = 0$$

oder

$$(244)\qquad \frac{\partial d^\lambda_\varrho}{\partial u} = -\sum_{\tau\sigma} d^\lambda_\tau\, \bar{P}^{\tau\sigma}\, \bar{A}_{\sigma\varrho}; \qquad \frac{\partial d^\lambda_\varrho}{\partial v} = -\sum_{\tau,\sigma} d^\lambda_\tau\, \bar{Q}^{\tau\sigma}\, \bar{A}_{\sigma\varrho}$$

gelten. Stellt man die Integrierbarkeitsbedingungen für die Funktionen d^λ_ϱ auf, die zu (244) gehören, so werden diese gerade durch das Verschwinden der rechten Seite von (176) dargestellt, somit muß auch die linke Seite von (176) verschwinden, also $\bar{K}^{\lambda\mu} \equiv 0$ sein. Für $\bar{K}^{\lambda\mu} \equiv 0$ ist dann (244) wirklich in d^λ_ϱ lösbar und man kann in diesem Fall $\bar{P}^{\lambda\varrho} \equiv \bar{\bar{Q}}^{\lambda\varrho} \equiv 0$ annehmen. Tun wir das, so haben wir aus (240) die Lösung $\bar{\varrho}_\lambda = \text{const.}$ Die $\bar{\varrho}_\lambda$ haben wir dann noch, wenn wir das normierte $\mathfrak{r}$ haben wollen, an die Bedingung (237) zu knüpfen. Kommt es uns auf die Normierung von $\mathfrak{r}$ nicht an, so können wir die konstanten $\bar{\varrho}_\lambda$ ganz beliebig annehmen, und für jedes Kugelsystem (234) ist dann das Kreissystem das System der Normalkreise. Wir können an einer Stelle die Kugel $\mathfrak{r}$ noch beliebig unter den Orthogonalkugeln des Systemkreises wählen, dann ist aber auch das ganze Kugelsystem $\mathfrak{r}\,(u, v)$ auf Grund der Konstanz der $\bar{\varrho}_\lambda$ festgelegt. Daraus erkennt man auch, daß man durch jeden Punkt eines herausgegriffenen Systemkreises genau eine Orthogonalfläche legen kann. *Für $\bar{K}^{\lambda\mu} \equiv 0$ haben wir also Kreissysteme mit ∞^1 Orthogonalflächen.* Von den ∞^2 Kugelsystemen $\mathfrak{r}$, die zu den konstanten Verhältnissen $\bar{\varrho}_{\mathrm{I}} : \bar{\varrho}_{\mathrm{II}} : \bar{\varrho}_{\mathrm{III}}$ gehören, können wir nun zeigen, daß sie alle *R-Kugelsysteme* sind. Greifen wir nämlich ein Kugelsystem (234) mit Konstanten $\bar{\varrho}_\lambda$ und mit den Hüll flächen $\mathfrak{a}$ und $\mathfrak{b}$ heraus, so können wir das zugehörige Normalkreissystem durch das Bündel $\{\bar{\mathfrak{x}}^{\mathrm{I}} = \mathfrak{a},\ \bar{\mathfrak{x}}^{\mathrm{II}} = \mathfrak{r},\ \bar{\mathfrak{x}}^{\mathrm{III}} = \mathfrak{b}\}$ darstellen. Da jetzt in (234) dann $\bar{\varrho}_{\mathrm{I}} = \bar{\varrho}_{\mathrm{III}} = 0$ und $\bar{\varrho}_{\mathrm{II}} = 1$ sein muß, also alle $\bar{\varrho}_\lambda$ konstant sind, entspricht diese Darstellung des Bündels $\bar{\mathfrak{x}}^\lambda$ nach (240) gerade dem Fall $\bar{P}^{\lambda\mu} = \bar{Q}^{\lambda\mu} = 0$. Wir können dann an die Formeln des § 76 für die Kugelsysteme in der Geometrie von *Möbius* anschließen.

$\mathfrak{r}$ identifizieren wir dabei mit der Systemkugel $\mathfrak{x}$ und $\mathfrak{a}$ und $\mathfrak{b}$ mit den Hüllflächen. Das Büschel $\mathfrak{x}^\alpha$ durch den Normalkreis wird, wenn wir mit den Formeln zur Stufe B der Möbius-Geometrie übergehen, dann durch $\mathfrak{x}_1$ und $\mathfrak{x}_2$ gegeben. $\bar{P}^{\lambda\mu} = \bar{Q}^{\lambda\mu}$ entspricht dann der Bedingung, daß die Skalarprodukte der Ableitungen der $\mathfrak{a}$, $\mathfrak{x}$, $\mathfrak{b}$ mit den $\mathfrak{a}$, $\mathfrak{x}$, $\mathfrak{b}$ selbst alle Null sind. Das führt nach § 76 (20) aber auf $r = \bar{r} = 0$. Diese Gleichungen kennzeichnen nach § 77 aber die R-Kugelsysteme.

Umgekehrt ist ein R-System auch immer ein solches, dessen Normalkreise ∞^1 Orthogonalflächen besitzen.

Wir gehen jetzt über zum Fall

2. $\bar{K}^{\lambda\mu} \not\equiv 0$. Die Lösung des Gleichungssystems (241), (242)

$$\sum_\lambda \bar{\varrho}_\lambda\, \bar{K}^{\lambda\nu} = 0$$

mit den schiefsymmetrischen Größen $\bar{K}^{\lambda\mu}$ kann man dann in der Form

$$(245)\qquad \bar{\varrho}_\lambda = \sum_{\mu\nu} E_{\lambda\mu\nu}\, \bar{K}^{\mu\nu}$$

darstellen, wo $E_{\lambda\mu\nu}$ ein beliebiges, in allen drei Indizes schiefsymmetrisches Größensystem ist. Ein solches Größensystem hat nur eine wesentliche Komponente

$$E_{123} = +E_{231} = +E_{312} = -E_{132} = -E_{321} = -E_{213},$$

während alle Größen, bei denen zwei Indizes gleich sind, verschwinden. Alle in den drei Indizes schiefsymmetrischen Größensysteme $E_{\lambda\mu\nu}$ unterscheiden sich somit nur um einen gemeinsamen Faktor. Da der Ausdruck $\sum_{\lambda\mu} \bar{A}^{\lambda\mu} \bar{\varrho}_\lambda \bar{\varrho}_\mu$ sich nach (245) bei einem Übergang $E_{\lambda\mu\nu} = \sigma \cdot E^*_{\lambda\mu\nu}$ von den $E_{\lambda\mu\nu}$ zu einem neuen schiefsymmetrischen Größensystem $E^*_{\lambda\mu\nu}$ mit dem Faktor σ^2 multipliziert, können wir die $E_{\lambda\mu\nu}$ immer so wählen, daß dieser Ausdruck entweder gleich $+1$ oder gleich -1 oder gleich 0 wird. Bezeichnen wir in (245) die sich durch diese Wahl der $E_{\lambda\mu\nu}$ ergebenden Größen $\bar{\varrho}_\lambda$ mit C_λ, so haben wir wegen (242) und $E_{\lambda\mu\nu} = -E_{\lambda\nu\mu}$ für die C_λ die Bedingungen

(246) $$C_\lambda = 2 \sum_{\gamma,\delta,\mu,\nu} E_{\lambda\mu\nu} A_{\gamma\delta} V^{\gamma\mu} U^{\delta\nu}$$

und

(247) $$\sum_{\lambda\mu} \bar{A}^{\lambda\mu} C_\lambda C_\mu = \varepsilon \quad \text{mit} \quad \varepsilon = \pm 1 \text{ oder } 0.$$

(246) und (247) können wir auffassen als vier Gleichungen für die drei Größen C_λ und die eine wesentliche Komponente der $E_{\lambda\mu\nu}$. Die C_λ sind dann für $\varepsilon = \pm 1$ Größen, die bis auf ein Vorzeichen eindeutig aus dem Kreissystem bestimmbar sind, für $\varepsilon = 0$ aber nur bis auf einen gemeinsamen Faktor. Sollen zwei Orthogonalflächen unseres Kreissystems existieren, so muß notwendig durch

(248) $$\mathfrak{r} = \sum_\lambda C_\lambda \bar{\mathfrak{x}}^\lambda$$

eine reelle Kugel $\mathfrak{r}$ dargestellt sein, denn die C_λ sind ja gerade die Lösungen aus (237), (241) für die $\mathfrak{r}$ bestimmenden $\bar{\varrho}_\lambda$. Es muß also in (247) $\langle \mathfrak{r}\,\mathfrak{r} \rangle = \varepsilon = +1$ sein.

Wir müssen dann weiter die aus (237), (241) gefundene Lösung C_λ, für die allein (240) integrabel ist, in diese Gleichungen einsetzen. Das ergibt:

(249) $$\frac{\partial C_\nu}{\partial u} + \sum_{\lambda,\mu} C_\mu \bar{P}^{\mu\lambda} \bar{A}_{\lambda\nu} = \frac{\partial C_\nu}{\partial v} + \sum_{\lambda,\mu} C_\mu \bar{Q}^{\mu\lambda} \bar{A}_{\lambda\nu} = 0.$$

Wir haben dann das Resultat: *Zu einem Kreissystem gibt es dann und immer dann genau zwei Orthogonalflächen, wenn für die durch* (246) *allein bestimmbaren Verhältnisse der C_λ der Ausdruck*

(249a) $$\sum_{\lambda\mu} \bar{A}^{\lambda\mu} C_\lambda C_\mu > 0$$

wird, und wenn für die aus (246) *und* (247) *mit* $\varepsilon = +1$ *bestimmten „normierten" C_λ außerdem die Gleichungen* (249) *erfüllt sind.*

Für die allgemeinen Kreissysteme, die nur der Bedingung (249a) unterworfen sind und nicht den Bedingungen (249), ist durch (245) eine invariante Kugel gegeben, die wir als die *Fundamentalkugel* des Kreissystems bezeichnen wollen. Die beiden Schnittpunkte $\mathfrak{a}$ und $\mathfrak{b}$ dieser Kugel, mit dem Systemkreis, die durch die Gleichungen

(250) $$\begin{cases} (\mathfrak{a}\,\mathfrak{a}) = (\mathfrak{a}\,\mathfrak{r}) = (\mathfrak{a}\,\mathfrak{x}^{\mathrm{I}}) = (\mathfrak{a}\,\mathfrak{x}^{\mathrm{II}}) = 0 \\ (\mathfrak{b}\,\mathfrak{b}) = (\mathfrak{b}\,\mathfrak{r}) = (\mathfrak{b}\,\mathfrak{x}^{\mathrm{I}}) = (\mathfrak{b}\,\mathfrak{x}^{\mathrm{II}}) = 0; \end{cases} \qquad (\mathfrak{a}\,\mathfrak{b}) \neq 0$$

bestimmt sind, bezeichnen wir als die *Fundamentalpunkte* des Kreissystems. Die Fundamentalkugel und die Fundamentalpunkte hängen nur von ersten Ableitungen in dem Kreissystem ab. Da die Bedingungen (249) für das Vorhandensein zweier

Orthogonalflächen von zweiter Ordnung sind, die Bedingung (249a) aber von erster Ordnung ist, können wir ein Kreissystem, von dem ein Kreis und seine Nachbarkreise erster Ordnung so gegeben sind, daß (249a) gilt, über diese Umgebung erster Ordnung hinaus immer so fortsetzen, daß es zwei Orthogonalflächen bekommt. Nach (240) und (241) wissen wir aber, daß, wie wir dies auch vornehmen, die beiden Orthogonalflächen immer von den schon in erster Ordnung durch (250) bestimmten Punkten $\mathfrak{a}$, $\mathfrak{b}$ auslaufen müssen, denn wir haben ja $\mathfrak{r}$ gerade als die Kugel bestimmt, deren Hüllflächen allein die Orthogonalflächen werden können. Natürlich können wir durch jeden Punkt des Systemkreises $\mathfrak{K}$ ein zu ihm senkrechtes Flächenelement erster Ordnung legen. Im allgemeinen können wir dann aber die Fläche schon nicht mehr durch ein Flächenelement zweiter Ordnung fortsetzen, zu dem auch die benachbarten Systemkreise senkrecht sind. Dies wird eben nur für die Stellen $\mathfrak{a}$ und $\mathfrak{b}$ möglich sein. Da man ein Kreissystem über die Umgebung erster Ordnung hinaus nur dann so fortsetzen kann, daß zwei Orthogonalflächen entstehen, wenn (249a) gilt, erkennt man, daß in den Fällen, wo die linke Seite von (249a) $\leqq 0$ ist, keine zwei derartige Flächenelemente zweiter Ordnung existieren. Falls sie $= 0$ ist, so ist unter Ausschluß des Falles $\overline{K}^{\lambda\mu} \equiv 0$ oder nach (242) und (246) für $C_\lambda \not\equiv 0$ nun wenigstens ein solches Flächenelement zweiter Ordnung vorhanden. Denn in diesem Fall ist der durch (246) und (248) erklärte Vektor ein Punkt. $\mathfrak{r}(u, v)$ entspricht dann eine Fläche. Bei einer Fläche $\mathfrak{r}(u, v)$ ist nun jede durch $d\mathfrak{r}$ bei beliebiger Normierung von $\mathfrak{r}$ dargestellte Kugel zur Fläche senkrecht, denn jede Kugel $\mathfrak{k}$, die die Fläche berührt ($\mathfrak{k}\mathfrak{r} = \mathfrak{k}\mathfrak{r}_u = \mathfrak{k}\mathfrak{r}_v = 0$). steht ja auf $d\mathfrak{r}$ senkrecht. Daher ist durch das Büschel $\{\mathfrak{r}_u, \mathfrak{r}_v\}$ ein zur Fläche senkrechter Kreis dargestellt. Dieser fällt für (238) oder, wenn man

$$\mathfrak{r} = \sum_\lambda \bar{\varrho}_\lambda \bar{\mathfrak{x}}^\lambda = \sum C_\lambda \bar{\mathfrak{x}}^\lambda$$

setzt, nach (240) immer dann mit dem Systemkreis zusammen, wenn (249) gilt. Wenn wir nur (249) erfüllen, so wird also das Kreissystem zur Fläche $\mathfrak{r}(u, v)$ senkrecht. Das ist aber deshalb immer möglich, weil wir (240) gerade durch die Lösung $\bar{\varrho}_\lambda = C_\lambda$ integrabel gemacht haben. Da die Bedingungen (249) von zweiter Ordnung sind, können wir also im Fall, daß der Ausdruck der linken Seite von (249a) verschwindet, ein bis zur ersten Ordnung gegebenes Kreissystem über die erste Ordnung hinaus so fortsetzen, daß sich eine Orthogonalfläche ergibt. Im Fall, daß die linke Seite von (249a) < 0 ist, gibt es gar keine Flächenelemente zweiter Ordnung, die zum Systemkreis und allen Nachbarkreisen erster Ordnung senkrecht sind. Das kann man, wie wir nur andeuten, leicht nachweisen, wenn man bedenkt, daß $\mathfrak{r}$ in (248) jetzt keine reelle Kugel und keinen reellen Punkt mehr darstellt und daß die einzigen in Frage kommenden Punkte (250) $\mathfrak{a}$ und $\mathfrak{b}$ nicht mehr reell werden.

Zusammenfassend können wir also sagen: *Durch einen Kreis eines Kreissystems kann man im Fall* $C_\lambda \equiv 0$ *unendlich viele senkrechte Flächenelemente zweiter Ordnung legen, die auch noch zu allen in erster Ordnung benachbarten Systemkreisen senkrecht sind. Im Fall, daß die linke Seite von* (249a) > 0 *ist, gibt es aber nur zwei solche Flächenelemente zweiter Ordnung, im Fall, daß die linke Seite von* (249a) *gleich* 0 *ist* ($C_\lambda \not\equiv 0$), *nur eins, falls sie* < 0 *ist, aber gar keines.*

Wir wenden uns zum Schluß zu der *Frage nach den Kreissystemen mit einer einzigen Orthogonalfläche.* Nach dem soeben Gesagten muß für solche Systeme, da durch den Systemkreis ja mindestens eins der erwähnten Flächenelemente zweiter Ordnung gehen muß, die linke Seite von (249a) > 0 oder $= 0$ sein. Schließen wir die bereits behandelten Fälle $C_\lambda = 0$ und (249) mit zwei oder mehr Orthogonalflächen aus, so haben wir hier die zwei Fälle:

1. Es gilt die Ungleichung (249a). In diesem Fall muß die Fläche, zu der das System senkrecht ist, notwendig eine von einem der beiden Fundamentalpunkte beschriebene Fläche sein, also etwa $\mathfrak{a}(u, v)$. *Die Bedingung der Existenz einer Orthogonalfläche ist dann gleichwertig mit der Bedingung, daß die Normalkreise des Kugelsystems, das aus den zu den einzelnen Stellen des Kreissystems gehörigen Fundamentalkugeln* $\mathfrak{r}$ *gebildet wird, die Systemkreise berühren.* In der Tat! Ist die Fläche $\mathfrak{a}$ zum Systemkreis senkrecht, so sind die Fundamentalkugeln berührende Kugeln dieser Fläche. Die Fläche $\mathfrak{a}$ ist also Hüllfläche des Systems der Fundamentalkugeln und der Normalkreis dieses Kugelsystems muß dann als ein durch den Fundamentalpunkt $\mathfrak{a}$ gehender und zur Fläche $\mathfrak{a}$ senkrechter Kreis den Systemkreis berühren. Berühren umgekehrt die Normalkreise des Kugelsystems $\mathfrak{r}(u, v)$ die Systemkreise, so muß $\mathfrak{r}$ als sowohl zu dem Normalkreis, wie zu dem Systemkreis senkrechte Kugel durch den Berührungspunkt $\mathfrak{a}$ beider Kreise gehen, der dann zugleich Punkt der einen Hüllfläche von $\mathfrak{r}(u, v)$ ist. Als Hüllfläche von $\mathfrak{r}(u, v)$ ist dann die Fläche $\mathfrak{a}$ wirklich zum Kreissystem senkrecht. Soll nun der als Schnitt der Kugeln $d\mathfrak{r}$ bestimmte Normalkreis den als Schnitt der Kugeln $\mathfrak{x}^{I}$ und $\mathfrak{x}^{II}$ bestimmten Systemkreis berühren, so muß jede der Kugel $d\mathfrak{r}$ den Kreis $\mathfrak{x}^{\alpha}$ berühren. Nach § 60 (133) führt das auf die Bedingung: Es muß

$$(d\mathfrak{r}\, d\mathfrak{r}) - \sum_{\alpha,\beta} A_{\alpha\beta}(d\mathfrak{r}\,\mathfrak{x}^{\alpha})(d\mathfrak{r}\,\mathfrak{x}^{\beta}) = 0 \tag{251}$$

identisch für alle Richtungen $du : dv$ gelten. Die linke Seite von (251) ist nun eine quadratische Differentialform des Kreissystems, die wir uns, wenn wir $\mathfrak{r}$ nach (248) ersetzen, allein aus den bekannten Größen des Kreissystems ermitteln können.

2. Im zweiten Fall der verschwindenden linken Seite von (249a), in dem $\mathfrak{r}$ Punkt ist, kann die Orthogonalfläche nur die Fläche $\mathfrak{r}(u, v)$ werden. Es muß dann der zur Fläche senkrechte, durch alle $d\mathfrak{r}$ bestimmte Kreis den Systemkreis berühren. Die Bedingung ist wieder durch (251) gegeben. Wir können also beide Fälle zusammenfassen und sagen:

Soll ein Kreissystem zu einer Fläche senkrecht sein, so muß notwendig die durch (251) *gegebene quadratische Differentialform identisch verschwinden, in der* $\mathfrak{r}$ *nach* (248), (246) *und* (247) *erklärt ist. Diese Bedingung ist mit der Bedingung, daß die linke Seite von* (249a) *nicht* < 0 *sein darf, zusammen auch hinreichend für die Existenz einer reellen Orthogonalfläche.*

§ 96. Vermischte Aufgaben zum 9. Kapitel.

1. Für alle *Dupin*schen Zykliden, die eine Fläche in zwei benachbarten Flächenelementen $\{\mathfrak{y}, \bar{\mathfrak{y}}\}$ und $\{\mathfrak{y} + d\mathfrak{y}, \bar{\mathfrak{y}} + d\bar{\mathfrak{y}}\}$ des zyklidischen Streifens berühren, und deren Krümmungskugeln im Flächenelement $\{\mathfrak{y}, \bar{\mathfrak{y}}\}$ zu den Krümmungskugeln der Fläche harmonisch liegen, müssen diese Krümmungskugeln notwendig die Kugeln

$$\mathfrak{r} = \mathfrak{y} + \bar{\mathfrak{y}} \qquad \tilde{\mathfrak{r}} = \mathfrak{y} - \bar{\mathfrak{y}}$$

sein, wo $\mathfrak{y}$ und $\bar{\mathfrak{y}}$ die nach § 84 normierten Vektoren sind. Die Kugeln $\mathfrak{r}$ und $\tilde{\mathfrak{r}}$ wollen wir die *Hauptkugeln des zyklidischen Streifens* nennen. Im Gegensatz zu den Systemen der Krümmungskugeln $\mathfrak{y}$ und $\bar{\mathfrak{y}}$ der Fläche hat jedes der Kugelsysteme $\mathfrak{r}$ und $\tilde{\mathfrak{r}}$ außer der Urfläche noch eine zweite Hüllfläche. Man untersuche diese zweiten Hüllflächen in ihrer Lage zur Urfläche und gebe mit Hilfe der sich aus ihnen ergebenden geometrischen Beziehungen eine geometrische Deutung der beiden niedrigsten Invarianten q^2 und $\bar{q}^2$ der Flächentheorie von *Lie*.

2. Man zeige: Bei einer Fläche mit einer Schar sphärischer Krümmungslinien geht jeder der zu diesen sphärischen Kurven gehörigen Krümmungsstreifen aus jedem andern durch eine Abbildung von *Lie* hervor. Die ausgezeichneten Krümmungsstreifen einer Fläche mit einer Schar ebener Krümmungslinien gehen alle durch Abbildung von *Laguerre* auseinander hervor. Bei einer Orthogonalfläche einer Kugelschar gehen die Krümmungsstreifen, längs derer die Kugeln der Schar von der Fläche durchsetzt werden, alle durch Abbildung von *Möbius* auseinander hervor.

3. Die Hüllflächen der speziellen R-Kugelsysteme, bei denen in den Formeln des § 77 $q = \bar{q} = 0$ wird, sind beide Flächen mit lauter sphärischen Krümmungslinien. Bei Einführung von Krümmungslinienparametern folgt für diese Kugelsysteme nach § 77 (50)

$$\mathfrak{x}_{uv} = 0$$

also

$$\mathfrak{x} = \mathfrak{u}(u) + \mathfrak{v}(v)$$

mit zwei Sechservektorfunktionen $\mathfrak{u}(u)$ und $\mathfrak{v}(v)$, die dann der Funktionalgleichung

$$\langle\mathfrak{x}\mathfrak{x}\rangle = \langle\mathfrak{u}\mathfrak{u}\rangle + 2\langle\mathfrak{u}\mathfrak{v}\rangle + \langle\mathfrak{v}\mathfrak{v}\rangle = 0$$

genügen müssen. [*Darboux*: Théorie des surfaces, Bd. II, S. 357.]

4. Will man in der allgemeinen Theorie der Zyklidensysteme des § 92 eine Übersicht über die vorhandenen unabhängigen Invarianten gewinnen, so hat man ähnlich wie in der Aufgabe XIII des § 60 und in der Aufgabe 16 des § 66 zu verfahren. Führt man nach dem Bildungsgesetz

$$\mathring{\mathfrak{x}}_u^\alpha = \frac{\partial \mathfrak{x}^\alpha}{\partial u} - \sum_{\beta\gamma} P^{\alpha\beta} A_{\beta\gamma} \mathfrak{x}^\gamma; \qquad \mathring{\mathfrak{x}}_v^\alpha = \frac{\partial \mathfrak{x}^\alpha}{\partial v} - \sum_{\beta,\gamma} Q^{\alpha\beta} A_{\beta\gamma} \mathfrak{x}^\gamma$$

$$\mathring{\mathring{\mathfrak{x}}}_{uu}^\alpha = \frac{\partial \mathring{\mathfrak{x}}_u^\alpha}{\partial u} - \sum_{\beta\gamma} P^{\alpha\beta} A_{\beta\gamma} \mathring{\mathfrak{x}}_u^\gamma; \qquad \mathring{\mathring{\mathfrak{x}}}_{uv}^\alpha = \frac{\partial \mathring{\mathfrak{x}}_u^\alpha}{\partial v} - \sum_{\beta\gamma} Q^{\alpha\beta} A_{\beta\gamma} \mathring{\mathfrak{x}}_u^\gamma$$

usw. statt der gewöhnlichen Ableitungen $\mathfrak{x}_u^\alpha, \mathfrak{x}_v^\alpha, \mathfrak{x}_{uu}^\alpha, \mathfrak{x}_{uv}^\alpha \ldots$ des Vektorbündels $\mathfrak{x}^\alpha$ gewisse modifizierte Ableitungen $\mathring{\mathfrak{x}}_u^\alpha, \mathring{\mathfrak{x}}_v^\alpha, \mathring{\mathring{\mathfrak{x}}}_{uu}^\alpha, \mathring{\mathring{\mathfrak{x}}}_{u,v}^\alpha \ldots$ usw. ein[1]), so gelten für alle diese durch Ableitung entstandenen Bündel bei den Bündeltransformationen

$$\mathfrak{x}^\alpha = \sum_\beta c_\beta^\alpha \mathfrak{x}^{\beta *}$$

Substitutionsformeln der Art

$$\mathring{\mathfrak{x}}_u^\alpha = \sum_\beta c_\beta^\alpha \left(\mathring{\mathfrak{x}}_u^\beta\right)^*, \qquad \mathring{\mathring{\mathfrak{x}}}_{u,v}^\alpha = \sum_\beta c_\beta^\alpha \left(\mathring{\mathring{\mathfrak{x}}}_{u,v}^\beta\right)^*$$

usw., also viel einfachere als für die gewöhnlichen Ableitungen, in deren Transformationsformeln die Ableitungen der c_β^α vorkommen. Führt man ebenso für das Bündel $\bar{\mathfrak{x}}^\lambda$ nach der Vorschrift

$$\mathring{\bar{\mathfrak{x}}}_u^\lambda = \frac{\partial \bar{\mathfrak{x}}^\lambda}{\partial u} - \sum_{\mu\nu} \bar{P}^{\lambda\mu} \bar{A}_{\mu\nu} \bar{\mathfrak{x}}^\nu \ldots$$

usw. modifizierte Ableitungen ein, so kann man zeigen, daß das Problem, die Invarianten des Zyklidensystems, also die Invarianten der

$$\mathfrak{x}^\alpha, \bar{\mathfrak{x}}^\lambda, \mathfrak{x}_u^\alpha, \mathfrak{x}_v^\alpha, \bar{\mathfrak{x}}_u^\lambda, \bar{\mathfrak{x}}_v^\lambda, \mathfrak{x}_{uu}^\alpha \ldots$$

zu bestimmen, äquivalent ist mit dem einfacheren Problem der Bestimmung der Invarianten der

$$\mathfrak{x}^\alpha, \bar{\mathfrak{x}}^\lambda, \mathring{\mathfrak{x}}_u^\alpha, \mathring{\mathfrak{x}}_v^\alpha, \mathring{\bar{\mathfrak{x}}}_u^\lambda, \mathring{\bar{\mathfrak{x}}}_v^\lambda, \mathring{\mathring{\mathfrak{x}}}_{uu}^\alpha \ldots \text{usw.}$$

---

[1]) Wir setzen bei $\mathring{\mathring{\mathfrak{x}}}_{u,v}^\alpha$ ein Komma zwischen u und v, um anzudeuten, daß diese zweiten modifizierten Ableitungen von den $\mathring{\mathring{\mathfrak{x}}}_{v,u}^\alpha$ verschieden sind. Statt der gewöhnlichen gelten hier etwas abgeänderte Bedingungen der Integrierbarkeit.

Man zeige, daß ein allgemeines Zyklidensystem 8 unabhängige Invarianten erster Ordnung besitzt. [*G. Thomsen*: Hamb. Abh. 1925.]

5. Verwendet man wie im § 95 (245) in allen drei Indizes schiefsymmetrische Größensysteme $E_{\lambda\mu\nu}$, so sind durch

$$\mathfrak{k} = \sum_{\alpha,\beta,\gamma,\lambda,\mu} E_{\alpha\beta\gamma} A_{\lambda\mu} U^{\alpha\lambda} V^{\beta\mu} \mathfrak{x}^{\gamma}; \qquad \overline{\mathfrak{k}} = \sum_{\lambda,\mu,\nu,\alpha,\beta} E_{\lambda\mu\nu} A_{\alpha\beta} U^{\alpha\lambda} V^{\beta\mu} \overline{\mathfrak{x}}^{\nu}$$

zwei Lieinvariant mit einem allgemeinen Zyklidensystem verbundene Komplexe $\mathfrak{k}$ und $\overline{\mathfrak{k}}$ gegeben, die *Fundamentalkomplexe des Zyklidensystems*. Man gebe für sie eine geometrische Deutung an und zeige, daß sie bei einem System von Lie-Zykliden mit den Schmiegkomplexen $\mathfrak{t}$ und $\overline{\mathfrak{t}}$ der Krümmungsstreifen der ausgezeichneten Hüllfläche zusammenfallen, während bei den Kreissystemen des § 95 der eine der Fundamentalkomplexe in den absoluten Komplex $\mathfrak{p}$ aller Punkte übergeht, der andere aber in den Komplex aller Kugeln, die zur Fundamentalkugel des Kreissystems (vgl. § 95) senkrecht sind. [*G. Thomsen*. 1926.]

6. Man gebe für die Nullscharen der Form $\mathfrak{G}_{ik}$ [vgl. Nr. (190) § 93] in der Theorie der allgemeinen Zyklidensysteme eine geometrische Deutung an.

7. Wie bei einem Kreissystem das Verschwinden des in der Integrierbarkeitsbedingung (176) auftretenden Ausdrucks

$$\overline{K}^{\lambda\mu} = \sum_{\gamma\delta} A_{\gamma\delta} \left(V^{\gamma\lambda} U^{\delta\mu} - U^{\gamma\lambda} V^{\delta\mu}\right) \tag{251a}$$

kennzeichnend dafür ist, daß man durch geeignete Bündeltransformation die Größensysteme $\overline{P}^{\lambda\mu}$ und $\overline{Q}^{\lambda\mu}$ gleichzeitig zum Verschwinden bringen kann, so ist das Verschwinden des in (175) auftretenden entsprechenden Ausdrucks

$$K^{\alpha\beta} = \sum_{\mu\nu} \overline{A}_{\mu\nu} \left(U^{\alpha\mu} V^{\beta\nu} - V^{\alpha\mu} U^{\beta\nu}\right) \tag{252}$$

kennzeichnend dafür, daß man $P^{\alpha\beta}$ und $Q^{\alpha\beta}$ gleichzeitig zu Null machen kann. Wie $\overline{K}^{\lambda\mu}$ in λ und μ, so ist $K^{\alpha\beta}$ in den Indizes α und β schiefsymmetrisch. Da bei dem Kreissystem die Indizes α und β aber im Gegensatz zu den λ und μ nur von I bis II laufen, stellt (252) im Gegensatz zu (251a) nur eine wesentliche Gleichung dar. Wie die Gleichungen $\overline{K}^{\lambda\mu}$ zu der Klasse der Kreissysteme mit ∞^1 Orthogonalflächen führten, so ergibt auch $K^{\alpha\beta} = 0$ eine wichtige Klasse von Kreissystemen, die sogenannten *pseudonormalen Kreissysteme*. Man zeige, *daß die pseudonormalen Kreissysteme die einzigen sind mit folgender Eigenschaft: Durch jeden Kreis läßt sich eine Kugel*

$$\mathfrak{l} = \sum_{\alpha} \varrho_{\alpha} \mathfrak{x}^{\alpha}$$

legen, derart, daß die Punkte $\mathfrak{p}$ *und* $\mathfrak{q}$ *der Hüllflächen des Kugelsystems* $\mathfrak{l}(u, v)$ *auf der Kugel* $\mathfrak{l}$ *zu dem Systemkreis invers liegen.* Bei einem pseudonormalen Kreissystem gibt es dann mit einem auch gleich ∞^1 Kugelsysteme mit der Eigenschaft des Kugelsystems $\mathfrak{l}$: Gibt man sich nämlich einen festen Winkelwert von φ und legt durch jeden Kreis des Systems die Kugel $\tilde{\mathfrak{l}}$, die $\mathfrak{l}$ unter dem Winkel φ schneidet, so hat das Kugelsystem $\tilde{\mathfrak{l}}(u,v)$ dieselbe Eigenschaft wie das System $\mathfrak{l}(u, v)$. [Vgl. *J. L. Coolidge:* A treatise on the circle and the sphere. Oxford 1916, S. 578.]

8. Als Sonderfälle sind in der Theorie der Kreissysteme des § 95 die *nichteuklidische und euklidische Geometrie der Strahlensysteme* enthalten. Die hyperbolische Geometrie der Strahlensysteme ergibt sich für die Kreissysteme, deren Kreise alle zu einer festen Kugel senkrecht sind, die euklidische Geometrie aber für die Systeme, deren Kreise alle durch einen festen Punkt gehen, die elliptische nichteuklidische Geometrie der Strahlensysteme ergibt sich aber endlich für die Kreissysteme, deren Kugelbüschel $\mathfrak{x}^\alpha$ alle einem nullteiligen Kugelsystem (vgl. § 80) angehören. $\overline{K}^{\lambda\mu} \equiv 0$ kennzeichnet in allen drei Geometrien die *Normalensysteme*.

9. Von der im § 90 entwickelten liniengeometrischen projektiven Flächentheorie kann man zu *affingeometrischen Beziehungen de' lächentheorie* gelangen, wenn man nach § 66, Aufg. 8 das Vektorbündel $\mathfrak{a}^\varrho$ $[\varrho = \mathrm{I, II, III}]$ der uneigentlichen Ebene einführt. Man zeige: durch die Gleichungen

$$|\mathfrak{m}, \mathfrak{y}, \mathfrak{y}_1, \mathfrak{a}^{\mathrm{I}}, \mathfrak{a}^{\mathrm{II}}, \mathfrak{a}^{\mathrm{III}}| = |\mathfrak{m}, \bar{\mathfrak{y}}, \bar{\mathfrak{y}}_2, \mathfrak{a}^{\mathrm{I}}, \mathfrak{a}^{\mathrm{II}}, \mathfrak{a}^{\mathrm{III}}| = 0$$

$$\langle \mathfrak{m}\,\mathfrak{m}\rangle = \langle \mathfrak{m}\,\mathfrak{y}\rangle = \langle \mathfrak{m}\,\bar{\mathfrak{y}}\rangle = 0\,.$$

wo $\mathfrak{y}$, $\bar{\mathfrak{y}}$, $\mathfrak{y}_1$ und $\bar{\mathfrak{y}}_2$ die im § 90 benutzten Vektoren sind, sind zwei Geraden $\mathfrak{m}^{\mathrm{I}}$ und $\mathfrak{m}^{\mathrm{II}}$ als Lösungen für $\mathfrak{m}$ bestimmt. Die eine ist der Schnitt der Tangentenebene der Fläche mit der uneigentlichen Ebene, die andere, die nicht uneigentlich ist, ist die *Affinnormale der Fläche* (vgl. Bd. II § 40). Man zeige weiter: Durch

$$J = |\mathfrak{y}, \bar{\mathfrak{y}}, \mathfrak{y}_1, \mathfrak{a}^{\mathrm{I}}, \mathfrak{a}^{\mathrm{II}}, \mathfrak{a}^{\mathrm{III}}| = |\bar{\mathfrak{y}}, \mathfrak{y}, \bar{\mathfrak{y}}_2, \mathfrak{a}^{\mathrm{I}}, \mathfrak{a}^{\mathrm{II}}, \mathfrak{a}^{\mathrm{III}}|$$

ist die *einzige absolute Invariante* einer Fläche gegenüber inhaltstreuen Affinitäten gegeben, *die von ersten Ableitungen der Haupttangenten, also von dritten Ableitungen des Flächenpunktes abhängt.* In dem Büschel der besonderen oskulierenden F_2 eines Flächenpunktes, die sich in der Darstellung (154) für $D = \tilde{E} = 0$ ergeben und die geometrisch dadurch gekennzeichnet sind, daß sie zwei konsekutive Haupttangenten $\mathfrak{y}$ längs der Asymptotenlinie **1** und zwei konsekutive Haupttangenten $\bar{\mathfrak{y}}$ längs der Asymptotenlinie **2** zu Erzeugenden haben, ist eine F_2 enthalten, die die uneigentliche Ebene berührt, also ein Paraboloid ist, das *Hauptparaboloid* einer Fläche. Seine Achsenrichtung ist der Affinnormalenrichtung parallel. Ebenso ist bei einer hyperbolisch gekrümmten Fläche in dem Büschel der Schmieg-F_2 (vgl. 157) ein Paraboloid, das *Schmiegparaboloid* enthalten. Man zeige, daß das System der Hauptparaboloide außer der Urfläche und der uneigentlichen Ebene bis zu drei weitere reelle Hüllflächen besitzen kann, während bei dem System der Schmiegparaboloide noch eine weitere Hüllfläche vorhanden ist.

Anhang.

Drei kurze Lebensbilder von *Möbius*, *Laguerre* und *Lie*.

§ 97. *August Ferdinand Möbius*[1]).

Die meisten der mathematischen Entdeckungen von *Möbius* sind uns bis auf die heutige Zeit lebendig und wertvoll geblieben. In vielen Begriffen, die heute Allgemeingut sind, lebt sein Name. Man denke nur an die Beispiele des *Möbiusschen Bandes*, der *Möbiusschen Kreisverwandtschaft*, der *Möbiusschen Netze*, des *Möbiusschen Nullsystems*.

August Ferdinand Möbius war sicher keiner der umfassenden mathematischen Geister seiner Zeit. Seine Tätigkeit hat sich fast ausschließlich auf Elementargeometrie und Mechanik beschränkt. Auch war er wohl keiner der wenigen, deren Ideen weit ihrer Zeit vorauseilen. Viele seiner Entdeckungen sind gleichzeitig oder wenig später unabhängig auch bei andern aufgetreten, wenn auch meist in geringerer Klarheit und ohne daß man sie mit dem gleichen Erfolg in allen ihren Konsequenzen erprobt hätte. Was an der mathematischen Persönlichkeit von *Möbius* vor allem interessant ist, das ist die ungewöhnlich starke persönliche Eigentümlichkeit seines Denkens und Schaffens. Seine Gedankengänge fallen auf durch ihre charakteristische Färbung.

Wenn wir uns die Vorstellung des Menschen *Möbius* unmittelbar nach den Merkmalen seines mathematischen Schaffens bilden würden, so könnten wir einen durch und durch geistreichen Menschen erwarten, von sanguinischer sprühender Lebendigkeit, phantasievoll in höchstem Maße und doch von zu leichter und einheitlicher Klarheit, um je phantastisch zu werden. Die Biographen geben uns aber ein ganz anderes Bild seiner äußeren Persönlichkeit. Es scheint, als hätte er die Welt seiner mathematischen Ideen mit solcher Realität empfunden und erlebt, daß sich die innersten und persönlichsten Kräfte seines Wesens darin fast ganz verzehrten, und daß kaum noch etwas übrig blieb, um in das äußere Leben zu wirken. Wir finden den etwas trockenen, kon-

---

[1]) Ausführlicheres über Leben und Werke von *Möbius* findet sich in der von *R. Baltzer* stammenden Vorrede zu den gesammelten Werken von *Möbius* (Leipzig; Verlag Hirzel, 1885).

servativen und pedantischen Gelehrten von der typischen Schattierung der ersten Hälfte des 19. Jahrhunderts, etwas weltfremd, im Alter zerstreut, so daß er nur mühsam mit mnemotechnischen Hilfsmitteln mit dem Alltag fertig zu werden sucht und sich beim Ausgehen die mahnenden drei großen S zuruft, die er nicht vergessen darf: Schlüssel, Schnupftuch und Schirm. Im Verkehr ist er einsilbig, schüchtern, etwas unbeholfen. Was ihn sympathisch macht, ist seine immer gleichbleibende wohlwollende Freundlichkeit, seine Bescheidenheit und Unbestechlichkeit. Manche fast kindliche Züge finden wir bei ihm: so die Ausbrüche der Freude in den Briefen des sonst aller Eitelkeit und allem Ehrgeiz Fremden über jedes Wort der Anerkennung, das ihm von seiten seines Lehrers *Gauß* zuteil wird.

Das äußere Lebensschicksal von *Möbius* in seinem einförmigen und anspruchslosen Verlauf könnte an Kant erinnern. Er wurde 1790 in Schulpforta geboren. Nach den Studienjahren seiner Jugend hat er sein ganzes Leben in Leipzig als Professor der Astronomie verbracht, alle Berufungen nach auswärts ablehnend, und nur selten für kurze Zeit die Heimat verlassend. Die ganze Welt, in der sich *Möbius'* Tätigkeit abspielte — und das erscheint wie ein symbolischer Ausdruck für die Art seines äußeren Lebens — war in dem Gebäude der Sternwarte der Pleißenburg eingeschlossen. Dort war sein Studierzimmer, in dem er 50 Jahre lang seinen Ideen nachsann, neben demselben lag der Hörsaal, wo er seine Entdeckungen zuerst vortrug und wo in hohen undurchsichtigen Schränken die wertvolle Bibliothek der Sternwarte verschlossen war. Über dem Studierzimmer lag die Dienstwohnung, in der sich seine Familie, seine Frau und drei Kinder, befanden. Deren Freuden und Sorgen nahmen ihn des Abends auf, wenn er wie gewohnt seine Arbeit damit beschloß, alle Resultate und Pläne des Tages in ein mathematisches Tagebuch einzutragen.

Die Art des mathematischen Schaffens läßt sich bei *Möbius* besonders gut aus den hinterlassenen Tagebüchern erschließen. Er ist alles andere als der Mathematiker der großen Probleme, bei dem alles Konzentration und Hinarbeiten auf die eine ihn gerade beschäftigende Aufgabe ist. Im Gegensatz zur Art des echten Problematikers schafft bei *Möbius* die Phantasie völlig frei, nicht gebunden durch einen vorgefaßten großen Plan. Spontan fliegt ihm alles mehr gleichzeitig zu, die Idee des Problems und die Idee der Ausführung. Immer taucht bei *Möbius* das Problem mehr zufällig auf, die Momente der Intuition des mathematischen Einfalls werden nicht wie beim Problematiker willensmäßig, durch zähe Kraftanstrengung, vielleicht durch irgendwelche Aktivierung der produktiven Kräfte des Unterbewußtseins herbeigezwungen, sondern sie entwickeln sich zwangloser, an der unmittelbaren Beschäftigung mit Dingen. Unbewußt, ohne sie lange vorausgeahnt zu haben, kommt *Möbius* meist zu seinen Entdeckungen. Durch äußere Anlässe, durch Vorlesungsverpflichtungen z. B. wird er zum Studium gewisser spezieller Gebiete der Statik geführt. Halb unbewußt schweift dabei seine findige und aufgeweckte Phantasie gleichsam spähend nach allen Seiten und umkreist in weitem Aktionsradius die Gedanken, die er gerade durchzuarbeiten hat; sie springt dann wohl über auf gar nicht unmittelbar benachbarte Gebiete. So entzünden die Fragen der Statik plötzlich die Idee einer neuen Methode der analytischen Geometrie, wie er sie in seinem „baryzentrischen Kalkül" ausgeführt hat. *Möbius* ist wie der Musiker, der sich ans Klavier setzt und mehr träumend absichtslos Akkorde anrührt und dem sich aus den Tönen heraus dann die Ideen zu seinen Kompositionen gestalten.

Was *Möbius* in seinen Werken besonders zu lieben scheint und dem er nachgeht, was seine Sätze und Entdeckungen vornehmlich kennzeichnet, das ist der Reiz des Überraschenden und Unerwarteten. Ein typisches Beispiel ist seine *Entdeckung der einseitigen Flächen,* bei denen man sich auf der Oberfläche fortbewegen und auf die entgegengesetzte Seite gelangen kann, ohne die Fläche jemals zu durchbrechen. Auch in seiner Vorliebe für mathematische Kuriosa, für fast wie Scherze anmutende kleine Aufgaben zeigt sich diese Richtung seines Geschmacks. Den Problematiker und auch den Systematiker wird an einer Entdeckung auch das Gefühl neuer Macht reizen, das Gefühl der Herrschaft über einen neuen Bezirk des Begrifflichen. Das spielt bei *Möbius* eine verhältnismäßig geringe Rolle. Er ist keine Eroberernatur im Reiche des Mathematischen. Er hat viel von der Art der Romantiker, seiner literarischen Zeitgenossen, in seiner Vorliebe für das Seltsame und Überraschende, in seiner ganz auf das unmittelbare Phantasieerlebnis eingestellten produktiven Veranlagung.

Von den mathematischen Leistungen von *Möbius* wollen wir noch zwei besonders erwähnen. *Möbius* hat in seinem Hauptwerk „Der baryzentrische Kalkül" *zum erstenmal homogene Koordinaten* in die Geometrie eingeführt und hat sie schon in sehr eleganter Weise zu verwenden gewußt. Die zweite seiner Leistungen ist seine Lehre von den geometrischen Verwandtschaften. *Felix Klein* bezeichnet *Möbius* als den *eigentlichen Vorläufer des Erlanger Programms.* Nicht als ob es nur *Möbius* allein für sich in Anspruch nehmen könnte, den Begriff der Gruppe in gewissem Sinne vorausgeahnt zu haben. Implizite ist das Arbeiten z. B. mit dem Begriff der Bewegungsgruppe sicher uralt. Und der erste, der implizite den Begriff einer von der Bewegungsgruppe verschiedenen Gruppe, nämlich der projektiven benutzt, ist *Poncelet. Möbius* aber ist der erste, der alle ihm überlieferten und alle dann noch von ihm selbst hinzuentdeckten geometrischen Abbildungen systematisch untersucht und sie einander gegenübergestellt hat, je nach dem Umfang der geometrischen Begriffe und Gebilde, die sie erhalten oder die sie zerstören.

§ 98. *Edmond Laguerre*[1]).

Edmond Laguerre wurde 1834 in Nordfrankreich, in Bar-le-Duc geboren. Sein Leben verlief wie seine wissenschaftliche Arbeit in Stille und Zurückhaltung. Aller äußere Ehrgeiz war ihm fremd. Das zeigte er schon als Student der École Polytechnique. Seine Begabung und seine Fähigkeit zu ausdauernder Arbeit hätten ihm unter den Schülern eins der besten Abgangszeugnisse und damit nach den in Frankreich bestehenden Verhältnissen eine glänzende Zukunft sichern können. Aber er ging in seinen Studien schon früh seine eigenen Wege, er war keiner, der sich mit besonderem Eifer auch den Fächern zuwandte, die ihn nicht interessierten. Für ihn war die Schule nicht wie für andere eine enge abgeschlossene Welt, voll von Rivalen, die es zu übertreffen galt. Oft sahen seine Freunde ihn Reißbrett und Zirkel verlassen, um im Zeichensaal auf und ab zu wandern. Er grübelte dann in der ihm eigenen schweigsamen und verschlossenen Art den Liebhabereien seiner mathematischen Gedanken nach. Schon damals vertiefte er sich in die Ideen, die in jener Zeit von *Poncelet*, dem Begründer der projektiven Geometrie ausgingen. So hat *Laguerre*, wenn er sich auch bei der Klassifikation der abgehenden Schüler mit dem sechsundvierzigsten Platz begnügte, schon als 19jähriger Student der École Polytechnique durch eine mathematische Entdeckung Aufsehen erregt. Unter den Fragen, die sich bei der Begründung der projektiven Geometrie aufdrängten, befanden sich in erster Linie auch die nach der projektiven Erklärung metrischer Eigenschaften von Figuren. Dem jungen *Laguerre* gelang es nun, die Frage nach der *projektiven Definition des Winkels* auf sehr elegante Weise zu lösen. Er führte als erster den Begriff des Winkels auf das Doppelverhältnis zurück, das die Schenkel mit den beiden durch die Scheitel laufenden isotropen Geraden bilden.

Nach Verlassen der École Polytechnique wurde *Laguerre* Artillerieoffizier. Während der zehn Jahre, in denen er seinen Dienst als Offizier versah, setzte er in der Stille seine mathematischen Studien fort. Daneben erfüllte er die Pflichten seines Berufes mit solcher Pünktlichkeit und Gewissenhaftigkeit, daß seine Kameraden glaubten, dieser nähme ihn völlig in Anspruch. Er sammelte in jener Zeit immer mehr Ideen und Entdeckungen an, ohne noch jemand etwas mitzuteilen oder etwas zu veröffentlichen. Besonders günstig war seinen Studien eine Versetzung an die Waffenfabriken in Mutzig. Dort hatte er Zeit und Abgeschlossenheit genug, um den Grund zu der umfassenden und vielseitigen mathematischen Bildung zu legen, die man später an ihm rühmte. Trotz guter Aussichten in seiner Offizierslaufbahn nahm

[1]) Ausführlicheres über Leben und Werke von *Laguerre* findet sich in der von *H. Poincaré* stammenden Vorrede zu den „Œuvres de *Laguerre*" (Paris: Gauthiers-Villars, 1898).

Laguerre 1864 seinen Abschied von dem Beruf, der innerlich seiner ganzen Art nicht lag und nahm die Stelle eines Repetitors an der École Polytechnique an, deren Schüler er gewesen. Als Mitglied der Prüfungskommission war *Laguerre* bekannt durch die besondere Objektivität und Gerechtigkeit seines Urteils. Als Lehrer wurde er auch persönlich geschätzt. Unter einer oft etwas rauhen Außenseite verbarg sich Güte.

In *Laguerres* Wesen war nichts, das geeignet war, ihm schnell zu äußerem Glanz und Erfolg zu verhelfen. Als man den schon fast Fünfzigjährigen als Professor ans „Institut" berief und man ihm dann kurz darauf die Stellvertretung am Lehrstuhl für mathematische Physik am Collège de France anbot, da wurde seine Tätigkeit sehr bald durch schwere Krankheit unterbrochen. Weder die liebevolle Pflege seiner Gattin und seiner beiden Töchter, noch die Rückkehr in seine Heimatsstadt vermochten seine Gesundheit, die immer unsicher gewesen war, wiederherzustellen. Er starb 1886.

Wie an dem Menschen *Laguerre* so ist auch an seinen Arbeiten alles klar und nüchtern. Ängstlich vermied er alles, was einen Schein von falschem Glanz hätte vortäuschen können. Überhaupt war er fast geizig mit der Veröffentlichung seiner Ideen. So hat er gewiß manche seiner Entdeckungen mit ins Grab genommen.

Ohne Zweifel war *Laguerre* ein ideenreicher Mathematiker, aber er ging so ruhig und stetig seinen Untersuchungen nach, es summten sich bei ihm so langsam und schier unmerklich die einzelnen kleineren Einfälle und Ideen auf, daß kaum etwas wahrnehmbar schien von dem Wirken der schöpferischen Phantasie und dem Blitz der Intuition. Von dem Boden seines umfassenden Wissens aus gehen seine Untersuchungen nach den verschiedensten Richtungen der Mathematik. Er durchdachte alles mit solcher Geduld und Gründlichkeit, daß er auf Gebieten, die als völlig abgeschlossen galten, oft noch ganz neue Möglichkeiten sah.

Am bemerkenswertesten sind wohl die algebraischen Untersuchungen von *Laguerre* und seine Arbeiten über ganze Funktionen. Wir wollen hier nur auf diejenigen seiner geometrischen Leistungen zu sprechen kommen, die in diesem Bande ihre Darstellung gefunden haben. Sie finden sich bei *Laguerre* in einer Reihe von Arbeiten unter dem Namen „géometrie de direction". *Laguerre* beginnt in seiner ersten Arbeit (Bulletin de la Soc. math. de France 1879/80) nach Einführung der gerichteten Graden[1]) und Kreise als der Grundelemente seiner Geometrie mit der speziellen Abbildung, die wir im § 37 als Laguerre-Inversion bezeichnet haben und die er „*Transformation par directions reciproques*" nennt. Er untersucht dann die aus vier gerichteten Geraden gebildete Figur und bestimmt die zwei Invarianten, die diese gegenüber

[1]) Die gerichteten Geraden treten bei *Laguerre* zuerst unter dem Namen „directions", später unter dem Namen „semi-droites" auf.

den Laguerre-Inversionen besitzt. Diese Invarianten der Laguerre-Geometrie entsprechen ganz den Invarianten von vier Punkten, die *Möbius* bei der Begründung seiner Kreisgeometrie zuerst bestimmt hat (vgl. § 20). In einer zweiten Arbeit (Comptes Rendus 1881) bringt *Laguerre* einige kurze Angaben über die seiner ebenen entsprechende räumliche Geometrie. Es folgen dann noch fünf weitere Arbeiten zur ebenen Geometrie, die zum großen Teil einer gewissen Klasse (gerichteter) algebraischer Kurven gewidmet sind, den sogenannten *Hyperzirkeln*. Diese Kurven haben Laguerreinvarianten Charakter. [Sie lassen sich am einfachsten wohl durch eine Eigenschaft definieren, die bei *Laguerre* allerdings noch nicht vorkommt: Sie sind identisch mit den Normalrissen der im § 55 als *Dupin*sche Zykliden bezeichneten gerichteten Flächen. Vgl. *W. Blaschke:* Untersuchungen über die Geometrie der Speere in der euklidischen Ebene. Monatshefte f. Math. und Phys. XXI (1910).] Ein spezieller Hyperzykel ist die im § 39 als Laguerre-Zykel bezeichnete Kurve.

§ 99. *Sophus Lie*[1]).

Die mathematische Persönlichkeit von *Sophus Lie* ist von ganz anderer Art als die von *Möbius* oder auch die von *Laguerre*. *Möbius* verdanken wir eine Fülle einzelner wichtiger und schöner Ergebnisse, und auch *Laguerre* hat auf sehr verschiedenen Gebieten wertvolle Einzelresultate erzielt. Im Gegensatz zu ihnen hat *Lie* den imponierenden Bau einer großen einheitlichen mathematischen Theorie vor uns hingestellt, und alles, was er geschaffen hat, ordnet sich irgendwie den herrschenden allgemeinen Ideen unter. Seine Theorie der kontinuierlichen Gruppen, seine Theorie der Differentialgleichungen, die geometrischen Untersuchungen, alles greift vielfach ineinander und wenige Ergebnisse nur wird man aus dem Ganzen losgelöst als einzelne Kostbarkeiten für sich betrachten können.

Möbius und *Laguerre* stehen sozusagen etwas abseits von der großen Welt des wissenschaftlichen Betriebes ihrer Zeit. Sie gehen in der Stille ihren Ideen nach, ohne allzu vieler Anregung von außen zu bedürfen, ihnen ist die innere Ruhe gemeinsam, mit der sie ihre Untersuchungen in allen Einzelheiten durchführen. So sind denn auch die Veröffentlichungen von *Möbius* Kunstwerke an Klarheit und Eleganz der Darstellung; die Arbeiten von *Laguerre* zeichnen sich aus durch Knappheit und Präzision. Anders ist es bei *Lie*. Die Kraft seiner Erfindung und der fast zur Manie gesteigerte Wille zum Schöpferischen ließen ihm — wenigstens in der ersten Periode seiner Entdeckungen — nicht die Ruhe, Ergebnisse und Veröffentlichungen im einzelnen ab-

[1]) Ausführlicheres über Leben und Werke von *Sophus Lie* findet sich in dem Nekrolog von *Friedrich Engel* (Berichte der Sächsischen Ges. der Wissensch. [1899]).

zurunden. So waren sie in der Darstellung oft schwer verständlich und wenig abgeschlossen.

Lie wurde 1842 als Pfarrerssohn in Nordfjordeide geboren. Der Ort liegt an einem Zweige des an Naturschönheiten so reichen Nordfjords im norwegischen Amte Bergenhus. Als Schüler gleichmäßig gut in allen Fächern begabt, schwankte *Lie* lange Zeit in der Wahl seines Berufs. Ohne allzu große Neigung begann er das Studium der Mathematik und Naturwissenschaften. Erst als dem 26jährigen zufällig die Werke von *Poncelet* und *Plücker* in die Hände kamen, erwachte in ihm der Trieb zu eigener mathematischer Produktion, der dann für seine Zukunft bestimmend wurde. Nach den ersten Studien in Oslo ging er nach Berlin, wo aus dem gemeinsamen Verkehr mit *Felix Klein* die ersten Ideen über die Gruppen geometrischer Abbildungen entstanden. Weitere Studien führten ihn nach Paris, wo er mit *Darboux* zusammentraf. 1872 wurde *Lie* dann als Professor nach Oslo berufen. Dort entstanden die Grundgedanken seiner allgemeinen Theorie der Transformationsgruppen. 1886 folgte er einem Ruf nach Leipzig, wo er zwölf Jahre für die Ausbreitung und Vertiefung seiner Ideen wirkte. Nach der Rückkehr in seine Heimat hat er dann nur noch kurze Zeit gelebt.

Lie war von hünenhaftem Wuchs und in seiner Heimat mehr bekannt durch seine Leistungen als Fußwanderer denn durch seine mathematischen Entdeckungen. Als er in Paris, nach Ausbruch des Krieges 1870, den abenteuerlichen Plan faßte, zu Fuß nach Italien zu wandern, erregte seine blonde germanische Erscheinung Verdacht. Als Spion verhaftet, wurde er vier Wochen in Fontainebleau gefangen gehalten. Diese unfreiwillige Muße hat *Lie*, wie er später erzählte, gerade zum gedanklichen Ausbau der Kugelgeometrie und ihrer Verwandtschaft zur Liniengeometrie benutzt, die wir in diesem Bande dargestellt haben. Durch Vermittlung *Darboux'* wurde *Lie* bald wieder in Freiheit gesetzt.

Während die Offenheit und Geradheit, die das Wesen *Lies* kennzeichnete, ganz zu der Kraft und Gesundheit seiner äußeren Gestalt zu passen schien, waren seine Nerven wohl weit feiner und empfindlicher, als sein riesenhafter Wuchs es ahnen ließ. Vielleicht steht dieser Zwiespalt in seiner körperlichen Veranlagung in gewissem Zusammenhang mit der ganzen Art seiner genialen Begabung. Ebenso stark wie die Kraft seines Körpers war auch der schöpferische Wille in ihm, aber er gehörte nicht zu jenen wenigen Mathematikern von schier unerschöpflicher Nervenkraft, die wahrhaft verschwenderisch sind in dem Anspannen ihres Scharfsinnes und die sich immer den schwierigsten Problemen zuwenden. Gewiß war *Lie* auch ein äußerst scharfsinniger Denker, aber für ihn war bei einem Problem die Schwierigkeit allein nie ein Reiz, sondern nur ein notwendiges Übel. Ein instinktiver Widerwille beherrschte ihn in der Mathematik gegen alles, was ihm nach übertriebener Spitzfindigkeit aussah, gegen alles, wobei man Scharfsinn und Nervenkraft zu verschwenden schien, und was aussah nach geistigem Akrobatentum. Hatte *Lie* aber einmal die wirklich weittragende Bedeutung von Ideen und Problemen erkannt, so ging er ihnen immer von neuem mit der schonungslosen Wucht seines Willens nach. Die Rücksichtslosigkeit, mit der er dabei seine Gedanken verfolgte, unbekümmert um sich selbst und sein körperliches Wohl, führten mehr und mehr zu einer Schädigung seiner nervösen Gesundheit. Mehrmals fand er Erholung in der Natur seiner norwegischen Heimat. Aber am Ende seiner Leipziger Zeit brach er vollständig zusammen. In einem krankhaften Zustand zeigten sich immer mehr ein Mißtrauen und eine Empfindlichkeit, eine gewisse Überspannung des Selbstgefühls, wie sie ihm in gesunden Zeiten ganz fremd gewesen waren. Viele, die ihn in späteren Jahren kennen lernten, mußten so ein falsches Bild von dem wahren Kern seiner Persönlichkeit bekommen.

Lie hat sich in seinen mathematischen Ideen immer etwas als Einsamer gefühlt, voll verstanden nur von allzuwenigen treuen Freunden und Schülern. Das mag zum Teil an den Zeitströmungen der damaligen Mathematik gelegen haben, die sich immer mehr von der vorwiegend intuitiv-geometrisch gerichteten Betrachtungsweise abwandte zur abstrakt logischen und die sich mehr auf die mathematischen Disziplinen konzentrierte, die seiner Veranlagung fern lagen. Zum andern Teil mag dieses Einsamkeitsgefühl tief begründet sein in seiner ganzen Persönlichkeit und in der egozentrischen Art seines Schaffens. Er fand sich namentlich in der späteren Zeit nur schwer mit voller Geduld in die Gedankengänge anderer hinein, nur ungern ließ sich sein Geist in fremde Bahnen zwingen.

Der Mathematiker *Lie* mag uns an den kühnen Fußwanderer *Lie* gemahnen, der Gipfel zu ersteigen vermag wie wenige und der wie wenige den ganz großen umfassenden Blick gewinnt über die Weite der nordischen Landschaft, den zugleich aber auch das Gefühl der ihn umgebenden Einsamkeit überkommt[1]).

---

[1]) *Lie*'s gesammelte Abhandlungen werden gegenwärtig von *F. Engel* und *P. Heegard* herausgegeben.

Namen- und Stichwortverzeichnis.

(Die Zahlen geben die Seiten an.)

Abbildung der hyperbolischen Geometrie des Raumes auf die Kreisgeometrie von Möbius in der Ebene § 8, 35ff.

Abbildungen von Lie in der Ebene § 1, 1ff., 42, 177ff., vgl. auch Geom. v. Lie.

— — Möbius § 1, 1ff. 155, 213, vgl. auch Geom. v. Möbius.

— — Laguerre § 1, 1ff., 213f., vgl. auch Geom. v. Laguerre.

— — Möbius, Laguerre und Lie als Abbildungen von Kreisgebieten § 51, 219ff.

— — Möbius, Laguerre und Lie als Abbildungen im großen § 3, 13ff.

— — Möbius, Laguerre und Lie, Kennzeichnung 3, 4, 100.

Ableitungsgleichungen 98, 116, 130, 164, 316, 318f., 346ff., 423, 431.

absolute Invariante der Lie-Geometrie 188.

absoluter Kegelschnitt 140.

— Komplex 259, 261, 342.

affine Geometrie der Strahlensysteme 387.

Affinnormale 457.

affine Flächentheorie 457.

ähnliche Abbildungen 36, 72.

analytische Funktion dualer Veränderlicher 175.

Anzahl der Nabelpunkte auf Eiflächen § 65, 283ff.

äquilonge Abbildungen 175.

Asymptotenlinien 367.

Asymptotenstreifen § 58, 254ff., 426, 447.

Ausdehnung der Abbildung von Gebieten 6.

ausgearteter linearer Komplex von K-Kugeln 230.

ausgeartetes Kreisbüschel 44.

— lineares Kreissystem 192.

Baldus, R. 341.

Baryzentrischer Kalkül 89.

Beltramischer Differentiator 382, 383.

Berührung von K-Kugeln 226f.

— zweier K-Kreise 177.

— zweier L-Kreise 137.

— von L-Kreis und gerichteter Geraden 137.

Berwald, L. 292.

Besserve, A. 268.

Bestimmung einer Fläche aus dem sphärischen Bild ihrer Krümmungslinien 275.

Bewegungen, hyperbolische 16ff.

Bewegungsgeometrie § 16, 72ff., 234, 362ff.

— mit indefiniter Maßbestimmung 142.

Bewegungsgruppe als Untergruppe der Gruppe von Laguerre 158f., 210.

Bianchi, L. 126, 369.

Blaschke, W. 111, 135, 172, 173, 283, 296, 326, 336, 338, 340, 351, 357, 373, 377, 384, 463.

Bogenelement einer Fläche 306.

Bol, G. 176.

Bolyai, J. 21.

Bompiani, E. 340, 425.

Bonnet, O. 284.

Bonnetsche Flächen 375.

— Koordinaten 293, § 87, 377ff., 384.

Bündel von linearen Kugelkomplexen 244.

Büschelinvariante dreier Kreise 68, 69

— dreier sich berührender Kreise § 15, 68ff.

Büschel von K-Kugeln 229.

— von linearen Kreissystemen 212.

Carathéodory, C. 289.

Cauchy-Riemannsche Differentialgleichungen 91, 122.

Čech, E. 406.

Cesàro, E. 115, 135.

Chasles, M. 136.
Codazzische Gleichungen 367.
Cohn-Vossen, St. 289.
Coolidge, J. 132, 134, 456.

Darboux, G. 32, 214, 338, 339, 357, 382, 409, 455.
Demoulin, A. 407.
Diagonales Netz 326, 330.
diagonalzyklidische Flächen 406, 420, 425.
Differentialgeometrie im Kleinen 92.
Differentialgleichung der L-Minimalflächen 377.
— der R-Kugelsysteme 353.
Dilatation 159.
D-Kurven 338.
D-Linien 339.
Doppelverhältnis von vier Kreisen eines Büschels § 44, 186ff.
— von vier Punkten eines Kreises 20ff., 39.
Duale Zahlen 173ff.
dualistische Transformationen 234, 426f.
Dupin, Ch. 245.
Dupinsche Indikatrix 101.
— Zyklide 245, 248f., 252f., 265, 267, 281ff., 292, 295, 386, 447, 454.

Ebene Kreissysteme § 35, 145ff., 149.
— Kurven in der Geometrie von Laguerre § 38, 162ff.
Ebenenkoordinaten von Bonnet 284ff.
ebener Krümmungsstreifen 278.
ebenes Kreissystem 156, 192.
— Gebiet 2.
Eigenzeit 270.
Einbau der affinen Geometrie in die projektive Liniengeometrie 250, 290.
— der euklidischen Bewegungsgeometrie in die Inversionsgeometrie § 16, 72ff.
— der Geometrie von Laguerre in die Geometrie von Lie § 48, 204ff.
— — von Möbius in die Geometrie von Lie § 47, 200ff.
elementargeometrische Figur 101.
elliptische Geometrie 73, § 19, 84.
— Flächentheorie § 80, 368ff.
elliptischer linearer Komplex von K-Kugeln 230f., 261, 268, 274, 320, 363, 397, 409, 437.
— involutorischer Komplex 368.
elliptisches lineares Kreissystem 192f., 196f., 200, 207.
Engel, F. 463, 465.
engere Gruppe von Laguerre 141.
Erlanger Programm 21, 39, 73, 201.
erweiterte Laguerresche Gruppe 141.
Erzeugung der Gruppe $\mathfrak{L}_6$ aus Laguerre-Inversionen 157.
— — von Lie aus Lie-Inversionen 198, § 49, 210ff.
— — von Möbius aus Inversionen 44.
euklidische Bewegungsgeometrie § 19, 84ff., 269.
— Entfernung zweier Punkte 45.
— Flächentheorie § 80, 368ff., 429.
— Geometrie 209.
— — der Strahlensysteme 456.
Eulersche Differentialgleichung 442.
Exzeß 340.

Fläche mit isothermem sphärischen Bild der Krümmungslinien 362.
Flächen im hyperbolischen Raum § 26, 111ff.
— in der Geometrie von Lie 9. Kap. 388ff.
— konstanter mittlerer Krümmung 338.
— mit einer Schar ebener Krümmungslinien 324.
— mit einer Schar sphärischer oder ebener Krümmungslinien § 88, 409ff.
— mit isothermem sphärischen Bild der Krümmungslinien 278.
— mit lauter ebenen Krümmungslinien § 64, 278ff., 413, 416.
— mit lauter sphärischen Krümmungslinien 447, 455.
Flächenstreifen in der Geometrie von Lie 293.
— in der Kugel- und Liniengeometrie § 57, 250ff.
Flächentheorie in der Geometrie von Lie 9. Kap. 388ff.
— in Bonnetschen Koordinaten § 82, 377ff.
— der euklidischen Bewegungsgeometrie § 79, 362ff.
— in der Geometrie von Möbius und Laguerre Kap. 7, 296ff.
Fläche von Geiser 176.
— von Lie 176.
Flachpunkt 276, 298, 307, 337, 347.
Frenetsche Formeln 99.
Fubini, G. 420.

Fubini-Čech 406, 416, 420, 424.
Fundamentalkomplex 456.
Fundamentalkugel eines Kreissystems 452ff., 456.
Fundamentalpunkte eines Kreissystems 452ff.
F_2 von Bompiani 425.

Gauß, K. F. 21, 87, 89, 134, 340.
Gaußsche Gleichungen 366.
— Koordinaten § 20, 87ff., 123.
Gaußsches Bogenelement einer Fläche 367.
Gebiet, ebenes 2.
— reguläres 2.
— von Kreisen 3.
— linearer Kreissysteme 221.
Gegenpunkt einer Lie-Zyklide 397.
gekettetes Kreisgebiet 224.
geodätische Krümmung 367.
Geometrie von Möbius Einl., Kap. 1, 2, 3, 6, 7, 8.
— von Laguerre Einl., Kap. 4, 6, 7, 8.
— von Lie Einl., Kap. 5, 6, 9.
— von Laguerre als Grenzfall der Geometrie von Möbius 208.
geometrische Bedeutung der invarianten Ableitungen in der Flächentheorie von Möbius und Laguerre 312.
— Deutung der Invarianten einer Kreisschar 107.
gerade Kreisreihen § 34, 140ff.
— Kugelreihen 270.
Geraden-Kugeltransformation 235.
gerichtete Gerade 10, 12, 57.
— Elemente 68.
— Fläche 298.
— Kreise 10, 137.
— Kurven der Ebene 162.
— Punkte 137.
— Linienelemente der Ebene 137.
— Winkel 68, 69.
gerichteter Kreis 10, 13, § 12, 57ff.
gerichtetes Flächenelement 229, 245, 250.
Gesimsflächen von Monge 367, 410, 413.
gleichseitiger Ring 338.
gleichsinnige Berührung von gerichteten Kreisen 10.
— Kreisverwandtschaft 89.
— winkeltreue Abbildung 91.
gleichsinniger Parallelismus von Geraden 143.
Grundbegriffe der hyperbolischen Geometrie in der Ebene § 5, 21ff.
Grundformeln der Flächentheorie in der Geometrie von Möbius und Laguerre § 70, 314ff.
— für senkrechte Kurvennetze auf der Kugel § 28, 116ff.
— für Kugelsysteme § 76, 346ff.
— der euklidischen und nichteuklidischen Flächentheorie 369f.
— der bewegungsgeometrischen Flächentheorie 365.
— der Lie-geometrischen Flächentheorie § 85, 393ff.
— der projektiven Flächentheorie 422.
Grundpunkte eines Kreisbüschels 43.
Gruppe $\mathfrak{J}$ 139ff., 234.
— $\mathfrak{H}$ 18ff., 30, 35.
— von Laguerre vgl. Geometrie von L.
— von Möbius vgl. Geometrie von M.

Haak, W. 387.
Halbinvarianten in der Gruppe von Möbius 47.
— in der Gruppe von Lie 228, 235.
— in der projektiven Liniengeometrie 235.
Halbisogonalflächen einer Kugelschar 410.
Hamburger, H. 289.
Hardt, A. 341.
harmonische Parameter 372.
— Scharen von Kugeln 344, 350, 354.
harmonisches System 399f.
Hauptkreise 104ff., 109f., 131.
Hauptkrümmungsradien einer Fläche 367.
— in der hyperbolischen Flächentheorie 131.
Hauptkomplexe eines Kugelsystems 386.
Hauptkugeln eines zyklidischen Streifens 454.
Hauptkurven einer Kugelschar 266.
Hauptparaboloid 457.
Hauptrichtungen eines Kugelsystems 382.
Hauptsatz der Kreisgeometrie 211.
— der projektiven Geometrie 213, § 50, 214ff.
Haupttangenten 420.
hebbare Singularität 251, 298.
Heegard, P. 465.
Hessesche Normalform der Gleichung einer gerichteten Geraden 66.

hexasphärische Koordinaten 227ff., 268. 275, 281, 320, 342ff., 448.
H-Kreise 29f., 78, 83, 87.
H-Systeme 221, 222.
homogene Linienkoordinaten 34.
Hostinsky, Satz von H. 338.
Hüllkurvenpunkte für eine Kreisschar 96.
Hüllflächen des Systems der Zykliden von Lie § 87, 407ff.
H-Winkel 29, 42, 83, 87.
hyperbolische Bewegungen 16ff., 35, 38, 77, 147, 356.
— ebene Kurventheorie 104.
— Flächentheorie § 27, 114ff., 119, § 80, 368ff.
— Geometrie 16ff., § 5, 21ff. § 9, 39ff., 73, 77, § 18, 79ff., § 19 84ff., 261.
hyperbolischer involutorischer Komplex 368.
— Komplex von K-Kugeln 230f., 363.
hyperbolisches lineares Kreissystem 192, 194, 196f., 200, 209.
hyperbolisch gekrümmte Flächen 420, 422.
Hyperboloide von Dupin § 55, 283ff.
hyperoskulierende Zyklide 386.
Hyperzykel 173.

Indefinite Bewegungsgeometrie 234, 354.
— Maßbestimmung 142.
indefiniter Winkel 148.
Integralinvariante 94.
Integrierbarkeitsbedingung 117, 128, 130, 278, 314, 319, 325, 329, 347, 359f., 396, 415, 417, 424, 431, 438, 440, 445, 448, 450, 451, 456.
Invariante Ableitung 95, 127, 344ff., 358, 374, 422.
— — in der Flächentheorie der Möbius- und Laguerre-Geometrie § 68, 300ff., § 69, 305ff.
— — in einem Kurvennetz § 31, 126ff.
Invariante der Geometrie von Laguerre 140.
Invarianten einer Fläche in der Geometrie von Möbius und Laguerre 319.
— einer Kreisschar 92ff.
— der Lie-Geometrie 228f.
— der Möbius-Geometrie 2. Kap. 46ff.
— der Möbius-Geometrie, die der nichteuklidischen Entfernung entspricht 40.
— einer Zyklide 271f.
invariante Konstruktion eines linearen Kreissystems 194, 196.
— — eines nullteiligen Kreissystems § 32, Aufg. 9.
Invarianten der Geometrie von Lie § 43, 181ff., im Raum 228ff.
— der Inversionsgeometrie 93ff.
Invariantentheorie der Gruppe von Möbius 46ff.
Invarianten endlich vieler Kreise 48.
— zweier gerichteter Kurven 60.
invarianter Parameter 93f.
— — gerichteter Kurven 163.
Inverse Punkte zu nullteiligem Kreissystem 86.
Inversion 44, 88, 89, 155.
— der Möbius-Geometrie 198.
Inversionsgeometrie = Geometrie von Möbius 44, 73, § 19, 84ff.
— ebener Kurven § 25, 108ff.
— senkrechter Kurvennetze auf der Kugel § 27, 114ff.
— und nichteuklidische Bewegungsgeometrie § 17, 76ff.
inversionsgeometrische Invarianten endlich vieler Vektoren § 11, 52ff.
Inversionslänge einer Kurve 108.
involutorisches lineares System 199, 203, 212.
involutorischer Komplex 232, 261, 275, 320, 323, 362f., 375, 411, 413.
isogonale Kreispaare 264.
Isogonalflächen einer Kugelschar 410.
Isogonaltrajektorien 267, 336.
isolierter Nabel 288.
isomorphe Gruppen 17, 72f.
Isomorphie zwischen ähnlichen Abbildungen und einer Untergruppe der Gruppe von Möbius 72f.
isotherme Kurvennetze § 29, 120ff., 279, § 72, 325ff.
isotherm-asymptotische Flächen 426.
— — Streifen 427.
Isothermflächen 326, 337, 361f., 374.
isothermes Netz 135, 326.
isotrope Ebenen 137.
— Gerade 137.
— Kreisreihen 142.
— $\mathfrak{I}$-Kugel 153.
— Kurve des Raumes 162.
— Projektion § 33, 136ff., 224, 354ff.
— Schmiegebene einer isotropen Kurve 163.
— Tangenten einer Fläche 113.

J-Kugel 153.
Jordankurve 286ff.
J-senkrecht 148, 155.
J-Spiegelung einer Ebene 156.
— an einem Punkt 160.
J-Überkugel 270.
J-Winkel 148.

$\mathfrak{K}_{10}$ (ebene Gruppe von Lie) 232.
$\mathfrak{K}_{16}$ (räumliche Gruppe von Lie) 232.
Kanalflächen 253, 265, 324, 389, 394, 404, 414, 416, 417.
Kennzeichnung der Abbildungen von Möbius, Laguerre und Lie 3, 4.
— der Abbildungen von Lie 228.
— der Kreisverwandtschaften von Möbius 36.
— der projektiven Abbildungen der Ebene 2.
Kennziffer eines Nabels 287.
K-Kreis 14, 177ff., 229, 289.
K-Kugel Kap. 6, 226ff., 298, 321f., 342, 351, 397, 408, 409, 433.
K-Kugelsystem 297.
Klein, F. 21, 23, 136, 238, 390.
Kleinsche Veranschaulichung der Lobatschefskijschen Geometrie 23, 77.
K-Minimalflächen 430, § 94, 440ff.
Knoblauch, J. 365.
Kollineationen 234.
Kommerell, K. 385.
komplexes Doppelverhältnis 89, 90.
konforme Abbildung 90.
konformgeodätische Linien 340.
Konformminimalflächen 373.
König, K. 341, 373, 384, 385.
konjugiert duale Zahlen 174.
konjugierte Komplexbündel 239.
— Kreisbüschel 280.
— lineare Scharen von *K*-Kugeln 230.
— — — von Geraden 237.
Konstruktion des Laguerrezykels 169f.
Kontingenzwinkel 103.
kontragrediente Substitution 241.
Koordinaten von Gauß § 20, 87, 123, 134, 135.
Korrelationen 234ff.
kovariante Ableitung 382.
Krames, J. 175.
Kreisbüschel 43, 106f.
Kreisevolventen 146.
Kreisfläche 267.
Kreisgeometrie 1.
Kreispaare 263ff.
Kreisscharen in der Ebene Kap. 3, 92ff.
Kreissystem in der Ebene 111.
Kreissysteme 430.
— im Raum § 95, 447ff., 456.
— mit einer einzigen Orthogonalfläche 453f.
Kreisvektoren § 35, 145ff.
Kreisverwandtschaften von Möbius vgl. auch Geom. v. Möbius 30, 32, 35, 38, 88, 132, 136, 200.
Krümmungsbild 387.
Krümmungskreis 101ff., § 73, 331ff.
Krümmungskugeln einer Fläche 343.
— der Hüllflächen einer Kugelschar 347ff.
— — — eines *R*-Systems 414.
Krümmungskugel 388ff., 400ff., 403, 405.
Krümmungslinien 310.
Krümmungslinienparameter 309, 311, 312, 330, 361, 366ff., 388ff., 393, 398ff., 406, 455.
Krümmungslinien der Hüllfläche einer Kugelschar 347.
Krümmungsmaß einer Fläche in der hyperbolischen Geometrie 120.
Krümmungsstreifen § 58, 254ff., 276, 301, 323, 388, 391, 409, 415, 454.
Krümmungsstreifennetz 302.
Krümmungstheorie 92.
Kubota, T. 303.
Kugelgeometrie 1, 421.
kugelgeometrische Transformationsgruppen 1.
Kugelkomplexe § 53, 229ff.
Kugeln von Demoulin 408.
— von Vessiot 264.
Kugelkomplexe, die mit einer Fläche invariant verbunden sind § 71, 320ff.
Kugelscharen 265.
Kugelsysteme Kap. 8, 342ff.
— in der Geometrie von Möbius und Laguerre § 75, 342ff.
— mit zwei reellen getrennten Hüllflächen 343ff.
— mit einer Hüllfläche 343.
— deren Hüllflächen winkeltreu aufeinander bezogen sind § 78, 357ff.
— in der Möbius-Geometrie 451.
Kurventheorie der Bewegungsgeometrie 102.
— der euklidischen und nichteuklidischen Bewegungsgeometrie 266.

Kurven von Darboux 425, 428.
— von Segre 425, 428.

Lagrangesche Differentialgleichung 442.
Laguerre, E. 1ff., 7, 13, 16, 36, 138, 167, 172, § 98.
Laguerre-Abbildung 454.
Laguerre-Inversion 155ff., 174, 198, 211.
Laguerresche Geometrie in der Ebene Kap. 4, 136ff.
Laguerre-Transformation 198.
Laguerre-Zykel § 39, 166ff.
Lie, S. 1, 7, 13, 16, 138, 177, 235, 390, § 99.
Liebmann, H. 108, 292.
Lie-F_2 420, 426, 427, 428, 447.
Lie-geometrisch aufeinander bezogene Kreisbüschel 194.
Lie-Inversion 197, 210, 232, 418.
Liesche Abbildung, Beispiel 5.
— Geometrie vgl. Geometrie von Lie.
Lie-Zykliden 434ff., 456.
Liesche Zyklide einer Fläche § 84, 388ff.
lineare Kongruenzen 191.
— Kreisscharen § 44, 186ff.
— Schar von K-Kreisen 190.
— Schar von K-Kugeln 229, § 53, 229ff.
— Schar von Geraden 237.
— Systeme von Kreisen § 45, 191, 230.
linearer Geradenkomplex 238.
— Komplex von K-Kugeln 230.
liniengeometrische Gruppe 236.
Liniengeometrie 233ff., 351, 421, 422.
liniengeometrische projektive Flächentheorie 457.
Linienkoordinaten 34, 233.
L-Kreis 137ff., 177, 193.
L-Kugel 269ff., 284, 354.
L-Minimalflächen § 81, 371ff., 380f., 383, 384, 385, 440.
L-Minimaldrehflächen 384.
Lobatschefskij, N. I. 21.
Lobatschefskijsche Geometrie 21f., 77, 79, 84ff., 370.
Lorentz-Transformationen 141, 270.
Loxodrome 110, 111, 135, 164.
L-Torsen 338f.

Mercatanti, P. 375.
Meusnier, Satz von M. 335.
Minimalfläche 176.
Minimalkurven 175.
Minimalfläche von Enneper 176.
Minimalprojektion 136.
Minkowskische Welt 141, 270.
Mittelgerade 144.
Mittelkreis 144, 145.
Mittelkugel einer Zyklide 271.
Mittenevolute 385.
Mittenfläche 387.
Mittenkugel § 67, 296ff., 325, 338, 346, 348, 361, 373ff., 384, 385.
Mittenkugelsystem 342.
mittlere Krümmung einer Fläche in der hyperbolischen Geometrie 120.
M-Kreis 36, 39f., 58ff., 85, 143, 177, 213, 260. 447.
M-Kugel 259ff., 397, 409, 412, 413.
M-Kugelschar 412.
M-Minimalflächen § 81, 371ff., 383, 384, 429, 440.
Möbius, A. F. 1, 7, 13, 16, 30, 46, 89, § 97.
Möbius-Ebene 13, 31, 34, 35.
Möbius-Geometrie der Kreise, Kugelscharen und Kurven im Raum § 60, 262ff.
— der Raumkurven 267.
— der Kreissysteme im Raum § 95, 447ff.
Möbius-Inversion 211.
Möbiussches Kontinuum 226.
Möbius-Transformation der Ebene 35.
— der Kugel 35.
— 198, 200ff.
modifizierte Ableitungen 455.
Monge, G. 367.
de Montcheuil 385.
Moutardsche Gleichung 376.
Mühlbach, R. 292.
Müller, E. 175.

Nabelpunkt 258, 283ff., 298, 337, 348, 350f., 359, 388, 404, 414.
Netz der Krümmungslinien 325, 419.
— der Krümmungsstreifen einer Fläche 406.
— der zyklidischen Streifen einer Fläche 406.
nicht ausgeartetes lineares Kreissystem 192.
nichteuklidische Bewegungsgeometrie der Ebene § 17, 76ff, 269.
— Bogenlänge einer Kurve 104.
— Entfernung § 6, 25ff., 81f.
— — in der hyperbolischen Geometrie 25ff.
— Flächentheorie 429.

nichteuklidische Geometrie 73, 81, 209.
— — der Strahlensysteme 456.
— Hauptkrümmungen 120.
— Minimalflächen 126.
— Normalensysteme 356.
nichteuklidischer Radius des Krümmungskreises einer Kurve 104.
— — des H-Kreises 84.
— Winkel zweier Geraden 29, 83.
— — in der hyperbolischen Geometrie 29.
nichteuklidische Torsion 292.
normale Kreisreihe 170f.
Normalen von Fubini 427.
Normalensystem 457.
Normale von Wilczynski 427.
Normalkreis 321, 337, 338.
— eines Kugelsystems 449ff.
Normalkoordinaten §13, 61ff., §14, 65ff.
Normalkugel einer Kurve 267.
Normalkugeln 322, 334, 336.
Normierungsinvarianten 52ff.
Nullsysteme von Möbius 238.
nullteiliges Kreissystem 85, 134, 368.
— Kugelsystem 368.

Orientiert siehe auch unter gerichtet.
orthogonalzyklische Kurvensysteme 336, 340, 341.
orthogonales Kurvennetz 276.
orthogonale Trajektorienfläche einer Kugelschar 323.
Orthogonalfläche einer Kugelschar 410, 412.
— zu einem Kreissystem 449.
oskulierende F_2 457.
— Laguerre-Zykel 171.
— Loxodrome 110.
— Zyklide einer Fläche § 86, 400ff.
oskulierender linearer Komplex bei R-Kugelsystemen 353, 362.
oskulierender Komplex 418.

Parabolisches lineares Kreissystem 192, 194, 200, 204, 212.
parabolische Zyklide 271.
parabolischer Komplex von K-Kugeln 230f., 363.
Paralleltransformationen 159.
Parameter der Asymptotenlinien 420.
— der Krümmungslinien 298, 300, 305, 416, 419.
pentasphärische Punktkoordinaten 259ff., 448, 320.
pentazyklische Koordinaten eines linearen Systems 191.
pentazyklische Koordinaten § 42, 177ff., 201.
Pick, G. 108, 134.
Poincaré, H. 77, 461.
Potenz eines Punktes in bezug auf einen Kreis 75.
Projektive Abbildung der Ebene 1ff.
— — Kennzeichnung 2, § 50, 214ff.
— Flächentheorie § 90, 420ff.
— — der elliptisch gekrümmten Flächen 427.
— Geometrie der Strahlensysteme 386.
Projektivminimalflächen § 94, 440ff.
pseudonormale Kreissysteme 456.
Pseudonormalkreis 337.
Punktkreis 34, 42f.

Querkreis einer Kreisschar 97, 98, 109, 131.
Querkugel 265.

Radon, J. 341.
raumartige Ebene 149.
— Gebilde 270.
— Gerade 142ff.
— J-Kugel 153.
— Kreisreihen 142.
— Kreissysteme 149.
— ebene Kreissysteme 231.
— Laguerre-Inversion 156.
— sphärische Kreissysteme 193, 153, 154, 231.
— Flächen 354f.
Regelflächen 254, 420.
reguläres Gebiet 2.
R-Flächen 425.
Ribaucour, A. 351.
Richtungsbild der Laguerreschen Ebene 158.
Richtung einer Kugel 332.
Richtungswechsel 67, 198.
R-Kugelsysteme § 77, 351ff., 359f., 362, 371, 374, 383, 386, 399f., § 89, 413ff., 426, 451, 455.
Rodrigues, O. 367.
Ruheentfernung 270.

Sanftgeneigte Ebenen 138.
Satz von Hostinski 338.
— von Meusnier 335.
Schadow, W. 383.
Schatz, H. 173, 292, 295.

Scheffers, G. 341.
Scheitel 105.
Schmiegkreise 101ff.
Schmiegkreiskegel einer Torse 338.
— einer Kurve 96, 125.
Schmiegkomplex 415.
Schmiegkomplexe der Asymptotenstreifen 424.
Schmiegkomplex des Krümmungsstreifens 397, 409, 411, 414, 415, 456.
Schmiegparaboloid 457.
Schmiegzykliden einer Fläche 405.
Schmiegkugeln einer Kurve 265.
Schmiegkreis einer Kurve 96, 266.
Schnittangentenkurven 313.
Schnupftuch 459.
Schwarz, H. A. 90.
Schwarzsche Ableitung 134, 135.
Segre, C. 416.
senkrechte Kurvennetze auf Flächen des E_4 354.
singuläre Stelle 307, 347, 359.
— — einer Hüllfläche 337.
spezielle Relativitätstheorie 141.
— R-Kugelsysteme § 89, 413ff.
sphärische Abbildungen in der Geometrie von Laguerre § 62, 272ff.
— Kreissysteme § 36, 152ff., 192.
Spiegelung an einem linearen Komplex 232.
— an einem linearen System 197f.
v. Staudt, K., G. Ch. 214.
steile Ebenen 138.
stereographische Projektion Kap. 1, 16ff., 65, 101, 136, 381.
— — des Kreises 20ff.
— — der Kugel § 7, 30ff., 101.
stetige Abänderung eines K-Kreises 180.
— — einer K-Kugel 228.
Streifen 250, 278ff., 301, 323.
Streifenbedingung 251f., 254, 276, 304, 343f., 388, 407, 433, 438.
Study, E. 163.
Systeme von F_2 447.
— von Zykliden von Lie § 93, 434ff., 441, 444.
— von Zykliden § 92, 428ff.

Takasu, T. 133, 134, 296.
Tangentenentfernung § 34, 140ff., 188, 206f., 270.
Tangentialkugel 334.
Tetrazyklische Koordinaten § 7, 30ff., Kap. 2, 46ff., 177, 201, 259, 274.
Theorema egregium von Gauß 367.
Thomsen, G. 92, 265, 292, 295, 296, 322, 337, 338, 340, 357, 373, 385, 387, 388, 445, 455, 456.
Transformation durch reziproke Radien 44.
— von Laguerre 136ff.
— von Lie 181.
Traktrix 166.
Typen von Zykliden 271.

Umnormierung der Vierkreiskoordinaten 47f.
uneigentliche Gerade der projektiven Ebene 2.
— Kreisverwandtschaft 67.
uneigentlicher Punkt 31, 226.
uneigentliches Flächenelement 229, 250.
unendlich ferner Punkt der Möbius-Ebene 12.
ungleichsinnige Kreisverwandtschaft 89.
— winkeltreue Abbildung 91.
Untergruppen der Gruppe von Laguerre 293.

Variationsproblem 371ff., 380, 440, 447.
Vektor 48ff.
verallgemeinerte orthogonale Substitution 48.
Veranschaulichung der hyperbolischen Geometrie durch F. Klein 21, 29.
verknüpfte Gebiete 221.
Verwandtschaft der Lieschen Kugelgeometrie mit der projektiven Liniengeometrie § 54, 233.
Vessiot, E. 163, 264.
Viereck von Demoulin 426, 427.
vierfaches Orthogonalsystem 354ff.
Vierkreiskoordinaten vgl. tetrazyklische K.
vollständiges System der Invarianten dreier linear unabhängiger Kreise 54.
Vorzeicheninvarianten 52ff.
— aus drei Kreisen in der Lie-Geometrie 185.
— dreier K-Kugeln 229.
— dreier M-Kreise der Möbius-Geometrie § 11, 52ff., 185.

Waerden, B. v. d. 214.
Wechselnetz § 30, 124ff., 341.
Weierstraßsche Koordinaten 370.
Weingarten, J. 383.

Weingartensche Gleichungen 366.
— Formel 371.
weitere Gruppe von Laguerre 204.
Welt 354, 363.
Winkel in der Möbius-Geometrie 188.
Winkeltreue in der stereographischen Projektion 42.
Winkel zweier gerichteter Kreise 59.
W-Strahlensysteme 351, 425, 426, 428.

Zeitartige Ebene 149.
— Gerade 142ff.
— J-Kugel 153.
— Gebilde 270.
— Kreisreihen 142.
zeitartiges Kreissystem 149.
— sphärisches Kreissystem 153, 193, 207.
— Laguerre-Inversion 156.

Zentralkugel § 67, 296ff., 325, 333, 337, 338, 346, 348, 361, 371, 373, 376, 428, 430.
Zentralkugelsystem 342.
Zyklide 245.
Zykliden von Dupin § 55, 238ff., 325, 390, 400, 412, 414, 416; vgl. auch Dupinsche Zyklide.
Zyklidensystem 434ff., 441, 444, 455, 456.
— in der Geometrie von Lie 9. Kap. 388ff.
zyklidische Kurven § 86, 400ff., 406, 416, 417, 420.
— Streifen 405, 418, 454.
Zyklide von Lie 390, 392, 397, 407ff., 420, 426, 430.
zyklische Kurvensysteme § 73, 331.
zyklographische Abbildung 175.

MIX
Papier aus verantwortungsvollen Quellen
Paper from responsible sources
FSC® C105338

If you have any concerns about our products,
you can contact us on
ProductSafety@springernature.com

In case Publisher is established outside the EU,
the EU authorized representative is:
Springer Nature Customer Service Center GmbH
Europaplatz 3, 69115 Heidelberg, Germany

Printed by Libri Plureos GmbH
in Hamburg, Germany